McFarland

Biologie des Verhaltens

VCH

Vertrieb

VCH Verlagsgesellschaft, Postfach 10 11 61; D-6940 Weinheim (Bundesrepublik Deutschland)

Schweiz: VCH Verlags-AG, Postfach, CH-4020 Basel (Schweiz)

United Kingdom und Irland: VCH Publishers (UK) Ltd., 8 Wellington Court, Wellington Street, Cambridge CB1 1HW (England)

USA und Canada: VCH Publishers, Suite 909, 220 East 23rd Street, New York, NY 10010-4606 (USA)

ISBN 3-527-26479-5

David McFarland

Biologie des Verhaltens

Evolution, Physiologie, Psychobiologie

Deutsche Ausgabe
herausgegeben von
Adelheid Stahnke und Katrin Volger

Ins Deutsche übertragen
von Wolfgang Dreßen, Volker Laske
und Barbara Nixdorf

VCH

Titel der Originalausgabe: Animal Behaviour

First published in Great Britain 1985
Reprinted by Longman Scientific & Technical 1986

Lektorat: Dr. Hans-Joachim Kraus
Redaktion: Dr. Angela Weber
Herstellerische Betreuung: Dipl.-Ing. (FH) Hans Jörg Maier

Satz: Hagedornsatz GmbH, D-6806 Viernheim
Druck und Bindung: Graphischer Betrieb Konrad Triltsch, D-8700 Würzburg
Printed in the Federal Republic of Germany

CIP-Titelaufnahme der Deutschen Bibliothek

McFarland, David:
Biologie des Verhaltens: Evolution, Physiologie, Psychobiologie / David McFarland. Dt. Ausg. hrsg. von Adelheid Stahnke u. Katrin Volger. Ins Dt. übertr. von Wolfgang Dreßen ... – Weinheim: VCH, 1989
Einheitssacht.: Animal behaviour <dt.>
ISBN 3-527-26479-5

Zum Gedenken an Klaus Immelmann

Geleitwort

Die Ethologie ist heute fest in den Biowissenschaften verankert. Neuere Entwicklungen wie das Aufblühen der Verhaltensökologie und der Neurobiologie haben der Ethologie ein ganz neues Gesicht gegeben. Auf beiden Gebieten erfolgten sogar Neugründungen internationaler Gesellschaften. So befürchten manche, daß die Ethologie von ihnen aufgesogen würde. Das Buch David McFarlands überzeugt aber vom Gegenteil. Es entfaltet den gewaltig angewachsenen Stoff der Verhaltensbiologie ausgewogen, vielseitig und auf dem neuesten Stand. Obwohl jene beiden Sprößlinge der Ethologie den ihnen voll gebührenden Platz im Buch einnehmen, wird deutlich, daß der Themenreichtum der Ethologie aus vielen weiteren Brunnen schöpft. Auch zeigt sich, daß eine riesige Lücke klafft zwischen dem Ziel der Neurobiologie, Verhalten voll auf neuronaler Ebene zu erklären, und der Komplexität von Verhaltensäußerungen wie Navigation, Abstraktion, averbaler Kommunikation und Sprache. Die spezifisch ethologische Methode ist durch keinen anderen Zugriff ersetzbar. Er wird fruchtbar ergänzt durch Physiologie und Biokybernetik.

Es gibt heute eine Flut von Lehrbüchern über Ethologie. Wozu also ein neues? Jedes der erfolgreicheren hat Schwerpunkte gesetzt, und so besticht keines durch die bewunderswerte Ausgewogenheit des vorliegenden Buches. Die Besprechungen des englischen Vorgängers, die ich gelesen habe, trugen nicht den Makel auch nur einer Kritik. Deshalb, und weil ich kein wichtiges Thema vermißte, kann ich es der ständig wachsenden Schar der Verhaltensforscher aller Richtungen vorbehaltlos empfehlen. Neu und reizvoll fand ich die historische, auf führende Forscher ihrer Zeit hinweisende Einführung in die großen Abschnitte. Wo klassische Versuchsdarstellungen von paradigmatischer Klarheit sind, hat McFarland sie zur Illustration auch seiner Worte verwendet.

Für den Lernenden nützlich sind sicher die an die großen Abschnitte angefügten „Merksätze"; sie versuchen, den schier grenzenlosen Stoff auf leicht faßliche Weise zu bändigen. Der tiefer schürfende Benutzer wird auch für die jeweils abschließende weiterführende Literatur dankbar sein.

Klaus Immelmann, der den Plan einer von mir empfohlenen deutschen Ausgabe von Anfang an mit Begeisterung verfolgte, sollte die Fertigstellung der „Biologie des Verhaltens" nicht mehr erleben. Er hätte sicher mit Genugtuung empfunden, daß die von ihm vorgeschlagene fleißige Schar der Bearbeiter Hervorragendes geleistet hat; mit fachlicher Umsicht hat sie ein auch sprachlich erfreuliches Werk geschaffen, dem ich vollen Erfolg wünsche.

Bochum, im Juni 1989 Eberhard Curio

Vorwort der Herausgeber und Übersetzer

Zu unserem großen Bedauern konnte Klaus Immelmann, nachdem er dieses Projekt initiiert hatte, an dessen Durchführung nicht mehr teilhaben. Wir haben uns bemüht, die Herausgeberschaft in seinem Sinne zu führen.

Die deutsche Ausgabe unterscheidet sich in einigen Punkten von der englischen Originalfassung: David McFarland hat einzelne Kapitel bzw. Abschnitte neu geschrieben, Klaus Immelmann hat einige Aktualisierungen angeregt, verschiedene Präzisierungen wurden von uns durchgeführt.

Im wesentlichen handelt es sich bei allen Veränderungen um neuere Befunde, meist aus der deutschen Ethologie. Der didaktische Aufbau des Lehrbuches wurde beibehalten, lediglich sind in die am Ende der einzelnen Kapitel angegebene weiterführende Literatur auch deutschsprachige Titel aufgenommen worden. Ferner wurde ein Autorenregister getrennt vom Literaturverzeichnis angelegt.

Bei der Übertragung von Fachbegriffen haben wir uns, soweit möglich, an den Lehrbüchern von Klaus Immelmann orientiert. Nicht immer existierte ein deutscher Begriff. Wir haben uns in einigen Fällen entschieden, einen deutschen Terminus einzuführen, in anderen haben wir den englischen beibehalten.

Wir danken allen, die uns mit fachlichem Rat zur Seite gestanden haben. Insbesondere geht unser Dank an Herrn Dr. Hans-Joachim Kraus vom Verlag für seine einsatzbereite und erfreuliche Zusammenarbeit.

Bielefeld, im April 1989

Wolfgang Dreßen
Volker Laske
Barbara Nixdorf
Adelheid Stahnke
Katrin Volger

Vorwort zur deutschen Ausgabe

Ich habe mich sehr gefreut, als Klaus Immelmann den Vorschlag machte, *Animal Behaviour* ins Deutsche zu übersetzen. Er ergriff dann auch die Initiative und fand ein hervorragendes Übersetzerteam. Nach einigen Überlegungen beschlossen wir, nicht nur eine bloße Übersetzung, sondern gleich eine deutsche Ausgabe herauszugeben. Demzufolge unterscheidet sich dieses Buch von der englischen Originalfassung in mehreren Punkten. Einige fehlerhafte oder veraltete Passagen wurden ganz gestrichen und durch neue, aktuellere Ergebnisse deutscher Ethologen ersetzt. Das Buch ist nun noch ausgewogener im Hinblick auf die dargestellten Denkrichtungen; es ist auf dem neuesten Erkenntnisstand und repräsentiert einen noch breiteren Querschnitt der Ethologie.

Es ist sehr tragisch, daß Klaus Immelmann die Vollendung dieses Buches nicht erleben konnte. Seine Stelle wurde von Adelheid Stahnke und Katrin Volger kompetent vertreten. Dennoch: Ohne seine Initiative und seinen Enthusiasmus wäre dieses Buch nicht zustandegekommen. Mit Dankbarkeit und Respekt möchte ich es seinem Andenken widmen.

Oxford, England, im Februar 1989 David McFarland

Vorwort zur Originalausgabe

Die moderne Verhaltensforschung hat ihre Wurzeln in drei verschiedenen Wissenschaftsgebieten: der Psychologie, der Physiologie und der Zoologie. Diese drei traditionellen Denkrichtungen führten zur vergleichenden und biologisch begründeten Psychologie, zum evolutiven Ansatz in der Untersuchung von Verhalten und – in der Kombination der Ansätze – zur modernen Ethologie. Eine solche Vernetzung mehrerer Forschungsgebiete kann bei Studienanfängern Verwirrung stiften, und so wird in den Grundkursen häufig nur eine einzige Perspektive entwickelt. Biologiestudenten, die nie etwas über die Arbeitsweise der vergleichenden Psychologie gelernt haben, entgeht ähnlich viel wie Psychologiestudenten, die nichts über den evolutionsbiologischen Denkansatz erfahren haben.

Dieses Buch bietet eine ausgewogene und einheitliche Abhandlung des gesamten Gebietes der Verhaltensforschung. Es richtet sich an Biologie- und Psychologiestudenten, die ihre Kurse in Ethologie absolvieren und berücksichtigt ihren jeweils unterschiedlichen Kenntnisstand in den Naturwissenschaften bzw. der Psychologie. Deshalb habe ich mich darum bemüht, jedes neue Konzept so zu entwickeln und darzustellen, daß zu seinem Verständnis keine vorausgehenden Kurse notwendig sind.

Hilfen für den Benutzer

Es wurden alle Anstrengungen unternommen, dieses Buch zu einer unentbehrlichen Lernhilfe für Studenten zu machen. Manche Konzepte werden zwar sehr differenziert dargestellt, doch geht dabei immer eine gründliche Erörterung voraus, und neu eingeführte Begriffe werden definiert und durch Kursivschrift hervorgehoben. Ich habe besonderen Wert darauf gelegt, theoretische Erörterungen durchgehend ohne mathematische Terminologie durchzuführen.

Jedem der drei Teile dieses Buches und jedem einzelnen, aus jeweils drei Kapiteln bestehenden Abschnitt eines Teils ist ein einführender Überblick vorangestellt. Ein Abschnitt beginnt jeweils mit dem Werdegang desjenigen Wissenschaftlers, dessen Arbeiten für die vorgestellte Thematik von zentraler Bedeutung waren. Zusätzlich findet man am Ende jedes Kapitels eine Zusammenfassung der wichtigsten Punkte in Form von Merksätzen sowie eine Liste weiterführender Literatur. Originalarbeiten werden im Text überall direkt zitiert und vollständig im Literaturverzeichnis am Ende des Buches aufgeführt.

Danksagungen

Ich bedanke mich bei den vielen Kollegen, die mir gestattet haben, ihre Fotos und Abbildungen zu verwenden. Ferner fühle ich mich all jenen Spezialisten und Generalisten verpflichtet, die das Manuskript während verschiedener Stadien seiner Entstehung durchgesehen haben:

R. J. Andrew	Universität von Sussex
Edwin M. Banks	Universität von Illinois
George W. Barlow	Universität von Kalifornien, Berkeley
C. J. Barnard	Universität Nottingham
D. W. Dickins	Universität Liverpool
Douglas D. Dow	Universität von Queensland, Australien
H. Carl Gerhardt	Universität von Missouri, Columbia
Jeremy Hatch	Universität von Massachusetts, Boston
Felicity Huntingford	Universität Glasgow
P. J. Jarman	Universität von Neu-England, Australien
Randall Lockwood	Universität von New York, Stony Brook
Glen McBride	Universität von Queensland, Australien
G. A. Parker	Universität Liverpool
John Staddon	Universität Duke
William Timberlake	Universität von Indiana

Eventuelle Fehler, für die ich selbstverständlich in allen Teilen allein verantwortlich bin, konnten somit weitgehend vermieden werden. Mein ganz besonderer Dank gilt Navin Sullivan, Jeremy Swinfen Green und Paul Elias für redaktionelle Hilfeleistungen und Wendy Eadle, Sue Pusey und Audrey Wesh für das Tippen des Manuskripts.

Oxford, England, im Januar 1985 David McFarland

Inhalt

Anhang

1 Einführung in die Verhaltensforschung

Tierverhalten läßt sich mit Hilfe verschiedener wissenschaftlicher Ansätze untersuchen. Verhalten kann beispielsweise entwicklungsgeschichtlich erklärt werden oder in bezug auf die Vorteile, die es einem Tier bringt, aber auch im Sinne psychologischer bzw. physiologischer Mechanismen. Welchen Ansatz man im einzelnen wählt, hängt davon ab, was man über Tierverhalten wissen will. In diesem Buch werden die zahlreichen Möglichkeiten vorgestellt, das Verhalten von Tieren sowie die verschiedenen Aspekte des Verhaltens zu erforschen: Das Spektrum reicht von den einfachen Reaktionen niederer Tiere bis hin zu den kognitiven Fähigkeiten und Leistungen der Menschenaffen.

1.1 Fragestellungen zum Verhalten

In ihrer natürlichen Umgebung sind Tiere gewöhnlich in hohem Maße an die jeweiligen Lebensbedingungen angepaßt. Silbermöwen zum Beispiel bauen ihr Nest am Boden, wo die Eier und Küken ungeschützt gegenüber Raubfeinden sind. Wie später gezeigt wird, ist das Nest gut getarnt, und die Altvögel bewachen es ständig. Männchen und Weibchen wechseln sich bei der Nahrungssuche ab, wobei jeweils ein Partner auf dem Nest oder in der Nähe bleibt. Viele Aspekte des Verhaltens von Silbermöwen sind untersucht worden, etwa ihr Verhalten gegenüber potentiellen Räubern, wie sie reagieren, wenn Eier aus dem Nest rollen, das Zusammenspiel von Männchen und Weibchen, usw.. Zusätzlich zu Fragen nach Mechanismen wie denjenigen, die einen Vogel dazu befähigen, ein Ei zu erkennen, stellen Wissenschaftler auch Fragen ganz anderer Art, so etwa, warum die Eier besonders gefärbt sind oder warum die Eltern eine aufwendige Zeremonie am Nest aufführen, wenn sie sich in ihrem Brutgeschäft ablösen. Fragen zur Angepaßtheit von Verhalten unterscheiden sich sehr von Fragen nach den Mechanismen des Verhaltens. Deshalb verlangen die Antworten darauf jeweils eine andere Sicht- und Herangehensweise. Bei der Frage, warum Vögel Eier bebrüten (Abb. 1.1 und 1.2), hängt die Antwort sehr davon ab, welchen Schwerpunkt der Wissenschaftler setzt, zum Beispiel:

1. Warum bebrüten Vögel **Eier**?
2. Warum **bebrüten** Vögel Eier?
3. Warum bebrüten **Vögel** Eier?
4. **Warum** bebrüten Vögel Eier?

Abb. 1.1. Silbermöwennest mit typischem Gelege aus drei getarnten Eiern.

Es ist klar, daß bei anderer Betonung auf die verschiedenen Teile der Frage auch verschiedene Antworten zu erwarten sind. Im ersten Beispiel geht es um die Frage, warum die Vögel auf Eiern statt auf Steinen oder Blumen brüten. Um dies zu beantworten, gilt es zu zeigen, welche stimulierenden Eigenschaften des Eies, also etwa Form, Farbe oder Zeichnung, wichtig sind, um die Brutreaktion auszulösen. An Vögeln sind viele Experimente über die Mechanismen der Eierkennung durchgeführt worden, und es konnte nachgewiesen werden, daß Form, Größe und Färbung von Bedeutung sind (s. Kapitel 12.6).

In der zweiten Frage geht es darum, was die Vögel tun: Sie **bebrüten** ihre Eier, statt auf ihnen zu stehen oder sie zu fressen. Hier muß die Antwort im Hinblick auf die Motivation des Tieres erfolgen. Vögel brüten also Eier aus, wenn sie in Brutstimmung sind, aber sie können auch Eier fressen, wenn sie hungrig sind. Der Wissenschaftler muß definieren, was er mit „in Brutstimmung" und „hungrig" meint, eine Aufgabe, die Kenntnisse über die Physiologie des Tieres erfordert.

Während die Fragen 1 und 2 Antworten auf unmittelbare Ursachen oder Mechanismen verlangen, läuft Frage 3 auf eine andere Kausalitätsebene hinaus: Warum brüten gerade Vögel und nicht etwa Katzen oder Schweine Eier aus? Die Antwort lautet, daß Vögel genetisch prädisponiert sind, Eier zu produzieren und die dazu passenden, richtigen Verhaltensweisen zu entwickeln. Die zugrundeliegenden genetischen Faktoren sind also die letztendlichen Voraussetzungen für die Entwicklung des Verhaltens. Die Art und Weise, in der solche Eigenschaften von einer Generation zur nächsten weitergegeben werden, ist Untersuchungsgegenstand der Verhaltensgenetik, eines wichtigen Teilgebietes der Verhaltenswissenschaften.

Um die vierte Frage zu beantworten, könnte man sagen, daß Vögel Eier bebrüten, um ihre Jungen zum Schlüpfen zu bringen. Sie mögen vielleicht die Folgen ihres Verhaltens nicht vorhersehen, aber nur Vögel, die darauf programmiert sind, sich so zu verhalten, haben Nachkommen. Diese Argumentation, erstmals von Darwin vertreten, führt darauf hinaus, daß der Überlebenswert jeder ererbten Eigenschaft durch die natürliche Auslese bestimmt wird, d.h., der Grad, bis zu dem in einer freilebenden Population eine Eigenschaft von einer Generation zur nächsten weitergegeben wird, ist durch den Bruterfolg der Elterngeneration bestimmt. Der Wert dieser Eigenschaft hängt davon ab, wieweit die Tiere natürliche Risiken wie Nahrungsknappheit, Feinde und Rivalen bewältigen können.

Abb. 1.2. Brütende Silbermöwe.

Um Fragen zum Verhalten zu beantworten, kann der Wissenschaftler also mehrere Standpunkte einnehmen. Psychologen sind im allgemeinen an den Mechanismen interessiert, die Verhalten steuern, Evolutionsbiologen daran, wie diese Mechanismen – so, wie man sie heute beobachten kann – überhaupt zustandegekommen sind. Ethologen sind der Auffassung, daß die Unterscheidung zwischen Mechanismus und Struktur für die Erforschung des Tierverhaltens von grundlegender Bedeutung ist. Vögel bebrüten ihre Eier, weil bestimmte Mechanismen sie dazu veranlassen. Sie sind (durch die natürliche Selektion) dafür konstruiert, Eier zu bebrüten, weil dieses Verhalten eine Funktion erfüllt, die für ihr Überleben und ihre Fortpflanzung wichtig ist. Fragen nach Struktur und Mechanismus zugleich sind daher eine wesentliche Voraussetzung für ein umfassendes Verständnis von Verhalten.

Dieses Buch folgt der ethologischen Sichtweise, indem die Bedeutung von evolutiven und mechanistischen Erklärungen für die Analyse von Verhaltensweisen gleichermaßen betont wird. Eine Möglichkeit, diese beiden Komponenten klar zu erkennen, bietet die Analyse der verschiedenen Ebenen, auf denen Tiere sich an Änderungen der Umweltbedingungen anpassen. Zunächst sollte hier unterschieden werden zwischen **genotypischer Anpassung**, die genetisch festgelegt ist und durch natürliche Selektion erreicht wird, und **phänotypischer Anpassung**, die beim individuellen Tier auf nicht-genetischem Wege abläuft. Ein Beispiel genotypischer Anpassung findet man in der Körperhaltung, die die Schwärmerraupe *Leucorampha* einnimmt, um Feinde abzuschrecken. Die Raupe hängt mit dem Kopf nach unten auf der Unterseite eines Blattes oder Zweiges. Wird sie gestört, so hebt sie ihren Kopf und bläht ihn auf. Er trägt Scheinaugen und ähnelt dem Kopf einer Schlange (Abb. 1.3). Diese Verhaltensweise hat gewöhnlich den Effekt, kleine Vögel oder andere Feinde zu verscheuchen (Edmunds 1974). Auf dem Wege über die Evolution hat sich die Raupe an den Feinddruck durch Vögel angepaßt, indem sie deren Angst vor Schlangen ausnutzte. Dies setzt keine besonderen geistigen Fähigkeiten seitens der Raupen voraus, sondern bedeutet lediglich, daß diejenigen Individuen, die die richtige Reaktionsweise erben, eine höhere Überlebenschance haben als andere.

Abb. 1.3. Schwärmerraupe (*Leucorampha*), die die Schlange *Bothrops schlegeli* nachahmt.

Evolutive Anpassungen bei brütenden Vögeln kann man erkennen, wenn man das Brutverhalten solcher Arten, die auf Felsbändern nisten, mit dem ihrer nahen Verwandten vergleicht, die auf relativ flachem Untergrund brüten (s. Kapitel 5.4). Wenn man sagt, daß Dreizehenmöwen sich durch verschiedene Verhaltensmuster an das Nisten in Klippen anpassen, dann ist damit gemeint, daß unter diesen Lebensbedingungen Individuen, die das für Felsenbrüter charakteristische Verhalten zeigen, mehr Nachwuchs haben als jene, bei denen diese Verhaltensweisen nicht voll ausgeprägt sind.

Abb. 1.4.

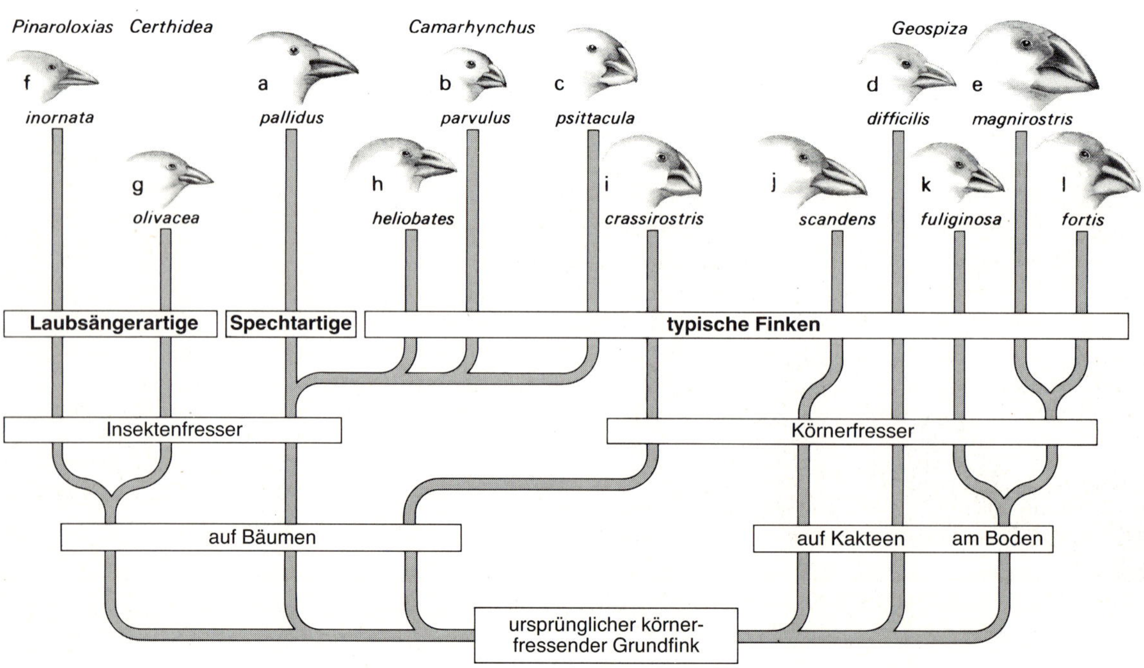

Phänotypische Anpassung hat etwas mit Vorgängen wie Lernen, Reifung und zeitlich befristeter physiologischer Anpassung zu tun. Beispielsweise wird eine Möwe, die an einem kalten, windigen Tag brütet, gegen den Wind und fest auf ihren Eiern sitzen und ihre Wärmeproduktion erhöhen. An einem heißen, sonnigen Tag dagegen wird sie ihre Eier gerade soweit bedecken, daß sie beschattet sind. Dabei hechelt sie, breitet ihre Flügel aus und zeigt andere zur Kühlung beitragende Verhaltensweisen. Dies alles sind unmittelbare Verhaltensreaktionen und physiologische Anpassungen an die herrschenden Witterungsverhältnisse.

Einige Vogelarten können lernen, ihre eigenen Eier an der individuellen Zeichnung zu erkennen (Baerends und Drent 1982). Diese Art der Anpassung durch Lernen gibt ihnen die Möglichkeit, sich auf Veränderungen am Brutplatz, bedingt durch Räuber oder andere Störfaktoren, einzustellen. Die Fähigkeit von Individuen, durch Lernen oder physiologische Anpassungen angemessen auf veränderte Lebensbedingungen zu reagieren, ist ein charakteristisches Merkmal von Tieren, die unter wechselhaften Umweltbedingungen leben.

Obwohl Biologen den Begriff **Anpassung** auf vielerlei Weise verwenden, unterscheiden sie im allgemeinen sorgfältig zwischen evolutiver oder genotypischer und individueller oder phänotypischer Anpassung. Während seiner Reise auf der

Abb. 1.4. Adaptive Radiation der Darwinfinken aus einem ursprünglichen, samenfressenden Grundfinken. Die Isolation auf den Galapagos Inseln führte zu intensiver Konkurrenz und infolgedessen zur Nahrungsspezialisierung. Dies hat schließlich zu den verschiedenen Schnabelformen der heute lebenden Arten geführt. a *Camarhynchus pallidus,* b *Camarhynchus parvulus,* c *Camarhynchus psittacula,* d *Geospiza difficilis,* e *Geospiza magnirostris,* f *Pinaroloxias inornata,* g *Certhidea olivacea,* h *Camarhynchus heliobates,* i *Camarhynchus crassirostris,* j *Geospiza scandens,* k *Geospiza fuliginosa,* l *Geospiza fortis,* m *Camarhynchus pauper,* n *Geospiza conirostris.*

„Beagle" bemerkte Darwin viele jener wunderbaren Anpassungen, die für bestimmte Umweltbedingungen so typisch sind, und betrachtete sie schließlich als Zeugen der Evolution. Bei den Galapagosfinken beispielsweise kam es im Verlauf der Evolution zu einer starken Auffächerung aus einem ihnen allen gemeinsamen Vorfahren in verschiedene Typen. Die Unterschiede zwischen den verschiedenen Typen sind zweifellos eine Folge der Anpassung, was leicht zu erkennen ist, wenn man sie mit anderen Vogelarten vergleicht. Dies gilt insbesondere für ihre Schnäbel (Abb. 1.4), aber es trifft auch auf viele damit zusammenhängende Aspekte ihres Verhaltens zu. So bewegen sich die insektivoren Baumfinken ähnlich flink und gewandt in den Zweigen wie Meisen, der Spechtfink klettert an senkrechten Stämmen und sondiert Rindenspalten, die Laubsängerfinken haben dieselben huschenden Bewegungen wie echte Laubsänger, und die Grundfinken hüpfen auf dem Boden. Lebten die Galapagosfinken ursprünglich einmal wie normale Finken, so haben sie sich jetzt, je nach der Lebensweise, die sie angenommen haben, zu ähnlichen Formen wie Meisen, Spechte oder Laubsänger entwickelt. Die Entstehung einer Reihe neuer Arten aus einem gemeinsamen Vorläufer als Folge der Anpassung an verschiedene Lebensräume wird **adaptive Radiation** genannt. Die Galapagosfinken liefern dafür ein klassisches Beispiel. Ein anderes bekanntes Beispiel sind die Beuteltiere Australiens, unter denen sich Pflanzen-, Insekten-und Fleischfresser finden sowie höhlengrabende, baumkletternde und gleitfliegende Formen.

Die Galapagosfinken sind nicht nur ein anschauliches Beispiel für adaptive Radiation, sondern sie haben sich auch konvergent zu bestimmten Arten in anderen Gebieten der Erde entwickelt. So spricht man von „Laubsängerfinken" und „Spechtfinken", weil sie Ähnlichkeiten mit echten Laubsängern und Spechten erkennen lassen. **Konvergente Evolution** tritt auf, wenn verschiedene Arten in ähnlichen Lebensräumen vorkommen. Dabei kommt es bisweilen zu bemerkenswerten Angleichungen im äußeren Erscheinungsbild und im Verhalten nicht verwandter Arten (Abb. 1.5).

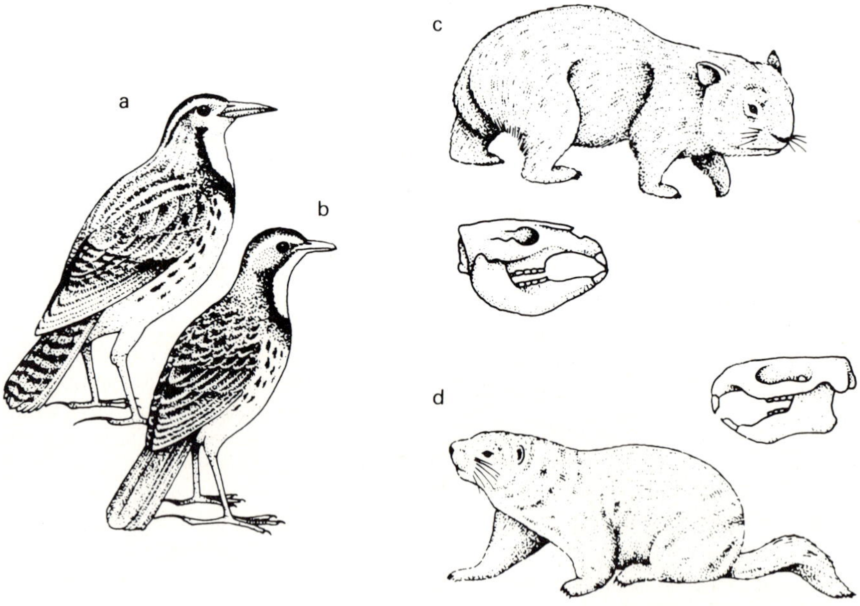

Abb. 1.5. Konvergente Evolution führt zu Ähnlichkeiten im äußeren Erscheinungsbild und im Verhalten nichtverwandter Arten. Die hier gezeigten Beispiele sind (a) der Lerchenstärling (*Sturnella magna*) aus Amerika und (b) der Gelbkehlpieper (*Macronyx croceus*) aus Afrika; (c) ein australischer Wombat (*Phascolonus ursinus*) und (d) ein amerikanisches Waldmurmeltier (*Marmota monax*) (aus *The Oxford Companion to Animal Behaviour*, Oxford University Press 1981).

1.2 Historischer Überblick

Obwohl die wissenschaftliche Verhaltensforschung in den Arbeiten von Naturforschern des achtzehnten Jahrhunderts wurzelt wie z. B. von White (1720-1793) und Leroy (1723-1789), so wird erst Darwin (1809-1882) als der eigentliche Vater der Verhaltensforschung angesehen. Darwin war in dreierlei Hinsicht wegweisend für die Entwicklung der vergleichenden Verhaltensforschung oder **Ethologie**. Da ist zuallererst seine Theorie der natürlichen Auslese zu nennen, mit der er die Basis für die Betrachtung des Verhaltens nach evolutiven Gesichtspunkten schuf – ein grundlegender Ansatz der modernen Ethologie. Zweitens kann Darwins Vorstellung vom Instinkt als direkter Vorläufer der Definition dieses Begriffs durch die Gründer der klassischen Ethologie angesehen werden (s. Kapitel 20). Drittens hat Darwin selbst bedeutende Verhaltensbeobachtungen gemacht, insbesondere solche, die seine Überzeugung von der evolutionären Kontinuität zwischen Menschen und Tieren stützten. In seinem Buch *The Descent of Man and Selection in Relation to Sex* (1871) (*Die Abstammung des Menschen und die geschlechtliche Zuchtwahl*) schreibt er beispielsweise: „Wir stellen also fest, daß alle die Gefühle und Eingebungen, die verschiedenen Emotionen und Begabungen wie Zuwendung, Erinnerung, Aufmerksamkeit, Neugier, Nachahmung, Verstand usw., deren der Mensch sich rühmt, ansatzweise oder bisweilen schon recht weit entwickelt auch bei den niedriger stehenden Tieren auftreten können".[1] In *The Expression of the Emotions in Man and the Animals* (1872) (*Der Ausdruck der Gemütsbewegungen bei Menschen und Tieren*) führt Darwin zu diesem Thema aus: „Beim Menschen sind mit bestimmten Affekten einhergehende Ausdrucksformen wie das Aufrichten der Haare im Zustand panischer Angst oder das Zähnezeigen bei wütender Erregung kaum verständlich, wenn man nicht davon ausgeht, daß der Mensch einmal auf einer viel niedrigeren, tierähnlichen Stufe stand".[2]

Darwins Freund und Schüler Romanes setzte die Arbeiten seines Lehrers über das Verhalten der Tiere mit großem persönlichem Einsatz fort, und sein Buch *Animal Intelligence* (1882) (*Die geistige Entwicklung im Tierreich*) war die erste allgemeine Abhandlung der Vergleichenden Psychologie. Romanes war jedoch nicht sehr kritisch in seiner Beweisführung. Er schrieb Tieren geistige Fähigkeiten zu, z. B. logisches Denken, und Gefühle wie etwa Eifersucht. Dies löste einen Aufruhr aus, mit Lloyd Morgan an der Spitze. In seiner *Introduction to Comparative Psychology* (1894) (*Einführung in die vergleichende Psychologie*) formulierte Lloyd Morgan seinen berühmten Leitsatz: „Niemals dürfen wir ein Verhalten als Ergebnis einer höheren geistigen Befähigung interpretieren, wenn es sich genausogut als Resultat einer auf der psychologischen Skala niedriger einzustufenden Fähigkeit erklären läßt".[3] Diese Sichtweise führte zu einer enormen Verbesserung in der Planung und Auswertung von Experimenten, und aus dieser skeptischeren Einstellung gegenüber dem Verhalten der Tiere ging die behavioristische Schule der Psychologie hervor, zu der Watson (1913) den Anstoß gab.

Nach behavioristischer Auffassung hat sich die Psychologie nur mit dem Verhalten an sich und nicht mit den damit einhergehenden geistigen Vorgängen zu befassen. Behaviorismus im strengen Sinne lehnt bei der Interpretation von Verhalten jeden Bezug auf geistig-seelische Prozesse ab. Diese Auffassung hatte großen Einfluß auf die Entwicklung der amerikanischen Psychologie und führte zu erheblichen Verbesserungen in der Planung und Durchführung von Experimenten und bei der Interpretation des beobachtbaren Verhaltens. Der behavioristische Ansatz stieß jedoch,

1 „We have seen that the senses and intuitions, the various emotions and faculties such as love, memory, attention, curiosity, imitation, reason, etc., of which man boasts, may be found in an incipient or even sometimes a well-developed condition in the lower animals."

2 „With mankind some expressions, such as bristling of the hair under the influence of extreme terror, or the uncovering of the teeth under that of furious rage, can hardly be understood, except on the belief that man once existed in a much lower and animal-like condition."

3 „In no case may we interpret an action as the outcome of the exercise of a higher psychical faculty, if it can be interpreted as the outcome of one which stands lower in the psychological scale."

insbesondere bei den europäischen Verhaltensforschern Lorenz und Tinbergen, auf Kritik, weil er ihnen zu steril und fern aller Realität erschien. Die Ethologen waren der Ansicht, daß das Verhalten von Tieren in natürlicher Umgebung und nicht im Labor untersucht werden sollte. Lorenz unterstrich die Bedeutung der genauen Beobachtung, und Tinbergen zeigte, daß man auch unter natürlichen Bedingungen sinnvolle Experimente ausführen kann.

Der gegenwärtige Ansatz der Verhaltensforschung berücksichtigt viele Aspekte beider Richtungen, der behavioristischen wie auch der frühen ethologischen Denkweise. Darüber hinaus stützt sich die moderne Ethologie auf die physiologische Tradition, die bei der Interpretation von Verhalten vor allem die Aktivität des Nervensystems betont. Dieses Buch befaßt sich mit allen drei Forschungsrichtungen.

1.3 Zur Gliederung dieses Buches

Dieses Buch besteht aus drei Hauptteilen. Im ersten Teil wird der evolutionsbiologische Forschungsansatz als Zugang zum Verhalten vorgestellt. Der zweite Teil beschäftigt sich mit ursächlichen Verhaltensmechanismen, und in Teil drei schließlich werden komplexe Verhaltenserscheinungen untersucht, wozu die beiden obengenannten Denkansätze herangezogen werden. Diese Anordnung soll es dem Leser erleichtern, zunächst ein umfassendes Verständnis einer der genannten Intepretationsweisen zu entwickeln, bevor er sich der anderen zuwendet. Nicht selten stiftet die Unterscheidung mechanistischer versus funktionalistischer Erklärungsmodelle bei Studenten Verwirrung, so daß sie nicht in der Lage sind, der Diskussion zu folgen, wenn es um Themen geht, in denen beide Denkansätze unweigerlich vermischt sind. Daher ist die Behandlung solcher Probleme dem dritten Teil des Buches vorbehalten.

Das Buch besteht aus 28 Kapiteln: Diesem einleitenden Kapitel folgen neun Abschnitte zu je drei Kapiteln. Jeder Abschnitt behandelt einen wichtigen Aspekt der Verhaltensforschung. Vorangestellt wird jeweils das Portrait eines herausragenden Wissenschaftlers, der für die Entfaltung des jeweiligen Forschungszweiges eine wichtige Rolle spielte. Hiermit wird das Ziel verfolgt, ein Gefühl für die Kontinuität jener Wissenschaft zu vermitteln, zu der Sie, die Sie nun dieses Buch erarbeiten, eventuell in Zukunft beitragen werden. Die Zuordnung der einzelnen Kapitel zu übergeordneten Abschnitten erlaubt es, ein bestimmtes Forschungsgebiet einfach zu überspringen, falls Sie darin bereits gute Grundkenntnisse haben. Viele Themen werden gleich am Anfang des Buches auf elementarer Stufe eingeführt und später auf anspruchsvollerem Niveau wieder aufgegriffen, damit es Studenten mit unterschiedlichem Wissensstand flexibel nutzen können. Schließlich ist das Buch als Einführung in die drei Hauptrichtungen der Verhaltensforschung konzipiert.

Verhaltensforschung kann in natürlicher Umgebung und im Labor betrieben werden. Im natürlichen Umfeld hat ein Tier die Möglichkeit, sein volles Verhaltensrepertoire zu entfalten, welches sich dem Forscher hauptsächlich durch die Beobachtung erschließt. Direkte Beobachtung ist hier die traditionelle Vorgehensweise; in den letzten Jahren ist sie aber durch indirekte Methoden ergänzt worden, die auf technischen Entwicklungen wie audiovisueller Aufzeichnung und Telemetrie beruhen. Schließlich läßt sich natürliches Verhalten auch mit Hilfe von gezielten Feldexperimenten untersuchen (vgl. Kapitel 6 und 23).

Im Labor hat der Wissenschaftler weitgehende Kontrolle über die Umwelt des Tieres und kann daher sorgfältige Tests für bestimmte Hypothesen zum Verhalten ausarbeiten. Diese Vorgehensweise ist von besonderer Bedeutung bei der Untersuchung der Sinnesleistungen von Tieren (Kapitel 12 und 13) und bei Lernversuchen (Kapitel 17 und 18). Neben der reinen Verhaltensbeobachtung im Labor tragen physiologische Experimente in zunehmendem Maße zu unserem Verständnis von Verhalten bei. Der physiologische Forschungsansatz wird seit langem gefordert, hat aber erst in den letzten Jahren nennenswerte Beiträge geliefert (vgl. Kapitel 11 und 12).

Tierverhalten ist sehr komplex, und ein weitgesteckter Rahmen praktischer und theoretischer Ansätze ist notwendig, um es einigermaßen umfassend zu verstehen. Gerade dieses fachübergreifende Vorgehen macht das Verhalten der Tiere zu einem so aufregenden Forschungsgebiet.

Die Evolution des Verhaltens

Teil 1

Im ersten Teil dieses Buches wird das Verhalten der Tiere nach evolutionsbiologischen Gesichtspunkten betrachtet. Seit Darwins Zeiten haben sich zunehmend Möglichkeiten eröffnet, aufzuzeigen, welche Rolle das Verhalten für Überleben und Fortpflanzung eines Tieres spielt. Ähnlich wie man Augen, Ohren, Beine oder Flügel als Strukturen ansehen kann, die ein Tier dazu befähigen, auf seine besondere Weise zu leben, kann man auch jene Mechanismen auffassen, die das Verhalten steuern. Fragt man in diesem Zusammenhang, warum ein Tier ein bestimmtes Verhaltensmuster zeigt, so erwartet man Antworten, die etwas über die Entwicklungsgeschichte der Art aussagen.

Diese evolutionistische Erklärungsweise verlangt einige Kenntnisse über Verhaltensentwicklung und Verhaltensgenetik, über die Theorie der natürlichen Auslese im Hinblick auf die Lebensbedingungen des Tieres sowie über die Evolutionstheorie und ihre Bedeutung im Zusammenhang mit dem Sozialverhalten von Tieren. Die ersten drei Abschnitte des Buches sind diesen drei Themen gewidmet.

1.1 Genetik und Verhalten

In diesem aus drei Kapiteln bestehenden Abschnitt wird das Gebiet der Verhaltensgenetik vorgestellt. Kapitel 2 beschäftigt sich mit elementarer Mendelscher Genetik und den Grundlagen der Vererbung auf der Ebene der Zelle. Kapitel 3 umreißt einige Fragen, die im Zusammenhang mit der Verhaltensentwicklung stehen, u.a. den Problemkreis des angeborenen Verhaltens. Kapitel 4 befaßt sich mit Verhaltensgenetik im engeren Sinne. Es geht um die Auswirkungen von Mutationen, polygene Vererbung und die Erblichkeit von Verhalten.

GREGOR MENDEL (1822-1884)

Gregor Mendel stammte aus bäuerlichen Verhältnissen. Er trat in den Kirchendienst ein und wurde im Alter von 25 Jahren zum Priester geweiht. Mendel bereitete sich darauf vor, Lehrer zu werden, konnte sich aber nicht als Oberschullehrer für Naturgeschichte qualifizieren. 1856 wurde er Lehrer in einer Volksschule und war bei seinen Schülern sehr beliebt. Mendel begann seine Forschungen 1858 im Klostergarten zu Brünn in Mähren. Seine Ergebnisse und Theorien legte er in einer Schrift nieder, die er 1865 der Brünner Gesellschaft für Naturgeschichte vortrug und die er 1866 in den Abhandlungen der Gesellschaft veröffentlichte. Mendels Arbeit blieb in wissenschaftlichen Kreisen weitgehend unbekannt, bis sie 1900 fast gleichzeitig von drei unabhängigen Forschern – Correns, von Tschermak und de Vries – entdeckt wurde. Ihre Bedeutung wurde schnell erkannt, und Mendels Ergebnisse wurden umgehend bestätigt und erweitert.

Mendel hatte seine Forschungen größtenteils mit gewöhnlichen Gartenerbsen durchgeführt. Er interessierte sich besonders für solche Merkmale, die in jeweils einer von zwei gegensätzlichen Ausprägungen auftraten. So konnten die Samen rot oder weiß, die Hülsen aufgeblasen oder zusammengezogen und grün oder gelb sein, die Blüten seiten- oder endständig, ihre Stiele lang oder kurz. Mendel sähte jeden Samen einzeln aus. Die sich daraus entwickelnden Pflanzen kreuzte er durch künstliche Befruchtung und hielt die verschiedenen Hybriden in getrennten Beeten. Anstatt nun zu versuchen, den individuellen Erblinien nachzugehen, wie es zu jener Zeit üblich war, arbeitete er mit einer großen Anzahl Pflanzen und zählte einfach die verschiedenen Typen in der Nachkommenschaft aus. Auf der Grundlage dieser Studien formulierte er seine umwälzenden Vererbungsgesetze.

1866 schrieb Mendel dem berühmten Biologen von Nägeli, der sich mit Zuchtexperimenten an Habichtskräutern beschäftigte. Mendel umriß seine Ideen, bat um Hilfe und war auch bereit, an Habichtskräutern zu arbeiten. Von Nägeli war jedoch nicht sonderlich beeindruckt von Mendels Theorien und schlug ihm vor, weiterhin Erbsen zu züchten. Mendel hatte seine Beobachtungen an etwa 13000 Erbsenpflanzen bereits aufgezeichnet und versuchte nunmehr, von Nägelis Arbeiten an Habichtskräutern nachzuvollziehen. Habichtskräuter sind klein, schwer künstlich zu befruchten und für genetisches Arbeiten wenig geeignet. Mendel arbeitete eine Weile mit ihnen, machte aber keinerlei Fortschritte. Von Nägeli bot Mendel an, einige von dessen Erbsen im Botanischen Garten in München zu ziehen, woraufhin Mendel ihm 140 Päckchen schickte. Von Nägeli pflanzte die Samen jedoch niemals an, und in seiner Hauptarbeit von 1884 zitierte er Mendel nicht. Es ist geradezu grotesk, daß von Nägeli, der 1842 als erster Chromosomen unter dem Mikroskop beobachtet und beschrieben hatte, die Bedeutung von Mendels Arbeit nie erkannt hat. Der Zusammenhang zwischen den Chromosomen und der Mendelschen Vererbung wurde erst 1914 aufgezeigt.

Gegen 1875 wurde das Kloster Brünn in einen Steuerstreit verwickelt, und Mendel, derzeit Prälat, hatte für die Forschung keine Zeit mehr. Er starb 1894.

2 Gene und Chromosomen

Als Darwins Selektionstheorie veröffentlicht wurde, rückte die Problematik, wie Merkmale vererbt werden und wie die Variabilität unter den Nachkommen erhalten bleibt, in den Vordergrund wissenschaftlichen Interesses. Von Nägeli, berühmt für seine Arbeiten über die zelluläre Struktur von Geweben, führte Züchtungsexperimente an Habichtskräutern durch. Bateson veröffentlichte seine umfangreichen Studien über Vererbung und Variabilität im Jahre 1894. Der holländische Botaniker de Vries entdeckte, daß Varianten der Zweijährigen Nachtkerze aus normalen Pflanzen entstanden und sich offensichtlich regulär vermehrten; er nannte diese plötzlichen Sprünge **Mutationen**. 1868 veröffentlichte Darwin *The Variations in Animals and Plants under Domestication* (*Das Variiren der Thiere und Pflanzen im Zustande der Domestikation*), worin er seine Theorie der Pangenesis darlegte – jede Zelle sollte winzige „gemmulae“ abgeben, die Informationen über die Zelle selbst enthielten. „Diese vermehren sich und aggregieren zu Knospen und zu den Sexualorganen“. Allerdings erst als im Jahre 1900 Mendels Schriften wiederentdeckt wurden, konnte die Genetik mit der Theorie der Evolution durch natürliche Zuchtwahl und mit dem wachsenden Wissenschaftszweig der Zellphysiologie in Einklang gebracht werden.

In diesem Kapitel wird dargestellt, auf welche Weise Mendels Arbeit zu unserer modernen Vorstellung von der zellulären Basis der Vererbung, der genetischen Variation und der Natur der Gene führte. Genetik hat für die Verhaltensforschung eine fundamentale Bedeutung, weil das Verhalten eines Tieres in hohem Maße auf dessen Erbanlagen beruht. Mit Hilfe der Genetik wird auch ein Einblick in diese Zusammenhänge möglich.

2.1 Selektion und Verhalten

Die natürliche Auslese wirkt auf die physischen Eigenschaften (den **Phänotyp**) eines Individuums, zu denen auch sein Verhalten gehört. Eine Maus, die im Gegensatz zu ihren Artgenossen nicht danach trachtet, Räubern zu entkommen, hat eine geringere Überlebenschance als jene. Ähnlich benachteiligt ist eine Maus, die die Gelegenheiten zum Nahrungserwerb nicht nutzt. Man kann also bestimmten Verhaltensmustern genauso einen Überlebenswert zuordnen wie den morphologischen Eigenschaften von Tieren. Zudem kann auch die Balance zwischen verschiedenen Verhaltensweisen wichtig sein. So könnte z.B. eine Maus, die zuviel Aufmerksamkeit auf ihre Nahrung verwendet, einen herannahenden Räuber nicht bemerken, während eine andere, die allzu ängstlich vor Räubern ist, wichtige Gelegenheiten zum Nahrungserwerb verpaßt. Solche Überlegungen führen auf zwei fundamentale Fragen über die Beziehungen zwischen natürlicher Auslese und Verhalten hinaus: 1) Wie kann man den Überlebenswert bestimmter Verhaltensweisen feststellen oder aufzeigen? 2) Gibt es für ein Tier eine beste Lösung, seine Zeit auf die vielen Aktivitäten zu verteilen, die in einer gegebenen Lebenssituation möglich sind? Der ersten dieser beiden Fragen wird in Kapitel 6.1 nachgegangen. Die zweite Frage ist ein wenig komplizierter und Kapitel 24 vorbehalten.

Die Wirksamkeit der natürlichen Auslese bei der allmählichen Veränderung einer Tierpopulation hängt davon ab, in welchem Maße die phänotypischen Merkmale erblich sind. Obwohl Darwin wußte, daß die Nachkommenschaft eines gegebenen Elternpaares im allgemeinen variiert und daß solche Variationen für seine Theorie unentbehrlich waren, konnte er eigentlich nicht sagen, wie sie zustande kamen. Im Jahre 1858 hatte Mendel, ein mährischer Mönch, Pflanzenzuchtexperimente begonnen. 1865 beschrieb er seine Ergebnisse, aber leider in einer wenig beachteten Veröffentlichung, die erst im Jahre 1900 – also nach Darwins Tod – der wissenschaftlichen Welt bekannt wurde. Mendel konnte zeigen, daß die Vererbung kein Vermischungs-, sondern ein Teilungsvorgang ist: Die Nachkommen erben diskrete Partikel, die heute „Gene" genannt werden. Nach ihrer Wiederentdeckung führte Mendels Arbeit in den dreißiger Jahren unseres Jahrhunderts zu einer genetisch begründeten Theorie der natürlichen Auslese durch Fisher und andere. Diese Theorie erklärt den Selektionsvorgang unter Berücksichtigung der Variabilität innerhalb einer Population sich fortpflanzender Tiere.

Bei Verhaltensstudien ist es wichtig zu wissen, inwieweit bestimmte Verhaltenseigenschaften vererbt werden. Solche Kenntnisse helfen nicht nur einzuschätzen, in welchem Maße Verhaltensmerkmale der Selektion unterworfen sind, sondern sie werfen auch ein Licht auf die Unterscheidung zwischen angeborenem und erworbenem Verhalten, ein zur Zeit kontrovers diskutiertes Thema mit weitreichenden Auswirkungen bis in die Philosophie und Politik.

Kapitel 4 führt in das Gebiet der Verhaltensgenetik ein. Es reicht vorläufig aus, wenn verstanden wird, daß die Effektivität, mit der die natürliche Auslese die stammesgeschichtliche Verhaltensentwicklung beeinflußt, davon abhängt, inwieweit eine Verhaltensweise genetisch fixiert ist. Die Evolution des Verhaltens ist eine komplizierte Angelegenheit, weil die Selektion nicht immer der einzige wichtige Mechanismus ist. Bei bestimmten Tieren, insbesondere beim Menschen, können sich Verhaltenseigenschaften kulturell bedingt entwickeln. Individuen können auf verschiedene Weise voneinander lernen (s. Kapitel 27), wobei nun auch diese Information von einer Generation zur nächsten weitergegeben werden kann. Das Verhalten von Vögeln und Säugetieren ist das Ergebnis einer komplexen Wechselwirkung zwischen Vererbung und Erfahrung. Um diese Vorgänge zu verstehen, müssen Ethologen mit elementarer Genetik vertraut sein.

2.2 Die Mendelschen Gesetze

Mendel führte die meisten seiner Experimente an der Gartenerbse aus. In einem typischen Experiment kreuzte er rotblühende Pflanzen mit weißblühenden: Die ganze Nachkommenschaft hatte rote Blüten. Daraufhin ließ er diese Nachkommen sich frei miteinander kreuzen und erhielt 705 Pflanzen mit roten Blüten und 224 mit weißen. Zwei Aspekte dieser Ergebnisse sind wichtig: 1) Die erste Generation der Nachkommen hat keine Vertreter der weißblühenden Eltern, wohl aber die zweite Generation. 2) Die roten und die weißen Blüten der zweiten Generation treten im Verhältnis 3:1 auf. Auch Darwin hatte mit Erbsen experimentiert und das 3:1-Verhältnis gefunden. Mendel hielt jedoch dieses sowie andere wichtige Verhältnisse in zahlreichen Wiederholungsexperimenten definitiv fest. Ferner erkannte er die

Bedeutung des Verschwindens eines Elterntyps (weiß) in der ersten Filialgeneration. Er nahm an, daß jede Erbsenpflanze zwei Erbfaktoren für die Blütenfarbe sowie jeweils zwei weitere Erbfaktoren für jedes andere Merkmal besitzt. Ein Faktor dominiert über den anderen, so daß die Blüten nur eine der Farben ausbilden, wenn zwei verschiedene Faktoren vertreten sind. Demnach besitzen weißblühende Pflanzen zwei Faktoren für weiß, während rotblühende Individuen entweder zwei Faktoren für rot oder einen für rot und einen für weiß haben. Mit Hilfe dieser Argumentation war Mendel in der Lage, alle beobachteten Relationen bei den Nachkommen zu erklären und seine bahnbrechenden Vererbungsgesetze zu formulieren.

Auf der Grundlage seiner Zuchtexperimente mit Erbsen kam Mendel zu einer Reihe von Schlußfolgerungen:

1) Die Vererbung erfolgt in distinkten Einheiten, und die genetischen Beiträge seitens der Eltern sind gleich. Das genetische Material eines Elternteils kann sich nicht mit dem des anderen vermischen. Mendels Erbeinheiten heißen heute **Gene**.

2) Jedes äußerliche Merkmal, das zur Struktur und zum Erscheinungsbild eines Individuums beiträgt, wird durch ein Genpaar gesteuert, wobei jedes der Gene von einem Elternteil stammt. Die äußere Erscheinung eines Individuums wird als **Phänotyp** bezeichnet.

3) Jedes Gen kann in zwei oder mehr alternativen Formen vorkommen, die heute **Allele** genannt werden. Die Gesamtheit der Gene eines Individuums wird als **Genotyp** bezeichnet. Bei zwei vorhandenen Allelen ergeben sich drei Kombinationsmöglichkeiten. Für ein Gen, das in zwei Ausprägungen vorkommt, A und a, lauten die drei möglichen Genotypen eines Individuums AA, aa und Aa. Trägt es zwei Exemplare des gleichen Allels, wie in den ersten beiden Fällen, dann gilt es in bezug auf die betreffende Eigenschaft als **homozygot**. Ist das Individuum dagegen Träger je eines der beiden verschiedenen Allele, wie im dritten Fall, dann spricht man von einem **heterozygoten** Organismus.

4) Eines der Allele kann **dominant** über das andere sein. Das nicht dominante Allel wird dann als **rezessiv** bezeichnet. **Dominante Gene** bestimmen die Ausprägung des Phänotyps, wenn sie in homozygoter oder heterozygoter Kombination auftreten, **rezessive Gene** dagegen nur dann, wenn sie in homozygoter Kombination vorkommen (Abb. 2.1).

5) Von den Genen, die bei einem Elternteil jeweils ein Paar bilden, wird nur eines kopiert und von einem Nachkommen ererbt. Dieser erhält zugleich auch eine Kopie von seinem anderen Elternteil. So kommt es, daß es nur einen Phänotypen in der ersten Filialgeneration (F1, die erste Generation, die einer hier betrachteten Kreuzung folgt) eines homozygoten Elternpaars gibt (**Erstes Mendelsches Gesetz**), aber mehr als einen Phänotypen in der zweiten Filialgeneration (F2) (Abb. 2.1). Diese **Spaltungsregel** (auch **Zweites Mendelsches Gesetz** genannt) führt zu den charakteristischen Mendelschen Verhältniszahlen bei Phänotypen der zweiten Generation wie etwa dem 3:1-Verhältnis in Abb. 2.1.

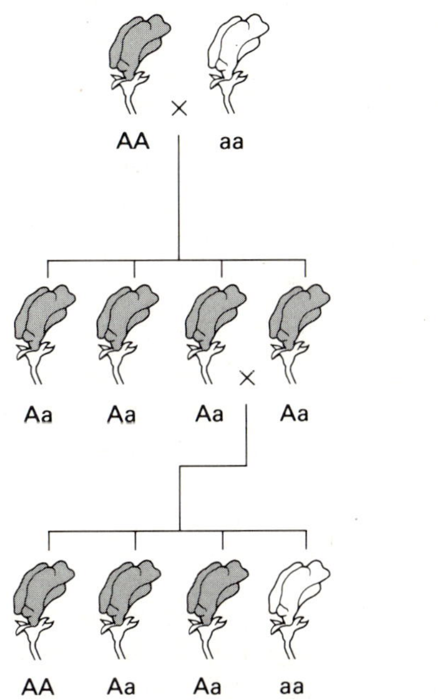

Abb. 2.1. Mendelsches Vererbungsschema bei der Kreuzung von rot- und weißblühenden Erbsen. Rot (A) ist dominant über weiß (a).

glatt gelb RrYy (oben) × RrYy glatt gelb (links)

	RY	Ry	rY	ry
RY	RRYY glatt gelb	RRYy glatt gelb	RrYY glatt gelb	RrYy glatt gelb
Ry	RRyY glatt gelb	RRyy glatt gelb	RryY glatt gelb	Rryy glatt grün
rY	rRYY glatt gelb	rRYy glatt gelb	rrYY runzlig gelb	rrYy runzlig gelb
ry	rRyY glatt gelb	rRyy glatt grün	rryY runzlig gelb	rryy runzlig grün

Abb. 2.2. Kreuzungsschema zweier F1-Individuen von Erbsenhybriden, wie Mendel sie verwendete. Glatt (R) ist dominant über runzlig (r) und gelb (G) ist dominant über grün (g).

6) Wenn zwei oder mehr Paare von Genen gleichzeitig aufspalten, so ist die Verteilung jedes dieser Gene unabhängig von der Verteilung aller anderen Gene. Dies wird als das **Gesetz der Neukombination der Gene** (oder das **Dritte Mendelsche Gesetz**) bezeichnet. Daraus folgt, daß phänotypische Merkmale, die in einer Generation zusammen auftreten, in der nächstfolgenden Generation nicht mehr gekoppelt sein müssen (Abb. 2.2).

Mendels Schlußfolgerungen gelten für die Vererbung zahlreicher Merkmale bei vielen Pflanzen- und Tierarten, aber es hat sich herausgestellt, daß sie nicht universell anwendbar sind. Eine Abweichung vom klassischen Bild Mendels ist auf die Variabilität der Beziehung zwischen der erblichen Veranlagung, dem Genotyp, und der zu beobachtenden Merkmalsausprägung, dem Phänotyp, zurückzuführen. Bei den meisten Eigenschaften, die Mendel untersucht hatte, war die Dominanz eines der Gene über sein Allel vollständig. Heute ist dagegen bekannt, daß es eine ganze Skala möglicher Formen der Genexpression gibt (Abb. 2.3) und daß nicht immer vollständige Dominanz vorliegt.

Eine weitere Komplikation der einfachen Mendelschen Vorstellung besteht darin, daß ein bestimmtes Gen viele verschiedene Merkmale beeinflussen kann. Dieses Phänomen ist als **Pleiotropie** bekannt. Der erste Nachweis einer Verhaltenspleiotropie gelang Sturtevant (1915). Er arbeitete mit der Fruchtfliege *Drosophila* und fand heraus, daß sich männliche Fliegen offenbar vorzugsweise mit solchen weiblichen Mutanten paarten, deren Phänotypen entweder weiße Augen oder eine gelbe Körperfarbe hatten. Andererseits beobachtete er, daß sich Weibchen gleich welchen Typs vorwiegend mit Männchen paarten, die keine gelbe Körperfärbung und keine weißen Augen aufwiesen. Diese Befunde sind auf einen pleiotropen Effekt zurückzuführen, bei dem beide Mutationen, „weißes Auge" und „gelbe Körperfarbe", als Nebeneffekt das allgemeine Aktivitätsniveau des Merkmalsträgers herabsetzen. Da die normal aktiven Weibchen dazu neigen, vor den Annäherungen der Männchen zu fliehen, werden die mutierten Weibchen häufiger befruchtet. Umgekehrt gilt: Da die Männchen sich den Weibchen nähern müssen, um die Paarung einzuleiten, haben die weniger aktiven, mutierten Männchen geringeren Erfolg als ihre normalen männlichen Mitbewerber. Mit anderen Worten, die mutierten Gene waren pleiotrop, indem sie mehr als ein Merkmal beeinflußten. In einer zufallsverteilten Paarungssituation würden die mutierten Fliegen aufgrund ihrer geringeren sexuellen Aktivität herausselektiert.

Wechselwirkungen zwischen Genen können ebenfalls Abweichungen von den einfachen Mendelschen Grundregeln verursachen. Wenn sich zwei oder mehr verschiedene Gene bei der Ausprägung eines einzelnen Merkmals beeinflussen, können die Verhältniszahlen, die man aus den Paarungen erhält, von den klassischen Mendelschen Relationen abweichen. So wird beispielsweise die Kammform des Haushuhns von den zwei Genen R und P bestimmt. Das dominante Gen R ruft den „Rosen-

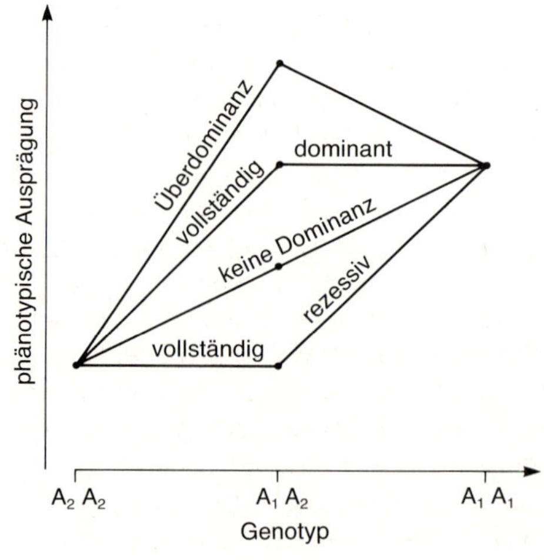

Abb. 2.3. Graphische Darstellung von vier verschiedenen Arten der Genexpression (nach McClearn und DeFries 1973).

kamm“ hervor (Abb. 2.4) und sein rezessives Allel r den einfachen Kamm, sofern es homozygot auftritt. Das dominante Gen P produziert den „Erbsenkamm“, das rezessive p die einfache Kammform. Kommen R und P zusammen vor, beeinflussen sie sich gegenseitig und der „Walnußkamm“ wird ausgebildet, was keines der Gene allein könnte.

Eine weitere Form von Geninteraktion tritt im Falle komplementärer Gene auf, die jeweils voneinander abhängig sind: Keines dieser Gene kann seinen phänotypischen Effekt ohne die Mitwirkung des anderen entfalten. Bisweilen maskiert ein Gen die Auswirkung eines anderen, ein Umstand, der als **Epistase** bekannt ist. Die Epistase ist der Dominanz ähnlich, aber während letztere verschiedene Allele des gleichen Gens betrifft, handelt es sich bei der Epistase um verschiedene Gene.

Ein **Modifikationsgen** kann die Expression eines anderen Gens ändern. Beispielsweise wird die Augenfarbe beim Menschen durch ein einziges Genpaar reguliert. B ist für die braune Augenfarbe verantwortlich, b für die blaue. Die beiden Genotypen BB und Bb erzeugen braune Augen, bb führt zu blauen Augen. Durch Mitwirkung von Modifikationsgenen gibt es aber viele Variationen dieser beiden Grundfarben. Modifikationsgene können also die phänotypischen Effekte anderer Gene anschalten.

Einige phänotypische Eigenschaften, wie z.B. die Körpergröße des Menschen, werden von einer großen Anzahl von Genen beeinflußt. Daher sind solche Merkmale über eine Population kontinuierlich verteilt. Wären an der Ausbildung der Körpergröße nur wenige Gene beteiligt, so wäre zu erwarten, daß bestimmte Größen viel häufiger aufträten als andere.

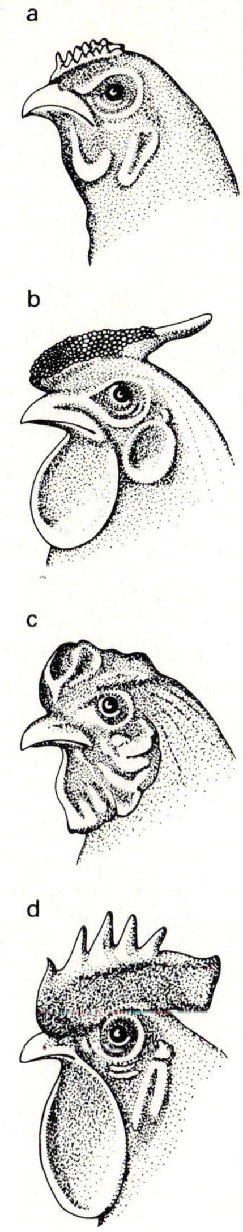

Abb. 2.4. Kammtypen bei Hühnern. a) „Erbsenkamm“, b) „Rosenkamm“, c) „Walnußkamm“, d) gewöhnliche Kammform.

2.3 Die zytologischen Grundlagen der Vererbung

Die Vorstellung, daß alle Pflanzen und Tiere aus Zellen bestehen, entwickelte sich ganz allmählich und wurde erstmals 1839 von Schwann formuliert. Er machte auf den Zusammenhang zwischen Zellstruktur und Wachstum von Pflanzen und Tieren aufmerksam. 1840 erkannte von Kölliker als erster, daß Spermium und Ei Zellen sind; nicht lange danach wurde allgemein anerkannt, daß alles lebende Gewebe aus Zellen besteht.

Die ersten dokumentierten Beobachtungen, daß mit der Zellteilung auch die Teilung von Kern und Chromosomen einhergeht, machte von Nägeli 1842. Eine detaillierte Beschreibung der Teilung des Zellkerns wurde jedoch erst durch eine verbesserte Mikroskopiertechnik ermöglicht. Die erste korrekte Darstellung über das Verhalten der Chromosomen bei der Zellteilung lieferte Flemming 1882. Er beobachtete diesen Vorgang bei Zellen von Salamanderlarven. Um 1885 zeigte van Beneden, daß Chromosomen aus der Zellteilung unverändert hervorgehen. Er entdeckte auch, daß die Anzahl der Chromosomen artspezifisch festgelegt ist. Bereits 1856 hatte Pringsheim als erster gesehen, wie ein Spermium in eine Eizelle eindrang, aber erst Hertwig erkannte 1876, daß der eine Kern aus dem Spermium stammen mußte, wenn in einem befruchteten Ei zwei Kerne zu sehen sind. Daraus folgerte er, daß die Chromosomen die Träger des genetischen Materials sind, welches von beiden Eltern im Moment der Befruchtung bereitgestellt wird. So wurde endlich eine klare Darstellung der Vorgänge bei der Zellteilung und Befruchtung möglich, und alle Voraussetzungen waren nunmehr gegeben, um Mendels Arbeiten über die Vererbung nach ihrer Wiederentdeckung im Jahre 1900 umgehend in dieses Bild zu integrieren.

Die somatischen Zellen der meisten Tiere sind **diploid**, d.h. jede Zelle besitzt von jedem Chromosom zwei Exemplare. Die somatischen Zellen des Menschen weisen

46 Chromosomen auf (oder 23 verschiedene Paare), die Fruchtfliege *Drosophila* hat 8 Chromosomen in 4 verschiedenen Paaren. Jede normale Zellteilung geht mit einer **Mitose** einher, wobei wieder eine diploide Zelle entsteht. Die Mitose ist der charakteristische Vorgang bei der Bildung aller Zelltypen. Eine Ausnahme bilden die Zellen der Keimbahn, aus denen die männlichen und weiblichen Gameten, die Spermien und die Eizellen, entstehen. Weil sich diese beiden Keimzellen zu einer einzigen Zelle mit zwei Chromosomensätzen (der diploiden **Zygote**) vereinigen, trägt jede Gametenzelle nur einen einfachen Chromosomensatz und wird demnach als **haploid** bezeichnet. Bei der Bildung der Keimzellen wird also die diploide Chromosomenzahl auf die haploide reduziert, ein Vorgang, der als **Meiose** bezeichnet wird.

Die Meiose umfaßt zwei verschiedenartige Zellteilungen. Die erste Teilung führt zu einer Reduktion der Chromosomenzahl, während die zweite ähnlich der Mitose abläuft, außer daß die Tochterzellen nun haploid sind. Die vollständige Meiose führt also zur Teilung einer einzelnen diploiden Zelle in vier haploide. Bei männlichen Tieren differenzieren sich alle vier haploiden Zellen zu Spermatozoen (Abb. 2.5). Bei weiblichen Tieren sind die aus der ersten Teilung hervorgehenden Zellen gewöhnlich ungleich groß. Die kleinere Zelle, **erster Richtungskörper** genannt, macht nicht mehr unbedingt die zweite Teilung mit. Die größere Zelle teilt sich in einen **zweiten Richtungskörper** und eine große Zelle, die sich schließlich zur Eizelle differenziert (Abb. 2.5). Die Richtungskörper sterben ab. Bei Männchen erzeugt also die Meiose vier gleichgroße Spermatozoen, bei Weibchen dagegen eine einzige große Eizelle und zwei oder drei funktionslose Richtungskörper.

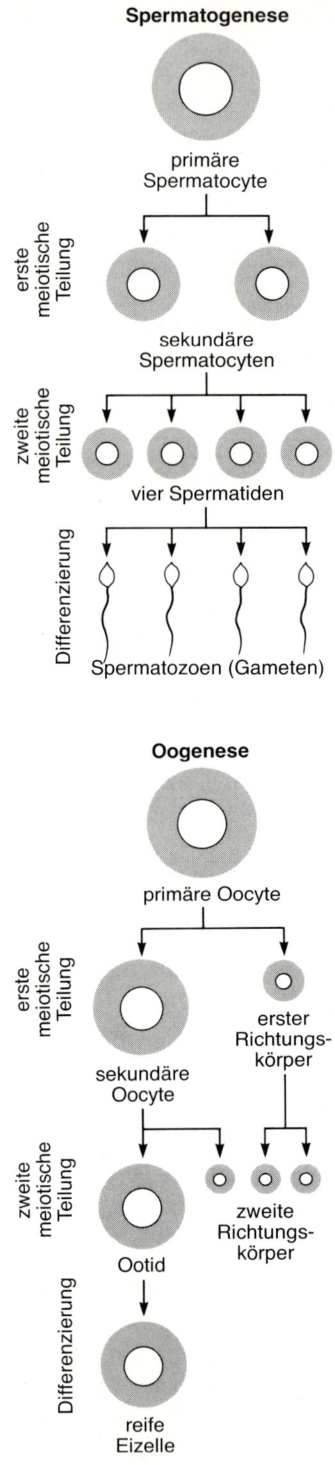

Abb. 2.5. Schematische Darstellung der Entstehung von Spermien und Eizellen bei Tieren.

2.4 Genetische Variation

Der amerikanische Biologe Morgan bemerkte, daß das von de Vries entdeckte Phänomen der Mutation einen Ansatzpunkt für die genetische Forschung bot. Nach Vorversuchen an Mäusen, Tauben und Ratten entschied er sich für die Fruchtfliege *Drosophila* als geeignetes Versuchstier. Da die Fruchtfliege nur 12 Tage bis zur Geschlechtsreife benötigt und sich schnell fortpflanzt, können in 12 Monaten 30 Generationen gezüchtet werden, so daß reichlich Versuchsmaterial zur Verfügung steht. Morgan versuchte Mutationen auszulösen, indem er die Fliegen extremen Temperaturen, Radioaktivität, etc. aussetzte. Anfangs hatte er keinen Erfolg, aber 1910 entdeckte er eine männliche Fliege mit weißen Augen; normale Fruchtfliegen haben rote Augen. Er züchtete dieses Einzelexemplar mit normalen Weibchen und erhielt in der ersten Generation ausschließlich rotäugige Fliegen. In der zweiten Generation tauchten beide Formen, rotäugige und weißäugige Individuen, wieder auf.

Bald darauf fand Morgan viele weitere Mutanten. Er entdeckte, daß weiße Augen nur zusammen mit gelben Flügeln, aber nie mit grauen auftraten. Ebenso ergab sich schwarze Körperfärbung nur in Verbindung mit Stummelflügeln und schwarzbraune Körperfärbung ausschließlich mit rosafarbenen Augen. Diese Befunde ließen sich nur unter der Annahme erklären, daß die drei Merkmalspaare jeweils auf verschiedenen Chromosomen lagen. Da nun *Drosophila* tatsächlich drei große Chromosomenpaare hat, erschien diese Interpretation sinnvoll. Schließlich tauchte 1914 das Merkmal „gekrümmte Flügel" auf, gefolgt von „Augenlosigkeit" und „unbehaartes Aussehen", alle jeweils miteinander, aber nicht mit anderen Mutationen gekoppelt. Morgan postulierte, daß diese Formen Mutationen auf dem vierten, dem kleinen Chromosom von *Drosophila* darstellten (Abb. 2.6).

Einige Mutationen, wie „weiße Augen", traten nur bei Männchen auf. Morgan konnte zeigen, daß eines der Chromosomen beim Männchen etwas größer ist als das korrespondierende Chromosom beim Weibchen (Abb. 2.6) und daß dieses zusätzliche Material den geschlechtsbestimmenden Erbfaktor sowie einige weitere Faktoren trägt, die nur beim Männchen vorkommen. Die chromosomale Basis der Vererbung wurde nun allgemein anerkannt.

Eines Tages wurden gelbe Flügel und weiße Augen ungekoppelt vorgefunden. Morgan postulierte, daß ein Chromosom während der Meiose aufgebrochen war und daß sich die beiden Paare in anderer Kombination wieder verbunden hatten. Er sollte recht behalten, und das Phänomen wird heute **Crossing-over** genannt (Abb. 2.7). Das Crossing-over ist ein Beispiel für eine Chromosomenmutation, von der heute viele weitere Typen bekannt sind. Das Phänomen des Crossing-over erwies sich als besonders nützlich für die experimentelle Ermittlung der Lage bestimmter Gene auf einzelnen Chromosomenabschnitten. Aufgrund der Untersuchung zahlreicher Fälle von Crossing-over ergab sich nämlich die Möglichkeit, die relativen Positionen verschiedener Erbfaktoren zu berechnen und so die Reihenfolge der Gene auf den Chromosomen zu bestimmen (Abb. 2.7).

Mutationen können auch innerhalb einzelner Gene auftreten. Die chemische Struktur eines Gens ist gewöhnlich sehr stabil und widerstandsfähig gegenüber extremen Temperaturen oder toxischen Chemikalien, sofern diese Veränderungen im Rahmen normaler Umwelteinflüsse bleiben. Morgans Schüler Muller entdeckte jedoch, daß die Mutationsrate durch starke, in natürlicher Umgebung gewöhnlich nicht vorkommende Radioaktivität beträchtlich erhöht werden konnte.

Genmutationen sind Zufallsereignisse, d.h. es läßt sich im allgemeinen nicht vorhersagen, welches Gen in welchem Individuum mutieren wird. Die meisten Mutationen führen zu Ausfallerscheinungen und sind letal, wenn sie homozygot auftreten. So gibt es z.B. eine mutierte Form des Haushuhns mit sehr kurzen, gekrümmten Beinen, die als „creeper" bezeichnet wird. Werden „creeper-Hühner" miteinander gekreuzt, so ergibt sich eine Nachkommenschaft aus normalen Hühnern und „creeper-Typen" im Verhältnis 1:2. Das entspricht nicht dem in anderen Fällen gefundenen Mendelschen Verhältnis. Ein Viertel der befruchteten Eier entwickelt sich jedoch nicht bis zur Schlupfreife; sie sind homozygot in bezug auf das „creeper"-Gen, eine letale Kombination. Das Verhältnis zwischen normalen, „creeper-" und letalen Typen ist in Wirklichkeit doch 1:2:1 – mithin ein klassisches Mendelverhältnis.

Für die genetische Variabilität, die Darwin für seine Theorie der Evolution durch natürliche Auslese als so bedeutsam erkannt hatte, sind bis jetzt also drei Ursachen bekannt: 1) die Variation im Sinne Mendels, begründet in neuen Merkmalskombinationen wie in den Mendelschen Gesetzen beschrieben, 2) die Genmutation und 3) die Chromosomenmutation.

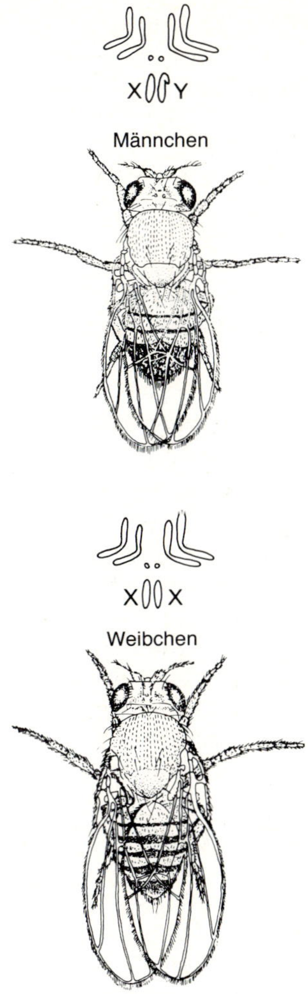

Abb. 2.6. *Drosophila melanogaster* und ihre Chromosomen.

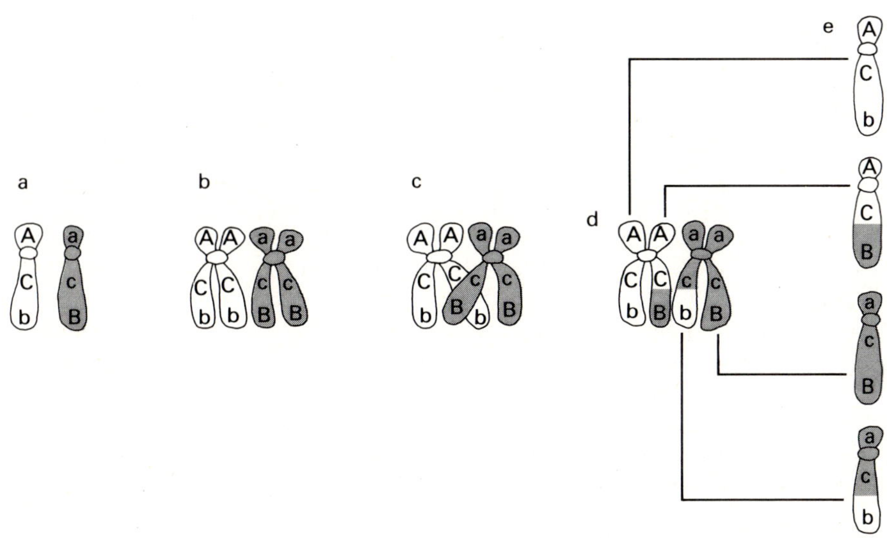

Abb. 2.7. Schematische Darstellung des Crossing-over (nach McClearn 1963).

2.5 Das genetische Material

Mendel verwendete nicht den Ausdruck „Gen“. Er beschrieb nur die äußerlich sichtbaren (phänotypischen) Merkmale lebender Organismen und forderte die Existenz von Erbelementen oder -faktoren, die sich wie distinkte Einheiten verhielten. Als Mendels Arbeit im Jahre 1900 einer breiten wissenschaftlichen Öffentlichkeit bekannt wurde, vermuteten die Wissenschaftler bereits, daß die Chromosomen die Träger der Erbsubstanz seien. Intensive Forschung bestätigte die Allgemeingültigkeit der Mendelschen Regeln, obwohl, wie oben erwähnt, auch Ausnahmen festgestellt wurden. 1905 verlieh Bateson diesem Forschungsgebiet den Nahmen **Genetik**; der Begriff „**Gen**“ wurde erstmals 1909 von dem dänischen Botaniker Johannsen für die Mendelschen Erbelemente verwendet. Johannsen vollzog auch den bedeutenden Schritt, zwischen Genotyp und Phänotyp zu unterscheiden.

Morgan sah in den Genen die kleinsten Rekombinationseinheiten, die auf den Chromosomen wie eine Perlenkette aufgereiht waren. Gekoppelte Gene konnten durch Crossing-over rekombinieren, falls ein Chromosom zwischen zwei Genen aufbrach. Das Gen wurde auch als funktionelle Steuereinheit für den Phänotyp und als Mutationseinheit angesehen. Das heißt, die Genmutation wurde als kleinste genetische Änderung aufgefaßt, die einen Phänotypen verändern konnte. In der ersten Hälfte unseres Jahrhunderts war das Genkonzept noch einheitlich. Es sollte jedoch durch Fortschritte im Verständnis der chemischen Natur der Gene verändert werden. Avery und seine Mitarbeiter (1944) sowie Watson und Crick (1953) fanden in ihren Arbeiten heraus, daß DNA-Moleküle (DNA: engl. Abkürzung für **d**eoxyribo**n**ucleic **a**cid) die Träger des genetischen Codes sind.

DNA-Moleküle bestehen aus zwei Strängen (Abb. 2.8), die sich jeweils aus einer Abfolge kleiner Bausteine, den **Nukleotiden**, zusammensetzen. Diese Nukleotide sind die Elemente des genetischen Codes. Die DNA vermag zweierlei: Sie reproduziert sich selbst, wodurch die erbliche Verbindung zwischen den Generationen gewährleistet ist, und sie liefert die notwendige Information für die Herstellung tausender verschiedener **Proteine**. Ebenso wie die DNA aus einer Kette von Nukleotiden zusammengesetzt ist, besteht ein Protein aus einer oder mehreren Ketten von **Aminosäuren**. Verschiedene Kombinationen aus jeweils drei der vier vorkommenden Nukleotidtypen codieren für je eine der 20 natürlichen Aminosäuren. Daneben gibt es auch Nukleotidtriplets – oder **Codons** –, die das Ende eines Proteins anzeigen und solche, die andere Botschaften übermitteln. Die DNA-Kette selbst liegt unbeweglich im Innern des Zellkerns. Daher muß sie zur Übertragung ihrer gespeicher-

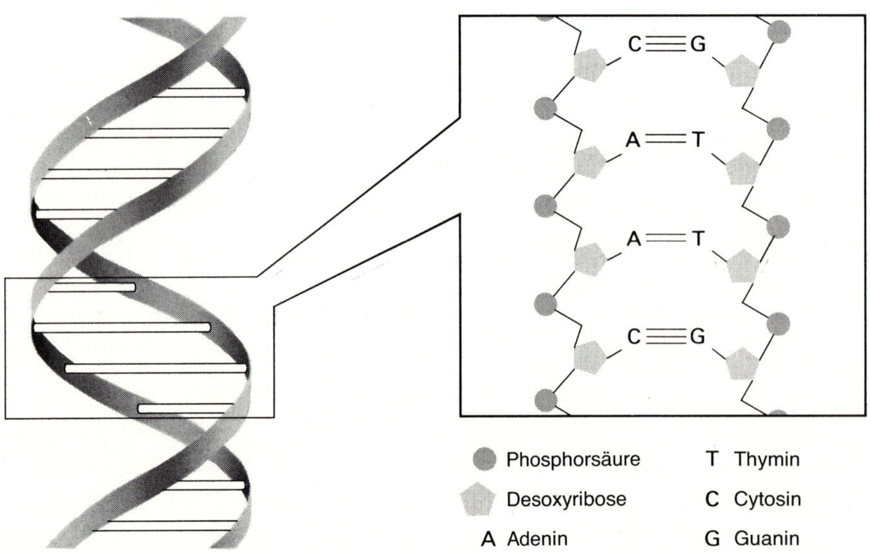

Abb. 2.8. Vereinfachte Darstellung der DNA und ihrer Doppelhelixstruktur. Die Hauptkette jedes der beiden Stränge besteht aus alternierenden Desoxyribose- und Phosphatbausteinen. Jeder Riboserest ist mit einer Base verknüpft. Die beiden Teilstränge werden durch schwache intermolekulare Wechselwirkungen zwischen den Nukleotidbasen Adenin (A), Thymin (T), Cytosin (C) und Guanin (G) zusammengehalten.

ten Information zunächst in eine komplementäre **messenger-RNA**, eine **Ribonukleinsäure**, kopiert werden, die aus dem Zellkern heraus ins Cytoplasma gelangen kann. Dort wird die in der RNA vorgegebene Sequenz der Nukleotidtriplets in eine Aminosäuresequenz übertragen. Wenn diese Aminosäurekette – auch **Polypeptid** genannt – vollständig aufgebaut ist, trennt sie sich von der RNA und übernimmt ihre Rolle als funktionelles Protein. Ein Gen ist demnach einfach ein Stück DNA, welches die vollständige Nukleotidsequenz für **ein** Protein enthält (oder für eine Ribonukleinsäure, die der Genregulation dient, ohne in ein Protein übersetzt zu werden). In den Chromosomen aller höheren Organismen gibt es Zehntausende von Genen sowie ausgedehnte DNA-Abschnitte, die nach bisherigem Kenntnisstand für kein Genprodukt codieren.

Genmutationen können zu verschiedenartigen Störungen im DNA-Molekül führen. Es hat sich insbesondere gezeigt, daß in bestimmten Nukleotiden **Additionen, Deletionen** oder **Insertionen** vorkommen können. Tritt so eine Änderung nahe dem Anfang eines Gens auf, dann werden alle nachfolgenden Triplets falsch gelesen, und es entsteht ein völlig anderes, nicht funktionsfähiges Protein. Liegt die Addition oder Deletion mehr am Ende des Gens, dann ist der erste Teil des Proteins richtig codiert und nur der Rest in irgendeiner Weise geändert. Falls die Veränderungen die aktiven Zentren des Moleküls nicht beeinträchtigen, so kann seine Funktionsfähigkeit teilweise oder ganz erhalten bleiben. Ein anderer Mutationstyp ist die **Basensubstitution,** d.h. der Austausch eines Nukleotids gegen ein anderes, wodurch ein neues Triplet und infolgedessen ein geändertes Peptid entsteht. Dabei kann ein **spacer-Triplet** gebildet werden, welches die aktiven Zentren der Peptidkette voneinander trennt. Schließlich können Mutationen auch in **Regulatorgenen** auftreten, die die Aktivität anderer Gene kontrollieren.

Chromosomenmutationen verursachen Neukombinationen von Genen, wobei die Gene auf dem Chromosom in anderer Reihenfolge liegen können oder sogar auf ein ganz anderes Chromosom übergehen. Dieser Mutationstyp verändert zwar nicht einzelne Gene, kann aber den Vorgang der Proteinproduktion beeinflussen, weil die Reihenfolge der Gene auf dem Chromosom ein wichtiger Faktor bei der Genexpression ist.

Die Mutationsrate, der ein einzelnes Gen unterliegt, ist ziemlich gering. Ein Individuum verfügt jedoch über eine große Anzahl von Genen, und die Anzahl der Allele im Genpool einer Population ist immens. Mutationen sind also insgesamt recht häufig in einer Population; es hängt allerdings vom Zufall ab, welches Individuum davon betroffen ist. Die weitaus meisten Mutationen führen zu Ausfallerscheinungen und sind bereits in einem frühen Entwicklungsstadium tödlich. Nur bei wenigen Mutationen bleibt die Lebensfähigkeit der Nachkommen erhalten. Diese überlebenden Mutanten erhöhen die genetische Variabilität, an der die natürliche Selektion angreift, aber sie bestimmen nicht die Richtung der evolutiven Entwicklung.

Merksätze

- Die natürliche Auslese (Selektion) könnte nicht ohne die genetische Vielfalt in einer Population stattfinden. Diejenigen Varianten, die am besten an ihre Umwelt angepaßt sind, haben im allgemeinen auch mehr Nachkommen. Die Variation entsteht als Ergebnis von Meiose, Chromosomenmutation und Genmutation.
- Während der Meiose kommt es entsprechend den Mendelschen Regeln zu einer Neuordnung des genetischen Materials. Das kann von einer Generation zur nächsten zu veränderten Merkmalskombinationen führen.
- Chromosomenmutationen ereignen sich auch während der Meiose, treten aber nicht systematisch auf. Es sind zufällige Meiosefehler, die ganz neue genetische Kombinationen hervorbringen.
- Genmutationen sind Veränderungen in der chemischen Struktur der Gene. Sie sind zufallsverteilt und im allgemeinen tödlich. Einige von ihnen führen aber zu nützlichen Innovationen, die dem Individuum einen Selektionsvorteil bringen.

Weiterführende Literatur

Ayala, F. J. und J. A. Kiger (1984) *Modern Genetics.* Benjamin and Cummings, Menlo Park, California.

Alberts, B. et al. (1987) *Molekularbiologie der Zelle.* VCH Verlagsgesellschaft, Weinheim.

Merz, F. und J. Stelzl (1977) *Einführung in die Erbpsychologie.* Kohlhammer Verlag, Stuttgart, Berlin, Köln, Mainz.

Sengbusch, P. von (1979) *Molekular- und Zellbiologie.* Springer Verlag, Berlin, Heidelberg, New York.

Vogel, F. und P. Propping (1981) *Ist unser Schicksal mitgeboren?* Verlag Severin und Siedler, Berlin.

3 Verhaltensentwicklung

Verhaltensmuster ergeben sich aus den komplexen Wechselwirkungen zwischen Außenreizen und Motivationslage. Jede Form von Verhalten ist jedoch auch an die Art und Weise der Informationsverarbeitung eines Tieres gebunden. Die internen informationsverarbeitenden Systeme bilden sich im Laufe der Entwicklung vom befruchteten Ei über den Embryo zum erwachsenen Tier aus – ein Vorgang, der als **Ontogenese** bezeichnet wird. Mit Hilfe von Untersuchungen zur Ontogenese kann man erkennen, auf welchem Wege das Zusammenspiel genetischer und umweltbedingter (erlernter) Information schließlich zum Verhalten eines Tieres führt.

3.1 Ontogenese

Fast alle tierlichen Lebewesen bestehen aus den gleichen Grundbausteinen, wobei die Unterschiede zwischen den Arten auf die Vielfalt der Möglichkeiten zurückzuführen sind, diese Ausgangsmaterialien zusammenzufügen. Wenn auch die regulierenden Vorgänge noch wenig verstanden sind, so weiß man doch, daß der Entwicklungsvorgang durch Gene gesteuert wird. Sie codieren Proteine, die den komplizierten Ablauf der Embryonalentwicklung regulieren.

Die Regulatorproteine sind nur wirksam, wenn der sich entfaltende Organismus für die Botschaften, die sie übermitteln, empfänglich ist. Ein Regulatormolekül gibt nicht die Konstruktion eines Systems im Sinne einer Bauanleitung vor, sondern es ruft in Zellen, deren Oberfläche Rezeptoren für solche Moleküle aufweist, eine spezifische Reaktion hervor. Die Reaktion eines sich entwickelnden Embryos auf das Produkt eines Regulatorgens hängt also vom Stand der internen Organisation des Embryos zu der Zeit ab, da der Regulator aktiv wird. Obendrein kann dieser seine Wirkung nur entfalten, wenn bestimmte Umweltbedingungen erfüllt sind. Als Beispiel werden zunächst einige Entwicklungsvorgänge bei einer Art betrachtet, die über ein relativ einfaches Verhaltensrepertoire verfügt.

Aplysia ist eine marine Nacktschnecke, deren Körpergewicht bis zu 5 kg erreichen kann. Sie ist ein echter Hermaphrodit mit innerer Befruchtung, was für Schnekken typisch ist. Gewöhnlich bilden sich „Paarungsketten", in denen sich bis zu einem Dutzend Individuen miteinander paaren, wobei jedes Tier ein anderes besamt und seinerseits das Sperma von einem anderen Tier aufnimmt. Nach der Befruchtung legt *Aplysia* über eine Million Eier ab, die zu einer langen Schnur verbunden sind. Der Eistrang wird zu Beginn durch die Kontraktion von Oviduktmuskeln aus dem Reproduktionskanal ausgestoßen. Sobald er weit genug herausragt, nimmt die Schnecke das Ende des Stranges mit ihrem Mund auf und vollführt eine Anzahl wiegender

Kopfbewegungen. Dabei werden die Eier aus dem Ovidukt heraus ins Freie gezogen (Abb. 3.1). Eine spezielle Schleimdrüse im Mund des Tieres sondert einen Klebstoff auf den Eistrang ab, der umeinandergewickelt wird, so daß sich ein kompaktes Eiknäuel bildet. Schließlich drückt die Schnecke die Eimasse mit ihrem Kopf fest gegen eine harte Unterlage (Abb. 3.1), an der die Eier bis zum Schlüpfen haften bleiben. Die gesamte Folge der Eiablagehandlungen läuft völlig stereotyp ab. Während dieser Verhaltensabfolge nehmen Herz- und Atemfrequenz der Tiere zu, und jegliche Nahrungsaufnahme und Ortsbewegung sind unterbrochen.

Scheller und Axel (1981) konnten zeigen, daß diese Verhaltenskette das Ergebnis der Wirkung von Genen auf verschiedenen Ebenen ist, und zwar sowohl über die ganze ontogenetische Entwicklung hinweg als auch im Zeitraum von wenigen Minuten. Das gesamte Nervensystem von *Aplysia* geht aus wenigen Zellen hervor, die sich ursprünglich im Ektoderm des Embryos befinden. In einem frühen Entwicklungsstadium produziert ein Teil dieser Nervenzellenvorläufer ein spezifisches Protein, welches **ELH** (**Eiablagehormon**) genannt wird. Es wird angenommen, daß diese Vorläuferzellen in einem sehr frühen Embryonalstadium aus einer einzigen Zelle hervorgegangen sind, in der noch das für die Produktion von ELH verantwortliche Gen aktiv war. Auch alle anderen Zellen des Embryos besitzen dieses Gen, aber in ihnen wird es niemals aktiviert. Die ELH-produzierenden Zellen teilen sich weiter und wandern zu ihren endgültigen Positionen innerhalb des sich entwickelnden Organismus, wo sie sich schließlich zu reifen Nervenzellen differenzieren. In der erwachsenen Schnecke haben daher bestimmte Nervenzellen die Fähigkeit ererbt, ELH zu bilden, andere nicht.

Hat die Schnecke erst ihre volle Reife erreicht, so haben alle diese Systeme ihre endgültige Funktion im Gesamtgefüge übernommen. Zu einem bestimmten Zeitpunkt wird ein weiteres Hormon freigegeben, das die ELH-erzeugenden Zellen zu höchster Produktion anregt. ELH aktiviert benachbarte Nerven (d.h. es wirkt als Neurotransmitter). Es zirkuliert auch im Blut und führt zur Kontraktion bestimmter Muskelfasern (wirkt also als Hormon), eine Reaktion, die jenes koordinierte Verhaltensmuster zur Folge hat, das bei der Extraktion und Ablage der Eier beobachtet wird. An dieser Sequenz kann man erkennen, welche Bedeutung das Zusammenspiel von Embryogenese, Genen, Neurotransmittern, Nerven und Muskeln bei der Erzeugung eines für die Fortpflanzung der Schnecke wichtigen Verhaltensmusters hat.

Bei *Aplysia* hat die Genaktivität einen direkt steuernden Einfluß auf die Erzeugung eines stereotypen Verhaltensschemas. Wenn auch auf einer bestimmten Ebene (etwa der Embryogenese, bei der die Körperform festgelegt wird) jedem Verhalten letztenendes eine genetische Information zugrundeliegt, können Umwelteinflüse die Verhaltensresultate des Entwicklungsvorgangs in verschiedenem Maße modifizieren. Die gleichen Gene können zu unterschiedlichen phänotypischen Ausprägungen führen, je nachdem, welchen Umwelteinflüssen ein Tier während seiner Individualentwicklung ausgesetzt ist. So hat z.B. *Gammarus*, eine Crustaceen-Art, normalerweise rote Augen. Ford und Huxley (1927) entdeckten eine einzelne Mutation, die die Geschwindigkeit beeinträchtigt, mit der das Augenfarbpigment während eines bestimmten Stadiums der Ontogenese eingelagert wird. Wird die Temperatur der

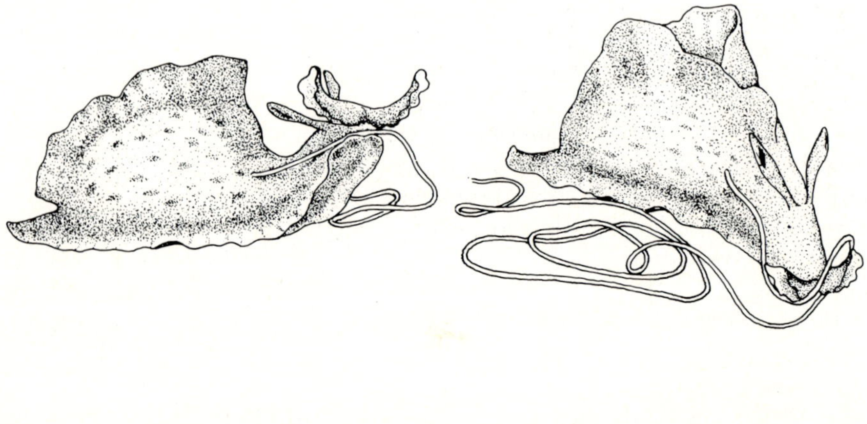

Abb. 3.1. Das Eiablageverhalten von *Aplysia*. Der Eistrang wird aus dem Reproduktionskanal an der Körperseite ausgestoßen. Das Tier ergreift die Eischnur mit dem Mund (links) und befestigt sie auf dem Substrat (rechts) (nach Scheller und Axel 1981).

Mutante auf einem bestimmten Niveau gehalten, so bilden sich rote Augen. Bei höheren Temperaturen ergeben sich schokoladenbraune Augen und bei mittleren Temperaturen entsprechend intermediäre Färbungen. Betrachtet man die enorme Vielfalt der bei der Genexpression sowie bei Wachstum und Differenzierung von Zellen beteiligten biochemischen Vorgänge (vgl. Ham und Veomett 1980), so ist es gar nicht mehr überraschend, daß das Medium, in dem solche Prozesse ablaufen, auch auf den Entwicklungsverlauf dieser Zellen Einfluß nimmt. Bis zu einem gewissen Grade können eingebaute Stabilisierungs- oder Regulationsmechanismen Unregelmäßigkeiten korrigieren und die Geschwindigkeit und Richtung der Entwicklungsprozesse steuern. Gleiche Strukturen oder Verhaltensmuster können sich sogar auf verschiedenen Wegen entwickeln, ein Phänomen, das als **Äquifinalität** bekannt ist. Jedenfalls sind Abweichungen vom allgemeinen Entwicklungsschema unvermeidlich. Während diese in einigen Fällen tödliche Folgen haben, können sie andererseits zu Unterschieden bei Individuen führen, die ansonsten die gleiche genetische Ausstattung haben.

Einige frühe Ethologen neigten zu der Vorstellung, daß das Verhalten direkt durch Gene bestimmt sei. Lorenz (1965) vertrat die Auffassung, daß die genetische Determination analog der technischen Bauanleitung eines Gebäudes zu verstehen sei. Der genetische Entwurf stehe für den Konstruktionsplan eines adulten Tieres. Unter Berücksichtigung der Tatsache, daß Steine, Mörtel und eine Arbeitskraft für die Errichtung eines Bauwerks nötig sind, führte Lorenz eine scharfe Trennung ein zwischen den Bedingungen für die Umsetzung des Bauplans in ein Gebäude und die im Plan enthaltene Information, auf der die Eigenschaften des fertigen Gebäudes beruhen. Kritiker dieser Auffassung (z.B. Lehrman 1970) wiesen darauf hin, daß dies für einen genetischen Konstruktionsplan nicht zutreffe, während ein technischer Entwurf mit der von ihm repräsentierten Struktur isomorph sei. Ließen sich die Maßangaben auf einer Bauzeichnung und die Abmessungen eines fertigen Bauwerks einander unmittelbar zuordnen, so bestehe eine solche direkte Beziehung in der biologischen Ontogenese nicht. Auch wenn es zutreffe, daß die Gene für bestimmte Schlüsselenzyme codierten, so sei dies weit entfernt vom Konzept der technischen Blaupause. Die Vorstellung, daß die in den Genen enthaltene Information von der während der Individualentwicklung aus der Umwelt herangetragenen Information getrennt werden könne, hat Hebb (1953) kritisiert. Er vertrat den Standpunkt, daß es ähnlich sinnlos sei, danach zu fragen, wieweit ein gegebenes Verhalten jeweils auf genetischen und auf Umweltfaktoren beruhe, wie etwa, in welchem Maße der Flächeninhalt eines Feldes jeweils von seiner Länge und Breite abhänge.

In der Forschung zur Verhaltensontogenese lag die Betonung eigentlich immer darauf, die Vielfalt vorhandener Möglichkeiten, wie sich Verhaltensmuster entwickeln können, zu demonstrieren. Anscheinend gibt es ein breites Spektrum von Entwicklungsprozessen, ausgehend von solchen, die relativ unbeeinflußt von Umweltfaktoren ablaufen bis hin zu anderen, die hochgradig erfahrungsbedingt sind.

Der genetische Determinismus der frühen Verhaltenswissenschaftler ist längst der Erkenntnis gewichen, daß umweltbedingte und genetische Einflüsse in der Ontogenese untrennbar miteinander verwoben sind – nicht im Sinne der Auffassung von Lorenz (1965) nach Art der Beziehung zwischen einem technischen Entwurf und den für die Errichtung eines Gebäudes notwendigen Materialien, sondern vielmehr auf dem Wege **epigenetischer** Vorgänge, wonach jedes Entwicklungsereignis den Weg für das darauffolgende ebnet, es aber nicht geradezu diktiert. Auf Vorschlag von Brown (1975) läßt sich der Ablauf der Epigenese auf folgende Kurzform bringen: Geht man von der befruchteten Eizelle, der Zygote (P1) aus, so wird ihr Phänotyp auf der nächsten Entwicklungsstufe (P2) sowohl durch die Gene bestimmt (G1), deren Produkte die Wachstums- und Differenzierungsschritte in der gerade aktuellen Entwicklungsphase durchführen, wie auch durch die Umweltbedingungen (U1), unter denen die Entwicklung stattfindet; d.h. Zygote plus Gene plus Umwelt führen zu einem Phänotyp der nächsthöheren Entwicklungsstufe:

$$P1 + G1 + U1 \rightarrow P2$$

Der Phänotyp des folgenden Entwicklungsstadiums (P3) wird durch die Art und Weise determiniert, wie P2 durch die Gene (G2) und die Umweltfaktoren (U2) zur Entwicklung nach P3 angeregt wurde:

$$P2 + G2 + U2 \rightarrow P3$$

Diese Art der Formulierung veranschaulicht, daß alle drei Elemente – Gene, Umweltbedingungen und Ausgangsphänotyp – Bestandteile einer normalen Individualentwicklung sind. Der Entwicklungsprozeß kann erst dann zum nächsten Stadium voranschreiten, wenn der Phänotyp des sich entwickelnden Individuums die entsprechende Reife hat, wenn die richtigen Genprodukte zur Verfügung stehen und wenn die Umweltbedingungen bestimmte Grenzwerte nicht überschreiten.

Während der frühen Entwicklungsstadien (P1 + G1 + U1 → P2) besteht die Umweltkomponente U1 vorwiegend aus biochemischen Faktoren in der Umgebung des frühen Embryos. Auf einer späteren Entwicklungsstufe (P2 + G2 + U2 → P3) kann die Komponente U2 aus den Umweltbedingungen nach dem Schlüpfen bestehen. Nach dem Ausschlüpfen oder nach der Geburt umfassen die Umweltverhältnisse eines Tieres zusätzlich Informationen, die mit den Sinnesorganen wahrgenommen werden, außerdem biochemische Bedingungen, die auf dem Ernährungszustand beruhen, und dergleichen mehr. In dieser Situation kann Lernen auftreten und fortan auf den Verhaltensphänotyp P3 des Tieres Einfluß nehmen.

Es ist nun interessant, nach dem Zusammenhang zwischen erlerntem und angeborenem, also nicht erlerntem, Verhalten zu fragen, indem man Nestlinge einer **Nestflüchter**art (sie schlüpfen in einem späten Entwicklungsstadium) mit denen von **Nesthockern** (sie schlüpfen auf einer frühen Entwicklungsstufe) vergleicht. Untersucht man zwei solche Vögel, wenn sie sich auf der gleichen Stufe physischer Entwicklung befinden – etwa wenn die ersten Federn erscheinen –, so stellt man fest, daß sich der Nestflüchter noch im Ei befindet, während der nesthockende Vertreter bereits geschlüpft ist. Bis zu dem Zeitpunkt, da der Nestflüchter schlüpft, hat der nesthockende Jungvogel bereits Gelegenheit, eine Menge zu lernen, während ersterer noch nicht einmal angefangen hat zu lernen. Interessanterweise stellt man fest, daß beim Nestflüchter unter Umständen voll entwickelte Fähigkeiten angeboren sind, die das nesthockende Küken erst lernen muß. Der nesthockende Weißkopfammerfink, *Zonotrichia leucophrys*, lernt seinen artspezifischen Gesang beispielsweise während der Nestlingszeit. Im Gegensatz dazu sind Hühner Nestflüchter – sie verbringen ihre früheste Kindheit im Ei. Sie haben die angeborene Fähigkeit zu normalen Lautäußerungen, obwohl sie diese nie zuvor gehört haben.

Dagegen ließe sich einwenden, daß ja für alle Küken im Ei die Umweltbedingungen sowieso immer gleich sind, dies also kein überzeugendes Argument sein kann. Sie würden mithin zwangsläufig im Ei alle das gleiche lernen. Dabei darf man aber nicht vergessen, daß auch die normale Umwelt des Weißkopfammerfinken prädeterminiert ist; gewöhnlich hören die Nestlinge nämlich während der **sensiblen Phase** (s. Kapitel 3.3) des Gesangslernens vorwiegend oder ausschließlich ihren arteigenen Gesang.

Betrachtet man eine noch spätere Entwicklungsstufe, P3 + G3 + U3 → P4, so kann man die Auswirkungen postnataler Erfahrung sowohl bei nesthockenden wie auch bei nestflüchtenden Arten beobachten. Ein Verhalten, welches eindeutig durch Erfahrung beeinflußt wurde, wird man nicht mehr als „angeboren" bezeichnen können. Prinzipiell besteht aber auch hier nur ein geringer Unterschied im Vergleich zur Situation auf früheren Entwicklungsstufen. Der Grad, bis zu welchem die Umweltfaktoren prädeterminiert sind, hängt weitgehend von der Vielfalt der natürlichen Umgebung ab. Im Innern des Eies ist diese Variabilität gewöhnlich gering, und man ist daher geneigt, solches Verhalten als angeboren zu betrachten. Außerhalb des Eies kann die Variabilität aber auch gering sein, je nach den arttypischen ökologischen Bedingungen. Somit kann also das postnatale Verhalten eines Nesthockers genauso prädeterminiert sein wie das pränatale Verhalten eines Nestflüchters. Falls es evolutionsbiologisch bedeutsam ist, daß die Individualentwicklung zu einem spezifischen

Endprodukt führen soll – was für den Gesang eines Sperlingsvogels bestimmt zutrifft – dann sollte man erwarten, daß der Einfluß der Umweltbedingungen darauf abzielt, dieses Ergebnis auch sicherzustellen.

3.2 Umwelteinflüsse auf das Verhalten

Manche Verhaltensformen treten erst in Erscheinung, wenn eine bestimmte Entwicklungsstufe erreicht ist. Einige davon scheinen sich ohne erkennbare Einübung auszubilden. Beispielsweise beginnen Tauben von einem bestimmten Alter an mit ihren Flügeln zu schlagen und dabei auch erste, noch unsichere Flugmanöver auszuführen. Ihre Flugfähigkeit verbessert sich scheinbar mit zunehmender Übung. Grohmann (1939) führte hierzu ein klassisches Experiment durch. Er zog eine Gruppe von Tauben in Röhren auf. Diese waren so eng, daß die Tiere darin ihre Flügel nicht bewegen konnten. Eine zweite Gruppe gleichen Alters konnte sich ungehindert entwickeln. Als diese nicht behinderten Tauben einen Entwicklungsstand erreicht hatten, in dem sie hinreichend gut fliegen konnten, wurden die bis dahin eingeschränkt gehaltenen Individuen befreit. Grohmann entdeckte, daß auch sie unmittelbar nach dem Freilassen fliegen konnten. Hühner, die auf Grund einer Mutation unbefiedert sind, entwickeln die normalen, den Flügelschlag auslösenden Vestibularreflexe, obwohl diese völlig wirkungslos sind (Provine 1981). Auf den ersten Blick sieht es so aus, als wäre dieses Verhalten unabhängig von Umweltparametern, aber man darf nicht davon ausgehen, daß sich das Flugvermögen völlig unbeeinflußt von irgendwelchen Vorkommnissen während der Ontogenese entwickelt. Vielmehr hängt die Entwicklung der Flugfähigkeit von einigen wesentlichen Voraussetzungen ab; leider ist unser Wissensstand hierüber noch sehr bruchstückhaft (Ham und Veomett 1980). Ein ähnliches Beispiel sind die hochgradig stereotypen, in bestimmten Entwicklungsstadien erstmals auftretenden Lautäußerungen von Tauben und Hausgeflügel. Sie bedürfen nicht akustischer Erfahrung, sondern bilden sich als Folge bestimmter hormoneller Bedingungen heraus, die eine normale Begleiterscheinung der allgemeinen Reifung sind.

Viele Bewegungsabläufe entwickeln sich scheinbar, ohne daß Übung erforderlich oder Nachahmung im Spiel wäre (Hinde 1970). Forschungen über die Entwicklungsgeschichte einiger Verhaltensmuster haben jedoch zu der Vorstellung geführt, daß daran Bewegungen und Bruchstücke von Verhaltensweisen beteiligt sind, die den weiteren Verlauf der Entwicklung beeinflussen könnten (z.B. Kuo 1932, 1967; Kruijt 1964; Anthoney 1968). Kuo (1932) untersuchte beispielsweise die Verhaltensentwicklung von Hühnerembryonen. Er schnitt kleine Fenster in die Eischalen und konnte somit das Verhalten der Tiere direkt beobachten (Abb. 3.2). Dabei stellte er fest, daß ein Embryo ständig der Stimulation durch seine eigene Aktivität und durch

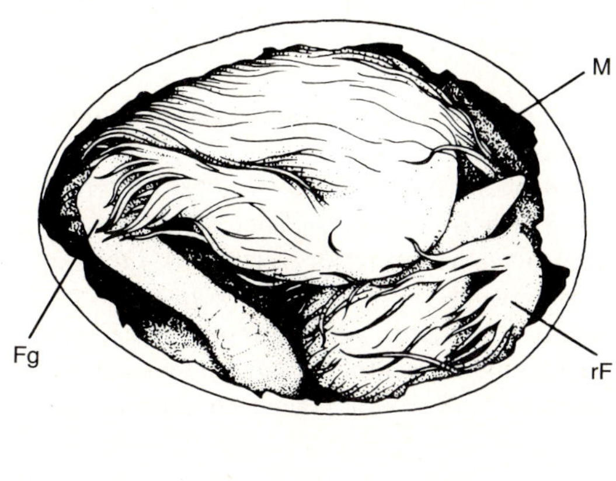

Abb. 3.2. Lage des Hühnerembryos im Ei 1-2 Tage vor dem Ausschlüpfen. M, Membran; Fg, Fußgelenk; rF, rechter Flügel (aus *The Oxford Companion to Animal Behaviour,* Oxford University Press 1981).

Außenreize ausgesetzt ist. Verschiedenerlei Bewegungen sind zu beobachten, einschließlich anfänglicher passiver Kopfbewegungen, die durch den Herzschlag verursacht werden. Aktive Kopfbewegungen treten wenige Tage später auf; sie können mit Öffnen und Schließen des Schnabels einhergehen. Um den siebzehnten Tag herum sind pickähnliche Bewegungen zu erkennen. Einige Forscher sind der Ansicht, daß die Küken auf diese Weise das Picken lernen (z.B. Lehrman 1953; Schneirla 1965), während andere (z.B. Thorpe 1963; Lorenz 1965) sich über diese Vorstellung geradezu lustig machen. Ob nun echtes Lernen eine Rolle spielt oder nicht – es ist kaum zu bezweifeln, daß der sich entwickelnde Embryo auf Reize von innerhalb wie von außerhalb des Eies reagiert und daß diese die Entwicklung beeinflussen können. So demonstrierte etwa Vince (1969), daß bei einigen Arten die vom Embryo erzeugten Stimuli die Entwicklung der anderen Eier im Gelege beeinflussen und so zur Synchronisation des Schlüpfvorgangs führen können. Gottlieb (1971) zeigte, daß Entenembryonen fünf Tage vor dem Schlüpfen auf mütterliche Lautäußerungen reagieren können und daß diese Erfahrung das spätere Verhalten des Entenkükens beeinflussen kann. Andere Autoren wiederum (z.B. Hamburger 1963) lieferten Hinweise, daß sich Bewegung als solche bei Hühnerembryonen auch ohne Sinnesreize entwickelt und daß die während späterer Phasen der Individualentwicklung auftretenden Bewegungsmuster nicht unbedingt von früheren Bewegungen abhängen (zusammenfassender Bericht: Gottlieb 1970; Oppenheim 1982).

Der Leser sei daran erinnert, daß sich die Jungtiere verschiedener Arten auch sehr unterschiedlich entwickeln. Entenküken und junge Ziegen sind gleich nach dem Schlüpfen bzw. der Geburt in der Lage zu laufen, während Amselnestlinge und junge Katzen in diesem Stadium noch hilflos sind. Die Feststellung überrascht nicht, daß bei den Letztgenannten die Entwicklung nach der Geburt durch Erfahrung beeinflußt wird. Sollte man sich daher über pränatale Einflüsse bei den Tieren wundern, die sich bei gleichem Entwicklungsstand noch innerhalb des Eies oder in der Gebärmutter befinden? Im Prinzip scheint der Unterschied zwischen dem Schutz, den ein Entenküken im Ei erfährt und dem, den eine junge Amsel im Nest genießt, wohl nur gering zu sein, und entsprechend sollten die Auswirkungen unterschiedlicher Erfahrungen in beiden Fällen auch nur unbedeutend sein. Bei jeder Art sind bestimmte Erfahrungen wichtige Voraussetzung für eine normale Entwicklung. So weicht beispielsweise das Sehvermögen adulter Katzen von der Norm ab, wenn während der ersten Lebensmonate die Sehkoordination beider Augen in irgendeiner Weise gestört wurde – etwa durch künstlich herbeigeführtes Schielen oder durch Tag für Tag wechselweises Abdecken eines Auges, so daß beide Augen niemals zusammenarbeiteten (Hubel und Wiesel 1965). Welche Art von Erfahrungen im einzelnen für eine normale Individualentwicklung benötigt werden, ist von Art zu Art sehr unterschiedlich.

3.3 Sensible Phasen während der Individualentwicklung

Einige Tiere scheinen darauf programmiert zu sein, während besonderer Abschnitte ihrer Entwicklung etwas über bestimmte Teilaspekte der Umwelt zu lernen. Ein Beispiel hierfür ist das Erlernen der Sprache beim Menschen. Im Gegensatz zu anderen Lernformen ist der Spracherwerb insofern „vorprogrammiert“, als er offensichtlich ganz ohne Belohnung oder Strafe auskommt. Die Jungen vieler Nestflüchter zeigen zunächst eine recht wahllose Hinwendung zu beweglichen Objekten. Werden frisch geschlüpfte Stockentenküken von ihrer Mutter getrennt, so folgen sie einer einfachen Entenattrappe, einer Person oder selbst einem Kasten, der langsam von ihnen fortbewegt wird (Abb. 3.3). Hinsichtlich der Auslösung dieser **Nachlaufreaktion** sind

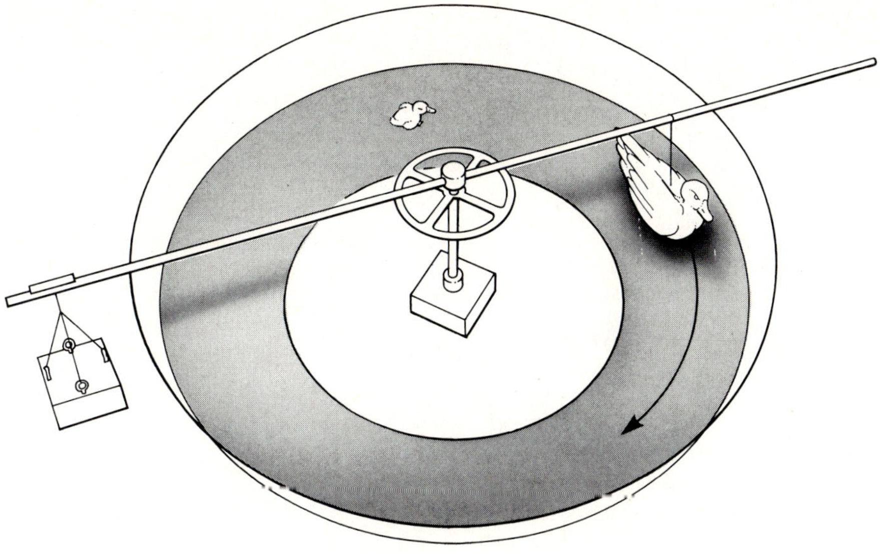

Abb. 3.3. Ein Entenküken in der Prägungsapparatur. Das Küken folgt seiner „Mutter“ (nach Gottlieb 1971).

einige Reize wirksamer als andere (s. Kapitel 20.2). In natürlicher Umgebung gehen die stärksten Reize gewöhnlich von der Mutter aus, und Annäherungen an die Mutter werden oft durch Körperkontakt und Wärme oder freigescharrte Nahrung belohnt. Unter Laborbedingungen kann die Bindung an eine Attrappe durch Nahrungsbelohnungen verstärkt werden.

Je intensiver sich ein Tier an ein bestimmtes Objekt bindet, desto weniger interessiert ist es an anderen Objekten. Dieser Lernvorgang, bei dem sich die Bindung an die Mutter normalerweise entwickelt, wird **Prägung** genannt. Sie findet während einer besonderen **sensiblen Phase** der Entwicklung statt, welche je nach Art und Umständen variiert. Diese Prägung hat im allgemeinen Langzeitauswirkungen, die über die Bindung an leibliche oder Stiefeltern hinausreichen können. Bei vielen Säugern beeinflussen die frühen Erfahrungen die spätere soziale Eingliederung. An einer Reihe von Vogelarten konnte gezeigt werden, daß eine Prägung das nachfolgende Sexualverhalten beeinflußt (s. Kapitel 20.5). Kurz gefaßt: Prägung ist ein Lernvorgang, der während eines bestimmten Entwicklungsstadiums auftritt und der das spätere Verhalten gegenüber Eltern, Artgenossen oder Sexualpartnern vorgibt. Ist das Objekt der Bindung ein Pappkarton, so wird das Küken an diesen Karton wie an ein Elternteil gebunden. Werden männliche Zebrafinken (*Taeniopygia guttata*) von Japanischen Möwchen (*Lonchura striata*) aufgezogen, dann balzen sie im Erwachsenenalter weibliche Möwchen an (Immelmann 1972, 1985).

Obwohl diese Art des Lernens durch Belohnungen beeinflußt werden kann, ist sie weder davon noch von irgendwelchen sonstigen Konsequenzen des Verhaltens abhängig. Sie ist so vorprogrammiert, daß sie als Teil des normalen Entwicklungsprozesses und unter beliebigen Begleitumständen abläuft.

Nach ähnlichem Schema verläuft das Gesangslernen einiger Sperlingsvögel. Erste Gesangsversuche, **Subsong** genannt, werden von Jungvögeln im Frühjahr oder Herbst ihres ersten Lebensjahres unternommen, einige Monate nach dem Schlüpfen. Der Subsong ähnelt dem Adultgesang in Länge, Tonhöhe und Klangqualität, aber es fehlen ihm für den Adultgesang typische Elemente und Motive, und er ist meist recht variabel und ungenau (Abb. 3.4). Schallisoliert aufgezogene Weißkopfammerfinken (*Zonotrichia leucophris*) entwickeln zwar den Subsong, aber nicht den normalen Adultgesang. Männliche Jungvögel dieser Art bringen es aber durchaus zum Vollgesang (ab einem Lebensalter von etwa 8 Monaten), wenn ihnen im Alter zwischen 10 und 90 Tagen der normale Gesang adulter Männchen geboten wird. Hören sie den Gesang lediglich vor ihrem 8. Lebenstag und danach nicht mehr, dann bringen sie später keinen vollständigen Adultgesang zustande. Umgekehrt gilt: Bekommen sie ihn erst nach Erreichen des 100. Lebenstages zu hören, so entwickeln

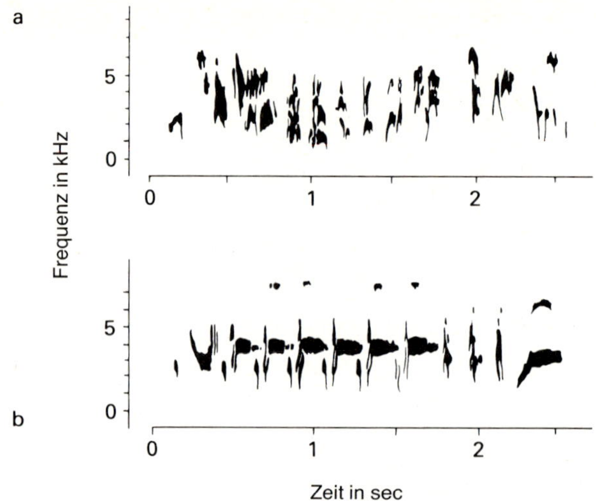

Abb. 3.4. Gesangsentwicklung beim Kanarienvogel (*Serinus canaria*). a) Subsong: Das Sonagramm zeigt die unvollständige Ausbildung der Gesangselemente und die unzulängliche Klangqualität. b) Voller Gesang, erkennbar an den im Gegensatz zu a) regelmäßigen Elementen und Tonhöhen, die relativ klar und frei von Obertönen sind (aus *The Oxford Companion to Animal Behaviour*, Oxford University Press 1981).

sie auch keinen Vollgesang mehr. Somit scheint im Alter zwischen 10 und 90 Tagen eine sensible Phase zu liegen, in der männliche Weißkopfammerfinken unbedingt den Gesang adulter Männchen hören müssen, um ihn schließlich selbst singen zu können (Marler und Mundinger 1971). Ähnliche sensible Phasen sind bei anderen Arten gefunden worden.

Wenn man Weißkopfammerfinken durch einen chirurgischen Eingriff das Hörvermögen nimmt, bevor sie während ihrer sensiblen Phase mit ihrem arteigenen Gesang konfrontiert wurden, so entwickeln sie keinen Normalgesang. Hält man sie isoliert, nachdem sie während der sensiblen Phase normalen Adultgesang hören konnten, so können auch sie später normal singen. Das bedeutet, daß diejenigen Individuen, die den Gesang eines erwachsenen Männchens während ihrer sensiblen Phase gehört haben, diesen speichern, obwohl sie erst ab einem Alter von acht Monaten selbst singen werden. Haben sie ihren arteigenen Gesang während der sensiblen Phase gehört und werden in der Zeit danach, noch bevor sie selbst zu singen beginnen, künstlich ertaubt, entwickeln sie keinen normalen Adultgesang (Konishi 1965). Möglicherweise hören sie sich selbst singen und nutzen dann ihr akustisches Erinnerungsvermögen, um einen Gesang zu erzeugen, der jenem gleicht, den sie während ihrer sensiblen Phase gehört haben. Ertaubt man Weißkopfammerfinken, nachdem sie bereits ihren Gesang ausgebildet und festgelegt haben, dann ist er auch nicht mehr zu beeinflussen. Das heißt, ihr Gesang wird während der Periode der Abstimmung und Perfektionierung in einem eigenen Gedächtnis fest verankert.

Im Freiland können heranwachsende Vögel mehr als nur ein Gesangsvorbild haben, etwa den Vater und einen Nachbarn. Experimente mit Zebrafinken (*Taeniopygia guttata*) haben gezeigt, daß in diesem Sinne wohl eine Selektion stattfindet. Junge Männchen erhielten Gelegenheit, zwei Gesangsvorbilder zu hören: ihren Vater und ein anderes Männchen. Die Söhne entwickelten ein Gesangsmuster, das dem des Vaters sehr ähnelte, aber nicht in allen Einzelheiten mit ihm identisch war (Böhner 1983). Diese Befunde deuten darauf hin, daß die Wahl des Gesangstutors nicht ganz eindeutig festgelegt ist und daß die Wiedergabe auch nicht einer vollkommenen Kopie entspricht. Auf diese Weise entstehen individuelle Gesangsunterschiede bei den Männchen.

3.4 Jungtierverhalten

Ein Tier entwickelt sich sein Leben lang und muß in jeder Lebensphase gut in seine Umwelt eingepaßt sein. Verhaltensentwicklung erschöpft sich daher nicht einfach in der Herausbildung der Verhaltensmuster adulter Individuen. In der Jugend zeigen Tiere oftmals Verhaltensweisen, die in ihrem späteren Leben nie wieder vorkommen (Abb. 3.5) und die gewöhnlich auf ihre unmittelbaren Bedürfnisse zugeschnitten sind. So unterscheidet sich beispielsweise das Alarmverhalten von Silbermöwenküken ganz erheblich von dem erwachsener Möwen. Bei Gefahr entfernen sich die Küken ein wenig von ihrem Nest und ducken sich still und bewegungslos in die Vegetation. Demgegenüber fliegen die Altvögel vom Nistplatz auf und stoßen Alarmrufe aus. Küken, die in einer Gefahrensituation umherlaufen, sind eine leichte Beute von Krähen und von anderen Möwen. Verharren sie bewegungslos, dann bleiben sie besser getarnt und verringern so das Risiko, einem Räuber zum Opfer zu fallen.

Die Ähnlichkeiten im Verhalten junger und erwachsener Tiere variieren ganz erheblich von Art zu Art. Bei einigen Arten, wie etwa dem Weißschwanzgnu (*Connochaetes*), bei dem die Kälber schon wenige Minuten nach der Geburt mit der Herde laufen können, ist die Lebensform der Jungtiere sehr ähnlich der ihrer Eltern. Bei anderen, wie etwa Schmetterlingen und Fröschen, gestaltet sich das Leben in den larvalen Jugendstadien ganz anders als im Adultstadium.

Das Leben eines Tieres ist in seinem Gesamtverlauf der natürlichen Selektion unterworfen; verschiedene Arten haben auch verschiedene Lebensstrategien. Während einige Gene von Anfang an Einfluß auf das Verhalten nehmen, haben andere erheblich verzögerte Auswirkungen. Es wurde sogar schon vermutet, daß die zeitlich verschobenen Effekte bestimmter Gene für den Alterungsprozeß verantwortlich sind (Dawkins 1976).

Abb. 3.5. Beispiel für ein spezielles Verhalten bei Jungtieren. Rauchschwalbennestlinge, die um Futter betteln.

3.5 Angeborenes Verhalten

Die Frage, was man unter „angeborenem Verhalten“ verstehen kann, wird seit langem kontrovers diskutiert. Der Begriff „angeboren“ hat im Laufe der Zeit verschiedene Bedeutungen erhalten, die man kennen und unterscheiden sollte. Die frühen Verhaltenswissenschaftler meinten mit angeborenem Verhalten eines, das in allen Einzelheiten erblich festgelegt ist, einen Teil der ursprünglichen Anlage eines Tieres darstellt und daher vollkommen unabhängig von der Erfahrung eines Individuums ist. So beschrieb Lorenz (1939) solche Verhaltenseigenschaften als angeboren, die erblich waren, individuell auftraten und sich daher für eine Analyse ihrer Evolution eigneten. Ähnlich äußerte sich Tinbergen (1942): Instinkthandlungen seien hochgradig stereotype, koordinierte Bewegungen, deren neuromotorischer Mechanismus vollständig der ererbten Ausstattung des Tieres zuzuordnen sei. Diese Auffassungen wurden von Lehrman (1953) und anderen als zu eng, einer naiven Vorstellung von genetischem Determinismus verhaftet und als semantisch verwirrend grundlegend kritisiert. Eine strenge Unterscheidung von angeborenem und erlerntem Verhalten ist unbefriedigend, weil viele Verhaltensaspekte sowohl durch genetische Faktoren wie durch die Erfahrung des Individuums beeinflußt werden.

Der Gedanke, daß Gene das Verhalten bestimmen, ist naiv, weil diese unmöglich detaillierte Anweisungen für bestimmte Verhaltensaspekte beinhalten können. Gene können die Entwicklungsvorgänge auf verschiedene Weise beeinflussen, aber auf diese Vorgänge wirken stets auch Umwelteinflüsse ein. Wie bereits erläutert, können die Gene niemals den Ablauf der Individualentwicklung ohne Bezug auf das Umweltmedium, in dem diese sich abspielt, diktieren. Für Studenten der Verhaltenswissenschaften erscheint es zweckmäßig, den Begriff „angeborenes Verhalten“ als Kurzformel für ein „Verhalten, daß sich ohne offensichtlichen Umwelteinfluß entwickelt“, zu benutzen. In dieser Weise wird er auch im vorliegenden Buch verwendet.

Merksätze

- Die Individualentwicklung vom Embryo zum Erwachsenen bedeutet eine kontinuierliche Wechselwirkung zwischen der genetischen Ausstattung eines Tieres und seiner Umwelt. Im Verlaufe dieser Interaktion ist jede einzelne Entwicklungsphase die unerläßliche Vorstufe für die nächste – ein Prozeß, der Epigenese genannt wird.
- Umwelteinflüsse auf die Entwicklung sind gleich nach der Geburt oder dem Schlüpfen am bedeutsamsten, können aber in jedem Stadium des Entwicklungsprozesses wirksam werden. Die Begleitumstände, unter denen Eltern ihren Nachwuchs aufziehen, sind gewöhnlich so gestaltet, daß die Jungen vor ungünstigen Umwelteinflüssen geschützt sind.
- Viele Arten weisen Entwicklungsphasen auf, in denen sie besonders empfänglich für ganz bestimmte Umwelteinflüsse sind. Was ein Tier während solcher sensibler Phasen lernt, hat im allgemeinen Auswirkungen auf sein weiteres Leben.
- Jungtiere verfügen oftmals über charakteristische Verhaltensweisen, die sie befähigen, auf Umweltereignisse wie das Auftauchen eines Raubfeindes oder auf die Versorgung mit Nahrung durch die Eltern adäquat zu reagieren. Dieses typische juvenile Verhalten geht im Erwachsenenalter verloren.
- Es ist zweckmäßig, den Ausdruck „angeboren" für ein Verhalten zu verwenden, das ohne offensichtliche Umwelteinwirkungen zustandekommt, vorausgesetzt, man nimmt dabei zur Kenntnis, daß Umweltfaktoren die Ausbildung jeglichen Verhaltens bis zu einem gewissen Grade beeinflussen.

Weiterführende Literatur

Bateson, P. P. G. und H. Klopfer (Hrsg.) (1982) *Perspectives in Ethology*. Band V, *Ontogeny*. Plenum, New York.

Immelmann, K. (1983) *Einführung in die Verhaltensforschung*. Parey Verlag, Berlin, Hamburg.

Immelmann, K., G.W. Barlow, L. Petrinovich und M. Main (Hrsg.) (1982) *Verhaltensentwicklung bei Mensch und Tier. Das Bielefelder Projekt.* Parey Verlag, Berlin, Hamburg.

Lorenz, K. (1978) *Vergleichende Verhaltensforschung. Grundlagen der Ethologie.* Springer Verlag, Wien, New York.

4 Verhaltensgenetik

Obwohl sich Charles Darwin sicherlich für die Zusammenhänge zwischen Verhalten und Vererbung interessierte, war der wissenschaftliche Pionier auf diesem Gebiet ein anderer Enkel von Erasmus Darwin, nämlich Francis Galton. Charles Darwins Werk *On the Origin of Species by Means of Natural Selection* (*Die Entstehung der Arten durch natürliche Zuchtwahl*) inspirierte Galton, sich fortan dem Studium der Vererbung geistiger Eigenschaften zu widmen. 1869 veröffentlichte er *Hereditary Genius: An Inquiry into its Laws and Consequences* (*Genie und Vererbung*). Er vertrat die Ansicht, daß Personen mit herausragenden geistigen Fähigkeiten in der Verwandtschaft ähnlich begabter Menschen häufiger zu finden seien als in der Gesamtbevölkerung. Da er keine zufriedenstellende Methode hatte, geistige Fähigkeiten zu messen, hielt sich Galton an einen „Reputationsindex": „...das Ansehen einer geistigen Führungspersönlichkeit, eines Gründers, eines Mannes, dem gegenüber sich die Welt verpflichtet fühlte" (1869). Er untersuchte die Stammbäume von etwa 300 Familien, in denen angesehene Richter, Staatsmänner, ranghohe Offiziere, Literaten, Wissenschaftler, Musiker, Dichter, Maler, etc. vorkamen. Seine Ergebnisse zeigten, daß ein hoher Sozialstatus mit großer Wahrscheinlichkeit auch unter nahen Verwandten auftrat und daß bei abnehmendem Verwandtschaftsgrad die Wahrscheinlichkeit hohen Ansehens abnahm.

Galton sah durchaus, daß herausragende Menschen soziale und finanzielle Vorteile sowie bessere Bildungschancen hatten. Er war aber der Auffassung, daß ihr hohes Ansehen ein Zeichen naturgegebener Fähigkeiten und nicht eine Folge von Umwelteinflüssen sei. Um diesen Standpunkt zu untermauern, wies Galton darauf hin, daß viele berühmte Männer aus einfachen Familienverhältnissen stammten. Er hielt auch die Adoptivverwandten katholischer Priester, die erhebliche soziale Vorteile genossen, für eine Gruppe von niedrigerem Sozialstatus als die Söhne berühmter Väter.

Galton unternahm große Anstrengungen, um seine Methodik der Beurteilung geistiger Anlagen zu verbessern. Er entwickelte Verfahren, das Riech-, Tast- und Sehvermögen zu messen, die Beurteilungsfähigkeit von Längen, Gewichten und der Senkrechten zu überprüfen und die Reaktionszeit und das Erinnerungsvermögen zu ermitteln. In der Statistik leistete er Pionierarbeit für die Konzepte von Korrelation, Median und Prozentrechnung. 1883 führte Galton die Methodik der Zwillingsforschung ein, um die Wirkungen von Anlage und Umwelt zu unterscheiden. Er untersuchte 35 Zwillingspaare, die einander von Geburt an sehr ähnlich waren und unter vergleichbaren Bedingungen aufwuchsen. Er stellte fest, daß die Ähnlichkeiten in ihrem Verhalten auch noch anhielten, wenn sie als Erwachsene getrennt voneinander lebten. Ferner untersuchte er 20 Zwillingspaare, die schon bei der Geburt einander unähnlich waren und ebenfalls unter gleichen Verhältnissen aufwuchsen:

„Man kommt unweigerlich zu dem Schluß, daß die natürliche Veranlagung bei weitem gegenüber den Erziehungseinflüssen vorherrscht, sofern diese nicht das Maß überschreiten, welches man für gewöhnlich unter Personen gleichen sozialen Ranges und im gleichen Lande vorfindet. Ich befürchte geradezu, daß mein Beweismaterial allzu erdrückend erscheinen mag und gerade deswegen in Mißkredit geraten könnte; denn es scheint aller Erfahrung zu widersprechen, daß Erziehung nur von so geringer Bedeutung sei (1883)".*

Im Gefolge Galtons entwickelte sich die Forschung über die Vererbung von Verhaltensmerkmalen rasch, sie wird aber bis auf den heutigen Tag kontrovers diskutiert. In den frühen Jahren des 20. Jahrhunderts erfuhr diese Forschungsrichtung ihre stärkste Ablehnung von seiten des aufkommenden Behaviorismus. Insbesondere Watson (1930) vermochte viele Psychologen davon zu überzeugen, daß Genetik für die Verhaltensentwicklung irrelevant sei, und die vorwiegend auf Umwelteinflüsse fixierte Sichtweise der Behavioristen behielt ihren Einfluß bis in die sechziger Jahre. Man kann sagen, daß sich das Gebiet der Verhaltensgenetik etwa um 1960 fest etablierte, als Fuller und Thompson ihr Buch *Behavior Genetics* veröffentlichten. Dieses Buch rollt die Geschichte der Erforschung menschlichen Verhaltens und menschlicher Intelligenz seit Anfang unseres Jahrhunderts auf und gibt einen Überblick über die Befunde, die für genetische Einflüsse auf das Verhalten sprechen. Trotz der überwältigenden Beweislast stellten sich viele Soziologen und Psychologen der Vorstellung von genetischen Einflüssen auf das Verhalten entgegen, und die Debatte dauerte an (s. Hirsch 1963, 1967). Bis auf den heutigen Tag bleiben einige auf genetischer Argumentation fußende Theorien umstritten. In diesem Kapitel werden die Befunde behandelt, die den Einfluß genetischer Faktoren auf das Verhalten betreffen.

4.1 Einzelne Gene und Verhalten

Verhaltensmerkmale, die von einzelnen Genen bestimmt werden, eignen sich gut zur Demonstration einer genetischen Verhaltensanalyse. Ein klassisches Beispiel sind die Untersuchungen von Bastock über den Paarungserfolg bei der Fruchtfliege *Drosophila melanogaster* (1956). Sie kreuzte eine an das Geschlechtschromosom gekoppelte gelbe Mutante über sieben Generationen mit einem Wildtyp. Damit war sichergestellt, daß die Wildform der gelben Form genetisch ähnlich war, außer in der Genregion für „gelb". Bastock konnte zeigen, daß Männchen der gelben Mutante bei der Paarung mit Weibchen vom Wildtyp weniger erfolgreich waren als Männchen vom Wildtyp. Die gelben Männchen wirkten weniger stimulierend auf die Weibchen, weil ihre Balz einen geringeren Anteil an Flügelvibrationen aufwies. Ihr Paarungserfolg wurde dadurch verringert.

Rothenbuhler (1964) führte eine elegante Analyse des Nestreinigungsverhaltens der Honigbiene (*Apis mellifera*) durch. Ihre Larven sterben bisweilen an einer Krankheit, der „Amerikanischen Brutfäule". Um die hygienischen Verhältnisse innerhalb des Stocks aufrechtzuerhalten, öffnen die Arbeiterinnen gewöhnlich Brutzellen mit kranken Larven und entfernen diese. Einige Bienenstämme, die als „unhygienisch" bezeichnet werden, zeigen diese Verhaltensweise nicht. Werden sie mit normalen, „hygienischen" Bienen gekreuzt, so gehört die gesamte Nachkommenschaft zum unhygienischen Typus; „unhygienisch" ist ein dominantes Merkmal. Als die Hybriden mit dem hygienischen Elternstamm zurückgekreuzt wurden, erhielt Rothenbuhler folgende Ergebnisse: Unter insgesamt 29 rückgekreuzten Kolonien fand er neun, die zwar die befallenen Zellen öffneten, aber die erkrankten Larven nicht herausnahmen. Sechs öffneten die Zellen nicht, nahmen aber die Larven heraus, wenn die

* „There is no escape for the conclusion that nature prevails enormously over nurture when the differences of nurture do not exceed what is commonly to be found among persons of the same rank of society and in the same country. My fear is that my evidence may seem to prove too much, and be discredited on that account, as it appears contrary to all experience that nurture should go for so little."

Zellen zuvor vom Experimentator geöffnet worden waren, und acht wollten weder Zellen öffnen noch Larven entfernen.

Die Ergebnisse zeigen, daß die Verhaltensweisen des Öffnens (u = uncapping) und des Herausnehmens (r = removing) offensichtlich von verschiedenen Genen gesteuert werden. Das läßt sich unter der Annahme zweier Allelpaare erklären, wobei jeweils die Allele für unhygienisches Verhalten dominant sind; d.h., Arbeiterinnen vom Typus Uu oder UU werden infizierte Zellen nicht öffnen, solche des Typus Rr oder RR keine Larven entfernen.

Die männlichen Bienen, die „Drohnen", sind haploid; sie haben nur einen einfachen Chromosomensatz. Allem Anschein nach hatte Rothenbuhler in seinen 29 Kolonien vier Drohnentypen (UR, Ur, uR und ur), die er mit hygienischen Königinnen kreuzte (Abb. 4.1). Nach diesem einfachen Mendelschen Schema sollte die Rückkreuzung vier Genotypen zu gleichen Anteilen hervorbringen; das ist kein signifikanter Unterschied zu Rothenbuhlers tatsächlichen Ergebnissen. Zwischen vollkommen hygienischen, teilweise hygienischen und unhygienischen Arbeiterinnen konnte weder ein morphologischer noch ein physiologischer Unterschied festgestellt werden. Es gibt jedoch gewisse Hinweise, daß unhygienische Arbeiterinnen in sehr geringem Umfang doch hygienische Aktivitäten zeigen, dazu aber einen wesentlich stärkeren Reiz benötigen. Das deutet darauf hin, daß die Allele U und u wie Schalter funktionieren, die das Öffnungsverhalten auslösen, sobald eine gewisse Reizschwelle überschritten ist.

Schaltgene, die eine Gruppe anderer Gene aktivieren, sind aus verschiedenen Zusammenhängen bekannt. Einige Schmetterlingsarten zum Beispiel haben spezielle Flügelmuster entwickelt, mit denen sie die Muster solcher Arten nachahmen, die für Räuber ungenießbar sind. Die Entwicklung des mimischen Farbmusters unterliegt der Kontrolle zahlreicher Gene, aber allem Anschein nach bestimmt ein einziges Schaltgen, ob das Muster ausgebildet wird oder nicht (Sheppard 1961). Einzelgeneffekte sind auch vom Menschen bekannt. Ein Beispiel ist die Laktasedefizienz bestimmter Rassen, die in Kapitel 5.2 besprochen wird. Die Laktaseproduktion scheint von einem Gen kontrolliert zu werden, das in drei Allelen auftritt – L, l_1 und l_2. l_1 und l_2 sind beide rezessiv gegenüber L, und l_2 ist rezessiv gegenüber l_1. Individuen der Genotypen LL, Ll_1 oder Ll_2 können im Kindesalter und als Erwachsene Laktase erzeugen. Träger der Allele l_1l_1 oder l_1l_2 produzieren als Erwachsene keine Laktase,

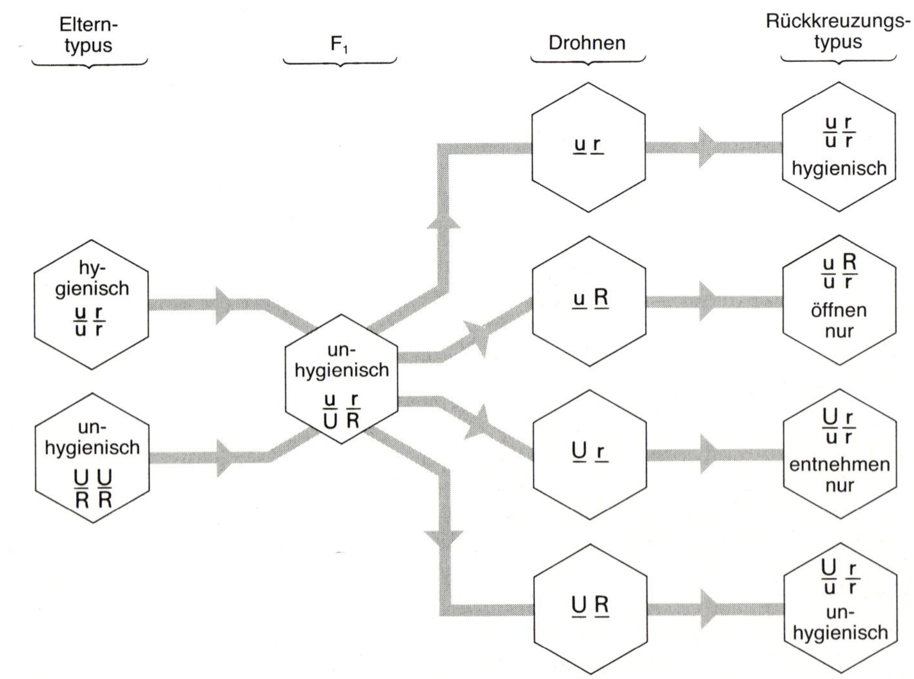

Abb. 4.1. Mendelsches Vererbungsschema, welches vermutlich der Resistenz gegenüber der Amerikanischen Brutfäule der Honigbienen zugrundeliegt (nach Rothenbuhler 1964).

solche der Kombination l_2l_2 nicht einmal in früher Kindheit. Erwachsene vom Genotypus l_1l_1 oder l_1l_2 können nur gesäuerte oder in Joghurt oder Käse umgewandelte Milch verdauen.

4.2 Chromosomenmutationen

Die Anordnung und Zahl der Chromosomen kann oft direkt unter dem Mikroskop beobachtet werden. Es sind verschiedene Arten von Chromosomenmutationen bekannt, und einige von ihnen haben sichtbare Effekte auf den Phänotyp. Studien über Zusammenhänge zwischen Verhalten und Chromosomenstruktur sind daher gut geeignet, um genetische Einflüsse auf das Verhalten zu untersuchen.

Ein bevorzugtes Tier für diese Art von Untersuchungen ist die Fruchtfliege *Drosophila*. Ihre Larven haben in den Speicheldrüsen Riesenchromosomen, die sich relativ einfach präparieren und beobachten lassen. Pioniere auf dem Gebiet der Chromosomenanalyse zum Zwecke von Verhaltensstudien waren Hirsch und seine Mitarbeiter. Sie untersuchten bei *Drosophila melanogaster* die Neigung, sich in Richtung der Gravitationskraft oder ihr entgegengesetzt zu bewegen (positive und nega-

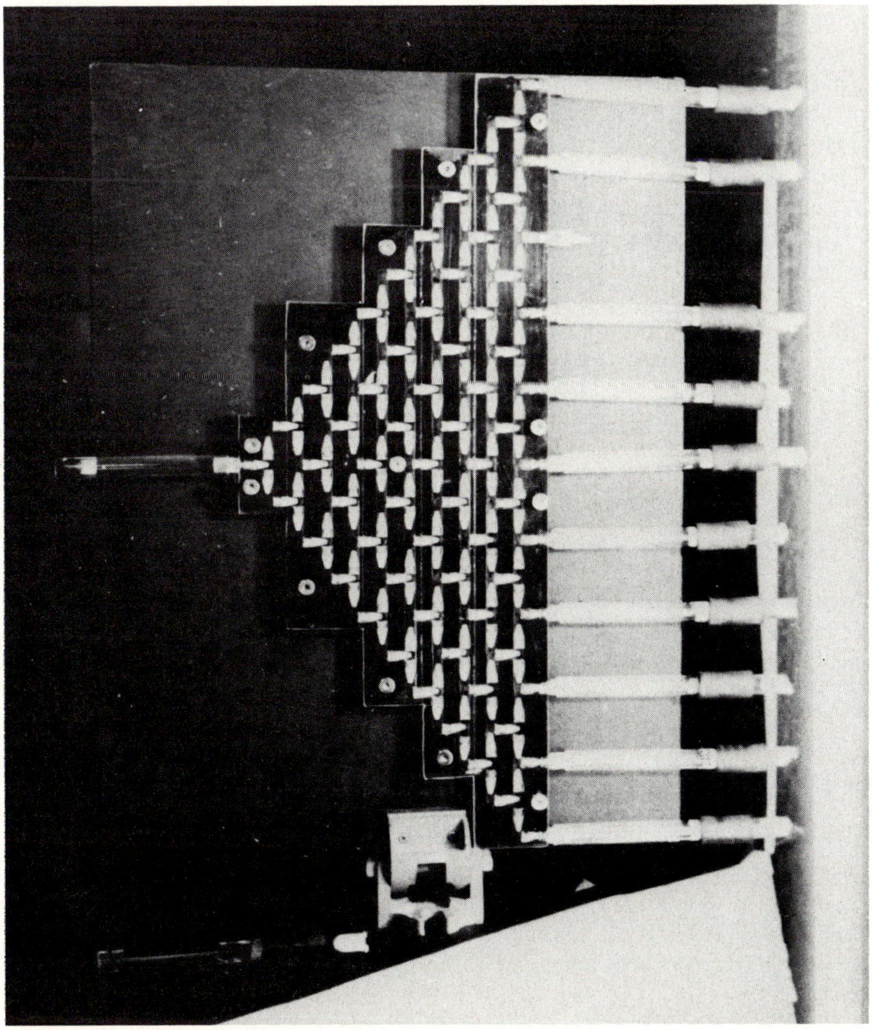

Abb. 4.2. Ein geotaktisches Labyrinth für *Drosophila*. Die Fliegen werden durch das Röhrchen links eingeschleust und über die Röhrchenserie rechts wieder abgesammelt.

tive Geotaxis). In ihren Experimenten wird die Verhaltensreaktion in einem senkrechten Labyrinth aus Kunststoffröhren (Abb. 4.2) getestet, durch welches die Fliegen mit Hilfe von Nahrungsduft gelockt werden. Eine Rückwärtsbewegung wird durch trichterförmige Verengungen an den Verzweigungsstellen des Labyrinths erschwert. Die Fliegen werden in großer Zahl in ein Röhrchen an der linken Seite des Labyrinths eingeschleust und aus einer Serie von Röhrchen am rechten Rand abgesammelt. Auf diese Weise können Tausende von Fruchtfliegen getestet werden, ohne vom Menschen angefaßt zu werden. Die in den verschiedenen Gläschen an der rechten Seite aufgefangenen Fliegen teilen sich in stark positiv und stark negativ geotaktische Individuen auf und in solche, die eine Mittelstellung einnehmen. Kreuzt man Fliegen, die jeweils von den äußersten oberen und unteren Röhrchen abgesammelt wurden, so erhält man schließlich aufgrund von positiver oder negativer Geotaxis selektierte Stämme (Abb. 4.3).

In einem der Experimente wurden drei *Drosophila*-Populationen miteinander verglichen (Hirsch und Erlenmeyer-Kimling 1962). Die eine war selektiv auf positive, die andere auf negative Geotaxis gezüchtet, die dritte war eine nichtselektierte Kontrollpopulation. Diese Populationen wurden mit einem speziellen Stamm gekreuzt, der Träger verschiedener chromosomaler Inversionen und Markierungsgene war. *Drosophila melanogaster* hat vier Chromosomenpaare, jeweils drei Paar große und ein Paar kleine Chromosomen (vgl. Kapitel 4.2 und 4.3). Die Markierungsgene wurden benötigt, um die drei großen Chromosomen zu identifizieren. Dabei handelt es sich um dominante Gene, deren phänotypische Merkmalsausprägungen ihre Anwesenheit im Genotyp sichtbar machen. Mit Hilfe eines speziellen Zuchtplans wurden Weibchen erzeugt, die in bezug auf die zu untersuchenden Chromosomen entweder homozygot oder heterozygot waren.

Die drei Chromosomen ließen sich mit Hilfe der Markierungsgene wie folgt erkennen: Chromosom X an Stachelaugen (B), Chromosom II an aufgebogenen Flügeln (Cy) und Chromosom III an Stoppelborsten (Sb). Mit diesen Markierungen versehene Testweibchen wurden mit Männchen von je einem der zu untersuchenden Stämme gepaart. Von der Nachkommenschaft wurden nur diejenigen Individuen für den folgenden Teil des Experiments verwendet, die alle drei Markierungsgene trugen. Sie wurden mit der ursprünglichen Männchenpopulation rückgekreuzt, wobei acht verschiedene Genotypen entstanden. Jedes der drei großen Chromosomen kann demnach heterozygot oder homozygot in bezug auf eines der S-Chromosomen aus der väterlichen Erblinie (s) sein. An diesen acht Genotypklassen kann man die individuellen Effekte der Chromosomen und ihre Wechselwirkungen untersuchen.

Hirsch und Erlenmeyer-Kimling (1962) konnten zeigen, daß in einer nichtselektierten Population die Chromosomen X und II zu positiver und das Chromosom III zu negativer Geotaxis beitrugen. In einem auf positive Geotaxis selektierten Stamm

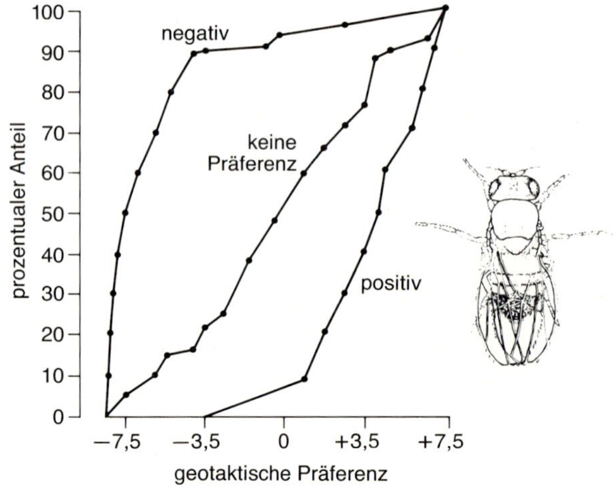

Abb. 4.3. Daten zum geotaktischen Verhalten dreier Stämme von *Drosophila*, getestet in einem Labyrinth wie dem in Abb. 4.2 gezeigten (nach Hirsch 1963).

waren die Chromosomen X und II wenig verändert, aber Chromosom III lieferte nun einen Beitrag zu positiver Geotaxis. Demgegenüber war in einem auf negative Geotaxis selektierten Stamm der negative Beitrag von Chromosom III verstärkt, bei gleichzeitig verringerten positiven Effekten der Chromosomen X und II. Betrachtete man die Auswirkungen auf alle drei Chromosomen zusammen, so war der Effekt in bezug auf negative Geotaxis ausgeprägter. Das ist auch nicht überraschend, weil die Gesamtreaktion auf das Ausleseverfahren (Abb. 4.3) im Bereich negativer Geotaxis stärker war als im Bereich positiver Geotaxis. Die Ergebnisse veranschaulichen, daß das Geotaxisverhalten von einer ganzen Reihe von Genen bestimmt wird, die über alle drei Hauptchromosomen verteilt sind.

Die Chromosomenanalyse ist ausgiebig auf verschiedene Verhaltensweisen von *Drosophila* angewendet worden, so auch auf die Paarungsgeschwindigkeit und bestimmte Teilaspekte des Balzverhaltens (Ehrman und Parsons 1976). Chromosomeninversionen sind eine häufige Erscheinung, und für *Drosophila pseudoobscura* konnte gezeigt werden, daß Inversions-Heterozygoten bezüglich des Balzverhaltens eine höhere Fitness aufweisen als Inversions-Homozygoten. Über chromosomale Anomalien beim Menschen wird seit langem intensiv geforscht, und man vermutet, daß sie an einer Reihe genetisch bedingter Verhaltensstörungen beteiligt sind, wie z. B. Epilepsie, manische Depression, geistige Behinderung und Schizophrenie (McClearn und DeFries 1973; Ehrman und Parsons 1976).

4.3 Polygene Vererbung von Verhalten

Viele Verhaltensmerkmale werden gleichzeitig durch zahlreiche Gene und Umweltfaktoren beeinflußt. Bei der genetischen Analyse solcher komplexen Situationen können verschiedene Methoden eingesetzt werden. Ihre Effektivität hängt weitgehend vom Grad der Erblichkeit eines bestimmten Verhaltens ab. Einige Anteile des Verhaltens sind jedoch hochgradig erblich, und mit diesen soll die Darstellung der polygenen Vererbung beginnen.

Männliche Grillen locken Weibchen mit ihrem Werbegesang über große Entfernungen an. Dieser Gesang entsteht durch rhythmisches Öffnen und Schließen spezialisierter Vorderflügel mit Hilfe eines Stridulationsorgans. Jede Schließbewegung der Flügel erzeugt einen Laut-Puls, während die Öffnungsbewegung lautlos ist. Unter den Mitgliedern einer lokalen Population sind die Gesänge bemerkenswert stereotyp, sie unterscheiden sich aber erheblich zwischen den Arten. Unterschiede bestehen hauptsächlich im zeitlichen Muster der Pulse (Abb. 4.4). Hybriden sind in freier Natur ziemlich selten (Hill et al. 1972), lassen sich aber unter Laborbedingungen leicht züchten. So erhielt zum Beispiel Leroy (1964) Hybriden zwischen den australischen Feldgrillenarten *Teleogryllus commodus* und *Teleogryllus oceanicus*. Bentley und Hoy (1972) zeigten auf, daß sich die Gesänge der F1-Hybriden deutlich von den Gesängen beider Elternarten unterschieden. Insbesondere erwiesen sich die Intervalle innerhalb der „Tschirp"- und „Triller-Phasen" der Hybriden als intermediär zu denen der Eltern. Abb. 4.5 zeigt einen Vergleich der elterlichen Gesänge mit denen

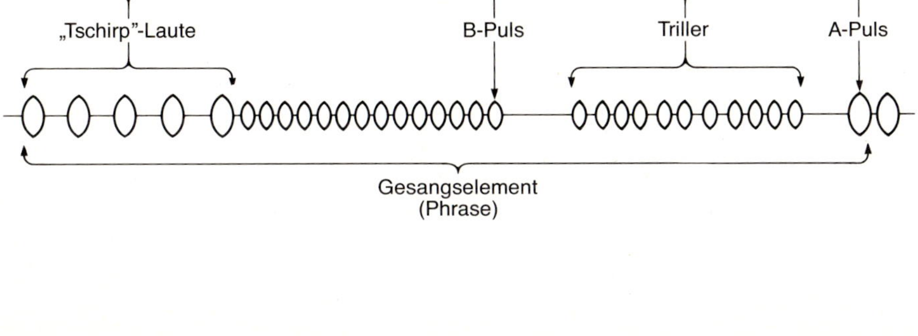

Abb. 4.4. Phrasenstrukturdiagramm des Gesangs der Feldgrille *Teleogryllus*. Jede Phrase besteht aus zwei Pulstypen: A-Pulse sind im „Tschirp"-Anteil, B-Pulse im „Triller"-Anteil einer Phrase enthalten. Der Gesang von *T. oceanicus* ist oben abgebildet, der von *T. commodus* darunter (nach Bentley und Hoy 1972).

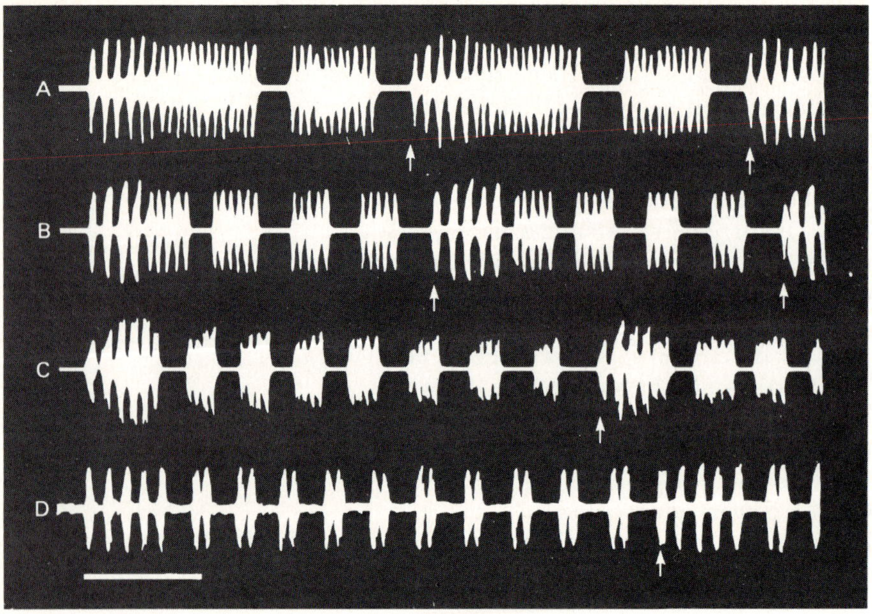

Abb. 4.5. Oszillogramme der Gesänge von *T. oceanicus* (A), *T. commodus* (D) und ihren Hybriden, *T. oceanicus* weibl. x *T. commodus* männl. (B) und *T. commodus* weibl. x *T. oceanicus* männl. (C). Die Pfeile markieren jeweils den Beginn einer Phrase (nach Bentley und Hoy 1972).

der Hybriden. Bentley und Hoy stellten auch fest, daß sich die reziproken Hybriden voneinander unterscheiden. Von weiblichen *T. oceanicus* und männlichen *T. commodus* stammende Hybriden waren insofern *T. oceanicus* ähnlich, als sie ein klar definiertes Intervall zwischen den Trillerphasen einhielten. Demgegenüber hielten die von weiblichen *T. commodus* und männlichen *T. oceanicus* abstammenden Hybriden kein genaues Intervall zwischen den Trillerphasen ein, und ihr Gesang ähnelte dem des *T. commodus*-Elters. Die Unterschiede kommen in den in Abb. 4.6 dargestellten Häufigkeitsdiagrammen besonders deutlich heraus.

Diese Ergebnisse deuten auf eine polygene Vererbung des Gesangsmusters hin. Nichts spricht für eine einfache Dominanz irgendeines bestimmten Gesangselements; die Hybridgesänge sind intermediär zwischen denen der Eltern. Die Hypothese wird dadurch gestützt, daß rückgekreuzte Hybriden ebenfalls intermediär vererben (Bentley 1971). Die Daten lassen auch darauf schließen, daß geschlechtsgebundene Faktoren dabei eine Rolle spielen. Die Gesänge der reziproken Hybriden unterscheiden sich voneinander in einer Weise, die nahelegt, daß die für *T. oceanicus* charakteristischen Intervalle zwischen den Trillern wohl bei den einen, nicht aber bei den anderen Hybriden repräsentiert sind. Die Geschlechtsdetermination für Grillen ist X0, d.h. es gibt kein Y-Chromosom. Das Männchen erhält zwar sein X-Chromosom von der mütterlichen Seite, aber kein entsprechendes vom Vater. Anscheinend ist also die Trillerintervall-Charakteristik des von weiblichen *T. oceanicus* und männlichen *T. commodus* abstammenden Hybriden durch das X-Chromosom des *T. oceanicus*-Elters determiniert. Dieses Merkmal kommt weder bei den Hybriden aus weiblichen *T. commodus* und männlichen *T. oceanicus* noch bei ihren Müttern vor.

Es ist anzunehmen, daß auf die artspezifischen Gesänge der Männchen nur die jeweils zugehörigen Weibchen ansprechen. Daher wäre es interessant zu wissen, wie weibliche Hybriden auf die Gesänge ihrer Eltern und Geschwister reagieren. Grillenweibchen sind stumm und antworten auf den Gesang eines Männchens, indem sie auf die Schallquelle zuwandern. Hill und Mitarbeiter (1972) konnten zeigen, daß frei laufende Weibchen von *T. oceanicus* und *T. commodus* zwischen arteigenem Gesang und dem einer anderen Art unterscheiden können. Um ein quantitatives Maß für die Präferenz durch das Weibchen zu erhalten, verwendeten Hoy und Paul (1973) das in Abb. 4.7 dargestellte Y-förmige Labyrinth. Über Lautsprecher, die jeweils links und rechts des Labyrinths angebracht waren, boten sie Aufnahmen von Gesängen. Auf diese Weise konnten sie die relative Attraktivität eines beliebigen Testgesangs messen. Hoy und Paul zeigten, daß *T. oceanicus*- und *T. commodus*-Weibchen art-

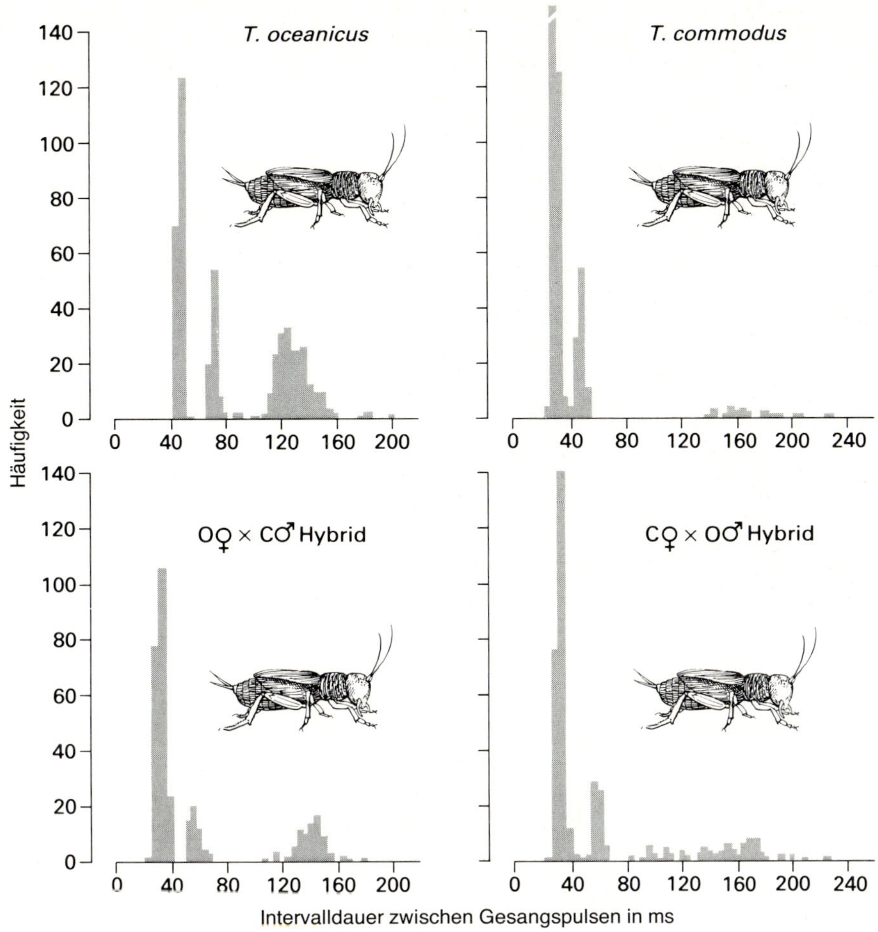

Abb. 4.6. Häufigkeitsdiagramme der Intervalle zwischen einzelnen Pulsen von Feldgrillengesängen. Jedes Histogramm resultiert aus der Analyse eines individuellen Gesangs. Daraus lassen sich jeweils die Intervalle innerhalb eines Trillers, innerhalb eines „Tschirps" sowie zwischen zwei Trillern ablesen (nach Bentley und Hoy 1972).

spezifische Unterscheidungen treffen; dieser Befund entsprach dem von Hill und Mitarbeitern an frei laufenden Weibchen. Ferner stellten sie fest, daß Hybridweibchen, die von männlichen *T. commodus* und weiblichen *T. oceanicus* stammten, den Gesang männlicher Hybridgeschwister dem der jeweiligen Elternarten vorzogen. Wie aus Abb. 4.6 ersichtlich ist, ist der Gesang von Hybriden aus männlichen *T. oceanicus* und weiblichen *T. commodus* leicht vom Gesang jedes der Eltern zu unterscheiden (Man beachte, daß dies im Falle der alternativen Hybriden nicht so eindeutig ist). Die Tatsache, daß das Weibchen den Gesang der Hybriden bevorzugt, bedeutet, daß die Gesangserzeugung beim Männchen und die Wahrnehmung und Erkennung seitens des Weibchens in irgendeiner Weise genetisch gekoppelt sind.

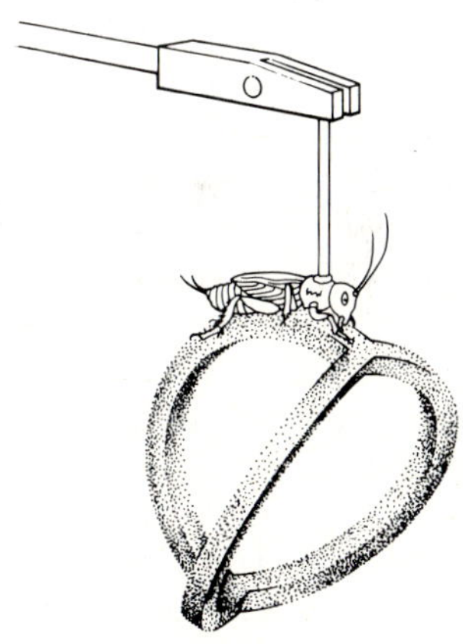

Abb. 4.7. Weibliche Feldgrille auf einem Y-Labyrinth. Ihre Bewegungen darauf zeigen ihre Präferenzen für männliche Lockgesänge (nach Hoy 1974).

Es ist bekannt, daß verschiedene Hunderassen unterschiedliche Verhaltensmerkmale aufweisen. 1965 veröffentlichten Scott und Fuller einige Ergebnisse ihrer ausgedehnten Forschungen über die genetischen Grundlagen solcher Unterschiede. In einer ihrer Untersuchungen verglichen sie das Verhalten von Cockerspanieln, Basenjis und deren Hybriden. Spaniel werden schon seit langem als Jagdhunde gezüchtet. Sie sind gehorsam und ihrem Herrn ergeben (Abb. 4.8). Spaniel kommen ursprünglich aus Spanien, wo sie bei der Beizjagd und beim Vogelfang mit Netzen eingesetzt wurden. Der Hund wurde darauf abgerichtet, dicht am Boden zu kauern, sobald er Rebhühner oder andere Vögel entdeckt hatte. Dann wurde über Hund und Vögel ein Netz geworfen. Seit der Erfindung des Gewehrs waren Netze nicht mehr gebräuchlich; jetzt wurden die Landspaniel darauf gezüchtet, vor einem entdeckten Vogel unvermittelt stehenzubleiben und ihn dem Jäger dadurch anzuzeigen. Springerspaniel wurden speziell darauf gezüchtet, in die Höhe zu springen und dabei Vögel aufzuscheuchen. Die ursprüngliche Tendenz, sich an den Boden zu ducken, ist nur beim Cockerspaniel erhalten geblieben.

Abb. 4.8. Nutzung der Spaniel für die Jagd. Auf ein Handzeichen ihres Herrn reagieren sie mit Niederlegen (aus Blomes *Gentleman's Recreation* 1686).

Basenjis waren früher einmal in Afrika weit verbreitet. Von den Pygmäen und anderen afrikanischen Stämmen wurden sie zur Jagd verwendet (Abb. 4.9). Die für den allgemeinen Gebrauch bestimmten Jagdhunde haben ein etwas zurückhaltendes Temperament. Basenjis bellen wenig, wenn überhaupt, verfallen aber manchmal in lang anhaltendes Heulen.

Scott und Fuller (1965) führten mit diesen beiden Hunderassen (Abb. 4.10) ausgedehnte Zuchtprogramme durch, z. B. reziproke Hybridisierung und diverse Rückkreuzungen. In Tabelle 4.1 sind die charakteristischen Eigenschaften beider Rassen zusammengefaßt, einschließlich der nach den Versuchsergebnissen wahrscheinlichsten Vererbungswege. Junge Basenjis sind im allgemeinen wild und ungestüm, im Gegensatz zur Zahmheit und Vertrautheit junger Spaniel. Sie lassen sich nicht gern anfassen und setzen sich zur Wehr, wenn man versucht, sie festzuhalten. Berührungstests mit Hybriden ergaben, daß sich Tiere der F1-Generation ganz ähnlich wie reinrassige Basenjis verhielten, ein Hinweis auf die Beteiligung dominanter Gene. Die Ergebnisse von Rückkreuzungsexperimenten legten den Schluß nahe, daß die Wildheit auf ein einzelnes dominantes Gen zurückzuführen ist, welches gewöhnlich bei Basenjis vorkommt. Die Zahmheit der Spaniel wird durch ein einzelnes rezessives Gen bestimmt. Ein weiteres Beispiel: Weibliche Basenjis werden einmal im Jahr östrisch, etwa um die Zeit der Herbst-Tagundnachtgleiche. Spaniel können – wie die meisten europäischen Hunderassen – alle sechs Monate läufig werden, und zwar zu jeder beliebigen Jahreszeit. Der Fortpflanzungszyklus des Basenji scheint durch ein einziges rezessives Gen bestimmt zu werden. Alles in allem kamen Scott und Fuller zu

Abb. 4.9. Pygmäen mit einem Basenji-Hund, von der Jagd heimkehrend. Die Netze werden verwendet, um das Wild zu fangen, das die Hunde aus dem Unterholz aufscheuchen.

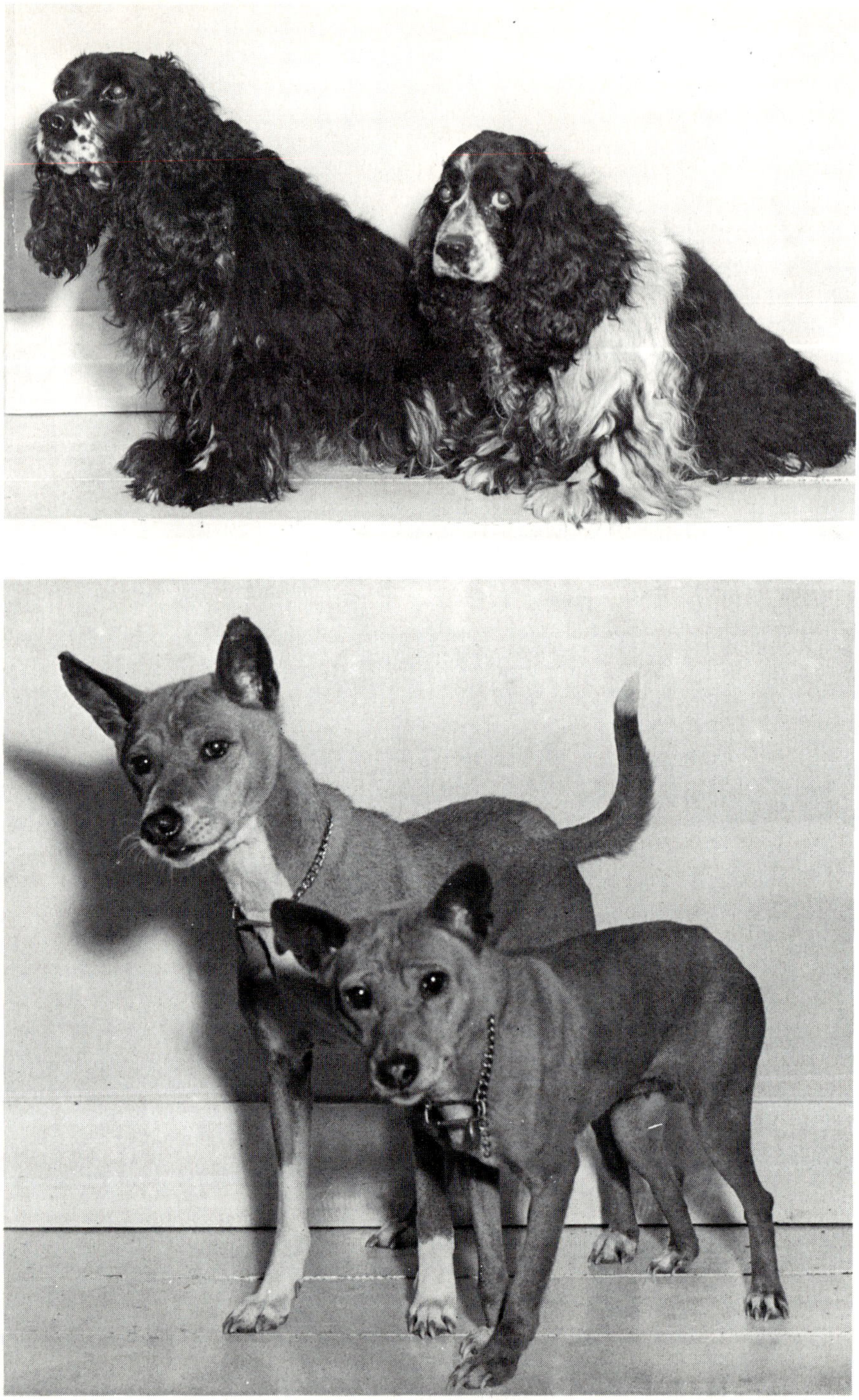

Abb. 4.10. Reinrassige Cockerspaniel (oben) und Basenjis (unten), die für die genetischen Untersuchungen von Scott und Fuller (1965) verwendet wurden.

Tab. 4.1. Unterschiede in den Merkmalen und Eigenschaften von Basenjis und Cockerspanieln (nach Scott und Fuller 1965).

Merkmal	Basenji	Cockerspaniel	höchstwahrscheinlicher Vererbungsweg
Wildheit und Zahmheit			
sich Entziehen und Lautäußerung als Reaktion auf Berührung	stark	gering	ein dominantes Gen für Wildheit
Widerstand gegen Festgehaltenwerden	stark	gering	ein Gen, nicht dominant
spielerische Agressivität im Alter von 13 bis 15 Wochen	stark	gering	zwei nicht dominante Gene
Bellen im Alter von 11 Wochen			
Reizschwelle	hoch	niedrig	zwei dominante Gene für niedrige Reizschwelle
Tendenz, nur wenige Male zu bellen	hoch	gering	ein nicht dominantes Gen
Sexualverhalten (Östrus)	einmal im Jahr	halbjährlich	der Basenji Typus ist rezessiv
Tendenz, sich beim Gewogenwerden ruhig zu verhalten	gering	hoch	zwei rezessive Gene für eine ausgeprägte Tendenz, sich ruhig zu verhalten

dem Schluß, daß die Verhaltensweisen, die sie untersucht hatten, durch ein oder zwei Gene kontrolliert werden. Hier scheint eine Mischform zwischen einer einfachen Mendelschen Verteilung und einem polygenen Erbgang vorzuliegen.

Es mag zunächst überraschen, daß derart komplexe Verhaltenseigenschaften von nur so wenigen Genen gesteuert werden. Immerhin waren aber die beiden Hunderassen über einen sehr langen Zeitraum voneinander isoliert und dabei intensiver künstlicher Zuchtwahl ausgesetzt. Dies hat anscheinend zu Genotypen geführt, die in bezug auf bestimmte Verhaltensweisen homozygot sind, so daß sie innerhalb einer Rasse nur in geringer Variabilität auftreten. Die Verhaltensgenetik von Hunden ist besonders deshalb interessant, weil oft gerade die Fähigkeit, bestimmte Verhaltensweisen zu lernen, die angeborene Komponente ist.

4.4 Die Erblichkeit des Verhaltens

„Die Frage, ob Anlage oder Erziehung, Genotyp oder Umwelteinflüsse bedeutender für die Formung von Physis und Persönlichkeit des Menschen sind, ist einfach falsch gestellt und irreführend. Genotyp und Umwelt sind von gleicher Bedeutung, weil beide unentbehrlich sind ... Die Frage, welche Rolle jeweils Genotyp und Umwelteinflüssen bei der menschlichen Entwicklung zukommt, muß vielmehr folgendermaßen gestellt werden: In welchem Maße sind die sichtbaren Unterschiede zwischen den Menschen durch die Unterschiede ihrer Genotypen und die des jeweiligen Umfeldes bedingt, in welchem sie zur Welt kamen, heranwuchsen und erzogen wurden?" (Dobzhansky 1964).*

Ein großer Teil der Arbeit von Galton beruhte auf der Vorstellung, daß phänotypische Ähnlichkeiten unter Verwandten teilweise von Ähnlichkeiten im Genotypus herrührten. Galton kannte jedoch Mendels Arbeiten nicht, und er vermutete, daß Vererbung ein einfacher Vermischungsvorgang sei. Er hielt die Erbsubstanz für ein homogenes Material, wodurch die Nachkommenschaft genetisch immer intermediär bezüglich der Eltern wäre. Auf der Grundlage dieser Annahme leistete Galton allerdings Pionierarbeit, indem er als Methode zur Abschätzung von Erblichkeit unter Verwandten das Korrelationsverfahren einführte. 1918 veröffentlichte Fisher eine Arbeit, in der er zeigte, daß man auf der Basis der Mendelschen Theorie die erwarteten Korrelationen unter Verwandten vorhersagen konnte. Obwohl Mendels Arbeit schon im Jahre 1900 öffentlich bekannt geworden war, hatte man sie vorläufig nur auf diskrete Merkmale angewendet. Fisher zeigte, wie sich Mendels Theorie auch auf kontinuierlich verteilte Merkmale wie Größe und Gewicht anwenden ließ. Interessanterweise kam er zu ganz ähnlichen Schlüssen wie Galton; viele Vorhersagen beider Theorien waren beinahe identisch.

Der Begriff der „Erblichkeit" wurde anfangs als der Anteil der beobachteten Varianz definiert, der auf Erbunterschiede zurückzuführen war (Lush 1940). Mit anderen Worten, wird ein spezielles Merkmal untersucht, wie z. B. das Körpergewicht innerhalb einer Tierpopulation, dann betrachtet man eine phänotypische Größe, in die sowohl genotypische als auch Umweltkomponenten eingegangen sind. Betrachtet man zum Vergleich verwandte Populationen mit unterschiedlichen Lebensbedingungen, so kann man bisweilen abschätzen, wieviel von der beobachteten Variabilität zwischen den Individuen auf Umweltfaktoren und wieviel auf genetische Faktoren zurückzuführen ist.

Es gibt eine ganze Reihe statistischer Methoden, um den Grad der Erblichkeit von Verhalten abzuschätzen. Einige basieren auf der Untersuchung phänotypischer Variation unter genetisch identischen Individuen. Diese Variation wird mit der gesamten phänotypischen Variabilität in einer natürlichen, genetisch vielfältigen Population verglichen. Der Vergleich liefert einen Quotienten, der die Anteile der genetischen Komponenten und der Umwelteinflüsse angibt. Diese Methodik ist zwar mit gewissen statistischen Problemen behaftet, aber sie stellt auch klar heraus, wie irreführend der Schluß ist, ein Verhalten als „rein genetisch bedingt", ein anderes als „ausschließlich umweltbedingt" anzusehen. Sobald eine neue Genvariante auftritt oder sobald eine Population neuen Umweltparametern ausgesetzt ist, kann sich der Quotient ändern. Ein Verhaltensmuster, das unter den einen Lebensumständen als „genetisch determiniert" gilt (eineiige Zwillinge, die getrennt voneinander aufwachsen, aber identische Phänotypen haben), kann unter anderen Klimabedingungen nachweislich eine starke Umweltkomponente enthalten (getrennt aufwachsende eineiige Zwillinge haben dann unterschiedliche Phänotypen). Umgekehrt gilt: Es

* „The question whether the nature or the nurture, the genotype or the environment, is more important in shaping man's physique and his personality is simply fallacious and misleading. The genotype and the environment are equally important, because both are indispensable. ... The question about the roles of the genotype and the environment in human development must be posed thus: To what extent are the differences observed among people conditioned by the differences of their genotypes and by the differences between the environments in which people were born, grew and were brought up?"

kann sich herausstellen, daß ein durch Umwelteinflüsse bestimmtes Verhaltensmuster (genetisch unterschiedliche Individuen haben insgesamt gleiche Phänotypen, wenn sie in der gleichen Umgebung aufwachsen) in einer anderen Umgebung, in der genetische Variabilität auch äußerlich in Erscheinung treten kann, offensichtlich eine starke genetische Komponente hat. Aufgrund dieser Beziehungen läßt sich der Grad der Erblichkeit von Verhalten, ähnlich wie die Unterscheidung zwischen angeborenem und erworbenem Verhalten, nur innerhalb enger Grenzen bestimmen. Man kann sagen, daß ein gegebenes Verhalten im Mittel über den Gesamtbereich möglicher Umgebungen und Genotypen einer bestimmten Population zu 80% angeboren ist, aber wir können dies nicht auf andere Populationen und Umgebungen verallgemeinern.

Erblichkeitsschätzungen unterliegen verschiedenen Fehlermöglichkeiten; die wichtigsten sind Genotyp-Umwelt-Wechselwirkungen und Genotyp-Umwelt-Korrelationen. Interaktionen zwischen Genotyp und Umwelt erzeugen eine Variabilität, die bei normalen Erblichkeitsberechnungen nicht berücksichtigt wird. So gelang es Tryon (1942) beispielsweise, selektiv Ratten zu züchten, die sich in Labyrinthen besonders leicht bzw. besonders schwer orientierten. Sie wurden unter gewöhnlichen Laborbedingungen gehalten und getestet. Daraufhin züchteten Cooper und Zubek (1958) die gleichen Ratten teils unter den üblichen Laborbedingungen, teils entweder in besonders reizarmer und kahler Umgebung oder unter Haltungsbedingungen mit vielfältigen Umwelteinflüssen, in komplexen, labyrinthartigen Gehegen. Wurden sie anschließend in einem Standardlabyrinth getestet, so zeigten die auf gutes und die auf schwaches Orientierungsvermögen gezüchteten, unter normalen Bedingungen gehaltenen Rattenstämme große Verhaltensunterschiede, entsprechend den vorherigen Befunden anderer Autoren. Wurden dagegen beide Stämme in reizarmer Umgebung gehalten, schnitten sie im Testlabyrinth gleich schlecht ab. Individuen beider Stämme erbrachten in diesem Test gleich gute Orientierungsleistungen, wenn sie in reichhaltiger Umgebung aufgewachsen waren (Abb. 4.11). Obwohl zwischen beiden Stämmen ganz sicher ein genotypischer Unterschied besteht, kommt dieser auf der Ebene des Phänotypus nur bei solchen Ratten zum Ausdruck, die unter bestimmten Umweltbedingungen aufgezogen wurden.

Korrelationen zwischen Genotyp und Umwelt, eine weitere potentielle Fehlerquelle bei der Abschätzung von Erblichkeit, können sich ergeben, wenn Individuen bestimmte Umweltbedingungen wählen oder besondere Gewohnheiten entwickeln, um genetische Defekte zu kompensieren. Trotz dieser Schwierigkeiten haben sich Messungen der Erblichkeit als außerordentlich nützlich erwiesen, um die Wirkungen von Anlage und Umwelt zu trennen.

Erblichkeitsschätzungen, die auf der Ähnlichkeit zwischen Verwandten beruhen, werden vielfach in der Verhaltensgenetik des Menschen angewendet. Hier tritt aber eine ganze Reihe komplizierender Faktoren hinzu. Das erste Problem besteht darin, daß genetische Dominanz die Korrelation unter Verwandten herabsetzt. Bei genetischer Dominanz sind die elterlichen Beiträge zu einem Merkmal nicht gleich, und

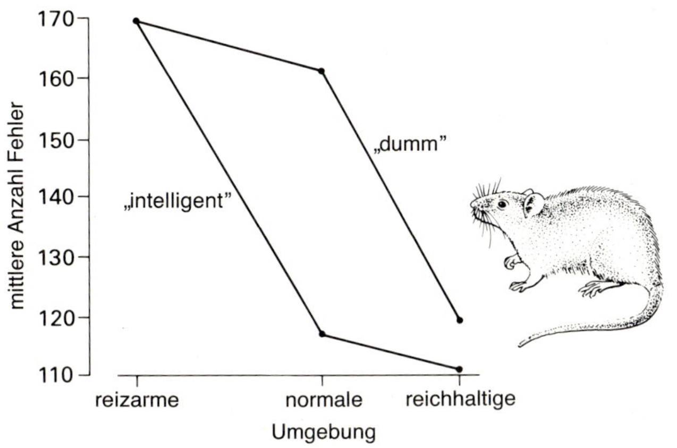

Abb. 4.11. Mittlere Anzahl Fehlversuche von „intelligenten" und „dummen" Ratten bei Tests in einem Standardlabyrinth. Die Ratten waren teils in abwechslungsreicher, in normaler und in reizarmer Umgebung aufgewachsen (nach Cooper und Zubek 1958).

damit ergibt sich eine weitere Ursache für Variabilität. Sie wird **Dominanzvarianz** genannt. Dominanzvarianz wirkt sich jedoch unterschiedlich auf Korrelationen zwischen Eltern und Nachkommen und auf solche zwischen den Geschwistern aus. Tatsächlich sollte der Unterschied zwischen diesen beiden Korrelationskoeffizienten exakt ein Viertel des Anteils der gesamten, auf Dominanz beruhenden Varianz betragen (Bodmer und Cavalli-Sforza 1976).

Das zweite Problem: Hinsichtlich bestimmter Eigenschaften ist die Paarbildung beim Menschen gewöhnlich nicht dem Zufallsprinzip unterworfen. Man kann zwar davon ausgehen, daß in bezug auf unsichtbare Merkmale, wie z.B. die Enzymkonzentrationen im Körper, die Zufallsauswahl noch gewährleistet ist, aber das ist bei Eigenschaften wie Körpergröße und Intelligenz nicht der Fall. Die Korrelationen zwischen Ehepartnern sind für solche Merkmale gewöhnlich positiv, was anzeigt, daß die Paarbildung nicht zufällig, sondern selektiv erfolgt: Die Menschen neigen dazu, Partner von ähnlicher Körpergröße und ähnlichem I.Q. zu wählen. Die Korrelation bei Ehepaaren ist für Größe etwa +0,3, für den I.Q. ungefähr +0,4. Diese Zusammenhänge können auch durch soziale Gegebenheiten beeinflußt werden, da zwischen den genannten Variablen und dem sozio-ökonomischen Status ebenfalls positive Korrelationen bestehen. Die Tendenz, einen Partner aus der gleichen sozialen Schicht zu wählen, würde demnach zu positiven Korrelationen zwischen Ehepaaren führen. Selektive Partnerwahl hat den Effekt, die Häufigkeit von Homozygoten zu erhöhen.

Das dritte Problem bei Untersuchungen am Menschen liegt in der umweltbedingten Varianz, denn anders als in manchen Tierstudien lassen sich die Umwelteinflüsse hier nicht steuern. Cavalli-Sforza und Bodmer (1971) wählten das Verfahren, die umweltbedingte Varianz in einzelne Komponenten zu zerlegen. Da ist zunächst die Varianz der Individuen innerhalb einer Familie. Sie kann auf Altersunterschieden, der Reihenfolge der Geburten, Geschlechtsunterschieden und derlei beruhen. Auf verschieden große Familien werden zudem unterschiedliche Umwelteinflüsse einwirken, wie z. B. die Ernährungssituation und der verfügbare Wohnraum. Als nächstes wäre die Varianz zwischen den Familien einer sozio-ökonomischen Schicht zu nennen. Korrelationen zwischen adoptierten Kindern und ihren Stiefeltern erlauben es eventuell, die Bedeutung solcher Effekte abzuschätzen, aber die Ergebnisse können durch die Elternauswahl seitens der Adoptionsbehörden leicht verfälscht werden. Weiterhin gibt es die Varianz zwischen den einzelnen sozioökonomischen Schichten. Kulturell weitergegebene Eigenschaften können natürlich auch zu Korrelationen zwischen Verwandten führen; diese Merkmale lassen sich nur schwer von solchen unterscheiden, die auf genetischen Faktoren beruhen. Kulturell tradierte und biologisch vererbte Merkmale werden überaus häufig miteinander verwechselt (Cavalli-Sforza und Feldman 1974). Das ist zur Zeit eine ungelöste Problematik in der Biologie.

Man muß auch die Varianz der Umweltbedingungen beachten, die mit den Unterschieden zwischen den Rassen einhergehen. So sind zum Beispiel die für schwarze und weiße Amerikaner typischen Umweltverhältnisse erheblich verschieden. Sie sind teils auf kulturelle Unterschiede, teils auf sozio-ökonomische Faktoren zurückzuführen.

Schließlich ist noch die Varianz zu erwähnen, die auf Interaktionen zwischen Genotyp und Umwelt zurückzuführen ist. Beim heranwachsenden Menschen können solche Wechselwirkungen etwa zwischen dem jeweiligen Reifegrad und den für verschiedene Altersgruppen angebotenen Bildungseinrichtungen stattfinden.

Alles in allem läßt sich die auf Umwelteinflüsse zurückzuführende Varianz genauer kennzeichnen, indem man die oben skizzierten Teilvarianzen addiert.

Cavalli-Sforza und Bodmer (1971) kamen zu dem Schluß, daß Erblichkeitsschätzungen kein brauchbarer Maßstab für die relative Bedeutung von angeborenen und erworbenen Eigenschaften sind, es sei denn, es liegen ganz bestimmte Voraussetzungen vor. Änderungen der Umweltbedingungen können auch die sorgfältigsten Erblichkeitsmessungen wertlos machen. Obwohl zum Beispiel die menschliche Statur in hohem Maße erblich ist, hat sich das mittlere Körperformat einiger Populationen sehr verändert, was auf Umweltfaktoren wie etwa die verbesserte Ernährungslage zurückzuführen ist. Wenn auch die Erblichkeitsberechnungen einen Hinweis auf die

Anteile der jeweils herrschenden genetischen und umweltbedingten Variabilität liefern, so lassen sie sich nicht einfach auf andere Populationen, Umweltverhältnisse oder Epochen extrapolieren.

Merksätze

- Es ist nur in wenigen Fällen möglich, die Wirkungsweise einzelner Gene zu demonstrieren; gewöhnlich sind jedoch zahlreiche Gene selbst an den einfachsten Verhaltensmechanismen beteiligt.
- Polygene Vererbung läßt sich mit Hilfe von Zuchtexperimenten untersuchen, die so angelegt sind, daß man die Auswirkungen von Chromosomenmutationen auf das Verhalten oder quantitative Verhaltensunterschiede genetisch verschiedener Zuchtstämme untersucht.
- Die Erblichkeit von Verhaltensmerkmalen wird über die Varianz phänotypischer Merkmale innerhalb einer Population gemessen. Dabei ist die Erblichkeit eines Merkmals der Anteil der beobachteten Varianz, der tatsächlich auf Vererbung zurückzuführen ist. Das läßt sich untersuchen, indem man die Unterschiede zwischen nahe verwandten, aber in verschiedenen Umgebungen aufgezogenen Tieren mit den Unterschieden zwischen anderen Individuen dieser Art vergleicht, die alle in derselben Umgebung aufgewachsen sind.

Weiterführende Literatur

Bodmer, W. F. und L. L. Cavalli-Sforza (1976) *Genetics, Evolution, and Man.* Freeman, New York.

Ehrman, L. und P. A. Parsons (1976) *The Genetics of Behavior.* Sinauer Associates, Sunderland, Massachusetts.

Merz, F. und J. Stelzl (1977) *Einführung in die Erbpsychologie.* Kohlhammer Verlag, Stuttgart, Berlin, Köln, Mainz.

Vogel, F. und P. Propping (1981) *Ist unser Schicksal mitgeboren?* Severin und Siedler, Berlin.

1.2 Natürliche Selektion

In diesem Abschnitt werden die Grundzüge der Evolutionstheorie besprochen, sofern sie mit dem Verhalten in einem Zusammenhang stehen. Ziel ist es, ein grundlegendes Verständnis einiger Kernthesen zu vermitteln und zu zeigen, wie diese in der Verhaltensforschung verwendet werden. Kapitel 5 gibt eine Einführung in die Theorie der natürlichen Selektion und erörtert einige der Fakten, die für diese Theorie sprechen. Außerdem werden jene Mechanismen der natürlichen Auslese angesprochen, die die Evolution des Verhaltens bewirken, wie z.B. die biotischen und abiotischen Selektionsfaktoren. In Kapitel 6 wird über einige der klassischen Experimente zur Demonstration des Überlebenswertes bestimmter Verhaltensweisen berichtet. Darüberhinaus werden hier die verschiedenen Fitnesskonzepte vorgestellt, die in der Evolutionsbiologie eine wichtige Rolle spielen. Kapitel 7 gibt eine Einführung zum Begriff der evolutionären Strategie, unter besonderer Berücksichtigung der evolutionsstabilen Strategie (ESS).

CHARLES DARWIN (1809-1882)

Charles Darwin wurde 1809 in Shrewsbury, England, geboren. Sein Vater, Robert Darwin, war Arzt und sein Großvater, Erasmus Darwin, ein bekannter Biologe. Obwohl Charles Darwin sich für Naturgeschichte interessierte, war er zunächst kein vielversprechender Nachwuchswissenschaftler. Vorübergehend studierte er Medizin an der Universität Edinburgh und wechselte dann nach Cambridge, um Geistlicher zu werden. 1831 wurde ihm ein Platz als Naturwissenschaftler auf dem Forschungsschiff H. M. S. Beagle angeboten. Die Beagle führte ihn nach Brasilien und Argentinien, auf die Falkland Inseln, nach Tierra del Fuego und Chile, auf die Galapagos Inseln, weiter nach Tahiti, Neuseeland, Tasmanien und schließlich Australien. Er entdeckte sowohl die Reichtümer des tropischen Regenwaldes als auch die Knochenfossile längst ausgestorbener Reptilien, erlebte Erdbeben und Revolten. Darwin machte sich ausführliche Notizen über Tiere, Pflanzen, Fossilien, geologische Formationen und Korallenriffe und dachte viel über das Wesen der Anpassung, über die geographischen Variationen und das alles Lebendige durchdringende Konkurrenzprinzip nach. Nach seiner Rückkehr lebte Darwin anfangs in London, ließ sich dann aber in Kent nieder, wo er den Rest seines Lebens verbrachte. Er starb dort 1882.

Darwins Denken wurde stark durch Lyells Werk *The Principles of Geology (1833)* (*Elemente der Geologie*) beeinflußt, das er auf der Beagle mit sich führte. In diesem Buch war die Vorstellung entwickelt worden, daß die Erdgeschichte das Ergebnis natürlicher, auch in der Gegenwart noch aktiver und sichtbarer Gesetze und Kräfte sei. Lyell argumentierte damit gegen die vorherrschende Auffassung, daß die Welt durch eine Reihe von natürlichen oder gottgewollten Katastrophen geschaffen worden sei. Darwins Reise auf der Beagle öffnete ihm die Augen für die Mannigfaltigkeit der Arten und ihre bemerkenswerten Anpassungen an die Umwelt. 1838 las er den von Malthus schon 1798 veröffentlichten *Essay on the Principles of Population (Das Bevölkerungsgesetz)*. In dieser Arbeit wies Malthus darauf hin, daß Populationen zu geometrischem Wachstum neigen, daß aber der jeweilige Nahrungsvorrat höchstens arithmetisch zunehmen könne. Er argumentierte, daß jede Populationszunahme unweigerlich durch Verhungern oder „Not und Elend“ in anderer Form begrenzt werde. Darwin erkannte, daß die Konkurrenz um knappe Ressourcen zwangsläufig zum Überleben von solchen Individuen führen würde, die aufgrund ihrer besonderen Eigenschaften im „Kampf ums Dasein“ einen Vorteil hätten. Er wußte, daß domestizierte Tiere und Pflanzen über Generationen hinweg durch künstliche Selektion verändert werden konnten, und so entwickelte er allmählich die Vorstellung, daß die Merkmale wildlebender Arten durch natürliche Auslese bestimmt wurden.

1842 schrieb Darwin einen ersten Entwurf seiner Theorie nieder, eine zweite Fassung folgte 1844. Er hatte vor, das Beweismaterial für eine viel umfangreichere Arbeit zusammenzutragen, aber 1858 erhielt er einen Brief von Wallace, in dem dieser eine unabhängig von Darwin entworfene Theorie der Evolution durch natürliche Auslese in groben Zügen darlegte.

1858 publizierten Darwin und Wallace gemeinsam einen vorläufigen Entwurf ihrer Theorie, und 1859 veröffentlichte Darwin sein Werk *On the Origin of Species by Means of Natural Selection, or the Preservation of Favoured Races in the Struggle for Life (Über die Entstehung der Arten durch natürliche Auslese oder die Erhaltung der begünstigten Rassen im Kampf ums Dasein)*.

Dieses Buch löste eine Revolution im wissenschaftlichen Denken aus und lieferte die Grundlage für die moderne Biologie. Darwin schrieb noch eine Reihe weiterer, für die Verhaltenswissenschaften bedeutsamer Bücher, die die Entwicklung der Ethologie maßgeblich beeinflußt haben. Die wichtigsten waren *The Descent of Man and Selection in Relation to Sex (1871) (Die Abstammung des Menschen und die geschlechtliche Zuchtwahl)* und *The Expression of the Emotions in Man and the Animals (1872) (Der Ausdruck der Gemüthsbewegungen bei dem Menschen und den Thieren)*.

5 Natürliche Auslese, Ökologie und Verhalten

Die Kernthesen der Theorie der natürlichen Auslese von Darwin lauten wie folgt: 1) Unter den Individuen jeder beliebigen Population ein und derselben Art herrscht eine erhebliche Variabilität. 2) Diese Variabilität ist zu einem großen Teil auf genetische Veranlagung zurückzuführen. 3) Bei weitem nicht alle Individuen, die in einer Generation geboren werden, können die Fortpflanzungsreife erreichen. Aus diesen Fakten ergibt sich, daß verschiedene Individuen nicht die gleiche Überlebenswahrscheinlichkeit haben können. Diejenigen, deren Merkmale am besten ihrer Umwelt angepaßt sind, haben die besseren Chancen zu überleben und ihre vorteilhaften Eigenschaften an die nächste Generation weiterzugeben. Daher besteht die Tendenz, daß bestimmte Eigenschaften innerhalb einer Population erhalten bleiben. Mit anderen Worten: Bestimmte Merkmale von Tieren werden selektiert.

Es ist wichtig, zwischen der abstrakten Logik der Selektionstheorie und den sichtbaren Anzeichen dafür, daß die Selektion in der Natur tatsächlich wirksam ist, zu unterscheiden. Wenn man voraussetzt, daß die Fortpflanzungsrate der Tiere höher ist als ihre Überlebensrate und daß Unterschiede zwischen Individuen auf die Nachkommenschaft vererbt werden, dann folgt daraus logisch, daß diejenigen Varianten, die überleben, am besten an die Umwelt angepaßt sind bzw. von ihr selektiert werden.

Darwin konnte kein Beispiel für den unmittelbaren Vorgang der natürlichen Selektion geben, aber nach ihm hat die industrielle Revolution für ein Beispiel gesorgt, das intensiv untersucht wurde. Seit der Mitte des neunzehnten Jahrhunderts sind in den durch Ruß belasteten Industriegebieten Englands viele Nachtfalterarten dunkler geworden. 1848 wurden in der Nähe von Manchester die ersten schwarzen Exemplare des Birkenspanners (*Biston betularia*) gefangen, und um 1895 machten sie bereits etwa 98% der Gesamtpopulation in jener Gegend aus. Normalerweise hat diese Art eine helle Färbung mit kleinen dunklen Flecken (Abb. 5.1). In von Ruß unbelasteten Landesteilen lassen sie sich gern auf hellen Baumstämmen nieder, wo sie gut getarnt sind. In ländlichen Gebieten der englischen Grafschaft Dorset, in denen die Bäume mit hellen Flechten bewachsen waren, führte Kettlewell (1956) eine Reihe von Experimenten durch. Er ließ eine große Zahl heller und dunkler Nachtfalter frei und beobachtete, daß Falter, die an Baumstämmen saßen, von Vögeln gefressen wurden. 164 von 190 erbeuteten Faltern waren dunkel gefärbt, und nur 26 Individuen waren hell. Ähnliche Experimente, die Kettlewell in von Industriestaub belasteten ländlichen Gebieten nahe Birmingham (England) ausführte, lieferten entgegengesetzte Ergebnisse: Er beobachtete, daß Vögel hier dreimal soviel helle wie dunkle Falter erbeuteten. Schon früher (Kettlewell 1955) hatte er festgestellt, daß sich helle Individuen gern auf hellem Untergrund niederließen und daß dunkle Exemplare entsprechend ein dunkles Substrat bevorzugten. Somit spricht einiges dafür, daß die Überlebensrate der Falter in verschiedenen Lebensräumen nicht nur von ihrer Färbung, sondern auch von ihrem Verhalten abhängt.

Abb. 5.1. Helle und melanistische Form des Birkenspanners *Biston betularia* an einem flechtenbewachsenen (links) und einem rußgeschwärzten Baumstamm (rechts).

Diese und andere Experimente (Kettlewell 1973) zeigen, daß Umweltveränderungen infolge industrieller Verschmutzung auch die Richtung der natürlichen Auslese verändern können. Sowohl in ländlichen Gegenden als auch in industriellen Ballungsgebieten sind Vögel anscheinend der wichtigste Selektionsfaktor. Ihre Fähigkeit, ruhende Falter zu finden, ist primär dafür entscheidend, welche der Insekten in einer gegebenen Umweltsituation überleben werden. Aus der Sicht der Falter sind wiederum die Vögel der wichtigste Umweltfaktor, an den sie sich anzupassen haben. Wer von ihnen das Merkmal der dunklen Färbung geerbt hat, hat in einem Industriegebiet eine erhöhte, in einem ländlichen, nicht industriell belasteten Gebiet aber eine verringerte Überlebenschance. Falter, die bis zur erfolgreichen Fortpflanzung überlebt haben, geben ihre Merkmale an die nächste Generation weiter, so daß sich die Eigenschaften einer Population von Generation zu Generation verändern können. Hier handelt es sich also um ein Beispiel evolutiver Anpassung aufgrund natürlicher Auslese.

5.1 Belege für die Evolution durch natürliche Auslese

Obwohl Darwin nicht auf unmittelbar ablaufende natürliche Selektionsvorgänge verweisen konnte, hielt er doch fest, daß der Mensch bei der Domestikation von Tieren bereits künstliche Selektion durchführte. Die relativ schnellen Veränderungen, denen die Tiere unter dem Einfluß der Domestikation unterworfen sind, können als Hinweis dafür gelten, daß Evolution tatsächlich das Ergebnis von Selektion, in diesem Fall der gezielten Züchtung, sein kann. Darwin führte außerdem zahlreiche weitere Tatsachen und Indizien an, um seine Theorie zu stützen.

Zu Darwins Zeiten sträubten sich die meisten Menschen gegen den Gedanken der allmählichen evolutiven Veränderung und beharrten auf der Vorstellung, daß die Welt immer so geblieben sei, wie sie von Anfang an war. Bereits im späten achtzehnten und frühen neunzehnten Jahrhundert hatten Geologen zahlreiche Fossilien entdeckt und auch erkannt, daß viele von ihnen Zeugen nicht mehr existierender Arten waren. Zunächst hatte man angenommen, daß das Aussterben dieser Arten auf Klimakatastrophen und das Auftreten vorher nicht vorhandener Arten auf Neuschöpfung zurückzuführen sei. Als immer mehr Fossilien entdeckt wurden, ergab sich schließlich die Möglichkeit, bei einigen Arten Veränderungen zurückzuverfolgen, die sich im Laufe von Jahrmillionen vollzogen hatten. Darwin war mit dem Fossilienmaterial gut vertraut und nutzte es als Beweismittel dafür, daß die Evolution tatsächlich in irgendeiner Form stattgefunden hatte (Romer 1958).

Darwin hielt auch Ähnlichkeiten zwischen lebenden Arten für einen wichtigen Hinweis auf die Evolution. Die meisten Wirbeltiere haben zum Beispiel grundsätzlich denselben Skelettbauplan für ihre Vorderextremitäten. Das wäre nicht zu erwarten, wenn die Arten unabhängig voneinander erschaffen worden wären, wohl aber dann, wenn sich die Arten aus einem gemeinsamen Vorfahren entwickelt hätten. Darwin wies darauf hin, daß Organe und Körperteile, die bei einigen Arten noch eine Funktion haben, bei anderen rudimentiert sind. So gehen etwa Schweine auf zwei Zehen, haben aber etwas oberhalb am Fuß zwei weitere, rückgebildete Zehen, die den Boden nicht erreichen. In *Die Abstammung des Menschen* (1871) schrieb Darwin:

„Es ist weithin bekannt, daß der Mensch mit anderen Säugern den allgemeinen Typus oder Grundbauplan gemeinsam hat. Alle Knochen in seinem Skelett sind vergleichbar den entsprechenden Knochen eines Affen, einer Fledermaus oder eines Seehundes. Das gleiche gilt für seine Muskeln, Nerven, Blutgefäße und inneren Organe. Auch das Gehirn, wichtigstes aller Organe, fügt sich diesem Gesetz“.[1]

Darwin erkannte, daß Ähnlichkeiten zwischen verschiedenen Arten bisweilen (wenn auch nicht immer) von ihrer gemeinsamen Abstammung herrührten, während auffallende Unterschiede zwischen nah verwandten Arten auf evolutive Anpassung an verschiedene Umweltbedingungen zurückzuführen waren. Wenn man Arten miteinander vergleicht, so kann man daraus wichtige Rückschlüsse auf ihre Biologie erhalten; der vergleichende Forschungsansatz ist ein wesentlicher Bereich der Verhaltensforschung.

Während seiner Reise auf der Beagle fiel Darwin auf, daß die geographische Verteilung der Tiere kaum mit einer Vorstellung über ihre unabhängige Schöpfung in Einklang zu bringen war. Das Vorkommen von Unterarten oder Varianten einer Art auf benachbarten Inseln beispielsweise ist leicht mit Hilfe der Evolution zu erklären, aber es ist schwer einzusehen, warum ein Schöpfer es darauf anlegen sollte, so geringfügige Unterschiede zu machen. Die Beagle brachte Darwin auch zu den Galapagos Inseln, die etwa 1000 km westlich der südamerikanischen Küste und genau auf dem Äquator liegen. In *Die Reise der Beagle* (1841) schrieb er:

1 „It is notorious that man is constructed on the same general type or model with the other mammals. All the bones in his skeleton can be compared with the corresponding bones in a monkey, bat, or seal. So it is with his muscles, nerves, blood vessels, and internal viscera. The brain, the most important of all the organs, follows the same law.“

„Ich hätte mir nie träumen lassen, daß Inseln, die nur 50 bis 60 Meilen voneinander entfernt liegen – die meisten zudem in Sichtweite zueinander, mit derselben geologischen Beschaffenheit, demselben Klima und annähernd der gleichen Höhenlage – so unterschiedliche Bewohner haben könnten.... Allein der Umstand, daß etliche der Inseln ihre eigenen Schildkröten-, Spottdrossel-, Finken- und mannigfachen Pflanzenarten haben, daß diese Arten ganz ähnliche Gewohnheiten haben, analoge Lebensräume besetzen und offensichtlich auch denselben Platz im Naturhaushalt dieser Inselwelt einnehmen, versetzt mich in großes Erstaunen".[2]

Und in *Der Ursprung der Arten* (1859) findet sich folgender Gedankengang:

„Wie kommt es aber, daß auf den verschiedenen [Galapagos] Inseln . . . so viele Einwanderer, wenn auch nur in geringem Maße, abweichend modifiziert worden sind? Lange Zeit war mir das unerfindlich, doch war daran hauptsächlich der tiefeingewurzelte Irrtum schuld, daß wir im allgemeinen die physikalischen Bedingungen einer Gegend für das Wichtigste halten, während die Art der mitkonkurrierenden Formen ein mindestens ebenso wichtiger, gewöhnlich sogar noch wichtigerer Erfolgsfaktor ist . . . . Wenn sich also in früheren Zeiten ein Einwanderer auf einer Insel festgesetzt oder sich später von einer Insel über die andere verbreitet hätte, so wäre er unfehlbar auf jeder dieser Inseln verschiedenen Lebensbedingungen ausgesetzt gewesen, weil er verschiedenartige Organismen als Mitbewerber besessen hätte; . . . Variierte sie [eine Pflanze; Anm. d. Übersetzers] dann, so begünstigte die natürliche Zuchtwahl wahrscheinlich auf einzelnen Inseln verschiedene Varietäten".[3]

Die Tendenz bei nahverwandten Arten, sich bezüglich solcher Eigenschaften zu unterscheiden, die die Konkurrenz zwischen ihnen verringern, wird heute **Merkmalsverschiebung** genannt. Die Darwinfinken (Geospizini), die nur auf den Galapagos Inseln leben, sind ein gut untersuchtes Beispiel für dieses Phänomen (s. Abb. 1.4).

5.2 Die Häufigkeitsverteilung von Phänotypen

Unter den Individuen einer gegebenen Population ist jedes artspezifische Merkmal variabel, und man kann über die verschiedenen Ausprägungen eines solchen Merkmals eine Häufigkeitsverteilung auftragen. In einer Mäusepopulation könnte z. B. die Größe eines Wurfes zwischen 2 und 16 Tieren variieren. Müßte man den prozentualen Anteil jeder möglichen Wurfgröße in einem Diagramm (Abb. 5.2) auftragen, so erhielte man eine glockenförmige Häufigkeitsverteilung. Falls sich die Nachkommenschaft in der Variabilität dieses Merkmals nicht unterscheidet und falls die Individuen aller Phänotypen die gleiche Anzahl überlebender Nachkommen hervorbringen, dann bleibt die Form des Histogramms von Generation zu Generation unverändert. Ergibt sich aber eine Änderung und bleibt diese über mehrere Generationen erhalten, so darf man davon ausgehen, daß Evolution stattgefunden hat. Solche Veränderungen können eintreten, wenn einige Phänotypen weniger überlebende Nachkommen haben als andere. Mäuse mit kleinen Würfen können a) die gleiche

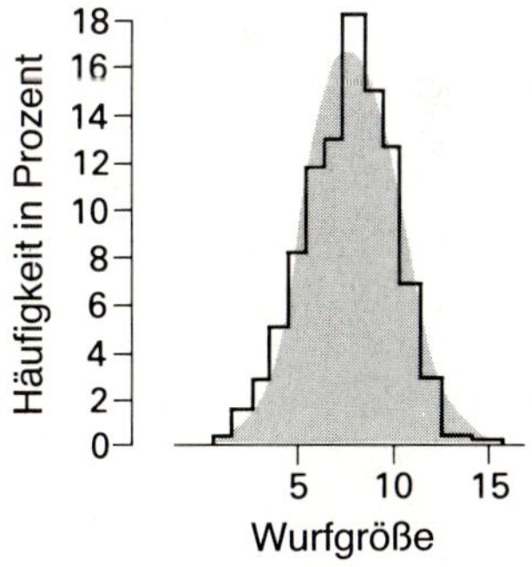

Abb. 5.2. Häufigkeitsverteilung der Wurfgröße bei Mäusen (nach Falconer 1960).

2 „I never dreamed that islands about 50 or 60 miles apart, and most of them in sight of each other, formed of precisely the same rocks, placed under a quite similar climate, rising to nearly equal height, would have been differently tenanted. . . . It is the circumstance, that several of the islands possess their own species of the tortoise, mocking thrush, finches, and numerous plants, these species having the same general habits, occupying analogous situations, and obviously filling the same place in the natural economy of the archipelago, that strikes me with wonder."

3 „How has it happened in the several [Galapagos] islands . . . that many of the immigrants should have been differently modified, though only in a small degree. This long appeared to me a great difficulty: but it arises in chief part from the deeply seated error of considering the physical conditions of a country as the most important for its inhabitants: whereas it cannot be disputed that the nature of the other inhabitants with which each has to compete, is at least as important, and generally a far more important element of success. . . . When in former times an immigrant settled on any one or more of the islands, or when it subsequently spread from one island to another, it would undoubtedly be exposed to different conditions of life in the different islands, for it would have to compete with different sets of organisms. . . . If then it varies, natural selection would probably favour different varieties in the different islands."

Anzahl überlebender Nachkommen haben wie solche, die große Würfe haben oder b) weniger überlebende Nachkommen besitzen. Die Individuen in Fall a) könnten insgesamt mehr Würfe haben als die in Fall b), oder die Überlebensrate der Jungtiere aus großen Würfen könnte geringer sein als die aus kleinen. Eine Veränderung der Lebensumstände könnte aber das Auftreten von Würfen bestimmter Größe begünstigen, so daß Mäuse aus diesen Würfen höhere Überlebens- und Fortpflanzungschancen hätten. Damit würde die Evolution von Wurfgrößen einsetzen.

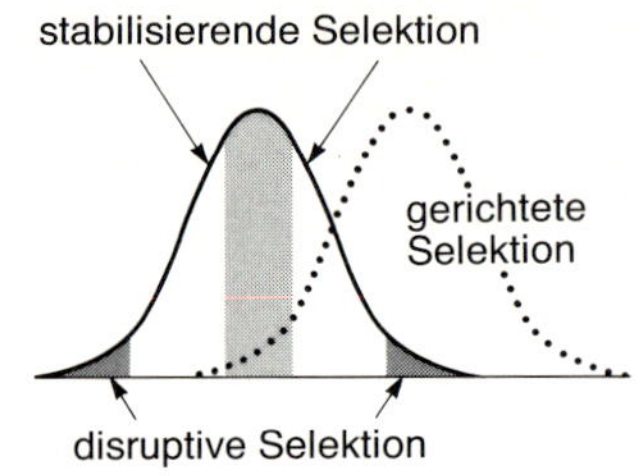

Abb. 5.3. Bereiche der Häufigkeitsverteilung eines Merkmals, die innerhalb einer typischen Population durch disruptive, gerichtete und stabilisierende Selektion begünstigt werden.

Die Selektion kann die verschiedensten Auswirkungen auf die Häufigkeitsverteilung von Phänotypen innerhalb einer Population haben. Aufgrund von Mutation, Rekombination und genetischer Drift besteht die Tendenz, daß die Varianz eines Merkmals von Generation zu Generation zunimmt. Dieser Tendenz wird im allgemeinen durch **stabilisierende Selektion**, welche in den Extrembereichen einer Häufigkeitsverteilung relativ stärker ansetzt, entgegengewirkt (vgl. Abb. 5.3). Besteht ein unterschiedlich starker Selektionsdruck entlang eines phänotypischen Gradienten, dann beobachtet man **gerichtete Selektion**. Dabei kann sich entweder der Median einer Häufigkeitsverteilung verschieben, oder es ergibt sich eine schiefe Verteilung bei unverändertem Median. Gelegentlich kann es auch vorkommen, daß starke Selektionsdrucke auf Merkmalsausprägungen wirken, die gerade typisch für eine Population sind, so daß sich die Auslese eher gegen Individuen im Mittelbereich als gegen solche in den Extrembereichen der Verteilung richtet (Abb. 5.3). Diese Art von **disruptiver Selektion** ist selten. Sie kann zu einer bimodalen Häufigkeitsverteilung und in einigen Fällen sogar zur Aufspaltung einer Art in zwei getrennte Arten führen.

Die relative Häufigkeit einzelner Gene kann sich rein zufällig von Generation zu Generation ändern, und zwar ohne Einwirkung der Selektion. Dieser Effekt, bekannt als **genetische Drift** (Wright 1921), ist in kleinen Populationen am stärksten. Abb. 5.4 veranschaulicht, wie ein bestimmter Genotyp allein zufallsbedingt aus einer kleinen Population verschwinden kann. Variabilität aufgrund zufälliger Fluktuation führt manchmal zu unerwartet hohen Anteilen bestimmter Genotypen, vor allem in kleinen, isolierten Populationen (Abb. 5.5). So ist beispielsweise Albinismus in einigen entlegenen Alpendörfern zehnmal häufiger als normal. Von anderen isolierten menschlichen Ansiedlungen ist bekannt, daß Farbenblindheit, Taubstummheit und bestimmte geistige Defekte übermäßig häufig auftreten.

Die durch die natürliche Auslese hervorgerufene Änderungsrate der Genfrequenz hängt von der **relativen Fitness** (s. Kapitel 6) der verschiedenen Genotypen ab. Die relative Fitness eines Genotyps ist die Fitnessdifferenz zwischen diesem und den übrigen Genotypen derselben Population. Setzt man die Fitness des Genotyps mit der höchsten Zuwachsrate gleich 1,00, dann wäre die relative Fitness eines anderen Genotyps, der im Vergleich zum ersteren nur 85% dieser Zuwachsrate erreicht, gleich 0,85. Die Differenz, 0,15, wird als **Selektionskoeffizient** gegenüber dem unterlegenen Genotyp bezeichnet.

Abb. 5.4. Schematische Darstellung der genetischen Drift. In jeder Generation bringt jedes Individuum des grauen bzw. des weißen Phänotyps jeweils zwei Nachkommen mit gleichen Merkmalen hervor. Die Hälfte der Jungvögel stirbt vor Erreichen der Fortpflanzungsreife, so daß die Größe der Population konstant bleibt. Welches der Jungtiere vorzeitig stirbt, hängt allein vom statistischen Zufall, nicht vom Genotyp ab. Dementsprechend fluktuiert auch die Häufigkeit jeder der beiden Formen, so daß sich schließlich rein zufallsbedingt „weiß" in der Population durchsetzt (nach Futuyma 1979).

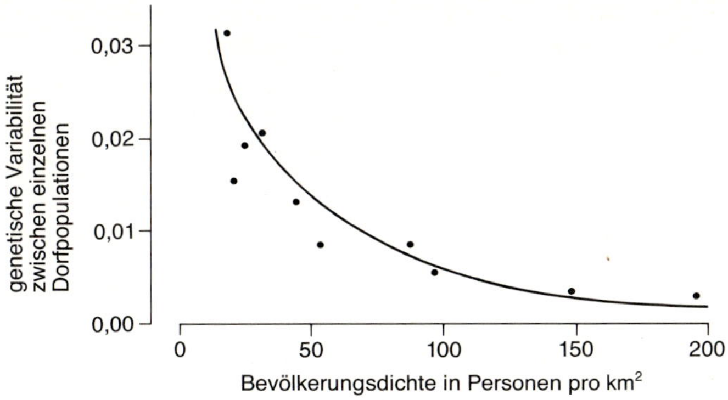

Abb. 5.5. Genetische Variabilität des Menschen als Funktion seiner Populationsdichte. Die Graphik gibt das Ergebnis einer Untersuchung wider, bei der die italienische Provinz Parma in einzelne Gebiete unterteilt und anschließend die genetische Variabilität zwischen einzelnen Dörfern innerhalb jedes der Teilareale bestimmt worden war (nach Cavalli-Sforza 1967).

Selektionskoeffizienten kann man benutzen, um die Änderungsrate von Phänotypen in einer Population zu berechnen. Ein interessantes Beispiel ergibt sich aus der Domestikation von Tieren vor etwa 10 000 Jahren. Vor dieser Zeit war die menschliche Muttermilch die einzige Milchquelle für Säuglinge und Kleinkinder. Im Magen der Kinder wird das Enzym Laktase gebildet, das für die Verdauung des Milchzuckers notwendig ist. Im Laufe des Lebens wird das Enzym allmählich nicht mehr erzeugt, und in vielen heutigen Völkern kommt es bei Erwachsenen überhaupt nicht vor. Menschen ohne Laktase können keinen Milchzucker vertragen; Übelkeit, Erbrechen und Leibschmerzen sind die Folge, wenn sie Milch trinken. Die Aufrechterhaltung der Laktaseproduktion bis ins Alter hinein ist ein Erbmerkmal. Es wird angenommen, daß es durch eine Mutation zustandegekommen ist, die sich in solchen Populationen als vorteilhaft erwiesen hat, in denen Milch zu einem regulären Bestandteil auch in der Ernährung Erwachsener wurde. Vermutlich war es vor der Domestikation von Tieren, als die Menschen noch vollkommen von der Jagd und von gesammelten Pflanzen lebten, eine seltene Mutante. Daher dürfte sich in einigen Populationen der laktosetolerante Genotyp, ausgehend von anfangs niedriger bis hin zur gegenwärtigen hohen Frequenz, unter Nordeuropäern und anderen milchtrinkenden Völkern entwickelt haben.

Setzt man einmal die mittlere Generationsdauer des Menschen mit 30 Jahren an, dann sind seit dem Beginn der Domestikation etwa 300 Generationen vergangen. Im Laufe dieser Zeit ist der Anteil laktosevertragender Erwachsener in Mittel- und Nordeuropa von nahe 0% auf 75% gestiegen. Wenn man weiterhin annimmt, daß ein einziges Gen für das Merkmal verantwortlich ist, dann muß die Genfrequenz von etwa 0,001% auf jene 50% zugenommen haben, die notwendig sind, um die augenblickliche Genotyphäufigkeit von 75% zu gewährleisten. Daraus läßt sich errechnen, daß ein Selektionskoeffizient von 0,04 erforderlich wäre, um diese Veränderung zu erreichen. Hätte die ursprüngliche Häufigkeit des Laktosetoleranz-Gens bei 1% gelegen, dann hätte schon ein Selektionskoeffizient von 0,015 ausgereicht (Abb. 5.6). Mit anderen Worten, eine relativ schnelle evolutive Änderung kann sich schon ergeben, wenn die Fitnessdifferenz zwischen zwei Allelen weniger als 5% beträgt.

Man kann ausrechnen (z.B. Futuyma 1979, S. 314-316), daß die Häufigkeit eines vorteilhaften Allels proportional zum Selektionskoeffizienten sowie zu den Ausgangshäufigkeiten sowohl des vorteilhaften wie des nachteiligen Allels zunimmt. Daher ist die genetische Änderungsrate nur dann hoch, wenn beide Gene in einer Population von Anfang an häufig sind. Die Frequenz neuer, die Fitness erhöhender Mutationen steigt anfangs nur sehr langsam. Außerdem dauert der vollständige Austausch eines Allels gegen ein anderes sehr lange, weil der Vorgang zu Beginn, wenn das begünstigende Allel noch selten ist und gegen Ende, wenn das nachteilige Allel selten wird, langsam abläuft. Nachteilige rezessive Allele werden kaum jemals durch die natürliche Auslese vollständig eliminiert, weil sie phänotypisch nur dann erscheinen, wenn sie homozygot auftreten. In natürlichen Populationen kommen deshalb, in jeweils geringer Frequenz, viele seltene rezessive Gene vor. Sie bilden so etwas wie ein genetisches Reservoir.

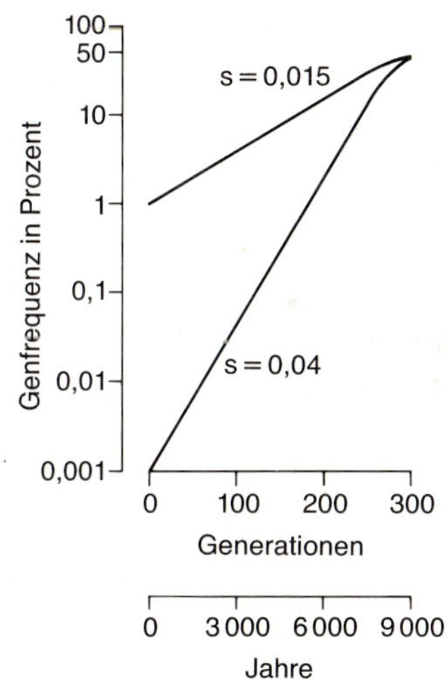

Abb. 5.6. Auf Laktosetoleranz gerichtete Selektion bei Erwachsenen. Unter der Annahme, daß zwischen der Gegenwart und dem Zeitalter, als der Mensch begann, milchliefernde Tiere zu domestizieren, und es danach vorteilhaft wurde, Milch verdauen zu können, 300 Generationen liegen, errechnet sich die derzeitige Genfrequenz von ca. 50% aus dem jeweiligen Selektionskoeffizienten **s** und der angenommenen ursprünglichen Häufigkeit des betreffenden Gens (nach Bodmer und Cavalli-Sforza 1976).

Die Ausbreitungsgeschwindigkeit eines Gens hängt sowohl von der Art seiner phänotypischen Ausprägung wie auch von der Genfrequenz und dem Selektionskoeffizienten ab. Ein seltenes, vorteilhaftes dominantes Gen erhöht seine Frequenz in einer Population sehr viel schneller als ein seltenes, vorteilhaftes rezessives Gen (Abb. 5.7). Dagegen wird ein dominantes Gen den Zustand vollständiger Fixierung (Ersatz des konkurrierenden Allels) langsamer erreichen als ein rezessives, weil die wenigen verbleibenden rezessiven Gene noch heterozygot auftreten und daher vor der Selektion geschützt sind.

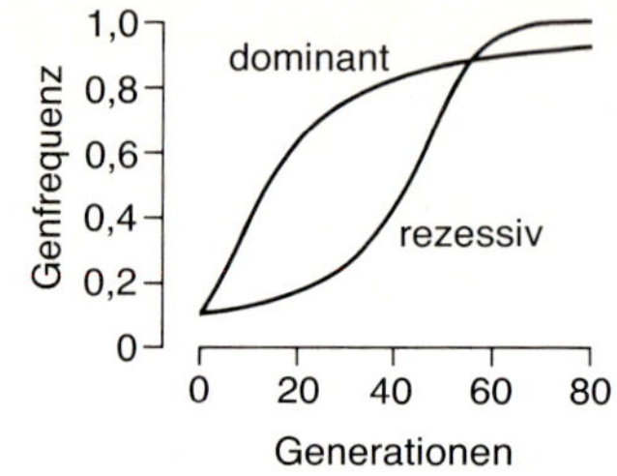

Abb. 5.7. Ein seltenes, vorteilhaftes Gen verbreitet sich viel schneller, wenn es dominant ist statt rezessiv. Dominante Gene brauchen aber viel länger, um sich in einer Population vollständig durchzusetzen, weil die letzten rezessiven Gene in den Heterozygoten überdauern.

Keine Tierart kann ohne andere Lebewesen um sich herum existieren, und die Anpassungsprozesse der einen Art können die Lebensbedingungen einer anderen verändern. Dies kann bei einer betroffenen Art zu kompensatorischer Anpassung führen. Wenn sich also eine Vogelart an die Seltenheit ihrer bis dahin wichtigsten Beute anpaßt, indem sie ihr Nahrungsspektrum auf andere Insektenarten ausweitet, so wird auf diese Weise in die Ökologie der betroffenen Insektenpopulationen ein neuer Selektionsdruck eingeführt. Weil solche wechselseitigen Beziehungen in jedem Ökosystem bestehen, muß man sich das Verhalten von Tieren stets eingebettet in ein komplexes ökologisches Wirkungsgefüge vorstellen.

5.3 Ökologie und Verhalten

Wenn man sich mit dem Verhalten von Tieren in ihrer natürlichen Umgebung befaßt, ist es wichtig, dieses stets im Zusammenhang mit seinen Auswirkungen auf deren Überlebensfähigkeit zu sehen. Die Folgen eines bestimmten Verhaltens sind weitgehend von den jeweiligen Umweltbedingungen eines Tieres abhängig. Befindet es sich in einer äußeren Situation, an die es gut angepaßt ist, so können die Konsequenzen seines Verhaltens vorteilhaft sein. Das gleiche Verhalten, ausgeführt in einer anderen Situation, kann für das Tier schädlich sein. Um abschätzen zu können, auf welche Weise Tierverhalten im Verlauf der Evolution geformt worden ist, muß man die adaptiven Beziehungen zwischen einem Tier und seiner Umgebung verstehen lernen.

Ökologie ist die Lehre von den Wechselwirkungen zwischen Tieren und Pflanzen in ihrer natürlichen Umwelt. Sie beschäftigt sich mit allen Aspekten dieser Zusammenhänge, mit dem Energiefluß in einem Lebensraum, der Physiologie von Tieren und Pflanzen, mit Tierpopulationen, mit Verhalten usw.. Über die genaue Kenntnis einzelner Tierarten hinaus sucht der Ökologe Einsicht in die allgemeinen Prinzipien der Organisation des Zusammenlebens zu gewinnen; darauf soll im folgenden etwas näher eingegangen werden.

Im Verlauf ihrer Evolution haben sich alle Arten an einen bestimmten Lebensraum, ihr **Biotop**, angepaßt. Biotope werden im allgemeinen anhand ihrer physikalischen und chemischen Merkmale beschrieben. Pflanzengesellschaften sind primär abhängig von physikalischen (abiotischen) Gegebenheiten, wie der Bodenbeschaffenheit und dem Klima. Sie liefern wiederum eine Vielzahl möglicher Biotope, die von Tieren genutzt werden können. Das Miteinander von Pflanzen und Tieren, zusammen mit den abiotischen Eigenschaften eines Biotops, wird als **Ökosystem** bezeichnet. Es gibt auf der Erde etwa 10 Grundtypen von Ökosystemen, die **Biome**. Abb. 5.8 zeigt die weltweite Verbreitung der wichtigsten terrestrischen Biome. Darüberhinaus gibt es noch das marine Biom und das Süßwasserbiom. Um ein Beispiel herauszugreifen: Das Savannenbiom, das sich über weite Teile Afrikas, Südamerikas und Australiens erstreckt, besteht aus einer Kombination von Grasland und darin vereinzelt wachsenden Bäumen, die tropischen und subtropischen Arten angehören. Charakteristisch für die Savanne sind saisonale Regenfälle. Entlang eines Gradienten der mittleren jährlichen Regenmengen geht die Savanne in Gebieten, die das obere

Ende dieser Skala belegen, allmählich in tropischen Regenwald, an ihrem unteren Ende in Wüste über. Die vorherrschenden Baumarten der afrikanischen Savanne sind Akazien; in Südamerika sind es Palmen und in Australien Eukalyptusarten. Zum charakteristischen Bild der Savannen Afrikas gehört die außerordentliche Vielfalt grasfressender Huftierarten, die wiederum zahlreiche Fleischfresser ernähren. In Südamerika und Australien sind die gleichen Nischen (oder Rollen) durch andere Arten besetzt.

Das geordnete Miteinander von Tieren und Pflanzen, die in einem bestimmten Habitat leben, wird als **Lebensgemeinschaft** bezeichnet. Die Arten, die eine solche Lebensgemeinschaft bilden, lassen sich in **Produzenten**, **Konsumenten** und **Destruenten** einteilen. Produzenten sind die grünen Pflanzen, die die Sonnenenergie aufnehmen und in chemische Energie umwandeln. Als Konsumenten gelten die Tiere, die die Pflanzen fressen sowie jene, die sich von den herbivoren Tieren ernähren und daher indirekt von den Pflanzen als Energiespendern abhängen. Die Rolle der Destruenten fällt allgemein den Pilzen und Bakterien zu, die die tierliche oder pflanzliche Substanz bis zu einer Stufe abbauen, auf der sie erneut von Pflanzen verwertet werden können.

Eine **ökologische Nische** ist die Stellung, die ein Organismus hinsichtlich seiner Beziehungen zu anderen Organismen sowie zu den physikalischen Umweltbedingungen in der Lebensgemeinschaft innehat. Eine herbivore Art frißt Pflanzenmaterial und ist für gewöhnlich dem Jagddruck durch Raubtiere ausgesetzt. Es sind überall auf der Welt andere Arten, die eine gegebene Nische besetzen. So ist zum Beispiel die Nische kleiner Pflanzenfresser in nördlichen gemäßigten Zonen durch Kaninchen und Hasen besetzt, in Südamerika durch Agoutis und Viscachas, in Afrika durch Klippschliefer und Kantschile und in Australien durch die Wallabies.

Pionier auf dem Gebiet der Nischenforschung war der amerikanische Ökologe Grinnell mit seiner 1917 veröffentlichten Arbeit über die Sichelspottdrossel (*Harporhynchus redivivus*), eine in Kalifornien lebende Vogelart, die in dichtem Blattwerk ein bis zwei Meter über dem Boden nistet. Diese Nistweise gehört zur ökologischen Nische dieser Art. In Gebirgsgegenden steht die dazu erforderliche Vegetation nur in einem Ökosystem zur Verfügung, das als **Chaparral** bezeichnet wird. Das Biotop der Spottdrosseln mit seinen ökologischen Besonderheiten – auch den physikalischen Lebensbedingungen, die es bietet – wird teilweise erst durch die Spottdrosselpopula-

Abb. 5.8. Die weltweite Verteilung der wichtigsten terrestrischen Biome.

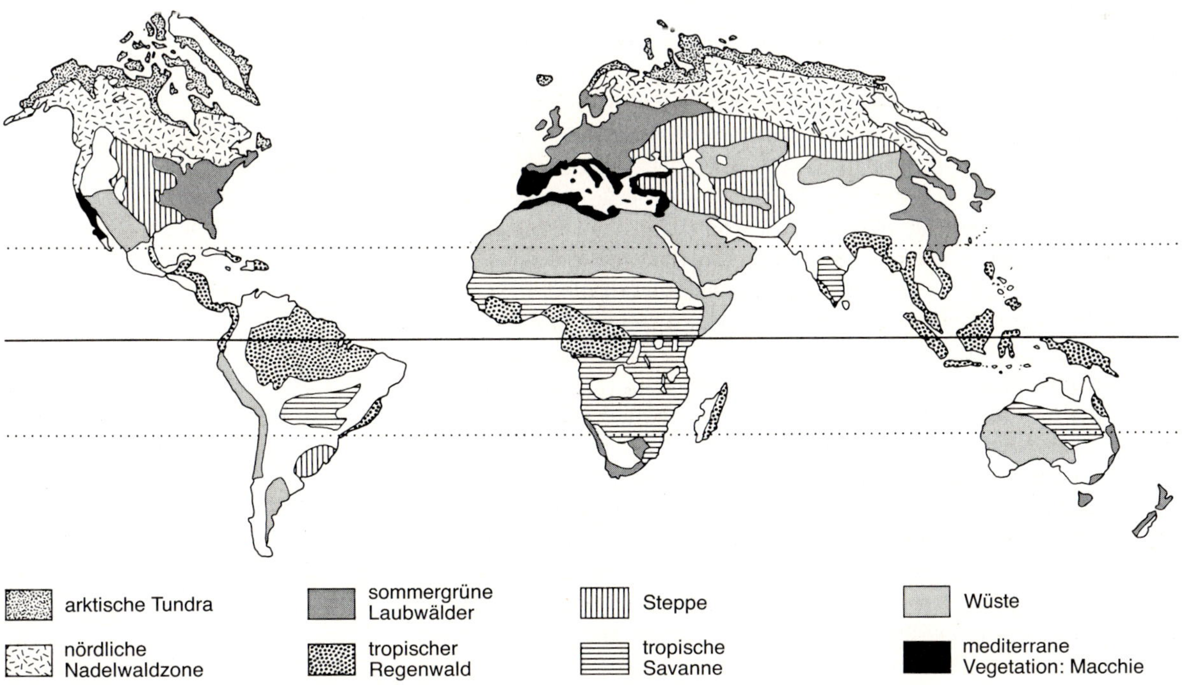

tion selbst, durch ihre wechselseitigen Beziehungen mit der speziellen Nischensituation, geformt. Das hängt wiederum vom Status der Spottdrossel in ihrer Lebensgemeinschaft ab. Wäre die Höhe des Nestes über dem Boden ein kritischer Faktor für die Feindvermeidung, dann bestünde in der Population Konkurrenz um Brutplätze in der optimalen Höhe. Wäre dieser Faktor von geringerer Bedeutung, könnten mehr Individuen an suboptimalen Plätzen brüten. Die Nische kann auch über die Konkurrenz durch andere Arten, über die Nistplätze schlechthin, über die Nahrung usw. beeinflußt werden. Das Biotop der Sichelspottdrossel wird durch die Nischensituation, durch die Verbreitung der verschiedenen anderen buschbewohnenden, für den Chaparral typischen Arten und durch die Populationsdichte ihrer Artgenossen bestimmt. Wäre die Population klein, so würden mit Sicherheit nur die besten Brutplätze besetzt, und das würde sich dann auf das Biotop der Art auswirken. Die Gesamtbeziehung einer Art zu ihrer Umwelt – bisweilen durch den Begriff **Ökotop** gekennzeichnet – ergibt sich demnach aus einer vielfältigen Wechselwirkung zwischen Nische, Biotop und Populationsfaktoren.

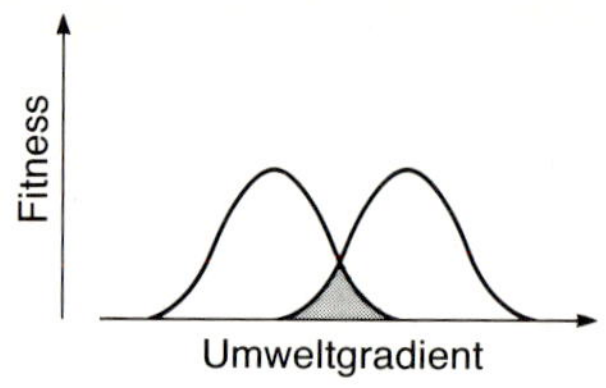

Abb. 5.9. Nischenüberlappung. Entlang einem umweltbedingten Gradienten, etwa der sich ändernden Temperatur, läßt sich die Fitness eines Tieres oftmals in Form einer Glockenkurve darstellen. Nischenüberlappung (schraffierte Fläche) ergibt sich dann für den Abschnitt des Gradienten, in dem Individuen zweier verschiedener Arten gleichzeitig leben können.

Wenn verschiedene Arten dieselben Ressourcen nutzen oder in bestimmten Präferenzen oder Toleranzen übereinstimmen, dann kommt es zur **Nischenüberlappung** (Abb. 5.9). Diese führt zu Konkurrenz, insbesondere wenn die Ressourcen knapp sind. Das **Prinzip des Konkurrenzausschlusses** besagt, daß zwei Arten, die die gleichen Nischen besetzt haben, nicht zur selben Zeit am selben Ort leben können, wenn die Ressourcen begrenzt sind. Daraus ergibt sich zwangsläufig, daß zwei Arten nur dann im selben Lebensraum vorkommen können, wenn sie unterschiedliche ökologische Ansprüche haben.

Als Beispiel soll die Einnischung einer Gruppe von Vogelarten betrachtet werden, die zur Gilde der „Blattabsucher" zusammengefaßt wird; die Vögel leben auf Eichen im Küstengebirge Mittelkaliforniens (Root 1967). Eine Gilde ist eine Gruppe von Arten, die auf jeweils ähnliche Weise die gleichen Ressourcen in ihrem Lebensraum nutzen. Bei solchen Arten kommt es zu erheblichen Überschneidungen in ihren Nischenanforderungen, weshalb sie in Konkurrenz zueinander stehen. Ein Vorteil des Konzeptes der Gilde besteht darin, daß es die Aufmerksamkeit auf alle in einem definierten Gebiet miteinander konkurrierenden Arten lenkt, ungeachtet ihres taxonomischen Verwandtschaftsgrades. Zur Gilde der Blattabsucher in den Eichenwäldern werden alle Arten gerechnet, bei denen der Hauptanteil ihrer Nahrung aus Arthropoden besteht, die von den Blättern abgelesen werden. Das ist eine künstliche Klassifizierung, weil eine Art Mitglied mehrerer Gilden sein kann. Die Schlichtmeise (*Baeolophus inornatus*) zum Beispiel gehört wegen der Art ihrer Nahrungssuche zu den Blattabsammlern, aufgrund ihrer Ansprüche an den Brutplatz andererseits in die Gilde der Höhlenbrüter.

Obwohl im selben Gebiet fünf Vogelarten vorkommen, die sich von Insekten ernähren, bevorzugt jede von ihnen Beutetiere von bestimmter Größe und systematischer Gruppe. Hinsichtlich der taxonomischen Kategorien der von den fünf Arten verzehrten Insekten kommt es zwar zu Überschneidungen, aber jede Art ist mehr oder weniger spezialisiert auf bestimmte Taxa. Ähnlich verhält es sich mit der Beutegröße (Abb. 5.10): Hier ergibt sich zwar eine vollständige Überlappung bei den fünf Vogelarten, aber die Mittelwerte und Varianzen sind weitgehend verschieden. Root konnte auch zeigen, daß die untersuchten Vogelarten drei verschiedene Methoden des Nahrungserwerbs anwenden: 1) Das Absammeln: Der Vogel bewegt sich auf fester Unterlage und liest seine Beute von den Blattoberflächen ab. 2) Das Rütteln: Auf den Blättern sitzende Insekten werden im Fluge abgesammelt. 3) Die Ansitzjagd: Der Vogel wartet auf einem exponierten Ansitz und fängt vorüberfliegende Insekten, indem er kurz auffliegt und gleich darauf zu derselben oder zu einer anderen, nahegelegenen Ansitzwarte zurückkehrt. Die zeitlichen Anteile, die die fünf Arten jeder dieser Jagdweisen widmen, sind in Abb. 5.11 dargestellt. An diesem Beispiel wird die Auswirkung ökologischer Spezialisierung auf das Verhalten deutlich. Zudem beeinflußt das Verhalten einer Art das jeweilige Verhalten der anderen Arten in der Weise, daß sich die Arten der Gilde über die verfügbaren Jagdplätze und Beutetypen verteilen.

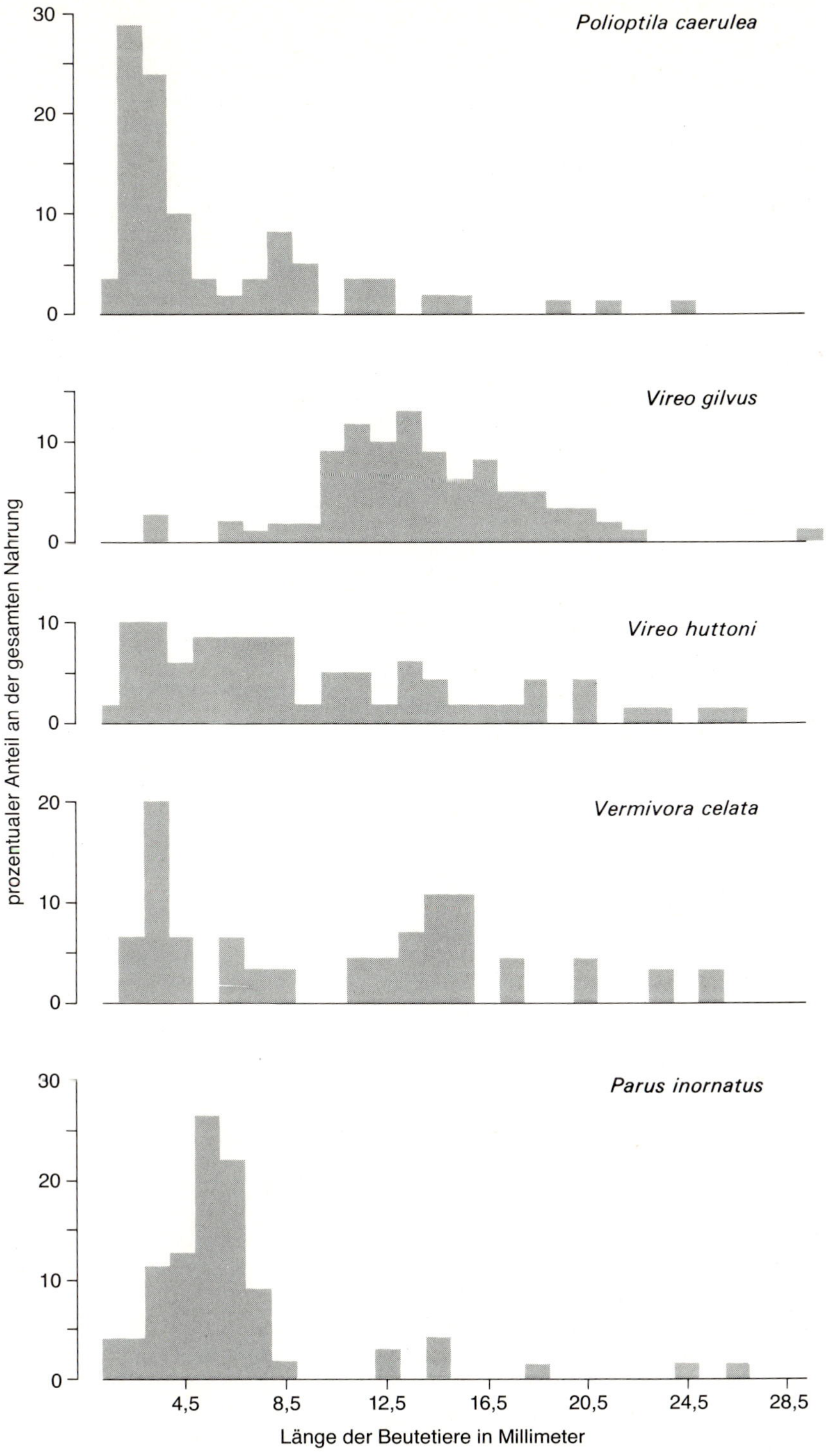

Abb. 5.10. Größenverteilung der Beuteobjekte in den Mägen blattabsuchender Vögel (nach Root 1967).

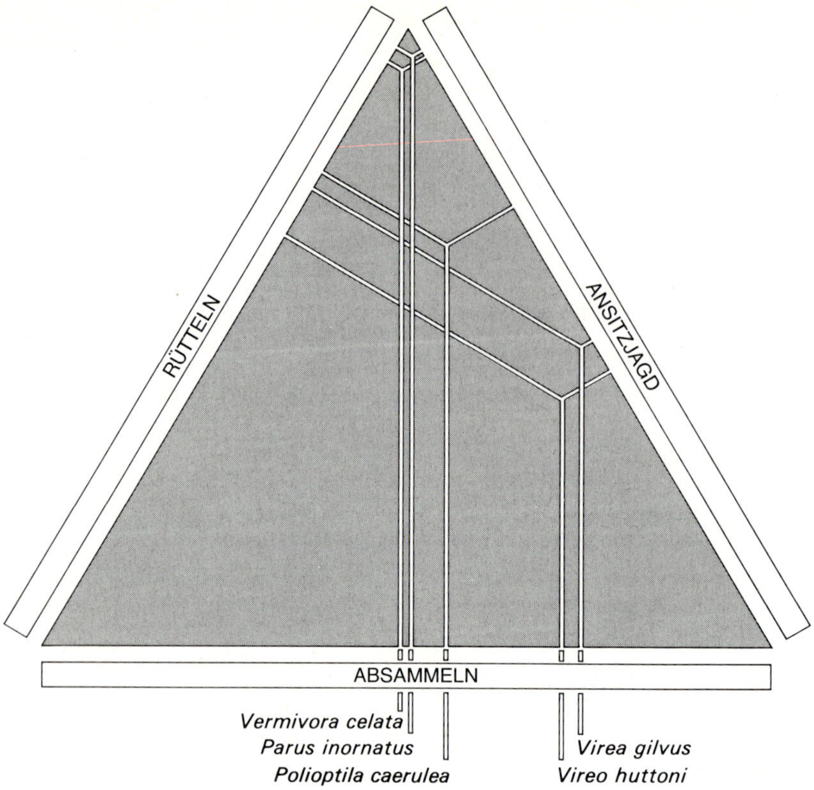

Abb. 5.11. Drei Taktiken des Nahrungserwerbs bei Angehörigen der Gilde der Blattabsucher, welche hier als gleichseitiges Dreieck dargestellt ist. Die Länge jeder senkrecht auf den Dreieckseiten stehenden Linie ist proportional dem prozentualen Zeitaufwand, der auf die jeweilige Art des Nahrungserwerbs entfällt. Die Summe aller drei Linien, die jeweils einer Vogelart zugeordnet sind, beträgt 100% (nach Root 1967).

Konkurrenz führt oftmals zur Dominanz einzelner Arten, so daß diese bei der Nutzung von Ressourcen wie Nahrung, Lebensraum und Unterschlupf Vorrang haben (Miller 1967; Morse 1971). Aus theoretischen Erwägungen würde man erwarten, daß eine Art, die einer anderen unterlegen ist, ihre Ressourcennutzung derart ändert, daß sich der Grad der Überschneidung mit der dominanten Art verringert. Das führt im typischen Fall dazu, daß die unterlegene Art bestimmte Ressourcen weniger nutzt, hier also eine geringere Nischenbreite beansprucht. Zugleich kann sie ihre Nische aber auch erweitern und zuvor ungenutzte Ressourcen mit einbeziehen, wobei sie zum Beispiel eine dritte Art, die eine angrenzende Nische besetzt, in eine ihr unterlegene Position zwingt, oder indem sie die ihr eigene Nische intensiver nutzt.

Wenn eine unterlegene Art in der Konkurrenz bestehen soll, muß die ihr eigene Nische weiter sein als die der ranghöheren Art. Solche Fälle sind für Bienen und amerikanische Stärlinge beschrieben (Orians und Willson 1964). Weil dominante Arten in der Ressourcennutzung Vorrang haben, können unterlegene Arten aus bestimmten Nischenbereichen ausgeschlossen werden, wenn die Ressourcen nur begrenzt verfügbar sind, nur unregelmäßig und unvorhersehbar vorkommen oder nur unter Schwierigkeiten zu erreichen sind. Infolgedessen kann die Fitness der unterlegenen Arten in Überlappungsgebieten beträchtlich verringert sein. Da solche Arten einem erheblichen Selektionsdruck ausgesetzt sind, ist zu erwarten, daß sie ihre ursprüngliche Nische modifizieren und entweder zu Spezialisten werden oder eine höhere Toleranz gegenüber abiotischen Umweltfaktoren entwickeln.

5.4 Die Angepaßtheit des Verhaltens

Naturforscher und Verhaltenswissenschaftler haben in zahlreichen Beispielen jene erstaunlichen Mechanismen aufgedeckt, durch welche Tiere geradezu perfekt an ihre Umwelt angepaßt sind. Das Problem bei solchen Berichten über Tierverhalten liegt darin, daß sie gerade deshalb so überzeugend wirken, weil die verschiedenen Einzelheiten und Beobachtungen so ideal zusammenpassen; d.h., eine schöne Geschichte erscheint einfach deshalb überzeugend, weil sie so eine schöne Geschichte ist. Damit ist nicht gemeint, daß an einer guten Geschichte immer etwas faul sein muß. Im Gegenteil, in jeder korrekten Beschreibung von Verhaltensanpassungen sollten die jeweiligen Details und Beobachtungen zusammenpassen. Das Problem besteht darin, daß Biologen mit ihrem wissenschaftlichen Anspruch die letztlich beweisenden Indizien klar darlegen wollen; eine gute Beschreibung allein ist aufgrund dieser Qualität noch nicht beweiskräftig. Wie in einer Gerichtsverhandlung ist der bloße Indizienbefund nicht ausreichend, wenn er zur bestehenden Beweislage nicht einen unabhängigen, erhärtenden Beitrag liefert.

Eine Möglichkeit, die Angepaßtheit des Verhaltens nachzuweisen, besteht darin, verwandte Arten, die in unterschiedlichen Habitaten leben, miteinander zu vergleichen. Ein klassisches Beispiel für diesen Forschungsansatz ist eine vergleichende Untersuchung zum Nistverhalten felsbrütender Dreizehenmöwen (*Rissa tridactyla*) und bodenbrütender Möwenarten wie der Lachmöwe (*Larus ridibundus*) und der Silbermöwe (*Larus argentatus*) (Cullen 1957). Dreizehenmöwen brüten auf Felsvorsprüngen und -bändern, die für Räuber unzugänglich sind, und es wird angenommen, daß sie sich infolge des Feinddruckes aus einer ursprünglich bodenbrütenden Art entwickelt haben. Bei Dreizehenmöwen sind einige Merkmale bodenbrütender Möwen erhalten geblieben, wie etwa die teilweise Tarnfärbung ihrer Eier. Die Eier bodenbrütender Arten sind zum Schutz vor Räubern stets gut getarnt, aber dies kann nicht die Funktion der Eifärbung bei Dreizehenmöwen sein, weil jedes Nest durch den weißen Kot auffällig markiert ist. Alttiere und Jungvögel bodenbrütender Möwen achten sorgfältig darauf, nicht in der Nähe des Nestes zu koten und auf diese Weise seinen Standort zu verraten. Daher ist es sehr wahrscheinlich, daß die Tarnung der Dreizehenmöweneier ein Rudiment ist, welches auf ihre bodenbrütenden Vorfahren hinweist.

Cullen untersuchte eine Kolonie der Dreizehenmöwen auf den Farne Inseln vor der Ostküste Nordenglands, wo sie auf sehr schmalen Felssimsen brüten. Sie stellte fest, daß die Eier weder Bodenräubern, etwa Ratten, noch Flugräubern, wie z. B. Silbermöwen, die häufig die Gelege bodenbrütender Vogelarten plündern, zugänglich waren. Dreizehenmöwen ernähren sich hauptsächlich von Fisch und Plankton und vergreifen sich nicht an den Eiern und Küken ihrer Nachbarn, was bei vielen bodenbrütenden Möwenarten üblich ist. Dreizehenmöwen haben anscheinend viele feindvermeidende Anpassungen anderer Möwen verloren. Nicht nur, daß sie keine Nesttarnung betreiben, sie stoßen auch kaum Alarmrufe aus und hassen nicht auf Raubfeinde.

Dreizehenmöwen haben viele spezielle Anpassungen an das Brüten in Felswänden entwickelt. Sie sind leicht gebaut und haben kräftige Zehen und Krallen, mit denen sie sich an kleinsten, anderen Möwen unzugänglichen Felsvorsprüngen festhalten können. Im Vergleich zu bodenbrütenden Möwenarten besitzen adulte Dreizehenmöwen offensichtlich eine ganze Reihe von Verhaltensanpassungen für ihr Felshabitat. Ihr Kampfverhalten ist eingeschränkt und stereotyp im Verhältnis zu dem ihrer bodenbrütenden Verwandten (Abb. 5.12). Sie bauen recht kunstvolle, becherförmige Nester, wofür sie kurze Pflanzenteile und Schlamm verwenden, während bodenbrütende Möwen rudimentäre Nester aus Gras und Tang anfertigen. Junge Dreizehenmöwen unterscheiden sich in vieler Hinsicht von den Jungvögeln bodenbrütender Möwenarten. Sie bleiben z. B. länger im Nest, wobei sie die meiste Zeit dem Felsen zugewandt sitzen. Sie entnehmen ihren Eltern die hervorgewürgte

Abb. 5.12. Auf Felsbändern auf den Pribilof Inseln im Behringmeer nistende Klippenmöwen (*Rissa brevirostris*). Kampfhandlungen sind nur in beschränktem Umfang möglich. Im Vergleich dazu die Nistweise der Silbermöwe (Abb. 1.2).

Nahrung direkt aus dem Rachen, während die meisten anderen Jungmöwen ihre Nahrung vom Boden aufnehmen, wo die Alttiere den Nahrungsbrei zuvor abgelegt haben. Bei Alarm rennen die Jungen bodenbrütender Möwen weg und verbergen sich, junge Dreizehenmöwen bleiben dagegen im Nest. Zudem sind die Jungtiere bodenbrütender Arten durch ihr Aussehen und Verhalten getarnt, junge Dreizehenmöwen nicht.

Um mit Hilfe des Artenvergleichs die Funktion bestimmter Verhaltensweisen aufzuklären, könnte man etwa folgendermaßen argumentieren: Tritt ein Verhaltensmuster nur bei einer von zwei Arten auf, so ist das vermutlich darauf zurückzuführen, daß beide Arten unterschiedlichen Selektionsdrucken ausgesetzt waren. Zum Beispiel entfernen Silbermöwen Eischalenreste aus der unmittelbaren Umgebung ihres Nestes – ein Verhalten, das möglicherweise zur Aufrechterhaltung der Nesttarnung dient, denn die helle Innenseite der Eischalen ist ziemlich auffällig. Diese Hypothese wird gestützt durch die Beobachtung, daß Dreizehenmöwen die Schalenreste ihrer Eier nicht beseitigen. Wie schon beschrieben, sind Dreizehenmöwen keinem sonderlich starken Druck durch Nesträuber ausgesetzt, und ihre Nester und Küken sind auch nicht getarnt. Wenn die Hauptfunktion der Eischalenbeseitigung darin läge, die Nesttarnung aufrechtzuerhalten, dann wäre diese Verhaltensweise bei Dreizehenmöwen nicht zu erwarten. Hätte es aber eine andere Funktion, etwa Krankheiten vorzubeugen, so sollte man ein entsprechendes Verhalten auch bei Dreizehenmöwen beobachten. Tatsächlich hat diese Art im allgemeinen sehr reinliche Nester; alle Fremdobjekte werden fortgeworfen. Silbermöwen dagegen kümmern sich nicht sonderlich um die Sauberkeit ihrer Nester.

Die Beweiskraft einer solchen Argumentation wird noch verstärkt, wenn man zeigen kann, daß verwandte Arten, die ähnlichen Selektionsdrucken ausgesetzt sind, vergleichbare Anpassungen entwickelt haben. Beispielhaft dafür ist die Studie von Hailman über die felsbrütende Schwalbenschwanzmöwe (*Xema furcatus*) auf den Galapagos Inseln (Hailman 1965). Er untersuchte verschiedene Verhaltensweisen, die sich bei der Schwalbenschwanzmöwe offensichtlich entwickelt haben, um das Herabfallen von den Klippen zu vermeiden. Die Art brütet an nicht ganz so steilen Felsen und auch nicht so hoch über dem Boden wie die Dreizehenmöwe. Daher wäre zu erwarten, daß die diesbezüglichen Anpassungen von Schwalbenschwanzmöwen zwischen denen der Dreizehenmöwen und denen typischer Bodenbrüter eine Mittelstellung einnehmen. Schwalbenschwanzmöwen sind stärkerem Feinddruck ausgesetzt als Dreizehenmöwen, und Hailman beobachtete tatsächlich mehrere Verhaltensmerkmale, die allem Anschein nach mit diesem Unterschied in Zusammenhang stehen. Wie bereits erwähnt, setzen Dreizehenmöwen ihren Kot direkt am Nistplatz ab, wodurch dieser optisch auffällig markiert wird. Die Küken der Schwalbenschwanzmöwen hingegen spritzen ihren Kot über den Rand der Felskante hinaus. Hailman stellte fest, daß sie hinsichtlich vieler Verhaltensmerkmale, die auch auf die Feindvermeidung abzielen, eine Mittelstellung zwischen Dreizehenmöwen und anderen Möwenarten einnehmen. Er wertete auch solche Verhaltenseigenschaften der Schwalbenschwanzmöwen aus, die vermutlich Anpassungen an das verfügbare Angebot an Brutplätzen und Nistmaterial darstellen. Dann ging er daran, Cullens Hypothese (1957) zu überprüfen. Die Besonderheiten im Verhalten der Dreizehenmöwe sollen nach Cullen das Ergebnis von Selektionsdrucken sein, die sich speziell auf Felsbrüter auswirken. Hailman wählte 30 Merkmale der Schwalbenschwanzmöwe aus und unterteilte sie in bezug auf ihre Ähnlichkeiten mit den relevanten Verhaltensweisen der Dreizehenmöwe in drei Gruppen. Diese Untersuchungen führten zu einem Ergebnis, das die Hypothese Cullens über die Ursachen der speziellen Verhaltensmerkmale der Dreizehenmöwen im großen und ganzen stützte.

Die Arbeit von Crook (1964) über rund 90 Arten der Webervögel (Ploceinae) ist ein weiteres Beispiel für diesen vergleichenden Forschungsansatz. Webervögel sind kleine Vogelarten, die in Asien und Afrika vorkommen. Trotz äußerlicher Ähnlichkeiten unterscheiden sich die verschiedenen Webervögel deutlich im Hinblick auf ihre soziale Organisation. Einige verteidigen große Reviere, in denen sie getarnte Nester haben, während andere ihre Nester in großen Kolonien anlegen. Crook entdeckte, daß diejenigen Arten, die im Wald leben, zu solitärer Lebensweise neigen, sich vorzugsweise von Insekten ernähren und unauffällige Nester innerhalb großer Territorien haben. Sie leben monogam und zeigen kaum einen Sexualdimorphismus. In der Savanne verbreitete Arten sind gewöhnlich Körnerfresser, die in Schwärmen leben und in Kolonien brüten. Sie sind polygam. Die Männchen sind lebhaft gefärbt, die Weibchen haben ein unscheinbares Gefieder.

Crook argumentierte folgendermaßen: Weil Nahrung im Wald schwerer zu finden ist, müssen die Eltern ihre Jungen gemeinsam füttern. Daher leben sie während der ganzen Brutsaison paarweise zusammen. Die Insekten, von denen sich die Waldbewohner ernähren, sind eine gleichmäßige, aber weit gestreute Nahrungsquelle, so daß ein Brutpaar ein großes Revier verteidigen muß, um eine ausreichende Nahrungsversorgung sicherzustellen. Die Nester sind getarnt und die Altvögel unauffällig gefärbt, so daß sie durch ihre Besuche am Nest nicht so leicht die Aufmerksamkeit potentieller Feinde auf sich lenken.

Die Savanne ist beispielhaft für einen Lebensraum mit ungleichmäßiger Nahrungsverteilung: Samen können an einigen Stellen im Überfluß vorkommen und an anderen vollkommen fehlen. Die Nahrungssuche ist unter solchen Bedingungen einträglicher, wenn die Vögel Schwärme bilden und weite Gebiete durchstreifen. Die Savanne bietet nur wenige vor Feinden geschützte Brutplätze, und so nisten viele Vögel gleichzeitig in einem einzigen Baum. Die Nester haben ein relativ großes Volumen, um die intensive Sonneneinstrahlung abzuhalten, und die Kolonien sind im allgemeinen auffällig. Zum Schutz gegen Raubfeinde werden die Nester meist hoch in dornigen Akazien oder ähnlichen Bäumen angelegt (Abb. 5.13). Die Weibchen füttern ihre Jungen allein, weil Nahrung reichlich vorhanden ist, während die Männchen sich wenig um ihren Nachwuchs kümmern und sich stattdessen mit anderen Weibchen paaren können. Innerhalb der Kolonie konkurrieren die Männchen um Nistplätze. Die erfolgreichsten unter ihnen können mehrere Weibchen anlocken, während andere ohne Partner bleiben. Beim koloniebrütenden Dorfweber (*Textor cucullatus*) z. B. stehlen die Männchen einander ihr Nistmaterial. Daher halten sie sich ständig in der Nähe ihres Nestes auf und bewachen es. Um Weibchen anzulocken, führt das Männchen ein kunstvolles Balzritual aus, bei dem es an der Unterseite seines Nestes hängt. Hat es Erfolg, so schlüpft das Weibchen ins Nestinnere. Diese Art der Nestbalz ist typisch für koloniebrütende Webervögel und steht im Kontrast zum Balzverhalten der waldbewohnenden Arten, bei denen das Männchen ein Weibchen verfolgt, es fern vom Nest anbalzt und erst dann zum Nest lockt.

Die vergleichende Untersuchung hat sich als fruchtbare Forschungsmethode zum Aufdecken der Beziehungen zwischen Verhalten und Ökologie erwiesen. Es sind ver-

Abb. 5.13. Eine Dorfweberkolonie (*Ploceus cucullatus*). Man beachte die große Anzahl der Nester, die zudem für Raubfeinde schwer erreichbar sind.

schiedene Studien über Vögel (Lack 1968) sowie ausgedehnte Untersuchungen an Huftieren (Jarman 1974) und Primaten (Crook und Gartlan 1966; Clutton-Brock und Harvey 1977) durchgeführt worden. Der vergleichende Forschungsansatz, der allerdings auch auf Kritik stieß (vgl. Clutton-Brock und Harvey 1977; Krebs und Davies 1981), kann durchaus zufriedenstellende Erklärungen für evolutive Aspekte des Verhaltens liefern, vorausgesetzt, daß Ursache und Wirkung sorgfältig auseinandergehalten und Zirkelschlüsse vermieden werden. Hailman (1965) hielt die vergleichende Methode nur in den Fällen für befriedigend, in denen der Vergleich von zwei Tierpopulationen zu Vorhersagen über eine dritte Population führt, an der bis zur Formulierung der Vorhersagen noch nicht geforscht worden war. Auf diese Weise kann eine Hypothese, die aus einer vergleichenden Untersuchung abgeleitet wurde, unabhängig von den dabei verwendeten Daten überprüft werden. Die einfache Feststellung, daß in bezug auf Verhalten und ökologische Ansprüche zwischen zwei Populationen deutliche und erwartete Unterschiede bestehen, ist kein hinreichender Beweis dafür, daß diese Merkmale aufgrund der Selektionsdrucke entstanden sind, die sich aus den verschiedenen Umweltbedingungen, denen die beiden Populationen ausgesetzt waren, ergeben haben. Scheinbare Unterschiede, die auf eine Verwechslung von Ursache und Wirkung oder auf den Vergleich dazu ungeeigneter Taxa zurückzuführen sind, können durch eine sorgfältige statistische Analyse vermieden werden (Clutton-Brock und Harvey 1979; Krebs und Davies 1981).

Merksätze

- Wichtige Anhaltspunkte für die Bedeutung der natürlichen Auslese in der Evolution können sich aus dem Vergleich rezenter Arten miteinander und mit ihren fossilen Vorfahren sowie aus der Untersuchung der Folgen geographischer Isolation ergeben. Auch gegenwärtig lassen sich Beispiele unmittelbar ablaufender Evolutionsvorgänge beobachten.
- Die Häufigkeitsverteilungen von Phänotypen können sich infolge von Selektionsdrucken ändern, und die Änderungsrate hängt teils von der genetischen Zusammensetzung einer Population, teils von der phänotypischen Ausprägung der Merkmale ab.
- Die wichtigsten Interaktionsformen zwischen Individuen verschiedener Arten sind die Konkurrenz und die Räuber-Beute-Beziehung. Zur Sicherung der Nahrungsgrundlage besetzt jede Art eine spezielle Nische. Arten, die bei ähnlichen Nischenansprüchen im selben Habitat leben, konkurrieren um Nahrung und eventuell auch um andere Ressourcen wie z.B. Nistplätze. Zwei Arten können nicht zur selben Zeit dieselben Nischen im selben Habitat besetzen.
- Der Vergleich nahe verwandter Arten, die in unterschiedlichen Habitaten leben, kann vielfach genau diejenigen Verhaltensaspekte herausfiltern, die für die Anpassung an die artspezifischen Umweltbedingungen besonders wichtig sind.

Weiterführende Literatur

Dawkins, R. (1978) *Das Egoistische Gen.* Springer Verlag, Berlin, Heidelberg, New York.

Futuyma, D. J. (1979) *Evolutionary Biology.* Sinauer Associates, Sunderland, Massachusetts.

Krebs, J. R. und N. B. Davies (1981) *Öko-Ethologie.* Parey Verlag, Berlin, Hamburg.

Mayr, E. (1967) *Artbegriff und Evolution.* Parey Verlag, Berlin, Hamburg.

Osche, G. (1979) *Grundlagen – Erkenntnisse – Entwicklungen der Abstammungslehre.* studio visuell. Herder Verlag, Freiburg.

Remane, A., V. Storch und U. Welsch (1973) *Tatsachen und Probleme der Abstammungslehre.* dtv Wissenschaftliche Reihe, München.

6 Überlebenswert und Fitness

In Kapitel 5 wurde gesagt, daß der Überlebenswert eines Erbmerkmals innerhalb einer Population davon abhängt, in welchem Maße es zum Fortpflanzungserfolg beiträgt, was teilweise von den in der jeweiligen Umwelt herrschenden Selektionsdrukken abhängt. Eine Vielzahl von Umwelteinflüssen kann den Fortpflanzungserfolg gefährden, so etwa der vorzeitige Tod eines Elternteils, der Abbruch des Brutgeschäftes infolge Konkurrenz um Paarungspartner oder Nistplätze, schlechtes Gedeihen des Nachwuchses wegen Nahrungsknappheit, mangelhafter elterlicher Fürsorge oder mangelnden Schutzes vor Raubfeinden.

Untersucht man die Art und Weise, in der physische Eigenschaften oder Verhaltensmerkmale zum Überleben und zum Fortpflanzungserfolg beitragen, so kann man sich das Tier als einen durch den Mechanismus der natürlichen Auslese entworfenen Organismus vorstellen, der in der Lage ist, bestimmte Funktionen zu erfüllen. In der Umgangssprache bezieht sich der Begriff „Funktion" auf eine zu erfüllende Aufgabe. Die Aufgabe eines Fahrrades ist es beispielsweise, eine Person von einem Ort zum anderen zu transportieren. Biologen gebrauchen das Wort „Funktion" etwas anders. Streng genommen besteht die Funktion eines Merkmals darin, mit Hilfe der natürlichen Selektion den eigenen genetischen Beitrag in zukünftigen Generationen zu erhöhen.

Biologen verwenden den Begriff „Funktion" aber auch in einem weniger strengen Sinne, nämlich um die Rolle eines Merkmals in bezug auf das Überleben und den Fortpflanzungserfolg eines Individuums aufzuzeigen. Ein Biologe könnte zum Beispiel sagen, daß bei Vögeln die Funktion des Brütens darin bestehe, die Eier bis zum Zeitpunkt des Schlüpfens der Jungen warm zu halten. Mit dieser Feststellung wird stillschweigend vorausgesetzt, daß Vögel, die das Brutgeschäft nicht richtig beherrschen, einen geringen Bruterfolg haben. Das bedeutet, daß sich das Brutverhalten über die natürliche Auslese so entwickelt hat, daß das Ausschlüpfen der Jungvögel gesichert ist. In der Umgangssprache bedient man sich der gleichen Logik, wenn man sagt, es sei die Funktion eines Fahrrades, Menschen zu transportieren, oder: das Fahrrad sei konstruiert, um Menschen zu transportieren.

Die Vorstellung, die Funktion des Bebrütens sei es, die Eier der Vögel warm zu halten, ist nur eine von mehreren Denkmöglichkeiten. In manchen Fällen kann das Brutverhalten auch dafür sorgen, die Eier vor der Sonneneinstrahlung oder vor Freßfeinden zu schützen (Drent 1970). Darüberhinaus ergibt sich die Frage nach Kosten und Nutzen des Brütens: Dem unmittelbaren Nutzeffekt, die Eier bei richtiger Temperatur zu halten und sie vor Feinden zu schützen, steht der Nachteil gegenüber, daß sich der brütende Vogel selbst feindlichen Angriffen aussetzt und daß ihm Ernährungsmöglichkeiten entgehen. Außerdem hat das Brüten noch weitere Konsequenzen für das Überleben und den Fortpflanzungserfolg: Die Eier bleiben trocken, und der Vogel ist in seinem Revier anwesend. Vorläufig sollen aber nur die einfachen Forschungsansätze zu Fragen des Überlebenswertes von Verhalten betrachtet werden.

6.1 Experimentelle Untersuchungen zum Überlebenswert

Die natürliche Auslese setzt stets am Phänotyp eines Individuums an, und die zu einer Veränderung der typischen Merkmalskombination einer Population führende Wirkung der Selektion hängt davon ab, bis zu welchem Grade die phänotypischen Eigenschaften genetisch fixiert sind. D.h. der Wirkungsgrad der natürlichen Auslese hängt von dem genetischen Einfluß ab, den ein Individuum auf die Gesamtpopulation ausüben kann. Es ist einleuchtend, daß ein Tier, welches keine Nachkommen hat, auch keinen genetischen Einfluß ausüben wird, egal wie groß seine eigene Überlebensfähigkeit ist.

Bei der Betrachtung des **Überlebenswertes** unterscheiden Evolutionsbiologen zwei Ebenen: 1) den Überlebenswert der Merkmalskombination eines Individuums. Dieser Wert läßt sich abschätzen (s. auch Kapitel 24). Man sollte annehmen, daß Individuen, die lange leben, gut an ihre Umwelt angepaßt sind, etwa weil sie bei der Nahrungssuche, bei der Feindvermeidung etc. sehr erfolgreich sind; 2) den Überlebenswert eines bestimmten Merkmals innerhalb einer Population. Er hängt davon ab, welchen Anteil dieses Merkmal am Fortpflanzungserfolg seiner Träger hat.

Der Begriff „Überlebenswert" berührt auch das Konzept der **Fitness**. Die Fitness ist ein Maß für die Fähigkeit genetischen Materials, sich selbst im Verlauf der Evolution zu erhalten. Sie hängt nicht nur von der Überlebensfähigkeit eines Individuums ab, sondern auch von dessen Fortpflanzungsrate sowie von der Überlebens- und Fortpflanzungsfähigkeit der Nachkommen. In diesem Buch wird der Begriff „Überlebenswert" auf die Überlebenschancen eines Individuums, der Begriff „Fitness" dagegen in bezug auf seinen langfristigen Fortpflanzungserfolg angewandt.

Die Abschätzung des Überlebenswertes eines Verhaltens ist teilweise auf Mutmaßungen angewiesen, weil es keine Möglichkeit gibt, Selektionsdrucke, die in der Vergangenheit bestanden haben, heute noch zu messen. Wie schon gezeigt wurde, liegt eines der Probleme, die Ergebnisse vergleichender Studien zu interpretieren, darin, daß die Unterschiede zwischen einzelnen Arten das Resultat von lange zurückliegenden Vorgängen sind. Man kann aber auch Fragen zu gegenwärtig wirkenden Selektionsdrucken formulieren, und eine Möglichkeit, Antworten hierauf zu finden, besteht darin, Experimente durchzuführen.

Ein klassisches Beispiel für einen solchen experimentellen Forschungsansatz ist die Untersuchung von Tinbergen und seinen Mitarbeitern (1962) über das Wegtragen von Eischalen bei Lachmöwen (*Larus ridibundus*). Viele Vögel beseitigen die Eischalenreste, nachdem ein Nestling oder Küken geschlüpft ist. Das wird auf verschiedene Art und Weise erreicht; meistens werden die Eischalen entweder einfach zwischen das Nestmaterial getreten, von den Eltern gefressen oder vom Nest wegtransportiert (Nethersole Thompson 1942). Lachmöwen entfernen die Eischalen, indem sie sie mit dem Schnabel aufnehmen (Abb. 6.1), davonfliegen und sie in einiger Entfernung fallenlassen. Das geschieht grundsätzlich innerhalb weniger Stunden, nachdem ein Küken geschlüpft ist. Obwohl die Beseitigung der Eischalen nur einige Minuten dauert, sind die Küken in dieser Zeit unbewacht und somit dem Zugriff potentieller Räuber ausgesetzt. Allem Anschein nach aber hat diese Verhaltensweise einen so hohen Vorteil, daß die Tiere dieses Risiko eingehen.

Tinbergen und seine Mitarbeiter zogen verschiedene Möglichkeiten in Betracht, um zu erklären, inwieweit es für die Möwen von Nutzen sein könnte, die Schalenreste zu entfernen. Die Küken könnten sich z. B. an den scharfen Rändern der Eischalen verletzen, eine leere Eihälfte könnte sich über das Ei eines noch nicht geschlüpften Jungvogels stülpen und so den Schlupfvorgang erschweren, die Schalenreste könnten beim Hudern stören, ihre Innenseite könnte ein idealer Nährboden für krankheitserregende Mikroorganismen sein, und schließlich könnte ihre weiße Innenansicht Nesträuber anlocken.

Abb. 6.1. Lachmöwe (*Larus ridibundus*), die gerade eine Eischale aus ihrem Nest trägt.

Die Ergebnisse ihrer vorangegangenen Arbeit gaben den Wissenschaftlern bereits einige Hinweise. Erstens schaffen Lachmöwen nicht nur Eischalen fort, sondern auch viele andere Objekte vergleichbarer Größe, selbst solche, die nicht die geringste Ähnlichkeit mit Eischalen haben – fast jeden fremden Gegenstand. Zweitens haben sie diese Gewohnheit nicht nur während der Zeit des Schlüpfens ihrer Jungen, sondern über mehrere Wochen vorher und nachher. So ist es wenig wahrscheinlich, daß diese Reaktion mit Verletzungs- oder Krankheitsgefahren bei frischgeschlüpften Küken zusammenhängt. Drittens: Dreizehenmöwen entledigen sich niemals ihrer Eifragmente (vgl. Kapitel 5.4). Zusammengenommen führen alle diese Beobachtungen darauf hinaus, daß die Hauptfunktion des Entfernens von Eischalenresten bei Lachmöwen die Aufrechterhaltung der Nesttarnung zum Schutz vor Feinden ist. Dreizehenmöwen sind im allgemeinen keinem, zumindest wohl einem sehr viel geringeren Druck durch Nesträuber ausgesetzt; vermutlich würden aber auch sie ihre Eischalen wegschaffen, wenn diese eine Verletzungsgefahr für ihre Jungen mit sich brächten. Da die Lachmöwen das Wegtragen lange vor und nach dem Schlüpfen ihrer Jungen zeigen, dürfte dieses Verhalten weniger mit der Gesunderhaltung ihrer Nachkommen als mit der Feindabwehr zu tun haben.

Um die Hypothese, daß das Wegschaffen der Eischalen dem Aufrechterhalten der Nesttarnung diene, zu überprüfen, führten Tinbergen und Mitarbeiter eine Reihe von Experimenten durch. Auf einer Fläche außerhalb der eigentlichen Möwenkolonie legten sie weit gestreut (mittlerer Abstand etwa 20 m) Eier aus. Der Standort wurde so gewählt, daß er ähnlich beschaffen war wie die Kolonie selbst, aber von den Möwen nicht verteidigt wurde. In einigen dieser Experimente wurden Hühnereier verwendet, von denen manche so bemalt waren, daß sie wie Möweneier aussahen. In anderen Fällen nahmen die Experimentatoren echte Möweneier und tarnten sie entweder mit Vegetationsteilen, oder sie malten sie weiß an und legten sie offen aus. Neben einige der Eier wurden Eischalen gelegt. Danach beobachteten sie die Vorgänge von einem Versteck aus. Art und Anzahl der von typischen Nesträubern wie Rabenkrähen (*Corvus corone*) und Silbermöwen (*Larus argentatus*) entdeckten und „erbeuteten" Eier wurden notiert. Es zeigte sich, daß normale Hühnereier viel häufiger genommen wurden als künstlich getarnte. Und umgekehrt: Weiß bemalte Lachmöweneier fielen den Nesträubern viel häufiger zum Opfer als naturbelassene. Das gleiche gilt für Eier, in deren Nähe Schalenfragmente plaziert waren.

Tinbergen und seine Mitarbeiter entdeckten ferner, daß Rabenkrähen schnell lernten, zerbrochene Eischalen mit dem Vorhandensein intakter Eier zu assoziieren. In einem Vorversuch vergewisserten sie sich, daß die Krähen bloße Eischalen im Gelände ignorierten. Danach verteilten sie jeweils Schalen und ganze Eier dicht nebeneinander. Von diesen Eiern wurden dann auch einige erbeutet. Als schließlich wieder nur noch leere Eischalen ausgelegt wurden, schenkten ihnen die Krähen auf einmal viel Aufmerksamkeit und begannen, in ihrer Nähe nach Eiern zu suchen. Insgesamt sprechen die Ergebnisse dieser Experimente sehr dafür, daß leere Eischalen neben einem Lachmöwennest die Gefährdung der Brut durch potentielle Nesträuber erhöhen, weil dadurch ein Nistplatz aus der Luft leichter zu lokalisieren ist. Außerdem können, wenn Neststandorte durch das Vorhandensein von Eischalen regelrecht angezeigt werden, Krähen und andere Raubfeinde schnell lernen, daß hier Eier oder Küken zu finden sind. Es ist jedoch noch nicht ganz geklärt, warum Lachmöweneltern die Eischalen nicht sofort verschwinden lassen, sondern damit nach dem Schlüpfen der Küken etwa eine Stunde warten. Tinbergen äußerte die Vermutung, daß die Küken während dieser Zeit Gelegenheit haben, zu trocknen. Danach seien sie nämlich schon etwas widerstandsfähiger, besser getarnt und schwieriger von einem Räuber zu verschlucken.

Der experimentelle Forschungsansatz zur Untersuchung des Überlebenswertes kann mit der Methode des Artenvergleichs kombiniert werden. Ein Beispiel dafür ist eine andere Studie von Tinbergen und Mitarbeitern (1957), bei der es um die Funktion der Stichlingsstacheln ging. In europäischen Binnengewässern kommen zwei Stichlingsarten vor: der Dreistachelige Stichling (*Gasterosteus aculeatus*) und der Zwergstichling (*Pygosteus pungitius*). Sie werden vor allem vom Flußbarsch (*Perca fluviatilis*) und vom Hecht (*Esox lucius*) erbeutet. Es wird angenommen, daß die Stacheln der Stichlinge einigen Schutz vor Räubern gewähren, und um diese Vermutung zu testen, führten Tinbergen und seine Arbeitsgruppe Experimente durch, in denen Stichlinge mit Fischen ähnlicher Größe, aber ohne Stacheln, wie zum Beispiel der Elritze (*Phoxinus phoxinus*), der Plötze (*Rutilus rutilus*), der Rotfeder (*Scardinius erythrophthalmus*) und der Karausche (*Carassius carassius*) verglichen wurden (Abb. 6.2).

In den in großen Aquarien ausgeführten Experimenten wurden das Jagdverhalten von Barsch und Hecht sowie die Reaktionen der Beutefische beobachtet. Es zeigte sich, daß Hechte und Barsche meistens versuchen, ihre Beute am Kopf zu ergreifen, was ihnen aber nicht immer gelingt. Elritzen können sie ohne weiteres mit dem Schwanz voran verschlucken, mit Stichlingen dagegen werden sie auf diese Weise nicht fertig. Meistens spucken sie sie noch einmal aus und versuchen sie dann sofort wieder zu fangen. Angegriffene Stichlinge spreizen ihre Stacheln ab und trachten danach, ihren Kopf vom Angreifer abzuwenden. Wurden sie aber gefangen, so gelang es einigen Stichlingen, doch noch zu entkommen, insbesondere, wenn der Räuber versuchte, seine Beute zu wenden, um sie mit dem Kopf voran zu verschlingen (Abb. 6.3).

Bot man den Hechten und Barschen gemischte Schwärme von Elritzen und Stichlingen, so dezimierten beide die Elritzen schneller als die Stichlinge (Abb. 6.4), teils weil die Raubfische vorzugsweise Beutetiere ohne Stacheln attackierten, teils weil die Stichlinge gefangen und wieder ausgestoßen wurden oder aus eigener Kraft entkommen konnten. Dreistachelige Stichlinge waren widerstandsfähiger als Zwergstichlinge (Abb. 6.5), wahrscheinlich, weil ihre Stacheln viel länger sind.

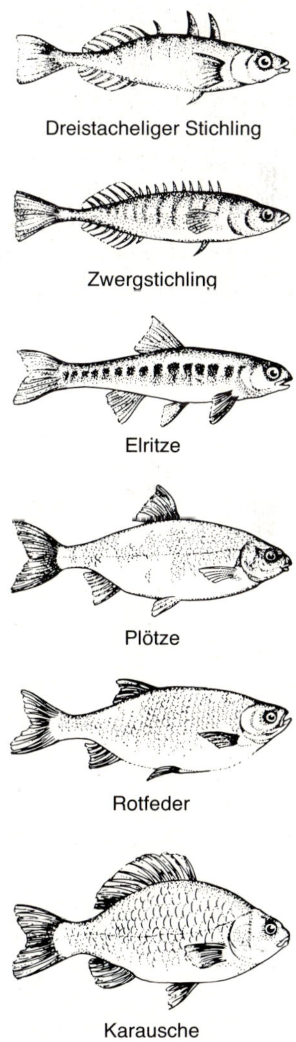

Abb. 6.2. Die Fischarten, die in den Experimenten zum Beutefangverhalten des Hechtes verwendet wurden (nach Hoogland et al. 1957).

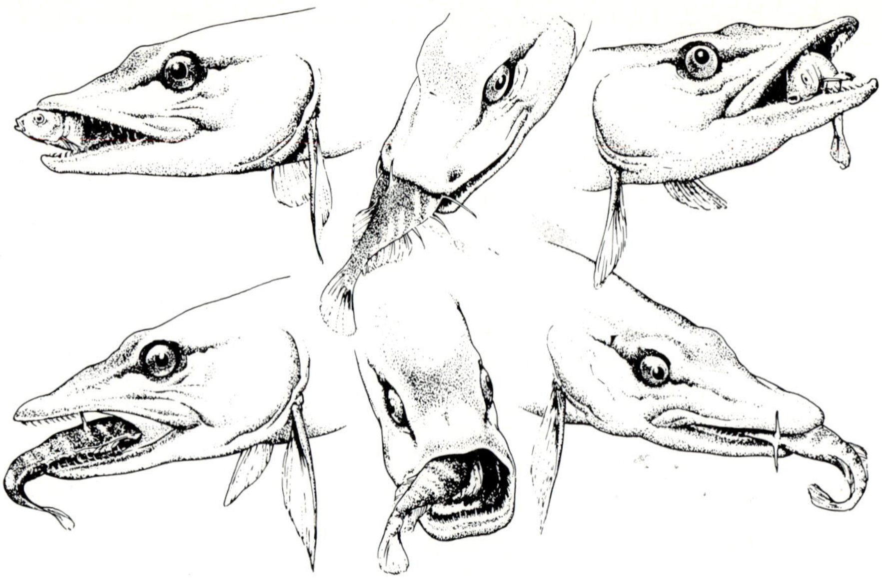

Abb. 6.3. Die Zeichnungen, die nach Filmaufnahmen angefertigt wurden, zeigen die verschiedenen Möglichkeiten, wie ein Hecht einen gefangenen Stichling im Maul hält (nach Hoogland et al. 1957).

In einer weiteren Testserie hatte man den Stichlingen die Stacheln entfernt, bevor sie den Barschen und Hechten angeboten wurden. Sie überlebten nicht so lange wie unbehandelte Stichlinge. Auch dieses Ergebnis stützt den wichtigsten Schluß, der sich aus all diesen Experimenten ziehen ließ: Die Bauch- und Rückenstacheln der Stichlinge dienen tatsächlich als Schutzmechanismus gegen Freßfeinde. Es bestehen in dieser Hinsicht erhebliche Unterschiede zwischen den beiden untersuchten Stichlingsarten: In den gewählten Testsituationen hatten die Dreistacheligen Stichlinge bessere Überlebenschancen als die Zwergstichlinge. Wie können dann Zwergstichlinge – und mit ihnen die vielen unbewehrten Fischarten vergleichbarer Größe – in der Natur überleben? Hier bringt der Verhaltens- und Habitatvergleich der beiden Stichlingsarten einigen Aufschluß. Männchen des Dreistacheligen Stichlings bevorzugen für den Standort ihrer Nester einen Untergrund, der relativ frei von Bewuchs ist, und sie haben während ihrer Paarungszeit eine leuchtend rote Färbung. Demgegenüber legen männliche Zwergstichlinge ihre Nester in dichtem Bewuchs an und sind während der Brutzeit schwarz gefärbt. Offensichtlich kompensieren Zwergstichlinge also ihre relative Wehrlosigkeit durch die Wahl eines versteckten Habitats, durch kryptische Färbung und unauffälliges Verhalten.

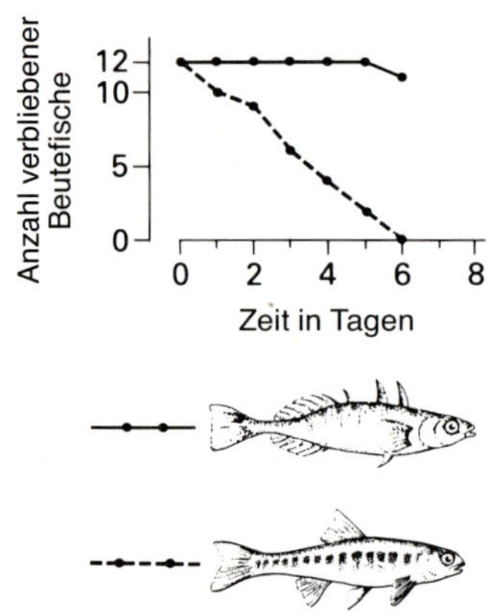

Abb. 6.4. Beutefangverhalten eines Hechtes und seine Auswirkungen auf einen gemischten Schwarm aus 12 Dreistacheligen Stichlingen (durchgezogene Linie) und 12 Elritzen (gestrichelte Linie) (nach Hoogland et al. 1957).

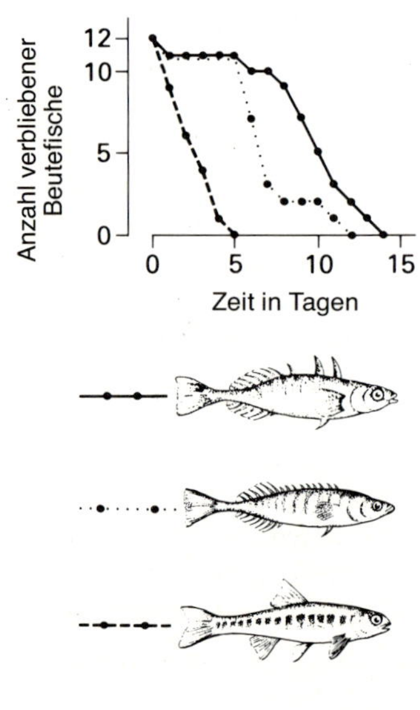

Abb. 6.5. Beutefangverhalten eines Hechtes und seine Auswirkungen auf einen gemischten Schwarm aus je 12 Dreistacheligen Stichlingen (durchgezogene Linie), Zwergstichlingen (gepunktete Linie) und Elritzen (gestrichelte Linie) (nach Hoogland et al. 1957).

6.2 Die Schätzung der Sterblichkeitsrate

Vergleichende und experimentelle Untersuchungen des Überlebenswerts sind indirekte Methoden, um Aufschluß über die Wirkungsweise der natürlichen Auslese zu erhalten. Etwas näher kommt man an diese Fragestellung heran, indem man die Mortalität mißt, die sich auf einen bestimmten Selektionsdruck zurückführen läßt. Auf diese Art untersuchte Kruuk (1964) beispielsweise den Zusammenhang zwischen Raubfeinden und dem Feindabwehrverhalten bei Lachmöwen (*Larus ridibundus*).

Wie schon vorher erörtert wurde, brüten diese Möwen in großen Bodenkolonien, wo sie den Angriffen vieler Räuber ausgesetzt sind. Einige von ihnen, wie etwa andere Möwenarten, Krähen und Igel, erbeuten nur Eier und Küken. Andere Feinde wie Greifvögel, Wiesel, Füchse, aber auch Menschen, sind eine Gefahr für Brut und Altvögel gleichermaßen. Wanderfalken greifen nur erwachsene Vögel an. Kruuk (1964) konnte zeigen, daß die Reaktion der Möwen von der Art des Feindes abhängt. Vor Wanderfalken ergreifen sie stets die Flucht, während ihr Verhalten gegenüber Menschen, Füchsen, Wieseln und anderen Greifvögeln nicht festgelegt ist. Sie verlassen zwar ihr Nest, richten dann aber Flugattacken gegen den jeweiligen Feind. Vor anderen Möwen, vor Igeln und vor Krähen fliehen sie gar nicht erst. Sie greifen sie stattdessen gleich an, wenn diese ihrem Nest zu nahe kommen.

Die unterschiedlichen Reaktionen gegenüber den verschiedenen Feinden sind hochgradig angepaßt. Entfernt sich die Lachmöwe von ihrem Nest, so überläßt sie ihre Eier oder Küken allein dem Schutz durch die Tarnung. Das macht nichts aus, sofern es sich bei dem Angreifer um einen Wanderfalken handelt, der ohnehin nur ausgewachsene Vögel erbeutet. Um ihre Brut gegen Igel und Frettchen zu verteidigen, sollten die Möwen allerdings bei ihrem Nest bleiben, denn diese Gefahr richtet sich ausschließlich gegen Eier und Küken. Indem sie solche ungebetenen Besucher zudem heftig angreifen, halten sie sie nicht nur in der augenblicklichen Situation von ihrem Nest fern, sondern erreichen möglicherweise, daß diese auch in Zukunft nicht mehr in die Kolonie eindringen. Kruuk stellte fest, daß Rabenkrähen die Kolonie schließlich mieden, während Igel hartnäckig blieben und insbesondere nachts immer wiederkamen. Hinsichtlich der Reaktion auf Füchse und Menschen stellt sich den Lachmöwen aber ein ernsthaftes Problem: Verlassen sie das Nest, gefährden sie ihre Brut, fliehen sie nicht, dann bringen sie sich selbst in Gefahr. In diesen Situationen beobachtet man ein in bezug auf Kosten und Nutzen fein abgestimmtes Verhalten, und die Möwen haben damit anscheinend einen guten Kompromiß gefunden.

Abgesehen von direkten Abwehrreaktionen gegenüber Feinden stehen Möwen zu ihrem Schutz auch verschiedenerlei indirekte Mittel zur Verfügung. Patterson (1965) konnte zeigen, daß die Wahl des Nistplatzes und das Datum der Eiablage wichtige Faktoren für den Fortpflanzungserfolg sind. Patterson bemerkte, daß die Mehrzahl der Lachmöwen in seinem Untersuchungsgebiet in dem am dichtesten besetzten Teil der Kolonie brüteten, wo die Nester nur ungefähr einen Meter voneinander entfernt lagen. Einige nisteten jedoch mehr als hundert Meter außerhalb des Zentrums der Kolonie. Patterson konnte zeigen, daß zwischen den Individuen im Inneren der Kolonie und jenen, die in einiger Entferung in den Randbezirken brüteten, hinsichtlich des Bruterfolges ein deutlicher Unterschied bestand. Es mußte offensichtlich Vorteile bringen, im Zentrum der Kolonie zu brüten. Um diese Zusammenhänge näher zu untersuchen, verfolgte Patterson die Schicksale von Jungtieren aus rund 800 individuell gekennzeichneten Nestern und fand, daß hinsichtlich der Anzahl flügge gewordener Jungvögel die Nester, die im Zentrum lagen, eine höhere Aufzuchtrate aufwiesen als jene in den Randbereichen der Kolonie. Patterson nutzte also die natürliche Verhaltensvariabilität, um festzustellen, ob Verhaltensunterschiede mit unterschiedlichem Bruterfolg korreliert sind.

Lachmöwen neigen zur Synchronisierung ihrer Eiablage, aber auch hier besteht eine natürliche Variabilität. Einige Vögel legen viel später als die meisten ihrer Artgenossen (Abb. 6.6). Patterson fand einen engen Zusammenhang zwischen Brut-

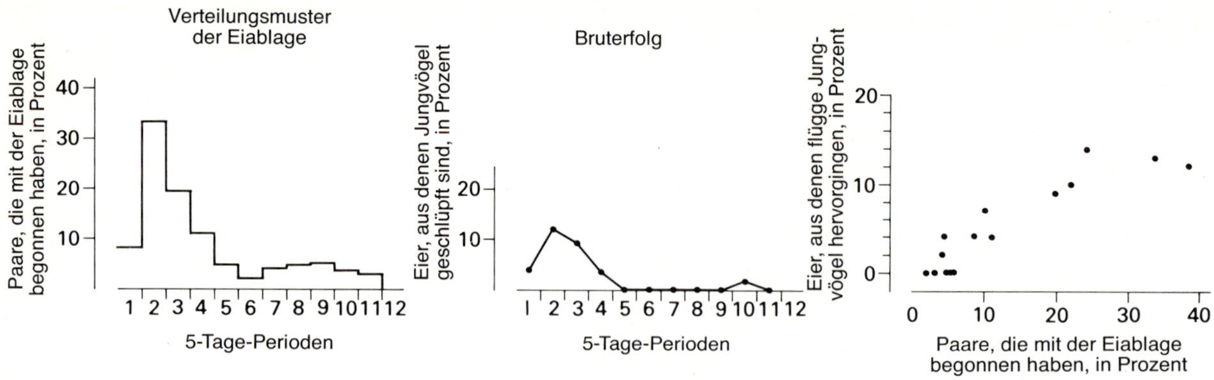

Abb. 6.6. Der Zusammenhang zwischen Bruterfolg und Legedatum bei Lachmöwen (nach Patterson 1965).

erfolg und Zeitpunkt der Eiablage. Am erfolgreichsten waren diejenigen Vögel, die zeitgleich mit der Mehrheit aller anderen ihre Eier legten, während die Nachzügler wesentlich höhere Verluste an Eiern und Küken hatten. Häufigste Verlustursache waren Raubfeinde (Patterson 1965). Der größere Bruterfolg derjenigen Lachmöwen, die ihre Eiablage synchronisieren, beruht vermutlich darauf, daß dies zu einem übergroßen Nahrungsangebot für die Raubfeinde führt (Kruuk 1964). Für Arten mit räuberischer Lebensweise, deren Populationsdichte im allgemeinen auf ein begrenztes Nahrungsangebot hin angelegt ist, ist es schwierig, einen plötzlichen und kurzzeitigen Anstieg ihres Nahrungspotentials auszubeuten. Somit gehen solche Möwen, deren Brutgeschäft in allen Phasen synchron abläuft, ein geringeres Risiko ein, von einem Feind angegriffen zu werden. Dagegen werden die Gelege spätbrütender Möwen häufiger von Raubfeinden heimgesucht, denn sie machen einen größeren Anteil der gerade verfügbaren Beute aus.

Patterson (1965) fand weiterhin, daß zwischen Bruterfolg und räumlichem Abstand der Nester kein Zusammenhang bestand. Das bedeutet, daß der höhere Fortpflanzungserfolg der im Zentrum der Kolonie brütenden Individuen nicht auf die größere Nestdichte selbst, sondern auf die höhere Anzahl der durch eindringende Feinde alarmierten Nachbarn zurückzuführen war. Diese Schlußfolgerung wird durch Kruuks Beobachtung gestützt, daß die Möwen oftmals kollektive Angriffe gegen ihre Feinde richteten, wobei es ihnen nicht selten gelang, den jeweiligen Räuber vom Vordringen in dichtbesiedelte Teile der Kolonie ganz abzuhalten (Kruuk 1964).

Diese Arbeiten veranschaulichen, daß Lachmöwen durch die Synchronisierung ihres Brutverhaltens und durch die Fähigkeit, einen Brutplatz im Zentrum der Kolonie zu etablieren, mehr Nachkommen aufziehen, also einen höheren Fortpflanzungserfolg haben als Artgenossen, die am Rande oder weiter außerhalb brüten oder die ihre Eier später legen als die Mehrzahl der Koloniebewohner. Geht man davon aus, daß die überlebenden Nachkommen die Veranlagung ihrer Eltern bezüglich des Brutverhaltens in der Kolonie erben, so sollten derartige Merkmale innerhalb der Population durch die natürliche Auslese aufrechterhalten werden. Um diese Hypothese zu bestätigen, müßte man im Idealfall zeigen, daß die Nachfahren von Möwen mit besonders deutlich ausgeprägtem Kolonieverhalten mit höherer Wahrscheinlichkeit das Erwachsenenalter erreichen. Das ist allerdings recht mühsam, da Lachmöwen erst im Alter von drei bis vier Jahren geschlechtsreif werden.

Manchmal ist es aber doch möglich, die Anzahl der bis zur Fortpflanzungsreife überlebenden Nachkommen festzustellen. Die Weibchen der amerikanischen Eidechse *Uta stansburiana* verteidigen Reviere. In einer Untersuchung an dieser Art konnte Tinkle (1969) nachweisen, daß Weibchen, die die größeren Territorien halten konnten, schließlich auch eine höhere Anzahl fortpflanzungsfähiger Nachkommen hatten. Alle Territorien waren von ähnlicher Beschaffenheit, so daß der Hauptgrund für den gefundenen Zusammenhang wahrscheinlich die jeweils verfügbare Nahrungsmenge war.

6.3 Die Darwin-Fitness

Der Grad, bis zu welchem ein Erbmerkmal in einer Wildpopulation von einer Generation zur nächsten weitergegeben wird, wird a) durch den Bruterfolg der Individuen der Elterngeneration bestimmt und b) durch den Wert des betreffenden Merkmals in bezug auf den Umgang mit natürlichen Risiken wie Nahrungsknappheit, Raubfeinden und Rivalen. Solche umweltbedingten Härten können die Selektion jener Eigenschaften bewirken, die ein Tier an seine Umwelt anpassen.

Das Konzept der Fitness hat sich als rundum problematisch erwiesen, und zwar aus einem Grunde, den der Historiker Dampier (1929) so erläuterte: „Herbert Spencers Aussage bezüglich der natürlichen Auslese, das Überleben des Stärkeren sei das einzige relevante Kriterium, wirft die Frage auf: Was heißt ‚stärker'? Die Antwort lautet: Am stärksten ist, wer sich am besten an die jeweils herrschenden Umweltbedingungen anpaßt; wer angepaßt ist, der überlebt, und wer überlebt, ist auch angepaßt".

Darwin argumentierte mit dem Überleben des Stärkeren („survival of the fittest"), ohne den Begriff der Fitness streng zu definieren. Von heutigen Biologen wird „Darwin-Fitness" weitgehend als ein Maß für die Fähigkeit aufgefaßt, Nachkommen zu erzeugen. Der offensichtliche Zirkelschluß, zu dem dieser Begriff leicht führt, kann durchbrochen werden, wenn man erkennt, daß der „Fitteste" nicht einfach derjenige ist, der am besten an die existierende Umwelt angepaßt ist, sondern daß diejenigen Individuen „fitter" sind, die an ihre jeweiligen Umweltbedingungen besser angepaßt sind **und** deren Nachfahren zudem an zukünftige Umweltbedingungen besser angepaßt sein werden (Thoday 1953). Wenn man Fitness messen will, muß man also nach einer Maßeinheit suchen, die die Wahrscheinlichkeit widergibt, mit der ein Tier nach einem bestimmten Zeitraum Nachfahren haben wird.

Eines der Kennzeichen jeder Tierpopulation ist die Variabilität unter den Individuen, und dementsprechend haben einige von ihnen einen höheren Fortpflanzungserfolg als andere. Individuen, die die größere Anzahl überlebender Nachkommen erzeugen, wird eine größere „Darwin-Fitness" zugeschrieben. Die Fitness eines Individuums hängt im einzelnen von seiner Fähigkeit ab, das Fortpflanzungsalter zu erreichen und sich zu paaren, des weiteren von der eigenen Fruchtbarkeit und der seines Partners sowie von der Überlebensfähigkeit seiner Nachkommen bis zum Erreichen der Fortpflanzungsreife.

Die Fitness eines Genotyps im Darwinschen Sinne kann mit Hilfe der Anzahl seiner Nachkommen gemessen werden, wobei man die einzelnen Generationen jeweils im gleichen Stadium ihres Lebenszyklus betrachten muß. Die Fitness eines Individuums muß dessen Alter berücksichtigen, weil sich das Fortpflanzungspotential mit dem Alter ändert. Fisher (1930) war der erste, der auf die Bedeutung des Konzepts des **altersspezifischen Fortpflanzungswertes** hinwies. Dabei handelt es sich um einen Index, der angibt, wie hoch der Beitrag sein wird, den die Mitglieder einer gegebenen Altersgruppe zwischen dem gegenwärtigen Zeitpunkt und ihrem Tode noch zur nächsten Generation liefern werden. Am Beispiel der australischen Frauen erkennt man, daß der Fortpflanzungswert bis zum Alter von etwa 20 Jahren ansteigt und dann abnimmt (Abb. 6.7). Der Anstieg zu Beginn ist wahrscheinlich auf die Kindersterblichkeit zurückzuführen, d.h. die Wahrscheinlichkeit eines zehnjährigen australischen Mädchens, einmal Kinder zu haben, ist im Mittel geringer als die einer zwanzigjährigen Frau, denn einige Zehnjährige werden sterben, bevor sie das gebärfähige Alter erreichen. Umgekehrt gilt: Eine zwanzigjährige Frau hat noch ein höheres Geburtenpotential als eine dreißigjährige.

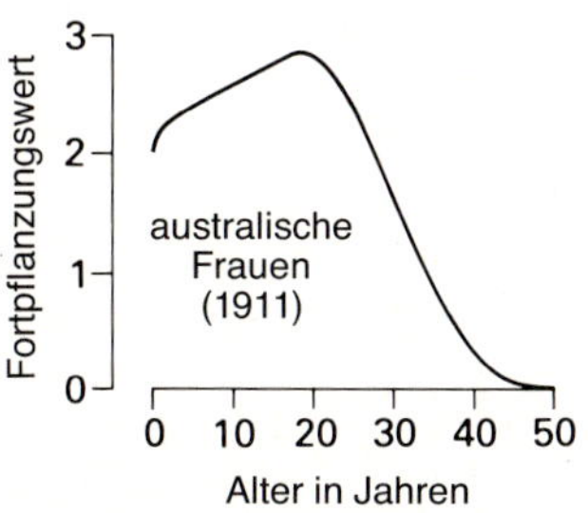

Abb. 6.7. Fortpflanzungswert, aufgetragen gegen das Alter. Die Daten beziehen sich auf australische Frauen um 1911 (nach Fisher 1958).

Das ideale Alter, in welchem ein Tier die Fortpflanzungsfähigkeit erlangen sollte, richtet sich nach seiner Lebensstrategie, einer evolutionären Strategie (d.h. einer Verhaltensanweisung, die im Laufe der Evolution entwickelt wurde, vgl. Kapitel 7). In Umweltbedingungen mit nicht vorhersehbaren Ressourcen sind gewöhnlich eine frühzeitige Geschlechtsreife und eine hohe Anzahl von Nachkommen, die sich selbst

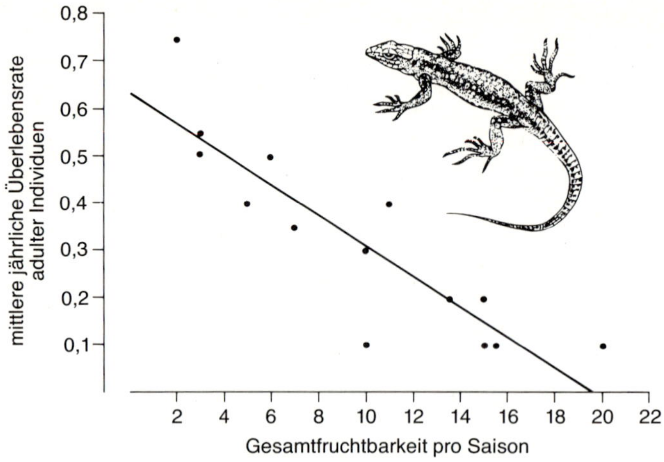

Abb. 6.8. Die Wahrscheinlichkeit, bis zur nächsten Fortpflanzungsperiode zu überleben, aufgetragen gegen die mittlere Anzahl Nachkommen pro Jahr. Die Daten stammen von 14 Eidechsenpopulationen (nach Tinkle 1969).

überlassen werden, begünstigt. Für Arten, die in einer weitgehend stabilen Umwelt leben, ist es vorteilhafter, spät geschlechtsreif zu werden und wenige Nachkommen zu haben, für die aber gut gesorgt wird.

Durch die Fortpflanzung setzt sich ein Tier unter Umständen Risiken aus, die seine Überlebens- und weiteren Fortpflanzungschancen verringern. Die Daten in Abb. 6.8 sagen noch nicht unbedingt etwas über das Fortpflanzungsrisiko aus, weil sie Unterschiede zwischen verschiedenen Arten, nicht innerhalb einer Art aufzeigen. Demgegenüber geben die in Abb. 6.9 dargestellten Daten von Loschiavo (1968) über die Lebensdauer und Eizahl des Käfers *Trogoderma parabile* schon ziemlich direkt Aufschluß über die Risiken, die ein Individuum mit der Fortpflanzung eingeht. Man muß in diesem Zusammenhang zwischen der artspezifischen evolutionären Strategie und den Faktoren, denen die Individuen dieser Art unmittelbar ausgesetzt sind, unterscheiden. Einerseits kann eine hohe Fortpflanzungsrate eines Individuums so starke Einbußen seiner Energiereserven mit sich bringen, daß seine Überlebenschancen vorübergehend deutlich verringert sind – viele Vögel verlieren beispielsweise während des Brütens erheblich an Körpergewicht. Andererseits ist zu erwarten, daß Arten mit geringer mittlerer Lebenserwartung, vielleicht, weil sie oft Feinden zum Opfer fallen, dies mit hoher Fruchtbarkeit kompensieren, während bei langlebigeren Arten eine relativ geringe Fruchtbarkeit die Fitness insgesamt erhöhen kann, insbesondere, wenn den Nachkommen nur begrenzte Ressourcen zur Verfügung stehen.

Allgemein gilt, daß ein einzelner Nachkomme eine umso höhere Fitness erwirbt, je mehr Zeit und Energie jeder seiner Eltern in ihn investiert. Oftmals beobachtet man eine umgekehrt proportionale Beziehung zwischen der Summe aller Nachkommen und deren mittlerer Fitness. Ein Beispiel dafür sind die Arbeiten von Lack (1954, 1966) über die Kohlmeise (*Parus major*) in „Marley Wood" bei Oxford. Aus diesen Untersuchungen geht hervor, daß die jährlichen Bestandsschwankungen der Brutpopulation in erster Linie auf den Grad der Sterblichkeit der vorjährigen Jung-

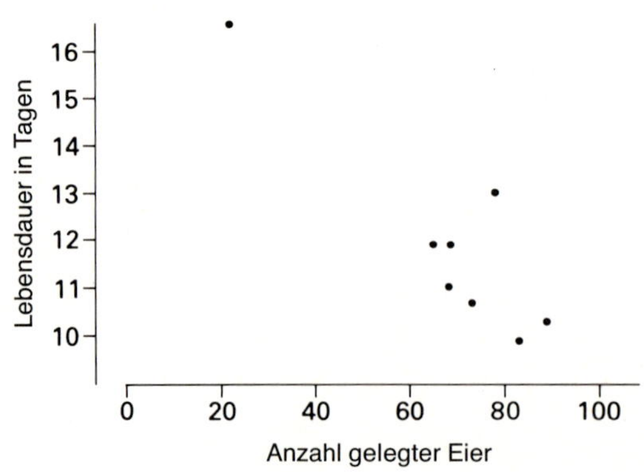

Abb. 6.9. Der Einfluß der Fortpflanzungsleistung auf die Lebenserwartung beim Käfer *Trogoderma parabile* (nach Daten von Loschiavo 1968).

vögel noch vor Eintritt des Winters zurückzuführen sind. Jungvögel, die früh in einer Brutsaison aufgezogen worden waren, hatten eine höhere Überlebensrate, da sich das Nahrungsangebot erst gegen Ende der Brutsaison verringerte. Perrins (1965) konnte zeigen, daß das mittlere Gewicht der Kohlmeisennestlinge mit steigender Nestlingszahl abnahm (Abb. 6.10), ein Effekt, der am deutlichsten in solchen Brutperioden hervortrat, in denen die Weibchen zur Zeit der Eiproduktion an Nahrungsknappheit litten. Perrins fand außerdem, daß die größeren Nestlinge bessere Überlebensaussichten hatten. Um eine Brut früh in der Saison aufzuziehen, muß es den Eltern entsprechend zeitig gelingen, ein Revier zu gründen. Dabei sind Verhaltensaspekte wie z.B. die Aggressivität bedeutsam. Alles in allem hat es den Anschein, daß bei dieser Art die Effektivität eines Brutpaares – dazu zählt die Fähigkeit, ein Revier zu gründen, ein Gelege optimaler Größe zu haben sowie über Erfahrung in der Jungenaufzucht zu verfügen – besonders maßgebend für die Fitness ist. Um die Fitness zu maximieren, müssen die Tiere in ihrer Fortpflanzungsstrategie einen Kompromiß finden: Einerseits sollten sie möglichst viele Nachkommen aufziehen, andererseits jeden einzelnen Nachkommen mit der größtmöglichen individuellen Fitness ausstatten.

Die Untersuchungen von Lack und seinen Mitarbeitern zeigen, daß es eine optimale Gelegegröße gibt, aus der die relativ größte Anzahl bis zur Brutreife überlebender Nachkommen hervorgeht. Die kleineren Gelege bringen einfach weniger Nachkommen hervor, während Jungvögel aus großen Gelegen mit niedrigerem Ausgangsgewicht flügge werden und daher eine geringere Überlebenschance haben. Das ist ein Beispiel für **stabilisierende Selektion**, denn die mittleren Ausprägungen führen zu einer größeren Nachkommenschaft als die Extremwerte. In einer stabilen Umwelt nimmt die Variabilität unter den Individuen einer Population infolge der genetischen Rekombination von Generation zu Generation ständig zu. Die stabilisierende Selektion bringt dann den Grad der Variabilität wieder auf den Stand der vorherigen Generation zurück. Dagegen müssen in einer ständig wechselnden Umwelt die dort lebenden Durchschnittsindividuen nicht unbedingt die größte in dieser Population vorkommende Fitness haben. Unter solchen Bedingungen kann **gerichtete Selektion** auftreten. Das bedeutet, der Populationsdurchschnitt verschiebt sich in bezug auf bestimmte Merkmale zu einem anderen Phänotyp hin, welcher besser an die veränderten Lebensbedingungen angepaßt ist.

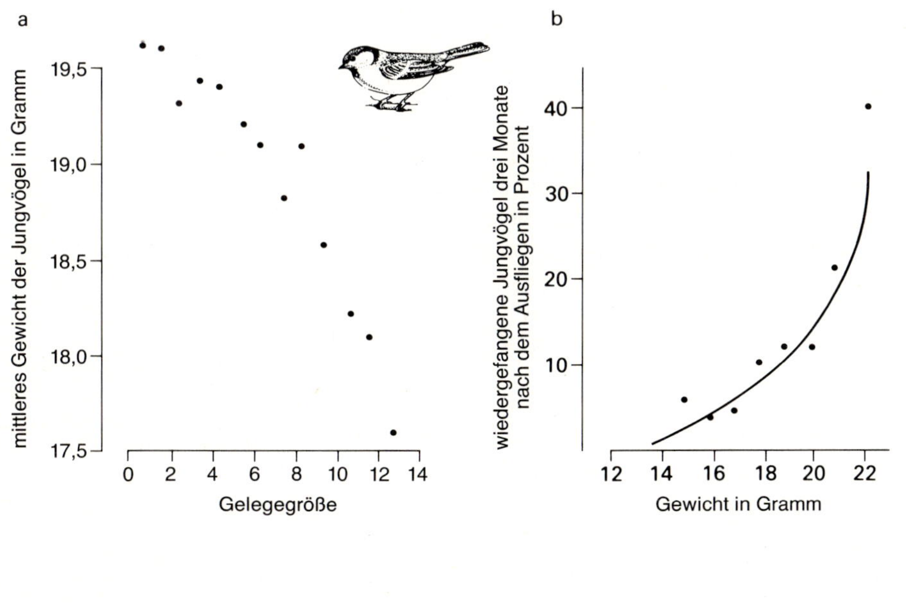

Abb. 6.10. Durchschnittsgewichte junger Kohlmeisen (*Parus major*) als Funktion der mittleren Anzahl Nestlinge pro Brut (links) und ihre Lebenserwartung in Abhängigkeit vom Körpergewicht beim Ausfliegen (rechts) (nach Perrins 1965).

Die verschiedenen Komponenten der Fitness, wie etwa die eigene Lebens-(Überlebens-)fähigkeit, die Fortpflanzungsbereitschaft oder die Fruchtbarkeit, lassen sich auf verschiedene Weise gegeneinander abgrenzen. Prout (1971) unterscheidet beispielsweise zwischen Fitnesskomponenten, die in unterschiedlichem Maße heranwachsende und geschlechtsreife Tiere betreffen. Im larvalen bzw. Jungtierstadium ist die Überlebenswahrscheinlichkeit bis zum Erwachsenenalter wichtig. Für die adulten Tiere trifft Prout eine Unterscheidung zwischen männlichen und weiblichen Individuen. Für die Fitness der Weibchen zählt z. B. deren Lebensfähigkeit im Zusammenhang mit ihrer Fortpflanzungsfähigkeit bzw. Fruchtbarkeit ganz allgemein. Für die Männchen ist neben der Lebensfähigkeit in besonderem Maße deren Virilität entscheidend. Die Fähigkeit, ein Revier zu verteidigen und sich zu paaren, ist der wichtigste Aspekt der Virilität, und hierin liegt auch der Zusammenhang zwischen Fitness und geschlechtlicher Auslese (s. Kapitel 8).

6.4 Die Gesamtfitness (‚inclusive fitness')

Die Individualfitness eines Tieres ist ein Maß für seine Fähigkeit, lebenstüchtige Nachkommen zu hinterlassen. Der Vorgang der natürlichen Auslese bestimmt, welche seiner Eigenschaften einem Tier größere Fitness verleihen. Die Wirksamkeit der Selektion hängt jedoch vom Mischungsverhältnis der Genotypen innerhalb einer Population ab. Die relative Fitness eines Genotyps ist demnach sowohl von den anderen in der Population auftretenden Genotypen wie auch von den übrigen Umweltbedingungen abhängig.

Das Konzept der Fitness läßt sich auch auf individuelle Gene anwenden, indem man das Überleben bestimmter Gene innerhalb des Genpools von einer Generation zur nächsten betrachtet. Ein Gen, das den Fortpflanzungserfolg seines Trägers verbessert, erhöht damit gleichzeitig seine Häufigkeit im Genpool. Das könnte es erreichen, indem es die Morphologie oder Physiologie eines Tieres genetisch derart beeinflußt, daß dieses Individuum bessere Aussichten hat, klimabedingte oder andere Gefährdungen zu überstehen, oder indem es Verhaltensweisen derart modifiziert, daß ein Tier bei der Balz oder Jungenaufzucht erfolgreicher ist. Ein Gen, welches elterliches Verhalten beeinflußt, ist wahrscheinlich auch in den Nachkommen repräsentiert, und wenn es zudem eine Verbesserung der elterlichen Fürsorge bewirkt, werden besonders viele Nachkommen Träger dieses Gens sein.

Es könnte sich sogar eine Situation ergeben, in der ein Gen Nachteile für seinen Träger mit sich bringt, zugleich aber die Überlebenswahrscheinlichkeit der Nachkommen erhöht. Ein typisches Beispiel hierfür wäre der Fall, daß ein Elternteil durch den Besitz eines bestimmten Gens sein eigenes Leben aufs Spiel setzt, um das Leben seiner Jungen zu erhalten. Das ist eine Form von **Altruismus** (s.u.).

Fisher (1930) und Haldane (1955) erkannten, daß die Fitness eines individuellen Gens infolge altruistischer Verhaltensweisen seitens der Individuen, die Träger dieses Gens sind, erhöht werden kann. Jedoch erst Hamilton (1964) formulierte als ein allgemeines Prinzip, daß die natürliche Selektion dazu führt, die **Gesamtfitness** und nicht die **Individualfitness** zu erhöhen; das bedeutet, daß die Gesamtfitness (**„inclusive fitness"**) eines Individuums von seinem eigenen Fortpflanzungserfolg und von dem seiner näheren Verwandtschaft abhängt. Selbst wenn ein Tier also keine eigenen Nachkommen hat, muß seine Gesamtfitness nicht gleich Null sein, denn seine Gene werden auch von seinen Neffen, Nichten, Cousins und Cousinen weitergegeben.

Bei normalen diploiden Tieren überträgt jedes Elternteil aus seinem doppelten Chromosomensatz einen einfachen Satz auf jeden seiner Nachkommen (s. Kapitel 2). Die Wahrscheinlichkeit, daß ein bestimmtes elterliches Gen in einem seiner Nachkommen auftritt, ist daher 0,5. Nach derselben Berechnung ist die Wahrscheinlichkeit, daß zwei der Nachkommen gleichzeitig ein bestimmtes Elterngen erben, auch 0,5. Die Chance, daß ein Gen aus der Generation der Großeltern auf einen Enkel übertragen wird, ist noch 0,25, aber die Wahrscheinlichkeit, daß zwei Cousinen ersten Grades dieses Gen gemeinsam haben, beträgt nur noch 0,125.

Der **genetische Verwandtschaftskoeffizient (r)** kann wie folgt definiert werden: Er ist ein Maß für die Wahrscheinlichkeit, daß ein Gen eines Individuums abstammungsidentisch mit dem eines bestimmten Verwandten ist. Eine gleichwertige, alternative Maßzahl ist der Anteil des Genoms eines Individuums, der abstammungsidentisch mit dem Genom eines bestimmten Verwandten ist (Dawkins 1979). Wichtig in diesem Zusammenhang ist die Identität solcher Gene aufgrund der Abstammung und nicht nur aufgrund ihrer allgemeinen Verbreitung in der Gesamtpopulation. Das heißt: **r** ist die Wahrscheinlichkeit, mit der ein Gen, welches zwei Individuen gemeinsam haben, von demselben Gen eines ihrer Vorfahren abstammt.

Die Gesamtfitness eines Tieres wird manchmal mit der einfachen, gewichteten Summe gleichgesetzt, die sich aus seinen verschiedenen Verwandtschaftskoeffizienten ergibt, d.h. sie wird als die Summe aus der Individualfitness eines Tieres selbst und der seiner Verwandten angesehen, deren Beitrag sich aus dem jeweiligen Verwandtschaftskoeffizienten errechnet. Diese Maßzahl berücksichtigt alle Nachkommen eines Tieres, und obwohl sie für praktische Zwecke ganz nützlich sein mag, steht sie nicht im Einklang mit den ursprünglichen Formulierungen von Hamilton (1964). Gesamtfitness ist oft falsch definiert worden (Grafen 1982). Sie sollte jene Nachkommen eines Individuums ausschließen, die nur aufgrund der Mithilfe durch andere existieren, aber solche Nachkommen seiner Verwandten mitberücksichtigen, deren Existenz auf die Mithilfe des Individuums bei ihrer Aufzucht zurückzuführen ist (Grafen 1984).

6.5 Fitness in der natürlichen Umwelt

In der Erörterung zur Gesamtfitness wurden zwei verschiedene Betrachtungsweisen der natürlichen Auslese berücksichtigt. In der Populationsgenetik ist das Gen die Einheit der Selektion, und die Replikation des Gens ist die durch die Selektion maximierte Größe. Während dieser theoretische Ansatz eine bestechende Logik hat und in manchen Fällen geeignet ist, bestimmte Aspekte des Verhaltens zu beleuchten (Dawkins 1976), ist er für diejenigen, die das Verhalten einzelner Individuen untersuchen, nicht ganz zufriedenstellend. Ein anderer, gleichwertiger Forschungsansatz geht vom Individuum als Selektionseinheit aus und betrachtet die Gesamtfitness als die durch die Selektion maximierte Größe (Dawkins 1978). In der Praxis erweist sich der Fortpflanzungserfolg eines Individuums als brauchbarer Indikator für seine Gesamtfitness (Grafen 1982).

Die Fitness, die ja auf das Verhalten in natürlicher Umgebung bezogen ist, hängt von den aktuell wirksamen Selektionsdrucken ab. Theoretisch sollte jeder Teilaspekt des Verhaltens eines Tieres auf seine Fitness wirken, entweder in Form direkter Auswirkungen auf sein Verhalten oder einfach, weil ein bestimmtes Verhalten ein anderes, im Vergleich hierzu mehr oder weniger vorteilhaftes, ausschließt. In der Praxis ist die natürliche Umwelt so komplex, daß es außerordentlich schwierig ist, Fitnessänderungen zu messen, die sich vom Verhalten herleiten. Es gibt zwei bedeutende Methoden, dieses Problem in Angriff zu nehmen. Bei der einen versucht man, bis ins Detail die verschiedenen, mit einem Verhalten in natürlicher Umgebung verbundenen Kosten und Nutzen zu spezifizieren; in Kapitel 24 wird näher darauf eingegangen. Die andere besteht darin, Änderungen des Fortpflanzungserfolges, die sich aus bestimmten Verhaltensaspekten ergeben, direkt zu messen.

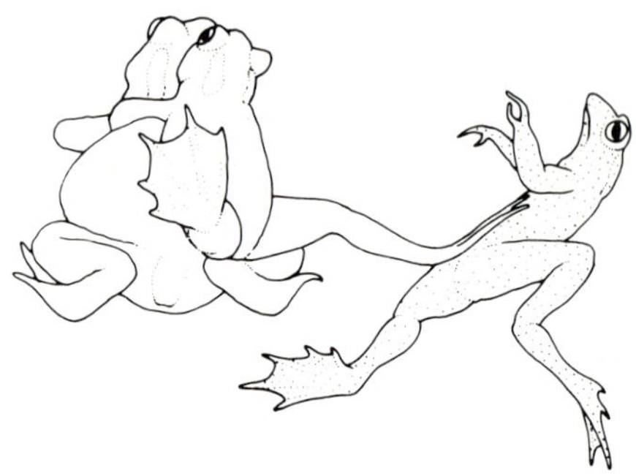

Abb. 6.11. Krötenpärchen (*Bufo bufo*) bei der Paarung. Das Männchen wehrt gerade einen Rivalen ab (Zeichnung: aus Davies und Halliday 1977).

In Kapitel 6.1 wurde gezeigt, daß der Überlebenswert bestimmter Verhaltensweisen, wie das Wegtragen der Eischalen bei Lachmöwen, aus Feldexperimenten hergeleitet werden konnte. Während derartige Versuche wertvoll sind, um die Funktion bestimmter morphologischer und verhaltenstypischer Merkmale zu verstehen, haben sie nicht direkt mit dem Fitnessproblem zu tun. Das Konzept des Überlebenswertes wird im allgemeinen auf Fragestellungen angewandt, die vergleichsweise kurze Zeitspannen umfassen, etwa die Überlebensrate von Jungtieren in einer gegebenen Fortpflanzungsperiode. Im Idealfall sollten sich Fitnessschätzungen auf das langfristige Überdauern bestimmter genetischer Merkmale oder auf die Langzeitauswirkungen bestimmter Verhaltensmuster auf den Fortpflanzungserfolg beziehen.

Bisweilen lassen sich Unterschiede im Fortpflanzungserfolg auf ganz einfache Verhaltensaspekte zurückführen. Davies und Halliday (1977) zeigten zum Beispiel, daß der Fortpflanzungserfolg eines Krötenpärchens (*Bufo bufo*) durch die Größe des Weibchens und durch das Größenverhältnis der beiden Paarungspartner beeinflußt wird. Größere Weibchen erzeugen mehr Eier. Außerdem werden mehr Eier befruchtet, wenn die Körpergröße beider Partner gut abgestimmt ist. Männchen, die ein Weibchen begatten, welches nur wenig größer ist als sie selbst, sollten den höchsten Fortpflanzungserfolg erzielen. Weibchen sollten dagegen möglichst große Männchen bevorzugen, weil diese eher in der Lage sind, Rivalen abzuwehren (Abb. 6.11). Daher sollten beide Geschlechter jeweils Paarungpartner bevorzugen, die größer sind als sie selbst. Die tatsächlich beobachteten Paare nahmen eine Mittelstellung zwischen diesen beiden denkbaren Extremen ein, wobei die Weibchen im allgemeinen etwas größer waren als die Männchen (Abb. 6.12).

Im nördlichen Michigan/USA hat Fincke (1982) den Paarungserfolg einer natürlichen Population der Schlankjungfer *Enallagma hageni* untersucht. Diese Libellen vermehren sich in seichten Tümpeln, die durch eine 10 bis 20 Meter breite Sandbank von einem See abgetrennt sind. Ihre Nahrung finden sie in einem angrenzenden offenen Feuchtgebiet. An sonnigen Tagen begeben sich die Männchen etwa gegen halb zehn Uhr vormittags aus dem Nahrungsgebiet zum Tümpel. Bis ein Uhr haben sich die meisten dort anwesenden Männchen noch nicht gepaart. Die Anzahl sich

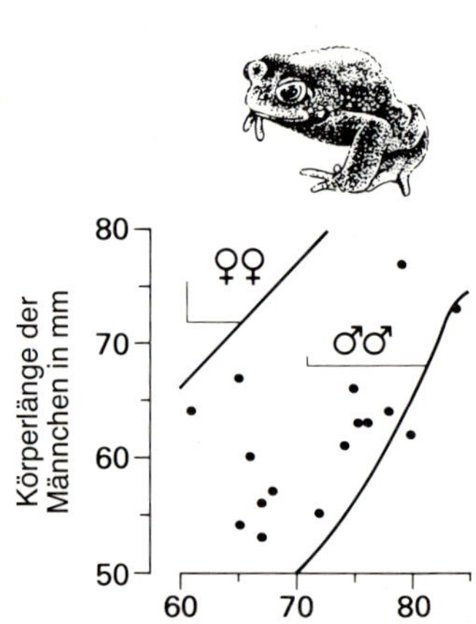

Abb. 6.12. Optimale und beobachtete Paarungen bei Kröten unterschiedlicher Größe. Die Berechnung der Optima beruht auf der Annahme, daß die größtmögliche Anzahl Eier pro Saison erzeugt und befruchtet werden soll. Die Optimalkurve für die Weibchen markiert eine untere Grenze, weil man in dem Experiment keine Paarungen mit Männchen herbeiführen konnte, die größer waren als die jeweiligen Weibchen. Die tatsächlich beobachteten Paarungskonstellationen sind durch die Punkte gekennzeichnet (nach Davies und Halliday 1977).

paarender Tiere (Männchen und Weibchen bilden ein sogenanntes Paarungsrad) nimmt bis etwa drei Uhr nachmittags zu und bleibt dann bis gegen halb sechs am Abend hoch. An manchen Tagen sind fast alle Weibchen in solchen Paarungsrädern zu finden, während mehr als die Hälfte der Männchen allein bleibt. Da die Weibchen stets in der Minderzahl sind, herrscht unter den Männchen eine harte Konkurrenz. Schon auf dem Weg zum Tümpel fangen sie die Weibchen ab, und nahezu alle Männchen, die überhaupt erfolgreich sind, haben sich bereits an ein Weibchen angeschlossen, bevor sie das Gewässer erreichen. Die Konkurrenz unter den Männchen äußert sich darin, daß die Paarungsräder ständig gestört werden. Diese Belästigungen führen manchmal tatsächlich soweit, daß sich eine Paarungseinheit auflöst und ein Männchen gegen ein anderes vertauscht wird.

Überraschenderweise fand Fincke keinen Zusammenhang zwischen der Körpergröße und dem Paarungserfolg eines Männchens. Anscheinend sind kleine wie große Männchen gleichermaßen fähig, mit Weibchen ein Paarungsrad zu bilden. Obwohl große Männchen bei der Übernahme von Weibchen, die bereits eine Paarung eingegangen sind, erfolgreicher sein mögen als kleine, wird dieser Vorteil offensichtlich dadurch wieder ausgeglichen, daß Männchen, die sich auf das Stören solcher Paare am Brutgewässer verlegt haben, häufiger Räubern zum Opfer fallen. Fincke zeigte, daß größere Männchen dazu neigen, mehr Zeit in Gewässernähe zu verbringen, was darauf schließen läßt, daß die Auseinandersetzung mit sich paarenden Artgenossen ihre bevorzugte Strategie war. Die Alternativstrategie – nach unverpaarten Weibchen zu suchen – ist aber wohl insgesamt erfolgreicher.

Der Paarungserfolg der Männchen variierte von Tag zu Tag beträchtlich und lag im Durchschnitt bei 39%. Auch der individuelle Paarungserfolg während ihres ganzen Lebens war sehr unterschiedlich. Nur 59% der Männchen in der untersuchten Population fanden mindestens einmal in ihrem Leben eine Partnerin, wobei ihre individuelle Paarungshäufigkeit eng mit ihrer Lebensdauer zusammenhing. Häufigste Todesursache am Bruttümpel war, Spinnen, Großlibellen oder Fröschen zum Opfer zu fallen. Somit scheint die Vermeidung von Raubfeinden der wichtigste Faktor für den auf die gesamte Lebensspanne bezogenen Fortpflanzungserfolg zu sein.

Viele Tiere verteidigen während ihrer Fortpflanzungssaison Territorien. In einigen Fällen hat diese Art der räumlichen Verteilung mit dem Erwerb von Paarungspartnern zu tun (Davies 1978). Die Territorien sind manchmal von unterschiedlicher Qualität, und diejenigen Männchen, die die besseren Reviere verteidigen, sollten erwartungsgemäß auch den höheren Fortpflanzungserfolg haben. Beim Dreistacheligen Stichling beispielsweise haben Männchen mit großen Territorien auch bessere Aussichten, ein Weibchen anzulocken (Assem 1967). Stichlingsweibchen, die ihre Eier in großen Revieren ablegen, haben einen höheren Fortpflanzungserfolg, weil weniger Eier von anderen Männchen gefressen werden. Rivalisierende Männchen benachbarter Territorien suchen sich nämlich gegenseitig an ihren Nestern zu stören, was in einem großen Territorium entsprechend schwieriger ist (Black 1971; Wootton

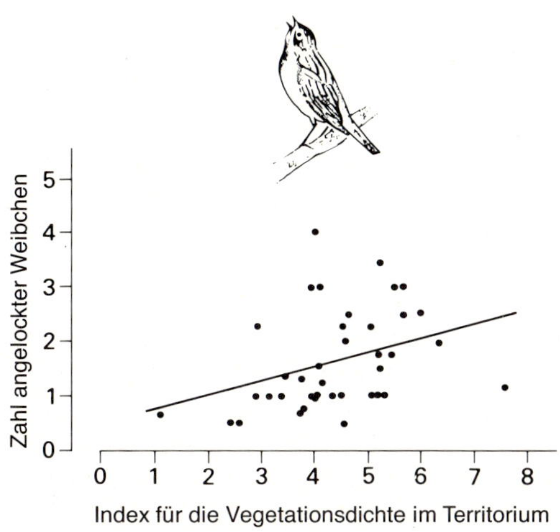

Abb. 6.13. Anzahl der Weibchen, die ein Dickcisselmännchen (*Spiza americana*) anlocken konnte, als Funktion der Vegetationsdichte auf seinem Territorium (nach Zimmerman 1971).

1976). Die Qualität eines Reviers ist nicht nur eine Frage der Größe. Vielmehr wird sie auch von den Nahrungs- und Brutmöglichkeiten bestimmt (Abb. 6.13). In Fällen, in denen Tiere um Partner, Territorien oder Habitate konkurrieren (Partridge 1978), kann sich die Fitness auf ganz verschiedene Bereiche beziehen. Sie muß nicht einmal unbedingt davon abhängen, ob Individuen die besseren Partner oder Reviere finden, sondern kann auch auf ganz anderen Zusammenhängen beruhen. Hier steht man vor dem immer wiederkehrenden Problem von Fitnessberechnungen. Unter natürlichen Lebensverhältnissen gibt es so viele Wechselbeziehungen, daß man sie unmöglich alle erfassen kann.

Merksätze

- Der Überlebenswert bestimmter Verhaltenskomponenten kann unter natürlichen Bedingungen experimentell untersucht werden.
- Die Forschung über die Ursachen der Sterblichkeit innerhalb einer Population kann Aufschluß über die zugrundeliegenden Selektionsdrucke geben.
- Die „Darwin-Fitness" wird über die Anzahl Nachkommen zu einem bestimmten Zeitpunkt des Lebenszyklus gemessen.
- Die Gesamtfitness eines Individuums hängt vom Überleben eigener Nachkommen ab und von dem seiner nächsten Verwandten. Selbst wenn ein Tier keine eigenen Nachkommen hat, muß seine Gesamtfitness nicht gleich Null sein, weil seine Gene auch von Nichten, Neffen, Cousins und Cousinen weitergegeben werden.
- Bei Fitnessuntersuchungen in natürlicher Umgebung muß man oftmals einen praktisch verwendbaren Index für den Paarungs- oder Fortpflanzungserfolg festlegen. Solche Indexwerte können die Fitness nur näherungsweise widerspiegeln, weil sie die Überlebensfähigkeit der Nachkommen nicht mitberücksichtigen.

Weiterführende Literatur

Dawkins, R. (1982) *The Extended Phenotype*. Freeman, New York.

Krebs, J. R. und N. B. Davies (1981) *Öko-Ethologie*. Parey Verlag, Berlin und Hamburg.

Krebs, J. R. und N. B. Davies (1984) *Einführung in die Verhaltensökologie*. Thieme Verlag, Stuttgart.

Wickler, W. und U. Seibt (1977) *Das Prinzip Eigennutz. Ursachen und Konsequenzen sozialen Verhaltens*. Hoffmann und Campe Verlag, Hamburg.

7 Anpassungsstrategien und ihre Evolution

Evolutionsbiologen versuchen zu erklären, wie ein heute zu beobachtender Zustand als Ergebnis der Evolution durch natürliche Auslese zustandegekommen sein kann. Um nachzuvollziehen, auf welche Weise ein bestimmtes genetisches Merkmal sich durchsetzen konnte, versetzen sie sich in die Zeit, bevor dieses Merkmal existierte. Dabei gehen sie davon aus, daß in irgendeinem Individuum plötzlich ein seltenes Gen auftritt oder daß ein solches von einem zugewanderten Artgenossen in die Population eingebracht wird und daß dieses Gen bei seinem Träger auch phänotypisch in Erscheinung tritt. Nun erhebt sich die Frage, welche Bedingungen die Ausbreitung des Gens in der Population vorantreiben werden. Wird es durch die natürliche Auslese tatsächlich begünstigt, so werden Individuen, in deren Genom es auftritt, eine höhere Fitness haben (vgl. Kapitel 6). Man sagt, das Gen sei in die Population eingewandert. In diesem Kapitel geht es um die Auswirkungen solcher Annahmen auf Verhaltensuntersuchungen.

7.1 Evolutionsstrategien

Um sich in einer Population festzusetzen, muß ein Gen nicht nur mit allen anderen Allelen des Genpools konkurrieren, sondern es muß auch der Unterwanderung durch Mutanten widerstehen. Wenn Evolutionsbiologen über eine bestimmte Situation im Verlauf der Evolution nachdenken, stellen sie sich eine Invasion durch hypothetische Mutanten vor und prüfen dann, ob eine bestimmte Theorie unter den angenommenen neuen Konkurrenzverhältnissen gültig bleibt. Im folgenden werden zunächst einige Beispiele dargestellt. Anschließend werden solche Vorgehensweisen detaillierter besprochen. Eine hochgradige Übereinstimmung im Aussehen zwischen einem Tier und seinem optischen Hintergrund kann das Ergebnis einer Selektion von Merkmalen sein, die es ihm erlauben, Räubern zu entgehen, oder die umgekehrt Räuber in die Lage versetzen, unentdeckt auf der Lauer zu liegen, um dann eine Beute zu erjagen. Diese Strategie führt manchmal zu ganz erstaunlichen Ähnlichkeiten zwischen einem Tier und der Pflanze, mit der es normalerweise assoziiert ist. Die wie ein Blatt wirkende Heuschrecke *Arantia rectifolia* (Abb. 7.1) beispielsweise kann in der Ruhehaltung ihre Flügel entweder eng zusammenlegen, so daß sie in ihrer Gesamterscheinung einem ganzen Blatt ähnelt, oder sie ruht mit flach ausgebreiteten Flügeln auf einer Blattspreite und sieht dann wie ein Teil des Blattes aus (Edmunds 1974). Diese Tarnhaltungen dienen dem Schutz gegen Räuber. Andererseits kann sich die Gottesanbeterin *Phyllocrania paradoxa* zwar auf ähnliche Weise unsichtbar machen (Abb. 7.2), aber bei ihr dient die Tarnung teils der Verteidigung, teils dem Angriff, denn in dieser bewegungslosen Haltung lauert sie auch ihrer Beute auf.

Abb. 7.1. Die einem Blatt ähnelnde Heuschrecke *Arantia rectifolia*.

Außer dem optischen Hintergrund oder der Vegetation können Tiere auch den Körperteilen anderer Tiere ähneln. Das ist ein häufiges Kennzeichen von Verhaltensweisen, mit denen Tiere versuchen, ihre Feinde abzuwehren (Edmunds 1974). Die Raupe des Schwärmers *Leucorampha ornata* ist ein Beispiel hierfür. Sie ruht gewöhnlich an der Unterseite eines Zweiges oder Blattes. Wird sie gestört, hebt sie ihren Kopf, auf dessen Ventralseite sich auffällige Augenflecken befinden und dessen Gesamterscheinung einem Schlangenkopf ähnelt, und bläht ihn auf (s. Abb. 1.3). Viele Nachtfalter und Tagschmetterlinge haben auf ihren Flügeln Augenflecken, die sie bei Störungen plötzlich zum Vorschein bringen mit dem möglichen Effekt, daß Angreifer abgeschreckt werden.

Abb. 7.2. Die Gottesanbeterin *Phyllocrania paradoxa* ahmt ein totes Blatt nach.

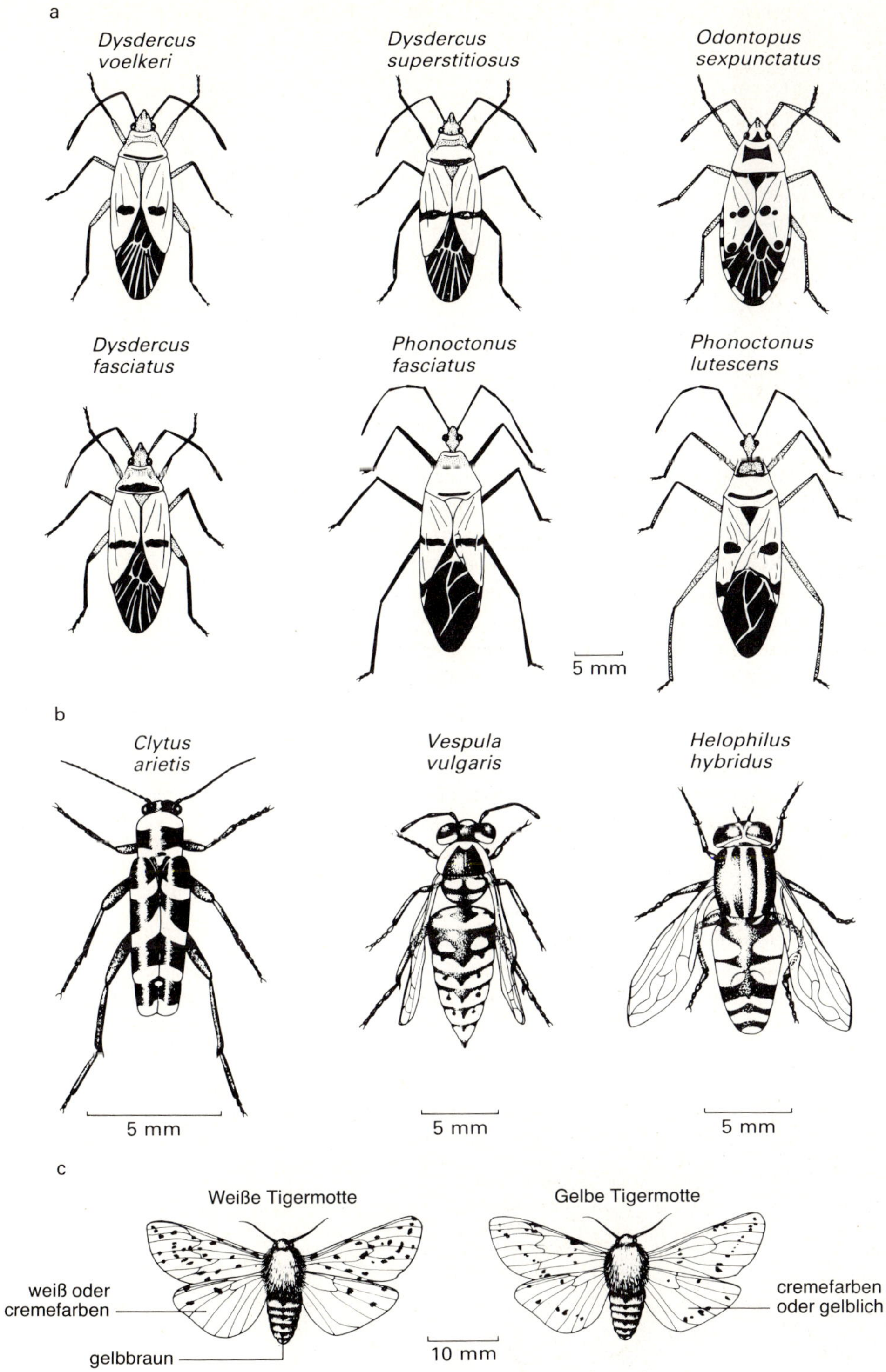

Abb. 7.3. Einige Beispiele für Müller'sche und Bate'sche Mimikry. a) Müller'sche Mimikry unter westafrikanischen Heteropteren: *Phonoctonus fasciatus* lebt normalerweise in Kolonien von *Dysdercus fasciatus*, *D. superstitiosus* oder *D. voelkeri*, *Phonoctonus lutescens* in Kolonien von *Odontopus* oder auch von *Dysdercus voelkeri*. Die Färbung all dieser Wanzenarten ist eine Kombination aus schwarz, rot (hier gepunktet) und grauorange (hier weiß). b) Bate'sche Mimikry: Die Wespe *Vespula vulgaris* und zwei ihrer Nachahmer, der Käfer *Clytus arietis* und die Schwebfliege *Helophilus hybridus*. Alle drei Arten sind dunkelbraun oder schwarz mit gelber Bänderung. c) Die übelschmeckende Weiße Tigermotte *Spilosoma lubricipeda* und ihr Bate'scher Nachahmer, die Gelbe Tigermotte *S. lutea*. Beide haben ein gelbliches Abdomen mit dunklerer Zeichnung. Die Flügel sind weiß oder cremefarben mit schwarzen Flecken (nach Edmunds 1974).

Abb. 7.4. a) Der Putzerlippfisch (*Labroides dimidiatus*)mit seinem Wirt, dem Korallenbarsch *Cephalopholis miniatus*, und b) sein Nachahmer, der Säbelzahnschleimfisch (*Aspidontus taeniatus*) (aus *The Oxford Companion to Animal Behaviour,* Oxford University Press 1981).

Unter echter Mimikry versteht man die Ähnlichkeit eines Tieres (des Nachahmers) mit einem anderen (dem Vorbild), was zur Folge hat, daß beide von einem dritten, meist einem Räuber, verwechselt werden. Es gibt verschiedene Arten von Mimikry, wobei die sogenannte **Bate'sche Mimikry** am bedeutendsten ist. Hierbei gleicht der Nachahmer einem für potentielle Räuber gefährlichen oder ungenießbaren Vorbild. Die als Vorbild dienende Art selbst hat zwar keinen Vorteil, aber es konnte experimentell nachgewiesen werden, daß die Nachahmer von der Irreführung ihrer Räuber profitieren. Vögel lernen beispielsweise recht schnell, die ungenießbare Salamanderart *Notophthalmus viridescens* zu verschmähen. Sie fressen aber ohne weiteres die ähnlich gefärbte Art *Pseudotriton ruber*, wenn sie zuvor noch keine Erfahrung mit *Notophthalmus* gemacht haben. Allein aufgrund seiner Ähnlichkeit mit *Notophthalmus* genießt *Pseudotriton* also einigen Schutz, vorausgesetzt, die Vögel haben *Notophthalmus* bereits kennengelernt und sind nicht so erfahren, daß sie die beiden Salamanderarten unterscheiden können (Howard und Brody 1971). Weitere Beispiele Bate'scher Mimikri sind in Abb. 7.3 dargestellt.

Manchmal tragen mehrere Arten, die alle gefährlich oder schädlich sind, die gleichen Warnfarben. In diesem Falle spricht man von **Müller'scher Mimikry**. Sie ist für alle beteiligten Arten vorteilhaft. Hat ein Räuber gelernt, eine der Arten zu vermeiden, so wird er in Zukunft die anderen ebenfalls umgehen. Abb. 7.3 enthält auch einige Beispiele für Müller'sche Mimikri.

Abb. 7.5. Ein Blauhäher *Cyanocitta cristata* verzehrt einen giftigen Monarchfalter und erbricht anschließend.

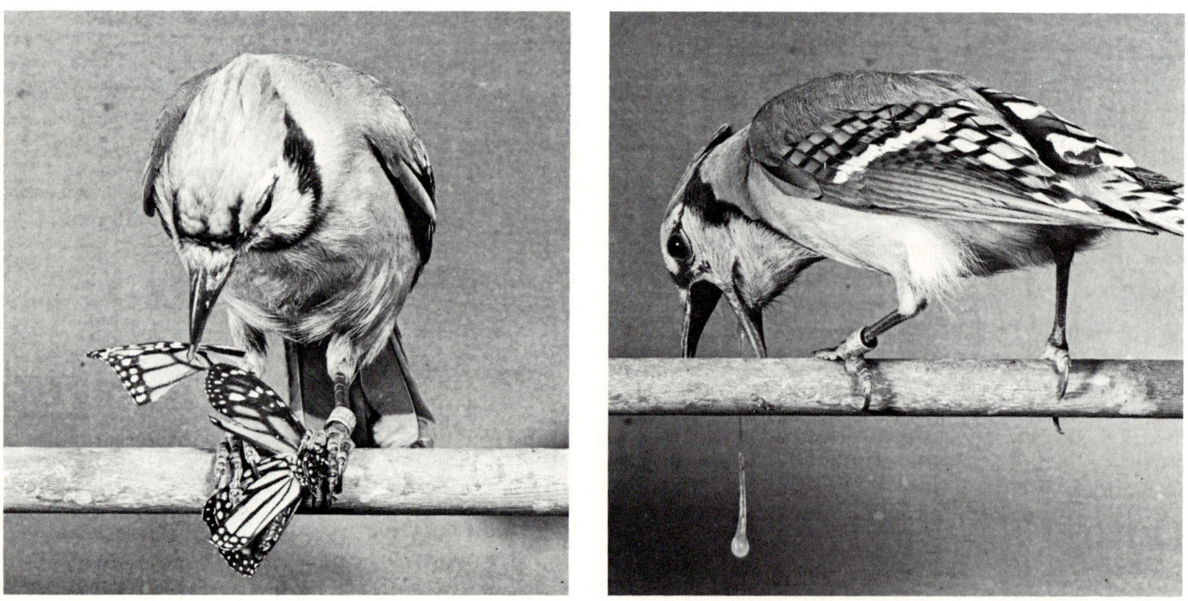

Unter Fischen gibt es einen ungewöhnlichen Fall von **aggressiver Mimikry**. Der schwarzweiß gestreifte Putzerlippfisch *Labroides dimidiatus* bewohnt die pazifischen Korallenriffe. Andere Fische erkennen ihn an seinem auffälligen Farbmuster und seinem einladenden Putzertanz. Große Fische lassen die Putzerlippfische an sich heran, um Parasiten von ihrem Körper und aus ihrem Maul entfernen zu lassen. Diese wechselseitige Beziehung ist eine echte Symbiose, weil die Putzer von der Nahrung und ihre Wirte vom Absammeln ihrer Parasiten profitieren. Der Putzerlippfisch hat allerdings einen täuschend ähnlichen Nachahmer: den Säbelzahnschleimfisch (*Aspidontus taeniatus*), (Abb. 7.4). Andere Fische halten ihn oft für einen Putzerfisch und lassen ihn zu sich heran. Daraufhin beißt der Doppelgänger schnell ein Stück aus einer Flosse seines Wirtes und verschwindet.

Im Falle der Bate'schen Mimikry werden die feindabweisenden Warnkennzeichen der einen Art, dem Vorbild, von einer anderen Art, dem Nachahmer, imitiert. Das ist vorteilhaft für den Nachahmer, solange die Räuber Vorbild und Kopie nicht unterscheiden können und solange die Nachahmer im Verhältnis zu ihren Vorbildern nicht zu häufig werden. Ist das Vorbild eine Art, die für ihre Raubfeinde giftig oder ungenießbar ist, so profitiert der Nachahmer davon, weil Räuber sehr wahrscheinlich das Original und seine Kopie gleichermaßen meiden werden. Zudem spart die nachahmende Art den Aufwand für die Erzeugung der abweisenden Substanz. In manchen Fällen kommt es nun vor, daß ein Vorbild von etlichen Arten nachgeahmt wird, und dann besteht die Gefahr, daß Räuber auch mehr „Originale" als sonst erbeuten könnten. So ist beispielsweise der Monarch (*Danaus plexippus*), eine große und auffällige Schmetterlingsart, die in den östlichen Vereinigten Staaten vorkommt, für Vögel ungenießbar; schon nach ein bis zwei Erfahrungen lernen Vögel, diese Art zu meiden (Brower 1958). Die Raupen des Monarchs ernähren sich von einer für viele Vertebraten giftigen Schwalbenwurzart. Dabei reichern sie Toxine an, die über das Puppenstadium hinaus an die Imago weitergegeben werden. Freßfeinde, die diese Schmetterlinge verzehren, müssen meistens erbrechen (Abb. 7.5). Der Monarch wird durch einen täuschend ähnlich aussehenden Falter, die amerikanische Eisvogelart *Limenitis archippus*, nachgeahmt (Abb. 7.6). Eisvögel sind aber genießbar; wie Brower (1958) zeigen konnte, fressen Häher sie ohne weiteres, wenn sie den Monarch noch nicht kennengelernt haben. Ist ein Häher jedoch einmal an einen Monarch geraten, vermeidet er fortan sowohl diese Art wie auch die erwähnte Eisvogelart. Der brechreizerzeugende Monarch wird aber auch noch von anderen Arten kopiert, und so kann es passieren, daß in einem bestimmten Gebiet die Anzahl der Nachahmer im Vergleich zu den „echten" Monarchfaltern zu groß wird. In einer solchen Situation werden Freßfeinde nicht so schnell lernen, den Monarch und seine Nachahmer zu meiden, weil sie ihre ersten Erfahrungen durchaus mit genießbaren Schmetterlingen machen können. Daher ist zu erwarten, daß alle Arten dieser Gruppe häufiger erbeutet werden.

Bei dem Versuch, die Wege der Evolution in einer solchen Situation aufzuzeigen, muß der Biologe versuchen, die Konsequenzen aller erdenklichen Häufigkeitskombinationen der verschiedenen Genotypen von Vorbildern und Nachahmern zu berechnen. Was würde beispielsweise geschehen, wenn einige Monarchfalter die Gewohnheit entwickelten, ungiftige Pflanzen zu fressen und dann für ihre Feinde durchaus genießbar wären? Einerseits könnte man erwarten, daß solche Individuen einen Vorteil hätten, weil sie perfekte Nachahmer der unverdaulichen Mitglieder ihrer Art wären, ohne dafür den Preis zu zahlen, nur giftige Schwalbenwurzblätter fressen zu dürfen; auf dieser Basis würde ihr Genotyp allmählich häufiger. Würden andererseits die genießbaren Vertreter der Monarchfalter zu zahlreich, so käme es bald dazu, daß sie von ihren potentiellen Feinden regelmäßig gefressen würden. Auf der Grundlage bestimmter Annahmen lassen sich die Überlebenschancen der freßbaren Individuen als Funktion des Verhältnisses aus ungenießbaren und genießbaren Typen innerhalb der Population berechnen. Die Annahmen betreffen die Feinddichte und die Anzahl der Freßversuche, die ein Feind noch unternehmen wird, bis er Monarchfalter endgültig meidet, nachdem er einmal an einen ungenießbaren Vertreter dieser Art geraten ist. Tatsächlich hat man festgestellt, daß die Giftigkeit der Schwalbenwurz und

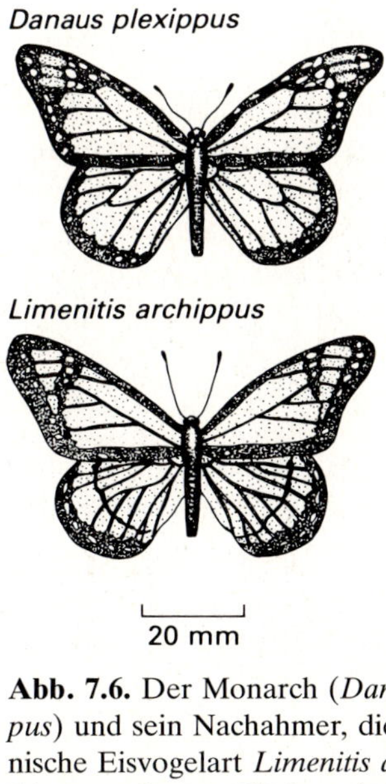

Abb. 7.6. Der Monarch (*Danaus plexippus*) und sein Nachahmer, die amerikanische Eisvogelart *Limenitis archippus*. Die gepunkteten Flächen sind orangefarben (nach Edmunds 1974).

der darauf gezüchteten Monarchen erheblich variiert (Brower 1969). Somit enthalten auch die natürlichen Monarchpopulationen einige Individuen, die von Vögeln ohne weiteres gefressen werden könnten, weil sie sich als Raupen von relativ ungiftigen Schwalbenwurzarten ernährt haben. An manchen Orten verhält sich die Häufigkeit der ungiftigen zur Häufigkeit der normalen, toxischen Individuen wie 3:1, und dennoch werden sie von potentiellen Freßfeinden gemieden.

Wenn der Übergang zu nichtgiftiger Nahrung genetisch fixiert und nicht einfach zufallsbedingt ist, dann kann so ein Vorgang als **evolutionäre Strategie** angesehen werden. Aus diesem Grunde finden es Evolutionsbiologen manchmal ganz nützlich, Gene so darzustellen, als wendeten diese eine Strategie an, um ihre Häufigkeit auf Kosten anderer Gene zu erhöhen, obwohl der ganze Vorgang eigentlich passiv, nämlich über die natürliche Auslese, abläuft.

Wenn man sich mit Evolutionsstrategien beschäftigt, die das Verhalten betreffen, dann sollte man sich eine Situation vor Augen führen, bei der Änderungen des Genotyps Verhaltensänderungen zur Folge haben. Dabei muß man nicht unbedingt davon ausgehen, daß eine Verhaltensweise direkt genetisch fixiert ist; es gibt schließlich viele Wege, über die genetische Veränderungen das Verhalten beeinflussen können. Es ist aber gängige Praxis, Verhaltensmerkmale letztenendes auf Gene zurückzuführen, solange man sich darüber im klaren ist, daß dies lediglich eine verkürzte Darstellungsweise ist. Wird beispielsweise von einem „Gen für die Geschwisterfürsorge" gesprochen, dann meint man damit, daß in der Population genetische Unterschiede bestehen, die sich so auswirken, daß einige Individuen ihren Geschwistern helfen und andere nicht. Ähnliches gilt für „die Taubenstrategie": Damit ist gemeint, daß es in der Population Tiere gibt, die sich nicht auf Kämpfe einlassen und dieses Merkmal von einer Generation zur nächsten weitergeben.

Auf den ersten Blick hat es den Anschein, als müsse sich die erfolgreichste Evolutionsstrategie unweigerlich über die ganze Population ausbreiten und alle anderen Strategien verdrängen. Das kann wohl im einen oder anderen Fall passieren, aber es ist nicht immer so. In vielen Situationen wird man sich nicht festlegen können, welches die beste Strategie ist, weil die Effektivität einer bestimmten Strategie vom Verhalten anderer Tiere abhängen kann; d.h. zwischen konkurrierenden Strategien kann eine wechselseitige Beziehung herrschen, bei der der Erfolg der einen von der Existenz der anderen und deren Häufigkeit innerhalb der Population bestimmt wird. So wird beispielsweise die Strategie der Mimikry wertlos, wenn die Warnstrategie der Vorbilder nicht funktioniert.

Einige Arten haben Gemeinschaftsbalzplätze – Arenen, auf denen die dominanten Männchen kleine Territorien verteidigen. Beim Kampfläufer (*Philomachus pugnax*) zum Beispiel gibt es zwei Männchentypen: aggressive „territoriale Männchen", die offen miteinander um Weibchen konkurrieren, und „Satellitenmännchen", die nicht aggressiv auftreten, sondern sich den territorialen Männchen anschließen, um Kopulationen zu „stehlen", während jene anderweitig beschäftigt sind. Satellitenmännchen haben auffällige weiße, territoriale Männchen dagegen dunklere Halskrausen (Abb. 7.7).

Es wird vermutet, daß die territorialen Männchen die Anwesenheit der Satellitenmännchen dulden, weil ihr auffälliges Gefieder Weibchen auf den Balzplatz lockt.

Abb. 7.7. Kampfläufer (*Philomachus pugnax*) am Balzplatz. Es ist die Vogelart mit den auffälligsten individuellen Unterschieden in der Gefiederfärbung der Männchen. Die Individuen mit den dunklen Halskrausen sind territorial, das weiße Tier ist ein Satellitenmännchen. Der Vogel ohne Halskrause ist ein Weibchen (aus *The Oxford Companion to Animal Behaviour,* Oxford University Press 1981).

Zwei Erklärungsmöglichkeiten für die Existenz der Satellitenmännchen werden diskutiert. Erstens kann es sich um Männchen handeln, die im Kampf um Territorien unterlegen waren, oder auch um junge und unerfahrene, die die Satellitenstrategie wählen, um auf ein eventuell freiwerdendes Territorium zu warten. So etwas wird auch für die Balzgemeinschaften der Birkhühner (*Lyrurus tetrix*) angenommen. Als zweite Möglichkeit kommt in Betracht, daß die Satellitenmännchen eine alternative Evolutionsstrategie verfolgen und damit einen Fortpflanzungserfolg haben, der dem Erfolg der territorialen Männchen vergleichbar ist. Das ist vermutlich bei Kampfläufern der Fall. Die zweite, alternative Strategie ist im wesentlichen eine Form von Ausbeutung einer anderen, bereits existierenden Strategie.

Obwohl man schon seit langem mit der Existenz alternativer Strategien rechnete, ist es erst seit kurzem gelungen, dafür eine zufriedenstellende Erklärung zu geben, die sich mit der Evolutionstheorie vereinbaren läßt. Der Schlüssel zu dieser Problematik ist das Konzept der „evolutionsstabilen Strategie“, die von Maynard Smith, Parker und anderen entwickelt wurde (Maynard Smith 1982).

7.2 Evolutionsstabile Strategien

Das Wesentliche einer **evolutionsstabilen Strategie (ESS)** ist, daß sie – vorausgesetzt, genügend Mitglieder einer Population wenden sie an – durch keine Alternativstrategie verbessert werden kann. Anders ausgedrückt heißt das, es ist von den Strategien der anderen Populationsmitglieder abhängig, welche Strategie für ein Individuum jeweils am vorteilhaftesten ist. Da dasselbe Prinzip jeweils auch für alle anderen Individuen innerhalb der Population gilt, kann ein mutiertes Gen nicht mit Erfolg die Situation einer echten ESS unterwandern. Als Beispiel sollen Fragen der Kampfstrategie und der Einschätzung von Rivalen dienen. Tiere, die Strategien anwenden, bei denen unnötiges Kämpfen vermieden wird, haben im allgemeinen einen Evolutionsvorteil. Dieser Gedanke kann folgendermaßen formalisiert werden: In einer Population sollen zwei Strategien vorkommen, 1) die **Falkenstrategie**, also zu kämpfen, um einen Gegner zu töten, zu verletzen oder zu vertreiben und dabei das Risiko, selbst verletzt zu werden, in Kauf zu nehmen, 2) die **Taubenstrategie**, nämlich nur zu drohen und zu balzen, aber die ernsthafte Auseinandersetzung zu vermeiden. Diese beiden Strategien sind Extrembeispiele der realen Lebenssituation. Weiterhin sollen den Konsequenzen einer Begegnung zwischen zwei Kontrahenten Fitness-Auszahlungen zugeordnet werden. Der Gewinner einer Auseinandersetzung soll +50 Punkte erhalten, der Verlierer 0 Punkte. Die Kosten des Zeitaufwandes für Drohen sollen mit −10, die für eine Verletzung mit −100 Punkten zu Buche schlagen. Damit gibt es vier mögliche Begegnungstypen in einer Population, in der sowohl Falken wie Tauben auftreten; die mittleren Fitnessbilanzen einer solchen Situation sind in Tab. 7.1 aufgeführt. Man kann sehen, daß bei einer Begegnung zwischen zwei Falken jeder von ihnen einen Verlust hinnehmen muß, weil einer 50%-igen Chance, eine Auseinandersetzung zu gewinnen (+50 Punkte), auch eine 50%-ige Chance zu verlieren (ein Verlust von 100 Punkten durch eine Verletzung) gegenübersteht. Durchschnittlich wird jeder Falke als Ergebnis eines Kampfes gegen einen anderen Falken mit einer Fitnessbilanz von −25 Punkten abschließen. Tritt ein Falke gegen eine Taube an, gewinnt der Falke stets 50 Punkte, die Taube erhält 0 Punkte, denn durch Vermeidung eines Kampfes entgeht sie auch einer Verletzung. Treffen zwei Tauben aufeinander, droht jede der anderen und wird im Durchschnitt die Hälfte der Auseinandersetzungen ohne Kampf gewinnen. Der mittlere Zugewinn beträgt daher 15 Punkte.

Tab. 7.1. Das Spiel zwischen „Falke“ und „Taube“ (nach Maynard Smith 1976). Auszahlungen: Gewinner +50 Punkte; Verletzung −100 Punkte; Verlierer 0 Punkte; Drohen −10 Punkte. Der jeweilige Angreifer schließt mit folgenden mittleren Punktbilanzen ab:

Angreifer	**Gegner** Falke	Taube
Falke	1/2 (50) + 1/2 (−100) = −25	+50
Taube	0	1/2 (50 − 10) + 1/2 (−10) = +15

Es ist zu beachten, daß ein Falke in der Hälfte aller Fälle gewinnt, wenn er auf einen anderen Falken trifft. In der anderen Hälfte trägt er eine Verletzung davon. Falken sind immer siegreich gegenüber Tauben. Tauben geben immer sofort auf, wenn sie auf einen Falken treffen. Trifft dagegen eine Taube auf eine andere Taube, so wird angenommen, daß sie ihre Gegnerin nur androht und in der Hälfte aller Fälle gewinnt.

Es ist sofort zu erkennen, daß Falken in eine Population einwandern könnten, die ausschließlich aus Tauben besteht. Während die Tauben bei Auseinandersetzungen miteinander im Mittel nur 15 Punkte gewinnen würden, hätte ein eindringender Falke bei jedem Kampf mit einer Taube einen Zugewinn von 50 Punkten und wäre somit im Vorteil. Andererseits beträgt die durchschnittliche Bilanz in einer Population, die nur aus Falken besteht, −25 Punkte, so daß die Taubengen-Träger leicht einwandern könnten, denn Tauben erlangen jeweils 0 Punkte in einem Kampf gegen einen Falken. Das ist eine bessere Bilanz als −25. Hieraus wird deutlich, daß weder reine Tauben- noch reine Falkenpopulationen gegen eine Invasion gefeit sind; keine der Strategien ist eine ESS. Eine Mischung von Tauben und Falken könnte jedoch eine stabile Situation herbeiführen, wenn ihre Häufigkeiten innerhalb der Population in einem bestimmten Verhältnis zueinander stehen. Der Anteil Falken sei **f** und der Anteil Tauben (1 − **f**). Der mittlere Gewinn für eine Taube (**T**) errechnet sich dann aus den Wahrscheinlichkeiten, auf einen Falken oder auf eine andere Taube zu treffen, und aus dem Gewinn aus jedem dieser Begegnungstypen:

$$\mathbf{T} = 0\mathbf{f} + 15(1 - \mathbf{f}).$$

Dementsprechend ergibt sich als mittlerer Gewinn für einen Falken (**F**):

$$\mathbf{F} = -25\mathbf{f} + 50(1 - \mathbf{f}).$$

Ist **T** gleich **F**, dann besteht ein stabiles Gleichgewicht, wobei sich für **f** = 7/12 und (1 − **f**) = 5/12 ergibt. Demnach würde also eine evolutionsstabile Strategie existieren, in der 7/12 der Population aus Falken und 5/12 aus Tauben bestünden. Eine alternative Möglichkeit besteht darin, daß die Individuen sich bei 7/12 aller Auseinandersetzungen wie Falken und bei 5/12 wie Tauben verhalten, wobei die im einzelnen Fall angewendete Strategie zufällig gewählt wird. Das wird als **gemischte Strategie** bezeichnet. Für jede dieser Denkmöglichkeiten gilt, daß sich ein Gleichgewicht nur dann einstellt, wenn die Taubenstrategie bei 5/12, die Falkenstrategie bei 7/12 aller Kämpfe zum Einsatz kommt. Jede dieser Strategien ist nur dann gegenüber der anderen im Vorteil, wenn sie relativ selten ist. Ihre Häufigkeit innerhalb der Population nimmt dann solange zu, bis der Gleichgewichtszustand wieder erreicht ist. Keine

Invasion durch Falken oder Tauben könnte eine solche evolutionsstabile Strategie ändern.

In diesem Fall ist eine weitere Strategie denkbar: die sogenannte **Bourgeoisstrategie**, wobei sich ein Individuum wie ein Falke verhält, wenn es ein Revier besitzt, aber wie eine Taube, wenn es in das Territorium eines anderen Individuums eindringt. Geht man einmal davon aus, daß ein Bourgeois bei der Hälfte aller Auseinandersetzungen als Reviereigentümer und bei der anderen Hälfte als Eindringling auftritt, dann ergeben sich Fitnessbilanzen, wie sie in Tab. 7.2 aufgeführt sind. Bestünde die Population nur aus Bourgeoisstrategen, dann ergäben sich als mittlere Bilanz pro Begegnung 25 Punkte, mehr als eindringende Tauben oder Falken erzielen könnten, die bei Auseinandersetzungen mit Gegnern vom Bourgeois-Typus nur 7,5 bzw. 12,5 Punkte erhielten. Daraus folgt, daß die Bourgeoisstrategie eine ESS ist. Es ist eine situationsabhängige Strategie: Als Revierinhaber kämpft man hart, als Eindringling hält man sich eine Rückzugsmöglichkeit offen.

Diese zuerst von Maynard Smith (1976) formulierten Beispiele sind grobe Vereinfachungen von Situationen, wie sie im tatsächlichen Leben vorkommen. Dennoch haben sie einen erheblichen Fortschritt für die Evolutionstheorie gebracht, weil sie verdeutlichen, daß dieser in sich geschlossene Denkansatz zum Verständnis einer vielschichtigen Situation grundsätzliche Antworten auf lange anstehende Probleme geben kann. Die Grundprinzipien evolutionsstabiler Strategien, die bestimmten natürlichen Situationen zugrundeliegen, müssen erst noch erarbeitet werden, aber das gilt eigentlich für jede wissenschaftlich begründete Gesetzmäßigkeit, sofern sie eine hinreichende Allgemeingültigkeit erkennen läßt.

Die Bourgeois-, Falken- und Taubenstrategien lassen sich tatsächlich in der Natur beobachten. Männliche Queckenfalter (*Pararge aegeria*) beispielsweise konkurrieren miteinander um Paarungsreviere (Abb. 7.8). Die Auseinandersetzungen sind nur von kurzer Dauer, und der Revierinhaber gewinnt immer (Davies 1978). In diesem Fall verfolgen alle Mitglieder einer Population die Bourgeoisstrategie. Die Taubenstrategie beobachtet man oft bei Tieren, die potentiell gefährliche Waffen haben. Ein Beispiel hierfür sind die Oryxantilopen (*Oryx gazella*) (Abb. 7.9): Sie haben ein spitzes Gehörn, mit dem sie sich tödlich verwunden könnten. Es kann in dieser Funktion zwar zur Verteidigung gegen Raubfeinde eingesetzt werden, aber wenn die Böcke miteinander kämpfen, benutzen sie ihre Hörner ausschließlich in ritualisierter Form.

Tab. 7.2. Das Spiel zwischen „Falke", „Taube" und „Bourgeois" (nach Maynard Smith 1976).
Die Auszahlungen sind die gleichen wie in Tab. 7.1: Gewinner +50 Punkte; Verletzung −100 Punkte; Verlierer 0 Punkte; Drohen −10 Punkte. Im Mittel schließt der jeweilige Angreifer mit folgenden Punktständen ab:

Angreifer	**Gegner** Falke	 Bourgeois	 Taube
Falke	−25	+50	+12,5
Taube	0	+15	+ 7,5
Bourgeois	−12,5	+32,5	+25

Zur Erläuterung: Ein Bourgeois, der auf einen Falken oder eine Taube trifft, ist in der Hälfte der Fälle Revierinhaber und verhält sich daher wie ein Falke, in der anderen Hälfte ist er Eindringling, und daher wählt er die Taubenstrategie. Seine Auszahlungen ergeben sich demnach aus dem Mittelwert der beiden oberen Zellen der Matrix. Trifft ein Bourgeois auf einen anderen Bourgeois, ist er in der Hälfte der Fälle Revierinhaber und gewinnt, in der anderen Hälfte Eindringling und zieht sich zurück. Es entsteht ihm nie ein Verlust durch Drohen oder Verletzung.

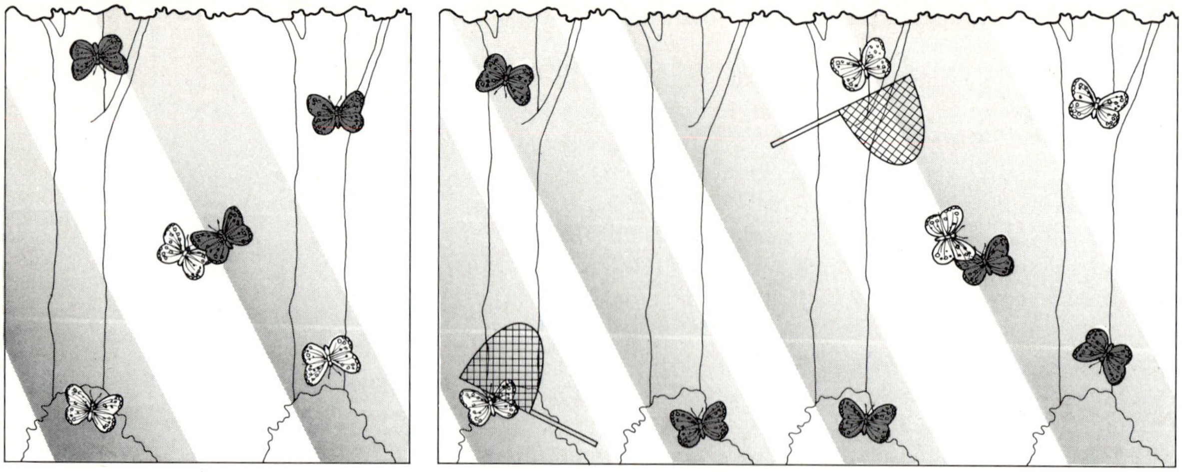

Abb. 7.8. (a) Ein Queckenfalter *Pararge aegeria* (weiß), der an einem Baumstamm sitzt und sich sonnt, wird von einem Eindringling (schwarz) herausgefordert. Es kommt zum Kampf (b), den der Revierinhaber immer gewinnt (c). Wird dieser aber vom Experimentator entfernt (d), übernimmt ein anderer Falter das Revier (e). Entläßt man daraufhin den ursprünglichen Revierinhaber an dieser Stelle (f), so kommt es wieder zum Kampf (g), den aber diesmal der neue Inhaber gewinnt (h) (nach Davies 1978).

Sie einem Rivalen einfach in die Seite zu spießen, ist eine Regelverletzung. Ähnliches gilt für Klapperschlangen: Sie tragen ihre Rangkämpfe ritualisiert aus, wobei jede versucht, die andere auf den Boden zu drücken (Abb. 7.10). Ihren giftigen Biß setzen sie jedoch nicht im Kampf gegen Rivalen ein. Demgegenüber ist die Falkenstrategie nicht oft bei Tieren zu beobachten. Sie kommt allenfalls bei Auseinandersetzungen um wertvolle Ressourcen vor, etwa um eine Paarungsmöglichkeit. Bei Arten, bei denen die Weibchen nicht leicht oder jeweils nur für kurze Zeit zugänglich sind, sollte man falkenstrategieartige Kämpfe erwarten, weil es möglicherweise nur eine einzige Chance im Leben gibt, sein Genmaterial auf zukünftige Generationen zu übertragen. Männliche Feigenwespen (*Idarnes*) lassen sich beispielsweise auf einen tödlichen Kampf ein, um die Gelegenheit zu erhalten, sich mit den Weibchen im Innern einer Feige zu paaren. Mit seinen großen Mandibeln kann ein Männchen ein anderes in zwei Teile zerschneiden. Hamilton (1979) fand eine Feige, die 15 Weibchen und 42 tote oder an ihren Verletzungen sterbende sowie 12 unversehrte Männchen enthielt.

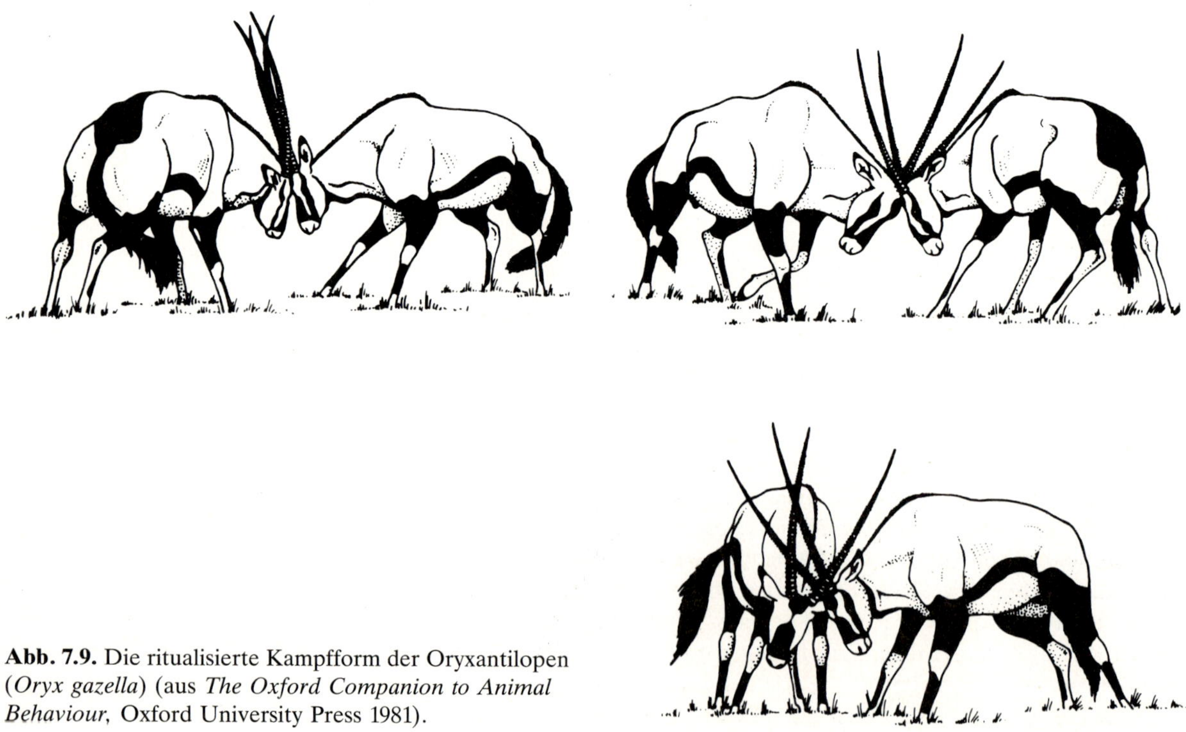

Abb. 7.9. Die ritualisierte Kampfform der Oryxantilopen (*Oryx gazella*) (aus *The Oxford Companion to Animal Behaviour*, Oxford University Press 1981).

Abb. 7.10. Kampftechnik der Klapperschlangen (Gattung *Crotalus*). Die Schlangen beißen sich nicht, sondern jede versucht nur, die andere zu Boden zu drücken (aus *The Oxford Companion to Animal Behaviour,* Oxford University Press 1981).

Bei Moschusochsen (*Ovibos moschatus*) können jährlich bis zu 10% der adulten Männchen infolge von Kämpfen um Weibchen sterben (Wilkinson und Shank 1977). Ernstliche Verletzungen kommen ebenso beim Rotwild (*Cervus elaphus*) vor, wenn auch erst im Anschluß an recht ausgedehnte ritualisierte Kämpfe (s. Kapitel 8).

7.3 Die Strategien der Grabwespen

Die Weibchen der Grabwespe *Sphex ichneumoneus* (Abb. 7.11) legen ihre Eier in Erdlöchern ab, die sie mit erbeuteten Laubheuschrecken als Nahrung für ihre Larven versehen haben. Brockmann hat das Verhalten der Wespenweibchen gründlich untersucht. An 68 farbmarkierten und somit individuell unterscheidbaren Weibchen, die sich auf drei Beobachtungsorte verteilten, machte sie über einen Zeitraum von sechs Brutperioden fast lückenlose Aufzeichnungen aller mit dem Brutgeschäft zusammenhängenden Aktivitäten (Brockmann und Dawkins 1979). Brockmann entdeckte, daß die Weibchen entweder selbst eine Erdröhre graben oder eine bereits fertige Röhre einfach übernehmen. Ein Weibchen benötigt zur Fertigstellung einer Brutröhre etwa 100 Minuten. Dann bringt es einige Laubheuschrecken, die es vorher mit einem Stich paralysiert hat, in die Brutkammer (was mehrere Tage in Anspruch nehmen kann), legt ein einzelnes Ei dazu und versiegelt schließlich den Eingang der Röhre, bevor der ganze Ablauf von neuem beginnt. Mit einer Wahrscheinlichkeit von 5 bis 15% wird ihre Brutröhre auch von einem anderen Weibchen angeflogen und mit Beutetieren bestückt. Beide Wespen sind vollkommen damit ausgelastet, die Erdröhre zu versorgen, und sie bearbeiten gleichzeitig keine andere. Weil jede von ihnen die meiste Zeit über mit Jagen beschäftigt ist, kann es ziemlich lange dauern, bis beide sich einmal treffen. Kommt es aber zu einer Begegnung, dann kämpfen sie miteinander, und meistens wird eine der beiden Kontrahentinnen vertrieben. Nur eine der Grabwespen legt schließlich ein Ei in der Brutkammer ab.

Abb. 7.11. Eine weibliche Grabwespe (*Sphex ichneumoneus*) am Eingang ihrer Erdröhre.

Grabwespenweibchen können demnach zwei Strategien verfolgen: Sie graben entweder eine eigene Röhre und gehen damit ein relativ kleines Risiko ein, von einer Artgenossin gestört zu werden, oder sie eignen sich eine bereits vorhandene Brutröhre an, wobei sie zwar die Arbeit des Grabens sparen, aber das Risiko eingehen, daß diese Röhre auch von der Eigentümerin genutzt wird. Die beste Strategie hängt davon ab, wie die Mehrheit der anderen in diesem Gebiet lebenden Grabwespenweibchen verfährt. Wenn fast alle ihre Röhren selbst anfertigen, ist es günstiger, die Besetzungsstrategie anzuwenden, weil es dann viele überschüssige Höhlen gibt. Wenn sich dagegen die meisten anderen Wespen auch auf die Übernahmestrategie verlegt haben, entsteht eine scharfe Konkurrenz, und dann ist es besser, eine eigene Erdröhre zu graben. Es ist also wahrscheinlich, daß eine ESS zwischen diesen beiden Extremen liegt.

Man kann nun über die Anzahl abgelegter Eier pro Zeiteinheit den Erfolg beider Strategien errechnen (Brockmann et al. 1979). Grabwespen wenden jedoch eine Mischstrategie an; man kann deshalb nicht den Eiablageerfolg des einzelnen Weibchens messen, sondern man muß jeweils berücksichtigen, ob es eine eigene Röhre angelegt oder eine fremde besetzt hat und hierbei erfolgreich war. Unter der Annahme, daß die beiden Alternativentscheidungen eine gemischte ESS darstellen, würde man erwarten, daß die Anzahl pro Zeiteinheit gelegter Eier im Mittel konstant ist, egal für welche der beiden Strategien sich eine Wespe im Einzelfall entscheidet. Auf der Grundlage ihres Beobachtungsmaterials haben Brockmann und Mitarbeiter (1979) die Erfolgsraten berechnet, die bei jeder der vier möglichen Kombinationen, die sich aus den alternativen Entscheidungen ergeben, zu erwarten sind (Abb. 7.12). Sie konnten keinen signifikanten Unterschied des Eiablageerfolges zwischen den beiden Strategien nachweisen. Dieses Ergebnis stützt die Hypothese, daß die Alternativen, eine vorhandene Röhre zu übernehmen oder selbst eine zu graben, Komponenten einer gemischten ESS sind.

Wenn zwei Weibchen sich eine Erdröhre teilen, kommt es also gewöhnlich zu einer Auseinandersetzung. Dabei richten sie sich auf, stürzen sich mit geöffneten Mandibeln aufeinander und beginnen einen Ringkampf. Solche Kämpfe dauern zwischen 2 und 16 Minuten und enden, wenn eine der Wespen, die Verliererin, den Ort verläßt. In 18 von 23 Fällen, in denen ein Kampf beobachtet wurde, kehrte die Verliererin nie mehr zum Nest zurück, in den restlichen 5 Fällen erst viele Stunden später (Dawkins und Brockmann 1980). Der Gewinnerin fällt die alleinige Nutzung der Bruthöhle zu, aber der Wert dieser Belohnung hängt von der Anzahl bereits eingetragener Heuschrecken ab. Eine mit vier Heuschrecken versehene Brutröhre ist fertig zur Eiablage, und dafür lohnt sich der Kampf. Eine Röhre, deren Brutkammer noch keine Heuschrecke enthält, ist trotzdem einige Anstrengung wert, denn die Gewinnerin erspart sich den Aufwand, eine neue bauen zu müssen. Auf der Grundlage solcher Überlegungen sollte man erwarten, daß jede Wespe mit einer Heftigkeit kämpft, die mit der Größe des jeweiligen Vorteils in Beziehung steht. Es würde sich also nicht lohnen, besonders hart um eine leere Erdröhre zu kämpfen, weil Aufwand und Risiko hierfür höher sein können als für die Anlage einer neuen Röhre.

Das Problem liegt nun darin, daß die Situation für beide Wespen gleichwertig ist. Wenn den Kontrahentinnen bekannt ist, wieviele Beutetiere die Brutkammer bereits enthält, dann sollte man erwarten, daß sie mit gleicher Heftigkeit kämpfen. Wäre solch eine Situation evolutionsstabil? Dawkins und Brockmann (1980) bezweifeln das. Ist die Brutkammer tatsächlich wertvoll, sollten beide Wespen lange darum kämpfen, aber auch etwa zur gleichen Zeit aufgeben, wobei die Gewinnerin eher zufällig ermittelt wird. Eine weniger wertvolle Brutröhre sollte einen entsprechend kürzeren Kampf zur Folge haben. Aber auch dann entstünden bei beiden Teilnehmerinnen noch erhebliche Kosten. So eine Situation könnte durch eine Spielerstrategie unterwandert werden: „Gib bei der Hälfte deiner Begegnungen, ausgewählt nach dem Zufallsprinzip, sofort kampflos auf; kämpfe bei den restlichen 50% aller Auseinandersetzungen einfach solange, bis dein Rivale aufgibt" (Dawkins und Brockmann 1980). In einer Population von Wespen, die sich überwiegend „vernünftig" verhalten und in der der Kampfgeist jeweils dem realen Wert einer Brutröhre entspricht, wäre die Spielernatur im Vorteil, weil sie zwar durchschnittlich nur die Hälfte ihrer Kämpfe gewinnen würde, aber bei den verlorenen Kämpfen keinerlei Verlust hätte. Die Spielerstrategie allein wäre jedoch keine ESS.

Dawkins und Brockmann haben die Begleitumstände der beobachteten Kämpfe zwischen zwei Weibchen näher untersucht. Bei jedem einzelnen der 23 Kämpfe hatten sie folgendes notiert: die Dauer; welches der Weibchen die Röhre gebaut hatte; wieviel Zeit jede der Wespen schon in die Brutröhre investiert hatte; welches der Individuen größer war; wieviele Heuschrecken jede von ihnen in die Brutkammer eingetragen hatte; und welche den Kampf am Ende gewann. Dabei stellten sie fest, daß das jeweils größere Individuum bzw. dasjenige, welches die Erdröhre angelegt hatte oder das erst seit kürzester Zeit an dem Brutplatz beteiligt war, keineswegs auch der wahrscheinlichste Gewinner war. Elf Wespen kämpften mehr als einmal, und dennoch war kein signifikanter Trend hinsichtlich der Verteilung von Siegern und Verlierern nachweisbar. Die Experimentatoren entdeckten aber, daß diejenige Wespe, die die meisten Heuschrecken eingetragen hatte, die wahrscheinliche Gewinnerin war (Abb. 7.13). Das war ein überraschendes Ergebnis, weil es allem Anschein nach ein Beispiel für den sogenannten „Concorde-Effekt" ist (Dawkins und Carlisle 1976); dieser besagt, daß zukünftiges Verhalten eher durch die Höhe der vorausgegangenen Investitionen als durch die Zukunftsaussichten bestimmt wird. Die Entscheidungen über den Stop oder Weiterbau des Verkehrsflugzeuges „Concorde" unterlagen bekanntlich solchen Erwägungen, aber es ist kaum zu erwarten, daß die Mechanismen der natürlichen Selektion sich so verhalten (Dawkins 1976).

Die Dauer einer Auseinandersetzung zwischen Grabwespenweibchen war ebenfalls eng korreliert mit der Anzahl Heuschrecken, die die Verliererin gesammelt hatte. Ein Kampf endet, wenn der Unterlegene aufgibt; mit anderen Worten, allein der Verlierer bestimmt die Dauer eines Kampfes. Dawkins und Brockmann konnten überzeugend demonstrieren, daß die Verliererin den Kampf nach einer Zeitspanne abbrach, die durch ihre bisherigen Aufwendungen für die Brutröhre bestimmt wurde. Dies ist ein weiteres Beispiel für den Concorde-Effekt. Die beste Strategie sollte eigentlich immer darin bestehen, Entscheidungen von dem zu erwartenden Gewinn abhängig zu machen, aber Grabwespenweibchen verhalten sich offensichtlich nicht danach.

Es hat den Anschein, daß die Wespen nicht in der Lage sind, den tatsächlichen Inhalt ihrer Erdröhre zu bewerten, wenn auch die Fähigkeit dazu möglicherweise noch evolutiv entstehen könnte. Offenbar haben sie aber die Information, wieviele Laubheuschrecken sie selbst eingetragen haben. Vorläufig bleibt ungeklärt, wie sie

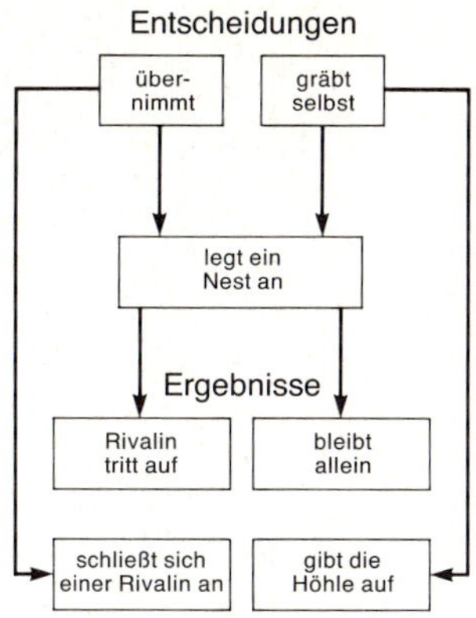

Abb. 7.12. Die gemischte Strategie von Grabwespenweibchen. Dieses Schema veranschaulicht die Konsequenzen jeder der beiden möglichen Entscheidungen, nämlich entweder eine Erdröhre neu anzulegen oder eine bereits existierende zu übernehmen. Selbst eine Erdröhre zu graben kann dazu führen, daß diese wieder aufgegeben wird, daß die Wespe ein Nest anlegt und unbehelligt bleibt oder daß eine Rivalin als Störfaktor auftritt. Eine bereits existierende Höhle zu befliegen kann andererseits bedeuten, eine fertige – oder fast fertige – ungenutzte Brutkammer vorzufinden, wobei sich der Wespe aber unter Umständen eine weitere Wespe anschließt, oder sich aktiv an der Ausstattung einer von einer Rivalin beflogenen Erdröhre zu beteiligen (nach Brockmann et al. 1979).

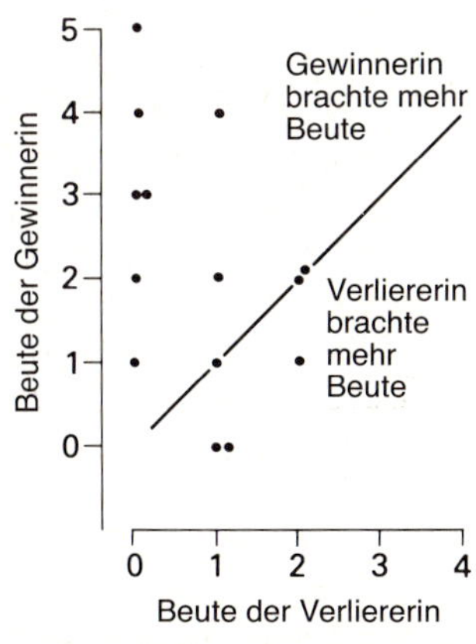

Abb. 7.13. Anzahl Heuschrecken, die die jeweilige Gewinnerin eines Kampfes zweier Grabwespenweibchen gebracht hat, aufgetragen gegen die Anzahl, die von der Verliererin stammten (nach Dawkins und Brockmann 1980).

diese Information speichern. Die beste Strategie eines Individuums sollte eigentlich darin bestehen, entsprechend der Gesamtzahl aller in der Brutkammer befindlichen Laubheuschrecken zu kämpfen, auch wenn dies vermutlich noch keine ESS ist. Es leuchtet aber nicht unmittelbar ein, warum gerade die Concorde-Strategie einer ESS am nächsten kommen sollte. Dawkins und Brockmann ziehen auch nur in Betracht, daß es so sein könnte. Immerhin weisen sie aber auf ein wichtiges Prinzip der Evolutionstheorie hin: Die für ein Individuum beste Strategie muß nicht notwendigerweise diejenige sein, die sich am Ende tatsächlich entwickelt, denn es könnte sein, daß sie nicht evolutionsstabil ist.

Merksätze

- Evolutionsstrategien sind das passive Ergebnis der natürlichen Selektion. Sie erwecken den Anschein eines Tricks, dessen sich die Gene bedienen, um ihre Häufigkeit auf Kosten anderer Gene zu erhöhen.
- Eine evolutionsstabile Strategie (ESS) ist eine Evolutionsstrategie, die durch keine denkbare Alternativstrategie verbessert werden kann, vorausgesetzt, daß genügend Mitglieder der Population sie übernehmen. Wenn die beste Strategie eines Individuums davon abhängt, welche Strategien die anderen Mitglieder der Population verfolgen, kann die resultierende ESS eine Mischstrategie sein.

Weiterführende Literatur

EDMUNDS, M. (1974) *Defence in Animals*. Longman, Harlow.

HAMMERSTEIN, P. (1985) Spieltheorie und Kampfverhalten von Tieren. *Verh. Dtsch. Zool. Ges.* **78**, 83-99.

MAYNARD SMITH, J. (1982) *Evolution and the theory of games*. University Press, Cambridge.

MAYNARD SMITH, J. und J. R. PRICE (1973): The logic of animal conflict. *Nature* **246**, 15-18.

PARKER, G. A. (1984) Evolutionary stable strategies. In: KREBS, J. R. und N. B. DAVIES (Hrsg.): *Behavioural Ecology*. 2. Auflage. Blackwell Scientific Publications, Oxford.

1.3 Evolution und Sozialverhalten

Dieser Abschnitt setzt sich mit der Frage auseinander, inwieweit die Evolutionstheorie zur Erklärung des Sozialverhaltens der Tiere beitragen kann. In Kapitel 8 wird eine Einführung in Darwins Vorstellungen zur Theorie der sexuellen Auslese gegeben. Es liefert den nötigen Hintergrund, um Fortpflanzungsstrategien und ihre Auswirkungen auf das Sozialverhalten zu verstehen. In Kapitel 9 werden Erklärungsansätze für Altruismus im Sinne der Sippenselektion (kin selection) sowie des reziproken Altruismus und der Kooperation unter Tieren vorgestellt. Kapitel 10 beschäftigt sich mit Fortpflanzungsstrategien und ihrem Beitrag zur Entstehung von Paarungssystemen und von sozialer Organisation im allgemeinen. Ziel dieses Abschnittes ist die Vermittlung eines soliden Grundwissens über die modernen Anwendungen der Evolutionstheorie. Schließlich ist er als Anleitung für ein vertieftes Studium der Soziobiologie gedacht.

SIR RONALD FISHER (1890-1962)

Ronald Aylmer Fisher kam als Kind einer wohlhabenden Londoner Kaufmannsfamilie zur Welt. Er war akademisch frühreif, besonders, was die Mathematik betraf. Nachdem er die Harrow School durchlaufen hatte, schrieb er sich 1909 an der Universität Cambridge für Mathematik ein. Daneben hatte er jedoch ein starkes Interesse an Biologie, vor allem an Genetik. Als prominentes Mitglied der Gesellschaft für Eugenik der Universität Cambridge behielt er diese Vorliebe bis an sein Lebensende bei. Nach seinem Examen begann er als Statistiker in London zu arbeiten. Als 1914 der Erste Weltkrieg ausbrach, meldete er sich als Freiwilliger, wurde aber wegen seiner schlechten Augen nicht angenommen. So trat er in den Schuldienst ein und lehrte an verschiedenen Schulen Mathematik und Physik. In dieser Phase schrieb er seine ersten wichtigen Beiträge zur Statistik und zur Evolutionstheorie. Beispielsweise machte er sich daran, die partikulare Eigenschaft der Vererbung im Sinne Mendels mit dem Phänomen kontinuierlich variierender Merkmale (etwa bei der Körpergröße des Menschen) in Einklang zu bringen. Damals herrschte die Anschauung vor, solche Merkmale seien das Ergebnis eines einfachen Mischvorgangs und nicht das eines Mendelschen Erbgangs. In einem 1918 veröffentlichten Artikel konnte Fisher zeigen, daß sich die biometrischen Daten in solchen Fällen, in denen mehrere Genpaare für das betreffende Merkmal verantwortlich waren, aus den Mendelschen Regeln logisch ableiten ließen.

Nach dem Ersten Weltkrieg trat Fisher eine Stelle als Statistiker bei der „Rothamstead Experimental Station" an, wo er 14 Jahre lang tätig war und viele sehr wichtige Beiträge zur Statistik, Biometrie und experimentellen Planung lieferte. 1929 wurde Fisher in Anerkennung seiner Statistikarbeiten zum Mitglied der Royal Society gewählt.

Während seiner Zeit in Rothamstead arbeitete Fisher privat an verschiedenen Projekten, unter anderem auch zur Genetik. Er schrieb eine Reihe wichtiger Beiträge über Vererbung, Eugenik und zur Evolutionstheorie, die in seinem 1930 veröffentlichten Hauptwerk, *The genetical theory of natural selection*, gipfelten. Darin stellte er den Zusammenhang zwischen Genetik und Evolution durch natürliche Auslese her und entwickelte seine Kernthese: Die Fitness-Zuwachsrate eines jeden Organismus zu einem gegebenen Zeitpunkt ist gleich seiner genetischen Fitness-Varianz zu dieser Zeit. Fisher vertrat folgende Argumentation: Da die Variabilität innerhalb einer Population durch Mutationen erhalten wird, bestimmen die Mutationsrate die Geschwindigkeit und die natürliche Selektion die Richtung der Evolution. Viele seiner Aussagen waren jedoch zu knapp erläutert, und einige wurden von seinen Genetikerkollegen nicht richtig interpretiert. Manche wurden unabhängig durch nachfolgende Forschung „neu" entdeckt. Man sagt Fisher nach, als Genetiker sei er seiner Zeit so weit voraus gewesen, daß sich bis heute die Genialität seiner Gedanken erst nach und nach offenbart. Wie dieser Abschnitt noch zeigen wird, nahm er einige der grundlegenden Anschauungen der modernen Soziobiologie bereits vorweg.

1933 erhielt Fisher einen Ruf auf den Lehrstuhl für Eugenik am University College in London. 1949 wurde er Balfour Professor für Genetik in Cambridge, und 1952 wurde er in den Adelsrang erhoben. 1957 zog er sich zurück. Er starb 1962 in Adelaide, Australien.

8 Sexuelle Selektion

1871 veröffentlichte Darwin *Die Abstammung des Menschen*. In diesem Buch behandelte er die geschlechtliche Auslese – oder sexuelle Selektion – (worauf er schon in *Der Ursprung der Arten*, 1859, hingewiesen hatte) als eine Form der natürlichen Selektion. Nach Darwin (1871) wird die sexuelle Auslese durch die Vorteile bestimmt, die bestimmte Individuen bezüglich der Fortpflanzung im Vergleich zu anderen gleichgeschlechtlichen Artgenossen haben. Danach sind es im wesentlichen die Weibchen, die ihre Sexualpartner wählen, während Männchen besondere schmückende Merkmale und ein spezifisches Balzverhalten entwickelt haben, und zwar „nicht, um besser an das Überleben im Existenzkampf angepaßt zu sein, sondern weil sie dadurch Vorteile gegenüber anderen Männchen erringen und diese Vorteile an ihre männlichen Nachkommen weitergeben".* Darwin erkannte, daß es zwei Möglichkeiten gibt, mit denen sich Männchen Vorteile gegenüber anderen Männchen verschaffen können. Erstens können sie durch Kampf oder irgendeine ritualisierte Form der Auseinandersetzung direkt miteinander konkurrieren, was heute **intrasexuelle Selektion** (Auslese unter gleichgeschlechtlichen Individuen) genannt wird. Zweitens können sie indirekt miteinander konkurrieren, indem sie Weibchen durch spezielle Balzhandlungen und Körperschmuck auf sich aufmerksam machen. Diese Art von Konkurrenz wird als **intersexuelle Selektion** bezeichnet (Selektion, die zwischen den Geschlechtern wirkt). Beide Selektionsmechanismen können gleichzeitig auftreten; in diesem Kapitel sollen sie aber getrennt behandelt werden.

8.1 Intrasexuelle Selektion (Konkurrenz zwischen den Männchen)

Direkte Konkurrenz unter Männchen beobachtet man beispielsweise bei Rothirschen (*Cervus elaphus*), einer u. a. in Europa heimischen Säugetierart. Die männlichen Hirsche schieben alljährlich ein Geweih, und während der herbstlichen Brunftzeit fordern sie sich zu Kämpfen um den Besitz von Weibchen heraus. Diese haben kein Geweih und werden von den erfolgreichen Männchen in Harems bewacht. Sie haben keine oder nur wenig Wahl hinsichtlich ihrer Sexualpartner, weil die Männchen ihre Harems gegenüber potentiellen Rivalen verteidigen. Clutton-Brock und seine Mitarbeiter haben eine Rothirschpopulation auf der schottischen Insel Rhum gründlich untersucht. Anfangs fordern sich die Männchen durch zunächst gelegentliches, dann

* „not from being better fitted to survive in the struggle for existence but from having gained an advantage over other males, and from having transmitted this advantage to their male offspring alone."

immer häufigeres Röhren gegenseitig heraus (Clutton-Brock und Albon 1979). Ein Rivale tritt gewöhnlich den Rückzug an, wenn der Harembesitzer kräftiger röhren kann. Vermutlich dienen diese rein akustischen Auseinandersetzungen dazu, sich gegenseitig einzuschätzen, denn ein Hirsch muß schon in guter Verfassung sein, um richtig röhren zu können. Ist ein Herausforderer dem Röhren eines Harembesitzers gewachsen, so kommt es zu einer Annäherung der beiden Kontrahenten. Sie schreiten zunächst parallel nebeneinder her, wobei sie sich aus größerer Nähe mustern können, insbesondere hinsichtlich ihrer Körpergröße. Viele Begegnungen enden bereits in diesem Stadium, aber einige eskalieren zu regelrechten Kämpfen. Die Männchen verkeilen ihre Geweihe und drücken damit gegeneinander; jeder versucht den anderen zurückzuschieben. Diese Kämpfe sind ziemlich gefährlich, und die Wahrscheinlichkeit, dabei irgendwann im Leben eine nachhaltige Verletzung davonzutragen, liegt etwa bei 25%. Im allgemeinen gewinnt der größere der beiden Kontrahenten. Ist er aber durch eine frühere Verletzung benachteiligt oder durch die anstrengende Brunftzeit erschöpft, so kann er durch einen jüngeren Hirsch abgelöst werden.

Die älteren und größeren Hirsche haben gewöhnlich auch größere Geweihe und sind daher beim Kämpfen im Vorteil. Ansonsten sind die Geweihe jedoch fürs Überleben kaum wichtig. Da auch die Männchen zeitweise kein Geweih tragen und Kühe überhaupt keines besitzen, ist es wenig wahrscheinlich, daß Geweihe eine nennenswerte Schutzfunktion gegenüber Feinden haben. Außerdem erfordert die Ausbildung eines Geweihes erhebliche Mengen an Nährstoffen wie Phosphat und Calciumsalzen, weshalb ihre Ausbildung eine erhebliche Stoffwechselbelastung darstellt. Das läßt darauf schließen, daß die Vorteile des Geweihs in bezug auf die intrasexuelle Auslese die Nachteile hinsichtlich der natürlichen Auslese aufwiegen.

Das Konkurrenzverhalten zwischen zwei männlichen Hirschen umfaßt sowohl Kampf wie auch gegenseitiges Einschätzen. Ein offener Kampf ist immer riskant, weil er zu Verletzungen führen und das Tier außerdem von anderen wichtigen Verhaltensweisen abhalten kann. So können beispielsweise, während ein Harembesitzer in einen Kampf verwickelt ist, andere Männchen versuchen, einige seiner unbewachten Weibchen zu entführen. Einen Kampf zu gewinnen kann für ihn zwar von großem Nutzen sein, aber dieser Vorteil kann durch das Risiko, einen Teil seines Besitzes oder seiner zukünftigen Kampfkraft zu verlieren, wieder zunichte gemacht werden. Daher ist es nicht weiter überraschend, daß sich infolge der natürlichen Auslese Mechanismen zur Einschätzung des Kampfpotentials von Rivalen entwickelt haben. Es ist wenig sinnvoll, sich auf einen Kampf einzulassen, in dem man mit Sicherheit unterliegt. Individuen, die unnötiges Kämpfen vermeiden, haben demnach einen Selektionsvorteil. Die Problematik der gegenseitigen Einschätzung hat eine direkte Bedeutung für die sexuelle Auslese und verdient eine nähere Betrachtung.

Eine Möglichkeit, abzuschätzen, ob ein Rivale einen Kampf gewinnen wird, besteht darin, auf direkte Anzeichen für sein Kampfpotential wie Körpergröße oder Waffen zu achten – immerhin eine sehr einfache Überlegung. Die natürliche Auslese kann aber auch „Betrüger" begünstigen. Wenn etwa ein Tier seine Körpergröße übertreibt, kann es Rivalen durchaus vom Kämpfen abhalten. Abb. 8.1 liefert Beispiele dafür. In ähnlicher Weise kann die Selektion auch die Ausbildung von Waffen begünstigen, die am Ende sinnlos übertrieben sind. Man hat Fossilien des während der Eiszeit in Europa lebenden und dann ausgestorbenen Riesenhirsches (*Megaloceros giganteus*) gefunden, der Geweihe bis zu 3 Metern Spannweite trug (Abb. 8.2). Einige Wissenschaftler (z.B. Gould 1978) sind der Auffassung, daß diese Tiere deshalb ausstarben, weil der intrasexuelle Vorteil ihrer enormen Geweihe gegenüber der Benachteiligung im Überleben verlorenging, als sich das Klima abkühlte; denn man kann davon ausgehen, daß auch diese Geweihe jedes Jahr neu gebildet werden mußten – ein riesiger Aufwand angesichts knapp werdender Nahrungsressourcen.

Ein Männchen kann der Möglichkeit, auf einen Betrüger hereinzufallen, begegnen, indem es die Einschätzung seines Gegners auf irgendeinen Faktor bezieht, der mit dessen wahrer Körpergröße und physischer Kondition eng korreliert, wie etwa das oben erwähnte Röhren der Rothirsche. Zwei Männchen können sich auch

Abb. 8.1. Betonung der Körpergröße bei den Balzritualen des Siamesischen Kampffisches (*Betta splendens*) und des Fregattvogels (*Fregata magnificans*) (aus *The Oxford Companion to Animal Behaviour,* Oxford University Press 1981).

Abb. 8.2. Der ausgestorbene Riesenhirsch (*Megaloceros giganteus*) (aus *The Oxford Companion to Animal Behaviour*, Oxford University Press 1981).

auf ritualisierte Kraftproben einlassen, ohne daß es zu einem echten Beschädigungskampf kommt. Diese Form der Auseinandersetzung findet man bei vielen Arten. Einige Käferarten führen zum Beispiel reine Stoß- und Schiebekämpfe aus, wobei das größere Individuum im allgemeinen gewinnt. Afrikanische Büffel (Sinclair 1977) und Dickhornschafe (Geist 1971) gehen aufeinander los, prallen mit den Köpfen zusammen und veranstalten ein Kraftprobenritual (Abb. 8.3). Darwin war der Auffassung, daß Waffen, die innerhalb einer Art nur bei den Männchen vorkommen, sich allein aufgrund ihrer Nützlichkeit im Kampf gegen Paarungskonkurrenten entwickelt haben. Heute vertreten einige Biologen den Standpunkt, die Wirksamkeit von Waffen sei in erster Linie eine psychische: Ein Rivale werde durch sie bedroht und eingeschüchtert.

Um die Chancen eines Rivalen, einen Kampf zu gewinnen, beurteilen zu können, ist es am besten, seine Aggressivität bzw. seine Kampfbereitschaft einzuschätzen. Viele Tiere zeigen Körperhaltungen, die ihre Motivationslage widerspiegeln. Die Haltung einer Graugans (*Anser anser*) in aggressivem Zustand beispielsweise ist beinahe entgegengesetzt derjenigen im Angstzustand (Abb. 8.4). Diesbezügliche Forschungen haben ergeben, daß Artgenossen solche Signale erkennen und entsprechend darauf reagieren (Fischer 1965). Offene Äußerungen der Stimmungslage sind bei Tieren häufig und weit verbreitet (s. Kapitel 22).

Abb. 8.3. Zwei männliche Dickhornschafe (*Ovis canadensis*) während eines Rivalenkampfes um Weibchen.

Abb. 8.4. Drohhaltungen der Graugans (*Anser anser*). Ausgehend von der unten links dargestellten Komforthaltung nach oben hin zunehmende Stadien der Angst, nach rechts zunehmende Stadien der Aggression (aus *The Oxford Companion to Animal Behaviour,* Oxford University Press 1981).

Solche Verhaltensäußerungen bereiten Evolutionsbiologen allerdings einige Probleme, denn es ist schwer einzusehen, warum die natürliche Auslese nicht „Betrüger" begünstigen sollte. Eine Gans, die durch ihre Körperhaltung einen hohen Aggressionsgrad signalisiert, sollte in einem Paarungswettbewerb im Vorteil sein, auch wenn sie in Wirklichkeit kampfschwach ist. Ein solches auf Täuschung abzielendes Verhal-

Abb. 8.5. Zwei kämpfende Männchen der See-Elefanten (*Mirounga angustirostris*).

ten sollte sich in höherem Maße auf die nächste Generation vererben als „ehrliches" Verhalten, so daß der Anteil der „Lügner" in einer Population unweigerlich zunehmen müßte. Erst von einem gewissen Punkt an würde dieses Signal an Wirkung einbüßen; es enthielte dann keinerlei nützliche Information mehr, weil es schon zu viele Falschspieler in der Population gäbe. In Kapitel 22, das die Kommunikation unter Tieren behandelt, wird diese Problematik wieder aufgegriffen.

Der Einfluß, den Weibchen auf die zur Rivalität unter den Männchen führende intrasexuelle Auslese haben, kann auch indirekter Natur sein. Unter männlichen See-Elefanten (*Mirounga angustirostris*) beispielsweise besteht eine scharfe Rivalität, die häufig zu Kämpfen führt (Abb. 8.5). Wenn ein Männchen mit einem Weibchen zu kopulieren versucht, führt dies zu lautstarkem Protest auf seiten des Weibchens, wodurch andere, in der Nähe befindliche Männchen aufmerksam werden und versuchen, sich einzumischen (Cox und Le Boeuf 1977). Nur ein dominantes Männchen, das seine Rivalen fernhalten kann, hat Aussicht auf eine erfolgreiche Kopulation. Durch seinen Widerstand verstärkt ein Weibchen die Konkurrenz unter den Männchen und sichert sich auf diese Weise ein dominantes Männchen. Im Endeffekt betreibt das Weibchen also eine indirekte Partnerwahl. Würde es nicht protestieren, so wäre eine Unterbrechung der Kopulation weniger wahrscheinlich, und Männchen niedrigeren Ranges hätten höhere Erfolgsaussichten.

8.2 Intersexuelle Selektion (Partnerwahl durch die Weibchen)

Darwin war der Auffassung, der Vorteil eines durch sexuelle Auslese entwickelten Verhaltens beruhe primär auf der Partnerwahl seitens der Weibchen. Er äußerte sich aber nicht dazu, wie solche Bevorzugungen durch Weibchen entstehen können oder warum sie in einer Population aufrechterhalten werden. Es gibt viele Beispiele für auffallenden männlichen Schmuck und spezielle Balzhandlungen, deren Entwicklung das Ergebnis sexueller Auslese ist (Abb. 8.6). Männchen, die aufgrund bestimmter Eigenschaften mehr Weibchen anlocken, haben voraussichtlich auch mehr Nachkommen und können ihre Merkmale daher häufiger weitergeben als weniger attraktive Männchen. So einleuchtend es ist, daß Männchen von attraktiven Merkmalen profitieren, so unklar ist einstweilen noch, wovon Weibchen profitieren sollten, wenn sie Männchen mit Eigenschaften wählen, die für das Überleben eigentlich irrelevant oder im Hinblick auf die natürliche Auslese sogar schon wieder nachteilig sind. Das enorme Schwanzgefieder des Pfauenhahns (*Pavo cristatus*) beispielsweise ist eine kostspielige Investition hinsichtlich des Nahrungsbedarfs und der Belastung des Stoffwechsels. Es ist zudem sperrig und hinderlich, wenn es gilt, einem Räuber zu entkommen – einfach ein Handicap. Warum verpaaren sich Pfauenhennen dann nicht vorzugsweise mit Hähnen, die um der Verbesserung ihrer Überlebenschancen willen eine geringere Last mit sich herumtragen?

Zahavi (1975) entwickelte die Hypothese, daß Weibchen gerade die Männchen bevorzugen müßten, die durch ihren Gefiederschmuck besonders benachteiligt sind. Individuen, die so eine Benachteiligung bewältigen, sollten auch besonders lebenstüchtig sein. Das Handicap wird hier zum Anzeiger für Männchenqualität. Wenn ein Pfauenhahn trotz der Belastung durch das überproportionierte Schwanzgefieder überlebt, dann muß er ein wertvolles Männchen sein. Diese Vorstellung ist dahingehend kritisiert worden (z.B. Halliday 1978; Maynard Smith 1976), daß selbst ein geringfügiges Handicap, falls es vererbt wird, die folgende Generation einer Belastung aussetzt, der stets ein höheres Gewicht zukommt als irgendwelche denkbaren Vorteile. Ein Weibchen würde gut daran tun, ein Männchen zu wählen, das trotz

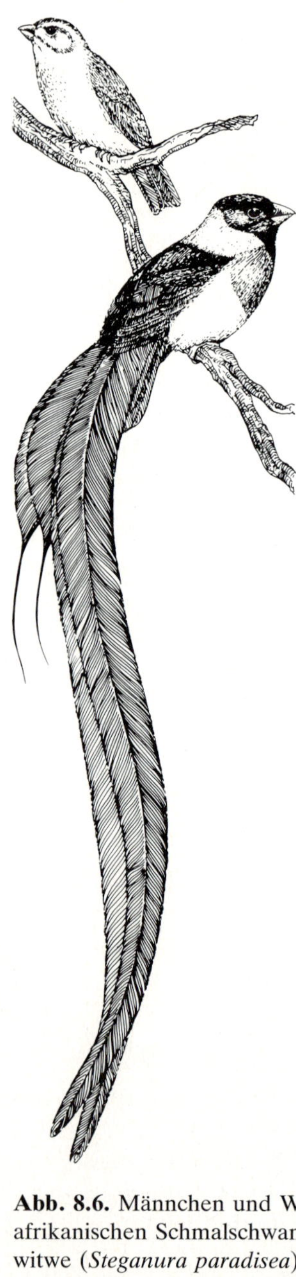

Abb. 8.6. Männchen und Weibchen der afrikanischen Schmalschwanz-Paradieswitwe (*Steganura paradisea*). Außerhalb der Brutsaison haben beide Geschlechter ein ähnliches Aussehen (nach Halliday 1980).

einer Verwundung oder eines nicht erblichen Handicaps überlebt hat, aber das wäre noch keine Erklärung für die Evolution männlichen Schmucks. Das Handicap-Prinzip könnte in solchen Fällen funktionieren, in denen die attraktiven Merkmale eines Männchens nicht genetisch festgelegt, sondern ein direkter Qualitätshinweis sind (Zahavi 1977; Halliday 1978). Aber auch diese Möglichkeit kann nur wenige der zahlreichen Beispiele sexueller Auslese erklären.

Fisher (1930) lieferte die bis heute am meisten vertretene Erklärung für intersexuelle Selektion. Er wies darauf hin, daß Weibchen, die sich mit attraktiven Männchen paaren, auch attraktive Söhne haben würden, vorausgesetzt, die betreffenden Merkmale seien erblich. Diese Söhne wiederum würden überdurchschnittlich erfolgreich bei Weibchen sein und sich entsprechend oft reproduzieren. Daher würde ein Weibchen, das sich seinen Partner aufgrund von dessen sexueller Attraktivität auswählt, mehr Enkel haben als eines, das sich mit einem weniger attraktiven Männchen paart. Es komme eigentlich nicht darauf an, welche Männcheneigenschaft einem Weibchen attraktiv erscheint, sofern sie das Männchen nicht allzusehr den Kräften der natürlichen Selektion aussetzt. Fisher hatte den Gedanken, daß Weibchen zunächst durch diejenigen männlichen Eigenschaften angezogen würden, die tatsächlich einen hohen Überlebenswert haben, daß dies aber im Laufe der Evolution durch die Wirkung der intersexuellen Auslese allmählich zu Übertreibungen führt. Vogelweibchen könnten beispielsweise Männchen mit besonders gepflegtem Gefieder bevorzugen, denn dies wäre ein Hinweis sowohl auf den direkten Überlebenswert im Sinne überdurchschnittlicher Flugfähigkeit als auch darauf, daß ein Männchen sich die Zeit und Mühe leisten könne, sein Gefieder in Ordnung zu halten. Hätte sich diese Art der Bevorzugung durch die Weibchen erst einmal in einer Population etabliert, so könne fast jedes Gefiedermerkmal zur Übertreibung führen und sich schließlich zu einem „Supergefieder" entwickeln, das für das Überleben des betreffenden Männchens keinerlei Bedeutung mehr hätte. Fisher erkannte, daß die Wechselwirkung zwischen männlicher Attraktivität und der Bevorzugung durch Weibchen am Ende stets zur Ausbildung eines besonderen Gefiedermusters führen müsse – ein Vorgang, der nur noch durch die natürliche Auslese kontrolliert würde.

Darwin nahm an, daß in den meisten Fällen die Weibchen die wählende Funktion unter den Geschlechtspartnern ausüben, während die Männchen um die Aufmerksamkeit der Weibchen konkurrieren. Dies gilt, soweit bekannt, für das gesamte Tierreich, aber es gibt auch Ausnahmen. Im allgemeinen zahlen Weibchen den höheren Preis für die Fortpflanzung. Sie versorgen die heranreifenden Embryonen mit Nahrung und investieren viel Zeit in sie. Es ist daher zu erwarten, daß sie ein gewisses Maß an Vorsicht walten lassen, bevor sie soviel investieren. Besonders wichtig ist es, daß Weibchen sich mit Männchen der gleichen Art paaren, denn nur diese werden in der Lage sein, ihre Aufgaben vollständig zu erfüllen und ihre Nachkommen mit einem hohen Überlebenswert auszustatten.

Bei einigen Arten leisten die Männchen allerdings einen erheblichen Beitrag zur Fortpflanzung. Beim Dreistacheligen Stichling (*Gasterosteus aculeatus*) beispielsweise errichtet das Männchen ein Territorium, das es gegenüber Rivalen verteidigt. Es baut ein Nest und balzt jedes legebereite Weibchen an, das durch sein Revier schwimmt. Sobald das Weibchen seine Eier im Nest abgelegt und das Männchen diese besamt hat, jagt es seine Partnerin energisch aus dem Revier. Die Versorgung der Eier und der Jungtiere liegt vollkommen in der Verantwortung des Männchens. Stichlingsmännchen unterscheiden genau, wer in ihr Territorium hereingelassen wird. Nur sichtlich laichbereite Weibchen dürfen sich dem Nest nähern. Somit wird die Partnerwahl teilweise zum Vorrecht des Männchens. Eine seiner wichtigen Aufgaben ist die Überwachung des Nestes gegen Übergriffe durch andere Männchen, die versuchen, Eier zu stehlen und das Nest zu zerstören (Wootton 1976). Jeder Fehler bei der Identifizierung eines Eindringlings könnte also ernsthafte Folgen haben. Auch Stichlingsweibchen haben eine gewisse Auswahlmöglichkeit; einige Autoren konnten zeigen, daß die Weibchen vorzugsweise bei solchen Männchen ablaichen, deren Nester schon Eier enthalten (Ridley und Rechten 1981).

8.3 Sexualdimorphismus

Darwin (1871) war überzeugt, daß viele der Unterschiede zwischen den Geschlechtern (der Sexualdimorphismus) das Ergebnis sexueller Auslese seien:

„Es giebt viele andere Bildungen und Instincte, welche durch geschlechtliche Zuchtwahl entwickelt worden sein müssen, – so die Angriffswaffen und Vertheidigungsmittel, welche die Männchen zum Kampfe mit ihren Nebenbuhlern und zum Zurücktreiben derselben besitzen, – ihr Muth und ihre Kampfeslust, – ihre Ornamente verschiedener Art, – ihre Organe zur Hervorbringung von Vocal- und Instrumentalmusik – und ihre Drüsen zur Absonderung riechbarer Substanzen. Die meisten dieser letzteren Bildungen dienen nur dazu, das Weibchen anzulocken oder aufzuregen. Daß diese Auszeichnungen das Resultat geschlechtlicher und nicht gewöhnlicher Zuchtwahl sind, ist klar, da unbewaffnete, nicht mit Ornamenten verzierte oder keine besonderen Anziehungspunkte besitzende Männchen in dem Kampfe um's Dasein gleichmäßig gut bestehen und eine zahlreiche Nachkommenschaft hinterlassen würden, wenn nicht besser begabte Männchen vorhanden wären. Wir dürfen schließen, daß dies der Fall sein würde; denn die Weibchen, welche ohne Waffen und Ornamente sind, sind doch im Stande, leben zu bleiben und ihre Art fortzupflanzen."*

Im Falle **intrasexueller Selektion** ist es einleuchtend, daß sich die Geschlechter morphologisch und in ihren Verhaltensweisen unterscheiden sollten. Wie wir gesehen haben, führt Rivalität unter Männchen zur Selektion von Eigenschaften wie großer Statur, Waffen und Aggressivität, die ihren Besitzern im Kampf um die für gewöhnlich unbewaffneten, kleineren und weniger aggressiven Weibchen Vorteile bringen.

Im Falle **intersexueller Selektion** entwickeln Männchen nach Darwins Argumentation besondere Ausschmückungen und Verhaltensweisen, die darauf abzielen, Weibchen anzulocken, und die infolgedessen über die sexuelle Auslese aufrechterhalten werden. Solange Männchen um die Aufmerksamkeit von Weibchen konkurrieren, befinden sich die Weibchen in der Situation, zwischen verschiedenen Männchen wählen zu können, und es wirkt auf sie kein Selektionsdruck, selbst sexuelle Attraktivität zu entwickeln. Obwohl nun einige Arten gute Beispiele für diese Interpretation darstellen (Abb. 8.6), gibt es noch viele offene Fragen. Warum ist Sexualdimorphismus gerade bei monogamen Arten so weit verbreitet, etwa bei der Mehrzahl der Vögel, bei denen im Vergleich zu polygamen Arten die Weibchen in der Partnerwahl sehr eingeschränkt sind? Inwieweit läßt sich Sexualdimorphismus jeweils auf sexuelle und natürliche Auslese zurückführen?

Seit Darwins Zeiten hat es die verschiedensten Ansätze gegeben, diese Fragen zu beantworten. Vor kurzem sind aber in dieser Problematik ganz neue Akzente gesetzt worden. Anstatt immer nur zu versuchen, Geschlechterunterschiede über die Wirkungen der sexuellen und natürlichen Auslese zu erklären, ist es naheliegend, von einer grundsätzlichen Asymmetrie der Geschlechter auszugehen und dann zu fragen, welche evolutiven Konsequenzen sich letztlich aus dieser Tatsache ergeben.

Das wesentliche Merkmal der geschlechtlichen Fortpflanzung ist die Verschmelzung zweier Gameten zu einer Zygote, aus der sich ein neues Individuum entwickelt. Die Gameten stammen jeweils vom männlichen und weiblichen Elternteil und bestehen im Normalfall aus einem kleinen Spermium und einer relativ großen Eizelle. Man stelle sich vor, daß die Gameten ursprünglich gleich groß waren, so wie bei eini-

* There are many other structures and instincts [of males] which must have been developed through sexual selection – such as the weapons of offence and the means of defence of the males for fighting with and driving away their rivals – their courage and pugnacity – their various ornaments – their contrivances for producing vocal or instrumental music – their glands for emitting odours, most of these latter structures serving only to allure or exite the female. It is clear that these characters are the result of sexual and not of ordinary selection, since unarmed, unornamented, or unattractive males would succeed equally well in the battle for life and in leaving a numerous progeny, but for the presence of better-endowed males. We may infer that this would be the case, because the females, which are unarmed and unornamented, are able to survive and procreate their kind.

gen Protozoen, etwa dem Pantoffeltierchen (*Paramecium*). Auf einer frühen Stufe der Evolution kann genetische Variation bezüglich der Gametengröße aufgetreten sein. Größere Gameten führten zu entsprechend größeren Zygoten, die aufgrund ihrer höheren Nährstoffreserven auch bessere Überlebenschancen hatten. Daraus könnte man folgern, daß die größeren Gameten durch die natürliche Auslese begünstigt wurden. Wäre dies tatsächlich so abgelaufen, dann hätte die Selektion sofort auch kleine Gameten begünstigt, die in der Lage sind, mit großen Partnern zu verschmelzen und so an deren Nahrungsreserven zu parasitieren. Kleine Gameten konnten demnach nur überleben, wenn sie sehr beweglich wurden und in der Lage waren, zwischen großen und kleinen Paarungspartnern zu unterscheiden. Diese Theorie der Evolution von Eizelle und Spermium, die erstmals von Parker und Mitarbeitern (1972) vertreten wurde, ist inzwischen weitgehend als Erklärung für die Tatsache anerkannt, daß so gut wie alle heutigen, sich sexuell fortpflanzenden mehrzelligen Tiere Eizellen und Spermien erzeugen (Krebs und Davies 1981).

Männchen produzieren kleine Spermien in großer Zahl, Weibchen dagegen relativ wenige große Eizellen. Obwohl für beide Produkte vermutlich der gleiche Energieaufwand nötig ist, hat die zahlenmäßige Ungleichheit zur Folge, daß Spermien um die Chance, eine Eizelle zu befruchten, konkurrieren müssen. Bei relativ geringem Aufwand pro Weibchen kann ein Männchen seinen Fortpflanzungserfolg erhöhen, indem es möglichst viele Weibchen befruchtet. Der Fortpflanzungserfolg eines Weibchens hängt dagegen von der Anzahl und der Überlebensfähigkeit seiner Eizellen ab. Ein Weibchen kann die Strategie verfolgen, so viele Eier wie möglich zu produzieren – wobei in jedes einzelne wenig investiert wird – und sie unter Bedingungen abzulegen, unter denen wenigstens einige die Chance haben, befruchtet zu werden, zu adulten Individuen heranzuwachsen und sich schließlich selbst fortzupflanzen. Die Alternativstrategie bestünde darin, wenige Eier zu erzeugen, in diese aber mehr zu investieren und somit die Überlebenschance jedes einzelnen zu erhöhen. In diesem Falle ist zu erwarten, daß ein Weibchen sehr anspruchsvoll in der Wahl seiner Partner ist, denn es hat viel zu verlieren, wenn es sich mit einem weniger leistungsstarken Partner einläßt. Für beide Extremformen der Fortpflanzungsstrategien finden sich Beispiele im Tierreich. Die meisten Arten nehmen jedoch eine mittlere Position ein, und die jeweils beste Strategie wird weitgehend durch die ökologischen Lebensbedingungen einer Art bestimmt. Trivers (1972) brachte als erster die sexuelle Konkurrenz mit der Investition in die Nachkommenschaft in Verbindung. Er verwendete den Ausdruck **parental investment** (elterliche Investition) für den Aufwand an Zeit und Ressourcen, der für die Aufzucht je eines Nachkommen geleistet wird. Trivers' Argumentation: „Immer wenn ein Geschlecht erheblich mehr investiert als das andere, werden die Mitglieder des letzteren untereinander um die Paarungsmöglichkeit mit ersterem konkurrieren". Die Ausprägung der Konkurrenzsituation hängt jedoch von zahlreichen Faktoren ab. Offensichtlich kommt der relativen Anzahl von Männchen und verfügbaren Weibchen eine große Bedeutung zu, und diese wiederum hängt ab vom Anteil der Männchen und Weibchen innerhalb der Population (dem Geschlechterverhältnis) und vom artspezifischen Paarungssystem. Kapitel 10 veranschaulicht, daß Paarungssysteme und elterliche Fürsorge auf das engste miteinander verknüpft sind. Aus evolutionären Gründen, die erstmals von Fisher (1930) genannt wurden, beträgt das Geschlechterverhältnis innerhalb einer Population gewöhnlich 1:1.

Wie oben dargestellt, resultiert der Sexualdimorphismus aus der Selektion der Fähigkeit von Männchen, zum einen Weibchen anzulocken, zum anderen, sich gegen Rivalen durchzusetzen. Geschlechtsunterschiede können sich aber auch auf verschiedene andere Weisen entwickeln. Bei Arten, die relativ wenige, dafür aber intensiv versorgte Nachkommen haben, hat das Weibchen manchmal spezielle Anpassungen, die mit der Brutpflege im Zusammenhang stehen. Ein gutes Beispiel hierfür bieten weibliche Säugetiere, denn sie besitzen nicht nur besondere Einrichtungen, die es erlauben, daß sich Embryonen innerhalb ihres Körpers entwickeln und Neugeborene mit Milch gefüttert werden können, sondern sie zeigen auch hochentwickelte mütterliche Verhaltensweisen. Männliche Säugetiere sind zu dieser Art elterlicher Fürsorge nicht in der Lage. So kommt es zwangsläufig zu einer unterschiedlichen Rollenverteilung beider Geschlechter, und gerade solche Unterschiede verstärken die Tendenz zum Sexualdimorphismus, denn Männchen und Weibchen werden durch den Einfluß der natürlichen Auslese ihrer jeweiligen Rolle angepaßt.

Die meisten Vogelarten sind monogam, und es gibt nur wenige Möglichkeiten freier Partnerwahl. Theoretisch sollte also die sexuelle Auslese bei monogam lebenden Vögeln nur von untergeordneter Bedeutung sein, doch zeigen viele dieser Arten einen ausgeprägten Sexualdimorphismus (Selander 1972). Es wird angenommen, daß die Nahrungsökologie ein wichtiger ursächlicher Faktor für solche Unterschiede ist. Bei omnivoren Arten wie dem Haussperling (*Passer domesticus*) haben beide Geschlechter meistens ähnliche Schnabelgrößen und Schädeldimensionen, weil sich bei ihnen zwangsläufig das Nahrungsspektrum überlappt. Bei Nahrungsspezialisten kann jedoch Konkurrenz zwischen den Geschlechtern vermieden werden, wenn sie verschiedene Nahrungspräferenzen haben. Dies wäre vorteilhaft für Brutpaare mit kleinen Territorien. So kann es allein aufgrund verschiedener Nahrungsgewohnheiten zu morphologischen Unterschieden zwischen den Geschlechtern kommen. Bei den meisten monogamen Vogelarten sind die Männchen etwas größer als die Weibchen. Es wurde vermutet, daß solche Unterschiede mit sozialer Dominanz zu tun haben, aber es kann auch mit der Nahrungsökologie zusammenhängen. Ein typisches britisches Silbermöwenmännchen wiegt beispielsweise 1500 Gramm, ein Weibchen dagegen im Mittel 1200 Gramm. Die Männchen haben zudem größere Schnäbel. Während der Brutphase sind sie häufiger in Revierstreitigkeiten verwickelt als die Weibchen, und sie bevorzugen Nahrungsgründe, an denen sie wegen ihrer größeren Körpermaße im Vorteil sind. So trifft man männliche Silbermöwen häufig auf Müllkippen an; dort ist die Nahrung zwar reichlich vorhanden und leicht zugänglich, aber dafür müssen sich die Vögel auch unablässig um die Beute raufen. Die Weibchen bevorzugen demgegenüber Muschelbänke und Grünland, wo die Nahrungspartikel weiter verstreut sind und somit aggressive Auseinandersetzungen weitgehend vermieden werden. Silbermöwen teilen sich ihr Brutgeschäft. Bei vielen anderen Vögeln aber ist das Weibchen allein für die Brut verantwortlich. Es ist dann oftmals wirkungsvoll getarnt, während das Männchen auffällige Gefiederfarben hat. Bei den monogamen höhlenbrütenden Enten sind die Weibchen im allgemeinen deutlich kleiner als die Männchen. Allein die Weibchen brüten, und es erweist sich als vorteilhaft, zum Schutz gegen Räuber Bruthöhlen mit kleinen Einfluglöchern zu wählen (Bergman 1965). Auch die natürliche Auslese hat also zahlreiche Möglichkeiten eröffnet, über die sich der Sexualdimorphismus entwickeln konnte.

8.4 Sexuelle Auslese beim Menschen

Darwin (1871) erkannte, daß zwischen den verschiedenen menschlichen Rassen zwar erhebliche Unterschiede, dennoch aber frappierende Ähnlichkeiten bestehen. „Obwohl sich die heute lebenden Menschenrassen in mancher Hinsicht unterscheiden, . . . so stellt man, wenn man ihre Organisation im ganzen betrachtet, doch fest, daß sie einander in zahlreichen Merkmalen sehr ähnlich sind". Darwin fand die vorhandenen Befunde jedoch in gewisser Weise problematisch und „immer wieder verblüffend angesichts all unserer Versuche, die Unterschiede zwischen den menschlichen Rassen zu erklären". Er neigte deshalb eher zu der Auffassung, daß der natürlichen Auslese hier nur eine geringe Bedeutung zukommt, weil „wir sofort dem Einwand begegnen, daß auf diese Weise zwar vorteilhafte Merkmalsabweichungen erhalten bleiben können", aber: „. . . nicht einer der äußerlich erkennbaren Unterschiede zwischen den Rassen ist dem Menschen von direktem oder besonderem Nutzen. . . . Ich persönlich komme zu dem Schluß, daß von all den Ursachen, die zu den Unterschieden in der äußeren Erscheinung zwischen den Menschenrassen geführt haben, und bis zu einem gewissen Grade auch zwischen dem Menschen und den tiefer stehenden Tieren, die sexuelle Auslese bei weitem die stärkste Wirkung hatte".* Allem Anschein nach glaubte Darwin also, daß bei der Entstehung der Unterschiede zwischen den menschlichen Rassen die sexuelle Auslese eine bedeutendere Rolle spielte als die natürliche Auslese.

Wahrscheinlich unterschätzte Darwin die Bedeutung der natürlichen Selektion, insbesondere im Hinblick auf die Anpassung des Menschen an verschiedene Klimate. Menschen, die in heißen, starker Sonneneinstrahlung ausgesetzten Gegenden wohnen, haben gewöhnlich eine dunklere Hautfarbe als jene, die in kühleren Regionen leben. Zudem haben sie vergleichsweise längere und schlankere Gliedmaßen. Bei den Bewohnern der kalten Zonen sind die Nasenhöhlen tendenziell enger, was dazu beiträgt, Wärmeverluste aus der Lunge zu verringern. Bei Eskimos und Alaska-Indianern, die beide zur mongoliden Rasse gehören, kommt es zu einer deutlichen Zunahme der Durchblutung der Hand, wenn sie sie in kaltes Wasser halten. Dieses Phänomen beobachtet man nicht bei Angehörigen der kaukasischen (europäischen) Rasse, selbst nicht bei den rentierzüchtenden Lappen, die immerhin schon seit prähistorischen Zeiten in einem ähnlich kalten Klima leben (Krog et al. 1960; Baker und Weiner 1966). Unter Mongoliden, die im Fernen Osten leben, beobachtet man eine abgestufte Reaktion. Die Orochonen, ein nomadischer Stamm der nördlichen Mandschurei, der von der Jagd und der Rentierzucht lebt, zeigen eine ähnliche Reaktion wie die Eskimos; bei den Nordchinesen ist sie bereits etwas abgeschwächt und bei den Japanern am geringsten (Coon 1962). Diese Untersuchungen zeigen, daß es zwischen verschiedenen menschlichen Rassen genetische Unterschiede hinsichtlich der physiologischen Anpassung an Kälte gibt. Entsprechende Unterschiede sind auch bezüglich der Wärmeadaptation gefunden worden (Coon 1962; Riggs und Sargent 1964).

Forschungen über die Bedeutung der unterschiedlichen Hautfarben erwiesen sich als schwieriger. Obwohl dunkelhäutige Menschen im allgemeinen in Gebieten mit heißem Klima wohnen, gibt es auch zahlreiche Ausnahmen, wie etwa die Indianer Südamerikas (Dobzhansky 1972). Dunkle Hautpigmentierung hat möglicherweise eine gewisse Schutzfunktion, aber es gab auch Überlegungen, sie diene dazu, Sonnenstrahlung zu absorbieren, um so diejenige Energie zu speichern, die erforderlich ist, um die Körpertemperatur während der vergleichsweise kühlen Dämmerungszeiten und Nächte in diesen Gebieten aufrechtzuerhalten.

Viele Wissenschaftler sind der Auffassung, daß die genetischen Unterschiede der menschlichen Rassen untereinander gering sind im Vergleich zu den Unterschieden zwischen dem Menschen und seinen nächsten Verwandten unter den Primaten. Einige der spezifisch menschlichen Eigenschaften, wie zum Beispiel die ungewöhnliche Größe des Gehirns und der aufrechte Gang, lassen sich ohne Schwierigkeiten als Ergebnis der natürlichen Auslese erklären. Andere Unterschiede – die fehlende Körperbehaarung zum Beispiel – sind viel schwieriger zu deuten.

Es ist denkbar, daß insbesondere die sexuelle Selektion, wie Darwin glaubte, in der Evolution des Menschen eine wichtige Rolle gespielt hat. Um diese Möglichkeit abzuschätzen, ist es ganz hilfreich, wenn man einmal darüber nachdenkt, wie die sexuelle Auslese denn heute funktionieren könnte. Bevor auf die Sexualstrategien des Menschen eingegangen wird, soll zunächst eine theoretische Analyse von Maynard Smith (1958) betrachtet werden.

Man stelle sich eine Gesellschaft vor, in der Frauen rothaarige Ehemänner bevorzugen, wobei diese Bevorzugung genetisch determiniert sei. Die rote Haarfarbe ist auch angeboren. Rothaarige Männer könnten demnach ihre Partnerinnen auswählen, würden vermutlich früh heiraten und hätten mehr Nachkommen als andere Männer. Wäre diese Gesellschaft zudem nicht strikt monogam, dann ergäben sich

* „Although the existing races of man differ in many respects ... yet if their whole organization be taken into consideration they are found to resemble each other closely on a number of points. ..." – „... baffled in all our attemps to account for the differences between the races of man ..." – „... we are at once met by the objection that beneficial variations alone can thus be preserved ..." – „... not one of the external differences between the races of man are of any direct or special services to him. ... For my own part I conclude that of all the causes which have led to the differences in external appearance between the races of man, and to a certain extent between man and lower animals, sexual selection has been by far the most efficient."

besonders viele Gelegenheiten, bei denen sich eine sexuelle Selektion auswirken könnte. In einer streng monogamen Gesellschaft dagegen wäre die sexuelle Selektion nur von geringer Bedeutung, es sei denn, rothaarige Männer wären fruchtbarer als andere oder sie heirateten vorzugsweise Frauen, die aus irgendeinem Grunde mehr Kinder hätten.

In seiner Analyse von 1958 geht Maynard Smith davon aus, daß der Grad der Polygamie ein wichtiger Faktor für die Bestimmung der Wirksamkeit sexueller Auslese in der menschlichen Gesellschaft ist. Dies ist ein schwieriges Forschungsgebiet, aber es sind doch eine Reihe Untersuchungen dazu durchgeführt worden. Unter den Xavantes und Yanomamies, zwei überlebenden und sehr ursprünglichen südamerikanischen Indianerstämmen, gibt es erhebliche Unterschiede in der Fortpflanzungsaktivität der Männer (Salzano et al. 1967; Chagnon et al. 1970). In einer der untersuchten Dorfgemeinschaften stammte ein Viertel der gesamten Bevölkerung aus der Nachkommenschaft zweier Häuptlinge. Statistische Erhebungen an unserer heutigen Stadtbevölkerung ergaben demgegenüber, daß die in diesem Falle freie Partnerwahl nach physischen Eigenschaften wie dem Körperbau und psychischen Merkmalen wie der Intelligenz und den musischen Fähigkeiten erfolgt (Parsons 1967).

Eine weitere Möglichkeit, zu untersuchen, welche Rolle die sexuelle Selektion bei der Entwicklung des modernen Menschen gespielt hat, bietet sich im Vergleich zwischen dem Menschen und anderen Primaten. Bei Primaten können sich die Geschlechter überwiegend durch Körpergewicht, Haarfarbe, Skelettform und sekundäre Geschlechtsmerkmale unterscheiden. Ein derartiger Sexualdimorphismus ist auch bei den Menschenaffen und beim Menschen selbst ausgeprägt (Crook 1972). Einige der Unterschiede zwischen den Geschlechtern können ohne weiteres der natürlichen Selektion und den unterschiedlichen biologischen Rollen beider Geschlechter zugeschrieben werden. So sind beispielsweise die Skelettunterschiede bei Männern und Frauen in erster Linie darauf zurückzuführen, daß Männer im Durchschnitt eine stärker ausgebildete Muskulatur haben, Frauen dagegen ein speziell geformtes Becken, um trotz des aufrechten Ganges Kinder austragen und gebären zu können. Unter unseren Urahnen wären Frauen mit zu engem Geburtskanal oder Männer, die für die Anforderungen der Jagd physisch zu schwach veranlagt waren, durch die natürliche Auslese schnell eliminiert worden.

Obwohl es durchaus sein kann, daß muskulöse Männer für Frauen, andererseits Frauen mit breiten Hüften für Männer attraktiv sind, muß das nicht unbedingt heißen, daß für die Ausbildung dieser Merkmale eine sexuelle Selektion verantwortlich war. Selbst bei vollkommenem Fehlen von sexueller Auslese müssen Männer und Frauen irgendwelche Merkmale an sich haben, die es ihnen erlauben, die Angehörigen des jeweils anderen Geschlechts zu erkennen. Auf der Suche nach Hinweisen auf eine sexuelle Selektion muß man sich nach solchen weiblichen und männlichen Merkmalen umsehen, die offensichtlich für das Überleben und die Fortpflanzung keine Bedeutung haben. Zu den sekundären Geschlechtsmerkmalen des Menschen gehören der Bart (nicht bei allen Rassen) und anderweitige Körperbehaarung des Mannes sowie die Veränderung der männlichen Stimmlage während der Pubertät, bei der Frau die hervortretende, gerundete Brust. Eine Reihe von Autoren (z.B. Goodhart 1964; Morris 1967; Wickler 1967) sind der Auffassung, daß letztere tatsächlich das Resultat sexueller Auslese ist, weil sie nur für Männer attraktiv und im Vergleich zu anderen Primaten unnötig groß ist für ihre eigentliche Aufgabe, Kinder mit Milch zu versorgen. Andere Autoren weisen jedoch darauf hin, daß die Attraktivität der weiblichen Brust ein rein kulturelles Phänomen sein könne, weil sie offensichtlich nicht in jeder menschlichen Gesellschaft eine Bedeutung im Sexualverhalten hat (Crook 1972).

Kulturelle Phänomene werden erst in Kapitel 27 ausführlich diskutiert. An dieser Stelle sei nur darauf hingewiesen, daß Unterschiede zwischen verschiedenen Völkern, die kulturell bedingt erscheinen, schwierig zu interpretieren sind. Man kann nicht davon ausgehen, daß in allen Fällen, in denen solche kulturellen Verhaltensvarianten vorkommen, natürliche und sexuelle Selektion als wichtige Einflußfaktoren für die Entstehung der jeweiligen Merkmale grundsätzlich außer Betracht stehen.

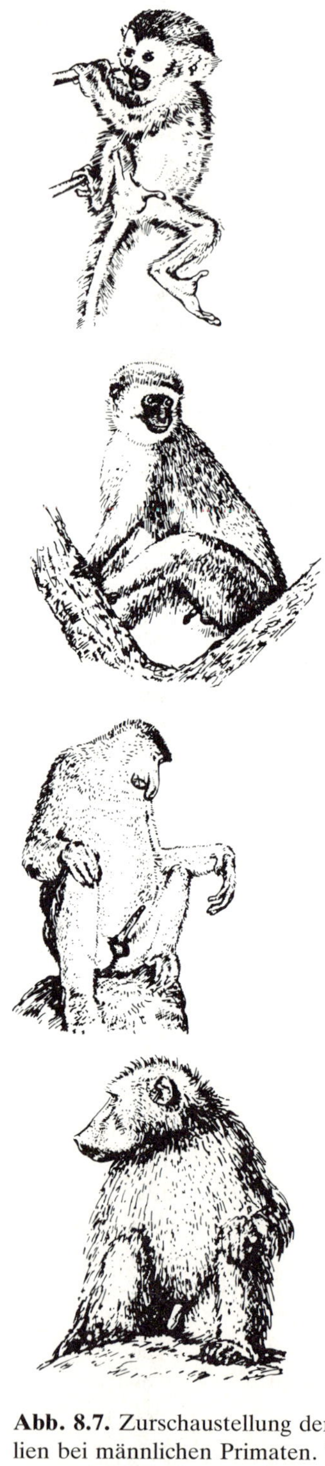

Abb. 8.7. Zurschaustellung der Genitalien bei männlichen Primaten. Von oben: Totenkopfaffe (*Saimiri*), Meerkatze (*Cercopithecus*), Nasenaffe (*Nasalis*) und ein Pavian (*Papio*) (nach Wickler 1966).

Hinsichtlich der sexuellen Auslese beim Menschen gibt es zahlreiche komplizierende Faktoren.

Die heutigen Paarungssysteme beim Menschen reichen von strikter Monogamie bis hin zu verschiedenen Formen von Polygamie. In einigen Gesellschaften folgt die Paarbildung strengen kulturellen Normen und Tabus. Andere sind relativ frei von gesellschaftlicher Kontrolle. Einige Autoren sind der Auffassung, daß für die Evolution prähistorischer menschlicher Gesellschaften die sexuelle Auslese von größter Bedeutung war (Fox 1972), während andere einen vorsichtigeren Standpunkt einnehmen (Caspari 1972). Es ist als wahrscheinlich anzusehen, daß die Hominiden mit den zunehmenden Anforderungen an die elterliche Fürsorge allmählich immer mehr zur Monogamie übergingen. Unter den Primaten benötigt der Mensch bei weitem die längste Entwicklungszeit von der Geburt bis zur Geschlechtsreife. So ist es einleuchtend, daß Menschenkinder die volle Reife Erwachsener eigentlich nur bei gemeinsamer Fürsorge beider Eltern erreichen können. Wären die Vorfahren des heutigen Menschen tatsächlich polygam gewesen, dann hätte sexuelle Auslese damals sicherlich einen stärkeren Einfluß ausgeübt als in der Gegenwart; in diesem Zusammenhang ist vermutlich auch der Grund dafür zu suchen, warum es zwischen Menschen und anderen Primaten solche Unterschiede wie die fehlende Körperbehaarung gibt (Crook 1972). Wie ist es dann zu erklären, daß es heute polygame Gesellschaften gibt? Menschliche Gesellschaften werden als primitiv angesehen, wenn in ihnen der Gebrauch metallener Werkzeuge unbekannt ist und wenn sie Ackerbau nur in geringem Umfang oder überhaupt nicht betreiben, so daß sie ihren Lebensunterhalt weitgehend als Jäger und Sammler bestreiten. Oft sind sie an spezielle Lebensräume wie die Arktis, die Wüste oder an das Leben im Wald angepaßt. Somit erhebt sich die Frage, ob Gesellschaften, die aufgrund ihrer biologischen und kulturellen Eigenschaften gemeinhin als ursprünglich bezeichnet werden, auch wirklich ursprünglich sind, oder ob diese Merkmale nicht vielmehr spezielle Anpassungen an besondere Lebensbedingungen darstellen.

Das Verhalten solcher Menschen ist oftmals schwer verständlich. Wickler (1966) beschäftigte sich beispielsweise mit der Bedeutung des Peniszeigens bei einigen Primaten (Abb. 8.7) und stellte Vergleiche mit Penisritualen und Penisschmuck beim Menschen an (Abb. 8.8). In Papua-Neuguinea stecken die Männer bei einigen Stämmen ihren Penis in eine besondere Hülse, die mit Hilfe eines um die Taille geführten Bandes in aufrechter Position gehalten wird. In Analogie zu anderen Primaten dient es möglicherweise als ein Zeichen für männliche Dominanz und dementsprechend wichtiges Kriterium für sexuelle Selektion. Einige Anthropologen (z.B. Heider 1969) halten jedoch dagegen, daß die Penishülse in keinem Zusammenhang mit sozialem Rang oder erotischen Praktiken stehe. Bei der Interpretation kultureller Gewohnheiten ist eine gewisse Zurückhaltung auf jeden Fall angebracht. Schließlich werden von Menschen der verschiedensten Regionen dieser Erde soviele Körperteile geschmückt, daß es eigentlich nicht überraschend ist, wenn es in bestimmten Gegenden gerade der Penis ist.

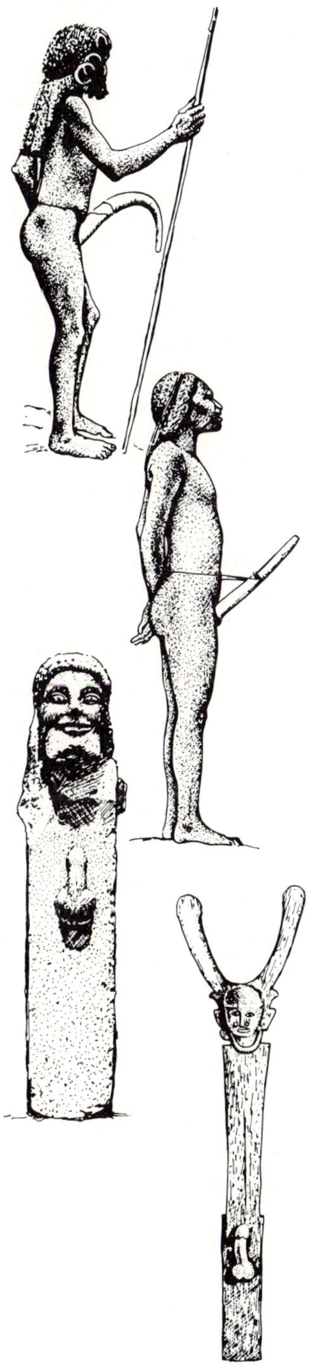

Abb. 8.8. Zurschaustellung der Genitalien beim Menschen. Von oben: Zwei Papuas vom Konca Fluß; Herme von Siphnos (490 v. Chr.), Nationalmuseum Athen; Hauswächter bei den Eingeborenen der Insel Nias (nach Wickler 1966).

Merksätze

- Männchen mit einem (genetisch bedingten) Paarungsvorteil gegenüber anderen Männchen haben mehr Nachkommen, auf die dieses Merkmal übertragen wird.
- Haben bestimmte Männchen Vorteile gegenüber anderen, so ist dies entweder auf Konkurrenz der Männchen untereinander oder auf Auswahl durch die Weibchen zurückzuführen. Männchenrivalität wird durch ritualisiertes Kämpfen, Bluff, Abschätzen des gegnerischen Kampfpotentials oder – bisweilen – durch offenes Kämpfen ausgetragen.
- Weibchen, die ihre Paarungspartner nach deren sexueller Anziehungskraft auswählen, werden entsprechend attraktive Söhne haben, vorausgesetzt, die Merkmale der Attraktivität sind erblich. Demnach sollten diese Weibchen auch mehr Enkel haben als jene, die sich mit weniger attraktiven Männchen paaren.
- Einige geschlechtsspezifische Unterschiede (Sexualdimorphismus) sind vermutlich auf sexuelle Selektion zurückzuführen, andere dagegen auf natürliche Selektion.
- Grundlegende Unterschiede zwischen den Geschlechtern sind eine Folge des Umstandes, daß Männchen zahlreiche sehr kleine Spermien und Weibchen relativ wenige, große Eizellen produzieren. Das bedeutet, daß Weibchen mehr in das einzelne befruchtete Ei investieren. Diese unterschiedliche Anfangsinvestition beider Elternteile ist vermutlich die Ursache dafür, daß Männchen und Weibchen verschiedene Evolutionsstrategien verfolgen.
- Man nimmt an, daß die sexuelle Selektion ein wichtiger Faktor in der Entwicklung des Menschen war. Sie ist wohl auch teilweise verantwortlich für einige geschlechts- und rassenspezifische Unterschiede.

Weiterführende Literatur

CAMPBELL, B. G. (Hrsg.) (1972) *Sexual Selection and the Descent of Man.* Heinemann Verlag, London.

MAYNARD SMITH, J. (1978) *The Evolution of Sex.* Cambridge University Press, Cambridge.

WICKLER, W. und U. SEIBT (1977) *Das Prinzip Eigennutz.* Hoffmann und Campe Verlag, Hamburg.

WICKLER, W. und U. SEIBT (1984) *Männlich – weiblich. Der große Unterschied und seine Folgen.* Piper Verlag, München.

9 Altruismus

Altruistisches Verhalten bringt anderen Tieren (den „Rezipienten“ oder „Empfängern“) einen Nutzen, während es für das ausführende Tier (den „Donor“ oder „Geber“) mit Kosten verbunden ist. Im Rahmen der Evolutionsbiologie wird Altruismus über seine Auswirkungen auf die Überlebenschancen definiert, ungeachtet der zugrundeliegenden Motive oder Intentionen. Zwar ist allein die Möglichkeit, daß Tiere eigennützige oder uneigennützige Absichten verfolgen können, durchaus interessant (vgl. Kapitel 26.7), für die Betrachtung des Altruismus aus evolutionsbiologischer Sicht aber irrelevant. Diese Unterscheidung wird manchmal außer acht gelassen.

Aus evolutionstheoretischer Sicht darf man den Begriff „Altruismus“ streng genommen nur dann verwenden, wenn man ihn über die Individualfitness definiert. In diesem Sinne sollte eine altruistische Verhaltensweise die Individualfitness des Empfängers erhöhen und die des Gebers vermindern. Unter bestimmten Voraussetzungen, auf die weiter unten näher eingegangen wird, kann die natürliche Selektion solches Verhalten fördern. Die Gesamtfitness bleibt davon jedoch unberührt: Die natürliche Selektion würde keineswegs Verhaltensweisen belohnen, die einem anderen Tier auf Kosten der Gesamtfitness des Gebers Vorteile verschafft; die Gesamtfitness wird durch den Einfluß der natürlichen Selektion stets maximiert (vgl. Kapitel 6.4).

Es gibt eigentlich nur zwei Bedingungen, unter denen es vorkommen kann, daß die natürliche Selektion altruistisches Verhalten begünstigt: 1) wenn das Produkt aus dem Fitnessgewinn des Empfängers und dem Verwandtschaftskoeffizient (Def. s. S. 83) höher ausfällt als die Kosten (der Fitnessverlust) des Gebers oder 2) wenn der Einsatz eines Individuums zugunsten eines anderen vergleichsweise gering ist und zu einem späteren Zeitpunkt die umgekehrte Situation eintritt. Diese zweite Möglichkeit wurde erstmals von Trivers (1971) als eine Form des Altruismus vorgeschlagen, die auch unter nicht verwandten Individuen denkbar wäre und durch die Selektion begünstigt würde.

Es gab noch eine Reihe weiterer Erklärungsansätze für altruistisches Verhalten. Vor allem eine dieser Hypothesen, die **Gruppenselektion**, brachte es zu zweifelhafter Berühmtheit. Danach sollte die natürliche Auslese ein Verhalten, welches die Fitness des Gebers verringert, dann belohnen, wenn es einer Gruppe von Artgenossen oder der Art insgesamt Vorteile brächte. Bisher konnte jedoch kein Evolutionsbiologe zeigen, wie sich im Verlauf evolutiver Prozesse eine solche Konstellation hätte ergeben können, und viele halten sie ohnehin für unmöglich (z.B. Maynard Smith 1964; Dawkins 1976).

Das Hauptproblem der Gruppenselektionshypothese ist die Möglichkeit zu „mogeln“. Man stelle sich eine Kaninchenpopulation vor, in der sich die einzelnen Mitglieder bei drohender Gefahr nicht gegenseitig warnen. Nun tritt ein Gen auf, welches dazu führt, daß ein Kaninchen auf den Boden trommelt, wenn es eine Gefahr erkennt. Mit dem Trommeln alarmiert es andere Artgenossen, lenkt aber auch die

Aufmerksamkeit des Räubers auf sich. Die Nachbarn würden also von der Warnung profitieren, während der Trommler sich selbst in Gefahr brächte. Angenommen er schafft es, sich fortzupflanzen und seinen Nachkommen das Gen, welches das Trommeln auslöst, zu vererben, bevor er einem Räuber zum Opfer fällt. Auf diese Weise entstünde eine Teilpopulation von Trommlern innerhalb einer Population von Nicht-Trommlern. Da das Trommeln einer der Gruppen nützt, behauptet nun das Gruppenselektionsargument, daß die Gruppe mit der Fähigkeit zu trommeln Raubfeinden leichter entgeht als die nicht trommelnde Gruppe. Wenn auch das jeweils trommelnde Individuum sich selbst in Gefahr bringt, indem es die Aufmerksamkeit des Räubers auf sich zieht, können die Artgenossen der unmittelbaren Umgebung sich rechtzeitig in Sicherheit bringen. So holt sich der Räuber allenfalls ein Kaninchen, während er in einer nicht trommelnden Population mehrmals nacheinander erfolgreich sein und schließlich bei einem einzigen Jagdausflug mehr als ein Kaninchen schlagen könnte.

Diese Situation ist aber nicht evolutionsstabil, denn ein Kaninchen, das sich innerhalb einer Gruppe bei Gefahr trommelnder Artgenossen aufhält, selbst aber nicht über das Gen, welches die Warnreaktion auslöst, verfügt, brächte sich nicht in Gefahr, wenn es selbst den herannahenden Feind entdeckte, würde aber obendrein von den Warnungen der anderen Gruppenmitglieder profitieren. Dieses Kaninchen wäre ein „Betrüger" und gegenüber den Artgenossen seiner Umgebung im Vorteil. Der höhere Fortpflanzungserfolg der „Betrüger" würde unweigerlich dazu führen, daß das Gen, welches die Warnreaktion auslöst, allmählich wieder aus der Population der „Trommler" verschwände. Es gab allerlei Versuche, diese theoretische Argumentationsweise zu umgehen, aber keiner von ihnen hat unter den Evolutionsbiologen nennenswerte Anerkennung gefunden (Grafen 1984).

9.1 Sippenselektion

Die natürliche Auslese begünstigt Gene, die zu altruistischem Verhalten gegenüber solchen Individuen führen, welche mit dem Altruisten genetisch verwandt sind. Maynard Smith (1964) prägte hierfür den Begriff **kin selection (Sippenselektion)**, um diesen Selektionstyp von dem gängigen Begriff der Gruppenselektion abzugrenzen. Einige Autoren (z.B. Wilson 1975) haben irrtümlicherweise Sippenselektion als einen Sonderfall der Gruppenselektion definiert. Sippenselektion ist vielmehr eine besondere Konsequenz der Genselektion (Dawkins 1976).

Das Ausmaß, bis zu dem altruistisches Verhalten auf andere Gruppenmitglieder ausgeweitet werden sollte, hängt von der Wahrscheinlichkeit ab, mit der die eigenen Gene auch in diesen anderen Individuen vorkommen (d.h. vom Verwandtschaftskoeffizienten **r** zwischen Geber und Empfänger). Das bedeutet aber nicht, daß ein Altruist immer erst seinen Verwandtschaftsgrad mit einem möglichen Empfänger ausrechnen muß. Haldane pflegte darüber zu scherzen, daß „ich bei den beiden Gelegenheiten, als ich Menschen, die wahrscheinlich ertrunken wären, aus dem Wasser gezogen habe (bei unendlich kleinem Eigenrisiko), für Kosten-Nutzen-Analysen eigentlich keine Zeit hatte". Er wußte natürlich, daß Tiere sich lediglich so verhalten, als berechneten sie die Vor- und Nachteile ihrer Verhaltensweisen. Jedenfalls muß auf irgendeine Weise sichergestellt sein, daß ein Tier sich nur gegenüber seinen Sippenmitgliedern und nicht gegenüber anderen Artgenossen altruistisch verhält. Das kann auf zweierlei Weise erreicht werden: 1) durch individuelles Erkennen der Sippenmitglieder, worauf weiter unten im Text eingegangen wird, 2) indem verwandte Individuen ständig in räumlicher Nähe zueinander leben. Im Fall der oben besprochenen Kaninchen beispielsweise kann sich das Gen, welches für das Bodentrommeln verantwortlich ist, ausbreiten, wenn das trommelnde Kaninchen im wesentlichen von

Angehörigen seiner Sippe umgeben ist; d.h. wenn das Trommeln hauptsächlich denjenigen Kaninchen zugute kommt, die einen mehr oder weniger großen Anteil ihrer Gene mit dem Trommler gemeinsam haben, dann wird sich die Gesamtfitness des Trommlers durch sein Warnverhalten vergrößern. „Betrüger", die nicht über dieses Gen verfügen, werden zwar zunächst mitprofitieren. Sobald sie aber überwiegend von nicht trommelnden Verwandten umgeben sind, geht dieser Vorteil wieder verloren. Es ist also kaum vorstellbar, daß eine Population bei Gefahr trommelnder Kaninchen von „Moglern" unterwandert wird – immer unter der Voraussetzung, daß verwandte Individuen in räumlicher Nähe zueinander leben.

Untersuchungen an Tieren, die in Gemeinschaften leben, haben gezeigt, daß sie tatsächlich oft nahe miteinander verwandt sind (Brown 1975). Das gilt insbesondere für Vögel, bei denen die Jungen durch nichtelterliche Individuen mitversorgt werden (s. Kapitel 9.4), (Harrison 1969; Brown 1974), und auch für Kaninchen. Bei solchen Arten zeigen die Jungtiere nur eine vergleichsweise geringe Ausbreitungstendenz. Bei Zugvögeln tritt gemeinschaftliches Brüten nur selten auf, und altruistisches Verhalten ist weniger ausgeprägt (Brown 1975). Kooperatives Verhalten bei der Jungenaufzucht kommt bei gemeinschaftlich brütenden Vogelarten und bei einigen Säugern vor (s. Kapitel 9.4), und es ist wahrscheinlich die bei weitem vorherrschende Form von Altruismus, abgesehen von der Elternfürsorge.

Die andere Strategie besteht darin, daß Altruisten ihre Sippenmitglieder als solche erkennen können und ihre altruistischen Verhaltensweisen ausschließlich auf sie beschränken. Die Fähigkeit, Sippenmitglieder von anderen Artgenossen zu unterscheiden, ist von einigen Arten bekannt und läßt sich oft auf frühkindliche Erfahrungen zurückführen. Genauso wichtig wie individuelles Erkennen ist vermutlich die Fähigkeit, Außenseiter zu erkennen und auszuschließen. Gemeinschaftlich lebende Arten, bei denen die Gruppenmitglieder nahe miteinander verwandt sind, erkennen Nichtmitglieder schnell und weisen sie ab. Arten, die in Kolonien leben, in denen die einzelnen Mitglieder kaum näher verwandt sind, ignorieren fremde Artgenossen.

9.2 Elternfürsorge

Elternfürsorge ist eine Form von Altruismus. Wenn Eltern Zeit und Energie auf die Versorgung ihrer Nachkommen verwenden, erhöhen sie deren Fitness. Dabei vermindern sie ihre Individualfitness, indem sie den aktuellen Nachwuchs auf Kosten zukünftiger Fortpflanzungsmöglichkeiten begünstigen. Das Ausmaß der Elternfürsorge ist von Art zu Art sehr unterschiedlich. Es hängt von der Anzahl Nachkommen ab, vom Paarungssystem der Art und von der eventuellen Mithilfe anderer Artgenossen bei der Jungenaufzucht.

Weibchen investieren gewöhnlich mehr Zeit und Energie in die Versorgung ihrer Jungen als Männchen. Der ungleiche Beitrag der Eltern bei der Jungenfürsorge kann als Folge einer Art evolutiven Wettbewerbs aufgefaßt werden, bei dem jeder Partner, neben dem gemeinsamen Interesse am Nachwuchs, auch ein individuelles Interesse daran hat, den Eigenaufwand für die Pflege und Versorgung der Jungen so gering wie möglich zu halten. Wenn also ein männliches Gen das Verhalten seines Trägers derart beeinflussen kann, daß sich die Last der Elternfürsorge in Richtung auf das Weibchen verschiebt, dann ist es sehr wahrscheinlich, daß die Häufigkeit dieses Gens in der Population zunimmt. Umgekehrt: Wenn ein Gen das Verhalten eines Weibchens so verändert, daß das Männchen seinen Beitrag erhöhen muß und dabei kein zusätzliches Risiko für die Jungen entsteht, dann ist zu erwarten, daß sich dieses Gen in der Population ausbreitet.

Um die Diskussion über dieses Problem mit Hilfe einer nichtgenetischen Terminologie zu vereinfachen, führte Trivers (1971) das Konzept des **Elterninvestments** ein.

Es ist definiert als jede Investition eines Elternteils in einen einzelnen Nachkommen, die dessen Überlebenschancen (und späteren Fortpflanzungserfolg) auf Kosten der elterlichen Fähigkeiten, in andere Nachkommen zu investieren, erhöht (s. Kapitel 8). Obwohl diese Definition zweifellos ganz nützlich ist, zieht sie nicht in Betracht, daß in der Vergangenheit erbrachte Leistungen zukünftiges Verhalten beeinflussen können. Ein Beispiel: Angenommen, eine Mutter kann aus eigener Kraft nur eines von zwei verschieden alten Jungtieren am Leben erhalten. Dasjenige, welches sie vernachlässigt, muß sterben. Welches soll sie also retten? Während ihrer gesamten Lebensspanne stehen ihr nur begrenzte Ressourcen zur Verfügung. Sie läuft Gefahr, einen größeren Teil ihrer lebenslangen Investitionen zu verlieren, wenn sie das ältere Jungtier vernachlässigt; es hat also den Anschein, als wäre es günstiger, das ältere zu retten und das jüngere sterben zu lassen (Dawkins 1976). Man sollte aber erwarten, daß die natürliche Auslese Tiere hervorbringt, die sich so verhalten, daß sie ihren zukünftigen Fortpflanzungserfolg ungeachtet aller in der Vergangenheit erbrachten Leistungen maximieren. Dawkins und Carlisle (1976) haben auf diesen Fehlschluß bei einigen Anwendungen des Begriffs des Elterninvestments hingewiesen. Sie verglichen diese Denkweise mit der Unvernunft einiger Regierungen, die den Standpunkt vertreten, daß sie ruhig weiterhin Geld für ein Projekt wie das Concorde-Flugzeug bewilligen sollten, gerade weil sie dafür schon soviel investiert haben.

Maynard Smith (1978b) machte darauf aufmerksam, daß das optimale Verhalten eines Elternteils vom wahrscheinlichen Verhalten des anderen abhängt. Demnach sollte man nach zwei miteinander gekoppelten Strategien suchen, einer männlichen und einer weiblichen Strategie, aus deren Zusammenwirken sich erst eine evolutionsstabile Kombination ergäbe. Wenn beispielsweise ein Weibchen sein Jungtier fast bis zur Eigenständigkeit geführt hätte, es aber zugunsten eines Neugeborenen vorzeitig aufgäbe, so wäre dies eine schlechte Vorgehensweise, und zwar nicht wegen der bereits getätigten Investitionen, sondern weil die Überlebenschancen des neuen Jungtieres geringer wären als die des fast selbständigen älteren Jungtieres. Könnte sie jedoch die weitere Versorgung des bereits existierenden Nachkommen dem Männchen überlassen, dann bestünde ihre beste Strategie tatsächlich darin, möglichst frühzeitig einen neuen Fortpflanzungszyklus zu beginnen. Aus der Perspektive des Männchens scheint es dagegen günstiger zu sein, sich nicht um das nahezu entwöhnte Jungtier zu kümmern und die Elternfürsorge allein dem Weibchen zu überlassen. Auf diese Weise verschaffte es sich die Möglichkeit, weitere Fortpflanzungschancen wahrzunehmen.

Maynard Smith (1977) untersuchte eine Situation, in der der Fortpflanzungserfolg weitgehend durch die Elternfürsorge bestimmt wird. Ein Vogelmännchen, welches sein Weibchen nach der Eiablage verläßt, hat dadurch die Möglichkeit, sich mit einem anderen Weibchen zu paaren. Das Aufgeben der ersten Partnerin wird durch die natürliche Auslese dann begünstigt, wenn das Männchen gute Aussichten hat, ein zweites Weibchen zu finden, und wenn die Nachkommen von einem Elternteil allein ausreichend versorgt werden können. Das Weibchen kann aber auch eine Strategie verfolgen, bei der es weniger wahrscheinlich ist, daß sich das Männchen entfernt. Wenn sich in einer Population die Weibchen erst dann mit den Männchen paaren, wenn diese ein längeres und aufwendiges Balzritual absolviert haben, so hat ein Männchen, das sein Weibchen nach der Begattung verläßt, nur noch geringe Aussichten, sich erneut zu paaren – insbesondere dann, wenn das Geschlechterverhältnis ausgeglichen und das Brutgeschäft innerhalb der Population synchronisiert ist. Maynard Smith wies nach, daß dies eine evolutionsstabile Strategie (ESS) ist. Hat sich aber, so argumentierte er weiter, erst einmal eine ESS etabliert, bei der ein Männchen nichts gewinnen kann, wenn es sein Weibchen vorzeitig verläßt, dann wird es seine Fitness durch Aktivitäten wie etwa den Bau eines Nestes erhöhen.

In Situationen, in denen der Erfolg eines Brutpaares nicht nur von der Elternfürsorge abhängt, sondern auch von der Höhe der Investitionen des Weibchens vor der Eiablage, sind mehrere evolutionsstabile Strategien denkbar, einschließlich Bewachung oder Verlassen des Geleges bzw. der Jungtiere durch das Männchen oder das Weibchen. Ist die Versorgung der Nachkommen durch ein Elternteil allein hinreichend gesichert und bestehen gute Aussichten für eine erneute Paarung, dann dürfte es sich auszahlen, wenn einer der Partner sich vorzeitig absetzt. Es ist noch nicht ganz geklärt, warum in manchen Fällen das Weibchen, in anderen das Männchen die Jungtiere verläßt (Maynard Smith 1977), aber vielleicht läßt sich mit Hilfe vergleichender Untersuchungen näheres hierüber erfahren.

Maynard Smith (1978b) kam nach Durchsicht der Literatur über Elternverhalten bei Vögeln und Fischen zu folgenden Befunden: Unter Fischen ist elterliche Brutfürsorge im allgemeinen nicht ausgebildet, und falls doch, so obliegt sie meistens nur einem Elternteil. Dabei schützen die Eltern lediglich die Eier bzw. die Jungfische vor Räubern, entfernen Parasiten und Stoffwechselprodukte, schaffen aber nicht aktiv Nahrung herbei. Gewöhnlich reicht es vollkommen aus, wenn nur eines der Elterntiere diese Aufgaben erfüllt. Bei Arten mit innerer Befruchtung übernimmt meistens das Weibchen die Brutpflege, und zwar vermutlich deshalb, weil das Männchen bei der Eiablage nicht mehr anwesend ist und weil – selbst wenn es zugegen wäre – es nicht die Gewähr hätte, daß die Eier auch von ihm befruchtet sind. Somit kann es kein allzu großes Interesse an der Brutfürsorge haben. Im Falle äußerer Befruchtung ist es meistens umgekehrt: Die Männchen besorgen die Brutpflege; sie bauen und bewachen ein Nest, wie etwa die Stichlinge (*Gasterosteus aculeatus*), oder brüten die Eier regelrecht aus, wie die Seepferdchen und Seenadeln, oder sie bewachen einfach den Ort der Eiablage. Weibchen, die keinerlei Brutfürsorge betreiben, verbrauchen ihre Nahrungsreserven vollkommen bei der Produktion der Eier und beim Laichvorgang. Wenn sich aus dieser Situation heraus Brutpflegeverhalten entwickeln soll, müßte entweder das Weibchen die Zahl seiner Eier verringern oder das Männchen die gesamte Brutpflege übernehmen. Man nimmt an, daß männliche Brutfürsorge auf diesem Wege entstanden ist.

Bei Vögeln ist die Brutpflege weit verbreitet und besonders hoch entwickelt. Sie ist in der Regel Aufgabe beider Geschlechter, die sich gewöhnlich in der Nahrungsbeschaffung und vielfach auch beim Brüten selbst abwechseln. Bei Silbermöwen beispielsweise haben beide Partner etwa gleichen Anteil am Brutgeschäft. Das ist auch unbedingt erforderlich, weil ihre Eier oder Jungtiere leicht von Artgenossen oder in die Kolonie eindringenden Raubfeinden gefressen werden (vgl. Kapitel 5.4), wenn sie sie unbewacht lassen. Daher brütet immer ein Partner bzw. hält sich bei den Jungen auf, während der andere auf Nahrungssuche ist. Während der ersten Lebenswochen ihrer Jungen sind die Altvögel außerordentlich beansprucht durch die Nahrungsbeschaffung, wobei sie einen Teil ihres Körpergewichts verlieren.

Wenn bei einer Vogelart nur einer der Partner brütet, so ist es fast immer das Weibchen. Während ein Männchen sein Weibchen unmittelbar nach der Paarung verlassen kann, ist dieses erst dann wieder in der Lage, einen neuen Partner zu suchen, wenn es seine Eier gelegt hat. Bei manchen Watvogelarten, etwa beim Sanderling (*Calidris alba*), produziert das Weibchen nacheinander zwei Vierergelege. Das erste wird vom Männchen ausgebrütet, um das zweite kümmert es sich selbst. Diese Strategie erlaubt es den Alttieren, höchstmöglichen Gewinn aus der kurzen produktiven Phase des arktischen Sommers zu ziehen. Hat sich bei Männchen erst einmal die Fähigkeit entwickelt, ein Gelege von der Bebrütungsphase bis zum Flüggewerden der Jungen allein zu versorgen, so könnten die Weibchen untereinander um weitere Männchen konkurrieren. Möglicherweise hat die Entwicklung der Polyandrie beim Amerikanischen Blatthühnchen (*Jacana spinosa*) diesen Weg genommen (Maynard Smith 1978b) (vgl. Kapitel 10.3). Im Vergleich zu Fischen haben Vögel viel weniger Nachkommen, die sie aber fürsorglich behüten. Ihr Fortpflanzungserfolg hängt nicht von der Zahl der Eier ab, sondern von der Anzahl der Jungen, die sie aufziehen können.

Unter den Säugetieren ist Polygynie häufig. Die Männchen zahlreicher Arten suchen sich mit möglichst vielen Weibchen zu paaren. Bei einigen Arten führt dies zu heftiger Rivalität unter den Männchen (vgl. Kapitel 8). Die Weibchen ernähren ihre Jungen mit Milch. Deshalb wäre es für sie kaum eine ESS, wenn sie ihre Jungen vorzeitig verlassen würden. Bei einigen Arten versorgen auch die Männchen ihre Nachkommen mit Nahrung und schützen sie vor Feinden. Einige Primaten und

Carnivoren leben monogam, und es ist eigentlich merkwürdig, daß sich in den Fällen, in denen sich beide Partner an der Pflege und Versorgung ihres Nachwuchses beteiligen, die Fähigkeit zur Milchproduktion nicht auch bei den Männchen entwickelt hat (Maynard Smith 1977).

Maynard Smith (1978b) faßte die wichtigsten Faktoren zusammen, von denen es abhängt, ob elterliche Fürsorge geleistet wird, und falls ja, welcher der Partner sie übernimmt:

1) der Unterschied in der Effektivität der Elternfürsorge bei Beteiligung beider Partner bzw. nur eines Elternteils,
2) die Chance eines Männchens, das ein Weibchen nach erfolgreicher Paarung verläßt, sich erneut zu paaren,
3) die Fähigkeit eines Weibchens, seine Nachkommen vor Feinden zu schützen,
4) die Zuverlässigkeit, mit der ein Männchen davon ausgehen kann, daß die betreffenden Eier von ihm selbst befruchtet wurden bzw. die Jungtiere seine eigenen Nachkommen sind.

Die Faktoren eins und drei hängen in erster Linie davon ab, wieviel Energie ein Weibchen zur Erzeugung der Eier verbraucht. Bei manchen Arten wird die höchste Fitness dann erreicht, wenn soviele Eier wie möglich produziert werden. Bei anderen Arten sind hierzu weniger Eier erforderlich, wodurch Energiereserven zugunsten mütterlicher Fürsorge erhalten bleiben. Der zweite Faktor hängt teils von der Dauer der Fortpflanzungssaison, teils von der Anzahl paarungsbereiter Weibchen ab, der vierte einerseits von der Art der Befruchtung (innere bzw. äußere), andererseits von der Fähigkeit des Männchens, Rivalen vom Weibchen fernzuhalten. Männchen, die Weibchen bewachen – direkt oder durch Territorialverhalten – können ihrer Vaterschaft sicherer sein, haben aber weniger Gelegenheit, sich um weitere Weibchen zu kümmern.

Zusammenfassend läßt sich sagen, daß elterliche Fürsorge eine Form von Altruismus ist. Das Elterninvestment in die Nachkommen geht auf Kosten ihrer eigenen Überlebens- und zukünftigen Fortpflanzungsfähigkeit. Die Rolle der Geschlechter bei der Fürsorge ist von Art zu Art verschieden und hängt von ökologischen Faktoren ab, die allerdings erst teilweise verstanden sind.

9.3 Reziproker Altruismus

Altruismus gegenüber Verwandten kann zunächst einmal auf dem „Eigennutz“ der beteiligten Gene beruhen, denn Kopien dieser Gene kommen sehr wahrscheinlich auch bei den Verwandten vor. Altruismus könnte man auch über den Rahmen der Verwandtschaft hinaus als eine Form von „Geneigennutz“ betrachten, wenn sich ein altruistisch handelndes Individuum versichert, daß es zu einem späteren Zeitpunkt seinerseits einen Vorteil durch die altruistische Handlung eines anderen Artgenossen erfahren wird. Für die Evolution dieser Form des Altruismus ergibt sich das „Betrügerproblem“ – Individuen, die nur als Nutznießer, aber nicht auch als Spender auftreten, wären im Vorteil.

Betrügerischem Verhalten könnte möglicherweise vorgebeugt werden, wenn Individuen sich nur gegenüber solchen anderen Individuen altruistisch verhalten, die mit hoher Wahrscheinlichkeit ihre „Schulden“ zu einem späteren Zeitpunkt begleichen werden. Packer (1977) machte in diesem Zusammenhang folgende Beobachtung: Wenn bei Anubis-Pavianen (*Papio anubis*) ein Weibchen östrisch wird, schließt sich ihm ein Männchen an. Dieses hält sich dann ständig in der Nähe des Weibchens auf, um eine Gelegenheit wahrzunehmen, es zu begatten, und bewacht es vor den Annäherungsversuchen anderer Männchen. Um dennoch Zugang zu dem Weibchen zu erhalten, kann nun ein Rivale ein drittes Männchen zur Hilfestellung anwerben. Während dieses den Begleiter des Weibchens in einen Kampf verwickelt, kann sich der Rivale dem Weibchen nähern. Packer zeigte nun, daß die altruistische Vorleistung des angeworbenen Männchens später oftmals erwidert wird. Die Männchen, die am häufigsten Hilfe leisteten, waren auch jene, denen die meiste Hilfe zuteil wurde.

Eine solche Situation bietet ganz offensichtlich Gelegenheit, sich einseitig Vorteile zu verschaffen. Ein Individuum, das Hilfe erhalten hat, kann durchaus die zu einem späteren Zeitpunkt fällige Gegenleistung verweigern. Treten aber hinreichend oft Situationen auf, die reziproken Altruismus verlangen, und kennen sich die beteiligten Individuen untereinander, dann ist ein nichtkooperatives Mitglied leicht zu identifizieren und kann ausgeschlossen werden. Soll reziproker Altruismus also durch die natürliche Selektion begünstigt werden, so müssen folgende Voraussetzungen erfüllt sein: Die beteiligten Individuen müssen ziemlich oft Gelegenheit zur gegenseitigen Hilfeleistung haben, sie müssen sich individuell erkennen und ihre eingegangenen „Verpflichtungen" behalten können, und sie müssen auch zu reziprok altruistischem Verhalten motiviert sein. Solche Bedingungen findet man beispielsweise in ursprünglichen menschlichen Gesellschaften vor. Reziproker Altruismus hat bei der Entwicklung des Menschen wahrscheinlich eine wichtige Rolle gespielt (Trivers 1971).

Die !Kung Buschleute der Kalahari Wüste sind ein gutes Beispiel für die Bedeutung des reziproken Altruismus in Jäger-und-Sammler-Gesellschaften. Durch Sammeln von Früchten und Gemüse decken die Frauen (Abb. 9.1) etwa 60% des Bedarfs an Protein und Kohlenhydraten. Die Männer verbringen viele Stunden auf der Jagd (Abb. 9.2) und liefern mit ihrer Beute essentielle Aminosäuren und Mineralien. Die Nahrungsmittelversorgung ist großen Schwankungen unterworfen; auf Perioden des Überflusses folgen entbehrungsreiche Zeiten. Die Männer jagen gewöhnlich zu zweit, und wenn ein Jägerpaar erfolgreich war, wird das Fleisch unter allen Gruppenmitgliedern aufgeteilt. Die Erfolgreichen versorgen die Erfolglosen

Abb. 9.1. Wenn !Kung Frauen Früchte und Kräuter sammeln gehen, müssen sie ihre Kinder bei sich tragen.

Abb. 9.2. Buschmänner auf dem Wege zur Jagd.

mit – unter der stillschweigenden Übereinkunft, daß die Situation bei einer anderen Gelegenheit umgekehrt sein kann. Auf diese Weise maximieren die Buschmänner ihre Möglichkeiten, an Fleischnahrung heranzukommen, und sie vermeiden Verschwendung.

9.4 Kooperation

Kooperatives Verhalten unter Tieren zeigt normalerweise altruistische Züge. Kooperation unter Mitgliedern verschiedener Arten, die sogenannte **Symbiose**, ist eine solche wechselseitige Beziehung. Viele Blattläuse etwa schützen sich vor Feinden, indem sie sich Ameisen anschließen, und die Ameisen ihrerseits profitieren von den Blattläusen, weil diese ihnen Nahrung liefern. Wenn beispielsweise eine Schwarze Wiesenameise (*Lasius niger*) auf eine Bohnenlaus (*Aphis fabae*) trifft, streichelt („betrillert") sie diese mit ihren Antennen, was die Blattlaus veranlaßt, Honigtau auszuscheiden, ein zuckerhaltiges, flüssiges Verdauungsprodukt, das die Ameise dann zu sich nimmt.

Anemonenfische der Gattung *Amphiprion* finden Schutz vor Feinden, indem sie sich zwischen den Tentakeln von Seeanemonen aufhalten, ohne Schaden zu nehmen (Abb. 9.3). Jeder Anemonenfisch muß die Immunität gegen das Tentakelgift seines Wirts erst erwerben, und wahrscheinlich könnten die Anemonen durchaus einen wirksamen Abwehrstoff gegen die Anemonenfische entwickeln. Andererseits schaden die Fische ihren Wirten nicht, und einige verteidigen ihre Anemone sogar gegen Feinde wie etwa den Schmetterlingsfisch (*Chaetodon*), der die Tentakelenden der Anemonen anfrißt. Die Anemonen profitieren zudem von der Gewohnheit ihrer ständigen Gäste, sich mit ihrer Beute zwischen die Tentakeln zurückzuziehen, so daß

Abb. 9.3. Anemonenfische (*Amphiprion*) werden durch die Berührung ihrer Wirtsanemone nicht beeinträchtigt, weil sie gegen das Nesselgift immun sind. So können sie zwischen den Tentakeln Zuflucht vor Räubern finden.

auch für sie selbst einiges an Nahrungsresten abfällt. Insgesamt besteht also eine reziproke Beziehung zwischen beiden Tieren: Die Anemone erhält Nahrung und genießt einigen Schutz vor Räubern; die Anemonenfische leben in relativer Sicherheit, und selbst ihre Eier und die junge Brut können sich geschützt zwischen den Tentakeln entwickeln.

Auch Kooperation unter Artgenossen geht in der einen oder anderen Form mit altruistischen Verhaltensweisen einher. An der kooperativen Jagd der Wildhunde, Löwen und Hyänen sind gewöhnlich verwandte Individuen beteiligt. Wildhunde (*Lycaon pictus*) erbeuten Tiere, die viel größer sind als sie selbst, wie z.B. Zebras und Gnus (Abb. 9.4). Sie wählen ein bestimmtes Individuum aus und hetzen es über eine weite Strecke. Die Zusammenarbeit bei dieser Jagdweise reicht von der Auswahl und dem Absondern der Beute von seiner Herde oder Familiengruppe über das Hetzen bis zum Stellen und Reißen. Die Anführer der Gruppe können dabei mehrfach wech-

Abb. 9.4. Afrikanische Wildhunde (*Lycaon pictus*) haben ein Gnu bis zur Erschöpfung gehetzt.

seln, so daß die Gesamtanstrengung der Jagd geteilt wird. Einzelne Hunde, die sich zunächst in der Nachhut halten, können dem gehetzten Tier den Weg abschneiden und es schließlich stellen. Die Mitglieder der Meute teilen die Nahrung untereinander auf, und nach der Rückkehr zu ihren Höhlen würgen die Alttiere einen Teil wieder aus, um ihre Jungen zu füttern. Einige Erwachsene sind gewöhnlich dort als Bewacher zurückgeblieben, und auch sie werden von den Zurückkehrenden miternährt. Jedes Individuum verhält sich also nicht strikt nach eigenem Interesse, sondern altruistisch in bezug auf alle anderen Gruppenmitglieder.

Das altruistische Verhalten im Zusammenhang mit der kooperativen Jagd verläuft reibungslos, und es läßt sich relativ einfach im Sinne der Sippenselektion erklären. Kooperatives Brutverhalten ist demgegenüber ein schwierigeres Problem für Evolutionstheoretiker. Der Graubrusthäher (*Aphelocoma ultramarina*) beispielsweise ist eine gemeinschaftlich brütende Art; die Gruppenstärke umfaßt 4 bis 15 Individuen. Die Vögel sind ganzjährig ortstreu. Jede Gruppe verteidigt ein gemeinsames Territorium in einem Eichen- oder Nadelholzhabitat. Verpaarte Individuen bauen jeweils ein eigenes Nest, und nur in dieses legt ein Weibchen seine Eier. Jede Gruppe verfügt über ein bis vier Nester. Nach dem Schlüpfen werden die Jungen außer von ihren Eltern auch von anderen Gruppenmitgliedern gefüttert. Deren Anteil an der Gesamternährung eines Jungvogels beträgt im Durchschnitt 50 Prozent. Diese Helfer verhalten sich eindeutig altruistisch: Unter erheblichem Eigeneinsatz helfen sie bei der Aufzucht des Nachwuchses anderer Individuen.

Es muß unbedingt geklärt werden, warum eine Mutation, die das Helferverhalten unterdrückt, sich nicht in einer Population ausbreitet und schließlich die Grundlage der Zusammenarbeit bei der Jungenaufzucht zerstört. Eine Erklärung wäre, daß die Helfer nahe genug mit den Nachkommen der anderen Gruppenmitglieder verwandt sind und sich das altruistische Merkmal allein durch Sippenselektion in der Population erhält. Eine weitere Möglichkeit wäre, daß Helfer, bei denen es sich fast immer um junge, unerfahrene Vögel handelt, von ihrem offensichtlich altruistischen Verhalten direkt oder indirekt profitieren, etwa in Form von Schutz durch die anwesenden Alttiere oder indem sie wertvolle Erfahrungen sammeln. Als dritte Denkmöglichkeit käme in Betracht, daß irgendeine Form von reziprokem Altruismus in das Verhalten mit hineinspielt. Vielleicht tolerieren die Eltern die anderen Vögel, die ja immerhin einen Teil der vorhandenen Ressourcen selbst verbrauchen, gerade deshalb in ihrem Revier, weil diese sich als Gegenleistung an der Aufzucht der Jungen beteiligen. Bevor auf diese Argumente näher eingegangen wird, soll noch ein Blick darauf geworfen werden, ob die verschiedenen kooperativ brütenden Arten gemeinsame Merkmale aufweisen.

Ein zusammenfassender Bericht über die vorhandene Literatur (Emlen 1978) legt nahe, daß die meisten kooperativ brütenden Vogelarten tatsächlich mehrere gemeinsame Merkmale aufweisen. Die meisten sind beispielsweise nichtziehende, in den Tropen oder Subtropen beheimatete Arten. Sie leben in einer relativ stabilen, geringen saisonalen Änderungen ausgesetzten Umwelt – also unter Bedingungen, die Konkurrenz um geeignete Lebensräume und Territorien eher fördern; oft ist die Anzahl der potentiellen Nistplätze der limitierende Faktor. Selander (1964) stellte die Hypothese auf, daß gerade solche Bedingungen zur Evolution von gemeinschaftlichen Territorien und kooperativem Brüten geführt haben. Seine Auffassung wurde von einer Reihe Ethologen, die über verschiedene Vogelarten arbeiteten, gestützt (Emlen 1984). Kooperativ brütende Arten haben offenbar gemeinsame Merkmale, wie sie typisch sind für Populationen, die in einer Umwelt leben, deren Kapazität nahezu erschöpft ist. Solche Arten haben vergleichsweise wenig Nachwuchs, sind langlebig, erreichen erst spät die Fortpflanzungsreife und haben eine geringe Ausbreitungstendenz (Brown 1970, 1974). Man kann beobachten, daß die Jungen im elterlichen Territorium regelrecht zurückgehalten und als Helfer eingesetzt werden. Es sieht ganz so aus, als würde ein Jungtier, das im Revier seiner Eltern bleibt, seine Überlebenswahrscheinlichkeit erhöhen und gleichzeitig wertvolle Erfahrungen sammeln. Dies ist aber noch keine ausreichende Erklärung dafür, daß es die zusätzlichen Kosten, die mit der aktiven Mithilfe bei der Aufzucht jüngerer Geschwister verbunden sind, in Kauf nimmt. Außerdem ist nicht klar zu ersehen, ob die Brutvögel von einem Helfer am Nest tatsächlich profitieren. Emlen (1978, 1984) faßte die Vor- und Nachteile des kooperativen Brütens wie folgt zusammen:

Es gibt eine Reihe potentieller Vorteile für die Brutvögel selbst. Hinsichtlich Schutz und Aufzucht ihrer Brut erhalten sie sicherlich wertvolle Mithilfe. Ein Vergleich des elterlichen Fortpflanzungserfolges bei 12 verschiedenen Arten zeigt, daß Helfer im allgemeinen tatsächlich hilfreich sind. Bei fünf Arten besaßen Alttiere mit Helfern größere oder bessere Territorien als solche ohne Helfer. Ihr größerer Bruterfolg könnte demnach allein auf die Qualität ihres Territoriums zurückzuführen sein. Andererseits könnte man argumentieren, daß die größeren Gruppen, also jene mit Helfern, insgesamt größere Territorien verteidigen können.

Helfer könnten eine Art „Lebensversicherung" bieten; im Falle des Todes eines Elternteils wäre die Aufzucht der Jungen immer noch gesichert. Die Erfahrungen, die die Helfer sammeln, verbessern ihre Erfolgschancen, wenn sie künftig selbst brüten. Sind sie mit den Brutvögeln nahe verwandt, dann vergrößert ihr zukünftiger Bruterfolg die Gesamtfitness der vorherigen Brutvögel. Konkurrenz zwischen einzelnen Gruppen würde darauf hinauslaufen, daß die größeren unter ihnen auch die besseren Territorien besetzen und verteidigen könnten. Individuen als Helfer zuzulassen oder regelrecht dazu einzusetzen, erweist sich als eine Möglichkeit, die Gruppengröße zu erhöhen. Große Gruppen dürften noch weitere Vorteile bieten, etwa eine zuverlässigere Warnehmung sich nähernder Raubfeinde, was die Überlebenswahrscheinlichkeit aller Gruppenmitglieder erhöht.

Mit der Duldung von Helfern in einer Gruppe sind aber durchaus auch Nachteile verbunden: Die zusätzlich im Revier anwesenden Vögel könnten die verfügbare Nahrung so sehr für sich selbst nutzen, daß sich dadurch der Bruterfolg der Altvögel eher verringert. Die viele zusätzliche Unruhe in der Umgebung des Nestes könnte potentielle Räuber auf den Plan rufen. Auch die Unerfahrenheit von Neulingen könnte das Schicksal der Brut besiegeln. Das gilt vor allem dann, wenn Erfahrung bei der elterlichen Brutfürsorge von besonderer Bedeutung ist. Untersuchungen am Grünfuß-Pfuhlhuhn Tasmaniens (*Tribonyx mortierii*) und an dem in Florida verbreiteten Buschhäher (*Aphelocoma coerulescens*) haben gezeigt, daß bruterfahrene Vögel einen höheren Fortpflanzungserfolg haben als unerfahrene Eltern (Emlen 1978). Helfer könnten auch – als Teil einer Strategie zur Übernahme des Territoriums – die Anstrengungen eines Brutpaares sabotieren. Es gibt Hinweise, daß so etwas tatsächlich bei einzelnen Arten vorkommt. Viele Autoren haben ernsthafte Auseinandersetzungen zwischen Brutvögeln und Helfern beschrieben; es wurde beobachtet, daß Graudrosslinge (*Turdoides squamiceps*), (Zahavi 1974) und Buschhäher (Woolfenden 1973) die Gelege in den Nestern ihrer eigenen Gruppe zerstörten.

Für Nichtbrüter ergeben sich mithin folgende Möglichkeiten, von ihrer Aktivität als Helfer zu profitieren:

1) Sie könnten Erfahrungen in der Jungenfürsorge sammeln.
2) Sie hätten Vorteile durch die Zugehörigkeit zu einer Gruppe.
3) Sie könnten ihre Gesamtfitness erhöhen, indem sie Verwandten helfen.
4) Sie könnten später einen Teil des elterlichen Territoriums übernehmen.

Der Hauptnachteil, der für einen Nichtbrüter mit dem Anschluß an eine Gruppe um ein Brutpaar verbunden ist, besteht darin, daß Helfer eine Gelegenheit, selbst zu brüten, verpassen oder aufschieben. Die Chancen, als unabhängiger Brüter erfolgreich zu sein, werden jedoch aufgewogen durch die Schwierigkeit, einen Partner zu finden, ein eigenes Territorium zu errichten und als Neuling die Anforderungen an das Brutgeschäft zu erfüllen.

Diese Problematik wird durch Reyers Forschungen am Graufischer (*Ceryle rudis*), einer in Afrika an Flüssen und Binnenseen verbreiteten fischfressenden Art, veranschaulicht. Er untersuchte zwei individuell gekennzeichnete Populationen in Kenia. Bei Graufischern gibt es zwei Typen von Helfern am Nest: primäre Helfer, die am Brutgeschäft ihrer leiblichen Eltern teilnehmen, und sekundäre Helfer, die mit den Altvögeln der Brut, an deren Aufzucht sie sich beteiligen, nicht blutsverwandt sind (Reyer 1980). Die Helfer sind stets Männchen, was vermutlich darauf zurückzuführen ist, daß Graufischerpopulationen allgemein mehr Männchen als Weibchen aufweisen. Primäre Helfer sind die ein oder zwei Jahre alten Nachkommen der Altvögel. Sie verbleiben das ganze Jahr über bei ihren Eltern und bilden mit diesen eine dauerhafte kooperative Gruppe. Danach werden sie entweder selbst zu Brutvögeln oder durchlaufen – im Alter von zwei bis drei Jahren – eine Phase als sekundäre Helfer. Dabei schließen sie sich einer brütenden Gruppe an, mit der sie nicht näher verwandt sind, und zwar kurz nachdem dort die Jungvögel geschlüpft sind.

Primäre Helfer füttern die Nestlinge und schützen sie vor Raubfeinden. Außerdem verjagen sie Nistplatzkonkurrenten und füttern regelmäßig beide Altvögel in der Zeit vor der Eiablage. Am Höhlenbau, am Brüten selbst sowie am Hudern der Jungvögel sind sie nicht beteiligt. Sie kopulieren nicht und sind offenbar auch physiologisch noch nicht fortpflanzungsfähig (Reyer et al. 1986). Im Gegensatz dazu sind sekundäre Helfer durchaus schon in der Lage, sich fortzupflanzen. Gegenüber dem brütenden Männchen treten sie als potentielle Rivalen auf und werden von diesem sowie von den primären Helfern oft angegriffen (Reyer 1986). Das Risiko aggressiver Auseinandersetzungen können sie allerdings verringern, indem sie erbeutete Fische anbieten – gewissermaßen als Gegenleistung dafür, als Gruppenmitglied akzeptiert zu werden. Wenn die Jungen geschlüpft sind, bringen die primären Helfer die meisten der von ihnen gefangenen Fische zu den Nestlingen, während die sekundären Helfer vorwiegend das Weibchen füttern. Primäre Helfer erhöhen ihre Gesamtfitness, indem sie sich an der Ernährung ihrer Geschwister beteiligen; sekundäre Helfer suchen ihren Vorteil darin, eine Partnerin zu finden, um sich selbst fortzupflanzen.

Es ist leicht einzusehen, warum die primären Helfer von den Altvögeln geduldet werden. Sie sind nahe Verwandte, stellen keine potentielle Bedrohung für den „Hausfrieden" dar, und sie tragen zur Fütterung der Jungtiere bei. Dagegen ist es schon schwieriger zu erklären, warum sich auch die sekundären Helfer im Revier aufhalten dürfen. Reyer (1980) fand folgende Zusammenhänge: Je ungünstiger die Brutbedingungen, desto mehr Helfer „engagieren" die Altvögel. Selten halten sich jedoch mehr Helfer im Revier eines Paares auf, als zum Erreichen maximalen Bruterfolges nötig sind. Unter günstigen Brutbedingungen werden insbesondere sekundäre Helfer nicht toleriert. Weitere Faktoren, die den Bruterfolg und die Stärke und Zusammensetzung des Helferteams beeinflussen, sind die Verfügbarkeit und Qualität der Nahrung, die Entfernung zwischen Brutkolonie und Fangplätzen sowie die Häufigkeit von Störungen durch den Menschen.

Reyer (1984) hat über einen Zeitraum von zwei Jahren die Gesamtfitness einzelner Individuen mit unterschiedlichen Lebensstrategien berechnet. Er kam zu dem Ergebnis, daß Brüten einen höheren Fortpflanzungswert hat als Helfen und Helfen wiederum einen höheren als Nichtstun. Die Strategie des primären Helfers ist zwar die kostspieligere, aber die Gesamtfitness dieser Helfer ist infolge der erhöhten Überlebensfähigkeit ihrer heranwachsenden jüngsten Geschwister größer. Die Strategie der sekundären Helfer ist mit vergleichsweise geringeren Kosten verbunden. Sie erhöhen ihre Individualfitness, indem sie sich die Chance offenhalten, sich zukünftig mit dem brütenden Weibchen zu paaren. Zudem werden sie mit den lokalen Gegebenheiten des Reviers und mit den Reviernachbarn vertraut – Faktoren, die vermutlich mit dazu beitragen, ihre Aussicht auf erfolgreiche zukünftige Bruten zu verbessern.

Theoretisch läßt sich altruistisches Verhalten von anderen Formen wechselseitiger sozialer Beziehungen insofern trennen, als es hierbei stets um die Aufteilung von Nutzen zwischen den beteiligten Individuen geht. Hamilton (1964) schlug zur Beschreibung der vier wichtigsten Interaktionsformen die in Abb. 9.5 wiedergegebene Terminologie vor. Diese Klassifizierung läßt sich auch auf die Helfer anwenden. Besteht zwischen Brutvogel und Helfer tatsächlich eine kooperative Beziehung, so ist zu erwarten, daß beide an Individualfitness gewinnen. Dies könnte auf Situationen zutreffen, in denen das Gruppenleben sowohl für die Brutvögel wie für die Helfer vorteilhaft ist. Ein Gruppe könnte beispielsweise ein besseres Territorium verteidigen als ein Einzelpaar. Raubfeinde wären wahrscheinlich leichter abzuwehren. Als

Gegenleistung für die von Nichtbrütern gewährte Hilfe ließe sich die Aufnahme in den Gruppenverband bewerten (Gaston 1976). Das Helfen könnte für den Jungvogel aber auch eine Lernsituation (Emlen 1978) sein, aus der heraus er eventuell später die Rolle des Weibchens übernehmen bzw. sich mit ihm paaren könnte (Reyer 1984).

In Fällen, in denen sich ein Helfer eindeutig altruistisch verhält, sollten die Brutvögel davon profitieren, während er selbst an Individualfitness einbüßt. Läßt er seine Hilfe aber nicht irgendwelchen, sondern nur verwandten Brutvögeln zuteilwerden, so erhöht er damit seine Gesamtfitness – eine Strategie, die sich durch Sippenselektion stabilisieren könnte. Die Alternativstrategie – sich schon in jugendlichem Alter zu verpaaren und eigenständig in einem Revier niederzulassen – könnte dagegen von vornherein weniger erfolgversprechend sein. Somit könnte es sich am Ende für einen Helfer auszahlen, auf ein freiwerdendes Territorium zu warten.

Der eigennützige Helfer macht einen Gewinn, indem er sich einem Brutpaar anschließt, dabei aber den Fortpflanzungserfolg dieses Paares unter Umständen schmälert. Bei einigen Spechtarten (Skutch 1969) sowie bei der Drosselkrähe (*Corcorax melanorhamphos*) (Rowley 1965) erwiesen sich unerfahrene Helfer eher als nutzlos. Die überzähligen Artgenossen im Revier könnten zudem die Nahrungsressourcen verringern, und die zusätzliche Unruhe in der Nähe der Nisthöhle könnte Raubfeinde aufmerksam machen. Warum sollten also Altvögel die Anwesenheit von Helfern dulden, selbst wenn diese ihnen keine Vorteile bringen? Eine mögliche Begründung wäre, daß die Brutvögel ein genetisch bedingtes „Interesse" am Wohlergehen ihrer Sippenmitglieder haben. Ihre Toleranz gegenüber den Helfern wäre somit eine erweiterte Form elterlicher Fürsorge.

Wenn weder die Brutvögel noch die Helfer einen erkennbaren Nutzen haben, dann handelt es sich um eine sogenannte boshafte Beziehung. Helfer könnten aus den im vorigen Absatz genannten Gründen im Revier eines Brutpaares geduldet werden, selbst wenn ihre Anwesenheit und Aktivität dem Bruterfolg eher abträglich wäre. Ein Helfer brauchte davon keinen kurzfristigen Nutzen zu haben, könnte aber unter Umständen die Anstrengungen des Brutpaares untergraben mit dem Ziel, das Revier schließlich selbst zu übernehmen (Zahavi 1974, 1976).

Fitnessänderung des Gebers		Fitnessänderung des Empfängers: Gewinn	Fitnessänderung des Empfängers: Verlust
	Gewinn	kooperativ	eigennützig
	Verlust	altruistisch	boshaft

Abb. 9.5 Mögliche Interaktionstypen zwischen den Individuen einer Art (nach Hamilton 1964).

Merksätze

- Die natürliche Auslese begünstigt altruistisches Verhalten, wenn das Produkt aus dem Fitnesszuwachs des Empfängers einer uneigennützigen Handlung und dem Verwandtschaftskoeffizient die Kosten des Gebers (seinen Fitnessverlust) übersteigt. Außerdem kann sie Altruismus begünstigen, wenn ein Individuum bei geringem Eigenaufwand einem anderen Vorteile verschafft und sich diese Situation zu einem späteren Zeitpunkt umkehrt.
- Die natürliche Auslese begünstigt Gene, die altruistisches Verhalten gegenüber Individuen hervorrufen, welche mit dem Altruisten genetisch verwandt sind. Diese Form von Selektion wird als Sippenselektion bezeichnet.
- Elterliche Fürsorge ist eine Form von Altruismus, denn Eltern vermindern eigentlich ihre Fitness, indem sie Zeit und Energie in die Versorgung ihrer gegenwärtigen Nachkommen investieren. Dies geht auf Kosten zukünftiger Nachkommen, denn die Ressourcen, die ihnen während ihres Lebens zur Verfügung stehen, sind begrenzt. Andererseits wird durch elterliche Fürsorge die Fitness ihres gegenwärtigen Nachwuchses (und damit auch ihre eigene Fitness) erhöht.
- Die beste Strategie eines Elternteils hängt davon ab, wie sich der Partner höchstwahrscheinlich verhalten wird. Männchen und Weibchen können verschiedene Strategien verfolgen, die im einen oder anderen Falle auch evolutionsstabil sein mögen. Die Geschlechterrollen bezüglich der Elternfürsorge sind je nach den ökologischen Gegebenheiten von Art zu Art unterschiedlich.
- Kooperatives Verhalten hat im allgemeinen stets altruistische Komponenten. Die (symbiotischen) kooperativen Beziehungen zwischen Angehörigen verschiedener Arten sind in der Regel reziprok. Kooperation unter Artgenossen kann auch auf Sippenselektion beruhen.

Weiterführende Literatur

Grafen, A. (1984) Natural selection, kin selection and group selection. In: Krebs, J. R. und N. B. Davies (Hrsg.), *Behavioural Ecology.* 2. Auflage, Blackwell Scientific Publications, Oxford.

Krebs, J. R. und N. B. Davies (Hrsg.) (1981) *Öko-Ethologie.* Parey Verlag, Berlin, Hamburg.

10 Fortpflanzungsstrategien und soziale Organisation

Die Sozialstrukturen sind von Art zu Art sehr unterschiedlich. Sie reichen von einfacher Kooperation zwischen Männchen und Weibchen bis hin zu den komplexen Gesellschaftsformen einiger Primaten. Einer der grundlegenden Einflußfaktoren für die soziale Organisation einer Art ist ihr Paarungssystem. Um Paarungssysteme zu verstehen, ist es nützlich, wenn man darüber nachdenkt, welche alternativen Strategien die Evolution Männchen und Weibchen offenläßt.

10.1 Fortpflanzungsstrategien

In Kapitel 8 wurde deutlich, daß das unterschiedliche Anfangsinvestment beider Geschlechter in ihren gemeinsamen Nachwuchs prinzipiell nicht zu vermeiden ist. Männchen erzeugen viele kleine Spermien, Weibchen dagegen relativ wenige, große Eizellen. Die Spermien konkurrieren um die Chance, Eizellen zu befruchten, und ein Männchen erreicht seinen höchsten Fortpflanzungserfolg, indem es bei relativ geringen Kosten pro Eizelle möglichst viele von ihnen befruchtet. Von Anfang an investieren die Weibchen mehr in jeden Nachkommen als die Männchen, und dieser Mehraufwand seitens der Weibchen dauert im allgemeinen an, bis die Jungtiere selbständig geworden sind. Ein Weibchen würde seinen Fortpflanzungserfolg jedoch erhöhen, wenn es das Männchen dazu veranlassen könnte, mehr in den gemeinsamen Nachwuchs zu investieren. Durch solche Entlastung könnte es seine Ressourcen verstärkt für die Erzeugung weiterer Nachkommen einsetzen. Da es demgegenüber oftmals im Interesse des Männchens liegt, seine Investitionen in die Elternfürsorge zu verringern, ergibt sich ein evolutiver Konflikt zwischen den Geschlechtern.

Die im evolutiven Sinne wichtigste Anforderung an die Männchen besteht darin, angesichts der Konkurrenz durch andere Männchen Weibchen auf sich aufmerksam zu machen. Die Weibchen müssen hingegen solche Männchen als Sexualpartner wählen, die ihren Nachkommen die besten Überlebens- und Fortpflanzungschancen bieten können. Zunächst sieht es so aus, als sei das Weibchen dabei im Vorteil, weil es die Paarung verweigern kann. Wie aus Kapitel 8 hervorgeht, hat tatsächlich das Weibchen im allgemeinen die Wahl. Ein Männchen kann wenig ausrichten, wenn das Weibchen nicht paarungsbereit ist. Es besteht zwar die Möglichkeit, daß das Männchen die Kopulation erzwingt, aber das ist normalerweise recht schwierig, weil bei den meisten Arten das Weibchen eine bestimmte Körperhaltung einnehmen muß, damit eine Kopulation zustandekommt. Bei einigen Tierarten, etwa bei Stockenten (*Anas platyrhynchos*) und Skorpionsfliegen (*Panorpa*), wurden erzwungene Paarungen jedoch beobachtet. Männliche Skorpionsfliegen bieten dem Weibchen während der Balz meistens ein „Hochzeitsgeschenk“ an – häufig ein Insekt, das sie einem Spinnennetz entnommen haben. Zur Kopulation kommt es, während das Weibchen die Hochzeitsgabe verzehrt. Bisweilen erzwingt das Männchen aber auch die Paarung, ohne vorher ein Geschenk anzubieten (Thornhill 1980). Das Männchen profitiert von einer solchen Vergewaltigung, weil es nicht das Risiko eingehen muß, ein Hochzeitsgeschenk zu besorgen. Offensichtlich kommen nämlich 65% der Männchen um, weil sie sich in einem Spinnennetz verfangen. Für das Weibchen ist es von Nachteil, wenn es kein Geschenk erhält, denn dieses dient als zusätzliche Energiequelle für die Produktion von Eiern. Die Erfolgsrate bei der erzwungenen Kopulation scheint aber gering zu sein; möglicherweise handelt es sich um eine Notstrategie.

Männchen machen gewöhnlich bei jeder sexuellen Begegnung, bei der es zur Kopulation kommt, einen Gewinn, während Weibchen nicht immer profitieren und sogar durchaus einen Fitnessverlust erleiden können (Parker 1979). Deshalb ist es für Weibchen eine gute Strategie, Zurückhaltung zu üben. Williams (1966) beschrieb die Balz als einen Wettbewerb zwischen der „Verkaufstechnik“ eines Männchens und der Fähigkeit eines Weibchens, dem „Kaufanreiz“ zu widerstehen. Ein Weibchen brauchte nicht zurückhaltend zu sein, wenn es die Fitness und das wahrscheinliche zukünftige Verhalten eines Männchens direkt beurteilen könnte. Das einzige, wonach sich ein Weibchen richten kann, ist aber die äußere Erscheinung und das gegenwärtige Verhalten des Männchens. Es muß das Männchen dazu bringen, seinen „wahren Charakter“ zu zeigen, oder es muß die Begleitumstände der sexuellen Begegnung so einrichten, daß die gegenseitigen Interessen weitgehend ausgeglichen sind. In beiden Fällen verhält sich das Weibchen taktisch am günstigsten, wenn es vorsichtig ist und die Balz möglichst lange ausdehnt. Als erstes stellt sich ihm die Aufgabe, einen nach Geschlechts- und Artzugehörigkeit passenden Partner zu finden. Das gilt zwar umgekehrt auch für das Männchen, aber wie bereits weiter oben dargelegt wurde, sind die Folgen gravierender, wenn das Weibchen einen Fehler macht. Die natürliche Auslese hat dazu geführt, daß einzelne Individuen Merkmale und Verhaltensweisen entwickelt haben, anhand derer sie sich eindeutig als Angehörige einer

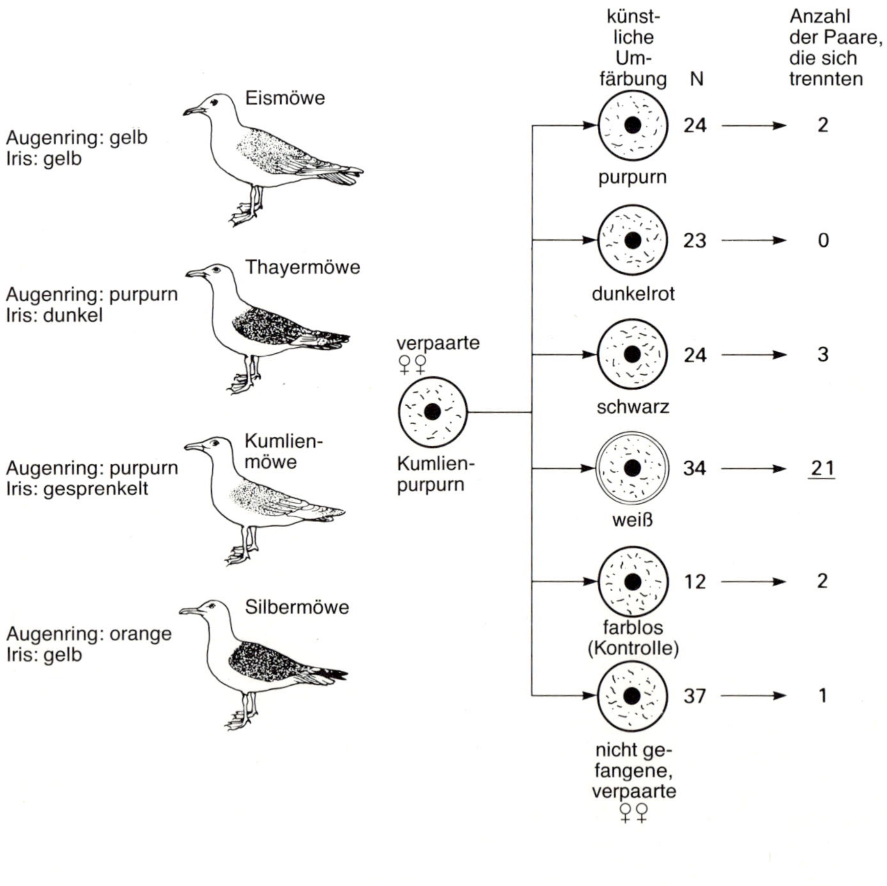

Abb. 10.1. Isolationsmechanismen bei Möwen. Ganz links sind die wichtigsten äußerlich sichtbaren Merkmale aufgeführt, die offensichtlich für die Arterkennung bedeutsam sind. Im rechten Teil der Abbildung ist dargestellt, zu welchen Ergebnissen künstliche Veränderungen der Augenfarbe bei verpaarten Kumlien-Möwen führten. Die Zahlen ganz rechts verdeutlichen, inwieweit Paarbindungen infolge der experimentellen Eingriffe aufbrachen. Eine Änderung der Augenfarbe von purpur in weiß führte dazu, daß 21 von 34 Paaren sich trennten, während dieser Effekt bei den anderen Experimenten und Kontrollen nur wenig in Erscheinung trat (nach Smith 1966).

bestimmten Art identifizieren lassen. Diese Artmerkmale spielen eine bedeutende Rolle bei der Balz. Sie werden als **Isolationsmechanismen** bezeichnet, weil sie für die reproduktive Isolation der Arten sorgen, also die Möglichkeit der Hybridbildung einschränken. Im folgenden werden drei Beispiele solcher Isolationsmechanismen vorgestellt.

1) In der kanadischen Arktis kommen vier nah verwandte Möwenarten vor. An einigen Stellen brüten sie alle gemeinsam in einer Kolonie, ohne zu hybridisieren. Die Vögel sind einander sehr ähnlich und unterscheiden sich vorwiegend in einigen Merkmalen an den Flügelspitzen und in der Augenregion. Ändert man diese Farbmuster experimentell, so kann man erreichen, daß die Arten sich miteinander kreuzen (Abb. 10.1), (Smith 1966).

2) Ausgedehnte Untersuchungen zur Kreuzung verschiedener Zuchten von Haushühnern haben gezeigt, daß Merkmale der äußeren Erscheinung von großer Bedeutung sind (Lill 1966, 1968). Bei der Balz präsentiert sich der Hahn der Henne mit tänzelnden Bewegungen, wobei er sein Gefieder zur Schau stellt. Paarungsbereite Hennen nehmen dabei eine typische, an den Boden geduckte Haltung ein, woraufhin der Hahn aufsteigt. Da Hennen ihre Partner hauptsächlich nach dem Aussehen und weniger aufgrund von Verhaltensmerkmalen beurteilen, können experimentelle Veränderungen des Hahnengefieders (Abb. 10.2) dessen Wirkung auf das Aufforderungsverhalten der Hennen beeinträchtigen.

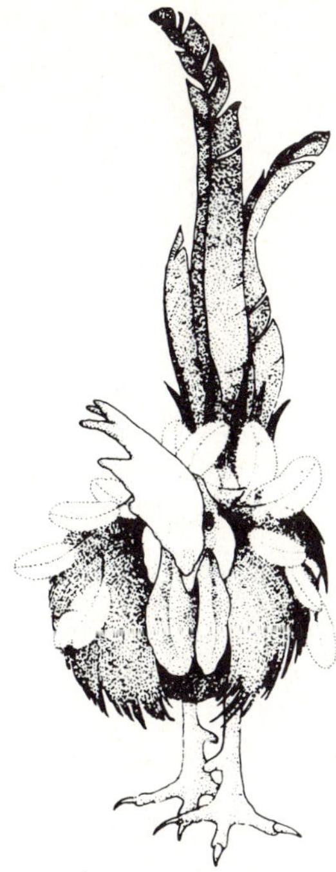

Abb. 10.2. Ein Hahn der Rasse „Braunes Leghorn" mit künstlich im Halsbereich angebrachten weißen Federn (aus *The Oxford Companion to Animal Behaviour,* Oxford University Press 1981).

3) Beobachtet man Guppys bei der Balz, so erhält man den Eindruck, daß Männchen in ihrer Partnerwahl kaum Unterschiede machen, während die Weibchen sehr wählerisch sind; ihre Auswahlkriterien beziehen sich auf die Farbmerkmale und das Balzverhalten der Männchen. Bei Aquariumsexperimenten mit *Poecilia picta* und *Poecilia reticulata* (Abb. 10.3) stellte Liley (1966) fest, daß die Männchen häufig Weibchen beider Arten anbalzten und sich mit ihnen zu paaren versuchten. Paarungsbereite Weibchen dagegen reagierten nur auf balzende Männchen ihrer eigenen Art. Hatten die Weibchen jedoch keine andere Wahl, so paarten sie sich gelegentlich auch mit Männchen der anderen Art.

Ein Weibchen muß bestrebt sein, sich nur mit einem vollkommen reifen und fortpflanzungsfähigen Männchen zu paaren. Die Chance, ein sexuell hochmotiviertes Männchen als Partner auszuwählen, kann es durch Verlängerung der Balz verbessern. Beim Teichmolch (*Triturus vulgaris*), (Abb. 10.4) ist die Intensität der männlichen Balz mit der Anzahl der Spermatophoren korreliert, die das Männchen im Laufe einer sexuellen Begegnung abgibt (Halliday 1976). Bei der Balz legt es eine oder mehrere Spermatophoren auf dem Substrat des Teichbodens ab. Die Wahrscheinlichkeit, daß das Weibchen sie auch tatsächlich aufnimmt, erhöht sich im Verlaufe der Begegnung (Halliday 1974). Um drei Spermatophoren ablegen zu können, muß sich das Männchen viel länger als gewöhnlich unter Wasser aufhalten, ohne zwischendurch Luft zu holen (Halliday 1977a). So ergibt sich für das Weibchen die Möglichkeit, durch Verlängerung der Balzphase die Fitness des Männchens zu testen.

Dem Weibchen wird die Einschätzung eines Männchens erleichtert, wenn dieses auf irgendeine Weise zeigen kann, daß es ein guter Partner ist. Einige Wissenschaftler sind der Auffassung, daß in diesem Zusammenhang der Balzfütterung eine besondere Bedeutung zukommt. Im Zuge der Balzhandlungen bietet hierbei das Männ-

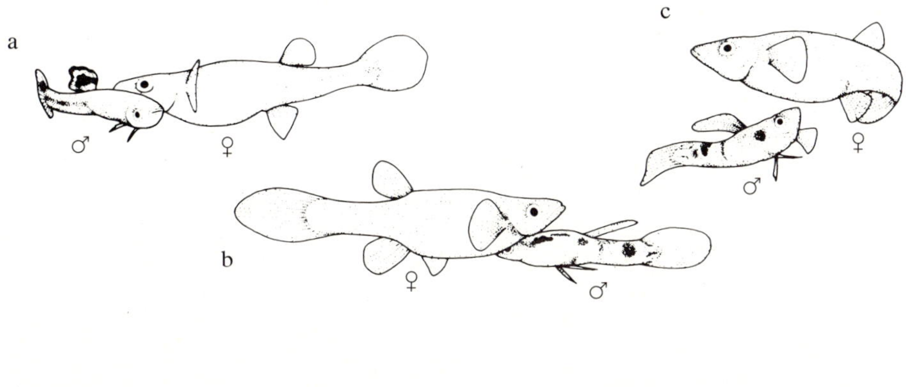

Abb. 10.3. a) Der Balztanz der Guppys (*Poecilia picta*). Das Männchen umkreist mehrfach den Kopf des Weibchens, wobei es die auffällige Zeichnung seiner Schwanzflosse präsentiert. b) Der Schlängeltanz von *Poecilia reticulata*. Das Männchen hält sich vor dem Weibchen auf, diesem zugewandt, und zittert einige Sekunden lang. Die Körperzeichnung der Männchen dieser Art ist auch auffällig, aber variabel. c) Paarungsversuch eines *Poecilia reticulata*-Männchens mit einem *Poecilia picta*-Weibchen. Nach dem Balzvorspiel dreht sich das Männchen herum und versucht, sein „Gonopodium" (eine modifizierte Analflosse) in die Genitalpore des Weibchens einzuführen (aus *The Oxford Companion to Animal Behaviour,* Oxford University Press 1981, nach Fotos von R. Liley).

Abb. 10.4. Ein männlicher Teichmolch (*Triturus vulgaris*).

chen dem Weibchen Nahrung oder nahrungsähnliche Objekte an. Bei Silbermöwen (*Larus argentatus*) bettelt das Weibchen genau wie ein Jungtier um Nahrung. Das Männchen würgt dann einen Nahrungsbrocken aus, den das Weibchen verzehrt. Bei den meisten Arten ist die Nahrungsmenge, die dem Weibchen vom Männchen übergeben wird, gering im Vergleich zu der Tagesration, die es normalerweise benötigt. Es gibt aber extreme Entwicklungen in beide Richtungen: Bei Trauerschnäppern (*Ficedula hypoleuca*) beispielsweise ist der Anteil der bei der Balz übergebenen Nahrung etwa halb so groß wie der tägliche Bedarf eines Nestlings von vergleichbarem Körpergewicht, während sich bei anderen Arten das Balzfüttern zu einem hochritualisierten Verhalten entwickelte (vgl. Kapitel 22.1), das nichts mehr mit echter Nahrungsübergabe zu tun hat. Bei Flußseeschwalben (*Sterna hirundo*) hat die Balzfütterung Einfluß auf das Gewicht des Geleges, und sie könnte daher als ein Indikator für die spätere Fähigkeit des Männchens dienen, seine Nachkommen mit Nahrung zu versorgen (Nisbet 1973, 1977). Etwas ähnliches konnte Niebuhr (1981) für Silbermöwen nachweisen: Die Balzfütterungsintensität war ein verläßlicher Anzeiger für die Eignung der Männchen zur Versorgung ihrer Jungen. Die Prognosewirkung erstreckt sich auch auf die potentielle Bereitschaft der Männchen, zu brüten und die geschlüpften Küken zu verteidigen. Man kann also davon ausgehen, daß die Balzfütterung ein brauchbarer Indikator dafür ist, wie gut ein Männchen seine elterlichen Verpflichtungen erfüllen wird.

Wie im Fall der Einschätzung der Kampfstärke unter männlichen Rivalen (vgl. Kapitel 8.1), so ist es auch für ein Weibchen schwierig, ein untrügliches Kriterium für den Wert eines Männchens als Fortpflanzungspartner zu finden, bei dem nicht gemogelt werden kann. Als beste Strategie bleibt einem Weibchen nur, die Balz zeitlich auszudehnen oder zu verfeinern, denn dadurch fällt es einem Männchen schwerer, sich auch noch mit anderen Weibchen zu paaren – insbesondere wenn die Brutsaison kurz ist oder Weibchen selten sind. Das bedeutet, daß Männchen, die in alle Verhaltensweisen, die der Kopulation vorangehen – also Balz, Nestbau oder Revierverteidigung – sehr viel investieren müssen, geringere Ressourcen an Zeit und Energie übrig haben, um sich auch um andere Weibchen zu kümmern. Außerdem wird ein Männchen ein Weibchen, in dessen Nachkommen es bereits viel investiert hat, nicht ohne weiteres wieder verlassen. Solche Männchen können ihre Fitness nur erhöhen, wenn sie alle verfügbaren Ressourcen in ihren Nachwuchs investieren. Dawkins (1976) nannte dies die „Situation des häuslichen Glücks".

Bei einigen monogamen Arten kann man „häusliches Glück" auch tatsächlich beobachten. So eine Situation ist aber nicht unter allen Umständen evolutionsstabil, denn sie kann von Weibchen, die eine ganz andere Strategie verfolgen, unterwandert werden. Dawkins diskutierte ein Modell, in dem es zwei Weibchenstrategien gibt: die spröde-zurückhaltende und die flüchtig-schnelle, und zwei Männchenstrategien: die der verläßlichen Treue und die des „Abenteurerdaseins". Spröde Weibchen bestehen auf ausgedehnter Balz, bevor sie bereit sind zu kopulieren, während leicht zugängliche Weibchen unter Umständen auch ohne Balz kopulieren. Treue Männchen nehmen eine verlängerte Balz bereitwillig in Kauf und helfen ihren Weibchen nach der Paarung bei der Aufzucht der Jungen; „Abenteurer" lassen sich nicht auf eine längere Balz ein, sondern geben ein Weibchen schnell zugunsten eines anderen auf, wenn es nicht bald nach der ersten Begegnung paarungswillig ist. Der Typus des Abenteurers neigt auch dazu, sich nach erfolgter Kopulation wieder von seinem Weibchen abzusetzen.

Nun soll dieses System von Verhaltenstypen daraufhin überprüft werden, ob es zur Entstehung einer evolutionsstabilen Strategie („ESS"; vgl. Kapitel 7) führt. Der genetische Profit, den ein Partner jeweils machen kann, betrage +15 Gewinnpunkte für jeden bis zur Selbständigkeit durchgebrachten Nachkommen. Die Kosten für die Aufzucht eines Nachkommen seien −20 Punkte, die für die verlängerte Balz −3 Punkte. In einer Population, in der alle Weibchen „spröde" und alle Männchen „treu" sind, würde sich das Paar die Kosten für die erfolgreiche Aufzucht jedes einzelnen Nachkommen teilen. Ein Elternteil erhielte jeweils +15 Punkte pro Jungtier. Der mittlere Gewinn für das erste Jungtier beträgt demnach $+15 - 10 - 3 = +2$. In der realen Lebenssituation brauchen Eltern für die nachfolgenden Jungtiere im allgemeinen nicht immer wieder den Preis für die Balz zu zahlen. In diesem Beispiel soll aber einmal angenommen werden, sie müßten es. Nun tritt in der Population ein schnell zugängliches Weibchen auf. Es entstehen ihm keine Kosten durch die Balz, und wenn es sich obendrein mit einem „treuen" Männchen verpaart, so macht es einen mittleren Zugewinn von $+15 - 10 = +5$ Punkten, was den Gewinn des „spröden" Weibchens übersteigt. Die Gene, die für die Strategie „schneller" Weibchen verantwortlich sind, würden sich somit allmählich ausbreiten.

Eine Population, die einen hohen Anteil an „schnellen" Weibchen aufweist, kann aber auch leicht durch Männchen vom Typ „Abenteurer" unterwandert werden. Diese haben keinen Erfolg bei „spröden" Weibchen, aber da sie solche Partnerinnen ohnehin schnell wieder verlassen, entstehen „Abenteurern" bei derartigen erfolglosen Begegnungen nur geringfügige Kosten. Verpaart sich ein „Abenteurer" jedoch mit einem „schnellen" Weibchen, dann macht er einen hohen Gewinn. Er erhält +15 Punkte pro großgezogenem Jungtier, zahlt aber weder für die Balz noch für den Unterhalt des Nachwuchses. Seine Partnerin muß mit −20 Punkten die vollen Kosten des Elterninvestments tragen. Als Folge der Verpaarung mit einem „Abenteurer" schließt sie mit einer mittleren Bilanz von $+15 - 20 = -5$ Punkten ab. Dieses Modell ist zwar insofern stabil, als es nicht zu einer Extremsituation führen kann, hat aber auch eine instabile Komponente, weil sich letztenendes kein bestimmtes Verhältnis männlicher und weiblicher Strategien herauskristallisieren kann; stattdessen oszilliert es zwischen verschiedenen Verhältniswerten. Obwohl man, wie es das Dawkins'sche Modell (1976) vorsieht, auf der Grundlage der Evolutionstheorie unterschiedliche Weibchenstrategien innerhalb einer Art erwarten sollte, sind diese in der Realsituation anscheinend nicht besonders häufig. Vielleicht sind die Modellvorstellungen zu einfach, oder es liegt an bestimmten, sehr einflußreichen, bisher aber noch nicht erkannten Faktoren. Immerhin – einige Fälle alternativer Weibchenstrategien wurden bereits beschrieben.

Von Straußen (Struthionidae) ist bekannt, daß manche Weibchen ihre Eier selbst ausbrüten, andere nicht. Ein Straußenmännchen verteidigt ein großes Territorium und baut ein wenig aufwendiges Nest am Boden. Es verpaart sich mit einem Weibchen, welches bald darauf mit der Eiablage beginnt. Innerhalb weniger Tage legen auch noch andere Weibchen ihre Eier in dieses Nest – unabhängig davon, ob sie sich zuvor mit dem Nestinhaber gepaart haben. Sie bebrüten oder bewachen diese Eier nicht, sondern überlassen sie der Fürsorge des Männchens bzw. dessen Partnerin. Ein Nest kann auf diese Weise schließlich 30-40 Eier enthalten – viel mehr, als ein Vogel allein ausbrüten könnte. Einige dieser Eier werden von dem brütenden Weibchen über den Nestrand hinausgeschoben; unter dem Einfluß der heißen Sonneneinstrahlung gehen sie schließlich ein, oder sie fallen Nesträubern zum Opfer.

Bertram (1979) entdeckte, daß ein brütendes Straußenweibchen seine eigenen Eier von denen anderer Weibchen unterscheiden kann und vorwiegend deren Eier aus dem Nest stößt. Meistens brütet es alle eigenen und etwa 50% der fremden Eier aus. Zuvor hat es keinerlei Versuche unternommen, die anderen Weibchen von der Eiablage in sein eigenes Nest abzuhalten. Da die anderen Weibchen aber nicht näher mit dem brütenden Weibchen verwandt sind, kann dessen Toleranzverhalten keineswegs im Sinne der Sippenselektion (vgl. Kapitel 9) gedeutet werden. Vielleicht profitiert es davon, daß seine eigenen Eier von denen der anderen Weibchen umgeben sind. Nesträuber – meistens Schakale und Geier – erbeuten wegen der Größe der Eier immer nur wenige. Die weiter vom Nestzentrum entfernt liegenden und weniger geschützten fremden Eier erhöhen somit die Aussichten, daß die eigenen Eier zur Schlupfreife gelangen. Diese Argumentation läßt sich analog auch auf die Situation der Straußenmutter anwenden, die ihre Jungen führt: Es zahlt sich vermutlich aus, wenn sie außer für ihre eigenen auch für einige fremde Küken sorgt, weil sich auf diese Weise der Feinddruck auf alle Küken verteilt und nicht nur gegen ihre eigenen gerichtet ist.

Die Alternativstrategie eines Straußenweibchens besteht darin, seine Eier durch ein anderes Weibchen bebrüten zu lassen, auch wenn deren Überlebenschancen erheblich geringer sind. Werden zahlreiche Eier auf viele Nester verteilt, so könnte auch diese Strategie Vorteile bringen. Sie wird aber offensichtlich nicht bevorzugt, denn parasitische Weibchen haben meistens keinen Partner, oder ihr eigenes Gelege ging an Nesträuber verloren.

Aus den in Kapitel 9 dargelegten Gründen konkurrieren Männchen meistens um Möglichkeiten, mit Weibchen zu kopulieren. Diese Konkurrenz kann verschiedene Formen annehmen, deren auffälligste die aggressive Auseinandersetzung ist. Wenn ein Männchen andere Männchen von Weibchen fernhalten kann, dann sollte es ihm auch nicht schwerfallen, sich diesen Weibchen zu nähern und schließlich mit ihnen zu kopulieren, denn es bleibt ihnen keine andere Wahl. Bei polygynen Arten wie Rothirschen (*Cervus elaphus*) und See-Elefanten (*Mirounga*) kann ein dominantes Männchen einen ganzen Harem um sich versammeln, den es gegenüber anderen Männchen bewacht und verteidigt. Die aggressive Auseinandersetzung, die zu Verletzungen oder sogar zum Tode führen kann, ist unter Umständen ein riskantes Unterfangen, und so findet man im Tierreich noch eine Menge anderer Formen, wie die Rivalität unter Männchen ausgetragen wird.

Bei allen Arten, bei denen Männchen nur dann Zugang zu den Weibchen erhalten, wenn sie sie gegenüber Rivalen erfolgreich verteidigen, beobachtet man die Tendenz zur Harembildung. Eine wichtige Voraussetzung hierfür ist, daß die Weibchen von sich aus, zum Schutz gegen Feinde und zur Sicherung von Nahrungsgründen, in Herden beieinanderbleiben. Bei See-Elefanten wird die Herdenbildung allein dadurch begünstigt, daß es nur wenige geeignete Plätze gibt, an denen die Tiere außerhalb des Wassers ruhen können; so kommt es zu großen Ansammlungen an ganz bestimmten Uferzonen. Auch bestimmte Antilopen und Hirsche bilden Herden und schützen sich auf diese Weise gegen Raubtiere. Bei der Verteidigung ihrer Weibchen gegen Rivalen geraten harembesitzende Männchen oft an die Grenzen ihrer Leistungsfähigkeit, weshalb die geringste Neigung der Weibchen, ihre Herden aufzulösen, diese Daseinsform unmöglich machen würde.

Bei einigen Arten zielt die Konkurrenz nicht so sehr auf den Zugang zu den Weibchen, sondern beschränkt sich nur noch auf den Vorgang der Befruchtung selbst, ein Phänomen, das gelegentlich als **Spermakonkurrenz** bezeichnet wird. Dungfliegenmännchen (*Scatophaga stercoraria*) konkurrieren beispielsweise noch während der Kopulation um die Weibchen, und es kommt vor, daß dabei ein Männchen ein anderes verdrängt. Parker (1978) konnte zeigen, daß in diesem Fall das Sperma des zweiten Männchens den größten Teil der Eier befruchtet. Parker setzte einige Dungfliegenmännchen einer Bestrahlung durch Kobalt-60 aus, woraufhin sich diejenigen Eier, die von ihrem Sperma befruchtet wurden, nicht entwickelten. Wenn ein so behandeltes Männchen sich mit einem Weibchen paarte, das zuvor von einem nicht bestrahlten Männchen befruchtet worden war, entwickelten sich nur noch 20% der Eier zur Schlupfreife, bei umgekehrter Reihenfolge der Paarungen entsprechend 80%. Auf noch ungeklärte Weise verdrängt das Sperma des zweiten Männchens den Samen des ersteren.

Auch der Paarungsablauf der Nagetiere zeichnet sich durch mehrfache Kopulationen und Ejakulationen aus – ein Vorgang, der anscheinend den Weitertransport des Spermas im Körper des Weibchens fördert. Offensichtlich ist eine gewisse, auf die Ejakulation folgende Ruheperiode notwendig, damit der Vorgang der Samenwanderung und der Einnistung der befruchteten Eizellen in die Gebärmutterwand vollständig ablaufen kann (Adler 1969). Gelingt es einem zweiten Männchen, während dieser Phase mit dem Weibchen zu kopulieren, so kann der Transport des von dem ersten Männchen stammenden Samens unterbrochen werden, und die Vaterschaft bezüglich der Nachkommen entfällt auf den zweiten Paarungspartner.

So ist es nicht weiter überraschend festzustellen, daß bei Arten, bei denen Konkurrenz auf der Ebene der Spermien vorkommt, die Männchen besondere Verhaltensweisen entwickelt haben, um ihre Vaterschaft sicherzustellen. Viele Säuger suchen zur Kopulation Orte auf, an denen sie ungestört sind. Dungfliegenmännchen bleiben nach der Paarung auf dem Rücken des Weibchens sitzen und bewachen es solange, bis es die Eier abgelegt hat. Andere Insektenarten versiegeln nach erfolgter Kopulation die Genitalöffnung des Weibchens. Man nimmt an, daß derartige Genitalpfropfen, die bei einigen aquatischen Käferarten sowie bei bestimmten Schmetterlingen vorkommen, den Zweck haben, nachfolgende Kopulationen mit anderen Männchen zu verhindern (Wilson 1975). Wirksame Versiegelungen können durch eine zeitliche Ausdehnung der Kopulation erreicht werden. Männliche Bremsen (*Tabanidae*) verharren etwa eine Stunde lang in Kopulationsstellung, obwohl der größte Teil des Spermas schon in den ersten 15 Minuten übertragen wird. Bei einigen Nachtfalterarten dauert die Paarung einen ganzen Tag. Bei der Fliege *Johannseniella nitida* frißt das Weibchen nach erfolgter Kopulation das Männchen soweit auf, daß nur noch die männlichen Geschlechtsorgane übrigbleiben. Diese bleiben mit dem weiblichen Geschlechtsorgan fest verbunden und dienen als Genitalpfropfen (Wilson 1975).

Gelingt es einem Männchen nicht, in der Konkurrenz mit seinen Rivalen an Weibchen heranzukommen, so hat es noch die Möglichkeit, sich Kopulationen zu „erschleichen" oder zu „stehlen". Männchen des amerikanischen Ochsenfrosches (*Rana catesbeiana*) konkurrieren um Territorien in Teichen, in die sich die Weibchen zur Eiablage begeben. Diese bevorzugen bestimmte Teichzonen, in denen das Wasser besonders warm und die Vegetation nicht allzu dicht ist. Unter solchen Bedingungen können sich die in einer kompakten Kugel hinterlassenen Eier schnell entwickeln und sind relativ sicher vor Egeln (Howard 1978). Den Kampf um die besten Territorien und den Wettbewerb um die Weibchen tragen die Männchen mit Hilfe ihrer Stimme und ihrer physischen Kräfte aus. Die ältesten und größten Männchen sind meistens die Gewinner, während die jungen, noch verhältnismäßig kleinen Männchen oft leer ausgehen. Junge Männchen haben daher die Strategie entwickelt, still in der Nähe eines rufenden Männchens auszuharren und dann zu versuchen, ein angelocktes Weibchen abzupassen. Auf ähnliche Weise probieren es junge See-Elefanten: Sie mischen sich unter den Harem eines dominanten Bullen und verhalten sich dort wie ein Weibchen. Sobald der Harembesitzer dann vollauf mit der Abwehr eines ernsthaften Rivalen beschäftigt ist, kann es ihnen gelingen, sich eine Kopulation zu erschleichen (Le Boeuf 1974). Auch junge Rothirschmännchen versuchen im Harem dominanter Bullen Kopulationen zu stehlen.

Alternative Männchenstrategien innerhalb einer Art können, wie in den hier beschriebenen Beispielen, auf verschiedene Altersstufen beschränkt sein. Es gibt aber auch Arten, bei denen individuelle Männchen beide Strategien verfolgen können. Bei amerikanischen Laubfröschen (*Hyla cinerea*) besteht zum Beispiel kein Unterschied in der Körpergröße zwischen rufenden, dominanten Männchen und schweigsamen Satellitenmännchen, die darauf warten, Weibchen abzufangen. Etwa eines von sieben Männchen spielt jeweils diese Rolle, wobei ein bestimmtes Individuum seine Strategie von Nacht zu Nacht ändern kann. Die Satelliten haben ungefähr den gleichen Paarungserfolg wie rufende Männchen (Perril et al. 1978), im Gegensatz zu den amerikanischen Ochsenfröschen, bei denen die „stillen Teilhaber" wesentlich seltener zur Paarung gelangen als die dominanten Rufer. Wenn man annimmt, daß Männchen vergleichbarer Größe die Wahl zwischen beiden Strategien haben, so ist zu erwarten, daß die jeweils bessere Strategie davon abhängt, welche Wahl die anderen Bewerber treffen. Verlegt sich also die Mehrheit der Männchen aufs Rufen, so wird die Satellitenstrategie einen ansehnlichen Gewinn einbringen. Verhalten sich aber ungewöhnlich viele Männchen schweigsam, so werden insgesamt viel weniger Weibchen in das Laichgebiet gelockt; hier wäre die Strategie des Rufens lohnender.

Diese Situation ließe sich gut im Sinne der ESS-Theorie (vgl. Kapitel 7) untersuchen. Dazu müßte man die tatsächlichen Kosten bzw. den Nutzen jeder der beiden Strategien kennen. Zu den bei der Rufstrategie entstehenden Kosten gehört sicher das Herbeilocken von Feinden, während die Kosten der Satellitenstrategie wohl eher auf das fehlende Territorium zurückzuführen sind. Howard (1979) stellte fest, daß rufende Ochsenfrösche räuberische Schildkröten auf sich lenkten. Für eine umfassende vergleichende Analyse reichen jedoch die bisherigen Kenntnisse über die Lebensweise der Laubfrösche noch nicht aus. Auch territoriale Feldgrillen (*Gryllus integer*), die ihre Weibchen durch Aneinanderreiben der Vorderflügel akustisch anlocken, erregen die Aufmerksamkeit unliebsamer Besucher (Cade 1979). Dazu gehören einerseits Scharen von Satellitenmännchen, die sich mit den herannahenden Weibchen paaren, andererseits eine Schlupfwespenart (*Euphasiopteryx ochracea*), deren Larven sich im Körperinneren der Grillen entwickeln und ihren Wirt dabei töten. Cade konnte zeigen, daß rufende Männchen fünfmal so häufig von diesen Parasiten befallen werden wie Satellitenmännchen, daß sie aber auch mit wesentlich mehr Weibchen kopulieren können.

Bei vielen Arten hat ein Teil der Männchen kaum jemals die Chance, dominant oder territorial zu werden. Sie können sich dann dauerhaft auf die Alternativstrategie festlegen. Das gilt beispielsweise für Kampfläufer. Die Satellitenmännchen, erkennbar an den weißen Halskrausen (vgl. Kapitel 7.1; Abb. 7.7) werden von territorialen Männchen am Balzplatz durchaus geduldet – vermutlich, weil sie zusätzlich Weibchen anlocken. Ein Satellitenmännchen lauert in der Nähe eines Territoriums, um in Augenblicken, in denen ein Revierinhaber gerade anderweitig beschäftigt ist, Kopulationen zu „stehlen". Beide Männchentypen sind genetisch verschieden. Ihre Sexualstrategie behalten sie lebenslang bei.

Interessante Verhältnisse findet man beim Sonnenbarsch (*Lepomis macrochirus*), die Gross und Charnov (1980) am Opinicon See in Ontario genauer untersucht haben. Diese Fische leben zur Fortpflanzungszeit in Kolonien. Jedes territoriale Männchen baut ein Nest, in das ein Weibchen seine Eier legt. Anschließend befruchtet das Männchen die Eier, bewacht das Nest und versorgt die sich entwickelnde junge Brut. Kennzeichnend für diese parentalen Männchen ist eine helle Körperfarbe mit kräftig gelborange abgesetzter Brust. Von ihnen lassen sich noch zwei weitere Männchentypen unterscheiden: Zum einen die „Einschleicher", durchweg hell gefärbte Individuen, die sich unauffällig am Grund des Sees aufhalten. Sie schaffen es, nach dem Ablaichen eines Weibchens schnell ins Nest zu schlüpfen und zumindest einige Eier zu befruchten. Als zweites gibt es noch die Satellitenmännchen. Sie haben eine dunkle Grundfärbung mit noch dunklerem, senkrechtem Streifenmuster. In Aussehen und Verhalten ahmen sie Weibchen nach. Sie schwimmen mit lässigen Bewegungen in fremde Nester hinein und können gegenüber anderen männlichen Artgenossen von ähnlicher Körpergröße aggressiv auftreten. Gross und Charnov entdeckten nun, daß diese drei Männchentypen ihre Fortpflanzungsaktivitäten in verschiedenen Altersstadien entfalten. Sie konnten nachweisen, daß Männchen vom Typ des „Einschleichers“ sich allmählich zu weibchennachahmenden Satellitenmännchen entwickeln. Beide Formen haben die Gewohnheit, sich durch ein Täuschungsmanöver Zugang zu unbefruchteten Eiern zu verschaffen. Sie zeigen kein Territorialverhalten und beteiligen sich auch nicht an der Brutpflege. Territoriale Männchen entfalten ihre Fortpflanzungsaktivität erst etwa ab dem siebenten Lebensjahr. Sie konkurrieren miteinander um Neststandorte, und ihr Elterninvestment wird regelmäßig durch „Einschleicher“ und Satellitenmännchen parasitiert.

Männliche Sonnenbarsche haben demnach ganz unterschiedliche Lebensläufe. Sie werden entweder frühzeitig geschlechtsreif und übernehmen dann eine auf Parasitismus beruhende Fortpflanzungsstrategie, oder sie reifen erst in einem späteren Lebensstadium, werden dann territorial und leisten elterliche Fürsorge für die gesamte Brut ihres Nestes – ganz gleich, ob im Einzelfall sie selbst oder andere Männchen die väterlichen Gene beigesteuert haben. Gross und Charnov (1980) vertreten den Standpunkt, daß das Gleichgewichtsverhältnis der möglichen Männchenstrategien (also die ESS) so eingependelt sein müßte, daß die Fitness eines Individuums für jede der beiden Daseinsformen die gleiche ist. Aufgrund dieser Annahme rechneten sie aus, daß der Anteil zweijähriger, nach der „Einschleicher“- oder Satellitenstrategie lebender Männchen in einer Population gleich dem Anteil der von diesem Männchentyp pro Brutsaison befruchteten Eier sein sollte. Sie kamen zu dem Ergebnis, daß sich 21% der zweijährigen Männchen zum Typus des „Einschleichers“ und späteren Satelliten entwickeln. Der Anteil erfolgreicher Befruchtungen lag bei ihnen zwischen 3 und 30%, je nach Wassertiefe. Somit erhielten die Autoren zumindest eine vorläufige Bestätigung ihres ESS-Modells.

10.2 Sexualstrategien des Menschen

In Kapitel 8 wurde bereits darauf hingewiesen, daß Darwin (1871) die Auffassung vertrat, die sexuelle Auslese sei für die Entwicklung des Menschen von überaus großer Bedeutung gewesen, und daß er dabei den Einfluß der natürlichen Auslese offensichtlich unterschätzt hatte. Während einige der sekundären Geschlechtsmerkmale des Menschen, wie etwa die Verteilung der Körperbehaarung, offensichtlich auf sexuelle Auslese zurückzuführen sind, sind Unterschiede in Größe, Körperkraft und dergleichen wahrscheinlich eine Folge der natürlichen Auslese.

Sexuelle Selektion käme als wirksamer evolutiver Mechanismus allenfalls in einer polygamen menschlichen Gesellschaft zum Tragen, während es in einer monogamen Gesellschaft zu wenig Gelegenheit gibt, einen neuen Partner zu finden. Wie häufig strikte Monogamie beim Menschen tatsächlich ist, läßt sich nur mutmaßen – schließlich muß man sich vor Augen halten, daß nicht sexuelle Aktivität als solche, sondern allein die erfolgreiche außereheliche Fortpflanzung von evolutiver Bedeutung ist. Die Schätzungen der Anthropologen über die Häufigkeit monogamer Gesellschaften schwanken zwischen 16 und 50 Prozent. Solche Schätzungen spiegeln aber für gewöhnlich nur die offizielle Praxis wider, nicht die wahren Verhältnisse. Es ist eher anzunehmen, daß streng eingehaltene Monogamie wohl ziemlich selten ist, und genau das sollte man im Vergleich zu anderen Primaten auch erwarten. Nur wenige Säugerarten leben streng monogam, wie zum Beispiel die meisten Hundeartigen – so Wölfe, Füchse, Schakale – einige Nagetiere, etwa der Biber, wenige Huftiere, wie zum Beispiel das Dik-Dik, einige Arten der Neuweltaffen sowie die Gibbons (*Hylobates*) (Kleiman 1977; Hendrichs 1978; Passingham 1982).

Einige Merkmale menschlicher Sozialbeziehungen deuten aber darauf hin, daß Monogamie doch eine gewisse Rolle spielt. In den meisten Gesellschaften bleiben die

Eltern beieinander, solange die Kinder klein sind. Die Väter haben mit derselben Frau oft mehrere Nachkommen, und im allgemeinen unterstützen sie ihre Familie auch. Langdauernde Bindungen kann man auch bei anderen Primaten beobachten. Bei den in Äthiopien vorkommenden Mantelpavianen (*Papio hamadryas*) halten sich die ausgewachsenen Männchen einen kleinen Harem, den sie anderen Männchen gegenüber verteidigen. Sie bleiben lebenslang bei ihren Weibchen. Junge Männchen erwerben ihre Weibchen, indem sie sie noch im Kindesalter aus deren Familie entführen und zunächst weiterversorgen, als wären es ihre eigenen Kinder. Kummer (1968) vermutet, daß diese Weibchen bei ihrem Entführer bleiben und später die ersten Mitglieder seines Harems werden. Berggorillas (*Gorilla gorilla beringei*) leben in kleinen Gruppen, in denen die voll ausgewachsenen Männchen mit mehreren Weibchen verkehren, wobei ein bestimmtes Weibchen über Jahre hinaus bei demselben Männchen bleibt (Harcourt 1979).

Die Fortpflanzungsstrategie des Menschen ist gekennzeichnet durch sehr wenige Nachkommen und hohe Investitionen in jeden von ihnen. In Abständen von etwa zwei Jahren wird je ein Kind geboren; nur gelegentlich sind es auch zwei. Die Nachkommen erreichen erst relativ spät die Fortpflanzungsreife. Sie müssen zudem sehr viel elterliche Zuwendung erhalten, soll die Strategie erfolgreich sein. Ohne Hilfe kann eine Mutter ihre Kinder nur mit Schwierigkeiten großziehen. Das ist eine Folge der für Säuglinge und Kleinkinder typischen Hilflosigkeit, die im Vergleich zu anderen Primaten beim Menschen besonders ausgeprägt ist (Passingham 1982). Schimpansenmütter beispielsweise pflegen ihre Kinder mehrere Jahre lang, haben dabei aber genügend Freiraum, um ohne fremde Hilfe auszukommen. Ein Schimpansenjunges klammert sich im Fell seiner Mutter fest und läßt ihr dabei soviel Bewegungsfreiheit, daß sie dem Nahrungserwerb nachgehen und auch mit den anderen Gruppenmitgliedern Schritt halten kann. Schimpansen leben polygam, und die Männchen sind kaum an der Elternfürsorge beteiligt. Im Gegensatz dazu muß die menschliche Mutter ihr Kind auf dem Arm tragen, weil es sich allein nicht festhalten kann. Selbst wenn es laufen gelernt hat, kann es dem Schrittempo der anderen Gruppenmitglieder noch nicht folgen.

Bei Untersuchungen an !Kung Buschleuten, die in der Kalahari-Wüste noch ganz in der Tradition der Jäger und Sammler leben, zeigte sich unter anderem, daß die Frauen durch ihre Kinder zwar stark beansprucht sind (Lee 1972), (s. Kap. 9, Abb. 9.1), aber trotzdem etwa zwei Drittel des gemeinsamen Kalorienbedarfs durch Pflanzensammeln decken. Mongongo-Nüsse, ihre wichtigste pflanzliche Nahrungsquelle, gibt es zur Trockenzeit zwar reichlich, aber sie kommen meistens nur an Stellen vor, die zehn Kilometer oder weiter von nutzbaren Lagerplätzen entfernt liegen. Die Frauen machen regelmäßig im Abstand von wenigen Tagen Ausflüge, um die Nüsse zu sammeln, und sie nehmen dabei ihre Kinder mit. Die Männer beteiligen sich nicht an den Sammelaktionen, sondern gehen auf die Jagd. Lee konnte zeigen, daß die Last, welche die Mütter während dieser Ausflüge zu tragen hatten, umso größer war, je kürzer die Zeit zwischen zwei aufeinanderfolgenden Geburten war, und zwar sowohl wegen des erhöhten Bedarfs an Nahrung für mehr unselbständige Kinder, als auch, weil sie die Kleinsten noch tragen mußten. Blurton Jones und Sibly (1978) fanden schließlich heraus, daß unter den herrschenden Bedingungen ein mittlerer Geburtenabstand von vier Jahren optimal ist. Die Frauen können dann den höchsten Fortpflanzungserfolg erzielen, wenn sie nicht so oft zum Sammeln gehen müssen und wenn sie auf solchen Ausflügen insgesamt weniger zu tragen haben, mithin ihre Kräfte optimal einsetzen können. Sie bekommen ihre Kinder tatsächlich in kürzeren Abständen, wenn sie sie während der Sammelaktionen nicht zu tragen brauchen.

Die Hilflosigkeit des menschlichen Säuglings ist weitgehend eine Folge der Unreife seines Gehirns. Das menschliche Gehirn ist viermal so groß, wie es bei Primaten von ähnlicher Statur zu erwarten wäre (Abb. 10.5). Zum Zeitpunkt der Geburt ist es unverhältnismäßig groß im Vergleich zum Körper, dennoch funktioniert es nur teilweise. Ein menschlicher Säugling braucht etwa zweimal so lange wie ein Schimpansen- oder Gorillajunges, bis er auf den Beinen stehen kann. Neugeborene haben

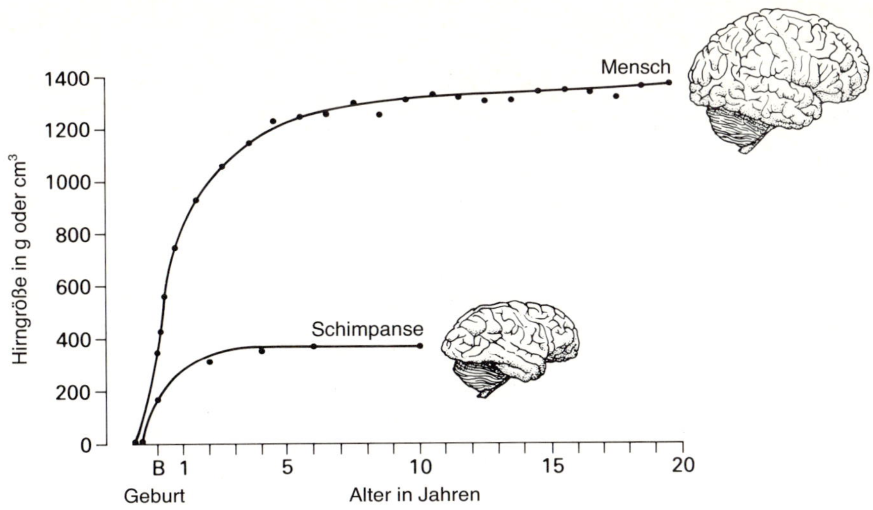

Abb. 10.5. Vergleich des Gehirnwachstums beim Menschen und beim Schimpansen (nach Passingham 1975).

einen starken Greifreflex und können dabei sogar ihr eigenes Gewicht halten (McGraw 1945), aber diese Fähigkeit geht bald verloren. Affenjungtiere klammern sich mit Händen und Füßen im Haarkleid ihrer Mutter fest; Säuglinge und Kleinkinder könnten das nicht, selbst wenn sie kräftig genug wären, denn ihre Füße sind nicht zum Greifen geeignet, und ihre Mütter haben eine zu geringe Körperbehaarung.

Unter diesen Umständen wäre eigentlich zu erwarten, daß Frauen bei der Partnerwahl besonders vorsichtig und sorgfältig verfahren, um sicherzustellen, daß ihr Mann auch ein guter Vater sein wird. Obwohl Zurückhaltung auf Seiten der Frauen ein typisches Merkmal des menschlichen Werberituals ist, haben junge Frauen bei der Wahl ihres Partners im allgemeinen nicht viel Freiheit. In vielen Gesellschaften wird die Verheiratung eines jungen Mädchens von seinen Eltern arrangiert, oder die Wahl ist beschränkt auf eine geringe Anzahl von Männern in geeigneter gesellschaftlicher Stellung. Die Methode der Partnerfindung ist in den einzelnen menschlichen Gesellschaften recht unterschiedlich; die freie Partnerwahl, wie sie die Frauen europäisch geprägter Kulturkreise gegenwärtig ausüben, ist vermutlich eine ziemlich neuartige Erscheinung.

Frauen haben aber andere Mechanismen entwickelt, um Männer zur Partnertreue zu bringen. Während viele Sauger nur saisonal fortpflanzungsbereit sind und fast nur in dieser Zeit Fortpflanzungsverhalten zeigen, gibt es auch Arten, die regelmäßig im Verlaufe eines **Menstruationszyklus** ovulieren. Diese Erscheinung findet man bei zahlreichen Primaten einschließlich der Menschenaffen und beim Menschen. Während aber bei den meisten Säugetieren in der Zeit der Empfängnisbereitschaft ein physiologischer, morphologischer und Verhaltensöstrus auftritt, ist der Mensch fast zu jedem Zeitpunkt des Zyklus paarungsbereit. Seine Paarungsbereitschaft ist also nicht auf einen periodisch auftretenden Östrus beschränkt (Abb. 10.6), sondern wird allenfalls durch den Menstruationszyklus geregelt. Die Besonderheit dieses Zyklus ist eine periodische Blutung, die im Zusammenhang mit der Ablösung der Uterusschleimhaut steht.

Dauerhafte Paarungsbereitschaft kommt den Interessen des männlichen Partners entgegen. Zudem ist der Zeitpunkt des Eisprungs bei Frauen nicht äußerlich erkennbar, während er bei den meisten anderen Säugern über das Verhalten, Brunftschwellungen, olfaktorische Reize etc. sogar deutlich signalisiert wird. Das heißt, ein Mann sollte Wert darauf legen, regelmäßig Geschlechtsverkehr mit derselben Frau zu haben, um die Befruchtung durch seinen Samen sicherzustellen (Lovejoy 1981). Er muß seine Frau vor Annäherungen durch andere Männer schützen, um sicher zu gehen, daß er der Vater ihrer Nachkommen ist. Die relativ geringe Chance, daß eine bestimmte Paarung zur Befruchtung führt, sorgt für die dauerhafte Hinwendung eines Mannes zu seiner Partnerin und vermindert die Attraktivität gelegentlicher

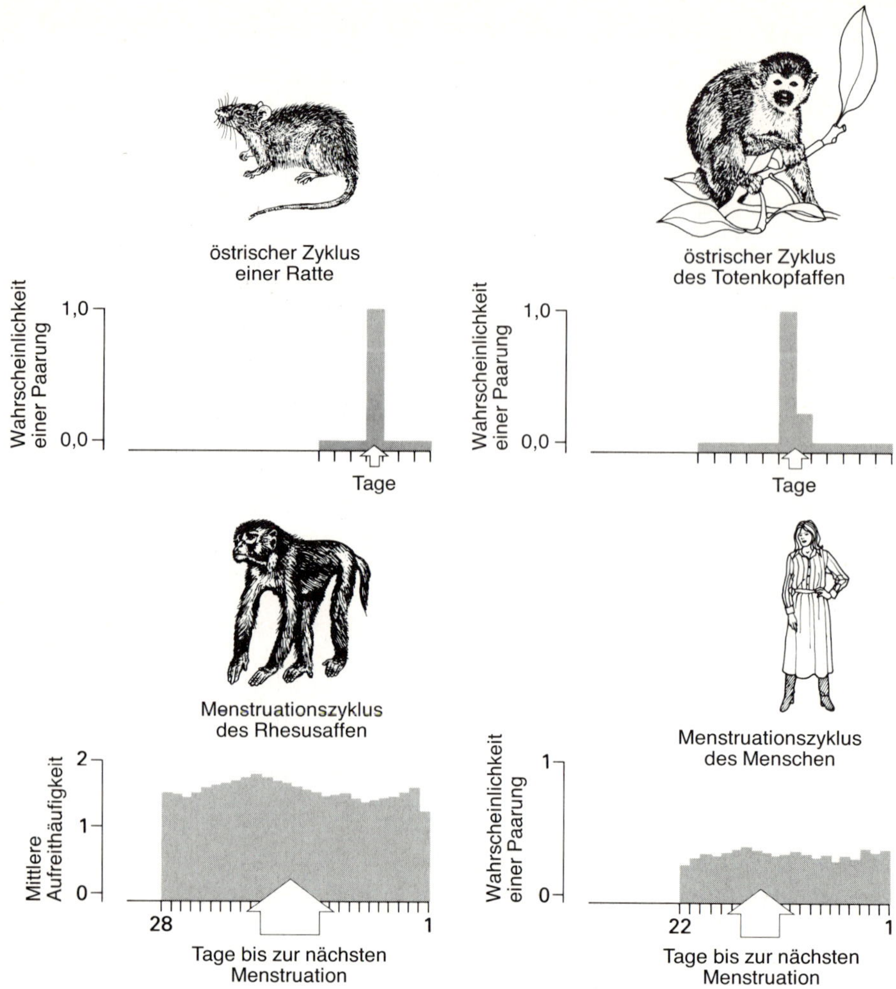

Abb. 10.6. Kopulationswahrscheinlichkeit oder -häufigkeit bzw. Häufigkeit des Aufreitens zu verschiedenen Zeitpunkten eines Fortpflanzungszyklus bei Ratten, Totenkopfaffen, Rhesusaffen und beim Menschen. Der Pfeil markiert jeweils die zeitliche Lages des Eisprungs (nach Daly und Wilson 1978).

„Seitensprünge" mit anderen Frauen. Zudem ginge er – für einen unsicheren und wenig wahrscheinlichen Gewinn – das Risiko einer aggressiven Auseinandersetzung mit einem anderen Mann ein (Halliday 1980).

Obwohl Männer ein persönliches Interesse am Wohlergehen ihrer Kinder haben, hat es ganz den Anschein, daß es ihnen doch Vorteile bringt, wenn sie häufiger die Partnerin wechseln, insbesondere wenn die Aussicht besteht, daß die Kinder, die sie mit anderen Frauen haben, auch versorgt sind. In vielen Gesellschaften wird ein erheblicher Druck auf die Väter ausgeübt, bei ihren Familien zu bleiben. Ein Vater, der durch elterliche Fürsorgepflichten an seine Familie gebunden ist, hat mehr zu verlieren als eine Frau, die ein Kind von einem anderen Mann hat. Da die genetische Verwandtschaft zu ihrem Kind außer Zweifel steht, kommt ihre mütterliche Fürsorge auf jeden Fall ihren eigenen Genen zugute – eine Sicherheit, die ein Mann nur haben kann, wenn er seine Frau von anderen Männern fernhält. In einigen Gesellschaften wird großer Wert auf Jungfräulichkeit bei der Heirat gelegt. Ehebruch wird bestraft, und Prostitution ist geächtet. In Gesellschaften, in denen Promiskuität bei Frauen allgemein üblich ist, wird der Familienbesitz über die Schwester des männlichen Haushaltsvorstandes weitervererbt, nicht über die Frau selbst. Der Mann kann sich nämlich darauf verlassen, daß seine Neffen und Nichten mit ihm verwandt sind, während er diese Sicherheit bei den Kindern seiner eigenen Frau nicht hat (Halliday 1980).

Beim Menschen gehört zur männlichen Sexualstrategie die Rivalität um den Erwerb einer Frau und eine gewisse Aggressivität für den Schutz seiner Frau(en) vor anderen Männern. Möglicherweise ist die größere Statur und Körperkraft des Mannes zum Teil darauf zurückzuführen, obwohl es wahrscheinlicher ist, daß dies in der üblichen Arbeitsteilung innerhalb der Familie begründet ist (Passingham 1982). Um seine Kinder erfolgreich aufzuziehen, ist der Mann im allgemeinen verpflichtet, sich an ihrer Versorgung zu beteiligen, und es liegt in seinem ureigenen Interesse, sicherzustellen, daß alle Kinder seiner Frau auch seine eigenen Kinder sind. Die Alternativstrategie der Männer besteht darin, Fortpflanzungsmöglichkeiten wahrzunehmen, ohne sich an der Versorgung der daraus eventuell hervorgehenden Kinder zu beteiligen. In stabilen Gesellschaften, in denen die Frauen in der Gemeinschaft beschützt sind, mögen die Chancen gering sein; bekanntlich häufen sich Gelegenheiten für diese Alternativstrategie aber in Zeiten kriegerischer Auseinandersetzungen oder infolge anderer Störungen der sozialen Ordnung.

Es ist unmöglich, die Sexualstrategien des Menschen allein aus der evolutionsbiologischen Perspektive auch nur halbwegs befriedigend zu erklären. Menschen haben eine außerordentlich hohe Begabung, neue Ideen und Verhaltensweisen zu entwickeln und diese oftmals auch in ihr System kultureller Normen einzubinden. Dementsprechend beobachtet man eine große Vielfalt sexueller Verhaltensweisen in den verschiedenen Gesellschaften.

10.3 Paarungssysteme und Sozialstrukturen

Soll eine Sexualstrategie erfolgreich sein, so erfordert sie ein bestimmtes Paarungssystem, und dieses wiederum bedingt weitgehend die soziale Organisation einer Art. Ein Männchen kann beispielsweise seine höchste Fitness erreichen, wenn es sich mit möglichst vielen Weibchen paart und entsprechend zahlreiche Nachkommen zeugt. **Polygynie** ist dann eine gute Strategie, wenn gewährleistet ist, daß die Nachkommen auch die Fortpflanzungsreife erreichen. Ihr Überleben ist aber abhängig von den ökologischen Bedingungen und vom Investment beider Eltern. Ein polygynes Männchen mit vielen Paarungschancen hat wenig Zeit, sich um seine Nachkommen zu kümmern. Diese müssen sich entweder selbst versorgen können, oder das Weibchen muß in der Lage sein, sie allein großzuziehen. Polygynie bedeutet im allgemeinen auch, daß sich nur ein Teil der Männchen fortpflanzen kann, während die anderen Männchen nicht zur Paarung gelangen. Infolgedessen kann sich ein Harem herausbilden, wie etwa bei einigen Huftieren und Primaten. Hier konkurrieren die voll erwachsenen, dominanten Männchen um den Besitz von Weibchen; jüngere Männchen müssen entweder auf eine Chance warten, um die eine oder andere Kopulation zu „stehlen“, oder sie müssen ein dominantes Männchen herausfordern.

Wenn man Vögel und Säugetiere vergleicht, so stellt man fest, daß Polygynie unter Säugern viel weiter verbreitet ist. Weibliche Säugetiere sind besonders geeignet, Jungtiere aufzuziehen; sie produzieren Milch und verfügen über spezifisch mütterliche Verhaltensweisen, die der Versorgung des Nachwuchses dienen. Die Männchen sind hierzu weniger gut ausgerüstet, können aber bei der Ernährung und Verteidigung ihrer Familie wertvolle Dienste leisten. Ganz anders bei Vögeln: Hier können die Männchen ihren Nachwuchs ebensogut versorgen wie die Weibchen. Unerläßliche Voraussetzung dafür, daß beide Eltern sich die Aufgabe der Versorgung ihres Nachwuchses teilen können, ist im allgemeinen eine monogame Sexualstrategie, bei der sich jedes erwachsene Individuum mit nur einem Mitglied des jeweils anderen Geschlechts verpaart. Mehr als 90 Prozent aller bekannten Vogelarten leben monogam. Manche bleiben sogar, nachdem sie sich einmal verpaart haben, für den Rest ihres Lebens mit demselben Partner zusammen, und zwar entweder dauerhaft oder lediglich während der Brutzeit (**Saisonehe**). Viele Zugvogelarten sind während der Brutsaison monogam, leben aber in der übrigen Zeit getrennt von ihrem Partner.

Abb. 10.7. Zwergseidenäffchen (*Cebuella pygmaea*). Ein Vater, der seine Zwillinge trägt.

Abb. 10.8. Springaffen (*Callicebus*).

Möwen haben eine ausgeprägte Neigung, alljährlich genau an denselben Brutplatz zurückzukehren, wo sie dann ihren Partner der vorherigen Saison wiedertreffen. Das Paar bleibt also lebenslang zusammen, es sei denn, es kommt zu einer Trennung, weil einer der Partner seine Aufgaben während des Brutgeschäfts nicht erfüllt (Hart 1964). Bei Schwänen und Gänsen kann die enge Paarbindung auch außerhalb der Brutzeit bestehenbleiben.

Polygynie ist bei Vögeln also eher die Ausnahme. Etwas häufiger beobachtet man diese Sexualstrategie nur bei typischen Nestflüchtern, zum Beispiel bei Fasanen, deren Jungvögel relativ wenig elterliche Zuwendung benötigen. Nesthocker müssen dagegen bis zum Ausfliegen mit Nahrung versorgt werden – eine Aufgabe, die gewöhnlich den Einsatz beider Eltern erfordert. Verpaart sich ein Weibchen mit zwei oder mehr Männchen, ein Männchen aber jeweils nur mit einem Weibchen, so spricht man von **Polyandrie**. Ein Beispiel hierfür liefert das von Jenni und Collier (1972) näher untersuchte Amerikanische Blatthühnchen (*Jacana spinosa*). Das Weibchen ist territorial, dominant gegenüber den Männchen und auffälliger gefärbt als diese. Die Eier, die das Weibchen nach der Paarung legt, werden ausschließlich vom Männchen bebrütet. Derweil sucht das Weibchen andere Partner auf, um ihnen weitere Gelege zur Bebrütung zu überlassen.

Allgemein läßt sich feststellen, daß eine ausgeprägte Bindung zwischen den Elterntieren stets im Zusammenhang mit Elternfürsorge auftritt. Bei promisken Arten, bei denen die Tiere nicht in einer Sozialeinheit auftreten und sich sowohl die Männchen als auch die Weibchen mit mehr als einem Partner des jeweils anderen Geschlechts paaren, gibt es keine dauerhafte Paarbindung, und die Elternfürsorge beschränkt sich auf das Nötigste. Bei anderen Arten wiederum hängt das Paarungssystem teils von den ökologischen Lebensbedingungen ab, teils von den jeweiligen Bedürfnissen der Jungtiere. Das läßt sich gut belegen, wenn man Primaten miteinander vergleicht.

Monogamie ist unter Säugern nicht weit verbreitet, aber bei mindestens 14 Primatenarten die Regel (Clutton-Brock und Harvey 1977). Auch bei den Primaten tragen die Männchen im allgemeinen nur wenig zur Versorgung der Jungtiere bei, verteidigen aber ihren Familienverband gegen äußere Gefahren. Bei den ausgesprochen monogamen Arten beobachtet man nun ein wesentlich größeres Engagement der Männchen in der Elternfürsorge (Passingham 1982). Ein Beispiel hierfür sind die Krallenaffen (*Callitrichidae*), die in der Regel Zwillinge haben: Das Männchen trägt sie meistens mit sich herum (Abb. 10.7) und übergibt sie dem Weibchen nur zum Säugen. Ähnliches gilt für Springaffen (*Callicebus*) (Abb. 10.8), bei denen die Väter mehr Zeit mit dem Nachwuchs verbringen als die Mütter (sie haben gewöhnlich nur ein Jungtier). Der menschliche Säugling, der besonders hilflos ist und sich nicht selbst festhalten kann, erfordert einen hohen Pflegeaufwand, schon deshalb, weil er getragen werden muß. Die hiermit verbundene Belastung für die Mutter und deren Auswirkungen auf die menschliche Lebensweise wurden bereits angesprochen.

10.4 Die soziale Organisation bei Primaten

Die Primaten haben ein breites Spektrum sozialer Organisationsformen entwickelt, was sich in ihren verschiedenartigen Lebensweisen und bevorzugten Habitaten widerspiegelt. Bei vielen Halbaffen (Prosimiae), wie zum Beispiel den Lemuren, den Loris und den Tarsiern, sind die Nahrungsressourcen jeweils weit gestreut. Es sind gewöhnlich insektivore, nachtaktive und an das Leben auf Bäumen angepaßte Arten. Sie führen ein Dasein als Einzelgänger und pflegen nur während der Paarungszeit soziale Kontakte.

Monogame Arten wie der Weißhandgibbon (*Hylobates lar*) verteidigen Territorien, ähnlich wie monogame Vögel. Die Jungtiere werden intensiv versorgt und bleiben bis zur Fortpflanzungsreife bei ihren Eltern.

Die soziale Organisation der Geladas (*Theropithecus gelada*) hat große Ähnlichkeiten mit der bestimmter Antilopenarten und ist vermutlich darauf zurückzuführen, daß das Nahrungsangebot ihres artspezifischen Lebensraumes großen Schwankungen unterworfen ist. Bei Impalas (*Aepyceros melampus*) etwa beobachtet man Junggesellentrupps und Harems, die nur aus Weibchen und jeweils einem die Weibchen bewachenden Männchen bestehen. Geladas leben in den Bergsavannen Äthiopiens. Während der Trockenzeit gibt es deutlich unterscheidbare Gruppentypen: Harems, reine Männchentrupps und Verbände halbwüchsiger Tiere. Die Männchentrupps zerstreuen sich am weitesten und verringern auf diese Weise die Nahrungskonkurrenz mit anderen Artgenossen. Während der Regenzeit, wenn wesentlich mehr Nahrung zur Verfügung steht, schließen sich die Gruppen zu großen Herden zusammen, innerhalb derer die Haremmitglieder beisammenbleiben.

Primaten, die in Lebensräumen mit gleichmäßigerem Nahrungsangebot vorkommen, neigen zur Bildung von Sozialeinheiten mit mehreren erwachsenen Männchen. Berggorillas (*G. gorilla beringei*) etwa haben kleine Streifgebiete und ernähren sich von den Blättern und jungen Trieben der Waldpflanzen. Diese Tiere leben in kleinen Gruppen, die jeweils von einem „Silberrücken-Männchen" angeführt werden, oft aber auch andere Männchen einschließen. Sie verteidigen keine Territorien, und ihre Aufenthaltsgebiete können sich mit denen anderer Gruppen überschneiden.

In der Savanne beheimatete Paviane, zum Beispiel der Anubispavian (*Papio anubis*), leben in Trupps, die jeweils aus mehreren Männchen und Weibchen bestehen. Die dominanten Männchen sind hinsichtlich des Zugangs zu Weibchen, Nahrung und Wasserstellen privilegiert. Sie kooperieren, wenn sie ihre soziale Stellung gegen Rivalen verteidigen, die Mütter und Kinder gegen Übergriffe durch andere Gruppenmitglieder oder die Gesamtgruppe vor Räubern schützen müssen. Reichhaltige Lebensräume üben immer eine starke Attraktion auf große Raubfeinde aus, so daß die Zusammenarbeit zwischen den Männchen in solchen Fällen erhebliche Vorteile bringt.

Die Neigung zur Kooperation ist eine der charakteristischen Komponenten des menschlichen Verhaltens. Die Menschen der Frühzeit haben wahrscheinlich gemeinschaftlich gejagt und dann ihre Beute miteinander geteilt (Isaac 1978). Beim Menschen besteht eine Arbeitsteilung zwischen den Geschlechtern. In Schimpansengesellschaften beobachtet man eine leichte Tendenz zu Geschlechtsunterschieden bei der Nahrungsbeschaffung; das Jagen tritt öfter bei den Männchen auf, das Sammeln von Termiten etwas häufiger bei den Weibchen, was aber noch nicht als regelrechte Arbeitsteilung aufgefaßt werden kann (McGrew et al. 1979; Goodall 1986). In menschlichen Jäger-und-Sammler-Gesellschaften der Gegenwart kann man beobachten, daß sich die Männer fast ausschließlich der Jagd widmen, während die Frauen pflanzliche Nahrung sammeln, denn sie sind in ihrem Aktionsraum und in ihrer Bewegungsfreiheit durch ihre Kinder eingeschränkt (Lee und DeVore 1968). *Homo sapiens* ist nicht die einzige Art mit dieser Sozialform. Bei Wildhunden (*Lycaon pictus*) bleiben die

Weibchen bei ihren Welpen im Bau und sind abhängig von der Beute, die ihnen die Männchen von der gemeinschaftlichen Jagd mitbringen.

Arbeitsteilung innerhalb eines Geschlechts hat sich bei Arten mit hochentwickelter kooperativer Jagd, so auch beim Menschen, entwickelt (König und Markl 1986). Bei der Kooperation übernehmen einzelne Individuen jeweils unterschiedliche Rollen, was die Effektivität der Gesamthandlung beträchtlich erhöht. Beispielsweise kooperieren Mbuti-Pygmäen erfolgreich bei der Elefantenjagd. Ein Mann stellt sich dem Tier in den Weg, so daß es stehenbleibt. Diesen Moment nutzen zwei andere, um dem Elefanten die Sehnen der Hinterbeine zu durchtrennen (Turnbull 1966). Die Jäger verständigen sich untereinander mit Gesten, so daß sie von dem Tier nicht bemerkt werden.

Merksätze

- Die vom evolutionären Standpunkt aus gesehen wichtigste Aufgabe der Männchen besteht darin, in der Konkurrenz zu anderen Männchen Weibchen zur Paarung zu gewinnen. Die Aufgabe der Weibchen besteht darin, Sexualpartner zu finden, die ihren Nachkommen höchste Überlebens- und Fortpflanzungschancen bieten.

- Balz ist ein Wettbewerb zwischen der männlichen Fähigkeit, sich optimal zu „verkaufen“ und der weiblichen Fähigkeit, dem „Kaufanreiz“ zu widerstehen. Sprödigkeit hilft einem Weibchen, die Eignung eines Männchens als potentieller Paarungspartner abzuschätzen, und kann dazu beitragen, daß auch das Männchen in seine zukünftigen Nachkommen einiges investiert.

- Die Sexualstrategien der Männchen können auf aggressive Auseinandersetzung, Konkurrenz auf der Ebene der Spermien oder das „Stehlen“ von Kopulationen hinauslaufen. Die jeweils bevorzugte Strategie kann sich mit dem Lebensalter ändern.

- Die Fortpflanzungsstrategie des Menschen steht in engem Zusammenhang mit dem sehr hohen Entwicklungsstand der Elternfürsorge. Ein wichtiger Aspekt der weiblichen Strategien ist die fast ständige Paarungsbereitschaft, die für eine dauernde Aufmerksamkeit des Partners sorgt. Die männlichen Strategien laufen auf Rivalität während des Werbens und Aggressivität beim Behüten der Frauen hinaus. Infolge der Fähigkeit zu kultureller Innovation und Traditionsbildung beobachtet man im Sexualverhalten des Menschen eine außerordentliche Vielfalt.

- Sexualstrategien führen zu bestimmten Paarungssystemen, die wiederum von tiefgreifender Bedeutung für die soziale Organisation einer Art sind. Viele Beispiele dafür findet man besonders unter den Primaten.

Weiterführende Literatur

HALLIDAY, T. R. (1980) *Sexual Strategy*. Oxford University Press, Oxford.

KÖNIG, B. und H. MARKL (1986) *Verhalten als Umweltanpassung*. In: *Funkkolleg Psychobiologie.* Studienbegleitbrief 2, S. 93-133. Beltz Verlag, Weinheim, Basel.

KUMMER, H. (1975) *Sozialverhalten der Primaten*. Springer Verlag, Berlin, Heidelberg, New York.

SCHERER, K. R., A. STAHNKE und P. WINKLER (1987) *Psychobiologie. Wegweisende Texte der Verhaltensforschung von Darwin bis zur Gegenwart*. dtv Wissenschaft, München.

VOGEL, C. und E. VOLAND (1986) *Evolution und Kultur*. In: *Funkkolleg Psychobiologie.* Studienbegleitbrief 2, S. 42-76. Beltz Verlag, Weinheim, Basel.

Mechanismen des Verhaltens

Teil 2

Im zweiten Teil des Buches sollen Tiere als Maschinen betrachtet werden. Unter diesem Gesichtspunkt richtet sich die Aufmerksamkeit auf das einzelne Individuum, insbesondere auf die Frage, wie es sich den Veränderungen in seiner Umwelt anpaßt. Für die Beantwortung dieser Frage wird hier nach einer mechanistischen Erklärungsmöglichkeit gesucht. Wie können Veränderungen im Verhaltensrepertoire des Tieres anhand unmittelbarer Ursachen erklärt werden?

Idealerweise würde man sicherlich gerne die Verhaltensmechanismen mit Hilfe der für diese Verhaltensweisen verantwortlichen physiologischen Prozesse beschreiben – also die Vorgänge im Gehirn und anderen Teilen des Nervensystems. Hierfür ist jedoch das Wissen über die physiologischen Abläufe noch nicht ausreichend. Aber selbst wenn das der Fall wäre, so sind physiologische Kenntnisse allein sicherlich nicht die angemessene Form, komplexes Verhalten zu erklären. Es wird daher versucht, zur Beschreibung von Verhaltensmechanismen mehrere alternative Wege aufzuzeigen: die physiologische Annäherung, der mehr abstrakte systemtheoretische Ansatz und der psychologische Ansatz. Alle drei Methoden haben ihre Vorzüge und sollten auf keinen Fall als miteinander rivalisierende Verfahren angesehen werden. Vielmehr ergänzen sie sich vorzüglich, je nachdem, welche Ebene des Verhaltens gerade betrachtet werden soll.

2.1 Wahrnehmung bei Tieren

In den folgenden drei Kapiteln geht es um die Nerven- und Sinnessysteme der Tiere. In Kapitel 11 werden die grundlegenden Elemente der Nerven-, Sinnes- und Muskelsysteme beschrieben. Anschließend werden die Nervensysteme von Invertebraten und Vertebraten vorgestellt. In diesem Kapitel soll eine allgemeine Übersicht über den physiologischen Apparat, der den verschiedenen Arten innerhalb des Tierreiches zur Verfügung steht, vermittelt werden.

In Kapitel 12 werden die bedeutenderen sensorischen Sinnessysteme, wie Chemorezeption, Hören und Sehen, besprochen. Ebenso werden drei verschiedene Sichtweisen über den Wahrnehmungsvorgang erörtert. In Kapitel 13 geht es um ökologische Aspekte sensorischer Systeme, insbesondere um die speziellen sensorischen Anpassungen derjenigen Tiere, die sich in einer ungünstigen Umwelt behauptet haben.

JOHANNES PETER VON MÜLLER (1801-1858)

Johannes Peter von Müller, Sohn eines armen Schusters, führte die experimentelle Physiologie in Deutschland ein und kann größtenteils dafür verantwortlich gemacht werden, daß die Ansicht, den menschlichen Körper als eine Maschine anzusehen, populär geworden ist. Von Müller hatte viele berühmte Schüler wie DuBois-Reymond, Helmholtz, Henle, Koelliker, Remak, Reichert und Virchow. Er war an vielen wegbahnenden Vorhaben in der Biologie beteiligt, insbesondere auf dem Gebiet der Sinnesphysiologie und der marinen Zoologie. Von Müller publizierte das monumentale *Handbuch der Physiologie des Menschen für Vorlesungen*, das von Baly ins Englische übersetzt worden ist und 1827 als *Elements of Physiology* erschien. Sein wichtigster Beitrag zur Untersuchung des Verhaltens ist seine Lehrmeinung über die Spezifität der Nervenbahn. Zu seiner Zeit glaubte man noch, daß bestimmte Umgebungsreize die sensorischen Nerven jeweils reizspezifisch beeinflussen. Von Müller entdeckte aber, daß die Reizung eines bestimmten Nerven, unabhängig von der Art des dargebotenen Reizes, immer die gleiche Sinnesempfindung auslöst. Lichteinfall auf das Auge z. B. erzeugt visuelle Empfindung, aber auch ein mechanischer Reiz, wie ein Schlag auf das Auge, oder elektrische Reizung des optischen Nerven – sie alle können eine visuelle Wahrnehmung auslösen. Wenn unser Ohr mit den Sehnerven verbunden wäre, dann könnte durch akustische Reizung visuelle Wahrnehmung ausgelöst werden. Demnach ist nicht das Sinnesorgan selbst ausschlaggebend, sondern vielmehr sind es die weiterleitenden Nervenbahnen, die die sensorische Information in die entsprechenden Gehirnareale schicken. Diese Gehirnregionen erhalten also über Nervenbahnen visuelle, akustische, taktile und olfaktorische Informationen aus den entsprechenden Körperregionen und übersetzen sie in die entsprechenden Empfindungen. Die Sinnesorgane sind dafür verantwortlich, daß die verschiedenen Umgebungsreize wie Licht, Wärme oder Druck in den Rezeptorzellen in ein elektrisches Potential umgewandelt werden. Die Rezeptorzellen sind spezialisierte Nervenzellen, die einen wesentlichen Bestandteil des Sinnesorgans bilden und wiederum mit anderen Zellen des Nervensystems in Verbindung stehen.

Die Lehrmeinung über die Spezifität der Nervenbahnen liefert den Schlüssel zum zentralen Ansatz der Sinnesphysiologie. Diese Doktrin macht alle vorherigen Spekulationen zunichte, die vor allem dem Sinnesorgan selbst die Bedeutung der Sinneswahrnehmung zugeschrieben haben. Sinnesorgane sind in erster Linie Orte, in denen eine bestimmte Energieform in eine andere umgewandelt wird. Wenngleich bereits in der Peripherie eine gewisse Reizfilterung stattfindet, so ist es doch letztlich das Gehirn, das eintreffende Informationen sortiert und kategorisiert, wobei allein die Reizintensität, die auf die peripheren Nerven einwirkt, ausschlaggebend ist. Teilweise durch die Arbeiten von Johannes Peter von Müllers Schülern wie DuBois-Reymond und Helmholtz ist heute allgemein bekannt, daß die Nervenimpulse, die am Axon entlangwandern, eine meßbare Größe und Fortleitungsgeschwindigkeit aufweisen, die wiederum für die betreffende Nervenzelle charakteristisch ist. Das bedeutet, daß die einzelne Nervenzelle nur Informationen über die Reizstärke weiterleiten kann. Andere Eigenschaften des Reizes können nur durch das Gehirn selbst festgestellt werden, indem es die von vielen Nervenzellen eingehende Information verarbeitet.

11 Neuronale Kontrolle des Verhaltens

In diesem Kapitel wird die neuronale Kontrolle des Verhaltens besprochen, wobei zuerst die Grundbausteine vorgestellt werden. Verschiedene Nervensysteme, die innerhalb des Tierreiches bekannt sind, werden dann vorgestellt, anschließend wird aufgezeigt, wie die globale Organisation des Nervensystems zum Verhalten in Beziehung steht.

11.1 Nervenzellen

Nervensysteme bestehen aus Nervenzellen, auch **Neurone** genannt, die miteinander in Verbindung stehen und auf die Übertragung von Informationen spezialisiert sind. Jedes Neuron besitzt einen Zellkörper mit einem Zellkern und einer Vielzahl von Fortsätzen (Abb. 11.1). Im allgemeinen gibt es viele kurze Verzweigungen, die **Dendriten** genannt werden, und einen einzelnen langen Fortsatz, das **Axon**. Die Dendriten können mit anderen in der Nähe liegenden Neuronen in Verbindung stehen, die Axone dagegen vermitteln im allgemeinen Informationen über relativ große Entfernungen.

Normalerweise ist die Membran eines Neurons polarisiert. Das bedeutet, daß ein elektrisches Potential an der Membran besteht. In einem nicht aktiven Neuron bezeichnet man dieses Potential als **Ruhepotential**. Dieses Potential sorgt für einen stabilen Bereitschaftszustand, ähnlich einer elektrischen Batterie, die Energie gespeichert hält und diese auf Anforderung zur Verfügung stellt. Das Ruhepotential ist die Folge einer ungleichen Konzentrationsverteilung von K^+-Ionen an der Innen- und Außenseite der Zelle. Befindet sich die Zelle im Ruhezustand, dann ist die Ladung im

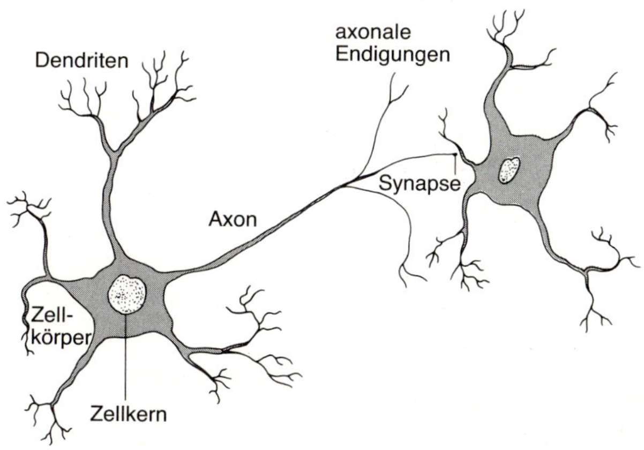

Abb. 11.1. Zwei Nervenzellen, die miteinander in synaptischem Kontakt stehen.

Inneren der Zelle gegenüber der Außenseite negativ. Wird die Zelle depolarisiert, dann verringert sich ihr Membranpotential und läuft gegen Null (Abb.11.2). Wird das Membranpotential dagegen weiter in den negativen Bereich verschoben, so nennt man die Zelle „hyperpolarisiert".

Wird das Membranpotential über eine bestimmte Schwelle depolarisiert, dann wird ein **Aktionspotential** ausgelöst, das sich an der Membran entlang ausbreitet. Das Aktionspotential ist eine kurzfristige Potentialänderung, die durch systematische Veränderungen der Na^+- und K^+-Ionenkonzentrationen beidseitig der Membran verursacht wird (Abb. 11.3). Das Aktionspotential läuft als elektrische Welle am Axon entlang. Es hat immer die gleiche Amplitude (Höhe), die wiederum vom Axondurchmesser abhängig ist. Größere Axone erzeugen nicht nur größere Aktionspotentiale als kleinere Axone – große Aktionspotentiale werden auch schneller am Axon weitertransportiert.

Nach jedem weitergeleiteten Aktionspotential folgt eine Refraktärzeit, in der sich die Membran erholt und das normale Ionengleichgewicht und Ruhepotential wiederhergestellt werden. Da kein weiteres Aktionspotential während der Refraktärzeit erzeugt werden kann, bestimmt die Dauer der Refraktärzeit am Axon die maximale Rate, mit der Aktionspotentiale erzeugt werden können.

Man sagt, ein Axon „feuert", wenn ein Aktionspotential vorhanden ist. Ein Aktionspotential erscheint auf dem Oszilloskop als ein Spike. Ein Oszilloskop ist ein Gerät, das benutzt wird, um Membranpotentiale mit Hilfe von Elektroden zu messen, die im Nervengewebe eingestochen sind. Das Neuron feuert nach dem Alles-oder-nichts-Gesetz, d. h. entweder ist ein voll ausgebildeter Spike zu sehen, oder es ist überhaupt kein Spike vorhanden. Die Feuerungsrate hängt davon ab, wie stark das Neuron gereizt wird. Dementsprechend ist die neuronale Information durch die Frequenz codiert (Abb. 11.4).

Die Membranen der Axone und Dendriten bilden keine direkten Verbindungen mit anderen Neuronen aus, treten aber in sehr engen Kontakt mit diesen. Diese Kontaktstellen werden **Synapsen** genannt. Im allgemeinen werden an einer Synapse sehr kleine Mengen chemischer **Neurotransmitter** freigesetzt. Diese Transmitter beeinflussen das Ruhepotential der Empfängermembran und regen somit auch das Empfänger-Neuron an, Aktionspotentiale zu erzeugen.

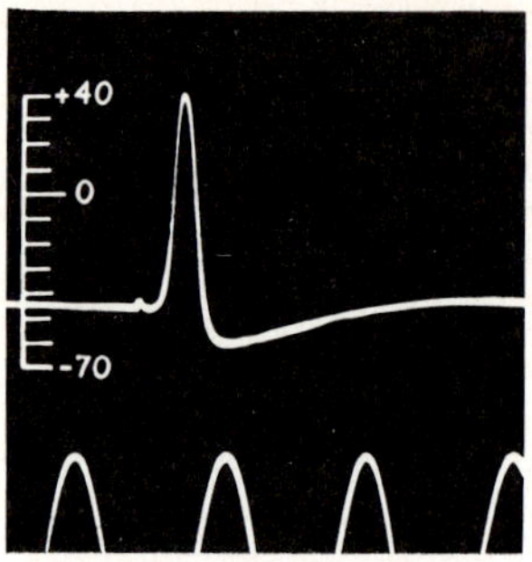

Abb. 11.2. Ein Aktionspotential, das an einer Riesennervenfaser des Tintenfisches abgeleitet worden ist (aus Hodgkin und Huxley 1945).

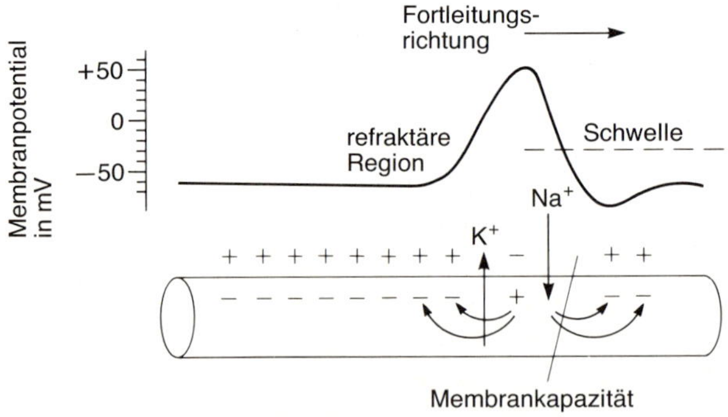

Abb. 11.3. Fortleitung eines Aktionspotentials infolge des Ein- und Ausstromes von K^+- und Na^+-Ionen durch die Axonmembran.

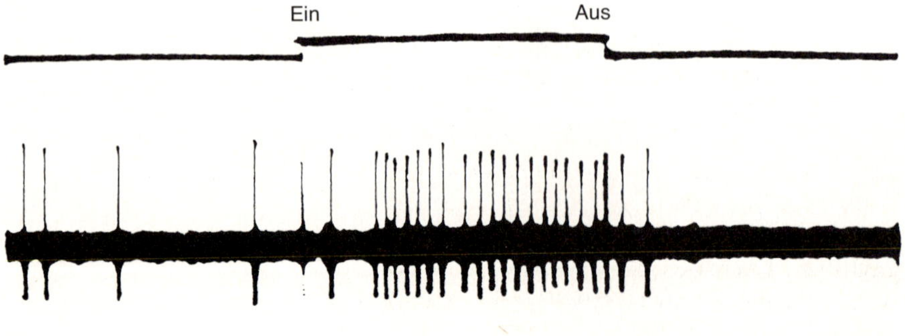

Abb. 11.4. Extrazelluläre Ableitung von Nervenimpulsen an einem Neuron im visuellen System der Katze. Man beachte, daß die Impulsfrequenz ansteigt, sobald der Reiz gegeben wird (aus Guthrie 1980).

Neurone können durch andere Neurone, durch Verletzungen oder über Sinnesrezeptoren stimuliert werden. Im Prinzip laufen in allen drei Fällen die gleichen Prozesse ab. Der Reiz verursacht eine Veränderung des Membranpotentials, und wenn dieses eine bestimmte Schwelle erreicht hat, wird ein Aktionspotential ausgelöst. Es soll nun beschrieben werden, wie dieser Ablauf in den Sinnesrezeptoren vonstatten geht.

11.2 Sinnesrezeptoren

Sinnesrezeptoren sind spezialisierte Nervenzellen, die für die Umwandlung und Weiterleitung neuronaler Informationen verantwortlich sind. Wie ganz gewöhnliche Nervenzellen, so bestehen auch die Sinnesrezeptoren aus einem Zellkörper, Dendriten und einem oder mehreren Axonen. Rezeptoren sind insofern spezialisiert, als sie nur auf bestimmte Umgebungsreize reagieren. Zum Beispiel enthalten **Photorezeptoren** Pigmente, die unter Lichteinwirkung chemisch modifiziert werden und dadurch ein elektrisches Potential erzeugen können. **Mechanorezeptoren** dagegen unterliegen elektrochemischen Veränderungen als Folge von Zellmembrandeformationen. Die Energieumwandlung erfolgt im allgemeinen im Zellkörper, wobei der Umgebungsreiz in ein graduiertes elektrisches Potential, das **Generatorpotential**, transformiert wird. Diese Art der Energieumwandlung ist für alle Rezeptoren charakteristisch. Die Höhe des Generatorpotentials ist dabei der Reizintensität proportional. Sobald das Generatorpotential einen bestimmten Schwellenwert erreicht hat, wird ein Aktionspotential erzeugt, das sich entlang des Axons der Rezeptorzelle ausbreitet. Dieser Fortleitungsprozeß ist Teil der sensorischen Verarbeitung, wobei die Information des Reizes als Frequenz codiert wird, d. h. je stärker der Reiz, desto höher ist die Frequenz der Aktionspotentiale.

Bleibt der Reiz aus, so bewegt sich das Generatorpotential wieder langsam dem Ruhepotential zu. Befindet sich das Generatorpotential unterhalb des Schwellenwertes, so werden keine weiteren Aktionspotentiale mehr erzeugt. Bei erneuter Reizung kann es zu einer kurzen Verzögerung (der **Refraktärphase**) kommen. Während dieser Zeit steigt das Generatorpotential vom Ruhewert zum Schwellenwert an. Erfolgt die Stimulation mit kurzen Unterbrechungen, so wird das Generatorpotential entsprechend rhythmisch ansteigen und wieder abfallen, wodurch es zu einer rhythmischen Folge von Aktionspotentialen kommt. Erfolgen die Reizunterbrechungen mit einer sehr hohen Frequenz (also in sehr kurzen Zeitabständen), so hat das Generatorpotential nicht die Möglichkeit, während der Reizunterbrechungen wieder auf den Ruhewert zurückzufallen. Dadurch kommt es zu einer kontinuierlichen Folge von Aktionspotentialen. Das erklärt auch, warum man nicht in der Lage ist, einen konstant anhaltenden Reiz von einem mit hoher Frequenz unterbrochenen Reiz zu unterscheiden. Dieses Phänomen der Flicker-Fusion ist für alle Sinnessysteme gültig, am Beispiel des visuellen Systems aber besonders eindrucksvoll. Die Tatsache, daß ein sehr kurz unterbrochener Lichtreiz die gleiche Sinnesempfindung auslöst wie ein konstant anhaltender Lichtreiz, macht Fernsehen und Film überhaupt erst möglich.

Die Aktionspotentiale, welche die sensorische Information weiterleiten, unterscheiden sich in keiner Weise von anderen Nervenimpulsen. Die Amplitude der Potentiale ist durch die Größe des Axons und ihre Frequenz durch die Reizintensität bestimmt. Jeder Rezeptortyp projiziert seine Impulse entweder auf direktem oder auf indirektem Weg zu den entsprechenden Gehirnregionen. Die erlebte Sinnesempfindung hängt weder vom Rezeptortyp noch von der Art der Information ab, die von einem Rezeptor ausgesendet wird. Vielmehr ist die innervierte Gehirnregion selbst für die erlebte Sinnesempfindung verantwortlich. Ebenso ist die Lokalisation einer Sinnesempfindung Aufgabe des Gehirns. Bei Schmerz zum Beispiel erreichen die

Nervenfasern der Hand bestimmte Regionen des Gehirns, andere Gehirnregionen sind für die Nervenfasern des Arms zuständig, und so weiter. Die Wahrnehmung von „Schmerz“ durch das Gehirn bezieht sich jeweils auf den Körperteil, von dem die „schmerzhafte Information“ herkommt. Dieses Phänomen wird bildhaft von Menschen beschrieben, denen Gliedmaßen amputiert worden sind und die nun über Schmerzempfindungen klagen, die von den amputierten Körperteilen herrühren. Die durch die Amputation durchtrennten und demzufolge verletzten Nervenendigungen senden Impulse zu den entsprechenden Gehirnregionen, die mit der amputierten Gliedmaße in Verbindung standen. Das Gehirn ordnet die Information dem amputierten Körperteil zu, wobei die wahrgenommene Empfindung jeweils von dem Nerven abhängt, der die Irritation aussendet. Ebenso kann Wärme, Kälte oder Druck von der bereits entfernten Gliedmaße wahrgenommen werden.

11.3 Muskeln und Drüsen

Für die Kontrolle des Verhaltens und bis zu einem gewissen Grad auch für die Kontrolle über den inneren Zustand des Tieres ist das Nervensystem verantwortlich (s. Kapitel 15). Die Kontrolle erfolgt über Befehle an die Muskeln und Drüsen.

Die Muskeln, die aus komplex strukturierten Proteinen aufgebaut sind, sind zu Kontraktion und Relaxation fähig. Nervenendigungen kontaktieren Muskeln über Synapsen in ähnlicher Weise, wie auch Neurone unter sich synaptische Kontakte ausbilden. Die Nervenimpulse, die an der neuromuskulären Kontaktzone ankommen, verändern das elektrische Potential, wodurch es zur Kontraktion des Muskels kommt. Der Muskel entspannt sich wieder, sobald er nicht mehr gereizt wird. Eine Verkürzung des Muskels bei Kontraktion ist natürlich nur dann möglich, wenn der Muskel nicht an beiden Endpunkten fixiert ist. Bei Entspannung kann ein Muskel sich verlängern, aber auch nur dann, wenn er durch die Aktion anderer Muskeln oder durch eine äußere Krafteinwirkung gestreckt wird. Daher sind Muskeln im allgemeinen in entgegengesetzt wirkenden Muskelgruppen angeordnet. Bei einigen Invertebraten, wie z. B. den Anneliden, kann durch Aufwendung von hydrostatischem Druck einer Muskelkontraktion entgegengewirkt werden, da die Muskeln Teile der Körperhöhle verdrängen. Dieser Druck bringt die Muskeln dazu, sich zu verlängern, wenn sie sich entspannen. Bei anderen Invertebraten, wie z. B. den Arthropoden, sind die Muskeln innerhalb eines harten Exoskeletts verankert, wodurch die nötige Hebelkraft für entgegengesetzt wirkende Muskelgruppen geliefert wird (Abb. 11.5). Bei den Vertebraten wird die Hebelkraft über das innere Skelett bereitgestellt. Die Muskeln sind so angeordnet, daß sie entgegengesetzt wirken (Abb. 11.6). Ist die eine Muskelgruppe entspannt, so ist die andere kontrahiert.

Auch einige Drüsenaktivitäten stehen unter neuronaler Kontrolle. Bei den Vertebraten handelt es sich hierbei um die Speicheldrüsen, die Speichel absondern, das Nebennierenmark, das Adrenalin sekretiert, und die Hirnanhangdrüse, die verschiedene wichtige Hormone aussendet. Die Sekretionsprodukte dieser Drüsen können Verhaltensweisen indirekt beeinflussen, indem sie auf das innere Milieu des Tieres einwirken, wie noch am Ende dieses Kapitels im einzelnen zu sehen sein wird.

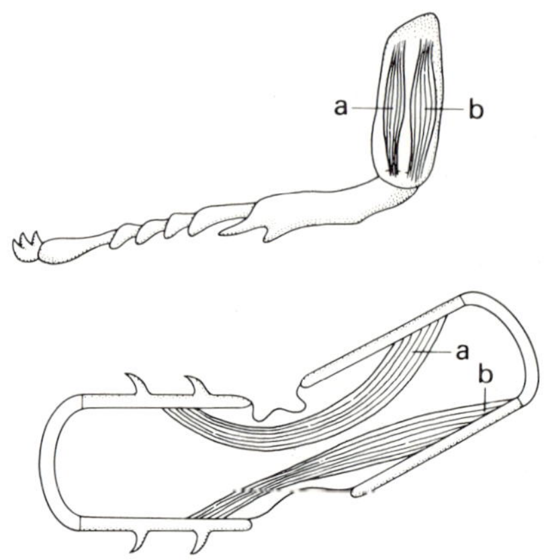

Abb. 11.5. Mechanische Anordnung von Muskeln und Skelett in einem Insektenbein. Die Muskeln befinden sich innerhalb des Skeletts. In der oberen Teilabbildung ist der Muskel a der Flexor (der die Gliedmaße beugt), und Muskel b ist der Extensor (der die Gliedmaße streckt). Unten ist die Anordnung entgegengesetzt, hier überspannen die Muskeln ein Gelenk. Muskel a ist hier der Extensor und Muskel b der Flexor.

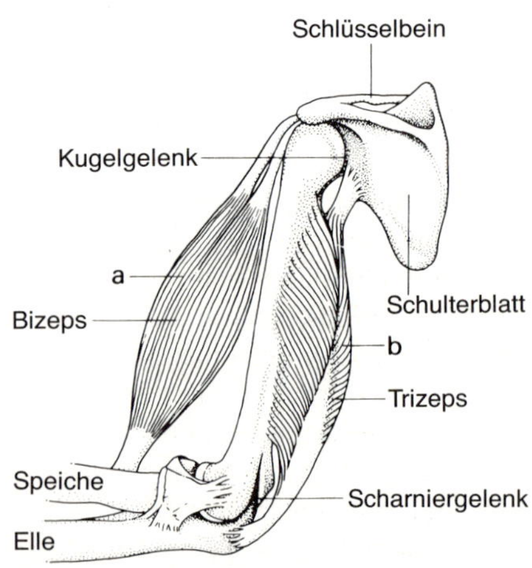

Abb. 11.6. Mechanische Anordnung von Muskeln und Skelett im Arm eines Menschen. Die Muskeln befinden sich außerhalb des Skeletts. Muskel a ist der Beugungsmuskel und Muskel b der Streckmuskel.

11.4 Das somatische System

Es ist wichtig für das Tier, daß das Gehirn Informationen über den jeweiligen Zustand des Körpers erhält. Die Position der Gliedmaßen, der Druck der inneren Organe, die Temperatur verschiedener Körperteile und viele andere Größen werden über das **Zentralnervensystem (ZNS)** über Propriozeptoren, die an strategisch wichtigen Punkten lokalisiert sind, registriert. Dieses System, das für die Körperempfindungen verantwortlich ist, wird **somatosensorisches System** genannt.

Bei Wirbeltieren befinden sich eine Anzahl verschiedener Typen von Sinnesrezeptoren in der Haut, in den Skelettmuskeln und im Eingeweide. Einige Beispiele sind in Abb. 11.7 dargestellt. Bei Invertebraten gibt es ebenfalls eine Vielzahl von Rezeptoren. Der Mensch besitzt fünf verschiedene Typen von Hautrezeptoren, die Berührungs-, Druck-, Kälte-, Hitze- und Schmerzempfindung weiterleiten. Schmerzrezeptoren sind sehr zahlreich vorhanden, 27mal häufiger als Kälterezeptoren und 270mal häufiger als Hitzerezeptoren. Einige Hautrezeptoren zeigen eine schnelle sensorische Adaptation. Als Antwort auf eine kleine Veränderung eines Reizes steigt die Frequenz des Nervenimpulses schnell an und fällt dann wieder auf den Ruhezustand zurück. Das bedeutet, daß ein solcher Rezeptor ein guter Indikator von Veränderungen der Reizstärke ist. Gegenüber der absoluten Reizintensität ist er jedoch ein schlechter Indikator. Diese Hautrezeptoren sind besonders dann von Vorteil, wenn der Körper von nur kleinen Veränderungen in seiner Umgebung benachrichtigt werden soll, wie z. B. von Temperaturschwankungen, die ihn dennoch beeinträchtigen können.

Rezeptoren, die tief im Inneren des Körpers liegen, führen viele verschiedene Funktionen aus, einschließlich solcher, Blutdruckveränderungen zu messen, den Spannungszustand von Muskeln festzustellen, die Salzkonzentration im Blut zu bestimmen, usw. Die Information, die von den Interozeptoren (Propriozeptoren) geliefert wird, wird von den Organismen größtenteils nicht bewußt wahrgenommen. Diese Interozeptoren erzeugen keine Sinneswahrnehmung. Manchmal bewirkt ihr Zusammenspiel Hungergefühl, Durst oder auch Übelkeit. Diese Effekte ergeben sich jedoch durch komplexe Verarbeitungsprozesse im Gehirn, die sich nicht immer auf Stimulation einzelner Körperregionen zurückführen lassen. Das könnte daran liegen, daß die Reaktion auf Hunger und Durst weitaus indirekter stattfindet als die Reaktion auf äußeren Druck oder auf Temperaturänderungen.

Die Orientierung von Tieren in Bezug zur Schwerkraft oder auf andere äußere Reize, wie z. B. auf das Licht, hängt teilweise von der Information über das räumliche Verteilungsmuster der verschiedenen Körperteile ab. Bei den Säugetieren kommt die Information aus dem Vestibularsystem und von den Rezeptoren in den Gelenken, Muskeln und Sehnen. Die Gelenkrezeptoren liefern Informationen über die Winkelposition jedes einzelnen Gelenkes (Howard und Templeton 1966). In den Sehnen der Säuger befinden sich die Sehnenorgane, die auf Spannung empfindlich reagieren. Sie senden ihre Informationen in das Rückenmark und sind an einem einfachen Reflex beteiligt, der einem Anstieg der Muskelspannung entgegenwirkt.

In den Muskeln befinden sich die Muskelspindeln, die auf Veränderungen in der Muskellänge reagieren (Abb. 11.8). Muskelspindeln bestehen aus modifizierten Muskelfasern und besitzen eine spiralig geformte Nervenendigung, die um den mittleren Teil der Muskelfasern gewickelt ist und **primäre sensorische** oder **annulospirale Endigung** genannt wird. Wenn der Muskel an Länge zunimmt, wird die Muskelspindel gestreckt, und die primären Endigungen senden sofort Informationen an das Rückenmark. Es können auch **sekundäre Endigungen** vorhanden sein, die Informationen langsamer weiterleiten. Viele Säugetierspindeln haben sowohl primäre als auch sekundäre Endigungen, andere wiederum besitzen nur primäre Endigungen (Prosser 1973). Diese Spindeln sind Teile eines einfachen Reflexbogens, der einer Zunahme der Muskellänge entgegenwirkt.

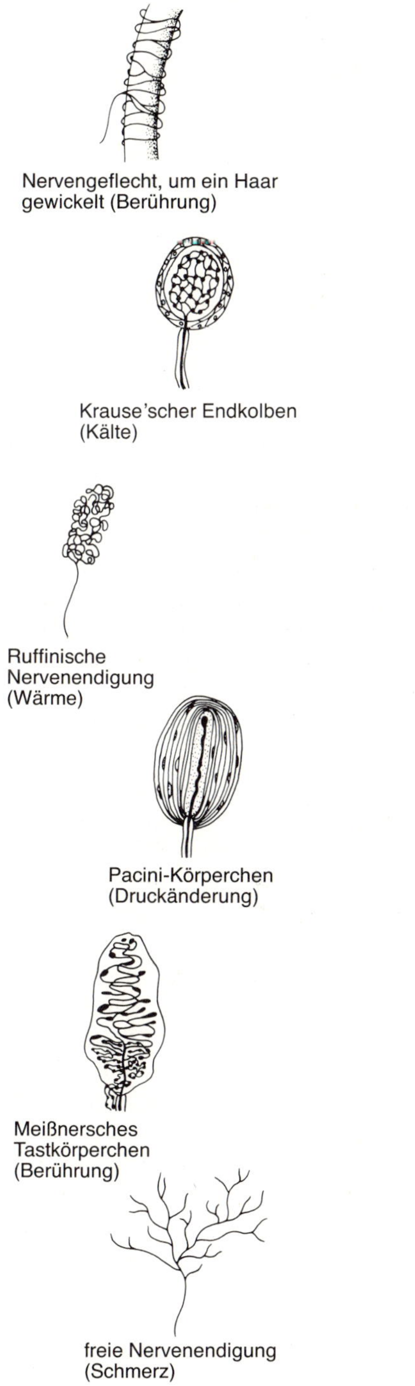

Abb. 11.7. Einige Beispiele von Hautrezeptoren bei Wirbeltieren und die mit ihnen assoziierten Sinne (nach Keeton 1972).

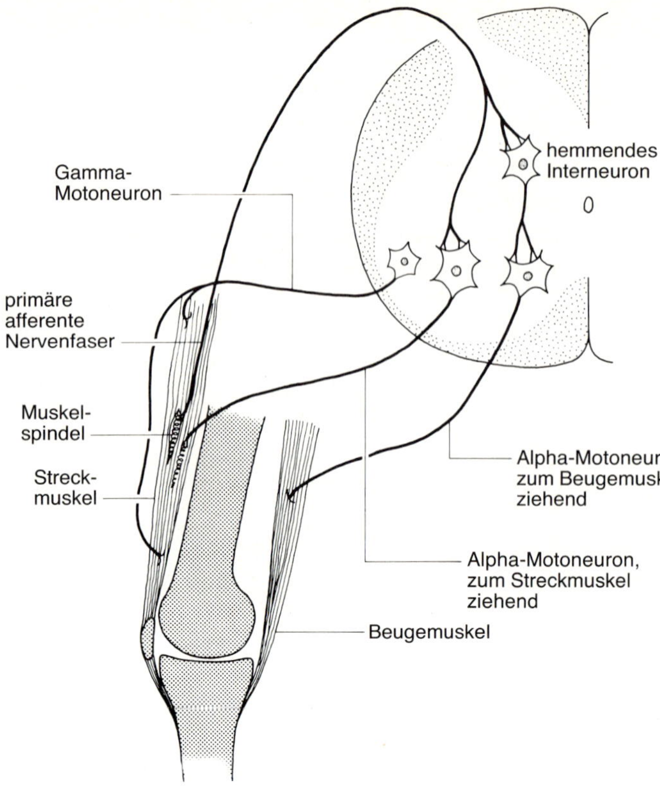

Abb. 11.8. Muskelspindel der Säuger.

Die Muskelspindeln liegen innerhalb eines **fibrösen Bindegewebes**, und ihre Muskelfasern werden **intrafusale Fasern** genannt. Gewöhnliche Skelettmuskelfasern heißen **extrafusale Fasern**. Sie sind von sogenannten **Alpha-Motoneuronen** innerviert, deren Zellkörper im Rückenmark lokalisiert sind. Die intrafusalen Fasern bei Säugern sind dagegen von kleinen **Gamma-Motoneuronen** innerviert, welche die Muskelspindel in einem tonischen Aktivitätszustand halten. Es ist nur wenig Muskelspannung notwendig, um die Muskelspindel zu aktivieren. Da Muskelspindeln parallel zu den extrafusalen Muskelfasern angeordnet sind, tendieren sie zu erschlaffen, wenn der Muskel sich kontrahiert. Die Gamma-Motoneurone können Befehle an die intrafusalen Fasern schicken, um eine Erschlaffung zu vermeiden, damit der Aktivitätszustand der Spindel aufrechterhalten wird (Abb. 11.9).

Die Muskelspindeln bei Vögeln sind denen der Säuger recht ähnlich, wobei die intra- und extrafusalen Muskelfasern ebenfalls parallel angeordnet sind. Bei der Eidechse *Tiliqua* jedoch scheinen die Muskelspindeln zu den extrafusalen Fasern in Serie geschaltet zu sein (Prosser 1973). Bei Reptilien und Amphibien gibt es keine Gamma-Motoneurone, intrafusale wie auch extrafusale Fasern werden beide von Alpha-Motoneuronen innerviert. Fische besitzen keine Muskelspindeln, haben aber Rezeptoren in den Muskelfasern, die auf Winkelgeschwindigkeit reagieren.

Arthropoden besitzen eine Vielzahl von Streckrezeptoren, es handelt sich hierbei um zwei ganz allgemeine Typen: 1) solche, die zwischen exoskelettalen Elementen liegen und auf Vibrationen in der Cuticula reagieren und 2) solche, die mit Sehnen verbunden sind und auf Streckung sowie Druckveränderungen antworten (Prosser 1973). Krabben haben Rezeptoren, die sowohl die Position als auch die Bewegung eines Gelenks registrieren, und Schmeißfliegen besitzen Streckrezeptoren im Darm, die die weitere Nahrungsaufnahme verhindern, wenn der Darm bereits gedehnt ist.

Die meisten Biologen stimmen darin überein, daß eine der großen evolutionären Entwicklungen im Tierreich der immer komplexer werdende Aufbau des Nervensystems ist. Verfolgt man die Evolution der Sinnesverarbeitung, so scheint es angebracht zu sein, die Komplexität des Nervensystems als Leitfaden zu nehmen. Jedoch gibt es aus der Vergangenheit nur wenige direkte Hinweise zum Aufbau des Nerven-

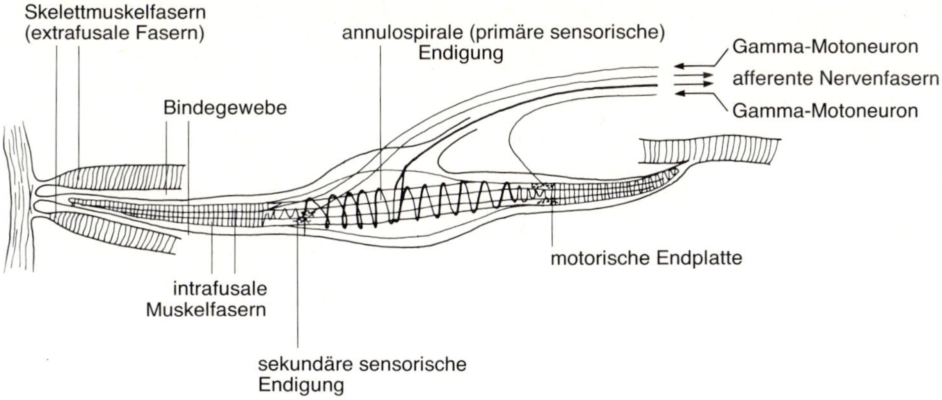

Abb. 11.9. Innervation der Muskelspindel.

systems, da das weiche Nervengewebe nur selten in fossiler Form erhalten ist. Von skelettalen Resten können jedoch manchmal indirekte Schlüsse auf den Aufbau des Nervensystems gezogen werden, besonders dann, wenn guterhaltene Schädel von Vertebraten zur Verfügung stehen. Die meisten Schlußfolgerungen über die Evolution des Nervensystems werden von den heute noch existierenden Vertretern derjenigen Tiere abgeleitet, von denen bekannt ist, daß sie sich über viele Millionen Jahre nur wenig verändert haben.

11.5 Das Nervensystem der Invertebraten

Ein Nervensystem kann als eine Ordnung von Nervenzellen und assoziierten nichtneuronalen Zellen definiert werden (Bullock 1977). Diese Definition schließt Rezeptorzellen ein, aber nicht Effektororgane wie Drüsen und Muskeln. Im gesamten Tierreich haben Nervenzellen gemeinsame Merkmale, durch die sie sich von anderen Zellen unterscheiden. Zu diesen charakteristischen Merkmalen zählen das graduierte elektrische Potential, das in Rezeptorzellen und an Synapsen zu finden ist, sowie auch die impulsähnlichen Aktionspotentiale, die die Information entlang des Axons weitertransportieren. Wenngleich diese Merkmale nicht universal sind, so sind die oben beschriebenen Eigenschaften doch typisch für Neurone. Wichtige Ausnahmen zu diesem allgemeingültigen Muster finden sich bei einigen stammesgeschichtlich ursprünglichen Tieren und bei Protozoen.

Protozoen, deren Organismen jeweils aus nur einer Zelle bestehen, können kein echtes Nervensystem ausbilden. Obwohl sie zweifellos sensorische Eigenschaften besitzen und auch ein Verhalten aufweisen, scheinen sie doch keine spezialisierten intrazellulären Organellen zu besitzen, die Erregung fortleiten können (Bullock 1977). Dafür scheinen sie aber insgesamt nach ähnlichen Prinzipien organisiert zu sein, wie es von Neuronen bekannt ist. Es scheinen vergleichbare physiologische Abläufe vorzukommen. Ein Protozoon ähnelt einer Rezeptorzelle mit ihren ausführenden Organellen.

Die Coelenteraten (Hohltiere) gehören zu den einfachsten Lebewesen, die ein echtes Nervensystem aufweisen. Nervenzellen kommunizieren über erkennbare Nervenimpulse und Synapsen miteinander. Coelenteraten haben kein ZNS, wenngleich die Nervenzellen manchmal doch in einfachen Ganglien angeordnet sind. Die Nervenzellen sind oft in einem **Nervennetz** angeordnet, so daß eine diffuse Fortleitung innerhalb des Körpers stattfinden kann, wie es z. B. bei *Hydra* zu sehen ist (Abb. 11.10).

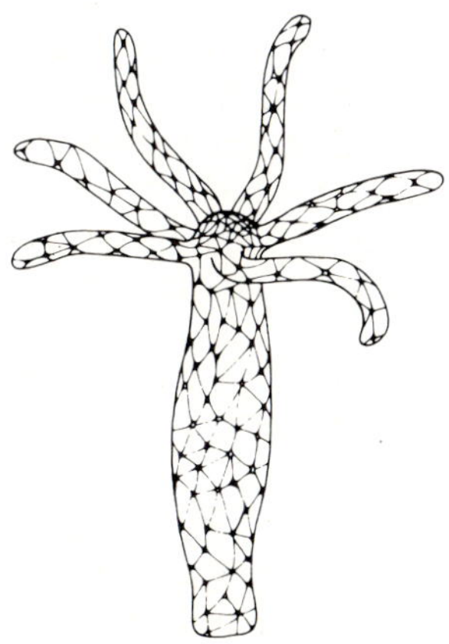

Abb. 11.10. Das Nervensystem der *Hydra* (Süßwasserpolyp) (aus *The Oxford Companion to Animal Behaviour*, Oxford University Press 1981).

Der Süßwasserpolyp (*Hydra*) besitzt Rezeptorzellen, die auf Berührung und chemische Reizung reagieren. Bei einigen Coelenteraten treten auch Photorezeptoren auf. Die Rezeptoren leiten über Synapsen Informationen an andere Nervenzellen weiter; die Nervenimpulse sind aber im Vergleich zu denen von Vertebraten sehr langsam. Das Nervennetz koordiniert die Bewegungen des Tieres, die hierfür notwendigen Mechanismen sind jedoch noch nicht völlig aufgeklärt. Die Bewegungen sind langsam, und das Verhaltensrepertoire ist ziemlich begrenzt. Ob Lernprozesse ablaufen, ist noch nicht bekannt. Einfache Gewöhnungsprozesse (**Habituation**) konnten aber nachgewiesen werden. Wird z. B. die Mundöffnung eines Süßwasserpolypen (*Hydra*) oder einer Seeanemone wiederholt gereizt, so schließt sich die Öffnung anfangs reflexartig. Diese Antwortreaktion verschwindet aber bei ständig wiederholter Reizung. Diese sogenannte Habituation wird als sensorische Anpassung und im allgemeinen nicht als echter Lernprozeß angesehen.

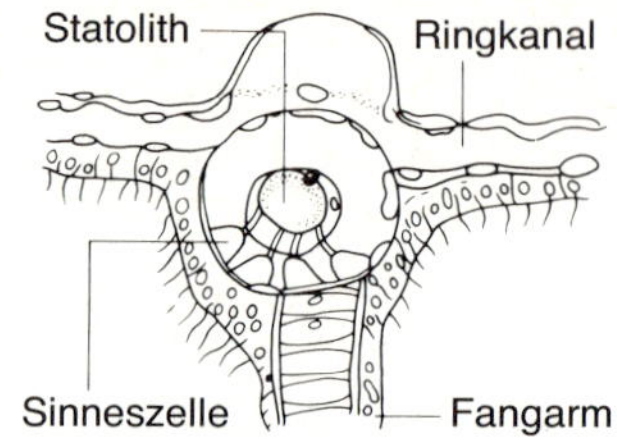

Abb. 11.11. Statozyste (Gleichgewichtsorgan) einer Meduse (Qualle). Es liegt hier ein Gewebekomplex vor, so daß von einem echten Sinnesorgan gesprochen werden kann.

Unter den Coelenteraten zeigen die Medusen (Quallen) zwei wichtige Merkmale eines weiterentwickelten Nervensystems. Sie haben wahrscheinlich die ersten Ganglien und die ersten Sinnesorgane. Die Ganglien liegen in den sogenannten Marginalkörpern, welche die Photorezeptoren und Statozysten innervieren. Die Marginalkörper enthalten vier oder mehr verschiedene Neuronentypen, die untereinander in Verbindung stehen (Bullock 1977). Die **Statozysten** können die Richtung der Schwerkraft feststellen. Sie enthalten ein kieselsteinähnliches Gebilde, den **Statoliten**, dessen räumliche Orientierung von Mechanorezeptoren wahrgenommen wird, die sich in der Wand der den Statoliten umgebenden Aushöhlung befinden (Abb. 11.11). Durch die Anordnung von assoziiertem nicht-neuronalem Gewebe können die Rezeptoren Informationen über die Schwerkraft erhalten. Dadurch wird die Statozyste zu einem echten Sinnesorgan. Es ist interessant, daß dieser recht einfache Mechanismus mit einer relativ komplexen Struktur des Nervensystems, den Ganglien, in Verbindung steht, die wiederum in den Marginalkörpern lokalisiert sind. Ein Zusammenwirken von spezialisierten Strukturen des Nervensystems und ganz bestimmten Sinnesorganen ist ein allgemeines Phänomen der Evolution sensorischer Prozesse.

Eine Weiterentwicklung in der Organisation des Nervensystems kann bei den Plattwürmern (Plathelminthes) beobachtet werden. Im Gegensatz zu den Coelenteraten weisen die Plattwürmer, wie auch die meisten anderen Invertebraten, eine bilaterale Symmetrie auf und besitzen eine Kopf- und eine Schwanzregion. Sinnesrezeptoren befinden sich größtenteils in der Kopfregion und sind über den Körper weniger verteilt. Auch das Nervensystem konzentriert sich mehr in der Kopfregion in Form eines vorderen Ganglions, das ein einfaches Gehirn darstellt. Von diesem Ganglion aus laufen zwei Nervenstränge im Körper entlang, die wie eine Leiter durch Nervenfasern miteinander verbunden sind (Abb. 11.12). In einem netzartigen Muster gehen von diesem Nervenstrang aus Nervenfasern zu allen Körperregionen. Das vordere Ganglion und die beiden Nervenstränge bilden zusammen das ZNS, das **periphere Nervensystem** wird aus dem Netzwerk der Nervenfasern gebildet. Diese Unterscheidung trifft auf die meisten Invertebraten und auf alle Vertebraten zu und kann in

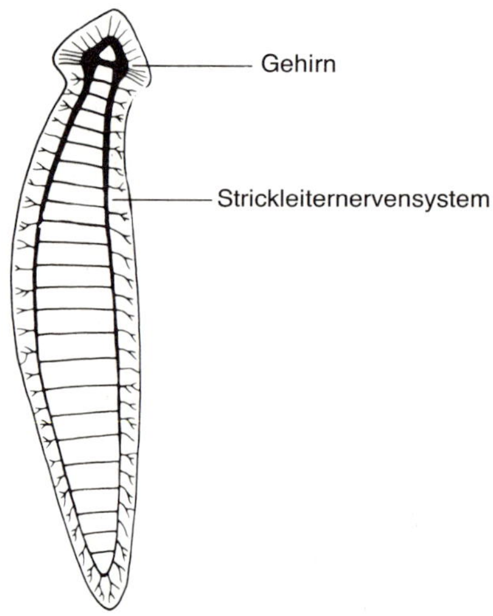

Abb. 11.12. Das Nervensystem eines Plattwurms (aus *The Oxford Companion to Animal Behaviour*, Oxford University Press 1981).

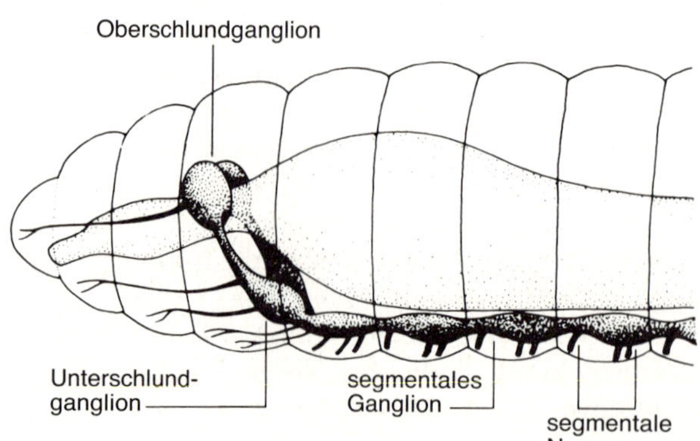

Abb. 11.13. Das Nervensystem eines Regenwurms (aus *The Oxford Companion to Animal Behaviour*, Oxford University Press 1981).

seiner einfachsten Form bei Plattwürmern beobachtet werden. Das ZNS enthält in der Regel meistens die Zellkörper von Effektorzellen, während Sinnesrezeptoren im peripheren Nervensystem zu finden sind.

Bei Plattwürmern, wie den Planarien, reagieren am Kopf lokalisierte Sinneszellen auf Berührung, auf Temperatur und auf die chemische Zusammensetzung des Wassers. Eine Planarie besitzt auch zwei Augen, die aus Photorezeptoren bestehen. Sie liegen in einer Gruppe zusammen. Die Information aus den Sinneszellen wird an das vordere Ganglion übermittelt. Die Fortleitung der Nervenimpulse entlang der Nervenstränge ist hier schneller als in einem Nervennetz, und dementsprechend ist auch das Verhaltensrepertoire bei Plattwürmern reichhaltiger und eindeutiger als bei den Coelenteraten. Plattwürmer können schnell Nahrungsquellen aufspüren und sich ihnen annähern. Sie vermeiden starken Lichteinfall und schädliche Chemikalien und scheinen zu einfachem Lernverhalten fähig zu sein. Werden sie in ein T-Labyrinth gesetzt, dann lernen sie, sich in eine bestimmte Richtung zu bewegen, um so der Berührung mit einem Stock zu entgehen. Erworbene Antwortreaktionen auf Lichtreize werden ihnen ebenso nachgesagt, jedoch sind die Aussagen hierzu kontrovers.

Das Nervensystem der fortgeschritteneren Invertebraten folgt einem allgemeinen Muster, das auf dem der Anneliden (Ringelwürmer) basiert. Diese besitzen ein fast komplettes Nervensystem, das hier am Beispiel des Regenwurms (*Lumbricus*) vorgestellt werden soll (Abb. 11.13). In der Kopfregion befindet sich eine paarige Anordnung von Ganglien, die als **Oberschlundganglion** bezeichnet werden. Das Oberschlundganglion liegt oberhalb des Pharynx und steht mit einem weiter unterhalb liegenden Ganglienpaar in Verbindung. Dieses **Unterschlundganglion** ist das erste in einer Ganglienkette, die sich am Nervenstrang entlang bildet, wobei jedes Segment des Wurmes ein Ganglion besitzt. Viele Anneliden besitzen ein System von

Tab. 11.1 Einige Typen von Hautrezeptoren bei Arthropoden.

Struktur	morphologisches Merkmal	Funktion (bekannt oder vermutet)
Sensilla trichoidea	Sinneshaare und Sensillen	Mechanorezeptoren, Propriozeptoren, Schallwahrnehmung, Berührungs- und Chemorezeption, Feuchtigkeitswahrnehmung, olfaktorische Wahrnehmung
Sensilla chaetica	Sinnesdornen und Sinnesborsten	Mechanorezeptoren, Propriozeptoren
Sensilla squamiformia	Sinnesschuppen	Mechanorezeptoren
Sensilla basiconica	kurze, dicke Sinneshaare; wenige bis viele Neurone	Mechanorezeption, Chemorezeption, Geruchs-, Feuchtigkeits-, Temperaturrezeptoren und osmotisch wirkende Rezeptoren
Sensilla coeloconica	Grubenkegel	Geruchs- und Feuchtigkeitsrezeptoren
Sensilla ampullacea	Porentubuli	Geruchsrezeptoren
Sensilla campaniforma	kugelförmige Hauterhebungen	richtungsspezifische Dehnungsrezeptoren
Sensilla placodea	geschlossene Hautplatten und mit Löchern durchsetzte Hautplatten	unbekannt; auf den Antennensegmenten bei Bienen zahlreich vorhanden

Riesenfasern, Axone mit großem Durchmesser und einer hohen Leitungsgeschwindigkeit. Bei Gefahr sind sie am schnellen Flucht- oder Rückzugsverhalten beteiligt. Die meisten Rezeptoren der Anneliden bestehen aus einzelnen Elementen wie den Chemorezeptoren, den Mechanorezeptoren und den Photorezeptoren. Bei einigen Arten treten richtige Sinnesorgane auf, wie die Geschmacksknospen in der Haut von *Lumbricus* oder die Augen des freischwimmenden Polychaeten *Alciope*. Anneliden haben ein nur beschränktes Repertoire an Verhaltensmustern zur Verfügung und sind zu einfachem Lernverhalten fähig.

Der grobe Bauplan der Arthropoden (Gliederfüßer) ähnelt dem der Anneliden sehr. Auch sie besitzen einen zentralgelegenen Nervenstrang, ein Ganglienpaar in jedem Segment sowie Querverbindungen, die **Kommissuren** genannt werden. Bei den Arthropoden findet man ein dorsales vorne liegendes Gehirn mit Verbindungen zum Zentralnervenstrang rund um den Ösophagus. Bei den ursprünglichen Arthropoden ist die Segmentierung noch klar erkennbar, aber bei den abgeleiteten Formen tritt bereits eine beträchtliche Verschmelzung der Ganglien auf (Abb. 11.14). Diese Fusion von Ganglien ist für die Evolution des Nervensystems der Invertebraten charakteristisch und steht zu einer größer werdenden Komplexität der Sinnessysteme und des Verhaltens in Beziehung. Riesenfasersysteme finden sich bei vielen Arthropoden wie Garnelen, Hummern, Skorpionen und einigen Insekten. Im allgemeinen vermitteln diese Systeme eine schnelle Schwanz- oder Springbewegung, Elemente des Fluchtverhaltens.

Arthropoden haben eine weitaus größere Anzahl an Rezeptortypen entwickelt als jede andere Gruppe, die Gruppe der Vertebraten eingeschlossen (Bullock 1977). In Tab. 11.1 sind die wichtigsten Hautrezeptortypen der Arthropoden zusammengestellt. Die Zellkörper der sensorischen Neurone dieser Rezeptoren sind ganz in der Nähe der sensorischen Oberfläche lokalisiert und nicht in den sensorischen Ganglien. Einige Sinnesorgane der Arthropoden haben viele sensorische Neurone (Abb. 11.15a, b), andere nur wenige (Abb. 11.15c).

Bei den Crustaceen treten viele verschiedene Mechanorezeptoren auf (z. B. die Statozyste). **Chordotonalorgane** gehören dabei zu einer bestimmten Art von internen Mechanorezeptoren (Abb. 11.16), die gewöhnlich als Propriozeptoren dienen und auf mechanische Veränderungen antworten. Sie können aber auch an der Wahrnehmung der Windrichtung, der Fließgeschwindigkeit, der Fluggeschwindigkeit, der Orientierung zur Schwerkraft oder an der Wahrnehmung verschiedener Formen von Vibrationen beteiligt sein. Mechanorezeptoren treten auch in den Ligamenten und Muskeln auf, wo sie Informationen über die Gelenkposition und Bewegung erhalten.

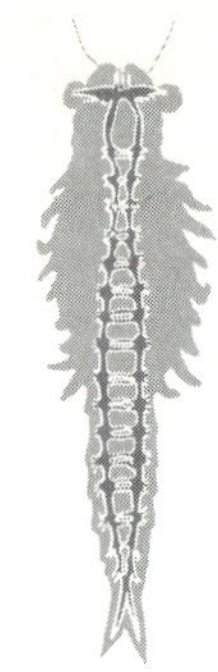

Abb. 11.14. Cephalisation bei Krebstieren. Oben: Das Gehirn und die Bauchganglienkette einer Garnele. Unten: Das Gehirn und der Nervenstrang einer Krabbe.

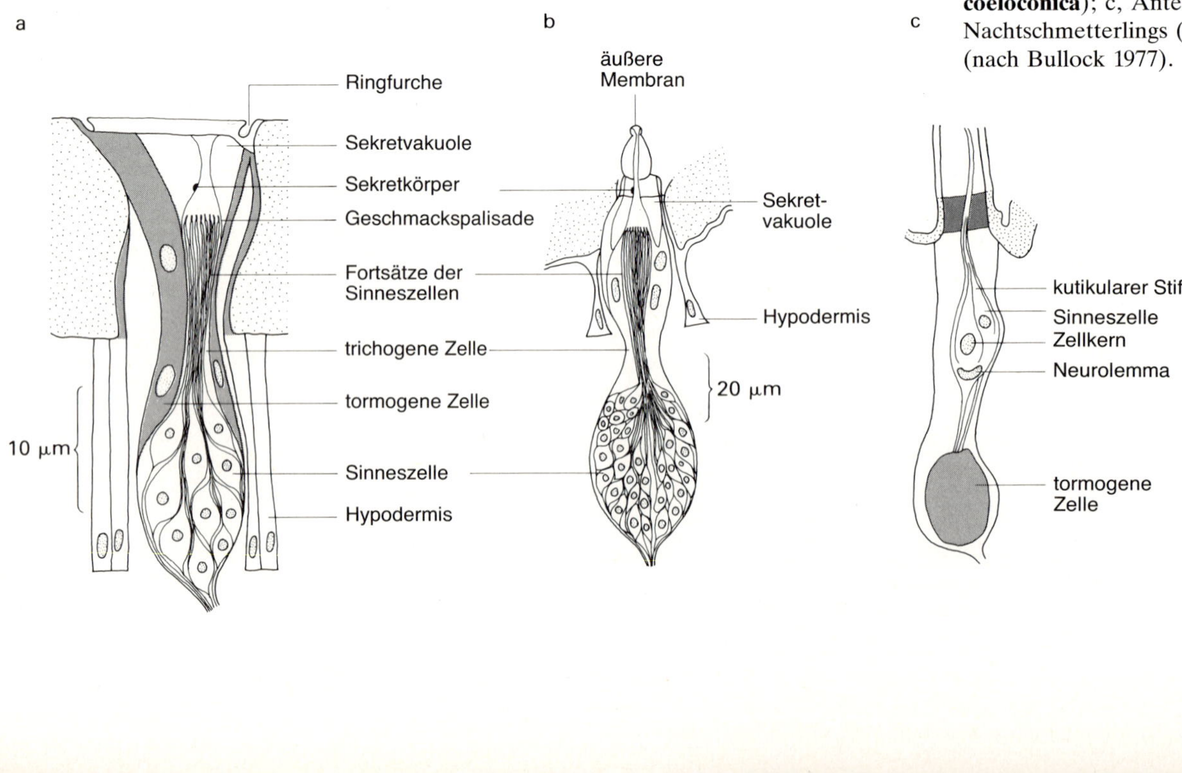

Abb. 11.15. Beispiele für Sinnesorgane bei Arthropoden: a, Riechplatte einer Hornisse (**Sensilla placodea**); b, Grubenkegel einer Hornisse (**Sensilla coeloconica**); c, Antennensegment eines Nachtschmetterlings (**Sensilla trichodea**) (nach Bullock 1977).

Von besonderem Interesse sind die Photorezeptoren der Arthropoden. In Abb. 11.17 ist ein solcher Photorezeptor schematisch abgebildet. Arthropoden weisen allgemein ein breites Spektrum an komplexen Nervenstrukturen auf und spiegeln viele Entwicklungstrends in der Evolution wieder, beispielsweise die progressive Entwicklung von der Segmentierung bei den Anneliden bis hin zu den großen Gehirnen, die durch die Fusion vieler Ganglien zustandegekommen sind. Arthropoden haben ein bemerkenswert großes Repertoire an Verhaltensmustern. Einige Arten, wie z. B. die Honigbiene (in Kapitel 23 ausführlich beschrieben) weisen derart komplexe Verhaltensmuster auf, daß sie sehr wohl mit Vertebraten konkurrieren können. Viele Arthropoden sind zu einfachen Lernprozessen fähig, wenngleich dies an spezifische Situationen gebunden zu sein scheint.

Diese evolutionären Trends zeigen sich besonders bei den Mollusken, die den höchsten Grad an Komplexität des ZNS erworben haben, der bei Invertebraten bekannt ist. Innerhalb der Gastropoden findet man z. B. einen breiten Bereich komplexer Organisation des Nervensystems. Die Ohrschnecke *Haliotis* beispielsweise besitzt ein annelidenähnliches Nervensystem, während die Landschnecke *Helix* eine beträchtliche Fusion von Ganglien aufweist (Abb. 11.18). Das am weitesten entwickelte Nervensystem wird bei den Cephalopoden vorgefunden, die im Verhalten aktivste und schnellste Gruppe unter den Mollusken. Sie jagen hauptsächlich unter Benutzung des visuellen Systems, verfügen über komplexe Verhaltensweisen, können komplexe Objekte erkennen und sind zu schnellem Lernen in der Lage.

Sicherlich ist der am besten untersuchte Repräsentant der Cephalopoden der Tintenfisch (*Octopus*). Das Tintenfischgehirn besitzt ungefähr 170 Millionen Nervenzellen (größere Krebstiere dagegen besitzen nur etwa 100 000) und besteht aus ca. 30 verschiedenen Lobi (Abb. 11.18), die unterschiedliche Funktionen ausüben. Die optischen Lobi nehmen im Gehirn mehr als die Hälfte des neuronalen Gewebes ein. Sie sind mit paarigen großen Augen verbunden, die innerhalb der Invertebraten am weitesten entwickelt sind und mit denen von Vertebraten verglichen werden können (s. a. Kapitel 12).

Die Mollusken weisen eine beträchtliche Komplexität in ihren Verhaltensweisen auf, jedoch sind die Cephalopoden am höchsten entwickelt. Diese Gruppe war das Forschungsobjekt zahlreicher Verhaltensstudien (u. a. Wells 1966), da die Cephalopoden eine bemerkenswerte Lernfähigkeit besitzen.

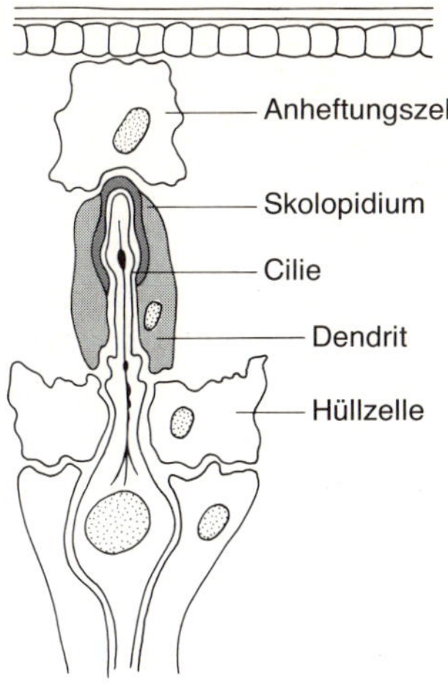

Abb. 11.16. Chordotonaler Mechanorezeptor bei einem Insekt (nach Gray 1950).

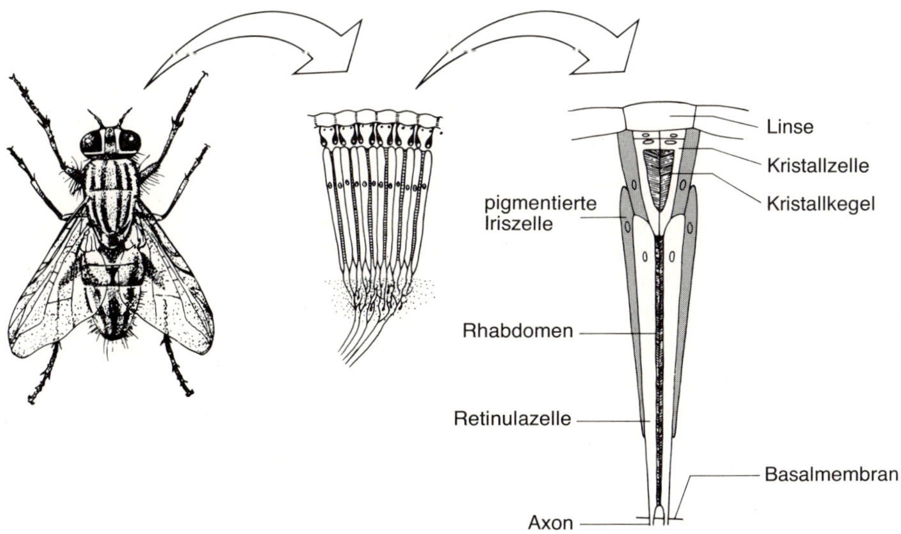

Abb. 11.17. Das Komplexauge der Fliege. Jedes Auge besteht aus einer Anzahl von Ommatidien. Jedes Ommatidium ist mit einer Nervenzelle verbunden. Eine solche Nervenzelle leitet die in das Ommatidium einfallende Lichtintensität als Signal weiter. Ein einzelnes Ommatidium kann noch kein Abbild produzieren; da aber benachbarte Ommatidien Licht aus leicht verschiedenen Richtungen erhalten, bekommt das ZNS die Information über die Verteilung der Lichtintensität im gesamten Sehfeld.

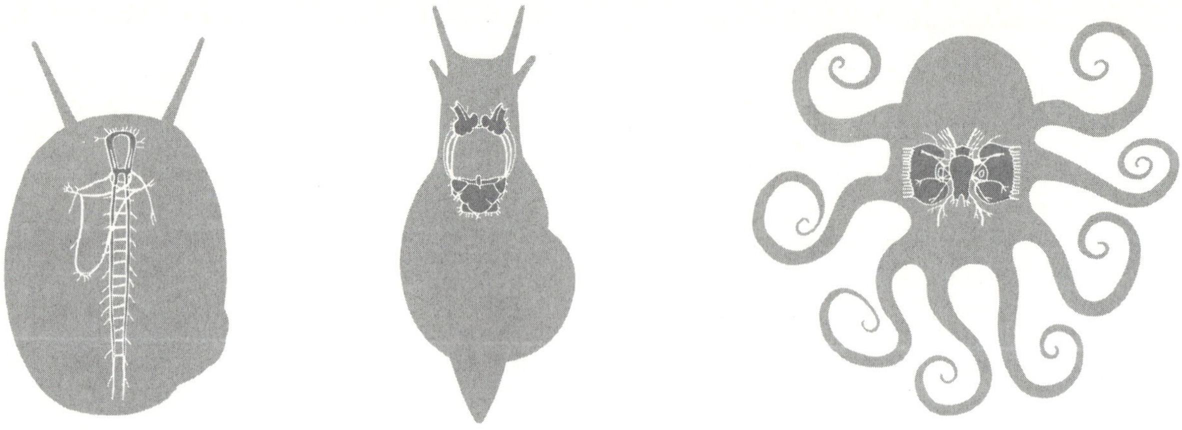

Abb. 11.18. Beispiele für Nervensysteme bei Mollusken. Die Ohrschnecke (*Haliotis*) weist noch ein Strickleiternervensystem auf, die Landschnecke (*Helix*) zeigt bereits eine beträchtliche Cephalisation des Nervensystems, und der Tintenfisch (*Octopus*) besitzt innerhalb der Invertebraten das am höchsten entwickelte Gehirn.

11.6 Das Nervensystem der Vertebraten

Das Nervensystem der Vertebraten unterscheidet sich in seiner Organisation von dem der Invertebraten, obwohl es durchaus nicht immer komplexer zu sein braucht. Embryonal entwickelt sich das Vertebraten-ZNS aus dem dorsalen Neuralrohr, aus dem das Gehirn und ein einzelner dorsal gelegener Nervenstrang hervorgehen. Für Invertebraten dagegen sind ein Gehirn und zwei ventral gelegene Nervenstränge charakteristisch. Die Evolution des Vertebratengehirns spiegelt sich in der embryonalen Entwicklung des ZNS eines jeden Individuums wieder, hier gezeigt am Beispiel des Menschen (Abb. 11.19).

Das Muster der embryologischen Gehirnentwicklung ist innerhalb der Vertebraten bemerkenswert gleichförmig (Laming 1981). Das Neuralrohr entwickelt sich in drei unterscheidbare Regionen: 1) das **Prosencephalon (Vorderhirn)**, 2) das **Mesencephalon (Mittelhirn)** und 3) das **Rhombencephalon (Nachhirn)**, (Abb. 11.19). Diese drei Hohlbläschen werden von ihrer Abstammung her jeweils mit der olfaktorischen, visuellen und auditiven Sinnesverarbeitung in Beziehung gesetzt. Jede dieser drei Regionen entwickelt eine sekundäre Ausstülpung: Das **Telencephalon (Cerebrum)**, das **Tectum opticum** und das **Cerebellum** (Abb. 11.20). Das ZNS besteht aus dem **Gehirn** und dem **Rückenmark**, die jeweils vom Schädelknochen bzw. der Wirbelsäule umschlossen sind. Das periphere Nervensystem bildet sich primär aus den Eingangsfasern (afferente Nerven) und den Ausgangsfasern (efferente Nerven) des ZNS. Das **somatische Nervensystem** leitet sensorische Informationen an das ZNS und vermittelt Befehle vom ZNS an die Skelettmuskeln, die für die Körperbewegungen verantwortlich sind. Das **autonome Nervensystem** innerviert die inneren Organe über zwei verschiedene Systeme, die zueinander antagonistisch wirken. Das **sympathische Nervensystem** tritt in Notsituationen in Aktion, wenn Erschöpfungs- oder Erregungszustände vorliegen: Beschleunigter Herzschlag, vergrößerte Luftaufnahme in der Lunge, verminderte Darmaktivität und vermehrte Blutzufuhr zu den Muskeln und zum Gehirn zählen zu den Effekten der sympathischen Nervenbahnen. Das **parasympathische System** bewirkt die Erholung: Die normale Blutzufuhr wird wiederhergestellt, und den Effekten der sympathischen Aktivität wird entgegengewirkt. Die Funktion des autonomen Nervensystems wird in Kapitel 28 noch ausführlich beschrieben.

Es ist sicherlich richtig, daß die meisten interessanten evolutionären Entwicklungen innerhalb der Vertebraten im Zusammenhang mit den Entwicklungen des ZNS gesehen werden müssen. Die Veränderungen im peripheren Nervensystem dagegen

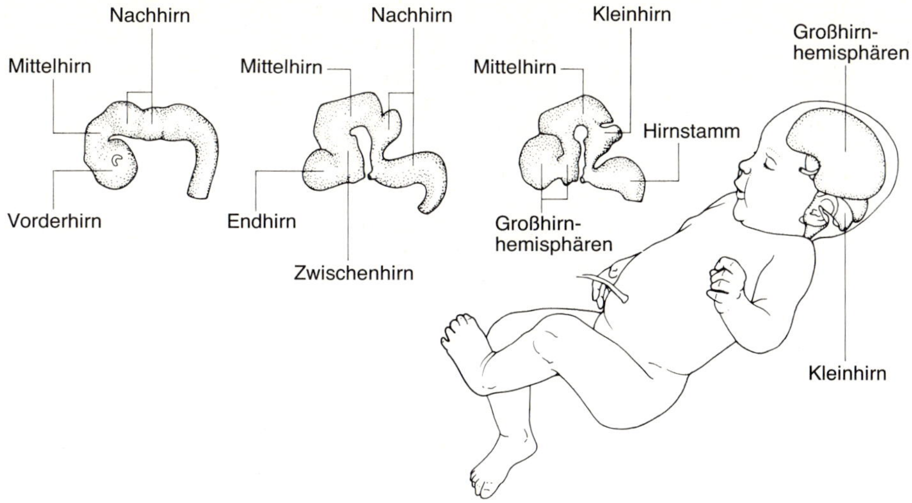

Abb. 11.19. Embryonalentwicklung des menschlichen Gehirns (von links nach rechts). Dargestellt sind die größeren Gehirnabschnitte.

können eher als Folge der besonderen Anatomie des Tieres und seiner speziellen Anpassungen an seine Umgebung angesehen werden und nicht als irgendein evolutionärer „Fortschritt". Die Bedeutung der Sinnesmodalitäten wird in Kapitel 13 diskutiert. Hier handelt es sich mehr um ökologische Fragen. Zwei wichtige evolutionäre Entwicklungen sollen aber bereits an dieser Stelle vorgestellt werden. Es handelt sich hierbei um die Volumenzunahme des Gehirns und die immer größer werdende Tendenz, das Verhalten von höheren Gehirnzentren aus zu kontrollieren.

Die Gehirne der Vertebraten unterscheiden sich beträchtlich in ihrer Größe. Jedoch dürfen bei einem direkten Vergleich von Gehirngrößen keine Rückschlüsse auf die Intelligenz oder auf die Bedeutung des ZNS für die Verhaltenskontrolle gezogen werden. Größere Tiere tendieren dazu, auch größere Gehirne zu haben. Je größer der Körper, desto größer ist auch die Anzahl der sensorischen Fasern, die in das Gehirn eintreten, und desto mehr Nerven verlassen wiederum das Gehirn, um die Muskeln zu kontrollieren. Daher muß die Maßeinheit der Größe des Gehirns in Relation zur Körpergröße gesehen werden. Berücksichtigt man bei einem Gehirnvergleich die Körpergröße der Tiere, dann sind die Gehirne der Fische, Amphibien und Reptilien ungefähr gleich groß.

Die Gehirne der Vögel und Säuger sind normalerweise viel größer. Unter den Säugern sind die Gehirne der Nagetiere und Insektivoren (Insektenfresser) verhältnismäßig klein, die der Ungulaten (Huftiere) und Carnivoren (Raubtiere) dagegen sehr viel größer. Die größten Gehirne werden bei den Primaten und Meeressäugern

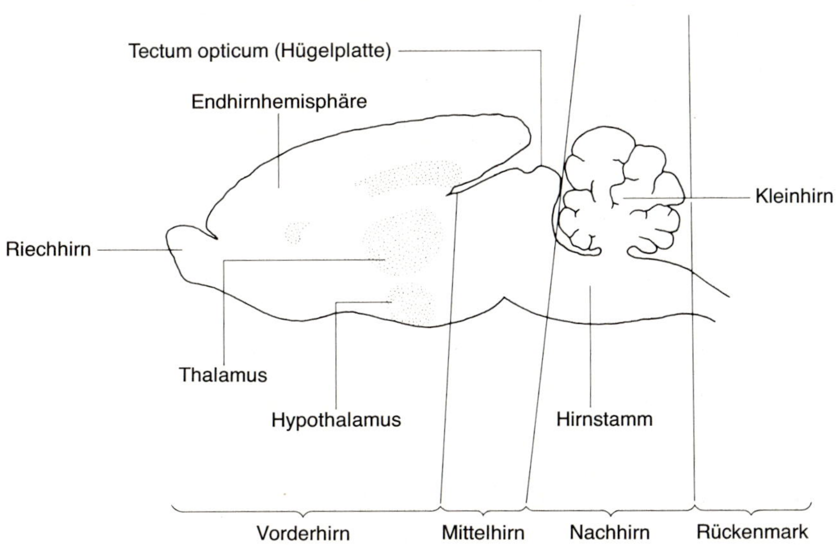

Abb. 11.20. Hemisphäre eines Rattengehirns (zu sehen ist die Innenseite nach einem Längsschnitt). Die Unterteilungen des Vorder-, Mittel- und Nachhirns sind im einzelnen aufgeführt.

gefunden. Die Gehirne der niederen Primaten (Prosimier) unterscheiden sich kaum von denen anderer Säuger. Affen, insbesondere Menschenaffen haben jedoch größere Gehirne als jedes andere Landsäugetier. Noch größere Gehirne, betrachtet man sie in Relation zur Körpergröße, findet man bei Delphinen und Walen. Es ist jedoch schwer zu sagen, welche Folgerungen hieraus zu ziehen sind, wenn Tiere miteinander verglichen werden, die sich auf das Leben an Land bzw. im Wasser spezialisiert haben. Das menschliche Gehirn ist dreimal so groß, wie man es für einen nichtmenschlichen Primaten mit gleicher Körpergröße erwarten würde. Allerdings läßt sich beim Menschen eine beträchtliche Variation bezüglich der Gehirngröße feststellen. Das Gehirn eines Menschen kann ein Volumen von 1000 cm^3 bis 2000 cm^3 einnehmen (Coon 1962). Der Durchschnitt für einen modernen *Homo sapiens* liegt bei 1450 cm^3. Es ist interessant, daß die fossilen Gehirnschädel des archaischen Menschen (*Homo sapiens neanderthalensis*), der vor 45000 bis 75000 Jahren gelebt hat, eine etwas größere Schädelkapazität aufweisen als der heute lebende Mensch.

Über die Gehirngröße läßt sich grob die Anzahl der Nervenzellen im Gehirn schätzen. Größere Gehirne haben mehr Nervenzellen, die zudem größer zu sein scheinen und lockerer gepackt sind als die von kleineren Gehirnen. In einem großen Gehirn scheint jedes Neuron eine komplexere Anordnung von Dendriten zu haben und von einer größeren Anzahl anderer Neurone beeinflußbar zu sein. Wenn unter Berücksichtigung der Körpergröße Gehirne verschiedener Vertebraten miteinander verglichen werden, kann dann definitiv ein evolutionärer Entwicklungstrend hin zu größeren Gehirnen festgestellt werden, was dementsprechend eine größere und verfeinerte Kontrolle des Verhaltens mit sich führen würde?

Die Gehirne der Vertebraten haben sich, ebenso wie auch andere Organsysteme, in den Anpassungen an ökologische Nischen entwickelt (Jerison 1973). Tiere, die sich in ihrem Sinnessystem und in ganz bestimmten Verhaltensweisen spezialisiert haben, müssen auch entsprechende Gehirnmechanismen entwickelt haben. Vergleicht man Tiere in der Reihenfolge Fisch, Reptil, Vogel, Säuger, so gibt es entgegen der landläufigen Meinung keine fortschreitende Gehirnvergrößerung (Jerison 1973). Bei gleichem Gewicht können einige Fischgehirne sogar ein größeres Volumen einnehmen als die Gehirne mancher Reptilien. Im Vergleich zu Säugetiergehirnen sind einige Vogelgehirne verhältnismäßig groß.

Beim Betrachten der Evolution des Gehirns und der Intelligenz (s. Kapitel 27) läßt sich keine fortschreitende Entwicklung von stammesgeschichtlich ursprünglichen Tieren hin zu höher entwickelten Tieren erkennen (Hodos und Campbell 1969; Hodos 1982). Jerison (1973) berechnete einen Encephalisationsquotienten, indem er für jede Art ihre Gehirngröße in Relation zu der Gehirngröße ermittelte, die man im Mittel für einen Säuger gleicher Körpergröße erwarten sollte (Abb. 11.21). Dieses Maß zeigt einige markante Unterschiede zwischen verschiedenen Gruppen auf, aber auch einige Besonderheiten. So können in dem Diagramm unter den Primaten einige kleine Arten gut über andere Primaten plaziert werden. Wenn die Gehirngröße nicht zur Körpergröße in Relation gesetzt wird, sondern zur Größe der Medulla (ein direkteres Maß für die Ein- und Ausgänge des Gehirns), dann scheinen die großen Menschenaffen die größeren Gehirne zu haben (Passingham 1975). Die Encephalisierungsquotienten für fossile Hominiden (Abb. 11.21) zeigen, daß die Gehirngröße in den letzten 3 Millionen Jahren angestiegen ist (Passingham 1982).

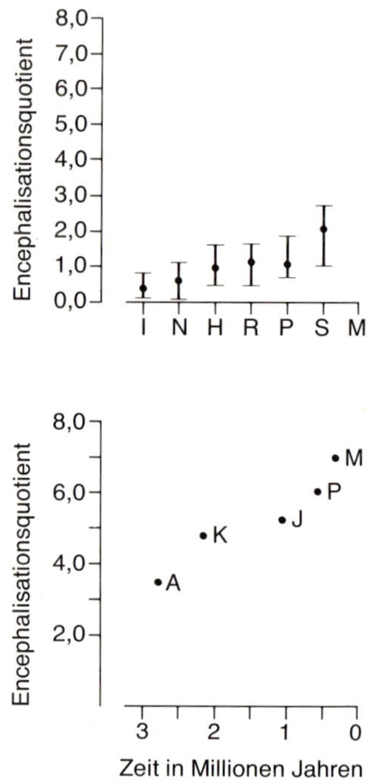

Abb. 11.21. Oben: Encephalisationsquotient (EQ) verschiedener Säuger. I, Insektenfresser; N, Nagetiere; H, Huftiere; R, Raubtiere; P, Prosimier; S, Simier; M, Mensch. Unten: EQ der Hominiden, aufgetragen gegen die Zeit. A, *Australopithecus africanus;* K, *Homo* aus Kenia; J, *Homo erectus* aus Java; P, *Homo erectus* aus Peking; M, der moderne Mensch (nach Passingham 1982).

11.7 Hormone bei Wirbeltieren

Bei den Wirbeltieren gibt es ein dem Nervensystem paralleles System der Rückkopplung und der Kontrolle des Verhaltens. Hierbei handelt es sich um das **endokrine System** (Hormonsystem). Hormone sind chemische Substanzen (im allgemeinen Peptide und Steroide), die von endokrinen Drüsen zu bestimmten Zeiten gebildet und in den Blutstrom abgegeben werden. Jedes Hormon hat ganz spezifische Funktionen und beeinflußt oft auch nur bestimmte Zielorgane. Die Kontrolle über die Hormonsekretion erfolgt entweder direkt durch das Nervensystem oder durch die Aktivität anderer Hormone. Im allgemeinen gibt es eine Folge von Ereignissen, die wiederum eine negative Rückkopplung hervorrufen, wodurch der Hormonhaushalt im Blut reguliert wird. Die Hormone zirkulieren nur in sehr kleinen Mengen, obwohl die meisten Hormonmoleküle im Blutstrom nur eine Lebenszeit von weniger als einer Stunde haben. Sie müssen also kontinuierlich produziert werden, wenn ihre Gegenwart einen Einfluß ausüben soll.

Die wichtigsten Hormone, die das Verhalten beeinflussen, sind in Tab. 11.2 zusammengestellt. Einige dieser Hormone, wie z. B. das Follikelstimulierende Hormon (FSH) und das Luteinisierungshormon (LH) üben indirekte Einflüsse aus, indem sie andere endokrine Drüsen zur Sekretion vorbereiten. Andere wiederum haben eine mehr direkte Wirkung. Für Hormone gibt es drei grundsätzliche Möglichkeiten, Verhalten zu steuern: 1) sie können Effektoren beeinflussen, wie z. B. spe-

Tab. 11.2 Wichtige Hormone im Verhalten der Säugetiere.

Herkunftsort	Hormon	Wirkungsweise
Niere	Angiotensin	fördert die Gefäßverengung und verursacht eine Blutdruckerhöhung; erzeugt ein Durstgefühl
Hoden	Testosteron	regt die Entwicklung und Aufrechterhaltung sekundärer männlicher Geschlechtsmerkmale und des männlichen Sexualverhaltens an
Ovarien	Östrogen	regt die Entwicklung und Aufrechterhaltung sekundärer weiblicher Geschlechtsmerkmale und des weiblichen Sexualverhaltens an
	Progesteron	stimuliert weibliche sekundäre Geschlechtsmerkmale und weibliches Verhalten wie auch die Aufrechterhaltung des Schwangerschaftszustandes
Nebennierenmark	Adrenalin	stimuliert Kampf- und Fluchtverhalten
Hypophysenvorderlappen	Follikelstimulierendes Hormon (FSH)	stimuliert das Wachstum der Follikel in den Ovarien und das Wachstum der Samenkanälchen in den Hoden
	Luteinisierungs-Hormon (LH)	stimuliert die Sekretion der Sexualhormone der Ovarien und der Hoden
	Prolactin	stimuliert die Milchsekretion der Milchdrüsen
Hypophysenhinterlappen	Oxytocin	stimuliert die Milchausschüttung der Milchdrüsen und die Kontraktion der Uterusmuskeln

zielle Strukturen, die mit einer Verhaltenweise zusammenhängen; 2) sie können peripher lokalisierte Sinnesrezeptoren beeinflussen und so die Eingangsinformation zum Gehirn modifizieren; 3) sie können das Gehirn direkt beeinflussen.

Das Paarungsverhalten des amerikanischen Krallenfrosches (*Xenopus laevis*) ist ein Beispiel der zuerst beschriebenen Form der Beeinflussung. Während der Brutsaison entwickeln die Männchen besondere Gewebepolster an ihren Vorderextremitäten. Diese „Hochzeitspolster“ bestehen aus einer dicken Masse von in der Haut verankerten kleinen Dornen, die es dem Männchen ermöglichen, die glatte und schlüpfrige Beckenregion des Weibchens während der Begattung zu ergreifen. Das Vorhandensein dieser Polster ist von dem Hormon Testosteron abhängig, das rechtzeitig zur Brutsaison von den Hoden freigegeben wird. Am Ende der Paarungszeit nimmt die Testosteronproduktion ab, und die Polster an den Vorderextremitäten verschwinden wieder.

Beim Brutpflegeverhalten von Tauben läßt sich z. B. der Einfluß von Hormonen auf peripher gelegene Sinnesrezeptoren nachweisen. Tauben füttern ihre Jungen mit „Kropfmilch“, die aus einer Auskleidung des Kropfes hervortritt. Diese Substanz wird als Antwort auf das Bettelverhalten der Jungtiere hervorgewürgt. Ihre Ausscheidung unterliegt der Kontrolle des Hormons Prolaktin. Lehrman (1955) konnte zeigen, daß für die Auslösung des Fütterungsverhaltens der Elterntiere taktile Reizung des vergrößerten Kropfes notwendig ist. Wird die Empfindlichkeit des Kropfes durch lokale Betäubung herabgesetzt, dann verringert sich auch das Fütterungsverhalten. Prolaktin trägt somit durch seine Wirkungsweise auf den Kropf zum Fütterungsverhalten bei.

Der direkte Einfluß von Hormonen auf das Gehirn ist die wohl wichtigste Form, Verhalten hormonell zu beeinflussen. Die direkte Wirkungsweise von Hormonen im Gehirn wurde zum ersten Mal an weiblichen Katzen nachgewiesen, indem man kleine Mengen von künstlichem Östrogen in ganz bestimmte Gehirnregionen implantierte (Harris et al. 1958). Durch diese Östrogenimplantate konnte Sexualverhalten hervorgerufen werden, obwohl der im Blut gemessene Östrogengehalt weit unter dem Wert lag, der normalerweise notwendig ist, um dieses Verhalten hervorzurufen.

Der hormonelle Einfluß auf das Verhalten kann langsam und langandauernd wirken oder schnell und kurzzeitig sein. Als ein Beispiel für die zuerst genannte Wirkungsweise soll auf den Einfluß von Hormonen während der Entwicklung des Verhaltens hingewiesen werden (s. Kapitel 3). Für Zebrafinkenmännchen können beispielsweise immer mehr Befunde dafür angeführt werden, daß die Entwicklung vieler morphologischer Charakteristika und Verhaltensmerkmale unter hormonaler

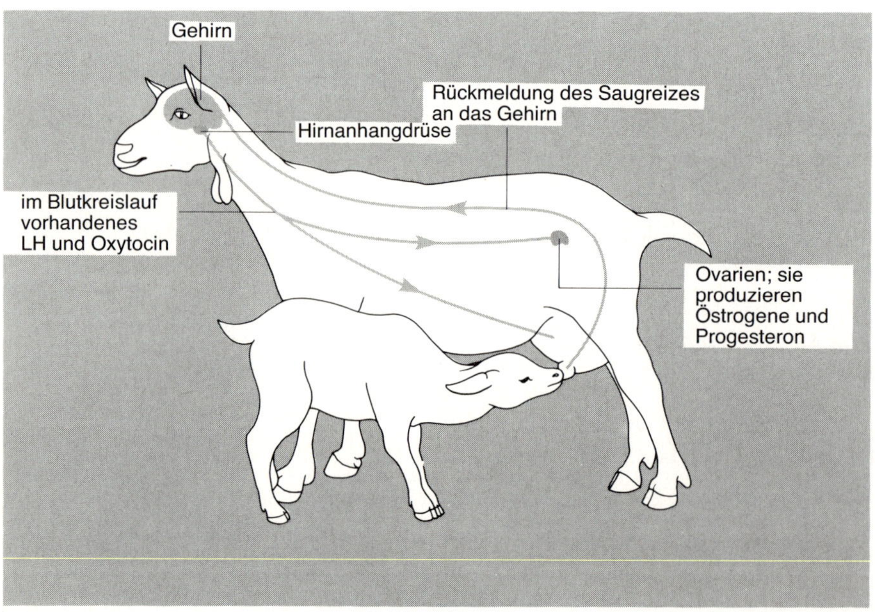

Abb. 11.22. Schematische Darstellung des Wirkungskreislaufs der am Säugeverhalten beteiligten Hormone.

Kontrolle steht (Pröve 1983). Verhaltensmuster, wie Gesang, Balz und Kopulation, die bekanntermaßen bei erwachsenen Männchen vom Testosterongehalt abhängig sind (Pröve und Immelmann 1982), treten erstmals zu Zeiten hoher Testosteronproduktion auf. Der Beginn der sensiblen Phase für Gesangslernen wird von einem hohen Anstieg der Östrogenproduktion begleitet. Diejenigen Gehirnareale, die für die Gesangskontrolle verantwortlich gemacht werden können, differenzieren sich unter der Kontrolle von Östrogen (Gurney und Konishi 1980). Als ein Beispiel der schnellen und kurzfristigen Wirkungsweise von Hormonen soll das Säugeverhalten bei Ziegen betrachtet werden (Abb. 11.22). Das Luteinisierungshormon (LH) stimuliert die Ovarien, Östrogen und Progesteron zu produzieren. Diese Hormone sind in der Pubertät für die Entwicklung der Milchdrüsen verantwortlich und auch für die Möglichkeit, Milch produzieren zu können. Während der Schwangerschaft erhöht sich der Prolaktingehalt, was wiederum zur Stimulation der Milchdrüsenproduktion führt. Durch die mechanische Reizung beim Saugen des Jungtieres kommt es zu einer Oxytocinausschüttung aus der Hirnanhangdrüse im Hypothalamus des Gehirns. Der Anstieg von Oxytocin im Blut bewirkt die Freigabe von Milch aus den Milchdrüsen. Die Antwort auf Oxytocin ist sehr schnell, und das Jungtier wird normalerweise bereits in den ersten 40 Sekunden des Saugens Milch erhalten.

Merksätze

- Das Verhalten wird über das Nervensystem kontrolliert, das aus spezialisierten Zellen, den Neuronen, besteht. Diese Neurone arbeiten im ganzen Tierreich nach dem gleichen Prinzip.
- Das Nervensystem erhält über Sinnesrezeptoren Informationen aus der Umgebung. Dabei handelt es sich um Nervenzellen, die darauf spezialisiert sind, Energie umzuwandeln. Sie können Informationen über die äußere Umgebung und über den inneren Zustand des Tieres liefern.
- Das Verhalten wird durch die Aktivität von Muskeln und Drüsen beeinflußt. Für die Bewegung sind die Muskeln verantwortlich. Die Drüsen produzieren Substanzen, die für eine Vielzahl von Verhaltensweisen wichtig sein können, z. B. für die Kommunikation mit anderen Tieren, Schutz gegen Raubfeinde oder auch für die Anheftung an das Substrat.
- Muskelaktivität wird über den somatosensorischen Teil des Nervensystems kontrolliert und koordiniert. Dadurch wird für eine Rückkopplung an das ZNS über die Lage, Spannung und Länge von Gelenken, Sehnen und Muskeln gesorgt. Die Befehle an die Muskeln werden über dieses Rückkopplungssystem moduliert.
- Das Nervensystem der Invertebraten unterscheidet sich in seinem Aufbau bei den verschiedenen Tierstämmen. Innerhalb eines Stammes gibt es gewöhnlich die Tendenz von einfachen, ursprünglichen Formen zu fortgeschrittenen, komplexeren Formen, die sich durch einen Anstieg in der Cephalisation und Konzentration der Neurone und Sinnesrezeptoren in der vorderen Region des Tieres auszeichnet. Bei einigen Invertebraten führt das zur Ausbildung eines komplexen Gehirns, das in einigen seiner Leistungen mit dem von einfachen Vertebraten durchaus verglichen werden kann.
- Dem Nervensystem der Vertebraten liegt ein allen Klassen gemeinsamer Bauplan zugrunde. Stammesgeschichtlich hat sich das Nervensystem in erster Linie durch den Zugewinn neuer, weniger durch Modifizierung alter vorhandener Strukturen entwickelt. Deshalb lassen sich aus der embryonalen Entwicklung des Gehirns Rückschlüsse auf dessen stammesgeschichtliche Entwicklung ziehen. Das wohl bedeutendste und auffallendste Charakteristikum des Nervensystems der Vertebraten ist ein hoch entwickeltes Gehirn mit den hierzu gehörigen Sinnesorganen.
- Das endokrine System der Verebraten produziert Hormone, von denen einigen eine wichtige Rolle im Verhalten zukommt. Hormone können Verhalten beeinflussen, indem sie direkt auf das Gehirn oder auch auf peripher lokalisierte Organe wirken, bzw. indem sie die Produktion anderer Hormone anregen.

Weiterführende Literartur

Bullock, T. H. (1977) *Introduction to Nervous Systems.* Freeman, New York.
Faber, H. v und H. Haid, (1980) *Endokrinologie.* Ulmer Verlag, Stuttgart.
Reinboth, R. (1980) *Vergleichende Endokrinologie.* Thieme Verlag, Stuttgart.
Romer, A. S. (1979) *Vergleichende Anatomie der Wirbeltiere.* Parey Verlag, Hamburg.

12 Sensorische Prozesse und Wahrnehmung

Die Fähigkeit von Tieren, auf Veränderungen im externen Milieu reagieren zu können, hängt von sensorischen Prozessen ab, die solche Veränderungen wahrnehmen. Hierbei handelt es sich um einfache Diskriminierung wie das Erkennen von Temperaturunterschieden oder Lichtintensitäten bis hin zum Erkennen von komplexen Mustern. In diesem Kapitel werden die bedeutenderen sensorischen Modalitäten der Tiere betrachtet und die Grundzüge der Wahrnehmung vorgestellt.

12.1 Chemorezeption und Thermorezeption

Chemorezeption ist die Fähigkeit von Organismen, chemische Substanzen identifizieren und ihre Konzentration bestimmen zu können. Diese Fähigkeit findet man schon bei sehr einfachen und ursprünglichen Organismen. Vom technischen Standpunkt aus gesehen ist eigentlich jede Nervenzelle ein Chemorezeptor, da sie spezifisch auf Substanzen reagiert, die von anderen Nervenzellen freigesetzt werden. Der Mechanismus der Chemorezeption beinhaltet das Erkennen spezifischer Moleküle durch Strukturen, die auf der Zellmembran der Rezeptoren lokalisiert sind. Ob dieses Erkennen auf der Basis von chemischen Aktivitäten, der Molekülgestalt oder beidem stattfindet, ist noch nicht völlig geklärt. So ist noch nicht bekannt, was z. B. an Zucker und Saccharin das Gemeinsame ist. Beide Substanzen schmecken für Schmeißfliegen, Ratten, Affen und Menschen süß.

Chemorezeptoren können **Exterozeptoren** oder **Interozeptoren** sein. Die zuerst genannten Rezeptoren erkennen das Vorhandensein von Chemikalien in der äußeren Umgebung, während die zuletzt genannten Rezeptoren Substanzen in der Körperflüssigkeit, wie Kohlendioxyd, Nährstoffe oder auch Hormone wahrnehmen. Sowohl der Geschmacks- als auch der Geruchssinn beruhen auf Chemorezeption. Nach der landläufigen Auffassung wird der Geruchssinn mit dem Erkennen von niedrigen Konzentrationen von in der Luft befindlichen Substanzen in Beziehung gebracht, während der Geschmackssinn auf direktem Kontakt mit relativ hohen Konzentrationen chemischer Substanzen beruhen soll. In beiden Fällen jedoch wirken die chemischen Substanzen auf die Rezeptoren in gelöster Form. Daher ist es recht schwer, diese Unterscheidung zu rechtfertigen, insbesondere bei den Tieren, die im Wasser leben. Trotzdem gibt es bei vielen Tieren einen neuronalen Unterschied, da einige Nerven mit dem Geruchssinn in Beziehung zu setzen sind und damit mit dem Erkennen von niedrigen Konzentrationen an Substanzen, während es andere Nerven gibt, die man dem Geschmackssinn zuordnet. Sie leiten die Informationen von Rezeptoren weiter, die auf das Erkennen hoher Konzentrationen von chemischen Substanzen spezialisiert sind. Bei der Schmeißfliege z. B. erkennen Chemorezeptoren auf den Antennensegmenten kleine Mengen in der Luft befindlicher Substanzen; Chemorezeptoren an den Tarsalgelenken der Beine können Salz, Zucker und reines Wasser erkennen. Bei den Vertebraten werden Geschmacksinformationen über den **Facialnerven** (VII) und den **glossopharyngealen** (IX) **Cranialnerven** (Gehirnnerven) weitergeleitet, während Geruchsinformationen über den **Nervus olfactorius** (I) übertragen werden.

Das mit am besten untersuchte olfaktorische System der Invertebraten ist die Wahrnehmung des Sexualpheromons des Seidenspinners (*Bombyx mori*). Ein **Pheromon** ist ein chemischer Stoff oder eine Mischung von chemischen Substanzen, der von einem Organismus in die Umgebung abgegeben wird und so eine spezifische Verhaltensweise oder physiologische Reaktion bei dem empfangenden Organismus derselben Art hervorruft. Pheromone sind somit chemische Boten und sind damit an der wahrscheinlich einfachsten Form einer Kommunikation beteiligt. Das erste chemisch genau identifizierte Sexualhormon war das des Seidenspinners, und diese Chemikalie (ein Polyalkohol) wurde als „Bombykol" bekannt. Es wird von einer Drüse am Abdomen des Weibchens sekretiert, und die Weibchen können mit dieser Substanz kilometerweit entfernte Männchen anlocken. Die chemische Struktur von Bombykol ist bekannt. Bombykol wurde synthetisch hergestellt und männlichen Schmetterlingen dargeboten. Es wurde experimentell auch dazu benutzt, isolierte Antennensegmente zu stimulieren, und die Antwort der Rezeptoren auf den chemischen Reiz konnte mit Elektroden gemessen werden (Schneider 1969; Payne 1974). Eine vollständige physiologische Antwort wird nur durch Bombykol erreicht, während eine schwächere Antwort auf einige dem Bombykol nahe verwandte Chemikalien erfolgte. Damit ist eine hohe Spezifität nachgewiesen worden. Noch bemerkenswerter ist die Tatsache, daß ein einziges Molekül des Bombykol ausreicht, um eine volle Antwort zu erhalten (Kaissling und Priesner 1970). Als Verhaltensantwort fliegen die männlichen Seidenspinner aufwärts und folgen der zunehmenden Konzentration der Bombykolmoleküle; wenn das Weibchen aufgespürt ist, erfolgt die Kopulation. Diese Art der Orientierung auf chemische Reize ist im Insektenreich weit verbreitet.

Bei den Insekten gibt es verschiedene Formen von olfaktorischen Sensillen (in Abb. 12.1 wird ein Beispiel gezeigt). Die olfaktorischen Sensillen haben zahlreiche kleine Poren in ihrer Oberfläche, welche in flüssigkeitsgefüllten Hohlräumen enden. Die Dendriten der Rezeptorzellen ragen in die Sensillen hinein, und die Axone der Rezeptorzellen führen direkt ins Gehirn. In der Luft befindliche Pheromonmoleküle erreichen die Poren der Sensillen und dringen durch die Poren in den flüssigkeitsgefüllten Innenraum, wo sie mit der Rezeptormembran in Kontakt treten.

Vertebraten haben als olfaktorischen Rezeptoren primäre sensorische Neurone mit Dendriten, die als Cilien in die mukose Schicht hineinragen (Abb. 12.2). Die Axone dieser Neurone laufen zum **Bulbus olfactorius**, wo sie mit sekundären Neuronen in synaptischen Kontakt treten; dessen Axone bilden wiederum den **Tractus olfactorius**, der zum Vorderhirn führt. Die Geschmacksrezeptoren bestehen aus Sinneszellen, die meist in Gruppen angeordnet sind und **Papillae** genannt werden. Die Sinneszellen stehen in engem Kontakt zu sensorischen Nervenfasern, die lange funktionsfähig sind, während die Geschmackszellen alle paar Tage ersetzt werden.

Die wichtigsten Geschmacksempfindungen der Säuger sind: sauer, bitter, salzig und süß. Beim Menschen sind verschiedene Regionen auf der Zunge für unterschiedliche Geschmacksrichtungen empfindlich. Saure oder säuerliche Geschmacksrichtungen werden an der Seite und im hinteren Teil der Zunge wahrgenommen, bitterer Geschmack dagegen am hinteren Ende der Zunge. Salziger Geschmack wird an den Seiten zur vorderen Region der Zunge hin wahrgenommen, ein süßer Geschmack durch die Zungenspitze (Abb. 12.3). Der Geschmack von Nahrungsmitteln hängt sowohl vom Geschmackssinn wie auch vom Geruchssinn ab. Das läßt sich

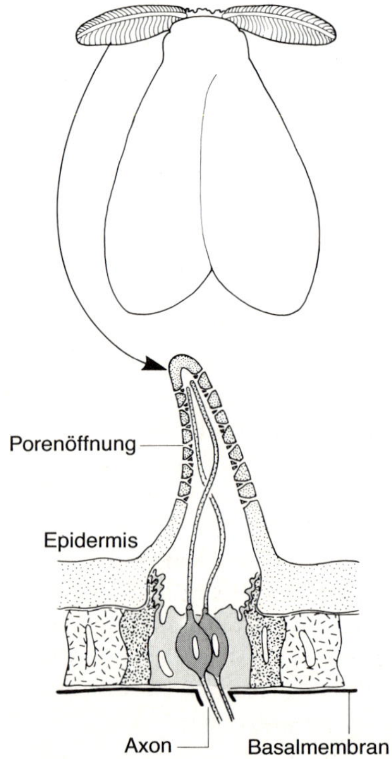

Abb. 12.1. Schematische Darstellung der Riechsensillen bei einem Nachtfalter.

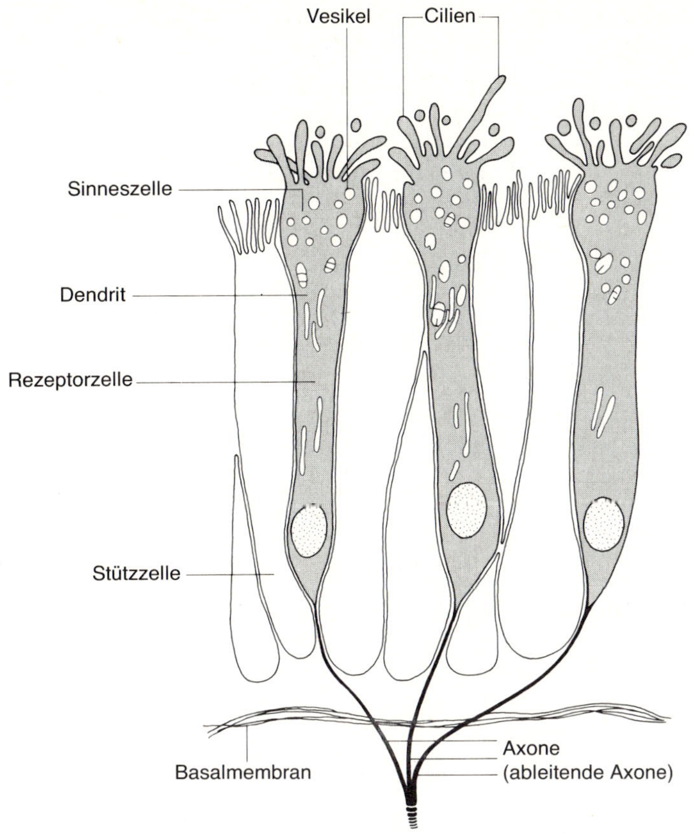

Abb. 12.2. Schematische Darstellung der Riechhaut beim Kaninchen. Drei Rezeptorzellen sind von Stützzellen umgeben.

z. B. leicht demonstrieren, indem man eine Person bittet, mit geschlossenen Augen den Unterschied zwischen kleinen Apfel- und Zwiebelstückchen, die auf ihrer Zunge plaziert werden, festzustellen. Für die meisten Menschen ist diese Diskriminierungsaufgabe leicht, wenn man ihnen erlaubt, durch die Nase zu atmen. Mit verschlossener Nase ist es jedoch den meisten unmöglich, diesen Test erfolgreich durchzuführen.

Viele Versuche wurden unternommen, die grundsätzlichen Geruchsrichtungen, ähnlich den vier Geschmacksrichtungen, genau zu identifizieren. Die am meisten akzeptierte Klassifizierung ist die von Amoore (1963), dargestellt in Tab. 12.1. Schon als Student an der Universität Oxford stellte Amoore große Unterschiede in der chemischen Struktur von Substanzen fest, die sich im Geruch sehr ähnlich waren. Er untersuchte mehr als 600 organische Komponenten, die genau definierte Gerüche aufwiesen und publizierte 1952 seine stereochemische Theorie vom Geruchssinn, in der alle Gerüche sieben unterschiedlichen primären Gerüchen (Tab. 12.1) zugeordnet werden. In der Theorie von Amoore werden alle Chemikalien nach ihrer molekularen Gestalt und Größe klassifiziert. Er postuliert sieben grundsätzliche Rezeptortypen, wobei jeder dieser Typen charakteristische Bindungsstellen besitzen sollte, in welche dann Moleküle mit ganz bestimmter Form hineinpassen. Danach sind kampfer-ähnlich riechende Moleküle annähernd sphärisch, moschus-ähnlich riechende Moleküle scheibenförmig. Wenngleich die Theorie von Amoore durch weitere Untersuchungen erhärtet wurde (Amoore 1964), so bleibt sie doch umstritten.

Die **Thermorezeption,** die wahrscheinlich bei den meisten Tieren anzutreffen ist, aber nur bei wenigen untersucht wurde, ist der Chemorezeption recht ähnlich. Nervenendigungen, die empfindlich auf Temperatur reagieren, sind für eine Vielzahl von Insekten bekannt. Zum Beispiel hat die Schabe *Periplaneta* Thermorezeptoren an den Beinsegmenten, welche die Bodentemperatur messen, und einige Thermorezeptoren an den Antennensegmenten, welche die Lufttemperatur erfassen. Fische besitzen Thermorezeptoren in der Haut, im Seitenlinienorgan und im Gehirn, so daß sie auf Temperaturunterschiede besonders empfindlich reagieren können. Es konnte

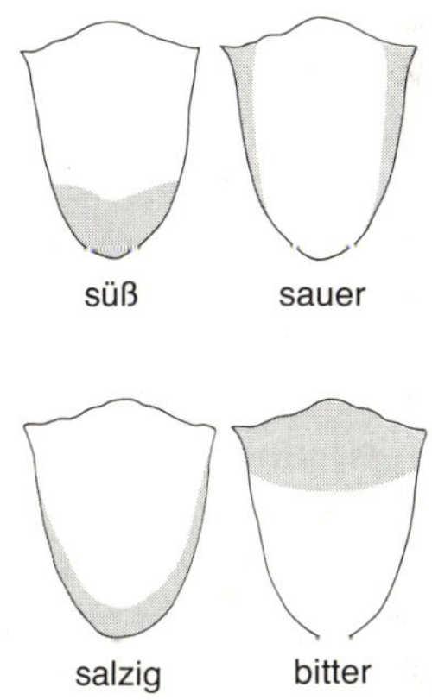

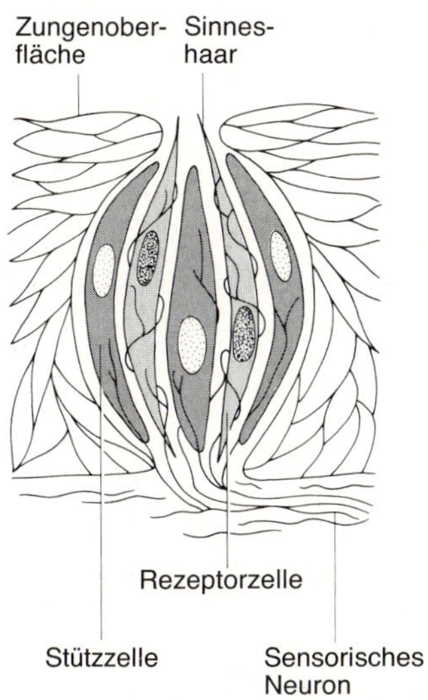

Abb. 12.3. Verteilung und Struktur von Geschmacksknospen beim Menschen.

Tab. 12.1. Primäre Duftstoffe und ihre chemischen Grundbestandteile sowie bekannte Beispiele dieser Düfte aus dem täglichen Umfeld (nach Amoore 1963).

primärer Duftstoff	chemische Grundbestandteile	bekannte Substanzen
kampferartig	Kampfer	Mottenvertilgungsmittel
Moschus	Pentadecanolacton	Öl der Angelikawurzel
Blütenduft	Phenylethylmethylethyl-carbinol	Rosen
pfefferminzartig	Menthol	Pfefferminzsüßigkeiten
Äther	Äthylendichlorid	chemische Reinigungsmittel
beißend scharf	Ameisensäure	Essig
faulig riechend	Butylmercaptan	schlecht gewordene Eier

gezeigt werden, daß der Zwergwels auf Temperaturschwankungen von weniger als 0,1° C reagieren kann. Viele Reptilien besitzen einen gut entwickelten Temperatursinn mit Thermorezeptoren sowohl im Gehirn als auch in der Haut. Grubenottern haben spezielle Gruben am Kopf, die auf Infrarotstrahlung empfindlich reagieren und derart geformt sind, daß das Tier einen gerichteten Temperatursinn besitzt.

Vögel, so nimmt man an, haben nur wenige Thermorezeptoren in der Haut. Es gibt aber einige Arten, die welche auf der Zunge und dem Schnabel aufweisen. Bei Tauben (Columbidae) gibt es Thermorezeptoren im Gehirn, die Verhalten und Gefiederstellung beeinflussen, wie es auch einige im Rückenmark gibt, die Muskelzittern und Atemfrequenz kontrollieren. Bei Säugern sind bestimmte Hitze- und Kälterezeptoren in der Haut verteilt; die Hitzerezeptoren sind gewöhnlich in tieferen Hautschichten lokalisiert als die Kälterezeptoren. Außerdem gibt es Rezeptoren tief im Körperinneren (z. B. in den Venen), die eine „Gänsehaut" hervorrufen können, obwohl die Temperaturrezeptoren in der Haut und im Gehirn unverändert Wärmereize empfangen. Thermorezeptoren im Rückenmark beeinflussen das Kältegefühl, die Atemfrequenz und die Blutzirkulation, und diese Funktionen werden durch Thermorezeptoren im Hypothalamus verstärkt. Insgesamt findet man die am besten ausgebildete Form der Thermoregulation bei Säugern, und das Gehirn erhält hier Informationen von vielen Körperregionen. Die Integration dieser Informationen führt zu der angemessenen Aktivierung der verschiedenen Mechanismen, zu wärmen und zu kühlen.

12.2 Mechanorezeptoren und Hören

Ein Klang resultiert aus kleinen Veränderungen im Druck, die von einer vibrierenden Quelle innerhalb eines Mediums wie Luft oder Wasser herrühren. Die Rezeptoren, die Schall wahrnehmen, sind im Prinzip Mechanorezeptoren, die schnelle Adaptation (Erholung) zeigen und somit Vibrationen gegenüber empfindlich sind.

Vibrationsempfindliche Haarzellen und Rezeptoren in den Gelenken der Extremitäten sind für viele Arthropoden beschrieben worden. Schmeißfliegen besitzen Rezeptoren in einigen Gelenken der Antennensegmente, die „Johnsonsche Organe" genannt werden. Diese „Organe" können Bewegungen bis zu 500 Hz wahrnehmen. Bei Stechmücken signalisiert der gleiche Rezeptortyp die Richtung des Schalls. Der

Rückenschwimmer *Notonecta* lokalisiert seine Beute, indem er Wellen auf der Wasseroberfläche mißt. Die Rezeptoren befinden sich in den Beinsegmenten und sind für Vibrationen zwischen 100 und maximal 150 Hz sensitiv. Netzspinnen können lebende von toter Beute an den Vibrationen im Netz erkennen. Auch manche Vertebraten besitzen Mechanorezeptoren, die dazu in der Lage sind, Vibrationen des Substrats aufzunehmen. Solche Rezeptoren sind in der Haut und in den Beingelenken von Katzen und Enten nachgewiesen worden (Prosser 1973).

Wenngleich das Hörsystem bei den verschiedenen Tiergruppen recht unterschiedlich gestaltet sein kann, zeigt es doch auch überall gewisse Gemeinsamkeiten auf. Zum Beispiel gibt es immer eine peripher gelegene Struktur, die den Schalldruck in eine Vibrationsbewegung umwandelt. Sensorische Rezeptoren wiederum formen diese Bewegung in Nervenimpulse um, die dann vom ZNS aufgeschlüsselt werden. Eines der einfachsten Typen eines peripheren Hörsystems wurde bei nachtaktiven Schmetterlingen nachgewiesen. Diese Tiere besitzen zwei Hörorgane, wobei jedes einfach mit einem Trommelfell zur Thoraxseite hin versehen ist. Ferner gibt es zwei Rezeptorzellen, die in langgezogenes konnektives Gewebe eingebettet sind (Abb. 12.4). Diese bemerkenswert einfach gebauten Hörorgane befähigen die Nachtfalter, die Ultraschallaute jagender Fledermäuse zu hören. In einer eleganten Serie von Experimenten konnte Roeder (1963, 1970) diesen Ablauf zeigen.

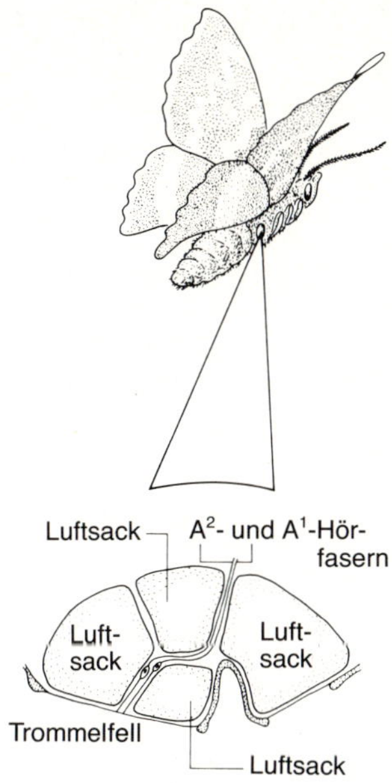

Abb. 12.4 Hörorgan eines Eulenfalters. Vibrationen des Trommelfells werden von den beiden akustischen Rezeptoren, den A1- und den A2-Zellen, wahrgenommen.

Der eine Rezeptor, A1-Zelle genannt, ist auf niederfrequenten Schall empfindlich und reagiert auf die Ultraschallaute einer 30 Meter entfernten Fledermaus. Diese Entfernung ist für die Fledermaus zu weit, um einen Falter aufspüren zu können. Die Impulsfrequenz der A1-Zelle ist der Lautstärke des Rufes proportional, so daß der Falter merkt, ob sich die Fledermaus annähert oder nicht. Der Falter kann auch die Richtung der Annäherung messen, indem er die Ankunftszeit und die Intensität des Reizes an den beiden Hörorganen miteinander vergleicht. Es kommt zu einem Unterschied im ankommenden Signal, da der Körper des Falters den Schall von dem einen Hörorgan mehr abschirmt als von dem anderen. Die relative Höhe der Fledermaus kann auch bestimmt werden: Befindet sich die Fledermaus oberhalb des Falters, dann wird der Schall, der die Hörorgane des Falters erreicht, durch das Flügelschlagen des Falters entsprechend rhythmisch unterbrochen. Diese Unterbrechungen bleiben aus, wenn sich die Fledermaus unterhalb des Falters befindet.

Die A1-Zellen warnen den Schmetterling frühzeitig vor einem Angriff der Fledermaus und ermöglichen es ihm so, der Fledermaus zu entfliehen, noch bevor er von ihr aufgespürt wird. Indem sich der Falter direkt von der Fledermaus nach vorne wegbewegt, präsentiert er sich selbst automatisch als kleinstmögliches Zielobjekt, da seine Flügel dann eher hochkant als breitseitig zur Fledermaus gerichtet sind und auf diese Weise den Schall verändern und ausgleichen, der die beiden Hörorgane der Fledermaus erreicht. Wird jedoch der Schmetterling von der Fledermaus entdeckt, dann kann er der Fledermaus nicht einfach davonfliegen, da die Fledermaus ein viel schnellerer Flieger ist. Stattdessen wendet der Falter Ausweichaktionen an, wenn die Fledermaus auf zwei bis drei Meter herankommt (Abb. 12.5).

Die A2-Zelle im Falter gibt nur dann Nervenimpulse ab, wenn der Schall laut genug ist. Befindet sich die Fledermaus ganz in der Nähe, beginnt die Zelle zu reagieren. Mit ihrer Impulsfrequenz verursacht sie wahrscheinlich eine Störung ihrer Flugkontrollmechanismen im ZNS. Der Falter fliegt also regellos weiter und läßt sich dann auf den Boden fallen. Mit solchen Ausweichmanövern gelingt es den Nachtfaltern, Fledermäusen zu entkommen, wenn diese in unmittelbare Nähe kommen. Somit sind Roeders Arbeiten (1963, 1970) über das Hörvermögen nachtaktiver Schmetterlinge eine gute Darstellung nicht nur über die Wirkungsweise eines einfachen Hörorgans, sondern auch ein gutes Beispiel dafür, daß der sensorische Apparat oftmals den ökologischen Bedingungen aufs feinste angepaßt ist.

Es gibt viele Schalleigenschaften, auf die ein Tier antworten könnte. Wenn ein Schall durch ein Medium wandert, bewegen sich dessen Partikel auf und ab und erzeugen so oszillierende Druckwellen. Das Ausmaß der Amplitude dieser Wellen bestimmt die Intensität oder Lautstärke des wahrgenommenen Geräusches. Die Fortleitungsgeschwindigkeit des Schalls wiederum hängt von der Dichte des Mediums

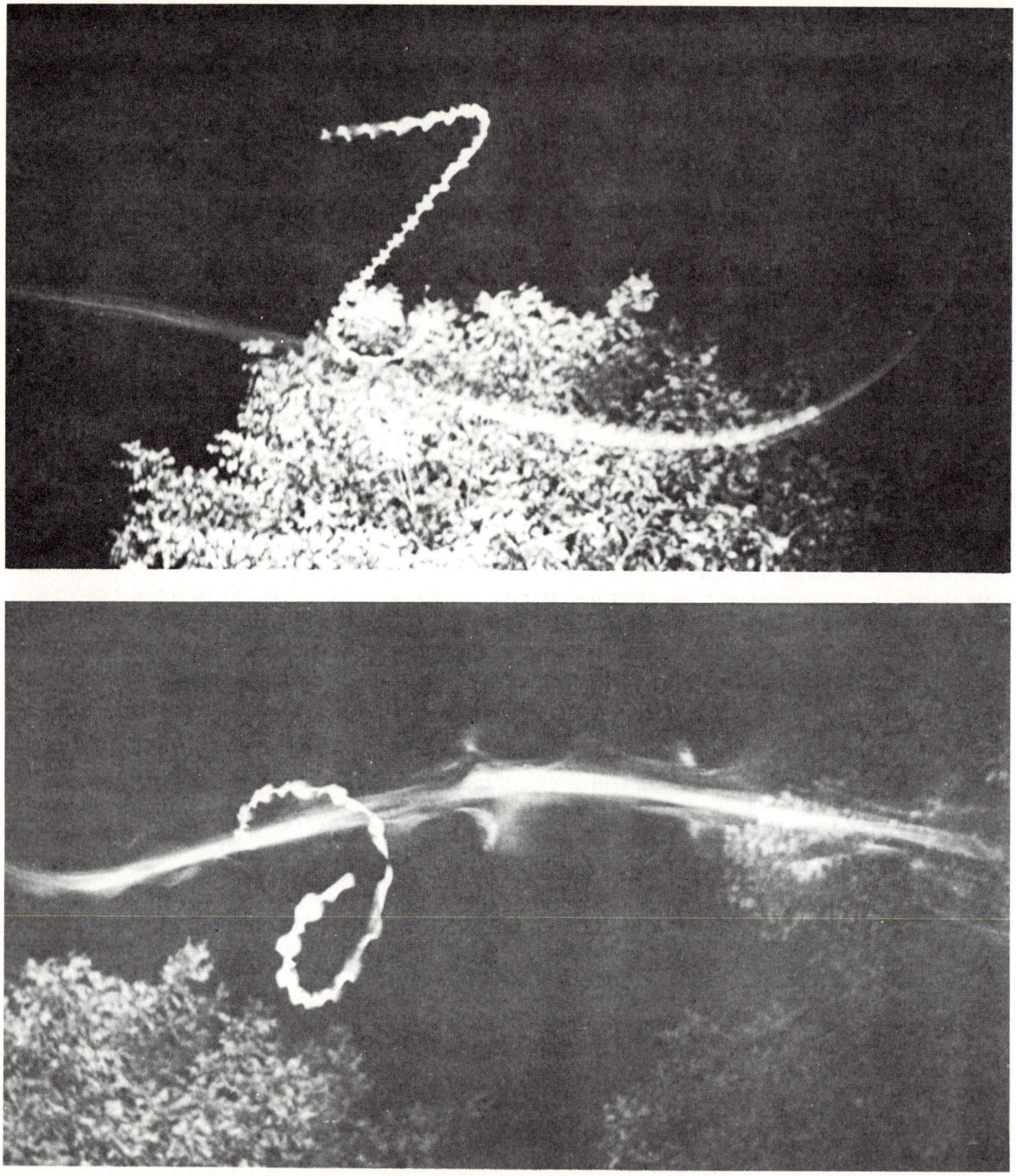

Abb. 12.5. Oben: Langzeitaufnahme von einem Nachtfalter, wie er einer Fledermaus entkommt, unten: Langzeitaufnahme einer Fledermaus beim Fang eines Nachtfalters.

ab, durch das der Schall weitergeleitet wird, und ist von der Lautstärke selbst unabhängig. In Luft wandert der Schall ca. 340 Meter pro Sekunde. In heißer Luft ist er schneller als in kalter Luft. In Wasser wandert der Schall etwa viermal so schnell wie in Luft.

Betrachtet man den Schall als Welle (Abb. 12.6), dann ist der Abstand von zwei aufeinanderfolgenden Amplitudenmaxima, **Phase** genannt, umgekehrt proportional zur **Frequenz,** d. h. zur Anzahl der Maxima pro Zeiteinheit. Die Schallfrequenz wird in Hertz, Phasen pro Sekunde, gemessen. Der einfachste Klang ist ein reiner Ton, der eine einzige Frequenz besitzt, die subjektiv als **Tonhöhe** empfunden wird. Natürliche Laute bestehen selten aus reinen Tönen, vielmehr setzen sie sich aus einer Anzahl von verschiedenen gemischten Frequenzen zusammen. Wird ein komplexer Klang in seine Frequenzanteile zerlegt, so erhält man ein **Klangspektrum.** Ein Hörorgan vermag auf ein breites Frequenzspektrum zu antworten. Als Beispiel sei das Tympanalorgan der Wanderheuschrecke genannt, das auf Frequenzen zwischen 1000 und 100000 Hz antworten kann. Antwortet ein Lautrezeptor auf ein nur schmales Frequenzband, so wird er „scharf eingestellt" genannt.

Der Antennenrezeptor (Johnsonsches Organ) der Männchen der Stechmücke *Aedes aegypti* reagiert auf Töne zwischen 150 und 550 Hz. Das entspricht der Flügelschlagfrequenz der Weibchen. Der Flügelschlag der Männchen ist von höherer Frequenz und wird vom Johnsonschen Organ nicht wahrgenommen (Haskell 1961).

Im allgemeinen sind die Hörorgane der Vertebraten vielseitiger als die der Invertebraten. Demnach können, wenn überhaupt, nur wenige Invertebraten zwei Frequenzen voneinander unterscheiden; es sei denn, die Tiere haben zufällig zwei verschiedene Rezeptortypen, die auf verschiedene Frequenzen eingestimmt sind (Haskell 1961). Für das Vertebratenohr jedoch ist eine solche Unterscheidung kein Problem. Das liegt teilweise an der Struktur des Ohres selbst, aber auch an der aufschlüsselnden Rolle des ZNS.

Das menschliche Ohr (Abb. 12.7) wird, wie bei fast allen Säugetieren, in drei Abschnitte unterteilt: in das Außen-, Mittel- und Innenohr. Das **Außenohr** besteht

Abb. 12.6. Verschiedene Hörorgane reagieren auf verschiedene Klangaspekte. Teilchen detektierende Hörorgane, wie sie bei Bienen, Stechfliegen und bei einigen Fischarten gefunden werden, werden durch Luftmoleküle angeregt, die von hohen Druckzonen zu Gebieten mit geringerem Druck wandern. Hörorgane, die auf Druckunterschiede reagieren, wie sie bei Säugern und einigen Vögeln, Fischen und Insekten vorkommen, besitzen eine abgeschlossene Kammer in ihrem Hörorgan, die einen Referenzdruck liefert und eine Membran besitzt, die durch Veränderung des Außendrucks deformiert wird. Hörorgane, die auf einen Druckgradienten aufbauen, wie sie bei Reptilien, Amphibien und auch bei einigen Vögeln, Fischen und Insekten gefunden werden, messen mittels einer innerhalb einer Röhre befindlichen Membran den Druckunterschied zwischen den beiden Enden dieser Röhre. Diese Hörorgane können maximal stimuliert werden, wenn sie längs der Achse der Tonübertragung ausgerichtet sind (nach Gould 1982).

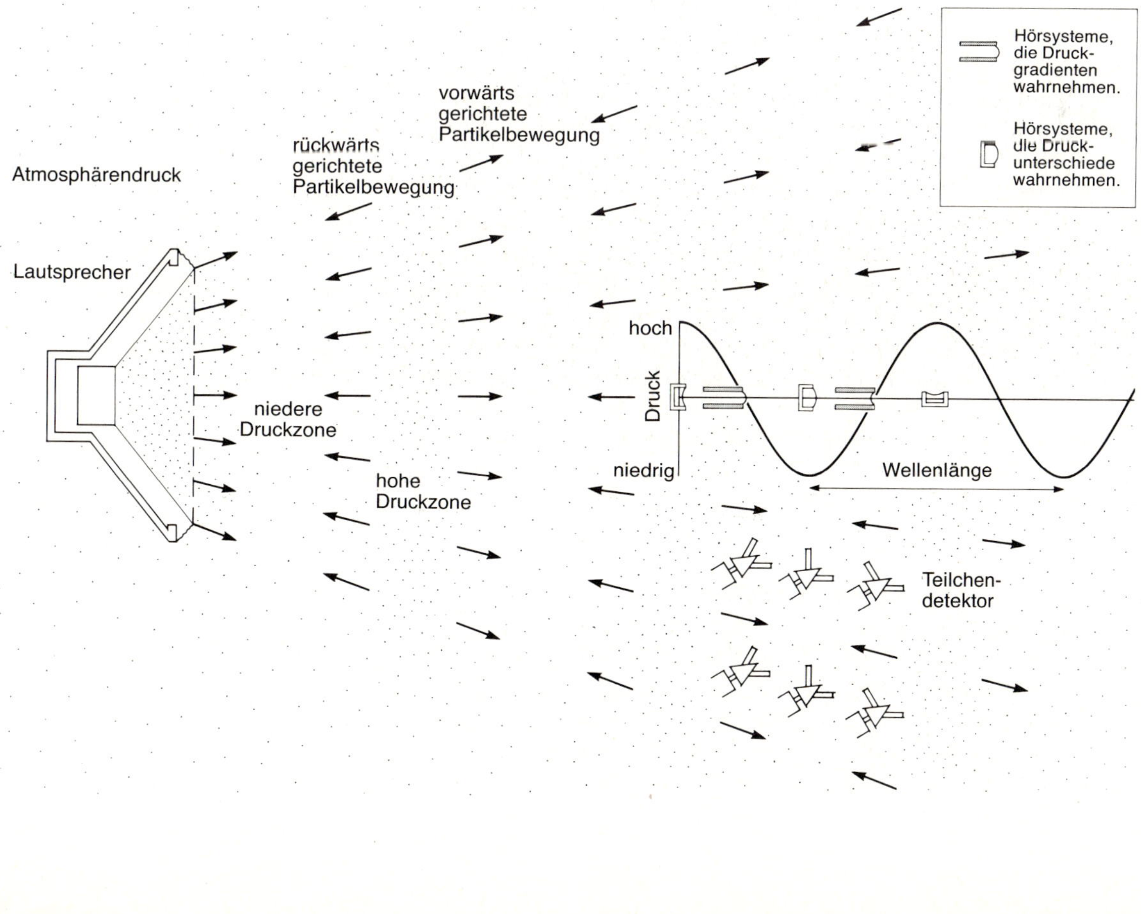

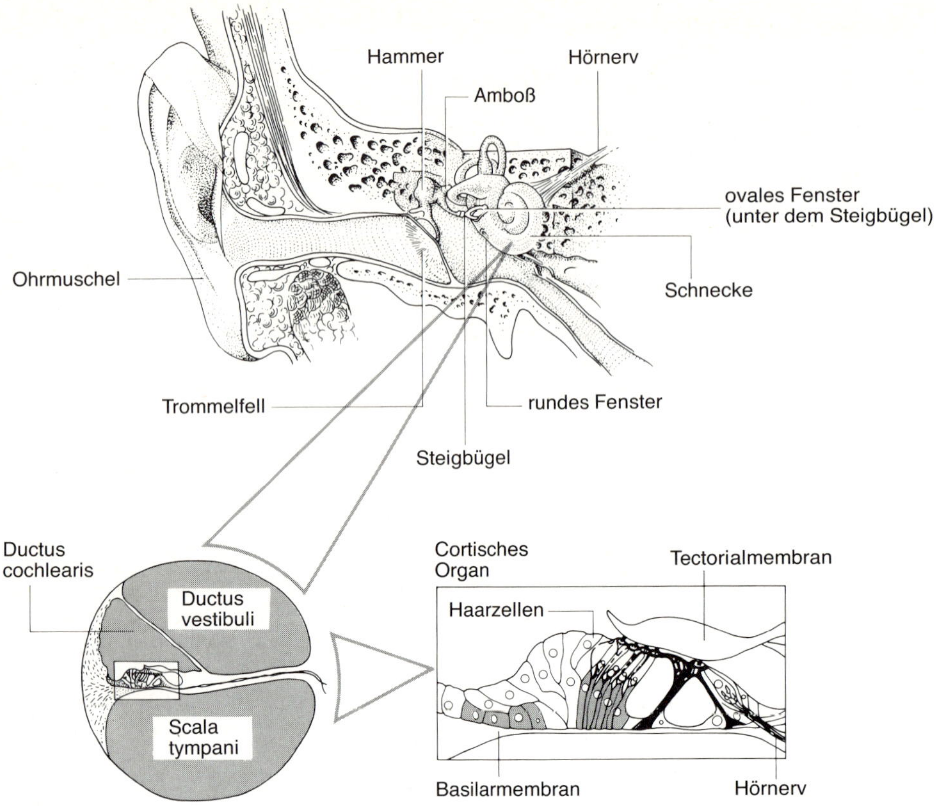

Abb. 12.7. Schematische Darstellung des menschlichen Ohres. Überblick (oben); Querschnitt durch die Cochlea (unten links) und eine detaillierte Darstellung des Cortischen Organs (unten rechts).

aus der **Pinna** (Ohrmuschel) und dem **Gehörgang,** der in der **tympaniformen Membran** (Trommelfell) endet. Das **Mittelohr** besteht aus einer auf der Innenseite des Trommelfells gelegenen Kammer, die mit dem **Pharynx** (Mundraum) über die **Eustachische Röhre** in Verbindung steht. Durch diese Anordnung ist es möglich, einen Druckausgleich zwischen Außen- und Mittelohr herzustellen. Flugreisende können Ohrenschmerzen bekommen, wenn es zu einer schnellen Höhenveränderung kommt, wie z. B. beim Start oder bei der Landung. Dieser Schmerz kommt durch die ungleiche Druckverteilung auf beiden Seiten des Trommelfelles zustande. Luftdurchfluß durch die Eustachische Röhre gleicht den Druck wieder aus, was durch Kauen, Schlucken oder Gähnen beschleunigt werden kann. Das Mittelohr besitzt drei kleine Gehörknöchelchen – den **Malleus** (Hammer), den **Incus** (Amboß) und den **Stapes** (Steigbügel) – welche das Trommelfell mit einer anderen Membran, dem **ovalen Fenster** in der Wand der Mittelohrkammer (Paukenhöhle), verbinden.

Das **Innenohr** ist ein Labyrinth aus zusammenhängenden, flüssigkeitsgefüllten Kammern und Kanälen. Es besteht aus zwei verschiedenen Abschnitten: dem **Vestibularapparat,** der mit dem Gleichgewichtssinn zusammenhängt, und der **Cochlea** (Schnecke), eine in sich gewundene Röhre, die das eigentliche Hörorgan darstellt. Innerhalb der Cochlea gibt es drei Kanäle: den **Vestibulariskanal,** der am ovalen Fenster beginnt, den **tympaniformen Kanal,** der am runden Fenster beginnt und mit dem Vestibulariskanal am anderen Ende in Verbindung steht, und den **Cochleakanal,** der zwischen den beiden anderen Kanälen liegt. Die Grenze zwischen dem Cochleakanal und dem tympaniformen Kanal wird von der **Basilarmembran** gebildet, an der das Cortische Organ liegt. Das **Cortische Organ** besteht aus aneinandergereihten Rezeptorzellen, die an ihrem Ende Haarsensillen aufweisen. Die Haarsensillen projizieren in eine gelartige Tectorialmembran. Die Dendriten der sensorischen Neurone enden auf der Oberfläche dieser Haarzellen. Wenn Vibrationen der Basilarmembran die Haarsensillen in Bewegung setzen, dann verursachen die Deformationen der Haarsensillen ein Generatorpotential in den Haarzellen, die wiederum die sensorischen Nerven stimulieren.

Luftvibrationen werden von der Ohrmuschel eingefangen und in den äußeren Gehörgang weitergeleitet, daraufhin beginnt das Trommelfell mit der gleichen Frequenz zu schwingen. Diese Vibrationen werden über die Paukenhöhle im Mittelohr durch die drei Gehörknöchelchen weitergeleitet. Die Gehörknöchelchen sind als ein bewegliches System angeordnet, so daß die Amplitude der Vibration verkleinert, ihre Intensität jedoch vergrößert wird. Die Vibrationen, die auf das Trommelfell treffen, werden durch die Gehörknöchelchen erheblich verstärkt. Am ovalen Fenster, das zwischen Mittel- und Innenohr liegt und sehr viel kleiner ist als das Trommelfell, treten die Vibrationen in bis zu 22facher Verstärkung auf. Dadurch können auch noch besonders schwache Laute wahrgenommen werden.

Die Bewegungen der Membranen am ovalen Fenster verursachen wiederum gleichzeitige Bewegungen der Flüssigkeit in der Cochlea. Wird das ovale Fenster nach innen gedrückt, dann wird die Flüssigkeit vom Vestibulariskanal gegen den Tympanalkanal gepreßt. Um den Druck in der Cochlea auszugleichen, muß das runde Fenster wieder nach außen gedrückt werden. In einem vollständigen Vibrationszyklus läuft diese Bewegung anschließend in umgekehrter Richtung ab. Die Schwingungen der Flüssigkeit in der Cochlea haben die gleiche Frequenz wie die Luftvibrationen, die auf das Ohr eintreffen. Wenn die Flüssigkeit in der Cochlea in Bewegung tritt, dann wandert eine Schwingungswelle die Basilarmembran entlang. Durch die entstehenden Auf- und Abwärtsbewegungen werden die Haarzellen deformiert, die gegen die Tectorialmembran gedrückt werden, und die Auslenkung der Haarzellen stimuliert die sensorischen Neurone.

Der Ort im Cochleakanal, an dem die größte Amplitude der Membranauslenkung auftritt, wird von der Frequenz des Reizlautes bestimmt. Schon 1867 hatte Helmholtz aufgrund anatomischer Befunde angenommen, daß Schwingungen von hoher Frequenz nahe der Basis der Cochlea und niederfrequente Schwingungen am Ende der Cochlea ihre größte Wirkung entfalten. Das heutige Verständnis über den Wirkungsmechanismus der Cochlea geht auf die Arbeiten von Békésy (1952, 1960) zurück, für die er mit dem Nobelpreis ausgezeichnet wurde. Er beobachtete die Vorgänge innerhalb der Cochlea, indem er die Flüssigkeit aus der Cochlea entfernte und sie durch eine Aufschwemmung aus Kohlen- und Aluminiumstaub ersetzte. Da sich Lichtblitze hoher Intensität an dieser Suspension reflektieren lassen, konnten Vorgänge wie z. B. die Bewegung der Welle entlang der Basilarmembran beobachtet werden. So stellte Békésy fest, daß die Basilarmembran an ihrer Basis steifer ist, somit auf hochfrequente Vibrationen leichter reagiert, und an ihrem Ende weicher, wodurch niederfrequente Vibrationen eher eine Auslenkung bewirken. Demnach wirken bestimmte Frequenzen auf bestimmte Orte der Basilarmembran, und jeder Ort reizt dementsprechend andere Rezeptoren des Cortischen Organs.

Die Nervenfasern dieser Rezeptoren knüpfen synaptische Kontakte im **Nucleus spiralis,** die Axone der sekundären Neurone bilden dann den **Gehörnerven** (VIII. Gehirnnerv). Jeder Nerv leitet die Information einer bestimmten Frequenz zum **Nucleus cochlearis** im Gehirn.

Nicht bei allen Vertebraten sind die Ohren gleich gebaut. So haben etwa Fische und Wale kein äußeres Ohr. Fische haben auch kein Mittelohr mit Trommelfell und Gehörknöchelchen. Da das Gewebe der Fische eine ähnliche Dichte wie Wasser hat, können Vibrationen, die am Kopf eintreffen, direkt zum Innenohr weitergeleitet werden. Einige Fische verfügen allerdings über einen Mechanismus, der ähnliche Funktionen erfüllt wie die des Innenohres. Hierbei handelt es sich um die luftgefüllte Schwimmblase, die durch eine knöcherne Verbindung zum Innenohr das Hörvermögen gewaltig verbessert. Bei Amphibien und Reptilien bildet das Trommelfell den äußeren Teil des Ohres. Bei Vögeln gibt es einen Gehörgang (**Meatus acusticus**), der von der Kopfoberfläche zum Trommelfell führt. Ein stäbchenähnlicher Knochen, die **Columella,** stellt hier eine Verbindung zur Innenoberfläche des Trommelfells her und tritt mit dem Steigbügel in Kontakt. Bei den Amphibien und Reptilien bilden diese Knochen Teile des Kiefers, obwohl bei einigen Arten diese Knochen auch Hörfunktionen ausüben.

Das **Seitenlienienorgan** der Fische und der im Wasser lebenden Amphibien reagiert empfindlich auf Vibrationen, wobei niederfrequente Laute eingeschlossen sind. Dieses Organ ist aus modifizierten Haarzellen aufgebaut, die auf Wasserbewegungen im Seitenlinienkanal oder auf solche auf der Körperoberfläche reagieren.

12.3 Das Sehen

Das Sehvermögen wird durch die Wahrnehmung elektromagnetischer Strahlung ermöglicht. Das Spektrum der elektromagnetischen Strahlung ist sehr groß, der sichtbare Teil macht aber nur einen kleinen Bereich aus (Abb. 12.8).

Der Energiegehalt elektromagnetischer Strahlung ist umgekehrt proportional zur Wellenlänge. Langwellige Strahlung enthält zu wenig Energie, um eine photochemische Reaktion, die Grundlage zur Wahrnehmung von Licht, hervorrufen zu können. Kurzwellige Strahlung besitzt dagegen so viel Energie, daß lebendes Gewebe beschädigt wird. Der größte Teil der kurzwelligen Strahlung der Sonne wird in der Ozonschicht der Atmosphäre absorbiert, und es ist sehr zweifelhaft, ob sich das Leben ohne die schützende Ozonschicht überhaupt hätte entwickeln können. Alle photobiologischen Prozesse sind auf eine schmale Bandbreite des Spektrums zwischen diesen beiden Extrema abgestimmt.

Lichtrezeptoren enthalten ein Sehpigment, das bei Lichteinwirkung „ausbleicht". Dieser Ausbleichungsprozeß bewirkt Veränderungen in der Struktur der Pigmentmoleküle, aber entgegen den Ausbleichungsprozessen, wie sie aus dem täglichen Leben bekannt sind, ist dieser Prozeß reversibel. Die Ausbleichung führt zu elektrischen Veränderungen in der Rezeptormembran, ein Vorgang, der noch nicht vollständig verstanden ist (Prosser 1973).

Obwohl Lichtsinneszellen über den ganzen Körper verstreut sein können, wie z. B. beim Regenwurm (*Lumbricus*), treten sie doch im allgemeinen eher dicht zusammengedrängt auf. Der einfachste Augentyp setzt sich aus einer Anhäufung von Rezeptoren zusammen, die in der Haut am Boden einer Versenkung oder Grube angeordnet sind. Ein solches Auge kann durch die Schattenbildung grob die Richtung des Lichteinfalls erkennen. Licht, das von der Seite eintrifft, erhellt den einen Teil der Hautvertiefung, während der andere Teil relativ dunkel bleibt. Diese Helligkeitsunterschiede können von einer Reihe von Lichtsinneszellen erkannt werden, die auf dem Boden des Grubenauges angeordnet sind und eine einfache **Retina** (Netzhaut) bilden. Das **Lochkamera-Auge** der Mollusken, wie es z. B. beim Perlboot *Nautilus*

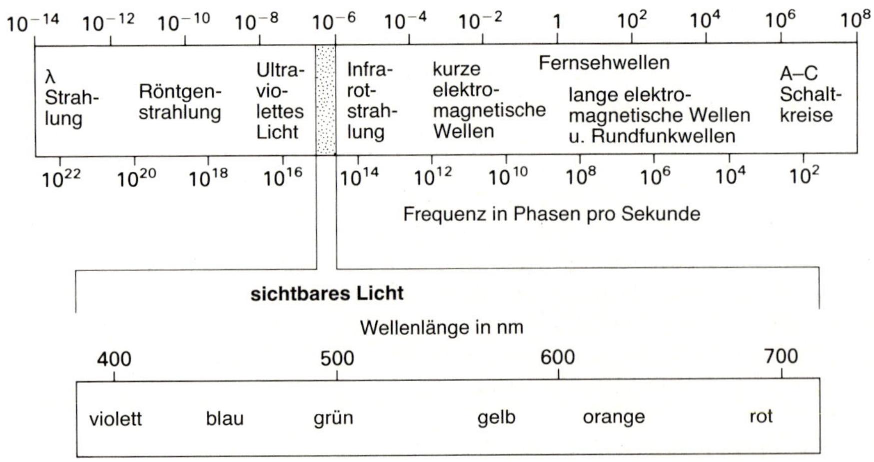

Abb. 12.8 Die Wellenlängen (in Metern) des elektromagnetischen Spektrums. Der Bereich des für uns sichtbaren Lichtes ist noch einmal vergrößert dargestellt (unten).

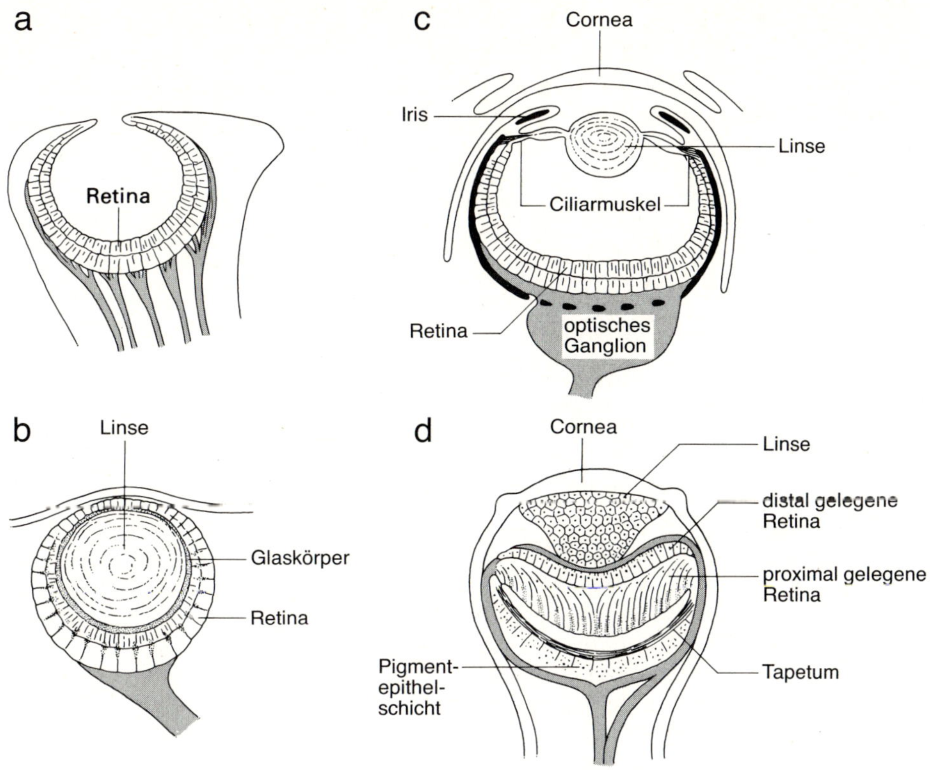

Abb. 12.9. Repräsentative Beispiele für verschiedene Augentypen bei Mollusken. a) das Lochkamera-Auge des marinen Weichtieres *Nautilus,* b) das Linsenauge der Landschnecke *Helix,* c) das wirbeltierähnliche Auge des Tintenfisches *Sepia,* d) das inverse Auge der Kammmuschel *Pecten.*

vorkommt (Abb. 12.9), ist eine Weiterentwicklung des **Grubenauges**. Hier hat sich der Rand der Vertiefung zur Mitte hin weiter verschlossen und die Photorezeptor schicht hat eine Retina gebildet. Das Lochkamera-Auge arbeitet genauso exakt wie eine Lochkamera, d.h. Licht von jedem Punkt im Raum erreicht nur eine sehr kleine Region auf der Retina, und es entsteht ein umgekehrtes Abbild auf der Retina.

Die Evolution des Auges kann am Beispiel der heute lebenden Mollusken gut nachverfolgt werden (Abb. 12.9). Aus dem Lochkamera-Auge von *Nautilus* hat sich ein Auge mit einer wahrscheinlich schmutzabweisenden Schicht entwickelt. Innerhalb dieses Auges hat sich, wie z. B. bei der Schnecke *Helix,* eine einfache **Linse** gebildet. Diesen Augentyp findet man auch bei Spinnen. Es gibt einige Variationen, wie z. B. das Auge der Kammuschel *Pecten,* das eine inverse Retina und ein Tapetum lucidum besitzt (s. Kapitel 13). Das Auge des Tintenfisches *Sepia* (Abb. 12.9) ist dem Wirbeltierauge sehr ähnlich. Die Form der Linse kann über **Ciliarmuskeln** verändert werden, die **Regenbogenhaut (Iris)** reguliert den Lichteinfall auf die Retina.

Das Wirbeltierauge, wofür das menschliche Auge ein gutes Beispiel darstellt, wird nach einem überall gleichen Grundbauplan gebildet, es gibt jedoch einige ökologische Anpassungen (s. Kapitel 13). Abb. 12.10 zeigt einen Horizontalschnitt durch das menschliche Auge. Das Auge ist von einer harten Schicht, der Lederhaut (**Sklera**), umgeben, die im vorderen Teil des Auges durchsichtig ist und hier Hornhaut (**Cornea**) genannt wird. An die Sklera ist zur Innenseite hin eine dunkle Schicht, die Aderhaut (**Chorioidea**), angelagert. Die Chorioidea schirmt nicht nur das von der Seite auf das Auge einfallende Licht ab, sondern verhindert auch Reflektionen innerhalb des Augapfels. Auf die Aderhaut folgt die lichtempfindliche **Retina,** die später noch im einzelnen besprochen werden soll. Am vorderen Teil des Auges fehlen die Aderhaut und die Retina. Eine große **Linse** unterteilt das Auge in eine **vordere** und eine **hintere Augenkammer,** die jeweils mit einer wässrigen Flüssigkeit bzw. dem **Glaskörper** gefüllt sind. Vor der Linse befindet sich die **Iris,** ein ringförmiger Schließmuskel, mit einer Öffnung, der **Pupille,** in der Mitte. Die Iris kontrolliert die Pupillengröße und damit die optimale Lichtmenge, die in das Auge gelangen soll. Die Linse ist mit dem **Ciliarmuskel** verbunden, der die Form der Linse verändern kann. Wenn sich

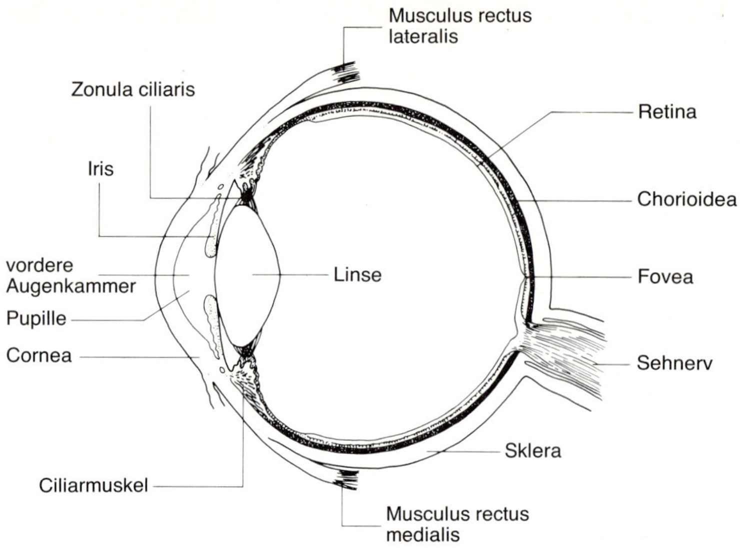

Abb. 12.10. Querschnitt durch das menschliche Auge.

der Muskel kontrahiert und die Linse konvex gekrümmt wird, können nahestehende Objekte auf der Retina scharf abgebildet werden. Entspannt sich der Ciliarmuskel, so wird die Linse flacher, und weiter entfernte Objekte werden auf der Retina scharf abgebildet.

Im Gegensatz zur Retina der Cephalopoden (Kopffüßer), wie z. B. *Sepia,* handelt es sich bei der Wirbeltierretina um eine inverse Retina. Die Lichtsinneszellen sind hier der Aderhaut direkt angelagert, so daß das Licht erst mehrere Neuronenschichten, meistens **Ganglien-** und **Bipolarzellen,** durchdringen muß, bevor es die Lichtrezeptoren erreicht (Abb. 12.11). Die Ganglienzellschicht liegt dem Glaskörper am nächsten. Die Axone der Ganglienzellen verlaufen an der Innenoberfläche der Retina zur optischen Scheibe zusammen, auch **blinder Fleck** genannt, wo sie gebündelt als **optischer Nerv** (II. Gehirnnerv) den Augapfel verlassen. Die Bipolarzellen sind Neuronen, die die Ganglienzellen mit den Photorezeptoren verbinden (Abb. 12.11).

Es gibt zwei verschiedene Typen von Sehzellen: die **Stäbchen** und die **Zapfen.** Die schlanken Stäbchen sind besonders lichtempfindlich und besitzen nur ein einziges Sehpigment, das **Rhodopsin.** Lichtwahrnehmung über Stäbchen ist demnach farblos. Das visuelle Auflösungsvermögen ist sehr gering, da mehrere Stäbchen mit einer einzigen Ganglienzelle verbunden sind. Eine einzelne Nervenfaser im optischen Nerven erhält also die Information von mehreren Stäbchen, eine Anordnung, die die Lichtempfindlichkeit auf Kosten der Sehschärfe verbessert. Stäbchen finden sich vor allem im Auge von nachtaktiven Tieren, für die eine hohe Lichtempfindlichkeit besonders wichtig ist.

Die Zapfen antworten maximal auf starken Lichteinfall und liefern ein scharfes Bild. Im Gegensatz zu den Stäbchen, von denen meistens viele auf eine einzige Ganglienzelle konvergieren, sind die einzelnen Zapfen oftmals nur mit einer einzigen Ganglienzelle verbunden. Zapfen können in unterschiedlichen Typen vorkommen, die die Sehpigmente für die verschiedenen Bandbreiten des Spektrums tragen. Zapfen bilden daher die Grundlage für das Farbensehen. Die Zapfen sind jeweils für diejenige Wellenlänge empfindlich, die von ihren Sehpigmenten absorbiert werden kann. Wenn nur ein Sehpigment aktiv wirksam ist, dann spricht man von **monochromatischem Sehen,** wie z. B. beim Dämmerungssehen des Menschen, wenn nur die Stäbchen in Aktion treten (Abb. 12.12).

Dichromatisches Sehen ist dann möglich, wenn zwei Sehpigmente aktiv sind, wie z. B. beim Erdhörnchen (*Sciurus carolinensis*), (Abb. 12.12). Jede Wellenlänge stimuliert die beiden Zapfentypen in einem bestimmten Verhältnis, je nachdem, in welchem spektralen Bereich sie besonders empfindlich sind. Erkennt das Gehirn dieses

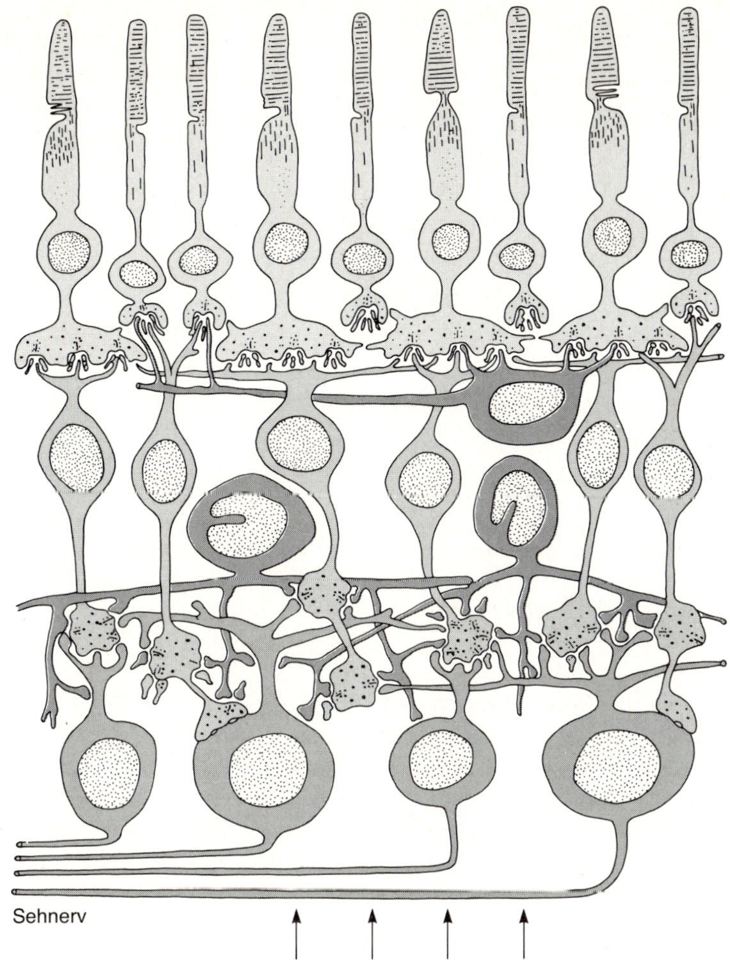

Abb. 12.11. Aufbau der Retina bei Primaten (nach Dowling und Boycott 1966).

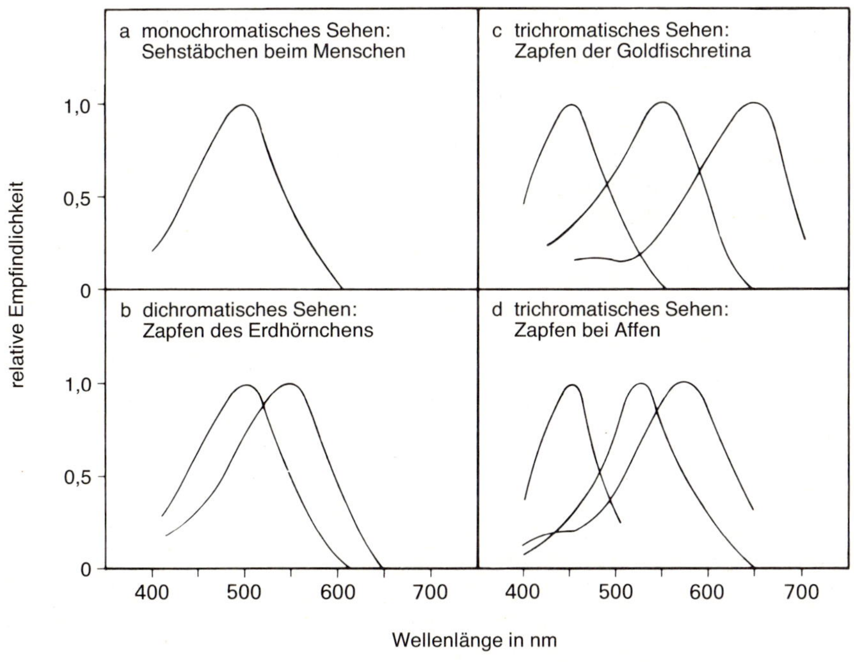

Abb. 12.12. Typische Rezeptormechanismen für verschiedene Formen des Farbensehens (aus *The Oxford Companion to Animal Behaviour,* Oxford University Press 1981).

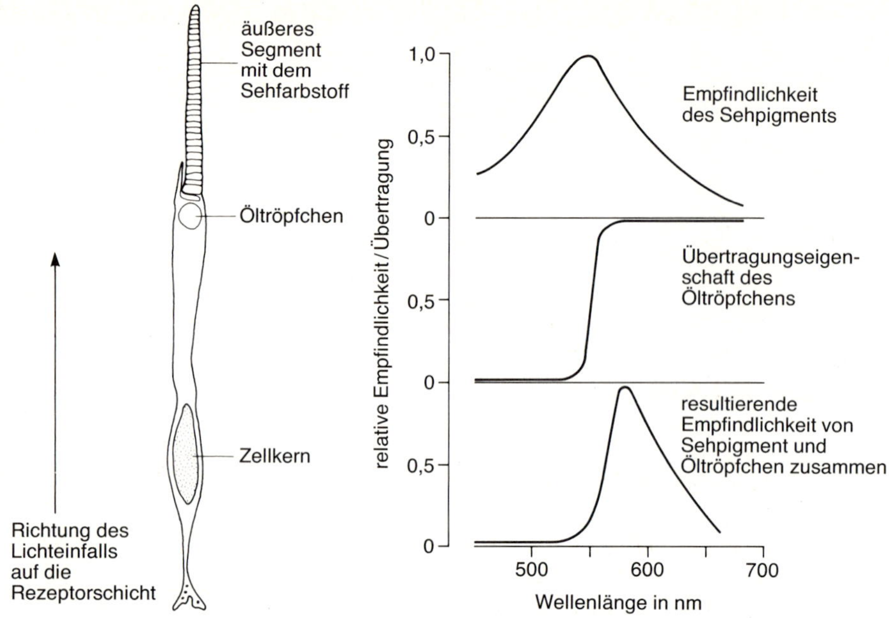

Abb. 12.13. Beispiele für das Zusammenwirken von Pigment und Öltröpfchen in den Zapfen von Vögeln (aus *The Oxford Companion to Animal Behaviour,* Oxford University Press 1981).

Verhältnis, so sollte es für das Tier möglich sein, die Wellenlänge von der Intensität unterscheiden zu können. Jedoch gilt zu bedenken, daß bestimmte Relationen in mehr als nur einem Teil des Spektrums auftreten können und daß daher einige Wellenlängen verwechselt werden können, was beispielsweise bei einigen Formen von Farbenblindheit beim Menschen der Fall ist. Die Wellenlänge, die beide Zapfentypen gleichermaßen stimuliert (der Punkt, wo die Absorptionskurven sich kreuzen) kann von weißem Licht nicht unterschieden werden und ist als „neutraler Punkt" des Spektrums bekannt. Für das Erdhörnchen wurde das Vorhandensein dieses neutralen Punktes auf der Verhaltensebene nachgewiesen (Muntz 1981).

Eine Verwechslung der Wellenlängen beim Sehvorgang kann durch das Vorhandensein von insgesamt drei Zapfentypen oder dem **trichromatischen Sehen** vermindert werden (Abb. 12.12), das bei vielen Arten einschließlich dem Menschen gefunden wird. Einige Verwechslungen treten dennoch auf. So ist es sehr gut möglich, den Eindruck einer jeden beliebigen Farbe durch verschiedene Mischungsverhältnisse dreier monochromatischer Wellenlängen, die an Intensität und Sättigung entsprechend angepaßt sind, zu vermitteln. Die visuelle Wahrnehmung von Farbfotographien und Farbfernsehen wäre nicht möglich, wenn das nicht der Fall wäre.

Bei vielen Vogelarten und Reptilien werden mehr als drei Rezeptortypen gefunden. Zusätzlich zu den schon vorhandenen unterschiedlichen Sehpigmenten besitzen die Zapfen dieser Tiere farbige Öltröpfchen, die als Filter wirken und in Kombination mit den Sehpigmenten die spektrale Empfindlichkeit der Rezeptoren festlegen (Abb. 12.13). Die Öltröpfchen sind im allgemeinen nicht gleichmäßig über die Retina verteilt, sondern auf bestimmte Regionen konzentriert.

Der tschechische Physiologe Purkinje berichtet 1825, daß rote Blumen im Tageslicht heller erscheinen als blaue. In der Dämmerung dagegen scheinen die roten Blumen eher an Farbe zu verlieren als die blauen. Diese Veränderung in der spektralen Empfindlichkeit des Auges, auch „Purkinjesches Phänomen" genannt, ist eine Folge der Anpassung vom Zapfen- zum Stäbchensehen während der **Dunkeladaptation,** was schon 1866 von Schultz nachgewiesen wurde. Beim Menschen kann die Empfindlichkeitsänderung während der Dunkeladaptation gemessen werden, indem in kurzen Abständen die Schwelle von gerade noch sichtbarem Licht nach Betreten eines dunklen Raumes bestimmt wird. Während der Dunkeladaptation nimmt diese Schwelle allmählich ab (Abb. 12.14). Die Unebenheit in dieser Kurve kommt durch den Übergang vom Zapfen- zum Stäbchensehen zustande. Der Anteil der Zapfen an dieser Kurve kann bestimmt werden, indem die Fovea, die keine Stäbchen enthält,

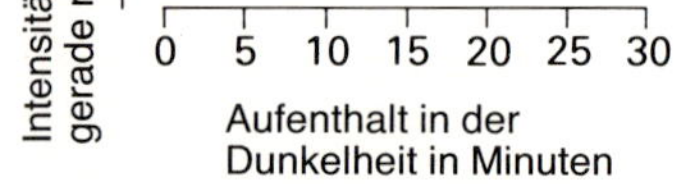

Abb. 12.14. Intensitätsabfall eines gerade noch sichtbaren Lichtblitzes während der Dunkeladaptation (doppelter Linienzug). Die steil abfallende Kurve zeigt den Intensitätsabfall, wenn sich nur Stäbchen in der Retina befinden. Die flach abfallende Kurve demonstriert den Intensitätsabfall, wenn ausschließlich Zapfen visuell stimuliert werden (aus *The Oxford Companion to Animal Behaviour,* Oxford University Press 1981).

mit einem sehr kleinen Lichtstrahl beschienen wird. Der Anteil der Stäbchen kann bei monochromaten Personen (Farbblinden) gemessen werden, also bei Individuen, die keine Zapfen in der Retina besitzen, was allerdings sehr selten vorkommt. Die Stäbchen sind viel lichtempfindlicher als die Zapfen (Abb. 12.14). Sie enthalten jedoch nur das Sehpigment Rhodopsin, das seine maximale Empfindlichkeit am Ende des blauen Spektrums hat. Daher erscheinen in der Dämmerung blaue Gegenstände heller als andersfarbige Objekte.

Das Wirbeltierauge verfügt über einen enorm großen Intensitätsbereich; die Änderung in der Empfindlichkeit kann billionenfach sein. Diese Änderung kann über verschiedene Mechanismen erreicht werden, die von Tierart zu Tierart unterschiedlich sind. Bei vielen Fischen, Amphibien, Reptilien und Vögeln wandert das Sehpigment bei starkem Lichteinfall zwischen die äußeren Segmente der Rezeptoren, bei schwächer werdendem Licht zieht es sich wieder zurück. Die äußeren Segmente der Zapfen können bei einigen dieser Tiere ebenfalls ihre Position verändern. So bewegen sich bei einigen Fischen und Amphibien die äußeren Segmente der Zapfen auch in die entgegengesetzte Richtung. Der Lichteinfall auf die Retina kann über Kontraktionsbewegungen der Iris kontrolliert werden. Bei Fischen wie dem Aal und den Plattfischen, nachtaktiven Reptilien, Vögeln und Säugern, ist dieser Reflex sehr gut ausgebildet (Prosser 1973).

Um ein scharfes Abbild auf der Retina zu bekommen, muß das Licht, das in das Auge fällt, so gebrochen werden, daß es auf der Retina im Brennpunkt erscheint. Das wird durch die Cornea und durch die Linse erzielt. Beim Menschen liefert die Cornea eine ungefähr doppelt so große Brechung wie die Linse.

Da die Cornea sich in einem nicht veränderbaren, festen Abstand von der Retina befindet, werden einige Anpassungsprozesse notwendig, um Objekte in unterschiedlicher Entfernung auf der Retina scharf abbilden zu können. Die nötige Anpassung wird von der Linse verrichtet. Bei Fischen ist die Linse annähernd kugelförmig mit einem hohen Brechungsindex und einer kurzen Brennweite. Das ist auch notwendig, da der Brechungsindex von Wasser ungefähr genauso groß ist wie der der Cornea, so daß auf der Augenoberfläche keine Brechung stattfindet. Die Form der Linse ist immer gleich. Die Anpassungsfähigkeit des Auges an entfernt liegende Objekte (**Akkomodation**) wird hier dadurch erreicht, daß der Abstand zwischen der Linse und der Retina verändert wird. Bei den Landwirbeltieren wird die Akkomodation über die Ciliarmuskeln kontrolliert, welche die Form der Linse verändern können. Werden nahe Objekte auf der Retina scharf abgebildet, so ist die Linse rund, bei weiter entfernten Objekten ist sie flach (Abb. 12.15). Tiere, die ihren Lebensraum sowohl im als auch außerhalb des Wassers haben, sehen in keinem der beiden Medien gut. Die Augen von Fröschen, Krokodilen und Flußpferden befinden sich weit oben am Kopf, so daß das Tier über der Wasseroberfläche sehen kann, während der Körper sich im Wasser befindet. Bei dem sogenannten Vierauge (*Anableps anableps*), einem Fisch, ist jedes Auge durch eine Haut in zwei Regionen unterteilt. Der obere

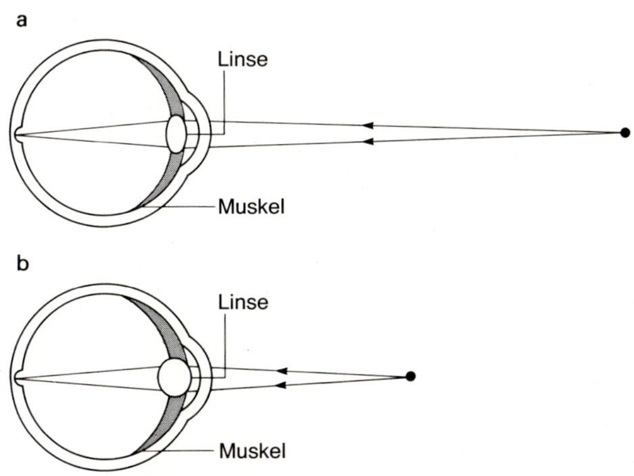

Abb. 12.15. Einstellen des Brennpunktes beim Sehvorgang. Um entfernte Objekte auf der Retina scharf abbilden zu können, ist die Linse flach eingestellt, für naheliegende Objekte ist sie abgerundet.

Teil des Auges steht aus dem Wasser hervor, während der untere Teil von Wasser bedeckt ist. Die beiden Augenhälften besitzen eine gemeinsame, ovale Linse. Sie ist derart geformt, daß das untere Auge sich auf Objekte im Wasser, das obere Auge sich auf Objekte über der Wasseroberfläche scharf einstellen kann.

Das Sehfeld der Augen ist größtenteils von ihrer Lage am Kopf abhängig. Bei den Wirbeltieren beträgt das Sehfeld von jedem Auge ungefähr 170 Grad (Duke-Elder 1958). Bei den einzelnen Arten gibt es einen unterschiedlich großen Überlappungsbereich des Sehfeldes beider Augen. Im allgemeinen haben Raubtiere nach vorne einen großen Überlappungsbereich beider Augen und nach hinten eine blinde Region. Beutetiere dagegen besitzen nach vorne nur einen kleinen Überlappungsbereich und nach hinten eine kleine blinde Region (Abb. 12.16).

Im Überlappungsbereich beider Sehfelder ist **binokulares Sehen** möglich. Der Vorteil von binokularem Sehen ist eine genauere Tiefenwahrnehmung und eine bessere Entfernungsabschätzung, als es mit monokularem Sehen möglich ist. Das ist eine wichtige Fähigkeit für Tiere, die bei ihrem Beutefangverhalten auf diese Informationen angewiesen sind. Der Vorteil von einem großen Sehfeld liegt in dem schnellen Erkennen von Bewegungen, selbst wenn diese hinter dem Tier ablaufen. Das ist besonders für Tiere wichtig, die ständig vor sich annähernden Raubfeinden wachsam sein müssen.

Wenn während des Sehvorgangs ein genaues Abbild der Umgebung erreicht werden soll, dann wird das Bild auf der Fovea der Netzhaut scharf eingestellt. Damit beide Augen das Bild fixieren können, müssen die beiden Bildlinien übereinandergebracht werden. Je näher sich der Gegenstand im Suchbild befindet, umso größer wird die Notwendigkeit zur **Konvergenz**. Die Richtung der beiden Bildlinien wird über die **extraokularen Augenmuskeln** angeglichen, bis die beiden Bilder auf der Retina übereinstimmen und im Gehirn ein einzelnes Bild registriert wird. Wenn gleichzeitig im Gehirn das Ausmaß der Konvergenz beider Augen gemessen wird, dann liegt auch die Information über die Entfernung des Gegenstandes vor. Jedoch ist es nicht möglich, daß die Abbilder sehr nahestehender Objekte auf der Retina exakt übereinstimmen. In Abhängigkeit vom Abstand der beiden Augen zueinander gibt es unterschiedliche Abbildungen der beiden Bildobjekte auf der Retina. Diese **retinale Disparität** liefert ebenfalls eine wichtige Information über die Entfernung von Objekten. Die Beurteilung der Entfernungs- und Tiefenwahrnehmung ist sehr komplex und bedarf zu den bereits beschriebenen Eigenschaften wie Konvergenz und retinale Disparität weiterer Merkmale.

Obwohl der grundlegende Aufbau des Auges für alle Wirbeltiere der gleiche ist, gibt es doch eine Vielzahl von Abwandlungen und Spezialisierungen, wovon einige noch in Kapitel 13 besprochen werden sollen. Die Unterschiede der Fovea sind hier besonders bemerkenswert. Der Mensch hat eine einzige, zentral gelegene Fovea, die eine runde Form besitzt, nur Zapfen enthält und den Teil der Retina ausmacht, auf dem die größte Sehschärfe erreicht werden kann. Bei Hyänen und bei vielen Vogel-

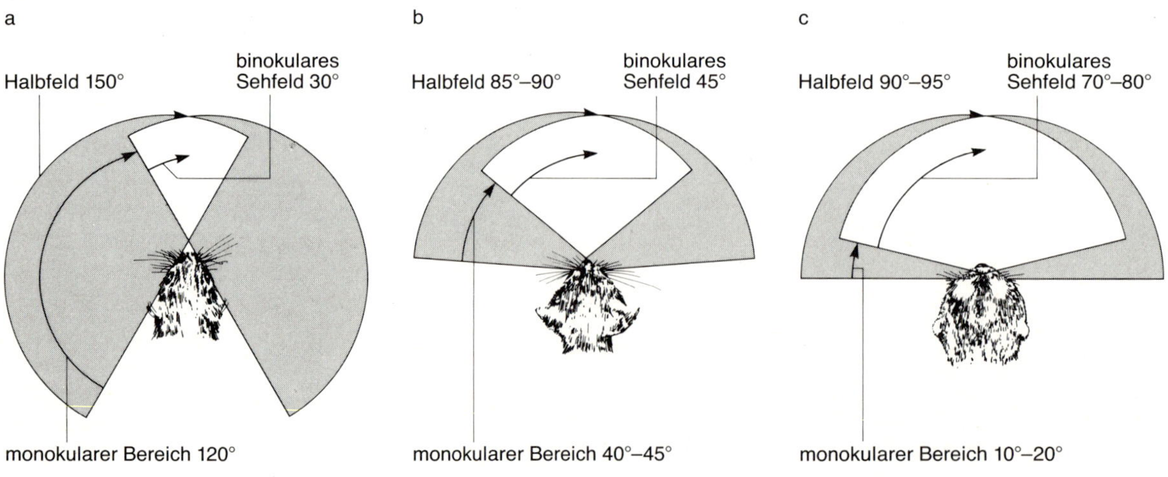

Abb. 12.16. Das Sehfeld bei a) Eichhörnchen, b) Katze und c) Nachtaffe (nach Kaas et al. 1972).

arten ist die Fovea länglich in der horizontalen Ebene ausgerichtet. Diese bandartige Fovea scheint vor allem bei solchen Tieren vorzukommen, die in offenen Regionen leben oder ihren Bewegungsraum über dem Wasser haben (Meyer 1977; Hughes 1977). Auf Bäumen lebende Säuger, wie Wildkatzen und Eichhörnchen, besitzen eine scheibenförmige Fovea, die auch bei nachtaktiven Säugern, wie dem Igel und Mäusen, gefunden wird. Für diese Tiere ist es gleich wichtig, daß die Fovea sowohl vertikal wie horizontal ausgerichtet ist (Hughes 1977).

Die meisten Vögel besitzen so etwas wie eine Fovea, und mehr als die Hälfte der untersuchten Arten haben sogar mehr als nur eine (Meyer 1977). Viele Vogelarten haben eine Fovea, mit der binokulares Sehen möglich ist, zudem besitzen sie noch eine weitere, mit der das laterale Gesichtsfeld in den Blickpunkt rückt. Die adaptive Bedeutung dieser verschiedenen Foveae bei Vögeln ist noch nicht vollständig geklärt. Wahrscheinlich liegen ihre wichtigsten Funktionen in den komplexen visuellen Aufgaben, die mit den Flugkoordinationen, insbesondere dem Beutefang und der Landung, in Zusammenhang stehen (Lythgoe 1979).

12.4 Visuelle Erkennungsmechanismen

Das Vertebratenauge mit seiner Fähigkeit, Abbilder der Umgebung herzustellen, macht den visuellen Erkennungsprozeß zu einer Besonderheit. Freilanduntersuchungen weisen darauf hin, daß viele Arten günstige Brutstätten, Nachbarn, paarungsbereite Gefährten usw. erkennen können. Untersuchungen im Labor zeigen, daß einige Arten nicht nur ökologisch relevante Reizparameter erkennen können, wie z. B. solche mit bilateraler Symmetrie (Delius 1986; Delius und Nowak 1982), sondern auch weniger natürliche Reize (Herrnstein 1985).

Für die visuelle Erkennung bedarf es einer beträchtlichen Informationsverarbeitungskapazität. Selbst wenn der Außenreiz oder die Umgebung statisch sind, ist das Abbild auf der Retina weder statisch noch konstant. Bewegt das Tier den Kopf, dann bewegt sich das Abbild auf der Retina. Veränderungen der Lichtverhältnisse, der Entfernung oder der Orientierung zum Objekt verursachen beträchtliche Variationen in der retinalen Abbildung. Handelt es sich um ein bewegliches Objekt, das kontinuierlich sein Erscheinungsbild verändert, dann wird das Problem des Erkennens recht kompliziert. Untersuchungen auf dem Gebiet der visuellen Wahrnehmung beim Menschen zeigen, daß es verschiedene Wahrnehmungsphänomene gibt, die zu der Wahrnehmungskonstanz von Objekten und Umgebungsbildern beitragen. Seit einiger Zeit gibt es Untersuchungen zur visuellen Wahrnehmung auch bei anderen Arten, wobei die Haustaube ein beliebtes Versuchstier ist.

Tauben können so trainiert werden, daß sie von zwei dargebotenen Reizen den wählen, der zu einem vorgegebenen Muster paßt („passend zur Probe"), oder den, der von einem weiteren Muster verschieden ist („verschieden von der Probe"), so wie es in Kapitel 12.5 beschrieben wird. Haben die Tauben erst einmal eine dieser Aufgaben gelernt, so können sie in einer Reihe von Experimenten mit Reizparametern getestet werden, die nur geringfügig vom Vergleichsmuster abweichen. Mit diesem experimentellen Ansatz ist es möglich, festzustellen, welche Reize die Tauben als gleich ansehen und welche als verschieden. Delius (1986) und seine Mitarbeiter von der Universität Bochum haben systematisch die Invarianz von Orientierung, Größe, Kontrast, Umriß und Farbe in der Mustererkennung untersucht. Zur Untersuchung der Größeninvarianz wurden den Tauben jeweils drei Reizmuster dargeboten (Abb. 12.17). Trainiert wurden die Tauben mit Reizmustern aus der ersten Gruppe. Ein Versuch begann damit, daß ein Probenmuster auf die zu pickende zentrale Taste gelegt wurde. Hatte die Taube 15 mal nach diesem Muster gepickt, wurden die beiden anderen Vergleichsmuster auf den seitlich daneben liegenden Tasten ebenso dargeboten.

Abb. 12.17. Drei Gruppen von verschiedenen Reizmustern, mit denen Tauben trainiert wurden, eine Gestalt unabhängig von der Größe erkennen zu können. Zu Anfang wird den Tauben jeweils das mittlere Reizmuster dargeboten. Sobald sie 15mal danach gepickt haben, zeigt man ihnen zwei Muster seitlich davon. Picken sie dann nach dem ungleichen Muster, so werden sie belohnt. Obere Gruppe von Reizmustern: Einige Beispiele von Reizmustern, die während des ersten Trainings dargeboten wurden. Mittlere Gruppe: Einige Reizmuster, mit denen Tauben an große wie auch an kleine Reize habituiert wurden (man beachte, daß in diesem Fall Größenunterschiede nicht vorhanden sind). Untere Gruppe: Transferversuche, in denen die Tauben das ungleich aussehende Reizmuster erkennen müssen, auch wenn es sich um unterschiedliche Größen handelt (nach Lombardi und Delius 1989).

Eines dieser beiden Muster war mit dem Probenmuster identisch, das andere war davon verschieden. Die Tauben wurden dann belohnt, wenn sie auf dasjenige Reizmuster pickten, das vom Probenmuster verschieden war. In aufeinanderfolgenden Versuchen erschien in zufälliger Reihenfolge dieses Vergleichsmuster sowohl auf der rechten als auch auf der linken Seite von der zentralen Taste, damit die Taube nicht nur einfach lernte, nach der rechten bzw. der linken Taste zu picken. Die während des Trainings dargebotenen Reize hatten alle die gleiche Größe. Sie lagen alle innerhalb eines imaginären Kreises von 10 mm Durchmesser. Nach dem Trainingsprogramm wurden mit den Tauben eine Anzahl von Habituationsversuchen durchgeführt, wobei ihnen Reize in verschiedenen Größen dargeboten wurden. Diese Versuche waren notwendig, um die Tauben an neue Reize zu gewöhnen, da sie normalerweise neue Reize meiden.

Dann wurde den Tauben eine Reihe von nicht-belohnten Transferversuchen dargeboten, wobei Reizmuster von verschiedener Größe gewählt wurden (Abb. 12.17). Die Ergebnisse zeigen, daß die Tauben ein ungewöhnlich geformtes Muster unabhängig von seiner Größe erkennen können. In diesen wie auch einigen anderen Experimenten konnte nachgewiesen werden, daß Tauben die Gleichheit oder die Ungleichheit einer Form unabhängig von der Größe spontan erkennen können, ohne diese Fähigkeit besonders gelernt haben zu müssen (Lombardi und Delius 1989).

Die Fähigkeit, identisch geformte Muster als solche zu erkennen, selbst wenn es sich um unterschiedliche Größen handelt, ist eine erstrebenswerte Eigenschaft in Bildverarbeitungssystemen. Beim Menschen ist diese Eigenschaft eng an die Größenkonstanz und an die Entfernungswahrnehmung gekoppelt. Unter Größenkonstanz versteht man, daß ein Objekt als von konstanter Größe empfunden wird, auch wenn es aus unterschiedlicher Entfernung betrachtet wird. Die Entfernungswahrnehmung beruht darauf, daß ein Objekt, das ein kleines retinales Abbild liefert, als weiter entfernt liegend wahrgenommen wird als das gleiche, naheliegende Objekt, das ein großes retinales Abbild liefert. Künstliche Bilderkennungssysteme müssen diese Problemstellungen ebenso meistern, was sich für die Ingenieurwissenschaften jedoch als außerordentlich schwierig erwiesen hat. Trotz großer Bemühungen bleibt die Leistung solcher Maschinen sehr begrenzt (Hord 1982; Reitboeck und Altmann 1984). Teilweise beruhen die Probleme darauf, daß entsprechende Computer über eine ungeheure Kapazität verfügen müssen.

Ähnliche wie die oben in den Tierversuchen geschilderten Methoden wurden benutzt, um die Invarianz von Farbe und Umriß nachzuweisen. Besonders eindrucksvoll ist die Tatsache, daß Tauben eine Gestalt erkennen können, selbst wenn sie nur als Linienzug oder als ausgefüllte Figur auf dunklem oder hellem Hintergrund erscheint (Abb. 12.18). Daraus läßt sich schließen, daß die Aufschlüsselung einer Gestalt komplex und sehr anspruchsvoll und nicht auf einfache Gestaltmerkmale zurückzuführen ist. In der Tat konnte man nachweisen, daß Tauben sich in einem Zeitraum von mehr als sieben Monaten an fast alle 725 dargebotenen schwarz-weißen zweidimensionalen Muster erinnern konnten (Abb. 12.19). Einhundert dieser Muster wurden willkürlich ausgewählt und als positiv bezeichnet, der Rest als negativ. Der Taube wurden dann diese Muster als positiv-negativ Paare im Auswahlversuch dargeboten. Antworten auf die positive Gestalt wurden belohnt, Antworten auf die negative Gestalt dagegen wurden bestraft. In etwa 8 000 Versuchen haben die Tauben zu 82 % korrekt geantwortet (Delius 1987). Demnach scheint der visuelle Erkennungsmechanismus bei der Taube auf einem sehr eindrucksvollen Gedächtnis zu beruhen.

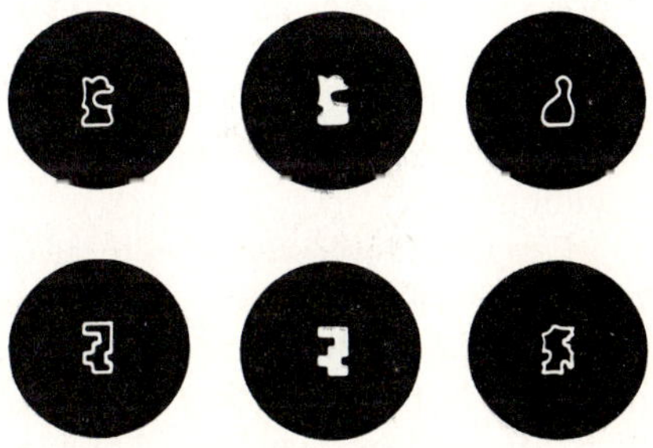

Abb. 12.18. Einige Reizmuster, mit denen Tauben auf Gestalterkennung getestet wurden, wobei die Umrisse des Reizmusters verschieden sind. Die Tauben müssen die ungleiche Form wählen (nach Delius 1986).

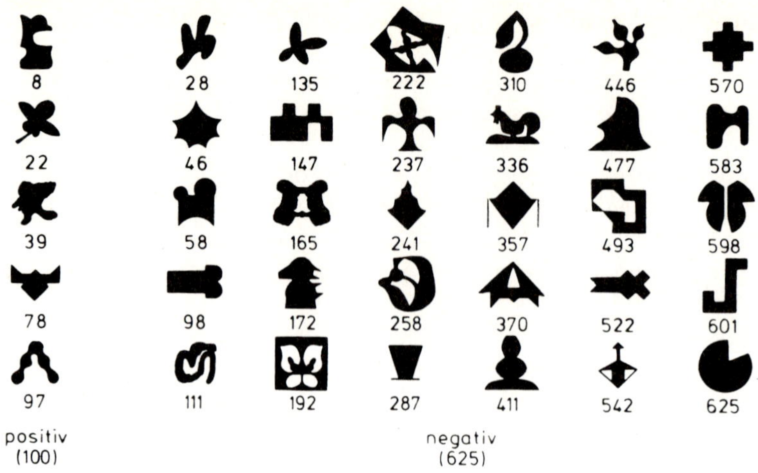

Abb. 12.19. Einige von 725 Reizmustern, die für einen Gedächtnistest mit Tauben benutzt wurden. Die Tauben wurden trainiert, die positiven Reize auszuwählen (nach von Fersen und Delius 1989).

12.5 Reizfilterung

Anatomische und physiologische Untersuchungen der Sinnesorgane und der weiterverarbeitenden Bereiche des Nervensystems können wertvolle Informationen über die Empfindungsfähigkeit eines Tieres liefern. Das allein reicht aber nicht aus, um nachzuweisen, was ein Tier erkennt und was nicht. Deshalb sind im allgemeinen zusätzlich Verhaltensdaten notwendig. Der Nachweis, daß gewisse sensorische Informationen für das ZNS verfügbar sind, gibt noch keine Antwort darauf, wie es diese Informationen gebraucht.

Für das Tier steht potentiell weitaus mehr Information zur Verfügung, als es überhaupt aufnehmen und beantworten kann. Das Tier muß in einer bestimmten Weise selektiv sein, indem es auf wichtige Ereignisse reagiert und andere nicht beachtet. Dieses Phänomen bezeichnet man als **Reizfilterung.** Darunter versteht man, daß zu verschiedenen Stadien in einer Folge von Ereignissen zwischen Reiz und Reizantwort gewisse Reize weggefiltert werden und somit das Verhalten des Tieres nicht beeinflussen.

Einige Filtermechanismen begrenzen angeborenermaßen die Empfindungsfähigkeit der Sinnesorgane. Zum Beispiel reagiert das menschliche Ohr nicht auf Frequenzen, die größer als 20 kHz sind. Das menschliche Auge filtert die infrarote und ultraviolette Strahlung aus dem gesamten Spektrum heraus, obwohl andere Tiere diese Strahlung wahrnehmen können (s. Kapitel 13). Ein interessantes Beispiel ist aus den Forschungsarbeiten über den Baumfrosch *Eleutherodactylus coqui* bekannt. Dieser Frosch wurde nach seinem deutlich erkennbaren „co-qui" Ruf der Männchen benannt. Mit dem Ruf sollen Weibchen angelockt, Männchen dagegen abgeschreckt werden. Das Trommelfell reagiert bei Männchen und Weibchen unterschiedlich. Im Ohr der Männchen wird nur der „co"-Laut registriert, im Ohr der Weibchen dagegen nur der „qui"-Teil des Rufes. Ebenso können auch Rezeptoren bei Insekten hochspezialisiert sein. Beim Geruchssinn des Seidenspinners (*Bombyx mori*) zum Beispiel antworten die Rezeptoren nur auf eine schmale Bandbreite der Reize.

Wird erst einmal ein Reiz beachtet, dann kann er automatisch kategorisiert werden, wobei bestimmte Reizcharakteristika weggefiltert werden können. Wie Lettvin und Mitarbeiter (1959) gezeigt haben, sind die Lichtsinneszellen in der Froschretina so verschaltet, daß sie ein rezeptives Feld aufbauen (Abb. 12.20). Einige dieser Rezeptoren, „Beutedetektoren" genannt, antworten vorzugsweise auf kleine, dunkle, im Gesichtsfeld sich bewegende Objekte. Während der Fütterung reagieren Frösche stärker auf diese Objekte als auf andere Reize.

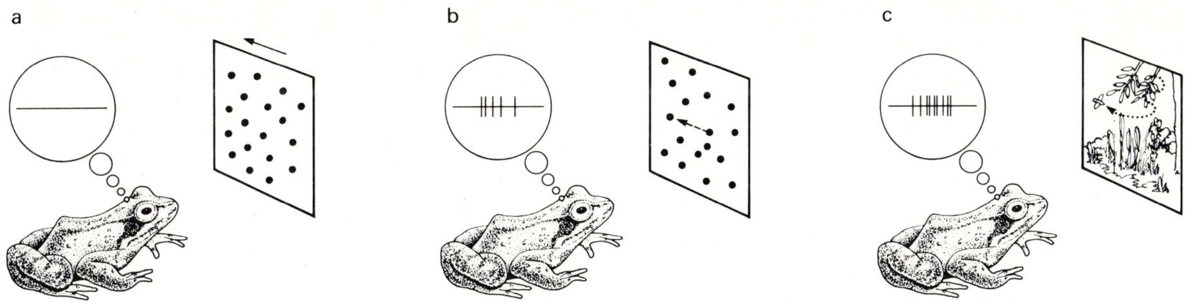

Abb. 12.20. Die Beutedetektoren beim Frosch reagieren nicht auf ein Feld von bewegten Punkten (a), antworten aber auf die Bewegung eines einzelnen Punktes (b), besonders dann, wenn es sich um eine unregelmäßige Bewegung handelt (c).

Spezifische Antwortreaktionen sind im Tierreich weit verbreitet. Antwortet ein Tier nur auf eine ganz bestimmte Situation, so wird nur ein kleiner Teil der einfließenden, verfügbaren Information genutzt. Rotkehlchenmännchen (*Erithacus rubecula*), so beobachtete Lack bereits 1943, greifen z. B. oftmals andere rotbrüstige Rotkehlchen an, wenn diese sich in ihrem Territorium befinden. Sie attackieren auch ausgestopfte Rotkehlchenattrappen in ihrem Territorium, aber nur, wenn diese ein rotes Brustgefieder besitzen. Die rotgefiederte Brust scheint ein sehr wirksamer Auslöser zu sein, andere Rotkehlchen als Eindringlinge erkennen zu können. In der Tat konnte Lack überzeugend nachweisen, daß ein Revierbesitzer ein Bündel roter Federn so heftig attackiert, als handele es sich um einen Reviereindringling (s. Abb. 20.1). Niemand zweifelt daran, daß ein Rotkehlchen ein Bündel Federn von einem Rotkehlchen unterscheiden kann. In der Situation jedoch, wenn es sein Revier verteidigen muß, scheint ein Rotkehlchen für alle anderen Eigenschaften, bis auf die eines roten Brustgefieders, blind zu sein. Diese Reizform wird als **Schlüsselreiz (Signalreiz)** bezeichnet.

Verändert sich der innere Zustand eines Tieres, so kann sich die Wirkung von Schlüsselreizen auch verändern. Heringsmöwen (*Larus argentatus*) z. B. stehlen und fressen die Eier von anderen Möwen. Eine solche räuberische Möwe erkennt die Eier an ihrer Form. Für eine brütende Möwe dagegen sind es Größe und Farbe der Eier, die eine besondere Bedeutung haben, wenn sie die aus dem Nest herausgerollten Eier wieder ins Nest zurückholt. Die Form der Eier ist in diesem Zusammenhang ohne Bedeutung. Runde oder zylindrisch geformte Objekte von gleicher Größe und Farbgebung werden demnach wie normale Eier von der Möwe ins Nest zurückgerollt. Hat sich der Vogel erst einmal auf das Brutgelege niedergelassen, so nimmt die Form der Eier wieder eine wichtige Bedeutung an, denn der Vogel beginnt nicht mit dem Brüten, wenn die Eier nicht eine wohlgerundete Form aufweisen (Baerends und Drent 1970). Demnach können die Eier, drei verschiedenen Verhaltensweisen entsprechend, auch drei verschiedene Schlüsselreize bilden.

Ein weiteres interessantes Beispiel zu den Schlüsselreizen kommt aus der Forschungsgruppe um Burghardt, die sich mit dem Freßverhalten von Strumpfbandnattern (*Thamnophis*) und Wassernattern (*Natrix*) beschäftigt hat. Die Tiere leben in Flüssen und Teichen in den Vereinigten Staaten und ernähren sich von kleinen Fischen und Würmern. Sie spüren ihre Beute mit Hilfe des Geschmacks- und Geruchssinnes auf und benutzen hierzu Chemorezeptoren, die im Munddach in paarweise angeordneten Gruben lokalisiert sind und „Jakobsonsches Organ" genannt werden. Mit der herausschnellenden Zunge fängt die Schlange Duftstoffmoleküle vom Beutetier auf und bringt diese dann mit der Spitze der gespaltenen Zunge in die Geschmacksgruben ein. Burghardt testete verschiedene Strumpfbandnatterarten, indem er ihnen Baumwolle zur Auswahl anbot, die mit Extrakten von Beutetieren wie Fischen, Fröschen, Salamandern oder Würmern getränkt war. Dabei zeigte sich, daß die einzelnen Natterarten jeweils den Duftstoff von den Tieren bevorzugten, die sie normalerweise auch in der Natur vorrangig fressen. Diese Bevorzugung findet man bereits bei neugeborenen Schlangen, die noch niemals Nahrung zu sich genommen haben. Diese Präferenz läßt sich auch dann nicht verändern, wenn z. B. das Muttertier mit einer bestimmten Diät gefüttert wurde oder die jungen Schlangen zwangsweise mit künstlicher Nahrung versorgt wurden (Burghardt 1970). Wechseln die Schlangen jedoch auf ein anderes Beutetier über, dann verändert sich auch ihr Präferenzverhalten. Schlangen, die natürlicherweise Elritzen bevorzugen, wählen demnach Goldfische,wenn sie erst einmal den Goldfisch als neues Futter akzeptiert haben (Burghardt 1975). Offenbar wirken die chemischen Erkennungsmerkmale als Signalreize, für welche die Schlange eine genetische Prädisposition besitzt, die aber durch Erfahrung modifiziert werden kann.

Während einige Schlüsselreize bereits in der Peripherie herausgefiltert werden, wie etwa von den Beutedetektoren in der Froschretina, so liegen dem Erkennen der meisten Schlüsselreize jedoch Verarbeitungsprozesse im ZNS zugrunde. Früher forderten die Ethologen die Existenz eines **angeborenen Auslösemechanismus (AAM)**, der ihrer Meinung nach für das Erkennen von Schlüsselreizen verantwortlich sein mußte. Aus guten Gründen (s. Kapitel 20) ist das AAM-Konzept heute unter Verhaltensforschern nicht mehr aktuell. Dennoch stimmen die Ethologen überein, daß es gewisse zentrale Filtermechanismen geben muß, die dafür verantwortlich sind, daß viele Tierarten auf Schlüsselreize bevorzugt reagieren.

In der Verhaltensforschung hat ein besonderer Reizfiltermechanismus die Aufmerksamkeit auf sich gezogen, der im Vergleich zu den dauernd vorhandenen Erkennungsmechanismen für Schlüsselreize nur kurzzeitig wirkt. Hierbei handelt es sich um das Konzept für ein **Suchbild.** Diesen Mechanismus hat als erster von Uexküll (1934) gefordert. Wir alle sind uns des Wahrnehmungsphänomens bewußt, plötzlich etwas zu erkennen, was wir zuvor übersehen haben. Betrachtet man z. B. ein Foto, auf dem sich getarnte Insekten befinden, so sieht man vielleicht im ersten Augenblick kein einziges, dann aber wird ein Insekt erkennbar. Danach erscheint es ganz einfach, die getarnten Insekten auf dem Foto herauszusuchen. Wir haben ein Suchbild für Insekten entwickelt.

Eine Vielzahl von Untersuchungen bestätigt die Existenz solcher Suchbilder bei Tieren. Croze (1970) trainierte z. B. Aaskrähen (*Corvus corone*), verstecktes Futter unter verschiedenfarbigen Muschelschalen, die auf dem Boden verstreut waren, herauszusuchen. Dabei mußten die Krähen jede Muschel einzeln herumdrehen, um nachzusehen, ob sich unter ihnen Futter befand. Die Krähen tendierten dazu, sich zuerst auf eine bestimmte Farbe zu konzentrieren, wobei sie andersfarbige Muscheln unbeachtet ließen, obwohl sie die Erfahrung besaßen, daß auch unter den andersfarbigen Muscheln Futter zu finden war. Eine einzige von dem Experimentator dargebotene Probe reichte schon aus, um bei den Krähen die Suche nach dieser Farbe auszulösen. Die Krähen verhielten sich so, als ob sie ein Suchbild für eine bestimmte Muschelfarbe hätten, das für eine bestimmte Zeitspanne andauerte, aber auch kurzfristig auf eine andere Farbe überwechseln konnte.

Dawkins (1971a, b) führte die wohl gründlichste Studie über Suchbilder aus, in der domestizierte Hühner unter Laborbedingungen untersucht wurden. Die Hühner wurden für drei Wochen entweder mit orangefarbigen oder mit grüngefärbten Reiskörnern auf weißem Untergrund gefüttert. Daraufhin wurde ihre Fähigkeit getestet, ob sie Körner auf einem verschiedenfarbigen Untergrund (deutlich erkennbare Körner) bzw. auf einem gleichfarbigen Untergrund (verborgene Körner) erkennen können (Abb. 12.21). Obwohl die Hühner anfangs unfähig waren, die verborgenen Reiskörner zu erkennen, zeigten sie doch eine bemerkenswerte, erfahrungsbedingte Verbesserung. Dawkins konnte außerdem nachweisen, daß die Hühner, die nur deutlich erkennbare Körner zu fressen gewohnt waren, nach einiger Zeit schlecht

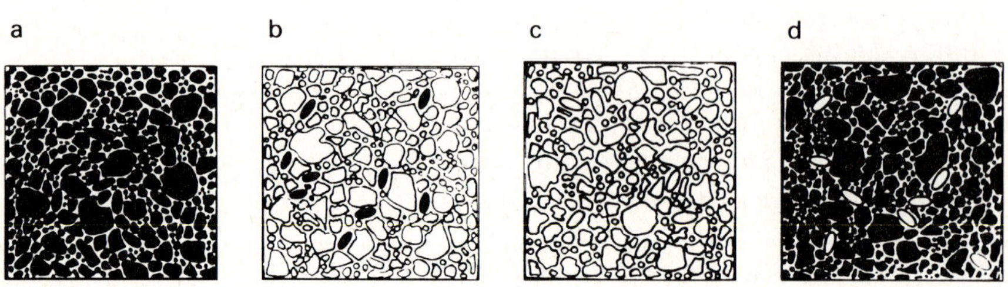

Abb. 12.21. Reiskörner, die Hühnern auf verschiedenem Untergrund dargeboten werden. a) grüner Reis auf gleichfarbigem Untergrund, b) grüner Reis auf orangefarbigem Untergrund, c) orangefarbiger Reis auf gleichfarbigem Untergrund, d) orangefarbiger Reis auf grünem Untergrund (aus Dawkins 1971a).

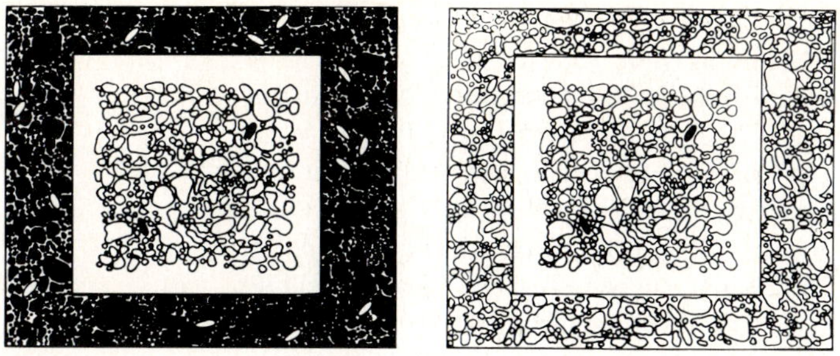

Abb. 12.22. Auswahlversuch zwischen zwei verdeckten orangefarbigen Reiskörnern (oben links und unten rechts auf dem Testquadrat) und zwei deutlich erkennbaren grünen Reiskörnern, inmitten von gut sichtbaren orangefarbigen Reisproben (links) und inmitten von nicht gut erkennbaren orangefarbigen Reisproben (rechts), (aus Dawkins 1971b).

sichtbares Futter weniger gut fanden. Demnach scheint die Fähigkeit, verborgenes Futter zu erkennen, nicht lediglich durch Erfahrung zuzunehmen, sie kann auch abnehmen.

In weiterführenden Experimenten untersuchte Dawkins Hühner, die bereits an bestimmte Körnerproben gewöhnt waren (Abb. 12.22). Waren bisher die Körner aufgrund ihrer Farbe auf dem Untergrund deutlich erkennbar gewesen, reagierten die Hühner besser auf solche Testkörner, die sich farblich vom Grund abhoben. Waren die Hühner dagegen bisher an farblich nicht auffallende Körner gewöhnt, so reagierten sie bei der neuen Testprobe eher auf Eigenschaften wie Struktur und Gestalt der Körner als auf die Farbe. Diese Ergebnisse lassen sich in Richtung „selektive Aufmerksamkeit" interpretieren. Waren die Hühner bisher an eine Unterscheidung der Körner anhand von deren Farbe gewöhnt, beachteten sie das Merkmal Farbe stärker. Dementsprechend war es für sie leichter, die Testkörner anhand der Farbe zu erkennen. Hatten die vordem dargebotenen Körner exakt die gleiche Farbe wie der Untergrund, dann bedienten sich die Hühner farbfremder Eigenschaften. Für diese Hühner war es leichter, die Testkörner aufgrund von Eigenschaften zu erkennen, die nichts mit Farbe zu tun hatten. Dawkins' Hypothese über die selektive Aufmerksamkeit wird durch eine Anzahl von Untersuchungen an anderen Tierarten unterstützt.

Ein Tier mag zwei verschiedene Reize voneinander unterscheiden können, normalerweise muß es aber erst lernen, den Unterschied zu erkennen. Dieses Lernverhalten wird **Diskriminierungslernen** genannt. Wollte man dieses Lernverhalten an Ratten untersuchen, ließen sich als geeignete Reize z. B. ein schwarzes Rechteck gegen ein weißes testen. Im allgemeinen werden diese Reize auf einem grauen Untergrund dargeboten. Der Testverlauf sollte auch alle Kontrollversuche beinhalten, wie sie noch im folgenden Text zu beschreiben und zu diskutieren sein werden. Anstatt das Tier auf nur eine Fähigkeit hin zu testen, wie es bei der Untersuchung von Sinnesleistungen notwendig sein kann, soll an dieser Stelle untersucht werden, inwiefern der Lernprozeß durch die Möglichkeit, zwei verschiedene Wege zur Problemlösung zu wählen, beeinflußbar ist. Demzufolge könnten die Rechtecke beispielsweise verschieden groß oder unterschiedlich ausgerichtet sein.

Als Beispiel soll der Unterschied zwischen Helligkeit und räumlicher Ausrichtung betrachtet werden, wobei beispielsweise das schwarze Rechteck in senkrechter und das weiße Rechteck in horizontaler Richtung dargeboten wird. Jetzt muß entschieden werden, welche Reizsituation belohnt werden soll und welche nicht. Dabei stellt sich das Problem, ob nicht bereits bestehende Präferenzen der Ratte mit ihrer Lernfähigkeit verwechselt werden könnten, denn es könnte ja sein, daß es für die Ratte leichter ist, etwas über Helligkeit zu lernen als über die Ausrichtung. Andererseits könnte sie auch die Farbe Schwarz gegenüber Weiß bevorzugen. Belohnt man den schwarzen Reiz, dann wäre die Ratte bereits von vornherein dazu geneigt, die richtige Wahl zu treffen, und würde die Problemlösung viel leichter lernen, als wenn sie bei der Darbietung der weißen Reizsituation belohnt werden würde. Die ursprüngliche Bevorzugung der Ratte könnte demnach leicht die Ergebnisse zur Untersuchung ihrer Lernfähigkeit verfälschen. Diese Schwierigkeit könnte überwunden werden, wenn man beispielsweise 20 Ratten in zwei Gruppen von je 10 Tieren aufteilen und die eine Gruppe bei der Wahl des schwarzen Reizes und die andere bei der Wahl des weißen Reizes belohnen würde. Allerdings stellt sich nun wieder das gleiche Problem für die Bevorzugung der räumlichen Ausrichtung, so daß jede Gruppe noch einmal halbiert werden müßte, wobei die eine Gruppe für die Wahl des aufrecht stehenden Rechtecks belohnt würde und die andere Gruppe für die Wahl des horizontal ausgerichteten Rechtecks. In Tab. 12.2 zeigt sich, daß das Experiment bezüglich der Auswahlmöglichkeiten ausgeglichen ist.

Um diese Art von Lernproblem zu lösen, müssen die Ratten lernen, welchem Reiz sie sich nähern sollen, um eine Belohnung zu erhalten, und welchem nicht. Die Belohnung könnte jedoch mit verschiedenen Reizeigenschaften in Beziehung gebracht werden, wie z. B. mit der Gestalt, Größe, Lage, räumlichen Ausrichtung, Farbe oder mit der Helligkeit des Reizes. Im vorliegenden Fall könnte die Ratte das Problem auf der Grundlage von Gestalt, Größe, Lage oder Farbe nicht lösen, da sich der belohnte wie auch der unbelohnte Reiz bezüglich dieser Charakteristika nicht unterscheiden. In der vorliegenden Reizsituation wird aber hinsichtlich der Helligkeit und der Ausrichtung unterschieden. Wie aber können Ratten feststellen, welche Reizeigenschaften sie mit einer Belohnung assoziieren sollen?

Sutherland und Mackintosh (1971) konnten zeigen, daß viele Tiere bei einer solchen Problemstellung zwei Aufgaben lösen müssen: 1) Welche Eigenschaft des Reizes sie zu beachten haben und 2) welche der beiden Darbietungen belohnt wird. Wenn z. B. eine Ratte in einem Testversuch belohnt wurde, bei dem sie auf die Helligkeit reagiert hatte, wird sie sich auch in Zukunft nach der Helligkeit richten. Angenommen, die Ratte hätte den schwarzen Reiz gewählt, dann ist es in den folgenden Versuchen, in denen das Tier auf Helligkeit achten soll, weitaus wahrscheinlicher, daß die Ratte sich für den schwarzen Reiz entscheidet. Haben Ratten gelernt, auf Helligkeit oder auf räumliche Ausrichtung oder auf beides zu achten, dann sind sie eher in der Lage, die hier umrissene Problemstellung zu lösen. Ratten, die dagegen auf andere Reizeigenschaften, wie z. B. Größe oder Lage, ihre Aufmerksamkeit gerichtet haben, werden nur in 50 % der Fälle eine Belohnung erhalten. Daher werden Ratten, die auf Helligkeit oder auf Ausrichtung oder auf beides achten, immer häufiger belohnt werden als andere.

Um zu bestimmen, auf welche Reizeigenschaft die Ratten tatsächlich zu achten gelernt haben, werden unbelohnte **Transfertests** durchgeführt. Während dieser Tests werden den Ratten Reize dargeboten, die sich entweder in der räumlichen Ausrichtung oder in der Helligkeit voneinander unterscheiden, aber nicht in beiden Eigenschaften. Demnach handelt es sich bei den dargebotenen Reizen in der einen Hälfte der Versuche um schwarze oder weiße Rechtecke, die sich nur in ihrer Ausrichtung unterscheiden, und in der anderen Hälfte der Versuche um horizontal oder vertikal ausgerichtete Rechtecke, die sich nur in der Helligkeit voneinander unterscheiden. Ratten, die lediglich gelernt haben, auf die räumliche Ausrichtung zu achten, können nur die zuerst vorgestellte Situation lösen, aber nicht die letztere. Ebenso können diejenigen Ratten, die nur auf Helligkeit zu achten gelernt haben, das zuletzt genannte Beispiel lösen, aber nicht das erste. Ratten, die gelernt haben, sowohl auf Helligkeit

Tab. 12.2 Versuchsaufbau des Unterscheidungsexperimentes.

Gruppe	Anzahl der Ratten	Orientierung des Reizes	Farbe des Reizes
1	5	h	s
2	5	v	s
3	5	h	w
4	5	v	w

s, schwarz; w, weiß; h, horizontal; v, vertikal

als auch auf die Ausrichtung zu achten, sind in der Lage, beide Arten von Transfertests zu lösen.

Verschiedene Befunde machen deutlich sichtbar, daß eine selektive Aufmerksamkeit bei vielen Tierarten zu finden ist. Oftmals sind in demselben Reizobjekt alternative Reizeigenschaften enthalten. Das bedeutet wiederum, daß die selektive Aufmerksamkeit zentral kontrolliert werden muß und nicht einfach durch die Stellung des Kopfes oder anderer peripherer Phänomene. Selektive Aufmerksamkeit ist ein Reizfiltermechanismus, bei dem Eigenschaften der Reizsituation, auch wenn diese von anderen Sinnesorganen des Tieres wahrgenommen werden, letztlich nicht derart registriert werden, daß sie Lernprozesse oder das Verhalten des Tieres beeinflussen könnten.

Im Prinzip gibt es kaum einen Unterschied zwischen dem von Dawkins (1971a, b) vorgestellten Suchbildkonzept und dem Konzept über die selektive Aufmerksamkeit, das von Sutherland und Mackintosh (1971) vorgeschlagen worden ist. Sollten die Theorien über die selektive Aufmerksamkeit tatsächlich zutreffen, dann würde man erwarten, Indizienbeweise in dem Verhaltensrepertoire des Tieres in seiner natürlichen Umgebung finden zu können. Der Ökologe Tinbergen (1960) bemerkte, daß Kohlmeisen (*Parus major*) bei ihrer Beutesuche in den niederländischen Kiefernwäldern ein neues Beuteobjekt nicht sofort annehmen, wenn es verfügbar wird. Auch wenn die neue Beute ganz allmählich auftritt, so wird sie oft noch mehrere Tage lang ignoriert, bis es dann jedoch zu einem markanten Wechsel in der Beutewahl kommt. Tinbergen postulierte, daß die neue Beute anfangs übersehen wird, bis die Tiere ein entsprechendes Suchbild entwickelt haben. Krebs (1973) gibt einen Überblick über weitere Beispiele.

12.6 Komplexe Reize

Bei Tieren wie auch beim Menschen können die Sinnesmodalitäten aufgrund der physikalischen Eigenschaften der Reize beschrieben werden. Damit ist aber noch nichts über die subjektive Wahrnehmung dieses Reizes beim Tier selbst bekannt. Für Ethologen ist es wichtig zu wissen, welche Bedeutung ein Tier den verschiedenen Eigenschaften eines Reizes beimißt. Die erfolgreichsten Versuche hierzu waren so konzipiert, daß das Tier durch seine Reaktion beim Vergleich zwischen zwei Reizen dem Beobachter anzeigt, anhand welcher inneren Parameter es unterscheidet. Als Beispiel dafür soll zuerst über die Arbeit von Baerends und Kruijt (1973) berichtet werden, bei der es sich um die Eierkennung bei Heringsmöwen handelt. Diese bodenbrütenden Vögel legen jeweils drei Eier in eine flache Nestmulde. Sie rollen Eiattrappen, die in bestimmten Charakteristika echten Eiern ähneln, in ihr Nest zurück (Abb. 12.23).

Baerends und Kruijt haben die charakteristischen Merkmale aufgedeckt, an denen die Heringsmöwe in dieser spezifischen Situation ihr Ei erkennt. Sie haben zwei Eier aus dem Nest entfernt und dafür zwei Eiattrappen auf den Nestrand gelegt. Die Eiattrappen waren verschieden groß und konnten in der Farbe, dem Muster oder der Form unterschiedlich sein. Die Größe einer Eiattrappe wurde anhand der Fläche ihrer maximalen Projektion gemessen (d. h. die größte Schattenbildung, die erhalten wird, wenn das Ei in einem parallelen Lichtstrahl herumgedreht wird). Alle in diesem Test benutzten Eiattrappen wurden ausgemessen und ihre Größe jeweils in Bezug zu einer Standardserie angegeben, die von Größe 4 bis 16 reichte. Ein echtes Ei aus einem Heringsmöwengelege würde ungefähr mit der Größe 8 bewertet werden.

Werden zwei identisch aussehende Attrappen auf den Nestrand gelegt, zeigt die Heringsmöwe eine auffallende Lagepräferenz, indem sie die links liegende Eiattrappe zuerst einrollt oder umgekehrt. Um diese Richtungspräferenz auszuschal-

Abb. 12.23. Die Eirollbewegung der Heringsmöwe.

ten, wurde eine Serie von Experimenten durchgeführt, in denen die Lage der Eiattrappe gegen die Größe ausgetestet wurde (Baerends und Kruijt 1973), (Abb. 12.24). Tendiert die Heringsmöwe dazu, das rechte Ei vor dem linken einzurollen, obwohl beide Eier die gleiche Größe haben, dann legt der Experimentator ein größeres Ei auf die linke Seite, so daß der Vogel gleichermaßen motiviert ist, auf eine der beiden Eier zu reagieren. Hierbei wird der Lagepräferenz ein Wert *r* zugeordnet, der sich aus dem Verhältnis der Eigrößen auf dem Nestrand herleiten läßt. Ist der Wert *r* für einen bestimmten Vogel erst einmal bestimmt, dann ist es möglich, eine Testattrappe einzuführen, die sich in Form und Farbe von einem richtigen Ei unterscheidet. Abb. 12.24 zeigt den Herleitungsprozeß einer genauen Bestimmung von *r* für jede beliebige Testattrappe.

Die Ergebnisse einer großen Anzahl von solchen Vergleichen sind in Abb. 12.25 zusammengestellt. Vier Typen von Eiattrappen – mit grüner Sprenkelung, einfach grün, einfach braun und mit brauner Sprenkelung, aber in zylindrischer Form – werden mit der Standardserie von Eiattrappen verglichen, die die gleiche braun-gesprenkelte Farbgebung haben wie richtige Eier. Offensichtlich bevorzugen die Möwen einen grünen Eihintergrund vor einem normalen braunen. Ebenso nehmen sie lieber gesprenkelte Eier als ungesprenkelte. Weitaus wichtiger ist jedoch der Befund, daß die Unterscheidung zwischen verschieden großen Eiattrappen unverändert bleibt, wenn andere Eigenschaften, wie z. B. die Farbgebung, verändert werden. Das bedeutet, daß jede Eigenschaft einen bestimmten Beitrag liefert, der vom Beitrag anderer Eigenschaften unabhängig ist; d. h. charakteristische Merkmale wie Größe, Form und Farbe der Eier wirken sich in ihren Effekten auf das Verhalten additiv aus. Dieser Wirkungsmechanismus wurde bereits vor langer Zeit angenommen (Seitz 1940) und war als **Reizsummenregel** bekannt. In der Reizsummenregel wird gefordert, daß die unabhängigen und heterogenen Merkmalscharakteristika in einer Reizsituation sich in ihrer Auswirkung auf das Verhalten aufaddieren.

Eine weitere Untersuchung, die zu den gleichen allgemeinen Aussagen kommt, wurde von Heiligenberg und seinen Mitarbeitern über die durch Reize ausgelöste

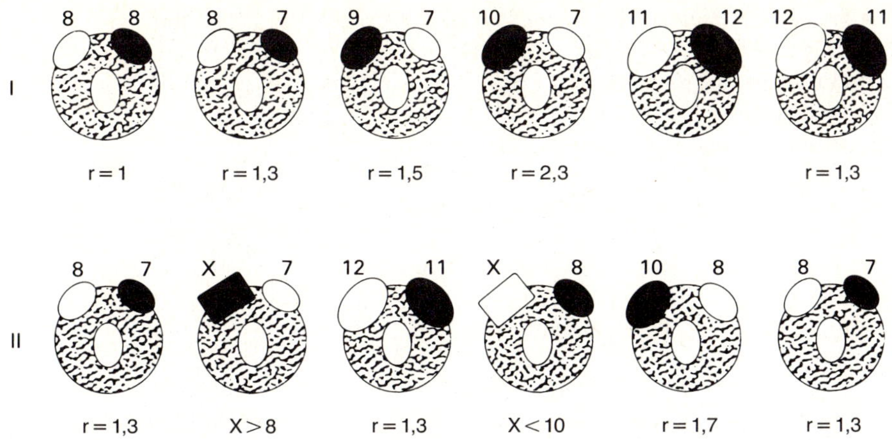

Abb. 12.24. Methode zum Bestimmen des Präferenzwertes von Eiattrappen. Das Nest ist durch eine kreisrunde Fläche dargestellt, in der Mitte befindet sich ein Ei, zwei Eiattrappen liegen auf dem Nestrand. Die Zahlen 7, 8, 9, 10, 11 und 12 beziehen sich auf die Größe der Eiattrappen. Die Verhältniszahl der beiden Eiattrappen auf dem Nestrand zueinander ist durch „*r*" gegeben. *X* ist das zu untersuchende Modell. Die in einem Versuch jeweils gewählte Attrappe ist in Schwarz dargestellt.

I. Bestimmung der Seitenbevorzugung von im Nest liegenden Eiern. Die erste Darstellung (oben links) zeigt, daß die auf der rechten Seite liegende Attrappe von dieser Möwe bevorzugt wird. Diese Bevorzugung bleibt auch dann noch bestehen (nächste Abbildung rechts), wenn auf dem rechten Nestrand eine kleinere Eiattrappe dargeboten wird. Die Testserie zeigt, daß der Wert der Vorzugslage zwischen $r = 1{,}3$ und $r = 1{,}5$ liegt.

II. Wertbestimmung für das Modell *X*. Die Kontrollversuche zeigen, daß die Bevorzugung unverändert bleibt. In den Experimenten konnte nachgewiesen werden, daß der Wert von *X* zwischen den Größen 8 und 10 liegt (nach Baerends und Kruijt 1973).

Aggression an Buntbarschen durchgeführt. Heiligenberg und sein Mitarbeiter (Leong 1969) haben beim Buntbarsch *Haplochromis burtoni* die quantitativen Auswirkungen von Signalreizen auf die Kampfbereitschaft untersucht. In den Experimenten von Heiligenberg wurde ein erwachsenes Buntbarschmännchen gemeinsam mit mehreren Jungfischen im Aquarium gehalten. Ein Männchen konnte die Jungfische jederzeit angreifen, da sie aber leicht entkommen konnten, fand kein Kampf statt. Bei jedem Versuchsbeginn wurde die Attrappe eines erwachsenen männlichen Artgenossen hinter einer Glasscheibe angeboten. Vor dieser Darbietung ist die Anzahl der Angriffe des Buntbarschmännchens gegen die Jungfische für 15 Minuten aufgezeichnet worden. Während der Attrappendarbietung, die gewöhnlich 30 Sekunden dauerte, verhielt sich das Buntbarschmännchen meist ruhig und beobachtete die Attrappe nur. Nach dieser Attrappendarbietung wurden wieder die Angriffe auf die Jungfische, diesmal für 30 Minuten, gezählt. Direkt nach der Attrappendarbietung erhöhte sich im allgemeinen die Angriffsrate des Buntbarschmännchens gegenüber den Jungfischen beträchtlich und fiel dann wieder auf Normalwerte zurück. Der Anstieg in der Angriffsrate wurde als Maß benutzt, um zu testen, wie stark eine bestimmte Attrappe die Aggressivität eines Buntbarschmännchens erhöhen konnte.

Da die Werte der Angriffsrate starken Schwankungen unterliegen, was eventuell auch den inneren Zustand des Tieres widerspiegeln könnte, müssen statistische Methoden angewendet werden, um die beobachtete Angriffsrate mit der aus der vorausgegangenen Beobachtungsperiode erwarteten Häufigkeit vergleichen zu können.

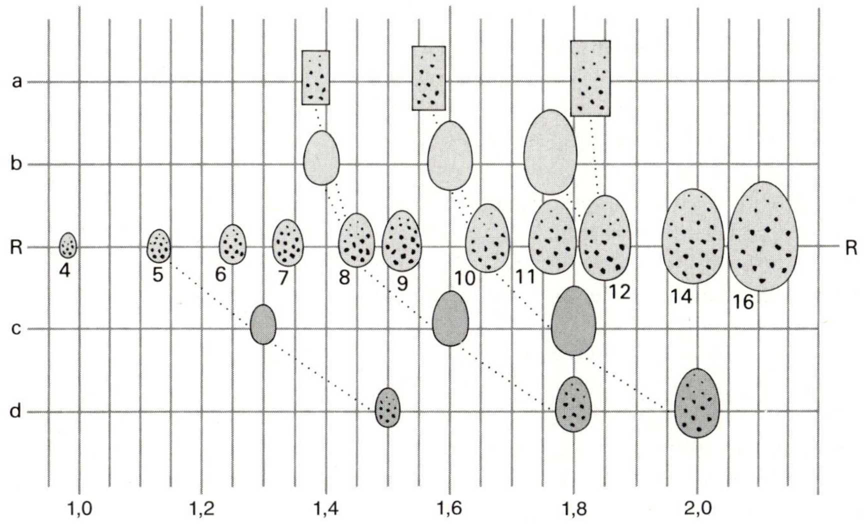

Abb. 12.25. Ergebnisse aus den Präferenztests. Die Durchschnittswerte der verschiedenen Eiattrappen sind in Relation zur Standardserie R aufgetragen. Die hier benutzten Eiattrappen waren (a) braun, gesprenkelt, kastenförmig; (b) braun, einfarbig, eiförmig; (c) grün, einfarbig, eiförmig; (d) grün, gesprenkelt, eiförmig. Die Zahlen 4 bis 16 bezeichnen die jeweilige Eigröße. Gleiche Abstände zwischen den Punkten auf dieser Skala bedeuten gleiche *r*-Werte (nach Baerends und Kruijt 1973).

Bei dieser Problemannäherung konnte Leong (1969) zeigen, daß sich verschiedene Aspekte der Farbmuster territorialer Männchen, wenn diese Muster auf Attrappen aufgemalt werden, auf die Angriffsrate eines männlichen Buntbarsches additiv auswirken (Abb. 12.26). Ebenso konnten Heiligenberg und seine Mitarbeiter (1972) nachweisen, daß sich verschiedene Winkelorientierungen der schwarzen Augenstrichzeichnung des Buntbarschmännchens *Haplochromis burtoni* in ihrer Auswirkung auf die Angriffsrate additiv verhalten, entsprechendes gilt für die gesamte Körperorientierung (Abb.12.27).

Diese Experimente zeigen, daß die Farbmarkierung eines Männchens die Aggressivität eines Artgenossen additiv ansteigen läßt oder reduziert. Dieser Sachverhalt steht mit dem Reizsummenphänomen in Einklang. Heiligenberg (1976) forderte jedoch, daß die Körperhaltung multiplikativ auf die Angriffsrate wirkt. Curio (1975), der über das Hassen beim Trauerschnäpper (*Ficedula hypoleuca*) arbeitete, konnte am Beispiel zweier natürlicher Raubfeinde des Trauerschnäppers, dem Neuntöter (*Lanius collurio*) und dem Sperlingskauz (*Glaucidium passerinum*), ebenso Hinweise für eine multiplikative Verknüpfung bestimmter Reizmerkmale liefern. Demnach scheint das Reizsummenphänomen nicht universell gültig zu sein.

Kann das Reizsummenphänomen in einem relativ begrenzten Bereich von Merkmalscharakteristika, wie beispielsweise bei der Eierkennung, angewendet werden, dann können die additiven Komponenten in einem einzigen Index zusammengefaßt werden, der als **Reaktionsstärke** bezeichnet wird (McFarland und Houston 1981). Alle Merkmalscharakteristika, die mit der Eierkennung in Zusammenhang stehen und sich aufaddieren lassen (Abb. 12.28), können folglich zu einem einzigen Wert, der Reaktionsstärke auf Eierkennungsmerkmale, zusammengefaßt und in einer Dimension dargestellt werden (Abb. 12.29). Andere unabhängige Parameter der Eirollbewegung, wie z. B. die Entfernung vom Ei zum Nest, müssen in einer anderen Dimension angegeben werden. Wenn der Trend der Möwe, Eier zum Nest zurückzurollen, als Funktion der Reizmerkmale und der Entfernung der Eier vom Nest gemessen werden würde, dann könnte man feststellen, daß bestimmte Kombinationen dieser beiden Parameter (Reizmerkmal und Wegentfernung) den gleichen Wert für die Tendenz zur Eirollbewegung liefern. Alle auf einer Linie liegenden Punkte, die einen bestimmten Motivationszustand beschreiben, werden **Motivationsisobaren** genannt (s. Kapitel 15.6).

Wenn unabhängige Parameter in multiplikativer Weise kombiniert werden, dann hat die Motivationsisobare eine hyperbolische Form (Abb. 12.29). Der Nachweis vielfältiger Verknüpfungen von Reizmerkmalen ist vor allem aus Situationen bekannt, in denen verschiedene Aspekte einer Reizsituation beim Nachweis einer einzigen Antwortreaktion beteiligt sind (McFarland und Houston 1981). Das Beispiel des Buntbarsches *Haplochromis burtoni* macht deutlich, daß sich die Farbmarkierungen eines Konkurrenten auf die Kampfbereitschaft eines anderen Artgenossen additiv auswirken, wie Heiligenberg nachweisen konnte. Gemeinsam zeigen sie die potentielle Bedrohung des Rivalen an. Die Körperhaltung des Artgenossen ist ein weiterer Parameter, da durch sie die aggressive Haltung des Angreifers widergespiegelt wird. Das „kopfwärts nach unten Stehen" wird direkt kurz vor dem eigentlichen Angriff eingenommen. Eine multiplikative Verknüpfung von Reizen, welche das aggressive Potential des Rivalen und seine aggressive Einstellung andeuten, könnte die mögliche Interpretation der Versuche von Heiligenberg liefern.

Bei der Interpretation der Antwortreaktionen auf komplexe Reize ist es besonders schwierig, die Reaktion des Tieres dahingehend zu interpretieren, wie das Tier diesen Reiz wahrgenommen hat, und nicht, wie der Experimentator die Wahrnehmung definiert. Das Problem liegt darin, daß der Experimentator eine willkürliche Skalierung benutzt, ohne zu wissen, wie diese Skalierung mit der subjektiven Einschätzung des Tieres in Beziehung steht. Einige Möglichkeiten, diesen Schwierigkeiten entgegenzutreten, sind von Houston und McFarland (1976) und von McFarland und Houston (1981) vorgeschlagen worden.

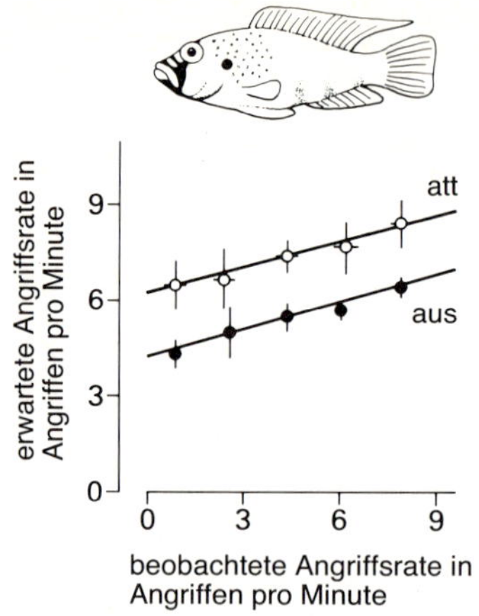

Abb. 12.26. Erwartete Angriffsrate männlicher Buntbarsche als Funktion der vorherigen Angriffsrate. Im Vergleich zur Ausgangssituation (aus), hat die Darbietung eines Rivalen in Form einer Attrappe (att) auf die Angriffsrate einen additiven Effekt, wie diese Ergebnisse zeigen (nach Leong 1969).

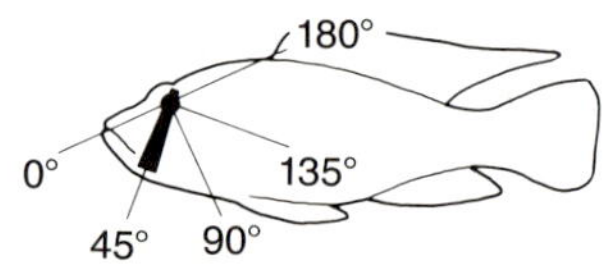

Abb. 12.27. Eine männliche Buntbarschattrappe, mit einem schwarzen „Augenstrich" aus Metallfolie versehen, der um das Auge herum rotiert werden kann (nach Heiligenberg et al. 1972).

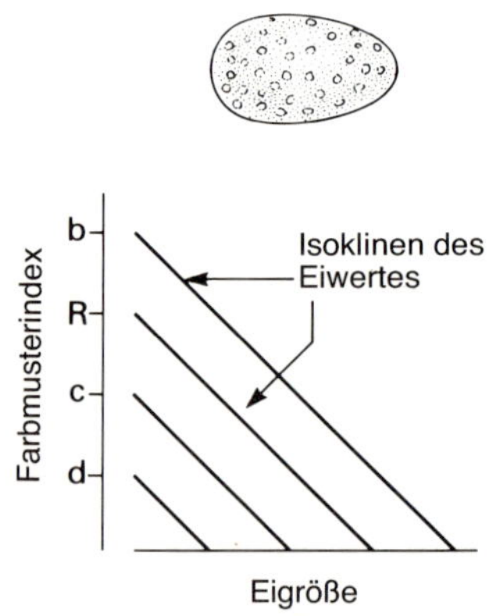

Abb. 12.28. Streubreite der Schlüsselreize für Eiwerte. Die parallel angeordneten Isoklinen zeigen, daß Farbmuster auf Eiern und Eigröße in ihren Effekten additiv wirken. Sie können durch einen einzigen Eiwertindex dargestellt werden.

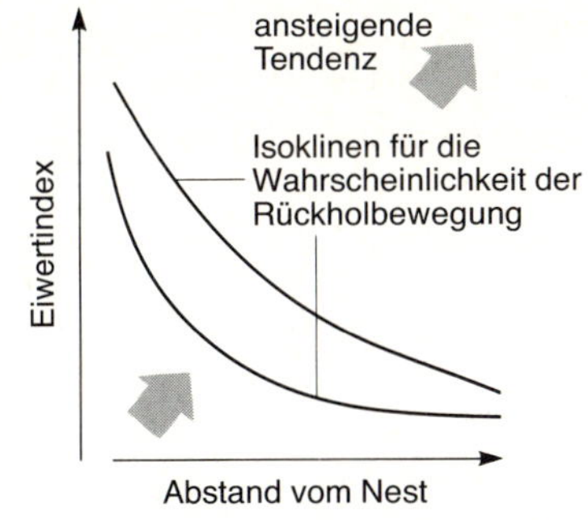

Abb. 12.29. Streubreite der Schlüsselreize der Eirückholbewegung. Die hyperbolische Funktion der Isoklinen zeigt, daß der Eiwertindex sich mit dem Abstand vom Ei zum Nest multiplikativ verändert.

Merksätze

- Sinnesverarbeitungsprozesse können in unterschiedliche Modalitäten eingeteilt werden, wobei jeder Modalität das ihr charakteristische Sinnesorgan zugeordnet werden kann. Die wahrgenommene Empfindung ist jedoch von der aktivierten Gehirnregion abhängig und nicht von dem Sinnesorgan selbst (Müllersches Gesetz über die Reizspezifität der Nervenbahnen).
- Sowohl die Chemorezeption als auch die Thermorezeption liefern sowohl Informationen über den inneren Körperzustand als auch über Veränderungen der äußeren Umgebung, in der sich das Tier befindet.
- Das Hörvermögen ist eine Form von Mechanorezeption, mit der das Tier in der Lage ist, Vibrationen der Luft bzw. des Wassers wahrzunehmen. Dem Hörsinn kann ein einfacher Mechanismus zugrunde liegen, der nur wenige Neurone einschließt, z. B. bei dem spezialisierten Hörsystem der Nachtfalter. Er kann aber auch auf sehr komplexen Mechanismen beruhen, wie bei dem hochentwickelten Hörsinn des Menschen.
- Das Sehvermögen reicht von einer einfachen Unterscheidungsfähigkeit zwischen Hell und Dunkel bis hin zur Ausformung und Auflösung von Bildern. Im Tierreich ist der Sehsinn weit verbreitet, unterscheidet sich aber bei den einzelnen Arten gewaltig im Aufbau der Augen so wie auch in der visuellen Wahrnehmungsfähigkeit.
- Die Beurteilung von Sinneseindrücken beruht beim Menschen nicht auf einer einfachen Unterscheidungsfähigkeit von Reizunterschieden, sondern auf der Fähigkeit, den eigentlichen Reiz vom Hintergrundrauschen unterscheiden zu können.
- Der Prozeß der Reizfilterung, durch den die auf das Tier einfließende Information klassifiziert wird, findet auf vielen Ebenen statt. Diese Prozesse können peripher am Sinnesorgan selbst angreifen oder aber zentral, in einer Form von selektiver Aufmerksamkeit.
- Komplexe Reize können vom Tier je nach seinem inneren Zustand in verschiedener Weise aufgenommen und interpretiert werden. In einigen Fällen bewirken bestimmte Signalreize ganz bestimmte Verhaltensweisen; in anderen Reizsituationen dagegen ist es das Zusammenwirken verschiedener Faktoren, die für eine reizauslösende Situation wichtig sind (Reizsummenphänomen).

Weiterführende Literatur

EWERT, J.-P. (1976) *Neuro-Ethologie. Einführung in die neurophysiologischen Grundlagen des Verhaltens.* Springer Verlag, Berlin, Heidelberg, New York.

FLOREY, E. (1975) *Lehrbuch der Tierphysiologie.* Thieme Verlag, Stuttgart.

HAJOS, A. (1980) *Einführung in die Wahrnehmungspsychologie.* Wissenschaftliche Buchgesellschaft, Darmstadt.

KEIDEL, W. G. (1985) *Kurzgefaßtes Lehrbuch der Physiologie.* Thieme Verlag, Stuttgart.

REMANE, A., V. STORCH und U. WELSCH (1985) *Kurzes Lehrbuch der Zoologie.* Fischer Verlag, Stuttgart.

SCHMIDT, R. F. und G. THEWS (1985) *Einführung in die Physiologie des Menschen.* Springer Verlag, Berlin, Heidelberg, New York.

13 Sinnesökologie

Wenn man das Tierreich insgesamt betrachtet, dann können bezüglich der Entwicklung der Sinnesmechanismen bestimmte Trends in der Evolution beobachtet werden. Evolution ist jedoch das Ergebnis natürlicher Selektion, und die natürliche Selektion führt zu einer Anpassung an die herrschenden Bedingungen. Daher sollte man auch nicht allzu sehr überrascht sein, daß die Vielfältigkeit im Tierreich nicht so sehr in der Abstammung der Tiere begründet ist, sondern vielmehr in den ökologischen Bedingungen, mit denen sie konfrontiert sind.

Die verschiedenen Sinnesmodalitäten sind an die unterschiedlichen Lebensräume angepaßt, und bestimmte Modalitäten können wiederum derart modifiziert sein, daß sie für spezifische Lebensformen bestimmter Tiere optimal sind. Das trifft nicht nur für die Beziehung zwischen Tier und physikalischer Umwelt zu, sondern auch für die Beziehung des Tieres zu seinem sozialen Umfeld. Die Effektivität der Kommunikation hängt von der Beziehung zwischen der benutzten Modalität und von dem Medium ab, in dem die Information weitergeleitet wird.

Im Fall der visuellen Modalität erlaubt die gerichtete Ausbreitung von Licht eine größere Genauigkeit, Reize zu lokalisieren und räumliche Muster wahrzunehmen, als es mit irgendeiner anderen Modalität möglich wäre. Es ist kein Zufall, daß räuberisch lebende Tiere wie der Octopus, der Habicht oder die Katze im Vergleich zu anderen Mollusken, Vögeln oder Säugern ein hoch entwickeltes visuelles System aufweisen. Die visuelle Modalität erlaubt ebenso eine relativ lang andauernde Kommunikationsmöglichkeit, so daß spezifische Oberflächenmuster oder andere Körpermerkmale entwickelt werden können, die die Information langfristig zur Verfügung stellen. Der größte Nachteil beim Sehen liegt darin, daß es nur unter bestimmten Bedingungen gut funktioniert. Optische Signale können Hindernisse nicht umgehen, wie es bei akustischen oder chemischen Signalen möglich ist. Bei Dunkelheit oder bei trüber Sicht ist Sehen nur beschränkt möglich, obwohl viele Tiere spezielle Anpassungen entwickelt haben, mit denen sie diese Benachteiligung zu einem gewissen Grad umgehen können.

Der Schall hat zwei besondere Eigenschaften, durch die er als Kommunikationsmittel besonders wichtig wird. Erstens ist es möglich, schnelle zeitliche Veränderungen der Lautsignale herzustellen. Ihre nur vorübergehende Natur erlaubt einen raschen Austausch von Informationen, was bei einer sehr bewegungsaktiven Tierart von großer Wichtigkeit sein kann. Lautsignale können bei Bedarf auch ausgeschaltet werden. Zum Beispiel ist die Hausgrille (*Acheta domestica*) optisch sehr gut getarnt. Das Männchen gibt sich mit lang andauerndem Zirpen zu erkennen. Droht jedoch Gefahr, dann hört es sofort auf zu zirpen und bewegt sich nicht, so daß es für den Raubfeind sehr schwer ist, die Hausgrille zu lokalisieren. Die zweite wichtige Eigenschaft von Schall ist, daß die Intensität gegenüber dem Hintergrundrauschen erhöht werden kann. Mit optischen Signalen ist das nicht möglich, wobei die wenigen lichtemittierenden Arten ausgeschlossen sind. Die laute Vokalisation der Vögel und Affen in den tropischen Wäldern ist ein Beispiel dafür, daß Laute gebraucht werden, um Hindernisse zu umgehen und das Hintergrundrauschen zu durchdringen.

Auch der Geruchssinn hat wie der Lichtsinn und der Hörsinn einige Vorteile. Duftmoleküle können als langandauernde Nachricht niedergelegt werden, wie es z. B. von terrestrisch lebenden Insekten und anderen Tieren bekannt ist. Chemische Information kann ähnlich wie akustische Signale um Hindernisse herum weitergeleitet und in ihrer Intensität gegenüber dem Hintergrund erhöht werden. Die Empfindlichkeit der Geruchsrezeptoren, man denke dabei z. B. an das Seidenspinnerpheromon Bombykol (s. Kapitel 12), macht chemische Signale besonders dann geeignet, wenn Kommunikation über eine sehr große Entfernung stattfinden soll. Die relative Dauerhaftigkeit chemischer Signale kann jedoch manchmal von Nachteil sein, und die unbeabsichtigte Ablage von chemischen Signalen kann von vielen Raubfeinden ausgenutzt werden. Jede Sinnesmodalität hat ihre Vor- und Nachteile, und viele Tierarten machen von allen drei Sinnesmodalitäten – Hören, Sehen und Riechen – Gebrauch, indem sie sie den spezifischen Anforderungen entsprechend einsetzen. Es gibt aber auch noch viele andere, spezialisiertere Sinne, die noch in diesem Kapitel diskutiert werden.

13.1 Visuelle Anpassung an ungünstige Lebensräume

Ein Tier, das an das Sehen in hellem Licht adaptiert ist, besitzt sehr oft ein gutes Auflösungsvermögen, Farbensehen und eine gute Bewegungswahrnehmung (s. Kapitel 12). Solche typischen, an Tageslicht angepaßten Augen sind relativ unempfindlich gegenüber schwacher Beleuchtung. An Dämmerungslicht adaptierte Tiere zeigen eine größere Empfindlichkeit gegenüber Licht, was jedoch auf Kosten einer genauen Mustererkennung und des Farbensehens erreicht wird.

Für nachtaktive Tiere und für solche, die in tiefen Gewässern und Höhlen leben, ist es notwendig, auch bei nur schwachem Lichteinfall noch sehen zu können. Diese Lebensräume sind nicht direkt vergleichbar, da das Spektrum des sichtbaren Lichtes sich bei Nacht gegen langwelliges Licht und in tiefen Gewässern gegen kürzere Wellenlängen hin verschiebt. Es gibt keinen Nachweis dafür, daß nachtaktive Tiere eine größere Empfindlichkeit gegenüber langwelligem Licht haben (Lythgoe 1979). Jedoch besitzen einige Arten spezielle Anpassungen, mit denen die Empfindlichkeit gegenüber Licht erhöht werden kann. Augen mit großer Pupille und Linse können mehr Licht aufnehmen als kleine Augen. Solche Augen findet man beim Opossum, bei der Hausmaus und beim Luchs (Abb. 13.1). Bei anderen nachtaktiven Tieren, wie den Eulen und den Galagos (Halbaffen), führt die nach lateral begrenzte Schädelausdehnung zu einer röhrenförmigen Verlängerung der Augen. Röhrenförmige Augen werden auch bei einigen Tiefseefischen gefunden. Die Augen eines Waldkauzes sind zwar etwas empfindlicher als das menschliche Auge (Martin 1977), aber für nächtlichen Beutefang nicht empfindlich genug. Eulen sind daher auch noch von anderen Sinnesmodalitäten abhängig. Viele Tiefseetierarten haben sich spezifisch an die herrschenden Lichtbedingungen angepaßt. Die Sehpigmente von Tiefseefischen besitzen ein Absorptionsmaximum, das mit der Wellenlänge maximaler Wasserdurchlässigkeit übereinstimmt (Denton und Warren 1957; Munz 1958). Der tieftauchende Baird-Wal (*Berardius bairdi*) besitzt Sehpigmente mit Absorptionsmaxima von kürzeren Wellenlängen als der flachtauchende Grauwal (*Eschrichtius gibbosus*). Ebenso weisen Tiefseekrebse Sehpigmente mit kurzwelligeren Absorptionsmaxima auf als Flachwassercrustaceen (Goldsmith 1972).

Zusätzlich zu den Eigenschaften der Sehpigmente sorgen andere spezialisierte Besonderheiten für eine Verbesserung der Sehfähigkeit im Dämmerungslicht. Nachtaktive Tiere besitzen kennzeichnenderweise in der Retina mehr Stäbchen als Zap-

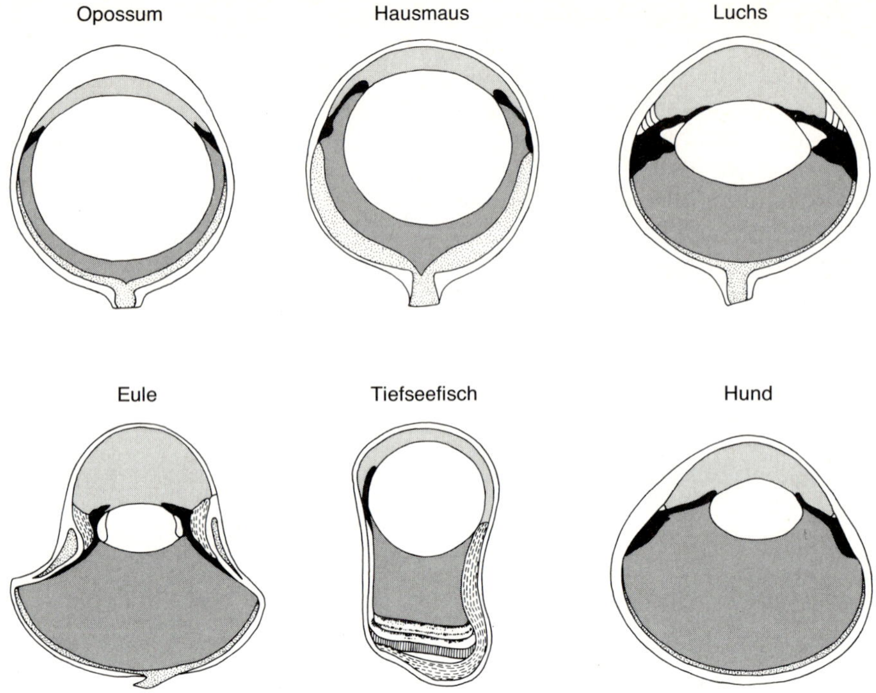

Abb. 13.1. Augentypen nachtaktiver Tiere im Vergleich zu den Augen eines Hundes, die sowohl für Tagessehen als auch für Dämmerungssehen ausgebildet sind (nach Tansley 1965).

fen, und einige Tierarten, wie der Katzenhai (*Scyliorhinus*) und die Galagos haben nur wenige oder gar keine Zapfen. Mehrere Stäbchen können mit einer einzelnen Bipolarzelle verschaltet sein, wodurch die Lichtempfindlichkeit zu ungunsten der Sehschärfe erhöht wird (s. Kapitel 12). Viele nachtaktive Wirbeltiere besitzen neben den Photorezeptoren lichtreflektierende Strukturen, das **Tapetum.** Diese Augen leuchten auf, wenn sie von einem Lichtstrahl getroffen werden. Ein Lichtstrahl, der die Photorezeptorschicht durchdrungen hat, ohne dabei vollständig absorbiert zu werden, wird reflektiert. Dadurch wird die Wahrscheinlichkeit zur Absorption erhöht. Bei einigen Fischen kann das Tapetum von wandernden Pigmentgranula überdeckt werden. Das an Dämmerungslicht angepaßte Tapetum des Dornhais (*Squalus acanthias*) beispielsweise reflektiert 88 Prozent des einfallenden Lichtes. Nach der Anpassung an Helligkeit dagegen, wenn die Tapetumreflektoren weiter voneinander entfernt liegen, werden nur noch 2,5 Prozent des einfallenden Lichtes reflektiert (Nicol 1965). Tiere, die unter sehr schwachen Lichtbedingungen leben, passen sich auf unterschiedliche Art und Weise an diese Bedingungen an. Einige Tiere leben in schlammigem Milieu, wo der optische Kontrast infolge der Lichtstreuung an den im Medium verteilten Partikeln eingeschränkt ist. Für diese Tiere gibt es kaum Möglichkeiten, über das Sehsystem ihre Lebensbedingungen zu verbessern (Lythgoe 1979).

Dabei kommt es zu einem Punkt, an dem die Sichtbedingungen so schwierig werden, daß der Sehsinn als einer der wichtigsten Sinne aufgegeben werden muß. Viele Tierarten, die in Höhlen, in der Tiefsee oder in schlammigen Gewässern leben, haben rückgebildete bzw. rudimentäre Augen. Die Höhlensalamander (*Typhlotriton* und *Proteus*) zum Beispiel haben zwar im Larvalstadium noch Augen ausgebildet, im erwachsenen Stadium jedoch nicht mehr. Werden diese Salamander unter Lichtbedingungen großgezogen, dann entwickeln sich im erwachsenen Tier normale Augen (Lythgoe 1979). Der blinde Höhlenfisch (*Astyanax mexicanus*) besitzt im juvenilen Stadium Augen, die im adulten Tier degenerieren. Genetische Kreuzungsexperimente zwischen diesen Fischen und einer mit normalem Sehvermögen an der Oberfläche lebenden Art derselben Gattung *Astyanax* wurden von Sadoglu (1975) durchgeführt. Seinen Ergebnissen zufolge sollen Gene für die Degenerationsprozesse der Augen dieser höhlenlebenden Arten verantwortlich sein. Die Schlangenaale (Ophidiidae) leben gewöhnlich in größeren Tiefen und besitzen zurückgebildete Augen. Einige Arten (z. B. *Lucifuga subterranea* und *Stygicola dentatus*) haben sich sekundär an das Höhlenleben angepaßt.

Unter den Säugern sind die Maulwürfe und Fledermäuse die wohl bekanntesten Beispiele für visuelle Degeneration. Maulwürfe haben sehr kleine Augen, die bei einigen Arten mit Haut überdeckt sind. Die fruchtfressenden Fledermäuse (Megachiroptera) besitzen eine sehr gut entwickelte Sehfähigkeit, die nachtaktiven Fledermäuse (Microchiroptera), insbesondere die Arten, die im Flug Insekten erbeuten, haben dagegen nur ein geringes Sehvermögen. Offensichtlich greifen sie auf andere Sinnessysteme zurück, um ihre Beute zu erjagen.

13.2 Sinne, die das Sehvermögen ersetzen

Tiere, die im Dämmerlicht leben und ein schlechtes Sehvermögen besitzen, müssen stattdessen andere Sinnesmodalitäten verwenden. So haben die auf dem Meeresboden lebenden Welse und die Schlangenaale verschiedene sensorische Fortsätze ausgebildet, mit denen sie den Untergrund absuchen. Diese Strukturen sind mit zahlreichen Druck- und Chemorezeptoren ausgestattet. Diese Sinneseinrichtungen können jedoch nicht das Sehvermögen ersetzen, da sie keine Informationen über Größe und Lage der Objekte in der Umgebung aufnehmen. Fische mit Neuromasten oder Seitenlinienorganen, die Vibrationen messen, können sich bewegende Objekte erfassen, teilweise auch Informationen über stillstehende Objekte, indem sie die von den Objekten reflektierten Wasserbewegungen aufschlüsseln (Schwartz 1974; Pitcher et al. 1976). Jedoch gewähren die elektromagnetischen Sinne und die Weiterentwicklungen des Hörsinns wohl den bestmöglichen Ersatz für einen fehlenden visuellen Sinn.

Viele niedere Tiere können sich in einem künstlich erzeugten elektrischen Feld orientieren. Über die Sinnesgrundlage für dieses Verhalten ist jedoch nur wenig bekannt. Eine Anzahl von Fischarten benutzt ihre elektrische Empfindlichkeit für ihre normale Orientierung und Kommunikation. Wissenschaftler haben bereits einen beträchtlichen Teil des elektrosensorischen Systems erforscht. Zudem ist bei vielen Tierarten ein Magnetsinn nachgewiesen. Zum Beispiel richten sich gewisse Bakterien in einem magnetischen Feld nach Norden aus und reagieren auf einen im Labor befindlichen Magneten (Blakemore 1975). Elektronenmikroskopische Untersuchungen dieser Bakterien weisen kettenähnliche Strukturen auf, in denen Magnetkristalle enthalten sind. Ähnliche Strukturen sind auch im Abdomen von Honigbienen und in der Retina von Tauben gefunden worden. Die Bakterien der nördlichen Halbkugel folgen der Deklination des Erdmagnetfeldes, wodurch sie in den anaeroben Schlamm, ihr natürliches Habitat, hineingelenkt werden. Die auf der südlichen Halbkugel lebenden Bakterien besitzen eine entgegengesetzte Polarität. Magnetisch orientiertes Verhalten ist auch bei Bienen und Tauben beobachtet worden. Einige Wissenschaftler vermuten sogar, daß auch der Mensch auf Magnetfelder reagiert (Baker 1981).

Fische benutzen Elektrizität in drei Hauptformen: 1) Die sogenannten starkelektrischen Fische, wie der Zitterrochen (*Torpedo*) und der elektrische Große Zitteraal (*Electrophorus electricus*), verwenden starke elektrische Entladungen, mit der sie ihre Beute lähmen – einen elektrischen Sinn besitzen diese Tiere jedoch nicht. 2) Elektrisch empfindliche Fische wie der Katzenhai (*Scyliorhinus*) und einige andere Haie haben einen elektrischen Sinn, produzieren aber selbst keine Elektrizität. Katzenhaie können auch dann noch Beute aufspüren, wenn diese sich im Sand eingegraben hat, wobei sie sich die lokalen Veränderungen des elektrischen Erdmagnetfeldes zunutze machen. Die hierfür verantwortlichen Sinnesorgane sind die Lorenzinischen

Ampullen, die auf der gesamten Körperoberfläche, besonders aber in der Kopfregion, verteilt liegen. 3) Die sogenannten schwach-elektrischen Fische (Gymnotiden und Mormyriden) erzeugen ihr eigenes elektrisches Feld und reagieren empfindlich auf elektrische Veränderungen in ihrer Umgebung. Im allgemeinen sind diese Fische nachtaktiv und leben in schlammigen Gewässern, wo der visuelle Sinn nicht benutzt werden kann. Diese Tiere haben zwei verschiedene Typen von Elektrorezeptoren: **Ampullenorgane,** die auf sich langsam verändernde elektrische Felder reagieren, und **Knollenorgane,** die nur auf sich schnell verändernde elektrische Felder ansprechen. Einige Arten besitzen nur einen einzigen Rezeptortyp, bei anderen dagegen finden sich beide Typen. Bei den elektrischen Organen handelt es sich um modifiziertes Muskelgewebe oder abgewandelte axonale Fortsätze. Die elektrischen Entladungen können charakteristischerweise bis zu 300 Hz betragen. Einige Fische können ihre Impulsrate verändern, um so mit anderen Fischen zu kommunizieren, oder die Impulsratenveränderung als Teil einer Vermeidereaktion anwenden, die eine Überlagerung der elektrischen Felder von Artgenossen verringert. Mit anderen Worten: Ein Fisch kann seine Impulsrate verändern, sobald eine elektrische Interferenz mit einem anderen Fisch auftritt. Dadurch läßt sich eine Überlagerung elektrischer Frequenzen gering halten. Mit den Elektrorezeptoren können auch im Wasser befindliche Objekte ausfindig gemacht werden, da sie Veränderungen der Feldlinien verursachen. Einige Fische, etwa *Gymnarchus,* können zwischen guten und schlechten elektrischen Leitern, wie z. B. einem Metallstab und einem Plastikstab, unterscheiden (Abb. 13.2). Genaueres zum Mechanismus der Elektrorezeption schwach-elektrischer Fische wird bei Ewert (1980) beschrieben.

Als Ersatz für das Sehvermögen dient bei einer Anzahl von Tierarten der Hörsinn, wobei einige Arten Verfeinerungen und Spezialisierungen über das normale Hörvermögen hinaus entwickelt haben. Allen diesen Spezialisierungen liegt eine verbesserte Lokalisierungsmöglichkeit der Laute zugrunde. Die bei den Vertebraten wohl bedeutendste Lautlokalisation beruht auf dem Vergleich von Schallwellen, die beide Ohren erreichen. Eine Person mit nur einem intakten Ohr kann durch Herumdrehen des Kopfes die Richtung maximaler Schallintensität herausfinden, denn der Kopf blockiert einen Teil der Lautstärke und verursacht so einen Geräuschschatten. Sehr viel rascher und genauer aber ist die Richtungslokalisation, wenn beide Ohren die Schallwellen empfangen und deren Intensität vergleichen. Befinden sich die Ohren in einem genügend großen Abstand voneinander, so treten in Ankunftszeit und Phase des aus einer bestimmten Umgebungsrichtung kommenden Lautes Unterschiede auf. Demnach sind kleine Tiere vom Intensitätsvergleich allein abhängig, der Mensch dagegen benutzt beide Methoden, die monaurale und die binaurale. Sehr lange Zeit glaubte man, daß der Mensch die größte Fähigkeit besitze, eine Lautrichtung zu lokalisieren. Aus den Pionierarbeiten von Payne (1962) weiß man jedoch, daß das Hörvermögen der Schleiereule (*Tyto alba*) das des Menschen bei weitem übertrifft.

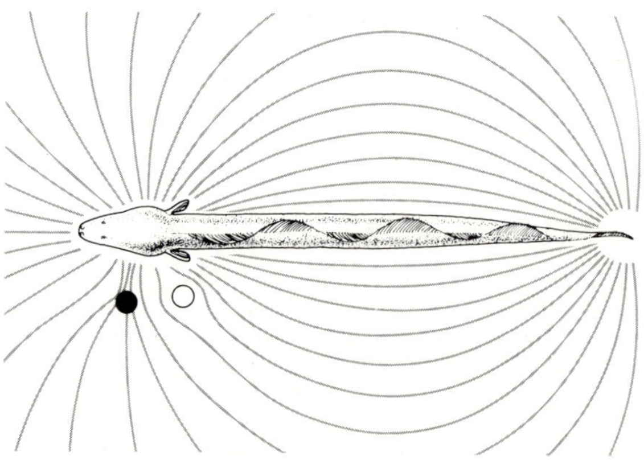

Abb. 13.2. Das elektrische Feld bei *Gymnarchus.* Rechts vom Tier sind die Feldlinien ungestört. Auf der linken Seite werden die Feldlinien durch einen guten elektrischen Leiter (schwarz) und durch einen schlechten Leiter (weiß) in ihrem Verlauf abgelenkt. Die Gegenwart dieser beiden Objekte kann durch die Wirkung, die sie auf das elektrische Feld ausüben, von dem Tier wahrgenommen und unterschieden werden.

Abb. 13.3. Gesichtsstruktur bei der Schleiereule. Einige Federn sind von der Gesichtsoberfläche entfernt worden, um die asymmetrische Anordnung der Ohren zu verdeutlichen (nach Knudsen 1981).

Die Schleiereule jagt bei Nacht. Sie kann eine sich frei bewegende Maus bei totaler Dunkelheit lokalisieren und erbeuten und ist sogar in der Lage, die Bewegungsrichtung der Maus vorherzusagen und so ihre Klauen auf die Längsachse der Maus auszurichten. Die Schleiereule ist besonders gegenüber den Zeitunterschieden der an beiden Ohren ankommenden Laute empfindlich. Hierdurch läßt sich der Azimut des Lautes leichter ermitteln. Intensitätsunterschiede im Klang geben weitere Anhaltspunkte zur horizontalen Lokalisation. Dabei erzielt die Schleiereule die gleiche Genauigkeit wie der Mensch, ist aber etwa dreimal so genau bei der Feststellung der Höhe der Lautquelle. Diese Genauigkeit ist größtenteils das Ergebnis der Gesichtsstruktur der Eule sowie der asymmetrischen Lage der Ohren (Abb. 13.3). Das rechte Ohr ist leicht aufwärts, das linke leicht abwärts orientiert. Außerdem ist das rechte Ohr gegenüber hohen Frequenzen (3–9 kHz) empfindlich, die oberhalb der Mittellinie der Horizontalebene des Kopfes eintreffen, das linke Ohr gegenüber hohen Frequenzen, die von unterhalb kommen. Wandert die Lauterzeugungsquelle nach unten, dann werden die hochfrequenten Komponenten des Lautes im linken Ohr lauter und im rechten Ohr leiser. Wandert die Lauterzeugungsquelle dagegen nach oben, tritt der gegenteilige Effekt auf. Dadurch kann die Höhe der Lauterzeugungsquelle genau festgestellt werden. Außerdem benutzt die Eule die niederfrequenten Komponenten eines Lautes, um Laute in der Horizontalebene zu orten, und die hochfrequenten Lautkomponenten, um die der vertikalen Ebene zu lokalisieren. Obwohl beide Informationstypen auf dem Vergleich von Lauten beruhen, die beide Ohren erreichen, verwechselt die Eule die beiden verschiedenen Informationstypen nicht (Knudsen 1981).

Der wohl spezialisierteste Ersatz für das Sehvermögen ist die Echoortung, wobei das Tier hochfrequente Laute ausstößt und über das zurückgeworfene Echo in der Nähe befindliche Objekte erkennen kann. Das Prinzip ist der Funktion eines militärischen Unterwasserortungsgerätes recht ähnlich. Einfache Formen der Echoortung findet man bei Spitzmäusen (*Blarina sorex*), den Fettschwalmen (*Steatornis caripensis*) und den in den Höhlen des Himalaya lebenden Salanganen (*Collocalia brevirostris*), die in den dunklen Höhlen schlafen und nisten. Weiter entwickelte Formen der Echoortung besitzen Delphine (*Tursiops*) und andere Meeressäuger, ihren Höhepunkt aber erreicht die Entwicklung der Echoortung bei den Fledermäusen (Chiroptera).

Die Pionierarbeiten von Griffin (1958) führten zu einer breit angelegten Forschung über die Mechanismen der Echoortung bei Fledermäusen. Heute liegt über die Physiologie der akustischen und auditorischen Strukturen sowie über die Gehirnmechanismen, die an der Echoortung beteiligt sind, ein beträchtliches Wissen vor. Weitere Einzelheiten hierzu können bei Ewert (1980, dt. Ausgabe 1976) und Guthrie (1980) nachgelesen werden.

Echoortende Fledermäuse stoßen Ultraschallaute aus, die von kurzer Dauer sind (5–15 msek) und eine hohe Frequenz besitzen (20–120 kHz). Diese Töne liegen außerhalb des menschlichen Hörvermögens. Die kurzen Pulse erlauben eine genaue zeitliche Abstimmung der Echos, so daß die Fledermaus die Entfernung der Objekte, von denen das Echo ausgeht, bestimmen kann. Natürliche Laute, wie sie vom Wind oder von anderen Tieren erzeugt werden, sind gewöhnlich von niederer Frequenz, es ist daher recht unwahrscheinlich, daß die hochfrequenten Rufe der Fledermaus mit anderen natürlichen Lauten in Interferenz treten. Laborexperimente mit künstlich erzeugten Lauten, die einen Frequenzgang von mehr als 20 kHz aufweisen, stören dagegen die Orientierung fliegender Fledermäuse. Ein weiterer Vorteil hoher Frequenzen liegt darin, daß sie auf ein Objekt gezielt gerichtet werden können und so eine hohe Auflösung auch von kleineren Objekten ermöglichen. Fledermäuse erzeugen ihre Ultraschallaute mit einem spezialisierten Larynx und stoßen sie entweder, wie die Glattrückenfledermäuse (*Pteronotus*), über das Maul aus oder über besonders geformte Nasenlöcher, wie die Hufeisennasen (*Rhinolophus*) und die Blattnasen (Phyllostomatidae).

Fledermäuse besitzen viele spezielle Anpassungen, durch die es ihnen ermöglicht wird, Zeiträume wahrzunehmen und die Echos zu lokalisieren, die von ihrer eigenen Ultraschallvokalisation herrühren. Viele Fledermäuse, die im Flug Insekten fangen, haben große Ohrmuscheln, die eine hohe Empfindlichkeit in der Richtungswahrnehmung ermöglichen. Gleichzeitig mit jedem lauten ausgesendeten Ruf wird die Lautempfindlichkeit durch spezielle Muskeln im inneren Ohr herabgesetzt. Sind die ausgesendeten Pulse sehr kurz, wie bei den Glattnasenfledermäusen, so ergibt sich zwischen dem Ende eines ausgesendeten Lautes und dem Beginn seines Echos keine Überlappung. Da Echos von naheliegenden Objekten schneller zurückkehren, werden bei der Annäherung an Objekte die Pulse verkürzt, damit keine Überlappung auftreten kann.

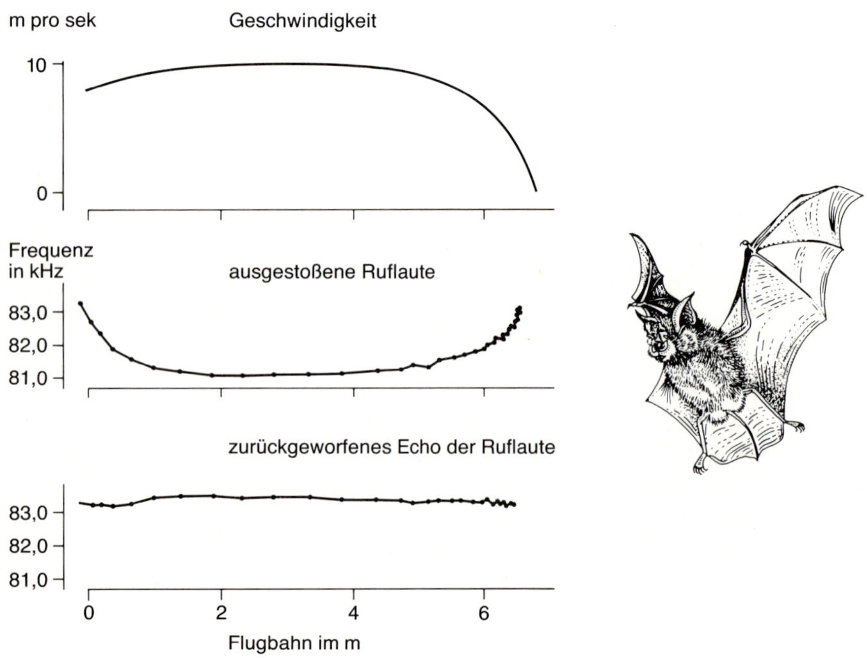

Abb. 13.4. Echoortung einer Hufeisennase bei der Annäherung an ein unbewegtes Objekt. Beim Anflug auf das Objekt verliert die Fledermaus an Geschwindigkeit (oben). Das Tier verändert die Frequenzrate seiner Rufe derart (Mitte), daß die Frequenz der reflektierenden Ruflaute (unten) konstant bleibt.

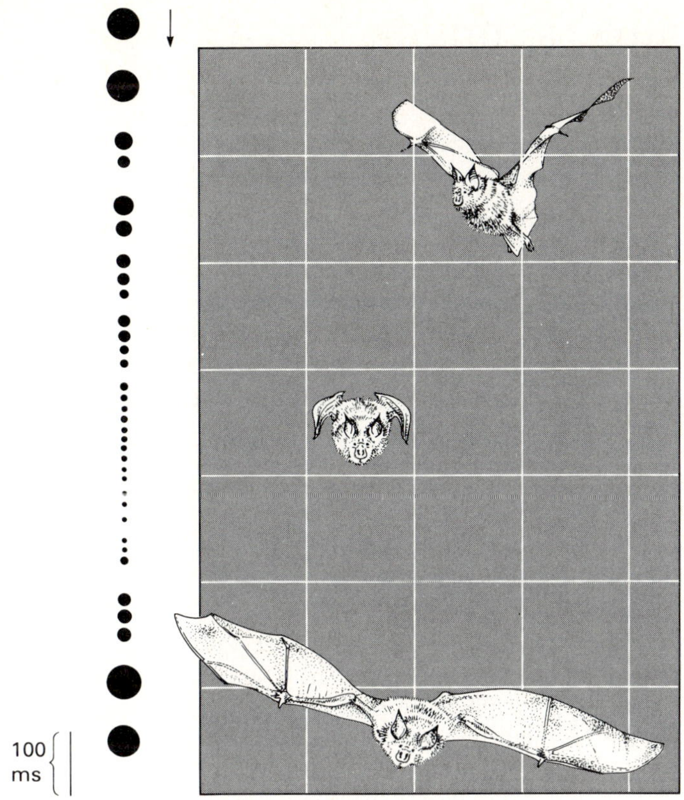

Abb. 13.5. Eine Hufeisennase (*Rhinolophus*) beim Durchfliegen eines Nylonnetzes mit 14 cm Maschenabstand und einer Fadendicke von 80 µm. Dauer und Frequenz ihrer Ortungslaute sind auf der linken Seite abgebildet.

Bei anderen Fledermausarten kommt es zu einer Überlappung der ausgestoßenen Laute mit den zurückkehrenden Echos, so daß diese Tiere auf andere Mechanismen für eine Verbesserung der Echoerkennung zurückgreifen müssen. Zum Beispiel verändert die Große Hufeisennase (*Rhinolophus ferrumequinum*) die Frequenz ihrer ausgestoßenen Laute derart, daß die Frequenz der zurückkehrenden Echos innerhalb eines schmalen Frequenzbandes bleibt (Abb. 13.4). Fliegt eine Fledermaus auf ein Hindernis zu, dann ist die empfangene Echofrequenz immer höher als die Sendefrequenz. Das kommt durch den **Doppler-Effekt** zustande, der entsteht, wenn sich die Fledermaus auf das Hindernis zubewegt: Je schneller die Fledermaus fliegt, desto größer ist die Frequenz der Echolaute. Dieser Doppler-Effekt wird kompensiert, indem die Fledermaus ihre Sendefrequenz derart verändert, daß die empfangene Echofrequenz so konstant wie möglich gehalten wird. Hierdurch erfährt die Fledermaus ungefähr ihre Fluggeschwindigkeit und ihre Flugrichtung so wie auch die relative Geschwindigkeit eines fliehenden Beuteobjektes.

Die Möglichkeiten der Echoortung der Fledermäuse als Ersatz für den visuellen Sinn sind sehr beeindruckend. Laboruntersuchungen zeigen, daß Fledermäuse mit einer Flügelspannbreite von 40 cm bei totaler Dunkelheit durch ein Nylonnetz mit 14 cm Maschenweite und einer Fadendicke von nur 80 µm hindurchfliegen können (Abb. 13.5). Ebenso konnten Fledermäuse trainiert werden, kleine Nahrungspartikel aufzufangen, die bei vollständiger Dunkelheit in die Luft geworfen wurden, und eßbare von nichteßbaren Objekten auf der Grundlage von kleinen Gestaltsunterschieden voneinander zu unterscheiden (Simmons 1971). Die Kleine Braune Fledermaus (*Myotis lucifugus*) kann sehr kleine fliegende Insekten, wie Fruchtfliegen und Stechmücken, mit einer Fangrate von zwei Tieren pro Sekunde erlegen.

13.3 Räuber- und Beuteerkennung

Die meisten räuberisch lebenden Tierarten fressen eine Anzahl verschiedener Beuteobjekte, die sie von Nicht-Beuteobjekten unterscheiden müssen. Größe, Bewegung und Gestalt sind die hierbei am meisten benutzten Merkmale.

Räuber, deren Beuteobjekte sich nur in der Größe unterscheiden, wählen im allgemeinen das größere Beuteobjekt. Das ist eine energetisch effiziente Strategie. Mit zunehmender Größe wird jedoch ein Punkt erreicht, wo der Reiz nicht länger als Beute angesehen wird. Wenn beispielsweise der Gemeinen Erdkröte (*Bufo bufo*) Beutereize in verschiedenen Größen dargeboten werden, dann antwortet sie auf Gegenstände, die sich innerhalb einer gewissen Größenordnung befinden, positiv, meidet aber größere Reizobjekte (Abb. 13.6).

Auf welche Art beurteilt die Erdkröte die Größe ihres Beuteobjektes? Der einfachste Weg geht über die Größe des retinalen Abbildes, das über den Sehwinkel in Gradeinteilungen gemessen werden kann. Für ein Objekt mit konstanter Größe verändert sich die Größe des Sehwinkels mit der Entfernung zum Auge: Nahgelegene Objekte erscheinen größer als weiter entfernt gelegene Objekte. Um Beute einer ganz bestimmten Größe auszuwählen, muß die Erdkröte die absolute Größe eines Beuteobjektes beurteilen können, indem sie das retinale Abbild und die Entfernung abschätzt. Geburtshelferkröten (*Alytes obstetricans*) erwerben erst während ihrer Entwicklung allmählich diese Fähigkeit, eine Größenkonstanz zu erfassen (Ewert und Burghagen 1979). Direkt nach der Metamorphose bevorzugen sie fast unabhängig von der Entfernung Beuteattrappen einer bestimmten Winkelgröße auf dem Auge. Sechs Monate später nehmen sie überwiegend Objekte einer bestimmten absoluten Größe, wobei die Entfernung zum Objekt unbedeutend ist (Abb. 13.7). In dieser Zeit haben sie gelernt, Entfernungsabschätzungen in ihre Größenbeurteilung mit einzuschließen. In einigen Fällen ist eine Tendenz zum größeren Beuteobjekt

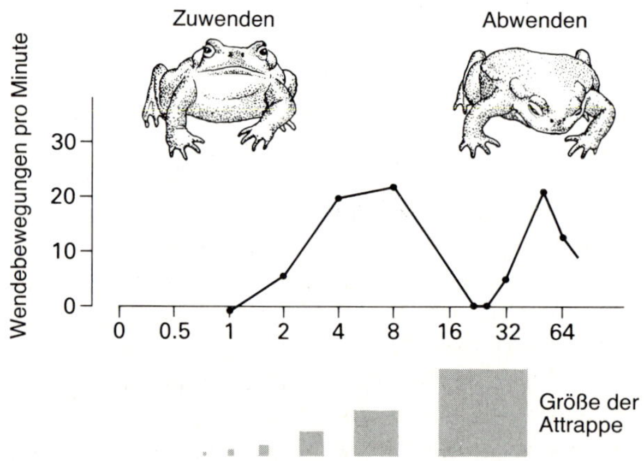

Abb. 13.6. Kröten antworten auf kleine, sich bewegende Objekte, die auf sie gerichtet sind, indem sie sich darauf zuwenden. Von einer bestimmten Objektgröße an verschwindet diese Antwortreaktion, und bei großen Objekten tritt eine Meidereaktion auf (nach Ewert 1980).

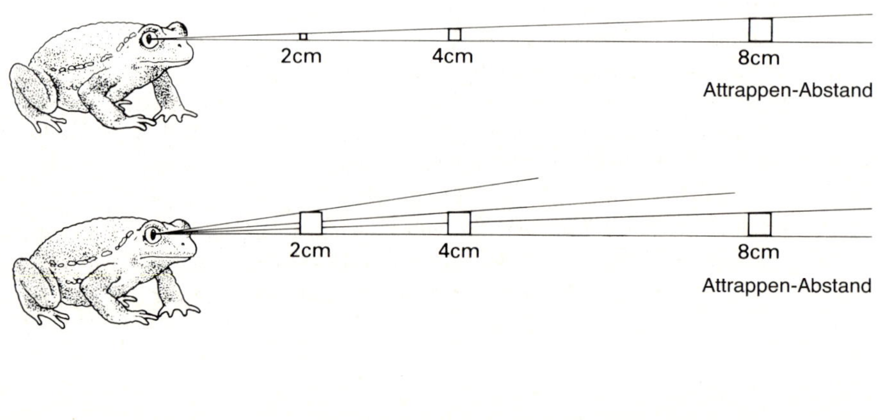

Abb. 13.7. Junge Kröten (oben) beurteilen die Größe eines Objektes mit Hilfe des Sehwinkels, ältere Kröten (unten) können jedoch eine Größenbeurteilung unabhängig vom Sehwinkel durchführen (nach Ewert 1980).

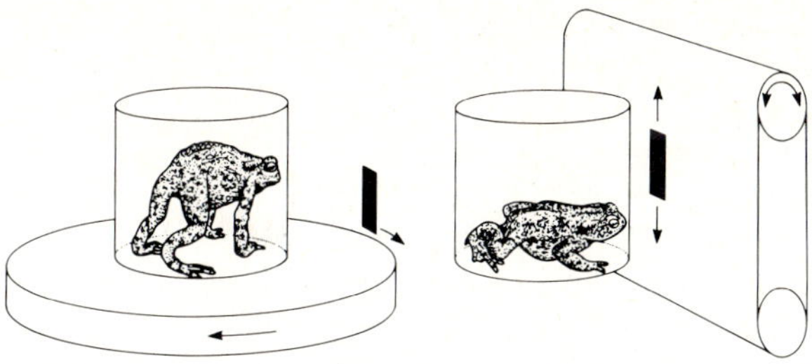

Abb. 13.8. Kröten antworten mit einer Meidereaktion (links) auf hochkant gestellte Rechtecke, wenn diese sich in der Horizontalen bewegen. Eine Nachfolgereaktion wird dann ausgelöst, wenn das Rechteck sich nach oben bzw. nach unten bewegt (rechts), (nach Ewert 1980).

hin zu erkennen, was aber nicht infolge aktiver Bevorzugung geschieht, sondern als Ergebnis besseren Erkennens anzusehen ist. Regenbogenforellen (*Salmo gairdneri*) fangen große Schalentiere öfter als kleine, da die großen Beutetiere auf größere Entfernung erkannt werden (Ware 1972).

Für einige Arten, wie Frösche und Kröten, sind die von dem Beutetier ausgeführten Bewegungen für die Beuteerkennung von besonderer Bedeutung. Der Gemeine Tintenfisch (*Sepia officinalis*) greift normalerweise Garnelen nur dann an, wenn diese sich bewegen. Wird einem Tintenfisch aber eine gerade erbeutete und bereits gelähmte Garnele fortgenommen, dann greift er das Beutetier gleich darauf nochmals an, selbst wenn die Garnele dem Tintenfisch völlig bewegungslos dargeboten wird (Messenger 1968). Einige Räuber bevorzugen Beutetiere, deren Bewegungen einem unregelmäßigen Bewegungsmuster folgen. Libellenlarven z. B. nehmen bevorzugt Beutetiere, die sich in einem Zickzack-Muster fortbewegen (Etienne 1969). Der Sonnenbarsch (*Lepomis gibbosus*) greift lieber eine sich schlängelnde Beuteattrappe an als eine, die sich ruhig fortbewegt (Gandolfi et al. 1968). Manchmal ist auch das Zusammenspiel von Gestalt und Bewegung wichtig. So greifen Kröten ihnen auf weißem Untergrund dargebotene dunkle Streifen sofort an, wenn sich diese entlang ihrer Längsachse wurmähnlich fortbewegen (Abb. 13.8).

Beuteerkennung über die Gestaltwahrnehmung ist eine derart komplexe Angelegenheit, daß es sehr schwierig ist, irgendwelche einfachen Gesetzmäßigkeiten aufzuzeigen. In einer Reihe von Verhaltensbeobachtungen bot Robinson (1970) in Gefangenschaft gehaltenen Tamarinen (*Saguinus geoffroyi*), die sich zu einem großen Teil von Insekten ernähren, Insekten zum Fressen an. In einigen Experimenten wurden den Affen Gottesanbeterinnen dargeboten, und zwar entweder Tiere, die ganz normal aussahen, oder solche, die kopflos waren, zwei Köpfe besaßen oder auf noch andere Weise verändert waren. Die Ergebnisse lassen vermuten, daß die Identifizierung der Kopfform für die Beuteerkennung wichtig ist. Werden in Experimenten stabförmige Insekten als Beute angeboten, dann scheinen die Affen beinlose Tiere zu übersehen, Insekten mit gut sichtbaren Beinen oder schmale Stöckchen mit angeklebten Insektenbeinen werden dagegen sofort von den Affen ergriffen. Demnach sind für die Krallenaffen der Kopf und die Körperanhänge der Insekten wichtige Merkmale für die Beuteerkennung. Daher besitzen die Beutetiere eine Vielzahl von schützenden Einrichtungen, um ihre Körperanhänge zu verbergen und um ihre Körperform zu tarnen. In Experimenten mit abstrakten, zweidimensionalen Mustern stellte Robinson fest, daß bilaterale Symmetrie ein charakteristisches Beuteerkennungsmerkmal ist und wahrscheinlich allgemein von Räubern erkannt wird.

Ähnliche Zusammenhänge spielen beim Erkennen von Raubfeinden eine Rolle. Wird z. B. die Silhouette eines Habichts über Enten- oder Gänseküken entlanggezogen, so erzeugt sie nur dann eine Furchtreaktion, wenn sie in eine bestimmte Richtung bewegt wird (Abb. 13.9). Der kurze Hals und das lange Schwanzgefieder sind für einen Falken charakteristisch, ein langer Hals und kurzes Schwanzgefieder dagegen erinnern an eine fliegende Gans (Tinbergen 1951). Schlangenähnliche Gestalten mit erhobenem Kopf werden von Kröten gemieden (Abb. 13.10). Ein sich ruckartig bewegender Blutegel wird dann als Beute angesehen, wenn sich seine frontalen Saugorgane am Erdboden befinden, streckt er dagegen die Saugorgane in die Luft, so wird er als Feind angesehen (Ewert 1980).

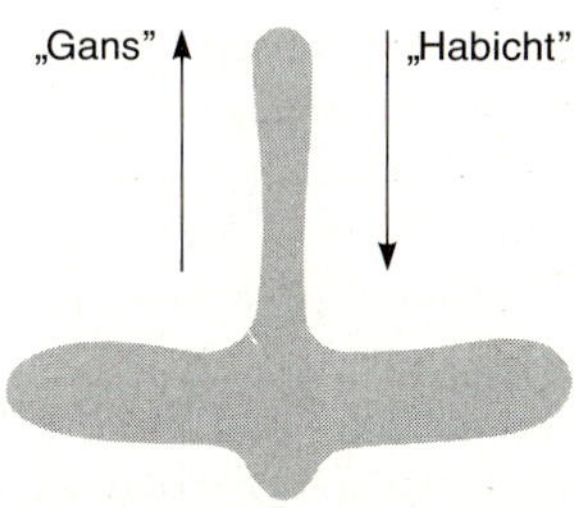

Abb. 13.9. Der dargestellte Schattenumriß ähnelt einem Habicht, wenn er nach unten geführt wird. Bewegt sich der Schattenumriß dagegen nach oben, dann ähnelt das Bild eher einer Gans.

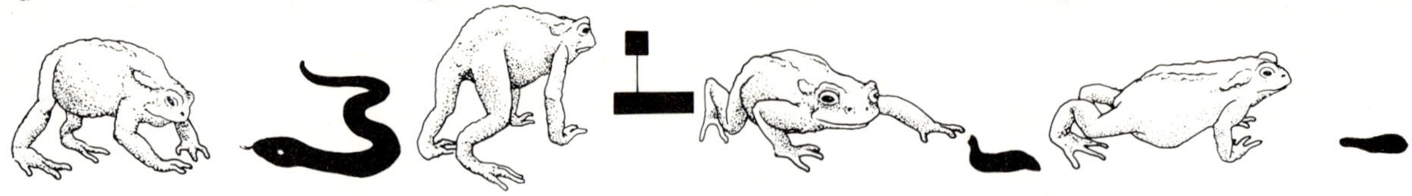

Abb. 13.10. Antwortreaktionen einer Kröte auf einfache Modellattrappen (a) einer Schlange, (b) eines abstrakten Musters, (c) eines Blutegels mit erhobenem Kopf, (d) eines Blutegels mit herabgesenktem Kopf. Die ersten drei Attrappen werden gemieden, während die letztere von der Kröte näher untersucht wird (nach Ewert 1980).

Wie in den Verhaltensuntersuchungen gezeigt wurde (für eine Übersicht siehe Ewert 1976 bzw. 1980), lösen kleine, länglich ausgerichtete Objekte, werden sie in der Horizontalebene dargeboten, bei Kröten Beutefangverhalten aus. Dieser Effekt bleibt dann aus, wenn diese Objekte vertikal angeboten werden (s. Abb. 13.8). Normalerweise fressen Kröten Insekten, Larven, Würmer etc. Ihr Beutefangverhalten umfaßt eine Reihe von Verhaltensabläufen, wie Orientierung von Kopf und Körper, visuelle Fixierung der Beute, Schnappbewegung nach der Beute durch Verlängern von Nacken und Zunge, Schlucken der Beute und Schnauzenwischen mit den Vorderextremitäten (Abb. 13.11). Um dieses Beutefangverhalten auszulösen, muß ein kleines, sich bewegendes Objekt vorhanden sein. Große sich bewegende Objekte lösen Fluchtverhalten aus. Wenngleich reine Verhaltensbeobachtungen viel zum Verständnis der sensorischen Prozesse beitragen, so können doch physiologische Untersuchungen wertvolle zusätzliche Kenntnisse über die Funktion der Sinnesorgane und über die Art der zum Gehirn geschickten Informationen liefern. Um herauszufinden, wie das Gehirn diese Information verwertet, ist ein kombinierter Ansatz von Verhaltensuntersuchungen und physiologischen Experimenten notwendig. Dieser Ansatz wurde von Ewert und seinen Mitarbeitern in ausführlichen Untersuchungen über die Beute- und Feinderkennung bei Kröten benutzt.

Physiologische Untersuchungen zeigen, daß ein Teil der Beuteerkennung bereits auf der Ebene der Retina abläuft. Lettvin und seine Mitarbeiter (1959) nahmen elektrische Ableitungen am optischen Nerven des Frosches vor, während sich Objekte durch sein Gesichtsfeld bewegten. Sie entdeckten vier Hauptantwortcharakteristika, die anscheinend mit den vier Ganglienzelltypen der Retina in Beziehung stehen. Diese Zellen wurden als Detektoren angesehen für 1) eine stationäre Bewegung, 2) ein dunkles, konvexes, sich bewegendes Objekt, 3) den Wechsel von Kontrast oder Bewegung und 4) für Dunkelwerden. Die Kröte scheint drei Ganglienzelltypen zu besitzen (die denen von Typ 2, 3 und 4 beim Frosch entsprechen), deren Axone im optischen Nerven mit dem Tectum opticum verbunden sind (Ewert und Hock 1972). Das Gehirn wird so mit Informationen über z. B. Winkelgröße und Winkelgeschwindigkeit des Objektes, seiner Kontraststärke gegenüber dem Hintergrund sowie den allgemeinen Helligkeitsgrad, versorgt. Diese Informationen allein sind jedoch für die Kröte nicht ausreichend, um zwischen Beute und Nichtbeute unterscheiden zu können.

Die Axone des optischen Nerven, die zu den verschiedenen Arealen des Gehirns führen, können experimentell mit Degenerationsmethoden erfaßt werden, wobei das Tectum opticum und das thalamische Prätectum eingeschlossen sind (Abb. 13.12). Die Retina eines jeden Auges projiziert ein Bild topographisch auf die oberen Schichten des gegenüberliegenden Tectum opticum. Diese Projektion ähnelt einer Kartierung, wobei jedes Areal im Gesichtsfeld einem bestimmten Gebiet im Tectum opticum zugeordnet ist. Elektrische Hirnreizung im Tectum opticum erzeugt in der frei beweglichen Kröte eine Orientierungsbewegung in Richtung der entsprechenden Region des Sehfeldes. Die Kröte verhält sich demnach so, als ob die entsprechende Region des Tectum opticum durch das Erkennen eines Beuteobjektes gereizt worden ist. Wird die retinale Projektion zum thalamischen Prätectum elektrisch gereizt, dann reagiert die Kröte mit Meideverhalten.

Die operative Entfernung einer bestimmten Gehirnregion (des thalamischen prätectalen Gebietes) bewirkt, daß das Tier sein Beutefangverhalten auf jedes sich bewegende Objekt richtet. Eine Zerstörung des Tectum opticum unterdrückt alle Reaktionen auf bewegte Reize, einschließlich des Meideverhaltens. Aufgrund dieser

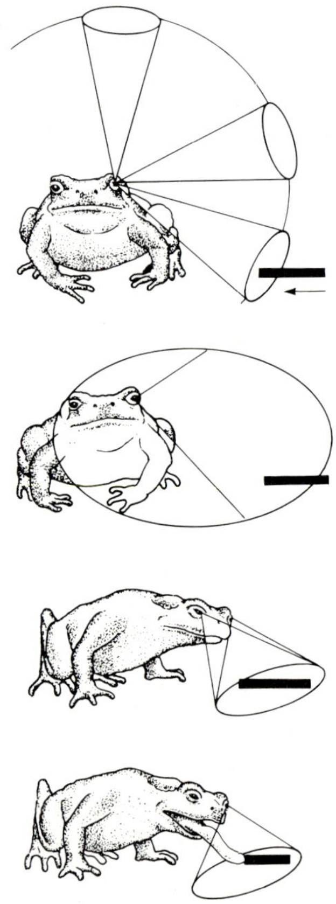

Abb. 13.11. Beuteerkennung und Beutefang bei der Kröte. Von oben nach unten: Die Beute tritt in das laterale Gesichtsfeld der Kröte; die Kröte wendet sich der Beute zu, wodurch die Beute mehr ins Zentrum des Gesichtsfeldes rückt und sich dann im binokularen Sehfeld der Kröte befindet; die Kröte ergreift das Beuteobjekt mit der Zunge (nach Ewert 1980).

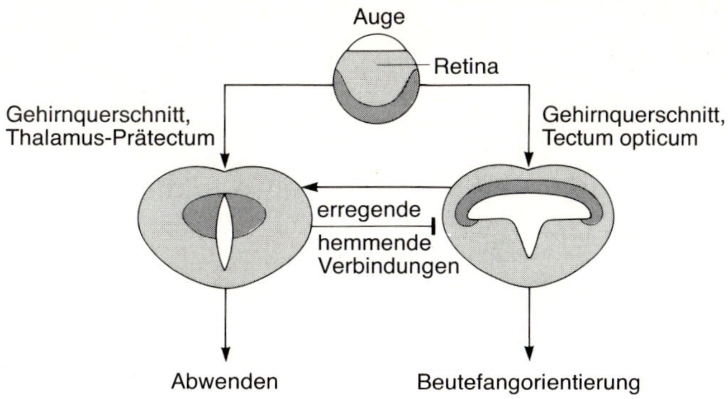

Abb. 13.12. Das Zusammenwirken zwischen einzelnen Gehirnstrukturen der Kröte bei der Verhaltenskontrolle der Meidereaktion und der Nachfolgereaktion von visuell erkannten Objekten (nach Ewert 1980).

Ergebnisse postuliert Ewert (1980), daß die Projektion von der Retina zum thalamischen Prätectum das Meideverhalten auslöst, daß aber gleichzeitig dafür auch erregende Eingänge vom Tectum opticum notwendig sind. Die Projektion von der Retina zum Tectum opticum liefert die Grundlage für die Beutefangreaktion auf alle Bewegungsreize, die Reaktionen auf größere oder feindähnliche Reize werden vom thalamischen Prätectum unterdrückt. Beutefangverhalten wird demnach nur bei entsprechend kleinen Reizen ausgelöst.

Ewerts Hypothese wird durch physiologische Untersuchungen unterstützt, indem von Neuronen im Tectum opticum und im thalamischen Prätectum elektrische Ableitungen vorgenommen wurden, während die Retina oder andere relevante Gehirnregionen gereizt wurden (Ewert 1980). Diese Forschung ist nicht nur im Hinblick auf die Bedeutung der Retina und des Gehirns bei der Reizfilterung von großem Interesse. Vielmehr handelt es sich auch um ein anschauliches Beispiel dafür, was erreicht werden kann, wenn Methoden der Verhaltensforschung und der Physiologie so vortrefflich kombiniert werden.

Merksätze

- Tiere, die im Dämmerlicht leben, weisen oft spezielle visuelle Anpassungen, wie Stielaugen, ein Tapetum oder besondere Sehpigmente auf. Dadurch wird die Sehempfindlichkeit unter den vorherrschenden Bedingungen erhöht.
- Leben Tiere unter derart schlechten Lichtbedingungen, daß es zu dunkel ist, um den visuellen Sinn zu benutzen, dann können ihre Augen degenerieren und möglicherweise andere sensorische Systeme den visuellen Sinn ersetzen. Dazu gehören die Echoortung der Fledermäuse, das auditorische Lokalisationssystem der Eulen und das elektrosensorische System von einigen Fischen.
- Die Beute- und Feinderkennung beinhaltet oftmals Schlüsselreize, anhand derer das Tier schnelle Entscheidungen und schnelle Antwortreaktionen geben kann.

Weiterführende Literatur

EWERT, J.-P. (1976) *Neuro-Ethologie. Eine Einführung in die neurophysiologischen Grundlagen des Verhaltens.* Springer Verlag, Berlin, Heidelberg, New York.

GOULD, J. L. (1980) *The case for magnetic-field sensitivity in birds and bees (such as it is).* American Scientist **68**, 256-67.

LYTHGOE, J. N. (1979) *The Ecology of Vision.* Clarendon, Oxford.

SCHMIDT, R. F. (1985) *Grundriß der Sinnesphysiologie.* Springer Verlag, Berlin, Heidelberg, New York.

2.2 Das Tier und seine Umgebung

In diesem Kapitel werden die Mechanismen vorgestellt, mit denen sich die Tiere mit ihrer Umwelt auseinandersetzen. Das Kapitel 14 beginnt mit der Koordinierung und Orientierung des Körpers und geht von einfacher Orientierung zu Navigation über. In Kapitel 15 wird das Tier in Bezug zu seinem inneren Milieu betrachtet. Das Prinzip der Homöostase wird in Zusammenhang mit der Thermoregulation, dem Fütterungs- und dem Trinkverhalten diskutiert. Kapitel 16 bringt Beispiele, wie Tiere ihre physiologischen Abläufe und Verhaltensmuster an sich verändernde Umweltbedingungen anpassen. Die Rolle der inneren Uhren in der Fortpflanzungsbiologie, der Überwinterung, den Tierwanderungen und den täglichen routinemäßigen Abläufen wird im einzelnen diskutiert.

CLAUDE BERNARD (1813-1878)

Von 1834 bis 1843 studierte Claude Bernard Medizin und begann dann als Schüler von Magendie seine Forschungsarbeiten am College de France. Seine wichtigsten Entdeckungen machte er in den Jahren zwischen 1840 und 1859. Nach dieser Zeit arbeitete er nur noch wenig experimentell, sondern widmete sich mehr dem Schreiben und seinen Theorien, die er weiter entwickelte.

Das wohl größte Werk von Bernard war das Buch *Introduction à l'Etude de la Médicine Expérimentale,* das 1865 erschien. Vor dieser Zeit hat Bernard verschiedene Vorlesungen herausgebracht, jedoch handelt es sich hierbei um Mitschriften, die von seinen Schülern aufgeschrieben und unter seiner Anleitung veröffentlicht wurden. Verschiedene andere Beiträge wurden von Bernard publiziert, die mit den *Leçons sur les Phénomènes de la Vie Communs aux Animaux et aux Végétaux* ihren Höhepunkt erreichten und kurz nach seinem Tode 1878 erschienen sind.

Bevor Bernard seine Beiträge veröffentlichte, wurde der Körper noch als eine Ansammlung von Organen betrachtet, wobei jedes Organ seine Funktionen getrennt von den anderen ausführte. Bernard konnte zeigen, daß verschiedene physiologische Abläufe miteinander in Beziehung stehen und daß der Körper als eine komplexe und hochentwickelte Einheit betrachtet werden muß.

Während seiner Tätigkeit am College de France von 1848 an beschäftigte sich Bernard mit der Nahrungsphysiologie bei Tieren, die verschiedene Diäten erhielten. Er entdeckte, daß im Blut immer Zucker enthalten ist, unabhängig davon, ob das Tier kurz zuvor Nahrung zu sich genommen hatte oder nicht. Selbst bei Hunden, die ausschließlich mit Fleisch gefüttert wurden, konnte Zucker im Blut nachgewiesen werden. Bernard zeigte auch, daß dieser Zucker von der Leber in den Blutkreislauf abgegeben wurde. Ferner wies er nach, daß die Leber Zucker speichert, der bei der Verdauung der Nahrung gebildet wird. Steht in der Nahrung kein Zucker zur Verfügung, dann wird bei Bedarf von der Leber Zucker in den Blutkreislauf abgegeben. Bernard machte auch wichtige Entdeckungen auf dem Gebiet der Verdauungsphysiologie. Von ihm konnte die Regulation der Blutzufuhr zu den einzelnen Körperregionen nachgewiesen werden.

Claude Bernard wird als der Begründer der modernen experimentellen Physiologie betrachtet. Einer seiner meistzitierten Aussprüche ist: „Warum soll man denken, wenn man experimentieren kann. Schöpfe alle experimentellen Möglichkeiten aus und denke dann." Seine experimentelle Arbeit war immer auf eine bestimmte Hypothese gegründet. In seinen Bemerkungen über die „hervorragenden Arbeiten von Laplace" und über Statistik, die seiner Meinung nach von Biologen nicht genügend benutzt wurde, sagte er auch: „Natürlich erwarte ich, daß in den nächsten 100 Jahren ein jeder nicht nur die Statistik benutzen, sondern auch mißbrauchen und von dieser Methode abhängig sein wird, um Untersuchungen, die man ohne Arbeitshypothese angefangen hat, doch noch rechtfertigen zu können." Nichtsdestotrotz denkt man bei dem Namen Claude Bernard hauptsächlich an seine theoretischen Konzepte. Sein berühmtester Ausspruch – „Die Stabilität des internen Milieus ist die Bedingung für ein freies und unabhängiges Leben" – wurde zum ersten Mal 1859 in einer seiner Vorlesungen erwähnt und wurde dann in seinem 1878 hinterlassenen Werk weiter ausgearbeitet. Bernard erkannte, daß das Blut für alle Gewebe im Körper ein einheitliches inneres Milieu liefert und daß der Zustand des Blutes teilweise von inneren Vorgängen im Körper beeinflußt wird, teilweise aber auch durch Veränderungen in der äußeren Umgebung. Tiere, die in der Lage sind, die Stabilität ihres internen Milieus aufrechtzuerhalten, haben danach bei weitem größere ökologische Freiheiten als Tiere, die von fluktuierenden Umweltbedingungen abhängig sind. Die Idee der Regulationsmechanismen des internen Milieus war in der Denkweise von Bernard bereits mit eingeschlossen, wurde aber von den Wissenschaftlern erst ein Jahrhundert später ausführlich diskutiert. Diese grundsätzliche Idee hatte einschneidende Auswirkungen auf die moderne Denkweise der Physiologie und der Verhaltensforschung.

14 Koordination und Orientierungsverhalten

In diesem Kapitel geht es um die räumlichen Beziehungen der Tiere zu ihrer Umwelt. In Antwort auf sich verändernde Umweltbedingungen müssen die Tiere ihre Bewegungen den Außenreizen entsprechend koordinieren und ausrichten. Zuerst wird die Koordination und dann die Orientierung besprochen. Das Kapitel schließt mit einer Diskussion über die Navigation, die wohl komplexeste Form der räumlichen Orientierung.

14.1 Die Koordination

Eine effektive Koordination von Bewegungsabläufen und Ortsveränderungen beruht auf vom ZNS erhaltenen Informationen über Lage, Spannung und andere Zustandsgrößen der Muskeln (s. Kapitel 11). Diese Informationen werden von intern gelegenen Sinnesorganen, wie den Muskelspindeln, den Sehnenorganen und den Gelenkrezeptoren, geliefert. Zusätzlich zur Information, die diese Sinnesorgane dem Tier über die relative Lage der Körpergliedmaße oder anderer Organe, die sich in Bewegung befinden können, liefern, ermöglichen sie auch Reflexantworten auf Veränderungen, die entweder durch von außen wirkende Kräfte oder durch die Eigenbewegung vom Tier selbst hervorgerufen werden.

Reflexverhalten ist die einfachste Form einer Reaktion auf einen Reiz. Normalerweise laufen Reflexe automatisch ab, sind unwillkürlich und stereotyp. Eine plötzliche Spannungsänderung in einem Muskel kann eine automatische Wiederherstellung der Körperhaltung zur Folge haben. Eine plötzliche Veränderung der Lichtverhältnisse kann einen **Rückziehreflex** hervorrufen. Reflexe können auf bestimmte Regionen beschränkt sein, wobei eine einzelne Gliedmaße oder mehrere Körperteile betroffen sein können (Abb. 14.1). Manchmal kann aber auch das ganze Tier an der Reflexantwort beteiligt sein. Bei einer Schreckreaktion beim Menschen werden z. B. Reflexkoordinationen von vielen Muskeln notwendig. Ähnlich verhält es sich mit dem Rückziehreflex von Invertebraten, z. B. den Polychaeten und verschiedenen Mollusken, bei denen der ganze Körper an der Reflexantwort beteiligt ist. Solche Reflexe werden von Riesennervenfasern ausgelöst, die die Information sehr schnell an alle Muskeln weiterleiten, so daß diese sich sehr schnell und gleichzeitig kontrahieren (s. Kapitel 11).

Obwohl Reflexe normalerweise automatisch ablaufen, sind doch bei vielen Vertebraten an den Synapsen im ZNS Wechselwirkungen und Überlagerungen möglich (Abb. 14.1). Im Fall des **Körperhaltungsreflexes** kann es zu einer Beeinflussung von anderen, inkompatiblen Reflexmechanismen kommen. Bewegen zwei verschiedene

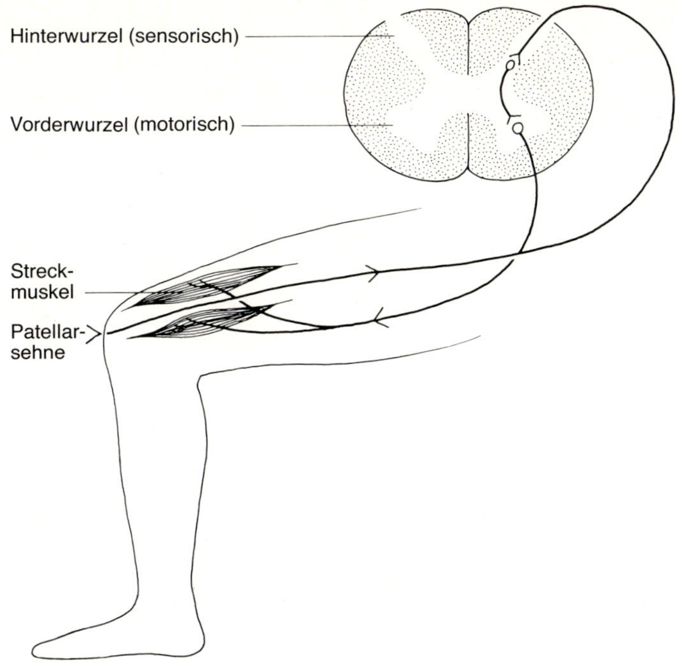

Abb. 14.1. Schaltschema eines einfachen Reflexbogens – der Kniesehnenreflex. Mit einem leichten Schlag unterhalb der Kniescheibe werden die Rezeptoren der Muskelspindeln stimuliert, welche ihre Information an das Rückenmark senden. Diese Information wird an die Motoneurone weitergeleitet, die ihrerseits die Streckmuskeln innervieren. Somit wird erreicht, daß das Bein sich reflexartig streckt.

Reflexe die gleichen Muskelgruppen, dann sind sie inkompatibel, da sie nicht beide gleichzeitig auftreten können. Solche Paare von Reflexabläufen sind auch neurologisch gesehen unvereinbar, da bei der Reizung der einen Reflexbahn die Ausführung der anderen gehemmt wird. Diese Inhibition ist im allgemeinen reziprok, so daß die eine Aktion eine andere vollständig unterdrückt oder aber selbst daran gehindert wird, aktiv zu werden. Das ist zugleich die elementarste Form einer Koordination. Diese Form von **reziproker Inhibition** ist typisch für den Gehvorgang und andere Muster der Fortbewegung.

Im allgemeinen wird die Muskelkoordination vorwiegend durch zwei Prozesse erreicht: durch die zentrale Kontrolle und durch die Kontrolle aus der Peripherie. Bei der **zentralen Kontrolle** liefert das Gehirn präzise Anweisungen, die von allen an der Bewegung beteiligten Muskeln ausgeführt werden. Die Koordination der Schluckbewegungen bei Säugern scheint von dieser Art zu sein (Doty 1968). Für die Koordination vieler geschickter Bewegungsabläufe, bei denen es auf schnelle Muskelreaktionen ankommt, ist die zentrale Kontrolle besonders wichtig. Der Tintenfisch *Sepia* beispielsweise fängt kleine Krebstiere mit zwei ausstreckbaren Fangarmen (Abb. 14.2). Die Kontrolle des Angriffs läßt sich in zwei Phasen aufteilen. In der ersten Phase, die vor allem visuell gesteuert ist, wird das Beuteobjekt in das binokulare Sehfeld gebracht. Bei Bewegungen des Beuteobjektes richtet sich der Tintenfisch laufend neu aus, so daß er das Beuteobjekt stets genau im Blickpunkt behält. Wenn diese Annäherungsphase beendet ist, werden die Fangarme plötzlich herausgeschleudert, und die Beute wird ergriffen. Diese Endphase läuft so schnell ab (in ca. 30 msek), daß keine Zeit bleibt, die Fangarme über visuelle Reize auf die Beute auszurichten. Das läßt sich leicht nachweisen, indem man in dem Moment, in dem die Fangarme ausgefahren werden, das Licht ausschaltet: Auch ohne Licht wird das Beutobjekt noch sicher getroffen. Bewegt sich dagegen die Beute im Augenblick des Fangschlags, dann verfehlt der Tintenfisch selbst bei Licht das Beuteobjekt. Nach

Abb. 14.2. Ein Tintenfisch beim Fang einer Garnele.

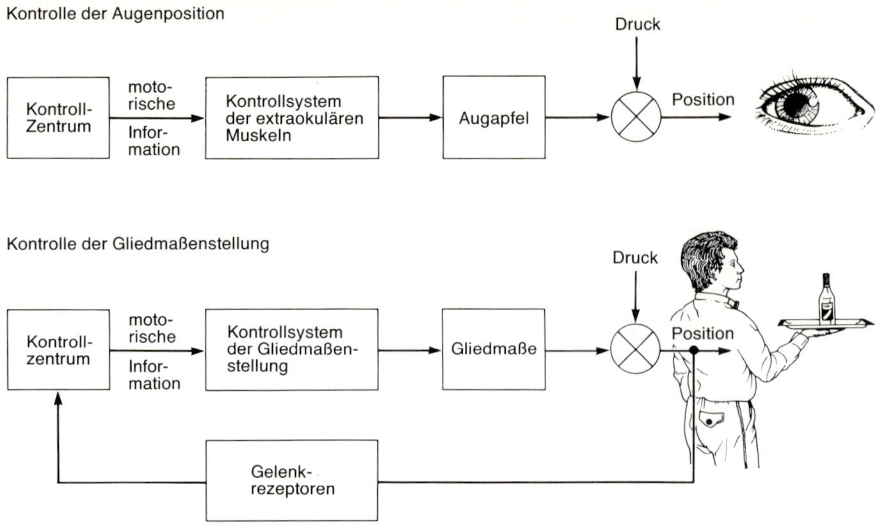

Abb. 14.3. Gegenüberstellung von zentraler und peripherer Bewegungskontrolle. Die Bewegung des Augapfels (oben) steht unter zentraler Kontrolle. Normalerweise ist der Augapfel keinen Druckreizen ausgesetzt, so daß die vom Gehirn an die Augenmuskeln gesendeten Befehle schnell und genau ausgeführt werden können. Wird der Augapfel einem Druckreiz ausgesetzt (etwa durch das Auflegen eines Fingers), dann wird diese Verschiebung vom Kontrollzentrum nicht korrigiert. Eine Kontrolle durch die Peripherie ist für die Bewegung der Gliedmaßen (unten) wichtig, da diese oft Belastungen ausgesetzt sind. Eine Verschiebung der Position der Gliedmaßen wird über die Sinnesrezeptoren registriert und zum ZNS weitergeleitet, worauf es zu einer Korrektur dieser Verlagerung kommt.

diesen Beobachtungen ist der Tintenfisch nicht in der Lage, seinen Fangschlag über visuelle Rückkopplung zu korrigieren (Messenger 1968).

Rhythmische Fortbewegungsabläufe werden oft zentral erzeugt. Elektrophysiologische Ableitungen an Motoneuronen und Interneuronen bei Insekten haben gezeigt, daß es für das Laufen (z. B. Pearson und Iles 1970; Burrows und Horridge 1974), das Schwimmen (z. B. Kennedy 1976) und die Flugbewegungen (z. B. Wilson 1968) von Arthropoden eine zentrale rhythmische Kontrolle gibt. Die genaue Abfolge eines Bewegungsmusters wird jedoch oft von Reflexen und Rückkopplungen aus der Peripherie beeinflußt. Ein Ausschalten des propriozeptiven Eingangs vermindert die Flügelschlagfrequenz bei fliegenden Heuschrecken, wie andererseits eine stärkere Reizung durch Wind die Entladungsfrequenz der Motoneurone erhöht (Wilson 1968). Anscheinend sind die schnellen Gehbewegungen der Küchenschaben weniger von peripher gegebenen Reizen beeinflußbar als die langsamen Gehbewegungen der mit ihnen verwandten Stabheuschrecken (*Carausius*), (Wendler 1966).

Die **periphere Kontrolle** der Koordination wird über Sinnesorgane in den Muskeln und anderen Körperteilen erreicht, die ihre Information an das Gehirn weiterleiten und dadurch wiederum die vom Gehirn an die Muskeln gesendeten Anweisungen beeinflussen (Abb. 14.3). Die periphere Kontrolle arbeitet im allgemeinen mit der zentralen Kontrolle zusammen. Für die Koordination der Schwimmbewegungen bei Fischen z. B. sendet das Gehirn rhythmische Impulse ab, die in Wellen das Rückenmark entlangwandern und die rhythmischen Flossen- und Schwanzbewegungen koordinieren. Beim Katzenhai (*Scyliorhinus*) verschwinden diese rhythmischen Bewegungen, wenn die Nerven, die von den Muskeln zum Gehirn laufen (also die Afferenzen), durchtrennt werden. Werden jedoch einige wenige Nerven nicht durchschnitten, dann bleibt der Rhythmus erhalten. Demnach scheint eine gewisse periphere Rückkopplung notwendig zu sein, um den zentral erzeugten Rhythmus auszulösen (Gray 1950). Bei den Knorpelfischen (Chondrichthyes), einschließlich dem Katzenhai, wie auch bei allen anderen Haien, weisen die einzelnen Flossen kaum unabhängige rhythmische Bewegungen auf. Bei den Knochenfischen (Teleostei) dagegen können die einzelnen Flossen unter bestimmten Umständen mit verschiedenen Frequenzen schlagen. Der Rhythmus der verschiedenen Flossen kann sich gegenseitig beeinflussen, ein Phänomen, das von Holst (1939, 1973) „relative Koordination" nannte. Manchmal dominiert der Rhythmus einer Flosse so stark, daß der Rhythmus einer anderen Flosse gleichzieht und beide einen gemeinsamen Rhythmus schlagen. Andererseits können die Amplituden der Flossenbewegungen sich derart aufsummieren, daß die Bewegungen immer kleiner werden, wenn sich die Flossenbewegungen nicht im gleichen Rhythmus befinden, bzw. immer größer werden, wenn sie synchron schlagen.

Bei Fischen und im Wasser lebenden Amphibien scheint der Bewegungsablauf größtenteils unter der Kontrolle endogener spinaler Rhythmen zu sein. Es liegt kein Nachweis für eine besondere motorische Kontrolle durch das Vorderhirn vor. Wird bei Fischen das Vorderhirn entfernt, so kommt es zu keiner Veränderung in Körperhaltung oder Bewegungsablauf (Bernstein 1970). Bei Fröschen und Kröten nehmen die spontanen Bewegungen ab. Elektrische Stimulation im Vorderhirn hat keine spezifischen Auswirkungen auf die Motorik. Dem Mittelhirn wird bei Fischen und Amphibien eine gewisse Rolle in der motorischen Kontrolle zugesprochen. Wie bereits in Kapitel 13 beschrieben wurde, ruft eine elektrische Stimulation der Tectumregion bei Kröten Kopfbewegungen, Schnapp- und Schluckbewegungen hervor. Bei den höheren Vertebraten ist das höher entwickelte Gehirn in der Lage, eine größere Kontrolle auf die Bewegungsabläufe auszuüben; die automatisch ablaufenden Bewegungen werden aber auch hier in erster Linie von Hirnstamm und Rückenmark kontrolliert.

Bei den Säugern ist der **cortico-spinale Trakt** die wichtigste Bahn für die willkürliche Bewegungskontrolle. Ihren Anfang nimmt sie im Motorcortex und führt dann durch das Mittelhirn und den Hirnstamm zum Rückenmark. Dieses System, das auch **Pyramidenbahn** genannt wird, kann bei allen Säugern – außer bei den Monotrematen, wie z. B. dem Schnabeltier und den Ameisenigeln – nachgewiesen werden. Bei den Kusus (*Trichosurus*) verlaufen die Axone der Pyramidenbahn nur bis zum Mittelthorax, wo sie die Vorderextremitäten innervieren. Die Hinterextremitäten werden vom extrapyramidalen System innerviert.

Zum **extrapyramidalen System** zählen alle nicht-reflexartigen motorischen Bahnen, die weder im corticospinalen noch im pyramidalen System integriert sind. Das extrapyramidale System wird im Vergleich zum pyramidalen System als ursprünglicher angesehen. Bei Tierarten mit einem nur kleinen oder gar keinem cerebralen Cortex sind die **Basalganglien** des extrapyramidalen Systems die wichtigsten Zentren für die motorische Kontrolle. Sie sind bei Vögeln besonders gut entwickelt. Vögel haben so gut wie überhaupt keinen cerebralen Cortex, dafür aber eine größere Striatumregion als Säuger. Demnach scheint mit der Weiterentwicklung des Gehirns eine zweite Möglichkeit der Motorkoordination eingebracht worden zu sein, die über die Pyramidenbahn wirkt.

Bei den Primaten verändern Neurone in verschiedenen Teilen der cerebrospinalen Bahn ihre Entladungsfrequenz während willkürlicher Augen-, Hand- und Beinbewegungen (Evarts 1968). Die künstliche Stimulation des Motorcortex verursacht Antwortreaktionen einzelner Muskeln oder einzelner motorischer Einheiten innerhalb eines Muskels. Eine großflächige Hirnreizung ruft bestimmte Bewegungen ganzer Extremitäten hervor. Es ist möglich, die Oberfläche des Motorcortex so zu kartieren, daß bestimmte Regionen hier mit bestimmten Körperteilen, die auf die elektrischen Reize antworten, korrelieren. Eine ähnliche Karte kann auch für den sensorischen Cortex angelegt werden, wobei die verschiedenen Körperregionen, je nach ihrer Wichtigkeit, bei den einzelnen Individuen einer Art charakteristisch repräsentiert sind. Willkürliche komplizierte Bewegungen werden über Neurone der corticalen Bahn im Cortex eingeleitet, während Bewegungs- und Haltungsreflexe von nahegelegenen extrapyramidalen Neuronen kontrolliert werden. Die Anzahl der Neurone der Pyramidenbahn wird für den Menschen auf 1 Million geschätzt (Prosser 1973).

Eine weitere für die Koordination wichtige Gehirnregion ist das **Cerebellum** (Kleinhirn), (Abb. 14.4). An den Haltungsreflexen oder der motorischen Kontrolle ist das Cerebellum nicht direkt beteiligt. Es dient der Überwachung und Koordinierung neuronaler Abläufe, die mit der Orientierung und dem Gleichgewicht zusammenhängen, so wie auch verschiedenen anderen Vorgängen bei der feinmotorischen Kontrolle. Der grundsätzliche Aufbau der neuronalen Organisation des Cerebellums ist in allen Klassen der Vertebraten ähnlich. Im Vergleich zu anderen Gehirnregionen hat sich während der Evolution das Cerebellum wenig verändert. Das Cerebellum erhält Informationen von den Sinnesmodalitäten Sehen, Hören, Tasten und Gleichgewicht, so wie auch Informationen über die Lage der Muskeln und Gelenke. Ferner

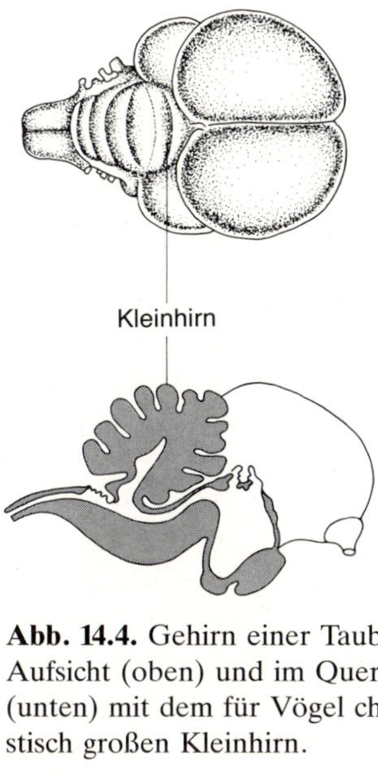

Abb. 14.4. Gehirn einer Taube in der Aufsicht (oben) und im Querschnitt (unten) mit dem für Vögel charakteristisch großen Kleinhirn.

gibt es Verbindungen zu den motorischen Arealen des cerebralen Cortex. Zusätzlich zu den Verbindungen über den Thalamus zum motorischen Cortex existiert eine Doppelverbindung zu den sensorischen Cortexarealen, die für die Aufrechterhaltung der Körperstellung von Wichtigkeit ist. Eine aufrechte Körperhaltung kann nicht ohne visuelle, vestibuläre und propriozeptive Informationen gewährleistet werden. Für Aussagen über das Gleichgewicht kombiniert das Cerebellum visuelle und vestibuläre Informationen mit dem Kontraktionszustand der betreffenden Muskelspindeln. Es sendet vor allem über die Gammaafferenzen (s. Kapitel 11) entsprechende Instruktionen an die Muskeln. Somit hat das Cerebellum eine Funktion in der Modulation und der Feinkontrolle der Muskelkontraktionen, die an der Aufrechterhaltung der Körperlage sowie an den komplexen Koordinationen der für die Fortbewegung notwendigen Bewegungsabläufe beteiligt sind.

14.2 Räumliche Orientierung

Die Orientierung eines Tieres im dreidimensionalen Raum kann auf sehr einfachen Grundprinzipien beruhen oder aber sehr komplexe Mechanismen mit einbeziehen. Die einfachen Formen räumlicher Orientierung können am besten bei bestimmten Invertebratenarten beobachtet werden. Fraenkel und Gunn (1940) haben ein Klassifikationssystem vorgeschlagen, das auf den Arbeiten früherer Wissenschafler beruht und zum Ausgangspunkt für spätere Diskussionen und Übersichtsartikel (Kennedy 1945; Hinde 1970; Adler 1971) wurde.

Die einfachste Form der räumlichen Orientierung ist die **Kinese.** Bei der Kinese ist die Antwortreaktion des Tieres proportional zur Reizintensität, von den räumlichen Eigenschaften des Reizes selbst aber unabhängig. Zum Beispiel tendieren die Kellerasseln (*Porcellio scaber*) dazu, sich an feuchten Plätzen unter Felsen und herabgefallenem Gestein aufzuhalten. Bei geringer Feuchtigkeit bewegen sie sich sehr lebhaft, bei hoher Feuchtigkeit dagegen sind sie nur wenig aktiv. Demzufolge verbringen sie mehr Zeit in feuchten Medien, und ihre große Aktivität unter trockenen Bedingungen erhöht ihre Chancen, ein feuchtes Medium zu entdecken. Ein ähnliches Verhalten wird auch bei der Larve der Neunaugen (Ammocoeten) beobachtet, die ihre Schwimmaktivität mit der Lichtintensität in Einklang bringt (Jones 1955).

Unter **Orthokinese** wird die Form von Kinese verstanden, in der eine Beziehung zwischen der Geschwindigkeit der Bewegung und der Reizintensität besteht. Eine andere Form von Kinese ist die **Klinokinese**, die beim Plattwurm *Dendrocoelum lacteum* beobachtet werden kann. Hier erhöht sich die Richtungsänderung mit verstärkter Lichtintensität (Ullyott 1936; Fraenkel und Gunn 1940; Hinde 1970).

Bei einer Anzahl von Orientierungsformen, die gewöhnlich unter dem Begriff **Taxien** zusammengefaßt werden, richtet sich das Tier direkt zum Reiz hin oder vom Reiz weg. Wenn z. B. die Larven der Großen Stubenfliege (*Musca domestica*) genügend Nahrung zu sich genommen haben, suchen sie einen dunklen Ort auf, um sich zu verpuppen. In diesem Stadium bewegen sie sich von der Lichtquelle fort; man nennt dieses Verhalten „negative **Phototaxis**“. Die Larve hat an ihrem Kopf einfache Augen, die Lichtveränderungen wahrnehmen, aber keine Information über die Richtung der Lichtquelle liefern können. Bewegt sich die Larve fort, dann führt ihr Kopf Pendelbewegungen aus (Abb. 14.5). Ist das Licht auf der rechten Seite heller als auf der linken, dann bewegt die Larve ihren Kopf weniger zur rechten als zur linken Seite, wodurch sie sich mehr nach links, also von der Lichtquelle weg, bewegt. Als Antwort auf eine Erhöhung der Lichtintensität führt die Larve ihre Pendelbewegungen schneller aus. Wird eine Lichtquelle, die sich über der Larve befindet, immer dann ausgeschaltet, wenn die Larve eine nach links orientierte Pendelbewegung durchführt, und immer dann wieder angeschaltet, wenn sie ihren Kopf nach rechts bewegt,

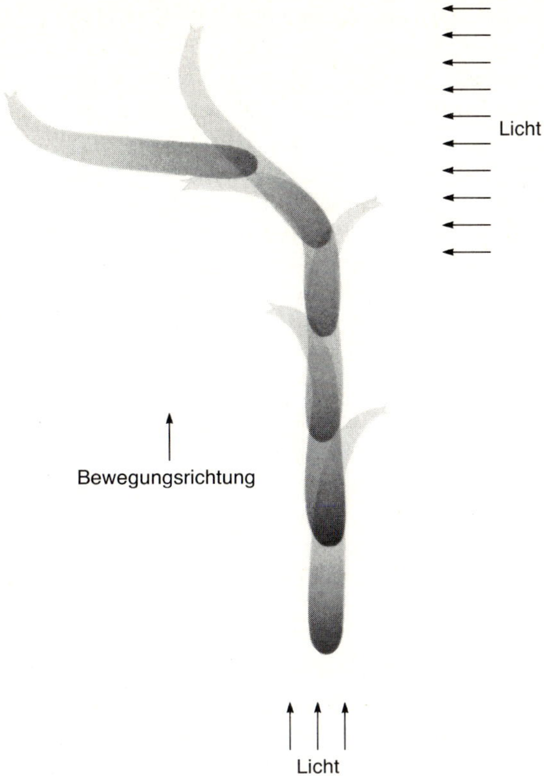

Abb. 14.5. Klinotaxis der Fliegenmade. Die pendelnde Kopfbewegung sei hier besonders beachtet. Zunächst bewegt sich die Made in einem rechten Winkel von der Lichtquelle weg. Wird der Lichtreiz dann umgeschaltet und von vorn gegeben, wendet sich die Made von der neuen Lichtquelle ab und nimmt den vorherigen Winkel zum Licht wieder ein (nach Mast 1911).

dann wandert die Larve von der erleuchteten Seite weg und beschreibt eine nach links orientierte Kreisbewegung. Demzufolge kann die Larve eine gerichtete Antwort ausführen, obwohl sie keine Richtungsrezeptoren besitzt. Ein ähnliches Verhalten wurde auch bei dem einzelligen „Augentierchen" (*Euglena*) aufgezeigt (Fraenkel und Gunn 1940).

Eine Orientierung durch aufeinanderfolgenden Vergleich verschiedener Reizintensitäten erfordert Drehbewegungen. Diese Art der Orientierung wird **Klinotaxis** genannt. Viele Tiere weisen eine Klinotaxis als Antwort auf chemische Reizgradienten auf. Bei einem simultanen Vergleich der Reizintensität über zwei oder mehr Rezeptoren kann das Tier ein Gleichgewicht zwischen den Reizerregungen herstellen. Diesen Orientierungsmechanismus nennt man **Tropotaxis**. Bei der Tropotaxis orientiert sich das Tier entweder direkt auf den Reizort zu, oder es wendet sich vom Reizort ab. Die Rollassel (*Armadillidium vulgare*) beispielsweise, die unter Steinen und herabgefallenen Bäumen lebt, weist nach Zeiten der Austrocknung und des Hungerns eine positive Phototaxis auf. Mit Hilfe ihrer beiden am Kopf befindlichen Komplexaugen kann sich das Tier direkt auf eine Lichtquelle zubewegen. Wird dagegen ein Auge abgedunkelt, dann bewegt sie sich im Kreis. Daraus läßt sich erkennen, daß die beiden Augen einen Ausgleich in der Reizerregung herstellen. Werden dem Tier gleichzeitig zwei Lichtquellen geboten, dann bewegt sich die Rollassel anfangs genau zur Mitte der beiden Lichtquellen hin, wendet sich dann aber nur einer der beiden Lichtquellen zu. Dieses Verhalten erklärt sich damit, daß eine gleichzeitige Reizung der beiden Augen dadurch erreicht wird, daß entweder das Tier sich genau auf die Mitte zwischen den beiden Lichtquellen orientiert oder sich auf nur eine Lichtquelle direkt zubewegt. Abweichungen von der Lichtrichtung scheinen sich von selbst zu regulieren, und seitlicher Lichteinfall scheint ignoriert zu werden, da die Augen nach hinten und zu den Seiten hin abgeschirmt sind. Richtungsabweichungen von zwei weit voneinander entfernt liegenden Lichtquellen können dadurch auftreten, daß das Tier den Kontakt zu einer der beiden Lichtquellen verliert.

Augen, die aufgrund ihrer Struktur die Richtung der Lichtquelle angeben, sind zur **Telotaxis** in der Lage. Unter Telotaxis versteht man einen gerichteten Orientierungsmechanismus, der nicht auf einem simultanen Reizvergleich zweier Rezeptoren beruht. Liegen zwei Reizquellen vor, dann bewegt sich das Tier auf nur eine der beiden Reizquellen zu, aber niemals zur Mitte der beiden Reizquellen hin. Demnach wird der Einfluß von einem der beiden Reize unterdrückt. Ein Beispiel hierfür ist in Abb. 14.6 dargestellt.

Die **Menotaxis** ist eine Form der Telotaxis (Hinde 1970), wobei sich das Tier in einem Winkel zur Reizrichtung hin orientiert. Ein Beispiel hierfür ist die Sonnenkompaßorientierung heimkehrender Ameisen. Diese Tiere werden teilweise von der Richtung einfallenden Sonnenlichtes geleitet. Santschi (1911) verhinderte eine direkte Sonneneinstrahlung auf einen Ameisenpfad, indem er ihn gegen die Sonne abdunkelte und Spiegel aufstellte, die das Sonnenlicht von der entgegengesetzten Seite auf den Ameisenpfad lenkten (Abb. 14.7). Ameisen, die in die Region des gespiegelten Sonnenlichtes hineinwanderten, machten kehrt und krabbelten in die entgegengesetzte Richtung. Santschi war der erste, der den Begriff Sonnenkompaß einführte. Ähnliche Kompaßreaktionen sind von vielen Tierarten bekannt (Schöne 1983). Ameisen können die Sonnenbewegung mit Hilfe ihrer inneren Uhr, mit der sie den Winkel an die Kompaßrichtung angleichen, kompensieren. Solche zeitkompensierten Kompaßreaktionen sind auch beim Mistkäfer (*Geotrupes sylvaticus*), dem Wasserläufer (*Velia currens*) und der Honigbiene (*Apis mellifera*) nachgewiesen worden (für eine Übersicht s. Saunders 1976).

Die in einer gegebenen Situation mögliche Form der Orientierung hängt sowohl von der Art der externen Reize als auch von der sensorischen Ausstattung des Tieres ab. Ist das Tier lediglich mit Sinnesorganen ausgestattet, die die Reizstärke messen können, so muß es aufeinanderfolgende Messungen der Reizstärken, die aus den verschiedenen Richtungen eintreffen, durchführen. Sind die externen Reize schon an sich richtungsspezifisch, dann kann schon ein einzelner Rezeptor, der von einer Seite her abgeschirmt ist, allein die richtungsspezifische Information liefern. Ein abgeschirmter Photorezeptor ist demnach bezüglich der Richtungsspezifität recht nützlich, ein abgeschirmter Chemorezeptor dagegen nicht, da chemische Reize von Natur aus nicht richtungsspezifisch sind. Sind zwei Rezeptoren vorhanden, können simultane Vergleiche durchgeführt werden, um Gradienten festzustellen (Abb. 14.8). Sind mehrere Rezeptoren in Form eines Rasters (reihenförmig oder mosaikartig) angeordnet, werden kompliziertere Orientierungsleistungen möglich. Die Linsenaugen der Vertebraten sowie auch die Komplexaugen bei Arthropoden sind Beispiele hierfür (s. Kapitel 12).

Eine räumliche Orientierung wird oft über die Kombination verschiedener Orientierungsmechanismen erreicht. Zum Beispiel werden bei einigen Nachtschmet-

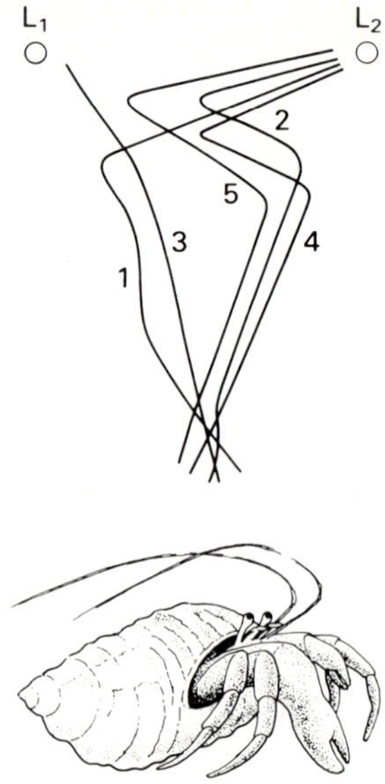

Abb. 14.6. Telotaxis. Laufspuren von Einsiedlerkrebsen, denen zwei Lichtquellen dargeboten wurden. Jede einzelne Laufspur ist jeweils nach nur einer Lichtquelle ausgerichtet (nach Fraenkel und Gunn 1940).

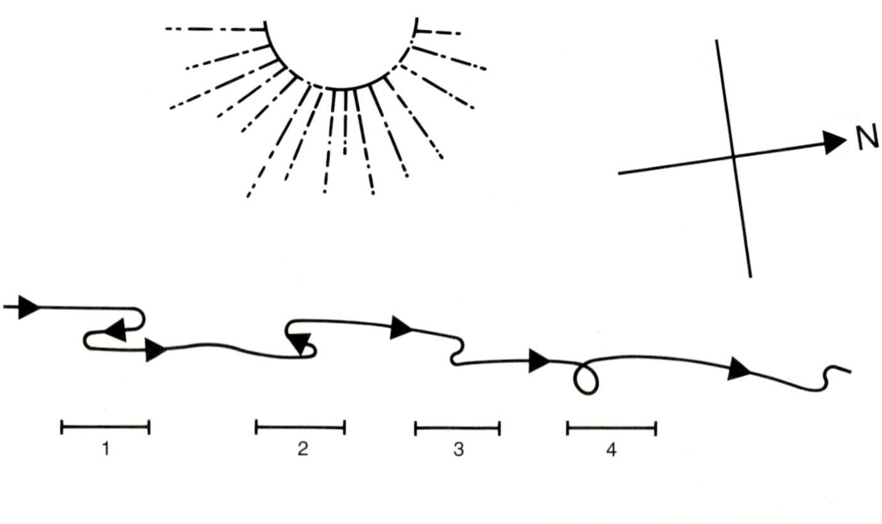

Abb. 14.7. Sonnenkompaß-Orientierung bei Ameisen. In Santschis klassischem Experiment wird die direkte Sonneneinstrahlung auf die Ameise über Spiegel abgelenkt und von der entgegengesetzten Seite auf die Ameise gerichtet (Positionen 1–4). Jedesmal, wenn das Sonnenlicht aus der entgegengesetzten Richtung auf die Ameise trifft, dreht sie sich um und wandert in entgegengesetzter Richtung weiter (nach Schöne 1983).

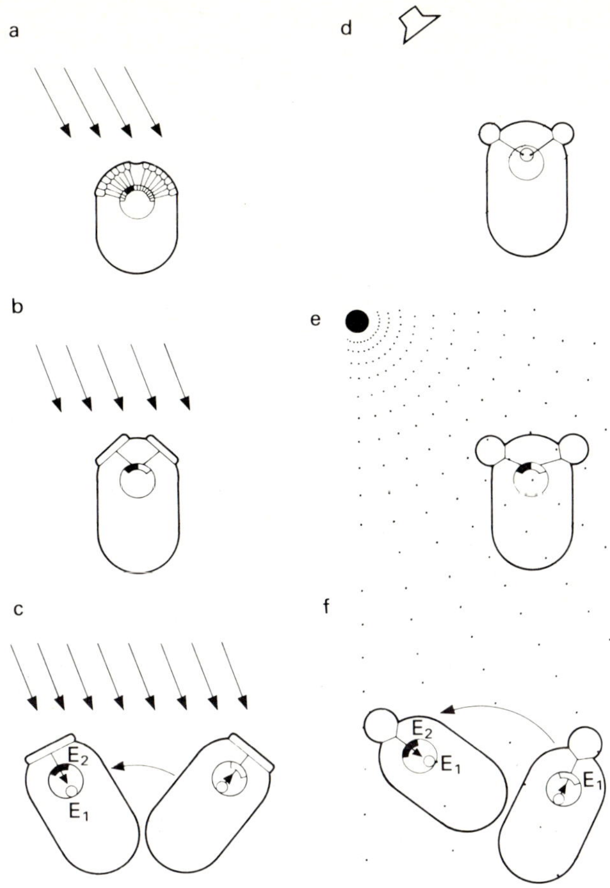

Abb. 14.8. Schematische Darstellung einiger Grundregeln bei der Sinnesorientierung. a) Die Richtung, aus der ein Reiz (z. B. Licht) eintrifft, wird von einer Ansammlung von Sinnesrezeptoren registriert. b) Die Richtung des ankommenden Reizes wird durch einen gleichzeitigen Vergleich zweier Rezeptoren ermittelt. c) Nur ein einzelner Rezeptor steht dem Tier zur Verfügung, so daß es durch aufeinanderfolgende Vergleiche mit Pendelbewegungen des Körpers die Reizquelle lokalisiert.
d) Die Ankunftszeiten des Reizes (z. B. Schallwellen) werden von zwei Rezeptoren miteinander verglichen.
e) Ein Gradient von Reizen (z. B. chemische Substanz) wird durch den Vergleich zweier Rezeptoren registriert.
f) Ein Gradient wird beim Durchwandern des Mediums von einem einzelnen Rezeptor festgestellt (aus *The Oxford Companion to Animal Behaviour,* Oxford University Press 1981).

terlingen die Männchen von Pheromonen angelockt, die die Weibchen in die Luft abgegeben haben. Die Wahrnehmung dieser Duftmoleküle ist von der Windrichtung abhängig, so daß sich der in der Luft befindliche Nachtfalter zum Wind hin orientieren muß. Fliegende Tiere benutzen im allgemeinen visuelle Orientierungshilfen, um ihren Weiterflug zu überprüfen. Die Flugrichtung eines Tieres wird aber auch von der Windrichtung beeinflußt. Aus beiden Komponenten resultiert eine bestimmte Flugroute (Abb. 14.9). Untersuchungen an Nachtfaltern haben gezeigt, daß sich der Flugwinkel mit der Konzentration des Geruchs verändert. Ist kein Pheromon in der Luft vorhanden, dann fliegt das Tier hin und her, ohne sich gegen den Wind voranzubewegen (also in einem Flugwinkel von 90° zum Wind). Wird im Wind ein Geruchsmolekül aufgespürt, dann steigt der Flugwinkel an, und das Tier fliegt im Zickzackkurs gegen den Wind. Die Richtungsänderungen hängen von den Grenzen der Geruchsbahn ab (Abb. 14.9). Sinkt die Konzentration unter einen bestimmten Wert, etwa wenn das Tier den Duftbereich verläßt, dann fliegt es in die seiner vorherigen Bewegung entgegengesetzte Richtung. Dieses Umkehrverhalten hängt nicht von der Windrichtung ab, wohl aber von internen Referenzwerten, die man auch **idiothetische Information** nennt. Ein fliegendes Männchen benutzt demnach visuelle, amenotaktische (Wind) und idiothetische Orientierungsmechanismen, um ein paarungsbereites Weibchen zu finden.

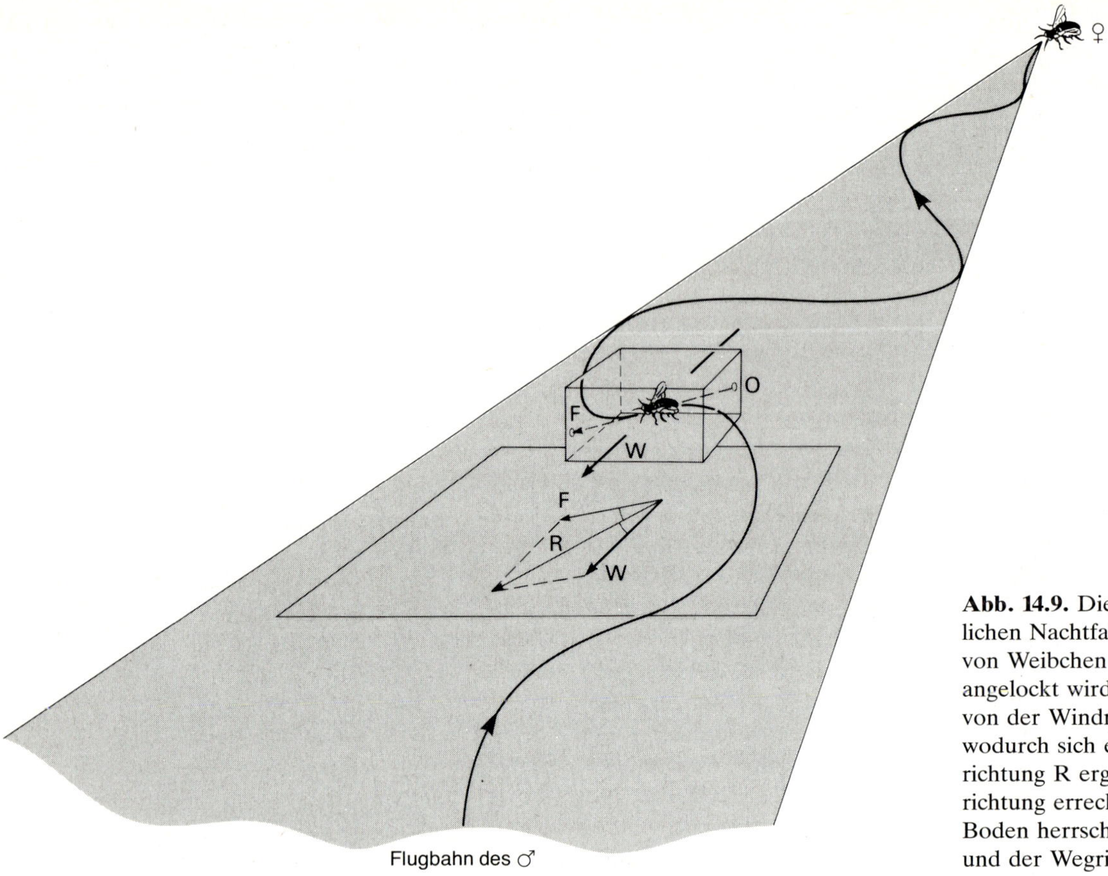

Abb. 14.9. Die Flugbahn eines männlichen Nachtfalters, welcher von einem von Weibchen abgegebenen Pheromon angelockt wird. Die Flugbahn F wird von der Windrichtung W beeinflußt, wodurch sich eine resultierende Wegrichtung R ergibt. Der Winkel der Flugrichtung errechnet sich aus der am Boden herrschenden Windrichtung W und der Wegrichtung R.

14.3 Das Reafferenzprinzip

Ein hochentwickeltes Orientierungssystem muß Reize aus der Umwelt von solchen Reizen, die vom Tier selbst verursacht werden, unterscheiden können. Im Fall des Bewegungssehens beim Menschen beispielsweise verursachen sich in der Außenwelt bewegende Objekte sich bewegende Abbilder auf der Retina, die dann als solche wahrgenommen werden. Willkürliche Augenbewegungen erzeugen aber ebenso Bewegungen des Abbildes auf der Retina. Diese Bewegungen werden jedoch nicht als solche wahrgenommen. Irgendwie unterscheidet das Gehirn zwischen einer Bewegung des retinalen Abbildes, die nicht vom Tier selbst abhängig ist, und einer Bewegung, die durch Bewegungen des Augapfels hervorgerufen wird.

Bisher sind zwei Theorien entwickelt worden, um dieses Phänomen zu erklären. In der ersten Theorie, (der „outflow“-Theorie), ursprünglich von von Helmholtz (1867) aufgestellt, wird gesagt, daß gleichzeitig mit den an die Augenmuskeln abgegebenen Befehlen, den Augapfel zu bewegen, vom Gehirn aus Signale an eine Schaltstelle im Gehirn (Gehirncomparator) geschickt werden, wo sie mit den visuellen Eingangssignalen verglichen werden (Abb. 14.10). Nach der zweiten Theorie (der „inflow“-Theorie) von Sherrington (1918) kommen die Vergleichssignale aus den Augenmuskeln selbst, wobei Rezeptoren in den extraokularen Augenmuskeln Informationen an den Gehirncomparator immer dann weiterleiten, wenn die Augen bewegt werden (Abb. 14.10). In beiden Theorien vergleicht der Gehirncomparator die beiden eintreffenden Signale und bestimmt, ob die visuellen Signale mit der Bewegung, die aufgrund des anderen Signals zu erwarten ist, in Einklang zu bringen

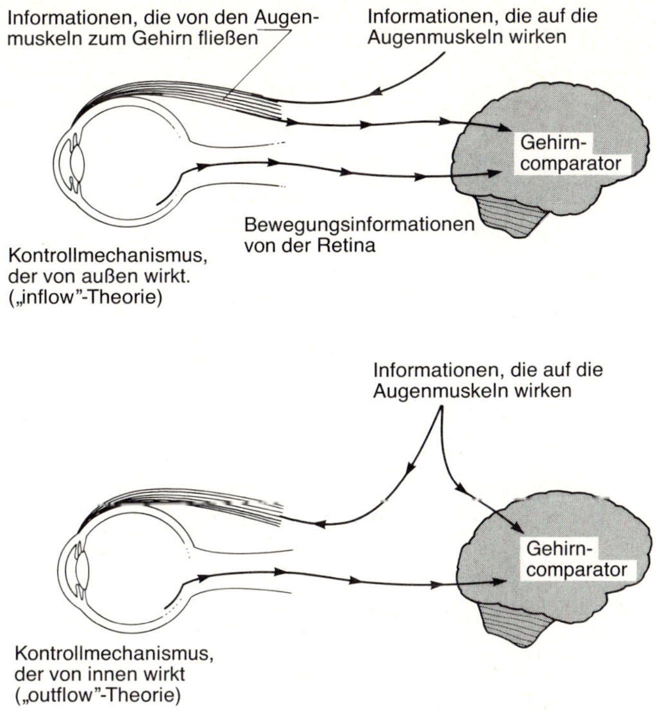

Abb. 14.10. Theorien über den Kontrollmechanismus der Augapfelbewegung; oben wird eine Kontrolle über die Aktivität der Augenmuskeln, unten eine Kontrolle allein über im Gehirn gespeicherte Vergleichssignale für die Steuerung verantwortlich gemacht.

sind. Stimmen die beiden Signale nicht überein, dann muß eine wahrgenommene Bewegung auf äußeren Reizen beruhen.

Die extraokularen Augenmuskeln besitzen Muskelspindeln. Ihr Vorhandensein könnte demnach die Theorie von Sherrington (1918) unterstützen. Jedoch scheinen diese Muskeln keinen Positionssinn für die Augenstellung zu besitzen (Merton 1964; Howard und Templeton 1966). Von Helmholtz (1867) argumentierte, daß es einen solchen Sinn in den Augenmuskeln nicht gäbe. Er berief sich auf Hinweise aus mechanischen Manipulationsexperimenten am Augapfel. Wenn bei paralysierten extraokularen Muskeln versucht wird, das Auge zu bewegen, treten offensichtlich Bewegungswahrnehmungen auf, d. h. die Umwelt bewegt sich scheinbar.

Es ist eine allgemein bekannte Beobachtung, daß die Sehachse verschoben wird, wenn der Augapfel durch Fingerdruck aus seiner Ausgangslage gedrückt wird (wie durch das so entstandene Doppelbild leicht ersichtlich wird); das Doppelbild bleibt so lange erhalten, wie der Fingerdruck auf den Augapfel wirkt. Der Augapfel versucht nicht, seine Ausgangsposition zurückzuerlangen, indem er dem Fingerdruck entgegenwirkt, was man erwarten könnte, wenn extraokulare Muskelspindeln an der Kontrolle der Augenstellung beteiligt wären (McFarland 1971). Vielmehr wird durch den Fingerdruck auf den Augapfel eine scheinbare Bewegung der Außenwelt wahrgenommen, was auf der Grundlage der Theorie von Sherrington keineswegs erwartet werden dürfte. Wenn immer der Augapfel bewegt wird, sollten nach dieser Theorie auch die Muskelspindeln stimuliert werden, und der Gehirncomparator sollte dann die Bewegung des Abbildes auf der Retina aufheben. Daher scheint es eher angebracht zu sein, die Theorie von von Helmholtz zu befürworten.

Diese Theorie wurde durch von Holst und Mittelstaedt (1950) weiter ausgebaut und verallgemeinert (von Holst 1954). Nach dem von ihnen formulierten **Reafferenzprinzip** unterscheidet das Gehirn zwischen **exafferenter Stimulation** (Stimulation, die allein auf Außenfaktoren zurückzuführen ist und nicht vom Tier selbst herrührt) und **reafferenter Stimulation** (Stimulation, die aufgrund der Eigenbewegung des Tieres zustande kommt). Motorische Kommandos verursachen nicht nur Bewegungsmuster in den Muskeln, sondern erzeugen auch eine neuronale Kopie (die **Efferenzkopie**), welche mit der sensorischen Eingangsinformation, die aufgrund des Verhaltens erwartet werden kann, übereinstimmt. Das Gehirn vergleicht dann die Efferenzkopie

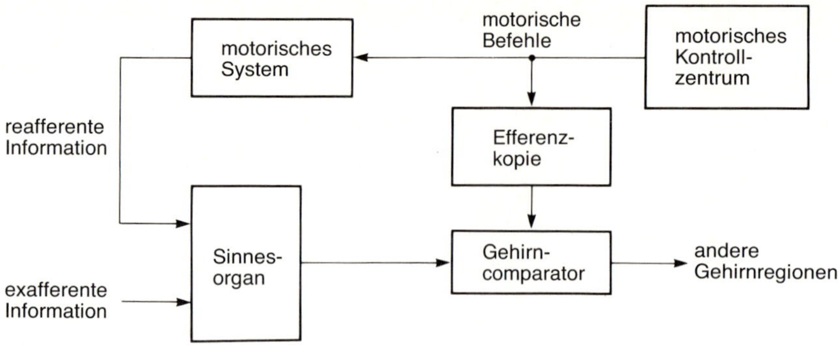

Abb. 14.11. Schematische Darstellung eines Reafferenzsystems.

mit der eingegangenen sensorischen Information (Abb.14.11). Jede „reafferente" Information sollte durch die Efferenzkopie aufgehoben werden, so daß der Ausgang des Comparators Null wird. „Exafferente" Information wird jedoch nicht ausgelöscht, sondern wird über den Comparator an andere Gehirnregionen weitergeleitet.

Von Holst und Mittelstaedt (1950) zeigten, daß die Fliege *Eristalis* einen typischen optomotorischen Reflex aufweist, wenn sie in einen sich drehenden Zylinder mit vertikalen Streifen gesetzt wird. Wenn der Zylinder rotiert, dann dreht sich die Fliege in Richtung der Rotationsbewegung des vertikalen Streifenmusters. Diese Reflexe bleiben aus, wenn sich die Fliege aus eigenem Antrieb bewegt, obwohl hier die visuelle Reizsituation die gleiche ist. Wird der Kopf der Fliege experimentell um 180° gedreht (Abb. 14.12), dann kehrt sich der optomotorische Reflex wie erwartet um. Versucht jedoch die Fliege jetzt, sich aus eigenem Antrieb zu bewegen, so kommt es zu Drehbewegungen, die sich selbst immer weiter zu verstärken scheinen. Diese Ergebnisse können mit einer Reafferenztheorie erklärt werden. Normalerweise bestimmt die Information am Ausgang des Comparators die Körperbewegung. Wenn sich die Fliege aus eigenem Antrieb bewegt, dann ist die von ihrem Comparator gemesssene Differenz beider Informationen (der Efferenzkopie und der Umweltverschiebung) gleich Null, und es kommt zu keiner hieraus resultierenden Bewegung. Liefert die Testapparatur eine „exafferente" Stimulation, zu der keine entsprechende Efferenzkopie vorliegt, dann antwortet die Fliege mit dem Drehreflex. Wird der Kopf der Fliege herumgedreht, dann haben „exafferente" Reizungen den gleichen Effekt wie zuvor, nur daß sie jetzt in die entgegengesetzte Richtung wirken. Im Fall der „reafferenten" Stimulation wird nun jedoch die Bewegung mit umgekehrtem Vorzeichen wahrgenommen und auf die Efferenzkopie addiert statt von dieser subtrahiert. Das führt dazu, daß die Differenz der Ausgangsinformation verdoppelt und nicht ausgeglichen ist. Je stärker das Tier auf den Reiz antwortet, desto größer ist die „reafferente" Stimulation und desto stärker wiederum wird die Antwortreaktion. Deshalb dreht sich die Fliege in einem solchen Versuch immer schneller und schneller.

Das Reafferenzprinzip ist nicht nur bezüglich des visuellen Systems wichtig, sondern nimmt auch bei der Kontrolle der Extremitätenposition, der Körperhaltung usw. eine wichtige Rolle ein. So können beispielsweise aktive Armbewegungen, die man aufbringen muß, um einen Ast an einem Baum zu schütteln, von solchen Armbewegungen unterschieden werden – auch wenn diese Bewegungen völlig identisch sein können – die zustande kommen, wenn man sich passiv an einem Ast festhält und dieser vom Wind hin- und herbewegt wird.

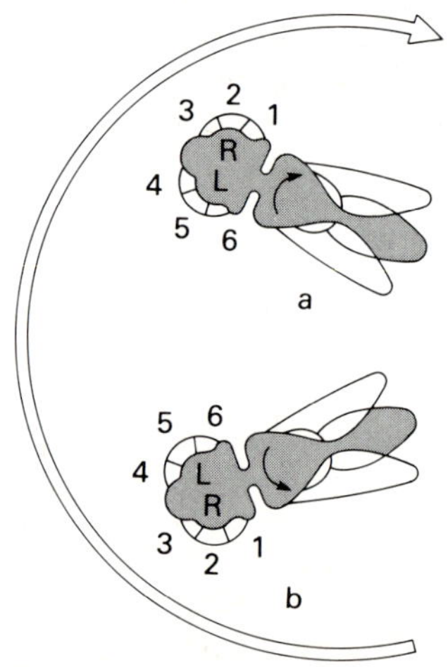

Abb. 14.12. Die Fliege *Eristalis* in einem rotierenden Zylinder. L, linkes Auge; R, rechtes Auge; (a) normale Kopfstellung, (b) Drehung des Kopfes um 180° (nach von Holst 1954).

14.4 Navigation

Die wohl komplexeste Form räumlicher Orientierung ist die Navigation. Die Navigation erfordert nicht nur eine Kompaßorientierung oder einen richtungweisenden Sinn, sondern in gewisser Weise auch eine Art Landkarte. Zum besseren Verständnis soll eine Untersuchung von Baker (1981) herangezogen werden, in der die Möglichkeit für den Gebrauch von magnetischer Information beim Menschen gestestet wurde. Baker brachte eine Gruppe von Studenten in einem kleinen Bus von einem bestimmten Ausgangspunkt („Zuhause“) zu einem ganz bestimmten, geheimgehaltenen Bestimmungsort. Dort forderte er dann die Studenten auf, in Richtung auf ihr Zuhause zu zeigen. Um diese Richtung genau bestimmen zu können, müßten sie über eine Art Kompaßorientierung verfügen, und Baker erhoffte, mit diesem Experiment Nachweise für einen inneren magnetischen Kompaß erhalten zu können. Jedoch hätte eine genaue Richtungsangabe eine Kenntnis über die relative Position von Ausgangspunkt und Bestimmungsort erfordert. Selbst wenn die Studenten einen richtigen Magnetkompaßsinn besitzen würden, wäre es ihnen nicht möglich gewesen, ohne irgendeine Form von Landkarte in die Richtung ihres Zuhauses zeigen zu können.

Es gibt drei wichtige Orientierungsmöglichkeiten bei der Navigation: 1) die **Bodennavigation** oder auch **Kursorientierung**, die bekannte Markierungspunkte benutzt, 2) die **Kompaßorientierung**, also die Fähigkeit, sich in einer bestimmten Kompaßrichtung ohne Hilfe von Markierungspunkten zu orientieren und 3) die **„echte“ Navigation**, also die Fähigkeit, sich auf ein Ziel, z. B. das Zuhause oder das Brutgebiet, auszurichten, ohne dazu Markierungspunkte zu benutzen. Vögel bedienen sich bei ihren weltweiten Wanderungen wahrscheinlich aller drei Navigationsformen. Juvenile und adulte Stare wurden von Perdeck (1958, 1967) auf ihrem ersten Zug im Herbst während ihres Fluges über Holland eingefangen, beringt und in einem Flugzeug 750 km südöstlich von ihrer normalen Flugroute in die Schweiz gebracht. Normalerweise ziehen die Vögel von ihren baltischen Brutgebieten zu ihren Winterplätzen nach Belgien, in das südliche Großbritannien und in das nördliche Frankreich (Abb. 14.13). Nach ihrer Freilassung in der Schweiz wurden die jungen Stare dann in

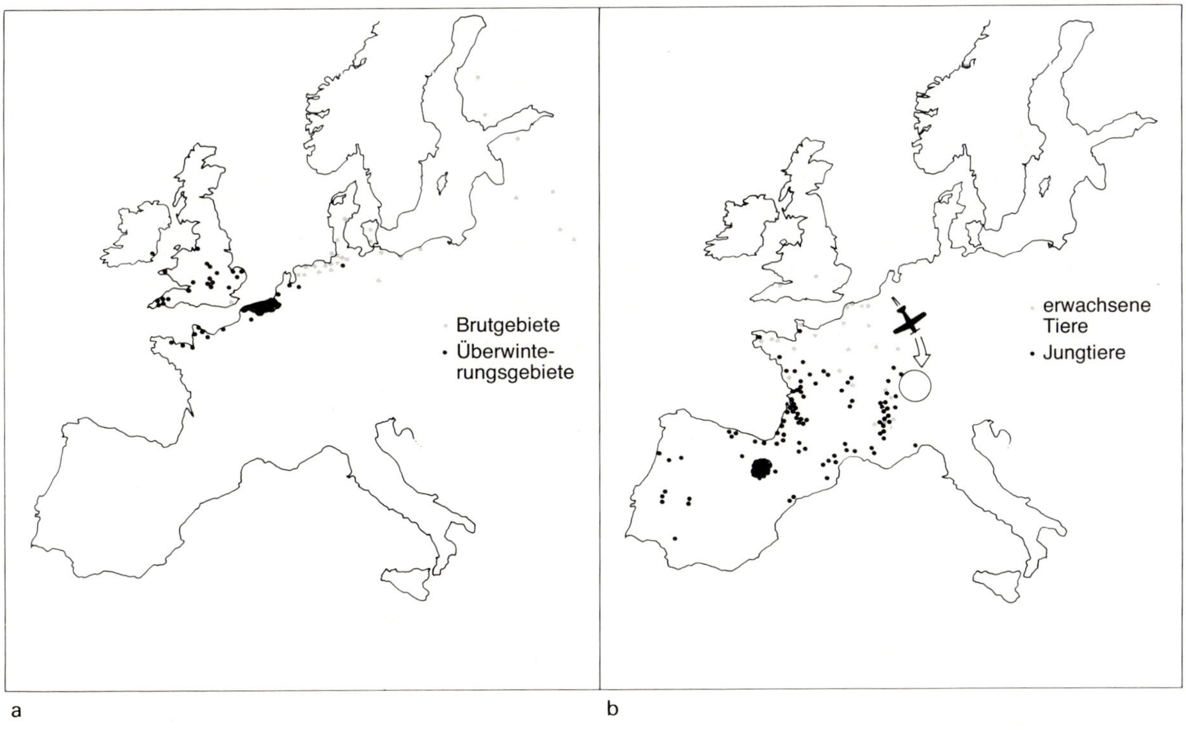

Abb. 14.13. a) Aufenthaltsorte von brütenden bzw. überwinternden Staren, die in Holland beringt worden waren. b) Fundorte von adulten Staren sowie von Jungtieren, die von Holland aus in die Schweiz gebracht und zum Herbstzug dort freigelassen worden sind (nach Perdeck 1958).

Spanien und dem südlichen Frankreich wieder eingefangen, d. h. die Jungvögel haben ihre normale südwestliche Zugrichtung auch nach ihrer Freilassung beibehalten. Die Altvögel dagegen wurden in ihren angestammten Überwinterungsgebieten wieder aufgefunden. Demnach konnten die Altvögel diese örtliche Verschiebung kompensieren, die Jungvögel aber haben die Kompaßorientierung beibehalten, die für ihre Brutpopulation charakteristisch ist. Die Jungtiere vieler wandernder Arten erreichen ihr Überwinterungsgebiet bei ihrem ersten Zug auf der Grundlage angeborener Information, die Richtung und Entfernung des Zielortes enthält. Sie sind nicht in der Lage, eine örtliche Verschiebung zu korrigieren, da sie keine im Gehirn gespeicherte Landkarte zur Verfügung haben, die für eine echte Navigation unverzichtbar ist (Schmidt-Koenig 1979).

Die Orientierung anhand von Landmarken spielt bei Tieren in der Navigation wahrscheinlich eine sehr wichtige Rolle, besonders dann, wenn sie sich dem Bestimmungsort annähern. Ein klassisches Beispiel hierzu liefern die Untersuchungen von Hasler (1960) über die Wanderungen von Lachsen. Die im Pazifik lebenden Lachse (*Oncorhynchus*) schlüpfen in den Gewässern der westlichen Vereinigten Staaten und des westlichen Kanadas. Nach ihrem Jugendstadium schwimmen sie flußabwärts zum Stillen Ozean. Nach zwei bis drei Jahren werden sie geschlechtsreif und wandern in denselben Fluß zurück, in dem sie aus dem Ei geschlüpft und herangewachsen sind. Ihre Wanderung vom offenen Meer zur Küste wird wahrscheinlich mit Hilfe eines Sonnenkompasses ausgeführt. Ist die Küste erst einmal erreicht, dann müssen die Fische den richtigen Fluß aufsuchen und in diesem Flußsystem wiederum den richtigen Nebenfluß finden. Nach vielen Forschungsjahren haben Hasler und seine Mitarbeiter herausgefunden, daß die Lachse während ihrer Wachstumsphase auf olfaktorische Merkmale ihres Heimatgewässers geprägt werden. Bei ihren Laichwanderungen aus dem Meer zurück können sie zwischen dem Wasser ihres Heimatflusses und dem anderer Nebenflüsse unterscheiden. Im Grunde genommen erkennen sie auch Landmarken. Da aber der Geruch ihres Ursprungsortes entlang der Wanderungsroute vorhanden ist, ist es für die jungen Lachse nicht notwendig, sich bei ihrer Wanderung zum Meer alle Markierungspunkte zu merken. Werden die Lachse nach ihrer Prägungsphase in ein ihnen fremdes Gewässer gebracht, dann kehren sie bei ihren Laichwanderungen dennoch in ihr ursprüngliches Heimatgewässer zurück und nicht in den Fluß, aus dem sie nach ihrem Umsetzen ins Meer geschwommen sind.

Bekanntermaßen haben Tiere verschiedene Kompaßsysteme zur Verfügung. Diese Kompaßsysteme begründen sich auf charakteristische Merkmale der geophysikalischen Umwelt, z. B. dem Magnetfeld der Erde. Um sicher zu gehen, daß eine besondere physikalische Größe für eine Kompaßorientierung benutzt wird, ist es notwendig, nachzuweisen, daß das Tier diese Größe wahrnehmen kann und sie für seine Orientierung unter Freilandbedingungen auch verwendet. Diese sensorische Fähigkeit wird am besten unter Laborbedingungen getestet, da die Vielfältigkeit der Umwelt freilebender Tiere nur schlecht kontrolliert werden kann. Eine beliebte Methode für Wissenschaftler, die an der Navigation der Tiere interessiert sind, ist die Herz-Konditionierungsmethode (Abb. 14.14). Mit dieser wie auch mit anderen

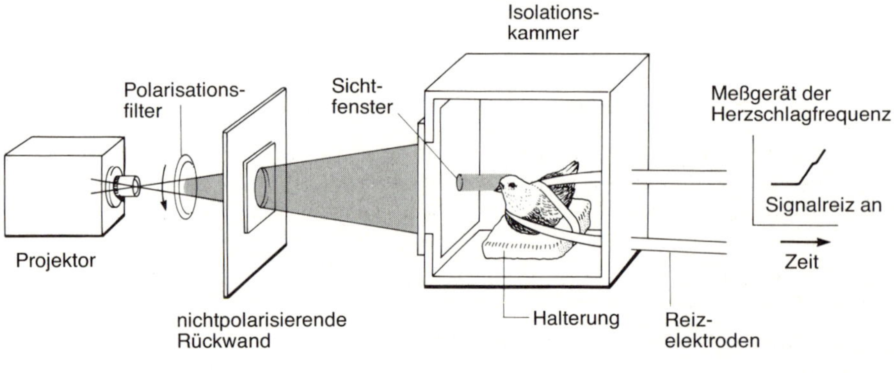

Abb. 14.14. Apparativer Aufbau zum Testen der Empfindlichkeit von Tauben für verschiedene Reizparameter (hier: polarisiertes Licht) in Herz-Konditionierungsexperimenten (nach Schmidt-Koenig 1979).

Methoden konnte nachgewiesen werden, daß Tauben folgende Reizparameter wahrnehmen können:

Umgebungsdruck. Tauben reagieren empfindlich auf Atmosphärendruck-Veränderungen im Bereich von 1 bis 10 mm Wasserstandssäule, was einem Höhenunterschied von weniger als 10 Metern entspricht (Kreithen und Keeton 1974; Delius und Emmerton 1978). Mit dieser sensorischen Fähigkeit ist die Taube wie mit einem genau arbeitenden physiologischen Höhenmesser ausgestattet.

Infraschall. Schall, dessen Frequenz unter 10 Hz liegt, wird Infraschall genannt. Das menschliche Ohr kann ihn nicht wahrnehmen. Tauben dagegen können Frequenzen von weniger als 0,06 Hz noch hören. Infraschall reicht über sehr weite Strecken, und die natürlichen Quellen von Infraschall, wie z. B. das Brandungsgeräusch an der Küste, könnten von den Tauben als Navigationshilfe benutzt werden (Yodlowski et al. 1977; Kreithen 1978).

Geruch. Lange Zeit glaubte man, daß Vögel nur einen schwach ausgebildeten Geruchssinn besitzen. Untersuchungen unter Anwendung der Herz-Konditionierungsmethode (z. B. Henton et al. 1966; Shumake et al. 1969) bestätigten jedoch die Ergebnisse physiologischer Methoden, wonach das olfaktorische System bei Tauben gut genug ausgebildet ist, um den Geruchssinn zur Navigation benutzen zu können. Ähnliche Ergebnisse wurden auch bei anderen Vogelarten gefunden (Schmidt-Koenig 1979).

Wie Wallraff (1966, 1970) nachwies, sind für die Navigation bei Tauben auch Eigenschaften der Luft sehr wichtig. Spätere Experimente an olfaktorisch deprivierten Tauben zeigten, daß diese Tiere in ihrem Heimfindevermögen stark beeinträchtigt waren (Übersicht s. Papi 1976, 1982). Es ist mittlerweile eindeutig, daß Tauben ein intaktes olfaktorisches System benötigen, um von unbekannten Orten (an denen sie ausgesetzt wurden) nach Hause fliegen zu können (Wallraff 1984).

Anscheinend wird die für die Navigation relevante Information von Substanzen geliefert, die sich in der Luft befinden. Wallraff und Foa (1981) haben z. B. Tauben in luftdichten Containern, bei denen die sie umgebende Luft künstlich abgesogen wurde, viele Kilometer von ihrem Heimatort entfernt fortgeschafft. In den Containern wurde die Luft erst durch einen Filter mit Aktivkohle geleitet, bevor sie die Tauben erreichte. Die Kontrollgruppe wurde mit unfiltrierter Luft versorgt. Damit die Tauben bei ihrer Freilassung nicht ihre natürliche Umgebungsluft riechen konnten, wurden ihre Nasenschleimhäute mit Xylocain betäubt, das für ca. eineinhalb Stunden wirksam ist. In 14 von 17 Freilassungsversuchen, die in Entfernungsabständen von 24 bis 155 km vom Ausgangsort in Italien und in Deutschland durchgeführt wurden, war das anfängliche Orientierungsverhalten der Kontrollgruppe mehr in Heimatrichtung ausgerichtet als das der Versuchsgruppe. Ähnliche Experimente von Benvenuti und Wallraff (1985) zeigen, daß Tauben systematisch fehlgeleitet werden können, wenn man ihnen falsche olfaktorische Information liefert.

Magnetkompaß. Lange Zeit glaubte man, daß die Energie des Erdmagnetfeldes bei weitem zu niedrig ist, um von Tieren wahrgenommen zu werden. Heute weiß man aber, daß das nicht richtig ist. Reaktionen auf magnetische Felder sind inzwischen bei vielen Tierarten nachgewiesen worden.

Obwohl es schon sehr früh Hinweise auf einen magnetischen Sinn bei Vögeln gab (Merkel und Wiltschko 1965), wurde diese Möglichkeit doch eine Zeitlang angezweifelt, da es in den Herz-Konditionierungs-Experimenten immer wieder mißlang, diesen magnetischen Sinn nachzuweisen. Positive Ergebnisse konnten schließlich an sich frei bewegenden Tauben gewonnen werden (Bookman 1978), die besser reagierten als festgeschnallte Tiere.

Miniaturmagneten sind bei Bakterien, Honigbienen und bei Tauben gefunden worden (Walcott und Walcott 1982). Obwohl man sicher weiß, daß Bienen und Tauben auf Magnetfelder empfindlich reagieren, ist nicht bekannt, ob und wie diese Tiere die magnetische Information für das Nervensystem verfügbar machen. Es gibt Hinweise dafür, daß die innere Uhr bei Bienen von magnetischen Phänomenen beeinflußbar ist (Gould 1980). Für den Orientierungssinn der Vögel scheint die Abweichung der Richtungsangabe der Magnetnadel von der tatsächlichen Nordrichtung des Erdmagnetfeldes wichtig zu sein, und man sollte annehmen, daß dieser Wert in Kombination mit visuellen Merkmalen verrechnet wird (Wallraff 1978).

Sonnenkompaß. Kramer (1951) entdeckte, daß Vögel die Sonne als Kompaß benutzen. Er trainierte Stare in einem Rundkäfig, Futter in einer bestimmten Kompaßrichtung zu suchen. Alle visuellen Orientierungspunkte wurden entfernt, und nur die Sonne und der Himmel waren für die Tiere sichtbar. Über den ganzen Tag behielten die Vögel eine bestimmte Kompaßrichtung bei; sie waren also in der Lage, die Bewegung der Sonne zu kompensieren.

Die innere Uhr von Vögeln kann experimentell verändert werden, z. B. wurde dies an Staren nachgewiesen (Hoffmann 1954). Hierzu werden die Tiere in einem lichtdichten Raum gehalten und einer künstlichen Photoperiode ausgesetzt. In Experimenten mit Haustauben veränderte Schmidt-Koenig (1958, 1960, 1961) den künstlichen Hell-Dunkel-Zyklus, indem er Licht 6 Stunden eher bzw. später gab oder die Uhrzeit um ganze 12 Stunden veränderte. Die Ergebnisse zeigen, daß sich die Vögel wie vermutet im Test genauso orientieren, als wenn sie die Sonne als Kompaß benutzen würden (Abb. 14.15). Anscheinend müssen Tauben lernen, wie sie die Bewegung der Sonne zu interpretieren haben, indem sie den gesamten Tagesverlauf der Sonne beobachten (Wiltschko und Wiltschko 1980).

Der Sonnenkompaß der Tauben, so wurde bereits nachgewiesen, arbeitet ausreichend genau für Navigationszwecke, vorausgesetzt, die Vögel machen während ihrer Wanderung in Abständen korrekte Messungen. Die Kompaßrichtung der Sonne in Relation zur lokalen Zeit ist dazu geeignet, den geographischen Längengrad zu bestimmen. Der Höhenstand der Sonne (oder der Azimut) ändert sich, wenn der Beobachter den Breitengrad wechselt. Aus operanten Konditionierungsexperimenten (vgl. Kapitel 17) gibt es Hinweise, daß Tauben recht genaue Messungen der Veränderungen des Azimuts vornehmen können. Nach den Untersuchungen können Tauben den Stand der Sonne leichter über Schattenbildungen abschätzen als über direkte Messungen (McDonald 1972, 1973). Schattenbilder vermögen die Sonnenbewegung bis um das sechsfache zu vergrößern. Nicht bekannt ist jedoch, ob die Tauben im Freiland davon überhaupt Gebrauch machen. Whiten (1972) trainierte Tauben, den Sonnenstand mit der nördlichen oder südlichen Richtung ihres Heimatortes in Beziehung zu setzen. Seine Experimente zeigen, daß Tauben den Sonnenstand mit einer Nord-Süd-Richtung in Verbindung bringen können. Diese Experimente belegen jedoch nicht, daß diese Fähigkeiten auch bei der Navigation genutzt werden.

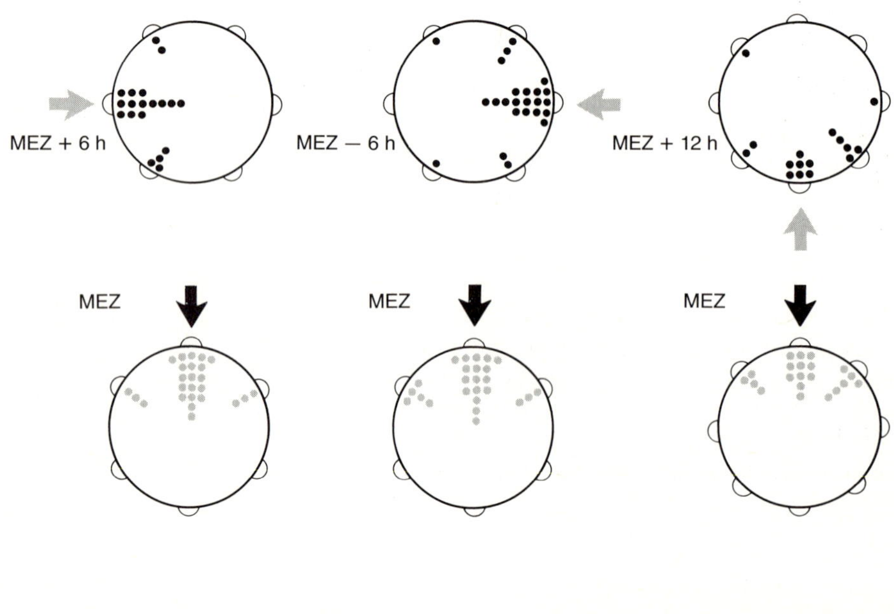

Abb. 14.15. Ergebnisse der Zeitverschiebungsexperimente bei Brieftauben. In einem Rundkäfig wurden die Tiere trainiert, ihr Futter in einer bestimmten Kompaßrichtung zu suchen. Getestet wurden sie, indem die Anzahl der Pickversuche in den Freßnäpfen, die in der Peripherie aufgestellt waren, gezählt wurde (jeder Punkt stellt einen Pickversuch dar). MEZ, Mitteleuropäische Zeit. Die Pfeile geben jeweils die erwartete Richtung unter den gegebenen experimentellen Bedingungen wieder. Die obere Reihe zeigt die experimentelle Anordnung, die untere Reihe die simultan ausgeführten Kontrollexperimente (nach Schmidt-Koenig 1960).

Einige Wissenschaftler, insbesondere Matthews (1955, 1968) und Pennycuick (1960), haben die Navigation unter Einbeziehung der Sonnenbewegung zu erklären versucht. Theoretisch reicht die verfügbare Information aus, den Längengrad (aus der zeitkompensierten Kompaßrichtung der Sonne) und den Breitengrad (aus dem Azimut der Sonne in Bezug zur Tageszeit) zu bestimmen, um dann eine äquivalente Karte zu konstruieren. Solche Theorien fordern jedoch eine beträchtliche Sehgenauigkeit der Tiere sowie genaue Messungen der Sonnenbewegung in Relation zur Zeit. Viele Wissenschaftler bezweifeln, daß Tauben zu solchen genauen Messungen fähig sind (Schmidt-Koenig 1979). Außerdem ist bisher noch nicht nachgewiesen worden, daß fliegende Tauben überhaupt in der Lage sind, den Sonnenstand zu bestimmen, ein wesentlicher Bestandteil der Theorien über die Sonnen-Navigation.

Interessanterweise beeinflußt die Richtung des Sonnenuntergangs die Orientierung sowohl bei Tageslicht als auch während der darauf folgenden Nacht (Moore 1980).

Sternenkompaß Werden Singvögel zu einer Zeit in Käfigen gehalten, in der sie normalerweise wegziehen würden, dann zeigen sie eine typische gerichtete **Zugunruhe**, und bei Nacht ist diese gerichtete Zugunruhe an den Stand der Sterne gebunden (Sauer und Sauer 1955). Die Vögel konnten sich sowohl unter einem natürlichen Sternenhimmel als auch im Planetarium orientieren. Die Methoden zur Registrierung der Zugunruhe wurden mit der Zeit verbessert (Emlen und Emlen 1966), (Abb. 14.16). Emlen (1967) fand heraus, daß die Richtungsselektivität von Indigofinken (*Passerina cyanea*) unter natürlichem Himmel bzw. unter einem stationären Planetariumhimmel gleich ist. Einer Drehung des Planetariumhimmels folgen die Vögel entsprechend, und Emlen (1972) entdeckte, daß sich ihre Orientierung mehr an die Gesamtrotation des Planetariumhimmels anpaßte als an spezifische Veränderungen der Sternenkonstellation.

Von der Erde aus gesehen scheinen die Sterne für den Beobachter auf der Innenseite der Sphärenoberfläche zu liegen, die als Himmelssphäre bezeichnet wird. Zu jeder beliebigen Zeit bilden die Sterne ein bestimmtes Muster am Himmel. Dieses Sternenmuster bewegt sich derart, daß der Eindruck entsteht, als bewege sich der Himmel. In Wirklichkeit aber dreht sich die Erde um ihre polare Achse. Der Punkt am Nordhimmel, um den die Himmelssphäre zu rotieren scheint, wird nördlicher Himmelspol genannt. Der Polarstern liegt diesem Pol sehr nahe, und aus diesem praktischen Grund kann dieser Stern dazu benutzt werden, die nördliche Richtung vom Beobachter aus zu bestimmen.

Emlen (1972) zeigte, daß handaufgezogene Indigofinken, die niemals einen Sternenhimmel gesehen haben, nicht in der Lage sind, sich auf ihrem Zug zu orientieren. Vögel, die zwischen dem Flüggewerden und ihrem ersten Herbstzug einen um den Polarstern rotierenden Planetariumhimmel zu sehen bekamen, zeigen eine normal nach Süden gerichtete Orientierung. Eine nach Norden gerichtete Orientierung wurde bei solchen Vögeln nachgewiesen, die unter einem experimentellen Planetariumhimmel, der um den Stern Betelgeuze rotierte, aufgezogen worden waren. Der Stern Betelgeuze ist ein Stern aus dem Sternbild Orion, der für einen Beobachter aus nördlichen Breiten am südlichen Himmel auftritt. Anscheinend lernen die gerade flügge gewordenen Jungvögel, welcher Teil des Himmels am wenigsten rotiert, und orientieren sich während ihrer Zugunruhe in die entgegengesetzte Richtung. Eine Alternativhypothese, die wahrscheinlich besser auf Vögel zutrifft, welche bei Nacht ziehen, wäre, daß das Sternenmuster zum Erdmagnetfeld in Beziehung gesetzt wird (Wiltschko und Wiltschko 1975, 1976).

Auch mit Herz-Konditionierungsmethoden wurde die Wahrnehmung des Nachthimmels durch Vögel untersucht. Es liegen Hinweise vor, daß Stockenten (*Anas platyrhynchos*) lernen, spezifische Sternenmuster zu erkennen (Wallraff 1969). Obwohl die aus dem Sternenmuster erhaltene Information möglicherweise wie eine Karte benutzt werden kann, zeigen die Untersuchungen bisher, daß die Sterne lediglich wie ein Kompaß benutzt werden (Schmidt-Koenig 1979; Wallraff 1984).

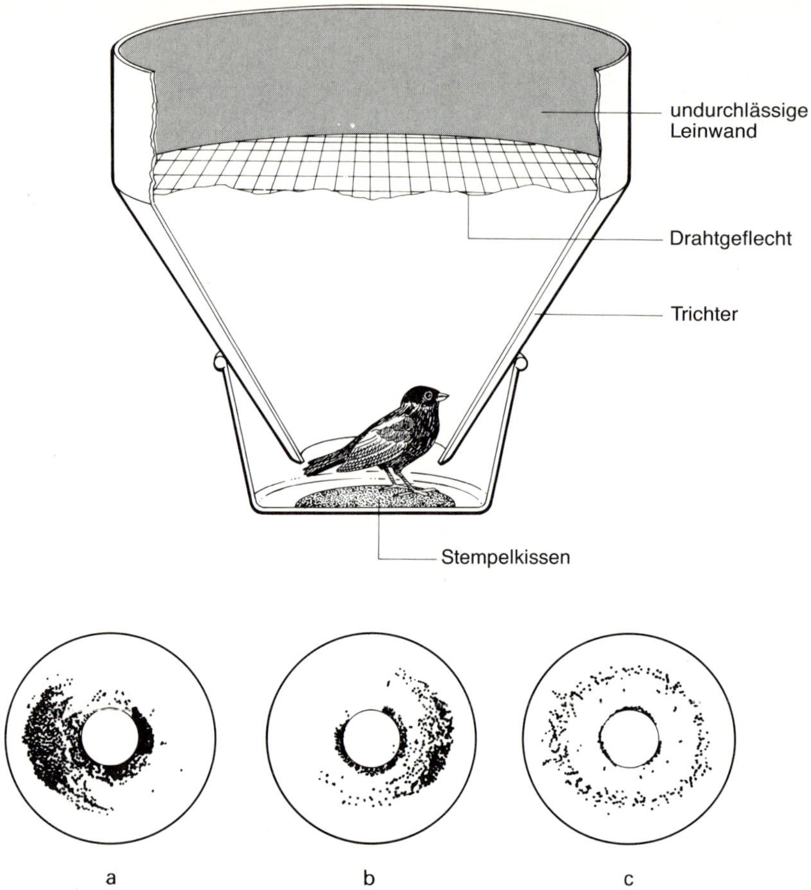

Abb. 14.16. Versuchsaufbau zur Messung der Zugunruhe. Will der Vogel den Käfig verlassen, dann bilden sich durch die Tinte auf dem Löschpapier am Boden des Trichters Fußabdrücke. Einige Beispiele der Befunde sind in der unteren Reihe abgebildet. a) und b) sind Beispiele für eine gerichtete Orientierung des Vogels, c) zeigt ungerichtete Aktivität an (nach Schmidt-Koenig 1979).

Polarisiertes Licht. In normalem nichtpolarisiertem Licht schwingen die Wellen gleichmäßig in mehreren Ebenen. In polarisiertem Licht verlaufen die Schwingungen nur in einer Ebene. Wird nichtpolarisiertes Sonnenlicht von den Molekülen in der Atmosphäre gestreut, kommt es zur Polarisation. Die Polarisation ist dann am größten, wenn das Licht in einem Winkel von ca. 90° zum Stand der Sonne gestreut wird. Das bedeutet wiederum, daß es am Himmel zu einem Polarisationsmuster kommt, das sich mit dem Stand der Sonne verändert.

Von Frisch (1967) entdeckte, daß die Orientierung der Honigbiene, wie man an ihrem „Tanzverhalten" zeigen kann (s. Kapitel 23), vom Sonnenstand abhängig ist, auch wenn die Sonne selbst durch Wolken verdeckt ist. Er zeigte, daß die Bienen nur einen kleinen Ausschnitt vom Himmel sehen müssen und daß sie die für sie wesentliche Information dem ultravioletten Teil des Spektrums entnehmen. Wurde das ultraviolette Licht der Sonne durch einen Polarisationsfilter geschickt, dann veränderte sich der Tanz der Bienen in Übereinstimmung mit dem Polarisationswinkel.

Herz-Konditionierungsexperimente (s. Abb. 14.14) zeigen deutlich, daß Tauben in der Lage sind, Rotationen in der Ebene polarisierten Lichtes wahrzunehmen (Kreithen und Keeton 1974; Delius et al. 1976). Jedoch ist bisher nicht bekannt, wie sie diese Information verwenden. Obwohl den Tauben die Sonnenposition durch das Polarisationsmuster am Himmel angezeigt wird, auch wenn der Himmel von Wolken bedeckt ist, scheinen sie den Sonnenkompaß unter solchen Bedingungen nicht zu benutzen (Schmidt-Koenig 1979). Untersuchungen von Able (1982) lassen es möglich erscheinen, daß nachtfliegende Zugvögel bei Dämmerlicht das Polarisationsmuster als Kompaß benutzen.

Vektornavigation. Tauben scheinen eine Reihe von Möglichkeiten als Navigationshilfen zur Verfügung zu haben. Sehr wahrscheinlich benutzen sie einige davon in

Kombination miteinander, andere wiederum als Alternativlösungen. Magnet- oder Helmholtzspulen, die sich während des Fluges am Kopf der Vögel befinden, beeinflussen den Magnetkompaß der Vögel, jedoch nur bei bewölktem Himmel. Bei sonnigen Bedingungen ist deren Einfluß gering (Keeton 1971; Walcott 1977; Walcott und Green 1974). Wallraff und seine Mitarbeiter (1986) untersuchten die Möglichkeit, ob magnetische Faktoren zusätzlich am Prozeß der räumlichen Orientierung anhand olfaktorischer Merkmale beteiligt sein könnten. Ihr Untersuchungsansatz basierte auf Befunden, nach denen die anfängliche Orientierung der Tauben durch Veränderungen der von ihnen eingeatmeten Luftzusammensetzung oder aber durch Veränderungen des Magnetfeldes, dem sie vor dem Freilassen für eine gewisse Zeit ausgesetzt waren, beeinflußbar ist. So untersuchte man weiterhin, ob die vor der Freilassung durchgeführte Magnetbehandlung bei solchen Tieren einen Einfluß hat, denen nicht die Möglichkeit gegeben wurde, Duftstoffe aus ihrer Umgebung zu riechen. Sie fanden heraus, daß Tauben, die während ihrer Magnetbehandlung vor ihrer Freilassung ihre natürliche Umgebungsluft einatmen konnten, später weitaus schlechter nach Hause fanden als Vögel, die zwar auch ihrer Umgebungsluft ausgesetzt gewesen waren, aber keine gleichzeitige Magnetbehandlung erhalten hatten. Andererseits konnten Vögel, die eine Magnetbehandlung erfahren hatten, ohne gleichzeitig ihre natürliche Umgebungsluft einzuatmen, später weitaus leichter nach Hause finden als Kontrolltiere ohne Magnetbehandlung. Sowohl bei Tieren, deren eingeatmete Luft nur aus dem eigenen, von der Umgebungsluft hermetisch abgeschlossenen Container stammte, als auch bei Vögeln, die überhaupt nicht in der Lage waren zu riechen, war die Magnetbehandlung nicht wirksam. Daraus folgt, daß die Magnetbehandlung nicht deswegen ineffektiv war, weil die Tiere nicht riechen konnten, sondern weil ihnen nicht die Möglichkeit gegeben wurde, die für die Umgebung charakteristischen Substanzen zu riechen. Eine mögliche Erklärung hierfür wäre, daß die magnetische Vorbehandlung die Navigationsfähigkeit unterbindet, weil sie falsche Informationen mit dem olfaktorischen System zusammenbringt. Eine andere Interpretation wäre, daß die magnetischen und olfaktorischen Merkmale zu den Komponenten eines integrierten Systems gehören. Es scheint sehr gut möglich zu sein, daß es viele verschiedene Formen von Interaktionen der Navigationstypen gibt. Das ist ein vielversprechendes Gebiet für zukünftige wissenschaftliche Untersuchungen.

Merksätze

- Bewegungskoordinationen benötigen sowohl zentrale wie auch periphere Kontrollmechanismen. Die Kontrollzentren im Gehirn unterscheiden zwischen Informationen, die aus der Außenwelt aufgenommen wurden (exafferent) und Informationen, die die Vorgänge im Körper selbst wiedergeben (reafferent). Bei der Verrechnung dieser verschiedenen Eingänge sind Regelkreise beteiligt.
- Der räumlichen Orientierung bei einfach gebauten Lebewesen liegen Mechanismen wie Kinese und Taxis zugrunde, die sich je nach den Ansprüchen des Organismus in ihrer Form unterscheiden. Die Navigation, eine recht komplexe Orientierungsform, erfordert etwas ähnliches wie eine Landkarte und einen Kompaß.
- Bekanntermaßen sind an der Navigation eine Vielzahl verschiedener Sinnesmodalitäten beteiligt. Wie jedoch diese Informationen koordiniert werden, ist bis heute noch nicht eindeutig geklärt.

Weiterführende Literatur

FRAENKEL, G. S. und D. L. GUNN (1940) *The Orientation of Animals.* Clarendon, Oxford (Dover Books, 1961).

HOLST, E. v (1969) *Zur Verhaltensphysiologie bei Tieren und Menschen.* Piper Verlag, München.

MERKEL, F. W. (1980) *Orientierung im Tierreich.* Fischer Verlag, Stuttgart, New York.

SCHMIDT-KOENIG, K. (1979) *Avian Orientation and Navigation.* Academic Press, London.

SCHMIDT-KOENIG, K. (1980) *Das Rätsel des Vogelzuges.* Hoffmann und Campe Verlag, Hamburg.

SCHÖNE, H. (1983) *Orientierung im Raum.* Wissenschaftliche Verlags-Gesellschaft, Stuttgart.

15 Homöostase und Verhalten

Der Begriff des physiologischen dynamischen Gleichgewichtes war bereits in dem von Bernard 1859 aufgestellten Konzept über das innere Milieu von Organismen enthalten. Bernard beobachtete einen konstanten Blutzuckergehalt im Tier, und zwar selbst dann, wenn das Tier keine Nahrung zu sich genommen hatte oder aber kurz zuvor entweder mit Fleisch oder mit zuckerhaltigen Nahrungsmitteln gefüttert worden war. Er postulierte, daß es so etwas wie eine physiologische Regulation und Kontrolle geben müsse, die im inneren Milieu eines Organismus einen Gleichgewichtszustand aufrecht erhält. Er bemerkte auch, daß ein Tier, das bei Fluktuationen im Außenmedium sein inneres Gleichgewicht regulieren kann, bei weitem unabhängiger ist, die Vielfältigkeit möglicher Lebensräume auszunutzen.

Tiere können grob in **Konformisten** und in **Regulierer** eingeteilt werden. Die Konformisten lassen Einflüsse von Außenfaktoren auf ihr inneres Milieu zu. Bei den Regulierern dagegen wird das innere Gleichgewicht größtenteils unabhängig von den Außenbedingungen aufrechterhalten. Die Art und Weise, wie Regulierer ihr inneres Milieu im Gleichgewicht halten, kann unter dem Oberbegriff **Homöostase** zusammengefaßt werden.

15.1 Homöostase

Der Begriff **Homöostase** wurde zuerst von dem amerikanischen Physiologen Cannon 1932 benutzt. Er schrieb: „Die aufeinander abgestimmten physiologischen Abläufe, die im Organismus den größten Teil der Gleichgewichtszustände aufrecht erhalten, sind so komplex und für Lebewesen eigentümlich – wobei Gehirn und Nerven, Herz, Lungen, Nieren und Milz zusammenwirken – daß ich für diese Zustände eine bestimmte Bezeichnung vorschlage, die Homöostase". Cannon stellte sich vor, daß sensorische Prozesse den inneren Körperzustand überprüften und entsprechende Reaktionen in Gang setzten, wann immer der innere Zustand von einem vorgegebenen Wert (dem optimalen Zustand) abwich. Wenn z. B. die Körpertemperatur beim Menschen über 37 °C ansteigt, werden Abkühlungsmechanismen wie Erröten und Schwitzen eingeleitet, die die Temperatur absenken sollen. Fällt die Temperatur unter den optimalen Wert, dann werden Mechanismen wie z. B. Zittern ausgelöst, die die Körpertemperatur wieder erhöhen sollen. Unter Anwendung einer Reihe von solchen fein abgestimmten Mechanismen ist der menschliche Körper in der Lage, eine genaue Thermoregulation sowie thermische Homöostase zu erzielen.

Obwohl die von Cannon vorgeschlagenen Regulationsmechanismen im gesamten Tierreich bekanntermaßen weit verbreitet sind und eine Vielzahl physiologischer

Prozesse einbeziehen, handelt es sich hierbei dennoch nicht um die einzigen Mechanismen, die an der Kontrolle des inneren Gleichgewichtszustandes beteiligt sind. Zum Beispiel wurde noch bis vor kurzem angenommen, daß bei Tieren verstärktes Trinken bei hohen Umgebungstemperaturen das Ergebnis einer Dehydratation sei, die aufgrund der Kühlmechanismen wie Schwitzen und Hecheln zustande kommt. Diese Sichtweise läßt sich völlig mit der eben vorgestellten Theorie von der Homöostase in Einklang bringen. Verdunstung von Wasser ist notwendig, um die thermische Homöostase in einer heißen Umgebung aufrecht zu erhalten, womit gleichzeitig das Flüssigkeitsgleichgewicht im Körper gestört wird. Um dieses Gleichgewicht wieder herzustellen, ist verstärktes Trinken unbedingt erforderlich. Mittlerweile weiß man jedoch, daß bei manchen Arten, wie der Ratte und der Taube, das Trinkverhalten als direkte Reaktion auf eine Temperaturveränderung hin erfolgt, in Vorwegnahme jeglicher Veränderungen im Flüssigkeitshaushalt infolge einer möglichen Thermoregulation und nicht erst, wie die Regulationstheorie fordern würde (Budgell 1970a, 1970b), als Antwort auf eine Veränderung im Flüssigkeitshaushalt. Mit anderen Worten, die Tiere trinken, um Wasser für die Thermoregulation zur Verfügung zu haben.

Die Rolle, die dem Verhalten bei der Kontrolle des internen Milieus zukommt, unterscheidet sich beträchtlich bei den einzelnen Arten und je nach den entsprechenden Umständen. Das Trinkverhalten ist beispielsweise bei vielen Arten für die Aufrechterhaltung der Homöostase sehr wichtig. Die physiologischen Mechanismen der Wasserkonservierung können eine tödlich ausgehende Dehydratation nach einer langen Zeit der Deprivation nicht verhindern. Jedoch gibt es einige Arten – wie z. B. die Mongolische Rennmaus (*Meriones unguiculatus*) und den Wellensittich (*Melopsittacus undulatus*), (Cade und Dybas 1962) – die lange ohne Wasser überleben können. Da diese Tiere mit großer Effizienz arbeitende Wasserkonservierungs-Mechanismen besitzen, können sie allein von dem Wasser leben, das sie über ihr Körnerfutter aufnehmen. Andere Tiere, z. B. die im Wasser lebenden Arten, benötigen für die Wasseraufnahme zur Aufrechterhaltung der Homöostase kein besonderes Verhalten.

In vielen Bereichen der Homöostase ist die Rolle des Verhaltens normalerweise vernachlässigbar. Untersuchungen, in denen durch experimentelle Eingriffe die normalen physiologischen Abläufe gestört werden, die für die Homöostase verantwortlich sind, zeigen jedoch, daß die Tiere oftmals ein entsprechendes Verhaltensrepertoire zur Verfügung haben, auch wenn sie es in ihrem täglichen normalen Lebensrhythmus nicht benutzen. Zum Beispiel fand Richter (1942–1943) heraus, daß Ratten, deren thermische Homöostase nach Entfernung der Schilddrüse gestört ist, anschließend wärmere Nester bauen und auch mit anderen Verhaltensweisen für eine Thermoregulation sorgen, je nachdem, welche Möglichkeiten ihnen der Experimentator zur Verfügung stellt. Ähnlich wirkt sich das Fehlen der Nebennieren aus, die im Salzhaushalt eine wichtige Rolle spielen. Dieser Eingriff erweckt bei Ratten eine Präferenz für salzigere Nahrung und salzhaltigeres Wasser.

In anderen Fällen sind nicht unbedingt bestimmte Organe beteiligt. So sind Ratten, die mit vitaminarmer Nahrung gefüttert werden, in der Lage, Nahrungsmittel zu wählen, die die erforderlichen Vitamine enthalten, obwohl sie diese Vitamine in der Nahrung nicht schmecken können. Wie noch in Kapitel 18 gezeigt werden wird, sind Tiere in der Lage, die Nahrung zu wählen, bei der sie sich am wohlsten fühlen (Revusky und Garcia 1970; Rozin und Kalat 1971). Die Mechanismen, die zur Aufrechterhaltung eines inneren Gleichgewichtes notwendig sind, sind zahlreich und recht verschieden, und es ist sicherlich nicht richtig, wenn unter dem Begriff der Homöostase lediglich ein einfacher Rückkopplungsprozeß verstanden wird. Außerdem ist es falsch, anzunehmen, Homöostase impliziere ein Gleichbleiben des internen Milieus. Zwischen den Konformisten und den Regulierern gibt es viele Zwischenformen. Eine Tierart mag vielleicht dazu in der Lage sein, eine bestimmte Körperfunktion zu regulieren, andere Körperfunktionen dagegen nicht. Das zeigt sich recht eindrucksvoll am Beispiel der Thermoregulation.

15.2 Thermoregulation

Die meisten Tiere haben eine optimale Körpertemperatur, bei der ihre Körperfunktionen am besten funktionieren. Unterhalb dieser Temperatur verlangsamt sich allmählich ihre Stoffwechselaktivität, die Muskelaktivität nimmt ab, und das Tier kann ausgesprochen träge werden. Oberhalb dieser optimalen Temperatur steigt die Stoffwechselaktivität sehr schnell an, und deren Aufrechterhaltung kann für das Tier kostspielig werden. Überdies gibt es eine obere Temperaturgrenze, bei der die Körperfunktionen gerade noch ablaufen können. Für die meisten Arten scheint diese obere Grenze im Bereich von 47 °C zu liegen.

Die meisten Tiere können bis zu einem gewissenen Grad ihre eigene Körpertemperatur beeinflussen, indem sie entweder spezialisierte physiologische Mechanismen einsetzen oder ein bestimmtes Verhalten ausüben. In beiden Fällen ist es für das Tier notwendig, die Umgebungstemperatur, die eigene Körpertemperatur oder beides festzustellen, wobei es verschiedene sensorische Prozesse benutzt, die gewöhnlich unter dem Begriff der **Thermorezeption** zusammengefaßt werden (s. Kapitel 12).

Die Stoffwechselreaktionen im Körper liefern kontinuierlich Wärme, und je aktiver ein Tier ist, desto höher ist die Wärmeproduktion. In einer kalten Umgebung mag jedoch die Wärmeproduktion aus der normalen Stoffwechselaktivität nicht ausreichend sein, um der Kälte entgegenzuwirken. Dann kann das Tier durch einen erhöhten Stoffwechsel mehr Wärme produzieren und somit dem Verlust der Körpertemperatur vorbeugend entgegenwirken. Viele Invertebraten sind insofern wechselwarm (poikilotherm), als ihre Körpertemperatur sich der Umgebungstemperatur angleicht. Diese Tiere müssen gezwungenermaßen ihre Aktivitäten dann einstellen, wenn ihre Körpertemperatur sinkt, weil die Stoffwechselreaktionsrate durch die Außentemperatur festgelegt wird. Einige Invertebraten wie die Kellerassel (*Porcellio scaber*) und die Tausendfüßer (Myriopoda) werden jedoch durch sinkende Umgebungstemperaturen zu mehr Aktivität stimuliert, so daß sie eine Körpertemperatur aufrecht erhalten können, die über der Umgebungstemperatur liegt. Bei gleichwarmen (homoiothermen) Tieren kann die Wärmeproduktionsrate durch erhöhte Muskelaktivität, z. B. Zitterbewegungen, angehoben werden. Die Schilddrüsenhormone können direkt auf die Stoffwechselrate wirken. Nahrungsaufnahme kann ebenso zu einer Erhöhung der Wärmeproduktion führen, da während der Verdauungsprozesse Wärme frei wird. Viele Tiere reagieren auf Kälte mit einer erhöhten Nahrungsaufnahme.

Tiere, die ihre Wärme primär aus externen Quellen beziehen, z. B. aus dem Sonnenlicht, werden in der Regel als **exotherm** bezeichnet, während diejenigen Tiere, die ihre Wärme in erster Linie aus internen Körperprozessen erhalten, **endotherm** genannt werden. Exotherme Tiere verstärken manchmal die wärmenden Effekte der Sonnenstrahlen, indem sie ihre Hautfarbe verändern, denn dunkle Objekte absorbieren mehr Wärmestrahlung als helle Objekte. Einige Echsenarten sind in der Lage, ihre Hautfarbe den Temperaturerfordernissen anzupassen. Zum Beispiel hat der Wüstenleguan (*Dipsosaurus dorsalis*) am frühen Morgen, wenn seine Körpertemperatur noch niedrig ist, eine dunkle Farbe, die mit ansteigender Außentemperatur immer heller wird, um einer Überhitzung entgegenzuwirken. Wenn die Außentemperatur auf ca. 40 °C angestiegen ist, dann ist die Hautfärbung, im Vergleich zur frühmorgendlichen Färbung, nur noch halb so intensiv. Einige Schildkrötenarten strecken ihre dunklen Füße gegen das Sonnenlicht, um so die Wärmezufuhr zu erhöhen.

Die Stoffwechselreaktionen im Körper erzeugen kontinuierlich Wärme, so daß Tiere sich leicht überhitzen können, insbesondere, wenn sie aktiv sind. Überhitzung ereignet sich auch in einer sehr warmen Umwelt oder dann, wenn die Wärmeverteilung beeinträchtigt ist. Da die zum Tode führende Körpertemperatur bei vielen Tierarten nicht weit über ihrer Normaltemperatur liegt, müssen hier Kühlmechanismen besonders schnell und effektiv wirken.

Es gibt prinzipiell vier Möglichkeiten, die Körpertemperatur herabzusenken: die **Konduktion**, die **Konvektion**, die **Wärmestrahlung** und der **Wärmeverlust durch Verdunstung**. Unter der **Konduktion** wird das Übergehen von Wärmeenergie von einem wärmeren auf einen kälteren Körper verstanden, wobei die Körper selbst ihre Lage nicht verändern. Hierbei handelt es sich also um ein Ableiten der Wärmeenergie, ein Vorgang, der sich innerhalb des Körpers abspielen kann bzw. zwischen dem Körper und seiner Außenwelt. Die Wärmeleitung kann durch Fettschichten im Körper oder durch Luftschichten zwischen Haaren oder Federn an der Körperoberfläche reduziert werden. Unter der **Konvektion** wird der Transport von Wärme in einem flüssigen Medium (z. B. Blut) verstanden. Der Wärmeverlust ist das Ergebnis der Zirkulation von warmem Blut aus inneren Körperregionen zu kühleren, weiter außen liegenden Oberflächengeweben. Die Kontrolle des Blutflusses zur Peripherie hin ist demnach ein wichtiges Mittel für die Temperaturregulation. Die **Wärmestrahlung** ist eine Form von Wärmeübertragung, die nicht an ein Übertragungsmaterial gebunden ist, sondern auch im Vakuum ablaufen kann. Der Wärmeverlust durch Strahlung ist ungefähr proportional der Temperaturdifferenz zwischen dem Tier und seiner Umgebung. Über die Wärmestrahlung können die Tiere sowohl Wärme gewinnen als auch Wärme verlieren. Während die Hautfarbe eines Tieres auf den Wärmeverlust durch Strahlung nur wenig Einfluß hat, kann hierdurch ein Wärmegewinn, wie bereits besprochen wurde, sehr wohl auftreten. Demnach gewinnen dunkelgefärbte Tiere mehr Wärme durch Aufnahme von Wärmestrahlung als weiße Tiere, die die Wärmestrahlen stärker reflektieren. Die **Verdunstung von Wasser** an feuchten Körperoberflächen bringt einen Wärmeverlust mit sich und ist für viele Arten ein wichtiger Kühlmechanismus.

Tiere können den Wärmeverlust, wie er in den vier hier vorgestellten Formen auftreten kann, bis zu einem gewissen Grad kontrollieren. Die Kontrolle wiederum ist bei den einzelnen Tierarten verschieden. Bis zu einem bestimmten Ausmaß können Tiere den Wärmeverlust durch Wärmeableitung kontrollieren, indem sie ihre Isolationsschichten verändern. Langandauernde Regulation kann erzielt werden, indem die Fettablagerungen und das Haarwachstum im Winter vermehrt und dementsprechend im Sommer wieder verringert werden. Kurzzeitige Veränderungen können durch Aufstellen oder Anlegen von Haar bzw. Gefieder erzielt werden (Abb. 15.1), wobei die Dicke der Luftschichten verändert wird. Auch die Körperhaltung paßt sich den vorherrschenden Wetterbedingungen an. Die Oberflächenisolierung wird durch Wind und Nässe beeinflußt. Bei nassem Haar steigt der Wärmeverlust durch Wärmeableitung an. Wenn ein Säugetier auf dem Erdboden liegt oder auch sitzt, dann ist seine Körperbehaarung zusammengedrückt und das Luftpolster zwischen den Haaren gering. Wärme wird somit an den Erdboden abgeleitet, insbesondere, wenn es sich um einen nassen Untergrund handelt. Gelegentlich kann man

Abb. 15.1. Veränderungen der Gefiederstellung bei Tauben (*Streptopelia risoria*) als Antwortreaktion auf eine plötzliche Erhöhung der Umgebungstemperatur (A), und nach Trinken von 10 cm^3 kalten Wassers (B). Der Gefiederindex ist ein Maß für die Gefiederstellung an der gesamten Körperoberfläche (s. Abb. 22.10). Die Kurvenverläufe a, b, c, d ergeben sich aus den unterschiedlichen Trinkgeschwindigkeiten (nach McFarland und Budgell 1970).

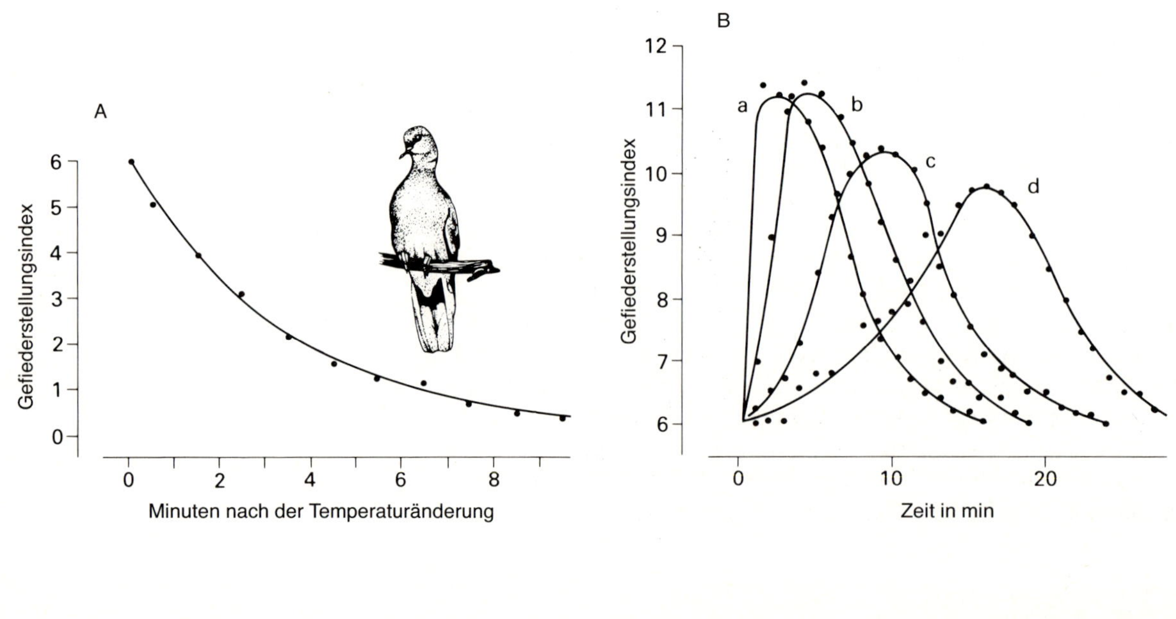

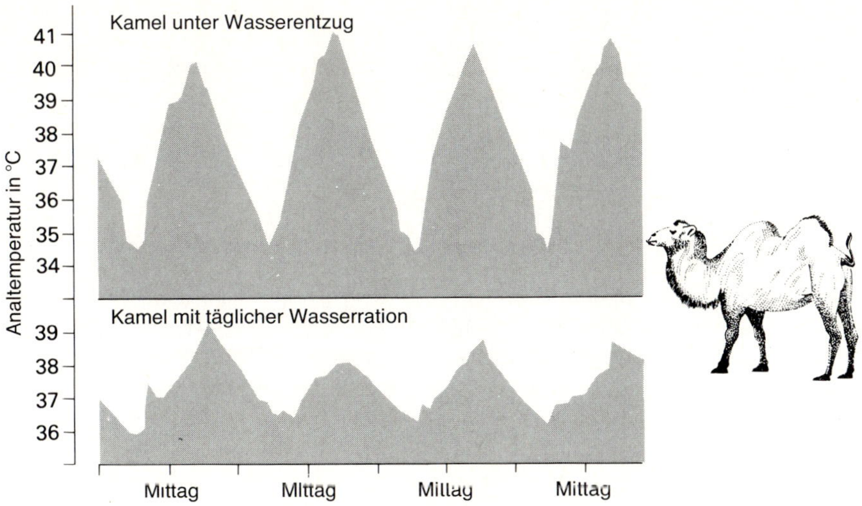

Abb. 15.2. Erhalten Kamele kein Wasser, kann ihre Körpertemperatur während des Tages ansteigen. So wird verhindert, daß aufgrund der Thermoregulation Wasserverluste auftreten. Während der kalten Wüstennächte strahlen Kamele die überschüssige Wärme ab, die sie während des Tages gespeichert haben (nach Schmidt-Nielsen 1964).

beobachten, daß Kühe sich bereits vor einem nahenden Regenguß niedersetzen, um so beim Ausruhen möglichst wenig Wärme zu verlieren, was sich bei einem nassen Untergrund nicht vermeiden läßt.

Einige Tiere können durch bestimmtes Verhalten die Abgabe von Wärme durch Strahlung noch erhöhen. Manche Winkerkrabben (*Uca*), Erdhörnchen (*Citellus*) und andere höhlenlebende Tierarten bauen zwischen ihren kühlen Höhlen und der warmen Umgebung Gänge. So können sie sich bei Überhitzung durch Wärmeabstrahlung abkühlen. Ist die Umgebung zu kalt, wird die Oberflächenregion des Körpers verkleinert, indem das Tier sich zusammenrollt oder mit anderen Gruppenmitgliedern zusammenkauert, wodurch der Wärmeverlust durch Strahlung verkleinert wird.

Bei Amphibien, Reptilien und Vögeln ist die Wasserverdunstung über die Haut nicht kontrollierbar; bei Säugern wird sie über Schweißdrüsen reguliert, die bei allen höheren Säugern, außer den Nagetieren und den Hasenartigen (Lagomorpha), vorhanden sind. Die Schweißdrüsen auf der Handinnenfläche des Menschen werden von emotionalen Zuständen beeinflußt, während diejenigen auf der übrigen Körperoberfläche normalerweise über Wärmerezeptoren geregelt werden. Schwitzen wird durch Thermorezeptoren im Gehirn gesteuert und nicht durch diejenigen in der Haut. Daher schwitzt der Mensch normalerweise bei körperlicher Ertüchtigung, aber nicht notwendigerweise, wenn er vor einem Feuer sitzt. Ratten und andere Tiere erhöhen die Verdunstungskälte, indem sie ihre Körperoberfläche mit Speichel befeuchten oder sie mit Wasser naß machen, was z. B. auch bei Elefanten beobachtet werden kann.

Die mit der Atmung zusammenhängende Verdunstung wird bei den meisten Tieren bis zu einem gewissenen Grade kontrolliert. Krokodile, Schlangen und Eidechsen sperren ihr Maul weit auf, wenn es ihnen zu warm wird. Der Wüstenleguan (*Dipsosaurus*) hechelt wie ein Hund. Da Tiere bei der respiratorischen Verdunstung sehr viel Wasser verlieren, tendieren sie dazu, diesen Mechanismus nur in Notsituationen anzuwenden. Vögel und Säuger hecheln nur dann, wenn ihre Körpertemperatur ein letales Stadium erreicht hat. Im Flug befindliche Vögel erzeugen viel Wärme und sind daher vor allem von der Atmungsverdunstung abhängig, um diese Wärme wieder zu verlieren. Das Kamel hechelt niemals, ist aber von der Abstrahlung von Körperwärme in der Nacht abhängig. Kamele speichern Wasser nicht in größerem Ausmaß als andere Tierarten. Daher können sie sich auch keinen Wasserverbrauch erlauben, um sich kühl zu halten (Abb. 15.2).

Exotherme Tiere können ihre Körpertemperatur nur in einem bestimmten Maße regulieren. Amphibien halten sich durch die Verdunstung von Wasser auf ihrer Körperoberfläche kühl. Der Ochsenfrosch (*Rana pipiens*) hält eine Körpertemperatur von genau 36,8 °C bei einer Umgebungstemperatur von 50 °C. Reptilien haben nur beschränkte Möglichkeiten, sich kühl zu halten und scheinen sehr warme Umge-

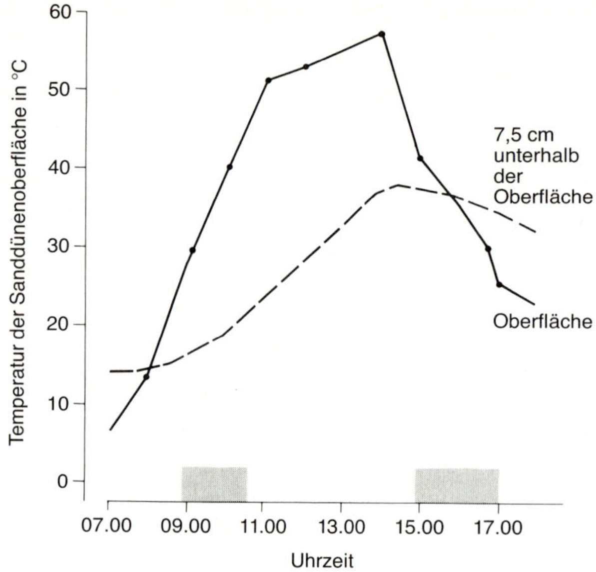

Abb. 15.3. Die Eidechse *Aporosaura* lebt in Sanddünen, die von großen Fluktuationen der Oberflächentemperatur gekennzeichnet sind. Sie hält sich vorwiegend unterhalb der Oberfläche auf, wenn die Temperatur zu tief oder zu hoch ist. Das bedeutet im allgemeinen für die Eidechse, daß sie jeweils am Morgen und am späten Nachmittag eine Aktivitätsphase auf der Oberfläche hat. Die aktiven Zeitabschnitte sind in Form von gerasterten Rechtecken auf der Zeitskala dargestellt (nach Louw und Holm 1972).

bungsbedingungen zu vermeiden. Die in der Namib lebende Wüsteneidechse *Aporosaura anchietae* vergräbt sich im Sand, wenn die Mittagstemperaturen auf über 40 °C steigen (Abb. 15.3).

Eine echte thermische Homöostase wird bei Vögeln und Säugern gefunden, die zu den endothermen Tieren gezählt werden und eine konstante Körpertemperatur aufrecht erhalten können, auch wenn die Umgebungstemperaturen stark schwanken. Ihre hohe Stoffwechseltätigkeit versorgt diese Tiere mit einer internen Wärmequelle, und ihre gegen Wärmeaustausch isolierende Körperoberfläche verhindert einen unkontrollierten Wärmeverlust. Vögel und Säuger halten eine Körpertemperatur, die gewöhnlich höher ist als die Temperatur ihrer Umgebung. Das Gehirn erhält Informationen über die Körpertemperatur und verfügt über Kontrollmechanismen zum Kühlen und Wärmen. Steigt die Gehirntemperatur zu weit an, dann werden die Kühlmechanismen aktiviert. Wird sie dagegen zu kalt, dann wird der Wärmeverlust reduziert, und es setzen wärmeerzeugende Mechanismen ein. Dieses Rückkopplungsprinzip ist genauso aufgebaut wie das eines elektrischen Heizers, der über einen Thermostaten reguliert wird (Abb. 15.4).

Beim Menschen gibt es eine Feinkontrolle für die Körpertemperatur. Dieses Frühwarnsystem besteht aus einer Anzahl von Thermorezeptoren in der Haut. Auf der Grundlage dieser Informationsform kann der Mensch vorgreifende Aktionen einleiten und so jeglichen unangebrachten Schwankungen der Körpertemperatur zuvorkommen. Kontrollierte Temperaturänderungen finden bei Vögeln und Säugern oft im Tagesverlauf regelmäßig statt. Die durchschnittliche Körpertemperatur beim Menschen liegt am frühen Morgen bei 36,7 °C und am späten Nachmittag bei 37,5 °C. Viele Endotherme lassen möglicherweise geringe innere Temperaturschwankungen zu, um Energie zu sparen.

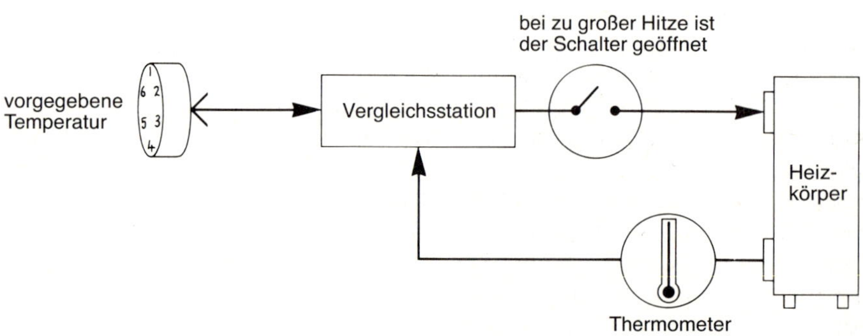

Abb. 15.4. Das Rückkopplungsprinzip eines einfachen Thermostaten. Erreicht die Temperatur einen vorgegebenen Wert, öffnet sich der Schaltkreis, der Heizkörper schaltet sich aus und die Temperatur sinkt. Fällt die Temperatur unter einen vorgegebenen Wert, springt der Heizkörper wieder an.

15.3 Wasserhaushalt

Alle Tiere benötigen Wasser, um ihre Stoffwechselprozesse aufrechtzuerhalten. Sie verlieren ständig auf verschiedene Art und Weise Wasser, wie z. B. durch Ausscheidung oder durch Verdunstung an der Körperoberfläche. Bei Wirbeltieren ist die Körperflüssigkeit in bestimmten zellulären und extrazellulären Räumen lokalisiert (Abb. 15.5), wobei Wasser hauptsächlich über das Gefäßsystem verloren geht. Zum Beispiel sind die Lungen am Wasserverlust durch Verdunstung beteiligt. Sie besitzen eine große Anzahl an Blutgefäßen, und der Gasaustausch findet über dünne Membranen statt, die vom Plasma, in dem sich das Gas auflöst, feucht gehalten werden. Ausgeatmete Luft enthält meistens mehr Wasser als eingeatmete Luft, wobei dieses Wasser aus dem Gefäßsystem stammt. Bei vielen Tieren spielt die Atmungsverdunstung eine wichtige Rolle bei Kühlungsprozessen. Wie schon zuvor erwähnt wurde, sind Vögel von dieser Atmungsverdunstung für Kühlungsprozesse während des Fliegens besonders stark abhängig. Thermoregulation, die Schwitzen und Speichelabsonderung über die gesamte Körperoberfläche einschließt, bedeutet ebenso einen bestimmten Wasserverlust.

Die Nieren filtern das Blutplasma, beseitigen Abfallprodukte und scheiden sie mit dem Urin aus. Somit ist ein gewisser Wasserverlust durch Ausscheidung unvermeidbar. Wie später noch gezeigt wird, können auch hier einige Sparmaßnahmen getroffen werden. Bei der Defäkation wird ebenso Wasser verloren, aber in Zeiten des Wassermangels ist es vielen Wirbeltieren möglich, Wasser im Dünndarm zu resorbieren und somit einen sehr trockenen Kot auszuscheiden. Wasserverlust über das Gefäßsystem zieht zwar einige Umverteilungen innerhalb aller Kompartimente im Körper mit sich, trotzdem muß verlorengegangenes Wasser im Laufe der Zeit wieder ersetzt werden.

Die meisten Tiere nehmen Wasser durch Trinken auf, aber Amphibien, wie auch einige Insekten, absorbieren Wasser über die Haut. Einige Tiere, insbesondere solche, die nur unregelmäßig Zugang zu Wasser haben, sind in der Lage, große Mengen an Wasser aufzunehmen. Während ein sehr durstiger Mann in einer Minute ein Liter und in 10 Minuten drei Liter trinken kann, ist ein 352 kg schweres männliches Kamel fähig, 104 Liter in einem Zug zu trinken. Das Wasser gelangt über den Mund durch die Speiseröhre in den Magen und anschließend in den Darm. Von hier aus kann das Wasser über Osmose den Blutkreislauf erreichen. Ist die Salzkonzentration in der Darmflüssigkeit geringer als im Blut, dann geht Wasser in den Blutstrom über. Ist jedoch die Salzkonzentration im Darm größer, wie es nach Aufnahme von salzhaltiger Nahrung oder Wasser vorkommen kann, dann diffundiert das Wasser in die andere Richtung und erzeugt dadurch vorübergehende Dehydrierung in den Gefäßen.

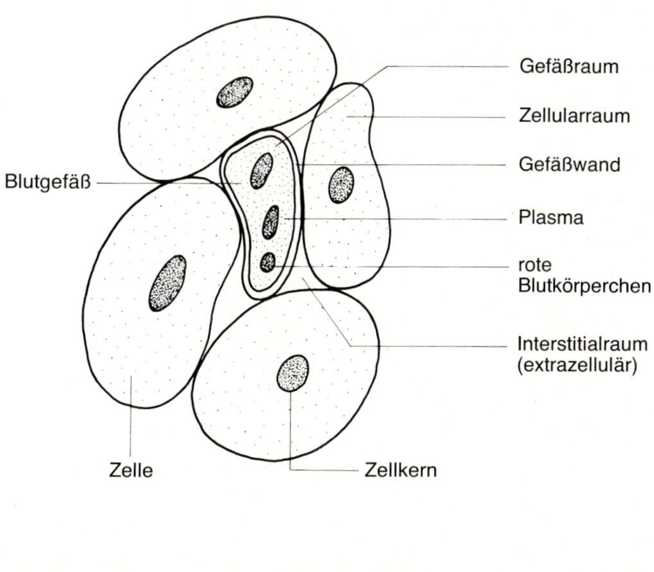

Abb. 15.5. Verteilung des Wassers zwischen den intra- und extrazellulären Flüssigkeitsräumen. Der Extrazellularraum wird von dem Gefäßsystem und den Zwischenräumen gebildet.

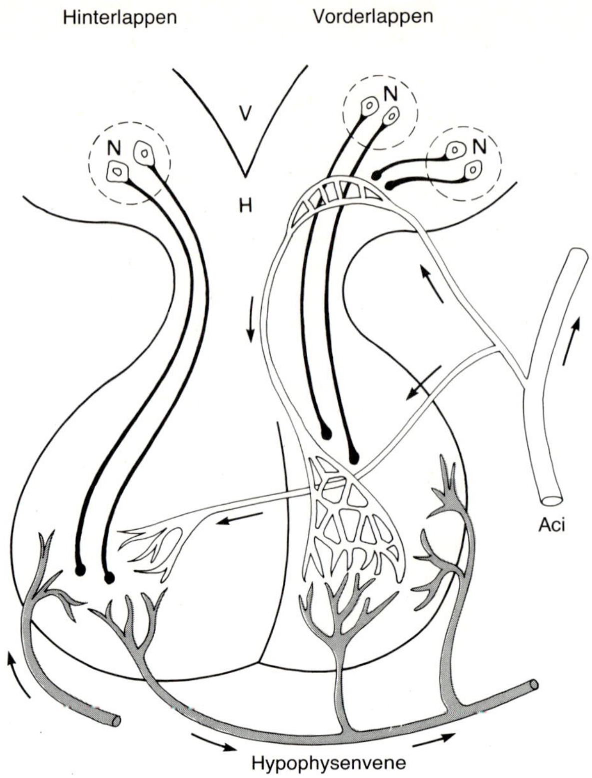

Abb. 15.6. Schematische Darstellung der Hypophyse des Menschen. Der Hypothalamus (H) erhält seine Blutzufuhr von der Aorta carotis interna (Aci), die auch den Hypophysenvorderlappen und den Hypophysenhinterlappen versorgt. Neurosekretorische Zellen (N) im Hypothalamus sind für die Ausschüttung von Hormonen in das Venensystem verantwortlich. V stellt den dritten Gehirnventrikel dar (nach Wilson 1979).

Wasserverlust in den Gefäßen bewirkt einen Anstieg in der Salzkonzentration des extrazellulären Raumes, was wiederum eine Umverteilung von Wasser zwischen zellulärem und extrazellulärem Medium hervorruft, wodurch es zur Dehydrierung und Schrumpfung der Körperzellen kommen kann. Diese Veränderungen werden von spezialisierten Zellen im Gehirn, den **Osmorezeptoren**, wahrgenommen. Bisher ist noch nicht eindeutig geklärt, ob die Osmorezeptoren auf die Veränderungen in der Extrazellularflüssigkeit oder auf das mit der Dehydrierung verbundene, eigene Schrumpfen reagieren (für einen Überblick über dieses Problem s. Toates 1980). Es ist bekannt, daß die Osmorezeptoren in der hypothalamischen Region des Gehirns vorkommen und daß ihre Stimulation zwei wichtige Effekte hat: ein verstärktes Bedürfnis nach Wasser und die Aktivierung verschiedener Mechanismen zur Vermeidung von Wasserverlusten.

Im Hypothalamus gibt es Osmorezeptoren, welche die Ausschüttung antidiuretischer Hormone aus der Hypophyse, die sich direkt unterhalb des Hypothalamus befindet, kontrollieren (Abb. 15.6). Das Vorhandensein solcher Hormone im Blutstrom führt zu einer Abnahme der Menge sowie zu einem Anstieg der Konzentration des Urins, der dann von den Nieren ausgeschieden wird. Störungen der Hirnanhangsdrüse oder der mit ihr verbundenen Regionen des Hypothalamus haben Diabetes zur Folge, zu dessen Symptomen übermäßige Harnabgabe und ständiger Durst gehören. Das anti-diuretische Hormon ist demnach ein wichtiger Faktor für die Regulierung des Wasserhaushaltes.

Der Wasserverlust kann noch durch weitere Mechanismen eingeschränkt werden, wie etwa durch reduzierte Nahrungsaufnahme oder durch verstärkte Resorption von Wasser im Dünndarm, so daß nur wenig Wasser mit dem Kot verlorengeht. Da die Abfallprodukte der Verdauung und des Nahrungsmetabolismus ausgeschieden werden müssen, ist ein gewisser Wasserverlust unumgänglich. Dieser kann wiederum durch eingeschränkte Nahrungsaufnahme klein gehalten werden. Laboruntersuchungen zeigen, daß der Wasserverlust bei nahrungsdeprivierten Tauben nur ca. ein Viertel des Normalwertes ausmacht (McFarland und Wright 1969). Ferner gibt es Hinweise dafür, daß Tauben ihren Wasserverlust bei der Atmung kontrollieren können (Wright und McFarland 1969). Durch bestimmte Verhaltensweisen kann der Wasserverlust bei der Thermoregulation verringert werden, wie durch Aufsuchen eines kühlen Ortes oder durch Einschränkung der Wärmeproduktion in Verbindung mit Bewegung und Nahrungsaufnahme. Hat ein Kamel z. B. nur wenig Wasserreserven zur Verfügung, so kann es seine Körpertemperatur erhöhen und die Hitze während des Tages im Fettgewebe seiner Höcker speichern. Während der kalten Nacht wird diese Hitze dann ohne jeglichen Wasserverlust im Körper verteilt. Entgegen allgemeinem Glauben speichern Kamele in ihren Höckern kein Wasser, obwohl der Abbau des Fettgewebes natürlich etwas Wasser freisetzt (Schmidt-Nielsen 1964).

Dehydrierung findet bei Tieren nicht nur infolge von intrazellulärem Wasserentzug, sondern auch aufgrund einer Volumenreduktion im Extrazellularraum statt. Blutungen oder andere Formen des Blutverlustes verändern nicht das osmotische Gleichgewicht, jedoch muß die verlorengegangene Flüssigkeit ersetzt werden. Der Organismus besitzt verschiedene Mechanismen, um einen solchen Verlust zu erkennen. Beispielsweise wird das Hormon **Renin** von den Nieren in Reaktion auf einen verminderten Blutdurchfluß produziert. Es wird in den Blutstrom abgegeben, wo es die Produktion eines anderen Hormons, des **Angiotensins**, anregt. Angiotensin hat im wesentlichen zwei Wirkungen: Es wirkt auf das Gefäßsystem, indem es den normalen Blutdruck und die Zirkulation aufrechterhält, und es ist ein sehr wirkungsvoller Durststimulator. Wird Tieren eine sehr kleine Menge Angiotensin injiziert, stoppen sie unmittelbar jegliche Tätigkeit und suchen nach Wasser (Fitzsimons 1976). Die wichtigsten Komponenten dieser komplizierten Mechanismen, die an extrazellulär ausgelöstem Durst beteiligt sind, werden in Abb.15.7 dargestellt.

Die Regulation des Wasserhaushaltes ist eng an die Thermoregulation und an die Nahrungsaufnahme gebunden. Viele Tiere vermindern ihre Nahrungsaufnahme zu einem sehr großen Teil, wenn sie unter Wassermangel leiden. Hierbei handelt es sich um ein bedeutendes Mittel zur Vermeidung von Wasserverlusten, wobei die wichtigsten zugrundeliegenden Mechanismen in Abb. 15.8 dargestellt sind. An dieser Stelle sollte besonders betont werden, daß für das Tier Wasserkonservierung an sich von Nachteil ist, da sie in die normale Thermoregulation eingreifen oder die Energieaufnahme reduzieren kann. Die verschiedenen Mechanismen, die bei den verschiedenen Tierarten unterschiedliche Bedeutung haben, stehen mit den normalen ökologischen Bedingungen der jeweiligen Tierart in Einklang. So verzichtet das Kamel auf eine konstante Körpertemperatur (s. Abb. 15.2), die Taube dagegen auf weitere Nahrungsaufnahme, um eine relativ stabile Körpertemperatur aufrechtzuerhalten.

Auf den ersten Blick scheinen die Mechanismen zur Aufrechterhaltung des Wasserhaushaltes relativ eindeutige Beispiele für eine Homöostase abzugeben: Der Organismus nimmt Abweichungen vom Normalwert (Volumen) und der Normalkonzentration (osmotischer Zustand) des extrazellulären Wassers wahr und versucht, die Situation zu regulieren, indem er entweder Wasser zu sich nimmt oder die Wasser-

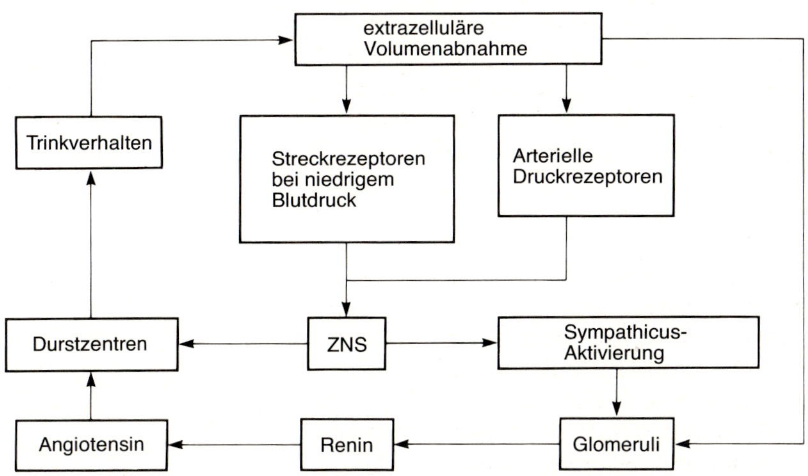

Abb. 15.7. Extrazellulär ausgelöster Durst. Von Blutdruckrezeptoren wahrgenommene extrazelluläre Volumenabnahme bewirkt eine Ausschüttung von Renin durch die angelagerten knäuelartigen Glomeruli. Renin wird in Angiotensin umgewandelt, wodurch das Trinkverhalten gefördert wird (nach Fitzsimons 1971).

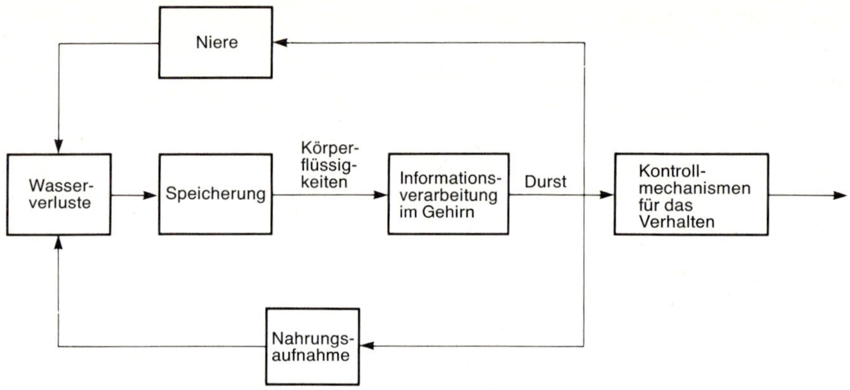

Abb. 15.8. Die Mechanismen zur Vermeidung von Wasserverlust setzen ein, wenn Wasserzufuhr von außen nicht möglich ist. Mit ansteigendem Durst kommt es in der Hypophyse zur Ausschüttung antidiuretischer Hormone, die eine Rückgewinnung von Wasser aus den Nieren bewirken, so daß weniger Wasser mit dem Urin ausgeschieden wird. Eine weitere wichtige Form der Vermeidung von Wasserverlust besteht in einer Reduzierung der Nahrungsaufnahme, da es bei der Verdauung und der Exkretion normalerweise zu Wasserverlusten kommt.

verlustrate auf unterschiedliche Weise verringert. Jedoch ist die Situation nicht ganz so einfach, da es zu Wechselwirkungen mit anderen Systemen kommt und Trinkverhalten auch dann stattfindet, wenn kein Wasserverlust aufgetreten ist.

15.4 Energie und Nährstoffe

Tiere benötigen eine für sie verdauliche Nahrung, aus der sie Energie gewinnen können. Sie brauchen bestimmte spezifische Nährstoffe und Vitamine, die für ihr Wachstum wichtig sind und mit denen sie geschädigtes Gewebe wiederherstellen sowie Parasiten und Krankheiten im Organismus bekämpfen können.

Die Körperzellen erhalten ihre Energie primär in Form von Glukose, die in der Extrazellularflüssigkeit gelöst vorliegt. Beim Stoffwechselprozeß wird Energie für die Zelle verfügbar gemacht, wobei Wasser, Kohlendioxyd und Wärme als Nebenprodukte anfallen. Die Glukose in der Extrazellularflüssigkeit kann direkt aus dem Verdauungsprozeß stammen oder von der Leber abgegeben werden, wo sie als Glykogen gespeichert wird.

Die Körperzellen können auch über den Fettsäurestoffwechsel Energie gewinnen. Den Zellen des Nervensystems ist der Rückgriff auf Fette allerdings nicht möglich. Sie stellen hiermit eine Ausnahme dar, da sie nur Glukose verwenden können. Es ist wichtig, den Glukosegehalt im Blut innerhalb einer schmalen Bandbreite zu halten, um sicher gehen zu können, daß immer ein angemessener Betrag an Energie für die Nervenzellen vorhanden ist. Das Hormon **Insulin** kontrolliert die Verfügbarkeit von Glukose für die Zellen. In Abwesenheit von Insulin können die Zellen des Nervensystems zwar Glukose aufnehmen, andere Zellen benötigen jedoch Insulin, um die Glukose durch die Zellwände transportieren zu können. Liegt ein Mangel an Glukose vor, wie z. B. zu Fastenzeiten, dann sinkt der Insulinspiegel im Blut so weit ab, daß die im Blut befindliche Glukose nur noch für die Zellen im Nervensystem zur Verfügung steht. Die anderen Zellen müssen ihre Energie aus dem Fettsäurestoffwechsel gewinnen. Während des Fastens wird die Glukose aus den Körperreserven gewonnen, z. B. aus dem Glykogen, das in Leber und Muskeln gespeichert ist, aus dem Fett, das in verschiedenen Körperregionen abgelagert ist, und als letzte Möglichkeit aus dem Protein der Muskeln und anderer Gewebe. Das Fett wird zu Glyzerin und Fettsäuren abgebaut, und das Glyzerin wird in der Leber in Glukose umgewandelt. Die Proteine werden zu Aminosäuren abgebaut, und diese werden in der Leber für die Produktion von Glukose umgewandelt. Die verfügbaren Energiequellen während solcher Fastenzeiten sind in Abb. 15.9 zusammengestellt.

Die andere Hauptquelle für Energie ist die Nahrung. Die einzelnen Tierarten unterscheiden sich beträchtlich in ihren Anforderungen an Menge und Art der Nahrung. Kleine Tiere mit einer hohen Stoffwechselrate, wie z. B. Singvögel (Passeriformes), leiden schnell an Energiemangel, wenn sie keine Nahrung finden können. Um das Körpergewicht und die normale Aktivität aufrechtzuerhalten, muß die Kohlmeise (*Parus major*) alle paar Minuten Nahrung zu sich nehmen. Wenn bei Nacht die Nahrungsaufnahme unmöglich wird, gehen einige Vögel in einen **Torporzustand** über, wobei sie ihre Körpertemperatur herabsetzen und auf diese Weise Energie sparen. Andere Tiere können auf Energiereserven zurückgreifen und längere Zeit ohne Nahrung leben. Brütende Haushühner (*Gallus*) zum Beispiel fressen für mehrere Tage nichts. Selbst wenn ihnen Futter direkt neben das Nest gestellt wird, nehmen sie nur sehr wenig Nahrung zu sich (Sherry et al. 1980). Tiere mit einer niedrigen Stoffwechselrate wie Fische, Reptilien und überwinternde Säugetiere brauchen bei niedrigen Temperaturen wochenlang keine Nahrung zu sich zu nehmen.

Die aufgenommene Nahrung kann zunächst gespeichert werden, z. B. im Kropf der Tauben oder in den Backentaschen der Hamster, oder sie wird in den Magen-Darm-Trakt weitergeleitet, wo die eigentliche Verdauung einsetzt. Enzyme im Verdauungstrakt bauen die Nährstoffe ab. So werden Fettmoleküle durch Lipasen in Glyzerin und Fettsäuren abgebaut, und die Enzyme Trypsin und Chymotrypsin spalten spezifische Aminosäurebindungen in den Proteinen. Der Verdauungsprozeß und die daran beteiligten Enzyme unterscheiden sich innerhalb der verschiedenen Tierarten beträchtlich voneinander. Einige Tiere – wie der Plattwurm *Planaria* – haben keinen vollständigen Verdauungstrakt, andere wiederum – wie pflanzenfressende Wirbeltiere – besitzen sehr komplexe Verdauungssysteme, durch die sie in der Lage sind, pflanzliches Material wie Zellulose zu verarbeiten, die andere Tiere nicht verdauen können. Die Verdauungsprodukte werden durch passive Diffusion bzw. durch aktiven Transport durch die Zellwände des Darmtraktes in den Blutstrom aufgenommen.

Zwischen dem Verdauungprozeß und der Nahrungsaufnahme besteht oft ein enger Zusammenhang. Viele Tiere verändern ihre Nahrungsaufnahme in Abhängigkeit vom Nährwert der zu verdauenden Nahrung. Eine Vielzahl verschiedener Mechanismen sind an dieser Form der Regulation beteiligt. Der einfachste Mechanismus scheint die direkte Wahrnehmung einer Substanz zu sein, was man z. B. für Natrium annimmt. Ein hoher und recht konstanter Anteil an Natrium in der Körperflüssigkeit ist lebensnotwendig. Natrium ist an vielen fundamental wichtigen physio-

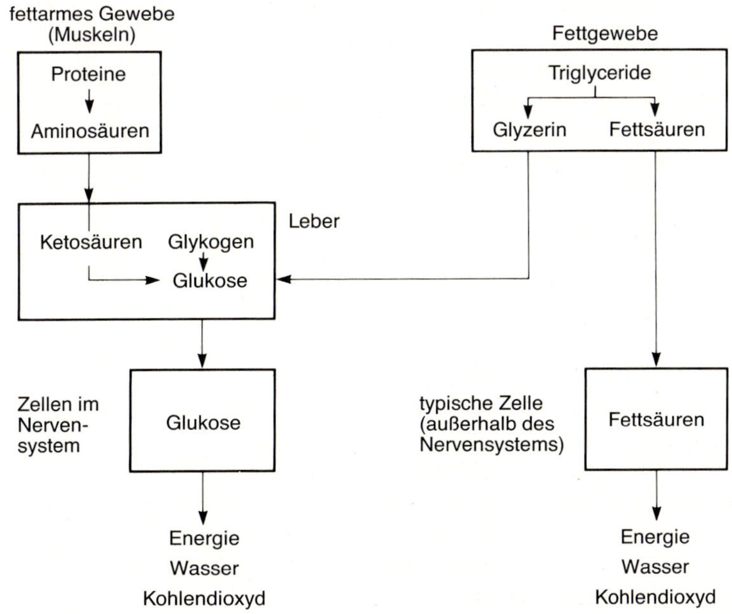

Abb. 15.9. Die wichtigsten Energiequellen während des Fastens (nach Toates 1980).

logischen Prozessen beteiligt, wozu auch die Weiterleitung von Nervenimpulsen gehört (s. Kapitel 11). In der Natur liegt Natrium als Natriumchlorid (Kochsalz) vor, allerdings ist es dort ungleichmäßig verteilt. Es sollte nicht überraschen, daß Tiere ein spezifisches Bedürfnis nach Natrium entwickelt haben. Sie können Natrium in der Nahrung über ihren Geschmackssinn für Salz wahrnehmen (s. Kapitel 12.1). Natrium hat erhebliche Auswirkungen auf die Körperflüssigkeiten, wie schon zuvor besprochen wurde. Bei starkem Natriumverlust kommt es zur Sekretion von Aldosteron aus der Hirnanhangsdrüse, was wiederum die Rückgewinnung von Natrium aus dem Urin in den Nieren zur Folge hat.

Das Bedürfnis, Natrium aufzunehmen, scheint angeboren zu sein. Viele Tiere können sehr geschickt erlernen, an welchen Plätzen Natrium zu finden ist und diese Orte auch im Gedächtnis behalten. Zum Beispiel kann man Ratten in einem Labyrinth reines Wasser oder salzhaltiges Wasser als Belohnung zur Auswahl bieten. Wasser-deprivierte Ratten entwickeln eine Vorliebe für die Stelle mit reinem Wasser im Labyrinth. Wird diesen Ratten dann später Natrium, aber nicht Wasser entzogen, dann bevorzugen sie umgehend das salzhaltige Wasser. Damit zeigen sie, daß sie sich an den Ort, wo Natrium zu finden ist, erinnern, obwohl er zu einer Zeit wahrgenommen wurde, in der sie sehr durstig waren und salzhaltiges Wasser gemieden hatten (Krieckhaus 1970).

Tiere können essentielle Vitamine und Mineralien weder durch den Geschmackssinn noch durch ihr Vorhandensein im Blut direkt wahrnehmen. Dennoch entwickeln die an Vitamin- oder Mineralmangel leidenden Tiere eine starke Präferenz für solche Nahrung, die die fehlenden Substanzen enthält. Viele Jahre stellte diese spezifische Form von Hunger ein gewisses Problem für die Wissenschaftler dar. Sie suchten nach einer Erklärung, woher die Tiere wußten, in welcher Nahrung die für sie wichtigen Substanzen zu finden waren. In der medizinischen Literatur werden Kinder erwähnt, die Kohle und andere ungewöhnliche Substanzen aßen. Diese Eigenarten wurden auf Ernährungsmangelzustände für bestimmte essentielle Mineralien wie Kobalt zurückgeführt; aber woher die Kinder wußten, was sie in dieser Situation zu essen hatten, bleibt dennoch ungeklärt.

Thiamin-deprivierte Ratten zeigen sofort eine ausgeprägte Präferenz für neue Nahrung, selbst wenn in der neuen Nahrung kein Thiamin enthalten ist und die bekannte alte Nahrung einen Thiamin-Ersatz enthält (Rodgers und Rozin 1966). Die Präferenz ist kurzfristig. Erholt sich jedoch die Ratte bei dem Verzehr der neuen Nahrung von ihrer Mangelerscheinung, dann lernt sie sehr schnell, diese zu bevorzugen. Solche schnellen Lernprozesse, die sich aus den physiologischen Konsequenzen der Nahrungsaufnahme ergeben, ermöglichen es der Ratte, neue Nahrungsressourcen aufzuspüren und somit herauszufinden, welche die entsprechenden Inhaltsstoffe liefern können. Ausführliche Untersuchungen des Freßverhaltens bei Ratten zeigen, daß diese Tiere normalerweise neue Nahrung meiden oder sie nur in kleinen Schritten testen. Die Zeiten zwischen der jeweiligen Nahrungsaufnahme sind lang genug, um dem Tier die Möglichkeit zu geben, die Auswirkung dieser neuen Nahrung abzuschätzen. Wenn eine Ratte frißt, wird ein kleiner Teil der Nahrung relativ schnell durch den Magen in den Darm transportiert. Dabei wird die neue Nahrung im Magen an alter Nahrung vorbeigeleitet, die sich dort noch von einer vorherigen Mahlzeit befindet (Abb. 15.10). Auf diese Art und Weise kann eine Ratte die Qualität der Nahrung testen, die sie gerade zu sich genommen hat (Wiepkema et al. 1972).

Eine vitaminarme Nahrung wirkt, wie Rozin und Kalat (1971) sowie auch Rozin (1976a) in ihren Untersuchungen ausführlich darlegen, auf den Körper wie ein langsames Gift. Rozin erwähnt, daß Ratten, die mit thiaminarmer Nahrung gefüttert wurden, nur widerstrebend die ihnen vertraute Nahrung fraßen, dagegen sehr eifrig das neue Futter aufnahmen, das allerdings ebenso arm an Thiamin war. Die Abneigung gegen das bekannte Futter bestand auch dann noch, als die Ratten sich längst von der Mangelerscheinung erholt hatten. Ratten, die nach dem Verzehr von vergifteter Nahrung krank wurden, hatten ebenso eine Abneigung gegenüber dieser Nahrung und zeigten ein übermäßiges Interesse an neuem Futter. Demnach gibt es einen engen Zusammenhang zwischen den Reaktionen der Ratte gegenüber unzureichender

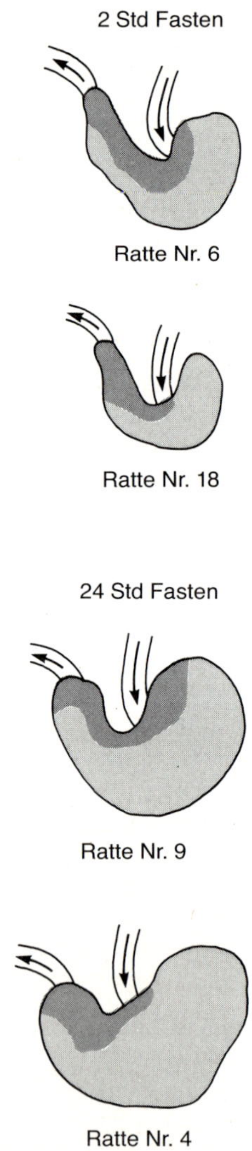

Abb. 15.10. Verteilung aufgenommener Nahrung in einem Rattenmagen. Die dunkle Fläche zeigt die gefärbte Nahrung an, die nach der ungefärbten (helle Fläche) aufgenommen wurde (nach Wiepkema et al. 1972).

Ernährung und ihrem Verhalten gegenüber toxisch wirkenden Nahrungsmitteln. Dieser Sachverhalt wird in Kapitel 18 ausführlicher beschrieben.

Das Nährstoffspektrum eines Tieres ist sehr vielseitig. Bei der Ratte beinhaltet es Wasser, neun essentielle Aminosäuren, einige Fettsäuren und mindestens 10 Vitamine und 13 Mineralien (Rozin 1976a). Obwohl sehr viele wissenschaftliche Untersuchungen durchgeführt wurden, bleibt doch die Frage offen, welche physiologischen Faktoren den Prozeß der Nahrungsaufnahme einleiten. Cannon (1932) glaubte, daß Magenkontraktionen wie auch andere periphere Faktoren verantwortlich sein könnten. Werden jedoch die zum Magen führenden Nerven durchtrennt oder wird der Magen aus medizinischen Gründen entfernt, so bleibt das Eßverhalten beim Menschen größtenteils unbeeinflußt. Einige Hypothesen hierzu fordern die Existenz von Rezeptoren im Gehirn, die auf das Vorhandensein von Nährstoffen im Blut empfindlich reagieren. Substanzen wie Glukose, Aminosäuren oder Fette könnten als Indikatoren für die erforderliche Nahrungszusammensetzung herangezogen werden. Der Glukosegehalt im Blut steigt während der Verdauung an, er verändert sich aber auch unter anderen Bedingungen, wie z. B. bei autonomer Erregung und in Erwartung einer Mahlzeit. 1967 postulierte Mayer, daß das Gehirn eher auf den *Verbrauch* von Glukose reagiert, als auf seine *Verfügbarkeit*. Ähnliche Mechanismen werden auch von anderen Wissenschaftlern vermutet (Torates 1980). Neuere Untersuchungen auf diesem Gebiet unterstützen die geforderten Mechanismen, eine eindeutige Antwort aber bleibt weiterhin aus.

Einige Wissenschaftler zweifeln daran, daß für den Hunger die direkte Wahrnehmung des Ernährungszustandes von primärer Wichtigkeit ist. Obwohl Tiere tatsächlich auf Ernährungsüberfluß oder Mangelzustände reagieren können und somit die Hypothese der direkten Wahrnehmung und Regulation unterstützt wird, gibt es dennoch andere Erklärungsmöglichkeiten. Die unter einer bestimmten Mangelerscheinung leidenden Tiere neigen dazu, ein breiteres Nahrungsangebot zu nutzen. Diese Tiere lernen weitaus schneller, das für sie geeignete Futter richtig auszuwählen. Daraus könnte man schließen, daß ein solcher Lernprozeß eher auf die Wahrnehmung des allgemeinen Gesundheitszustandes zurückzuführen ist als auf das Aufspüren spezifischer Mangelerscheinungen (Rozin und Kalat 1971; Rozin 1976a). Wird Ratten, wie von Richter (1943, 1955) nachgewiesen wurde, ein breites Spektrum an reinen Nährstoffen angeboten, so wählen sie daraus ein für sie ausgewogenes Verhältnis.

Woher weiß die Ratte, welche Nahrung sie zu einem bestimmten Zeitpunkt auszuwählen hat? Für einige Nahrungsinhaltsstoffe wie Wasser, Natrium und wahrscheinlich auch für Glukose läßt sich eine Antwort dahingehend finden, daß es unterschiedliche Erkennungsmechanismen des Geschmackssinns und sensorische Verarbeitungsprozesse im Gehirn zu geben scheint, die diese im Blut vorhandenen Substanzen wahrnehmen. Für andere Nahrungsinhaltsstoffe, insbesondere für Vitamine und Mineralien, gibt es keine direkte Wahrnehmung. Das Tier lernt, was es fressen muß, um nicht krank zu werden. In Kapitel 18 soll dieser Lernprozeß im einzelnen diskutiert werden. Im Fall der Aminosäuren und Fette bleibt die Situation weiterhin ungeklärt. Eine direkte Wahrnehmung und eine homöostatische Kontrolle dieser Substanzen wurde vermutet (Näheres s. Booth 1978), die Hinweise hierauf sind jedoch sehr schwach.

15.5 Motivationssysteme

Wie bereits gezeigt wurde, machen die homöostatischen Kontrollmechanismen ganz bestimmte Verhaltensmuster für das Tier erforderlich. Es muß zu jedem beliebigen Zeitpunkt in der Lage sein, seinen inneren Gleichgewichtszustand einzuschätzen und künftige, eventuell notwendige Anforderungen – auch solche, die durch sein eigenes Verhalten entstehen – in seine Entscheidungen für weiteres Verhalten miteinzubeziehen.

In der traditionellen Sichtweise wird der Motivation ein einfacher Rückkopplungsmechanismus zugrundegelegt. Eine Veränderung des inneren Zustands wird durch das Gehirn wahrgenommen, was zum Aufbau einer bestimmten Motivation führt, welche wiederum das entsprechende Verhalten in Gang setzt. Diese Motivation löst das Appetenzverhalten und die Endhandlung aus. Das **Appetenzverhalten** bewirkt ein aktives Suchen nach geeigneten äußeren Auslösern; sind diese Auslöser gefunden, kann die **Endhandlung** (z. B. Fressen oder Trinken) stattfinden. Die Durchführung der Endhandlung reduziert die motivationale Tendenz, und zwar entweder direkt oder indirekt durch die Abnahme der an der Entstehung dieser Tendenz beteiligten inneren oder äußeren Reize. Die Endhandlung ist dann abgeschlossen. Zum Beispiel wird Wasserverlust aus dem Körpergewebe durch das Gehirn wahrgenommen, und das Tier wird durstig. Der Durst treibt das Tier zur Wassersuche (Appetenzverhalten), findet es Wasser, so trinkt es (Endhandlung). Durch den Trinkvorgang kann der Durst unmittelbar gestillt werden, und zwar über kurzfristige Sättigungsmechanismen, wie dem Befeuchten der Mundschleimhaut oder dem Füllungsgrad des Magens (Rolls und Rolls 1962). Die kurzzeitigen Sättigungsmechanismen werden durch direkte Absorption des Wassers in den Blutstrom ergänzt, bei manchen Arten aber auch umgangen (Rolls und Rolls 1982), wodurch die durstauslösende Dehydrierung rückgängig gemacht wird. Das Tier hört nun auf zu Trinken, entweder aufgrund der kurzfristigen Sättigungsmechanismen oder weil das wiederhergestellte Gleichgewicht seines Wasserhaushaltes keinen Durst mehr auslöst.

Der Begriff des **Triebes** wurde von Woodworth (1918) als Alternative zu McDougall's **Instinkt**-Begriff (1908) eingeführt (s. Kapitel 20). Woodworth unterschied zwischen den **antreibenden** (Trieb) und den **gerichteten** Komponenten der Motivation. Aus den physiologischen Erfordernissen der jeweiligen Gewebe ergeben sich die **primären** Triebe, andere (**sekundäre**) Triebe lassen sich von erlernten Verhaltensmustern ableiten. Ähnliche Vorstellungen über Triebe wurden von den frühen Ethologen entwickelt. So formulierte Lorenz (1950) vom ethologischen Standpunkt aus drei aufeinanderfolgende Prozesse: 1) Akkumulation aktionsspezifischer Energie führt zu Appetenzverhalten; 2) Appetenzverhalten strebt nach der reizauslösenden Situation, wobei angeborene Auslösemechanismen aktiviert werden; und 3) Einsetzen der Auslösemechanismen und Entladen der endogenen Aktivität in der Endhandlung. Lorenz postulierte, „daß eine Energie, die für eine bestimmte Verhaltensweise spezifisch ist, weiterhin gespeichert bleibt, wenn diese Verhaltensweise nicht auftritt. Beim Ablaufen dieser Verhaltensweise wird diese Energie jedoch verbraucht."

Die prinzipielle Idee eines Triebes, der bestimmte Handlungen in Gang setzt, war unter den Ethologen und in verschiedenen Schulen der Tierpsychologie in den Vereinigten Staaten wohlbekannt. In den letzten 50 Jahren seit seiner Formulierung war das Triebkonzept Mittelpunkt vieler quasi-philosophischer Diskussionen und Analysen. Kontroversen ergaben sich bei der Fragestellung, ob Triebe angeborenermaßen zweckdienlich seien (Thorpe 1956; Peters 1958), ob sie als allgemein oder spezifisch anzusehen waren (Hinde 1970; Bolles 1967) und ob sie Verhalten auslösen konnten (Bolles 1967; McFarland 1971). In den letzten Jahren wird dem Triebkonzept immer weniger Bedeutung zugemessen. Die Gründe hierfür werden im folgenden Abschnitt erläutert.

Mit der klassischen Betrachtungsweise, wonach Hunger und Durst homöostatische Triebe sind, kann geschlossen werden, daß die Nahrungsaufnahme und das Trinkverhalten infolge wahrgenommener physiologischer Veränderungen ausgelöst werden. Das Freß- und Trinkverhalten wird durch negative Rückkopplungsprozesse kontrolliert, da die Nahrungs- und Wasseraufnahme dazu führt, die Abweichungen vom physiologischen Gleichgewichtszustand, die diese Verhaltensweisen hervorgerufen haben, wieder auszugleichen. Jedoch kommen diese Verhaltensweisen nicht nur in Reaktion auf physiologische Veränderungen vor, sondern sie können oft auch in Antizipation solcher physiologischer Veränderungen auftreten. Viele Tiere haben ein bestimmtes Freßverhalten, das sich unter konstanten Bedingungen tagtäglich wiederholt. So wie der Mensch zu seinen gewohnten Essenszeiten Hunger bekommt, kann auch der Hunger bei Tieren durch die Tageszeit bestimmt werden. Unter Umweltbedingungen, die sich von Tag zu Tag nur wenig ändern, entwickeln Tiere schnell einen für sie individuellen Tagesablauf, indem sie nur zu bestimmten Zeiten fressen, auch wenn Nahrung ständig vorhanden ist. Physiologische Abläufe passen sich diesem Tagesablauf an. Beim Menschen zum Beispiel hört die Leber kurz vor einer erwarteten Mahlzeit auf, weiterhin Glykogen für den Körper verfügbar zu machen, was wiederum zu einem Abfall im Blutzuckerspiegel führt in Antizipation des Wiederanstiegs aufgrund der sofort erfolgenden Nahrungsaufnahme. In Experimenten hierzu wurde gezeigt, daß solche physiologischen Anpassungen Konditionierungsprozessen unterliegen, die im Zusammenhang mit der Tageszeit stehen.

Wie bereits erwähnt wurde, führt die Nahrungsaufnahme langfristig zu verstärktem Trinkverhalten. Anstatt dann zu trinken, wenn sie durstig sind, trinken viele Tiere bereits im voraus, um so Dehydrierungseffekte durch Verdauungsprozesse zu vermeiden (Fitzsimons und Le Magnen 1969). Ähnlich verhält es sich mit der Thermoregulation, die oft Wasserverluste mit sich bringt. Anstatt zu trinken, wenn aufgrund von Wärmeeinwirkung der Wasserverlust einsetzt, nehmen einige Tiere im voraus Wasser zu sich und haben so für die Thermoregulation Wasser zur Verfügung (McFarland 1970a). Zum Beispiel fand Budgell (1970a) heraus, daß Tauben (*Streptopelia risoria*), die bei unterschiedlichen Raumtemperaturen gehalten wurden und für zwei Tage kein Wasser bekamen, die gleiche Menge Wasser tranken, wenn allen Tieren anschließend in einer Testapparatur bei 20 °C Wasser angeboten wurde. Wurden die Tauben jedoch für zwei Tage bei der gleichen Raumtemperatur (20 °C) depriviert, dann tranken sie unterschiedlich viel Wasser, wenn ihnen anschließend bei unterschiedlichen Raumtemperaturen Wasser gegeben wurde (Abb. 15.11). Ähnliche Ergebnisse sind auch bei Ratten erzielt worden (Budgell 1970b). Hieraus ist ersichtlich, daß diese Tiere direkt auf Temperaturänderungen in ihrer Umgebung mit entsprechend verändertem Trinkverhalten reagieren, noch bevor eine wärmeinduzierte Dehydrierung stattgefunden hat. Der Begriff **Vorauskopplung** (feedforward) wird für solche Situationen verwendet, in denen die Folgen der Rückkopplung bereits vorausgenommen werden, so daß durch ein entsprechendes Verhalten möglichen Abweichungen im physiologischen Gleichgewicht entgegengewirkt werden kann (McFarland 1971; Toates 1980).

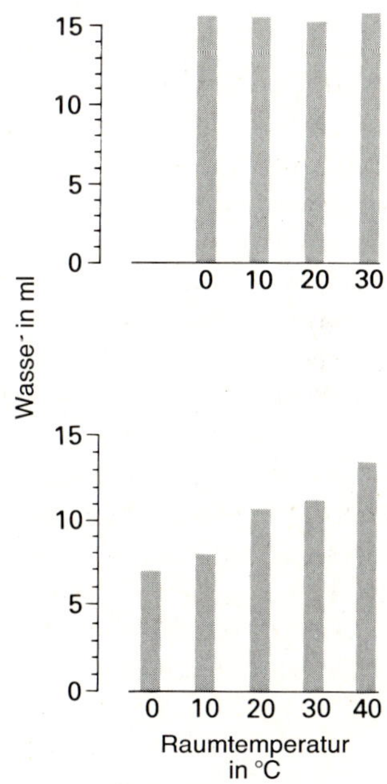

Abb. 15.11. Der Einfluß der Raumtemperatur auf das Trinkverhalten bei Tauben. Oben: Der Einfluß unterschiedlicher Temperatur während des Wasserentzuges auf das spätere Trinkverhalten bei einheitlich 20 °C. Unten: Der Einfluß unterschiedlicher Temperatur während des Trinkvorgangs nach einem Wasserentzug bei einheitlich 20 °C (Daten von Budgell 1970a).

Zwischen einer bestimmten Verhaltensweise und den ihr zugeschriebenen physiologischen Folgen besteht nicht immer ein eindeutiger Zusammenhang. In einigen Fällen, wie beispielsweise bei der Thermoregulation, kann ein bestimmtes Verhalten Folgereaktionen auslösen, die in nur einem Bereich meßbar sind, wie z. B. eine Veränderung der Körpertemperatur. Im allgemeinen aber beeinflussen Verhaltensweisen eine Anzahl verschiedener Bereiche des inneren Zustands. Zum Beispiel wird durch die Nahrungsaufnahme der physiologische Zustand eines Tieres in verschiedener Hinsicht verändert, je nachdem, welche Nahrung das Tier zu sich nimmt. Die Folgen eines solchen Verhaltens werden als ambivalent bezeichnet.

Sibly und McFarland haben bereits 1972 gezeigt, daß Tiere, um diese ambivalenten Folgen bewältigen zu können, ein adaptives Kontrollsystem besitzen müssen, mit dem sie ihre jeweiligen Regulationsmechanismen den bestehenden Umweltbedingungen anpassen können. Für solche adaptiven Kontrollmechanismen gibt es eine Reihe von Beispielen. So fand McFarland (1971) heraus, daß Tauben lernen, ihre kurzfristige Einschätzung des Trinkwasser-Hydrierungswertes neu zu eichen, wenn sie von reinem Wasser auf salzhaltiges wechseln und umgekehrt. Auch wurde bereits erwähnt, daß Ratten mehrere Stunden nach der Nahrungsaufnahme aufgrund von physiologischen Veränderungen lernen können, bestimmte Nahrungsmittel zu wählen oder zu meiden (s. Kapitel 18). Richter (1943) zeigte, daß Tiere selbst nach der operativen Entfernung bestimmter physikalischer Regulatoren noch versuchten, einen konstanten Zustand aufrechtzuerhalten. Werden Ratten, nachdem man ihnen entweder Nebennieren, Schilddrüsen, Nebenschilddrüsen oder Bauchspeicheldrüse entfernt hat, in eine geeignete Umgebung gesetzt, dann sind sie weiterhin in der Lage, durch entsprechendes Verhalten diese Verluste zu kompensieren.

Um der Homöostase sowohl in ihren physiologischen als auch in ihren Verhaltensaspekten gerecht zu werden, ist es notwendig, über das Konzept der einfachen negativen Rückkopplung hinauszugehen. Die Aufrechterhaltung eines physiologischen Zustandes innerhalb einer schmalen Bandbreite kann durch die Kombination von negativer Rückkopplung, Vorauskopplung und adaptiven Kontrollmechanismen erzielt werden.

Traditionsgemäß wurden homöostatische Bereiche des Verhaltens, wie Nahrungsaufnahme, Trinkverhalten und Temperaturregulation, von nicht-homöostatischen Bereichen des Verhaltens, wie Aggression und Sexualverhalten, unterschieden – eine Abgrenzung, die in den letzten Jahren immer wieder kritisiert wurde (Hogan 1980; Davis 1980). Die Kontrolle des Sexualverhaltens unterscheidet sich nicht wesentlich von der Kontrolle der Nahrungsaufnahme oder des Trinkverhaltens (McFarland und Nuñez 1978; Toates 1980). Sie beinhaltet ähnliche Mechanismen, die im Modell auch mit derselben Terminologie und denselben Konzepten dargestellt werden können (Abb. 15.12).

Das Zusammenspiel der physiologischen Prozesse, durch das ein Verhalten hervorgerufen wird, ist sehr komplex. Im Fall einer offenbar recht einfachen Verhaltensweise, wie z. B. des Trinkverhaltens, können verschiedene Faktoren an der Auslösung, Aufrechterhaltung und Beendigung beteiligt sein (Rolls und Rolls 1982). Im Fall der Nahrungsaufnahme ist dieser Sachverhalt noch wesentlich komplizierter (Booth 1978). Um diesen Komplexitätsgrad noch handhaben zu können, haben sich Verhaltenswissenschaftler der Techniken der Kontrollsystemtheorie bedient, die von Ingenieuren für die Beschreibung und Analyse komplizierter Maschinen benutzt werden. Bei der Erstellung quantitativer Modelle verschiedener Komponenten in einem System, wie z. B. dem Kontrollsystem des Trinkverhaltens, ist es möglich, eine Computersimulation dieses Systems als Ganzes durchzuführen. Mit einer solchen Simulation lassen sich quantitative Vorhersagen machen, die in Experimenten getestet werden können. Mit den Ergebnissen dieser Experimente können Hypothesen wiederum auf den neuesten Stand gebracht und so immer differenziertere Modelle entwickelt werden. Die Kontrollsystemtheorie ist auf eine Anzahl verschiedener Verhaltenskomplexe angewendet worden, wie etwa Nahrungsaufnahme, Trinkverhalten, Thermoregulation und Sexualverhalten (McFarland 1971, 1974; Booth 1978; Toates 1975, 1980).

Im Vergleich zur Präzision und Strenge der Kontrollsystemtheorie ist das Triebkonzept unklar und verwirrend. Außerdem hat der neue Ansatz Begriffsprobleme

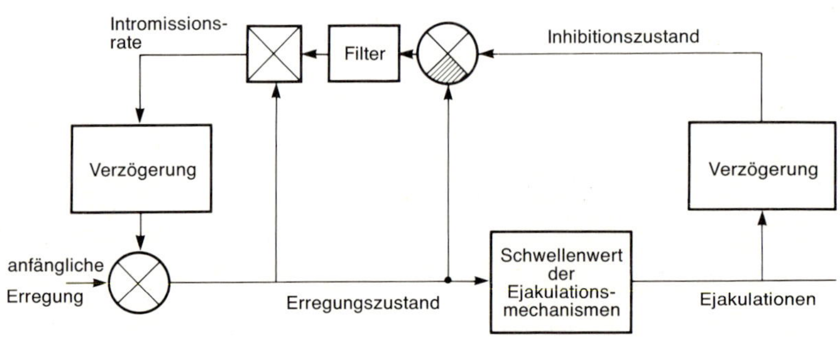

Abb. 15.12. Das hier vorgestellte Modell für die Kontrolle des Sexualverhaltens unterscheidet sich prinzipiell nur wenig von dem Modell für das Trink- und Freßverhalten (nach McFarland und Nuñez 1978).

aufgedeckt, mit denen das Triebkonzept nicht länger haltbar ist. Zwei dieser Probleme wurden von Hinde (1959, 1960) aufgezeigt, die hierzu notwendigen theoretischen Konzepte waren aber zu dem damaligen Zeitpunkt auf dem Gebiet der Verhaltensforschung nicht vorhanden. Die Annahme, Triebe könnten als einheitliche Variablen betrachtet werden, ist falsch (Hinde 1959). Wenn man z. B. an Hunger denkt, so könnte man sich vorstellen, daß diese Größe entlang einer einzigen Skala als Menge gemessen werden kann; danach kann ein Tier viel oder wenig Hunger haben. Es gibt jedoch viele verschiedene Ebenen, auf denen Hunger analysiert werden muß. Ein Tier hat vielleicht einen ganz bestimmten Hunger, z. B. auf Salz oder Thiamin. Es könnte an Eiweißmangel leiden oder an zu wenig sofort verfügbarer Energie. Diese unterschiedlichen Ursachen für seinen Hunger können sein Freßverhalten entsprechend beeinflussen. Daher ist es nicht richtig, wenn Hunger nur als eine einzige Variable angesehen wird. Eine alternative Formulierung (McFarland und Sibly 1972) stellt den Hunger und andere sogenannte Triebe als Vektoren dar. Mit diesem Ansatz wird der Weg für die Darstellung der **Zustandsräume** unterschiedlicher Motivationssysteme eröffnet, die im nächsten Abschnitt besprochen werden.

Ein zweites Problem des Triebkonzeptes (Hinde 1960) liegt in der Annahme, daß Triebe Energielieferanten für das Verhalten sind. Obwohl diese Annahme die Psychologie und Ethologie sehr beeinflußt hat, ergeben sich daraus jedoch konzeptuelle Schwierigkeiten, wenn die Analyse über den Stand vager Analogien hinausgehen soll. Viele frühe Psychologen scheuten sich, eine mechanistische Psychologie zu entwickeln. Vielmehr begründeten sie ihre Sichtweise auf fundamentale Fehlkonzeptionen wie Kraft, Stärke und Energie, alles Begriffe,wie sie in der Physik verwendet werden. Sie setzten Triebe mit Energie gleich, wie es auch die frühen Ethologen taten (s.o.), und glaubten, daß sich irgendeine Art von Motivationsenergie während der Deprivation von Nahrung, Wasser, Sexualverhalten usw. aufsummiert und diese Energie oder Triebkraft dann die Intensität des folgenden Verhaltens bestimmt. Das wohl größte Problem dieser Betrachtungsweise besteht darin, daß Energie, wie sie in der Physik benutzt wird, ein Kapazitäts-Konzept darstellt und daher nicht selbst als Ursache wirken kann (McFarland 1971). Da einer unkorrekten Analogie nachgegangen wurde, konnte mit den Triebkonzepten nicht mehr gearbeitet werden, sie erschienen widersprüchlich (Bolles 1967).

Das dritte wichtige Problem des Triebkonzeptes ergab sich bei dem Versuch einer Klassifizierung. Einige Psychologen versuchten, zu jedem einzelnen Verhaltensbereich entsprechend eine einzelne Triebkraft zu identifizieren, wie es in frühen ethologischen Theorien implizit zu finden ist. Demnach könnte man einen Sexualtrieb postulieren, der das Sexualverhalten antreibt, oder man unterteilt den Sexualtrieb in einen Balztrieb, einen Kopulationstrieb und einen Ejakulationstrieb. Dabei stellt sich aber ein Problem: Wie viele Triebe soll es hier geben? Einige Psychologen traten für eine einzige allgemeingültige Triebkraft ein, aber für diesen Vorschlag konnten keine ausreichenden Beweise gefunden werden (Hinde 1970; Bolles 1967). Wird erst einmal das Triebkonzept aufgegeben und die Aufmerksamkeit auf die Veränderungen motivationaler Zustände gerichtet, welche die Grundlagen der Verhaltensänderungen darstellen, dann kann das Problem, alle Faktoren aufzuzählen, die an der Entstehung von Verhalten beteiligt sind, angegangen werden (McFarland 1974).

15.6 Motivationszustand

Zu jedem beliebigen Zeitpunkt befindet sich das Tier in einem bestimmten physiologischen Zustand, der vom Gehirn registriert wird. Das Verhalten, das beim Tier beobachtet werden kann, wird vom Gehirn festgelegt, und zwar in Abhängigkeit von dem registrierten Motivationszustand und den vom Tier wahrgenommenen Umgebungsreizen. Die Verknüpfung von physiologischem Zustand und Wahrnehmungen zu einer gemeinsamen Repräsentation im Gehirn wird der „Motivationszustand" des Tieres genannt. Er beinhaltet Faktoren, die sowohl für beginnende als auch gerade ablaufende Aktivitäten wichtig sind. Dieses Konzept unterscheidet sich somit fundamental vom alten Triebkonzept, an dessen Stelle es tritt.

Der physiologische Zustand eines Tieres kann als Punkt in einem physiologischen Raum dargestellt werden, wobei die Raumachsen wichtige physiologische Variablen, wie z. B. die Temperatur, darstellen. Der Raum wird durch die Toleranzgrenzen der jeweiligen Variablen bestimmt. In ähnlicher Weise kann der Motivationszustand eines Tieres als Punkt in einem **Motivationsraum** dargestellt werden. Die Raumachsen werden durch die wichtigen Motivationsreize gebildet, wie z. B. den Hunger oder die Intensität äußerer Reize. Das Konzept der **Zustandsräume** ist nicht nur für die Beschreibung von Motivationssystemen wichtig, sondern es kann auch als Bindeglied zwischen mechanistischen Aspekten und Planungsaspekten in Entscheidungstheorien angesehen werden.

Die Darstellung der Zustandsräume hat den Vorteil, daß die Komponenten nichteinheitlicher Motivationen, wie z. B. Hunger, sofort sichtbar gemacht werden können (Abb. 15.13). Ein weiterer Vorteil ist, daß die sich gegenseitig beeinflussenden Auswirkungen innerer und äußerer Reize in einer einfachen Form dargestellt werden können. In Kapitel 12 wurde gezeigt, wie Messungen der Wirksamkeit äußerer Reize auf den Motivationszustand quantitativ zu einem Reizstärke-Index zusammengefaßt werden können und daß die Beziehungen zwischen den verschiedenen Reizen als Motivationsisokline erscheinen. Zum Beispiel kann das Nahrungsbedürfnis, das sich aus einem großen Hunger und einer niedrigen Reizstärke – im Sinne von Verfügbarkeit des Futters – ergibt, den gleichen Wert annehmen, der resultiert, wenn das Tier nur wenig Hunger hat, andererseits aber ein hoher Wert für die Verfügbarkeit von Futter vorliegt. Die Punkte, die diese beiden verschiedenen Motivationszustände repräsentieren, liegen auf derselben Motivationsisokline (Abb. 15.14). Die Form der Motivationsisokline liefert einen Hinweis dafür, in welcher Form die verschiedenen Faktoren kombiniert auftreten müssen, um eine bestimmte Tendenz hervorzurufen. Zum Beispiel scheinen die inneren und äußeren Reize bei der Kontrolle des Balzverhaltens der männlichen Guppies (*Lebistes reticulatus*) multiplikativ zu wirken (Abb. 15.15), wenngleich auch mit der Meßskala vorsichtig umgegangen werden muß, bevor endgültige Aussagen formuliert werden können (vgl. Kapitel 12).

Ein wichtiger Unterschied zwischen dem Konzept der motivationalen Zustandsräume und dem traditionellen Triebkonzept besteht darin, daß in dem modernen Ansatz keine Annahmen über die Art und Weise der Kombination der Motivationsfaktoren oder über den Zusammenhang zwischen Motivation und Verhalten gemacht werden. Die frühen Psychologen und Ethologen neigten dazu, anzunehmen, daß Motivationsfaktoren in einer bestimmten Art zusammenwirken. Es wurde allgemein angenommen, daß innere und äußere Faktoren multiplikativ wirken, d.h. die Wahrscheinlichkeit des Auftretens eines bestimmten Verhaltens ist gleich Null, wenn der innere Trieb sehr hoch ist, aber gleichzeitig keine relevanten äußeren Reize vorhanden sind. Die Wahrscheinlichkeit muß demnach ebenso gleich Null sein, wenn das Bedürfnis vernachlässigbar klein, aber die äußere Reizsituation dafür umso stärker ist. Obwohl das in einigen Fällen zutreffen mag, muß doch mit dem modernen Ansatz diese Frage als empirisch betrachtet werden und sollte nicht Gegenstand irgendeiner bestimmten Lehrmeinung sein.

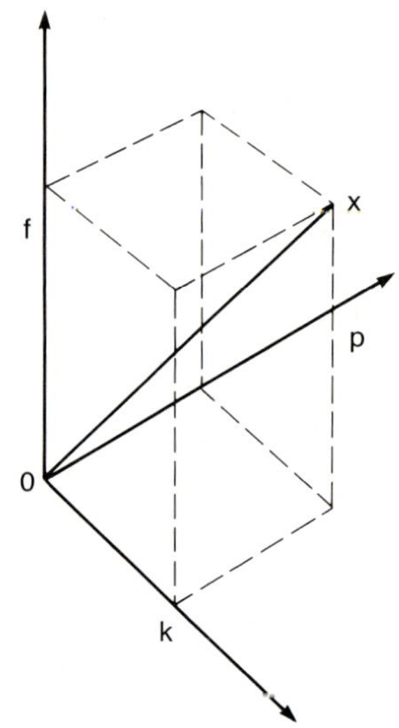

Abb. 15.13. Hunger als multidimensionaler Vektor dargestellt. f, Fett; p, Proteine; k, Kohlenhydrate; 0, Ausgangspunkt; x, Hungerzustand (nach McFarland und Sibly 1972).

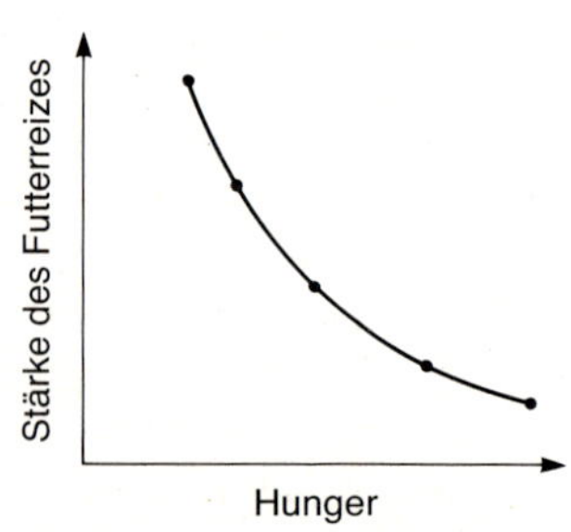

Abb. 15.14. Eine Motivationsisokline, die den Hunger und die Futterreizstärke zueinander in Beziehung setzt. Die Kurve verbindet solche Zustände (Punkte), die dieselbe Tendenz zur Nahrungsaufnahme zur Folge haben.

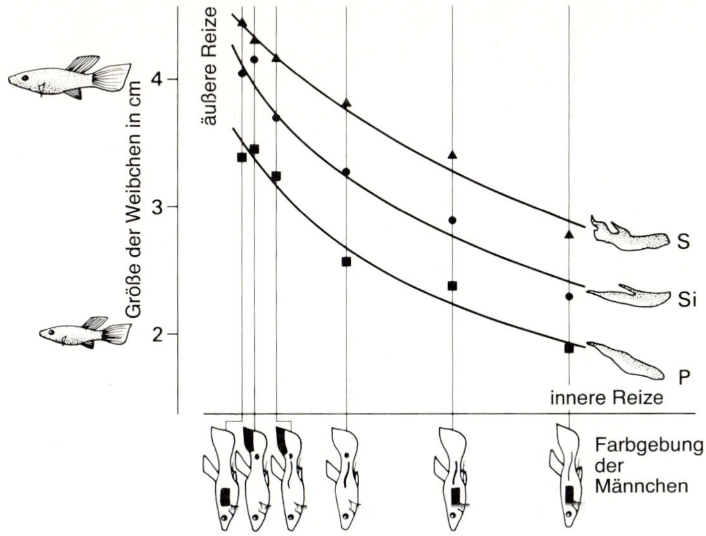

Abb. 15.15. Der Einfluß der Stärke äußerer Reize (gemessen an der Größe eines Weibchens) und des inneren Zustands (gemessen an der Farbgebung des Männchens) auf die Auslösung des Balzverhaltens männlicher Guppies. Jede Kurve (Isokline) stellt das Zusammenwirken der äußeren Reize und der inneren Zustandsvariablen dar, durch die die charakteristische sigmoide Körperhaltung mit ansteigender Intensität (P, Si, S) ausgelöst wird (nach Baerends et al. 1955).

Nach der herkömmlichen Theorie wird das Verhalten von innen her angetrieben, und es gibt eine direkte kausale Beziehung zwischen der Triebstärke und den Eigenschaften des nachfolgenden Verhaltens. Der moderne Ansatz geht dagegen nicht von einer direkten Beziehung zwischen Motivationszustand und Verhalten aus. Auch wenn bestimmte Kombinationen von Faktoren die gleiche Verhaltenstendenz hervorrufen können, gibt es dennoch notwendigerweise keinen direkten Zusammenhang zwischen der Tendenz, ein Verhalten auszuführen und dem beobachteten Verhalten selbst. Zum Beispiel kann das Nahrungsbedürfnis eines Tieres zu einem bestimmten Zeitpunkt stärker sein als alle anderen Bedürfnisse, trotzdem kann das Tier den Wunsch nach Nahrungsaufnahme im Interesse anderer, langfristiger Strategien zurückstellen; ebenso kann ein Tier Nahrung aufnehmen, auch wenn sein Freßbedürfnis nicht besonders groß ist. Diese unterschiedlichen Möglichkeiten sind aufgrund direkter Verhaltensbeobachtungen erkannt worden. Sie im einzelnen zu beurteilen ist eine schwierige Aufgabe, und viele Fragen sind zur Zeit noch unbeantwortet. In diesem Kapitel sollen nur einige Aspekte dieses Problems aufgezeigt werden, weitere werden dann in Kapitel 25 besprochen.

Im allgemeinen hat sich der Schwerpunkt dieser Forschungsrichtung von den Versuchen wegbewegt, eine direkte kausale Beziehung zwischen Motivation und Verhalten aufzuzeigen. Das geschieht teilweise wohl aufgrund konzeptueller Schwierigkeiten im Hinblick auf die Messung und die Dimensionierung der kausalen Faktoren (McFarland 1976; Houston und McFarland 1976; McFarland und Houston 1981), teilweise aber auch deswegen, weil man erkannt hat, daß Tiere wahrscheinlich mental weitaus komplizierter sind als bisher angenommen. Der Schwerpunkt der meisten neueren Untersuchungen liegt eher bei der Frage nach den Folgen des Verhaltens als nach seinen unmittelbaren Ursachen. Wodurch werden die Auswirkungen des Verhaltens bestimmt? Wie beeinflussen diese Auswirkungen wiederum das nachfolgende Verhalten? Inwieweit ist ein Tier dazu in der Lage, die möglichen Folgen seines Verhaltens in sein künftiges Verhalten mit einzubeziehen? In welchem Ausmaß kann es Kosten und Nutzen verschiedener Verhaltenskomplexe abschätzen?

Die Folgen des Verhaltens ergeben sich aus der Interaktion zwischen Verhalten und Umwelt. So hängen z. B. Auswirkungen der Nahrungssuche sowohl von der eingesetzten Suchstrategie ab als auch von der Verfügbarkeit und der Erreichbarkeit der Nahrung. Ein Vogel kann z. B. an geeigneten oder ungeeigneten Orten auf der Suche nach Insekten sein, auch wenn es zu bestimmten Zeiten reichlich oder kaum Insekten an diesen Plätzen gibt. Ähnliches gilt für die Auswirkungen des Balzverhaltens – in Form einer Reaktion des Partners –, die demnach sowohl von der Art und Intensität des gezeigten Balzverhaltens als auch von der Motivation und dem Verhalten des Partners abhängen.

Die Folgen eines Verhaltens beeinflussen in mannigfacher Weise den Motivationszustand eines Tieres. Der Verbrauch an Energie sowie die Nahrungsaufnahme sind zwei wichtige Folgeerscheinungen der Nahrungssuche. Energie und andere physiologische Erfordernisse, wie z. B. Wasser, werden für jedes Verhalten gebraucht, und zwar in Abhängigkeit von der Intensität des Verhaltens, dem Wetter usw. Solche Ausgaben müssen mitberücksichtigt werden, da sie den Zustand des Tieres beeinflussen. Die Nahrungsaufnahme kann den Zustand eines Tieres auf vielfältige Weise verändern. Im Mund befindliche Nahrung kann den Appetit über einen positiven Rückkopplungsmechanismus kurzzeitig erhöhen (Wiepkema 1971); sie kann aber auch einen sättigenden Effekt (negative Rückkopplung) haben, oder sie wird aufgrund ihrer Ungenießbarkeit wieder ausgespuckt. Befindet sich die Nahrung im Magen-Darm-Trakt, so kann sie einen kurzzeitigen Sättigungseffekt haben, aber auch andere physiologische Faktoren, wie z. B. die Temperatur und den Wasserhaushalt, beeinflussen. Die Nahrung wird im Darm verdaut, und Nährstoffe werden in den Blutstrom abgegeben. Die aufgrund der Nahrungsaufnahme im Blut stattfindenden Veränderungen sind sehr vielfältig und können unterschiedliche Bereiche des physiologischen Zustands beeinflussen. Ein wichtiger Punkt hierbei ist, daß alle Ebenen des Verhaltens Auswirkungen mit ähnlichem Komplexitätsgrad nach sich ziehen, die sowohl andere Tiere als auch Gegebenheiten der äußeren Umwelt, wie etwa ein Nest, betreffen können. Wenngleich es relativ einfach ist, die Folgen der Nahrungsaufnahme aufzuzeigen, da dieses Verhalten ein ungeheuer großes wissenschaftliches Interesse auf sich gezogen hat, sollte man dennoch nicht vergessen, daß die Auswirkungen des Verhaltens auf andere Tiere und auf die Umwelt den Motivationszustand des Tieres in ähnlicher Weise beeinflussen, wie z. B. die Nahrungsaufnahme (McFarland und Houston 1981).

Die Folgen des Verhaltens lassen sich in einem motivationalen Zustandsraum darstellen. Der Motivationszustand eines Tieres erscheint als Punkt in diesem Raum. Der Zustand des Tieres ändert sich als Folge eines durchgeführten Verhaltens, wobei der Punkt in dem Raum dann eine Bahn beschreibt (Abb. 15.16). Auf einer zweidimensionalen Abbildung kann die Zustandsprojektion nur in einer einzigen Ebene verfolgt werden, aber man kann sich gut vorstellen, daß der sich ändernde Zustand eine Bahn in einem multidimensionalen Raum beschreibt. Diese Darstellungsform hat den Vorteil, daß man sehr komplexe Zustandsänderungen relativ einfach beschreiben kann. Betrachtet man z. B. ein Tier, das kaltes Wasser trinkt, dann sieht man, daß die Entscheidungen, das Verhalten zu ändern, zum einen von dieser Zustandskurve abhängen und zum anderen von der Lage der maßgebenden Motivationsisokline (s. Abb. 15.16).

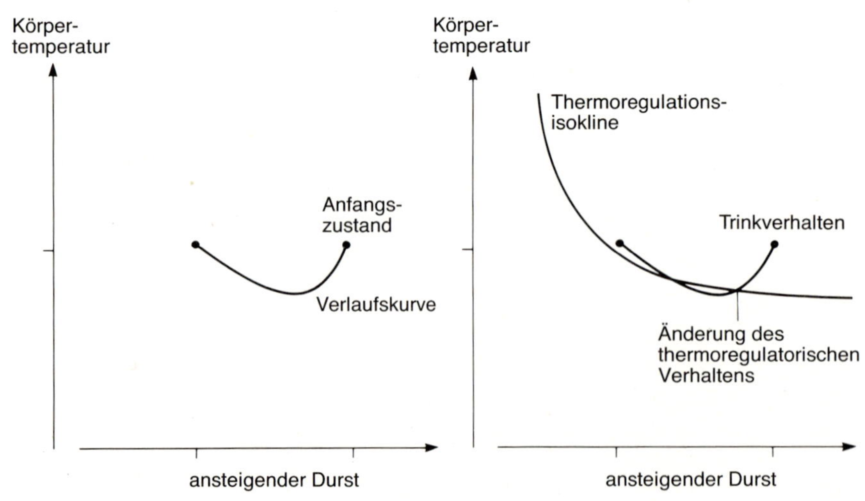

Abb. 15.16. Die Folgen spezifischer Verhaltensweisen, beschrieben in Form von Verlaufskurven im Motivationsraum. Links: Die Folgen von Trinkverhalten (kurzzeitiger Abfall der Körpertemperatur und eine längerfristige Abnahme des Durstes). Rechts: Wenn die Verlaufskurve eine Motivationsisokline schneidet, kann eine Verhaltensänderung erwartet werden.

Merksätze

- Homöostase, die Aufrechterhaltung eines inneren Fließgleichgewichtes, ist für Tiere wichtig, die in einer unbeständigen Umgebung leben. Dieses Gleichgewicht wird nicht, wie bisher angenommen, in erster Linie über einen negativen Rückkopplungsmechanismus aufrechterhalten, sondern ist vielmehr das Ergebnis eines Zusammenspiels von Rückkopplungsprozessen, Vorauskopplungen und adaptiver Kontrolle.
- Die meisten Tiere besitzen irgendeine Form von Thermoregulation. Bei den poikilothermen Tieren liegt die hauptsächliche Wärmequelle außerhalb des Körpers, während homoiotherme Tiere die notwendige Wärme über Stoffwechselprozesse erzeugen.
- Bei allen Tieren gibt es zwangsläufig Wasserverluste, die ausgeglichen werden müssen. Viele Tiere nehmen mehr Wasser zu sich als für die Aufrechterhaltung der Homöostase nötig wäre, sie können auf diese Weise ihre Wasserverluste drosseln, wenn kein Wasser zur Verfügung steht. Das kann jedoch Beschränkungen für andere Bereiche des Verhaltens zur Folge haben.
- Alle Tiere brauchen sowohl Energie als auch Nährstoffe. Viele Tiere können lernen, wie sie essentielle Substanzen erhalten, obwohl sie diese Substanzen in der Nahrung selbst nicht direkt wahrnehmen können.
- Die Idee spezifischer Triebe, die für die unterschiedlichen Verhaltensbereiche verantwortlich sind, ist durch das Konzept des Motivationszustands in den Hintergrund gedrängt worden. Der Motivationszustand beim Tier wird sowohl von äußeren Faktoren als auch von den Folgen des eigenen Verhaltens beeinflußt.

Weiterführende Literatur

BOLLES, R. C. (1967) *Theory of Motivation.* Harper and Row, New York.
TOATES, F. M. (1980) *Animal Behaviour – A Systems Approach.* Wiley, Chichester.

16 Physiologie und Verhalten unter sich ändernden Umweltbedingungen

Im letzten Kapitel wurden Mechanismen der Physiologie und des Verhaltens vorgestellt, mit deren Hilfe Tiere das Fließgleichgewicht ihres Körperhaushaltes aufrechterhalten. In diesem Kapitel werden die physiologischen Anpassungsmechanismen diskutiert, die erforderlich sind, um das Überleben und die Fortpflanzung unter sich ändernden Umweltbedingungen zu ermöglichen.

16.1 Toleranz

Sehr wahrscheinlich ist das Leben im Meer entstanden (Whitfield 1976; Croghan 1976). Verglichen mit anderen Lebensräumen sind die Bedingungen im Meer relativ stabil. Veränderungen physikalischer Größen, wie Temperatur und Sauerstoffgehalt, sind sehr gering, so daß der Körperhaushalt mariner Invertebraten in diesen Punkten nur wenigen Störungen ausgesetzt ist. Solche Tiere werden als **Konformisten** bezeichnet, da ihr Körperzustand sich den jeweiligen äußeren Bedingungen ihres Lebensraumes angleicht, d.h. sie haben nur eine geringe Reaktionsbreite im Hinblick auf wechselnde Umweltbedingungen. Zum Beispiel ist der Salzgehalt in den Körperflüssigkeiten vieler mariner Invertebraten mit dem des Seewassers identisch (Baldwin 1948; Barrington 1968). Andere Tiere, die als **Regulierer** bezeichnet werden, erhalten ihre Körperfunktionen relativ unabhängig von Umweltveränderungen aufrecht – eine Fähigkeit, die Voraussetzung für den Übergang zum Leben am Land und im Süßwasser war.

Jede Tierart besitzt eine für sie charakteristische Fähigkeit, extreme Werte von Umweltfaktoren, wie Temperatur und Feuchtigkeit, zu tolerieren. Zum Beispiel sind viele marine Invertebraten von Veränderungen in der Salzkonzentration direkt abhängig, da ihre Körperflüssigkeiten normalerweise die gleiche Salzkonzentration wie das Meerwasser aufweisen und ihre Gewebezellen auch nur in einem solchen Medium wirksam arbeiten können. Werden diese Tiere einem weniger salzhaltigen Medium ausgesetzt, dringt aufgrund osmotischer Vorgänge Wasser in das Körpergewebe ein. In einem höher konzentrierten salzhaltigen Medium findet genau der umgekehrte Prozeß statt. Tiere, die die Wasseraufnahme bzw. -abgabe durch ihren Körper nicht regulieren können, haben ein aufgrund ihrer geringen Toleranz gegenüber wechselnden Salzkonzentrationen eingeschränktes Spektrum an möglichen Lebensbedingungen.

Der Lebensraum eines Tieres wird durch dessen Reaktionsbreite im Hinblick auf unterschiedliche Umweltfaktoren bestimmt. In Flußmündungen sind z. B. verschiedene Arten des Flohkrebses (*Gammarus*) aufgrund ihrer unterschiedlichen Reak-

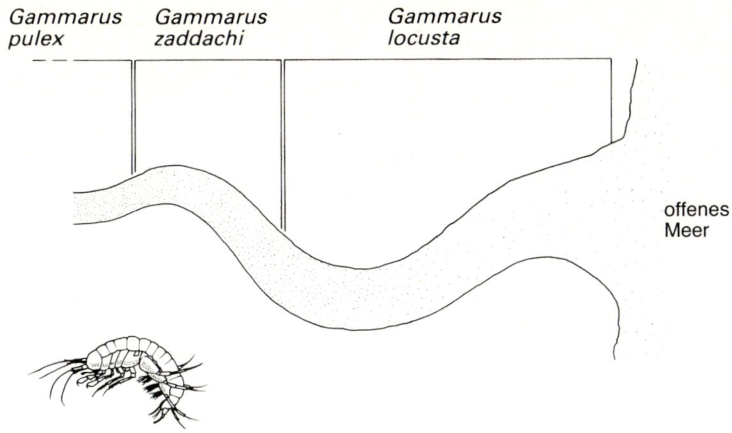

Abb. 16.1. Verbreitung von drei eng miteinander verwandten Flohkrebs-Arten (*Gammarus*) entlang eines Flusses in Abhängigkeit von der Salzkonzentration des Wassers. Der Süßwassergehalt des Flusses wird durch die Dichte der Punkte wiedergegeben (aus *The Oxford Companion to Animal Behaviour*, Oxford University Press 1981).

tionsbreite für den Salzgehalt auf verschiedene Regionen verteilt. *Gammarus locusta* besitzt eine große Toleranz gegenüber Salzwasser und wird somit im direkten Übergangsgebiet der Flußmündung zum Meer gefunden (Abb. 16.1). *Gammarus zaddachi* dagegen besitzt eine mittlere Toleranz und kommt gewöhnlich in den Flußregionen 8 bis 12 Kilometer landeinwärts vor. *Gammarus pulex* ist eine echte Süßwasserart und somit überhaupt nicht in solchen Flußregionen anzutreffen, die in irgendeiner Form von Gezeiten oder von Salzwasser beeinflußt werden. Dieses Beispiel zeigt, daß jede Art nur einen bestimmten Bereich an Salzkonzentration tolerieren kann. Da diese drei Toleranzspektren sich nicht überlappen, kann keine der Arten in den jeweiligen Lebensraum der anderen eindringen.

Werden Überlebens- oder Fitnessraten gegen unterschiedliche Umweltvariablen aufgetragen, dann ergeben sich gewöhnlich glockenförmig aussehende Kurvenverläufe (Abb. 16.2). Nur wenige Tiere können extrem hohe oder niedrige Werte von Umweltfaktoren überleben, so daß sie im mittleren Konzentrationsbereich gehäuft auftreten. Solche Kurvenverläufe geben nicht nur die Grenzen und den Toleranzbereich dieser Tierarten wieder, sondern sie zeigen auch den Optimalbereich für bestimmte Umweltvariablen an (Abb. 16.3). Ähnliche Überlegungen können für die Reaktionsbreite oder ökologische Potenz im Hinblick auf alle Arten von Umweltfaktoren angestellt werden.

Im Falle der **Konformisten** spiegelt sich die Toleranzbreite zumeist direkt im physiologischen Zustand des Tieres wider. Wenn also eine Umgebungstemperatur von 40 °C letal wirkt, dann deswegen, weil eine Körpertemperatur von circa 40 °C biochemische Zerstörungen der Zellen hervorruft. Jedoch können die Toleranzgrenzen für einen bestimmten Faktor von anderen Umweltvariablen beeinflußt werden. Treten verschiedene Umweltfaktoren einer bestimmten Ausprägung kombiniert auf, können sie letal sein – wirken diese Faktoren mit der gleichen Intensität jedoch einzeln, kann ein Tier diese Bedingungen überleben. Zum Beispiel ist für den amerikani-

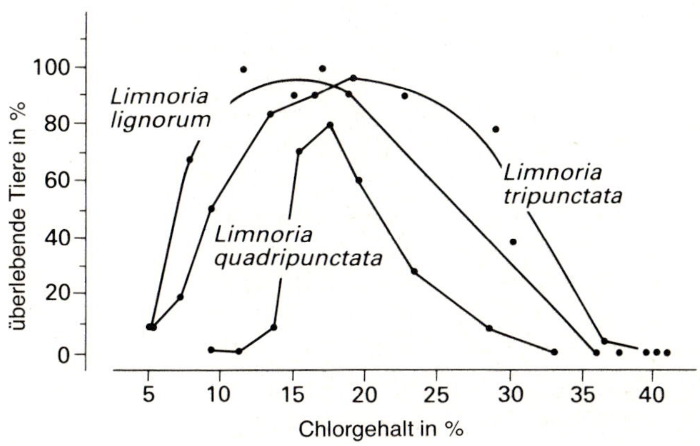

Abb. 16.2. Toleranzbereich der drei Holzbohrassel-Arten (*Limnoria*) für verschiedene Chlorkonzentrationen (nach Reish und Hetherington 1969).

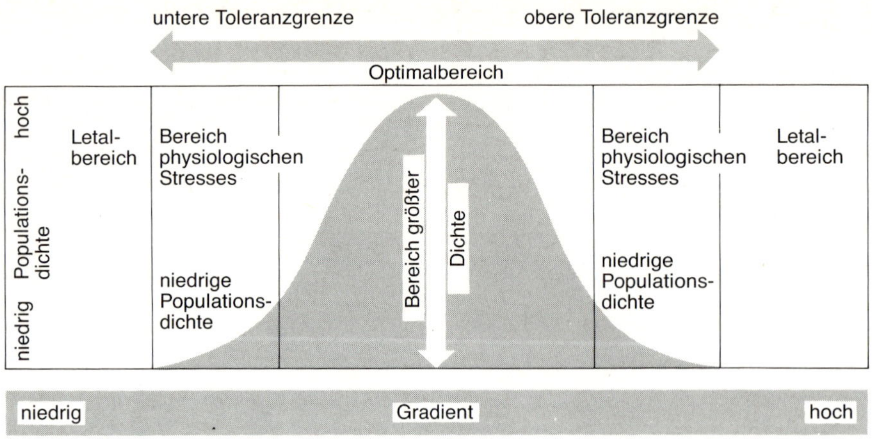

Abb. 16.3. Populationsdichte in Abhängigkeit von einem ökologischen Gradienten (aus *The Oxford Companion to Animal Behaviour*, Oxford University Press 1981).

schen Hummer *Homarus americanus* eine Temperatur von 32 °C letal, wenn gleichzeitig die Salzkonzentration 30 Promille beträgt und der Sauerstoffgehalt bei 6,5 mg pro Liter liegt. Fällt der Sauerstoffgehalt auf 2,9 mg pro Liter, dann sinkt die Toleranzgrenze für die Temperatur auf 29 °C. In einer Untersuchung wurden Hummer unter 27 verschiedenen Kombinationen von Temperatur, Salzkonzentration und Sauerstoffgehalt getestet (McLeese 1956). Mit diesen Ergebnissen konnte McLeese eine dreidimensionale Darstellung entwickeln (Abb. 16.4), in der das Zusammenwirken verschiedener Faktoren auf den Toleranzbereich dieser Tierart aufgezeigt wird.

Anpassungen an diese Toleranzgrenzen werden sehr stark durch die Dauer des Ausgesetztseins, die Änderungsrate der Umweltfaktoren sowie durch die Individualgeschichte des Tieres beeinflußt. Die an diesem Anpassungsprozeß beteiligten physiologischen Mechanismen brauchen eine gewisse Zeit, um auf die veränderten Bedingungen reagieren zu können. Wirkt die Umweltveränderung ganz plötzlich auf ein Tier ein, kann der Tod eintreten. Findet die gleiche Veränderung dagegen ganz allmählich statt, kann das Tier möglicherweise überleben. Das Spektrum dieser

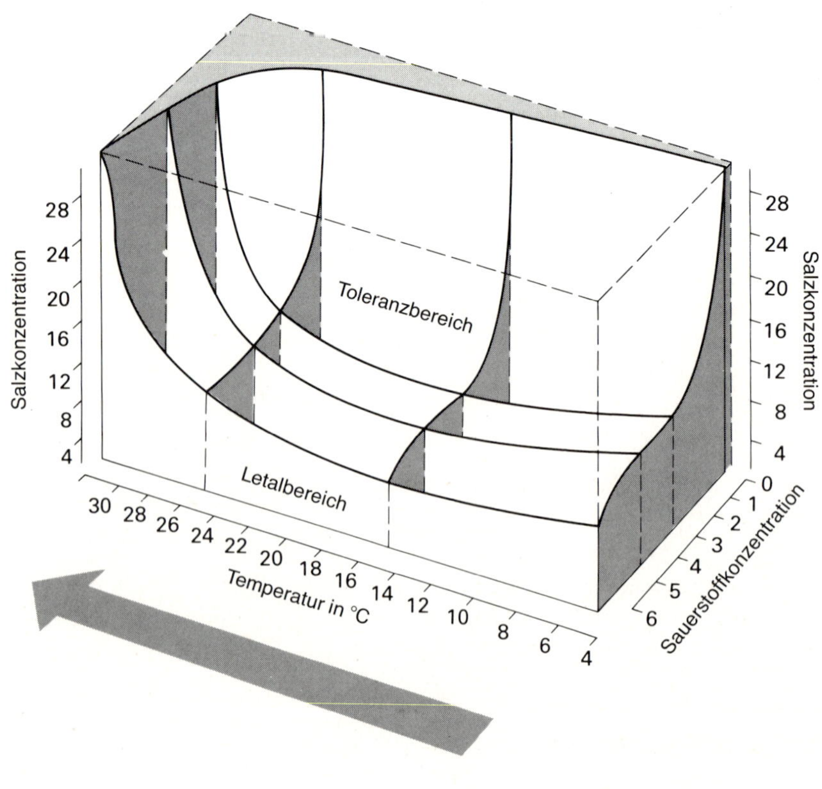

Abb. 16.4. Dreidimensionale Darstellung der Toleranz- und Letalbereiche für den Amerikanischen Hummer *Homarus americanus* unter verschiedenen Kombinationen von Temperatur, Salz- und Sauerstoffgehalt (nach McLeese 1956).

Anpassung im Toleranzbereich reicht von sehr schnell wirkenden Regulationsmechanismen bis hin zur langsamen Akklimatisierung. Sehr langsam ablaufende Umweltveränderungen ermöglichen es dem Tier, sich an die neuen Bedingungen anzupassen.

16.2 Akklimatisierung

Akklimatisierung ist eine Form physiologischer Anpassung, die es dem Tier ermöglicht, seine Toleranzgrenzen gegenüber Umweltfaktoren zu verändern. Gewöhnlich wird der Begriff „Akklimation" in Laboruntersuchungen benutzt, wenn eine Anpassung an einen einzigen Faktor, wie z. B. die Temperatur stattfindet. Der Begriff **Akklimatisierung** wird für solche adaptiven Prozesse verwendet, die unter natürlichen Bedingungen ablaufen.

Akklimatisierung findet oft als Reaktion auf jahreszeitliche Klimaänderungen statt. So korrespondieren z. B. bei Süßwasserfischen oft saisonale Änderungen ihrer oberen Temperaturtoleranzgrenze direkt mit Temperaturänderungen in ihrem Lebensraum (Fry und Hochachka 1970). Da Verhaltensanpassungen physiologische Akklimatisierung oft ersetzen können und umgekehrt, gibt es eine Vielzahl von Kombinationsmöglichkeiten, die von den Tieren eingesetzt werden kann.

Die bevorzugten Temperaturen bei Fischen stehen oft in Zusammenhang mit ihrem Akklimatisierungszustand. Viele Fischarten scheinen eine hoch entwickelte, über Verhaltensreaktionen gesteuerte, Thermoregulation zu besitzen, die sie befähigt, innerhalb eines Temperaturgradienten eine ganz bestimmte Temperatur auszuwählen (Fry und Hochachka 1970). Einzelne Goldfische (*Carassius*) können trainiert werden, die Wassertemperatur im Aquarium konstant zu halten, indem sie lernen, über ein Ventil kaltes Wasser in das Aquarium einzuleiten, sobald sich die Temperatur im Aquarium erhöht. Auf diese Weise können sie die Wassertemperatur sehr genau bei ca. 34 °C halten (Rozin und Mayer 1961).

Die Verbreitung der Fische wird zu einem großen Teil durch das Phänomen der Temperaturselektion erklärt: Gewöhnlich bevorzugen Fische solche Temperaturen, an die sie sich akklimatisieren können (Fry und Hochachka 1970), was biologisch sinnvoll ist. Werden die langsamen physiologischen Prozesse der Akklimatisierung nicht von entsprechenden Veränderungen der Verhaltenspräferenzen begleitet, dann könnten die Verhaltensmechanismen den Akklimatisierungsprozessen entgegenwirken. Zum Beispiel würde eine Akklimatisierung an Kälte durch das Aufsuchen einer wärmeren Region verhindert, d.h. damit wäre ein großer Teil der Arbeit, diese Kälteakklimatisierung in Gang zu setzen, umsonst. Demnach ist es eine naheliegende Alternative, wenn Tiere solche Bedingungen bevorzugen, an die sie sich auch akklimatisieren können. Das Gesamtbild wird jedoch durch das Phänomen der antizipatorischen Regulierung noch komplizierter. Hierbei reagiert das Tier auf einige Veränderungen in seiner Umgebung oder auf seine innere biologische Uhr, wodurch es sich auf die bevorstehenden klimatischen Veränderungen einstellen kann.

Im Vergleich zu den schnellen physiologischen Anpassungen, mit denen viele Tiere auf plötzliche Veränderungen ihrer Lebensbedingungen reagieren, wird unter der Akklimatisierung ein relativ langsam ablaufender Prozeß verstanden. In Wirklichkeit gibt es jedoch immer ein breites Spektrum adaptiver Prozesse, das sich von schnellen physiologischen Reflexen bis zur langsamen Akklimatisierung erstreckt. Kommt zum Beispiel eine Versuchsperson relativ schnell aus der Höhe des Meeresspiegels in eine große Höhe, dann sinkt der Sauerstoffgehalt im Blut aufgrund der dünneren Luft. Diesem Sauerstoffabfall wird anfänglich mit einer erhöhten Atemfrequenz entgegengewirkt. Eine solche physiologische Reaktion verbraucht jedoch sehr viel Energie. Weniger aufwendige, aber langsamer ablaufende Formen der physiologischen Anpassung ersetzen dann die schnelle physiologische Reaktion (Abb. 16.5).

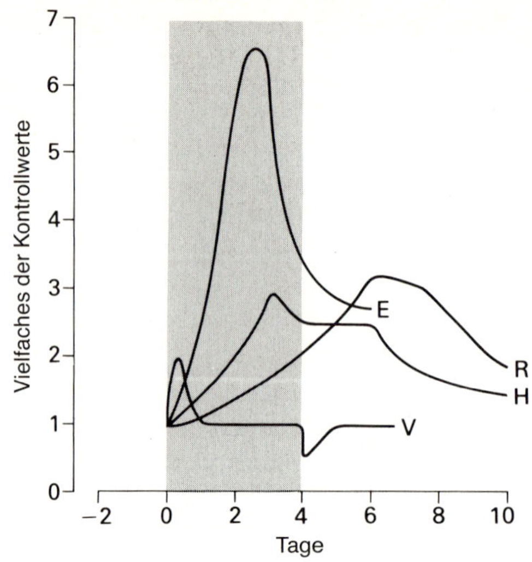

Abb. 16.5. Akklimatisierung an Höhenunterschiede. Adaptive Veränderungen der Atmung eines Menschen, der sich für vier Tage in sauerstoffarmer Luft und anschließend für sechs Tage in Höhe des Meeresspiegels aufhält. V, Lungenventilation; E, Erythropoietin; H, Hämoglobin-Syntheserate; R, Fraktion der roten Blutkörperchen (nach Adolph 1972).

Anschließend beginnen dann die eher längerfristigen Formen der Akklimatisierung, wie z. B. die Herstellung roter Blutkörperchen. Aber auch dieser Vorgang läuft nicht ohne Kosten ab, da für die Herstellung der zusätzlichen Blutkörperchen Energie benötigt wird. Zudem erhöht ihr Vorhandensein im Blut dessen Viskosität und damit auch den Arbeitsaufwand, den das Herz beim Pumpen aufbringen muß. Wird die Versuchsperson wieder auf eine niedrigere Höhe gebracht, dann findet eine Adaptation in umgekehrter Richtung statt (s. Abb. 16.5). Diese Form der Reversibilität ist charakteristisch für die physiologische (im Gegensatz zur genetischen) Anpassung.

Akklimatisierung und Regulation bilden gemeinsam ein Spektrum adaptiver Prozesse (s. Abb. 16.5). Dieses Spektrum reicht von homöostatischer Regulation, welche schnell ablaufende Prozesse einbezieht, die das physiologische Ungleichgewicht innerhalb eines Tages wiederherstellen, bis hin zur Akklimatisierung, die Tage oder Wochen in Anspruch nimmt, um den physiologischen Gleichgewichtszustand einzuregeln. Die Akklimatisierungsprozesse wirken jedoch den Regulierungsprozessen entgegen. Bei der Höhenakklimatisierung wird zum Beispiel die am Anfang notwendige Atemfrequenz wieder langsam herabgesetzt, sobald die tatsächliche physiologische Akklimatisierung einsetzt (s. Abb. 16.5). Das bedeutet, daß sich die jeweiligen Auswirkungen der Regulation und Akklimatisation auf den physiologischen Zustand wie Vektoren verhalten, die den erforderlichen Zustand (z. B. eine bestimmte Rate des Sauerstofftransportes) dadurch gemeinsam erreichen, daß sie ihre jeweiligen Beträge mit fortschreitendem Akklimatisierungsprozeß entsprechend verändern. Wenn an solchen Anpassungsprozessen auch Verhalten beteiligt ist, setzt sich das Ergebnis aus der Vektorsumme der drei beteiligten Prozesse zusammen.

Laufen Prozesse mit unterschiedlichen Geschwindigkeiten ab, die sich aber vektoriell additiv verhalten (Abb. 16.6), dann kann der Zustand, der durch die langsamen Prozesse erreicht wird, auch als die „Zielgröße" der schnelleren Prozesse angesehen werden (Sibly und McFarland 1974). Der Zustand der Akklimatisation kann somit als Optimalwert der physiologischen Regulation betrachtet werden; die gleiche Argumentation kann auch in der Diskussion des Verhaltens verwendet werden. Kommt zum Beispiel ein Mensch von einer kalten in eine heiße Klimazone, so stehen ihm verschiedene Möglichkeiten für eine Anpassung zur Verfügung. Er kann sein normales Verhalten beibehalten, indem er sich der Sonne weiterhin aussetzt und dabei auf Schwitzen und andere physiologische Reaktionen zurückgreift, um seine normale Körpertemperatur aufrechtzuerhalten. Nach ein paar Wochen hätte er sich dann an die Hitze akklimatisiert und würde nicht mehr so viel schwitzen.

Andererseits könnte er auch sein Verhalten ändern und schattige Plätze aufsuchen. Dann würde er zwar von den physiologischen Anpassungen, wie etwa Schwitzen, weniger Gebrauch machen, dafür aber länger brauchen, um sich an die neuen Bedingungen zu akklimatisieren. Somit sind wie so oft die Lösungsmöglich-

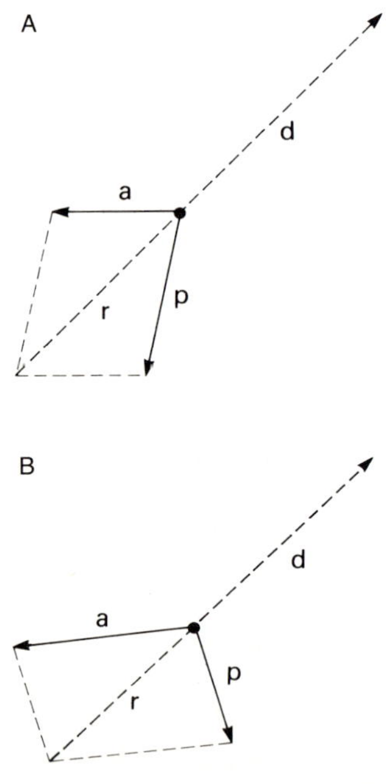

Abb. 16.6. Physiologische Regulationsprozesse, die vektoriell additiv wirken. Die beiden Vektoren **a** (Akklimatisation) und **p** (Regulation) summieren sich zu der Resultierenden **r** auf, die dem physiologischen Zustandsvektor **d** entgegengerichtet ist. Die Resultierende **r** kann (A) durch einen großen Wert von **p** und einen entsprechend kleineren Wert von **a** oder (B) durch einen kleinen Betrag von **p** und einen großen Betrag von **a** entstehen (nach Sibly und McFarland 1974).

keiten der physiologischen Ebene und der Verhaltensebene Alternativen, deren Auswirkungen komplementär und somit vektoriell aufsummierbar sind (Sibly und McFarland 1974; McFarland und Houston 1981).

Aus dieser Überlegung heraus kann man erwarten, daß die Akklimatisierung eine Änderung des Verhaltens bewirkt. Es gibt einige Hinweise, daß solche Veränderungen tatsächlich stattfinden. Der Goldhamster (*Mesocricetus auratus*) zum Beispiel bereitet sich auf den Winterschlaf vor, wenn die Temperaturen in seiner Umgebung unter 15 °C absinken. An dieser Vorbereitung sind eine Anzahl physiologischer Veränderungen beteiligt. Hierzu zählt auch eine Form der Kälteakklimatisation, so daß Winterschlaf physiologisch dann möglich wird, wenn die äußeren Bedingungen hierfür günstig sind, wie z. B. das Vorhandensein von Nestmaterial sowie ein ausreichender Nahrungsvorrat. Laboruntersuchungen zur Temperaturpräferenz zeigen, daß Hamster während der Akklimatisierungsphase vor dem eigentlichen Winterschlaf eine ausgesprochene Präferenz für kalte Umgebungstemperaturen aufweisen. Im Vergleich zu Umgebungstemperaturen von 19° oder 24 °C bevorzugen die Hamster eine Temperatur von 8 °C. In der Zeit nach dem Winterschlaf ist die Situation umgekehrt, und die Hamster bevorzugen nun aktiv eine wärmere Umgebung (Gumma et al. 1976). Wie bereits am Beispiel der Temperaturpräferenz bei Fischen gezeigt wurde, hat es biologisch gesehen einen Sinn, wenn Verhaltenspräferenzen mit dem jeweiligen Akklimatisierungszustand verknüpft sind.

Akklimatisierung kann als direkte Reaktion auf veränderte Umweltbedingungen auftreten, sie wird aber auch von circannualen Rhythmen beeinflußt. Zum Beispiel besitzt der Seewasserpolyp *Campanularia flexuosa* einen Jahreszyklus für Wachstum, Entwicklung und Lebensdauer. Dieser Rhythmus bleibt auch unter konstanten Laborbedingungen erhalten. Jahreszeitliche Änderungen verschiedener Stoffwechselprozesse sind für Säuger, einschließlich den Menschen, bekannt (Reinberg 1974). Sie scheinen mit endogenen circannualen Rhythmen zusammenzuhängen (Senturia und Johannson 1974). Mit solchen Rhythmen ist es dem Tier möglich, auf jahreszeitliche Veränderungen bereits im voraus mit entsprechenden physiologischen Anpassungen zu reagieren.

16.3 Biologische Uhren

Im allgemeinen sind Tiere Umweltveränderungen ausgesetzt, die sich in der Natur immer wieder in regelmäßigen Abständen wiederholen, wie die Tagesfolgen, die Gezeiten oder die Jahreszeiten. Viele Tierarten besitzen eine Art inneren Rhythmus oder innere Uhr, womit sie den Beginn solcher Veränderungen vorhersagen und sich entsprechend darauf vorbereiten können.

Es gibt drei grundsätzliche Formen der Synchronisation von Physiologie und Verhalten mit zyklischen Umweltveränderungen. 1) Es kann eine direkte Reaktion auf verschiedene Änderungen äußerer (**exogener**) geophysikalischer Reize erfolgen. 2) Es gibt einen inneren (**endogenen**) **Rhythmus**, der das Verhalten des Tieres mit äußeren Zeiträumen, insbesondere der 24-Stunden- oder der 365-Tage-Rhythmik, synchronisiert. 3) Die Synchronisationsmechanismen können als Kombination von 1) und 2) auftreten.

Um Informationen über den Stand der Zeit zu erhalten, können Tiere auf verschiedene Eigenschaften ihrer Umwelt zurückgreifen. Die Bewegungen der Sonne, des Mondes und der Sterne, wie sie der auf der Erde lebende Beobachter sieht, liefern Anhaltspunkte z. B. für die Tages- oder Jahreszeit. Es ist bekannt, daß viele Tiere von dieser Information auch Gebrauch machen. So benutzen beispielsweise in Brasilien vorkommende Honigbienen die Sonne als Kompaß bei der Nahrungssuche. Die Tiere können darauf trainiert werden, ihr Futter nur in einer bestimmten Himmelsrichtung zu suchen. Werden sie zu einem anderen Ort transportiert, dann suchen sie unabhängig von der Tageszeit in derselben Himmelsrichtung weiter. In Brasilien lebende Honigbienen können demnach die gegen den Uhrzeigersinn verlaufende Bewegung der Sonne kompensieren. Werden dagegen die auf der nördlichen Hemisphäre lebenden Bienen nach Brasilien gebracht, sind diese Tiere anfangs nicht in der Lage, eine entsprechende Kompensation durchzuführen. Auf der nördlichen Hemisphäre scheint sich die Sonne im Uhrzeigersinn zu bewegen, und deswegen müssen diese Bienen erst lernen, sich an die veränderten Bedingungen in Brasilien anzupassen (Lindauer 1960; Saunders 1976).

Ähnliche Fähigkeiten sind auch bei Fischen (Hasler und Schwassmann 1960) und bei Vögeln (Schmidt-Koenig 1979) beschrieben worden. Ebenso liegen Befunde dafür vor, daß einige Tiere auf die Bewegungen des Mondes (Papi 1960) und der Sterne (Schmidt-Koenig 1979) reagieren. Zudem scheint es möglich zu sein, daß für manche Tiere Faktoren wie Temperatur- oder Luftdruckänderungen oder auch magnetische Phänomene als Zeitgeber wirken.

Mit dem Begriff **circadian** (**circa** bedeutet „ungefähr", **dies** bedeutet „Tag") werden endogene Rhythmen beschrieben, die normalerweise fast eine 24-Stunden Periodik aufweisen. Der Begriff **circannual** verweist auf endogene Rhythmen, die im allgemeinen fast 365 Tage dauern. Viele Tiere bewahren auch unter Laborbedingungen ihre rhythmische Aktivität, woraus geschlossen wird, daß sie eine innere Uhr besitzen. Jedoch besteht immer die Möglichkeit, daß diese Tiere sich nach gewissen äußeren Faktoren richten, die für den Experimentator nicht erkennbar sind. Daher müssen angemessene Kriterien entwickelt werden, um beurteilen zu können, ob solche Uhren auch tatsächlich endogen gesteuert werden. Hierfür liegen verschiedene Möglichkeiten vor. Erstens kann der Rhythmus eine Frequenz aufweisen, die mit keinem bekannten Umweltfaktor wie Licht, Temperatur oder anderen geophysikalischen Variablen wirklich synchron läuft (Weihaupt 1964). Zweitens weicht ein endogener Rhythmus gewöhnlich von dem natürlichen ab, wenn er unter konstanten Laborbedingungen untersucht wird. Drittens müßte der endogene Rhythmus beibehalten werden, auch wenn das Tier von einer Region der Erde in eine andere gebracht wird. Nur wenn solche Kriterien gefunden werden, kann daraus geschlossen werden, daß der Rhythmus endogen ist.

Da endogene Rhythmen im allgemeinen von exogenen (wie der Tag-Nacht- oder der Temperaturrhythmus) allmählich abweichen, müssen dem Organismus Mittel zur Verfügung stehen, mit denen er seine endogenen Rhythmen mit den zyklischen äußeren Gegebenheiten synchronisiert. Aschoff (1960) prägte den Begriff **Zeitgeber** für solche Umweltfaktoren, die das Verhalten des Tieres in die äußeren Bedingungen einpassen. Werden z. B. Eidechsen (*Lacerta sicula*) in einem Brutschrank mit einem Tag-Nacht-Rhythmus für Temperatur und Licht von 16 oder 36 Stunden ausgebrütet, so entwickeln diese Tiere sich normal und besitzen einen normalen circadianen Aktivitätsrhythmus, wenn man sie anschließend unter konstanten Bedingungen testet. Demnach besitzen diese Eidechsen einen endogenen Rhythmus, der unabhängig von der individuellen Erfahrung mit dem Tag-Nacht-Rhythmus ist. Ein Temperaturrhythmus von 24 Stunden mit einer Amplitude von 0,6 °C reicht aus, um als Zeitgeber den Aktivitätsrhythmus des Tieres mitzunehmen.

Im allgemeinen ist es offensichtlich, daß viele Arten, von den Einzellern (Sweeney 1969) bis zu den komplexen Vielzellern (Aschoff 1965; Bünning 1967; Pengelley 1974), einen Zeitsinn entwickelt haben, der innere Uhren und äußere Zeitgeber miteinander kombiniert.

16.4 Verhalten und Physiologie der Fortpflanzung

Jahreszeitliche klimatische Schwankungen der Temperatur und der Niederschlagsmenge haben einen ausgesprochen großen Einfluß auf den Fortpflanzungserfolg vieler Tierarten. Bei Vögeln ist die Verfügbarkeit der Nahrung für die Jungtiere der entscheidende Faktor für den Bruterfolg (Lack 1968). Vögel in den mittleren und höheren Breitengraden weisen ein von den Jahreszeiten abhängiges Fortpflanzungsverhalten auf, wobei die Eier normalerweise während des Frühlings gelegt werden. Mit diesem Fortpflanzungsmuster wird in gewisser Weise gewährleistet, daß den Jungtieren genügend Zeit zu einer ausreichenden Entwicklung zur Verfügung steht, um so die harten Winterbedingungen oder aber den Flug in die Überwinterungsgebiete zu überstehen. Wasserläufer z. B. brüten in arktischen Regionen. Sie bauen ihre Nester und beginnen bereits zu brüten, wenn der Schnee noch den Erdboden bedeckt. Die Jungtiere schlüpfen im allgemeinen zur Zeit der Schneeschmelze, wenn also eine Fülle von Insekten als Nahrungsquelle zur Verfügung steht (West und Norton 1975).

Die Physiologie saisonaler Fortpflanzung ist derart in die jahreszeitlichen Änderungen eingebunden, daß sie entweder auf die Verfügbarkeit von ausreichender Nahrung oder das Vermeiden ungünstiger klimatischer Bedingungen im voraus abgestimmt ist. Für diese Abstimmung gibt es grundsätzlich zwei Möglichkeiten. Erstens können durch Änderungen der Temperatur, der Tageslänge oder aber anderer Umweltfaktoren zu bestimmten Jahreszeiten physiologische Änderungen im Tier ausgelöst werden. Zweitens können physiologische Änderungen durch eine innere circannuale Uhr vorprogrammiert sein.

Die Schwankungen der Tageslänge sind wohl die regelmäßigsten und am sichersten vorhersagbaren jahreszeitlichen Veränderungen. Bei lichtdurchlässigen Organismen kann Licht einen direkten Einfluß auf die Gonaden haben und zu entsprechenden Zeiten den Fortpflanzungszustand auslösen (Scharrer 1964). Einige andere Tiere besitzen eine Art „Fenster", durch das Licht in ihr Gehirn gelangen kann. Die Lichtreize werden von neurosekretorischen Zellen in chemische Information umgewandelt. Bei einigen Säugern scheint die Epiphyse, eine dorsale Ausstülpung des Zwischenhirns, auf Licht zu reagieren (Wurtman et al. 1968). Der Einfluß von Licht auf das Fortpflanzungsverhalten bei Säugern scheint jedoch in erster Linie über die Retina zum Hypothalamus zu gehen (Abb. 16.7).

Die Kontrolle der Fortpflanzungsphysiologie geschieht durch das komplexe Zusammenwirken einer Anzahl verschiedener Hormone (Abb. 16.8). Bei den meisten Wirbeltieren stimulieren Umweltfaktoren die Produktion gonadotroper Hormone in der Hypophyse. Diese Hormone wiederum stimulieren Wachstum und Aktivität der Hoden und Ovarien, die ihrerseits dann die charakteristischen Geschlechtshormone produzieren. Am Ende der Fortpflanzungszeit erlischt die Aktivität der Hypophyse, die Keimdrüsen werden inaktiv, und es tritt kein Fortpflanzungsverhalten mehr auf. Zusätzlich zu den jahreszeitlichen Zyklen sexueller Aktivität haben viele Säugetiere noch einen sehr viel kürzeren Östruszyklus. Einige Tiere, wie der Rotfuchs (*Vulpes vulpes*), werden nur einmal im Jahr läufig, andere, wie etwa der Haushund, dagegen zweimal im Jahr, und wiederum andere sogar mehrmals. Bei den Vögeln kann die Anzahl der erfolgreichen Aufzuchten innnerhalb einer Saison von den Nahrungsverhältnissen abhängig sein (Lack 1968).

Die Fortpflanzung vieler Arten wird sowohl von photoperiodischen Faktoren als auch von einer inneren circannualen Uhr gesteuert. Follett (1973) vermutete, daß diese beiden Mechanismen sich gegenseitig beeinflussen. Tiere, die in höheren Breitengraden leben, scheinen besonders stark durch die Photoperiodik beeinflußt zu werden. In den niederen Breitengraden (am Äquator) sind die jahreszeitlichen photoperiodischen Schwankungen nur gering ausgeprägt, trotzdem kann auch hier ein

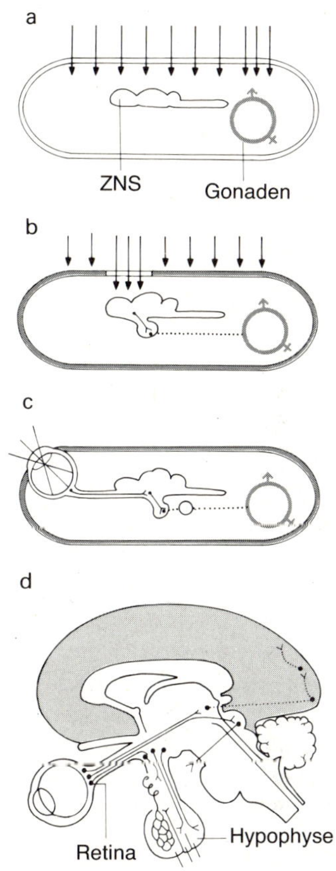

Abb. 16.7. Der Einfluß von Licht auf die Gonaden nach dem Modell von Scharrer (1964). a) In durchscheinenden Tieren kann Licht einen direkten Einfluß auf die inneren Organe nehmen. b) Einige lichtundurchlässige Tiere besitzen transparente Fenster, durch die Licht auf photosensitive Gehirngebiete trifft und dadurch eine Hormonausschüttung in der Hypophyse auslöst, durch die dann wiederum die Gonaden stimuliert werden. c) Auf die Retina eintreffendes Licht wird als Nervenimpuls an den Hypothalamus weitergeleitet. Diese Gehirnregion stimuliert die Hypophyse zur Ausschüttung gonadotroper Hormone. d) Schematische Darstellung von (c) auf das menschliche Gehirn angewendet (nach Bligh 1976).

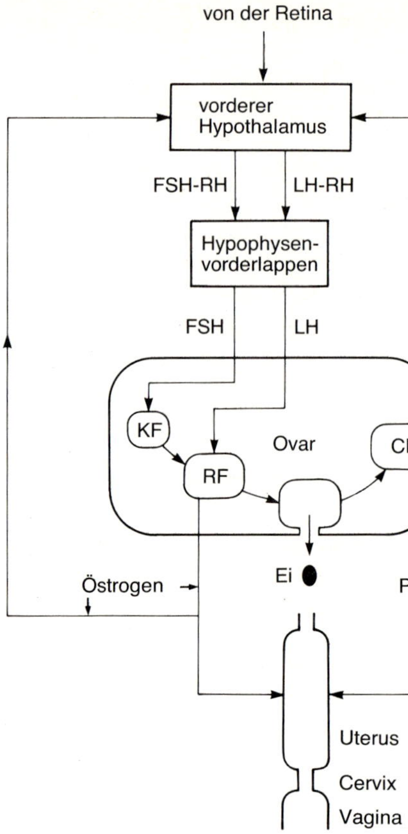

Abb. 16.8. Grundschema der hormonalen Regulation in Säugetierovarien. FSH-RH, Releasing Hormon, das die Ausschüttung des Follikelstimulierenden Hormons (FSH) bewirkt; LH-RH, Releasing Hormon, das die Ausschüttung des Luteinisierungshormons (LH) bewirkt; KF, kleiner Follikel; RF, reifer Follikel; CL, corpus luteum (nach Bligh 1976).

jahreszeitlich bedingter Fortpflanzungszyklus vorteilhaft sein. Die in Trockenwüsten lebenden Tierarten können von dem Einsetzen der Regenfälle abhängig sein, um den Fortpflanzungsprozeß einzuleiten (Marshall 1970). Einige am Äquator lebende Arten weisen einen sehr ausgeprägten Fortpflanzungszyklus auf, der mit jahreszeitlichen Schwankungen nicht in Verbindung zu stehen scheint. Verschiedene Seevogelarten, wie der Brauntölpel (*Sula leucogaster*), die Rußseeschwalbe (*Sterna fuscata*) und die Kleine Noddiseeschwalbe (*Anous tenuirostris*) brüten in Abständen von acht bis zehn Monaten. Die fortwährende Verschiebung solcher Brutzyklen im Vergleich zum Jahreszyklus läßt vermuten, daß unter äquatorialen Bedingungen keine bestimmte Jahreszeit zum Brüten bevorzugt wird. Dabei stellt sich die Frage, warum diese Vögel dann nicht kontinuierlich brüten. Das würde wahrscheinlich zu viel Energie erfordern, so daß eine regelmäßig wiederkehrende Ruhepause, während der die Mauser stattfinden kann, für die Tiere die beste Lösung zu sein scheint.

Der jahreszeitliche Fortpflanzungszyklus ist den Akklimatisierungsprozessen insofern sehr ähnlich, als auch er langsam ablaufende physiologische Prozesse beinhaltet, die den physiologischen Zustand des Tieres grundlegend verändern. Fortpflanzungsaktivitäten wie Revierverteidigung, Balz, Kopulation und Aufzucht der Jungen erfordern zusätzliche Energien. Die sich hieraus ergebenden physiologischen Belastungen müssen vom Gesamtsystem bewältigt werden. Ist das Tier unter diesen Bedingungen nicht in der Lage, sein physiologisches Gleichgewicht aufrechtzuerhalten, muß es seine Fortpflanzung für diese Saison einstellen.

16.5 Winterschlaf

In den Regionen der Erde, wo sich das Klima mit der Jahreszeit ändert, müssen sich Tiere mitunter auf ausgedehnte Perioden mit schlechtem Wetter einstellen. Manche Tiere können diesen Bedingungen durch Migration entgehen, andere dagegen sind in der Lage, ungünstige Zeiträume durch einen verlängerten Schlafzustand zu überleben; bei hohen Temperaturen wird dieser Zustand **Sommerruhe** (**Estivation**) genannt, bei tiefen Temperaturen **Winterschlaf**. Manche Wüstennagetiere, wie z. B. die Erdhörnchen (*Citellus*), werden den Sommer über inaktiv. Dieser **Torporzustand** ist durch ein Absinken sowohl der Körpertemperatur als auch der allgemeinen Stoffwechselaktivität gekennzeichnet. Der Energieverbrauch wird somit verringert, und das Tier kann für längere Zeit ohne Nahrung am Leben bleiben. Wegen der geringeren Nahrungsaufnahme reduziert sich auch der Wasserverlust, der außerdem noch durch das Sichaufhalten in Höhlen minimal gehalten werden kann. Manche Nagetiere legen in ihren Höhlen einen Nahrungsvorrat an und sorgen für eine hohe Luftfeuchtigkeit, indem sie den Eingang verstopfen (Schmidt-Nielsen 1964). Sommerruhe ist unter wüstenbewohnenden Arten am weitesten verbreitet, aber nicht auf sie beschränkt. So treten viele Arten des europäischen Regenwurmes in eine Sommerruhe. Jedes Tier gräbt sich tief im Sand eine kleine Kammer und rollt sich dann zu einem Ball zusammen. Das Einsetzten der Sommerruhe ist an niedrige Feuchtigkeit gebunden. Werden die Tiere bei hoher Feuchtigkeit gehalten, kann die Sommerruhe verhindert werden.

Winterschlaf tritt in den nördlichen Breiten bei vielen Arten auf; sie können dadurch den Bedingungen des Winters entgehen, die andernfalls einen stark erhöhten Energieaufwand erfordern würden. Echter Winterschlaf ist von der sogenannten **Winterruhe** zu unterscheiden, wie sie etwa beim Europäischen Braunbär (*Ursus arctos*) und dem Amerikanischen Schwarzbär (*Ursus americanus*) zu finden ist. Während der Winterruhe kann die Körpertemperatur bei den Bären von ca. 38 °C auf 30 °C fallen, unterhalb 15 °C wirkt sie jedoch letal. Während des wirklichen Winterschlafes kann die Körpertemperatur bis auf 2 °C absinken. Winterschlaf ist für kleine Säugetiere typisch, auch wenn ähnliche Torporzustände ebenfalls bei Waschbären und Dachsen sowie einigen Vögeln auftreten. Viele Kolibriarten zeigen Trägheitszustände, bei denen ihre Körpertemperatur auf die der Umgebung abfällt, obwohl Temperaturen unter 8 °C letal sind. Bei Vögeln dauert dieser Torporzustand gewöhnlich nur einige Stunden, und wirkliche Winterruhe ist nur bei einer einzigen Familie – den Ziegenmelkern (*Caprimulgidae*) – bekannt.

Ruhezustände aufgrund ungünstiger Witterung sind außerdem bei Insekten zu finden und werden **Diapause** genannt. Eine Diapause tritt oft während eines bestimmten Entwicklungsstadiums auf. Insekten, die Erfrieren verhindern, indem sie stark abkühlen, können sehr kalte Perioden in einer solchen Diapause überleben, wobei die Körperflüssigkeiten erst weit unter dem Gefrierpunkt erstarren. Der Grad der Abkühlung hängt vermutlich von der Stufe der Akklimatisierung ab, die zunehmend die chemische Zusammensetzung der Körperflüssigkeit verändert. *Bracon cephi,* eine kanadische Wespenart, kann ihren Gefrierpunkt durch die Erhöhung der Glyzerinkonzentration im Blut auf –46 °C absenken.

Echter **Winterschlaf** tritt nur bei kleinen Säugetieren auf, da sie aufgrund ihrer proportional größeren Körperoberfläche schneller auskühlen als größere Säugetiere. Sie wärmen aber durch ihre geringere Wärmekapazität auch schneller wieder auf. Winterschlaf zeichnet sich durch einen schlafähnlichen Zustand mit verringerter Atem- und Herzfrequenz aus. Winterschlaf haltende Tiere suchen sich dafür oft einen typischen Ort aus und nehmen dann eine bestimmte Schlafstellung ein. Während des Winterschlafes wird die Körpertemperatur gesenkt, und der Energieverbrauch fällt unter den Wert des normalen Schlafes. Winterschläfer besitzen häufig Depots an braunem Fettgewebe, die in erster Linie der Wärmeproduktion dienen und nicht der Produktion von Nährstoffen, wie etwa der Abbau von normalen Fett-

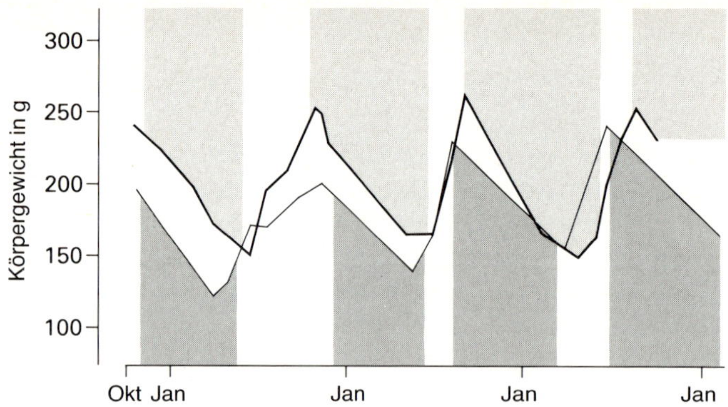

Abb. 16.9. Jahreszeitliche Schwankungen im Körpergewicht und der Überwinterungsdauer (gerasterte Flächen) bei zwei repräsentativen Individuen des Goldmantelziesels *Citellus lateralis,* die unter konstanten Laborbedingungen gehalten wurden (nach Pengelley und Asmundson 1974).

reserven. Braunes Fettgewebe ist besonders dann von Bedeutung, wenn beim Erwachen aus dem Winterschlaf die Körpertemperatur rasch ansteigen muß.

Bei Säugetieren, die Winterschlaf halten, wechseln sich regelmäßig Phasen normaler Körpertemperatur mit längeren Torporphasen ab. Die Waldmurmeltiere (*Marmota monax*) halten ihren Winterschlaf in den jeweiligen Familiengruppen, wobei die Mitglieder sich eng aneinanderkauern. Kurzfristige Winterschlafzyklen verlaufen innerhalb der Gruppen häufig asynchron (Arnold 1987). Auf diese Weise sparen die Tiere Energie, da die Individuen, die sich gerade im Torpor befinden, durch Tiere mit normaler Körpertemperatur gewärmt werden, und da das Aneinanderkauern die gemeinsame relative Oberfläche verringert, womit eine allgemeine Minderung des Wärmeverlustes erreicht wird. Dennoch profitieren davon nicht alle Gruppenmitglieder in gleichem Ausmaß. Bei den paargebundenen Tieren wärmt das Männchen immer das Weibchen, und die Eltern wärmen stets die Jungen (Arnold 1987).

Einige Säugetiere, einschließlich dem Goldmantelziesel (*Citellus lateralis*), einem Erdhörnchen, und dem Waldmurmeltier (*Marmota monax*), besitzen einen ausgeprägten circannualen Rhythmus, der ihrem saisonalen Winterschlaf zugrundeliegt. Die Erdhörnchen kommen im westlichen Teil Nordamerikas vom Norden Britisch Kolumbiens (Kanada) bis Süd-Kalifornien in Höhen zwischen 1500 und 3 600 Metern vor. Normalerweise halten sie für drei bis vier Monate Winterschlaf, in denen sich ihr Körpergewicht erheblich verringert. Nach dem Winterschlaf steigt die Nahrungsaufnahme schnell an, und ihr Körper erhält wieder das Gewicht wie zu Beginn der Überwinterung. Werden sie im Labor isoliert, bleibt der Winterschlafrhythmus und der damit verbundene Wechsel des Körpergewichtes sogar noch unter konstanten Licht- und Temperaturverhältnissen für einige Jahre erhalten (Abb. 16.9). Spritzt man einem Erdhörnchen, das sich nicht im Winterschlaf befindet, Blutserum eines gerade winterschlafenden Tieres, so wird bei ihm Winterschlaf ausgelöst (Pengelley und Asmundson 1974). Dieser Befund deutet darauf hin, daß der den Winterschlaf kontrollierende physiologische Mechanismus von einer inneren biologischen Uhr gesteuert wird, die durch Zeitgeber in den Umweltrhythmus eingebunden ist. Für das Waldmurmeltier, das auch einen circannualen Winterschlaf hält, konnte das deutlich gezeigt werden. Einige Tiere aus dem Westen der USA wurden nach Australien gebracht und den dort herrschenden Licht- und Temperaturverhältnissen ausgesetzt. Die Tiere hatten ihren eigenen Rhythmus innerhalb von zwei Jahren auf die lokalen Verhältnisse abgestimmt, obwohl sie hinreichend mit Nahrung und Wasser versorgt wurden und somit eigentlich keinen Winterschlaf zu halten brauchten.

Winterschlaf ist der Akklimatisierung insofern vergleichbar, als er eine physiologische Langzeitänderung ist, mit deren Hilfe das Tier die saisonalen Umweltänderungen bewältigen kann. Die circannualen Änderungen des physiologischen Zustands können in einem physiologischen Zustandsraum dargestellt werden. Die Jahresrhythmen sowohl der Fortpflanzung als auch des Winterschlafes sind weitgehend vorprogrammiert, obwohl sie eigentlich Teil eines einzigen Jahreszeitenprogramms sind.

16.6 Wanderungen

Regelmäßige oder saisonbedingte Wanderungen zwischen zwei Lebensräumen sind für viele Tierarten nachgewiesen worden, so u. a. für Schmetterlinge, Heuschrecken, Lachse, Vögel, Fledermäuse und Antilopen. Dieses ist jedoch nicht die einzige Form der Wanderung, da viele Tierarten auch auswandern, um neue Lebensräume zu besiedeln. Zum Beispiel führt eine Bevölkerungsexplosion bei den Norwegischen Lemmingen (*Lemmus lemmus*) zu einer Auswanderung vieler Tausend Individuen, wobei es sich fast ausschließlich um noch nicht geschlechtsreife Männchen handelt. Die Tiere ziehen dann in großen Ansammlungen über die Berghänge und in die Täler. Beim Überqueren großer Wasserflächen ertrinken viele Tiere, obwohl Lemminge gute Schwimmer sind und erst dann ins Wasser gehen, wenn sie das gegenüberliegende Ufer sehen. Dabei erzeugt anscheinend die übergroße Anzahl der Tiere an der Küstenlinie einen solchen Druck, daß viele in die offene See hinausschwimmen.

Eine Besiedlung neuer Lebensräume kann beobachtet werden, wenn aufeinanderfolgende Generationen immer wieder erfolgreich weiterziehen, wie z. B. bei der Türkentaube (*Streptopelia decaocto*), (Abb. 16.10). Wanderungen, die der Erkundung solcher neuen Lebensräume dienen, sind besonders bei subadulten Wirbeltieren zu finden; sie können unter ökologisch günstigen Bedingungen zu der erwähnten Neubesiedlung führen.

Regelmäßige Wanderungen treten bei vielen Arten als Reaktion auf Veränderungen ihrer Lebensbedingungen auf. Zum Beispiel bewohnt die Heuschrecke (*Schistocerca gregaria*) saisonal trockene Gebiete. Je nach dem Grad der Besiedlungsdichte können sich die Tiere zu einem von drei Adulttypen (*Schistocerca solitaria, S. transiens, S. gregaria*) entwickeln. Die „gregaria"-Individuen versammeln sich zu dichten Schwärmen, die mit dem Wind in Regionen mit niedrigerem Luftdruck abwandern; in diesen Gebieten ist die Wahrscheinlichkeit für Regen am größten. Sie fliegen während des Tages und unterbrechen ihren Zug, sobald sie in feuchte Bedingungen kommen; hier finden dann sexuelle Reifung, Kopulation und Eiablage statt. Heuschreckenschwärme beschreiben jahreszeitliche Kreisläufe; die Generationenfolge ist aber für ein einzelnes Individuum zu kurz, um einen gesamten Kreislauf zu erleben.

Einige saisonale Wanderungen werden aufgrund eines circannualen Rhythmus der Tiere eingeleitet und nicht als Reaktion auf Umweltveränderungen (Gwinner

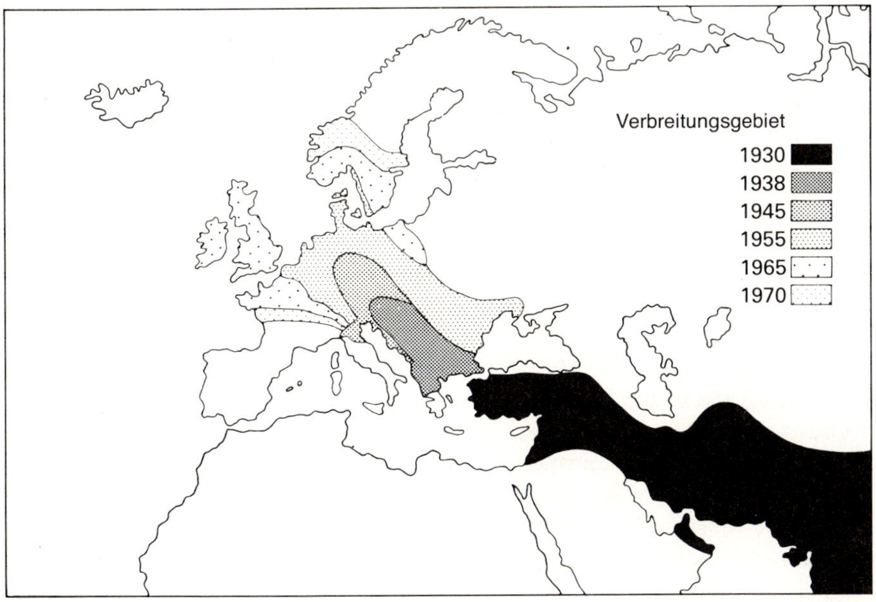

Abb. 16.10. Verbreitung der Türkentaube (*Streptopelia decaocto*) in den Jahren zwischen 1930 und 1970 (aus *The Oxford Companion to Animal Behaviour*, Oxford University Press 1981).

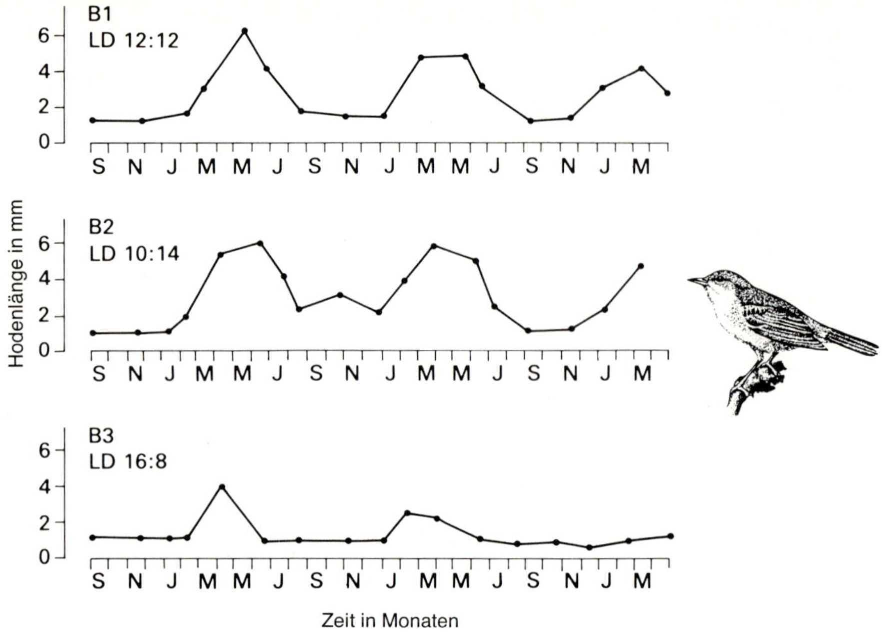

Abb. 16.11. Circannuale Schwankungen der Hodenlänge bei der Gartengrasmücke *Sylvia borin,* die drei Jahre (B1-B3) unter konstanten Lichtbedingungen gehalten wurden. LD bezeichnet das Licht-Dunkel-Verhältnis (nach Berthold 1974).

1986a, b). Innerhalb der Singvogelarten wurden insbesondere die Gattungen *Phylloscopus* (Gwinner 1971) und *Sylvia* (Berthold 1973) untersucht, die unterschiedliche Zuggewohnheiten ausgebildet haben. Tiere, die als typische Langstreckenflieger bekannt sind, wie die Gartengrasmücke (*Sylvia borin*), die Weißbart-Grasmücke (*Sylvia cantillans*) und der Fitis (*Phylloscopus trochilus*), scheinen beträchtliche jahreszeitliche Schwankungen in ihrem Köperpergewicht, der Mauser, der Hodengröße, der nächtlichen Zugunruhe und in der Nahrungspräferenz aufzuweisen (Abb. 16.11). Die europäischen Populationen dieser Arten überwintern in Afrika und ziehen quer über die Sahara (Abb. 16.12). Werden vom Schlupf an handaufgezogene Tiere unter konstanten Laborbedingungen in Europa gehalten, dann können die bei freilebenden Arten bekannten saisonalen Ereignisse ebenso bei den im Käfig gehaltenen Tieren dieser Art beobachtet werden, obwohl die Schwingungsperiode bei diesen Tieren etwas kürzer als das Kalenderjahr ist.

Arten, wie die Mönchsgrasmücke (*Sylvia atricapilla*) und der Zilpzalp (*P. collybita*), die nicht so weit fliegen und in Europa und Afrika überwintern, zeigen im Körpergewicht und in anderen für den Zug charakteristischen Größen nur geringe Schwankungen. Bei diesen Arten können auch unter konstanten Laborbedingungen saisonale Änderungen beobachtet werden. Die Samtkopf-Grasmücke (*S. melanocephala*) und die Provence-Grasmücke (*S. undata*) sind Teilzieher, die in den Brutgebieten des Mittelmeerraumes überwintern, während die Sarden-Grasmücke (*S. balearica*) das ganze Jahr über im Mittelmeerraum endemisch auf den Balearen und den Pithyuses lebt. Diese Arten haben das ganze Jahr über ein ziemlich konstantes Körpergewicht; ihre Mauser nimmt eine relativ lange Zeit in Anspruch, sie tritt abwechselnd mit Phasen nächtlicher Zugunruhe auf. Werden die Tiere unter Laborbedingungen getestet, so können auch hier Hinweise auf saisonale Änderungen gefunden werden, obwohl die individuellen Unterschiede sehr groß sind (Berthold 1974).

Die beschriebenen Arten dieser beiden Gattungen scheinen saisonale Änderungen im Zugverhalten im Hinblick auf bestimmte Parameter aufzuweisen, wobei deren Ausprägung mit dem Zugmodus und dem Zeitpunkt korreliert; dies läßt vermuten, daß die saisonalen Änderungen teilweise unter der Kontrolle eines endogenen circannualen Rhythmus stehen. Ähnliche jahreszeitliche Schwankungen in physiologischen Prozessen wie Mauser, Fetteinlagerung, Zugunruhe und Fortpflanzungsverhalten sind auch bei einigen anderen Vogelarten festgestellt worden (Rutledge 1974; Berthold 1984a).

Ferner liegen Hinweise vor, daß endogene Faktoren nicht nur den Beginn der Zugaktivität kontrollieren, sondern auch deren Muster. Viele Tierarten benutzen Flugrouten, die für bestimmte Brutkolonien charakteristisch sind. Weißstörche (*Ciconia ciconia*), die in Westeuropa brüten, ziehen beispielsweise zu ihren Überwinterungsgebieten auf einer westlich verlaufenden Route über Spanien und Gibraltar. Tiere, die in Osteuropa brüten, wählen dagegen eine östlich verlaufende Route (Abb. 16.13). Werden junge Störche in Gefangenschaft in Osteuropa aufgezogen und dann in Westeuropa freigelassen, so nehmen sie eine südöstliche Zugroute, die für osteuropäische Vögel charakteristisch ist (Schüz 1963). Ähnliche Untersuchungen an anderen Arten weisen darauf hin, daß die Zugrichtung genetisch beeinflußt ist. Biebach (1983) zeigte an 46 handaufgezogenen Rotkehlchen, die aus einer Teilzieher-Population aus Süddeutschland stammten, daß 80 % der Tiere Zugunruhe ausbildeten und somit ziehen würden und 20 % nicht. Von diesen Tieren bildete er fünf Paare, in denen beide Tiere eindeutig Zugunruhe zeigten, ein Paar, in dem beide Tiere keine Zugunruhe ausgebildet hatten und vier Paare, die jeweils aus einem ziehenden und einem nicht-ziehenden Tier bestanden. Von den Jungtieren der ziehenden Paare kamen 89 % in Zugunruhe, während von den Nachkommen der Paare, in denen nur ein Tier zieht, 53 % in Zugstimmung kamen. Diese wie auch andere Untersuchungen lassen vermuten, daß die Disposition für Zugverhalten von einem genetischen Polymorphismus bestimmt wird (Berthold 1984).

Um sein Winterquartier erreichen zu können, muß ein Tier nicht nur in die richtige Richtung fliegen, sondern auch die korrekte Entfernung abschätzen können. Gwinner (1972) untersuchte bei jungen Grasmücken die Entfernungen, die sie auf ihrem ersten Flug zurückgelegt haben, bei dem sie nicht von ihren Eltern begleitet wurden. Diese Untersuchungen lassen vermuten, daß die Tiere eine innere Uhr besitzen, die genau soviel Flugstunden vorgibt, wie das Tier für jede Etappe seiner Wanderung braucht. Es besteht eine deutliche Korrelation zwischen der Anzahl der Stunden, die im Käfig gehaltene Vögel in Zugunruhe sind und der Entfernung, die die Tiere normalerweise während des Zuges geflogen wären (Berthold 1973, 1984a).

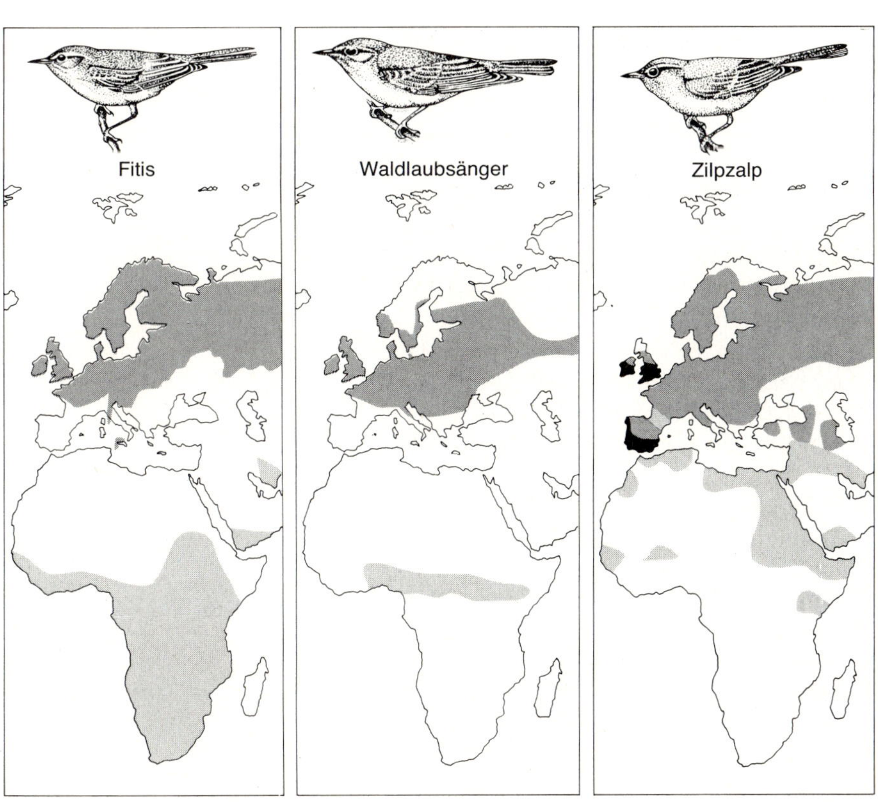

Abb. 16.12. Brutgebiete (dunkel), Überwinterungsgebiete (hell) und deren Überlappungszonen (schwarz) einiger ziehender Laubsänger (nach Schmidt-Koenig 1979).

Abb. 16.13. Zugrouten des östlichen und westlichen Weißstorchs *Ciconia ciconia* (nach Schüz 1971). Das Raster gibt die Dichte der Vogelansammlungen wieder.

Die zurückgelegte Entfernung, die einer Stunde Zugunruhe äquivalent ist, läßt sich durch den Vergleich von im Käfig gehaltenen und von ziehenden Vögeln derselben Population bestimmen (Gwinner 1972). Gwinner konnte anhand der Fluggeschwindigkeit ziehender Vögel die Entfernung berechnen, die die in Käfigen gehaltenen Vögel zurückgelegt hätten, wenn sie tatsächlich gezogen wären. Seine Berechnungen liegen sehr nahe bei den Werten, die aus Beobachtungen frei fliegender Vögel gewonnen wurden. Gartengrasmücken (*Sylvia borin*), die in Käfigen während der Zeit ihres ersten Herbstfluges beobachtet wurden, schlagen im August und September eine südwestliche und im Oktober, November und Dezember eine süd-südöstliche Richtung ein (Gwinner und Wiltschko 1978). Diese Ergebnisse stimmen mit den Befunden aus natürlichen Wanderungen überein (Abb. 16.14). Demnach scheint das circannuale Programm für die Art oder die Population die jeweils richtige Anzahl an Flugstunden vorzugeben, so daß die Vögel ihr Überwinterungsgebiet erreichen. Dieses Vektornavigations-Konzept (Gwinner 1986a, b) könnte erklären, wie Jungtiere, die auf ihrem ersten Herbstzug nicht mit ihren Eltern zusammenfliegen, ihre Winterquartiere erreichen.

Laboruntersuchungen zeigen, daß das endogene Programm für die Kontrolle des Herbstzuges nicht flexibel ist und somit nur geringe Umweltänderungen abfangen kann. Es ist aber dennoch möglich, daß manche Arten auf Umweltbedingungen reagieren, die z. B. ökologische Bedingungen während des Zuges betreffen. Mit seiner Untersuchung an Grauschnäppern (*Muscicapa striata*), die während ihres Zuges in einer Oase der Sahara rasteten, konnte Biebach (1985) nachweisen, daß die Dauer der Zwischenlandung von den Fettreserven abhängig ist. Gut genährte Tiere hielten sich in der Oase kürzer auf als Vögel mit geringeren Fettpolstern. Während dieser Zwischenlandung konnten die letzteren ihre Fettreserven durch Nahrungsaufnahme anreichern. Hieraus läßt sich schließen, daß die Zugaktivität unterdrückt wird, wenn

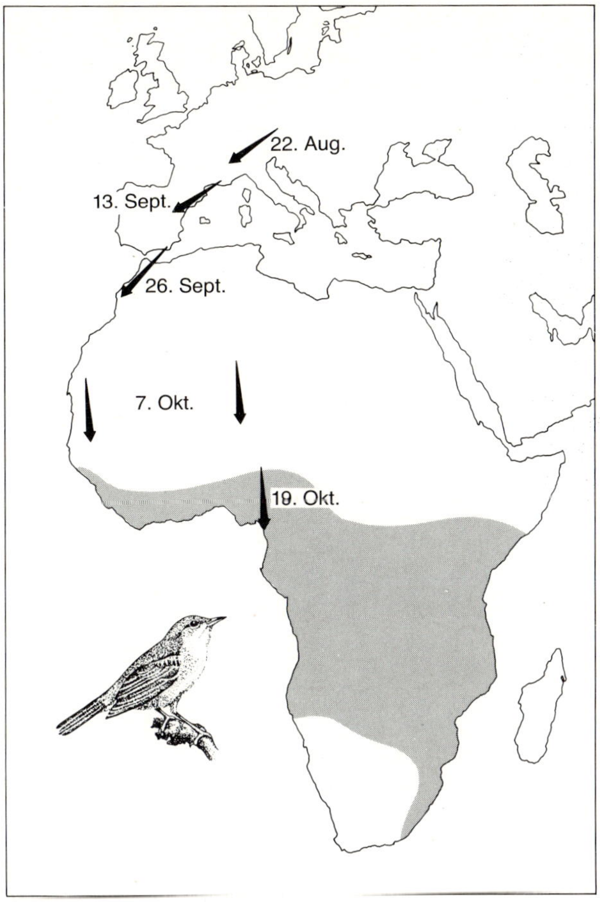

Abb. 16.14. Richtungspräferenzen, die in Laborversuchen an Gartengrasmücken während der Zugunruhe erhalten worden sind. Die Pfeilrichtung gibt die an den entsprechenden Tagen von den Tieren gezeigte Richtungspräferenz wieder. Die auf der Karte eingetragenen Positionen geben jeweils die Orte an (mit dem entsprechenden Datum), die eine Gartengrasmücke unter natürlichen Bedingungen auf ihrem Zug in die Überwinterungsgebiete in das südliche Afrika (Schattierung) erreicht hätte (nach Gwinner und Wiltschko 1978).

nur noch wenig Fettreserven zur Verfügung stehen, andererseits aber Nahrung aufgenommen werden kann. Diese Hypothese konnte in Laborexperimenten gestützt werden: Man entzog Grauschnäppern das Futter etwa in der Mitte der Zugsaison, wenn sie ein Körpergewicht von mindestens 20 g erreicht hatten, was eine beträchtliche Fettreserve anzeigt. Sowohl vor als auch während der Nahrungsdeprivation war die Zugunruhe der Tiere sehr ausgeprägt. Als ihr Körpergewicht auf etwa 13,5 g abgesunken war, wurden sie wieder mit bestimmten Rationen gefüttert, woraufhin ihre Gewichtszunahme in einer ähnlichen Weise verlief wie bei freilebenden Vögeln, die sich auf ihren Zug über die Sahara vorbereiten. Während dieser Zeit der Gewichtszunahme war die Zugunruhe stark abgesunken; sie stieg erst wieder an, als die Tiere ein Gewicht von ca. 17 g erreicht hatten (Abb. 16.15). Demnach scheinen spezifische Faktoren, die für eine mögliche Zwischenlandung in Oasen während der Saharaüberquerung relevant sind, einen Einfluß auf das Muster der Zugaktivität dieser Art zu haben. Biebach und seine Mitarbeiter (1986) konnten ebenso für einige ziehende Singvögel nachweisen, daß die Wahl des Ortes für eine Zwischenlandung und deren Dauer von den Fettreserven dieser Tiere beeinflußt wird. Tiere mit genügend Fettreserven machen vor der Saharaüberquerung nur für einen Tag Rast, wobei sie sich im Schatten aufhalten, während Tiere mit geringen Fettreserven bis zu drei Wochen rasten, um ihr Fettdepot anzureichern. Die Autoren dieser Untersuchung nehmen für dieses Zugmuster einfache Entscheidungsregeln an, die in einem Flußdiagramm dargestellt werden können (Abb. 16.16).

Im allgemeinen scheinen endogene circannuale Faktoren die primäre Ursache für das Einsetzen der Zugunruhe bei vielen Vogelarten zu sein, wie auch das Muster der Zugaktivität sehr stark durch genetisch determinierte circannuale Programme beeinflußt werden kann. Unter bestimmten Umständen können aber auch lokale Faktoren einen Einfluß auf die Wanderaktivität ausüben.

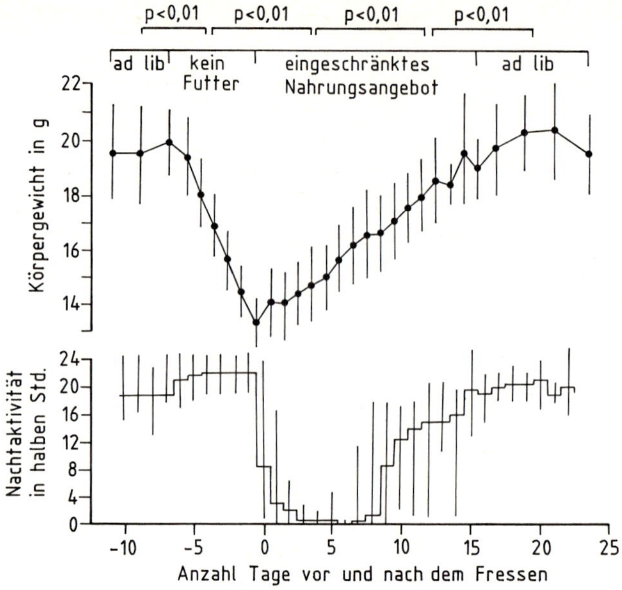

Abb. 16.15. Änderung der nächtlichen Zugunruhe (untere Kurve) und des Körpergewichtes (obere Kurve) während einer Zeit des Nahrungsentzugs und einer anschließenden Erholungsphase beim Grauschnäpper. Das Körpergewicht sinkt, wenn die Vögel für fünf Tage ohne Nahrung gehalten werden. Die anschließende rationierte Fütterung führt zu einem ähnlichen Anstieg des Körpergewichtes wie bei Vögeln, die sich auf den Zug vorbereiten. Die Zugunruhe bleibt auch während des Nahrungsentzugs hoch, sie sinkt jedoch auf fast Null ab, wenn die Vögel wieder Nahrung zu sich nehmen können (nach Biebach 1985).

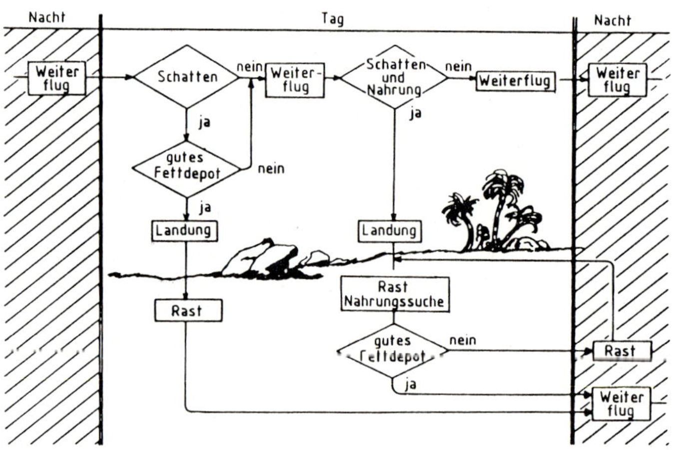

Abb. 16.16. Flußdiagramm für das Zugverhalten von Singvögeln, die während des Zuges die Sahara überqueren müssen (nach Biebach et al. 1986).

16.7 Gezeiten und lunare Rhythmen

Von der Erde aus gesehen bewegt sich der Mond auf einer ähnlichen Bahn wie die Sonne. Jeden Tag geht der Mond 50 Minuten später auf und kann somit manchmal während des Tages, zu anderen Zeiten wiederum nur während der Nacht beobachtet werden. Es ist bekannt, daß der Mondzyklus (29,5 Tage) sehr viele Bereiche des tierlichen Verhaltens beeinflussen kann. Das Fortpflanzungsverhalten des Palolowurms (*Eunice*) findet im Pazifischen Ozean nur während der abnehmenden Flut (Nippflut) des letzten Mondviertels im Oktober und November statt. Hierbei löst sich der hintere Teil des Körpers mit den Geschlechtsorganen von dem vorderen ab (Abb. 16.17) und bewegt sich zur Wasseroberfläche, wo dann Eier und Spermien in das Wasser abgegeben werden (Korringa 1947). Die Würmer stellen in dieser Zeit für Haie und andere Fische ein reichliches Nahrungsangebot dar, jedoch können aufgrund der Synchronisation ihres Fortpflanzungsverhaltens und der damit verbundenen Massenansammlung immer noch ausreichend viele Tiere den Raubfeinden entkommen und überleben. Unter Laborbedingungen gehaltene Palolowürmer produzieren ihre Gameten zu den entsprechenden Zeiten, d. h. bei diesen Tieren wird die Fortpflanzungsaktivität wahrscheinlich von einer inneren Uhr gesteuert.

Lunare Rhythmen sind auch bei terrestrisch lebenden Tierarten bekannt. Die Nahrungssuche der Jamaika-Flughunde erfolgt nach einem ganz bestimmten Muster, wonach die Tiere ihre Tagesschlafplätze am Abend verlassen und während der Neumondnächte auf Futtersuche gehen. Bei Vollmond verlassen die Tiere ihre Plätze wie gewöhnlich am Abend, kehren jedoch wieder zurück, wenn der Vollmond seinen Höchststand erreicht hat. Sie behalten selbst dann dieses Muster bei, wenn der Vollmond durch Wolken verdeckt ist. Daraus läßt sich schließen, daß die Tiere eine innere, auf lunare Rhythmen eingestellte Uhr besitzen (Morrison 1978).

Die Gezeiten entstehen durch die sich ändernden Gravitationskräfte, die jeweils von der Sonne und dem Mond ausgeübt werden. Während des lunaren Zyklus wiederholt sich der Gezeitenzyklus zweimal. Viele marine Lebewesen weisen in ihrem Verhalten Rhythmen auf, die mit den Gezeitenzyklen übereinstimmen und von einer inneren Uhr gesteuert werden. Die Strandkrabbe (*Carcinus maenas*) zum Beispiel hat einen Tagesaktivitätsrhythmus, der dem Gezeitenrhythmus überlagert ist, d. h. die Aktivität der Krabbe wird auf diese Weise mit dem hohen Wasserstand synchronisiert. Dieser Rhythmus bleibt auch unter konstanten Laborbedingungen noch bis zu einer Woche bestehen, bis er immer schwächer wird und schließlich ganz aufhört. Dieser Rhythmus kann wieder in Gang gesetzt werden, wenn die Krabbe für ungefähr sechs Stunden bei einer Temperatur nahe dem Gefrierpunkt gehalten wird. Dieser „Kälteschock“ scheint die Gezeitenuhr wieder einzuschalten, da er möglicherweise für die Krabbe eine ähnliche Situation wie im Watt darstellt, wenn sie von der hohen Tide erreicht wird. In einer anderen Untersuchung wurden Strandkrabben im Labor vom Ei bis zum Adultstadium unter einem Tag-Nacht-Wechsel ohne Gezeiteneinfluß aufgezogen. Diese Krabben bildeten nur einen circadianen Aktivitätsrhythmus aus. Ein Gezeitenrhythmus konnte jedoch ausgelöst werden, wenn die Tiere einem einzigen Kälteschock ausgesetzt wurden. Demnach scheint die endogene Gezeitenuhr latent vorhanden zu sein, bis sie durch einen Kälteschock eingeschaltet wird (Palmer 1973).

Ähnliche Phänomene können auch bei anderen Krabben beobachtet werden. Winkerkrabben (*Uca*) beispielsweise haben von den Gezeiten gesteuerte Aktivitätsrhythmen, die unter konstanten Laborbedingungen bis zu fünf Wochen aufrechterhalten werden. Bei niedrigem Wasserstand verlassen die Krabben ihre Höhlen, gehen auf Futtersuche, zeigen Paarungsverhalten oder andere Aktivitäten. Mit dem

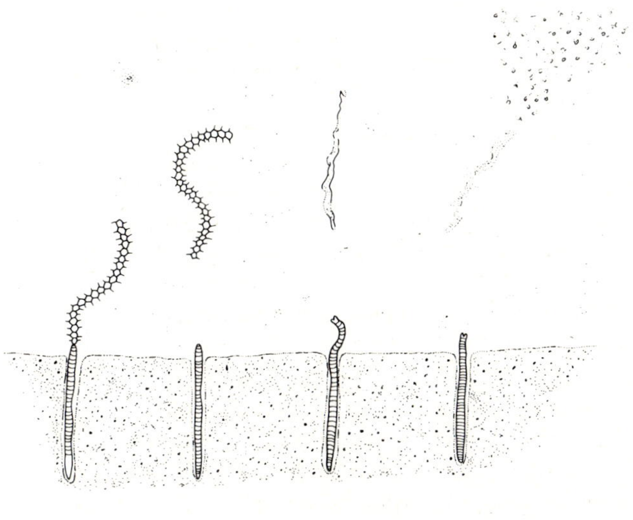

Abb. 16.17. Das Fortpflanzungsgeschehen beim Palolo-Wurm (nach Cloudsley-Thompson 1980).

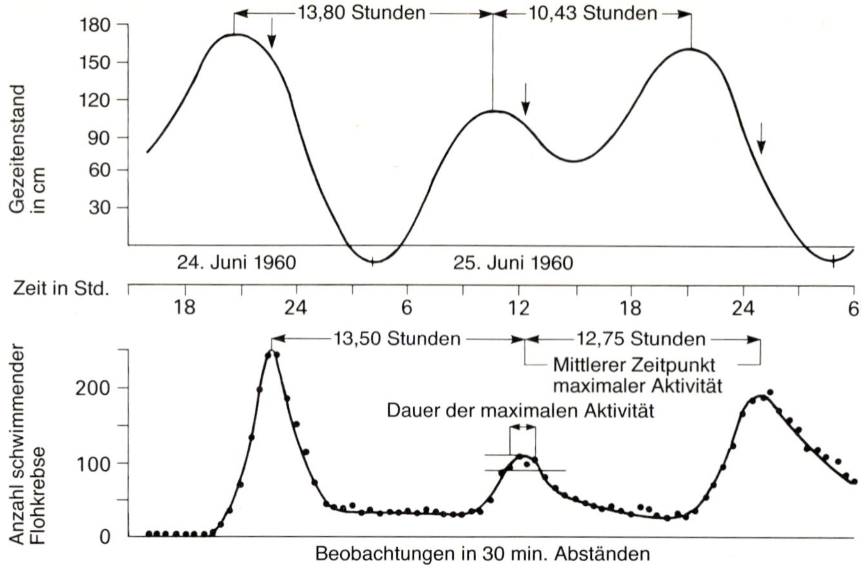

Abb. 16.18. Gezeitenänderungen in La Jolla, Californien, im Vergleich zu den Schwimmaktivitäten des Flohkrebses *Synchelidium* unter Laborbedingungen (aus *The Oxford Companion to Animal Behaviour*, Oxford University Press 1981).

Herannahen der Flut ziehen sie sich wieder in ihre Höhlen zurück. Auch bei dieser Krabbenart wirkt ein Kälteschock zur Zeit der Flut als Zeitgeber und bestimmt somit die Phase des Aktivitätsrhythmus (Palmer 1973).

Durch die Überlagerung des circadianen und des Gezeiten-Rhythmus ist es einem Tier möglich, sich den unregelmäßigen Veränderungen des Hoch- und Niedrigwassers anzupassen. An der kalifornischen Küste z. B. folgt nach einem Intervall von 13,8 Stunden zwischen zwei Fluten eines von 10,43 Stunden (Abb. 16.18). Der Flohkrebs *Synchelidium* weist in seiner Schwimmaktivität ein Muster auf, das dem eben beschriebenen Gezeitenmuster recht ähnlich ist (s. Abb. 16.18). Unter konstanten Laborbedingungen wird diese Schwimmaktivität für einige Tage beibehalten.

16.8 Circadiane Rhythmen und Alltagsleben

Viele Tiere sind in ihrer Umwelt Tag-Nacht-Veränderungen ausgesetzt, die sie direkt, aber auch indirekt beeinflussen. So kann es Änderungen in der Verfügbarkeit der Nahrung oder der Anzahl der Raubfeinde geben, was wiederum von Änderungen der Temperatur, der Lichtintensität, usw. abhängig ist.

Das Tier paßt sich diesen Tag-Nacht-Unterschieden insofern an, als es einen Tagesablauf entwickelt, der sich aus vielen verschiedenen Aktivitäten zusammensetzt und somit ein Muster bildet, das sich Tag für Tag wiederholt. Wird eine einzelne Verhaltensweise untersucht, so scheint sie einem typischen Tagesrhythmus zu folgen. Das Alltagsleben von Tieren ist diesbezüglich bisher noch nicht sehr eingehend untersucht worden (Daan 1981), während Tagesrhythmen die Aufmerksamkeit vor allem derjenigen erregten, die in erster Linie an circadianen Uhren interessiert waren (Rusak 1981).

Die wichtigsten tageszeitlichen Änderungen in der äußeren Umwelt betreffen die Lichtintensität und die Temperatur. Tiere, die sich an das Leben bei Tageslicht angepaßt haben, können bei Nacht benachteiligt sein, da sie Raubfeinden eher ausgesetzt sind oder nicht effektiv genug Nahrung finden. In kalten Klimazonen kann für kleine Säugetiere Nachtaktivität vorteilhaft sein. Die Zeit ihrer größten Wärmeproduktion findet dann während der kältesten Zeit des 24-Stunden-Rhythmus statt, und die Aktivität kann so für die Thermoregulation nutzbar gemacht werden. Kleine Vögel dagegen sparen in solchen kalten Nächten Energie ein, indem sie inaktiv werden und so ihre Körpertemperatur herabsenken. In heißen Klimazonen ist für kleine Säugetiere Nachtaktivität vorteilhaft, da sie auf diese Weise die Hitze des Tages vermeiden.

Es ist nicht überraschend, daß Ruhe- und Aktivitätsrhythmen im gesamten Tierreich weit verbreitet sind. Wenn es für Tiere nachteilig ist, nachts aktiv zu sein, dann ist die beste Lösung, fest an einem sicheren Platz zu sitzen und so viel Energie wie möglich einzusparen. Das wird als eine der wesentlichsten Funktionen des Schlafes angesehen (Meddis 1975). Nachtaktive Arten verstecken sich dagegen während des Tages, wenn sie ihren Raubfeinden vermehrt ausgesetzt sind. Handelt es sich bei diesen Tieren selbst um nachtaktive Räuber, dann bleiben sie während des Tages versteckt, um ihre Beute nicht zu verschrecken. So kommt es, daß durch den täglichen Rhythmus der physikalischen Umweltgegebenheiten einige Aktivitäten zu bestimmten Zeiten vorteilhaft erscheinen und zu anderen Zeiten wiederum nicht. Vieles ist von der allgemeinen ökologischen Situation der entsprechenden Art abhängig.

Ist ein Tier an seine Umwelt angepaßt, wird es einen Tagesablauf entwickeln, der es ihm ermöglicht, den Überlebenswert seiner verschiedenen Aktivitäten zu optimieren. Teilweise wird dies durch opportunistische Strategien erreicht. Der Turmfalke beispielsweise ist ein Raubvogel, der bei Tage jagt und sich auf kleine Säugetiere spezialisiert hat. Da er sich bei der Jagd überwiegend optisch orientiert, ist er vor allem bei guten Lichtverhältnissen erfolgreich. Untersuchungen haben gezeigt, daß Turmfalken zwar während des ganzen Tages Beute erjagen, sie aber nicht sofort verzehren. Sie scheinen überschüssige Beute an zufällig gewählten Plätzen ihres Jagdrevieres zu verstecken. Das Verstecken der Beute findet den ganzen Tag über statt (Abb. 16.19). In der Dämmerung wird die Beute wieder hervorgeholt. Dieser Ablauf ermöglicht es dem Turmfalken, während des Tages so viele Beutetiere wie möglich zu erjagen, ohne zu viel Zeit mit Fressen zu verbringen. Außerdem würde der Vogel durch den Verzehr seiner überschüssigen Beute wahrscheinlich so schwer werden, daß die Effizienz seiner Jagd rapide abnehmen würde.

Zusätzlich zu den für eine Tierart typischen Tagesabläufen können einzelne Individuen auch ihre eigenen täglichen Gewohnheiten entwickeln. So wiederholen Turmfalken, wenn sie zu einer bestimmten Zeit und an einem bestimmten Ort Beute geschlagen haben, dieselbe Jagdstrategie am nächsten Tag (Abb. 16.20). Eine solche Strategie ist dann angebracht, wenn auch die Beute typische tägliche Routineabläufe aufweist.

Kapitel 24 nimmt noch einmal das Thema Alltagsleben auf, da hier diskutiert werden soll, wie Tiere ihre Zeit und Energie am besten nutzen können.

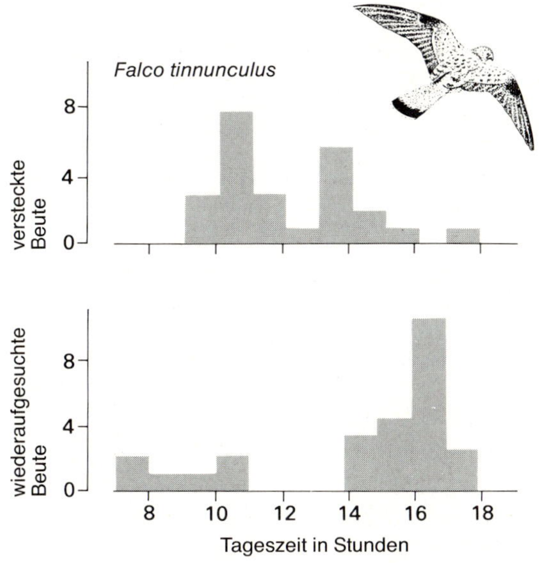

Abb. 16.19. Häufigkeit des Versteckens und des Wiederaufsuchens bereits versteckter Beute beim Turmfalken *Falco tinnunculus* (nach Daan 1981).

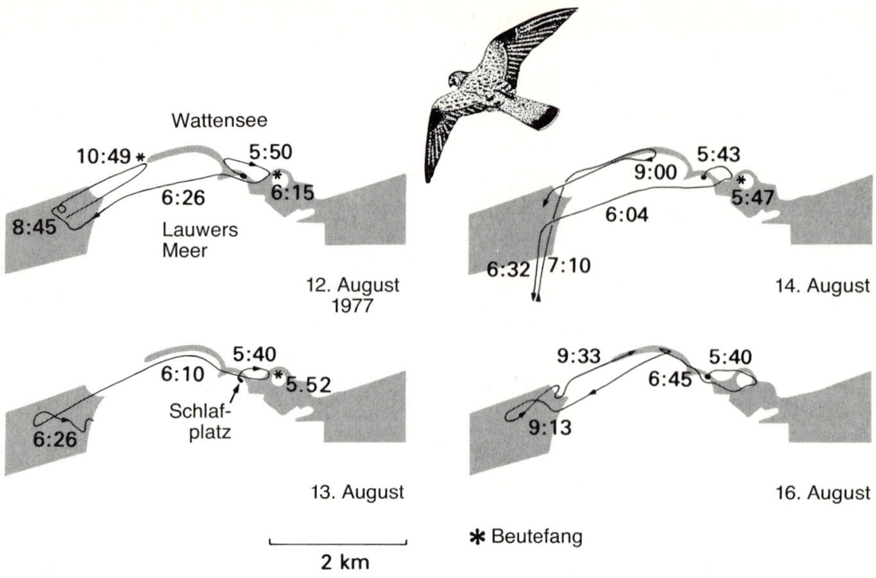

Abb. 16.20. Flugstrecken eines Turmfalken am 12., 13., 14. und 16. August 1977 in Holland. Die Zahlen neben der Flugbahn geben jeweils die Tageszeiten an, zu denen das Tier an den entsprechenden Orten beobachtet wurde. Landregionen sind dunkel und die Wasserregion ist hell dargestellt.

Merksätze

- Die Variationsbreite der Umweltbedingungen, die ein Tier tolerieren kann, ist begrenzt. Sie ist für eine bestimmte Art charakteristisch, kann aber bis zu einem gewissen Maß durch Akklimatisierung verschoben werden.
- Eine Akklimatisierung benötigt langsam ablaufende physiologische Änderungen, die wiederum einen großen Einfluß auf den inneren Gleichgewichtszustand (Homöostase) und auf Motivationszustände haben.
- Die meisten Tiere besitzen innere Uhren, die in rhythmische Umweltabläufe eingebunden sind. Diese Uhren können circannuale, lunare, gezeiten-abhängige oder circadiane Rhythmen steuern.
- Viele Bereiche der Fortpflanzungsphysiologie und des Verhaltens hängen mit circannualen Umweltgegebenheiten zusammen, wie etwa der Winterschlaf und die Wanderungen. Alle diese Prozesse unterliegen langsam ablaufenden physiologischen Änderungen, die deshalb der Akklimatisierung ähnlich sind.
- Zusätzlich zu den circannualen und circadianen Rhythmen können bei marinen Lebewesen auch lunare und Gezeiten-Rhythmen auftreten.
- Circadiane Rhythmen ermöglichen es dem Tier, quasi antizipatorisch einen Tagesablauf zu entwickeln, mit dem es die vorherrschenden Situationen am besten bewältigen kann.

Weiterführende Literatur

Aschoff, J. (1984) Tages- und Jahresuhren zur Orientierung in Raum und Zeit. *Nova acta Leopoldina* NF 57, 9-47.

Gwinner, E. (1986) *Circannual Rhythms.* Springer Verlag, Berlin, Heidelberg, New York.

Pengelley, E.T. (1974) *Circannual Clocks – Annual Biological Rhythms.* Academic Press, New York.

Remmert, L. (1965) Biologische Periodik. *Handbuch der Biologie,* Bd. 5, 179–184.

Rensing, L. (1973) *Biologische Rhythmen und Regulation* (Grundbegriffe der modernen Biologie, Bd. 10). Fischer Verlag, Stuttgart.

2.3 Lernen

In den folgenden Kapiteln geht es um das Lernphänomen bei Tieren. Kapitel 17 gibt einen Überblick über die klassische Konditionierung und das instrumentelle Lernen aus der traditionellen Sicht der Psychologie. Kapitel 18 stellt einige evolutionäre Aspekte der Lernvorgänge vor und vergleicht die biologische mit der psychologischen Sichtweise. In Kapitel 19 werden schließlich verschiedene Überlegungen diskutiert, die sich mit kognitiven Erklärungen des Lernens beschäftigen und die eine Grundlage für die Diskussion der mentalen Fähigkeiten der Tiere darstellen, welche abschließend in Kapitel 26 bis 28 in Teil 3 des Buches behandelt werden.

IWAN PAWLOW (1849-1936)

Iwan Pawlow wurde in der russischen Stadt Ryszan geboren, wo er die kirchliche Schule und anschließend ein Priesterseminar besuchte. Ab 1870 studierte er an der Universität Petersburg und legte dort 1875 sein Examen in den Naturwissenschaften ab. Im Anschluß an seine Promotion an der militärischen Akademie für Medizin 1883 studierte er in Deutschland. 1890 wurde er an der Militärmedizinischen Akademie in Petersburg zum außerordentlichen Professor für Pharmakologie, 1895 zum ordentlichen Professor für Physiologie ernannt. 1904 wurde ihm für seine Forschungen zur Physiologie der Verdauung der Nobelpreis für Medizin verliehen. 1925 legte er sein Amt als Professor aus Protest gegen den Ausschluß von Priestersöhnen von der Akademie nieder. Obwohl selbst Sohn eines Priesters, war Pawlow nicht ausgeschlossen worden. Bis an sein Lebensende führte er seine Forschungen an verschiedenen Laboratorien der Sowjetunion fort.

In seinen frühen Arbeiten beschäftigte sich Pawlow mit der Physiologie des Kreislaufs, speziell mit den Mechanismen zur Regulation des Blutdrucks. Er entdeckte, daß der Vagusnerv den Blutdruck kontrolliert und untersuchte die neuronale Kontrolle, die dem Rhythmus und der Kontraktionsstärke des Herzschlags zugrundeliegt. Anschließend begann er eine Arbeit über die Physiologie der Verdauung, die er 1897 in dem Buch *The work of the digestive glands* veröffentlichte. Pawlow untersuchte insbesondere die an der Sekretion verschiedener Verdauungsdrüsen beteiligten Mechanismen und kam zu dem Schluß, daß diese ausschließlich durch neuronale Mechanismen gesteuert werden. Heute weiß man allerdings, daß die Sekretion auch hormoneller Kontrolle unterliegt. Im Verlauf seiner Untersuchungen entdeckte Pawlow, daß bei einem Versuchstier durch den Anblick von Futter oder anderen Reizen, die normalerweise der Fütterung vorausgingen, Speichelfluß ausgelöst werden konnte. Diese Beobachtung führte zu der Entdeckung des bedingten Reflexes, der heute als ein fundamentaler Aspekt des Lernens angesehen wird. Von 1902 bis zu seinem Tode konzentrierte sich Pawlow nun in seinen Untersuchungen auf die Phänomene der Konditionierung. Pawlow schuf viele der grundlegenden Konzepte, die noch heute in diesen Wissenschaftsbereichen ihre Gültigkeit haben, und er kann als der Begründer des experimentellen Ansatzes zur Untersuchung von Lernphänomenen bei Tieren angesehen werden.

In einem typischen Experiment konnte Pawlow zeigen, daß ein Hund, dem man mehrmals hintereinander und jeweils von einem Klingelzeichen begleitet Futter präsentierte, schließlich auf das alleinige Ertönen der Klingel genauso reagierte wie auf das Zeigen von Futter. Pawlow maß den Speichelfluß des Hundes sowohl bei der kombinierten Darbietung von Futter und Klingelzeichen als auch bei dem alleinigen Ertönen der Klingel. Er bezeichnete den Speichelfluß beim Darbieten von Futter als unbedingte Reaktion und die spätere Speichelsekretion aufgrund des Klingelzeichens als bedingte Reaktion, da ihr Auftreten durch die vorherige Kombination der beiden Reize bedingt war.

Pawlows Ziel galt der Entdeckung allgemein gültiger Gesetze des Lernens und deren Erklärung durch die zugrundeliegenden Gehirnmechanismen. Er forderte, daß sich die Zellen des Zentralnervensystems während der Konditionierung strukturell und chemisch verändern. Während sich diese Vorstellung nicht sehr von der modernen Sichtweise unterscheidet, waren viele seiner Ideen über die Rolle des Cortex bei Lernvorgängen noch nicht ausgereift. Pawlows Hauptwerk wurde 1927 ins Englische übersetzt (*Conditioned Reflexes: An investigation of the physiological activity of the cerebral cortex*) und beeinflußte die Entwicklung der Psychologie in entscheidender Weise.

17 Konditionierung und Lernen

Pawlows Arbeiten zur Konditionierung wurden im Westen zu einer Zeit bekannt, als dort schon ein großes Interesse für mechanistische Erklärungen des Verhaltens, speziell von Reflexen, bestand. Die Versuche von Loeb (1859-1924), tierliches Verhalten durch einfache Tropismen und Taxien zu erklären (vgl. Kapitel 14.2), hatten großen Einfluß in Deutschland und in den USA. Auf dem Gebiet der Physiologie veröffentlichte Sherrington 1906 die Arbeit *Integrative Action of the Nervous system*. Sherrington zeigte, wie durch die Kombination einfacher Reflexe koordiniertes Verhalten zustande kommen kann.

Watson (1913) war der Begründer der behavioristischen Schule innerhalb der Psychologie, die in der ersten Hälfte dieses Jahrhunderts sehr einflußreich wurde. Die Behavioristen ließen nur beobachtbare Reize, Muskelbewegungen und Drüsensekretionen als Erklärung für das Entstehen von Verhalten zu. Um auch komplexes Verhalten in den Reiz-Reaktions-Schemata erklären zu können, forderten sie verdeckte oder implizite Reiz-Reaktions-Beziehungen. Watson hatte schon 1907 vorgeschlagen, körpereigene Reize, die durch die Bewegungen eines Tieres entstehen, einem solchen Erklärungsschema zuzuordnen. Von den nicht beobachtbaren Prozessen, die zwischen Reiz und Reaktion vermitteln, nahm man an, daß sie in den anfänglichen Bewegungen und den durch die Bewegung verursachten Reizen enthalten sind. Folglich vertrat Watson (1914) die Ansicht, daß auch menschliche Denkprozesse „verdeckte Sprache" im Sinne von Selbstgesprächen seien, wobei die Zungenbewegung den Reiz für die nächstfolgende Reaktion in der Reiz-Reaktions-Kette liefert.

Pawlow hielt 1903 eine Vorlesung in Madrid und 1906 die „Huxley"-Vorlesung in London, über die in der Zeitschrift *Science* berichtet wurde. 1909 erschien ein Überblick über Pawlows Arbeiten, ein weiterer wurde 1916 von Watson veröffentlicht. Die deutsche Gesamtausgabe (*Sämtliche Werke*) erschien in sechs Bänden erst zwischen 1953 und 1955. Einen Überblick über seine grundlegenden Forschungen liefert das Buch *Die bedingten Reflexe* (1972). Zu Pawlows Zeiten forderte die vorherrschende Lehrmeinung eine rein mechanistische und objektive Verhaltenswissenschaft. Pawlows Arbeiten lieferten neuen Zündstoff für den extrem umweltorientierten Ansatz, den Watson in der behavioristischen Psychologie vertrat. Watson (1916) erkannte, daß die Konditionierung von Reflexen als Paradigma für Lernen im allgemeinen dienen könnte. Behavioristen wie Watson und später auch Skinner postulierten, daß alles tierliche und menschliche Verhalten auf Konditionierung zurückgeführt werden kann. Pawlows Ergebnisse lieferten zu einem gewissen Grad die physiologischen Grundlagen für den Behaviorismus, und die Psychologie des Lernens bei Tieren wurde in den USA bis Ende der fünfziger Jahre zur dominierenden Richtung innerhalb der Psychologie.

17.1 Klassische Konditionierung

In seinen ursprünglichen Konditionierungsexperimenten spannte Pawlow einen hungrigen Hund in ein Geschirr ein und zeigte ihm in regelmäßigen Abständen kleine Futterportionen (Abb. 17.1). Kündigte Pawlow die Präsentation von Futter durch einen vorausgehenden äußeren Reiz, wie z.B. ein Klingelzeichen, an, änderte sich allmählich das Verhalten des Hundes diesem Reiz gegenüber. Der Hund richtete seine Aufmerksamkeit auf das Klingelzeichen und begann, sich die Lefzen zu lecken und Speichel abzusondern. Als Pawlow den Speichel mit Hilfe eines in den Speicheldrüsenkanal eingesetzten kleinen Schlauches sammelte und die Speichelmenge genau bestimmte, stellte er fest, daß die abgesonderte Speichelmenge zunahm, je häufiger dem Tier die beiden Reize vorher gekoppelt geboten worden waren. Es zeigte sich, daß der Hund gelernt hatte, das Klingelzeichen mit dem Futter zu verbinden.

Pawlow bezeichnete das Klingelzeichen als den **bedingten Reiz** (conditional stimulus, CS) und das Futter als den **unbedingten Reiz** (unconditional stimulus, UCS). Die Speichelsekretion als Antwort auf die Darbietung von Futter nannte er **unbedingte Reaktion** – oder auch unbedingten Reflex – (unconditional response, UCR), den Speichelfluß als Antwort auf das Klingelzeichen **bedingte Reaktion** – oder auch bedingten Reflex – (conditional response, CR). Die Grundidee dieser Terminologie liegt darin, daß das Futter beim Hund unkonditioniert eine Reihe von Endhandlungen (wie z.B. Speichelfluß) auslöst, von denen dann eine Endhandlung vom Experimentator aufgezeichnet und als unbedingte Reaktion bezeichnet wird. Die Konditionierung ist das Ergebnis einer vom Experimentator hergestellten Verknüpfung zwischen dem unbedingten Reiz (Futter) und einem äußeren Reiz, etwa dem Kingelzeichen, der vorher nicht mit der Fütterungssituation verbunden war. Nach mehrmaligem gleichzeitigen Auftreten beider Reize löst schließlich das Klingelzeichen allein den Speichelfluß aus. Das Klingelzeichen ist zum bedingten Reiz geworden, da der Hund als Ergebnis der Dressur Speichelfluß zeigt, sobald das Signal ertönt. Gleichermaßen ist der Speichelfluß als Reaktion auf das Klingelzeichen zur bedingten Reaktion geworden, obwohl er in seinem Erscheinungsbild von einer unbedingten Reaktion nicht zu unterscheiden ist. Folgt der unbedingte Reiz (Futter) im Verlauf der Konditionierung auf den bedingten Reiz (Klingelzeichen), so wird die bedingte Reaktion (Speichelfluß) aufgrund des unbedingten Reizes verstärkt. Der unbedingte Reiz wird deshalb als **Verstärker** bezeichnet.

Konditionierungsexperimente, die sich motivational fördernder, d.h. positiver Verstärker, wie den unbedingten Reizen bedienen, sind Beispiele für **positive Konditionierungen**. Bedingte Reaktionen können jedoch ebenso durch negative Verstärker

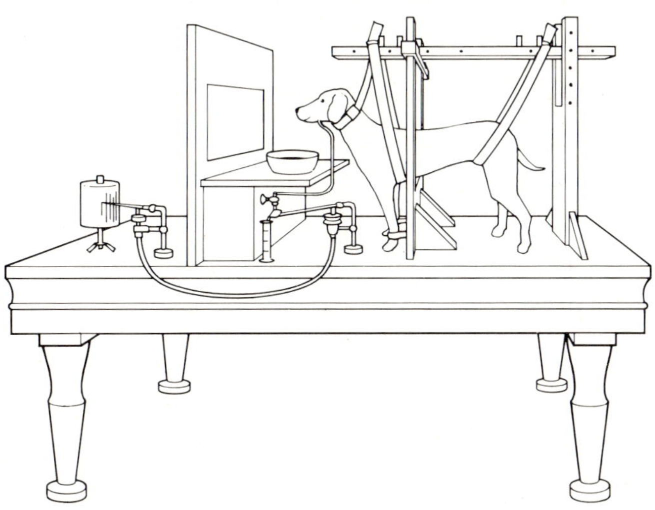

Abb. 17.1. Pawlows Versuchsapparatur zur Untersuchung der Konditionierung des Speichelflusses bei Hunden.

im Experiment hervorgerufen werden. Wird z.B. einem Luftstrom, der auf das Auge eines Kaninchens gerichtet ist, ein akustischer Reiz vorausgeschickt, so wird schließlich dieser allein den Lidschlag (genauer: das Schließen der Nickhaut) als eine bedingte Reaktion auslösen können. Am Anfang ruft nur der Luftstrom (unbedingter Reiz) den Lidschlag (unbedingte Reaktion) hervor, aber nach der Konditionierung ist der akustische Reiz (bedingter Reiz) auch ohne Luftstrom in der Lage, den Lidschlag (bedingte Reaktion) auszulösen. Dieser Lernvorgang stellt ein Beispiel für **negative Konditionierung** dar. Sie kann beispielsweise auch durch Elektroschocks erreicht werden, welche das Tier zu meiden sucht.

Ein Verstärker ist nicht so sehr durch seine eigene Reizqualität als vielmehr durch seine motivationale Bedeutung für das Tier gekennzeichnet. Futter kann folglich nur als positiver Verstärker dienen, wenn der Hund hungrig ist, und der Luftstrom als negativer Verstärker, wenn er für das Tier schädlich oder unangenehm ist. In vielen Fällen ist der Verstärker in dem Sinne angeboren, als sich seine motivationale Bedeutung und seine Fähigkeit, die Konditionierung zu unterstützen, aus dem normalen Verhaltensrepertoire eines Tieres ergibt. Dies muß jedoch nicht immer der Fall sein. So wies Pawlow nach, daß auch bedingte Reize als Verstärker wirken können. Wird ein Klingelzeichen durch den normalen Konditionierungsvorgang zum bedingten Reiz, wird er zuverlässig eine bedingte Reaktion wie den Speichelfluß auslösen. Wird nun ein zweiter bedingter Reiz, wie z.B. ein Lichtblitz, bei Abwesenheit von Futter wiederholt in Kombination mit dem Klingelzeichen geboten, dann wird das Tier schließlich die bedingte Reaktion als Antwort auf den Lichtreiz allein zeigen, auch wenn dieser in keinem Fall direkt mit dem Zeigen von Futter verknüpft war. Dieser Vorgang wird als **Konditionierung zweiter Ordnung** bezeichnet.

Die Pawlowsche oder klassische Konditionierung ist ein im Tierreich häufig zu beobachtendes Phänomen, das sich in vielen Bereichen des täglichen Lebens der höheren Tiere einschließlich des Menschen wiederfindet. Pawlow konnte zeigen, daß Konditionierung bei Affen und Mäusen zu finden ist; ebenso wurde sie auch für eine Reihe von Invertebraten angenommen. Allerdings müssen solche Annahmen sehr vorsichtig gehandhabt werden, da sich die echte klassische Konditionierung von anderen Lernformen unterscheidet.

Obwohl die Vorgehensweise bei klassischen Konditionierungsexperimenten relativ unkompliziert ist, sind die sich ergebenden Phänomene nicht so leicht verständlich. Seit Pawlow führte dies bis heute zu Diskussionen von beträchtlichem Umfang innerhalb der psychologischen Literatur. Da es fast unmöglich ist, ein Experiment durchzuführen, in dem nicht zu einem gewissen Grad Konditionierung auftritt, sollte jeder Student der Ethologie mit den grundlegenden Merkmalen der klassischen Konditionierung vertraut sein. Es mag trivial sein, daß die Tiere auf die Tageszeit konditioniert werden, zu der ein Beobachter erscheint, oder daß verborgene Konditionierungsphänomene die Schlußfolgerungen des Experimentators heimtückisch entkräften können. Auf jeden Fall hat die Konditionierung als ein universelles Merkmal der höheren Tiere nicht nur praktische Bedeutung, sondern sie muß bei allen Ansätzen berücksichtigt werden, um das Verhalten der Tiere zu verstehen. Im folgenden sollen einige der wesentlichen Merkmale der Konditionierung kurz diskutiert werden. Eine detaillierte Darstellung findet sich in den hervorragenden Büchern von Mackintosh (1974, 1983).

17.2 Erwerb

Das Entstehen einer bedingten Reaktion kann auf verschiedene Weise gemessen werden. Pawlow beispielsweise nahm die Speichelmenge, die während der Darbietung des bedingten Reizes aufgefangen werden konnte. Im Fall der Lidschlag-Konditionierung wird die Häufigkeit der auftretenden Reaktion gemessen (Abb. 17.2). Die Geschwindigkeit der zu lernenden Kopplung zwischen beiden Reizen kann je nach Art, Umständen und Alter verschieden sein (Abb 17.3).

Pawlow nahm an, daß das gleichzeitige Darbieten von bedingtem und unbedingtem Reiz zur Ausbildung einer Assoziation zwischen beiden führt. Nach dieser **Reiz-Substitutions-Theorie** wird der unbedingte Reiz durch den bedingten Reiz ersetzt, wobei dieser schließlich stellvertretend in der Lage ist, die Reaktion auszulösen, die normalerweise nur vom unbedingten Reiz ausgelöst wird. Eine alternative Theorie ist die **Reiz-Reaktions-Theorie**, die das Auftreten von bedingten Reaktionen mit den anschließenden Belohnungen erklärt. Mit anderen Worten, die bedingte Reaktion wird durch ihre eigenen Auswirkungen verstärkt.

Die beiden Theorien unterscheiden sich im wesentlichen in zwei Punkten. Erstens würde man auf der Grundlage der Reiz-Substitutions-Theorie erwarten, daß sich bedingte und unbedingte Reaktion sehr ähnlich sind, während sie nach der Reiz-Reaktions-Theorie verschieden sein sollten. Zweitens entsteht nach der Reiz-Substitutions-Theorie zwischen bedingtem und unbedingtem Reiz eine Verknüpfung, wobei diese selbst auch Verstärkung ist. Nach der Reiz-Reaktions-Theorie ist das Lernen jedoch von den verstärkenden Folgen der bedingten Reaktion abhängig. Obwohl diese Forderung umstritten ist, scheinen die Befunde Pawlow Recht zu geben. Bedingter und unbedingter Reiz lösen somit eine ähnliche Vielzahl von Reaktionen aus. Die Bewegungskomponenten ließ Pawlow bei der Untersuchung der bedingten Reaktionen absichtlich außer acht, um nicht in die Versuchung zu geraten, sie als Zeichen von Erwartung oder Vorbereitung zu interpretieren. Um solche anthropomorphen Interpretationen zu vermeiden, konzentrierte sich Pawlow auf den Speichelfluß als Teil der bedingten Reaktion. Wenn zudem Reaktionen (wie z.B. das Schließen der Nickhaut in Erwartung eines Luftstromes, die Bewegungen des Kiefers oder das Belecken der Lippen in Erwartung von Wasser, das Picken oder der Speichelfluß in Erwartung von Futter) keine Auswirkungen (im Sinne von Nichteintreten der Erwartungen) zeigen, dann stellt sich die Frage, warum diese Reaktionen überhaupt ausgebildet wurden, da doch die Auswirkungen nicht vorhanden sind (Mackintosh 1974). Die einzige Alternative, mit der auch Pawlow argumentierte, ist die Annahme, daß die Reaktionen entstehen, weil sie durch den unbedingten Reiz ausgelöst werden. Wie noch gezeigt wird, hat die Reiz-Substitutions-Theorie weitreichende Folgen für die Theorie anderer Lernvorgänge und auch für das Verständnis der Modifizierbarkeit tierlichen Verhaltens generell.

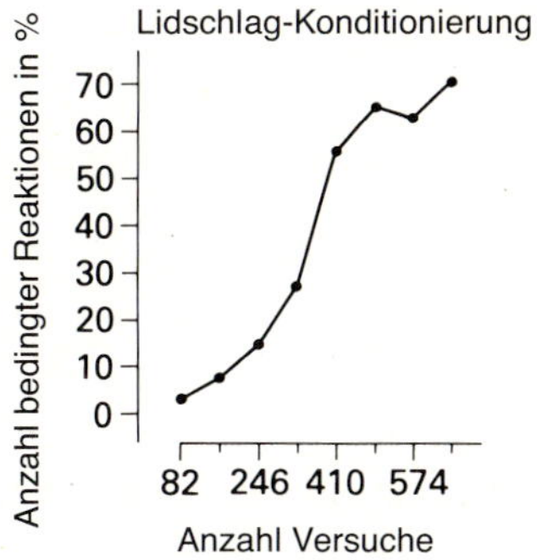

Abb. 17.2. Erwerb der Lidschlagreaktion bei Kaninchen im Konditionierungsversuch (nach Schneidermann et al. 1962).

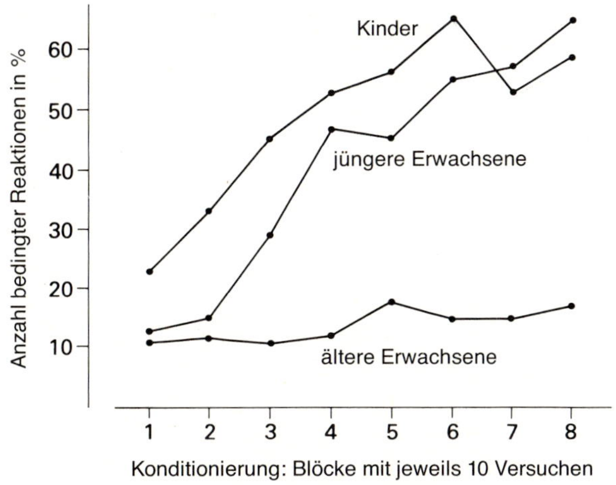

Abb. 17.3. Der Einfluß des Alters auf die Lidschlag-Konditionierung (nach Braun und Geiselhart 1959).

17.3 Extinktion und Habituation

Es wurde gezeigt, daß die Darbietung eines unbedingten Reizes die Stärke der bedingten Reaktion erhöht. Pawlow entdeckte, daß ein langfristiges Ausbleiben einer solchen Verstärkung zum allmählichen Verschwinden der bedingten Reaktion führt. Dieser Prozeß wird **Extinktion** genannt, er führt zum Ausbleiben erlernter Verhaltensmuster, wenn diese nicht mehr angemessen sind.

In dem klassischen Konditionierungsexperiment lernt ein Hund, daß das Klingelzeichen (bedingter Reiz) die Darbietung des Futters signalisiert. Sein Speichelfluß (bedingte Reaktion) stellt also in Erwartung des Futters eine angemessene Reaktion dar. Wird kein Futter mehr angeboten, sollte der Hund das Klingelzeichen nicht länger als Signal für Futter ansehen. Genau das geschieht auch: Das Fehlen von Futter führt schließlich zur Abnahme des Speichelflusses. Das Verhalten des Tieres entspricht dann scheinbar demjenigen vor der Konditionierung. Ein weiteres Beispiel für Extinktion wird in Abbildung 17.4 vorgestellt.

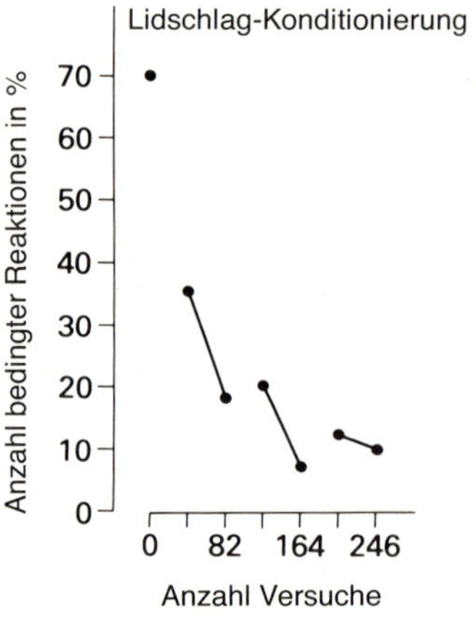

Abb. 17.4. Extinktion der konditionierten Lidschlag-Reaktion beim Kaninchen (nach Schneidermann et al. 1962).

Wenn nach einer Extinktion der bedingte Reiz wieder zusammen mit dem Verstärker, dem unbedingten Reiz, angeboten wird, tritt die bedingte Reaktion sehr viel schneller auf als während der ersten Konditionierung. Vermutlich wird im Prozeß der Extinktion das Gelernte nicht vergessen, sondern auf irgendeine Weise unterdrückt. Ein weiterer Hinweis für diese Annahme ist das Phänomen der **Spontanerholung**: Eine ausgelöschte Reaktion nimmt nach einer Erholungspause wieder an Intensität zu. Pawlow (1927) berichtete beispielsweise über einen Versuch, in dem sich die Anzahl der Speicheltropfen, deren Sekretion durch den bedingten Reiz ausgelöst wurde, während einer Serie von sieben Extinktionsvorgängen von zehn auf drei reduzierte. Die **Latenzzeit** (Zeitverzögerung) der Reaktion stieg dabei von drei auf 13 Sekunden an. Nach einer Pause von 23 Minuten betrug dagegen die Speichelsekretion beim ersten Versuch mit dem bedingten Reiz sechs Tropfen mit einer Latenzzeit von nur fünf Sekunden.

Pawlow nahm an, daß die Abnahme der bedingten Reaktion während des Extinktionsprozesses durch eine zunehmende innere Hemmung hervorgerufen wird. Er konnte zeigen, daß die bedingte Reaktion in einem Konditionierungsversuch abgebrochen wurde, wenn ein unbekannter, neuer Reiz zur gleichen Zeit mit dem bedingten Reiz angeboten wurde. Pawlow (1927): „Das Auftreten jedes neuen Reizes ruft sofort den „Hab-acht"-Reflex hervor, und das Tier richtet sämtliche geeigneten Rezeptororgane auf die Ursache der Störung . . . Dieser Reflex ist mithin erregt, mit der Folge, daß der bedingte Reflex gehemmt ist." Dieses Phänomen wird **externe Hemmung** genannt. Tritt der unbekannte Reiz während der Extinktionsphase auf, nimmt die bedingte Reaktion in ihrer Intensität wieder zu. Dieser Effekt, der als **Pawlowsche Enthemmung** bezeichnet wird, ist ein weiterer Hinweis für die hemmende Natur einer Extinktion. Im Gegensatz zur externen Hemmung ist die Pawlowsche Enthemmung nicht auf eine Konkurrenz zwischen den Reflexen zurückzuführen, sondern man nimmt an, daß sie durch ein Ansteigen der Erregung verursacht wird. Die Enthemmung ist ein weit verbreitetes Phänomen, sie kann nachgewiesen werden, wenn eine bedingte Reaktion, aus welchem Grund (z.B. Habituation) auch immer, erlischt.

Zahlreiche Befunde führen zu der Annahme, daß das Tier während der Extinktion lernt, daß auf den bedingten Reiz keine Verstärkung mehr folgt. Der bedingte Reiz wird nun mit dem Fehlen eines Verstärkers verknüpft und die bedingte Reaktion entsprechend gehemmt. In der modernen Lerntheorie ist die Vorstellung von großer Bedeutung, daß Tiere lernen können, daß bestimmte Reize keine Folgen mit sich bringen. Es ist für die Entwicklung der Hemmung eine wichtige Voraussetzung, daß der bedingte Reiz fortan nicht mit einer Verstärkung verknüpft wird, während er zuvor mit einer solchen gekoppelt war. Normalerweise tritt im Leben eines Tieres eine Vielzahl von Reizen auf, die nicht mit einer Verstärkung verbunden sind. Diese werden vom Tier normalerweise nicht beachtet, es lernt dadurch auch nichts über

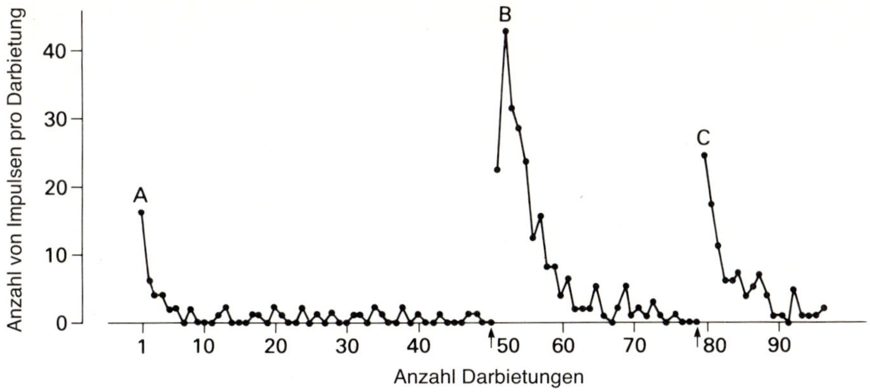

Abb. 17.5. Habituation und reizinduzierte Dishabituation bei einem auf Bewegungsreize reagierenden Neuron. A stellt den Verlauf der ursprünglichen Habituation dar. B und C zeigen durch neue Reize (Pfeile) hervorgerufene Dishabituationen (nach Rowell und Horn 1968).

sie. Nur wenn das Tier durch das Fehlen einer Verstärkung „überrascht" wird, lernt es, bestimmte Reize mit Nicht-Verstärkung zu verbinden (Mackintosh 1974).

Wiederholt dargebotene Reize haben oft ein Nachlassen der Reaktion zur Folge. Diese sogenannte **Habituation** oder auch **Gewöhnung** stellt eine Form des nicht-assoziativen Lernens dar und ist der Extinktion in einigen Merkmalen sehr ähnlich. So nimmt beispielsweise die Fluchtreaktion eines Fisches gegenüber einem über ihn hinweggleitenden Schatten fortschreitend ab, wenn der Reiz alle paar Minuten auftritt, und schließlich bleibt die Fluchtreaktion ganz aus. In ähnlicher Weise nimmt die Orientierungsreaktion der Erdkröte (*Bufo bufo*) gegenüber einer potentiellen Beute mehr und mehr ab, wenn ihr wiederholt nichteßbare, beuteähnliche Objekte angeboten werden. Obstbauern wissen aus Erfahrung, daß zur Abschreckung von Vögeln aufgestellte Vogelscheuchen nur für eine relativ kurze Zeit wirksam sind, da sich die Vögel schnell an sie gewöhnen. Auch bei Versuchen, Vögel durch über Lautsprecher eingespielte Warnrufe von Flugplätzen fernzuhalten, treten ähnliche Habituationsprobleme auf.

Unterbleibt die wiederholte Reizung, die zur Habituation führt, kann das ursprüngliche Reaktionsausmaß schnell wieder beobachtet werden. Bei mehrfacher Wiederholung der Habituation und anschließender Wiederherstellung einer Reaktion tritt der Gewöhnungseffekt zunehmend schneller in Erscheinung. In dieser Hinsicht ist die Habituation der Extinktion sehr ähnlich. Wird während des Gewöhnungsprozesses ein neuer Reiz geboten, führt dies zu einem deutlichen Anstieg der Reaktion (Abb. 17.5). Diese **Dishabituation** (Entwöhnung) wird auf Änderungen im Erregungszustand des Tieres zurückgeführt und ist der Pawlowschen Enthemmung sehr ähnlich.

Habituation wird üblicherweise als eine Lernform angesehen, experimentell läßt sie sich von der Abnahme einer Reaktion durch sensorische Adaptation oder Ermüdung unterscheiden. Die Habituation ähnelt andererseits der Extinktion, da das Tier lernt, Reaktionen zu unterlassen, die keine verstärkenden Konsequenzen haben. Treten fremde Reize auf, ist bei beiden Phänomenen aufgrund einer Enthemmung eine schnelle Wiederkehr des ursprünglichen Reaktionsausmaßes zu beobachten. Die Extinktion unterscheidet sich von der Habituation dadurch, daß sie im Zusammenhang mit vorher erlernten Reaktionen auftritt, während bei der Habituation typischerweise angeborene Reaktionen ablaufen, die nicht durch einen Konditionierungsprozeß entstanden sind.

17.4 Generalisierung

Hat ein Tier gelernt, auf einen bestimmten Reiz in einer bestimmten Weise zu reagieren, so kann es diese Reaktion auch gegenüber ähnlichen Reizen zeigen. „Wenn die taktile Reizung eines definierten Hautareales zum bedingten Reiz gemacht worden ist, so wird eine entsprechende Reizung anderer Hautpartien ebenfalls bis zu einem gewissen Grade die bedingte Reaktion auslösen, wobei das Ausmaß um so mehr abnimmt, je weiter entfernt die Reizung von dem ursprünglichen Hautareal erfolgt" (Pawlow 1927). Dieses Phänomen wird **Reizgeneralisierung** genannt. Pawlow führte sie auf eine Erregungswelle zurück, die sich vom Zentrum des bedingten Reizes im Cortex über den gesamten cerebralen Cortex ausbreitet. Diese Annahme ist jedoch mit den modernen Ansichten über die neuronalen Strukturen des Gehirns unvereinbar (Thompson 1965).

Die heutigen Erklärungen für das Phänomen der Reizgeneralisierung konzentrieren sich auf die in dem Konditionierungsprozeß eingesetzten Reize. Diese können jeweils durch eine Anzahl unterschiedlicher Eigenschaften beschrieben werden. Beispielsweise hat ein Ton eine bestimmte Frequenz, Intensität und Dauer. Diese einzelnen Merkmale können an der Entstehung einer bedingten Reaktion im Verlauf eines Konditionierungsexperimentes beteiligt sein. Ein neuer Reiz, der einige Eigenschaften mit dem bedingten Reiz gemeinsam hat, kann bis zu einem gewissen Grad ebenfalls die bedingte Reaktion auslösen. Während beispielsweise ein Mensch Töne von 1000 Hz und 300 Hz leicht unterscheiden kann, generalisieren auf den 1000-Hz-Ton konditionierte Tauben den 300-Hz-Ton und reagieren somit auf beide Reize in gleicher Weise. Obwohl beide Töne sich in ihrer Frequenz unterscheiden, haben sie außer der Intensität und Dauer auch noch eine andere Eigenschaft gemeinsam: Sie sind den natürlichen Lauten sehr unähnlich, da sie nur aus einer einzigen Frequenz bestehen. Daher ist es vielleicht auch nicht verwunderlich, daß Tauben auf beide Töne in gleicher Weise reagieren. Wird die oben erwähnte Taube nun auch bei Ertönen eines 300-Hz-Tones belohnt, zeigt sie eine geringere Tendenz, Töne mit einer anderen Frequenz als 1000 Hz zu generalisieren. Der Generalisierungsgradient wird folglich durch Diskriminierungstraining steiler (Abb. 17.6). Im Diskriminierungstraining wird die Anzahl der maßgebenden Eigenschaften eines Reizes, die mit der Belohnung verbunden sind, reduziert. Die Aufmerksamkeit der Taube gegenüber der Frequenz eines Tones wird dadurch gesteigert, daß die anderen Eigenschaften eines Lautes nicht konsequent mit einer Belohnung verbunden werden („Reizgeneralisierungstheorie gemeinsamer Elemente").

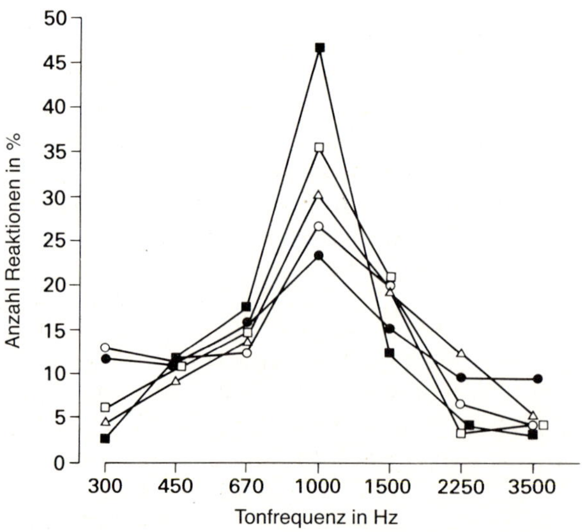

Abb. 17.6. Generalisierungsgradienten für Tauben, die jeweils auf Töne konditioniert wurden. Die Trainingsfrequenz liegt bei 1000 Hz. Dargestellt sind die Ergebnisse aus fünf unabhängigen Messungen (nach Jenkins und Harrison 1958).

Die Reizgeneralisierung spielt in vielen Bereichen des Lernens bei Tieren eine wichtige Rolle. Während der Extinktion einer bedingten Reaktion ändert beispielsweise das Ausbleiben der Verstärkung das Reizumfeld, in dem die Konditionierung stattgefunden hat. Einige Befunde weisen darauf hin, daß die während eines Extinktionsprozesses zu beobachtende Abnahme der Reaktion teilweise auf die Abnahme der Generalisierung zurückzuführen ist. Gleichermaßen wird eine gegenüber einem bestimmten Reiz habituierte Reaktion bei einem ähnlichen Reiz ebenfalls habituiert sein, so daß auch hier eine Generalisierung erfolgt. Bis zu einem gewissen Ausmaß reagiert das Tier auf den neuen Reiz, als ob es schon vorher damit konfrontiert worden wäre. Das Ausmaß der Habituation an einen neuen Reiz hängt davon ab, wie ähnlich dieser dem Konditionierungsreiz ist, der ursprünglich die Habituation ausgelöst hat. Ist der Reiz dem Tier fremd, wird beim erstmaligen Darbieten Dishabituation stattfinden. Generalisierung wirkt somit den Folgen, die neue Reize auf habituierte Reaktionen haben, entgegen.

Nach Pawlow können Unterschiede gelernt werden, wenn einige Aspekte des bedingten Reizes (CS) verstärkt, andere dagegen nicht verstärkt werden. Zu Anfang lösen alle Elemente eines bedingten Reizes eine bedingte Reaktion aus. Im Fall einer Verstärkung von einigen dieser Elemente bezeichnet man diese mit CS^+, die anderen nicht verstärkten mit CS^-. Solche Unterscheidungen können zwischen den Elementen einer einzigen physikalischen Dimension getroffen werden, wie beispielsweise bei akustischen Reizen verschiedener Frequenz oder bei Licht verschiedener Helligkeit. Es können auch Unterscheidungen zwischen Kombinationen qualitativ unterschiedlicher Reize gemacht werden, die Pawlow (1927) **zusammengesetzte Reize** genannt hat. Der CS^+ könnte beispielsweise die Kombination eines Tones mit einem taktilen Reiz sein, der CS^- der taktile Reiz allein. Hat das Tier einmal die Unterscheidung gelernt, wird der taktile Reiz allein die bedingte Reaktion nicht mehr länger auslösen. Wie schon erwähnt, sind an jedem Konditionierungsexperiment zusammengesetzte Reize beteiligt, da der bedingte Reiz unvermeidlich in einer bestimmten Reizsituation präsentiert wird und nur durch Diskriminierungslernen von den „Hintergrundreizen" unterschieden werden kann. In den ersten Trainingsphasen, wenn das Versuchstier noch nicht zwischen CS^+ und CS^- unterscheidet, wirken zwischen den einzelnen Versuchsdurchgängen auch noch andere Reize, da das Tier die Belohnung auch noch mit diesen assoziiert. Deshalb ist zu erwarten, daß Hunde zumindest in einem frühen Stadium eines Konditionierungsexperimentes, auch während der Zeitintervalle zwischen den einzelnen Testphasen, Speichelfluß zeigen. Sheffield (1965) berichtet, daß seine Hunde tatsächlich während der Versuchspausen Speichelfluß hatten, der jedoch mit fortschreitender Versuchsdauer abnahm.

17.5 Instrumentelles Lernen

Während die Untersuchungen zur klassischen Konditionierung in der UdSSR ihren Ursprung haben, wurden die Grundgedanken der **instrumentellen Konditionierung** in den USA entwickelt. Wegbereitend waren hierbei die Werke von Morgan (1852-1936) an der Universität Bristol in England.

Morgan war sehr kritisch gegenüber der zeitgenössischen Forschung der Tierpsychologie eingestellt, insbesondere aufgrund ihrer methodischen Schwächen und ihrer saloppen Beweisführung. In seinem Buch *Introduction to Comparative Psychology* (1894) stellte er seine berühmte Regel auf: „In keinem Fall darf eine Handlung als das Ergebnis höherer geistiger Fähigkeiten angesehen werden, solange sie auch als Produkt einer Fähigkeit gedeutet werden kann, die in der psychologischen Skala tiefer steht." Später (1900) ergänzte er den folgenden Satz: „Damit das Ausmaß dieser Regel nicht mißverstanden wird, sei hinzugefügt, daß sie in keinem Fall die Deutung einer bestimmten Handlung als Ergebnis höherer geistiger Prozesse ausschließt, wenn für diese genügend unabhängige Hinweise vorliegen."

Morgan hatte einen beträchtlichen Einfluß auf die Entwicklung des Behaviorismus, insbesondere auf die Arbeiten von Watson und Thorndike. 1896 hielt er die „Lowell"-Vorlesung an der Universität Harvard und lieferte hiermit den wesentlichen Anstoß für die Pionierarbeiten von Thorndike zur Intelligenz bei Tieren. Morgan berichtete, wie sein Hund Toby gelernt hatte, das Schnappschloß der Gartenpforte zu öffnen, indem er seinen Kopf durch die Gitterstäbe führte. Kurz nach dem Besuch von Morgan begann Thorndike mit seinen Untersuchungen, indem er verschiedene Möglichkeiten konstruierte, diese Beobachtung unter kontrollierten Bedingungen zu wiederholen.

Thorndike wurde eine bedeutende Persönlichkeit in der amerikanischen Psychologie, und seine Theorien beherrschten für ein halbes Jahrhundert sowohl die Tierpsychologie als auch die Erziehungswissenschaften. Sein berühmter Zeitgenosse Tolman schrieb 1938: „Die Psychologie des tierlichen Lernens – erst recht die des kindlichen Lernens – war und ist immer noch im wesentlichen eine Sache der Übereinstimmung oder der Ablehnung in Bezug auf Thorndikes Theorien oder in wenigen Fällen die einer Verbesserung. Auch wir Gestaltpsychologen hier in Amerika berufen uns alle offen oder verdeckt auf Thorndike."

Thorndike führte eine Reihe von Experimenten durch, in denen Katzen eine Klinke herunterdrücken oder an einem Band ziehen mußten, um eine Tür zu öffnen und an Futter außerhalb des Käfigs zu gelangen. Die Käfige bestanden aus einem Verschlag mit senkrechten Latten, so daß das Futter für die Katze vom Käfig aus sichtbar war (Abb. 17.7). Wird eine hungrige Katze in solch eine Situation gebracht, so versucht sie mit den Pfoten zwischen den Holzstäben hindurch an das Futter zu gelangen, kratzt aber auch an Gegenständen innerhalb des Käfigs. Dabei kann die Katze zufällig den Öffnungsmechanismus auslösen. Bei aufeinanderfolgenden Versuchen konzentriert sich das Verhalten der Katze zunehmend auf den Bereich des Auslösers für den Öffnungsmechanismus, während andere Aktivitäten allmählich aufhören. Schließlich kann die Katze sofort das richtige Verhalten ausführen, sobald sie in den Käfig gesetzt wird. Thorndike (1898) bezeichnete diese Form des Lernens als „Versuch, Irrtum und zufälliger Erfolg". Heute bezeichnet man sie als **instrumentelles Lernen**, da die richtige, instrumentelle Reaktion den Zugang zu einer Belohnung liefert. Diese Lernform war Zirkusdompteuren schon seit Jahrhunderten bekannt, Thorndike untersuchte sie jedoch als erster systematisch und entwickelte eine auf seinen Beobachtungen beruhende Lerntheorie.

1913 stellte Thorndike das **Gesetz der Wirkung** auf, um die Änderung des Verhaltens eines Tieres im Verlauf eines Lernexperimentes erklären zu können. Hiernach erhöht eine Reaktion mit belohnenden, d.h. positiven Folgen die Wahrscheinlichkeit für ihr weiteres Auftreten, während eine Reaktion mit aversiven oder belästi-

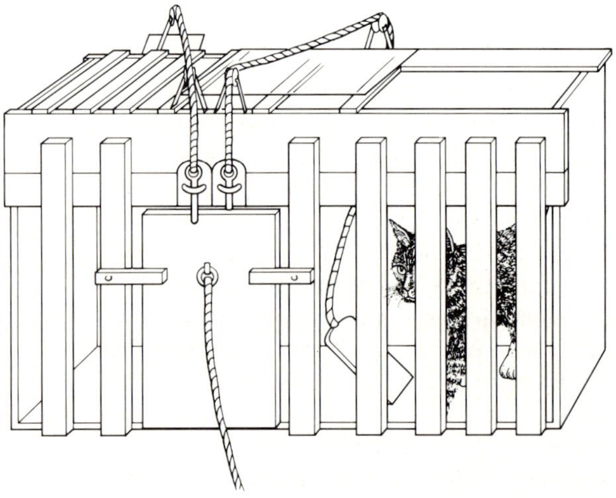

Abb. 17.7. Eine Katze in einem von Thorndikes Versuchskäfigen.

genden Folgen diese Wahrscheinlichkeit senkt. Somit ist der Erfolg beim instrumentellen Lernen darauf zurückzuführen, daß erlerntes Verhalten direkt durch seine Auswirkungen modifiziert werden kann. Thorndike (1911) nahm an, daß ein Verstärker die Häufigkeit einer entsprechenden bedingten Reaktion erhöht, da er die erlernte Verbindung zwischen dieser Reaktion und der dem Reiz vorangehenden Situation stärkt. Diese Annahme wurde unter dem Namen „Reiz-Reaktions-Theorie des Lernens" bekannt, und ihre verschiedenen Versionen waren für viele Jahre vorherrschend. Obwohl das Gesetz der Wirkung als eine empirische Behauptung unbestritten bleibt, bezweifeln heute die meisten Psychologen, daß das Verhalten in direkter Weise durch seine Auswirkungen beeinflußt wird, wie es Thorndike und seine Nachfolger annahmen. Um dieses zu verstehen, soll im folgenden die Natur der Verstärkung näher betrachtet werden.

17.6 Verstärkung

Die Gestaltung der Experimente zur klassischen Konditionierung unterscheidet sich grundlegend von der Gestaltung der Experimente zum instrumentellen Lernen. In einem klassischen Konditionierungsexperiment wird eine zufällige Verknüpfung zwischen einem bedingten Reiz (z.B. ein Klingelzeichen) und einem unbedingten Reiz (z.B. Futter) hergestellt. Der Verstärker wird hierbei unabhängig vom Verhalten des Tieres eingesetzt. In einer instrumentellen Lernsituation entsteht die Verstärkung durch ein bestimmtes Verhalten des Tieres (z.B. durch das Drücken einer Taste). Bei der klassischen Konditionierung wird folglich eine Verbindung zwischen einem Reiz und der Belohnung, beim instrumentellen Lernen dagegen zwischen einer Reaktion und der Belohnung hergestellt. Obwohl dieser Unterschied nicht notwendigerweise nahelegt, daß in den beiden Experimenten auch verschiedene Lernformen vorliegen, so kann doch angenommen werden, daß jeweils verschiedene Verstärkungsprozesse beteiligt sind.

Nach Pawlow kann ein verstärkender Reiz in einer bestimmten Situation solche Reaktionen verursachen, die durch Antizipation dieses Verstärkers ausgelöst werden. Wie noch gezeigt wird, gibt es hierfür einige beachtenswerte Beispiele. Allerdings ist offensichtlich fur das Auftreten einer erlernten Assoziation zwischen verschiedenen Reizen eine Verstärkung nicht eine notwendige Voraussetzung. Das wird anhand der sogenannten **sensorischen Präkonditionierung** deutlich. Hierbei werden für eine Reihe von Versuchsdurchgängen zunächst zwei bedingte Reize zusammen ohne den unbedingten Reiz geboten. Anschließend wird nur einer der beiden bedingten Reize zusammen mit dem unbedingten Reiz eingesetzt. In einer abschließenden Testphase wird schließlich die Stärke der bedingten Reaktion im Hinblick auf den zweiten bedingten Reiz gemessen.

Den ersten deutlichen Beweis für eine sensorische Präkonditionierung lieferte Brogden (1939), der Hunden zunächst im Verlauf von 200 Tests gleichzeitig einen optischen und einen akustischen Reiz bot. Einer dieser Reize wurde anschließend zusammen mit einem Stromreiz am Fuß des Hundes gegeben, um das Anziehen der Pfote an den Körper als bedingte Reaktion auszulösen. Testversuche mit dem jeweils anderen bedingten Reiz lieferten durchschnittlich 9,4 bedingte Reaktionen im Vergleich zu 0,5 in Kontrollexperimenten, in denen die beiden bedingten Reize vorher nicht gleichzeitig geboten worden waren. Neue Experimente zeigen, daß deutlichere Ergebnisse vorliegen, wenn weniger Tests in der Vordressur durchgeführt und hierbei die beiden bedingten Reize nicht gleichzeitig, sondern im zeitlichen Abstand von wenigen Sekunden angeboten werden (Mackintosh 1974).

Die Ergebnisse aus den Experimenten zur sensorischen Präkonditionierung machen deutlich, daß das kombinierte Darbieten zweier neutraler Reize ausreicht, eine erlernte Assoziation zwischen beiden zu etablieren. Werden die Reize zu häufig geboten, so tritt Habituation und damit kein fortschreitendes Lernen auf. Unabhängig davon, daß diese Ergebnisse nicht zufriedenstellend von der Reiz-Reaktions-Theorie erklärt werden können, wird deutlich, daß eine Verstärkung für die Verknüpfung zweier neutraler Reize nicht notwendig ist. Die Pawlowsche Verstärkung stellt daher keine notwendige Voraussetzung für die Ausbildung von Assoziationen dar, sie fördert jedoch deren Entstehung und macht diese gegenüber Habituation widerstandsfähiger. Wie noch gezeigt wird, können Tiere sehr wohl lernen, daß bestimmte Reize für ihre augenblicklichen motivationalen Bedürfnisse nicht relevant sind, und es überrascht daher nicht, daß die Assoziation zwischen zwei neutralen Reizen nur vorübergehend sein sollte.

Im folgenden soll noch einmal auf die **instrumentelle Verstärkung** eingegangen werden. Thorndikes Gesetz des Effektes wurde die Hauptstütze im behavioristischen Ansatz, Lernvorgänge bei Tieren zu erklären. Eine extreme Position vertrat hierbei Skinner an der Universität Harvard, der dieses Gesetz in eine Definition für Verstärkung umwandelte. Für Skinner war ein Verstärker jedes Ereignis, das, einmal mit einem bestimmten Verhalten verbunden, zu einer größeren Häufigkeit im Auftreten des Verhaltens führt. Skinner (1938) nahm weiterhin an, daß jeder Verstärker jede Antwort in Gegenwart eines beliebigen Reizes unterstützen kann, vorausgesetzt, der Reiz wird vom Tier wahrgenommen und die Reaktion liegt im Rahmen der Fähigkeiten des Tieres. Reaktion und Verstärker galten daher im wesentlichen als willkürlich. Diese Ansicht war unter Lerntheoretikern bis zum Ende der fünfziger Jahre weit verbreitet.

Ein Verstärker, der ein Tier dazu antreibt, solche, mit ihm assoziierten Reize aufzusuchen, wird „positiver Verstärker" genannt. Führt dagegen der Verstärker zu einem Meiden der jeweils damit verbundenen Situation, so spricht man von einem „negativen Verstärker".

Tiere können lernen, sich vor bestimmten Situationen, in denen sie Angst oder Streß erlebt haben, zu fürchten. Geraten sie wiederholt in solche Situationen, so kann Meideverhalten auftreten. In ähnlicher Weise können natürliche Situationen in einem Tier aufgrund einer Assoziation Angst erzeugen, ohne daß es dabei Schmerz empfindet. Wiederholtes Darbieten solcher Reize führt allerdings auch zur Habituation, so daß das Tier sie nicht länger meidet.

Eine der ersten Studien, in denen im Rahmen von klassischen Konditionierungsexperimenten aversive Reize gesetzt wurden, führte Bechterew (1913) durch. In seinen Versuchen gab er leichte Stromstöße (unbedingter Reiz) an die Vorderpfote eines Hundes, zeitlich gefolgt von einem akustischen Signal (bedingter Reiz). In Reaktion auf den Stromreiz zog der Hund zu Anfang der Versuchsreihe seine Pfote an den Körper (unbedingte Reaktion). Nach einer Reihe von gekoppelten Darbietungen beider Reize zog er schon bei Ertönen des akustischen Signals die Pfote an (bedingte Reaktion). Diese klassisch konditionierte Abwehrreaktion war viele Jahre in der Psychologie ein Paradigma für das Erlernen von Meidereaktionen.

Die Auswirkung einer Bestrafung war für Thorndike (1913) analog derjenigen einer Belohnung. Nach dem Gesetz der positiven Wirkung nehmen die Reaktionen, denen ein positiver Zustand folgt, zu, nach dem Gesetz der negativen Wirkung solche mit negativen Folgen ab. Auf der Grundlage zahlreicher Experimente kam Thorndike (1932) zu der Schlußfolgerung, daß das Gesetz der Wirkung nicht auf die Folgen von Bestrafung anzuwenden sei. Dieser Ansicht schlossen sich Skinner (1938, 1953) und Estes (1944) an. Alle genannten Autoren stimmten darin überein, daß Bestrafung nicht wirksam genug ist, die Reiz-Reaktions-Verbindung zu schwächen, obwohl manchmal das bestrafte Verhalten kurzzeitig unterdrückt werden kann. Neuere Untersuchungen lassen vermuten, daß Bestrafung ein Verhalten wirksam verändern kann, wenn sie mit einer bestimmten Antwort gekoppelt wird (Church 1963, 1969).

17.7 Operantes Verhalten

Skinner (1937) trennte operantes von reaktivem Verhalten. Er definierte **operantes Verhalten** als spontan auftretendes Verhalten ohne Vorhandensein eines offensichtlichen Reizes. **Reaktives Verhalten** umfaßt dagegen sämtliches Verhalten, das in Reaktion auf einen erkennbaren Reiz erfolgt. Skinner nahm an, daß das gesamte operante Verhalten durch die zufällig vorgegebenen Verstärkungen verändert und in wirksamer Weise kontrolliert wird. Nach der extremen behavioristischen Anschauung (Skinner 1938) kann das Verhalten eines Tieres vollständig durch entsprechende Belohnungsvorgänge beeinflußt werden. Skinners behavioristische Philosophie brachte eine Revolution in den verschiedensten experimentellen Techniken mit sich, die noch bis zum heutigen Tage anhält.

Anstatt der aufeinanderfolgenden Versuchsreihe in den für klassische Konditionierungsexperimente charakteristischen Aufgabenkäfigen führte Skinner die freie operante Bedingung ein, die es dem Tier erlaubte, ohne Einschränkungen verschiedenen Aktivitäten nachzugehen, während der Experimentator die Folgen des jeweiligen Verhaltens zu beeinflussen versuchte. In den meisten Fällen wurden in derartigen Versuchen Ratten und Tauben eingesetzt, obwohl auch andere Versuchstiere und auch der Mensch getestet wurden. Die operante Konditionierung bedeutet im wesentlichen, ein Tier zu trainieren, eine bestimmte Aufgabe durchzuführen, um eine Belohnung zu erhalten. Eine Ratte muß beispielsweise dazu eine Taste herunterdrücken oder eine Taube gegen eine beleuchtete Scheibe picken. Als typische Trainingsmethode wird hierbei das sogenannte „**shaping**" angewandt.

Im folgenden soll auf ein Konditionierungsexperiment näher eingegangen werden, in dem eine Taube für eine Futterbelohnung auf eine Scheibe picken muß. Eine hungrige Taube wird dabei in einen kleinen Käfig gesetzt, der mit einem Futterspende-Mechanismus und einem Beleuchtungsfeld in Kopfhöhe der Taube ausgestattet ist (Abb. 17.8). Diese Art von Käfig ist heute unter dem Namen „Skinner-Box" bekannt. Die Ausschüttung von Futter wird normalerweise von einem kleinen Licht angezeigt, das die Getreidekörner beleuchtet. Die Tauben lernen sehr schnell, das Aufleuchten der Lampe mit der Futtergabe zu verbinden, und sie nähern sich sofort dem Futterspender, sobald das Licht aufleuchtet. Im nächsten Stadium der sukzessiven Annäherung wird die Futtergabe von einem bestimmten Verhalten der Taube abhängig gemacht. Normalerweise wird hierfür das Picken gegen das Beleuchtungsfeld gewählt. Skinner war jedoch der Meinung, daß jedes Verhalten mit Hilfe der sukzessiven Annäherung konditioniert werden kann. Beispielsweise können Tauben dazu gebracht werden, Gefiederpflege zu betreiben oder sich im Kreise zu drehen, um eine Futterbelohnung zu erhalten. Das Scheibenpicken kann im Versuch dadurch erreicht werden, daß man die Belohnungen auf solche Körperbewegungen des Tieres beschränkt, die zunehmend dem Scheibenpicken ähneln. Nähert sich also beispielsweise die Taube dem Pickfeld, um eine Belohnung zu erhalten, so kann sie schon belohnt werden, wenn sie aufrecht steht und sich ihr Kopf in der Nähe des Pickfeldes befindet. In diesem Stadium des Versuches pickt die Taube gewöhnlich von allein gegen die Scheibe, die Reaktion kann jedoch verstärkt werden, indem vorübergehend ein Getreidekorn auf die Scheibe geklebt wird. Pickt die Taube nun gegen das Feld, so betätigt sie einen Schalter in einem Stromkreis, und der Mechanismus des Futterautomaten wird ausgelöst. Von diesem Zeitpunkt an wird die Taube nur belohnt, wenn sie gegen das Feld pickt, so daß die manuelle Belohnungskontrolle durch den Beobachter entfällt. Das Tier kann nun für weitere Experimente eingesetzt werden.

Dieser Verlauf der operanten Konditionierung wird in vielen verschiedenen Versuchsansätzen angewendet. So kann das Diskriminierungslernen beispielsweise durch Belohnungen untersucht werden, die den Tieren nur dann gegeben werden, wenn sie ein Verhalten bei einer bestimmten Farbe oder einem bestimmten Muster zeigen, oder wenn das Tier zwischen zwei optisch verschiedenen Scheiben wählen

Abb. 17.8. Eine Taube pickt in einer Skinner-Box gegen eine Scheibe.

muß. Dieses Vorgehen hat sich als besonders günstig für die Untersuchung der Auswirkungen unterschiedlicher Belohnungsmuster erwiesen. Anstatt beispielsweise die Taube für jedes Picken zu belohnen, wird sie nur bei jedem n-ten Mal belohnt, so daß ein festes Verhältnis zwischen der Pickanzahl und der Anzahl Belohnungen vorliegt. Neben diesem Versuchsablauf gibt es weitere, z.B. solche mit einem variablen Verhältnis von Reaktionen und Belohnungen oder solche mit einem festen bzw. variablen Zeitintervall. Dabei wird eine Belohnung nur nach einem bestimmten Zeitintervall gegeben, das der Experimentator festlegt. Das Tier wird für die erste Reaktion nach einem abgelaufenen Zeitintervall belohnt. Die verschiedenen Versuchsabläufe haben auf die Ausführung des Verhaltens unterschiedliche Auswirkungen. Beispielsweise führt der Ablauf mit variablem Zeitintervall zu einer sehr einförmigen Reaktion, und er liefert ein geeignetes Maß, mit Hilfe dessen sich die Auswirkungen verschiedener Faktoren, wie etwa der Belohnungsgröße, auf das Verhalten testen lassen.

Skinner wird oft nachgesagt, er habe den Behaviorismus als eine Philosophie der Wissenschaft vom Verhalten angesehen und nicht als eine Wissenschaft selbst. Sein Ansatz ist operationalistisch, seine Psychologie antitheoretisch. Obwohl Skinner behauptete, daß jedes Verhalten durch Verstärkung hervorgerufen wird, erkannte er andererseits, daß die „natürliche Selektion dafür verantwortlich ist, daß der Mensch auf Reize antwortet, auf die Umwelt einwirkt und sein Verhalten aufgrund von Verstärkungen ändert ... Die Tatsache, daß die operante Konditionierung, wie alle physiologischen Prozesse, ein Produkt der natürlichen Selektion ist, wirft Licht auf die Frage, welche Folgen des Verhaltens verstärkend wirken und warum" (Skinner 1975).

Skinners Ansatz begründet sich auf der Effizienz, mit der eine Verstärkung ein Verhalten modifiziert. Sein Grundsatz, daß jedes Verhalten konditioniert werden kann, wird deutlich, wenn man sich die verschiedenen Spielereien anschaut, die den Tauben in Konditionierungsversuchen antrainiert wurden. So berichtet Skinner (1958): „Die Taube sollte mit einer kräftigen Seitwärtsbewegung des Schnabels eine Holzkugel anstoßen und diese dann eine Miniaturbahn herunterrollen. Das Ergebnis überraschte uns ... Das Schaustück beeindruckte Keller Breland dermaßen, daß er seine hoffnungsvolle Karriere in der Psychologie aufgab und sich von diesem Zeitpunkt an der kommerziellen Produktion von Verhalten zuwandte."

Ironischerweise waren es Breland und Breland (1961), die als erste Zweifel am Grundsatz Skinners äußerten, jedes Verhalten könne durch Verstärkung belohnt werden. Bei Versuchen, Tieren bestimmte Tricks beizubringen, erwiesen sich einige Aktivitäten auch durch eine Belohnung als nicht veränderbar. Beispielsweise wurde versucht, einem Schwein beizubringen, ein Geldstück in ein Sparschwein zu stecken. Das Schwein hob zwar einen Stock auf, anstatt ihn jedoch in einen Behälter fallenzulassen, ließ es ihn mehrere Male auf den Boden fallen: „Wühlen, Fallenlassen, den Stock einen Weg entlangschieben, in die Schnauze nehmen, Hochschleudern, Fallenlassen, weiteres Wühlen" (Breland und Breland 1961). Auf ähnliche Widerstände stießen sie bei Hühnern, die auf dem Boden weiter scharrten anstatt auf einer Plattform für 10-12 Sekunden zu stehen, um eine Futterbelohnung zu erhalten. Inzwischen liegt eine Vielzahl ähnlicher Beobachtungen vor. Sevenster (1968, 1973) dressierte beispielsweise erfolgreich Männchen des Dreistachligen Stichlings (*Gasterosteus aculeatus*), durch einen kleinen Ring zu schwimmen, um zu einem Weibchen zu gelangen. Es gelang ihm aber nicht, die Männchen in einen Glasstab beißen zu lassen, um den Zugang zu einem Weibchen zu erreichen, da das Männchen jedes Mal Balzverhalten gegenüber dem Glasstab zeigte. Eine Übersichtsarbeit zu diesen und weiteren Untersuchungen liefert Shettleworth (1972).

Breland und Breland (1961) sahen in ihren Befunden einen Hinweis auf die Verschiebung instinktiven Verhaltens zu erlerntem Verhalten, immer wenn das Tier ein starkes Instinktverhalten zeigt, das einer bedingten Reaktion ähnlich ist. Die Autoren betonen, daß ihre Ergebnisse Skinners Prinzip des geringsten Aufwandes (Skinner 1938) verletzen, nach welchem sich Tiere ihre Belohnungen auf die schnellste und leichteste Art beschaffen. In allen Fällen wurde die Belohnung in beträchtlichem

Umfang durch Fehlverhalten der Tiere verzögert. In Kapitel 18 werden dazu weitere Beispiele vorgestellt. Hierbei wird abgeschätzt, in welchem Umfang sie für eine universelle Lerntheorie herangezogen werden können.

Merksätze

- Bei der klassischen oder Pawlowschen Konditionierung entsteht eine Verknüpfung zwischen einem vorher für das Tier bedeutungsvollen Reiz (unbedingter Reiz) und einem vorher neutralen Reiz (bedingter Reiz), so daß das Tier auf alleiniges Darbieten des letzteren mit der bedingten Reaktion antwortet, die der Reaktion auf den unbedingten Reiz (unbedingte Reaktion) entspricht.
- Der Prozeß der Etablierung dieser Verknüpfung, der sogenannte Erwerb, benötigt gewöhnlich eine Reihe von Versuchen, in denen verstärkende Faktoren eingesetzt werden.
- Eine Abnahme der Reaktionen kann als Folge von Habituation oder von Extinktion auftreten. Habituation ist das Ergebnis wiederholter Darbietungen eines ohne unmittelbare Folgen auftretenden Reizes. Extinktion tritt bei wiederholten Darbietungen des bedingten Reizes mit fehlender Verstärkung auf.
- Generalisierung liegt vor, wenn ein Tier auf einen Reiz reagiert, der einem bedingten Reiz ähnlich ist.
- Instrumentelles Lernen scheint sich von der klassischen Konditionierung dahingehend zu unterscheiden, daß das Tier gezwungen ist, zu reagieren, bevor ein verstärkender Reiz vorliegt. Es ist jedoch nicht möglich, ein Experiment zum instrumentellen Lernen durchzuführen, ohne nicht ebenso die Bedingungen für die klassische Konditionierung zu erfüllen. Möglicherweise stellt die Verstärkung zur Entstehung erlernter Antworten doch nicht das „Instrument" dar.

Weiterführende Literatur

Breland, K. und Breland, M. (1961) The misbehavior of organisms. *American Psychologist*, **16,** 661-664.

Buchholtz, C. (1973) *Das Lernen bei Tieren.* Fischer Verlag, Stuttgart.

Foppa, K. (1970) *Lernen, Gedächtnis, Verhalten.* 7. Aufl., Kiepenheuer und Witsch, Köln und Berlin.

Mackintosh, N. J. (1983) *Conditioning and Associative Learning.* Clarendon Verlag, Oxford.

Sinz, R. (1981) *Lernen und Gedächtnis.* 3. Aufl., Fischer Verlag, Stuttgart und New York.

18 Biologische Grundlagen des Lernens

Die Lernprozesse bei Tieren sind zum Teil sehr komplex, da einfache Lernformen wie Habituation neben komplizierten Lernmechanismen vorkommen. So findet man beim Menschen Beispiele für Habituation, bedingte Reaktion, instrumentelles Lernen sowie Vernunft und Kognition. Das Ausmaß, mit dem die verschiedenen Tierarten durch Erfahrung und durch Vernunft lernen, ist sehr unterschiedlich. Andererseits variieren die Tierarten beträchtlich in ihrem ökologischen Umfeld sowie in ihrer Evolutionsgeschichte. Sollte man daher nicht erwarten, daß die natürliche Selektion die Lernfähigkeit einer Art entsprechend auf ihre ökologische Nische abgestimmt hat? Diese Ansicht vertreten viele Biologen, Psychologen dagegen neigen dazu, bestimmte Lernmechanismen anzunehmen, die vielen Arten gemeinsam sind. In diesem Kapitel soll untersucht werden, ob diese Ansicht gerechtfertigt ist.

18.1 Evolutionäre Aspekte

Lernt ein Tier, so ändert sich damit sein Verhaltensrepertoire für den Rest seines Lebens. Obwohl das erlernte Verhalten ausgelöscht oder vergessen werden kann, ist es für das Tier unmöglich, den ursprünglichen Zustand wiederherzustellen. Wie in Kapitel 17 gezeigt wurde, stellt die erlernte Hemmung von vorher Gelerntem die deutlichste Form des Verlernens dar. Lernen ändert die Ausstattung des Tieres und ändert daher wahrscheinlich auch seine Fitness.

Da Lernvorgänge der natürlichen Selektion unterliegen, kann man schließen, daß die Folgen des Lernens adaptiv sind und die Fitness eines Tieres erhöhen. Die Vorstellung vom adaptiven Wert des Lernens wurde schon früh sowohl von Psychologen (z.B. Thorndike 1911; Seligman 1970) als auch von Ethologen (z.B. Lorenz 1965) erkannt. Es wurden bisher jedoch nur wenige systematische Untersuchungen durchgeführt, Lernvorgänge aus evolutionärer Sichtweise zu betrachten (vgl. Immelmann und Suomi 1982). In einer sich nicht verändernden Umwelt bringt Lernen einem Tier keinen Vorteil. Durch die natürliche Selektion könnte ein Tier mit einer Reihe einfacher Regeln ausgestattet sein, die in einer bestimmten Situation das entsprechende Verhalten hervorrufen und die als dauerhaftes Kennzeichen der psychischen Ausstattung des Tieres vorliegen. Es gibt tatsächlich einige Umweltmerkmale, die sich nicht ändern und auf welche die Tiere mit stereotypen, angeborenen Reaktionen antworten. Beispielsweise ist die Schwerkraft ein derartiger sich nicht ändernder Umweltfaktor, und die Anti-Schwerkraftreflexe sind durch starre und stereotype Formen gekennzeichnet (Mittelstaedt 1964; Delius und Vollrath 1973).

Andere Umweltfaktoren unterliegen zyklischen Schwankungen, die z.B circadian, lunar oder saisonal ausgebildet sein können. Wiederum scheint hier für das Tier keine Notwendigkeit zu bestehen, sich solchen Änderungen durch Lernen anzupassen. Wie in Kapitel 16 gezeigt wurde, können sich wesentliche Bereiche der physiologischen und motivationalen Ausstattung eines Tieres aufgrund einer Periodik ändern, die durch Akklimatisierung oder eine innere Uhr erzeugt wird. Aus evolutionärer Sicht vorhersagbare Umweltänderungen kann ein Tier auch mit Hilfe von vorprogrammierten Änderungen seiner Ausstattung bewältigen (McFarland und Houston 1981).

Ebenso können die mit dem Lebenslauf eines Tieres zusammenhängenden typischen Änderungen aufgrund evolutionärer Anpassungen vorhersagbar sein: So ändert sich in einigen Fällen das Verhalten eines Tieres z.B. durch Reifung, ohne daß Lernvorgänge beteiligt sind. In anderen Fällen kann sich das Verhalten als Folge von Lernen ändern, wobei diese Lernform vorprogrammiert ist, d.h. sie tritt in einem bestimmten Alter auf und ist mehr oder weniger unabhängig von Änderungen im individuellen Verhalten. Beispielsweise lernen Kinder im Alter von zwei bis sieben Jahren mit einer enormen Leichtigkeit jede Sprache, die in ihrer Umwelt gesprochen wird. In ähnlicher Weise treten im Gesangslernen einiger Vogelarten deutliche sensible Phasen auf, in denen sie durch Zuhören den Gesang vom Vater oder von anderen Artgenossen lernen. Dieses vorprogrammierte Lernen führt dazu, daß ein Kind in der einen Umgebung Deutsch, in der anderen Englisch lernt, entsprechend lernt ein Vogel je nach Umwelt einen anderen Gesang.

In Kapitel 20 wird gezeigt, wie Jungtiere während eines bestimmten Entwicklungsabschnittes auf bestimmte Merkmale ihrer Umwelt geprägt werden können und somit die wesentlichen Merkmale ihrer Eltern, ihrer Geschwister oder des Habitats lernen. Diese Prägungsvorgänge können die spätere Habitatwahl, die Partnerwahl und andere soziale Präferenzen eines Tieres wesentlich beeinflussen. Warum müssen bestimmte Arten die Merkmale ihres Habitats, ihrer Eltern oder ihrer zukünftigen Geschlechtspartner durch Prägungsvorgänge lernen, andere jedoch nicht? Diese Frage ist schwer zu beantworten. Im Falle der Habitatwahl ermöglicht Prägung dem Tier, solche Habitate auszuwählen, die denen der verwandten Tiere ähnlich sind und die somit die Gesamt-Fitness steigern (vgl. Kap. 6).

Bateson (1979) nahm an, daß die Jungtiere einiger Vogelarten zwischen den eigenen Eltern und anderen Artgenossen unterscheiden müssen, da die Eltern ihrerseits zwischen ihren eigenen und fremden Jungen unterscheiden, wobei sie letztere sogar angreifen können. Bateson vermutete weiterhin, daß Prägung einem Tier ermöglicht, bestimmte Merkmale von nahverwandten Artgenossen zu lernen, so daß es später einen im äußeren Erscheinungsbild leicht abweichenden Partner wählt, wodurch Endo- und Exogamie ausbalanciert werden. Wenn sich die Anforderungen, die sich einem Tier stellen, von Generation zu Generation leicht unterscheiden, sind solche Individuen im Vorteil, die aufgrund einer Prädisposition bestimmte Dinge lernen, wie etwa den Habitattyp, das Aussehen naher Verwandter oder die Beschaffenheit von Futterquellen. Dieses Lernen stellt eine Form **bedingter Reifung** dar, d.h. der Entwicklungsverlauf ist von bestimmten Erfahrungen abhängig.

Unvorhersehbare Umweltänderungen im Leben eines Tieres können durch vorprogrammierte Lernformen nicht antizipiert werden. Das Individuum muß sich auf seine Möglichkeiten verlassen, sich an solche Änderungen anzupassen. Die Fähigkeit, das Verhalten bei solchen unvorhersehbaren Umweltänderungen adaptiv zu modifizieren, wird oft als Hinweis für Intelligenz angesehen. Hierbei sollte jedoch nicht vergessen werden, daß viele Phänomene durch die bisher bekannten Lernmechanismen erklärt werden können.

In der Vergangenheit wurden Lernvorgänge unter künstlichen Laborbedingungen untersucht, ohne die besonderen Bedürfnisse und Eigenaktivitäten des Tieres zu berücksichtigen. Wie schon in Kapitel 17 erwähnt, kamen jedoch die ersten Zweifel an der Wirksamkeit der Verstärkung aus der Psychologie. Veränderte eine Verstärkung das Verhalten eines Versuchstieres nicht immer in der vom Experimentator beabsichtigten Weise, so reagierte man häufig mit der Ablehnung jeglicher allgemeiner Regeln des Lernens. Stattdessen hielt man die Lernfähigkeit verschiedener Arten für spezifisch angepaßt an die ökologischen Beschränkungen, die für das normale Leben der jeweiligen Art charakteristisch sind (z.B. Rozin und Kalat 1972; Shettleworth 1972). Diese Vorstellung ist für Ethologen und Evolutionsbiologen offensichtlich sehr reizvoll. Soll deshalb aber jeglicher Versuch, allgemeine Lernprinzipien aufzustellen, abgelehnt werden? Dieses Thema ist kontrovers, doch bevor weitere Schlußfolgerungen gezogen werden, soll noch einmal auf die Rolle der Verstärkung beim instrumentellen Lernen eingegangen werden.

18.2 Beschränkungen des Lernens

In einer instrumentellen Lernsituation wird die Ausführung eines bestimmten Verhaltens verstärkt. Die Verstärkung muß dabei während einer bestimmten Reizsituation auftreten. Einige Merkmale dieser Reizsituation werden regelmäßig mit der Verstärkung verknüpft. Damit sind die wesentlichen Voraussetzungen für die klassische Konditionierung gegeben. Der in einem instrumentellen Lernexperiment eingesetzte Verstärker ist zugleich ein potentieller klassischer unbedingter Reiz, der automatisch eine Reihe angeborener Reaktionen auslöst. Hühner scharren nach Futter, und Schweine fangen an, zu wühlen – Reaktionen also, die auf solche Reize hin konditioniert werden, die auch regelmäßig beim Vorhandensein von Nahrung auftreten (Breland und Breland 1961). Extreme Beispiele für solche Dressuren zeigt Abbildung 18.1.

Was hat es nun mit den willkürlichen Reaktionen, die von Skinner und seinen Nachfolgern für eine Verstärkung ausgesucht wurden, auf sich? Moore (1973) hat betont, daß in fast allen Fällen die Reaktionen nicht willkürlich sind, sondern ein Teil des instinktiven Verhaltensrepertoires, das normalerweise mit der jeweiligen Belohnung verbunden ist. So ist die Bewegung, mit der eine Taube in dem in Kapitel 17 erwähnten Experiment von Skinner eine Holzkugel anstößt, welche daraufhin eine Miniaturbahn herunterrollt, Teil des normalen Repertoires des Freßverhaltens: Ein schwungvoller Schnabelhieb lockert die Erde auf und legt somit Futter frei. Ist diese Interpretation richtig, so sollte man erwarten, daß sich das Picken gegen eine Taste für eine Futterbelohnung von demjenigen für eine Wasserbelohnung unterscheidet. Die Analyse von Filmaufnahmen zeigt tatsächlich Unterschiede auf (Abb. 18.2). Studenten, denen der jeweilige Verstärker – Wasser oder Futter – nicht bekannt war, konnten aufgrund der Filmaufnahmen mit 87% Wahrscheinlichkeit die richtige Antwort geben (Moore 1973). Vögel, die eine Futterbelohnung erwarten, picken mit offenem Schnabel und kurzen, kräftigen Hieben. Bei einer Wasserbelohnung bleibt der Schnabel dagegen geschlossen und die Berührung der Taste ist länger. „Wasserpicken" wird oft von Pumpbewegungen begleitet, die für das Trinkverhalten der Tauben charakteristisch sind; im Gegensatz zu anderen Vogelarten trinken Tauben, indem sie Wasser einsaugen.

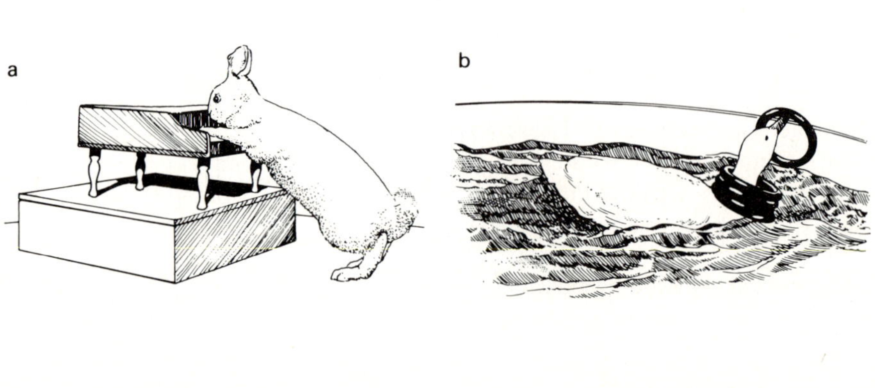

Abb. 18.1. Beispiele für einige Dressuren, die Breland mit Hilfe operanter Konditionierung erreichte. a) Ein Kaninchen spielt auf dem Klavier, um eine Belohnung zu erhalten. b) Eine Ente muß eine Reihe von Ringen sammeln, ehe sie eine Belohnung bekommt.

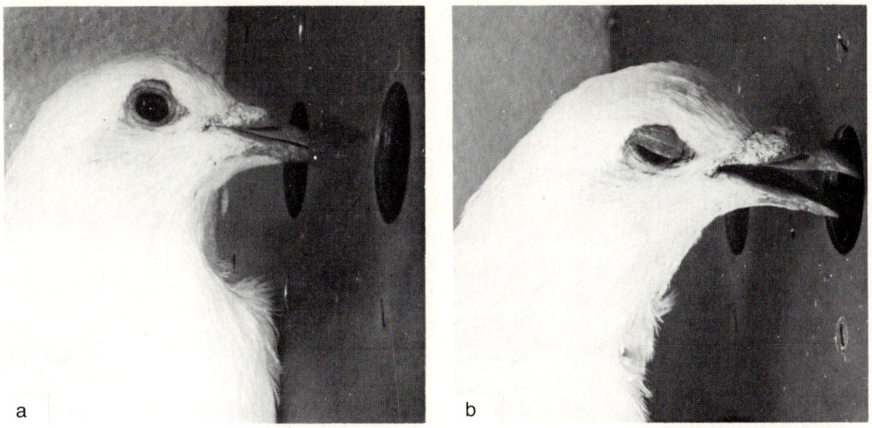

Abb. 18.2. Eine Taube pickt für (a) eine Wasserbelohnung und (b) eine Futterbelohnung im Selbstkonditionierungsexperiment.

Weitere Hinweise liefert das Phänomen der **Selbstkonditionierung**. Bietet man Tauben wiederholt ein Leuchtfeld und Futter als kombinierten Reiz an, so beginnen sie ohne das in Kapitel 17 beschriebene Training und ohne die sukzessive Annäherung, gegen die Taste zu picken (Brown und Jenkins 1968). Dieses Pickverhalten, welches die Vögel in unzähligen operanten Konditionierungsversuchen zeigen, entsteht nicht als Folge einer instrumentellen Verstärkung, sondern als Folge eines Lernvorganges im Pawlowschen Sinne: Das Leuchtfeld wird zusammen mit Körnerfutter geboten, und die Tauben picken gegen das Feld, als wenn es Futter wäre. Das wird besonders deutlich, wenn das Leuchtfeld mit einer Verstärkung kombiniert geboten wird, bei der das Picken nicht als natürliche Reaktion auftritt, beispielsweise indem man die Taube mit einem Geschlechtspartner belohnt. Verpaarte Tauben werden dazu einzeln in benachbarten Käfigen gehalten, die über eine Schiebetür miteinander verbunden sind. Einmal pro Tag wird ein Lichtreiz gegeben und gleichzeitig die Schiebetür geöffnet; der Tauber beginnt nun mit dem Balzverhalten. Schon nach fünf bis zehn Versuchen zeigen die Männchen konditionierte Reaktionen auf den alleinigen Lichtreiz. Sie balzen dabei die Lichtquelle genauso an, als wenn diese ein Weibchen wäre (Moore 1973).

Um in einem Selbstkonditionierungsexperiment jegliche instrumentelle Verstärkung zu vermeiden, kann die Futterbelohnung bei jedem Pickversuch der Taube zurückgehalten werden. Die klassische Konditionierung erweist sich dabei als derart stark, daß die Tauben unter solchen Bedingungen mit dem Picken fortfahren (Williams und Williams 1969). Diese und weitere Selbstkonditionierungsexperimente haben ohne Zweifel gezeigt, daß komplexe Verhaltensmuster wie Fressen, Trinken oder Balzverhalten in klassischen Konditionierungsversuchen als Reaktionen eingesetzt werden können. Diese Experimente lassen außerdem vermuten, daß das sogenannte operante Verhalten, das durch instrumentelle Lerntechniken wie etwa die sukzessive Annäherung entsteht, tatsächlich oft eine Folge klassischer Konditionierung ist, was jedoch nicht bedeutet, daß das Gesetz der Wirkung notwendigerweise verworfen werden muß.

18.3 Lernen der Feindvermeidung

Meideverhalten stellt eine Form von Schutzverhalten dar, mit dessen Hilfe Tiere die Häufigkeit solcher Situationen minimieren, die für sie gefährlich erscheinen. Furcht auslösende Reize können dabei in Form von Signalreizen auftreten (vgl. Kap. 20), auf die ein Tier ohne jegliche Vorerfahrung reagiert. Derartige Reize können aber auch durch Konditionierungsvorgänge mit Furcht oder Meideverhalten verknüpft werden („bedingte Aversion"). Zu den natürlichen Reizen, die angeborenes Meideverhalten auslösen, gehören beispielsweise Objekte, die mit Raubfeinden – wie die von jungen Vögeln gemiedene Sperbersilhouette – oder giftigen Pflanzen und Tieren – wie etwa Schlangen und Pilze – in Verbindung gebracht werden. Das angeborene Meideverhalten ist durch eine große interspezifische Variabilität gekennzeichnet. Hierzu gehört das Erstarren („Freezing"), das besonders von Tierarten gezeigt wird, die sehr gut getarnt sind; weiterhin das Suchen nach Deckung oder das thigmotaktische Verhalten, das eine Berührung mit bestimmten Objekten und gleichzeitig ein Meiden von offenen Gebieten beinhaltet. Zum angeborenen Meideverhalten gehören auch Warnrufe, die entweder einen Angriff vereiteln oder andere Tiere warnen (Abb. 18.3 und 18.4).

In seiner natürlichen Umweld würde ein Tier, das durch Versuch und Irrtum lernt, vor Raubfeinden zu fliehen, wahrscheinlich nur wenige Versuche überleben. Die Abwehrmechanismen sind im wesentlichen angeboren und unterliegen reflexartigen Abläufen, obwohl sie durch Lernvorgänge veränderbar sind. Bolles (1970) zeigt auf, daß in einem Versuch zum Meidelernen der Experimentator – entweder absichtlich oder aufgrund der Gestaltung der Versuchsapparatur – die wirksamste Meidereaktion auswählt, die mit der angeborenen Reaktion des Tieres nicht unbedingt übereinstimmen muß. Das jeweilige Ausmaß der Übereinstimmung von angeborenem und zu erlernendem Verhalten beeinflußt dabei die Geschwindigkeit, mit der die Meidereaktion gelernt wird.

Über viele Jahre berichteten Psychologen von einer beträchtlichen Variabilität in der Geschwindigkeit, mit der Tiere Meidereaktionen lernen (Mackintosh 1974). So lernen Ratten beispielsweise innerhalb von fünf Versuchen, von einer Box zu einer anderen zu laufen, um einen Elektroschock zu meiden, dagegen benötigen sie hunderte von Versuchen, den gleichen Zweck durch Herunterdrücken eines Hebels zu erzielen. Tauben haben große Schwierigkeiten, zur Schockvermeidung gegen ein Tastenfeld zu picken, weniger dagegen einen Hebel herunterzudrücken. Angeborene Meidereaktionen können weiterhin je nach Situation variieren. Als Reaktion auf Elektroschocks neigen z.B. Ratten zur Flucht, wenn diese möglich ist, dagegen zum Erstarren, wenn eine Flucht unmöglich erscheint. Wird in dieser Situation ein Zielobjekt, wie z.B. ein Artgenosse geboten, so induziert der Schock sehr wahrscheinlich aggressives Verhalten (Logan und Boice 1969). Verlangt der Versuchs-

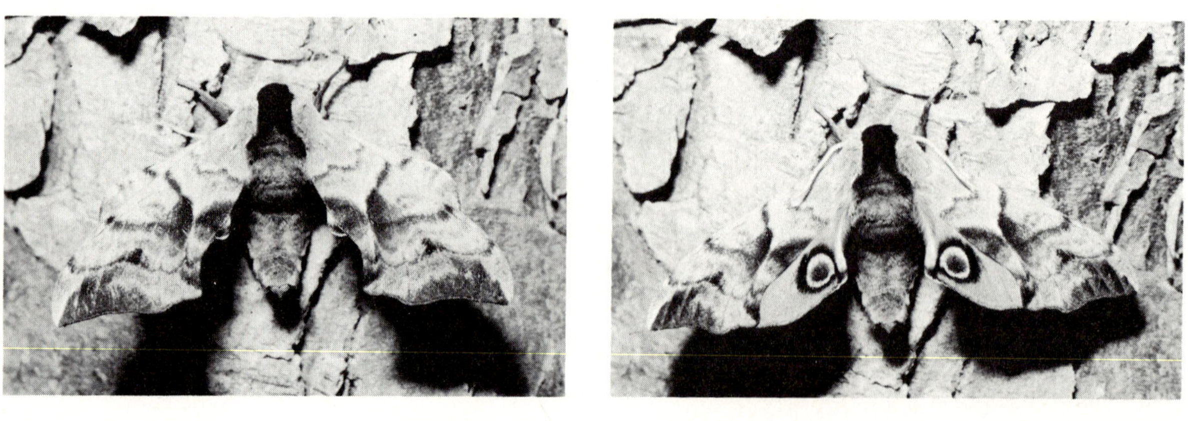

Abb. 18.3. Warnverhalten eines Schwärmers, der von einem potentiellen Raubfeind aufgescheucht wird. Das plötzliche Erscheinen der Augenflecken schreckt dabei oft kleine Vögel ab.

ansatz vom Tier, sich der mit dem Schock assoziierten Reizquelle anzunähern, so erweist sich das Training von Meidereaktionen als besonders schwierig. Muß beispielsweise eine Ratte einen Hebel herunterdrücken, der sich direkt unterhalb einer Lichtquelle befindet, die als Warnsignal für den Elektroschock dient, so entwickelt sich das Meideverhalten nur sehr langsam. Ist dagegen das Warnlicht weit von dem Hebel entfernt, so ist die Konditionierung viel leichter möglich (Biederman et al. 1964). Versetzt man Tieren im open-field-Test Elektroschocks, so erhöht sich die Zeit, die das Tier in Kontakt mit der Begrenzungswand des Testfeldes verbringt (Grossen und Kelley 1972). Ratten lernen dabei schneller, zur Schockvermeidung auf eine Leiste zu springen, wenn diese Leiste näher an der Begrenzungswand ist, als wenn sich diese im Zentrum der Apparatur befindet.

Im Sinne der konventionellen Lerntheorie stellen angeborene Abwehrmechanismen unbedingte Reaktionen dar. Die Pawlowsche Analyse des Lernens von Meideverhalten beinhaltet zwei wesentliche Annahmen (Mackintosh 1974). Zum einen sind erfolgreiche Meidereaktionen eng mit solchen Reaktionen verwandt, die normalerweise durch aversive Reize hervorgerufen werden. Wie schon erwähnt, erfolgt Meidelernen wesentlich schneller, wenn die vom Experimentator geforderte Reaktion mit der natürlichen Meidereaktion des Tieres in irgendeiner Art und Weise übereinstimmt. Dieses Prinzip kommt noch in einem anderen Zusammenhang zur Sprache.

Abb. 18.4. Die Vogelscheuche als ein weiteres Beispiel für eine Warnvorrichtung.

Zum anderen sollte das Entstehen einer Meidereaktion nicht direkt von der Möglichkeit des Meidens an sich abhängen. Es ist die Darbietung eines negativen Verstärkers, der die durch den Verstärker hervorgerufene Reaktion bekräftigt. Ein Ausbleiben der Verstärkung, ob als Folge des Meideverhaltens oder nicht, sollte den klassischen Konditionierungsprozeß nicht beschleunigen. An dieser Stelle sollte jedoch erwähnt werden, daß ein Ausbleiben der Verstärkung manchmal überhaupt keinen und manchmal einen sehr starken Effekt auf das Meideverhalten hat (Mackintosh 1974). Goldfische schwimmen zur Schockvermeidung beispielsweise von einem Aquariumabteil in ein anderes, ebenso schnell zeigen sie dieses Verhalten aber auch, wenn sich der Schock nicht vermeiden läßt (Woodward und Bitterman 1973). Umgekehrt ist das Ausbleiben des Schocks ein wirksamer Verstärker, um Meerschweinchen das Laufen in einem Laufrad anzutrainieren (Brogden et al. 1938) oder um Ratten von einem Gehegeteil in einen anderen laufen zu lassen (Miller 1948). Dieser Vorgang überlagert das Ergebnis des klassischen Konditionierungsverlaufes (Abb. 18.5).

Mackintosh (1974) weist darauf hin, daß die Trennung zwischen klassischer und instrumenteller Analyse des Meidelernens möglicherweise davon abhängt, ob äußere Reize als Signalgeber für Schock oder für Sicherheit vorliegen oder nicht, und ob weiterhin die Reaktionen auf diese Reize das Tier mit einer adäquaten Rückkopplung versorgen. Springt ein Tier, um einen Schock zu vermeiden, aus einer Box heraus oder läuft es von dem schädigenden Reiz weg, so ist die Meidereaktion selbst gut von anderem Verhalten zu unterscheiden; auch gelangt das Tier dadurch in eine neue Reizsituation. Für einen permanent schwimmenden Goldfisch stellt jedoch das Schwimmen an einen bestimmten Ort (um einen Schock zu vermeiden) kein deutlich anderes Verhalten dar. Für eine bewegungslose Ratte ist andererseits die Flucht an einen anderen Ort, an dem sie keinen Schock erhält, eine deutlich abzugrenzende Reaktion mit offensichtlichen Folgen für das Tier. Es sollte daher nicht überraschen, daß eine Ratte eine derartige Meidereaktion schneller lernt als das Betätigen eines Hebels.

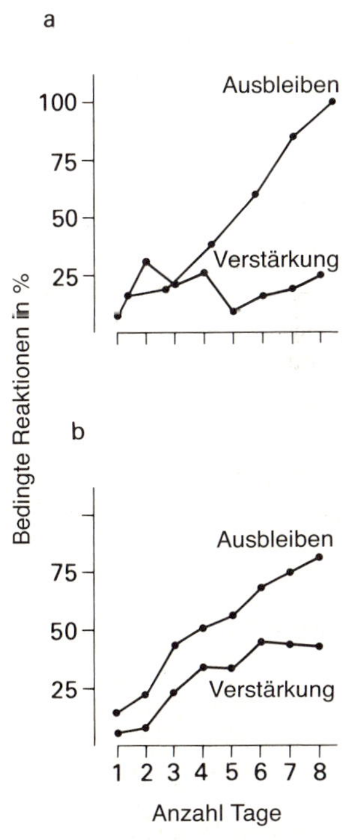

Abb. 18.5. Vergleich von Versuchen, die mit klassischer Verstärkung und ohne diese durchgeführt wurden: a) Laufen im Laufrad bei Meerschweinchen (nach Brogden et al. 1938), b) Anziehen der Pfote bei Hunden (nach Wahlsten und Cole 1972).

Ratten, die zur Schockvermeidung einen Hebel herunterdrücken müssen und damit Zugang zu einem Käfigabteil erlangen, in dem keine Schockreize auftreten, lernen das Betätigen des Hebels wesentlich schneller als Ratten, denen dieser Zugang verwehrt bleibt (Masterson 1970). Die Betätigung des Hebels läßt die Ratte in einer unveränderten Reizsituation, während die Flucht in das andere Käfigabteil das Tier aus der Situation befreit, die es mit dem Schock assoziiert. Der Erfolg ist zudem in einem Einweg-Schleusenkäfig größer als in einem Zweiweg-Schleusenkäfig, da vermutlich der Zweiweg-Käfig keinen Ort aufweist, der für das Tier Sicherheit bedeutet.

18.4 Meiden von Krankheit

Interozeptive Reize können bedingte Reize im Sinne der klassischen Konditionierung sein (vgl. Kap. 17). Weiterhin spielen Lernvorgänge bei der Aufrechterhaltung der Homöostase eine wichtige Rolle (vgl. Kap. 15), besonders bei der Regulierung der Nahrungsaufnahme. Hinweise für die Bedeutung von Lernvorgängen lieferten hier die ersten Untersuchungen zum „spezifischen Hunger". Die klassischen Studien von Harris et al. (1933) und Richter et al. (1937) zeigen deutlich, daß Ratten mit Thiamin-Mangel eine Präferenz für Futter mit Thiamin (Vitamin B1) entwickeln. Scott und Verney (1947) boten Ratten mit Thiamin-Mangel sowohl ein charakteristisch schmekkendes, mit Thiamin angereichertes Futter als auch ein Futter ohne diesen Geschmack und ohne Thiamin an. Nachdem sich eine Präferenz für das wohlschmekkende Futter ausgebildet hatte, wurde das Mangelfutter mit dem Geschmacksstoff versehen, dieser dem Thiaminfutter dagegen entzogen. Die Ratten bevorzugten nun weiterhin das wohlschmeckende Futter, obwohl dieses nicht mehr das Vitamin enthielt. Dieses Ergebnis läßt vermuten, daß die Tiere mit keinem spezifischen Erkennungsmechanismus für Thiamin ausgestattet sind.

Die größte Schwierigkeit, zu erkennen, daß Lernprozesse an der Entwicklung des spezifischen Hungers beteiligt sind, liegt in der Zeitspanne zwischen Nahrungsaufnahme und ihren verstärkenden Folgen. Im Fall des Natrium-Hungers kann eine Ratte mit Natrium-Mangel lernen, welches Futter Salz enthält, da sie Salz schmecken und erkennen kann und somit eine schnelle Verstärkung durch ein bestimmtes Futter erhält. Im Fall eines Vitaminmangels kann das Tier das Vitamin nicht direkt im Futter wahrnehmen. Es kann nur über die Inhaltsstoffe des Futters lernen, nachdem etwas Futter verdaut ist und dieses zu einer offensichtlichen Änderung des physiologischen Zustands des Tieres geführt hat. Obwohl auch angenommmen wurde (z.B. Scott und Verney 1947), daß Tiere lernen, charakteristische Reize des Futters mit der anschließenden wohltuenden Erholung von einer Krankheit zu assoziieren, scheint diese Annahme für viele Psychologen heute hauptsächlich aus zwei Gründen nicht akzeptabel. Zum einen ist ein allgemeines Gefühl des Wohlbefindens eine sehr vage Sache, wobei zudem eine hedonistische Komponente mitschwingt (Young 1961). Zum anderen ist die Verzögerung zwischen der Nahrungsaufnahme und ihren Folgen sehr viel größer, als Lerntheoretiker ursprünglich für möglich gehalten hatten. Um dieses Problem zu umgehen, schlug man Vermittlungsprozesse wie einen verlängerten Nachgeschmack im Anschluß an die Nahrungsaufnahme vor, was jedoch später widerlegt wurde.

Garcia und Mitarbeiter (1955) fütterten Ratten mit einer harmlosen Substanz und erzeugten durch verschiedene voneinander unabhängige Methoden physiologische Nachwirkungen. Nach einer Gamma-Bestrahlung entwickelten die Ratten eine Abneigung gegenüber einer vorher bevorzugten Saccharinlösung. Garcia et al. (1961) betonen die Bedeutung dieser Wirkung für die Lernvorgänge bei Ratten und zitieren neun weitere, diesen Befund stützende Arbeiten. Erst nach weiteren 10 Jahren wurde jedoch die Bedeutung dieses Phänomens voll erkannt, und man entdeckte, daß der spezifische Hunger und das Futtermeiden verschiedene Auswirkungen desselben Phänomens darstellen.

Seit Jahrhunderten versucht der Mensch, Rattenpopulationen mit verschiedensten Methoden einschließlich Gift auszurotten. Mit begrenztem Erfolg wurde eine Vielzahl sehr unterschiedlicher Gifte ausprobiert (Chitty 1954). Ein Dauerproblem scheint die sprichwörtliche „Köderscheu" von Ratten zu sein (Rzoska 1953). Ratten neigen dazu, ungewohntes Futter zu meiden oder es nur zu probieren (s. Kap. 15). Eine Ratte, die eine kleine Menge vergifteten Futters aufnimmt und dies überlebt, wird niemals wieder das gleiche Futter anrühren. Der folgende Bericht gibt dieses Phänomen bei Laborexperimenten wieder (Revusky und Garcia 1970):

„Ein Tier wird mit einer wohlschmeckenden Substanz, wie beispielsweise einer Saccharinlösung, gefüttert, die aufgrund von Giftbeimischungen oder Bestrahlungen toxische Nachwirkungen beim Tier erzeugt. Nachdem sich das Tier von den Vergiftungserscheinungen erholt hat, wird es diese wohlschmeckende Substanz meiden. Das Tier verhält sich so, als ob es die Aufnahme dieser Substanz und die Krankheit in einen Zusammenhang bringt. Diese spezifische Abneigung entsteht nicht, wenn eine Vergiftung ohne eine vorhergehende Nahrungsaufnahme vorliegt, oder wenn der Aufnahme keine Vergiftung folgt. Dieser Prozeß unterscheidet sich von den anderen, häufiger untersuchten Lernprozessen darin, daß er schon nach einmaligem Auftreten abgeschlossen ist, selbst wenn zwischen beiden Vorgängen mehrere Stunden liegen" (Revusky und Garcia 1970).

Bisher ist nur wenig über die Natur innerer Vorgänge bekannt, mit Hilfe derer Tiere ihren Gesundheitszustand und ihr Wohlbefinden abschätzen. Treisman (1977) nahm an, daß die für den Menschen typischen Übelkeitsgefühle und Brechreize, die durch eine starke Reizung des Gleichgewichtsorgans bei der Seekrankheit entstehen (Howard 1982), auch bei Tieren auftreten, da die ersten Anzeichen einer Vergiftung sich bei diesen in einer Störung des Gleichgewichtsorgans ankündigen. Das Erbrechen dient daher dem Ausstoß von jeglichem Gift aus dem Körper, und die anschließende Schwäche hält das Tier ruhig, damit es sich erholen kann. Treisman nahm daher an, daß das Gleichgewichtssystem – welches besonders empfindlich auf das Eindringen kleiner Moleküle reagiert – eine weitere, sekundäre Funktion als Giftdetektor entwickelt hat. Diese Hypothese muß jedoch noch überprüft werden.

Krankheit kann als eine Zustandsfunktion, d.h. als ein Maß für den allgemeinen physiologischen Zustand des Tieres angesehen werden. Man kann annehmen, daß ein Tier die Änderungsrate dieser Funktion mit den Futterreizen assoziiert (McFarland 1973). Das führt zu folgenden Schlußfolgerungen:

„Es ist für ein Tier durch Lernen unmöglich, gleichzeitig wohlschmeckende Substanzen aufgrund positiver Folgen im physiologischen Zustand vorzuziehen als auch sie wegen negativer Folgen zu meiden. Diese beiden Prozesse löschen sich einfach gegenseitig aus. Beispielsweise kann ein Tier, das einen bestimmten Geschmack aufgrund einer anschließenden Krankheit meiden lernt, ebenfalls lernen, sich diesem Geschmack anzunähern, wenn es sich von der Krankheit erholt hat" (McFarland 1973).

Rozin und Kalat (1971) nehmen an, daß die meisten Beispiele für positive Präferenzen überprüft und nun hinsichtlich erlernter Aversionen reinterpretiert werden können. Das Problem besteht darin, daß die meisten Präferenztests (z.B. Garcia et al. 1967; Campbell 1969; Zahorik und Maier 1969) derart angelegt sind, daß sie den Ratten keine echten Wahlmöglichkeiten lassen. So boten Zahorik und Maier in ihren Versuchen Ratten die Möglichkeit, zwischen jeweils einem Geschmack, der mit der Erholungsphase nach einem Nahrungsdefizit assoziiert war, einem weiteren, der mit Nahrungsdefizit gekoppelt war, und einem neuen Geschmack zu wählen. Sie boten den Ratten jedoch kein Futter mit einem vertrauten, „sicheren" Geschmack an. Daher ist es möglich, daß sich die offensichtliche Präferenz für das mit der Erholung assoziierte Futter aufgrund eines aversiven Verhaltens gegenüber den anderen Futtersorten (wegen der Neuheit des einen Futters und der Verbindung des anderen mit der Mangelerscheinung) herausbildet.

In einer Vielzahl von Untersuchungen wurde versucht, deutliche positive Präferenzen aufzuzeigen (z.B. Revusky 1967; Zahorik et al. 1974), trotzdem bleibt dieses Phänomen umstritten (McFarland 1973; Rozin 1976a). Weitere Komplikationen treten auf, wenn man berücksichtigt, daß Ratten gegenüber neuem Futter eine natürliche Abneigung besitzen, obwohl sich diese bei unterernährten Tieren ändern kann. Beispielsweise zeigen Ratten mit einem Thiamin-Mangel eine unmittelbar deutliche Präferenz für neues Futter, auch wenn das neue Futter kein Thiamin enthält und das herkömmliche nun mit Thiamin angereichert ist; diese Präferenz kehrt sich allerdings innerhalb von wenigen Tagen um (Rodgers und Rozin 1966). Leidet eine Ratte unter den Folgen einer Vergiftung oder einer Avitaminose, so zeigt sie nach Rozin (1968) eine Präferenz für gewohntes / „sicheres" Futter, wenn ihr die Wahl zwischen gewohntem / „sicherem", gewohntem / aversivem und neuem Futter gegeben wird. Die Ratte lernt anscheinend, mangelhaftes Futter zu meiden, auch wenn dieses als einziges Futter verfügbar ist (Rozin und Kalat 1971). Sie neigt dann dazu, apathisch zu werden und keine Nahrung mehr aufzunehmen. Als Folge dieser erlernten Abneigung zeigt die Ratte eine deutliche Präferenz für neues Futter, so daß es ihr möglich ist, etwas über die Folgen dieses neuen Futters zu lernen.

Rozin (1976) nimmt an, daß Ratten Futter in vier „Kategorien einteilen": neu, vertraut / „sicher", vertraut / gefährlich und vertraut / wohltuend. Die letzte Kategorie bleibt sehr umstritten. Übereinstimmung besteht allerdings darin, daß Ratten „in starkem Ausmaß dazu neigen, effektiv und schnell zu lernen, was sie krank macht, und weniger, was ihnen gut tut" (Rozin 1976). Im folgenden Abschnitt soll untersucht werden, wie dieser Lernvorgang stattfinden kann.

18.5 Reizrelevanz

Wie lernt ein Tier, die Aufnahme von Futter und die verzögert einsetzenden Folgen in Verbindung zu bringen? Während der Zeitspanne zwischen der Aufnahme des vergifteten Futters und den negativen Folgen können zahlreiche Ereignisse einschließlich weiterer Nahrungsaufnahme stattfinden, die mit der Vergiftung in Verbindung gebracht werden können. Zur Lösung dieses Problems soll im folgenden das Prinzip der **Reizrelevanz** betrachtet werden (Capretta 1961). Nach diesem Prinzip hängt die Stärke der Verknüpfung von Verhalten und seinen Folgen (Verstärker) von der Natur der Folgen ab. Revusky und Garcia (1970) äußern sich hierzu folgendermaßen:

„Das Relevanzprinzip, das für die Verknüpfung von verzögerten physiologischen Folgen mit einem bestimmten Geschmack verantwortlich zu machen ist, besteht darin, daß der Geschmack bezogen auf die physiologischen Folgen eine hohe Assoziationsstärke besitzt, während demgegenüber äußere Reize – zumindest bei Säugetieren – nur eine geringe Assoziationsstärke aufweisen. Ist die Folge ein Ereignis, das normalerweise von der Umwelt des Tieres ausgeht, wie etwa ein Schock oder eine Fütterung, so ist das Gegenteil der Fall."

Eine Reihe von Experimenten scheinen diese Ansicht zu bestätigen. Beispielsweise boten Garcia und Koelling (1966) verschiedenen Rattengruppen das Futter gleichzeitig mit Licht-, Ton- und Berührungsreizen und koppelten dies entweder mit Elektroschocks oder Gift. Je nach Reizkombination ergaben sich unterschiedliche Folgen. Dabei assoziierten die Ratten den Geschmack des Futters mit der Krankheit, nicht aber mit dem Elektroschock. Weiterhin brachten sie die optischen und akustischen Reize in Verbindung mit dem Stromstoß, nicht aber mit der Krankheit. In einem ähnlichen Experiment benutzten Garcia und Mitarbeiter (1968) zwei verschiedene Größen von Futterpellets, die entweder ohne oder mit einem Überzug aus Mehl bzw. Puderzucker versehen waren. Die Variablen und die zu erwartenden Ergebnisse zu diesem Versuch sind in Tabelle 18.1 aufgeführt. Die Ratten fraßen sämtliche sich in Größe und Geschmack unterscheidenden Pellettypen, die Bestrafung erfolgte entweder mit Elektroschocks oder mit Vergiftung. Wie vermutet, wurde die Aufnahme von Pellets, die sich im Geschmack unterschieden, deutlich durch Krankheit unterdrückt, nicht dagegen durch Elektroschocks. Umgekehrt wurde die Aufnahme von Pellets verschiedener Größe durch den Elektroschock unterdrückt, nicht aber durch nachfolgende Krankheit.

Tab. 18.1. Versuchsparameter und die auf der Grundlage der Reizrelevanz zu erwartenden Ergebnisse der Experimente von Garcia et al. (1968).

Variable	Bestrafung	Erwartetes Ergebnis
Pelletgröße	Elektroschock	Abneigung
Pelletgröße	Vergiftung	keine Abneigung
Geschmack	Vergiftung	Abneigung
Geschmack	Elektroschock	keine Abneigung

Einige Autoren (z.B. Garcia et al. 1970; Rozin und Kalat 1971) sind der Ansicht, daß die Fähigkeit der Ratte, unterschiedliche Geschmacksrichtungen selektiv über lange Zeitperioden mit Krankheiten zu assoziieren, ein spezielles Lernsystem darstellt, das nicht den üblichen Lernregeln folgt. Andere (z.B. Mackintosh 1974; Revusky 1977) behaupten allerdings, daß fast sämtliche Merkmale konventioneller Konditionierungen auch für das Lernen von Geschmacksaversionen zutreffen.

Vögel können Aversion gegenüber optischen Reizen lernen (Brower 1969). So lernen Japanische Wachteln im Gegensatz zu Ratten eine Abneigung gegenüber der Farbe schneller als gegenüber dem Geschmack von Trinkwasser (Wilcoxon et al. 1971). Ähnliche Ergebnisse erzielten Moore und Capretta (1968) bei Hühnerküken. Trainiert man Tauben, bei kombinierter Darbietung von optischen und akustischen Reizen einen Hebel herunterzudrücken, so hängt die relative Bedeutung des optischen und des akustischen Reizes für die Verknüpfung von der Art der Verstärkung ab. Bei Futterbelohnung reagieren die Tauben, wenn der Lichtreiz allein, nicht aber, wenn der Ton allein geboten wird. Umgekehrt reagieren Tauben auf den Tonreiz, um einen Elektroschock zu meiden, nicht jedoch auf den optischen Reiz (Foree und Lolordo 1973). Anscheinend richten die Tiere während der Nahrungsaufnahme normalerweise ihre Aufmerksamkeit auf solche Gegebenheiten, die bei erlernten Aversionen aufgrund der physiologischen Folgen der Nahrungsaufnahme wirksam sind. Ratten richten ihre Aufmerksamkeit normalerweise auf die geruchlichen und geschmacklichen Eigenschaften ihrer Nahrung, Vögel dagegen auf die optischen. Beim Meiden von Elektroschocks achten Ratten dagegen mehr auf optische, Tauben dagegen eher auf akustische Reize.

Es gibt Hinweise, daß Tiere einen Elektroschock als einen äußeren Reiz empfinden, der dem eines Angriffs von einem Artgenossen oder von einem Raubfeind entspricht (Ulrich und Azrin 1962). Bei Vögeln können akustische Reize, wie etwa ein Warnruf, in solchen Situationen sehr wirksam sein. Nach Mackintosh (1974) lernen Ratten im Verlauf ihres Lebens, Änderungen des inneren Zustands nicht mit Änderungen in der optischen und akustischen Stimulation, sondern mit Geschmacksreizen in Verbindung zu bringen. Die Tendenz erwachsener Ratten, Geschmacksreize mehr als optische oder akustische Reize mit einer Vergiftung zu assoziieren, kann auf ihrer Fähigkeit beruhen, über derartige Zusammenhänge zu lernen und sie zu verallgemeinern.

Die lange Zeitspanne, die beim Lernen von Geschmacksaversionen zwischen Reiz und Verstärkung liegt, stellt ein schwieriges Problem für die konventionelle Lerntheorie dar. In den konventionellen Experimenten verliert ein Verstärker seine Wirksamkeit, sobald er mit einer Zeitverzögerung von nur ein paar Sekunden präsentiert wird. Eine Verbindung von Geschmack und Krankheit kann dagegen noch bei einem zeitlichen Abstand von mehreren Stunden entstehen (Revusky und Garcia 1970; Rozin und Kalat 1971). Es wurde vermutet, daß der Geschmack auch nach der Aufnahme der Nahrung noch für eine längere Zeit wirksam ist. Eine Reihe von Untersuchungen schließt diese Annahme jedoch mittlerweile aus. Beispielsweise können Ratten die Temperatur ihres Trinkwassers mit einer zeitlich verzögert auftretenden Krankheit assoziieren: Die Temperatur des Trinkwassers bleibt jedoch nur für wenige Sekunden nach der Aufnahme wirksam (Nachman 1970). Weiterhin sind Vögel, wie schon oben gezeigt wurde, in der Lage, die jeweilige Farbe des Trinkwassers mit einer nachfolgenden Krankheit zu assoziieren. Rozin (1969) fand heraus, daß Ratten Aversionen gegenüber bestimmten Konzentrationen von Substanzen lernen können. Es ist allerdings schwer zu erkennen, wie verschiedene Konzentrationen auch eine halbe Stunde nach Aufnahme des Wassers noch unterscheidbar bleiben können. Einige Untersuchungen zeigen, daß die Darbietung eines weiteren Geschmackstoffes in dem Zeitintervall zwischen der Aufnahme einer neuen Testsubstanz und der folgenden Krankheit die Assoziation zwischen der Testsubstanz und der Krankheit nicht aufhebt. Ist die zweite Substanz der ursprünglichen Testsubstanz ähnlich, so wird sie nicht mit der Krankheit assoziiert und wird daher auch nicht die Aversion gegenüber der Testsubstanz beeinträchtigen (Revusky 1971).

Bei Vergiftungserscheinungen aufgrund eines neuen Geschmackstoffes treten bei Ratten im Normalfall, wenn überhaupt, nur wenige Ereignisse im Zeitintervall zwischen der Aufnahme und der Krankheit auf, die eine hinreichende Reizrelevanz besitzen, um mit der Krankheit assoziiert zu werden. Das ist allerdings bei der normalen äußeren Reizkonditionierung nicht der Fall. Revusky (1971) nimmt an, daß eine mögliche Verzögerung der Verstärkung in solchen Fällen sehr kurz ist, da ein großes Zeitintervall eine Einmischung anderer Reize ermöglichen würde, die sich dann als unbedingte Reize etablieren könnten. Eine Verknüpfung ist bei Ratten über eine lange Zeitspanne möglich, da nur Geschmacksreize mit einer Krankheit assoziiert werden, während mit einem Elektroschock eine Vielzahl von Reizen verbunden werden kann. Wird ein neuer Geschmackstoff (hohe Reizrelevanz) während des Zeitintervalls zwischen Aufnahme und nachfolgender Krankheit geboten, so beeinträchtigt dieser die Aversionsbildung gegenüber der ersten Testsubstanz (Revusky 1971; Kalat und Rozin 1971). Revuskys Annahmen versuchen, das Phänomen des Lernens von Geschmacksaversionen mit der konventionellen Lerntheorie in Einklang zu bringen, es bleiben jedoch weiterhin Schwierigkeiten bestehen. So neigen beispielsweise Vögel dazu, die optischen Reize der Nahrung mit einer anschließenden Krankheit zu assoziieren, und es gibt sicherlich genügend optische Reize, die eine solche Assoziation beeinträchtigen könnten.

18.6 Biologische und psychologische Perspektiven

Psychologen wird oft unterstellt, die Vielzahl der Tierarten in einen Topf zu werfen und deshalb als Versuchstiere nur Ratten und Tauben zu verwenden. Viele Ethologen und einige Psychologen (z.B. Rozin und Kalat 1972) behaupten, daß die Lernfähigkeit einer Art an ihre besondere ökologische Nische angepaßt ist. Diese Ansicht läßt vermuten, daß den Lernvorgängen bei der Vielzahl von Tierarten kein gemeinsamer Prozeß zugrunde liegt und daß die Lernfähigkeit einer bestimmten Art als das Resultat einer Mischung spezifischer Lernprozesse zu sehen ist. Wie schon weiter oben gezeigt wurde, unterscheiden sich beispielsweise die Lernprozesse, die beim Aversionslernen von vergiftetem Futter beteiligt sind, in manchen Merkmalen sehr deutlich von den Lernprozessen, die in den herkömmlichen Laborexperimenten untersucht wurden.

Einige Lernformen, wie das Gesangslernen bei Vögeln und die Prägung bei jungen Tieren (vgl. Kap. 20), unterscheiden sich offensichtlich deutlich von dem in Kapitel 17 diskutierten assoziativen Lernen. Tiere scheinen durch die Evolution vorprogrammiert zu sein, bestimmte Dinge in einem bestimmten Alter zu lernen.

Andere Lernformen, wie etwa das Meiden von giftiger Nahrung, erweisen sich ebenso als biologisch sinnvoll an das Leben der jeweiligen Art angepaßt. Hier bestehen allerdings Zweifel, da das Lernen einer Futteraversion mit Hilfe einer geeigneten Konditionierung konventioneller Art im Labor hervorgerufen werden kann (Revusky 1977). Das Wissen, welches Futter zu Krankheit führt und welches nahrhaft ist, welcher Weg gefährlich und welcher sicher ist, erfordert eine Vorausschau von Beziehungen zwischen verschiedenen Umweltereignissen. Solches Wissen kann aufgrund eines genetischen Programms vorliegen oder durch Lernen erworben werden.

Einige Psychologen kommen durch die Untersuchung der Lernphänomene bei Tieren zu dem Schluß, daß allen Lernformen die wesentliche Erscheinung des Lernens von kausalen Zusammenhängen gemeinsam ist. Lernen ermöglicht einem Tier, Ursache und Wirkung zu verknüpfen und somit wichtige Ereignisse vorherzusagen. Vorhersagbare Beziehungen sind universelle Merkmale, sie beruhen auf Ereignissen, die durch eine Kausalkette verknüpft sind. Ereignisse treten somit nicht ohne Ursache und nicht zeitlich vor dieser auf. Der Mensch erkennt solche Beziehungen, und es scheint vernünftig, anzunehmen, daß Tiere hierzu ebenfalls in der Lage sind. Die geeignetsten Ankündigungen für ein Ereignis stellen die Ursachen dieses Ereignisses dar. Tiere, die solche Ereignisse wahrnehmen und hieraus lernen, sind hervorragend ausgestattet, auf ein wichtiges und universelles Kennzeichen der natürlichen Welt zu reagieren.

Auf der Grundlage derartiger Überlegungen glauben einige Psychologen (z.B. Dickinson 1980) an die „Existenz eines grundlegenden assoziativen Lernmechanismus, der einer Vielzahl von Tierarten gemeinsam und derart strukturiert ist, Informationen über kausale Zusammenhänge in der Umwelt des Tieres wahrzunehmen und zu speichern.“ Diese Annahme schließt nicht aus, daß sich nicht weitere einzigartige Lernformen bei bestimmten Tierarten entwickelt haben könnten oder daß einige Tierarten nicht ein breites Spektrum verschiedener Lernfähigkeiten besitzen. Sie betont diesen einen Aspekt des Lernens, der den meisten Tierarten gemeinsam ist. Im Unterschied zu dem ursprünglichen psychologischen Ansatz besitzt dieser allerdings eine biologische Perspektive. Im folgenden Kapitel wird die Frage diskutiert, welche Merkmale einer kausalen Beziehung für Tiere wahrscheinlich von Bedeutung sind. Diese Frage zielt auf die Struktur des Organismus und folgt somit einer im wesentlichen biologischen Denkweise. Interessant und vermutlich auch überraschend ist das Ergebnis eines solchen Ansatzes: Er führt zu einer kognitiven Sichtweise einfacher assoziativer Lernvorgänge.

Merksätze

- Lernen ist nicht notwendigerweise mit einem evolutionären Vorteil verknüpft. Einige Formen des Lernens sind genetisch prädisponiert für bestimmte Abschnitte der Ontogenese, einige treten nur unter bestimmten Umständen auf und nur wenige sind innovativ.
- Lernen kann durch die Natur der Beziehung zwischen dem Verstärker und der jeweils zu lernenden Antwort eingeschränkt werden. Solche Beschränkungen werden in dem Aversionslernen in Zusammenhang mit Raubfeinden und Krankheit sichtbar.
- Lernbeschränkungen treten ebenso als Folge von Reizrelevanz auf. Mit anderen Worten, die assoziative Stärke einer Verknüpfung, die mit bestimmten Folgen für das Tier verbunden ist, hängt zum Teil von der Natur dieser Folgen ab.
- Aus der biologischen Sichtweise sind derartige Beschränkungen des Lernens primär angeboren, während aus psychologischer Sicht für sämtliche Tierarten allgemeine Lernregeln gelten. In einigen Fällen bieten diese unterschiedlichen Ansichten verschiedene Erklärungen für das gleiche Phänomen.

Weiterführende Literatur

Bolles, R. C. (1970) Species-specific defense reactions and avoidance learning. *Psychological Review* 77, 32-48.

Shettleworth, S. J. (1972) Constraints on learning. *Advances in the Study of Behavior* 4, 1-68.

19 Kognitive Aspekte des Lernens

Die meisten Psychologen der Gegenwart erkennen ein Spektrum von Lernfähigkeiten an, welches von einfachen Lernformen stammesgeschichtlich ursprünglicher Tiere bis hin zu den kognitiven Fähigkeiten des Menschen reicht. Schwierig ist jedoch abzuschätzen, in welchem Ausmaß diese Fähigkeiten bei einer bestimmten Tierart ausgeprägt sind. Kognition beinhaltet Denk- und Lernprozesse, die zwar nicht direkt sichtbar sind, für die jedoch oft indirekte Hinweise vorliegen. Im folgenden sollen zunächst einige Lernphänomene vorgestellt werden, die sich nicht nur mit Hilfe von Konditionierung erklären lassen.

19.1 Verdeckte Konditionierungsphänomene

Die klassische Konditionierung galt als eine rein mechanistische und kaum kognitive Lernform. Tatsächlich war es ja das Hauptziel der behavioristischen Schule, das Verhalten der Tiere ohne Berücksichtigung der nichtbeobachtbaren Prozesse, seien es physiologische oder kognitive, zu erklären. Daher wurde die klassische Konditionierung auch zur Klärung von offensichtlich kognitiven Phänomenen des komplexen Verhaltens herangezogen (Rescorla 1978), während die umgekehrte Vorgehensweise bei Behavioristen keinen Anklang fand. Seit langer Zeit weiß man jedoch, daß einige Phänomene der klassischen Konditionierung nicht mit der behavioristischen Sichtweise übereinstimmen.

Wird ein bedingter Reiz zusammen mit einem unbedingten Reiz geboten, so kann man eine Zunahme bedingter Reaktionen auf den bedingten Reiz hin beobachten. Wie kann man nun wissen, daß diese Reaktionen tatsächlich eine Folge der experimentell angeordneten Beziehung zwischen bedingtem und unbedingtem Reiz sind? Es wäre auch möglich, daß der bedingte Reiz bestimmte Reflexe auslöst, die bei Darbietung des unbedingten Reizes verstärkt ablaufen. In einigen Fällen können diese Reflexe der bedingten Reaktion ähnlich sein, die konditioniert werden soll. Bei der Konditionierung des menschlichen Lidschluß-Reflexes kann beispielsweise ein optischer bedingter Reiz den Reflex auslösen. Bei Konditionierung emotionaler Reaktionen kann sogar jeder neue Reiz einen emotionalen Reflex, wie beispielsweise eine Änderung des Hautwiderstandes (Ursache ist hier die Änderung der Schweißdrüsenaktivität), bewirken. Ein derartiger Einfluß des bedingten Reizes auf die bedingte Reaktion wird **Sensibilisierung** genannt (Gormezano 1966). Beispielsweise kann der Gemeine Krake (*Octopus vulgaris*) in einem Aquarium dressiert werden,

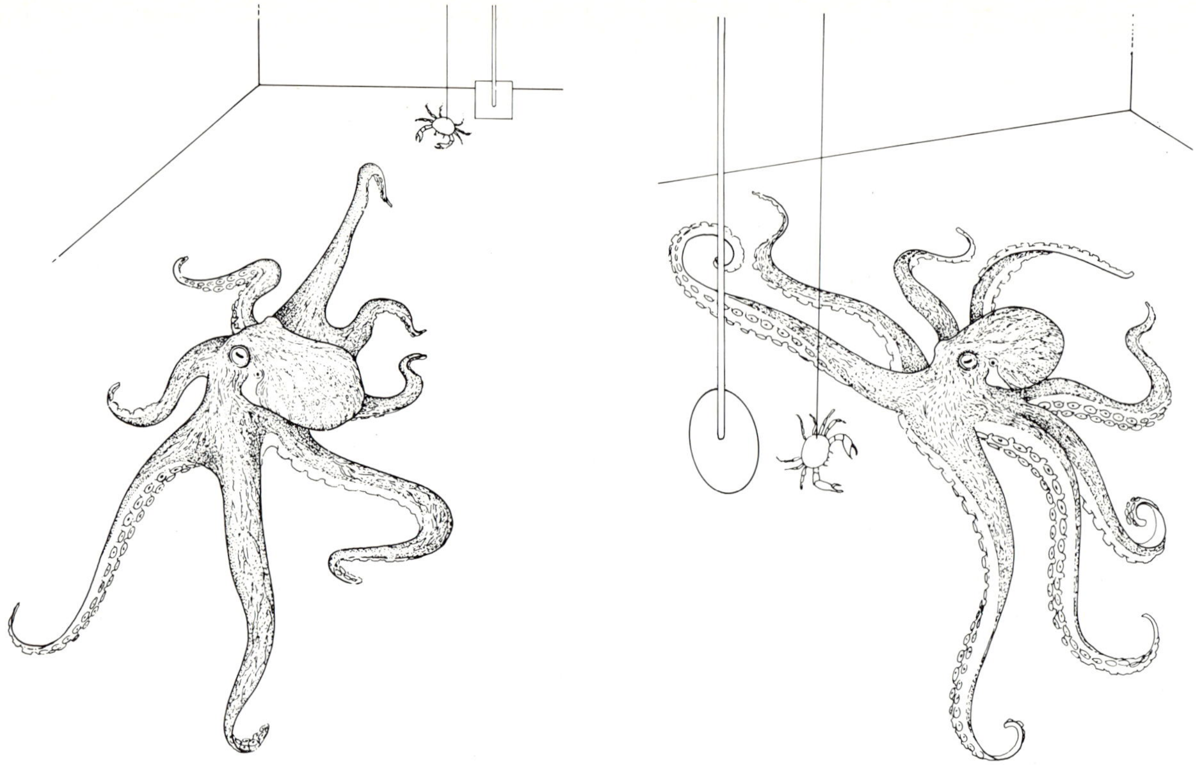

Abb. 19.1. Ein Krake lernt, zwei neutrale Reize (verschiedene Scheiben) mit Futter zu assoziieren.

aus seiner Höhle heraus eine Krabbe oder eine neutrale Reizquelle – jeweils mit Futter assoziiert – anzugreifen (Abb. 19.1). Die Wahrscheinlichkeit, daß der Krake einen neutralen Reiz (z. B. eine weiße, an einem Stab befestigte Scheibe) angreift, wird erhöht, wenn er kurz vorher gefüttert worden ist, und gesenkt, wenn er einen leichten Elektroschock erhalten hat. Dieser Effekt tritt ebenfalls auf, wenn der Krake in seiner Höhle gefüttert oder elektrisch gereizt wurde, so daß er nicht auf eine positive oder negative Verstärkung durch den Angriff zurückgeführt werden kann.

Es ist möglich, daß die unbedingte Reaktion durch einen anderen Reiz als den unbedingten hervorgerufen wird, auch wenn keine abhängige Beziehung zwischen beiden vorliegt. Dieser Lernvorgang wird **Pseudokonditionierung** genannt (Grether 1938). Eine mögliche Erklärung für diesen Lernvorgang ist eine Generalisierung von dem unbedingten Reiz auf ähnliche Reize. Weiterhin kann sich der innere Zustand eines Tieres durch einen Elektroschock derart ändern, daß das Tier äußere Reize zu meiden sucht. Dieser Effekt konnte bei Polychaeten (Evans 1966) und Tintenfischen (Young 1960) nachgewiesen werden und scheint eine adaptive Reaktion des Verhaltens zu sein (Wells 1968).

Experimental-Psychologen treffen normalerweise Vorsichtsmaßnahmen gegenüber Sensibilisierung und Pseudokonditionierung (Mackintosh 1974). Zwei andere Formen der Konditionierung sind jedoch schwer sowohl zu beobachten als auch aus behavioristischer Sicht zu erklären. Dies sind die interozeptive und die zeitliche Konditionierung.

Die Ausschüttungen innerer Sekretionsorgane können leicht auf äußere Reize hin konditioniert werden. Ebenso ist es möglich, sie auf innere Reize wie etwa die Änderung der Körpertemperatur, des Blutzuckerspiegels oder des Kohlendioxidgehaltes der eingeatmeten Luft zu konditionieren (Bykov 1957). Möglicherweise unterscheidet sich diese **interozeptive Konditionierung** prinzipiell nicht von der klassischen Konditionierung, auch wenn nicht immer Änderungen im beobachtbaren Verhalten beteiligt sind.

Bei einfachen Experimenten zur **zeitlichen Konditionierung** gibt es keinen bedingten Reiz. Der unbedingte Reiz wird mit festem zeitlichen Abstand geboten, und die bedingte Reaktion entsteht entsprechend als periodische Antwort (Abb. 19.2). Derartige Experimente wurden schon in den Laboratorien von Pawlow durchgeführt, wobei eine Vielzahl von Varianten entstand (Church 1978; Richelle und Lejeune 1980). Die natürlichste Erklärung für die zeitliche Konditionierung liefert der auf einer inneren Uhr basierende Zeitsinn, von dem Reize entsprechend anderen äußeren Reizen ausgehen und wirken können. Der Zeit fehlt jedoch ein physikalisches Äquivalent, das normalerweise einen Reiz auszeichnet. Zudem ist eine innere Uhr nicht direkt beobachtbar. Aus diesen Gründen fand die obige einfache Erklärung keinen Anklang bei den Behavioristen, mit der Folge zahlreicher Versuche, die zeitliche Konditionierung anhand des jeweils auftretenden Verhaltens zu erklären. Heute wird jedoch weithin angenommen, daß Tiere mit einer inneren Uhr ausgestattet sind und damit auch die Fähigkeit besitzen, auf der Basis zeitlicher Verknüpfungen zu lernen. Es gibt Hinweise, daß die innere Uhr in festen Einheiten läuft und so vom Tier bei Bedarf „abgelesen" werden kann. Ebenso liegen Hinweise vor, daß ein Tier die innere Uhr kontrollieren und damit anhalten oder auch weiterlaufen lassen kann (Roberts 1981).

In der klassischen Konditionierung folgt ein unbedingter Reiz, der normalerweise eine unbedingte Reaktion auslöst, einem bedingten Reiz, der diese Antwort zunächst nicht auslöst. Nach mehreren gekoppelten Darbietungen des unbedingten und bedingten Reizes löst letzterer auch allein eine Reaktion, die nun bedingte Reaktion, aus. Diese Beschreibung impliziert die Einbindung eines neuen Reizes in ein bestehendes Reflexsystem. Eine alternative Annahme, die zum Teil von Tolman (1932) vorausgesehen wurde, vertritt Rescorla (1978): Das Tier lernt etwas über die Beziehungen von Ereignissen, auf die es keinen Einfluß nehmen kann, und es zeigt daraufhin angemessenes Verhalten. Dieser kognitive Ansatz berücksichtigt nicht nur die Reaktionen auf bestimmte Reize, sondern hinterfragt auch, ob die Änderungen im Verhalten des Tieres eine Folge von bestimmten, den Tieren präsentierten Ereignissen sind oder nicht. Ob die Ereignisse selbst zu Anfang die Reaktionen hervorrufen oder nicht, ist hierbei unbedeutend.

Der kognitive Ansatz betont die Trennung von Lernen und Ausführung. Tiere können Assoziationen zwischen Ereignissen herstellen, ohne gleichzeitig ihr Verhalten zu ändern. Einerseits sieht die traditionelle Reflextheorie die klassische Konditionierung als eine besondere, eigene Lernform an. Andererseits sieht der kognitive Ansatz in der klassischen Konditionierung ein Beispiel für assoziatives Lernen. Tiere können verschiedene Reizqualitäten miteinander assoziieren: exterozeptive, interozeptive, solche, die auf einer inneren Uhr beruhen und solche, die durch einen Rückkopplungsmechanismus vom Verhalten des Tieres selbst herrühren. In bestimmten Fällen kann sich das Ergebnis des Lernvorgangs dabei im Verhalten des Tieres widerspiegeln, in anderen dagegen nicht.

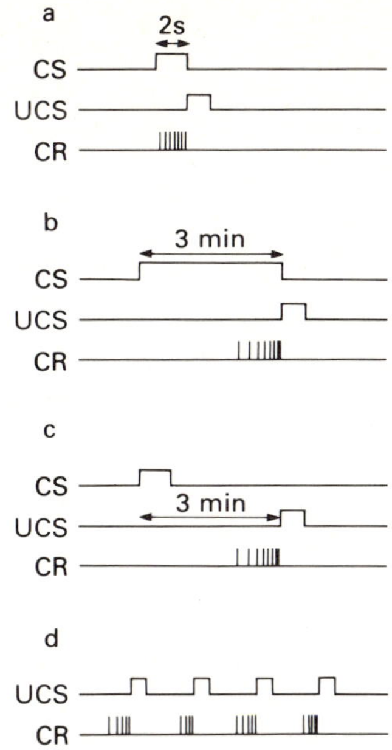

Abb. 19.2. Übersicht verschiedener klassischer Konditionierungsformen: a) Übliche Vorgehensweise, wobei der unbedingte Reiz unmittelbar nach dem bedingten Reiz auftritt; b) verzögerte Konditionierung; c) Pausenkonditionierung; d) zeitliche Konditionierung. CS, bedingter Reiz; UCS, unbedingter Reiz; CR, bedingte Reaktion.

19.2 Kognitive Prozesse

Als Kognition werden mentale Prozesse bezeichnet, die bei Tieren zwar nicht direkt beobachtbar sind, zu deren Annahme jedoch hinreichend wissenschaftliches Material vorliegt. Angenommmen, man zeigt Tauben gleichzeitig Futter und elektrisches Licht, ohne daß sich die Tauben während der Beobachtung den beiden Reizquellen annähern können. Kontrolltieren wird Licht und Futter in willkürlichen, zeitlich unabhängigen Abständen gezeigt. Am Ende der ersten Versuchsperiode wird den Tieren erlaubt, sich dem Licht und dem Futter anzunähern, mit der Folge, daß alle Tauben am Futterspendemechanismus picken. Die Versuchstauben picken jedoch auch gegen das Leuchtfeld, während die Kontrolltiere dieses Verhalten nicht zeigen.

Dieses Lernergebnis weist auf die Entstehung einer mentalen Verknüpfung von Futter und Licht bei den Versuchstauben hin, da sich ihr Verhalten in der Anfangsphase des Experiments nicht von demjenigen der Kontrolltauben unterschied.

Assoziatives Lernen oder andere Lernformen sind natürlich nicht an allen kognitiven Prozessen beteiligt, sondern es spielen hierbei oft auch angeborene Fähigkeiten eine Rolle. So sind Tauben zu Navigationsleistungen oder zu Leistungen in der Zeitwahrnehmung fähig, die weit über die entsprechenden Fähigkeiten des Menschen hinausgehen (vgl. Kap. 14). Tauben scheinen außergewöhnliche Fähigkeiten für Konzeptbildung zu besitzen. Sie können zwischen Fotografien unterscheiden, auf denen Wasser oder kein Wasser, ein Baum oder kein Baum, ein Mensch oder kein Mensch etc. abgebildet ist (Herrnstein et al. 1976; Malott und Sidall 1972; Siegel und Honig 1970). Tauben können diese Unterscheidungen machen, obwohl die entscheidende Verknüpfung auf unterschiedlichen Wegen entstehen kann. Beispielsweise kann eine Taube Wasser in Form von Tropfen, als reißenden Fluß oder als ruhigen See erkennen. Menschen können wiedererkannt werden, ob sie nun angezogen oder nackt sind, sich allein oder in einer Gruppe von Menschen befinden usw..

Obwohl die Taube ein Konzept von Wasser, Bäumen oder Menschen bilden kann, so erfordert dieser Prozeß doch keine mentale Abstraktion. Einen aussagekräftigeren Versuch stellt das Vergleichsexperiment dar. Dem Tier wird zunächst nur ein einzelnes Musterobjekt, anschließend eine Serie verschiedener Objekte einschließlich des Musters gezeigt. Das Tier muß nun aus der Serie das Musterobjekt herausfinden. Primaten und Kinder lernen dieses Problem innerhalb weniger Versuche zu lösen, Tauben dagegen benötigen hunderte von Versuchen. Werden die ursprünglichen Objekte durch eine Serie neuer Objekte ersetzt, so müssen Tauben diese Aufgabe erst wieder von Neuem zu lösen lernen, während Delphine oder Schimpansen diese zweite Aufgabe innerhalb weniger Versuche bewältigen (Premack 1978). Anscheinend kategorisieren Tauben die Objekte ihrer Umwelt, während Primaten und einige andere Tierarten fähig sind, Beziehungen zwischen solchen Kategorien herzustellen. Tatsächlich ist es wahrscheinlich, daß Schimpansen die Kategorien „gleich"/„verschieden" in ihrem normalen Leben auch verwenden.

Wie noch in Kapitel 26 gezeigt wird, gibt es Hinweise, daß Schimpansen fähig sind, „kognitive Karten" über Teile ihrer Umwelt zu entwickeln. Freilebende Tiere können weitschweifige Wege benutzen, was vermuten läßt, daß sie eine Vorstellung von der räumlichen Gestaltung ihrer Umwelt besitzen (Menzel 1978). Die sozialen Beziehungen von Schimpansen sind besonders komplex (Passingham 1982), und es wurde daher angenommen, daß sich ihre kognitiven Fähigkeiten im wesentlichen im Zusammenhang mit der ausgeprägten „politischen" Natur ihres sozialen Lebens entwickelt haben müssen (vgl. de Waal 1983). Hinweise für die Abstraktionsfähigkeiten von Schimpansen stammen zum Teil aus den Untersuchungen über ihre Sprachfähigkeiten, zum Teil aber auch aus Beobachtungen ihres Sozialverhaltens.

Beispielsweise wurde die Schimpansin Sarah trainiert, Sätze durch Auswählen und Zusammensetzen einer Reihe farbiger Plastiksymbole zu bilden (Premack 1976). Bei einem Test wurde sie aufgefordert, den Satz „_ _ _ _ _ ist die Farbe von Schokolade" zu vervollständigen. Sarah wählte das Symbol für die Farbe braun. Die Symbole für Schokolade und für braun waren selbst nicht braun, so daß Sarah eine Vorstellung von der Farbe braun besessen haben muß. Die Symbole für braun und Schokolade wurden von Sarah aufgrund einer rein symbolischen Beziehung zusammengefügt, die sie anscheinend mit dem Symbol für braun assoziierte.

Ein weiteres Beispiel kommt aus dem Sozialleben der Schimpansen. Befindet sich Futter in der Nähe eines dominanten Schimpansen, so nähert sich ein subdominantes Tier dem Futter nicht eher an, bis das dominante Tier seinen Platz verlassen hat. Hat das dominante Tier das Futter nicht bemerkt, versucht der unterlegene Schimpanse jedoch, heimlich an das Futter zu gelangen. Das subdominante Tier scheint daher zu erkennen, daß der dominante Artgenosse nur dann ein Hindernis darstellt, wenn er weiß, daß das unterlegene Tier an das Futter gelangen möchte.

Obwohl diese Beispiele sehr überzeugend zu sein scheinen, sollte man sich davor hüten, kognitive Interpretationen des Verhaltens als bare Münze zu nehmen. Es ist sicherlich nicht notwendig, den extremen Skeptizismus der Behavioristen zu vertreten, einige Vorsicht erscheint aber doch ratsam. Im Fall von Sarah sollte man z. B. fragen, ob sie jemals vor dem oben beschriebenen Versuch aufgefordert wurde, eine einfache Verbindung zwischen den Symbolen für Schokolade und für die Farbe braun herzustellen. Verstand Sarah eigentlich die Anweisungen richtig, oder wählte sie einfach dasjenige Farbsymbol, das sie am stärksten mit der Schokolade assoziierte?

19.3 Lernen durch Einsicht

Die Vorstellung, daß an den Lernprozessen bei Tieren auch kognitive Prozesse beteiligt sind, hat eine lange Geschichte. Sie kam deutlich in den Arbeiten der Gestaltpsychologen zum Ausdruck, die annahmen, daß Tiere durch eine angeborene Tendenz, die Situation als Ganzes zu erfassen, Probleme durchschauen und damit bewältigen können.

Zwischen 1913 und 1917 führte Wolfgang Köhler eine Reihe von mittlerweile klassischen Experimenten durch. Während des ersten Weltkrieges geriet er für vier Jahre auf der kanarischen Insel Teneriffa in Kriegsgefangenschaft, wo er eine Forschungsstation aufbaute und Untersuchungen an Menschenaffen, insbesondere an Schimpansen, durchführte. Seine Beobachtungen veröffentlichte er 1921 in dem Buch *Intelligenzprüfungen an Menschenaffen* (Neuauflage: 1978). In den Experimenten waren die Affen gezwungen, durch Werkzeuggebrauch an Futterbelohnungen zu gelangen. Beispielsweise mußte ein Schimpanse in einem Experiment einen Stock benutzen, um Futter von außerhalb des Käfigs heranzuziehen (Abb. 19.3). Köhler betonte, daß sich seine Gestaltung der Experimente in einer Hinsicht wesentlich von derjenigen Thorndikes (vgl. Kap. 17) unterscheidet. Thorndikes Tiere konnten kein Verständnis für den Hebelmechanismus entwickeln, der die Käfigtür öffnete, da er außerhalb des Käfigs und für das Tier unsichtbar angebracht war. Die Tiere hatten daher bei der Lösung des Problems keine Alternative zu Versuch und Irrtum. In Köhlers Versuchen sind dagegen alle Bestandteile zur Lösung des Problems sichtbar.

Einem anderen Schimpansen gab Köhler zwei Bambusstäbe, von denen jeder für sich zu kurz war, um an Früchte außerhalb des Käfigs zu gelangen. Die beiden kurzen

Abb. 19.3. Ein Schimpanse angelt sich mit einem Stock einen außerhalb des Käfigs liegenden Apfel.

Stäbe konnten jedoch zu einem langen Stab zusammengesetzt werden. Nach vielen erfolglosen Versuchen, die Früchte mit einem kurzen Stab zu erreichen, gab der Schimpanse auf und begann, mit den Bambusstäben zu spielen, wobei er zufällig das dünne Ende des einen in das hohle Ende des anderen Bambusstabes steckte. Nachdem er so beide zusammengesteckt hatte, sprang der Schimpanse hoch und rannte zum Käfiggitter, um die Früchte nun mit dem langen Stock zu angeln. Köhler interpretierte dieses Verhalten als einsichtig. In einem weiteren Experiment wurden Früchte unter die Decke eines Käfigs gehängt. Um an sie zu gelangen, mußten Holzkisten aufeinander gestapelt werden (Abb. 19.4). Einige Schimpansen lernten, dieses Problem zu lösen.

Zur Deutung seiner Versuche nahm Köhler an, daß seine Schimpansen **Einsicht** zeigten, ein Begriff, der das Vorstellungsvermögen über Beziehungen zwischen Reizen oder Ereignissen kennzeichnet. Einsichtiges Lernen bedeutet das plötzliche Entstehen einer neuen Antwort und unterscheidet sich hierin vom Lernen durch Versuch und Irrtum. Der Philosoph Russell amüsierte sich über die unterschiedlichen Ansichten von Köhler und Thorndike:

„Alle Tiere, die bisher sorgfältig beobachtet worden sind ..., ... zeigen sämtlich die nationalen Eigenschaften des Beobachters. Tiere, die von Amerikanern untersucht wurden, stürmen wie wahnsinnig heran, mit einem unglaublichen Schwung und mit Lebhaftigkeit, und erreichen dabei durch Zufall das gewünschte Resultat. Tiere, die von Deutschen beobachtet wurden, sitzen dagegen ruhig, denken nach und entwickeln letztlich die Lösung des Problems aus ihrer inneren Bewußtheit heraus" (Russell 1927, S. 33).

Die Interpretation der Gestaltpsychologen zur Problemlösung bei Tieren wurde in vieler Hinsicht kritisiert. So sind schon die Experimente, die ja nachweisen sollen, ob ein Tier sich einsichtig verhält oder nicht, derart angelegt, daß einsichtiges Verhalten von vornherein impliziert wird. Es gibt keinen unabhängigen Beweis dafür, daß eine derartige Aufgabe Einsicht erfordert, löst ein Tier jedoch das Problem, so wird ihm einsichtiges Verhalten unterstellt. Diese Beweisführung wird allgemein nicht anerkannt. Weiterhin ist es schwierig, abzuschätzen, ob das Einsichtverhalten vom Ursprung her wirklich neu ist. Schimpansen zeigen bei derartigen Gelegenheiten sowohl nichtadäquates Verhalten als auch Spiel und eine Vielzahl fehlschlagender Versuche, um an die Belohnung zu gelangen. Ist es daher nicht auch möglich, daß sie das Problem durch einen kumulativen Prozeß von Versuch und Irrtum lösen?

Dieser Frage ging Schiller (1952) nach, der systematisch die angeborenen Anteile des Problemlöseverhaltens von Schimpansen untersuchte. In einer Untersuchung gab er 48 Schimpansen jeweils zwei ineinandersteckbare Stäbe, ohne eine bestimmte Aufgabe damit zu verbinden. Von den 48 Tieren steckten 32 die Stäbe innerhalb einer Stunde zusammen. 19 von 20 adulten Tieren zeigten dieses Verhalten innerhalb von fünf Minuten. Auf der Grundlage dieser und ähnlicher Versuche wurden die Interpretationen der Gestaltpsychologen zum Problemlöseverhalten angezweifelt (z. B. Chance 1960). Die vom Tier gemachten Vorerfahrungen spielen anscheinend bei der Lösung von Problemen eine wesentlich größere Rolle als ursprünglich angenommen. Die Gewohnheit im Umgang mit Stöcken und Kisten führt zu einem enormen Unterschied in der Art und Weise, mit der die Probleme in Angriff genommen werden. Erlaubt man Schimpansen, mit solchen Objekten zu spielen, so lernen sie deren Eigenschaften kennen. Die Fähigkeit, Objekte in einer Weise zu manipulieren, die für das Lösen eines Problems von Bedeutung ist, ist zum größten Teil eine Sache von Reifung. Entdeckt ein Tier zum ersten Mal eine bestimmte Manipulation, so wiederholt es diese zunächst immer und immer wieder. Einige Manipulationen sind für junge Schimpansen allerdings einfach zu schwierig, hat sich jedoch ein Verhalten im Repertoire des Tieres einmal festgesetzt, so kann es auch in einer Reihe von anderen Zusammenhängen auftreten.

Der wesentliche Unterschied zwischen dem Lernen durch Einsicht und anderen Lernformen scheint in der Fähigkeit der intelligenteren Tiere zu liegen, bei bestimm-

Abb. 19.4. Einer von Köhlers Schimpansen steht auf den von ihm aufeinandergestapelten Kisten, um an das hoch hängende Futter zu gelangen (aus Köhler 1925).

ten Problemen Erfahrungen heranzuziehen, die sie in einem anderen Kontext gemacht haben. Das bedeutet aber nicht, daß Einsicht als eine weitere Lernform abgegrenzt werden muß. Die Fähigkeiten, die Tiere bei der Lösung von Problemen heranziehen, sind schwer zu untersuchen, da der Forscher sich nun einmal nicht in die Situation aus der Sicht des Tieres versetzen kann. In derartigen Versuchen ist es natürlich nicht fair, ein Problem zu stellen, das über die Manipulierfähigkeiten des Tieres oder seine natürlichen Neigungen hinausgeht. Andererseits sind viele Tierarten von Natur aus zur Durchführung bestimmter „Kunststücke" befähigt, und man sollte sich nicht dazu verleiten lassen, daß diese einen Hinweis auf Einsicht oder Intelligenz darstellen. Tatsächlich sind diese Begriffe nur Bezeichnungen für bestimmte Phänomene, die immer noch nicht ausreichend erklärt sind.

19.4 Assoziationslernen

Im folgenden soll auf die Natur kausaler Beziehungen eingegangen werden, um zu überprüfen, ob Tiere mit Mechanismen zur Wahrnehmung und zum Lernen derartiger Beziehungen ausgestattet sind. Es gibt im wesentlichen zwei Formen kausaler Beziehungen, und es bestehen wenig Zweifel, daß Tiere über beide etwas lernen können (Dickinson 1980). Ein Ereignis (Ursache) kann bewirken, daß ein anderes Ereignis (Wirkung) eintritt oder nicht (Nicht-Wirkung). Ein derartiges Ereignis muß nicht unbedingt eine unmittelbare Ursache einer Wirkung oder Nicht-Wirkung sein, sondern es kann auch ein identifizierbares Glied in einer Ursache-Wirkungs-Kette sein. Das vom Tier wahrgenommene Ereignis muß tatsächlich nicht unbedingt zur Kausalkette gehören, sondern es kann auch ein Zeichen dafür sein, daß ein kausales Ereignis stattgefunden hat. Für das Tier ist nur eine augenscheinliche Ursache von Bedeutung.

Durch ein einfaches Experiment kann gezeigt werden, daß Tiere mit Hilfe beider Formen von Kausalbeziehungen lernen können. In einer Skinner-Box mit zwei beleuchteten Anzeigen und einem Futterspendemechanismus wurde eine Gruppe von hungrigen Tauben mit einer Licht-Futter-Beziehung (Ursache – Wirkung), eine andere mit einer Licht-kein Futter-Beziehung (Ursache – Nicht-Wirkung) konfrontiert. Einer dritten Gruppe wurde nur das Licht gezeigt. Bei der ersten Gruppe leuchtete eine Scheibe in unregelmäßigen Abständen für jeweils 10 Sekunden auf, und es wurde Futter gegeben, sobald das Licht ausging. Im zweiten Fall wurden Licht und Futter gleich häufig wie im ersten geboten, das Futter jedoch nie unmittelbar nach dem Erlöschen des Lichtes gegeben. Die dritte Gruppe erhielt überhaupt kein Futter. Bei der ersten Gruppe signalisierte das Licht die Darbietung von Futter, bei der zweiten die Abwesenheit von Futter. Eines der beiden Lichter konnte bei einem bestimmten Versuch angehen, gleichzeitig konnte die Annäherung oder das Zurückweichen des Vogels vor dem Licht aufgezeichnet werden. Die Ergebnisse dieses Experimentes (Abb. 19.5) zeigen deutlich, daß Tauben bei der kombinierten Licht-Futter-Darbietung dazu neigen, sich dem Licht anzunähern, was ja auch auf der Grundlage der klassischen Konditionierung zu erwarten ist. Tauben, bei denen das Licht keine Wirkung auf die Fütterung hatte, waren dem Licht gegenüber nicht „gleichgültig", sondern versuchten deutlich, es zu meiden (Wasserman et al. 1974). Dagegen verhielten sich die Tauben, denen nur Lichtzeichen geboten wurden, diesen gegenüber indifferent (Abb. 19.5).

Betrachtet man die Ergebnisse dieses Experimentes, so sollte man sich einige wichtige Punkte merken. Erstens darf nicht behauptet werden, daß die Tauben lernen, Licht verursache eine oder keine Fütterung. Was Tiere bei Konfrontation mit kausalen Beziehungen lernen, kann nur mit Hilfe von Theorien über Änderungen der inneren Zustände diskutiert werden, die als Ergebnis der Lernerfahrung auftre-

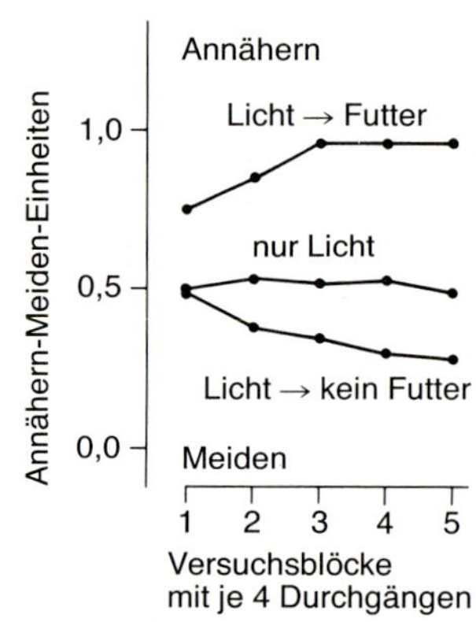

Abb. 19.5. Der Erwerb von Annähern- und Meidetendenzen bei Tauben, denen im Versuch verschiedene Kombinationen von Futter und Lichtsignalen geboten wurden. Bei der Licht→Futter-Bedingung ist das Aufleuchten mit einer Fütterung verbunden, die Tauben nähern sich im Verlauf des Versuches dem Leuchtfeld an. Wird nur das Lichtsignal ohne Futter gegeben, so zeigen die Tauben weder Meideverhalten noch Annäherung. Bei der Licht→kein-Futter-Bedingung wird zwar Futter geboten, nicht jedoch während oder kurz nach dem Aufleuchten der Lampen. Diese Tauben zeigen Meideverhalten (nach Dickinson 1980).

ten (s. auch die folgende Diskussion). Zweitens ist das Ergebnis, daß sich Tauben in dem einen Fall dem Licht annähern, es in dem anderen aber meiden, zwar interessant, aber es ist für das anstehende Problem nicht direkt von Bedeutung. Die vielen Unterschiede im Verhalten, die durch die Reizpräsentation hervorgerufen wurden, könnten als Indikator dafür dienen, daß Lernen stattgefunden hat. Ein bestimmtes Verhalten wird wichtig, wenn man betrachtet, was Tiere gelernt haben. Drittens macht es nur Sinn, das Licht als die offensichtliche Ursache für die fehlende Futtergabe heranzuziehen, wenn das Futter gegeben wird und die Lampen nicht geleuchtet hätten. Man kann nicht von einer Taube erwarten, das Angehen des Lichtes als Ursache für die fehlende Futtergabe zu lernen, wenn das Futter niemals in einer derartigen Situation angeboten wurde, wie es für die dritte Gruppe Tauben im obigen Versuch der Fall war. Ein Tier besitzt die Möglichkeit, eine Assoziation von Ursache und Nicht-Wirkung zu lernen, wenn es einen Grund gibt, das Eintreten einer Wirkung zu erwarten (Dickinson 1980).

Obwohl aus einer Verhaltensänderung auf einen Lernvorgang geschlossen werden kann, so darf umgekehrt beim Fehlen einer Verhaltensänderung nicht angenommen werden, daß Lernen nicht stattgefunden hat. Aus den oben beschriebenen Experimenten darf nicht geschlossen werden, daß die Tauben der dritten Gruppe nichts gelernt haben. Tatsächlich gibt es Hinweise, daß Ratten lernen können, Reize zu ignorieren, die zu keiner Änderung durch die Folgen ihres Verhaltens führen (Mackintosh 1973; Baker und Mackintosh 1977). In einem Versuchsablauf mit zwei voneinander unabhängigen Reizen ist die Geschwindigkeit, mit der Ratten diese beiden Reize zu assoziieren lernen, kleiner als bei Ratten, die vorher niemals mit diesen Reizen konfrontiert worden waren. Tiere können also lernen, daß bestimmte Reize keine Bedeutung haben. Diese erlernte Bedeutungslosigkeit beeinträchtigt ein späteres Lernen mit diesen Reizen.

Tiere können lernen, daß zwei Ereignisse nichts miteinander zu tun haben, und zwar dadurch, daß eine Wirkung weder mit einer einzigen, bestimmten Ursache noch mit einer ganzen Klasse von Ursachen verknüpft ist. Wenn diese Menge kausaler Ereignisse das Verhaltensrepertoire des Tieres bildet, so nennt man die daraus resultierende Lernform **erlernte Hilflosigkeit** (Maier und Seligman 1976): Tiere können lernen, daß sie nichts zur Verbesserung einer Situation beitragen können. Diese erlernte Hilflosigkeit hemmt das Lernen in derartigen zukünftigen Situationen.

Soll ein Tier eine einfache kausale Beziehung lernen, so muß eine insgesamt positive Korrelation zwischen den beiden Ereignissen vorliegen (Dickinson 1980). Aus der Sicht des Tieres gibt es, außer solchen vom Experimentator geschaffenen, eine Vielzahl weiterer möglicher Ursachen für ein Ereignis. Wie Abbildung 19.6 darstellt, können zwei Ereignisse zeitlich miteinander korreliert sein oder nicht. Es muß eine ziemlich enge Verknüpfung der Ereignisse vorliegen, damit ein Ereignis von einem Tier als Ursache eines anderen erkannt wird. Die Bedeutung dieser vom jeweiligen Zusammenhang abhängigen Verknüpfung wird durch einen Versuch von Mackintosh offensichtlich (1976). Ratten lernten, Futterbelohnungen mit dem Betätigen einer Taste zu verbinden. Anschließend wurde ihnen eine Vielzahl von Reizen geboten: Einer der Gruppen wurde bei jedem Versuch ein Lichtreiz gegeben, während den anderen Gruppen ein kombinierter Reiz aus Licht und Geräuschen geboten wurde. Hierbei variierten die Geräusche bei bestimmten Gruppen von sehr leise (50 dB) bis sehr laut (85 dB). Bei jedem Versuch erhielten die Tiere kurz nach dem Reiz einen leichten Stromstoß. Am Ende des Experimentes wurde allen Gruppen nur der Lichtreiz geboten, um zu prüfen, was die Ratten über die Beziehung von Licht und Stromstoß gelernt hatten.

Die Ergebnisse zu diesem Versuch sind in Abbildung 19.7 wiedergegeben. In den verschiedenen Gruppen führte die Präsentation von Lichtreizen zur einer Abnahme des Hebeldrückens in unterschiedlichem Maße. Die Ratten mit alleinigem Lichtreiz oder mit Licht plus leisen Geräuschen zeigten eine erhebliche Einschränkung des erlernten Verhaltens, die Tiere mit Lichtreiz plus lauten Geräuschen zeigten das Verhalten dagegen wesentlich häufiger. Somit verminderte die Anwesenheit eines starken zweiten Reizes die Assoziationsstärke von Licht und Elektroschock, auch wenn

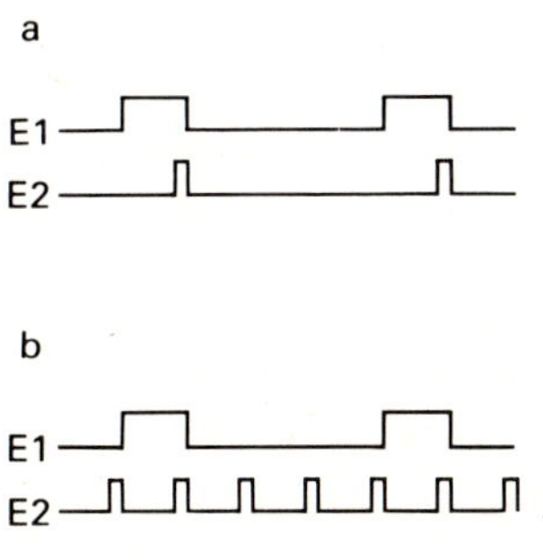

Abb. 19.6. Zeitliche Ereignismuster bei verschiedenen Korrelationen der Ereignisse E1 und E2. a) E2 tritt während oder kurz nach E1 auf, beide Ereignisse sind positiv miteinander korreliert. b) E2 tritt unabhängig von E1 auf, beide Ereignisse sind nicht korreliert (nach Dickinson 1980).

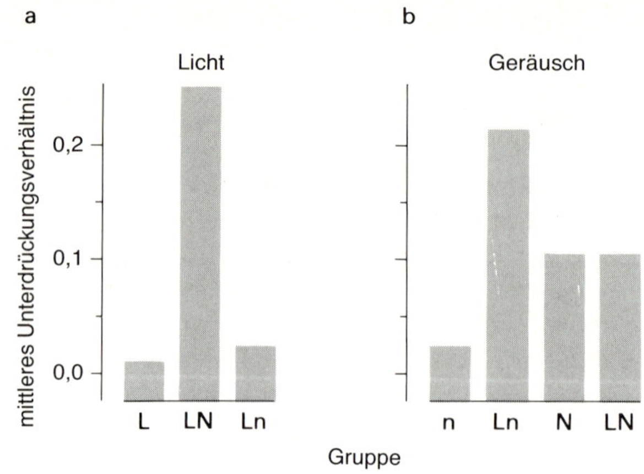

Abb. 19.7. Das Ausmaß der Beeinträchtigung des Hebeldrückens durch Licht- (a) und Lärmreize (b). Die Ratten erhielten zuvor einen Stromstoß, der jeweils mit einem Lichtreiz L, einem leisen Geräusch n, einem lauten Geräusch N, einem Lichtreiz plus einem leisen Geräusch Ln oder einem Lichtreiz plus einem lauten Geräusch LN gekoppelt war. Hohe Säulen weisen auf eine geringe Beeinträchtigung des Hebeldrückens hin (nach Mackintosh 1976).

eine starke positive Korrelation zwischen beiden Ereignissen vorlag; dieses Phänomen wird **Überschattung** genannt. Der Anteil der Überschattung hängt von der relativen Deutlichkeit der überschatteten und überschattenden Reize ab. Dieses ist auch der Grund, weshalb ein schwaches Geräusch in dem Versuch nur eine geringe überschattende Wirkung erzielte.

Tiere lernen zwei Ereignisse nur dann zu assoziieren, wenn diese anfangs von einem unerwarteten oder überraschenden Ereignis begleitet werden (Mackintosh 1974). In einem normalen Konditionierungsexperiment ist dieses überraschende Moment der Verstärker. Wird beispielsweise ein Reiz zusammen mit einem Schock geboten, und wird dieser weder durch den Reiz angekündigt noch aus dem Kontext heraus vorhersagbar, so ist der Schock für das Tier überraschend. Für den Fall, daß das Tier jedoch schon den Elektroschock im Zusammenhang mit einem Reiz A erlebt hat, wird, wenn ein weiterer Reiz B zusammen mit A positiv korreliert auftritt, die Gegenwart von A das Lernen von B blockieren. Diese Erscheinung wurde von Kamin (1969) entdeckt und mit **Blockierung** bezeichnet. Abbildung 19.8 zeigt eine derartige Blockierung als Ergebnis eines Experimentes von Rescorla (1971), in dem zusätzlich deutlich wird, daß ein Tier um so besser lernt, je überraschender der Verstärker ist.

In einer natürlichen Umwelt erzeugen bestimmte Ursachen mit größerer Wahrscheinlichkeit bestimmte Wirkungen als andere Ursachen. Springt beispielsweise eine Katze auf einen Apfelbaum, bellt zur gleichen Zeit der sie jagende Hund und fällt dann ein Apfel vom Baum, so neigt man eher zu der Annahme, daß der Sprung der Katze und nicht das Bellen des Hundes den Fall des Apfels verursacht hat. Sowohl der Sprung als auch das Bellen zeigen die gleiche zeitliche Beziehung zu dem Herabfallen des Apfels, jedoch lassen andere Aspekte dieses Ereignisses annehmen, daß als Ursache hierfür die Katze in Frage kommt. Analog kann man zeigen, daß Tiere zwischen bestimmten Kategorien von Reizen mit einer größeren Wahrscheinlichkeit Assoziationen bilden als zwischen anderen. Beispielsweise assoziieren Ratten eine Krankheit leichter mit der vorangehenden Aufnahme von Futter als mit einem Ton oder einem Lichtreiz (Domjan und Wilson 1972, s. auch Kap. 18). Ratten verbinden weiterhin schneller zwei Ereignisse miteinander, wenn diese die gleiche Reizmodalität besitzen (Rescorla und Furrow 1977) und wenn sie in den gleichen räumlichen Gegebenheiten stattfinden (Testa 1975; Rescorla und Cunningham 1979).

Schließlich ist zur Ausbildung einer Verknüpfung von zwei Ereignissen notwendig, daß diese in zeitlich kurzem Abstand auftreten. Die zeitliche Beziehung von zwei Ereignissen war Gegenstand zahlreicher Untersuchungen zum Lernverhalten der Tiere (Dickinson 1980). Der Lernvorgang scheint am wirksamsten abzulaufen, wenn ein Ereignis (Ursache) kurz vor dem Beginn eines anderen Ereignisses (Wirkung) auftritt. Es liegen allerdings auch Hinweise vor, daß dieses Ergebnis nicht direkt als Wirkung der zeitlichen Beziehung auf den Lernprozeß zu sehen ist, sondern daß Änderungen im Zeitintervall die Wahrscheinlichkeit erhöhen, in dem das erste Ereig-

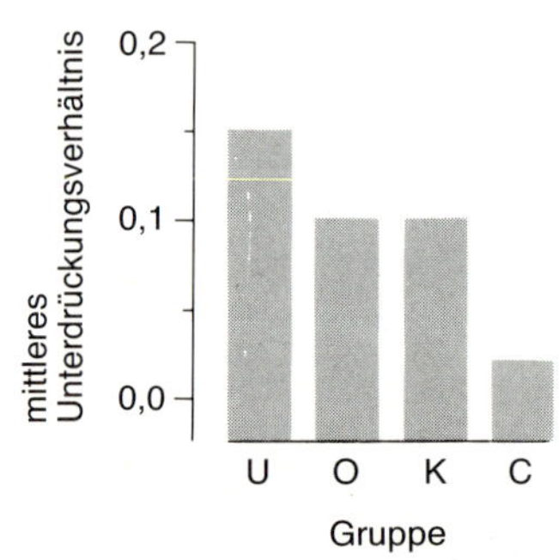

Abb. 19.8. Das Ausmaß der Beeinträchtigung des Hebeldrückens durch einen Reiz A, wenn Ratten kurz vorher zusätzlich einen weiteren Reiz B und einen Stromstoß erhalten haben. Die nichtkorrelierte Gruppe U hatte zuvor die Reizkombination B und einen Stromstoß erhalten, die „überschattende" Gruppe O war nur Stromstößen ausgesetzt. Der Kontrollgruppe K bot man zufällig Reiz B mit dem Stromstoß, und der korrelierten Gruppe C negative Korrelationen von Schock und Reiz B. Hohe Säulen weisen auf eine geringe Beeinträchtigung des Hebeldrückens hin (nach Rescorla 1971).

nis durch Kontextmerkmale überschattet wird (Dickinson 1980). Dabei sollte das Ausmaß dieser Überschattung von der Relevanz der jeweiligen Kontextmerkmale abhängen. Bestimmte Verknüpfungen von Kontextmerkmalen sollten daher für das Lernen eines Zusammenhanges zwischen Geschmack und Krankheit weniger von Bedeutung sein als im Fall von Ton und Stromreiz, da die Hintergrundreize der experimentellen Situation normalerweise für das Lernen von Geschmacksaversionen nicht relevant sind.

Revusky (1971) machte als Erster das Fehlen der Überschattung für das Lernen von Geschmacksaversionen verantwortlich, das trotz der langen Zeitspanne zwischen Futteraufnahme und nachfolgender Krankheit auftritt. Er konnte nachweisen, daß das dabei noch wirksame Zeitintervall durch Einfügen relevanter (Geschmacks-) Hintergrundreize reduziert werden kann.

Zusammenfassend läßt sich sagen, daß Tiere eine Verbindung zweier Ereignisse lernen können, wenn die Beziehung zwischen beiden auf eine kausale Beziehung hinweist. Tiere lernen, ein Ereignis (Ursache) als Vorhersage eines anderen (Wirkung) anzusehen oder mit dem Fehlen eines bestimmten Ereignisses (Nicht-Wirkung) zu verbinden. Ebenso lernen sie, daß bestimmte Reize in einer gegebenen Situation keine Folgen haben, oder daß eine Fülle von Reizen (einschließlich des eigenen Verhaltens) nicht als Ursachen von etwas zu sehen sind. Die Bedingungen, unter denen diese Formen des assoziativen Lernens auftreten, sind solche, die man aufgrund der Hypothese erwarten würde, daß Tiere angelegt sind, sich Wissen über kausale Beziehungen ihrer Umwelt anzueignen. So sollte ein Tier mögliche Ursachen eines Ereignisses aus dem Kontext heraus unterscheiden können. Damit das jedoch möglich wird, muß entweder ein überraschendes Moment vorliegen, das die Aufmerksamkeit des Tieres auf bestimmte Ereignisse richtet, oder aber die Ereignisse haben (auf angeborener Grundlage) bestimmte Folgen. Werden diese Beziehungen nicht erfüllt, so können andere Vorkommnisse mögliche kausal verknüpfte Ereignisse überschatten oder das Lernen kann durch vorangegangene Assoziationen, die nun irrelevant sind, blockiert sein. Im allgemeinen stimmen die Bedingungen, unter denen assoziatives Lernen auftritt, mit der allgemeinen Vorstellung von der Natur kausaler Zusammenhänge überein. Allerdings sind diese Vorstellungen mit der traditionellen Sichtweise inkonsistent, die das Lernen als eine automatische Assoziation von Reiz und Reaktion betrachtet. Das Phänomen des „verdeckten" Lernens läßt vermuten, daß eine kognitive Interpretation der Lernvorgänge bei Tieren erforderlich ist. Dies bedeutet jedoch nicht, Rückschlüsse über die kognitiven Fähigkeiten der Tiere oder gar über die Natur ihrer geistigen Fähigkeiten ziehen zu können.

19.5 Repräsentation

Das Phänomen der Repräsentation ist ein zentraler Streitpunkt in der Diskussion um die mentalen Fähigkeiten der Tiere. Besitzen Tiere eine interne Repräsentation oder Vorstellungen von Objekten, die sie beispielsweise suchen, oder von komplexen räumlichen oder sozialen Situationen (Kummer 1982)? Dieses Thema hat beträchtliches Interesse in der Philosophie (z. B. Dennett 1978) und in den Verhaltenswissenschaften geweckt.

Für die Beschreibung der internen Repräsentation, die die Lernerfahrung codiert, unterscheidet Dickinson (1980) zwischen deklarativer und prozeßhafter Repräsentation. Die **deklarative Repräsentation** stellt ein mentales Abbild von dem Objekt oder dem gewünschten Ziel dar: Sucht eine Ratte in einem ihr bekannten Labyrinth nach Futter, so hat sie eine Vorstellung von Futter, und sie weiß, daß sie beispielsweise den rechten Weg einschlagen muß, um das Futter zu finden (Abb. 19.9 a). Die **prozeßhafte Repräsentation** ist dagegen ein Satz von Anweisungen,

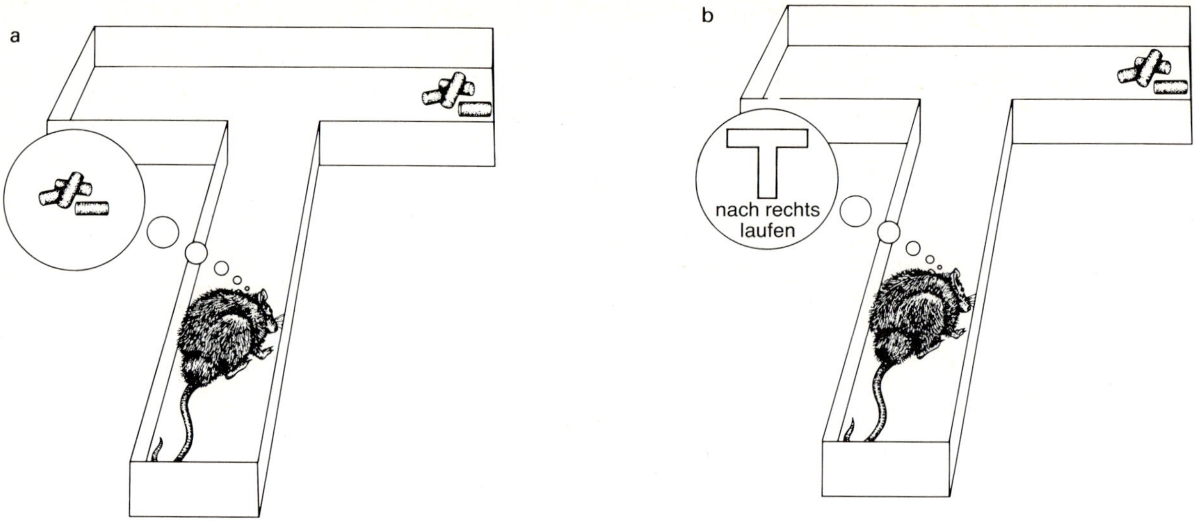

Abb. 19.9. Ein einfaches Beispiel für deklarative (links) und prozeßhafte Repräsentation (rechts). In dem linken Fall hat die Ratte eine Vorstellung von ihrem Ziel, im rechten folgt sie einer einfachen Regel oder Vorgehensweise.

deren Ausführung automatisch zum gewünschten Ziel führt, ohne daß eine Vorstellung von diesem Ziel vorhanden ist. Um anhand dieser Repräsentationsform in demselben Labyrinth das Futter zu finden, wendet sich die Ratte ebenfalls an der Verzweigung nach rechts, aber nicht, weil sie „weiß", daß dort Futter liegt, sondern weil sie das Einschlagen des rechten Weges mit dem Erhalt von Futter assoziiert (Abb. 19.9 b).

In einem deklarativen System ist das Wissen in einer Form gespeichert, die als eine Art Vorschlag bezeichnet werden könnte, der Beziehungen zwischen Ereignissen in der Welt des Tieres beschreibt, der aber dem Tier nicht vorschreibt, diese Information in einer festgelegten Weise zu verwenden. In dem prozeßhaften System spiegelt die Repräsentationsform jedoch direkt den Verwendungszweck wider, für den das Wissen benötigt wird. Holland (1977) konfrontierte beispielsweise Ratten mit einer Ton-Futter-Beziehung: Er bot ihnen gelegentlich einen acht Sekunden langen Ton mit anschließender Fütterung. Er beobachtete, daß die Ratten im Verlauf der Versuche anfingen, sich schon während des Tones dem Futterbehälter anzunähern. Vermutlich wird die Annäherung an den Futterbehälter als Lernvorgang festgelegt, d.h. die gelernte Information ist hierbei direkt mit ihrer Verwendung gekoppelt. Die alternative Möglichkeit besteht darin, daß der Lernvorgang die kausale Verknüpfung von Ton und Futtergabe verursacht und sich somit eine deklarative Repräsentation entwickelt. Die Annäherung an das Futter während des Tones müßte dann anders erklärt werden, da eine deklarative Repräsentation passiv ist, d.h. sie kontrolliert nicht das Verhalten der Ratte. Die prozeßhafte Repräsentation bietet daher eine weniger komplizierte Erklärungsmöglichkeit für dieses Verhalten.

Angenommen, Ratten wird nach der Entstehung einer Ton-Futter-Verknüpfung eine Assoziation von Futter und Krankheit antrainiert, so daß sie das angebotene Futter verweigern. Sind Ratten dazu fähig, beide Assoziationen sinnvoll miteinander zu verknüpfen? Einerseits würde der prozeßhafte Ansatz bedeuten, daß die Ratten nicht fähig sind, beide Vorgänge miteinander zu verbinden, da diese ja keine Eigenschaften gemeinsam haben. Der deklarative Ansatz liefert dagegen eine Basis für eine Integration, da beide Repräsentationen den Faktor „Futter" gemeinsam haben. Holland und Straub (1979) konnten zeigen, daß Ratten derartigen, zu verschiedenen Zeiten gelernten Assoziationen eine Information entnehmen können. Ratten, die sowohl eine Futter-Krankheit-Beziehung als auch eine Ton-Futter-Beziehung gelernt hatten, zeigten eine Abneigung, sich bei wiederholten Vorspielungen des Tones den Futterbehältern anzunähern.

Es besteht kein Zweifel, daß Tiere unterschiedlich entstandene Assoziationen miteinander verbinden können. Diese Integration läßt sich am einfachsten anhand der deklarativen Repräsentation erklären. Unter bestimmten Bedingungen mißlingt eine derartige Integration, was dann auf eine prozeßhafte Repräsentation hinweist (Dickinson 1980).

In einem deklarativen System muß es einen Weg geben, die gespeicherte Information in Verhalten umzusetzen. Verschiedene Mechanismen wurden vorgeschlagen (Dickinson 1980), die jedoch hier nicht erläutert werden sollen. Obwohl die prozeßhafte Repräsentation eine weniger komplizierte Erklärung einfacher Lernsituationen bietet, kann eine komplexere Theorie zur Klärung der beobachteten Phänomene erforderlich sein, die dann auch eine Form der deklarativen Repräsentation berücksichtigt. Wird einmal akzeptiert, daß diese Repräsentationsform ein notwendiger Bestandteil für die Erklärung von Verhalten ist, dann muß eine bestimmte Form der Mentalität bei Tieren zugelassen werden. Es muß jedoch sorgfältig auf die tatsächlichen Hinweise einer deklarativen Repräsentation geachtet werden, und dieses Konzept sollte nicht voreilig angewendet werden. Es kann auch sein, daß der Begriff der deklarativen Repräsentation nur als ein passender Krückstock zur Unterstützung der gegenwärtigen Lerntheorie verwendet wird.

Merksätze

- Einige Bereiche der Konditionierung verschließen sich dem Beobachter und weisen daher vermutlich auf kognitive Prozesse hin.
- Tieren, die plötzlich zur Lösung eines Problems gelangen, wird oft einsichtiges Verhalten unterstellt. Es wird jedoch nicht immer deutlich, inwieweit sich dieses Verhalten von einem konventionellen Lernvorgang unterscheidet.
- Bestimmte Phänomene assoziativen Lernens machen kognitive Erklärungen erforderlich, da hier anscheinend mentale Bilder von dem zu erreichenden Ziel vorliegen. Eine alternative Erklärung besagt, daß das Tier dabei einfach nur bestimmten Vorgehensregeln folgt.

Weiterführende Literatur

Dickinson, A. (1980) *Contempory Animal Learning Theory.* Cambridge University Press, Cambridge.

Köhler, W. (1973) *Intelligenzprüfungen an Menschenaffen.* Springer Verlag, Berlin, Heidelberg und New York.

Komplexes Verhalten

Teil 3

Im dritten Teil dieses Buches geht es um komplexe Verhaltensmuster, für deren Verständnis sowohl ihre Funktion als auch die ihnen zugrundeliegenden Mechanismen betrachtet werden müssen.

Die kombinierte Analyse von Struktur und Mechanismus des Verhaltens ist das ursprüngliche Arbeitsfeld der Ethologie und unterscheidet sich hierin von den benachbarten Wissenschaftszweigen der Evolutionsbiologie und Psychologie. Evolutionsbiologen einschließlich der Soziobiologen untersuchen das Verhalten im Hinblick auf seine stammesgeschichtliche Entwicklung, sie fragen nicht nach den aktuell regulierenden Faktoren. Die Psychologen beschäftigen sich dagegen in erster Linie mit proximaten Faktoren des Verhaltens, sie verwenden selten stichhaltige Argumente der Selektionstheorie. Die Ethologen haben versucht, den mechanistischen und evolutionären Ansatz zu verbinden. Sie fragen nicht nur, wie das Verhalten aktuell reguliert wird, sondern wie die Mechanismen stammesgeschichtlich entstanden sind und wie sie unter bestimmten Umständen wirken. Im folgenden Teil dieses Buches werden zunächst einige Arbeitsbereiche der klassischen Ethologie dargestellt, denen dieser kombinierte Ansatz zugrunde liegt. Anschließend werden neuere Entwicklungslinien dieses Ansatzes vorgestellt. Die abschließenden Kapitel beschäftigen sich mit den schwierigen Bereichen der Sprache und der Kognition bei Tieren, für deren Untersuchung sich die kombinierte Betrachtungsweise in Zukunft als nützlich erweisen könnte.

3.1 Instinkt

In diesem Abschnitt sollen Ergebnisse einiger Untersuchungen der klassischen Ethologie dargestellt werden, in denen sowohl funktionale als auch mechanistische Aspekte des Verhaltens berücksichtigt wurden.

Kapitel 20 stellt den umstrittenen Instinktbegriff vor, angefangen von den frühen Instinkttheorien bis hin zu den Wechselwirkungen instinktiven Verhaltens mit Lernprozessen, verdeutlicht am Beispiel der Prägung.

Kapitel 21 befaßt sich mit den Übersprungbewegungen, die immer noch Probleme ihrer ursächlichen Erklärung beinhalten, sich aber dennoch bei der Frage nach evolutionsbiologischen Aspekten der Kommunikation als nützlich erweisen.

In Kapitel 22 werden Kommunikationsphänomene sowohl unter evolutionären als auch motivationalen Aspekten erläutert, womit eine Basis für weitere Diskussionen zur Sprache bei Tieren geschaffen wird.

KONRAD LORENZ (1903–1989) UND NIKO TINBERGEN (1907–1988)

Konrad Lorenz

Niko Tinbergen

Konrad Lorenz und Niko Tinbergen werden als die Begründer der modernen Ethologie angesehen. Obwohl die Arbeiten von Charles Whitman (1842-1910) und Wallace Craig (1876-1954) in den USA sowie Oskar Heinroth (1871-1945) in Deutschland den grundlegenden Werken von Lorenz und Tinbergen vorausgingen, schufen doch gerade die Forschungen dieser beiden Biologen eine Basis für die weitere Entwicklung der Ethologie und boten eine Alternative zu dem damals dominierenden Behaviorismus.

Lorenz wurde 1903 in Österreich geboren. Er studierte an der Universität Wien Medizin, vergleichende Anatomie, Philosophie und Psychologie und war anschließend dort Assistent und später Dozent für vergleichende Anatomie und Tierpsychologie. Gleichzeitig beschäftigte sich Lorenz in seinem Elternhaus in Altenberg mit dem Verhalten der Tiere. Im Jahre 1940 ernannte man ihn zum Professor der Philosophie an der Universität Königsberg. 1943 wurde er in die Armee zum Sanitätsdienst eingezogen und geriet 1944 in russische Kriegsgefangenschaft. Nach seiner Freilassung im Jahre 1948 kam Lorenz an die Universität Münster. Anschliessend ging er zur Gründung des Max-Planck-Instituts für Verhaltensphysiologie nach Seewiesen und blieb dort bis zu seiner Emeritierung im Jahre 1973.

Tinbergen wurde 1907 in Den Haag geboren. Er studierte Biologie an der Universität Leiden und unternahm 1930 eine Expedition nach Grönland. 1938 besuchte er Lorenz in Altenberg. Während des 2. Weltkrieges war Tinbergen in einem Gefangenenlager in den Niederlanden interniert. Nach seiner Freilassung ernannte man ihn an der Universität Leiden zum Professor der Zoologie. 1949 folgte er einer Einladung als Dozent an die Universität Oxford und gründete dort die „Animal Behaviour Research Group".

1973 erhielten Lorenz und Tinbergen gemeinsam mit von Frisch den Nobelpreis für Medizin. Lorenz und Tinbergen betonten in ihren Arbeiten nachdrücklich die Bedeutung der Beobachtung des Verhaltens der Tiere unter natürlichen Umweltbedingungen. Der Ansatz von Lorenz ist mehr philosophischer Natur, und seine zahlreichen Theorien erlangten große Bedeutung. Tinbergen war ein großer Freilandbiologe, der viele geniale Experimente im natürlichen Lebensraum der Tiere durchführte. Ein bezeichnendes Merkmal der Arbeiten von Lorenz und Tinbergen war ihr Versuch, evolutionäre Erklärungen des Verhaltens mit mechanistischen zu kombinieren. Beispielsweise stellte Tinbergen in seiner Veröffentlichung *On aims and methods in ethology* von 1963 vier Fragen, deren Beantwortung er zur vollständigen Erfassung aller Aspekte des Verhaltens für notwendig hielt. Seiner Meinung nach sollte jeder Ethologe versuchen, die Fragen nach Ursache, Entwicklung, Überlebenswert und Evolution eines jeden untersuchten Verhaltensmusters zu beantworten.

Diese Zielvorstellung beschreibt wahrscheinlich am treffendsten die ethologische Sichtweise. Während Evolutionsbiologen nach funktionalen und Psychologen nach mechanistischen Erklärungen suchen, sind die Ethologen dem Beispiel von Lorenz und Tinbergen gefolgt und beschäftigen sich nach wie vor mit allen vier Ansätzen zur Erklärung des Verhaltens von Tieren.

20 Instinkt und Lernen

Die Geschichte des Instinktkonzeptes ist eng verbunden mit dem Begriff des willkürlichen Verhaltens und der Eigenverantwortung für unser Tun. Platon sowie die meisten griechischen Philosophen der Antike sahen das menschliche Verhalten als das Ergebnis eines rationalen und selbstbestimmten Prozesses, der die Individuen befähigt, ihre Handlungen jeweils nach den Vorgaben ihrer Vernunft frei zu wählen. Diese Anschauung hat sich im **Rationalismus** bis auf den heutigen Tag gehalten.

Im 13. Jahrhundert schrieb der italienische Theologe und Philosoph Thomas von Aquin:

„Der Mensch hat ein sinnliches Verlangen und ein rationales, den Willen. Seine Wünsche und Handlungen werden nicht wie beim Tier völlig von Sinneseindrücken bestimmt, sondern er besitzt die Fähigkeit der Selbstbestimmung, die es ihm ermöglicht, zu handeln oder es zu unterlassen . . . Der Wille wird davon bestimmt, was der Verstand in einem rationalen Sinne als gut erachtet. Dies stellt allerdings keinen Zwang dar: ein Zwang liegt dann vor, wenn ein Wesen vollständig von äußeren Ursachen bestimmt wird. Der Mensch aber ist frei, weil er rational ist, weil er von äußeren Ursachen nicht zu Handlungen getrieben werden kann und weil er mit seinem Verstand die jeweiligen Mittel wählen kann, um das Gute oder Zweckmäßige zu verwirklichen".

Heute wissen wir, daß der Mensch, wenn er unter Zwang handelt, weder für sein Verhalten verantwortlich gemacht werden kann, noch unter solchen Umständen belohnt oder bestraft werden sollte. Von Aquin sah das Verhalten der Tiere als eindeutig durch Gefühlstriebe bestimmt, obwohl er anscheinend doch einige elementare Prozesse der Urteilsfähigkeit den Tieren zuerkannte: „Andere handeln nach einer Art von Entscheidung, wie etwa ein nicht aufgrund von Vernunft handelndes Tier, denn das Schaf flieht vor dem Wolf, weil es eine Art von Urteilsfähigkeit besitzt, mit deren Hilfe es den Wolf als gefährlich einschätzen kann; dieses Urteil ist nicht frei, sondern von der Natur vorgegeben."

Einige griechische Philosophen der Antike, u.a. Demokrit, wichen von der rationalistischen Anschauung ab und vertraten die Ansicht, daß die Vorgänge der gedanklichen Welt ähnlichen Ursachen unterliegen wie diejenigen der physikalischen Welt. Diese **materialistische** Anschauung fand bis Descartes nur wenige Anhänger. In seinem Werk *Passions of the Soul* aus dem Jahre 1649 beschrieb Descartes die Tiere als rein mechanische Automaten, während das menschliche Verhalten dem zweifachen Einfluß des mechanisch funktionierenden Körpers und des vernunftbegabten Verstandes unterliegt. Die mechanistische Anschauung fand ihren Höhepunkt in den Werken von Thomas Hobbes (1651), welcher das Wesen aller Dinge letztlich auf mechanische Beweggründe zurückführte. Für Hobbes war der Wille des Menschen nur seine selbstkonstruierte Vorstellung. Indem Hobbes nicht nur mentale Geschehnisse mit materiellen Maßstäben maß, sondern auch mechanistische Erklärungen für zweckgerichtetes Verhalten suchte und den Willen als eine Begleiterscheinung ansah, kam er schon vielen der modernen wissenschaftlichen Gedanken nahe. Jedoch konnte sich dieser radikale Materialismus viele Jahrzehnte lang nicht durchsetzen.

Die Vertreter der **Assoziationslehre** sprachen ebenso wie die Materialisten dem Willen jegliche Freiheit ab, sie versuchten aber andererseits auch nicht, das Verhalten auf physikalischer oder physiologischer Ebene zu erklären. Ihre berümtesten Vertreter im 18. Jahrhundert, John Locke und David Hume, gingen davon aus, daß sich das menschliche Verhalten allein aufgrund von Erfahrung entwickelt, die den Gesetzmäßigkeiten der Gedankenverknüpfung folgt. Dieses entspricht den Inhalten der Assoziationstheorie, die in der Anfangszeit der Psychologie sehr großen Einfluß hatte. In diesem Kapitel werden die Beziehungen zwischen Instinkt und Lernen aufgezeigt, wobei offensichtlich wird, daß diese Zweiteilung heute nicht mehr annähernd so deutlich ist, wie sie in der Vergangenheit gesehen wurde. Um zu verstehen, wie sich diese Änderung vollzogen hat, ist es sinnvoll, einen kurzen historischen Überblick zu geben.

20.1 Das Instinktkonzept

Frühe Autoren sahen den Instinkt als den natürlichen Ursprung der biologisch wichtigen Antriebe. So glaubte von Aquin, daß die Urteilsfähigkeit der Tiere nicht frei, sondern von der Natur vorgegeben sei. Descartes beschrieb den Instinkt als die Quelle der Kräfte, die das Verhalten bestimmen, wobei Gott wiederum die Kräfte so lenkt, daß das Verhalten Anpassung ermöglicht. Die Vertreter der Assoziationslehre lehnten jegliche Vorstellungen über einen Instinkt ab, obwohl Locke von einer „inneren Unruhe des Geistes durch das Bedürfnis nach dem nicht vorhandenen Guten“ schrieb: „Gott hat den Menschen die Unruhe durch Hunger und Durst und andere natürliche Triebe gegeben. . ., um ihren Willen für die Erhaltung ihrer selbst und den Fortbestand der Menschheit zu erwecken und zu steuern.“

Während die Anhänger der Assoziationslehre glaubten, daß das menschliche Verhalten durch das Wissen von und dem Wunsch nach den Folgen des Verhaltens aufrecht erhalten wird, argumentierten andere, wie z. B. der irische Moralphilosoph Francis Hutcheson im Jahre 1728, daß der Instinkt eine Handlung bewirkt, bevor überhaupt ein Gedanke über deren Folgen entsteht. Wurde der Instinkt bis dahin als die Quelle der motivationalen Kräfte angesehen, war für Hutcheson nun der Instinkt die Kraft selbst. Dieses Instinktkonzept, das in geeigneter Weise nichtrationale Elemente des Verhaltens einbaute, wurde von den neuen Rationalisten (z. B. Reid 1785; Hamilton 1858; James 1890) aufgegriffen. Hierin wurde die menschliche Natur als eine Kombination von blindem Instinkt und rationalem Denken angesehen.

Die Idee, den Instinkt als eine primäre Triebkraft zu betrachten, wurde von Psychologen wie Sigmund Freud (1915) und William McDougall (1908) aufgegriffen. Freud entwickelte eine Motivationstheorie der Neurose und Psychose, die die irrationalen Kräfte der menschlichen Natur hervorhebt. Er sah Verhalten als das Ergebnis zweier basaler Energiekräfte an: Eine Lebenskraft, die den lebenserhaltenden Aktivitäten des Menschen zugrunde liegt, und eine Todeskraft, die das aggressive und destruktive Verhalten bewirkt. Freud sah beide Kräfte als Instinkte, deren Energien Ausdruck oder Entladung verlangen. Nach McDougall waren Instinkte irrationale Ursachen des Handelns, die den Organismus in Richtung seiner Ziele zwingen. Er postulierte mehrere Instinkte, die meist von entsprechenden Gefühlen begleitet sind, z. B. Flucht von dem Gefühl der Angst, Abneigung von dem Gefühl des Ekels, Neugier von dem Gefühl des Erstaunens, sowie Aggression von dem Gefühl des Ärgers.

Diese verschiedenen Vorstellungen von Instinkt waren von den subjektiven, emotionalen Erfahrungen des Menschen abgeleitet. Solch ein unwissenschaftliches Vorgehen hatte sowohl Schwierigkeiten in der Interpretation zur Folge, als auch in der Übereinstimmung zwischen den Ansichten verschiedener Psychologen und in der

Festsetzung der Anzahl von Instinkten, die zugelassen oder gar anerkannt wurden. Charles Darwin (1859) war der Erste, der eine objektive Definition für Instinkt auf der Ebene des Verhaltens der Tiere vorschlug. Er betrachtete Instinkte als komplexe, aus Einheiten zusammengesetzte Reflexe, die den Mechanismen der Vererbung unterliegen. Sie haben sich daher als Ergebnis der natürlichen Selektion zusammen mit allen anderen Merkmalen im Laufe der Evolution entwickelt. Darwins Vorstellung ähnelt somit der von Descartes, allerdings mit dem Unterschied, daß die Funktion Gottes durch die Evolution ersetzt wird.

Darwin legte den Grundstein für die Denkweise der klassischen Ethologie, die dann in den Arbeiten von Lorenz und Tinbergen Gestalt bekam. Lorenz (1937) nahm an, daß ein Großteil des Verhaltens sich aus einer Anzahl von artspezifischen und starr ablaufenden Verhaltensmustern, den **Erbkoordinationen**, zusammensetzt, die überwiegend genetisch festgelegt sind. Später entwickelte Lorenz sein „psychohydraulisches Modell", wonach jede Erbkoordination bzw. jeder Instinkt von einer **aktionsspezifische Energie** angetrieben wird (Lorenz 1950). Die aktionsspezifische Energie wird hiernach mit einer Flüssigkeit in einem Vorratsbehälter verglichen und jedem Instinkt ein eigener Behälter zugeordnet. Bei Auftreten eines spezifisch auslösenden Reizes wird ein Ventil geöffnet und die Flüssigkeit als Instinktantrieb freigesetzt, der das entsprechende Verhalten in Gang setzt. Tinbergen (1951) schlug dann vor, die Vorratsbehälter – oder Instinktzentren – in dem Modell hierarchisch anzuordnen. Somit würde die Energie, die für eine bestimmte übergeordnete Aktivität, z. B. Fortpflanzung, verantwortlich ist, eine Anzahl von untergeordneten Aktivitäten wie Nestbau, Balz und Brutpflege steuern. Lorenz und Tinbergen beschrieben eine Reihe von Beispielen, in denen sie instinktive Verhaltensmuster vorstellten.

Das klassische ethologische Instinktkonzept wird heute jedoch im wesentlichen aus zwei Gründen als unzureichend angesehen. Der erste Kritikpunkt betrifft die Annahme, daß instinktive Kräfte oder Triebe bestimmte Anteile des Verhaltens aktivieren. Wie in Kapitel 15.5 ausführlich dargestellt wurde, wird die Motivation heute nicht mehr mit Begriffen wie Trieb, Superreflex oder instinktivem Drang beschrieben. Der zweite Punkt betrifft die Annahme, daß bestimmte Anteile des Verhaltens angeboren sind, sich also unabhängig von Umwelteinflüssen entwickeln. Wie in Kapitel 3 gezeigt wurde, können genetische Einflüsse auf das Verhalten nicht länger als unabhängig von der Umwelt gedacht werden. Der Begriff **angeboren** wird daher zunehmend für artspezifische Verhaltensweisen benutzt. Dabei darf jedoch nicht vergessen werden, daß frühe Umwelteinflüsse ebenfalls für eine Art spezifisch sein können, d.h. daß die äußeren Gegebenheiten, unter denen verschiedene Individuen dieser Art geboren werden und aufwachsen, oft sehr ähnlich sind.

Ursprünglich hatte man angenommen, daß sowohl die detaillierten Anweisungen für die Ausführung des Instinktverhaltens als auch die auslösenden Reize in den Genen codiert sind. Die Ontogenese des Verhaltens ist in Grenzen dadurch festgelegt, daß die äußeren Entwicklungsbedingungen keinen Einfluß auf die jeweilige Form des Verhaltens haben. Instinktverhalten ist demnach artspezifisch und setzt sich aus den Erbkoordinationen zusammen, die von spezifischen Signalreizen ausgelöst werden. Instinktverhalten ist adaptiv, da auch hier die natürliche Selektion wie bei allen anderen genetisch determinierten Merkmalen ansetzt. In der frühen ethologischen Literatur findet sich außerdem eine Tendenz, alles eindeutig adaptive Verhalten als instinktiv anzusehen im Gegensatz zu dem erlernten Verhalten, auf das die natürliche Selektion keinen Einfluß hat.

20.2 Der angeborene Auslösemechanismus

Frühe Ethologen, wie z. B. von Uexküll (1934) und Lorenz (1935) waren der Ansicht, daß Tiere auch instinktiv auf spezifische, oft komplexe Reize reagieren. Solche Reize wurden **Signalreize** genannt. Ein Beispiel für einen typischen Signalreiz ist in Abbildung 20.1 dargestellt. Ein Signalreiz ist Teil einer Reizkombination und kann relativ einfach aufgebaut sein. Beispielsweise hat ein Männchen des Dreistachligen Stichlings während der Fortpflanzungszeit einen charakteristischen roten Bauch, der als Signalreiz Aggressionsverhalten bei benachbarten territorialen Männchen auslöst. Es reichen schon grobe Attrappen aus, um diese Angriffe auszulösen, vorausgesetzt die Attrappe besitzt eine rote Unterseite (Abb. 20.2). Im Gegensatz dazu löst ein gerade getöteter Stichling ohne roten Bauch keine Angriffe anderer Männchen aus. Viele strukturelle Einzelheiten des Stichlingkörpers werden demnach von anderen Männchen nicht beachtet. Häufig sind bei Signalreizen bestimmte räumliche Anordnungen wichtig. So löst beispielsweise die rote Färbung der Attrappe die meisten Angriffe aus, wenn sie sich an der Unterseite befindet.

Solche räumlichen Muster sind ein wichtiges Kennzeichen der Signalreize. Allerdings scheint dies nicht unbedingt für den Stichling zu gelten, wie Tinbergen (1953) am Territorialverhalten von Stichlingen beschreibt, die er in einem an seinem Fenster stehenden Aquarium hielt. Jedesmal wenn ein roter Postbus am Fenster vorbeifuhr, versuchten die Stichlingsmännchen sofort, ihn wie einen Rivalen anzugreifen. Diese Beobachtungen wurden von Mitarbeitern der BBC reproduziert und in einem Dokumentarfilm festgehalten (Sparks 1982).

Aufgrund der selektiven Antwort auf bestimmte Reize hin vermuteten frühe Ethologen die Existenz eines „eingebauten" Mechanismus, der solche Signalreize erkennt. Dieser Mechanismus wurde **angeborener Auslösemechanismus (AAM)** genannt (Lorenz 1950; Tinbergen 1950). Ein AAM hat drei wichtige Kennzeichen: 1) Sowohl die Erkennung des Signalreizes als auch die resultierende Antwort werden als angeboren und artspezifisch angesehen. Wie in Kapitel 3 erläutert wurde, hat sich aber die Vorstellung über angeborene Eigenschaften bis heute geändert. 2) Der AAM hat die Aufgabe, auf einen Signalreiz hin eine Antwort auszulösen. Das bedeutet, daß der AAM die aufgestaute aktionsspezifische Energie – oder den Trieb – solange zurückhält, bis ein passender Signalreiz erkannt und die Energie in Form einer entsprechenden Verhaltensweise freigesetzt wird. Diese Vorstellung des AAM stand derart im Mittelpunkt, daß der Signalreiz oft als **Auslöser** bezeichnet wurde. 3) Die Antwort, die vom AAM freigesetzt wird, ist stereotyp und Teil des angeborenen Inventars an Erbkoordinationen. Die zuerst von Lorenz (1932) beschriebenen Erbkoordinationen wurden als angeborene und artspezifische Verhaltensweisen mit relativ festgelegtem Ablauf angesehen, die in dieser Hinsicht also den Reflexen ähnlich sind. Lorenz zeigte jedoch einige Unterschiede zwischen Erbkoordinationen und Reflexen auf: 1) Erbkoordinationen können durch verschiedenartige Reize, Reflexe dagegen nur durch spezifische Reize ausgelöst werden. 2) Während ein Tier motiviert sein muß, um eine Erbkoordination durchzuführen, sind Reflexe motivationsunabhängig. 3) Erbkoordinationen können auch in Abwesenheit äußerer Reize auftreten und werden dann **Leerlaufhandlungen** genannt. Einige dieser Punkte sind heute allerdings umstritten. So tritt der Schreckreflex beispielsweise bei einer Vielzahl von unterschiedlichen Reizen auf. Von vielen Erbkoordinationen weiß man heute, daß sie nach einem vorhersagbaren Schema erzeugt werden und ohne eine kontrollierende Rückkopplung ablaufen, was ihren stereotypen Bewegungsablauf erzeugt.

Ein typisches Beispiel für das AAM-Konzept beschreibt Baerends (1950): „Es gibt wichtige Hinweise, die die Annahme unterstützen, daß jeder Auslösemechanismus seine eigenen Signalreize hat. Die Grabwespe *Ammophila adriaansei* fängt beispielsweise Raupen und trägt diese als Futter für ihre Larven in ihr Nest. Sie kann

Abb. 20.1. Ein Rotkehlchen attackiert eine Attrappe, deren rote Brustfedern als aggressionsauslösende Signalreize wirken (Zeichnungen nach einer Fotoserie aus Sparks 1982).

nach der Wahrnehmung einer Raupe auf verschiedene Weise reagieren, je nachdem welcher Instinkt gerade aktiviert ist. Wenn eine Grabwespe jagt, wird eine Raupe gefangen und gestochen. Liegt die Raupe in der Nähe des Nesteinganges, unmittelbar nachdem die Wespe das Nest geöffnet hat, wird sie hineingezogen. Ist dagegen die Wespe dabei, das Nest zu verschließen, so kann es passieren, daß sie eine Raupe als Füllmaterial verwendet. Wenn man schließlich die Raupe während des Nestbaues in den Eingang legt, behandelt die Wespe sie wie jedes andere Hindernis, z. B. wie ein Wurzelstück, und schafft sie beiseite. Dasselbe Objekt löst also bei verschiedenen Zuständen des Tieres verschiedene Reaktionen aus. Dennoch sendet die Raupe in jeder Situation dieselben optischen und chemischen Reize aus, die von den Sinnesorganen der Wespe aufgenommen und in Impulse afferenter Nervenbahnen umgewandelt werden. Dann jedoch hängt es von dem jeweils aktivierten Instinkt ab, welche Impulse gehemmt werden und welche über einen noch immer unbekannten Weg in das Nervensystem weiterlaufen können, um schließlich das motorische Zentrum einer Verhaltensreaktion anzuregen. Es gibt Hinweise, daß bei *Ammophila* in den jeweiligen Situationen unterschiedliche Reize wirksam werden. Bei der Jagd nimmt *Ammophila* die Anwesenheit einer Raupe wahrscheinlich durch olfaktorische Reize wahr. Wenn sie dagegen die Raupe während des Transportes zum Nest verliert, benutzt sie zum Wiederfinden in erster Linie optische Reize."

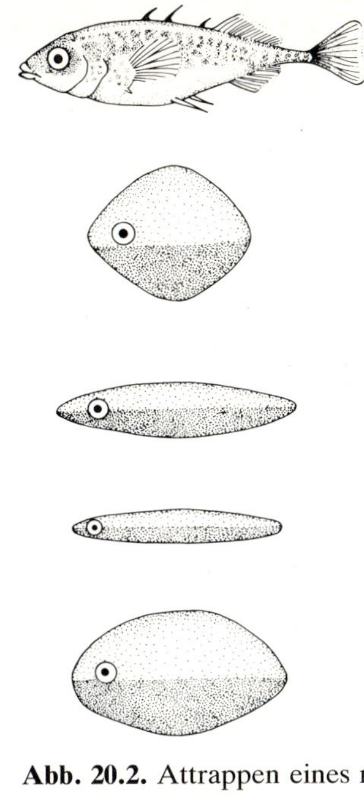

Abb. 20.2. Attrappen eines männlichen Stichlings, die aggressives Verhalten anderer territorialer Männchen auslösen: Oben ein Männchen ohne die während der Fortpflanzungszeit auftretende rote Bauchfärbung. Die unteren vier Attrappen besitzen zwar völlig unnatürliche Gestalt, ihre rote Unterseite reicht jedoch zur Auslösung aggressiver Attacken seitens der Stichlingsmännchen aus (aus Tinbergen 1951).

In diesem Beispiel tauchen mehrere Elemente der Reizfilterung wieder auf, die bereits in Kapitel 12.5 dargestellt wurden. Die Entdeckung der Selektivität in den Reaktionen auf komplexe Reize trug wesentlich zum Verständnis der Wahrnehmungsphänomene bei. Das Konzept des AAM unterliegt jedoch heute einer Vielzahl von Kritiken. Zum Beispiel wies Hinde (1966) auf die Gefahr hin, den AAM als spezifisch für eine bestimmte Reaktion anzunehmen, wenn sein Nachweis auf der Untersuchung nur eben dieser einen Reaktion beruht. Es ist möglich, daß ein bestimmter Signalreiz für mehr als einen Aspekt des Verhaltens relevant sein kann. Weiterhin muß die Selektivität der Antwort nicht auf die sie auslösenden Reize beschränkt sein. Die Selektivität bezieht sich auch auf solche Reizkomponenten, die wichtig für die Orientierung des jeweiligen Verhaltens sind. Ein dritter Einwand besteht darin, daß der Prozeß der Selektivität nicht ausschließlich angeboren sein muß, sondern durch Lernvorgänge beeinflußt werden kann. Wie Kapitel 12.5 zeigt, ist das Konzept des Signalreizes nicht weit von demjenigen der selektiven Aufmerksamkeit entfernt, welches in Untersuchungen zum Lernen bei Tieren entwickelt wurde.

Einige Ethologen waren sich dieser Probleme schon früh bewußt. So unterschied beispielsweise Tinbergen (1951) zwischen auslösenden und orientierenden Komponenten der jeweiligen Reize und demonstrierte diese Unterscheidung in den Studien zur Eirollbewegung der Graugans (Abb. 20.3), die er zusammen mit Lorenz durchführte (Lorenz und Tinbergen 1939).

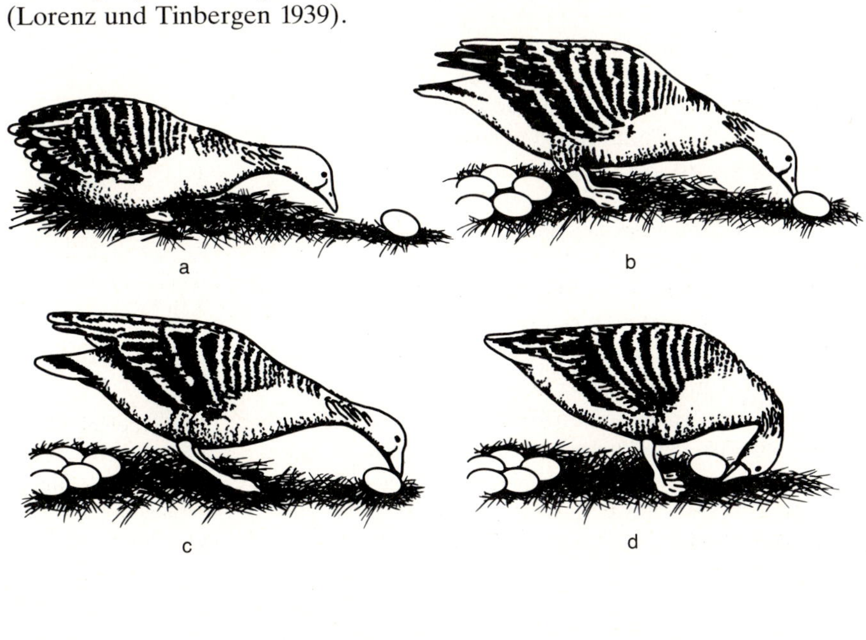

Abb. 20.3. Die Eirollbewegung der Graugans (*Anser anser*). Das Tier streckt den Hals aus (a), geht auf das Ei zu, berührt es mit der Schnabelspitze (b), legt den Unterschnabel über das Ei (c) und rollt es durch Zurückziehen und Abbiegen des Halses in Richtung der Nestmulde (nach Lorenz und Tinbergen 1938).

20.3 Das Prägungskonzept

Einer der wesentlichen Beiträge von Lorenz zur modernen Ethologie sind seine Arbeiten zur Entwicklung sozialer Beziehungen, insbesondere zum Prägungsphänomen. Lorenz wurde hier stark durch seine Verhaltensbeobachtungen an Dohlen und durch die früheren Arbeiten Oskar Heinroths beeinflußt. Obwohl Heinroth oft als der Erste genannt wird, der das Phänomen der **Prägung** beschrieben hat, waren doch schon viele Jahre vor ihm von Spalding umfangreiche Untersuchungen dazu durchgeführt worden. Zwischen 1872 und 1875 stellte Spalding in sechs Veröffentlichungen seine intensiven Beobachtungen zur Embryonalentwicklung von Haushühnern und deren Verhalten in den ersten Lebenstagen vor. Seine Arbeit kam in vielem den frühen ethologischen Studien über den Instinktbegriff zuvor (vgl. Kapitel 3). Er beschrieb als Erster das Nachfolgeverhalten junger Hühnerküken, die im Alter von zwei bis drei Tagen jedem sich bewegenden Objekt folgen und zu diesem eine Bindung aufbauen. Spalding starb im Alter von 37 Jahren und seine Arbeiten blieben lange Zeit vergessen. Sie wurden erst von Haldane wiederentdeckt, der sie dann im Jahre 1954 neu auflegte. Hätte Spalding länger gelebt, wäre dieser wahrscheinlich als der Begründer der Ethologie in die Geschichte eingegangen (Thorpe 1979).

Heinroth (1911) führte als Erster intensive vergleichende Verhaltensstudien an einer Vielzahl von Enten- und Gänsearten durch. Er gilt als Pionier auf dem Gebiet der vergleichenden Verhaltensforschung (vgl. Kapitel 5.4). Er beobachtete das Verhalten von Gänseküken, die jeweils isoliert im Brutschrank ausgebrütet wurden, dann in Kontakt mit Menschen kamen und anschließend mit einer Gänsefamilie zusammengebracht wurden. Obwohl die Elterntiere diese Küken zunächst für ihre eigenen hielten, zeigten umgekehrt die Küken keine Tendenz, die Alttiere als Eltern anzuerkennen. Im Gegenteil, die Küken liefen vor den Gänsen fort, gaben Weinlaute von sich und folgten sofort jedem Menschen, der sich in ihrer Nähe aufhielt. Die Gänseküken hielten somit die Menschen für ihre Eltern (Heinroth 1911). Heinroth fand heraus, daß solche Küken nur dann erfolgreich in eine Gänsefamilie integriert werden konnten, wenn sie nach dem Schlüpfen im Brutschrank sofort in einen Sack gesteckt wurden, d.h. ohne jeglichen Kontakt zu Menschen waren.

Lorenz (1935) erweiterte Heinroths Beschreibungen und zeigte, daß Prägung im Gegensatz zum normalen Lernen nur während eines bestimmten Entwicklungsstadiums stattfindet und durch ein irreversibles Ergebnis gekennzeichnet ist. Lorenz untersuchte Prägungsphänomene inbesondere an Graugansgösseln, aber auch an Tauben, Dohlen und vielen anderen Vogelarten. Er bestätigte Heinroths Beobachtungen, daß auf den Menschen geprägte Vögel später ihr Sexualverhalten auf diese richten. So berichtet Lorenz (1935) von einer handaufgezogenen und auf den Menschen geprägten Lachtaube (*Streptopelia risoria*), die seine Hand anbalzte und bei einer bestimmten Handhaltung sogar zu kopulieren versuchte. In derselben Arbeit unterschied Lorenz nachdrücklich zwischen dem angeborenen Verhalten, das später als Ergebnis der Prägung gezeigt wird, und der nicht angeborenen Kenntnis des Prägungsobjektes. Lorenz führt aus, daß ein Jungtier auf jedes beliebige, sich bewegende Objekt geprägt werden kann, wenn es mit dem Objekt während einer bestimmten Entwicklungsphase konfrontiert wird. Das Jungtier richtet dann sein Nachfolge-, Sexual- und Sozialverhalten auf dieses Objekt.

Lorenz (1935) und auch schon Heinroth (1911) beobachteten, daß die Jungtiere vieler Nestflüchter (vgl. Kapitel 3), die sofort nach der Geburt das Nest verlassen und umherlaufen können, sich wahllos verschiedenen sich bewegenden Objekten anschließen. Frisch geschlüpfte Gänse- und Entenküken, die von der Mutter getrennt waren, folgen sowohl einem langsam gehenden Menschen (Abb. 20.4) als auch einer sehr groben Entenattrappe oder sogar einem Pappkarton. Ebenso folgen Lämmer dem Menschen, der sie mit der Flasche aufzieht, auch wenn sie nicht hungrig sind. Selbst wenn sie entwöhnt sind und in einer Herde leben, folgen sie noch immer der jeweiligen Person, d.h. die so aufgezogenen Schafe halten als Jungtier den

Abb. 20.4. Konrad Lorenz gefolgt von Graugansgösseln.

Menschen für ihre Mutter, und auch als Adulte zeigen sie noch eine gewisse Bindung. Diese Ergebnisse weisen darauf hin, daß Prägung sowohl Langzeit- als auch Kurzzeitauswirkungen haben kann.

Obwohl die „Nachlaufreaktion" der jungen Nestflüchter durch Objekte mit sehr unterschiedlichen Merkmalen ausgelöst wird, sind doch bestimmte Reize bzw. Reizkombinationen in ihrer Wirkung wesentlich effektiver als andere. Bis zu einem gewissen Punkt steigt die Effektivität eines Reizes mit seiner Auffälligkeit (Bateson 1964), um dann das Gegenteil, nämlich Flucht vor dem Objekt, auszulösen. So nähern sich beispielweise Entenküken einem Menschen an, der sich langsam und schwankend fortbewegt, fliehen aber vor diesem, wenn er hastige und schnelle Bewegungen ausführt. Einige Arten zeigen in Wahlversuchen bestimmte Präferenzen, so folgen Hühnerküken meistens blauen oder orangefarbenen Objekten, Stockentenküken dagegen gelb-grünen Objekten. Ebenso kann das Nachfolgeverhalten durch Laute, die von der Attrappe ausgehen, verstärkt werden, insbesondere wenn diese den Lockrufen der eigenen Art ähneln. Die Brautente (*Aix sponsa*) baut ihr Nest in Baumhöhlen und die Jungen werden nach dem Schlüpfen normalerweise von ihrer Mutter durch Rufe aus dem Nest gelockt. Fehlen jegliche optischen Reize, so nähern sich die Küken auch einer künstlichen Schallquelle an, die nur unterbrochene Laute aussendet (Gottlieb 1963). Ganz allgemein läßt sich sagen: Je häufiger ein Jungtier einem Objekt folgt und je vertrauter es mit diesem wird, desto weniger wird es von anderen Objekten angezogen. Die Nachlaufreaktion kann durch Futterbelohnung verstärkt werden, was sich auch in der Natur durch den engen und wärmespendenden Kontakt mit der Mutter vollzieht.

20.4 Sensible Phasen

Lorenz (1935) erkannte, daß sich Prägung nur in einem bestimmten Entwicklungsabschnitt vollzieht und führte die auslösenden Ursachen ausschließlich auf endogene Faktoren zurück, ähnlich denjenigen, die an der Embryogenese beteiligt sind. Neue Erkenntnisse auf diesem Gebiet zeigen aber, daß die Phase, in der Prägung stattfindet, beträchtlich durch Erfahrung beeinflußt werden kann. Enten- und Hühnerküken neigen dazu, auch in Abwesenheit ihrer Eltern eng zusammenzubleiben. Wie Guiton (1959) nachweisen konnte, zeigen isoliert aufwachsende Hühnerküken die Nachlaufreaktion sich bewegenden Objekten gegenüber wesentlich länger als in Gruppen gehaltene Küken. Diese hören etwa drei Tage nach dem Schlüpfen auf, Objekten zu folgen, sie sind auf ihre gleichaltrigen Artgenossen geprägt.

Wenn das Entwicklungsalter vom Beginn der embryonalen Entwicklung an gemessen wird, ist das Einsetzen der sensiblen Phase bei Entenküken sehr viel deutlicher als wenn das Alter vom Schlupf an gemessen wird (Gottlieb 1961, 1971). Dieses würde bedeuten, daß die Erfahrungen nach dem Schlüpfen relativ unwichtig sind und die sensible Phase aufgrund von Reifungsvorgängen einsetzt. Neuere Untersuchungen haben jedoch gezeigt, daß Erfahrungen nach dem Schlupf doch sehr wichtig sein können (Landsberg 1976). So werden z. B. Änderungen der Mobilität (Hess 1959a) und Reifungsvorgänge im visuellen System sowie anderen Teilen des ZNS für die Lage der sensiblen Phase verantwortlich gemacht (vgl. Bateson 1979).

Frischgeschlüpfte Jungtiere vieler Vogelarten fliehen anfänglich nicht vor neuen Objekten, sondern neigen eher dazu, sich diesen anzunähern und sie zu untersuchen. Nach einigen Tagen aber werden sie scheuer und zeigen gegenüber unbekannten Objekten Anzeichen von Furcht. Der Zeitpunkt, zu dem dieses Verhalten auftritt, wird von den Aufzuchtbedingungen beeinflußt (Bateson 1966). Für einen gerade geschlüpften Vogel ist nichts vertraut oder fremd, aber wenn er einige Reize kennengelernt hat, ist er fähig, sie von anderen zu unterscheiden. So fand Bateson (1964),

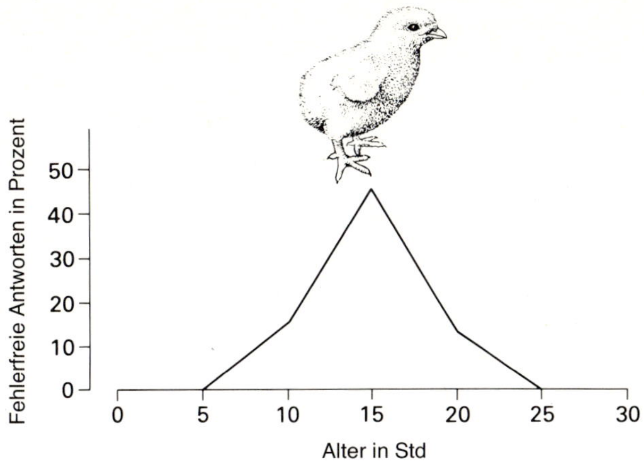

Abb. 20.5. Die sensible Phase bei Hühnerküken: Der Prozentsatz der Tiere, die in der Testsituation fehlerfrei wählen, zeigt im Alter von 13-16 Stunden nach dem Schlüpfen ein Maximum (nach Hess 1959 a).

daß Hühnerküken weniger vor sich bewegenden Objekten weglaufen, wenn diese das gleiche Farbmuster wie die Wand der Aufzuchtbox haben, in der die Jungtiere aufwuchsen. Innerhalb der ersten Tage nach dem Schlüpfen lernen die Küken somit die typischen Merkmale ihrer unmittelbaren Umgebung kennen und sind fähig, sie von neuen und ungewohnten Reizen zu unterscheiden. Sie meiden dann Objekte, die sie als nicht vertraut erkannt haben. Unter natürlichen Bedingungen werden Mutter und Geschwister vom Schlupf an schnell vertraut, während andere Objekte dem Jungtier zunächst noch fremd bleiben. Hess (1959b) zeigte, daß bei Hühnerküken der Beginn der sensiblen Phase eng mit der Entwicklung der motorischen Fähigkeiten verknüpft ist (Abb. 20.5). So ist die steigende Fortbewegungsgeschwindigkeit junger Küken bei zunehmendem Alter eng mit dem Beginn der sensiblen Phase korreliert. Am Ende der sensiblen Phase geben sie dagegen in einer Standardsituation deutlich mehr Weinlaute von sich, worin Hess ein Maß für ihre Angstmotivation sah (Abb. 20.5 und 20.6).

Ebenso scheinen Hormone die sensible Phase der Prägung mit zu beeinflussen (Landsberg 1981). Die Änderungen des Titers bestimmter Hormone zeigen deutliche

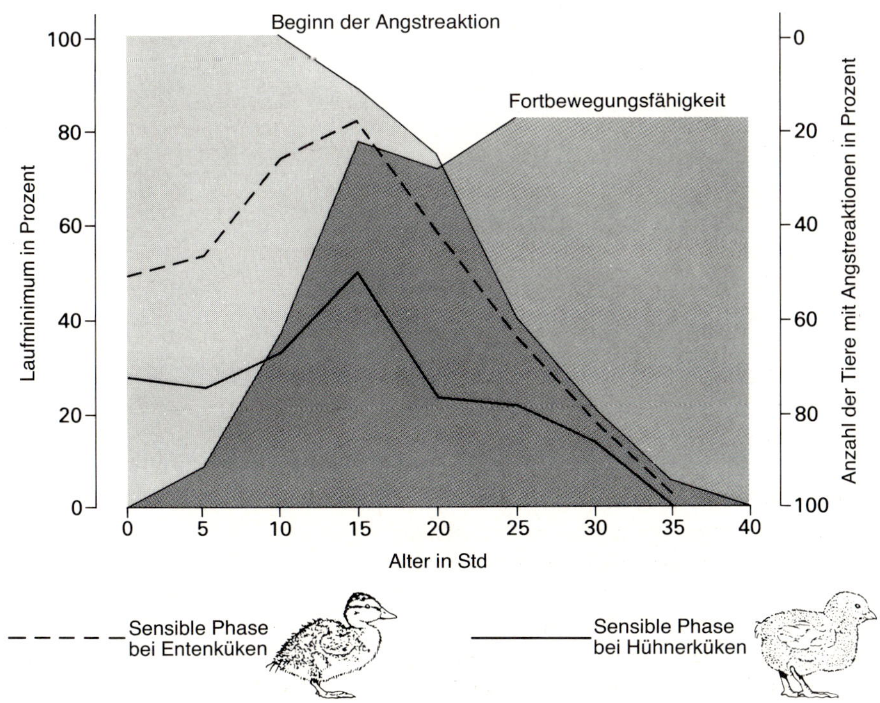

Abb. 20.6. Theoretische und empirisch gewonnene Verlaufskurven der sensiblen Phase bei Hühner- und Entenküken. Der empirische Verlauf beider Arten wird anhand der gestrichelten Linie (Enten) bzw. der durchgezogenen Linie (Hühner) gekennzeichnet. Die schattierten Flächen geben den Prozentsatz der Tiere an, die in einer Standardsituation Angstreaktionen zeigen (schwach schattiert) und die sich pro Minute weiter als einen Meter bewegen (stark schattiert). Die dunkle Überlappungsfläche beider schattierter Anteile stellt die hypothetische sensible Phase dar, unter der Annahme, daß diese allein durch die Faktoren „Fortbewegungsfähigkeit" und „Angstmotivation" determiniert wird. Laufminimum in Prozent: prozentualer Anteil der Tiere, die mindestens 1 m pro Minute laufen (nach Hess 1959b).

Parallelen mit der morphologischen und verhaltensmäßigen Entwicklung junger Vögel in ihrer frühen Ontogenese. Der Testosterontiter im Blut junger Zebrafinken nimmt beispielsweise im Alter von 18 bis 22 und von 34 bis 38 Tagen jeweils deutlich zu. Das erste Maximum fällt mit dem Verlassen des kugelförmigen Nestes seitens der Jungtiere zusammen. Zu diesem Zeitpunkt sehen sie ihre Eltern zum ersten Mal in voller Größe und Farbe. Das zweite Maximum tritt kurz nach der Entwöhnung der Jungtiere von den Eltern auf, zu einem Zeitpunkt also, an dem sie sich den Schwärmen nichtbrütender Zebrafinken anschließen. Der durchschnittliche Testosterontiter adulter Tiere wird erst zur Geschlechtsreife im Alter von 70 Tagen (Immelmann 1985) erreicht. Es wird angenommen, daß das Testosteron einen Einfluß auf die Organisation der Gehirnentwicklung hat, wie es bei anderen Arten ebenfalls gefunden wurde (Pröve 1983).

Es wird allgemein angenommen, daß es verschiedene sensible Phasen geben muß. Die ersten Arbeiten zur Prägung konnten den Einfluß früher ontogenetischer Erfahrungen sowohl auf das Nachfolgeverhalten als auch auf das spätere sexuelle Verhalten gegenüber einem Geschlechtspartner nachweisen. Wie neuere Studien (z. B. Schutz 1965; Vidal 1976; Gallagher 1977) zeigen, liegt die sensible Phase der Nachlaufprägung zeitlich vor derjenigen der sexuellen Prägung. Beispielsweise bot Vidal (1976) männlichen Hühnerküken in jeweils einer der drei Altersklassen (0-15, 16-30, 31-45 Lebenstage) eine sich bewegende Attrappe an. Anschließend wurden die Küken bis zu einem Alter von 150 Tagen isoliert oder mit einer Henne zusammen gehalten. Die sensible Phase für Nachlaufprägung liegt schon in den ersten 30 Lebenstagen (vgl. Abb. 20.6). In den der Isolationsphase anschließenden Wahlversuchen zeigten die Küken, die im Alter von 31-45 Tagen mit der Attrappe konfrontiert waren, dieser gegenüber die stärkste Präferenz, auch wenn sie während der Konfrontationsphase dieser am wenigsten gefolgt waren. Sensible Phasen in Entwicklungprozessen sind auch noch in einem anderen Zusammenhang bekannt, z. B. sind sie bei dem Gesangslernen der Vögel und bei der Entwicklung der menschlichen Sprache nachgewiesen (vgl. auch Kap.3). Einen Überblick auf diesem Gebiet mit vielen Beispielen bietet die Arbeit von Bateson (1979).

20.5 Langzeitwirkungen der Prägung

Ein Ergebnis der Nachlaufprägung ist die Entwicklung einer Bindung zwischen den Jungtieren und ihren Eltern bzw. Stiefeltern, die meist mit der Entwöhnung nachläßt. Frühe Erfahrungen in der Ontogenese haben auch Langzeitfolgen auf das spätere soziale Verhalten. Bei jungen Hunden liegt eine sensible Phase im Alter von 3 bis 10 Wochen, innerhalb der sich normale soziale Kontakte entwickeln (Scott 1962). Wird ein Welpe dagegen bis zur 14. Lebenswoche isoliert aufgezogen, so können im späteren Sozialverhalten Störungen auftreten. Wie einige Vogelarten akzeptieren auch Hunde bereitwillig den Menschen als Sozialpartner. Wird diese Beziehung zwischen Mensch und Welpe innerhalb der sensiblen Phase geknüpft, so wird ein Welpe eine dauerhafte Bindung zu seinem Halter eingehen. Auch bei Primaten ist der enge Kontakt zwischen Mutter und Jungtier in der frühen Ontogenese von großer Bedeutung für die spätere Entwicklung normaler sozialer Beziehungen (Hinde 1974).

Wie schon erwähnt, können bei Vögeln Prägungsvorgänge deutliche Auswirkungen auf spätere sexuelle Präferenzen haben, was dann oft als **sexuelle Prägung** bezeichnet wird. Prägungsvorgänge lassen sich durch Fremdaufzuchtexperimente an Hühnern, Enten oder Tauben sehr gut nachweisen. Läßt man Individuen einer bestimmten Farbmorphe bei Stiefeltern anderer Färbung aufwachsen, so ziehen diese Tiere es später vor, sich mit Tieren zu verpaaren, die die Farbe der Stiefelternart haben. Solche „Ammenaufzuchten“ wurden beispielweise von Warriner und Mitarbeitern (1963) mit zwei Farbvarianten – weiß und schwarz – der Haustaube (*Columba livia*) durchgeführt. In dem Experiment wurden 16 vor dem Versuch noch nicht verpaarte Tauben in einen großen Käfig zusammengesetzt und ihr Paarungsverhalten beobachtet. Diese Tauben waren entweder nur von weißen oder von schwarzen Elterntieren aufgezogen worden. Im Versuch war jeweils die gleiche Anzahl von Männchen und Weibchen in Gruppen zu je acht Tieren vertreten. Dieses Experiment wurde insgesamt viermal jeweils mit neuen Tieren durchgeführt, so daß insgesamt 64 Tiere in den Versuch einbezogen waren. In 26 von 32 Fällen verpaarten sich Männchen mit Weibchen der Farbvariante ihrer Stiefeltern. Bei fünf der verbleibenden sechs Fälle verpaarte sich das jeweilige Weibchen mit einem Männchen der gleichen Farbvariante ihrer Stiefeltern. Bei den meisten Paaren überlagerten somit die sexuellen Präferenzen der Männchen diejenigen der Weibchen. Die Ergebnisse verdeutlichen die Auswirkungen früher ontogenetischer Erfahrungen auf spätere sexuelle Präferenzen der männlichen Tauben. Die späteren Präferenzen der Weibchen treten nicht so deutlich zu Tage, da sie von der Dominanz der Männchen während der Balz überdeckt werden.

Ähnliche Fremdaufzucht-Experimente können auch an anderen, zumeist aber nahe verwandten Vogelarten, gemacht werden. So wurden bisher Versuche an Enten und Gänsen, an verschiedenen Möwenarten, Prachtfinken und Sperlingen sowie an Haustier- und Wildformen von Tauben und Hühnern durchgeführt. Im Normalfall liegt bei den meisten Versuchen eine sexuelle Präferenz für die Stiefelternart vor. Werden beispielsweise männliche Zebrafinken (*Taeniopygia guttata*) von einer anderen Prachtfinkenart, dem Japanischen Mövchen (*Lonchura striata*) aufgezogen, so balzt später der adulte Zebrafink fast ausschließlich ein Weibchen des Japanischen Mövchens an. Auch in Wahlversuchen zwischen einem paarungsbereiten Zebrafinken-Weibchen und einem nichtpaarungsbereiten Mövchenweibchen entscheidet sich ein von Mövchen aufgezogenes Zebrafinken-Männchen immer für das Weibchen der Stiefelternart (Immelmann 1972). Die sexuellen Präferenzen für die Stiefelternart beschränken sich nicht auf bestimmte individuelle Merkmale, sondern umfassen solche, die artspezifisch und somit überindividuell sind. Präferenzen für ein bestimmtes Individuum können sich bei Zebrafinken-Männchen nach der Paarbildung entwickeln, die anfängliche Präferenz wird aber deutlich auf die jeweilige Art der Aufzuchtmutter gerichtet. Im Gegensatz hierzu entwickeln sich bei der Nachlaufprägung deutliche Bindungen an bestimmte individuelle Merkmale der Eltern oder des Elternersatzes.

Schutz (1965, 1971) führte zahlreiche Experimente an verschiedenen Entenarten durch. Er zeigte, daß Männchen sexuelle Partner bevorzugen, die ihren Aufzuchtmüttern ähneln, wohingegen Weibchen unabhängig von ihren Früherfahrungen jeweils Männchen der eigenen Art wählen. Von 34 Stockenten-Erpeln, die von anderen Wildarten oder Haustierrassen aufgezogen worden waren, paarten sich 22 mit Weibchen der Aufzuchtart und nur 12 mit arteigenen Weibchen. Im Gegensatz dazu paarten sich von 18 fremdaufgezogenen Stockenten-Weibchen nur drei Tiere nicht mit Stockenten-Erpeln. Schutz erhielt entsprechende Ergebnisse bei allen anderen von ihm untersuchten Entenarten mit Ausnahme der Chile-Krickente (*Anas flavirostris*). Bei dieser Art paarten sich alle sieben von Stockenten aufgezogenen Weibchen mit Stockenten-Erpeln. Die Ursache für diese Verhaltensunterschiede zwischen den verschiedenen Entenarten liegt wahrscheinlich im Erscheinungsbild ihrer Geschlechter. Mit Ausnahme der Chile-Krickente sind alle von Schutz untersuchten Entenarten sexuell dimorph, d.h. die adulten Weibchen unterscheiden sich in ihrer Gefiederfärbung deutlich von der Färbung der Erpel (Abb. 20.7). Chile-Krickenten dagegen sind monomorph, beide Geschlechter haben das für die Weibchen der anderen Arten zumeist typische, unauffällige Gefieder. Da Entenküken normalerweise von den Weibchen geführt werden, sehen sie die männliche Gefiederfärbung während ihrer Ontogenese nur relativ selten. Auf den Seen finden sich aber oft sehr verschiedene Entenarten ein, und hier sehen sich im Gegensatz zu den auffällig und unterschiedlich gefärbten Erpeln die Weibchen unterschiedlicher Arten sehr ähnlich. Daher können die Weibchen dimorpher Arten leicht arteigene Männchen finden,

Abb. 20.7. Sexuell dimorphe Stockenten (links) und monomorphe Chile-Krickenten (rechts).

während die Männchen es in dieser Hinsicht sehr viel schwerer haben. Es wurde daher vermutet, daß die Erpel dimorpher Arten sich beim Finden eines Geschlechtspartners stärker auf frühe Lernerfahrungen verlassen müssen, um arteigene Tiere zu erkennen (Schutz 1971). Dieser Aspekt soll später in diesem Kapitel besprochen werden.

Bei Tieren tritt sexuelle Prägung sehr viel leichter gegenüber Artgenossen als gegenüber verwandtschaftlich entfernteren Arten, wie etwa dem Menschen, auf. In Ermangelung jeglicher Alternative zeigen Tiere aber auch hier langanhaltende sexuelle Präferenzen, wie es z. B. bei Vögeln für mehr als 25 Arten nachgewiesen werden konnte (Immelmann 1972), die vom Menschen handaufgezogen wurden. Sexuelle Präferenzen, die aufgrund von Prägungsprozessen in der frühen Ontogenese ausgebildet wurden, bleiben für Jahre und oft auch lebenslang bestehen. Stockenten beispielsweise balzen Angehörige ihrer Stiefelternart lebenslang an, auch wenn diese wenig Kooperationsbereitschaft zur Paarung zeigen. Immelmann (1977) ließ Japanische Mövchen und Zebrafinken jeweils von der anderen Art aufziehen und hielt anschließend die Tiere für mehrere Jahre von ihrer Aufzuchtart isoliert. Viele dieser Tiere brüteten später erfolgreich mit Angehörigen der eigenen Art. In Experimenten, in denen ihnen aber die Wahl zwischen Geschlechtspartnern der eigenen Art und der Aufzuchtart gegeben wurde, bevorzugten diese Tiere deutlich die Angehörigen der Art, von der sie vor mehreren Jahren aufgezogen worden waren. Folglich hat der relativ kurze Kontakt mit den Aufzuchteltern während der frühen Ontogenese einen länger andauernden Einfluß als spätere langfristigere Sozialkontakte des Adulttieres. Werden aber von Japanischen Mövchen fremdaufgezogene Zebrafinken-Männchen nicht isoliert, sondern in Kontakt mit Artgenossen gehalten, so können ihre Präferenzen auf diese umschlagen. Für juvenile Männchen ist es anscheinend im Gegensatz zu adulten Tieren möglich, eine früh etablierte Präferenz zu ändern und auf Vögel ihrer eigenen Art umgeprägt zu werden (Immelmann 1985).

Vermutlich richtet eine genetische Prädisposition den Lernvorgang auf arteigene Merkmale und erschwert damit eine Prägung auf artfremde Objekte. Bei der Nachlaufprägung lösen artgemäße Objekte eine stärkere Nachlaufreaktion aus als künstliche (Hess und Hess 1969). Für die sexuelle Prägung konnte z. B. bei Wachteln eine größere Stabilität der Präferenzen für arteigene Merkmale festgestellt werden als für artfremde (Gallagher und Ash 1978).

Beim Rosenköpfchen (*Agapornis roseicollis*), einer afrikanischen Papageienart, wurde die Merkmalsausprägung des Kopfgefieders mit Hilfe von Gefiederfarben experimentell verändert. Rosenköpfchen erlernen Merkmale des Kopfgefieders ihrer Eltern und Geschwister während einer sensiblen Phase frühkindlicher Entwicklung, wobei eine Prädisposition angenommen werden kann, die die Präferenzen für artgemäße Merkmale stabilisiert (Hahn 1985). Nach Lassek (1988) festigen sich ausschließlich Präferenzen für arteigene Merkmale, wenn jungen Rosenköpfchen während der Aufzucht Erfahrungen mit unterschiedlichen Merkmalsausprägungen elterlichen Kopfgefieders ermöglicht wurde. Hierbei kann sich die Wirksamkeit der Prädisposition bei den Weibchen lediglich verzögern, während Männchen von der

Aufzuchterfahrung nachhaltiger beeinflußt werden. Für Männchen ist zur Ausbildung einer stabilen sozialen Präferenz eine artgemäße Merkmalsausprägung des väterlichen Kopfgefieders von entscheidender Bedeutung.

20.6 Prägung als Lernvorgang

Lorenz (1935) glaubte, daß sich die Prägung fundamental von anderen Lernvorgängen unterscheidet. Nach heutigen Vorstellungen (Bateson 1966; Hinde 1970) beinhalten jedoch Prägungsvorgänge eine Einengung vorgeburtlicher Präferenzen, ein Prozeß, der viele Gemeinsamkeiten mit anderen Formen des Wahrnehmungslernens hat.

Wahrnehmungslernen ist allerdings ein umstrittenes Konzept, da es oft schwer abzuschätzen ist, in welchem Ausmaß Tiere lernen müssen, ihre Wahrnehmungswelt zu organisieren oder in welchem Ausmaß das Erkennen äußerer Reize angeboren ist. Zahlreiche Experimente zeigen, daß Tiere, die während ihrer frühen Ontogenese keine Wahrnehmungserfahrungen machen konnten, später Reize nicht in der Weise unterscheiden konnten wie normal aufgewachsene Tiere (vgl. Hinde 1970). Jedoch gibt es an der Interpretation der sensorischen Deprivationsexperimente im Sinne des Wahrnehmungslernens eine Reihe von Kritikpunkten. Die Ursachen für das schlechte Abschneiden deprivierter Tiere in Wahlversuchen können darin liegen, daß die Tiere gelernt haben, andere Sinne zur Orientierung einzusetzen, die Konfrontation mit neuen Reizen kann zu traumatischen Erlebnissen führen oder eine Wahrnehmung ist für die Tiere aufgrund einer Fehlfunktion sensorischer Mechanismen nicht möglich. Andererseits können aber Experimente, die eine spezifische Erfahrung mit bestimmten Reizen bieten, einen guten Nachweis für Wahrnehmungslernen liefern. Wie in Kapitel 3 gezeigt wurde, benötigt die Entwicklung des vollständigen Gesanges beim Buchfinken sowohl die Konfrontation mit dem Gesang während einer bestimmten Phase der Frühentwicklung als auch die Möglichkeit, den Gesang in einem späteren Stadium auszuüben. Die Phase, während der der Vogel den vollständigen Gesang speichert, kann als Wahrnehmungsvorgang bezeichnet werden. Ähnliches kann für den von Mövchen aufgezogenen Zebrafinken angenommen werden, der nach jahrelanger getrennter Haltung bei Begegnung mit einem Weibchen der Stiefelternart auf dieses sofort sexuell reagiert. Auch das ist ein deutliches Beispiel für Wahrnehmungslernen.

In einer klassischen Studie zog Gibson Ratten in Käfigen groß, an deren Wänden plastische Metallfiguren befestigt waren. In den späteren Tests sollte dann das Unterscheidungsvermögen der Ratten auf verschiedene Muster mit Hilfe von Futterbelohnungen überprüft werden. Gibson und ihre Mitarbeiter konnten zeigen, daß Ratten, die die Metallfiguren schon vorher einmal gesehen haben, schneller lernen als Tiere ohne diese Erfahrung (Gibson und Walk 1956; Gibson et al. 1959). Dieses Ergebnis stimmt mit den Befunden von Bateson (1964) an Hühnerküken überein, die schneller auf Muster ihrer vertrauten Umgebung geprägt werden können als auf ihnen unbekannte Strukturen. Es weist zudem auf die Bedeutung des Wahrnehmungslernens bei Prägungsvorgängen hin.

Prägungsvorgänge scheinen außerdem auch instrumentelles Lernen zu beinhalten. Entenküken, die einen Tag nach dem Schlüpfen mit einem Spielzeugzug konfrontiert worden sind, lernen an einen Stab zu picken, damit der Zug an ihnen vorbeifährt (Hoffman et al. 1966). In einem späteren Entwicklungsstadium kann das Verhalten der Entenküken nicht in dieser Weise beeinflußt werden. Bateson und Reese (1969) zeigten, daß Stockenten- und Hühnerküken lernen, einen Hebel zu drücken, um ein rotierendes Licht zu sehen, auf das sie vorher nicht geprägt worden waren. Allerdings lernen sie dieses Verhalten nur während der sensiblen Phase. Es scheint

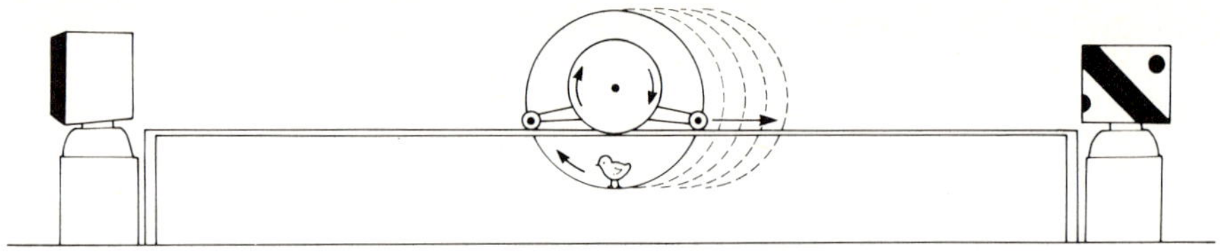

Abb. 20.8. Mit Hilfe der Wahlapparatur von Bateson und Wainwright (1972) können die Präferenzen von Hühnerküken gegenüber verschiedenen Prägungsreizen überprüft werden. Versucht das Küken, sich einer Reizquelle anzunähern, so wird es durch eine spezielle Getriebekonstruktion (hier nicht eingezeichnet) von dieser abgestoßen. Indem es sich der anderen Reizquelle annähert, schlägt seine Präferenz um, und es versucht nun, sich dieser anzunähern. Die relative Präferenz des Kükens zu beiden Reizen läßt sich aus der Position der Präferenzumkehr ermitteln.

daher, daß das Küken seine Mutter durch Wahrnehmungslernen zu erkennen vermag und daß es durch instrumentelle Konditionierung solche Reaktionen lernt, die es befähigen, immer wieder zu ihr zurückzukehren (vgl. Hinde 1974). Bateson und Wainwright (1972) konnten zeigen, daß Hühnerküken anfingen, leicht abweichende Reize vorzuziehen, sobald ihnen ein Prägungsreiz vertraut war. Sie testeten die Küken in einer Apparatur (Abb. 20.8), die ein quantitatives Maß für die Präferenz zwischen vertrauten und nicht vertrauten Reizen lieferte. Nach diesen Ergebnissen entwickelt sich mit zunehmender Vertrautheit mit dem anfänglichen Prägungsreiz eine steigende Präferenz für leicht vom Prägungsreiz abweichende Reize. Bateson und Wainwright vermuteten, daß diese Tendenz unter natürlichen Bedingungen dazu führt, das Küken mit den unterschiedlichen Merkmalen seiner Mutter vertraut zu machen. Die Fähigkeit, ein Elternteil unter verschiedenen Blickwinkeln zu erkennen, entwickelt sich nur, wenn im Jungtier ein zusammengesetztes Bild der Merkmale seiner Eltern entsteht (Bateson 1973).

In Kapitel 17 wurden einige Lernvorgänge vorgestellt, die ohne Verstärkung auftreten, jedoch durch Verstärkung modifiziert werden können. Außerdem zeigen Tiere instrumentell erworbene Reaktionen, um zu einer gewohnten Reizquelle wie etwa dem Gesang eines Artgenossen oder dem Anblick eines Geschlechtspartners zu gelangen. Die Rolle der Verstärkung während der Prägungsvorgänge fällt somit eindeutig in die gleiche Kategorie, und der Anspruch, die Prägung als besondere Lernform abzugrenzen, kann in dieser Hinsicht nicht aufrechterhalten werden. In Kapitel 18 wurde die Prägung unter funktionalen Aspekten als eine Form **vorprogrammierten** Lernens gekennzeichnet. Dieses trifft aber ebenso auf viele andere Lernvorgänge zu, wie beispielsweise das Gesangslernen, das Lernen örtlicher Gegebenheiten oder latentes Lernen. Die Merkmale, anhand derer man ursprünglich Prägung als eine eigene Form des Lernens abgegrenzt hatte, erweisen sich nun aufgrund weiterer Forschungen und der damit veränderten Sichtweisen auch für andere Lernformen als charakteristisch.

Es wird weiterhin angenommen, daß eine frühe sensorische Stimulation zu morphologischen Änderungen in bestimmten Gehirnarealen führt (Bischof 1983). Da sich aber die morphologische Plastizität mit zunehmendem Lebensalter verringert, kann gegen Ende der sensiblen Phase eine externe Stimulation nur biochemische Änderungen im Nervensystem verursachen. Die große Stabilität morphologischer Gehirnstrukturen könnte somit die relative Irreversibilität der Lernergebnisse der Prägung erklären. Die besonderen Kennzeichen der Prägung liegen daher eher in der Form der Informationsspeicherung als in der Art und Weise, wie die Information erworben wird (Immelmann 1984).

20.7 Funktionale Aspekte der Prägung

Im Gegensatz zu Lorenz (1935), der in der Prägung einen wichtigen Lernvorgang zur Arterkennung sah, zeigen neuere Studien, daß die Prägung in diesem Punkt anscheinend keine so wichtige Rolle spielt. Vögel leicht zu prägender Arten können, obwohl sie ohne relevante Erfahrungen mit Artgenossen aufgewachsen sind, auf diese spontan reagieren (Schutz 1965; Immelmann 1969; Gottlieb 1971). Obwohl das Prägungslernen möglicherweise als Zusatz zur angeborenen Arterkennung dient, hat die Prägung wahrscheinlich noch weitere Funktionen.

Vom evolutionären Standpunkt aus sollten Paarungen zwischen Tieren derselben Art stattfinden und die Eltern sich nur um ihren eigenen Nachwuchs kümmern. Prägung scheint bei solchen Arten vorzukommen, bei denen aufgrund der sozialen Organisation eine enge Bindung an die Elterntiere oder an die Familiengruppe vorliegt. Beispielsweise besteht in Schaf- und Ziegenherden immer eine hohe Wahrscheinlichkeit, daß Jungtiere und Lämmer den Kontakt zur Mutter verlieren und sich anderen Weibchen annähern. Kurz nach der Geburt beleckt die Ziegenmutter intensiv ihr Junges und ist nun für ungefähr eine Stunde besonders aufnahmebereit für den Geruch ihres Jungtieres. In dieser Phase reicht ein 5-minütiger Kontakt der adulten Ziege mit irgendeinem Jungtier aus, um dieses anzunehmen. Kommt ein solcher Kontakt nicht zustande, so wehrt die Mutter das Jungtier ab und erlaubt ihm nicht, zu trinken (Klopfer und Gamble 1966). Die Küken koloniebrütender Möwen werden oft aufgrund von Störungen in der Kolonie von ihren Eltern verlassen und suchen dann unter naheliegender Vegetation Schutz. Bei Rückkehr der Eltern fangen diese an, die Jungtiere zu rufen und sie aus ihren Verstecken hervorzulocken. Die Küken vieler Möwenarten entwickeln eine spezifische Kenntnis der Rufe ihrer Eltern und umgekehrt. Diese Kontaktlaute, die die Tiere während eines bestimmten Entwicklungsstadiums lernen und nach solchen Trennungsphasen äußern, dienen dazu, den Zusammenhalt der Familieneinheit zu wahren (Beer 1970).

Die sensible Phase für sexuelle Prägung stimmt bei Enten, Gänsen und Finkenvögeln eng mit der Zeit elterlicher Brutpflege überein, dauert bei Gänsen aber länger als bei Enten. Normalerweise ist ein junger Vogel sehr empfänglich für Prägungsreize, solange er Mitglied der Familiengruppe ist. Die sensible Phase endet gewöhnlich, bevor sich der Jungvogel an fremde Artgenossen, die nicht zu seiner unmittelbaren Verwandtschaft gehören, anschließen kann. Bateson (1979) vermutet daher, daß die sexuelle Prägung eher dem Verwandtschaftserkennen als der Arterkennung dient. Die sexuelle Prägung ermöglicht einem Tier, die Merkmale seiner nahen Verwandten kennenzulernen und dann einen Sexualpartner zu wählen, der zwar unterschiedliche, aber nicht zu stark abweichende Kennzeichen gegenüber seinen Eltern oder Geschwistern aufweist. Nach Bateson ermöglicht dies einem Tier, ein Gleichgewicht aus den Vorteilen der In- und Fremdzucht herzustellen. Die Vorteile der Exogamie liegen in der Möglichkeit der Erweiterung genetischer Variabilität und der Reduzierung der Wirksamkeit letal-rezessiver Gene. Obwohl die Aussagekraft dieser Annahmen umstritten ist (vgl. Maynard Smith 1978a), wird andererseits die Existenz eines Selektionsdruckes gegen Exogamie weithin anerkannt (Bischof 1975, 1985). In ähnlicher Weise werden in der Inzucht bestimmte Vorteile gesehen, insbesondere die vollständige Erhaltung koadaptierter Genkomplexe. Um ein Gleichgewicht zwischen diesen entgegengesetzt wirkenden Kräften herzustellen, sollte daher ein Tier einen Geschlechtspartner mit einem bestimmten Verwandschaftsgrad, etwa Vettern ersten Grades, wählen. Aber wie sollten solche Verwandten bestimmten Grades erkannt werden können?

Nach Bateson (1979) sollte ein Jungvogel die Merkmale seiner Geschwister möglichst erst dann kennenlernen, wenn diese alt genug sind, daß ihre Jugendmerkmale schon genügend verläßliche Information über ihr späteres Aussehen als Adulttier liefern. Das äußere Erscheinungsbild der Küken von Stockenten, Haushühnern und Japanischen Wachteln ändert sich im Laufe der Ontogenese für jede Art in unter-

Abb. 20.9. Änderungen des äußeren Erscheinungsbildes mit zunehmendem Alter bei Stockenten- (oben), Japanischen Wachtel- (Mitte) und Haushuhn-Küken (unten). Die 10 cm-Skala (schattierte Fläche) schrumpft mit steigendem Alter und vermittelt den optischen Eindruck aus der Sicht des Geschwisterkükens (nach Bateson 1979).

schiedlichem Maße (Abb. 20.9). Die sensible Phase der sexuellen Prägung fängt bei der Stockente im Alter von ungefähr vier Wochen an und dauert etwa einen Monat (Schutz 1965). Innerhalb dieses Zeitraumes nehmen die juvenilen Tiere mehr und mehr das Aussehen eines erwachsenen Tieres an. Bei der Japanischen Wachtel (*Coturnis japonica*) findet die sexuelle Prägung innerhalb der ersten Wochen nach der Geburt statt (Gallagher 1977), und von der dritten Woche an erhält das Gefieder die typischen Kennzeichen des Adulttieres. Im Gegensatz dazu benötigt die Entwicklung des Adultgefieders beim Haushuhn einen wesentlich längeren Zeitraum, und die sensible Phase für die sexuelle Prägung liegt hier erst ungefähr in der fünften bis sechsten Woche (Vidal 1976).

Bateson (1979) vermutet daher, daß die zeitliche Lage der sexuellen Prägung eng mit der Entwicklung des Adultgefieders zusammenhängt, so daß es dem juvenilen Vogel möglich ist, eine gute Kenntnis der Merkmale seiner Geschwister zu erwerben. Das scheint aber nur für nestflüchtende Vogelarten zuzutreffen (Immelmann 1985). Bateson (1980) fand heraus, daß Japanische Wachteln Geschlechtspartner mit einer gegenüber ihren Eltern leicht unterschiedlichen Gefiederfärbung bevorzugen. In Gruppen aufgezogene, normalbraune Männchen paarten sich in Auswahlversuchen zwischen braunen und mutierten weißen Weibchen bevorzugt mit den braunen Weibchen. Konnten sie jedoch zwischen zwei braunen Weibchen wählen, von denen das eine eine abweichende braune Farbe, das andere dagegen normal gefärbt und vertraut, d.h. mit ihm aufgewachsen war, so bevorzugten sie das erstere. Es gibt weiterhin Hinweise, daß sich der eurasische Zwergschwan (*Cygnus columbianus bewickii*) ebenfalls nicht mit nahverwandten Tieren verpaart. Diese Schwäne haben unterschiedliche Kopfzeichnungen (Abb. 20.10), wobei jeweils die Mitglieder einer Familie sehr ähnliche Gesichter haben. Verpaarte Zwergschwäne zeigen aber untereinander verschiedene Gesichtsmuster, was nicht mit dem Zufall erklärbar ist (Bateson et al. 1980). Die Jungvögel vermeiden anscheinend Inzucht, indem sie Geschlechtspartner mit einer vom Familienmuster abweichenden Kopfzeichnung auswählen.

Einige Forscher, u.a. Westermark (1891), haben vermutet, daß der Mensch meist einen ihm sozial, psychisch und physisch ähnlichen Ehepartner auswählt (Lewis 1975, vgl. Kapitel 8.4). Andererseits gibt es Hinweise, daß zufriedene Ehen von Partnern geführt werden, die in ihrer Kindheit nicht zusammen aufgewachsen sind. Studien an

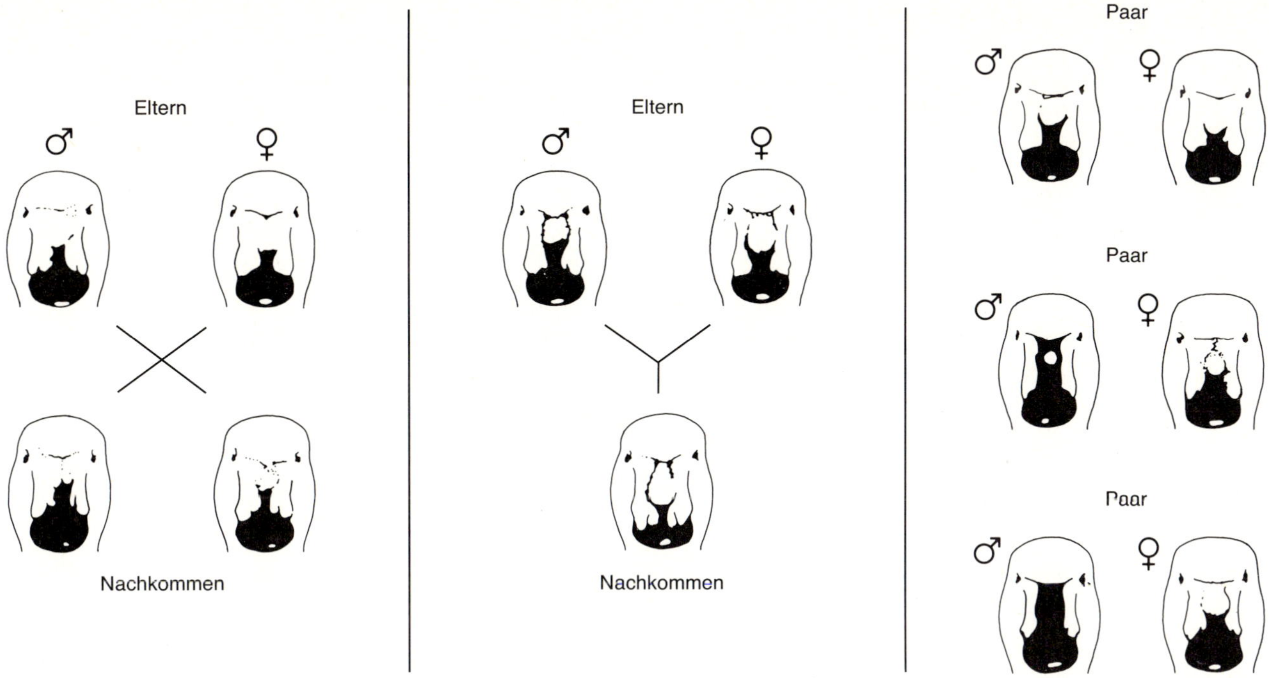

Abb. 20.10. Gesichtszeichnungen des Zwergschwans: Deutliche Ähnlichkeiten der Jungtiere mit den Alttieren (links und Mitte) weisen auf eine vererbbare Komponente des Musters hin. Die Geschlechtspartner zeigen dagegen ein abweichendes Aussehen (rechts), was vermutlich auf eine aktive Exogamie zurückzuführen ist (nach Bateson, Lotwick und Scott 1980).

Ehen auf Taiwan (Wolf 1966, 1970) und in den israelischen Kibbuzims (Shepher 1971) weisen auf ein Fehlen sexueller Attraktivität zwischen Menschen hin, die gemeinsam aufgewachsen sind. So wird auf Taiwan die Braut schon als Kind von der Familie des Bräutigams adoptiert und in vielen Kibbuzims wachsen die Kinder von Geburt an in Gruppen mit Gleichaltrigen auf. In beiden Fällen gibt es einen sozialen Druck auf solche von den Eltern arrangierte Heiraten, obwohl solche Ehen selten erfolgreich sind. Menschliche Beziehungen sind zwar durch soziale Konventionen und Tabus komplexer, es gibt jedoch bei der Partnerwahl einige Hinweise auf eine biologisch verankerte „Negativprägung“.

Merksätze

- Der Instinktbegriff hat sich mit zunehmender Erkenntnis dahingehend geändert, daß das Verhalten sowohl durch die Umwelt als auch durch das Erbgut beeinflußt werden kann.
- Sehr früh schon wurde herausgefunden, daß das Erkennen eines Signalreizes einen speziellen Mechanismus erfordert, den angeborenen Auslösemechanismus (AAM). Diese Auffassung hat viel mit dem Konzept der selektiven Aufmerksamkeit gemeinsam.
- Die Jungvögel vieler Nestflüchter entwickeln kurz nach der Geburt eine Bindung an sich bewegende Objekte. Der Prägungsprozeß tritt während einer bestimmten Zeitspanne, der sensiblen Phase, in der frühen Ontogenese auf.
- Prägung kann Langzeitauswirkungen insbesondere auf spätere sexuelle Präferenzen haben.
- Prägung wurde vielfach als eine besondere Form des Lernens bezeichnet; es zeigen sich jedoch viele Gemeinsamkeiten mit allgemeiner Konditionierung.
- Prägungsvorgänge können zur Entwicklung des Verwandtschaftserkennens beitragen und damit zu einer Auswahlverpaarung mit Inzestvermeidung führen.

Weiterführende Literatur

Bateson, P. P. G. (1979) 'How do sensitive periods arise and what are they for?'. *Animal Behaviour* **27**, 470-486.

Bischof, N. (1973) *Die biologischen Grundlagen des Inzesttabus.* In: Reinert, G. (Hrsg.): Bericht über den 27. Kongress der Deutschen Gesellschaft für Psychologie in Kiel 1970. Göttingen: Hogrefe 115-142.

Gottlieb, G. (1971) *Development of Species Identification in Birds.* University of Chicago Press, Chicago.

Immelmann, K. und S. J. Suomi (1982) Sensible Phasen der Verhaltensentwicklung. In: Immelmann, K., G.W. Barlow, G.W. Petrinovich, L. und M. Main (Hrsg.) *Verhaltensentwicklung bei Mensch und Tier. Das Bielefeld-Projekt.* Parey Verlag, Berlin und Hamburg.

21 Die Übersprungbewegung

Eine Übersprungbewegung ist durch ihre scheinbare Bedeutungslosigkeit hinsichtlich der Situation gekennzeichnet, in der sie auftritt. Beispielsweise kann ein gerade balzendes Stichlingsmännchen plötzlich die Balz unterbrechen und zum Nest zurückschwimmen, wo es Fächelbewegungen ausführt, sogenanntes „Übersprungfächeln" (Abb. 21.1). Im normalen Ablauf der Balz wird das Weibchen zum Nest gelockt, um dort abzulaichen. Anschließend besamt das Männchen die Eier und verjagt das Weibchen aus seinem Territorium. Das Männchen allein übernimmt in den nächsten Wochen die Pflege der Brut und verteidigt sie gegen Feinde. Zu seinen Brutpflegeaktivitäten gehören auch die fächelnden Bewegungen der Brustflossen über dem Nest, damit durch den dauerhaften Wasserdurchfluß sauerstoffreiches Wasser dem Laich zugeführt und Stoffwechselprodukte abgeführt werden.

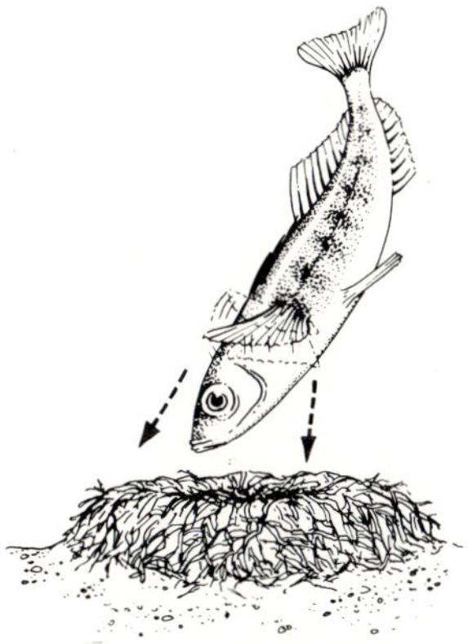

Abb. 21.1. Ein Männchen des Dreistachligen Stichlings beim Nestfächeln.

In einigen Fällen geschieht es auch, daß sich ein brutpflegetreibendes Männchen mit einem weiteren Weibchen paart und dessen Eier ebenfalls im gleichen Nest pflegt. Während der Fortpflanzungssaison kann somit ein Männchen schon Eier in seinem Nest haben, wenn sich ihm ein neues Weibchen nähert. Ein periodisches Aufsuchen des Nestes wäre in diesem Fall zur Erhaltung der älteren Brut sinnvoll. In der Regel befinden sich aber noch keine Eier im Nest, so daß es schwierig einzusehen ist, warum ein Männchen seine Balz unterbrechen sollte, um Fächelbewegungen am Nest durchzuführen. Zum einen treten sie in Abwesenheit eines auslösendes Reizes auf, der normalerweise in der hohen Kohlendioxidkonzentration der unmittelbaren Umgebung des Laiches vorliegt. Zum anderen erfüllt diese Verhaltensweise nicht ihren normalen Zweck, nämlich das Ventilieren der Eier, und es ist auch keine andere mögliche Funktion erkennbar.

Die Häufigkeit des Auftretens solcher unerwarteter und anscheinend irrelevanter Verhaltensaktivitäten stellte die frühen Ethologen vor ein großes Rätsel. In diesem Kapitel werden die verschiedenen Erklärungen für das Übersprungverhalten vorgestellt. Die Erforschung des Übersprungverhaltens ist ein gutes Beispiel für die sich im Laufe der Zeit geänderten Auffassungen der Wissenschaftler über Verhaltensmechanismen. Schließlich leisteten Übersprungbewegungen einen sehr bedeutenden Beitrag zum Verständnis der Ritualisierung von Verhaltensweisen in ihrer phylogenetischen Entwicklung und damit zur Kommunikation zwischen Tieren.

21.1 Ursachen der Übersprungbewegung

Übersprungbewegungen wurden schon früh von einer Vielzahl von Ethologen beschrieben (z. B. Huxley 1914; Makkink 1936; Kortlandt 1940; Tinbergen 1940). Das englische Wort „displacement“ wurde im Sinne des deutschen Wortes „Übersprungverhalten“ zuerst von Armstrong (1947) sowie von Tinbergen und van Iersel (1947) in die ethologische Literatur eingeführt. Tinbergen (1952) kennzeichnete eine Übersprungbewegung anhand folgender Merkmale:

- Übersprungbewegungen sind ähnliche oder von den normalen Mustern abgeleitete, artspezifische Bewegungsfolgen.
- Sie scheinen in der Situation, in der sie auftreten, irrelevant zu sein und in keinem biologischen Zusammenhang zu dem vorher oder nachher gezeigten Verhalten zu stehen.
- Eine Übersprungbewegung scheint immer dann aufzutreten, wenn ein aktivierter Trieb daran gehindert wird, sich durch seine Endhandlung zu entladen.

Abb. 21.2. Beispiele für Übersprungbewegungen: 1) Nistbewegung bei der Silbermöwe unmittelbar vor dem Sich-Niederlassen auf die Eier als Übersprung bei aggressiven Auseinandersetzungen. 2) Abreißen von Gras (als Nistmaterial) während eines Revierkampfes. 3) Schlafstellung beim Austernfischer (rechts) während eines Kampfes. 4) wie 3) beim Avosettschnäbler (links). 5) Übersprung-Sandgraben (Nestbau) beim Dreistachligen Stichlingmännchen während eines Territoriumkampfes. 6) Übersprung-Gefiederputzen während der Balz beim Branderpel, beim Knäkerpel (7), beim Mandarinerpel (8), beim Stockerpel (9) und beim Avosettschnäbler (10, links). 11) Übersprung-Beutefang während der Balz beim Graureiher. 12), 13), 14): Übersprung-Balzbewegungen des europäischen Kormorans während aggressiver Auseinandersetzungen. 15) Übersprung-Futterbetteln bei der Silbermöwe während der Balz. 16) Übersprungpicken beim Kampf zweier Haushähne (nach Tinbergen 1951).

Einige der klassischen Beispiele von Übersprungbewegungen sind in Abbildung 21.2 zusammengefaßt. Kortlandts (1940) und Tinbergens (1940) Erklärungen für Übersprungbewegungen basierten auf dem klassischen Instinktbegriff und der Vorstellung einer für jeden Instinkt eigenen, „aktionsspezifischen Energie". Kortlandt unterschied zwischen **autochthonem** Verhalten, das seine Energie von einem eigenen Trieb erhält, und **allochthonem** Verhalten, das seine Energie von einem Trieb bekommt, der durch andere Aktivitäten in Gang gesetzt wurde. Die Übersprungbewegung wurde somit als allochthones Verhalten angesehen, oder nach Tinbergens Formulierung (1952): „Diese Aktivitäten stellen Öffnungen dar, durch die die Energie entgegengesetzt arbeitender und sich hemmender Triebe in Bewegung abfließen kann." Dieses Konzept wurde im deutschen Schrifttum mit dem Begriff **Übersprung** gekennzeichnet.

Abb. 21.3. Drohhaltung des Dreistachligen Stichlingmännchens, abgeleitet vom Sandgraben, das dem Nestbau vorausgeht.

Weiterhin treten nach Tinbergen (1951) Übersprungbewegungen dann auf, wenn die Entladung eines sehr starken Antriebes auf normalem Weg durch irgendetwas verhindert wird und auf diese Weise ein Überschuß einer Motivation entsteht. Die Ursachen solcher Hemmungen sind nach Tinbergen der Wettstreit zweier stark aktivierter, aber entgegengesetzt arbeitender Triebe und – bei einer sehr hohen Motivation – ein Fehlen externer Stimulation, die die entsprechende Endhandlung auslöst und somit die Triebstärke abbaut. Ein Konflikt kann beispielsweise zwischen dem Kampf- und dem Fluchttrieb entstehen, wenn zwei Reviernachbarn an ihrer gemeinsamen Territoriumsgrenze aufeinandertreffen. Stichlingsmännchen nehmen dann eine senkrechte Körperhaltung ein, wobei der Kopf nach unten zeigt (Abb. 21.3). Tinbergen (1951) identifizierte dieses Verhalten als das Sandgraben, das bei Beginn des Nestbaus auftritt:

„Es ist eine Tatsache, daß Übersprungbewegungen oft in Situationen auftreten, in denen sowohl der Kampf- als auch der Fluchttrieb aktiviert sind. Innerhalb seines eigenen Territoriums attackiert ein Stichlingsmännchen unweigerlich jedes andere Männchen. Außerhalb des Reviers kämpft dasselbe Männchen dagegen nicht, sondern flüchtet vor fremden Artgenossen. An der Grenze ihres Territoriums zeigen zwei Nachbarn während eines Kampfes Übersprungbewegungen. Der nächstliegende Schluß, daß dieses Übersprungverhalten Ausdruck eines Konfliktes zwischen Angriff- und Fluchttrieb ist – eine gleichzeitige Entladung beider Triebe ist aufgrund der antagonistischen Bewegungsmuster nicht möglich –, konnte experimentell nachgewiesen werden (Tinbergen 1940). Bringt man eine rotbäuchige Stichlingsattrappe in das Revier eines Stichlings, so greift dieser die Attrappe unmittelbar an. „Leistet" die Attrappe „Widerstand", indem das Stichlingsmännchen durch Schlage „angegriffen" wird, so kann bei hinreichender Hartnäckigkeit dieser Angriffe die Attrappe den Revierinhaber in seinem eigenen Revier „besiegen". Dieser zieht sich dann zurück und versteckt sich zwischen den Pflanzen. Hält man nun diese Attrappe bewegungslos in dem Revier, so stimuliert sie ständig den Kampftrieb des besiegten Männchens, gleichzeitig beginnt dessen Fluchtbereitschaft zu sinken. Allmählich gewinnt der Kampftrieb die Oberhand, und nach wenigen Minuten greift das Männchen die Attrappe wieder an. Unmittelbar vor dem Angriff aber zeigt das Männchen das Übersprunggraben, also zu einem Zeitpunkt, da die beiden widerstreitenden Triebe im Gleichgewicht stehen. Die Erklärung für das Auftreten solcher Übersprungbewegungen innerhalb von Revierkämpfen dürfte für vergleichbare Fälle allgemein gelten."

Übersprungbewegungen scheinen an einem Gleichgewichtspunkt zwischen zwei miteinander nicht zu vereinbarenden Motivationstendenzen aufzutreten, wie vielfach nachgewiesen wurde. Es ist aber zu beachten, daß Übersprungbewegungen deshalb nicht unbedingt auf einem Überschuß an Motivationsenergie beruhen müssen. Im folgenden werden für das Phänomen der Übersprungbewegung noch weitere alternative Erkärungen aufgezeigt.

Übersichtsarbeiten verschiedener Feldstudien (Tinbergen 1952; Bastock et al. 1953) weisen auf drei verschiedene Situationen hin, in denen Übersprungbewegungen aufzutreten scheinen: 1) Physisches Verhindern von Appetenzverhalten; 2) Verhindern der Endhandlung durch Entfernung ihres Objektes oder Zieles; 3) Gleichzeitige Aktivierung von miteinander nicht zu vereinbarenden Motivationen. Diese Beobachtungen werden durch Laboruntersuchungen unterstützt (McFarland 1965). Das Gemeinsame aller dieser Situationen ist das Unterbinden des gerade ablaufenden Verhaltens, entweder durch physische Gegebenheiten, durch das Ausbleiben erwarteter Auswirkungen des Verhaltens oder durch eine damit nicht zu vereinbarende Aktivität.

Die klassische ethologische Literatur beschreibt Übersprungbewegungen als allochthon, d.h. Übersprungbewegungen werden nicht aufgrund eines eigenen zugrundeliegenden Triebes aktiviert, sondern durch das „Überspringen“ eines der unterdrückten Triebe. Übersprungbewegungen können nach Tinbergen (1951) aber auch spannungslösend sein und somit zum Abbau von nervöser Energie beitragen. Diese Ansicht scheint unmittelbar einzuleuchten. Jeder Mensch spürt in bestimmten sozialen Situationen innere Spannungen, und vermutlich hat das nervöse Rauchen von Zigaretten oder das Herumspielen an Schmuckgegenständen in solchen Situationen eine spannungsabbauende Funktion. Tinbergen (1951) kennzeichnete solches menschliche Verhalten als Übersprungbewegung:

„Einen weiteren Hinweis auf Ähnlichkeiten in der Instinktorganisation bei Mensch und Tier bieten die beim Menschen keineswegs selten auftretenden Übersprungbewegungen. Sie sind aber nicht so leicht zu erkennen wie bei Tieren, denn beim Menschen können auch erlernte Verhaltensweisen im Übersprung auftreten, wie das Anstecken einer Zigarette, das Spielen mit Schlüsseln oder dem Taschentuch usw.. Aber auch angeborene Verhaltensmuster können beim Menschen Erregung entladen. So stellt das allgemein verbreitete und in Konfliktsituationen auftretende Sich-hinter-dem-Ohr-Kratzen ein angeborenes Verhaltensmuster dar. Es ist auffallend, wie häufig gerade Verhaltensweisen aus dem Funktionskreis der Körperpflege (insbesondere der Hautpflege) in Konfliktsituationen auftreten: Frauen beispielsweise fangen an, ihre Frisur unnötigerweise zu richten, Männer drehen am Kinn- oder Schnurbart herum, aber nicht nur bärtige, sondern gerade auch glattrasierte.“

Die frühen Ethologen waren stolz auf ihre objektiven Verhaltensstudien (z. B. Tinbergen 1942), und es ist vielleicht etwas unglücklich, daß sie ausgerechnet bei den Übersprungbewegungen in subjektive Spekulationen verfielen. Wie noch gezeigt wird, ist die Situation, in der Übersprungbewegungen auftreten, keineswegs so einfach zu charakterisieren, wie zunächst angenommen wurde.

Die ersten Zweifel an der klassischen Interpretation der Übersprungbewegungen kamen mit der Entdeckung auf, daß sie nicht völlig allochthon sein müssen. Truthähne z. B. brechen mitten im Kampf ab und zeigen Übersprungpicken oder -trinken (Raber 1948). Welche der beiden Übersprunghandlungen auftritt, hängt davon ab, ob den Tieren gerade Wasser oder Futter zugänglich ist. Andrew (1956 b) wies darauf hin, daß die Gefiederpflege bei Finken als Übersprungbewegung nur durch solche Reize kontrolliert wird, die auch das normale Putzen auslösen. Andrew zeigte, daß das Körperpflegeverhalten leicht durch andere Aktivitäten unterdrückt werden kann, und er nahm deshalb an, daß die auslösenden Reize für Körperpflege ständig vorhanden gewesen sein müssen. Er schloß weiterhin daraus, daß in Konfliktsituationen, wenn sich keiner der beiden primär aktivierten und konkurrierenden Verhaltensbereiche voll durchsetzt, die bis dahin stattfindende Hemmung des Körperpflegeverhaltens hinreichend reduziert wird, so daß nun Übersprungputzen auftreten kann.

Diese **Enthemmungstheorie** wurde noch deutlicher durch die Ergebnisse einer Studie an Seeschwalben untermauert (van Iersel und Bol 1958). In einer Konfliktsituation zwischen Fluchtverhalten und Verbleiben auf dem Nest führten die Vögel eine Wechselfolge verschiedener Gefiederputzbewegungen aus. Dieses Übersprungputzen trat nach Regenfällen wesentlich häufiger auf, da normalerweise das nasse Gefieder den auslösenden Reiz darstellt. Die Forscher vermuteten daher, daß das Gleichgewicht zwischen konkurrierenden Antrieben deren Kräfte verringert, einen weiteren dritten Antrieb zu hemmen, der sich dann in einem entsprechenden Verhalten entladen kann. In ähnlicher Weise zeigen die Untersuchungen des Übersprungfächelns beim Stichling, daß dieses Verhalten immer dann auftritt, wenn sich aggressive und sexuelle Verhaltenstendenzen im Gleichgewicht befinden (Sevenster 1961). Das Auftreten des Übersprungfächelns wurde durch die Nachahmung von sich entwickelndem Laich noch begünstigt, indem dem Nest mit Kohlendioxid angereichertes Wasser zugeführt wurde.

Rowell (1961) untersuchte den Annähern-Meiden-Konflikt beim Buchfinken. Er initiierte diesen Konflikt, indem er entweder eine ausgestopfte Eule präsentierte, die eine Haßreaktion der Buchfinken hervorrief, oder indem er hungrige Vögel durch ein im Futternapf angebrachtes Blinklicht irritierte. Diese Experimente wurden in Vogelkäfigen durchgeführt, die mit mehreren Sitzstangen derart ausgestattet waren, daß sie dem Experimentator Aufschluß darüber gaben, an welchem Punkt sich der Buchfink im Gleichgewicht zwischen Annähern und Meiden befand (Abb. 21.4). Rowell konnte nun nachweisen, daß Übersprungputzen und Schnabelwischen an solchen Gleichgewichtspunkten auftraten und daß diese Verhaltensweisen durch ihre normalen auslösenden Reize beeinflußt werden konnten. So trat sehr viel mehr Übersprungputzen auf, wenn die Vögel vorher mit einer Mischung aus Ruß und Wasser besprengt worden waren. Rowell gab drei Bedingungen für das Auftreten von Übersprungbewegungen an: 1) Es muß ein Gleichgewichtszustand zwischen zwei konkurrierenden Antrieben oder Verhaltenstendenzen vorliegen. 2) Dieses Gleichgewicht darf eine Mindestdauer nicht unterschreiten, damit das Übersprungverhalten ausgeführt wird. 3) Es muß ein adäquater externer Reiz auftreten, der für das normale, d.h. nicht im Übersprung ablaufende Verhalten relevant ist.

In eigenen Arbeiten konnte McFarland (1965) nachweisen, daß ein solcher Motivationskonflikt nicht unbedingt allen Übersprunghandlungen zugrunde liegen muß. So zeigen durstige Lachtauben ebenfalls Übersprungpicken und -gefiederpflege in solchen Situationen, die denen von Rowell in den oben beschriebenen Situationen des Annähern-Meiden-Konfliktes ähneln. Diese Übersprungbewegungen konnten aber ebenso ausgelöst werden, wenn die Tauben durch eine Glasscheibe am Zugang zum Wassernapf gehindert wurden, oder wenn dieser kein Wasser enthielt. Das Übersprungpicken trat verstärkt auf, wenn auf dem Käfigboden Getreidekörner lagen und man die Vögel leicht hungern ließ. Ferner zeigten durstige Tauben, die auf eine beleuchtete Scheibe mit Futterbelohnung konditioniert worden waren, dieses erlernte Verhalten der Nahrungsaufnahme als Übersprungbewegung in solchen Situationen, in denen sie von der Wasseraufnahme abgehalten wurden. Übersprung-

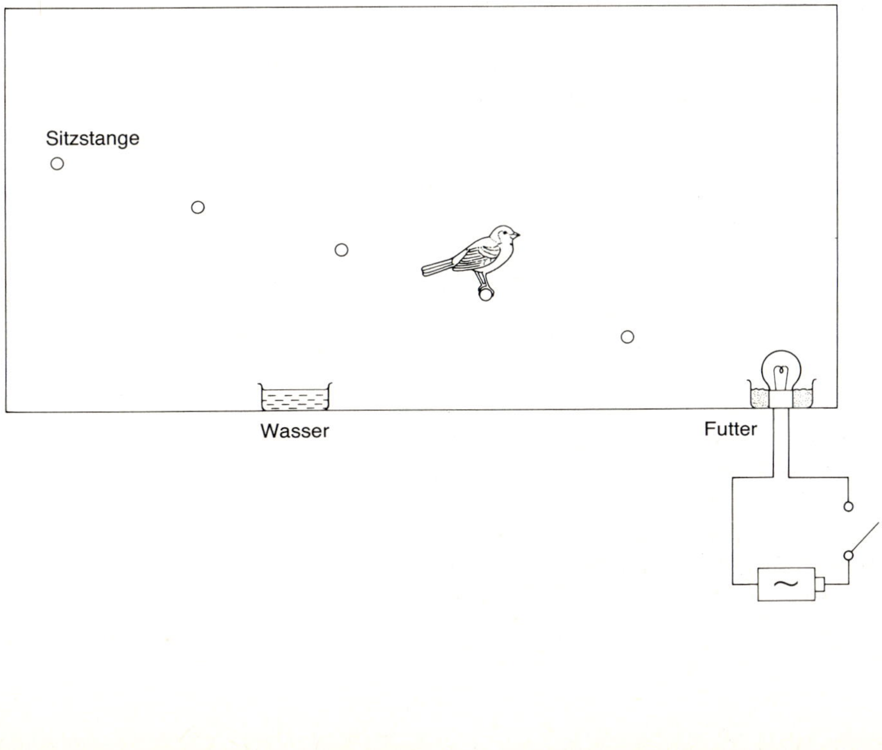

Abb. 21.4. Versuchsanordnung zur Erzeugung des Annähern-Meiden-Konfliktes beim Buchfink. Nähert sich der Vogel dem Futter an, indem er von Stange zu Stange in Richtung des Napfes hüpft, bringt der Experimentator eine Lichtquelle im Futternapf zum Leuchten und initiiert somit ein schwaches Meideverhalten beim Buchfink.

bewegungen müssen daher nicht unbedingt angeboren, sondern können auch erlernte Verhaltensweisen sein.

Das gemeinsame Merkmal von der ursprünglichen Enthemmungstheorie von Andrew (1956b), van Iersel und Bol (1958), Rowell (1961) und Sevenster (1961) und der klassischen Überschußtheorie ist das Auftreten von Übersprungbewegungen im Gleichgewichtszustand einer Konfliktsituation. Beide Theorien unterscheiden sich aber drastisch in der Annahme der Höhe der Motivation für das Übersprungverhalten. Statt die überflüssige Energie durch eine motivational andere Aktivität zu entladen, tritt nach der Enthemmungstheorie das Übersprungverhalten in Reaktion auf seine auch normalerweise auslösenden Reize auf, mit anderen Worten: Die Übersprungbewegung wäre demnach autochthon und nicht allochthon. Für den Konflikt zwischen zwei Motivationen ist die Erzeugung eines kurzen Gleichgewichtszustandes entscheidend, der für beide eine Art „toten Punkt" darstellt, an dem die Übersprungbewegung enthemmt werden kann. Übersprunghandlungen wären somit in der Antriebshierarchie als niedrig einzustufende Aktivitäten, die während der durch Konflikte der Hauptantriebe entstehenden Motivationslücken auftreten können.

Diese frühe Version der Enthemmungstheorie wurde vielfach kritisiert (McFarland 1966b), weil sie auf klassischen Vorstellungen, wie denen von Antrieben oder neuronalen Zentren basiert und als einzige Erkärungsmöglichkeit den Motivationskonflikt heranzieht. Bastock und Mitarbeiter (1953) hatten betont, daß Übersprungbewegungen sowohl in Konfliktsituationen als auch in solchen Situationen auftreten, in denen ein Verhalten durch äußere Gegebenheiten unterbunden wird. Sie vermuteten weiterhin, daß das Fehlen einer Art negativer Rückkopplung ein gemeinsames Kennzeichen für alle Situationen sein könnte, in denen Übersprungbewegungen beobachtet wurden.

21.2 Aufmerksamkeit und Übersprungbewegung

Bastock und Mitarbeiter (1953) boten als Erklärungsmöglichkeit für die Übersprungbewegung einen auf den Grundsätzen des Reafferenzprinzips basierenden Mechanismus an (vgl. Kapitel 14). Danach würde bei Beginn einer Aktivität in dem jeweiligen Gehirnzentrum das Abbild des normalerweise auslösenden Reizes entstehen, das nun durch fehlende sensorische Rückkopplung (im Sinne von erfüllter Erwartung) nicht abgerufen wird. Daraufhin würde sich neuronale Energie anhäufen, die für das Auftreten von Übersprungbewegungen verantwortlich wäre. McFarland (1966 b) übernahm diese Idee, ersetzte aber die Akkumulation der Energie durch einen Enthemmungsmechanismus.

Unterschiedliche Aktivitäten als Reaktion auf einen Reiz hin sind sowohl hinsichtlich ihrer verschiedenartigen Bewegungsabfolgen als auch der damit verbundenen unterschiedlichen Aufmerksamkeit des Tieres nicht miteinander zu vereinbaren. Es gibt deutliche Hinweise, daß Tiere zwei unterschiedlichen Reizkonstellationen nicht gleichzeitig ihre Aufmerksamkeit zuwenden können. McFarland vermutet daher, daß die Aufmerksamkeit teilweise durch die Folgen des ausgeführten Verhaltens kontrolliert wird: Das Tier lernt, welche Folgen in einer gegebenen Situation zu erwarten sind und vergleicht diese Erwartungen, die in Form einer **Efferenzkopie** gespeichert werden, mit den aktuellen Folgen des Verhaltens in einer bestimmten Situation (Abb. 21.5). In einer stabilen Umgebung entspricht die Erwartung des Tieres annähernd den aktuellen Folgen, und der Vergleich beider Werte führt im biokybernetischen Sinn zu einer Null-Differenz von Ist- und Sollwert. Wird aber das Verhalten in irgendeiner Weise gestört, gibt es eine Diskrepanz in der Rückkopplung

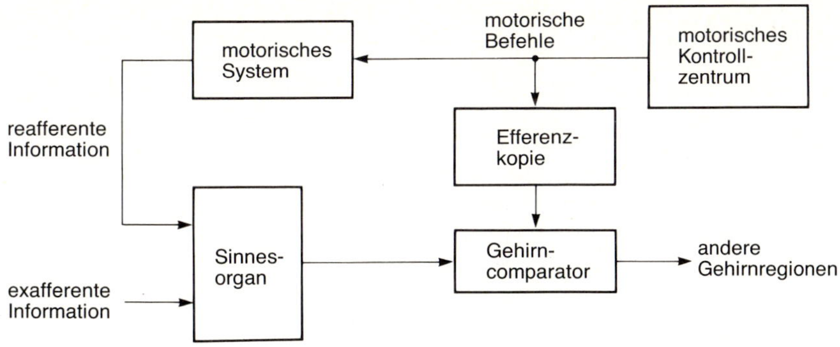

Abb. 21.5. Schematische Darstellung eines Reafferenzsystems.

durch die Folgen des Verhaltens, so daß das Tier seine Aufmerksamkeit von den das jeweilige Verhalten kontrollierenden Reizen abwendet.

Der Abbruch einer Verhaltensabfolge kann durch physisches Unterbrechen, durch einen Motivationskonflikt oder durch eine Nichtbestätigung von Erwartungen auftreten, d.h. in Situationen, die Übersprungbewegungen herbeiführen und eine Rückkopplungsdiskrepanz bewirken (s. Abb. 21.5). Das führt wiederum zu einer Änderung der Aufmerksamkeit des Tieres. Das gerade gezeigte Verhalten wird abgebrochen und ein anderes, das Übersprungverhalten, tritt auf. Die Übersprungbewegung hat jedoch ihre eigene Efferenzkopie, wobei die Folgen dieses Übersprungverhaltens nicht mit dieser Kopie übereinstimmen. Beispielsweise führt das Übersprungpicken bei Vögeln normalerweise nicht dazu, daß Nahrung aufgenommen und gefressen wird (McFarland 1965). Die Übersprungbewegung tritt auch in untypischen Situationen auf, in denen mit dem jeweiligen Verhalten verbundene Erwartungen nicht erfüllt werden. Die Aufmerksamkeit richtet sich daher sehr bald wieder auf die ursprüngliche Aktivität. Auf diesem Weg kann somit die typische kurze Dauer einer Übersprungbewegung und ihr – verglichen mit der normalen Aktivität – unvollständiger Ablauf erklärt werden.

Diese Theorie beruht auf der Vorstellung, daß Frustration die Aufmerksamkeit ablenkt und somit eine Enthemmung von Verhalten bewirkt, das als Übersprungbewegung angesehen wird. Wie in Kapitel 14.3 gezeigt wurde, gelang der Nachweis der Existenz von Aufmerksamkeitsmechanismen durch die Untersuchungen zum Diskriminationslernen bei Tieren. Sutherland (1964) vermutete daher, daß Tiere, die nicht regelmäßig während der Lernübungen belohnt wurden, mehr über zufällige Begleiterscheinungen der Lernsituation lernen, als solche, die permanent belohnt wurden. Bei solchen unregelmäßig belohnten Tieren dauert es länger, das erlernte Verhalten auszulöschen (vgl. Kapitel 17), da sie auf mehr Aspekte der Situation geachtet und folglich mehr gelernt hatten, so daß es mehr auszulöschen galt.

In Erweiterung der Hypothese von Sutherland führt nach McFarland jegliche Störung eines ablaufenden Verhaltens zur Ablenkung der Aufmerksamkeit von den Reizen, die das Verhalten kontrollieren. So konnte in Experimenten gezeigt werden, daß unregelmäßig belohnte Tauben mehr über zufällige Begleiterscheinungen lernen und mehr auf neue Reize reagieren als permanent belohnte Tiere. Fehlende Belohnungen dieser Art begünstigen Übersprungbewegungen, und man kann daher vermuten, daß ein Mechanismus, der durch Frustration die Aufmerksamkeit ablenkt, auch zur Enthemmung von Übersprungverhalten führt. Diese Annahme wird von Befunden gestützt, in denen solche Tauben am längsten brauchen, eine einfache Annäherungsreaktion zu verlernen – und daher aufmerksamer gegenüber zufälligen Begleiterscheinungen sind –, die auch mehr Übersprungbewegungen während der Lernextinktionsphase ausführen.

21.3 Das Enthemmungskonzept

Während es zahlreiche Hinweise dafür gibt, daß Frustration Aufmerksamkeit ablenken kann (McFarland 1966a; McFarland und McGonigle 1967; McGonigle et al. 1967), ist der ursächliche Zusammenhang zwischen der Aufmerksamkeitsänderung und dem Auftreten von Übersprungbewegungen weniger offensichtlich. Die Schwierigkeit besteht hier im Nachweis des Zielobjektes der Aufmerksamkeit eines Tieres von einem Augenblick zum nächsten. Eine Möglichkeit zur Lösung dieses Problems besteht darin, Tests zu entwerfen, die Hinweise für das Auftreten von Enthemmungen liefern und zunächst die Frage beiseite lassen, ob Aufmerksamkeitsverschiebungen für die Enthemmung verantwortlich sind. Wie bereits gezeigt wurde, wird die Enthemmung eines Verhaltens von vielen Autoren (Andrew 1956b; van Iersel und Bol 1958; Rowell 1961; Sevenster 1961) als ein Mittel angesehen, durch das ein bestimmtes Verhalten B kurzzeitig zwischen eine andere Aktivität A (A, B, A) oder zwischen die verschiedenen konkurrierenden Aktivitäten A und C (A, B, C) eingeschoben werden kann. McFarland (1969a) schlug daher vor, sich besser auf die normale Abfolge von Aktivitäten zu konzentrieren, anstatt die Umstände des Konfliktes oder der Verhinderung bei einer Übersprunghandlung in den Vordergrund zu stellen. Sind A und B zwei nicht miteinander vereinbare Aktivitäten, so schließt das Auftreten des einen Verhaltens das Auftreten des anderen aus. Eine derartige Beziehung wird von vielen Ethologen (z. B. Hinde 1966, 1970) als **Hemmung** bezeichnet. Wenn beispielsweise ein Tier das Verhalten A zeigt, ein Verhalten B aber zeigen würde, wenn A nicht möglich wäre, so wird das Auftreten von B durch das Auftreten von Verhalten A gehemmt.

Wie in Kapitel 15 dargestellt wurde, hängt die Stärke einer Tendenz, ein Verhalten auszuführen, von der Kombination innerer und äußerer Kausalfaktoren ab. Angenommen, die Tendenz für ein Verhalten A ist zunächst höher als die für ein Verhalten B (Abb. 21.6). In diesem Fall führt das Tier folgerichtig das Verhalten A aus. Steigt aber die Tendenz für B bei konstanter A-Tendenz, so wird von einem bestimmten Zeitpunkt an die B-Tendenz so stark, daß man einen Wechsel im Verhalten des Tieres (von A nach B) erwarten wird. Könnte darüberhinaus die B-Tendenz derart beeinflußt werden, daß sie schon zu einem früheren Zeitpunkt die A-Tendenz übersteigt, sollte man entsprechend einen zeitlich früheren Verhaltenswechsel erwarten. Diese anscheinend triviale Überlegung führt zu folgender operationaler Definition der **motivationalen Konkurrenz**: „Ein auf Konkurrenz basierender Verhaltenswechsel kann äußerlich daran erkannt werden, daß eine Änderung im Niveau der Kausalfaktoren eines sekundärrangigen Verhaltens zu einer Änderung des Zeitpunktes seines Auftretens führt" (McFarland 1969a). Somit wird, wie noch in Kapitel 25 gezeigt werden wird, auch der Wettstreit zwischen den das Verhalten A und B kontrollierenden Systemen mit in Betracht gezogen. Das System mit der stärkeren Verhaltenstendenz gewinnt die Auseinandersetzung, und sein Verhalten kann daher beobachtet werden. Diese Überlegungen scheinen sehr einleuchtend; sie sind für die Analyse von solchen Situationen wichtig, in denen die Manipulation eines sekundärrangigen Kausalfaktors nicht zu einer Änderung im Auftreten des zugehörigen Verhaltens führt.

Das Auftreten einer sekundärrangigen Aktivität wird von einer Aktivität ersten Ranges gehemmt. Wird diese Hemmung aufgehoben, so kann die sekundärrangige Aktivität wieder auftreten. Diese Überlegung stellt das wesentliche Merkmal des in diesem Kapitel vorgestellten Enthemmungskonzeptes dar. Eine operationale Definition der **Enthemmung**, verdeutlicht anhand von Abbildung 21.6, gibt McFarland (1969a): „Der Zeitpunkt des Auftretens einer enthemmten Aktivität ist unabhängig von der Höhe ihrer Kausalfaktoren." Ein wichtiger Punkt bei dieser Überlegung ist, daß die sekundärrangige B-Tendenz nicht zur plötzlichen Änderung der primären A-Tendenz beiträgt und daher die Stärke der B-Tendenz auch nicht den Zeitpunkt des Auftretens von B bestimmt. Wird die Stärke der sekundärrangigen B-Tendenz ande-

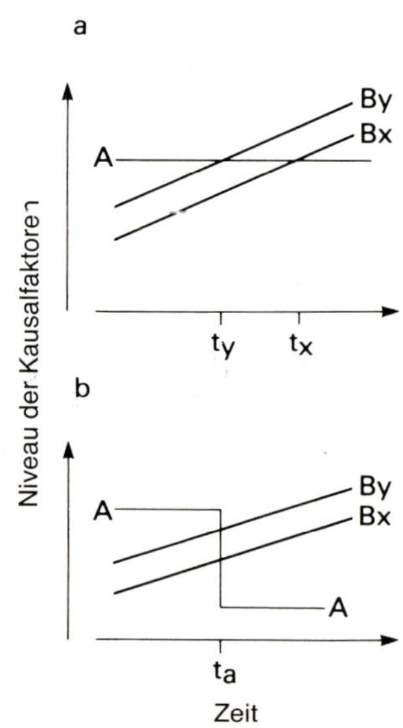

Abb. 21.6. Graphisches Modell zum Enthemmungskonzept a) Situation, in der das Verhalten B ein Verhalten A durch einen Motivationswettstreit verdrängt. b) Situation, in der das Verhalten A ein Verhalten B enthemmt. Wird die Tendenz des Verhaltens B angehoben (von Bx nach By), so ändert sich nur im Fall (a) der Zeitpunkt seines Auftretens, nicht aber im Fall (b).

rerseits genügend angehoben, so übersteigt sie die A-Tendenz, und es kann natürlich ein Verhaltenswechsel beobachtet werden. In diesem Fall müßte das Verhalten B als nicht-enthemmt bezeichnet werden (Abb. 21.6).

Man sollte hierbei beachten, daß diese Definitionen rein operationaler Natur sind und nichts über den Mechanismus einer Enthemmung aussagen. Operationale Definitionen können nur dazu dienen, die Situationen zu kennzeichnen, in denen ein empirischer Test ein bestimmtes Ergebnis liefert. Erhält man ein anderes Resultat, so liegt das untersuchte Phänomen per definitionem nicht vor. Unglücklicherweise wurde die Bedeutung einer operationalen Definition nicht immer hinreichend verstanden. Beispielsweise lehnten einige Forscher das Enthemmungskonzept ab, weil das untersuchte Phänomen trotz vorhandener Voraussetzungen, die normalerweise zu seinem Auftreten führten, nicht erzeugt werden konnte. Die Ansichten über die genauen motivationalen Zusammenhänge der Enthemmung bleiben kontrovers (z. B. Houston 1982; McFarland 1983; Roper und Crossland 1982). Die operationale Definition der Enthemmung kann jedoch nicht aufgrund theoretischer Überlegungen widerlegt werden. Dagegen kann festgestellt werden, ob ein Phänomen auftritt oder nicht und ob die operationale Definition für die Erklärung seines Auftretens hilfreich ist.

Enthemmung wurde als charakteristisch für unterschiedliche Situationen beschrieben (z. B. McFarland und L'Angellier 1966; McFarland 1970b; Halliday und Sweatman 1976). Beispielsweise unterbrechen Tauben oft typischerweise für wenige Sekunden die Nahrungsaufnahme, bevor sie fortfahren, zu fressen. Wird den Tieren in einem Gefäß Wasser angeboten, so trinken sie möglicherweise während einer solchen Futterpause. Der Zeitpunkt des Auftretens der Pause wird aber durch das Vorhandensein von Wasser beeinflußt. Ebenso versuchen Tauben Papierklammern, die an den Handschwingen befestigt wurden, in solchen Pausen zu entfernen; der Zeitpunkt und die Dauer der Pausen hängen aber wiederum nicht vom Vorhandensein der Klammern ab (McFarland 1970 b). Das Wassergefäß und die Papierklammern stellen Beispiele für äußere Reize dar, die die Stärke von sekundärrangigen Aktivitäten, wie Trinken und Gefiederpflege, ändern. Manipulationen an solchen Reizen wirken sich jedoch nicht auf die Zeit des Auftretens dieser Aktivitäten aus (Abb. 21.7). Im Sinne der oben angegebenen operationalen Definition sind solche Aktivitäten also auf eine Enthemmung zurückzuführen. Die Bedeutung dieser Ergebnisse liegt darin, daß die Enthemmung eines Verhaltens einer Situation zugeschrieben werden kann, die weder durch Konkurrenz zwischen motivationalen Tendenzen noch durch Unterbindung von Verhalten gekennzeichnet ist. Diese Ergebnisse legen als eine weitere mögliche Interpretation nahe, daß enthemmte Aktivitäten Teil normaler Verhaltenssequenzen sein können. Motivationale Enthemmung wurde bisher im Verhalten zahlreicher Tierarten gefunden und zwar in Verhaltensabfolgen der Futter-

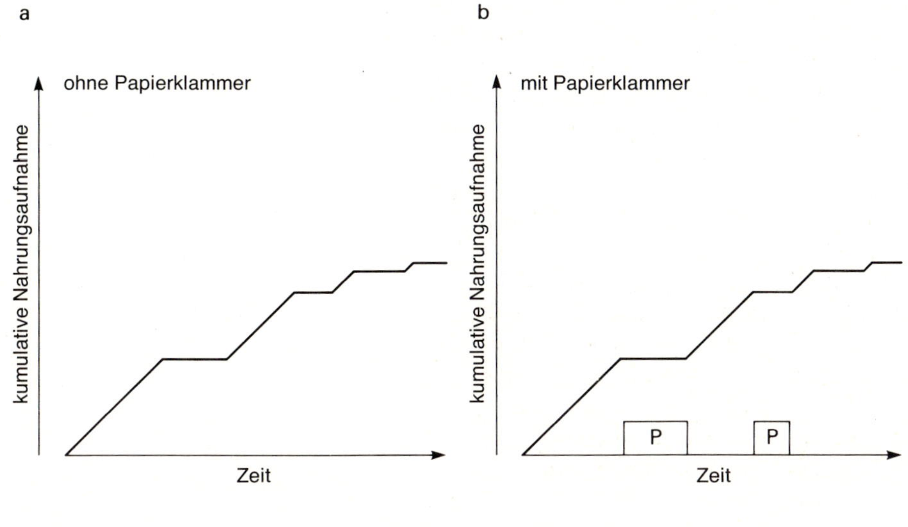

Abb. 21.7. Das Verhaltensmuster der Futteraufnahme hungriger Tauben wird nicht durch Papierklammern, die an den Flügelenden befestigt sind, beeinflußt, obwohl die Vögel während der üblichen Futterpausen versuchen, die Klammern durch Putzen des Gefieders (P) zu entfernen.

und Wasseraufnahme sowie der Balz und Kopulation. Solche Beispiele können daher nicht für die Konflikt- und Frustrationstheorien herangezogen werden, sondern müssen als Teil der normalen Organisation der Verhaltenssequenzen angesehen werden.

Übersprungbewegungen wurden zuerst in Situationen der Konkurrenz und der Unterbindung von Verhalten beobachtet und später auf Enthemmung zurückgeführt. Das bedeutet aber nicht, daß solche Aktivitäten nur in Konflikt- oder Frustrationssituationen auftreten. Die frühen Ethologen hatten keine Mittel, enthemmte Aktivitäten in normalen Verhaltensabfolgen zu identifizieren. Tatsächlich sind enthemmte Aktivitäten auch kaum durch bloße Beobachtung des Tieres zu erkennen. Nur durch Experimente können die beiden Möglichkeiten (a und b nach Abb. 21.6) voneinander getrennt werden. Wie noch in Kapitel 25 gezeigt werden wird, existieren verschiedene Methoden zum Nachweis einer Enthemmung. Diese Methoden enthalten alle bestimmte experimentelle Eingriffe und müssen sich letztlich auf die Art und Weise beziehen, wie die Enthemmung operational definiert wurde.

Welche Schlußfolgerungen kann man nun aus dem Auftreten von Übersprungbewegungen ziehen? Sind sie Anzeichen enthemmter Aktivitäten, die in Konflikt- und Frustrationssituationen auftreten? Oder stellen sie eher besondere Aktivitäten dar, die die Spannung abbauen oder die Frustration lindern? Diese Fragen bleiben unbeantwortet, jedoch zeigt die Geschichte der Erforschung der Übersprungbewegungen deutlich, wie sich seit Beginn der modernen Ethologie die Anschauungen geändert haben.

21.4 Funktionale Aspekte der Übersprungbewegung

Übersprungbewegungen wurden ursprünglich als funktional irrelevant sowie als allochthon, d.h. von einem nicht situationsgemäßen also irrelevanten Antrieb gesteuert, angesehen. Normalerweise scheint Verhalten zu einem Ziel zu führen und mithin eine unverkennbare biologische Funktion zu haben. Ein Verhalten mit keinem eindeutigen Ziel scheint daher funktional irrelevant zu sein. Beispielsweise kann man sagen, daß es das Ziel des Freßverhaltens ist, Nahrung aufzunehmen. Für das Übersprungpicken der Vögel ist es aber kennzeichnend, daß die Nahrung zwar mit dem Schnabel aufgenommen, meistens jedoch eher fallengelassen als geschluckt wird. Folglich scheint das Übersprungpicken insofern funktional irrelevant, als es im Hinblick auf Nahrungsaufnahme seine normale Funktion nicht erfüllt. Andererseits könnte diese Übersprungbewegung jedoch andere Funktionen erfüllen, wie beispielsweise den Abbau motivationaler Spannungen oder die Kommunikation mit Artgenossen.

Übersprungbewegungen treten oft in sexuellen oder aggressiven Auseinandersetzungen auf, also in Situationen, in denen ein Motivationskonflikt wahrscheinlich ist. Da das Übersprungverhalten gewöhnlich im Gleichgewichtspunkt zweier konkurrierender Triebe auftritt, bietet es somit dem anderen an der Auseinandersetzung beteiligten Tier mögliche Informationen. Beispielsweise wurde oben das Übersprunggraben der Männchen des Dreistachligen Stichlings beschrieben, ein Verhalten, das bei Auseinandersetzungen benachbarter Rivalen an ihrer gemeinsamen Reviergrenze auftritt, wenn sich die Verhaltenstendenzen des Angriffs und der Flucht die Waage halten. Es ist möglich, daß Stichlingsmännchen die Reviergrenzen durch das Übersprunggraben der jeweiligen Nachbarrivalen erlernen. In Situationen, in denen diese Art von Komunikation sich als vorteilhaft erweist, bewirkt die natürliche

Selektion sowohl eine effizientere wie auch verläßlichere Form des Verhaltens als Informationsquelle. Der evolutionäre Prozeß, durch den dieses Verhalten zustande kommt, wird als **Ritualisierung** bezeichnet.

Die Ritualisierung stellt einen evolutionären Prozeß dar, durch den Verhaltensweisen dahingehend verändert werden, daß sie eine kommunikative Funktion erhalten. Der Begriff der Ritualisierung wurde von Huxley (1923) eingeführt, aber erst von Tinbergen (1952) in eine umfassende Theorie eingebaut. Die Tatsache, daß Ritualisierung ein evolutionärer Prozeß ist, hat sich erst innerhalb von vergleichenden Studien herausgestellt. Beispielsweise wird das Schnabelwischen in der Balz männlicher Zebrafinken als eine Übersprungbewegung angesehen. Normalerweise tritt Schnabelwischen nach der Futteraufnahme auf, im Balzverhalten aber zeigt ein Zebrafink dieses Verhalten im Gleichgewichtspunkt eines Annähern-Meiden-Konfliktes. Im Verhaltensrepertoire zweier nahverwandter Arten, dem Muskatfink (*Lonchura punctata*) und dem Japanischen Mövchen (*Lonchura striata*), kommt kein Schnabelwischen während des Balzverhaltens vor, aber die Männchen führen in der Balz eine bogenförmige Bewegung mit dem Oberkörper aus, in der der Kopf für wenige Sekunden tief gehalten wird. Die Ähnlichkeit dieser Verhaltensweise mit dem Schnabelwischen und der Kontext, in dem sie auftritt, läßt die bogenförmige Bewegung als eine ritualisierte Form des Schnabelwischens erkennen.

Während des Ritualisierungsprozesses können sich Verhaltensmuster in vielerlei Hinsicht ändern, oft werden sie stereotyp und unvollständig. Ritualisierte Körperpflege („Scheinputzen") beschränkt sich beispielsweise nur auf bestimmte Körperteile. Die Bewegungen werden abgekürzt und deuten daher nur annähernd das ursprüngliche Verhalten an. In anderen Fällen wurden bestimmte Bewegungen zu auffälligen Körperhaltungen reduziert. Beispielsweise ist die Drohhaltung des Dreistachligen Stichlingsmännchens der Körperhaltung beim Sandgraben sehr ähnlich (vgl. Abb. 21.3) und stellt wahrscheinlich eine ritualisierte Form des Übersprunggrabens dar (Tinbergen 1951).

Ein Verhalten, das normalerweise in seiner Intensität sehr variabel abläuft, kann nach dem Ritualisierungsprozeß nur in einer starren, sogenannten „typischen Intensität" auftreten (Morris 1957). So baut der Schwarzspecht (*Dryocopus martius*) seine Nisthöhle mit einem unterschiedlichen Rhythmus seiner Schnabelhiebe (Sielmann 1955). Das Trommeln gegen trockene Äste aber lockt außerdem Weibchen an und signalisiert weiterhin anderen Männchen, daß dieses Revier besetzt ist. Hierbei ist das Trommeln sehr stereotyp und folgt einem präzisem Rhythmus. Ein weiteres abgeleitetes Trommeln tritt beim Bau der Nisthöhle auf: Wenn ein zimmernder Specht abgelöst werden will, fliegt er zum Nesthöhleneingang und klopft mit einem sehr langsamen Rhythmus gegen den Rand der Höhle. Aufgrund dieses Signals kommt sein Partner / seine Partnerin herbeigeflogen und übernimmt das weitere Aushöhlen. Das Trommeln des Schwarzspechts kann somit in seinem normalen Zusammenhang – trommeln, um auszuhöhlen – und in zwei ritualisierten Formen – trommeln, um Weibchen anzulocken und um beim Nestbau abgelöst zu werden – auftreten. Dabei unterscheiden sich die ritualisierten Signale eindeutig voneinander sowie auch von der normalen Form des Verhaltens.

Die Ritualisierung des Verhaltens geht oft mit der phylogenetischen Entwicklung bestimmter Körperstrukturen und -merkmale einher, die die Wirkung des Verhaltens steigern und es auffälliger machen. So stellte Lorenz (1941) fest, daß das Gefiederputzen während der Balz ein in der Entenfamilie allgemein verbreitetes Verhaltensmuster ist. Bei der Brandente (*Tadorna tadorna*) tritt dieses Verhalten während eines Motivationskonfliktes auf und ist eine nichtritualisierte Übersprungbewegung, die dem normalen Gefiederputzen sehr ähnelt (Abb. 21.8). Der Stockerpel (*Anas platyrhynchos*) hebt dagegen nur einen Flügel und beschränkt hier die Gefiederpflege auf das Zeigen des auffälligen, metallisch glänzenden Flügelspiegels (s. Abb. 21.8). Dieses Verhalten ist hinsichtlich zweier Kennzeichen ritualisiert: 1) Es bleibt auf bestimmte Teile des Körpers beschränkt. 2) Es wird durch besonders auffällige Strukturen während des Zeigens verstärkt. Beim Knäkerpel (*Anas querquedula*) sind die Putzbewegungen noch unvollständiger und auf die hellblauen Federn an der Außen-

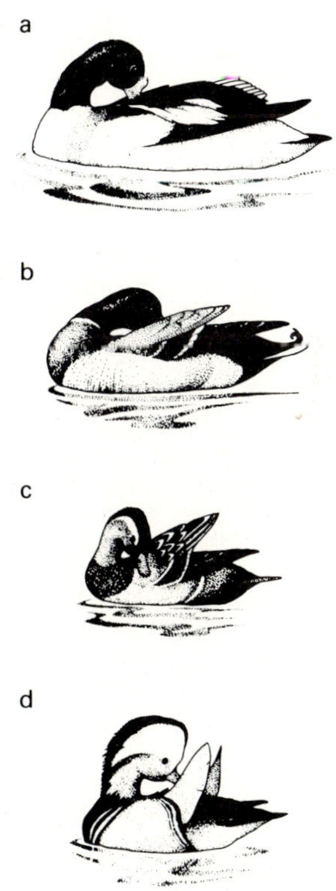

Abb. 21.8. Ritualisiertes Übersprungputzen beim Erpel der Brandente (a), Stockente (b), Knäkente (c) und Mandarinente (d) (aus: *The Oxford Companion to Animal Behaviour,* Oxford University Press 1981).

seite der Flügel beschränkt (s. Abb. 21.8). Dieses „Scheinputzen“ hat die Funktion der Gefiederpflege verloren und täuscht diese nur vor. Beim Mandarinerpel (*Aix galericulata*) ist das Balzputzen am stärksten ritualisiert, der Schnabel berührt nur noch eine vergrößerte rostrote Feder, die vom Körper abgespreizt wird (s. Abb. 21.8). Das Scheinputzen wird beim Mandarinerpel zusätzlich durch eine Federpartie verstärkt, die sich am Hinterkopf und Nacken aufrichtet. Die vergleichende Betrachtung des Verhaltens dieser Entenarten macht eine fortschreitende Ritualisierung der ursprünglichen Übersprungbewegung deutlich und zeigt Entwicklungsmöglichkeiten, die ein Verhalten in seiner Signalwirkung auffälliger und effektiver werden lassen.

Merksätze

- Übersprungbewegungen machen eine besondere Erklärung für ihr Auftreten erforderlich, da sie außerhalb ihres normalen motivationalen Zusammenhanges aufzutreten scheinen.
- In gewisser Weise scheint ein Tier dabei seine Aufmerksamkeit vom gerade durchgeführten Verhalten abzuwenden, um einem anderen, anscheinend irrelevanten Verhalten, freien Lauf zu lassen.
- Dieses setzt voraus, daß das primärrangige Verhalten abgestellt und damit die Übersprungbewegung enthemmt wird.
- Einige Übersprungbewegungen werden als im Laufe der Evolution ritualisierte Verhaltensweisen angesehen, die nun kommunikative Funktionen haben.

Weiterführende Literatur

BAERENDS, G. P. (1975) An evaluation of the conflict hypothesis as an explanatory principle for the evolution of displays. In: BAERENDS, G. P., C. BEER und A. MENNING (Hrsg.) *Function and evolution in behaviour.* Clarendon Press, Oxford, 187-227.

MCFARLAND, D. (1966) On the causal and functional significance of displacement activities. *Z. Tierpsychol.* **23**, 217-235.

TINBERGEN, N. (1940) Die Übersprungbewegung. *Z. Tierpsychol.* **4**, 1-40.

TINBERGEN, N. (1972) *Instinktlehre.* 5. Auflage, Parey Verlag, Berlin und Hamburg.

22 Ritualisierung und Kommunikation

Die frühen Ethologen haben einen beträchtlichen Fortschritt zum Verständnis der Kommunikation unter Tieren geleistet. Die erste wichtige Arbeit, die die Rolle der Kommunikation im emotionalen Ausdrucksverhalten bei Tieren hinreichend betonte, stammt von Darwin (1872). Für viele Jahrzehnte jedoch wurde dieses Arbeitsfeld eigenartigerweise nicht beachtet. Lorenz (1932, 1935) führte den Begriff **Auslöser** ein und verstand darunter solche von einem Tier einer bestimmten Art gezeigten Merkmale, die beim Artgenossen vorhandene Auslösemechanismen aktivieren und bei diesem eine Abfolge instinktiver Verhaltensmuster freisetzen. Hiermit legte Lorenz den Grundstein für die klassische ethologische Betrachtungsweise von Kommunikation unter Tieren, die später Tinbergen (1951, 1953) weiterentwickelte.

Tiere besitzen eine Vielzahl unterschiedlicher Körpermerkmale und Verhaltensäußerungen, die ritualisiert sein können und als Signalreize dienen, auf die Artgenossen instinktiv reagieren. Im sozialen Kontext werden diese Signalreize oft als **soziale Auslöser** bezeichnet. Ein berühmtes Beispiel für einen solchen Auslöser stammt von Tinbergen (1951), der das Futterbetteln eines Silbermöwenkükens beschreibt. Trifft eine Silbermöwe nach der Nahrungssuche am Nest ein, so lockt sie das Jungtier mit Rufen aus dessen Versteck. Das Küken nähert sich daraufhin dem Altvogel und pickt auf einen roten Fleck an der unteren Schnabelspitze. Dieses Picken stimuliert den Altvogel zum Hochwürgen von Futter, welches er anschließend vom Boden in kleinen Stücken aufpickt und dem Küken mit der Schnabelspitze reicht (Abb. 22.1).

Abb. 22.1. Ein Silbermöwenjunges pickt nach dem roten Fleck an der Spitze des elterlichen Schnabels.

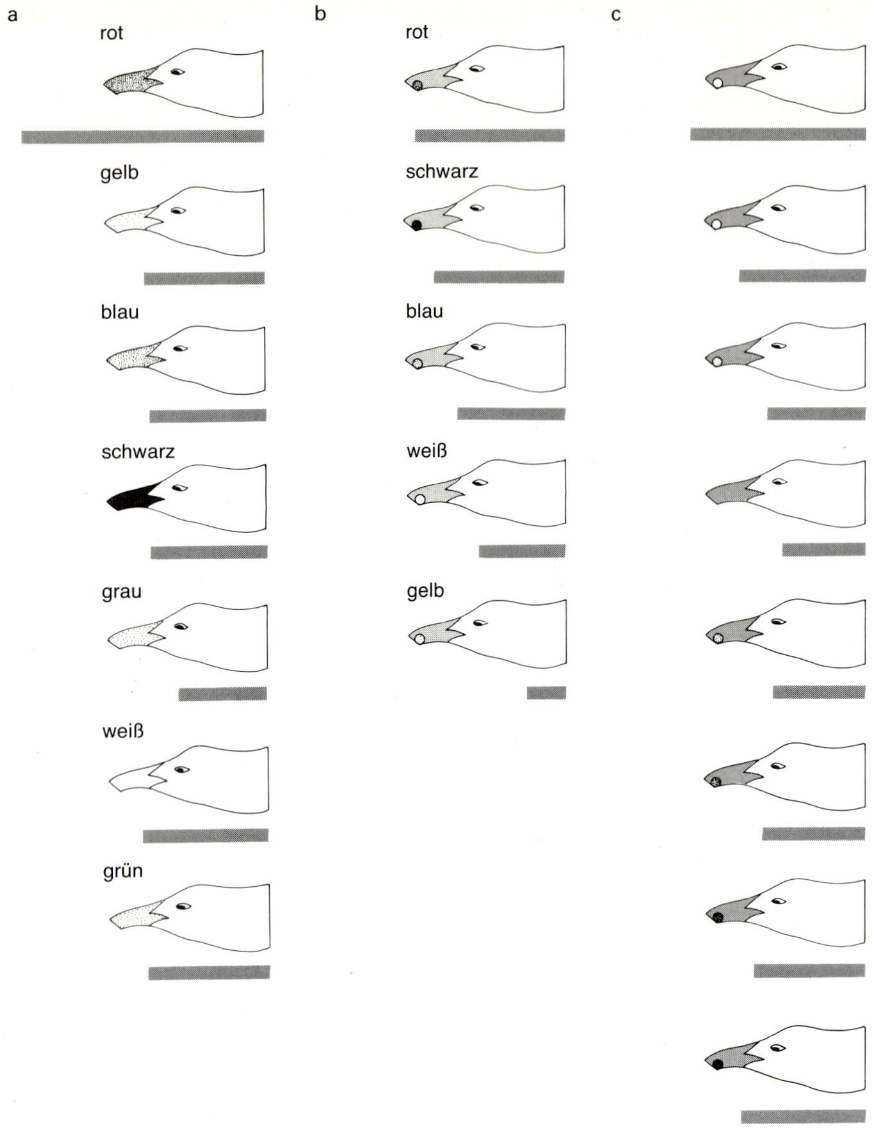

Abb. 22.2. Attrappen eines Silbermöwenkopfes, die in den Experimenten über das Futterbetteln junger Silbermöwen verwendet wurden. Die Länge der grauen Balken zeigt die relative Häufigkeit des Pickens gegen diese Attrappe. a) Kopfattrappen mit verschiedenen Schnabelfarben; b) Kopfattrappen mit gelbem Schnabel und verschiedenen Farben des Unterschnabelflecks; c) Kopfattrappen mit Kontrastunterschieden zwischen dem grauen Schnabel und dem Unterschnabelfleck in acht verschiedenen Graustufen von weiß (oben) bis schwarz (unten; nach Tinbergen und Perdeck 1950).

Das Bettelverhalten der Silbermöwenjungen und seine auslösenden Reize waren das Untersuchungsobjekt intensiver Studien von Tinbergen und seinen Mitarbeitern (z. B. Tinbergen 1949; Tinbergen und Perdeck 1950). Mit Hilfe einer Reihe verschiedener Kopfattrappen aus Zeichenkarton konnte das Auslösen der Pickreaktion bei jungen Silbermöwen qualitativ und anhand der Pickhäufigkeiten auch quantitativ bestimmt werden. Die Attrappen wurden systematisch in Form, Farbe und Musterung geändert (Abb. 22.2). In den Experimenten konnte gezeigt werden, daß die stärksten Pickreaktionen immer dann auftraten, wenn das Modell dicht am Boden gehalten wurde, sich leicht bewegte und mit einem langen, dünnen und abwärtszeigenden Vorsprung versehen war. Die Küken pickten normalerweise mit ihrem Schnabel an die Spitze des Attrappenschnabels, zeigten hier aber die stärksten Reaktionen, wenn dieser mit einem roten Fleck von der Schnabelfarbe kontrastbetont abgehoben war. Die Farbe des Schnabels oder des Kopfes hatte dagegen keine Auswirkungen auf das Futterbetteln des Jungtieres.

Der rote Fleck am Unterschnabel der Silbermöwe stellt einen typischen Signalreiz dar. In der Sprache der klassischen Ethologie „löst er das Bettelverhalten der Jungtiere aus". Diese Art von sozialem Auslöser wurde als Grundlage für soziale Kommunikation unter Tieren angesehen:

„Nach unserem derzeitigen Wissen scheint die soziale Kooperation auf einem System von Auslösern zu beruhen. Dabei ist sowohl die Tendenz des Senders, ein Signal zu liefern, wie auch die Antwort des Empfängers angeboren. Auslöser scheinen immer sehr auffällig und relativ einfach strukturiert zu sein. Dieses Merkmal wird auch in anderen Arbeiten hervorgehoben, in denen die Reize, die angeborenes Verhalten auslösen, als einfache „Signalreize" bezeichnet werden. Es scheint somit, daß die Körpermerkmale und Verhaltensäußerungen, die als Auslöser dienen, an ihre Aufgabe als Signalreiz angepaßt sind" (Tinbergen 1953).

Soziale Auslöser und ihr Erkennen mit Hilfe der angeborenen Auslösemechanismen wurden ursprünglich als artspezifische Merkmale angesehen, die im Laufe der Evolution durch den Vorgang der Ritualisierung entstanden sind. Das Kommunikationssystem hätte sich dann derart entwickelt, daß die Mechanismen des Signalsendens und -empfangens miteinander permanent in Einklang standen. In diesem Kapitel werden die Weiterentwicklungen und die Änderungen dieser für die moderne Ethologie wichtigen Überlegungen vorgestellt.

22.1 Ritualisierung

In Kapitel 21 wurde gezeigt, daß im Laufe der Evolution Übersprungbewegungen ritualisiert werden können und somit Kommunikationsfunktion erhalten. Aber nicht nur die Übersprungbewegung, sondern jedes Verhalten, das eine mögliche Informationsquelle für andere Tiere darstellt, kann ritualisiert werden. So dienen beispielsweise bestimmte Reflexe, zu denen die Verengung der Augen, das Anlegen der Ohren und das Abspreizen der Nackenhaare gehören, dem Schutz der Sinnesorgane in gefährlichen Situationen. Schon Darwin (1872) sah die Bedeutung der damit verbundenen Gesichtsausdrücke für die Kommunikation unter Tieren. Solche Reaktionen liefern anderen Tieren Informationen, die beispielsweise als Anzeichen von Angst oder Wut interpretiert werden können. Diese einfachen Gesichtsausdrücke stellen daher ein gutes Ausgangsmaterial für die Selektion effizienter Kommunikationsstrukturen dar. In ihrer Wirkung kann die Mimik auf verschiedenen Wegen effizienter gemacht werden, so durch Übertreibung, durch gleichzeitig auftretende Laute und durch Gesichtsmerkmale, die die Aufmerksamkeit des Gegenüber auf das Gesicht lenken oder eine Änderung in der Mimik besser hervorheben. Durch das Fehlen von Haaren in Teilen des menschlichen Gesichts wird die Aufmerksamkeit auf die wesentlichen, in der Kommunikation verwendeten Merkmale gelenkt (Abb. 22.3).

Darwin stellte fest, daß gegenläufige Mimik oder Gestik oft Signale mit ebenfalls entgegengesetzter Bedeutung sind. Beispielsweise wird die menschliche Mimik bei entgegengesetzten Motivationen wie Freude und Wut von gegenläufigen Muskelpartien erzeugt. Ebenso ist die Körperhaltung eines wütenden Hundes in vielen Merkmalen entgegengesetzt zu der eines freundlichen Hundes (Abb. 22.4). Darwin (1872) nannte dies das **Prinzip der Antithese**. Schutzreaktionen und ihre Gegenspieler werden als besonders wichtig in der Evolution der Gesichtsausdrücke bei Primaten gesehen (Andrew 1963).

Als ein weiterer Ursprung für ritualisiertes Verhalten gelten die **Intentionsbewegungen**. Das sind unvollständig ausgeführte Verhaltensweisen, die aber einem Artgenossen potentielle Information über eine mögliche Anschlußhandlung liefern. Beispielsweise duckt sich ein Vogel kurz vor dem Abflug, richtet seinen Schwanz auf und zieht seinen Kopf zurück, wie Abbildung 22.5 zeigt. Dieses „Knicksen" kann vor dem Abflug mehrere Male wiederholt werden, aber ebenso auch gar nicht auftreten.

Die Bedeutung der Intentionsbewegungen als Signale für andere Artgenossen wird besonders in einer Studie von Davis (1975) über das Flugverhalten von Tauben

Abb. 22.3. Fototafel aus Darwins Buch *The Expressions of the Emotions in Man and Animals*.

Abb. 22.4. Darwins Prinzip der Antithese, dargestellt am Beispiel der Körperhaltung eines freundlichen (links) und eines wütenden (rechts) Hundes.

deutlich. Davis konnte zeigen, daß eine Taube, die den Schwarm verläßt und dabei die normale Flugintentionsbewegung ausführt, die anderen Tauben nicht beunruhigt. Startet sie jedoch plötzlich ohne jegliche Intentionsbewegungen, so fliegt auch der gesamte Schwarm los. Der Abflug ohne vorhergehende Intentionsbewegung scheint daher als Alarmsignal zu dienen.

Zahlreiche Ethologen haben in ihren Arbeiten ritualisierte Intentionsbewegungen untersucht (z. B. Daanje 1950; Tinbergen 1953; Andrew 1956a). Beispielsweise finden sich solche Elemente im Balzverhalten des amerikanischen Grünreihers (*Butorides virescens*) und der Schellente (*Glaucionetta clangula*). Der von Meyerriecks (1960) untersuchte Grünreiher nistet auf abgestorbenen Bäumen in Mangrovesümpfen. Die Männchen, die im Frühjahr solche Gebiete erreichen, richten Reviere ein, die sie gegen andere Rivalen verteidigen. Das dabei gezeigte Drohverhalten gegenüber Eindringlingen (Abb. 22.6 a) enthält Verhaltenselemente, die aus Intentionsbewegungen des Angriffsverhaltens entstanden sind. Das Männchen nimmt dabei eine horizontale Körperhaltung ein, zeigt mit seinem Schnabel auf den Kontrahenten, spreizt seine Nacken- und Rückenfedern ab und vibriert mit dem Schwanz. Weibchen, die durch Lockrufe eines männlichen Reihers in dessen Revier eintreffen, werden zunächst auch in dieser Weise angedroht. Lassen sich die Weibchen nicht einschüchtern, so ändert sich das Verhalten des Männchens, indem es mit dem „Schnabelklappern" (Abb. 22.6 b) seine Bereitschaft anzeigt, das Weibchen in seinem Gebiet zu tolerieren. Dabei weist der Schnabel diagonal nach unten, wobei Ober- und Unterschnabel zusammengeschlagen werden. Diese Verhaltensweise ähnelt dem Zweigeabbrechen des Männchens beim Nestbau und stellt vermutlich eine ritualisierte Form des Übersprung-Nestbauverhaltens dar.

Wird das Weibchen nun toleriert, so führt das Männchen eine Streckbewegung aus (Abb. 22.6 c), die anscheinend eine ritualisierte Form der Fluchtintention ist. Die Körperhaltung stellt dabei in vielen Details das Gegenstück zur Drohhaltung dar. Während die Drohhaltung von einem durchdringendem Ruf und abgespreizten Federn begleitet wird, die das Aussehen des Vogels vergrößern, tritt die Streckhaltung mit einem leisen Ruf und angelegten Federn auf. In der Drohhaltung wird der Schnabel als die wichtigste Waffe des Vogels auf den Eindringling gerichtet und somit die rotleuchtende Färbung des Schnabelansatzes zur Schau gestellt. In der Streckhaltung wird dagegen die Waffe vom Weibchen weggehalten, womit im Gegensatz

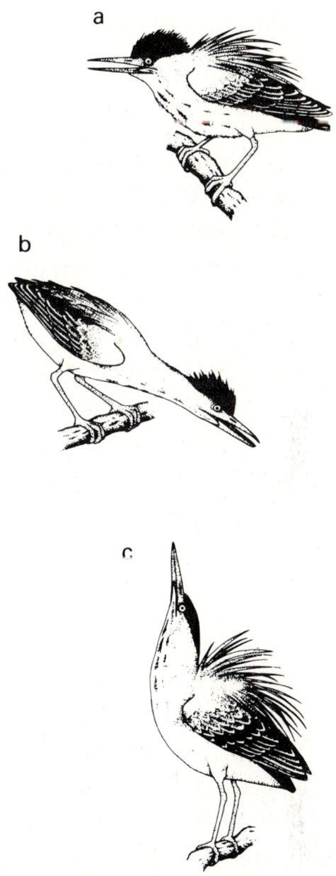

Abb. 22.6. Körperhaltungen des Grünreihers (*Butorides virescens*). a) Drohhaltung, b) „Klappern", c) Streckhaltung (aus: *The Oxford Companion to Animal Behaviour,* Oxford University Press 1981).

Abb. 22.5. Das „Knicksen" in geduckter Körperhaltung mit erhobenem Schwanz (links) und die Absprungphase (rechts) vor dem Abflug ist ein typisches Verhalten bei vielen Vögeln.

zur Drohgebärde eine Beschwichtigung symbolisiert wird. Im Anschluß daran folgt eine Abfolge von Verhaltensweisen, die sowohl vom Männchen als auch vom Weibchen gezeigt werden, wie etwa Schnäbeln und Gefiederpflege. Diese Abfolge ist ein Teil des Balzverhaltens dieser Art, das nach kurzer Dauer mit der Kopulation endet.

22.2 Konflikt

Der Konflikt zwischen verschiedenen Motivationen ist ein möglicher Ausgangspunkt für die Ritualisierung von Verhaltensweisen. Er tritt dann auf, wenn zwei Tendenzen um die Dominanz in der Verhaltenskontrolle konkurrieren (vgl. Kapitel 25). Da sich solche gegensätzlichen Tendenzen im Verhalten nicht miteinander vereinbaren lassen, weicht das Konfliktverhalten von den normalen Aktivitäten stark ab.

Es werden im allgemeinen drei verschiedene Konfliktformen unterschieden, von denen aber nur eine praktisch bedeutsam ist: 1) Der **Annähern-Annähern-Konflikt** liegt vor, wenn zwei simultan auftretende Annäherungstendenzen auf verschiedene Ziele gerichtet sind. Obwohl es für ein Tier möglich ist, den Gleichgewichtspunkt zwischen beiden Tendenzen zu erreichen, ist eine solche Situation nur vorübergehend vorhanden, da jede Abweichung vom Gleichgewicht automatisch eine der beiden Tendenzen ansteigen läßt, was dazu führt, daß das Tier sich diesem Ziel annähert. Die Instabilität dieses Konfliktes wird aufgrund des **Annäherungsgradienten** (Abb. 22.7) hervorgerufen, der anzeigt, daß die Annäherungstendenz an ein Ziel mit dessen Nähe zunimmt. 2) Der **Meiden-Meiden-Konflikt** tritt auf, wenn gleichzeitig zwei Meidetendenzen vorliegen. Da die Tendenz, Objekte zu meiden, gewöhnlich mit der Nähe zu dem Objekt zunimmt (Abb. 22.7), wird ein Tier versuchen, eine Position einzunehmen, in der beide Meidetendenzen gleich stark sind. Anschließend wird es sich der Situation zu entziehen versuchen, indem es sich im rechten Winkel zur Verbindungslinie beider Objekte, also geometrisch auf der Mittelsenkrechten, entfernt. Dieser Konflikt ist daher stabil. 3) Im **Annähern-Meiden-Konflikt** herrscht sowohl eine Tendenz, sich einem Objekt anzunähern, als auch eine Tendenz, dasselbe Objekt zu meiden. In dieser Situation schneiden sich normalerweise Annäherungs- und Meidegradient (Abb. 22.7), d.h. in der Nähe des Objektes ist die Meidetendenz größer als die Annäherungstendenz, während sich dieses Verhältnis bei einer Vergrößerung der Distanz umkehrt. Zwischen diesen Extremen liegt im Schnittpunkt der Gradienten ein Gleichgewicht beider Tendenzen vor, an dem Annäherungs- und Meidetendenz gleich groß sind. Folglich scheint der Konflikt zwischen Annähern und

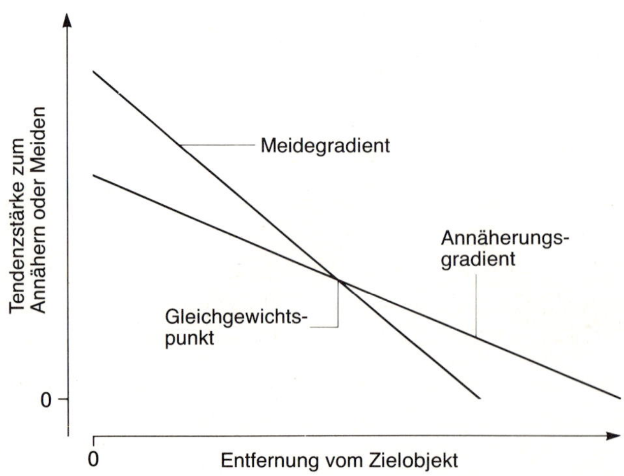

Abb. 22.7. Die graphische Darstellung der Zielgradienten für Annähern und Meiden.

Meiden eine stabile Situationen zu erreichen, da das Tier unabhängig von der Ausgangsposition versucht, sich dem Gleichgewichtspunkt zu nähern.

Der Annähern-Meiden-Konflikt tritt im Verhalten von Tieren sehr häufig auf. Beispielsweise befindet sich ein Männchen des Dreistachligen Stichlings im Konflikt zwischen Flucht und Angriff, wenn es sich in der Nähe seiner Reviergrenze aufhält und hier auf einen männlichen Rivalen trifft. Ebenso kann im Balzverhalten ein derartiger Konflikt auftreten, da sich die Tiere anfangs mit großer Vorsicht begegnen, aber doch sexuell vom anderen Geschlecht angezogen werden. Am Gleichgewichtspunkt einer Konfliktsituation befindet sich ein Tier theoretisch in einer Art Sackgasse, da es unabhängig von der Richtung seiner Bewegungen von den antagonistischen Tendenzen zum Gleichgewichtspunkt zurückgeholt wird. In der Realität herrscht aber jeweils nur eine Tendenz vor, entweder, weil die Furcht des Tieres vor dem Objekt hinreichend gesunken ist, oder weil ein weiterer Motivationsfaktor ins Spiel kommt. Häufig ist aber zu beobachten, daß ein Tier in einem derartigen Konfliktfall zwischen Meiden und Annähern hin und her schwankt oder mit einer ambivalenten Körperhaltung auf der Stelle stehenbleibt. Ein Verhalten, daß verschiedene Komponenten von miteinander in Konflikt stehenden Tendenzen enthält, wird **ambivalentes Verhalten** genannt. Ein Tier kann in einer solchen Situation eine ambivalente Körperhaltung einnehmen, die Komponenten beider konkurrierenden Tendenzen enthält (Andrew 1956c). Füttert man beispielsweise Enten, so nähert sich eine Ente zunächst an, hält aber dann inne, streckt den Hals vor, um das Brot zu erreichen, dreht sich aber gleichzeitig mit dem Körper vom Menschen weg. Wie in Kapitel 21 dargestellt wurde, sind Übersprungbewegungen typisch für solche Konfliktsituationen, wobei sie hier vermutlich im Gleichgewichtspunkt der Verhaltenstendenzen auftreten.

Abb. 22.8. Das „Aufrecht-Drohen" der Silbermöwe.

Der motivationale Zustand eines Tieres ist in einer Konfliktsituation gewöhnlich gut ersichtlich und stellt daher ein hervorragendes Ausgangsmaterial für eine Ritualisierung dar. Viele Ausdrucksbewegungen scheinen aus ritualisierten Anteilen des Konfliktverhaltens zu bestehen und werden auch unter diesem Aspekt analysiert. Beispielsweise enthält das „Aufrecht-Drohen" der Silbermöwe (Abb. 22.8) sowohl Angriffs- als auch Fluchtelemente (Tinbergen 1959). Das Anlegen der Federn, der aufrecht gestreckte Hals und das Seitlichstellen des Körpers sind die Fluchtkomponenten, wohingegen der nach unten gerichtete Schnabel und der angehobene Flügelbug aggressive Verhaltenselemente darstellen.

Die Interpretation des Ausdrucksverhaltens hinsichtlich seines evolutionären Ursprungs und seiner gegenwärtigen Bedeutung steckt aber voller Schwierigkeiten. Trotzdem waren die Ethologen recht erfolgreich, das vielfätige Balz- und Drohverhalten zu analysieren, und zwar im Hinblick auf seine Ambivalenz in Verbindung mit einer relativ geringen Anzahl von Verhaltenstendenzen. Üblicherweise werden drei basale Verhaltenstendenzen definiert, die, wenn sie allein auftreten, zu sexuellem Verhalten, zu Angriffs- und zu Fluchtverhalten führen. Das jeweilige Verhalten tritt jedoch nur selten in „reiner Form" auf, meistens wird es als eine Mischung aus diesen drei zugrundeliegenden Verhaltenstendenzen interpretiert. So wird eine Drohhaltung gewöhnlich auf eine bestimmte Kombination von Flucht- und Angriffstendenzen zurückgeführt. Dieser Ansatz wurde zur Interpretation einer Vielzahl von Verhaltenskomplexen verwendet, so etwa für Balzverhalten, Ablösezeremonien am Nest und Hassen gegenüber Raubvögeln. Die Erkenntnis, daß ein bestimmtes Verhalten aus einem Konflikt hervorgeht, und die Analyse hinsichtlich seiner zugrundeliegenden, nicht miteinander zu vereinbarenden Tendenzen wurden als wesentliches Ergebnis der Konflikttheorie („conflict theory of display"; Baerends 1975) bekannt und kennzeichnen die Arbeiten von Tinbergen (1959, 1962) und seinen Mitarbeitern.

Zur Interpretation des Ausdrucksverhaltens hinsichtlich eines zugrundeliegenden Konfliktes bieten sich vier Argumentationsmöglichkeiten (Tinbergen 1962; Hinde 1966):

1) **Die Situation.** In der Nähe seiner Territoriumsgrenze ist ein Tier z. B. sowohl ängstlich als auch aggressiv, in Gegenwart eines potentiellen Geschlechtspartners kann sein Verhalten ebenfalls zusätzlich noch von einer sexuellen Motivation bestimmt sein.
2) **Das begleitende Verhalten.** Es ist möglich, daß ein Konflikt aufgrund des alternierenden Annäherns und Zurückweichens vor einem Rivalen deutlich sichtbar wird. Dabei kann das Auftreten bestimmter Indikatoren mit der jeweiligen Motivation des Tieres korreliert sein, wie beispielsweise bei männlichen Guppies die Änderungen des Farbmusters, die das Ausmaß der sexuellen Motivation eines Tieres anzeigen.
3) **Das unmittelbar vorangehende oder folgende Verhalten.** Diese Argumentation wurde von Moynihan (1955) angewandt, um die relative Stärke der Flucht- und Angriffstendenzen in verschiedenen Ausdrucksbewegungen der Lachmöwe abzuschätzen (Abb. 22.9). Allerdings treten bei der Anwendung dieser Methode zahlreiche Schwierigkeiten auf. Zum einen kann das unmittelbar im Anschluß an eine Ausdrucksbewegung gezeigte Verhalten eine Reaktion auf das Verhalten des jeweiligen Interaktionspartners sein. Diese Schwierigkeit kann allerdings umgangen werden, indem in die Analyse nur solches Verhalten eingeht, das bei unverändertem Verhalten des Interaktionspartners auftritt oder indem bewegungslose Attrappen in den Versuchsreihen geboten werden. Zum anderen könnte das vorausgehende oder folgende Verhalten eher auf einen Komplex motivationaler Faktoren als auf eine einfache Verhaltenstendenz zurückgeführt werden. Weiterhin ist es möglich, daß das gezeigte Verhalten motivational nichts mit dem Ausdrucksverhalten zu tun hat, wie es beispielsweise beim Übersprungverhalten und auch beim Time-Sharing (vgl. Kapitel 25.4) der Fall ist.
4) **Das Ausdrucksverhalten selbst.** Jede Körperhaltung kann aufgrund seiner Komponenten (Stellung des Kopfes, der Gliedmaßen etc.) analysiert werden. Beispielsweise unterschied Tinbergen (1959) zwischen der aggressiven Drohhaltung der Silbermöwe (s. Abb. 22.8) und einer ängstlichen Drohhaltung, in der der Schnabel mehr waagerecht gehalten wird. McFarland und Baher (1968) konnten die Stellungen der Federn in verschiedenen Körperregionen einer Taube mit aggressiven oder defensiven Verhaltenszuständen korrelieren und nachweisen, daß diese sich von den Federbewegungen unterscheiden, die auf Außentemperaturänderungen zurückzuführen sind (Abb. 22.10). Ein Artvergleich kann solche Hinweise in vielen Fällen noch untermauern. So zeigt die Silbermöwe während eines Kampfes das Flügelschlagen, und in der aufrechten Drohhaltung tritt das Anheben des Flügelbugs in ähnlicher Form auf wie in der Vorbereitung zum Kampf. Skua-Raubmöwen (*Stercorarius skua*) zeigen dagegen kein solches Flügelschlagen in aggressiven Auseinandersetzungen, und ihre aufrechte Drohhaltung enthält auch nicht das Anheben des Flügelbugs.

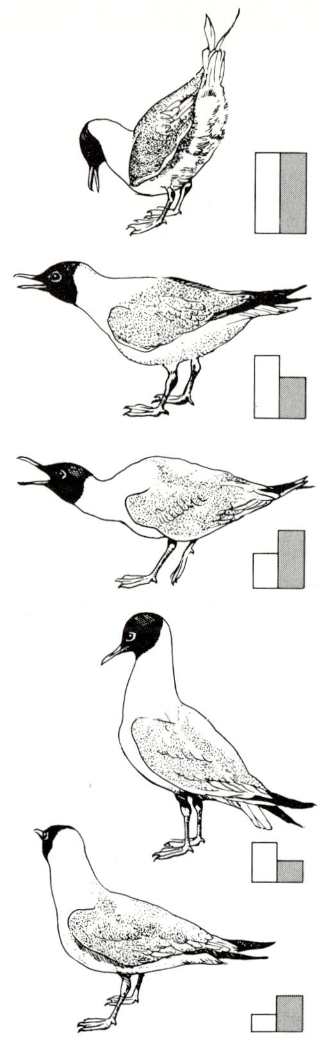

Abb. 22.9. Drohhaltungen der Lachmöwe. Die unterschiedlichen Haltungen werden mit Gleichgewichtsverschiebungen zwischen der Angriffs- (dunkler Balken) und Fluchttendenz (heller Balken) gedeutet (nach Moynihan 1955).

Während solche Beweisführungen oft herangezogen werden, um plausible Hinweise auf Motivationen von Ausdrucksverhalten zu erhalten, finden sich doch auch manchmal Zirkelschlüsse in der Argumentation. Hinweise aus Freilandbeobachtungen konnten in einigen Fällen durch Laborexperimente bekräftigt werden. Hinde (1952) beschreibt unterschiedliche Drohhaltungen der Kohlmeise (*Parus major*), die er bei Auseinandersetzungen an ihren Reviergrenzen beobachten konnte. Diese Drohhaltungen werden in Abbildung 22.11 zusammenfassend dargestellt. Hinde nahm an, daß die Drohhaltung durch gleichzeitige Erregung des Angriffs- und Fluchtverhaltens verursacht wird. Blurton-Jones (1968) versuchte daraufhin, diese Hypothese in Experimenten zu testen, in denen die Verhaltenstendenzen der Flucht und des Angriffs unabhängig voneinander manipuliert wurden.

Zu Beginn seiner Studie beobachtete Blurton-Jones die Vögel in nicht kontrollierten Situationen, die er mit Hilfe des oben beschriebenen Argumentations-Schemas (Punkte 1-4) analysierte. Aufgrund sehr sorgfältiger Überlegungen kam er zu dem Schluß, daß der Drohhaltung dieselben kausalen Faktoren zugrunde liegen wie dem Angriff, daß dagegen die Faktoren, die normalerweise eine Flucht verursachen,

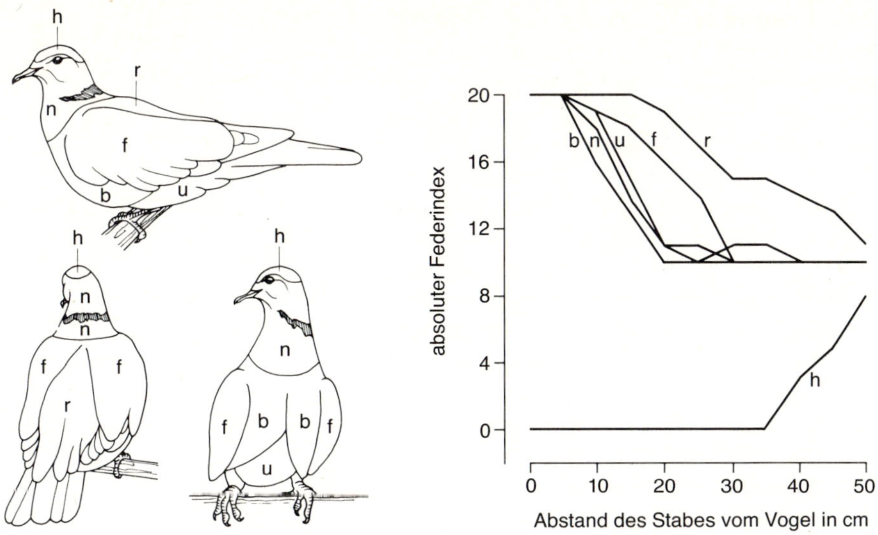

Abb. 22.10. Federstellungen der Lachtaube (*Streptopelia risoria*). Um einen einheitlichen Maßstab für die Federstellungen zu erhalten, wurde der Körper in einzelne Bereiche unterteilt und die Federstellung innerhalb eines Bereiches einmal pro Minute registriert. Den verschiedenen Federstellungen wurden eine jeweils unterschiedliche Anzahl von Einheiten zugeordnet und diese über 10 Testsituationen summiert, so daß ein Minimum Null Einheiten (voll angelegt) und ein Maximum 20 Einheiten (voll abgespreizt) entspricht. Während die Vögel auf dem Nest saßen, wurde ihnen in der Testsituation ein Holzstab alle zwei Minuten um 5 cm näher gebracht. Die Vögel reagierten mit einer Abwehrhaltung, die durch systematische Änderungen der Federstellungen einzelner Körperregionen charakterisiert werden kann. h, Haube; n, Nacken; r, Rückenregion; u, Bauchregion; f, Flügel; b, Brust (nach McFarland und Baher 1968).

wenig zum Ausdruck des Drohens beitragen. Blurton-Jones behauptete weiterhin, daß Drohverhalten dann auftritt, wenn zwar die kausalen Faktoren für Angriff vorherrschen, ein solcher aber durch Fluchttendenzen oder andere Faktoren verhindert wird. Die Tendenz, an einem Ort zu bleiben um zu fressen, wurde mit dem Anteil waagerechter Körperhaltungen in Beziehung gesetzt, im Gegensatz zu den Kopfhoch- und Kopf-tief-Stellungen. Es scheint daher, daß die Ausführung der Drohhaltung von den Umständen beeinflußt wird, die einen Angriff verhindern.

In einer experimentellen Analyse wurden die einzelnen Tendenzen des Angriffs-, Flucht- und Freßverhaltens unabhängig voneinander beeinflußt. Ein Angriff konnte durch Vorstrecken eines Bleistiftes in Richtung des Vogels ausgelöst werden. Er war von der Kopf-tief-, Horizontal- und Kopf-hoch-Stellung sowie dem Abspreizen der Flügel begleitet. Flucht wurde durch eine kleine Glühbirne hervorgerufen und trat zusammen mit dem Abspreizen der Haube sowie Gefiederplustern auf. Das Anbieten von Futter löste eine hüpfende Annäherung und anschließende Futteraufnahme aus. Indem Blurton-Jones diese Reize den Tieren simultan bot, konnte er künstliche Konfliktsituationen erzeugen. Das gleichzeitige Bieten von Reizen, die Angriff und Flucht verursachen, führte zum Angriffs-Flucht-Konflikt, in dem das Angriffsverhal-

Abb. 22.11. Körperhaltungen der Kohlmeise (*Parus major*), die während Revierstreitigkeiten auftreten. Normale, entspannte Haltung (a), die sich graduell in eine „Kopf-tief-Stellung“ (b-d) oder in eine „Kopf-hoch-Stellung“ (e-g) ändert. Die horizontale Körperhaltung (h, i) wird manchmal von einem Flügelabspreizen begleitet (j, k) (nach Blurton-Jones 1968).

ten überwiegend reduziert wurde und die Kopfhoch-Haltung sowie andere Drohhaltungen zunahmen. So kann eine langandauernde Angriffsabfolge in Drohverhalten übergehen, wenn dem Vogel ein fluchtauslösender Reiz außerhalb des Käfigs geboten wird, wo der Vogel ihn nicht erreichen kann. Dieser Befund unterstützte eine Schlußfolgerung aus dem Beobachtungsteil der Studie, daß alle Reize, die in Gegenwart des angriffsauslösenden Reizes den Angriff stoppen, die Drohhaltung hervorrufen. Dieses Ergebnis sollte nach Blurton-Jones nicht zu erwarten sein, wenn die Drohhaltungen nicht-ritualisierte Kombinationen der Flucht- und Angriffskomponenten darstellen. Das Ausdrucksverhalten könnte allerdings in solchem Ausmaß ritualisiert sein, daß es nicht mehr durch Fluchttendenzen, sondern nur noch durch Angriffstendenzen beeinflußt wird. Weiterhin kann sich ein Ausdrucksverhalten von seinen ursprünglichen kausalen Faktoren völlig loslösen und neue, von den alten abweichende kausale Faktoren erwerben. Das scheint jedoch bei den Drohhaltungen der Kohlmeise nicht geschehen zu sein. Sowohl die reinen Beobachtungen als auch die experimentellen Befunde deuten darauf hin, daß den Drohgebärden im wesentlichen die gleiche Motivation wie dem Angriffsverhalten zugrunde liegt, obwohl das genaue Aussehen des Ausdrucksverhaltens von den jeweiligen Umständen abhängt.

22.3 Interspezifische Kommunikation

Tiere, die eng mit dem Menschen zusammenleben, verhalten sich oft so, als ob sie in ihm einen Angehörigen ihrer eigenen Art sehen. Haustierhaltern bieten sich daher unzählige Möglichkeiten, derartiges Verhalten zu beobachten. So braucht der Besitzer einer Schildkröte oft eine lange Zeit, um zu erkennen, daß diese mit seinen Schuhen zu kopulieren versucht. In den Zoos verhalten sich männliche Riesenkänguruhs manchmal so, als ob sie die aufrechte Haltung des Wärters als Kampfaufforderung betrachten. Bewegt sich der Wärter dagegen in gebückter Haltung, wie sie für friedliche Känguruhs charakteristisch ist, so kann eine aggressive Auseinandersetzung vermieden werden (Hediger 1964). In ähnlicher Weise behandeln viele Menschen umgekehrt das Tier wie einen Menschen. Sie reden mit ihren Haustieren und putzen sie manchmal auf Menschenart heraus, indem sie z. B. deren Fuß und Fingernägel mit Nagellack bemalen. Die Tendenz, den Tieren menschliche Eigenschaften zuzuschreiben (**Anthropomorphismus**), resultiert wahrscheinlich aus einem instinktiven Erkennen von bestimmten Signalreizen, die im menschlichen Sozialverhalten eine wichtige Rolle spielen. So ist beispielsweise die Kopfform eines Menschenbabys ein wichtiger Faktor für das Auslösen des Fürsorgeverhaltens beim Erwachsenen, und es wird oft behauptet, daß der Mensch entsprechend auf ähnliche Merkmale bei jungen Tieren reagiert (Abb. 22.12). Solche den Menschen ansprechenden Merkmale werden daher meist in übertriebener Form in Cartoons und Anzeigen angewandt.

Zusätzlich zu der kaum zufälligen Ähnlichkeit zwischen den Merkmalen der einen Art und den Signalreizen einer anderen gibt es eine Fülle von Beispielen, in denen die natürliche Selektion die interspezifische Kommunikation begünstigt hat. Beispielsweise gibt es zahlreiche gemeinsame „Erfindungen" der Beutetiere in ihren

Abb. 22.12. Gemeinsame, artübergreifende Juvenil-Merkmale sind das kurze Gesicht, eine runde Kopfform und eine hohe Stirn.

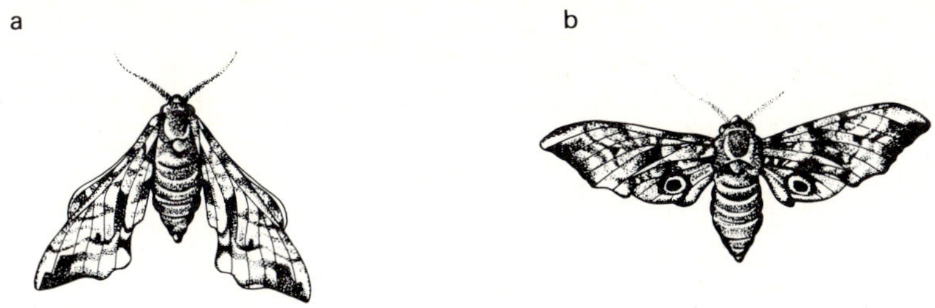

Abb. 22.13. Schwärmer in Ruhestellung (a) und die Augenflecken zeigend (b) bei Störung durch einen Räuber.

Verhaltensstrategien gegenüber Raubtieren. Wenn ein Beutetier von einem Räuber entdeckt ist, nehmen viele Tiere eine Haltung ein, die den Räuber abschrecken soll. In einigen Fällen ist dieses Verhalten reiner Bluff. Beispielsweise stellen während der Ruhe aufgescheuchte Tag- und Nachtfalter plötzlich die Augenflecken auf dem hinteren Flügelpaar zur Schau. Solche Augenflecken finden sich auch bei Tintenfischen, Kröten und Schmetterlingsraupen (Abb. 22.13). Einige Forscher (z. B. Blest 1957; Coppinger 1969, 1970) konnten experimentell zeigen, daß das plötzliche Auftreten greller Farben insektenfressende Vögel kurzfristig einschüchtern und dem Falter damit eine Fluchtchance bieten kann.

Ebenso haben Augenflecken, ob permanent oder nur zeitweise zur Schau gestellt, einen vermutlich aufgrund ihrer Ähnlichkeit mit Merkmalen der Raubfeinde des Vogels abschreckenden Effekt. Blest (1957) bot Vertretern verschiedener Vogelarten, wie Buchfinken, Ammern und Meisen, auf einer Schachtel tote Mehlwürmer als Futter an. Als die Vögel an diese Situation gewöhnt waren, testete er die Wirkung verschiedener Augenfleckmuster. Sobald sich der Vogel auf der Schachtel niederließ, wurde durch einen Stromkontakt ein Augenfleckmuster zu beiden Seiten des Mehlwurms sichtbar. Blest fand heraus, daß kreisförmige Muster in ihrer Einschüchterungswirkung auf den Vogel effektiver waren als kreuzförmige; je mehr das Muster einem Auge ähnelte, desto eher konnte Fluchtverhalten ausgelöst werden (Abb. 22.14). Allerdings gewöhnten sich die Vögel sehr schnell an die Augenflecken, so daß es für ein Insekt vorteilhaft erscheint, seine Augenflecken im Normalfall zu verbergen, um sie nur in einer bedrohlichen Situation zu präsentieren.

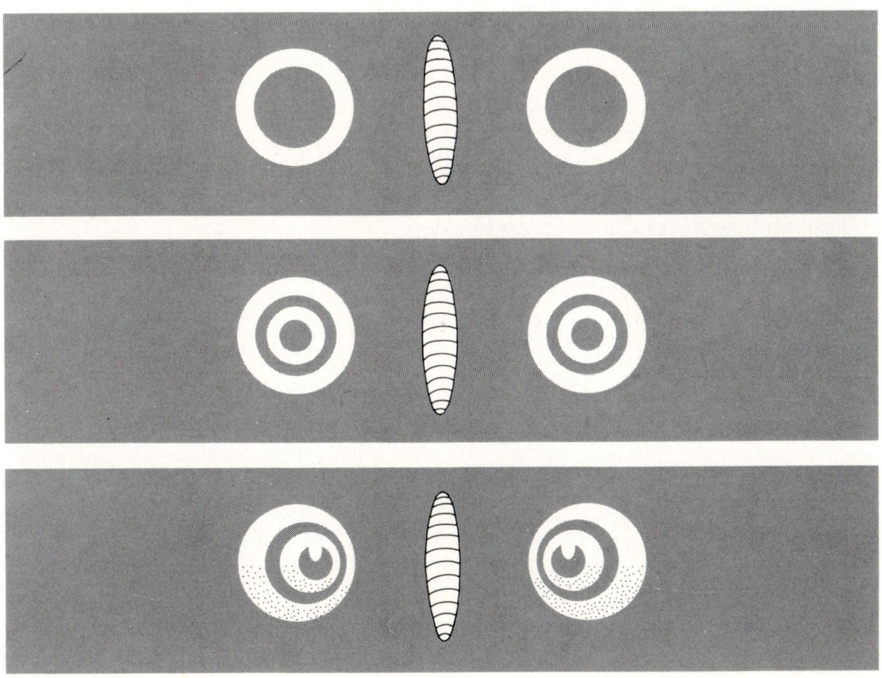

Abb. 22.14. Drei der von Blest (1957) in seinen Experimenten verwendeten Augenfleckmuster. Landet ein Vogel auf der Apparatur, um den in der Mitte liegenden Mehlwurm zu fressen, werden durch einen Stromkontakt die Muster zu beiden Seiten des Wurms sichtbar. Die Vögel werden am wenigsten durch die oberen Augenmuster, am stärksten durch die unteren eingeschüchtert.

Abb. 22.15. Die giftige Harlekin-Korallenschlange *Micrurus fulvius* (links) und die ungiftige Königsnatter *Lampropeltis elapsoides* (rechts) (nach Edmunds 1974).

Das Darbieten der Augenflecken stellt eine Form der Mimikry von Signalreizen anderer Arten dar. Viele Ausdrucksformen sind täuschende Nachahmungen solcher Körpermerkmale oder Verhaltensweisen mit Signalwirkung. Der Säbelzahn-Schleimfisch (*Aspidontus taeniatus*) ahmt das ausgeprägte Farbmuster des Putzerlippfisches (*Labroides dimiatus*) nach und täuscht somit größere Fische, die ihm deshalb erlauben, sich ihnen anzunähern. Anstatt aber Parasiten zu entfernen, wie es der Putzerfisch tut, beißt der Säbelzahn-Schleimfisch Fetzen aus der Haut der großen Fische und verschwindet. Ein weiteres Beispiel ist die Mimikry von Farbmustern und Warnsignalen giftiger Schlangen. So ahmt die harmlose Königsnatter (*Lampropeltis elapsoides*) das charakteristische Farbmuster aus roten, gelben und schwarzen Bänderungen der sehr giftigen Harlekin-Korallenschlange (*Micrurus fulvius*) nach (Abb. 22.15). Die giftige afrikanische Sandrasselotter (*Echis carinata*) warnt Feinde, indem sie ihren Körper in vielen Windungen aneinanderlegt und durch Aneinanderreiben ein Rasselgeräusch erzeugt. Dieses Warnverhalten wird von einigen harmlosen Eierschlangen der Gattung *Dasypeltis* täuschend nachgeahmt (Abb. 22.16). Ebenso gibt es auch höhlenbrütende Vögel, die bei einer Störung wie eine Schlange zischen. Da es in der Bruthöhle dunkel ist, können räuberische Säugetiere abgeschreckt werden, obwohl der Vogel optisch keineswegs der Schlange ähnelt (Hinde 1952). Die Raupen einiger Schwärmerarten besitzen Strukturen am Kopf, die dem Kopf einer Schlange ähneln (s. Abb. 1.3). Wird die Raupe gestört, bläht sie ihren Schlangenkopf auf, bewegt ihn hin und her oder sogar auch in Richtung auf den Räuber zu (Wickler 1968; Edmunds 1974).

Mimikry ist eine Form der Täuschung. Das Darbieten von Augenflecken oder von schlangenähnlichen Gebilden bietet in einem solchen Ausmaß Schutz, wie der Räuber diesen Gefahr signalisierenden Reizen gegenüber adäquates Verhalten zeigt. Ist die Beute jedoch in Wirklichkeit nicht gefährlich, so wird der Räuber getäuscht. Ein weiteres Beispiel für die Vortäuschung eines Signals bietet der Anglerfisch (*Lophius piscatorius*), der einen wurmartigen Köder an einem stilförmigen Körperanhang bewegt (Abb. 22.17). Nähert sich ein neugieriger Fisch diesem Köder, so wird er vom Anglerfisch gefressen. Täuschung hat sich im Laufe der Evolution aus Situationen heraus entwickelt, in denen die natürliche Selektion bestimmte Entwicklungen bei einer Art begünstigt hat, die die Mitglieder einer anderen Art zu einem für diese Art nachteiligen Verhalten „verführt". Die jeweiligen „Opfer" werden allerdings im Verlauf ihrer evolutionären Entwicklung ebenfalls Mechanismen ausbilden, mit Hilfe derer Nachahmungen und Täuschungen besser erkannt werden können. Das könnte allerdings wiederum zu einer Steigerung der Effektivität der Mimikry führen. Solange das Nachahmungsmodell im Vergleich zum Nachahmenden hinreichend übereinstimmende Merkmale aufweist, hat die zu täuschende Art kaum eine

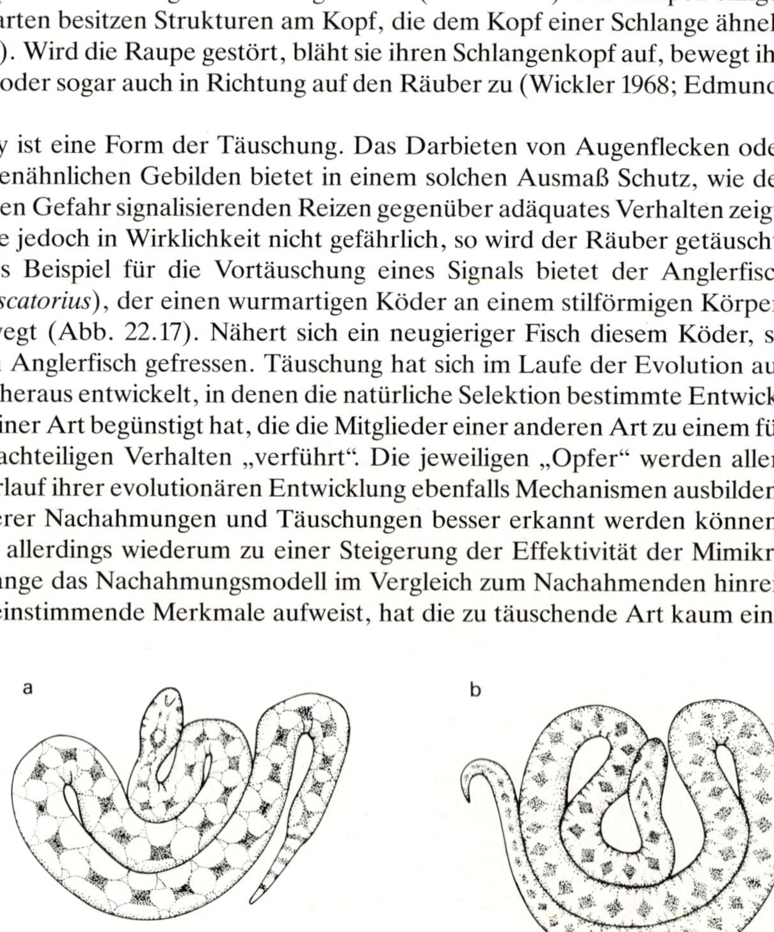

Abb. 22.16. a) Das „Einrollen" der giftigen Sandrasselotter *Echis carinata* und b) die Nachahmung durch eine harmlose Eierschlange der Gattung *Dasypeltis* (nach Edmunds 1974).

Chance, dieser Täuschung zu entgehen. Da wurmartige Objekte eine häufige Beuteform darstellen, kann der Anglerfisch leicht das Beute-Erkennungssystem seiner Opfer ausnutzen. Um aber echte Beute von vorgetäuschter unterscheiden zu können, würde das Opfer für die Inspektion jedes Beuteobjektes sehr viel mehr Zeit benötigen, was natürlich zu Lasten der Effizienz der Nahrungssuche ginge. Vorausgesetzt, daß die gefährliche „Beute" gegenüber der echten nicht zu häufig auftritt, wird die natürliche Selektion zu einem Kompromiß führen: Ist das Risiko, einer gefährlichen „Beute" zu begegnen, gering, so kann es durch den Nutzen einer effizienten Nahrungssuche wettgemacht werden. Im Fall der Mimikry als Beispiel für eine Form der interspezifischen Kommunikation ist es folglich wichtig, zu erkennen, daß die Selektionskräfte auf die jeweils beteiligten Arten in entgegengesetzter Weise wirken.

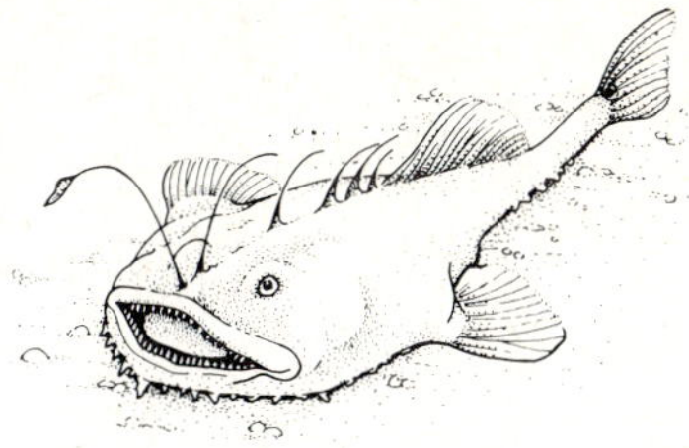

Abb. 22.17. Der Anglerfisch *Lophius piscatorius*.

Solche Situationen, in denen die Kommunikation zwischen verschiedenen Arten zu beidseitigem Nutzen führt, entstammen meist einer symbiotischen Lebensgemeinschaft. Eine Form der **Symbiose** stellt der **Kommensalismus** dar, in der eine Art von einer gemeinsamen Beziehung mit einer anderen Art profitiert, die andere Art jedoch keinen Schaden erleidet. Beispielsweise begleitet der Trompetenfisch (*Aulostomus* spec.) manchmal Schulen des Doktorfisches, wobei er dessen gelbe Farbe als Tarnung benutzt, um sich kleineren Beutefischen annähern zu können. Der Trompetenfisch schießt plötzlich hinter dem Doktorfisch hervor und überwältigt seine Beute. Für den Doktorfisch ergeben sich aus dieser Beziehung weder Vor- noch Nachteile, ebenso scheinen sich zwischen beiden Arten keine speziellen Kommunikationsformen entwickelt zu haben. Ein ähnlicher Fall liegt beim Kuhreiher (*Bubulcus ibis*) vor, der in enger Gemeinschaft mit Rindern lebt und Insekten fängt, die von diesen aufgescheucht werden. Die Kuhreiher entfernen bei den Rindern keine Parasiten, wie es die Madenhacker machen. Ebenso gibt es keine Kommunikation zwischen Rindern und Kuhreihern, und erstere scheinen auch keinen Nutzen durch die Anwesenheit der Reiher zu haben.

In einer echten Symbiose, auch **Mutualismus** genannt, profitieren beide Arten von der Beziehung, und es treten gewöhnlich interspezifische Verständigungsformen auf. Der Honigdachs (*Mellivora capensis*) lebt z. B. in Symbiose mit einem kleinen Vogel, dem Honiganzeiger (*Indicator indicator*). Entdeckt der Vogel einen Stock wildlebender Bienen, so sucht er einen Honigdachs auf und führt ihn mit Hilfe bestimmter Verhaltensweisen zu diesem Bienenstock. Geschützt durch sein dichtes Fell, öffnet der Dachs den Stock mit seinen großen Krallen und frißt die Honigwaben. Der Vogel dagegen frißt das Wachs und die Bienenlarven, an die er ohne die Hilfe des Dachses nicht herangekommen wäre. Findet der Honiganzeiger keinen Dachs, so kann es passieren, daß er auch Menschen anzulocken versucht. Die Eingeborenen verstehen dieses Verhalten des Vogels und folgen ihm zum Bienenstock. Wenn sie dann das Nest öffnen, so ist es ein ungeschriebenes Gesetz, dem Vogel die Bienenlarven zu überlassen.

22.4 Manipulation

In den letzten Jahren wurde versucht, Kommunikation unter Tieren im Sinne der Evolutionstheorie zu deuten. Beispielsweise schreiben Dawkins und Krebs (1981, S.233), daß eine Kommunikation auftritt, „wenn ein Tier, der Aktor, etwas tut, was ein Ergebnis einer Selektion zur Beeinflussung der Sinnesorgane eines anderen Tieres, des Reaktors, zu sein scheint, so daß sich das Verhalten des Reaktors zum Vorteil des Aktors verändert." Mit anderen Worten: Das Verhalten des Sendertieres wird derart selektiert, daß es das Verhalten des Empfängers beeinflußt. Die Signale des Sendertieres stellen durch die natürliche Selektion geformte Werkzeuge dar, mit deren Hilfe Rivalen oder Mitglieder anderer Arten für den eigenen Vorteil genutzt werden. So wurde bei dem Falter mit dem Darbieten seiner Augenflecken gezeigt, daß kleine Vögel durch ein sie anstarrendes Augenpaar erschreckt werden können. Ebenso nutzt der Anglerfisch mit seinem wurmähnlichen Köder Signalreize, auf die kleine Fische bei ihrer Nahrungssuche reagieren.

Es sind eine Reihe von Fällen bekannt, in denen ein Parasit das Verhalten seines Wirtes zu seinem eigenen Vorteil beeinflußt. Ein interessantes Beispiel liefert der Nahrungserwerb bei Stichlingen (Milinski 1985, 1986). Nach Nahrung suchende Stichlinge müssen zwei entgegengesetzt wirkende Kräfte in Einklang bringen: sie müssen effizient fressen und gleichzeitig Raubfeinde meiden. Milinski konnte experimentell zeigen, daß diese Einschränkungen zu einem Kompromiß führen, der von dem jeweiligen Hungerzustand und dem Risiko durch Raubfeinde abhängig ist. Der Hunger kann sowohl durch Nahrungsentzug als auch durch Parasiten im Körper des Fisches anwachsen. Der dreistachlige Stichling (*Gasterosteus aculeatus*) wird oft von dem Cestoden *Schistocephalus solidus* parasitiert, der sehr groß werden kann und mitunter das Gewicht seines Wirtes übertrifft. Derartig befallene Stichlinge sind hungriger als nicht befallene, da sie die Parasiten mit zu ernähren haben und außerdem das Schwimmen energetisch aufwendiger ist. In Experimenten fand Milinski, daß nach Nahrung suchende Stichlinge, die von Cestoden befallen waren, in Gegenwart eines räuberischen, allerdings durch eine Glasscheibe getrennten Fisches weniger vorsichtig jagten als gesunde, nicht befallene Tiere. Befallene Fische verhalten sich so, als ob kein Raubfisch in der Nähe ist. Im Freiland schwimmen sie im Vergleich mit gesunden Stichlingen wesentlich näher an der Wasseroberfläche. Da im Lebenszyklus des Parasiten *Schistocephalus solidus* der nächstfolgende Wirt normalerweise ein nach Fischen jagender Vogel ist, scheint der Parasit das Verhalten des Fisches derart zu manipulieren, daß dessen Furcht vor Raubfeinden herabgesetzt wird. Auf diese Art und Weise erhöht der Parasit die Wahrscheinlichkeit, daß sein Wirt von einem Vogel erbeutet wird. Tatsächlich ist der Anteil befallener Fische in der Nahrung derartiger Raubfeinde größer als derjenige gesunder Fische.

Bei der interspezifischen Kommunikation ist es leicht zu erkennen, wie ein Tier ein anderes täuschen oder manipulieren kann. Dawkins und Krebs vermuten aber, daß die gleichen Mechanismen ebenfalls in der Kommunikation zwischen Mitgliedern derselben Art vorliegen. Beispielsweise schreiben sie (1981, S.226):

„Wenn ein Hund Rivalen zur Flucht bringen kann, indem er einfach seine Zähne fletscht, so wird die Selektion solche Hunde fördern, die diese Fähigkeit ausnutzen. Das Zähnefletschen wird ritualisiert und zum Zwecke eines verstärkten Vermögens, Angst einzujagen, übertrieben, und die Lippen könnten weiter zurückgezogen werden, als es strenggenommen notwendig ist, um sie lediglich nicht im Weg zu haben. Im Zeitverlauf der Evolution können die Zähne größer werden, auch wenn dies deren Effizienz für das Fressen verringert."

Diese Anschauung scheint nicht sehr von der traditionellen ethologischen Betrachtungsweise abzuweichen. Dawkins und Krebs behaupten aber, daß der Empfänger eines bestimmten Signals durch dessen Ähnlichkeit mit anderen Signalreizen zu einer Antwort manipuliert wird, da er normalerweise auf solche Reize auch reagieren würde, und zwar so, wie es in der interspezifischen Kommunikation gewöhnlich abläuft. Hier unterscheidet sich die Meinung der beiden Autoren von der klassischen ethologischen Sichtweise, die immer behauptet hat, daß evolutionäre Entwicklungen in der Kommunikation sowohl beim Sender wie auch beim Empfänger geschehen müssen (z. B. Blest 1961); d.h., während der Ritualisierung des Ausdrucksverhaltens oder der Evolution einer spezifischen Kommunikationsweise muß jede Änderung des Signals mit einer entsprechenden Änderung des Signalerkennungsmechanismus einhergehen.

Während Dawkins und Krebs im Falle des oben erwähnten zähnefletschenden Hundes argumentieren können, daß das übertriebene, ritualisierte Signal für den Empfänger immer noch von Bedeutung ist, trifft dieses Argument für die Mehrzahl ritualisierter Kommunikationssysteme wohl kaum zu. Beispielsweise konnten sich das ritualisierte Übersprungputzen des Mandarinerpels (s. Abb. 21.8) oder die Ausdrucksbewegungen des männlichen Grünreihers (s. Abb. 22.6) wohl kaum ohne eine entsprechende Evolution der weiblichen Erkennungsmechanismen entwickelt haben. In ähnlicher Weise haben sich die kunstvollen farnartigen Antennen der Seidenspinner (s. Abb. 12.1), mit denen die Männchen die weiblichen Pheromone wahrnehmen, sicherlich nicht aus irgendwelchen anderen Gründen entwickelt. Kommunikationssysteme schließen somit oft eine komplexe Koevolution des Aktors und Reaktors ein. Dies stellt eine Situation dar, in der die Evolutionstheorie mehr als nur eine mögliche Erklärung anbietet.

Aus soziobiologischer Sicht ist es schwierig zu verstehen, wie ein Individuum davon profitieren kann, daß es ein anderes Individuum über seinen wahren Motivationszustand informiert oder darüber, was es wahrscheinlich als nächstes zu tun gedenkt. Es scheint einleuchtender, daß ein Tier eher versuchen wird, andere Tiere zu täuschen, um selbst einen Vorteil zu erhalten. Der wichtigste Grund für diese theoretische Schlußfolgerung ist der, daß eine Population „ehrlicher" Tiere der Gefahr einer Invasion „unehrlicher" Tiere offen ausgesetzt ist und man sich einen Invasionsstop nur sehr schwer vorstellen kann.

Das Erröten beim Menschen stellt ein Beispiel für nonverbale Kommunikation dar. Dieses Verhalten ist wahrscheinlich ritualisiert. Es unterliegt normalerweise nicht der Willenskontrolle und tritt bei Menschen auf, die verlegen oder leicht erschrocken sind. Das Erröten ist gewöhnlich auf die Gesichts- und Halsregion beschränkt, die im Zentrum der Kommunikation steht und stellt das Gegenteil dessen dar, was aus einfachen physiologischen Gründen zu erwarten wäre. Normalerweise führt Furcht von geringer Intensität zur Erregung des Sympathikus, was wiederum zur Folge hat, daß das Blut der Hautregion und anderen peripheren Körperteilen entzogen wird. Wenn das Erröten eine ritualisierte Verhaltensweise darstellt, die andere Menschen über die Verlegenheit des Aktors informiert, so ist es schwierig einzusehen, wie sie evolutionär entstanden sein könnte; denn wovon profitiert der Aktor, wenn er diese Information offenlegt? Warum sind die Populationen von „Errötern" nicht durch die Invasion nichterrötender „Betrüger" verdrängt worden?

Ein weiteres interessantes Beispiel gibt eine Studie an der Harrisammer (*Zonotrichia querula*) wieder (Rohwer und Rohwer 1978). Diese Vögel bilden den Winter über Schwärme, in denen die Dominanz bestimmter Tiere durch ihre Priorität beim Zugang zu den Futterquellen sichtbar wird. Die dominanten Männchen haben im Winter mehr schwarze Federpartien als die subdominanten, obwohl letzteren auch mehr schwarze Federn wachsen können, was sich im Frühjahr an ihrem dunklen Balzgefieder zeigt. Es ist daher schwer erkennbar, warum den subdominanten Männchen nicht einfach auch mehr dunkle Federpartien wachsen und sie somit von den Vorteilen eines scheinbar hohen Dominanzstatus profitieren können. Subdominante Vögel, die von Rohwer und Rohwer mit schwarzem Farbstoff derart bemalt wurden, daß sie den dominanten Vögeln ähnlich sahen, konnten dadurch nicht ihren Status verändern. Die Behandlung von subdominanten Vögeln mit Testosteron führte zwar zu gesteigertem aggressiven Verhalten der Tiere, aber zu keinem Ranganstieg, da ihre Gegner während der Auseinandersetzungen nicht zurückwichen. Nur solche Vögel, die gleichzeitig mit der Färbung auch mit Testosteron behandelt waren, konnten in den Kämpfen einen hohen Dominanzstatus aufbauen. Es scheint daher, daß eine Kombination von dunkler Gefiederfärbung und Dominanzverhalten notwendig ist, um einen dominanten Status zu erhalten, der von anderen Vögeln dann auch erkannt wird. Wenn folglich ein subdominantes Tier einen „Betrug" durch schwarze Federn versuchen würde, wäre es nicht erfolgreich. Es ist aber schwer einzusehen, warum ein solcher „Betrug" nicht auch zu einer erhöhten Testosteronausschüttung führen könnte. Wahrscheinlich sind hohe Testosterontiter mit hohen energetischen Kosten verbunden, die subdominante Vögel nicht aufbringen können.

Merksätze

- Die Ritualisierung des Verhaltens führt gewöhnlich zu einer größeren Auffälligkeit und Übertreibung bestimmter Einzelmerkmale. Sie tritt normalerweise bei Verhaltensweisen mit einer potentiellen Kommunikationsfunktion auf, wie Intentions- und Übersprungbewegungen sowie Konfliktverhalten.
- Konfliktverhalten tritt in vielen verschiedenen sozialen Situationen auf und ist durch stereotyp ablaufende Verhaltensweisen gekennzeichnet, die eine wichtige Rolle in der Kommunikation spielen.
- Die interspezifische Kommunikation enthält oft eine Täuschung in dem Sinne, daß der Empfänger auf Reize antwortet, die bestimmte Aspekte seines normalen Lebens vortäuschen. Es ist noch nicht geklärt, inwieweit dieses Prinzip auf Kommunikationsphänomene im allgemeinen angewandt werden kann.

Weiterführende Literatur

DAWKINS, R. und J. KREBS (1981) Signale der Tiere: Information oder Manipulation? In: *Öko-Ethologie,* KREBS, J. R. und N. B. DAVIES (Hrsg.). Parey Verlag, Berlin und Hamburg.

SEBEOK, T. (Hrsg.) (1977) *How Animals Communicate.* Indiana University Press, Bloomington, Indiana.

WICKLER, W. (1968) *Mimikry. Nachahmung und Täuschung in der Natur.* Kindler Verlag, München.

3.2 Entscheidungs-findung bei Tieren

In diesem Kapitel wird mit dem Verhalten der Biene ein erstes Beispiel für komplexe Verhaltensmuster bei Tieren vorgestellt. Dieses Beispiel, das das gesamte Kapitel 23 einnimmt, zeigt sehr deutlich, wie komplexes Verhalten schon bei einem relativ einfachen Tier auftreten kann. In Kapitel 24 werden Entscheidungsmechanismen unter einem evolutionären Gesichtspunkt betrachtet und viele Ähnlichkeiten mit der modernen Ökonomie aufgezeigt. Kapitel 25 behandelt im Rahmen der Entscheidungsfindung schließlich noch motivationale Konkurrenz, Time-Sharing und Prozesse der Optimierung.

KARL VON FRISCH (1886-1983)

Karl von Frisch wurde in Wien geboren und studierte an den Universitäten München und Wien. 1921 erhielt er eine Professur für Zoologie an der Universität Rostock, 1923 an der Universität Breslau und schließlich 1925 an der Universität München.

Schon als Kind war von Frisch stark an Naturgeschichte interessiert und veröffentlichte während der Schulzeit einige seiner Beobachtungen, so z. B. die Experimente über die Lichtempfindlichkeit von Seeanemonen. Im überwiegenden Teil seiner Forschung über tierliches Verhalten beschäftigte er sich damit, wie Tiere Informationen über ihre Umwelt erhalten und verarbeiten. Einen großen Teil seines Lebens verbrachte von Frisch die Wintermonate über im Labor, um das Verhalten von Fischen zu untersuchen, während der Sommermonate war er im Haus seiner Familie in Brunnwinkl, wo er im Freiland das Verhalten der Bienen studierte. So entdeckte er beispielsweise, daß Fische fähig sind, Farben zu sehen und Schallwellen verschiedener Frequenzen im Wasser unterscheiden können. Beide Entdeckungen waren konträr zur damalig vorherrschenden wissenschaftlichen Meinung und sorgten somit für großes Aufsehen. Von Frisch entdeckte auch, daß durch die Freisetzung eines Pheromons aus der Wunde einer verletzten Elritze bei anderen Elritzen die Flucht aus dem jeweiligen Gebiet ausgelöst wurde. Der Erfolg seiner Untersuchungen basierte auf einer sorgfältigen Verhaltensbeobachtung und einem tiefreichenden Verständnis für biologische Funktionen. Das wird auch in seinen Arbeiten an Bienen deutlich.

Vor den Arbeiten von Frischs galten Bienen als farbenblind. Von Frisch aber begründete, daß die Farbenvielfalt der Blumen der Anlockung von Bienen und anderen Insekten dienen müsse. So konnte er zeigen, daß Bienen die Lichtwellenlänge ignorieren, wenn sie vor einer farbigen Schachtel fliehen, nicht aber, wenn sie auf Nahrungssuche sind. Von Frisch konnte an im Freien aufgestellten farbigen Futterschalen beobachten, wie zunächst eine einzelne Kundschafterbiene erscheint, wenig später aber, nachdem diese den Futterplatz verlassen hat, eine größere Anzahl ihrer Artgenossen folgt. Dieses Experiment war entscheidend für die Entdeckung der Tanzsprache der Bienen.

1973 erhielt von Frisch zusammen mit Lorenz und Tinbergen den Nobelpreis für Medizin. Obwohl von Frischs größter wissenschaftlicher Beitrag seine Arbeit über das Kommunikationssystem der Bienen war, gilt er auch als Pionier in der Deutung struktureller Merkmale, da er hierfür fortlaufend wichtige Hinweise aufgrund seines Verständnisses für biologische Funktionen lieferte.

23 Das komplexe Verhalten der Honigbiene

In diesem Kapitel wird das Verhalten der Honigbiene (*Apis mellifera*) ausführlich vorgestellt. Die Honigbiene war das Forschungsobjekt zahlreicher wissenschaftlicher Untersuchungen, und über ihr Verhalten ist daher eine Menge bekannt. Als Insekt wurde der Biene eher automatenhaftes Verhalten unterstellt, jedoch erwies es sich dann überraschenderweise als sehr komplex. Das Verständnis der Natur dieser Komplexität führt zu einem tieferen Einblick in die Organisation komplexen Verhaltens im allgemeinen und vielleicht auch zum besseren Verstehen komplexer Verhaltensmuster von anderen, insbesondere den Menschen näherstehenden Arten.

23.1 Der Lebenszyklus der Honigbiene

Die Honigbiene stammt ursprünglich aus den Tropen, wo heute noch Wildarten, wie z. B. die Zwerghonigbiene (*Apis florea*), vorkommen. Diese Bienenart baut ein frei an einem Ast hängendes Nest, das aus einer einzelnen bogenförmigen Wabe besteht (Abb. 23.1). Die Wabe wiederum ist aus einzelnen Wabenzellen zusammengesetzt, in denen Honig und Pollen aufbewahrt sowie Bienenlarven herangezogen werden. Im warmen, tropischen Klima können diese Bienenarten das ganze Jahr über im Freien leben.

Es wird angenommen, daß diese tropischen Bienenarten ursprünglichere Formen darstellen und daß die zum „Haustier" gewordene Honigbiene (*Apis mellifera*) in dem Maße fähig war, gemäßigte Zonen der Erde zu besiedeln, als sich ihre Fähigkeit zum Bau von Wabennestern in Baumhöhlen entwickelte. Hier ist der Bienenstock vor wechselnden Witterungseinflüssen geschützt, und sehr kalte Temperaturen können in einer gut isolierten Höhle durch eine Ansammlung der Tiere auf engem Raum und mit Hilfe der erzeugten Muskelwärme überstanden werden. Wenn im Frühjahr die Nahrung stark zunimmt, beginnt die Königin eines Stockes – in der Imkersprache auch „Weisel" genannt – Tausende von Eiern zu legen. Sie wird dabei von jungen Arbeiterinnen, den „Ammen", unterstützt, die die Königin putzen und sie mit hochwertiger Nahrung füttern. Die Ammen werden von einem spezifischen Pheromon angelockt, und sie nehmen dann beim Putzen der Königin einen Hemmstoff auf, der durch die Haut der Königin ausgeschieden wird. Dieser Stoff unterdrückt die Entwicklung der Eierstöcke der Arbeiterinnen, so daß diese sich nicht zu möglichen Konkurrentinnen der Königin entwickeln können. Die Königin kann pro Tag bis zu 3000 Eier legen. Schon nach zwei Tagen schlüpft aus dem Ei eine Larve, die über einen Zeitraum von einer Woche ungefähr minütlich von den Arbeiterinnen gefüttert wird. Einige wenige Eier legt die Königin in besonders präparierte,

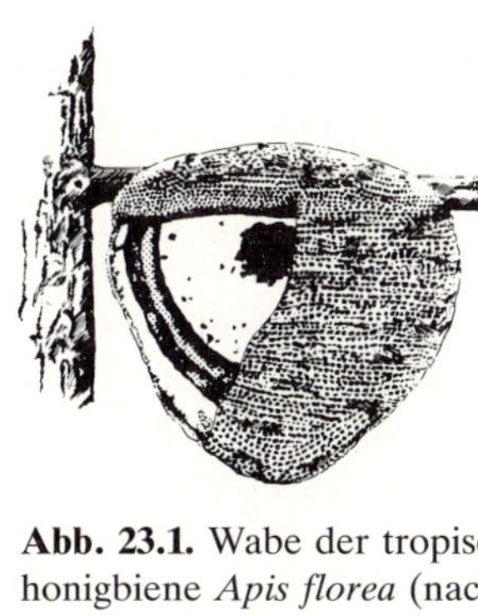

Abb. 23.1. Wabe der tropischen Zwerghonigbiene *Apis florea* (nach einer Fotografie aus Gould 1982).

senkrecht hängende große Wabenzellen. Die Larven in diesen sogenannten „Weiselwiegen" erhalten von den Arbeiterinnen eine besondere Ernährung, das Königinnengelee („Gelee royal"), und sie entwickeln sich im Gegensatz zu den unfruchtbaren Arbeiterinnen zu fertilen Königinnen. Von diesen Tochterköniginnen wird eine eines Tages zur neuen Königin des Bienenstocks. Doch bevor das geschieht, bereitet sich die alte Königin zur Auswanderung aus dem Stock vor.

Beginnen sich eines Tages die Larven in den Weiselwiegen zu entwickeln, stellen die Arbeiterinnen die Fütterung der Königin ein, mit der Folge, daß die Eilegerate stark absinkt. Hat die Königin soviel an Gewicht verloren, daß sie zum Fliegen fähig ist, „schwärmt sie ab", d.h. sie verläßt mit ungefähr der Hälfte des gesamten Bienenvolkes den Stock. Schlüpft die erste der sich nun in den Weiselzellen stark entwickelnden Jungfernköniginnen, so beginnt diese, mit den noch nicht geschlüpften Jungfernköniginnen zu kommunizieren: Sie erzeugt durch Vibrieren mit dem Thorax eine pulsierende Tonfolge, die jede der Jungfernköniginnen aus ihrer Weiselzelle mit einer ähnlichen, aber hochfrequenteren Tonfolge beantwortet („Tüten" und „Quäken"). Üblicherweise tötet die zuerst geschlüpfte Königin die anderen Jungfernköniginnen, die sich noch in ihren Zellen befinden. Schlüpfen zwei Tiere gleichzeitig, so beginnt ein Kampf, der mit dem Tod einer der beiden Nachfolgerinnen endet. Einige Tage später fliegt die neue Königin allein zum Hochzeitsflug aus, um sich mit männlichen Bienen, den Drohnen, zu verpaaren. Anschließend kehrt sie zum Stock zurück und beginnt ihre Laufbahn als Eierproduzentin.

Die alte Königin bildet mit ihrem abwandernden Bienenvolk einen Schwarm, der sich meist in der Nähe des alten Stockes an einem Baum zu einer Schwarmtraube geformt niederläßt und dort mehrere Tage verbleibt. „Spurbienen" kundschaften die Umgebung nach einem neuen Ort für den Stock aus. Kehren sie erfolgreich zurück, so vollführen sie auf der Oberfläche der Traube einen Tanz, der Informationen über Richtung, Entfernung und Qualität eines neuen Stockplatzes enthält. Dieser Tanz stimuliert andere Arbeiterinnen, diesen Ort aufzusuchen und zu inspizieren. Sie beginnen nach ihrer Rückkehr ebenfalls zu tanzen, so daß die Qualität eines neuen Ortes für den Stock an der Tanzintensität erkannt werden kann. Ein lang anhaltender und intensiver Tanz weist auf einen attraktiven Platz hin. Gewöhnlich werden aber anfangs mehr als nur eine mögliche Stelle gemeldet, und jede Meldung gewinnt weitere Spurbienen. Die Qualitätsunterschiede der möglichen Orte für den neuen Stock sind an der Anzahl tanzender Bienen sowie der Heftigkeit ihrer Tänze erkennbar. Schließlich beenden die Bienen mit den schlechteren Stellen ihre Informationsübermittlung, so daß eine allgemeine Übereinstimmung im Bienenvolk erreicht wird. Der Bienenschwarm begibt sich dann zu dem ausgewählten Platz und beginnt dort mit dem Bau des neuen Stockes. Die Bienen bevorzugen Behausungen von bestimmter Größe, z. B. Erdlöcher oder Baumhöhlen, die sie vor klimatischen Schwankungen schützen. Weiterhin ist wichtig, daß der neue Platz für den Flug der Königin nicht zu weit vom momentanen Standort der Schwarmtraube entfernt ist, aber auch nicht zu nahe am alten Stock liegt.

Die Drohnen sind zahlenmäßig nur gering im Stock vertreten und verbringen dort die meiste Zeit mit Nichtstun. An sonnigen Nachmittagen fliegen sie manchmal zu den traditionellen Paarungsplätzen der Gegend aus, welche sich normalerweise etwa 20-30 m über dem Erdboden befinden und Lufträume mit einem Durchmesser von ca. 20 m darstellen. Diese „Drohnensammelplätze" werden Jahr für Jahr aufgesucht, obwohl die Drohnen den Winter nicht überleben und die neuen Königinnen den Paarungsort nie zuvor gesehen haben. Wie die Bienen diese Paarungsorte finden, ist bisher völlig unbekannt. Erreicht eine Königin einen solchen Platz, so wird sie von den gerade dort umherfliegenden Drohnen gejagt. Eine erfolgreiche Drohne paart sich mit der Königin und stirbt kurz darauf, die Königin selbst wird von mehreren Drohnen begattet. Der überwiegende Teil der Drohnen kommt jedoch niemals zur Paarung und wird im Herbst aus dem Stock ausgestoßen.

Im Hochsommer beginnen die Bienen, sich auf den kommenden Winter vorzubereiten. Das Volk wächst jetzt nur noch sehr langsam. Die Arbeiterinnen widmen sich zwar noch zeitweise der Larvenaufzucht, den größten Teil ihrer Zeit und Energie verbringen sie jedoch mit der Nahrungssuche und -speicherung für den Winter. Jede Arbeitsbiene übernimmt im Laufe ihres Lebens eine Reihe verschiedener Aufgaben. In den ersten Lebenstagen hält sie die Wabenzellen sauber, aber sowie ihre Mandibulardrüsen heranreifen, übernimmt sie die Fütterung der Königin und ihrer Brut. Mit Beginn der Wachsdrüsentätigkeit verdeckelt eine Arbeiterin nun die Wabenzellen und hilft beim Bau der Waben mit. Erst im Alter von drei Wochen beginnen die Arbeiterinnen mit der Nahrungssuche außerhalb des Stockes, und gewöhnlich sterben sie nach ca. sechs Wochen aufgrund ihres hohen Arbeitseinsatzes.

23.2 Nahrungssuche

Die nach Nahrung suchende Honigbiene sieht sich einer recht schwierigen Aufgabe gegenübergestellt. Sie muß den Stock verlassen, nach Nahrung suchen und geeignete Futterquellen erkennen. Weiterhin muß sie ihren jeweiligen Aufenthaltsort in Bezug zum Stock bringen können, so daß sie ihren Weg dorthin zurückfindet. Dort angekommen, muß sie ihre Entdeckung den anderen Arbeiterbienen mitteilen und diese „überzeugen", ebenfalls auszufliegen, um Nahrung an der neuen Futterstelle zu sammeln. Wie bei den Hummeln, die in Kapitel 24 vorgestellt werden, sollten alle diese Tätigkeiten möglichst ökonomisch ablaufen, wobei die Qualität der Nahrung sowie ihre Entfernung vom Stock bei der Informationsübertragung mitberücksichtigt werden müssen.

Honigbienen suchen primär bei solchen Blüten nach Nahrung, die reichlich Pollen produzieren und einen zuckerhaltigen Nektar ausscheiden. Viele Pflanzenarten haben Blüten entwickelt, die Bienen und andere Insekten anlocken, welche wiederum dem Transport des Blütenpollens von einer Blüte zur nächsten dienen und somit zur gegenseitigen Bestäubung der Pflanzen beitragen. Einige Blumen öffnen ihre Blüten nur zu bestimmten Tageszeiten, so daß die Bienen nicht nur lernen müssen, welche der Pflanzen Nektar produzieren, sondern auch, zu welcher Zeit und an welchem Ort die Nahrung verfügbar ist. Die erste Frage, die es bei der Nahrungssuche zu stellen gilt, lautet daher: Wie erkennen Bienen geeignete Futterpflanzen?

Findet eine nach Nahrung suchende Honigbiene eine geeignete Futterquelle, so kann diese sehr weit (in Experimenten bis zu 10 km!) vom heimischen Bienenstock entfernt liegen. Die Entdeckerin muß nun zum Stock zurückfinden, um die anderen Arbeiterinnen über ihren Fund zu benachrichtigen. Sie benötigt daher eine Information über die Richtung zum Stock, wobei es zu berücksichtigen gilt, daß sie möglicherweise einen Umweg und nicht die direkte Strecke zur Futterquelle zurückgelegt hat. Die zweite Frage lautet somit: Wie navigieren Bienen?

Bei der Ankunft im Stock muß die fündige Sammlerin den anderen Arbeitsbienen Richtung und Entfernung zur Futterquelle mitteilen, sowie ihnen anzeigen können, von welcher Qualität die Nahrung ist. Um diese Aufgaben zu erfüllen, muß sie die Aufmerksamkeit anderer Arbeitsbienen auf sich lenken, obwohl diese sich eventuell gerade anderen Tätigkeiten widmen oder schon Informationen über Futterquellen von anderen Sammlerinnen erhalten haben. Die dritte Frage lautet folglich: Wie kommunizieren Bienen in ihrem Stock?

23.3 Blütenerkennung

1912 begann von Frisch seine Versuche an Honigbienen. Im Gegensatz zur damals vorherrschenden Meinung vemutete er, daß Honigbienen sehr wahrscheinlich mit einem Farbensinn ausgestattet sind. Warum sollten die Blüten sonst so farbenprächtig sein? In seinen Versuchen sah von Frisch, daß Bienen schnell lernten, eine Futterschale mit Zuckerlösung in der Nähe des Bienenstocks aufzusuchen, dort etwas Flüssigkeit aufzunehmen und sie zum Stock zu transportieren. Von Frisch stellte daraufhin die Futterschalen auf farbige Papierunterlagen. Nach einer Serie von weiteren Besuchen der Bienen bot er ihnen viele verschiedenfarbige sowie mit unterschiedlichen Graustufen versehene Unterlagen an. Daraufhin flogen die Bienen nur die Farbvariante an, auf die sie dressiert worden waren und auf der ursprünglich die Nahrung zu finden war. Sie zeigten somit, daß sie Farben von unterschiedlichen Grautönen unterscheiden können. Die Bienen waren unfähig, rot von grau zu unterscheiden, differenzierten aber zwischen grauen Papiersorten verschiedener Hersteller. Weitere Untersuchungen von Frischs klärten dieses Phänomen, indem nachgewiesen werden konnte, daß die verschiedenen Papiersorten ultraviolettes Licht in unterschiedlichem Maße reflektierten und die Bienen diese reflektierten Anteile wahrnehmen und unterscheiden konnten.

Man weiß heute, daß Honigbienen einen gut entwickelten Farbensinn haben, der sich von dem des Menschen insofern unterscheidet, als das Wahrnehmungsspektrum der Honigbiene kein rot, dagegen aber ultraviolett enthält, welches das menschliche Auge nicht wahrnehmen kann. Von Frisch entdeckte auch, daß viele Blüten speziell entwickelte Strukturen, die sogenannten **Saftmale**, aufweisen. Einige dieser auffälligen Farbzeichnungen sind nur im ultravioletten Wellenbereich sichtbar (Abb. 23.2), so daß sie sich dem menschlichen Auge entziehen, wohl aber von den Bienen wahrgenommen werden können.

Während ihrer Nahrungssuche lassen sich Honigbienen sofort auf farbigen, blütenähnlichen Gegenständen nieder. Sie können auch auf besondere Formen dressiert werden, um Nahrung zu erhalten. Sie ziehen hierbei aber Gegenstände mit einem unterbrochenen Umriß und strahlenförmig angelegter Struktur vor. Experimente mit den Strukturen der Saftmale konnten zeigen, daß schon kleine Details des Blütenmusters das Verhalten der Honigbienen beeinflussen können (Manning 1956). Weiterhin gibt es eine Gruppe von Orchideen, die Honigorchideen, in der jede Art sowohl Geruch als auch äußeres Erscheinungsbild verschiedener Bienenarten nachahmt. Die männlichen Bienen einer jeden Art bestäuben diese Blumen, indem sie versuchen, mit der Blüte zu kopulieren (Baerends 1950).

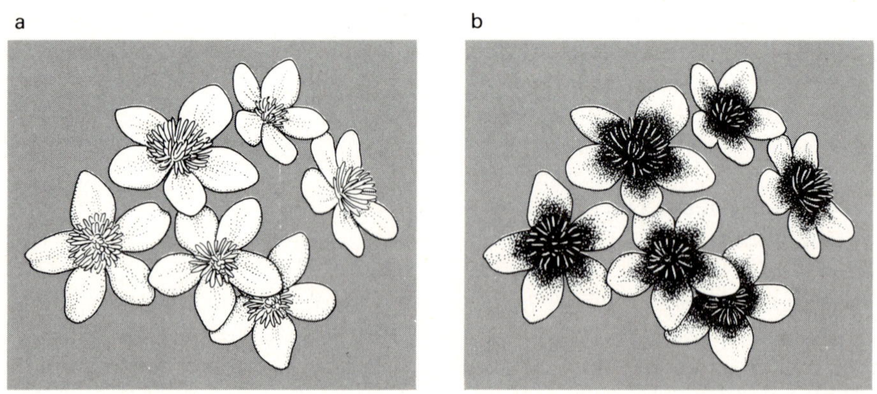

Abb. 23.2. Blüten, die dem menschlichen Auge bei Tageslicht weiß erscheinen (links), zeigen erst mit Hilfe von ultravioletter Bestrahlung spezielle Strukturen, die Saftmale (rechts). Bienen nehmen ultraviolettes Licht wahr und können sich bei der Nahrungssuche an den Saftmalen orientieren.

23.4 Navigation

Verläßt eine Biene den Stock, um nach Nahrung zu suchen, so überfliegt sie eine sehr weitläufige Strecke, da sie verschiedene Orte mit möglichen Futterquellen aufsucht. Auf dem Rückweg zum Stock fliegt sie dagegen eine direkte Route, ohne den Hinweg zu beachten. Es wurde vermutet, daß die Biene jede einzelne Teilstrecke ihres Suchweges registriert, indem sie einerseits die Entfernung mit Hilfe der aufgewandten Energie mißt und andererseits die Richtung unter Bezugnahme eines Winkels zu Landmarken und zur Sonne bestimmt.

Lindauer (1963) manipulierte die Entfernung des Rückfluges zum Stock, indem er Bienen dressierte, zu einer Futterquelle über eine lange Röhre zu gelangen (Abb. 23.3). Er fand heraus, daß die Bienen den Energieaufwand für den Hinweg exakt abschätzen, unabhängig von einem kurzen oder langen Rückweg. Weiterhin zeigte von Frisch, daß Bienen, die mit einem 55 mg schweren Bleigewicht oder Stanniolplättchen zur Erhöhung des Luftwiderstandes versehen waren, Entfernungen aufgrund der zusätzlich von ihnen aufgewandten Energie überschätzten.

In ihren Untersuchungen über die Bedeutung der Landmarken innerhalb der Navigationsleistungen dressierten von Frisch und Lindauer (1954) Bienen mit Hilfe von Honigbelohnungen, in eine bestimmte Richtung zu fliegen. In einem Experiment führte der Flugweg entlang des Nord-Süd-Randes eines Fichtenwaldes. Nach der Dressur wurden diese Bienen an einem ähnlichen Waldrand mit Ost-West-Ausrichtung getestet (Abb. 23.4). Der größte Teil der Bienen flog entlang des Waldrandes, und nur wenige nahmen die richtige Südroute. Landmarken sind besonders effektiv, wenn sie linear verlaufen und direkt zur Nahrungsquelle führen. In der Mitte eines Feldes stehende Bäume werden dagegen von Bienen nicht immer beachtet (Abb. 23.5), obwohl sie als sehr praktische Landmarken erscheinen.

Hat eine Sammlerin eine Futterquelle gefunden, so fliegt sie auf direktem Weg zum heimatlichen Stock zurück. In einem einfachen Experiment kann gezeigt werden, daß die Bienen dabei die Sonne als Kompaß benutzen. Die Bienen werden im Versuch auf einen Futterplatz dressiert. Dieser wird nach Beendigung der Dressur an einen anderen Ort gebracht, während noch einige Sammlerinnen Nahrung aufnehmen. Versuchen diese, zum Stock zurückzukehren, so stimmt ihre Flugrichtung mit derjenigen überein, die ohne Verschiebung der Futterquelle die Tiere zum Stock zurückgebracht hätte (Abb. 23.6). Werden die Bienen so lange im Futterspender gefangen gehalten, bis sich die Position der Sonne am Himmel deutlich verändert, fliegen sie anschließend in die richtige Richtung zum Stock zurück, was zeigt, daß Bienen eine zeitkompensierende Sonnenkompaßorientierung haben.

Bienen befinden sich aber oft in Situationen, in denen ihnen keine geeigneten Landmarken zur Verfügung stehen oder die Sonne hinter den Wolken verborgen ist. Unter solchen Umständen finden sie trotzdem den Weg zum Stock zurück, so daß sie anscheinend fähig sind, weitere navigatorische Hilfsmittel zu nutzen. Bienen können die Schwingungsrichtung polarisierten Lichtes im UV-Bereich des Sonnenlichtes bestimmen (s. Kap. 14).

In Untersuchungen zum Polarisationssehen bei Bienen betrachtete von Frisch verschiedene Teile des Himmels mit Hilfe einer Sternfolie, die aus acht dreieckig angeordneten Polarisationsfolien bestand (Abb. 23.7). Die Schwingungsrichtung des durchgelassenen Lichtes ist hierbei jeweils zur Basis eines Dreiecks parallel. Von Frisch konnte so unterschiedliche Helligkeitsmuster wahrnehmen, auch wenn der Himmel mit Wolken bedeckt war. Das Polarisationsmuster des Himmels ist um die Sonne herum symmetrisch angeordnet, was auf Partikel in der Atmosphäre zurückzuführen ist, die das Sonnenlicht streuen. Daher können Bienen die Position der Sonne auch dann wahrnehmen, wenn diese von Wolken bedeckt ist. Diese Art der Information kann aber sehr ungewiß sein, insbesondere wenn dem Tier nur ein begrenzter Himmelsausschnitt zur Verfügung steht, wie es etwa bei den ursprünglichen Formen tropischer Bienen im afrikanischen Regenwald der Fall ist.

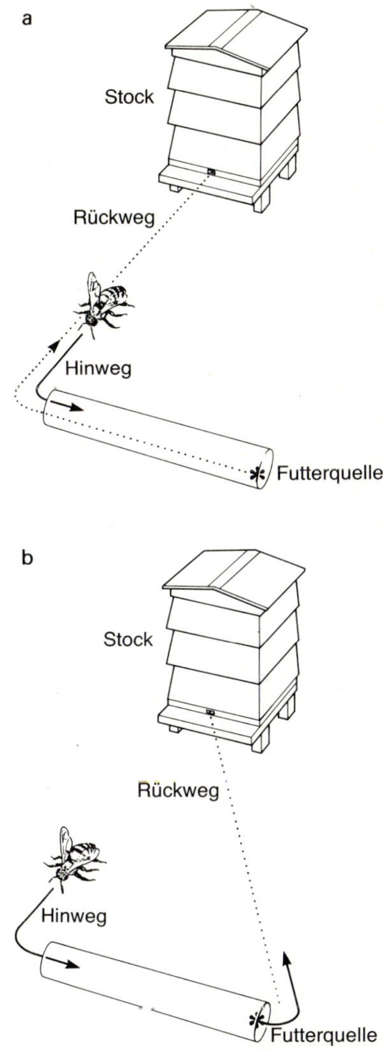

Abb. 23.3 Lindauers Experiment zur Untersuchung des Energieaufwandes der Biene während des Fluges vom Stock zur Futterquelle. a) Die Biene hat einen langen Rückweg. b) Der Rückweg ist hier wesentlich kürzer. In beiden Fällen ist der Hinweg gleichlang; kommen die Bienen zum Stock zurück, so zeigen sie die Distanz zur Futterquelle in ihrem Tanz an.

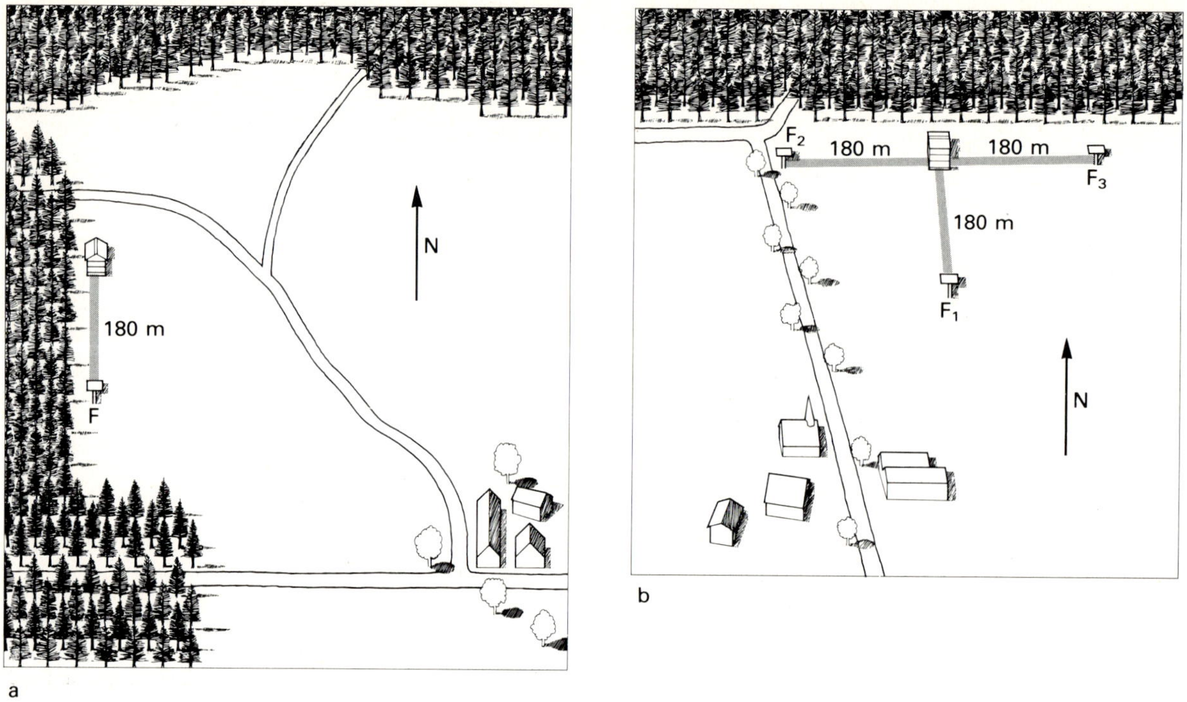

Abb. 23.4. Experimente zur Bedeutung der Rolle von linearen Landmarken in der Orientierungsleistung von Bienen. a) Die Bienen wurden dressiert, zum Aufsuchen einer Futterquelle F entlang des in Nord-Süd-Richtung verlaufenden Waldrandes zu fliegen. b) Dieselben Bienen wurden anschließend an einem in Ost-West-Richtung verlaufenden Waldrand getestet, wo ihnen drei mögliche Futterquellen F1, F2 und F3 zur Auswahl standen. Die meisten Bienen flogen in Ost-West-Richtung, also entlang des Waldrandes, obwohl sie auf eine Nord-Süd-Richtung dressiert worden waren (nach Lindauer 1961).

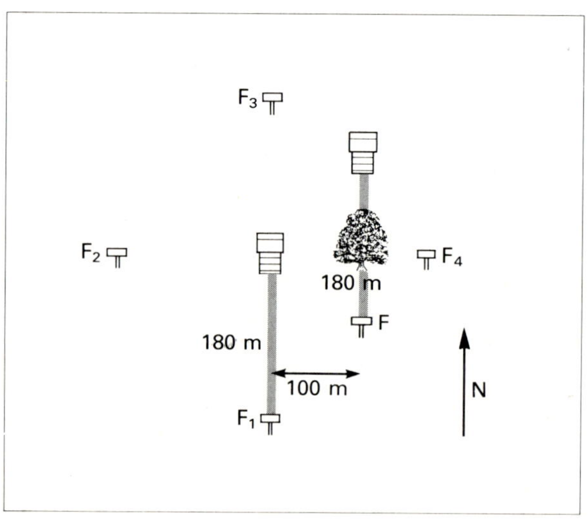

Abb. 23.5. Bienen, die dressiert wurden, an einem Baum vorbei zur Futterquelle F zu fliegen, beachteten bei westlicher Verschiebung des Stockes diesen einzeln stehenden Baum nicht und flogen weiterhin in Nord-Süd-Richtung; F1 bis F4 bezeichnen weitere Futterquellen (nach Lindauer 1961).

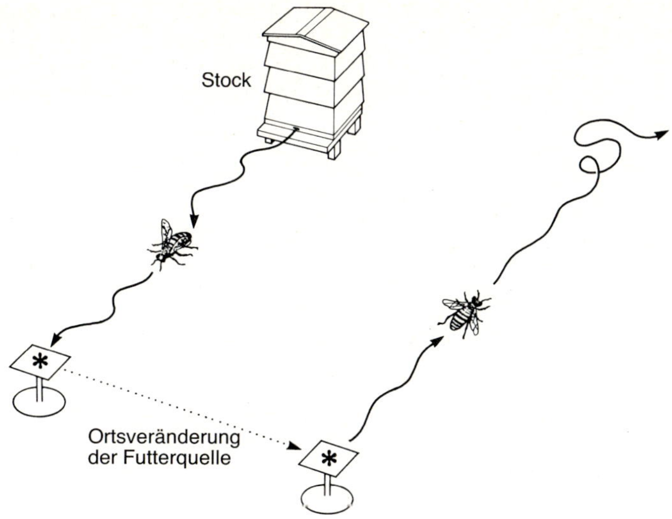

Abb. 23.6. Wird der Standort der Futterquelle während des Aufenthaltes der Bienen verändert, so fliegen sie anschließend in die ursprüngliche Richtung zum Stock zurück, den sie dann natürlich nicht finden.

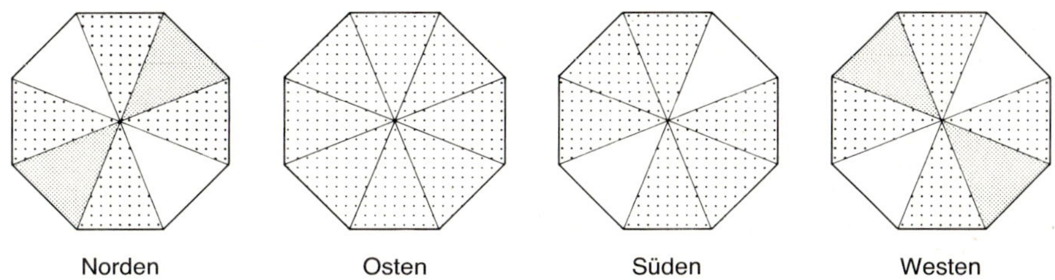

Abb. 23.7. Vier unterschiedliche Helligkeitsmuster, die zur gleichen Tageszeit gesehen werden, wenn verschiedene Ausschnitte des Himmels durch eine Sternfolie aus acht Polarisationsfiltern betrachtet werden. Die Stärke der Schattierung weist auf Unterschiede in der Helligkeit hin (aus *The Oxford Companion to Animal Behaviour,* Oxford University Press 1981).

Die Biene muß nur einen kleinen Himmelsausschnitt sehen können, gewöhnlich gibt es aber hier zwei Abschnitte, die ähnlich aussehen und in Bezug zur Sonnenposition symmetrisch angeordnet sind. Die Bienen lösen dieses Problem, indem sie „annehmen", daß der Himmelsausschnitt, den sie sehen, immer rechts von der Sonne liegt. Diese Art von Konvention führt manchmal zu Fehlorientierungen, wenn aber alle Bienen diese Methode übereinstimmend anwenden, neigen solche Irrtümer dazu, sich gegenseitig aufzuheben. Ebenso könnte dieses Problem bewältigt werden, wenn die Tiere zu jeder Tageszeit die Position der Sonne kennen. Wie viele andere Insekten haben auch Bienen eine endogene Uhr, die mit einem äußeren Zeitgeber synchronisiert wird (s. Kap. 16). Da die Arbeiterinnen einen großen Teil ihrer Zeit in der Dunkelheit des Stockes verbringen, wurde vermutet, daß als Zeitgeber nicht der Sonnenaufgang oder -untergang wirkt, sondern die täglichen Änderungen des Erdmagnetfeldes, wie es auch schon bei anderen Tierarten nachgewiesen worden ist. Es ist bekannt, daß Bienen Magnetfelder wahrnehmen können und während magnetischer Stürme ihr Zeitsinn gestört ist (Gould 1980).

23.5 Kommunikation

Von Frisch beobachtete das Verhalten der Bienen in einem besonders konstruierten Stock durch eine Glasscheibe und konnte so feststellen, daß zurückkehrende Sammlerinnen bestimmte Tänze ausführten, die die Aufmerksamkeit anderer Bienen auf sich zogen. Er konnte zwei verschiedene Tänze unterscheiden: den Rundtanz (Abb. 23.8) und den Schwänzeltanz (Abb. 23.9). Zunächst dachte von Frisch, daß der Rundtanz Nektar anzeigt, der Schwänzeltanz dagegen Pollen. Wie sich später aber herausstellte, war diese Annahme falsch. Denn es zeigte sich, daß Sammlerinnen, die

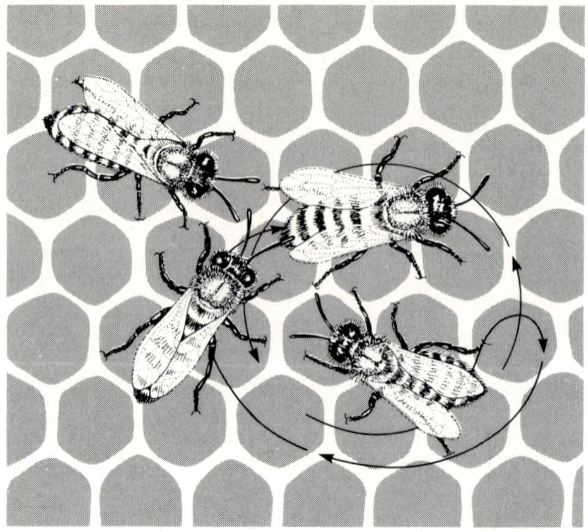

Abb. 23.8. Der Rundtanz.

von Futterquellen mit unterschiedlicher Entfernung und Richtung zum Stock zurückkehrten, bei genauem Hinsehen Schwänzeltänze ausführten, die sich in bestimmten Einzelheiten voneinander unterschieden.

Die Bienen zeigen diese Tänze auf den senkrechten Waben in der Dunkelheit des Stockes. Der Winkel zwischen der Tanzrichtung (Achse, auf der das Schwänzeln verläuft) und der Vertikalen (Schwerkraftachse) stimmt beim Schwänzeltanz mit dem Winkel zwischen der Richtung zur Futterquelle und der zur Sonne überein (Abb. 23.10). Bewegt sich die Sonne im Verlauf des Tages westwärts, so ändert sich die Tanzrichtung gegen den Uhrzeigersinn. Die Dauer und Geschwindigkeit des Schwänzelns liefern weiterhin Informationen über die Entfernung der Futterquelle zum Bienenstock. Der Rundtanz dagegen ist ein einfacher Schwänzeltanz, der auf Nahrungsquellen in direkter Nähe des Stockes hinweist. Wie noch in Kapitel 26 gezeigt wird, haben verschiedene geographische Bienenrassen unterschiedliche Tanzdialekte. Die ursprünglicheren tropischen Bienenarten tanzen auf der horizontalen Oberfläche der Wabe, wobei die Tanzrichtung auf die Futterquelle weist. Dieses Verhalten zeigen auch Bienen der gemäßigten Breiten, wenn sie gezwungen werden, auf einer horizontalen Oberfläche zu tanzen.

Die zurückgekehrte Sammlerin lenkt die Aufmerksamkeit ihrer Stockgenossinnen durch das „Sterzeln" auf sich, indem sie mit den Flügeln ein schnarrendes Geräusch erzeugt und ein Pheromon sezerniert (Abb. 23.11). Dieses Verhalten wird aber nur gezeigt, wenn die Futterquelle von hinreichender Qualität ist. Ebenso setzt

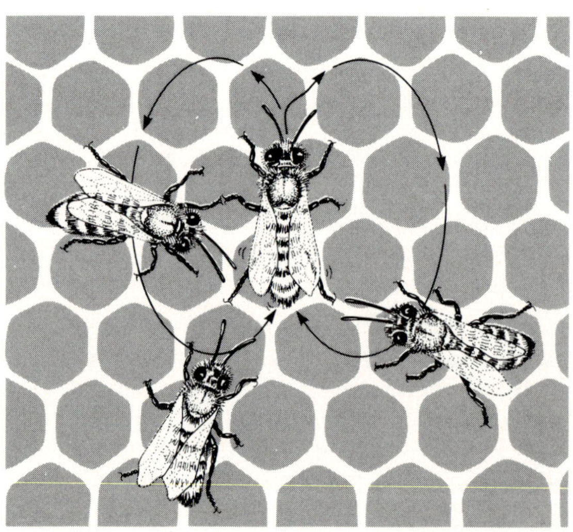

Abb. 23.9. Der Schwänzeltanz.

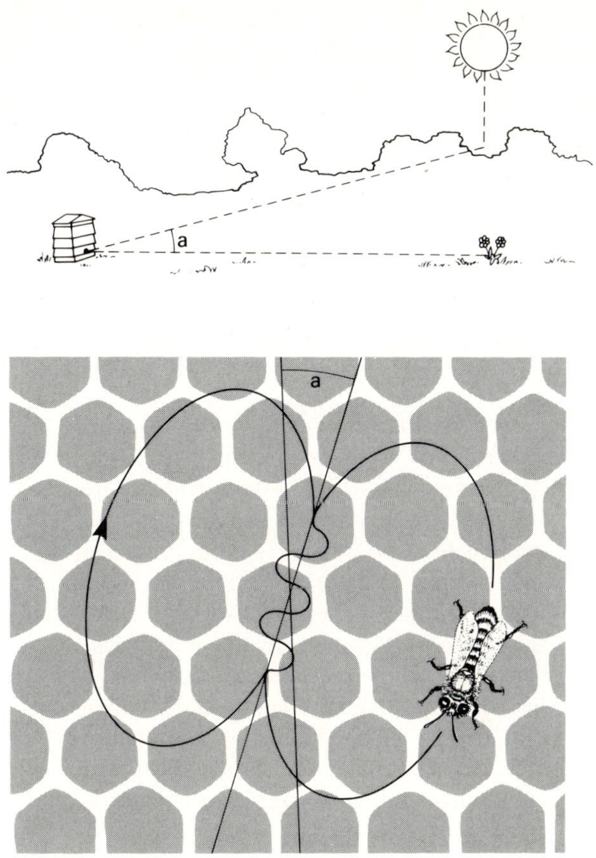

Abb. 23.10. Der Schwänzeltanz der Honigbiene. Der Winkel a zwischen der Futterquelle und der Sonne, vom Stock aus gesehen, wird von der Biene in einen Winkel gleicher Größe zwischen Tanzrichtung und vertikaler Achse transponiert.

eine nach Nahrung suchende Arbeiterin die Qualität der Nahrung in Beziehung zur Entfernung der Nahrungsquelle vom Stock und zur Qualität alternativer Futterquellen: Je größer die Entfernung vom Bienenstock ist, desto süßer muß die Nahrung sein, um das Sterzeln auszulösen. Im nahrungsreichen Frühling und Frühsommer muß der Saft schon recht süß sein, damit das Sterzeln gezeigt wird. Im Spätsommer und Herbst dagegen, wenn gute Nahrungsquellen seltener werden, führt schon Nahrungssaft von niedrigerer Qualität zum Sterzeln. Wie genau die anderen Arbeiterinnen die Information aus dem Schwänzeltanz aufnehmen, ist noch nicht vollständig verstanden. Die heimkehrende Sammlerin hat Duftspuren der Pflanzen an ihrem Körper, die sie besucht hat. Die angelockten Arbeiterinnen versammeln sich um die tanzende Biene und nehmen diesen Blütenduft und auch den Nahrungsgeruch mit ihren Fühlern wahr. Nach beiden eingeprägten Gerüchen orientieren sich die Bienen, wenn sie in der Nähe der Nahrungsquelle ankommen. Zusätzlich zu der Geruchsorientierung nutzen die Bienen zum Finden einer Futterquelle wahrscheinlich auch Schwirrgeräusche, die eine tanzende Biene in der Dunkelheit des Stockes von sich gibt. Diese werden durch die Flugmuskulatur der Brust erzeugt, ohne daß es zum Ausschlagen der Flügel kommt. Während des Schwänzelns gibt die Biene ein Geräusch mit ungefähr der 2,5-fachen Frequenz der Schwänzelrate von sich (Wenner 1962, 1964). Diese Schwirrgeräusche liefern – wahrscheinlich zusätzlich zur Schwänzelrate, die von den hinterhertrippelnden Bienen durch Betasten wahrgenommen wird – Informationen über die Entfernung zur Futterquelle.

Es wurde vielfach angenommen, daß der Tanz für die Informationsübertragung kaum eine Bedeutung hat, wohl aber die olfaktorischen Informationen, die während des Tanzes vermittelt werden, wie es auch für andere soziale Insekten gilt. Diese Interpretation stimmt mit den frühen Daten von Frischs überein. Obwohl Honigbienen zur Lokalisierung einer Futterquelle unter bestimmten Bedingungen nur den Geruchssinn einsetzen, zeigen neuere Experimente sowohl von Frischs als auch von anderen (Gould 1976) mit überzeugender Klarheit, daß der Tanz das primäre Kom-

Abb. 23.11. Das Sterzeln einer Honigbiene (nach einer Fotografie aus Gould 1982).

munikationsmittel für die Mitteilung des Ortes der Futterquelle darstellt. Beispielsweise kann die Lichtwahrnehmung von nahrungsuchenden Bienen um das 8-fache gesenkt werden, indem man ihre Ozellen – Ozellen sind drei einfache Punktaugen in der Stirnregion – schwarz übermalt. Wird die senkrecht hängende Wabe, auf der der Tanz stattfindet, mit künstlichem Licht beschienen, das die so behandelten zurückkehrenden Sammlerinnen ja nicht sehen können, orientieren sie ihre Tänze an der Schwerkraft, wie sie es auch normalerweise tun würden. Nichtbemalte Sammlerinnen reagieren dagegen auf das Licht und ermöglichen somit dem Experimentator, die Tanzinterpretation der anderen Sammlerinnen zu manipulieren. Durch Positionsveränderungen der künstlichen Lichtquelle können daher die Bienen in jede vom Experimentator gewünschte Himmelsrichtung geschickt werden. Dieses Experiment zeigt, daß der Tanz für die Arbeiterinnen die Informationsquelle über Entfernung und Richtung zur Futterquelle darstellt.

Gould (1976) sah den Grund für die langandauernde Analyse und die kontroversen Ansichten über die Kommunikationsphänomene der Honigbienen in deren Komplexität. So stehen den Sammlerinnen beispielsweise nicht nur hochentwickelte Tänze innerhalb ihrer Kommunikationsmöglichkeiten zur Verfügung, sondern sie können, wenn sie an dieser Verständigungsweise gehindert werden, auf das Geruchssystem der sterzelnden Sammlerinnen zurückgreifen. Weiterhin kann an die Stelle des direkten Sonnenlichtes das Polarisationsmuster des Himmels treten. In der Dunkelheit des Stockes tanzende Bienen transponieren die Sonnenrichtung in die Richtung der Schwerkraft, und die innere Uhr liefert einen Ersatz für den Tageslauf der Sonne, wenn sich die Bienen im Stock befinden oder vom Experimentator gefangen wurden. Es scheint daher, daß die Bienen für jeden möglichen Fall eine Lösung parat haben. Wie noch gezeigt wird, ist diese Art der Planung von Eventualitäten der Schlüssel für das komplexe Verhalten bei scheinbar einfach organisierten Tieren.

23.6 Die Organisation komplexen Verhaltens

In den gemäßigten Klimazonen sind die Honigbienen einer variablen Umwelt ausgesetzt. Verlassen die Bienen den Stock zu einem Erkundungsflug, kann die Sonne sichtbar oder auch durch Wolken verdeckt sein. Blüten, die vorher reich an Nektar waren, können geschlossen, abgestorben oder von Tieren gefressen sein. Weiterhin können Gerüche des vorhergehenden Ausfluges nicht mehr vorhanden oder mit einer Vielzahl neuer Gerüche vermischt sein.

Man kann sich ein Computerprogramm vorstellen, das für alle möglichen Gegebenheiten, denen sich eine nahrungssuchende Honigbiene gegenübergestellt sieht, Lösungen anbietet. Fliegt eine Biene zu einem Erkundungsflug aus, so stellt das Programm eine Reihe von Fragen, wobei jede Frage von der Antwort auf die vorhergehende Frage abhängt. Das Endergebnis ist somit immer von dem jeweils vorangehenden Ergebnis abhängig. Diese Art der Programmierung kann in einem einfachen, logisch aufgebauten Netzwerk enthalten sein, das für besondere Aufgaben konstruiert ist. Das Verhalten der Honigbiene scheint bis zu einem gewissen Grad derartig organisiert zu sein.

Natürlich ist das Verhalten der Honigbienen komplexer als ein einfaches Wenn-Dann-Flußdiagramm. So sind die Bienen dazu fähig, sich neuen Gegebenheiten durch Lernen anzupassen. Menzel untersuchte, wie Bienen die Farben von Futterquellen lernen. Er änderte die Farben künstlicher Blumen während der Anflug-, Landungs-, Futter- und Abflugphase eines Blütenbesuchs und fand heraus, daß die Bienen die Farben einer Blume in den letzten zwei Sekunden vor der Landung lernen

(Menzel 1979). Die Lage der Landmarken erlernt die Biene dagegen nur während des Abfluges von einer Blüte. Werden die Landmarken bei der Nahrungsaufnahme entfernt und während des Abfluges ersetzt, kann sich eine Biene nicht an die Landmarken erinnern, obwohl sie während des Anfluges zur Blüte vorhanden waren. Es scheint daher, daß das Erlernen von Farben und Landmarken eng mit besonderen Aspekten des Verhaltens verbunden ist. In ähnlicher Weise lernen die Bienen die Lage des Stockes täglich neu, wenn sie ihn verlassen. Tägliche Änderungen der Lage des Stockes oder seiner umgebenden Vegetation stören sie nicht im geringsten. Wird aber der Stock während ihres Ausfluges nur wenige Meter bewegt, haben sie große Schwierigkeiten, ihn beim Rückflug wiederzufinden.

Von Frisch konnte zeigen, daß Bienen dazu fähig sind, einen spezifischen Blütengeruch sehr schnell zu lernen und ihn unter 700 anderen Gerüchen herauszufinden. Die Farbe, der Umriß, die Lage und die Öffnungszeit der Blüte werden in dieser Reihenfolge weniger schnell gelernt. Wird der Geruch einer vertrauten künstlichen Blüte geändert, so lernen die Bienen sehr schnell den neuen Geruch, die anderen unveränderten Merkmale aber, wie die Farbe, der Umriß usw. müssen trotzdem wieder neu gelernt werden (Menzel und Erber 1974). Mit anderen Worten, nahrungssuchende Bienen erlernen die charakteristischen Merkmale einer Blüte (Geruch, Form, Farbe, Lage usw.) als eine Einheit. Verändert sich im Verlauf eines Experiments der Geruch, so muß die gesamte Kombination neu gelernt werden. Es scheint daher, daß das Lernen bei Bienen insofern vorprogrammiert ist, als bestimmte Lernformen an bestimmte Situationen gebunden sind. Diese Situationen sind durch das Verhalten der Bienen gekennzeichnet, wie etwa das Verlassen des Stockes, die Annäherung an eine Blüte oder das Verlassen der Blüte.

Um das Verhalten der Honigbiene erklären zu können, ist es nicht nötig, ihr besondere geistige Kräfte oder kognitive Fähigkeiten zuzuschreiben. Man neigt leicht dazu, das Verhalten mit Hilfe einer Reihe von Prozeßregeln zu erklären. Dies kann sich aber als kompliziert erweisen, wenn hierbei das gesamte Verhaltensrepertoire des Tieres berücksichtigt wird. Es ist weiterhin jederzeit möglich, daß einige neue Merkmale im Verhalten der Honigbienen entdeckt werden, die mit der Erklärungsmöglichkeit eines einfachen Regelschemas nicht mehr erfaßt werden können. Es würde jedoch zu phantastisch erscheinen, den Bienen beim gegenwärtigen Wissensstand geistige Fähigkeiten zuzuschreiben. Bei komplizierter strukturierten Tierarten ist die Situation aber nicht mehr so einfach darzustellen.

Viele Wirbeltiere sind zu einem Verhalten fähig, das wesentlich komplexer erscheint als das der Honigbiene. Andererseits verläuft vieles im Verhalten von Wirbeltieren sehr stereotyp ab. Wie Gould und Gould (1982) vermuten, werden vielleicht die geistigen Fähigkeiten von Wirbeltieren überschätzt, und es existiert keineswegs eine so große Lücke zwischen ihnen und der Honigbiene. In den folgenden Kapiteln wird diese Art von Problemen auf verschiedenen Ebenen betrachtet. Bei der Analyse der hochentwickelten Phänomene des Wirbeltier-Verhaltens sollte man aber das komplexe Verhalten der Honigbienen in Erinnerung behalten.

Merksätze

- Die Honigbiene liefert viele Beispiele für komplexes Verhalten bei einem anscheinend einfach gebauten Tier.
- Bei ihrer Nahrungssuche zeigt sie hochentwickelte Navigationsleistungen, wie die Erkennung von Landmarken, die Nutzung der Sonne als Kompaß sowie die Nutzung des Erdmagnetfeldes und des Polarisationsmusters des Himmels.
- Zur Wiedererkennung von Blüten orientiert sie sich mit Hilfe ihres Geruchs- und Farbensinnes sowie der visuellen Mustererkennung.
- Es ist ihr möglich, die Entdeckungen ihrer Nahrungssuche den anderen Stockgenossinnen mitzuteilen und hierbei die Entfernung und Richtung zur Futterquelle mit Hilfe von Tänzen anzugeben.
- Es gibt Hinweise, daß das komplexe Verhalten der Honigbiene das Ergebnis einer systematischen Anwendung einfacher Programmregeln darstellt.

Weiterführende Literatur

Frisch, K. von (1977) *Aus dem Leben der Bienen.* 9. Auflage. Springer Verlag, Berlin, Heidelberg, New York.

Lindauer, M. (1975) *Verständigung im Bienenstaat.* Fischer Verlag, Stuttgart.

24 Evolutionäre Optimierung

Viele Tiere und Pflanzen scheinen zur Erfüllung ihrer Rolle oder Zwecke perfekt entworfen zu sein. Darwin erkannte, daß für solche anscheinend vollkommenen Anpassungen die natürliche Selektion verantwortlich ist. Die meisten Biologen sind sich heute darüber einig, daß die Theorie der natürlichen Selektion auch die verwickeltsten Anpassungen hinreichend erklären kann (Cain 1964), obwohl einige (z. B. Gould und Eldridge 1977; Gould 1980) dies noch bezweifeln. Wenn man davon ausgeht, daß Verhalten evolutionär geformt worden ist, so ergeben sich daraus Probleme, die in diesem Kapitel behandelt werden sollen. Im ersten Teil des Kapitels wird ein Forschungsgebiet vorgestellt, an dem solche Probleme deutlich werden. Es handelt sich dabei um die Optimierung des Nahrungserwerbs. Der zweite Teil stellt Lösungsmöglichkeiten vor, diese Probleme zu umgehen.

Zu Darwins Zeiten wurden zur Widerlegung der Selektionstheorie vielfach teleologische Argumente angeführt. Die Wissenschaftler behaupteten, daß kein Mechanismus, der so passiv und zufällig wirkt wie die natürliche Selektion, für den offensichtlichen Zweck verantwortlich sein kann, der der Konstruktion von Tieren und Pflanzen innewohnt. Teleologische Argumente benutzen ein Ziel oder einen Zweck für unerklärbar erscheinende Phänomene. Die teleologische Philosophie ist aber heute in der Diskussion über evolutionäre Phänomene oder biologische Funktionen nicht mehr von Bedeutung (Woodfield 1976), obwohl sie weiterhin in der Diskussion über den Zweck des Intentionsverhaltens von Wichtigkeit ist, wie noch in Kapitel 26 gezeigt wird.

In den letzten Jahren gewann der Begriff der Konstruktion innerhalb des biologischen Denkens immer mehr an Bedeutung, da erkannt wurde, daß die natürliche Selektion eine konstruierend wirkende Kraft darstellt. Die moderne Evolutionstheorie geht davon aus, daß sich nur solche Merkmale herausbilden, die – eine stabile Umwelt vorausgesetzt – keinen selektiven Nachteil gegenüber anderen konkurrierenden Merkmalen aufweisen. Mit anderen Worten, diese Merkmale sind – über einen genügend langen Zeitraum in einer stabilen Umwelt – optimal im Hinblick auf die vorherrschenden Verhältnisse. Das heißt natürlich nicht, daß jedes Tier vollkommen angepaßt ist, denn alle Individuen unterscheiden sich genetisch und außerdem sind viele Arten durch konkurrierende Arten aus ihren Ursprungshabitaten verdrängt worden, für die sie am besten geeignet erscheinen.

24.1 Optimaler Nahrungserwerb

Tiere sind fähig, unter verschiedenen Nahrungssorten diejenigen auszusuchen, die ihren physiologischen Bedürfnissen entsprechen. Um sich Futter zu beschaffen, müssen die Tiere Energie verbrauchen. Mit der Nahrungssuche verbringen sie außerdem wertvolle Zeit, sie verlieren physiologische Energie in Form von Wasser und Körperwärme und setzen sich dem Risiko aus, von Raubtieren entdeckt zu werden. Es scheint daher offensichtlich, daß bestimmte Formen des Nahrungserwerbs hinsichtlich ihres Beitrages zur Fitness des Tieres besser als andere sein können.

Um den Nahrungserwerb unter diesem Gesichtspunkt untersuchen zu können, sollen zunächst einige grundlegende Evolutionsstrategien vorgestellt werden. Wie in Kapitel 7 schon gezeigt wurde, bietet es sich manchmal an, Tieren Verhaltensstrategien zuzusprechen, durch die sie die Repräsentation ihrer Gene in zukünftigen Generationen steigern können, auch wenn solche evolutionären Strategien in Wirklichkeit eine passive Folge der natürlichen Selektion sind. Entsprechend den Strategien der Verteidigung und der sexuellen Fortpflanzung wird daher im folgenden von Strategien des Nahrungserwerbs die Rede sein. Allgemein betrachtet ist es für ein bestimmtes Individuum, den „Futterräuber", üblich, die Nahrungsinvestition eines anderen Individuums, das seine Nahrung selbst sucht, auszunutzen, um selbst an Nahrung zu gelangen. Solche Beziehungen können sowohl zwischen zwei Individuen verschiedener Arten als auch unter Mitgliedern derselben Art auftreten (vgl. die Übersichtsarbeit von Brockmann und Barnard, 1979, über Kleptobiose – den Futterraub – unter Vögeln). Diese Strategien unterscheiden sich im Prinzip nur wenig von den in Kapitel 10 vorgestellten Strategien der Fortpflanzung, in denen subdominante Männchen den dominanten Tieren Kopulationen stehlen.

Barnard und Sibly (1981) untersuchten alternative Strategien des Nahrungserwerbs an gefangengehaltenen Schwärmen des Haussperlings (*Passer domesticus*). Bei diesen Vögeln gab es Individuen, die den größten Teil ihres Futters dadurch erhielten, daß sie aktiv nach den von den Experimentatoren ausgelegten Mehlwürmern suchten. Die „Futterräuber" dagegen fanden ihre Nahrung durch bloßes Nachahmen der nahrungssuchenden Vögel oder durch Nachfolgen, ohne selbst aktiv zu suchen. Manchmal erwischte ein solcher Schmarotzer auch Futter, das von einem aktiv suchenden Artgenossen gefunden worden war. Aus theoretischen Gründen wäre zu erwarten, daß die Auszahlung für die „Futterräuber" mit steigender Anzahl der selbst suchenden Individuen anwächst, da verstärkt Gelegenheit besteht, zu parasitieren. Die Auszahlung für diese „Selbstsucher" dagegen sollte mit steigender Anzahl der „Futterräuber" abnehmen, da für sie die Wahrscheinlichkeit zunimmt, die Ausbeute ihres hohen Sucheinsatzes an die „Futterräuber" zu verlieren.

Diese Situation eignet sich für einen analytischen Ansatz unter der Annahme von evolutionsstabilen Strategien (s. Kap. 7), den auch Barnard und Sibly in ihrer Untersuchung anwendeten. Sie fanden heraus, daß die Individuen ihre Strategien nicht opportunistisch mit der jeweiligen Zusammensetzung des Schwarmes änderten. Die „Futterräuber" waren besser dran, wenn mehr „Selbstsucher" im Schwarm vorhanden waren, aber es ging ihnen schlechter, wenn sie den „Selbstsuchern" zahlenmäßig sehr unterlegen waren. Der Grund dafür liegt wahrscheinlich darin, daß durch eine große Anzahl an „Selbstsuchern" die verfügbare Nahrung sehr schnell erschöpft ist.

Eine quantitative Analyse der Nahrungserwerbsstrategien setzt die Annahme voraus, daß das Verhalten eines Tieres im Hinblick auf einige Funktionen optimiert wird. In der Analyse von Barnard und Sibly wurde als Auszahlung die Anzahl gefressener Mehlwürmer in einem 10-minütigen Intervall festgelegt. Folglich nahmen sie an, daß die Vögel die Aufnahmerate der Nahrung maximieren. Diese Annahme ist aber nicht ganz stichhaltig, da innerhalb beider Strategien auch andere Faktoren zur Fitness beitragen können. Insbesondere können die Kosten der beiden Verhaltensstrategien unterschiedlich sein. Um aber eine derartige Analyse durchzuführen, erweist es sich oft als vorteilhaft, einen recht einfachen Maßstab für die Fitness zu wählen, wie etwa die Aufnahmerate, oder ein Maß für die Effizienz des Nahrungserwerbs.

Trifft ein Räuber auf ein Beuteobjekt, so hat er Kosten in Form von Zeit aufzubringen, die Beute zu überwältigen und zu fressen; diese Zeit wird oft „**Handling-Zeit**" genannt. Die Kosten werden durch den Netto-Nährwert des Beuteobjektes ausgeglichen, der sich aus dem Gesamtwert minus den Energiekosten für das Handling und die Verdauung der Nahrung ergibt. Dividiert man den Netto-Nährwert durch die Handling-Zeit, so erhält man ein Maß für die **Profitabilität** des Beutetyps. Hat ein Tier die Möglichkeit, zwischen verschiedenen Beuteobjekten zu wählen, so ist anzunehmen, daß es den profitabelsten Beutetyp bevorzugt. Beispielsweise wurden in einem großen Aquarium Blaukiemen-Sonnenbarschen (*Lepomis macrochirus*) Wasserflöhe (*Daphnia*) zum Fressen geboten (Werner und Hall 1974). Die Autoren konnten zeigen, daß die Fische keine Bevorzugung für kleine, mittlere oder große Daphnien zeigten, wenn diese nur in niedriger Dichte verfügbar waren. Bei hoher Beutedichte wählten die Sonnenbarsche jedoch nur die größten und profitabelsten Wasserflöhe, die kleineren wurden gar nicht beachtet. Dieses Ergebnis stimmt mit den Erwartungen eines Profitabilitätsmodells überein, das anhand von Abbildung 24.1 näher erläutert wird. Eine mögliche Erklärung ist, daß der Fisch jeweils nach der Daphnie schnappt, die ihm im Augenblick der Wahl am größten erscheint (O'Brien et al. 1976). Ein kleiner, nahe beim Fisch schwimmender Wasserfloh kann größer erscheinen als ein größerer, der weiter entfernt schwimmt. Mit steigender Beutedichte steigt aber auch die Wahrscheinlichkeit, daß eine große Daphnie in der Nähe des Fisches schwimmt. Wenn nun der Fisch immer die am größten erscheinende Beute auswählt, verhält er sich in der Art und Weise, wie es das Profitabilitätsmodell vorhersagt. Es ist aber zu beachten, daß das Profitabilitätsmodell genau angibt, was in einer bestimmten Situation passieren sollte, während das „Modell der größten Beute" eine Regel vorgibt, nach der der Fisch aktuell handeln muß.

Goss-Custard (1977a) untersuchte den Nahrungserwerb beim Rotschenkel (*Tringa totanus*), einem Watvogel, der an Seeküsten und auf Schlammflächen des Wattenmeeres nach Nahrung sucht. Er beobachtete, daß diese Vögel, wenn sie sich ausschließlich von Polychaeten (*Nereis diversicolor*, *Nephthys hombergi*) ernähren, anscheinend kleinere Würmer bei der Nahrungssuche übergehen und selektiv nur solche ab einer bestimmten Größe aufnehmen. Diese Größenpräferenz wird durch die Häufigkeit, mit der die Rotschenkel auf größere Würmer treffen, beeinflußt, nicht aber von der Häufigkeit, mit der sie auf kleinere Würmer treffen. Das Ergebnis stimmt mit der Ansicht überein, daß die Strategie des Nahrungserwerbs beim Rotschenkel zur Maximierung der Energieprofitabilität angelegt ist. Mit anderen Worten, die Rotschenkel wählen nur solche Würmer, die den größten Energiebetrag pro aufgewandter Suchenergie liefern. Die kleineren Würmer sind nicht so profitabel, da ihre relativ geringe Nettoenergie nicht die Zeit für Suchen und Handling ausgleicht.

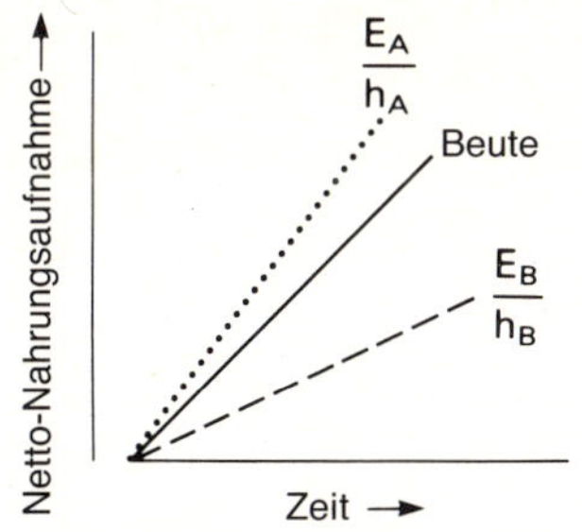

Abb. 24.1. Ein einfaches grafisches Modell des optimalen Nahrungserwerbs. Jeder Beutetyp (A und B) ist durch seine Profitabilität E/h (Netto-Nährwert pro Handling-Zeit-Einheit) gekennzeichnet. Die Grafik zeigt die Wahrscheinlichkeiten, beide Beutetypen anzutreffen (Maß für die Dichte) als Steigung der gepunkteten bzw. gestrichelten Linie. Wenn der Räuber nur die profitablere Beute frißt, wird seine Netto-Nahrungsaufnahme durch die durchgezogene Linie wiedergegeben. Die Steigung dieser Geraden ist geringer als diejenige der gepunkteten Linie, weil hier die Suchzeit für größere Beute länger ist. Ist die Steigung der Geraden gleich oder geringer als die der gestrichelten Linie, so lohnt es sich für den Räuber, kleinere Beutetiere zu fangen. Wird also der größere Beutetyp seltener, kippt die Gerade nach rechts und der Räuber ändert sein Verhalten und fängt nun die weniger profitable Beute.

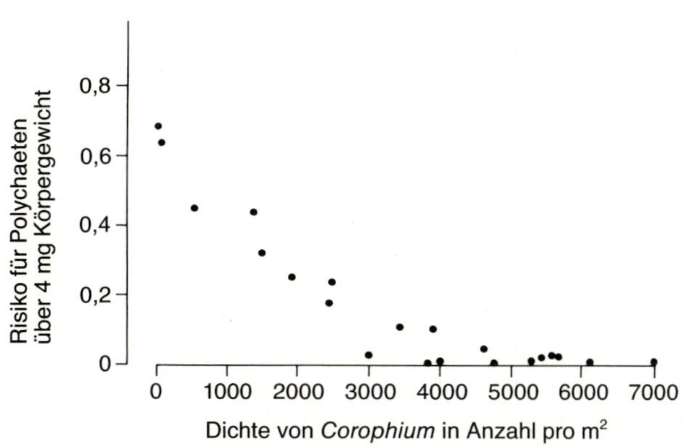

Abb. 24.2. Risiko-Index für Polychaeten (von Rotschenkeln gefressen zu werden) in Abhängigkeit von der Dichte der *Corophium*-Amphipoden. Jeder Punkt repräsentiert den Durchschnitt für ein bestimmtes Untersuchungsgebiet (nach Goss-Custard 1977b).

Tab. 24.1. Vergleich der Energieaufnahmeraten für drei Untersuchungsgebiete, in denen die Rotschenkel sich hauptsächlich von Corophium ernährten, mit den Raten, die sie stattdessen durch Fressen von Würmern erzielt hätten (nach Goss-Custard 1977a).

Gebiet	Energieaufnahmerate in Kalorien pro Minute	
	mögliche Rate durch ausschließlich *Nereis*	aktuelle Rate durch hauptsächlich *Corophium*
9	234	88
10	224	70
11	185	93

Die Ergebnisse von Goss-Custard lassen vermuten, daß Rotschenkel in ihrer Beutewahl Entscheidungen auf der Basis energetischer Berechnungen fällen. In weiteren Versuchen zeigte Goss-Custard (1977b) aber auch, daß die Vögel dazu neigten, Amphipoden der Gattung *Corophium* selektiv zu fressen, wenn diese zusätzlich zu den Polychaeten verfügbar waren (Abb. 24.2). Ebenso konnte Goss-Custard abschätzen, daß in dem für *Corophium* typischen Habitat die Polychaeten schwieriger zu finden waren, da er beobachtete, daß einige Vögel sich bei der Nahrungssuche nur auf die Würmer konzentrierten, während der größte Teil sich von *Corophium* ernährte. Auf der Basis seiner vorhergehenden Arbeiten stellte Goss-Custard die Hypothese auf, daß Rotschenkel durch Fressen von Corophiumarten eine höhere Netto-Nährwertrate erreichen als durch die Polychaeten. Als er aber den Energiebetrag der Beute (Tab. 24.1) und die Energiekosten für den Beuteerwerb (Tab. 24.2) analysierte, stellte sich heraus, daß die Vögel zwei- bis dreimal mehr Energie pro Minute durch die ausschließliche Aufnahme von Würmern erzielen können, als wenn sie sich nur von *Corophium* ernähren würden. Offenbar ist die Energie nicht der einzig wichtige Faktor bei der Nahrungswahl der Rotschenkel, wenn *Corophium* verfügbar ist. Anscheinend enthält *Corophium* andere Komponenten außer der Energie, die für die Rotschenkel von Bedeutung sind.

Für viele Tiere sind solche Gelegenheiten selten, bei denen sie sich voll auf eine bestimmte Aktivität konzentrieren können, während andere Aktivitäten ausgeschlossen werden. Das gilt insbesondere für Tierarten, die der Bedrohung durch Raubfeinde ausgesetzt sind. Barnard (1980) untersuchte das Verhalten von Haus-

Tab. 24.2. Suchaufwand für 1 kcal Nahrung in drei Gebieten, geleistet von Rotschenkeln, die sich tatsächlich überwiegend von *Corophium* (C) oder allein von *Nereis* (N) ernährten (nach Goss-Custard 1977a).

Gebiet	Suchdistanz in m		Anzahl von Pick- und Suchbewegungen		Zeit für Herunterschlingen	
	C	N	C	N	C	N
9	103	42	470	165	62	48
10	150	44	671	167	121	49
11	106	56	543	198	79	48

sperlingen im Winter bei ihrer Nahrungssuche auf einer englischen Farm. Die Sperlinge flogen in Schwärmen unterschiedlicher Größe und suchten ihre Nahrung in zwei Habitaten, die sich offensichtlich in der Häufigkeit, mit der Raubtiere, wie Katzen und Sperber, diese Stellen besuchten, unterschieden. Innerhalb des Viehstalls fraßen die Haussperlinge Gerstenkörner, die im ausgelegten Stroh verborgen waren. Ihr Verhalten wurde hierbei primär von der Körnerdichte und erst sekundär von der Dichte des Schwarms beeinflußt (Abb. 24.3). Auf dem offenen Feld dagegen wurde die Futteraufnahme durch häufiges Sichern unterbrochen. Die Futteraufnahmerate war hier mehr von der Schwarmgröße beeinflußt (Abb. 24.4) und weniger von der Futterdichte. Wenn ein Vogel in einem großen Schwarm nach Nahrung sucht, kann er mehr Zeit für die Nahrungsaufnahme verwenden, da seine Aufmerksamkeit für Raubfeinde geringer sein kann, als in einem kleinen Schwarm (Pulliam 1973). Es gibt deutliche Hinweise dafür, daß Tiere in einem großen Schwarm potentielle Räuber früher wahrnehmen als in einem kleinen (Powell 1974; Siegfried und Underhill 1975). Ebenso verbrachten die Sperlinge auf dem offenen Feld weniger Zeit mit Umherspähen, wenn die Futterstelle in der Nähe von Hecken oder Buschwerk lag, was mehr Schutz vor Feinden bedeuten kann. Selbst auf einem gerade gesäten Feld mit Frühjahrsgerste blieben sie gewöhnlich dicht an Orten mit Deckungsmöglichkeiten, obwohl die Körnerdichte auf dem offenen Feld höher war.

Die Untersuchung an Haussperlingen läßt vermuten, daß diese Vögel auf verschiedenen Wegen zu einer Art Gleichgewicht im jeweils erforderlichen Verhalten der Nahrungssuche und der Feindvermeidung gelangen. Bei großer Gefahr durch Raubtiere haben die Vögel eine niedrigere Futteraufnahmerate; außerdem scheinen sie es vorzuziehen, eher an einem relativ sicheren, dafür aber weniger ergiebigen Ort nach Nahrung zu suchen, als an einem nahrungsreichen, aber riskanteren Ort. Barnard (1980) zeigte auch, daß die Fluchtdistanz zu einem Raubtier mit der Körnerdichte zusammenhing, die gerade zum Zeitpunkt des Alarms vorlag. Dieses Verhalten mag auf den größeren Nutzen der Nahrungsaufnahme im Verhältnis zum Risiko der Bedrohung durch Feinde zurückzuführen sein. Bei hoher Dichte der Getreidekörner waren die Tiere fast ausschließlich mit der Nahrungsaufnahme beschäftigt und nahmen daher den Raubfeind nicht so früh wahr. Die Frage, wie Tiere die Aufmerksamkeit bei unterschiedlichen Anforderungen verteilen, ist von zentraler Bedeutung, vor allem wenn die zugrundeliegenden Entscheidungsmechanismen beschrieben werden sollen (s. Kap. 25).

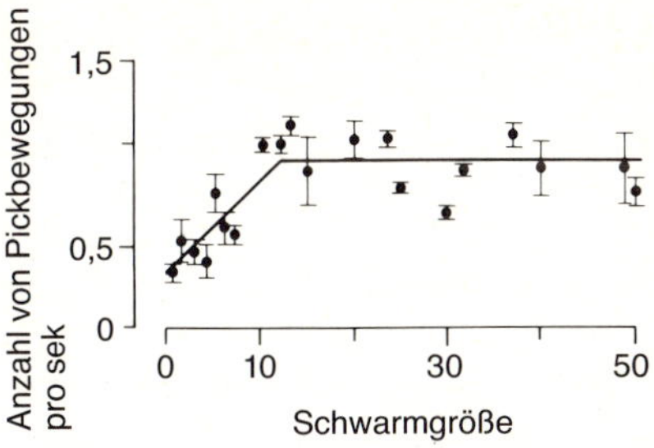

Abb. 24.3. Futteraufnahmerate von Haussperlingen im Verhältnis zur Schwarmgröße bei der Nahrungssuche im Viehstall (nach Barnard 1980).

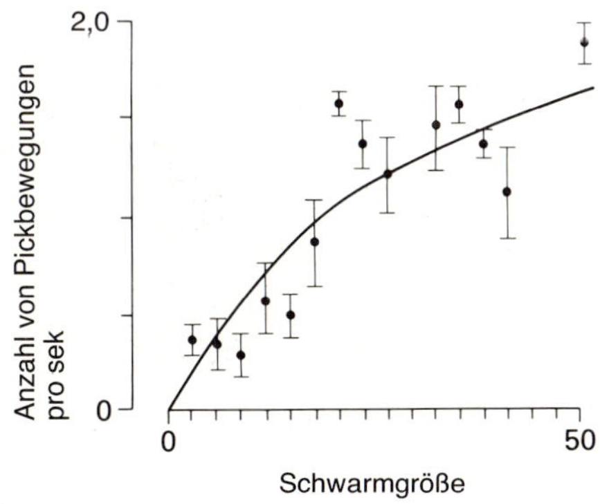

Abb. 24.4. Futteraufnahmerate von Haussperlingen im Verhältnis zur Schwarmgröße bei der Nahrungssuche auf einem offenen Feld (nach Barnard 1980).

24.2 Kosten-Nutzen-Bilanz

Die meisten Konstruktionen erfordern einen Kompromiß im Hinblick auf den Nutzen von nicht miteinander zu vereinbarenden Aspekten in einer gegebenen Situation. Bei der Konstruktion eines einfachen Blutgefäßes sinken z. B. mit steigendem Durchmesser die Reibungsverluste, gleichzeitig steigt jedoch der energetische Aufwand zur Aufrechterhaltung des Blutgefäßes (Abb. 24.5). Diese Art von direktem Vergleich der Kosten und Nutzen wird **Kosten-Nutzen-Bilanz** genannt. Eine erfolgreiche Konstruktion nutzt normalerweise die Kompromisse, die einer bestimmten Situation innewohnen. Die Kennzeichnung solcher Kompromisse im Verhalten der Tiere stellt für die Analyse der Wirkungsweise der natürlichen Selektion einen guten Ausgangspunkt dar.

Zach (1979) entdeckte eine einfache Kosten-Nutzen-Bilanz im Nahrungserwerb von Krähen an der Westküste Kanadas. Sie ernähren sich dort von Weichtieren und suchen bei Ebbe die Küste insbesondere nach Wellhornschnecken ab, von denen sie gewöhnlich die größten auswählen. Finden sie eine, so nehmen die Krähen sie mit dem Schnabel auf, fliegen hoch und lassen sie auf einen Stein fallen, so daß das Schneckenhaus zerbricht und das freßbare Innere der Schnecke frei wird. Zach führte Experimente durch, in denen er Wellhornschnecken aus verschiedenen Höhen fallen ließ. Er konnte nachweisen, daß die Anzahl der Abwürfe, die notwendig waren, um eine Schnecke aufzubrechen, mit der jeweiligen Abwurfhöhe zusammenhing (Abb. 24.6). Da die Krähen aber einen bestimmten Energieaufwand für das Hochfliegen aufzubringen haben, kalkulierte Zach den Gesamt-Energiebetrag für das Hochfliegen auf eine bestimmte Höhe mit ein. So konnte er zeigen, daß die niedrigsten Flugkosten dann vorliegen, wenn die Wellhornschnecken aus einer Höhe von fünf Metern fallengelassen werden (Abb. 24.7). Entsprechend dem Aufbau eines Blutgefäßes liegt auch hier ein Kompromiß zwischen den Kosten für die Anzahl der Flüge pro aufgebrochener Schnecke und für die Abwurfhöhe vor. Analog zum optimalen Radius eines Blutgefäßes (s. Abb. 24.5) zeigen die auf diesem Kompromiß basierenden Kalkulationen, daß es eine optimale Abwurfhöhe gibt. Zach konnte zeigen, daß die beobachtete Abwurfhöhe, aus der die Krähen üblicherweise die Schnecken fallenlassen, nahe an der theoretisch berechneten Höhe von fünf Metern liegt. Die Krähen scheinen somit ein Programm für solche Kosten-Nutzen-Abwägungen für den Nahrungserwerb zu besitzen.

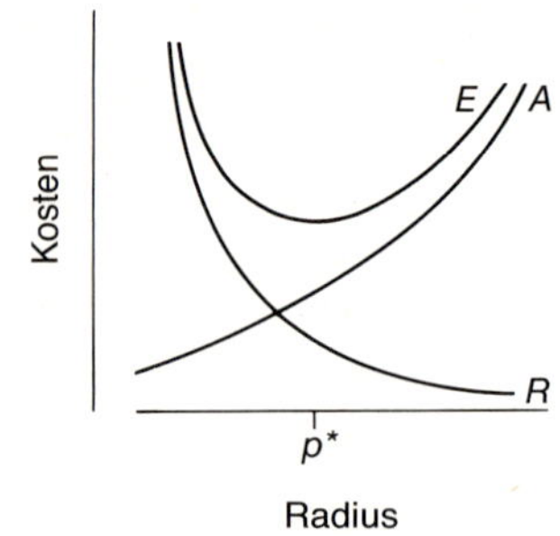

Abb. 24.5. Der Energieaufwand zur Aufrechterhaltung des Blutflusses im Verhältnis zum Radius des Blutgefäßes. R stellt die Reibungsverluste dar, A die Kosten zur Aufrechterhaltung der Gefäßwand und E die Gesamt-Energiekosten. Bei p* liegt der optimale Radius, an dem E den geringsten Wert aufweist (nach Milsum und Roberge 1973).

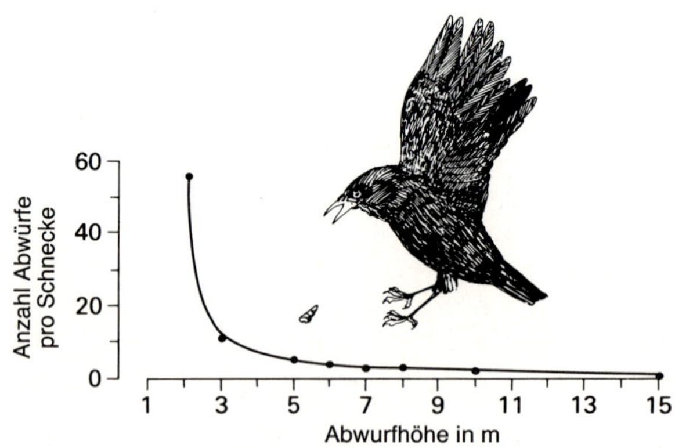

Abb. 24.6. Anzahl der Abwürfe, die für Krähen notwendig waren, um aus verschiedenen Höhen eine Wellhornschnecke zu öffnen (nach Zach 1979).

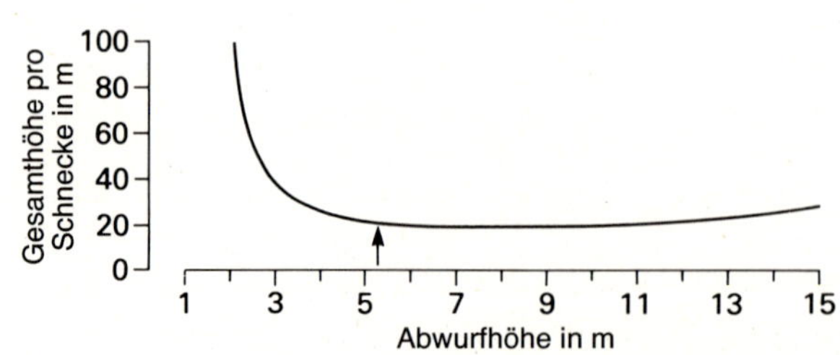

Abb. 24.7. Die gesamte vertikale Flugstrecke zur Öffnung eines Schneckenhauses (Anzahl Abwürfe x Abwurfhöhe) erreicht bei einer bestimmten Höhe (Pfeil), die auch am häufigsten von den Krähen benutzt wird, ein Minimum (nach Zach 1979).

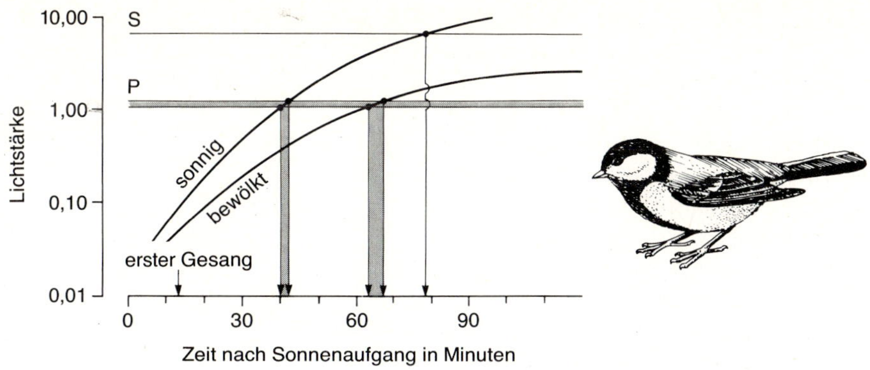

Abb. 24.8. Lichtstärke an Futterplätzen von Kohlmeisen in Abhängigkeit von der Tageszeit bei sonnigem und bewölktem Wetter. P und S sind die Lichtstärkewerte, bei denen im Laborexperiment die Meßwerte für Profitabilität und effiziente Nahrungssuche 95% ihres Maximalwertes erreichen (nach Kacelnik 1979).

Die Berechnungen von Kosten und Nutzen beim Nahrungserwerb der Krähen werden ähnlich wie die über den Aufbau eines Blutgefäßes dadurch einfacher, daß Bilanzen zwischen solchen Faktoren auftreten, die mit Hilfe energetischer Größen gemessen werden können. Zachs Kalkulationen lassen vermuten, daß die Vögel Wellhornschnecken bestimmter Größen aussuchen und sie aus einer solchen Höhe fallenlassen, die den größten Netto-Energiegewinn zur Folge hat. Es ist aber nicht immer möglich und auch nicht wünschenswert, optimale Kompromisse nur unter energetischen Gesichtspunkten zu betrachten. Wie im Beispiel des Rotschenkels schon gezeigt wurde, ist die Energie nicht immer der einzige wesentliche Faktor. Weiterhin sind Tiere nicht immer in der Lage, sich voll auf die Nahrungssuche zu konzentrieren, sondern sie müssen auch auf mögliche Raubtiere, Territoriumsrivalen usw. achtgeben. Es ist daher in solchen Fällen wichtig, die Gesamtsituation zu betrachten, wobei man nicht vergessen sollte, daß der Nahrungserwerb nur *eine* Aktivität im Verhaltensrepertoire der Tiere darstellt und daß der Gewinn oder der Verlust von Energie nicht die einzigen Konsequenzen des Verhaltens sind.

Bei der Kohlmeise (*Parus major*) spielt der Gesang innerhalb der Revierverteidigung und der Balz eine wichtige Rolle (Krebs 1971). Im Frühjahr singen die Vögel hauptsächlich während der Morgendämmerung und fangen hierbei kurz vor Sonnenaufgang an. Der Gesang im Morgengrauen ist für viele Vogelarten kennzeichnend, jedoch ist dieses Phänomen insofern überraschend, als in der Winterzeit die meisten Kleinvögel über Nacht etwa 10 % ihres Körpergewichtes verlieren und daher nach dem Erwachen sehr hungrig sein müßten. Warum ist das Singen am frühen Morgen wichtiger als der Nahrungserwerb? Hierfür scheint es zwei wesentliche Gründe zu geben. Erstens ist der Vorteil einer Revierverteidigung nach Sonnenaufgang besonders hoch, da die Tiere ohne Revier zu dieser Zeit die einzelnen Territorien überprüfen, um freigewordene Reviere zu besetzen, deren Inhaber am Vortag durch Raubtiere umgekommen sind. Zweitens ist der Nutzen der Nahrungssuche zu dieser Zeit noch gering, da deren Effizienz durch die geringe Lichtintensität herabgesetzt wird. In Laborexperimenten konnte Kacelnik (1979) zeigen, daß Kohlmeisen bei einer bestimmten Lichtstärke nicht effizient genug Nahrung finden können, wobei in Abhängigkeit vom jeweiligen Wetter normalerweise erst 40 bis 80 Minuten nach Sonnenaufgang die notwendige Lichtstärke vorliegt (Abb. 24.8). Somit ist es für die Vögel wahrscheinlich vorteilhafter, erst zu singen und anschließend auf Nahrungssuche zu gehen, als umgekehrt.

Um beurteilen zu können, ob ein Aktivitätstyp besser als ein anderer ist, benötigt man eine gemeinsame Währung, mit Hilfe derer man beide Aktivitäten miteinander vergleichen kann. Ebenso sind Kriterien nötig, die den relativen Wert verschiedener Verhaltensaspekte abschätzen können. Jede Aktivität ist sowohl mit Kosten als auch mit Nutzen verbunden. In diesem Kapitel wird gezeigt, wie Kosten und Nutzen relativ genau ermittelt werden können. Zunächst soll sich die Vorgehensweise aber hierbei nur auf allgemeine Überlegungen beschränken. In einer abschließenden Analyse zählt letztlich nur, ob eine bestimmte Aktivität die Gesamtfitness eines Tieres aller Wahrscheinlichkeit nach erhöht oder erniedrigt. Eine während der Morgendämmerung singende Kohlmeise kann ihre Fitness erhöhen, indem sie Eindringlinge abschreckt, aber gleichzeitig kann ihre Fitness durch das Aufschieben der Nahrungssuche auch gesenkt werden, insbesondere wenn sie während der Nacht an Gewicht verloren hat. Eine Erhöhung der Fitness wird üblicherweise als **Nutzen**, ihre Abnahme entsprechend als **Kosten** bezeichnet. Ein nach Nahrung suchendes Tier hat also einen Nutzen von der aufgenommenen Energie, andererseits entstehen ihm aber auch dadurch Kosten, daß es während dieser Zeit sein Revier nicht verteidigen kann und es sich der Bedrohung durch Raubfeinde aussetzt.

Ein Vorteil, Begriffe wie Kosten und Nutzen anzuwenden, liegt darin, einen Vergleich der relativen Werte ungleichartiger Aktivitäten zu ermöglichen. So können verschiedene Aspekte des Nahrungserwerbs hinsichtlich ihres Futter- oder Energiegewinns verglichen werden und entsprechend unterschiedliche Formen der Revierverteidigung hinsichtlich ihrer Effektivität in der Abschreckung von Eindringlingen. Bei einem Vergleich des Nahrungserwerbs und der Revierverteidigung muß aber berücksichtigt werden, wieviel jede Aktivität zur Gesamtfitness des Tieres beiträgt oder um wieviel diese vermindert wird. Die Fitness ist somit die einzige gemeinsame Währung, mit deren Hilfe ein Vergleich zwischen verschiedenen Aspekten des Verhaltens möglich wird. In der Tat ist es genau diese Währung, die auch in der Natur bei solchen Vergleichen angewendet wird, da die Fitness durch das Wirken der natürlichen Selektion bestimmt wird.

Ein Tier, das durch die Wirkungsweise der natürlichen Selektion auf der Basis des Kosten-Nutzen-Prinzips seine gesamten Entscheidungen fällt, wird in jedem Fall effizienter sein als ein andersartig konstruiertes Tier. Bei der Konstruktion lassen sich gewisse Schwierigkeiten nicht vermeiden, da ein Tier fähig sein muß, jederzeit von einer zur nächsten Aufgabe zu wechseln. Die Optimierungsbetrachtungen liefern den Weg zur bestmöglichen Konstruktion, indem ständig alle wichtigen Kriterien abgewogen werden. Die Auswirkungen einer derartig in einem Tier vorhandenen Konstruktion sind schnell erkennbar. Das Tier wird sich manchmal vollständig auf eine bestimmte Aufgabe konzentrieren bis sie abgeschlossen ist, in anderen Fällen dagegen wird es derartige Aufgaben unterbrechen und nach einiger Zeit wiederaufnehmen. Die derzeitigen Anwendungen des Optimierungsprinzips auf das Verhalten der Tiere scheinen das zu zeigen. Hungrige und gleichzeitig durstige Tauben, die für den Erhalt sowohl von Futter als auch von Wasser bestimmte Aufgaben durchführen müssen, schließen die eine Aktivität nicht ab bevor die nächste beginnt. Für den Wechsel zwischen beiden Aufgaben kann die Optimierung als Erklärungsmöglichkeit herangezogen werden (Sibly und McFarland 1976). Nach Nahrung suchende Stichlinge ändern bei Gefahr durch Raubfeinde ihr Verhaltensmuster, wobei sie einen optimalen Kompromiß zwischen der Aufmerksamkeit gegenüber ihrer Beute und der gegenüber Raubfeinden erreichen (Milinski und Heller 1978; Heller und Milinski 1979). In ähnlicher Weise ändern Kohlmeisen ihren Nahrungserwerb, wenn ihr Revier durch Eindringlinge bedroht ist. Sie steigern ihre Aufmerksamkeit auf Kosten der Futteraufnahmerate (Ydenberg und Houston 1986).

Neben der Spezifizierung der gemeinsamen Folgen unterschiedlicher Aktivitäten ist es auch sinnvoll, diese hinsichtlich bestimmter Kennzeichen abzuschätzen. Betrachtet man beispielsweise die Bewerber auf eine Universitätsstelle, so ist es wünschenswert, die Kandidaten anhand gemeinsamer Faktoren wie Lehrfähigkeit und Forschungspotential zu vergleichen. Zusätzlich ist aber ein Kriterium notwendig, mit Hilfe dessen entschieden werden kann, ob ein Kandidat, der in der Lehre gut, aber in der Forschung schlecht ist, einem anderen Kandidaten, der in der Forschung und nicht in der Lehre gut ist, vorgezogen werden sollte (McFarland 1976, 1977). Entsprechend benötigt man zur Abschätzung des Verhaltens von Tieren ein Optimierungskriterium, das es ermöglicht, eine Aktivität unter bestimmten Voraussetzungen als besser einzustufen als eine andere. Die abschließende Analyse soll zeigen, daß die Fitness **das** Kriterium für Optimierung darstellt. Um dieses in angemessener Form durchführen zu können, ist aber ein beträchtliches Wissen über die Lebensweise des Tieres erforderlich. Im nächsten Kapitel soll daher gezeigt werden, wie ein solches Wissen erworben werden kann.

24.3 Kostenfunktionen

Bisher wurde gezeigt, daß Tiere oft zwischen solchen alternativen Aktivitätsformen wählen müssen, die durch eine Wechselwirkung zwischen ihren jeweiligen Kosten und Nutzen gekennzeichnet sind. Hierbei erweist sich diejenige Aktivität als die günstigste, die dem Tier die geringsten Kosten oder den größten Nutzen bereitet. Vom evolutionären Standpunkt aus erwartet man von „gut konstruierten" Tieren, daß sie durch ihr Verhalten ihre Fitness maximieren. Das Kosten-Nutzen-Konzept ist daher eng mit dem Fitness-Konzept verknüpft.

Das Verhalten der Tiere kann auf sehr vielfältige Weise mit Kosten und Nutzen verbunden sein, worin sich die jeweils entsprechenden Selektionsdrucke der Umwelt widerspiegeln. Die natürliche Selektion wirkt auf das Tier als Ganzes, in einer Kosten-Nutzen-Analyse müssen jedoch die Kosten (Abnahme an Fitness) und Nutzen (Zunahme an Fitness) der jeweils inneren Zustände und des sichtbaren Verhaltens eines Tieres getrennt voneinander berechnet werden. Eine Gesamtkalkulation für ein Tier mit Hilfe dieser Begriffe wird als **Kostenfunktion** bezeichnet. Sie kann durch das momentane Risiko, dem sich ein Tier mit einem bestimmten inneren Zustand und einem bestimmten Verhalten in einer bestimmten Umweltsituation aussetzt und dem sich hieraus ergebenden Fortpflanzungserfolg definiert werden (McFarland 1977).

Im folgenden soll unter diesem Aspekt beispielhaft das Verhalten einer brütenden Silbermöwe (*Larus argentatus*) betrachtet werden. Im Normalfall bebrüten beide Elternteile die Eier abwechselnd. Ein unbeaufsichtigtes Nest wird schnell ein Opfer von Nesträubern, insbesondere von den Nestnachbarn. Ein brütender Vogel wird daher das Nest nicht vor der Ablösung durch seinen Partner verlassen, außer wenn er durch einen Raubfeind wie den Fuchs oder den Menschen verjagt wird. Der Partner verläßt gewöhnlich das Nest, um auf Nahrungssuche zu gehen und kommt innerhalb weniger Stunden zurück. Manchmal wird seine Rückkehr aber aufgrund eines Unfalls, einer Verletzung oder einer Fangaktion eines eifrigen Wissenschaftlers verzögert. Was sollte der gerade brütende Vogel in diesem Fall machen? Auf der einen Seite kann sein Partner jeden Augenblick zurückkehren, auf der anderen Seite wird der brütende Vogel mit zunehmendem Maße hungrig. Schließlich sollte der auf den Eiern sitzende Vogel irgendwann doch das Nest verlassen, um nach Nahrung zu suchen. Da Silbermöwen in vielen aufeinanderfolgenden Perioden brüten, liegt es nicht im „genetischen Interesse" des Individuums, sein Leben für ein einzelnes Gelege aufs Spiel zu setzen. Die Frage lautet daher, zu welchem Zeitpunkt entschließt sich der Vogel, das Nest zu verlassen?

Verläßt der brütende Vogel das Nest zu früh, setzt er das Gelege unnötigerweise einer Gefahr aus, da sich sein Partner nur ein wenig verspätet haben kann. Verläßt er das Gelege zu spät, gefährdet er unnötigerweise sein eigenes Leben, da er eventuell nicht mehr in der Lage ist, die Nahrung so schnell wie normalerweise zu finden. Um exakt den Punkt zu bestimmen, an dem der Vogel das Nest verläßt, müssen diese alternativen Risiken quantitativ abgewogen werden. Eine solche Abschätzung ist in sehr effektiver Weise in der Natur verwirklicht, da sie das Tier so konstruiert hat, daß es nur die am besten geeigneten Entscheidungen trifft.

Um diese Problemstellung zu untersuchen, ist es notwendig, im Freiland die Risiken zu bestimmen, die sich für unterschiedliche Aktivitätsformen der Tiere ergeben. Im Fall der brütenden Silbermöwen sollten die Risiken für die Eier, die beim Verlassen des Vogels unbeaufsichtigt im Nest zurückbleiben und für den Vogel, auf dem Nest ohne Futter zu verweilen, bestimmt werden. Hierzu wurde eine Vielzahl von Experimenten durchgeführt, um die Kosten und Nutzen des Brütens abschätzen zu können. Beispielsweise untersuchte Drent (1970) auf der Westfriesischen Insel Schiermonnikoog (Niederlande) das Verhalten brütender Silbermöwen. Er fand heraus, daß 20% der Eier Raubfeinden zum Opfer fielen, während 12% aufgrund nicht ausreichender physikalischer Brutbedingungen verloren gingen. Vom Menschen

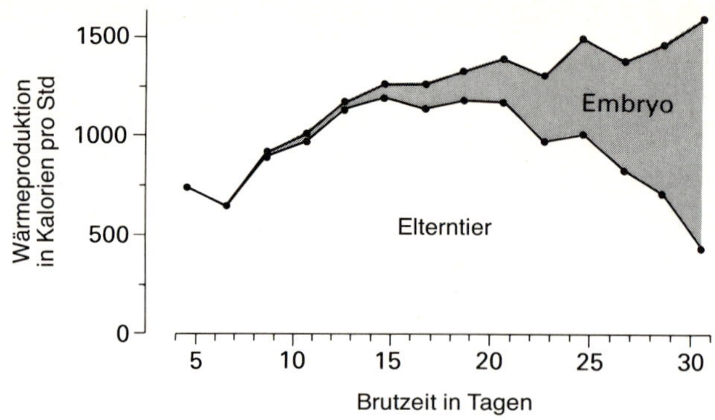

Abb. 24.9. Die Energiekosten des Brütens bei Silbermöwen, berechnet für das gesamte Gelege. Die schattierte Fläche entspricht der vom Embryo erzeugten Körperwärme. Die obere Linie zeigt die Gesamtenergie an, die untere die Kosten für das Elterntier (nach Drent 1970).

ungestörte Vögel sitzen ungefähr zu 98% der Brutzeit auf den Eiern. Dieses kontinuierliche Brüten sorgt dafür, daß der Nestinhalt in wirksamer Weise von der umgebenden Luft abgeschlossen ist und ermöglicht es dem Vogel, die Temperatur der Eier zu regulieren. Das Hauptproblem für einen brütenden Vogel ist die Regulation seiner eigenen Körpertemperatur. Während einer kalten Nacht muß er genügend Wärme produzieren, um sich selbst und die Eier warm zu halten, während er in der Mittagshitze anfängt, zu hecheln, um seinen Körper abzukühlen. Drent befestigte Aufnahmegeräte sowohl an den Eiern als auch an den Nestern von Silbermöwen und konnte so detailliert solche Größen erfassen, die die Entwicklung der Eier beeinflussen. Im Anfangsstadium ist ein Ei vollständig von der Körperwärme des Elterntieres abhängig, mit der Entwicklung des Embryos beginnt aber dessen eigener Stoffwechsel, Wärme zu produzieren (Abb. 24.9). Zur Temperaturregulation ist der Embryo aber noch nicht fähig, so daß die Eier auskühlen, wenn sie ungeschützt sind. In diesem Fall ist eine kompensatorische Wärmeproduktion durch den Embryo noch nicht möglich, wohingegen ein gerade geborenes Küken auf ein Absinken der Außentemperatur sofort mit einem Anstieg der Produktion von Körperwärme reagiert. Ein junger Vogel zeigt daher in einem gewissen Grad schon eine Temperaturhomöostase.

In Abwesenheit der Eltern ist das Leben eines Embryos durch die Gefahr der Überhitzung oder Unterkühlung in Abhängigkeit vom jeweils vorherrschenden Wetter bedroht. Ein wichtigerer Faktor ist jedoch der Gesamtwärmebetrag, der bis zum Erreichen des Schlupfdatums aufgebracht wurde. Die Entwicklungsgeschwindigkeit des Embryos hängt von seinem Stoffwechsel ab, welcher wiederum durch die

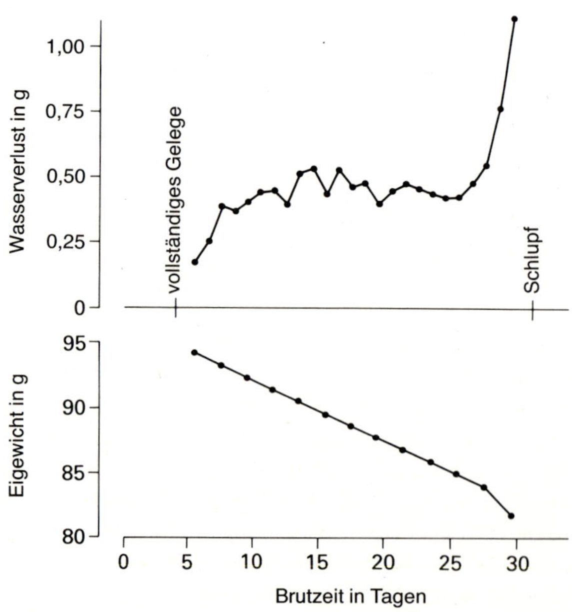

Abb. 24.10. Wasserverlust (oben) der Eier der Silbermöwe, ermittelt aus Änderungen des Gewichts (unten). Mit zunehmendem Wasserverlust wird die Luftblase im Ei größer; geht zuviel Wasser verloren, trocknet der Embryo aus (nach Drent 1970).

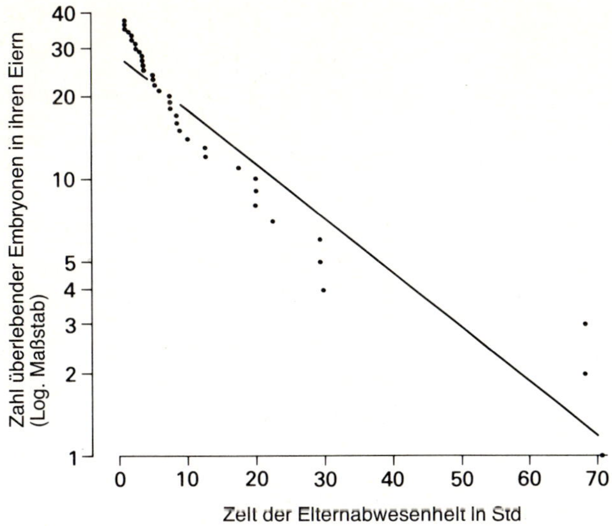

Abb. 24.11. Anzahl überlebender Silbermöwenembryonen in ihren Eiern, die in Abwesenheit der Nestbesitzer der Bedrohung durch Raubfeinde ausgesetzt sind (Daten aus Sibly und McCleery 1985).

Temperatur im Innern des Eies beeinflußt wird. Ist die Temperatur niedrig, so entwickelt sich der Embryo langsam. Während des Brütens verliert das Ei aufgrund der Verdunstung von Wasser kontinuierlich an Gewicht (Abb. 24.10). Dieser Wasserverlust führt zum Entstehen einer Luftblase an einem Ende des Eies, die für den Embryo zur Atmung in der Zeit kurz vor dem Schlupf notwendig ist. Der Embryo darf sich aber nicht zu schnell entwickeln, da sich sonst der Luftraum bis zum Schlupfdatum nicht genügend ausgebildet hat. Bei einer zu langsamen Entwicklung verliert das Ei andererseits soviel Wasser, daß der Embryo austrocknet. Das Schlüpfen sollte zu einem Zeitpunkt stattfinden, an dem eine bestimmte Wassermenge aus dem Ei verdunstet und der Embryo soweit entwickelt ist, daß er zum Schlüpfen in der Lage ist. Es schadet den Eiern nicht, wenn sie über eine kurze Zeit abkühlen, solange die Eitemperatur nicht zu stark absinkt. An heißen Tagen kann die Gefahr der Überhitzung bestehen, wenn die Eier dem direkten Sonnenlicht ausgesetzt sind. Im Normalfall aber nehmen die Eier, die ein oder zwei Stunden der Sonne ausgeliefert sind, physiologisch keinen Schaden. Brütende Silbermöwen können daher bei gelegentlichen Störungen das Nest ruhig verlassen. Wenn sie jedoch wiederholt gestört werden, fällt die durchschnittliche Wärmeversorgung der Eier unter das Maß, welches für ein erfolgreiches Ausbrüten erforderlich ist.

Für einen Embryo der Silbermöwe ist die Wahrscheinlichkeit, einem Raubfeind zum Opfer zu fallen, ungefähr zweimal so groß wie die Wahrscheinlichkeit, durch verschlechterte Entwicklungsbedingungen umzukommen. Brütende Vögel verlassen das Nest, wenn sie von Raubfeinden wie dem Menschen bedroht werden. Während der Abwesenheit der Elterntiere können die Eier von Artgenossen, Raubmöwen, Ratten, Igeln, Krähen oder anderen Räubern gefressen werden. Die jeweiligen Risiken für ein Ei können in Freilandbeobachtungen in solchen Perioden abgeschätzt werden, in denen die Eier unbeaufsichtigt sind, oder mit Hilfe von Experimenten, in denen die Elterntiere vom Nest weggefangen werden (Abb. 24.11).

Eine brütende Möwe, die auf die Rückkehr ihres Partners wartet, kann das Nestrevier nicht verlassen, ohne die Eier zu gefährden. Wie schon gezeigt wurde, können die Risiken für ein Ei quantitativ als Teil der gesamten Kostenfunktion abgeschätzt werden. Auf der einen Seite besteht ein Teil der Kosten in dem Risiko des Verlassens der Eier, so daß diese Raubtieren oder dem Klima zum Opfer fallen und somit eine Aufzucht mißlingt. Auf der anderen Seite entstehen Kosten durch das Brüten selbst, die durch das Risiko des Verhungerns und der Bedrohung durch Raubfeinde beschrieben werden können. Diese Aspekte der Kostenfunktionen können auch experimentell untersucht werden. Beispielsweise kann das Körpergewicht eines brütenden Vogels mit Hilfe einer speziell konstruierten Waage ermittelt werden, die in einem Loch unter dem Nest angebracht ist (Abb. 24.12). Der Anteil an Fett kann

Abb. 24.12. Die Nestwaagen (links) können in einer Vertiefung unter dem Nest einer Silbermöwe angebracht werden. Das Nest wird anschließend auf die waagerechte Oberfläche gelegt (rechts). Die Nestbesitzer werden durch diese Apparatur in ihrem Verhalten gegenüber dem Nest nicht beeinflußt, so daß das Gesamtgewicht des Nestes elektronisch aufgezeichnet werden kann.

bei einem Vogel aus seinem Gesamtgewicht im Verhältnis zur Skelettgröße abgeschätzt werden, was zu Beginn des Experiments beim Fangen und Markieren geschieht. Der Anteil an Nahrung, den eine Silbermöwe während ihrer Nahrungssuche aufnimmt, kann aus Gewichtsänderungen vor und nach der Suche mittels der Waage am Nest ermittelt werden. Die Qualität der Nahrung ergibt sich aus der Zusammensetzung des Kotes, der um das Nest verstreut liegt sowie aus direkten Beobachtungen während des Nahrungserwerbs. Silbermöwen können während der Suche nach Nahrung viele Kilometer zurücklegen, und Beobachtungen sind daher nur mit Hilfe von Miniatursendern möglich, die an den Vögeln befestigt sind (Abb. 24.13) und deren Signale von mobilen Empfangsstationen empfangen werden können (Abb. 24.14). Mit Hilfe verschiedener Techniken ist es somit manchmal möglich, Kosten und Nutzen im Verhalten der Tiere in ihrem natürlichen Lebensraum ohne starke Einflußnahme recht genau abzuschätzen (Sibly und McCleery 1985).

Im allgemeinen setzt sich eine Kostenfunktion aus zwei Hauptbestandteilen zusammen: 1) die Kosten, die mit der Aktivität zu einer bestimmten Zeit verbunden sind, und 2) die Kosten, die sich aus allen anderen Aktivitäten ergeben, die während dieser Zeit nicht möglich sind. Beispielsweise ist für eine Silbermöwe das Brüten mit Kosten verbunden, wie etwa auf physiologischer Ebene die Konstanthaltung der Eitemperatur oder auf der Verhaltensebene die Gefahr durch Raubfeinde. Zur selben Zeit entstehen durch die Nichtvereinbarkeit des Brütens mit anderen Aktivitäten, die aufgrund eines bestimmten inneren Zustandes auftreten würden, ebenfalls Kosten. So steigt während des Brütens der Hunger des Tieres unvermeidlich an. Hungrig sein ist aber mit dem Risiko des Verhungerns verbunden, da die Nahrung zum Zeitpunkt des Beginns der verschobenen Nahrungssuche nicht mehr verfügbar sein kann. Wie noch gezeigt werden wird, sind solche Überlegungen mit den ökologischen Gegebenheiten, denen das Tier ausgesetzt ist, eng verbunden. Wenn man verstehen will, wie Tiere die Kosten und Nutzen der jeweiligen Situationen „abwägen“, kann es manchmal hilfreich sein, Analogien zwischen dem ökonomischen Verhalten beim Menschen und ähnlichem Verhalten bei Tieren zu suchen und zu verfolgen.

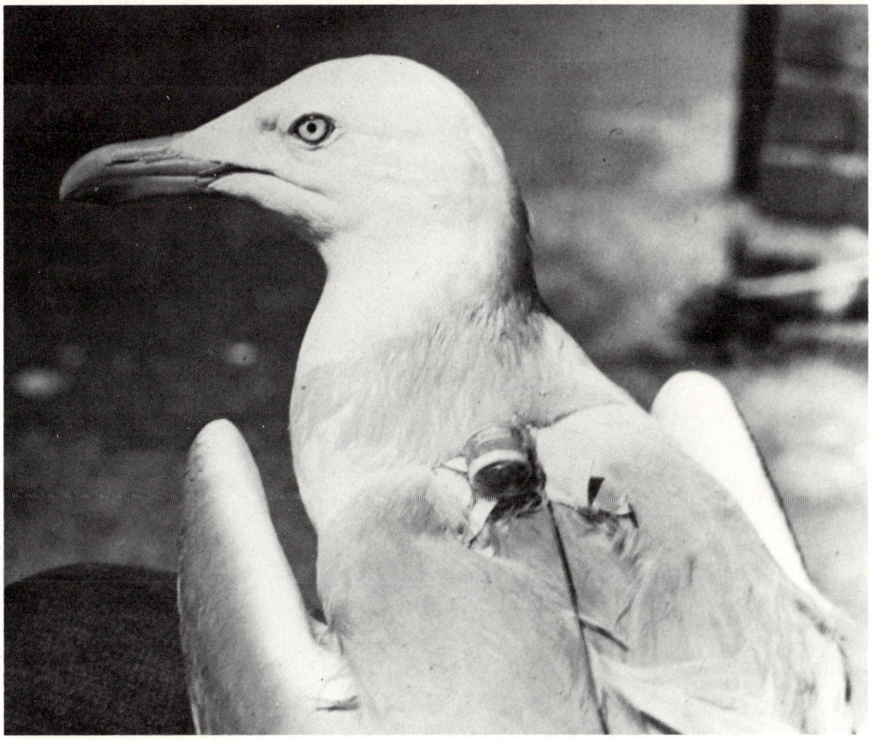

Abb. 24.13. Eine Silbermöwe mit einem Miniatursender.

Abb. 24.14. Eine mobile Empfangsstation auf einem Land Rover, die für telemetrische Untersuchungen an Silbermöwen auf der Walney Insel, Cumbria (Großbritannien) eingesetzt wird.

24.4 Funktionale Aspekte der Entscheidungsfindung

Ökonomische Entscheidungsvorgänge beruhen auf zwei grundsätzlichen Prinzipien. Zum einen muß die Entscheidung rational sein, zum anderen muß sie eine Abschätzung des Für und Wider der jeweiligen Situation enthalten. Eine Entscheidung wird dann als rational angesehen, wenn sie eine bestimmte, nämlich transitive Eigenlogik aufweist. Das soll am folgenden Beispiel erläutert werden. Wenn eine Person zwischen den verschiedenen Optionen A, B und C zu wählen hat und A dabei B und B dabei C vorzieht, so ist es rational, zu erwarten, daß A auch C vorgezogen wird. Nun kann eine linear-konsistente Liste der Präferenzen A-B-C aufgestellt werden. Die Beziehungen zwischen A, B und C werden in diesem Fall als **transitiv** bezeichnet. Wenn nun aber in der Reihenfolge der Präferenzen A vor B und B vor C, dagegen A nicht vor C liegt, sondern C vor A, so gilt diese Entscheidung als irrational und die Beziehungen zwischen den drei Optionen werden **intransitiv** bezeichnet. Ökonomen legen ihren Theorien im allgemeinen das Konzept einer „rationalen ökonomischen Person" zugrunde, d.h. alle auftretenden Präferenz-Beziehungen sind transitiv (Edwards 1954).

Rationalität impliziert nicht notwendigerweise den Gebrauch von Vernunft. Menschen gelangen zwar auch über rationales Denken zu Entscheidungen, sie können aber auch rationale Entscheidungen praktisch automatisch fällen, als wären sie dafür so angelegt oder vorprogrammiert. Ebenso können Menschen irrationale Entscheidungen treffen. Tatsächlich ist es unmöglich, Wahlentscheidungen beim Menschen auf ihre Transitivität hin zu überprüfen, da hierzu wiederholbare Experimente unter identischen Bedingungen erforderlich sind. Das wiederum ist unmöglich zu verwirklichen, da exakt gleiche Gegebenheiten schon aus dem Grund nicht reproduzierbar sind, weil die Erinnerung an eine vorherige Entscheidung die Bedingungen für die nachfolgende ändert (Edwards 1954, 1961). Wirtschaftswissenschaftler müssen daher Transitivität zu einer wesentlichen Grundannahme machen.

Transitivität beinhaltet die Maximierung einer Größe im Prozeß der Entscheidungsfindung. Um das zu verstehen, soll folgende Situation betrachtet werden. Angenommen, die Optionen A, B und C können auf irgendeine Art und Weise quantitativ erfaßt werden. Für den Fall, daß A einen höheren Wert als B hat ($A > B$), wird eine Person, die nach einem Maximierungsprozeß handelt (wie etwa: „Wähle die Alternative mit dem höheren Wert"), natürlich A vor B wählen. Weiterhin soll bekannt sein, daß B größer als C ist ($B > C$). Wird nun in einer Entscheidung C vor A gewählt, so scheint es, als hätte C einen höheren Wert als A. Andererseits war die Wertereihung $A > B > C$ aufgestellt worden, so daß C einen niedrigeren Wert als A aufweist. Die Entscheidung, C vor A zu wählen, muß folglich trotz des niedrigeren Wertes von C gefällt worden sein. Eine Person, die auf dieser intransitiven Basis Entscheidungen trifft, würde demnach nicht die Alternative der größten Punktzahl wählen; sie würde also auch nicht das Maximierungsprinzip anwenden. Sind die Präferenzen einer Person aber transitiv, kann man hieraus ableiten, daß sie nach einem Maximierungsprinzip handelt, obwohl sie sich dieses Vorgangs nicht bewußt sein muß.

Die Größe, die im Wahlverhalten einer rationalen und ökonomisch handelnden Person maximiert wird, nennt man **Nutzen**. Als Person kann man einen gewissen Nutzen daraus ziehen, Porzellan für die eigene Sammlung zu kaufen, Sport zu treiben oder Bücher zu lesen. Wenn man Zeit und Geld für diese Dinge aufbringt, so wählt man aus, was den größten Betrag an Zufriedenheit oder Nutzen liefert. Man ist sich zwar nicht bewußt, den Nutzen zu maximieren, aber man scheint (vorausgesetzt, man handelt rational) sich so zu verhalten, als ob man den Nutzen maximieren würde. Daher ist der Nutzen ein **hypothetisch konstruiertes Maß** für den psychologischen Wert von Waren, Muße usw.. Er ist deshalb ein hypothetisches Konstrukt, weil man nicht weiß, ob er am Wahlverhalten eines Menschen beteiligt ist. Man kann nur annehmen, daß Menschen sich so verhalten, als ob sie den Nutzen maximieren würden.

Entsprechend der Wirtschaftstheorie spricht man auch im Verhalten der Tiere von Nutzen (negativen Kosten). Und ähnlich wie der Nutzen ein begrifflich konstruiertes Maß für den Wert einer Verhaltensweise darstellt, so sind die Kosten ein begrifflich konstruiertes Maß für die Änderung der Fitness, die mit dem Verhalten und dem inneren Zustand des Tieres verbunden ist (Abb. 24.15). Man weiß nicht, ob die Kosten direkt Entscheidungsprozesse bei Tieren steuern. Man kann lediglich die Hypothese testen, wonach sich Tiere derart verhalten, daß der Nutzen maximiert wird (bzw. die Kosten minimiert werden). Die Einzelkomponenten der Kosten beinhalten sowohl Faktoren, die mit einem bestimmten Zeitpunkt des Auftretens eines Verhaltens verbunden sind, als auch Risiken, die mit dem inneren Zustand des Tieres verknüpft sind. So entstehen für eine brütende Silbermöwe physiologische Kosten dadurch, daß sie zum einen die Eier warm hält und zum anderen nicht auf Nahrungssuche gehen kann, solange sie auf dem Nest sitzt. Die unterschiedlichen Kosten können in Form einer Kostenfunktion kombiniert werden, die jeden Aspekt des Zustands und des Verhaltens eines Tieres hinsichtlich der damit verbundenen Kosten abschätzt. In den Wirtschaftswissenschaften wird die entsprechende (allerdings inverse) Funktion **Nutzenfunktion** genannt (s. Abb. 24.15). An diesem Punkt mag es

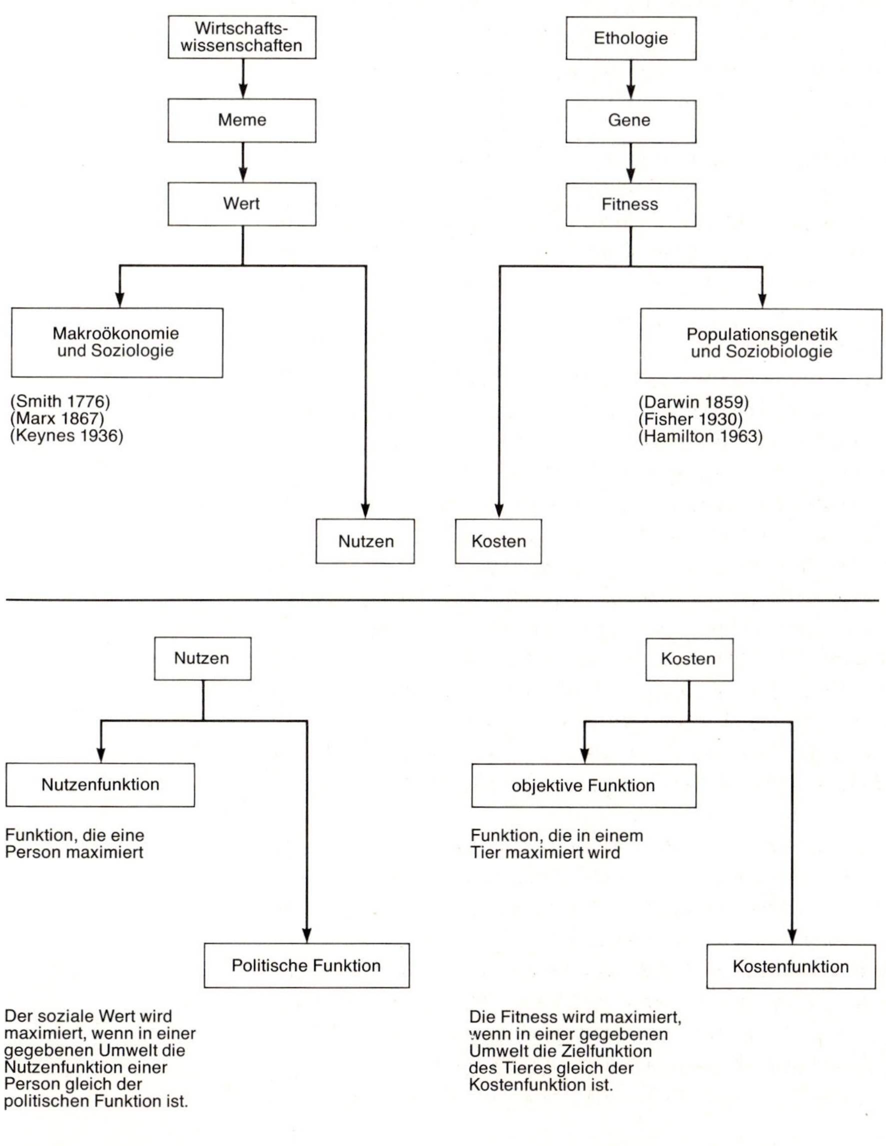

Abb. 24.15. Analoge Konzepte in den Wirtschaftswissenschaften und der Etholgie: (oben) allgemeines Schema mit den jeweils bedeutendsten Autoren und den Jahresangaben, zu denen die wichtigsten Arbeiten erschienen sind; (unten) detailliertes Schema, bezogen auf ein Individuum (nach McFarland und Houston 1981).

hilfreich sein, ein bestimmtes Beispiel im Verhalten der Tiere mit Hilfe dieser wirtschaftstheoretischen Begrifflichkeiten zu analysieren, um zu sehen, ob sich das Kosten-Nutzen-Konzept und andere Konzepte dieser Wissenschaft für die ethologische Forschung als brauchbar erweisen.

24.5 Das Tier als Verbraucher

Oben wurde gezeigt, daß der Rotschenkel auf Wattflächen den Amphipoden *Corophium* gegenüber Polychaeten bevorzugt, obwohl die Krebse wesentlich weniger Energie liefern. *Corophium* muß daher etwas anderes als Energie bereitstellen, was für den Rotschenkel von Bedeutung ist. Wie würde ein Ökonom eine solche Situation interpretieren?

Zur Vereinfachung soll im folgenden die Beute des Rotschenkels nur aus Würmern und Garnelen bestehen, und es soll angenommen werden, daß jeder Beutetyp einen bestimmten Energiebetrag und eine bestimmte Menge eines unbekannten Nährstoffes enthält. Energie und Nährstoff sind also zu unterschiedlichen Anteilen in den beiden Beutetypen enthalten (Abb. 24.16), so daß diese im Hinblick auf den Stoffwechsel und die Energie auch jeweils unterschiedliche Auswirkungen haben. In einem Diagramm müssen folglich zwei verschiedene Geraden gezeichnet werden, die die möglichen Auswirkungen des jeweiligen Wahlverhaltens darstellen.

	Würmer	Garnelen
Energie	7	3
Nährstoff	3	7

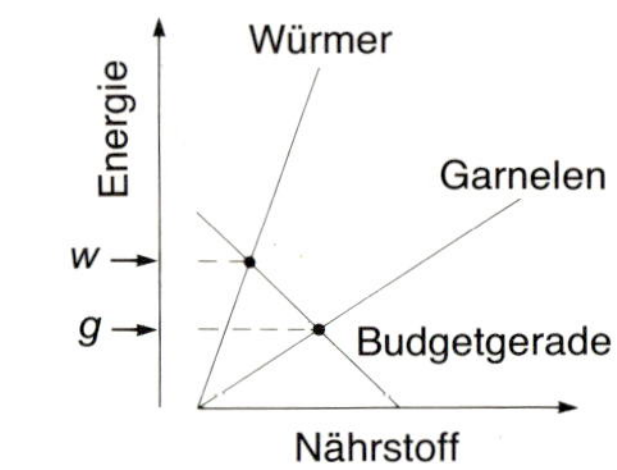

Abb. 24.16. Energie- und Nährstoffbilanz in Abhängigkeit von der Art der Nahrung. Die Budgetgerade ergibt sich aus den für dieses Modell festgelegten „Energiepreisen" für Würmer und Garnelen; weitere Erläuterungen im Text (nach McFarland und Houston 1981).

Ein Wirtschaftstheoretiker würde als nächstes nach dem relativen Preis für die Würmer und die Garnelen fragen. Die Rotschenkel müssen mehr Energie bei der Suche nach Garnelen aufbringen, als es für einen äquivalenten Energiebetrag für Würmer erforderlich wäre. Der Energiepreis für Garnelen ist ungefähr doppelt so hoch wie der für Würmer. Abbildung 24.16 zeigt, wieviele Würmer und Garnelen ein Vogel für einen bestimmten Energieaufwand bei der Nahrungssuche erhält. Dieses entspricht den Warenmengen A und B, die ein Käufer für einen bestimmten Geldbetrag in einem Laden erhält. Der Energiebetrag, der einem Tier zur Zeit der Nahrungssuche zur Verfügung steht, stellt eine Einschränkung dafür dar, was es noch erwerben kann. Die während der Nahrungssuche erhaltene Energie ist nicht unmittelbar verfügbar, da die Nahrung noch verdaut werden muß, was dem Einkommen einer Person entspricht, da dieses direkt nach der Arbeit auch noch nicht zum Ausgeben zur Verfügung steht. Die **Budgetgerade** in Abbildung 24.16 stellt die Einschränkungen beim Nahrungserwerb dar, die dem Vogel durch die verfügbare Energie auferlegt sind. Diese Gerade bedeutet, daß der Vogel innerhalb einer gegebenen Zeitspanne nicht mehr Würmer und Garnelen aufnehmen kann als die Menge, die innerhalb des Dreieckes liegt, welches durch die Budgetgerade mit den beiden Achsen gebildet wird.

Die nächste Frage lautet: Welchen Nutzen zieht ein Rotschenkel aus der Energie und dem Nährstoff? Der Nutzen solcher Waren folgt gewöhnlich dem Gesetz des abnehmenden Gewinns, d.h. wenn ein Tier schon eine ausreichende Menge an Energie aufgenommen hat, steigt der Nutzen bei zusätzlicher Aufnahme von geringen Mengen nur noch unwesentlich an. Hat das Tier aber nur wenig Energie aufgenommen, so leisten schon kleine Energiemengen einen großen Anteil am Gesamtnutzen (Abb. 24.17). Die gleichen Überlegungen werden im allgemeinen auch in den Wirtschaftswissenschaften durchgeführt. Um auf das Porzellanbeispiel zurückzukommen: Man hat ein gewisses Maß an Freude (im Sinne von Nutzen) an seiner großen Porzellansammlung. Erwirbt man ein weiteres Exemplar zu der Sammlung, so wird sich die Freude nur in geringem Maße steigern. Hat man dagegen nur eine kleine Sammlung, so würde die Freude durch Hinzufügen desselben Exemplars wesentlich größer sein.

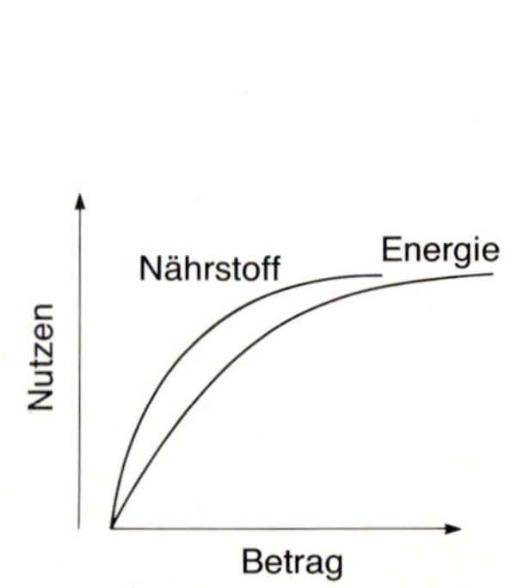

Abb. 24.17. Hypothetische Nutzenfunktion für Nährstoff und Energie.

Abbildung 24.17 stellt die hypothetische Nutzenfunktion für die Menge eines Nährstoffes und seiner Energie dar. Diese Funktion kann in Form einer **Indifferenzkurve** (Verbindung aller Punkte mit gleichem Nutzen) zusammengefaßt werden (Abb. 24.18). Hier wird deutlich, daß der Rotschenkel den gleichen Nutzen aus einer großen Energiemenge verbunden mit einer kleinen Nährstoffmenge ziehen kann wie aus einer kleinen Energiemenge verbunden mit einer großen Nährstoffmenge. Der Verlauf der Indifferenzkurve wird durch den Verlauf einer entsprechenden Nutzenfunktion aus Abbildung 24.17 bestimmt. Nach der wirtschaftstheoretischen Analyse wäre der Nutzen gleich groß, egal ob man z. B. zwei Porzellanfiguren und einen Tennisball oder eine Porzellanfigur und sechs Tennisbälle kauft, daher der Name „Indifferenzkurve".

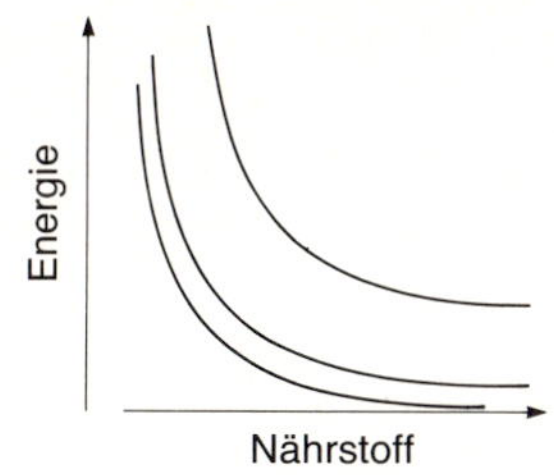

Abb. 24.18. Indifferenzkurven für Nährstoff und Energie, abgeleitet aus Abbildung 24.17.

In Abbildung 24.19 sind die Abbildungen 24.16 und 24.18 kombiniert dargestellt. Man kann nun erkennen, daß bestimmte Kombinationen von Würmern und Garnelen einen höheren Nutzen ergeben als andere Kombinationen. Den geringsten Nutzen hat ein Rotschenkel, wenn er nur Würmer frißt (w), einen etwas höheren, wenn er ausschließlich Garnelen (g) frißt. Den größten Nutzen erzielt er jedoch, wenn seine Nahrung aus einer bestimmten Kombination von Würmern und Garnelen (gw) besteht. Zwei wichtige Faktoren beeinflussen diejenige Kombination, die den höchsten Nutzen erzielt: Die Lage der Kurven mit gleichem Nutzen (Entfernung vom Ursprung) und die Steigung der Budgetgeraden (die durch die relativen Preise für beide Waren bestimmt wird).

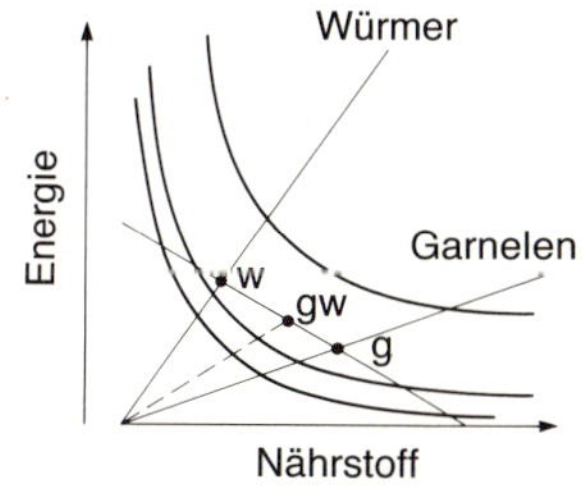

Abb. 24.19. Indifferenzkurven aus Abbildung 24.18 überlagert mit der Abbildung 24.16. Die gestrichelte Linie weist auf den bestmöglichen Anteil von Würmern und Garnelen hin, unter der Annahme, daß der jeweils erforderliche Wechsel der Nahrungswahl keinen Kostenaufwand bedeutet (nach McFarland und Houston 1981).

In der Verbrauchertheorie kann eine Person, die über mehr Geld verfügt, mehr Waren erwerben, was in der graphischen Darstellung von Abbildung 24.19 zu einer Parallelverschiebung der Budgetgeraden führt (Abb. 24.20). Sinkt der Preis für einen bestimmten Gegenstand, so kann man für den gleichen Geldbetrag mehr Waren erhalten, womit auch das von der Budgetgeraden mit den Achsen gebildete Dreieck größer wird (Abb. 24.21). Ändert sich aber der Preis für ein Produkt, so verändert sich auch die **Steigung** der Budgetgeraden, was beim Anstieg des Gesamtbudgets nicht der Fall ist. Ein Vergleich der Abbildungen 24.20 und 24.21 zeigt, daß die Änderung des Gesamtbudgets nur zu einer geringen Verschiebung der optimalen Präferenz führt, während Preisänderungen deutliche Auswirkungen auf die optimalen Präferenzen haben.

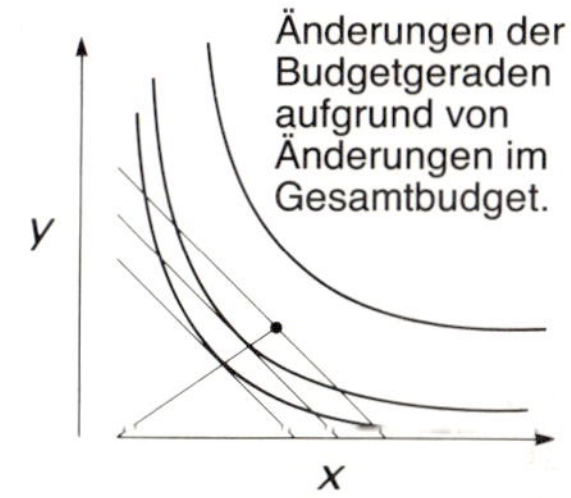

Abb. 24.20. Unterschiedliche Budgetgeraden sind auf Unterschiede im Energiebetrag zurückzuführen, der dem Tier anfangs zur Verfügung steht. Die optimalen Präferenzen ändern sich nicht.

In Analogie zu dem Verbraucher-Modell werden hier auch für Tiere Kosten und Nutzen als die gemeinsame Währung der Entscheidungsprozesse angenommen. Allerdings wird hier zwischen diesen Konzepten und den energetischen Kosten oder Preisen unterschieden, die mit bestimmten Aktivitäten bzw. Waren verbunden sind. Obwohl in den bisher angeführten Beispielen die Energiekosten als ein gemeinsamer Faktor bei alternativ möglichen Aktivitäten angesehen wurde, muß das nicht immer der Fall sein. Es ist daher ein Fehler, die Energie als die einzige Währung für die Prozesse der Entscheidungsfindung anzunehmen, obwohl das in bestimmten Fällen möglich ist. Die Energie stellt nur dann einen für alternative Aktivitäten gemeinsamen Faktor dar, wenn die Verfügbarkeit der Energie der begrenzende Faktor der jeweils betrachteten Situation ist. Ein wirtschaftstheoretisches Beispiel soll diesen Unterschied verdeutlichen.

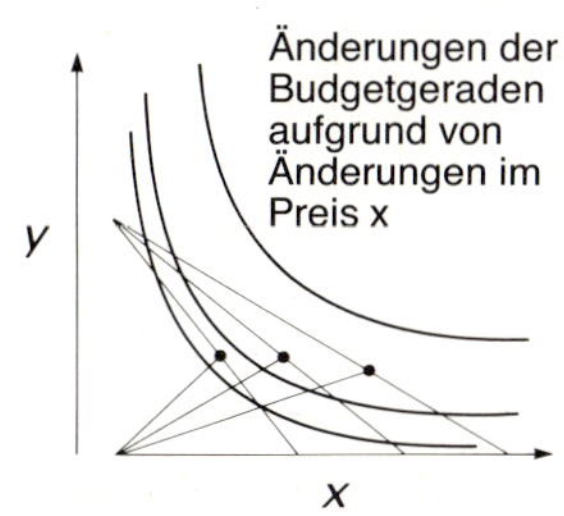

Abb. 24.21. Die verschiedenen Budgetgeraden sind auf Änderungen des Preises x zurückzuführen; dabei verändern sich die optimalen Präferenzen wesentlich.

Angenommen, eine Person geht in einen Supermarkt, um mehrere verschiedene Waren zu kaufen. Wie schon gezeigt wurde, ist jedes mögliche Produkt mit einer bestimmten Kostenfunktion verknüpft, und der Nutzen einer bestimmten Ware hängt von den Präferenzen und den Erfahrungen des Kunden ab. Faktoren, wie etwa die Schmackhaftigkeit, die visuelle Anziehungskraft und die Auflistung der Inhaltsstoffe beeinflussen die Nutzenfunktion, die mit jedem Nahrungsprodukt verknüpft ist. Das Nutzenkonzept ermöglicht aber den Vergleich sehr unterschiedlicher Waren. So kann eine Person den gleichen Nutzen beispielsweise aus einer Packung mit einer Kräutermischung ziehen wie aus einer Flasche Mineralwasser. Der Nutzen ist somit die Währung, mit Hilfe derer verschiedene Produkte abgeschätzt werden können. Eine weitere Währung, die ebenfalls allen Waren gemeinsam ist, stellt das Geld dar, was natürlich besonders wichtig ist, wenn der Käufer hiervon nur über einen begrenzten Betrag verfügt, da in diesem Fall die Gesamtmenge der erwerbbaren Waren begrenzt wird. Obwohl aber jedes Produkt im Supermarkt mit einem Preisschild versehen ist, stellt das Geld nicht immer die relevante Einschränkung dar. Ein Käufer, der sich in großer Eile befindet, kann mehr Geld bei sich haben, als er in der kurzen Zeit ausgeben kann. Die Zeit stellt somit einen weiteren begrenzenden Faktor dar, da der Käufer zum Beispiel zwischen verschiedenen Mineralwasserflaschen schneller wählen kann als zwischen verschiedenen Kräutermischungen. Die Zeit, jedes Produkt auszuwählen, bestimmt die Steigung der Budgetgeraden, und es kann sich herausstellen, daß die Wahl eines unter Zeitdruck stehenden Käufers anders aussieht als die Wahl eines Käufers mit wenig Geld.

An diesem Beispiel sollte deutlich werden, daß das Wahlverhalten eines Tieres einer Reihe von möglichen Einschränkungen unterworfen ist. Diese Einschränkungen hängen von den jeweiligen Umständen ab, aber nur der zeitbegrenzende Faktor scheint relevant zu sein. Aus diesem Grund sollten Energie und Zeit nicht mit Nutzen oder Kosten (in Form von Fitness) durcheinandergebracht werden. In der Analogie zwischen Tier und Verbraucher entsprechen die Kosten dem Nutzen, die Energie dem Geld und die Zeit entspricht der Zeit. Das Tier kann sich Energie (Geld) beschaffen, indem es auf Nahrungssuche (Arbeit) geht, und es kann diese Energie wieder durch verschiedene Aktivitäten ausgeben. Über das konstante Niveau der Stoffwechselausgaben (Unterhalt) hinausgehende Energiemengen kann ein Tier speichern, indem es Futter hortet oder Fettspeicher anlegt (Geld auf der Bank sparen), oder es kann sie durch andere Aktivitäten verbrauchen, beispielsweise durch weitere Nahrungssuche (Arbeit). Ist der Aufwand für die Aktivitäten sehr hoch, so stellt der Energiehaushalt des Tieres einen stark begrenzenden Faktor dar; sind die Preise dagegen reduziert, erfährt das Tier einen Anstieg im „Real-Einkommen" und die Budgetbegrenzung ist entspannt (McFarland und Houston 1981).

24.6 Zeit- und Energie-Budgets

Hat man einen begrenzten Energiebetrag zur Verfügung, um ihn für unterschiedliche Waren und Aktivitäten auszugeben, so teilt man sich oft diesen Betrag für unterschiedliche Zwecke auf. Normalerweise berechnet man die Ausgaben für eine bestimmte Zeitspanne, wie etwa einen Tag, eine Woche oder ein Jahr. Bei der Aufstellung eines solchen Budgets können sowohl zukünftige als auch zurückliegende Ausgaben berechnet werden. Im einen Fall weist man bestimmte Summen bestimmten Zielen zu, während im anderen Fall ein Überblick über schon vollzogene Ausgaben erstellt wird. In beiden Fällen impliziert der Begriff „Budget-Planung" eine gewisse Disziplinierung bei der Ausgabe des Geldes.

Wie oben gezeigt, wurde das Geld in der Verbrauchertheorie als analog zur Energie im Verhalten der Tiere angesehen. Die Frage, ob Tiere ebenfalls Energiebudgets haben oder nicht, scheint daher berechtigt. Es wurde aber auch dargestellt, daß die Energie nicht der einzige begrenzende Faktor ist, der auf das Verhalten der Tiere einwirkt. Einen weiteren wichtigen Faktor stellt die Zeit dar, und man kann daher ebenfalls fragen, ob Zeit-Budgets im Verhalten von Tieren von Bedeutung sind. Ein Zeit- oder Energie-Budget sollte aber keine bloße Auflistung davon sein, womit ein Tier seine Zeit verbringt oder Energie verbraucht. Ein Tier, dessen Nutzung von Zeit und Energie völlig chaotisch wäre, hätte wahrscheinlich kein Budget. Man kann jedoch erwarten, daß die Tiere in der natürlichen Selektion derart geformt wurden, daß sie ihre verfügbare Zeit und Energie zu ihrem größtmöglichen Vorteil nutzen. Es scheint daher vernünftig, zu erwarten, daß auch für Tiere Zeit und Energie wertvolle Ressourcen darstellen, für deren Nutzung in der natürlichen Selektion ein entsprechend sinnvolles Budget entworfen wurde.

Heinrich (1979) verglich eine nach Nahrung suchende Hummel (*Bombus*) mit einem Käufer:

„Eine Hummel, die anfängt, auf einer Wiese mit vielen verschiedenen Blüten nach Nahrung zu suchen, sieht sich mit einer ähnlichen Aufgabe konfrontiert wie ein unkundiger Käufer, der seinen Einkaufswagen durch die Gänge eines Supermarktes fährt. Direkt oder indirekt versuchen beide, den größten Wert für ihr Geld zu bekommen. Keiner von beiden kennt von vornherein den genauen Inhalt der Warenpäckchen auf dem Regal oder auf der Wiese. Aber beide lernen durch ihre eigenen Erfahrungen."

Die Hummeln sind von Blüten abhängig, da sie einen großen Energiebedarf haben, um ihre Jungen aufzuziehen, aber auch um die während der Nahrungssuche verbrauchten Energiemengen abzudecken. Hummeln können aufgrund ihrer bemerkenswerten thermoregulatorischen Fähigkeiten auch in kalten Klimazonen leben. Sie können bei niedrigen Außentemperaturen eine hohe Körpertemperatur aufrechterhalten, was sie dazu befähigt, trotz einer hohen Energieverbrauchsrate aktiv zu sein. Sie können Energie sparen, indem sie das Ausmaß ihrer Aktivität stark reduzieren und Wärme speichern. Werden die Futterquellen in Form der Blütenpollen selten, so erzielen die Hummeln trotzdem einen Gewinn bei ihrer Nahrungssuche, da sie sich hierbei langsamer bewegen. Ist dagegen Nahrung im Überfluß vorhanden, so steigern sie ihre Körpertemperatur und suchen schneller nach Futter. Somit stimmen sie ihren Energieverbrauch auf die vorherrschenden Bedingungen ab.

Eine nach Nahrung suchende Hummel verbringt die meiste Zeit mit Umherfliegen. Beim Flug von Blüte zu Blüte versuchen die Hummeln, ihre Flugzeit sowie die Entfernungen auf ein Minimum zu reduzieren. Sie fliegen zwischen 11 und 20 Kilometer pro Stunde, wobei sie zwischen den einzelnen Ausflügen nur zwei bis vier Minuten im Nest verbringen. Einfache Berechnungen (Heinrich 1979) zeigen, daß hierbei das Zeit-Budget eine bedeutendere Rolle als das Energie-Budget spielt. Angenommen, eine Hummel kann Blüten in der Nähe ihres Nestes abfliegen und dort kontinuierlich auf Nahrungssuche sein, während eine andere Hummel drei Kilometer vom Nest entfernt auf Nahrungssuche gehen muß. Hat diese zweite Hummel eine Fluggeschwindigkeit von 15 Kilometern pro Stunde, so braucht sie pro Ausflug 24 Minuten zum Nahrungsort. Sucht eine Hummel nach Nahrung auf Weidenröschen, so kann sie einen Honigmagen voll Nektar (ungefähr 30 Milligramm Zucker) in etwa 10 Minuten sammeln. Die hin- und herpendelnde Hummel sammelt 30 Milligramm Zucker in ungefähr 34 Minuten, verbraucht aber während des Fluges umgerechnet etwa drei Milligramm. Das Pendeln nimmt daher pro Ausflug etwa zwei Drittel der Zeit in Anspruch, aber nur ein Zehntel der Energie. Die Hummel, die sich nahe am Nest auf Nahrungssuche befindet, würde in der gleichen Zeit 102 Milligramm Zucker sammeln. Um den Pendelverkehr daher lohnenswert zu machen, sollten die Blüten, die vom Nest weit entfernt sind, 3,4 mal mehr Futterertrag liefern als solche, die direkt am Nest liegen.

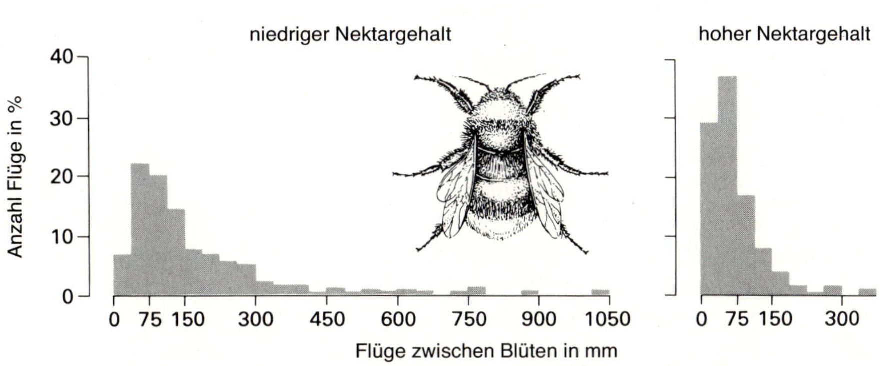

Abb. 24.22. Änderungen im Nahrungssuchverhalten von Hummeln, die zwei Gebiete mit weißem Klee anfliegen. Ein Gebiet (links) wurde von vielen Hummeln besucht, hatte aber nur 0,003 mg Zuckergehalt pro Blütenstand aufzuweisen, während das andere Gebiet abgedeckt wurde und sich somit der Zuckergehalt auf 0,01 mg pro Blütenstand anreichern konnte. Die Grafiken zeigen, daß die Hummeln längere Flüge zwischen den Blüten unternahmen, wenn deren Nektargehalt niedrig war (nach Heinrich 1979).

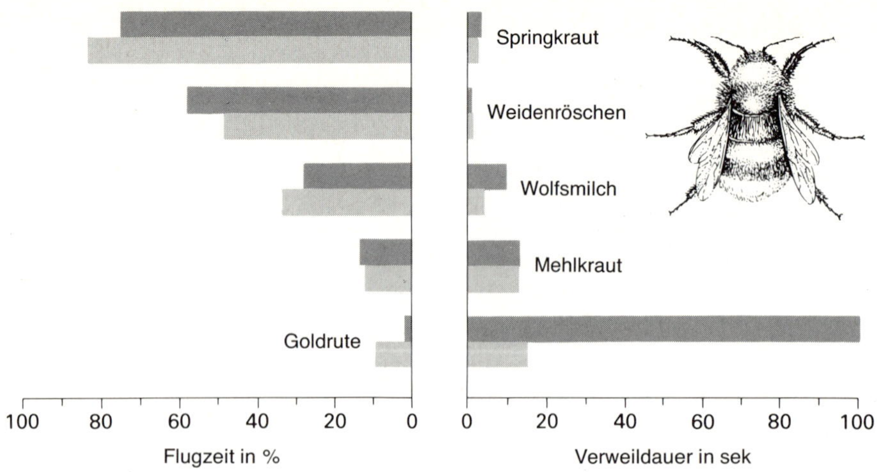

Abb. 24.23. Die Zeitanteile für den Flug und das Verweilen auf den Blüten hängen bei Hummeln eng mit der jeweils besuchten Pflanzenart zusammen und weniger mit den Außentemperaturen. Die hellen Säulen stellen die Ergebnisse dar, die bei 20°C erhalten wurden, die dunklen Säulen zeigen jene, die bei 30°C erzielt wurden (nach Heinrich 1979).

Hummeln ändern ihr Nahrungssuchverhalten in Abhängigkeit von der Nektardichte. Je mehr Nektar sich in einer Blüte befindet, desto mehr suchen sie die unmittelbare Umgebung nach Blüten ab. Heinrich führte Experimente aus, in denen er Teile von Kleefeldern mit Hilfe von Tüll abdeckte, andere Feldbereiche dagegen frei ließ. Die Hummeln sammelten den Nektar der Blüten in den nichtabgedeckten Bereichen auf, während sich der Nektar im abgedeckten Klee stark anreicherte. Als die Abdeckung entfernt wurde und die Hummeln sowohl nektararme wie -reiche Kleegebiete anfliegen konnten, testeten sie in den nektarreichen Gebieten pro Pflanze etwa 12 Blüten und machten zwischen den Pflanzen nur kurze Flüge. In Gebieten mit niedrigem Nektargehalt suchten die Hummeln nur etwa zwei Blüten pro Pflanze auf und machten längere Flüge zwischen den Pflanzen (Abb. 24.22). Auf diese Art und Weise konzentrierten die Hummeln ihre Nahrungssuche auf die ergiebigsten Gebiete.

Die Energiekosten hängen bei der Nahrungssuche zum Teil von der Umgebungstemperatur ab. Beim Weidenröschen halten die Hummeln nur für ein oder zwei Sekunden pro Blüte inne, um winzig kleine Nektartröpfchen aufzunehmen. Bei anderen Blumen verweilen sie dagegen mehrere Minuten (Abb. 24.23). Während sie auf einer Blüte landen, lassen die Hummeln ihren Flugmechanismus nicht abkühlen und halten ihn auf Flugtemperatur, so daß sie ohne Verzögerung weiterfliegen können. Während langandauernder Besuche auf einer Blüte wird die Thoraxtemperatur durch Pumpen auf etwa 32°C gehalten. Auch verschwenden die Hummeln keine Energie, um das Abdomen aufzuwärmen, dessen Muskulatur am Flug nicht beteiligt ist (Abb. 24.24). Bei Außentemperaturen von ca. 25°C ist es nicht notwendig, den Thorax während der Verweildauer aufzuwärmen. Unterhalb dieser Tempe-

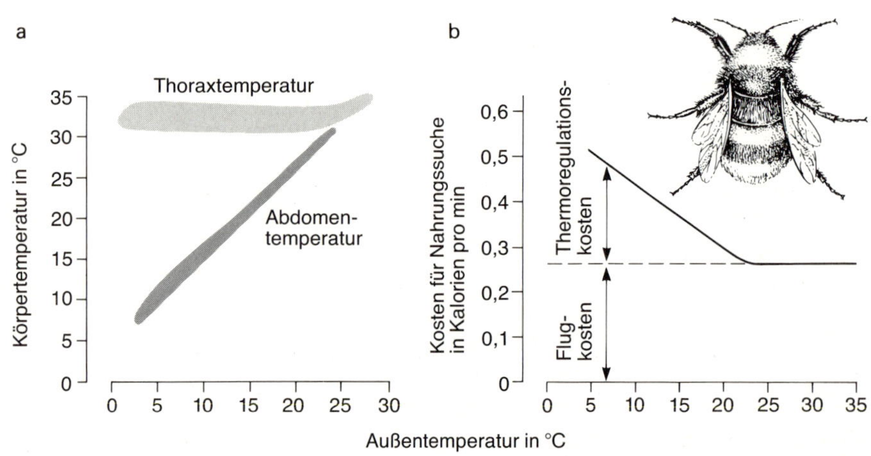

Abb. 24.24. a) Körpertemperatur der Hummeln bei unterschiedlichen Außentemperaturen während der Nahrungssuche auf ergiebigen Blüten.
b) Kalkulierte Nahrungskosten bei unterschiedlichen Außentemperaturen für eine Arbeiterhummel (Körpergewicht: 0,2 g), die ihre Thoraxtemperatur bei 30°C reguliert und die die eine Hälfte ihrer Zeit mit Fliegen, die andere mit Verweilen auf Blüten verbringt (nach Heinrich 1979).

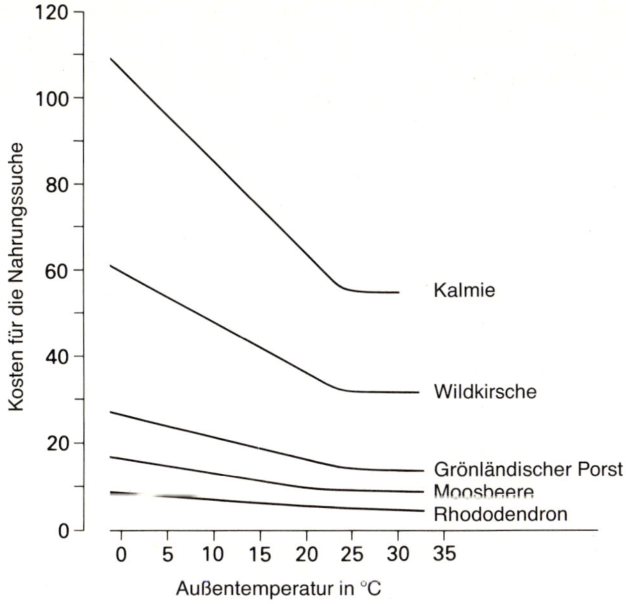

Abb. 24.25. Berechnete Nahrungssuchkosten für Hummelköniginnen (Körpergewicht: 0,5 g) während des Besuches verschiedener Pflanzenarten bei unterschiedlichen Außentemperaturen (nach Heinrich 1979).

ratur muß die Hummel wesentlich mehr Energiekosten aufbringen, um einen ergiebigen Nahrungserwerb aufrechtzuerhalten (Abb. 24.24). Einige Pflanzenarten produzieren mehr Nektar als andere, und es ist möglich, die relativen Kosten der Nahrungssuche an verschiedenen Arten bei unterschiedlichen Temperaturen zu berechnen (Abb. 24.25). So suchen die Hummeln auf den ergiebigen Rhododendronblüten über einen weiten Außentemperaturbereich nach Nahrung, an Blüten der Kalmie und Wildkirsche sind sie bei niedrigen Temperaturen jedoch nicht schnell genug, da sie die zur Thermoregulation erforderliche Energie nicht ausgleichen können (Heinrich 1979).

Die Nahrungssuche von Hummeln verdeutlicht, wie Zeit und Energie als begrenzende Faktoren auf die Ergiebigkeit der Futtersuche wirken. Hat die Hummel eine große Distanz zum Auffinden von lohnenswerten Blüten zurückzulegen, so wird die Zeit zum limitierenden Faktor, und es lohnt sich für die Hummel, Energie auszugeben, um Zeit zu sparen. Sucht sie dagegen relativ wenig ergiebige Blüten ab, oder findet die Nahrungssuche bei tiefen Temperaturen statt, so braucht die Hummel nun mehr Zeit, um Energie zu sparen.

Solche Beziehungen zwischen Zeit und Energie spielen in vieler Hinsicht für das Verhalten der Tiere eine wichtige Rolle. Das Tier muß für jedes Verhalten und für die jeweiligen damit verbundenen Situationen des Auftretens eine Art „Kostenvoranschlag" machen. Zusätzlich müssen in dieser Planung die Kosten für einen Wechsel von einem Verhalten zum anderen berücksichtigt werden, d.h. ändert ein Tier seine momentane Aktivität, so können hiermit Kosten verbunden sein. Beispielsweise kann eine Taube, die in einem Kornfeld nach Nahrung sucht, in Folge der Aufnahme von trockenen Samenkörnern durstig werden, so daß sie zu einer Wasserstelle fliegen muß, die möglicherweise mehr als einen Kilometer entfernt ist. Zusätzlich zu den physiologischen Kosten dieses Fluges wird der Vogel Zeit aufwenden müssen, um vom Futterort zur Wasserstelle zu gelangen, so daß er während dieser Zeitspanne keinen Nutzen aus einer Futter- oder Wasseraufnahme ziehen kann. Weiterhin kann dieser Flug mit Risiken durch Raubvögel oder schießwütige Bauern verbunden sein. Die Zeitspanne eines Aktivitätswechsels, in der ein Tier weder aus der vorausgegangenen noch aus der dann folgenden Aktivität Nutzen ziehen kann, ist also mit einem Anstieg an Kosten verbunden, der wiederum eine Verminderung der Fitness bedeutet. Diese Kosten können einen Verlust an wertvoller Zeit, einen hohen Energieaufwand oder das Risiko, Raubfeinden zum Opfer zu fallen, beinhalten. Hierbei kann theoretisch gezeigt werden, daß diese Kosten für einen Aktivitätswechsel so veranschlagt werden müssen, als seien sie ein Teil der Kosten von der Aktivität, die gerade ausgeführt wird.

Bei den entstehenden Kosten müssen die **Momentankosten**, die innerhalb einer jeden Einheit der relevanten Zeitspanne entstehen, und die **Kumulativkosten**, die über die gesamte zu betrachtende Zeitspanne auftreten, unterschieden werden (Abb. 24.26). Dabei ist es wichtig, daß sich eine Verhaltensänderung nur dann lohnt, wenn die Kumulativkosten kurz nach dem Wechsel geringer sind, als wenn das Tier sein Verhalten nicht geändert hätte (Abb. 24.26). Durch Experimente konnten Larkin und McFarland (1978) zeigen, daß Tauben bei hohen Kosten für eine Verhaltensänderung weniger häufig zwischen Futter- und Wasseraufnahme wechseln, als sie es unter entgegengesetzten Umständen tun. Die Autoren konnten nachweisen, daß die Vögel die Änderungskosten tatsächlich den Kosten des Verhaltens zuordnen, das gerade ausgeführt wird. Die Tauben ändern ihr Verhalten solange nicht, bis sie diese Kosten berechnet haben. Weiterhin zeigte Larkin (1981), daß sich die Verhaltensmuster der Futter- und Nahrungsaufnahme bei Tauben in vorhersagbarer Weise ändern lassen, wenn die Kosten für einen Verhaltenswechsel in Form von Zeit- und Energieausgaben angehoben werden.

Zusätzlich zu der minütlich stattfindenden Kontrolle führen die Tiere eine noch umfassendere Berechnung ihrer Zeit- und Energie-Budgets durch. Im allgemeinen kann ein Verhalten erwartet werden, dessen Hauptfunktion darin besteht, das Überleben eines Individuums zu fördern, und welches Vorrang vor einem Verhalten hat, das andere Bereiche der Fitness fördert, wie etwa das Paarungsverhalten oder die elterliche Fürsorge. In diesem Sachverhalt bestehen aber zwischen den einzelnen Tierarten beträchtliche Unterschiede. Bestimmte Bereiche des Verhaltens sind ständig lebenswichtig, andere dagegen, wie etwa die Thermoregulation, können dann von Bedeutung werden, wenn physiologische Mechanismen die jeweiligen Aufgaben nicht bewältigen können. So stellt das Trinken für viele Arten eine tägliche Notwendigkeit dar, während andere Arten ohne jegliche Aufnahme von Wasser auskommen können.

Jede Aktivität hat hinsichtlich ihres Beitrages zur Fitness einen bestimmten Wert, und die Tiere müssen den Aktivitäten sowohl in einer allgemeinen Weise wie auch von Minute zu Minute bestimmte Prioritäten zuordnen. Man kann dieses Problem lösen, indem man für jedes Verhalten des gesamten natürlichen Repertoires die Kosten berechnet, die dem Tier bei Nichtdurchführung entstehen würden (Houston und McFarland 1980). Würde ein Tier beispielsweise nicht fressen, würden die Kosten sehr hoch liegen, dagegen wären die Kosten für ein Tier, das keine Körperpflege betreibt, relativ niedrig. Ein Tier mit einer hohen Motivation sowohl für Nahrungsaufnahme als auch für Körperpflege, aber mit zu wenig Zeit, beide Aktivitäten auszuführen, würde hinsichtlich seiner Fitness weniger opfern, wenn es seine verfügbare Zeit der Nahrungsaufnahme widmete.

Angenommen, ein Tier verbringt einen typischen Tag mit normalen Aktivitäten (Abb. 24.27). In einer Umwelt, die sich von Tag zu Tag kaum verändert, würde ein Tier seine Aktivitäten an seine verfügbare Zeit anpassen. Wenn nun eine Änderung in der Umwelt des Tieres dergestalt auftritt, daß es wesentlich länger dauert, die normale Nahrungsmenge zu finden (Abb. 24.28), dann kann das Tier auf diese Änderung der äußeren Gegebenheiten auf verschiedene Weise reagieren: Es kann weiterhin die gleiche Zeit wie vorher mit der Nahrungssuche verbringen und sich mit weniger Nahrung zufriedengeben, es kann aber auch die gleiche Nahrungsmenge wie bisher üblich suchen, und es kann zwischen diesen beiden Extremformen einen Mittelweg einschlagen. Verbringt das Tier viel Zeit damit, die übliche Futtermenge zu erhalten, so bleibt weniger Zeit für alle anderen Aktivitäten übrig, welche dann in die restliche Zeit gepreßt werden müßten. Das Ausmaß, in dem eine Aktivität dem zeitlichen Verdrängtwerden durch andere Aktivitäten standhält, kann mit Hilfe eines einzigen Parameters dargestellt werden, der als **Durchsetzungskraft** bezeichnet wird. Verbringt ein Tier den normalen Zeitanteil mit der Nahrungssuche und führt dieses letztlich zu einer reduzierten Futteraufnahme (s. Abb. 24.27), so ist die Durchsetzungskraft der Nahrungsaufnahme relativ gering, da sie die anderen Aktivitäten zeit-

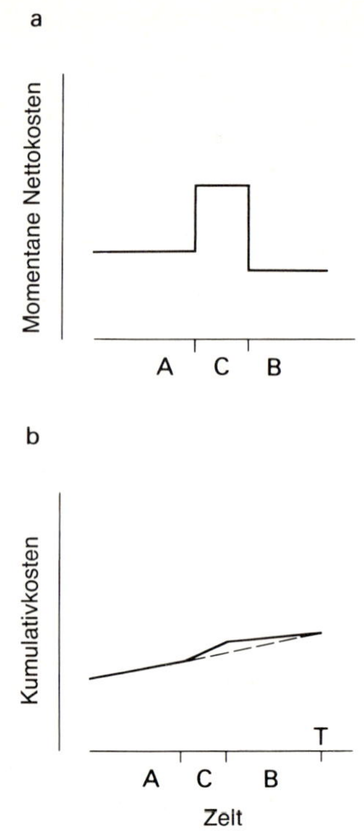

Abb. 24.26. Kosten für einen Aktivitätswechsel: a) Die Momentankosten für die Aktivität A liegen höher als die von B; bei einem Wechsel von A nach B muß das Tier ein Verhalten C ausführen, welches noch höhere Momentankosten als A und B aufweist. b) Zum Zeitpunkt T entsprechen die Kumulativkosten für den Übergang A-C-B den Kosten, die auch ohne eine Verhaltensänderung nur durch Beibehalten der Aktivität A aufgetreten wären (nach Larkin und McFarland 1978).

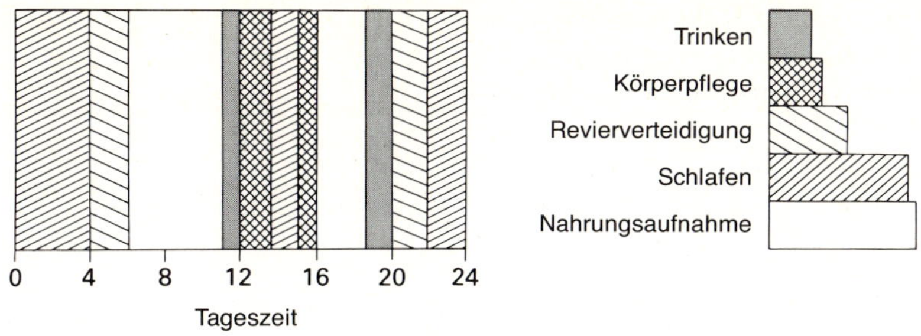

Abb. 24.27. Beispiele für die zeitlichen Anteile verschiedener Aktivitäten eines Tieres und ihre Verteilung über den Tag („Aktogramm").

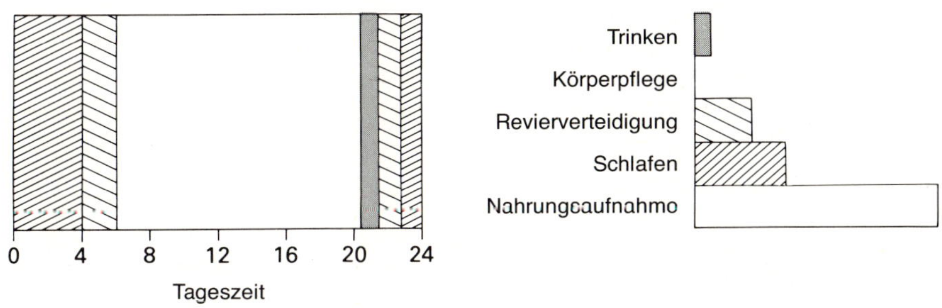

Abb. 24.28. Adaptive Modifikation des Aktogramms (nach Abb. 24.27), wenn Umweltänderungen mehr Zeit für den Erhalt der gleichen Nahrungsmenge erfordern.

lich nicht zusammendrückt, obwohl der Hunger des Tieres gestiegen ist. Beharrt dagegen das Tier auf seiner üblichen Nahrungsmenge (s. Abb. 24.28), so ist die Durchsetzungskraft der Nahrungsaufnahme relativ hoch, da sie die anderen Aktivitäten aus der verfügbaren Zeit verdrängt, ohne selbst in irgendeiner Weise eingeschränkt zu werden.

Die Durchsetzungskraft eines Verhaltens stellt ein Maß dar, mit dessen Hilfe der Grad der zeitlichen Verdrängung einer Aktivität durch die zeitliche Ausdehnung anderer Aktivitäten abgeschätzt werden kann. Ebenso spiegelt es die Langzeitbedeutung einer Aktivität wieder: Stellt die Zeit den begrenzenden Faktor im Budget dar, dann treten Aktivitäten mit niedriger Durchsetzungskraft seltener oder gar nicht mehr auf. Man könnte demnach eine Aktivität als Luxus- oder Muße-Aktivität bezeichnen, wenn sie im Falle von Knappheit vollständig aus dem Verhaltensrepertoire eines Tieres verschwindet.

Die Durchsetzungskraft eines Verhaltens wurde aufgrund der damit verbundenen praktischen Schwierigkeiten nur in wenigen Fällen direkt gemessen. Diese Schwierigkeiten bestehen beispielsweise in der Aufzeichnung des Verhaltens rund um die Uhr über viele Tage hinweg in solchen Situationen, in denen die verfügbare Zeit dann verändert werden kann. Diese Art von Beobachtungen wurden von Croft (1975) durchgeführt, der den Einfluß der Photoperiodenlänge auf die Aktivität und das hormonelle Gleichgewicht weiblicher Kanarienvögel (*Serinus canaria*) untersuchte. Croft konnte die für die Aktivitäten verfügbare Zeit durch Änderung der Photoperiode variieren, da Kanarienvögel während der Dunkelheit inaktiv sind. Er fand heraus, daß die Vögel an kurzen wie an langen Tagen die gleiche Zeit mit der Futtersuche verbrachten, aber daß sie an langen Tagen ergiebiger die Nahrung suchten. Während solcher langen Hellphasen verbrauchten die Vögel mehr Energie mit unterschiedlichen Aktivitäten, so daß dieses Ergebnis nicht völlig unerwartet ist. Vögel, die unter Langtag-Bedingungen gehalten wurden, schliefen während dieser Zeit länger und waren auch länger inaktiv als Vögel, die unter Kurztag-Bedingungen gehalten wurden. Da die Kanarienvögel während der Nacht schlafen können, war es sehr wahrscheinlich, daß sie an langen Tagen freie Zeit mit Schlaf ausfüllten, was durch die Beobachtung unterstützt wurde, daß nestbauende Kanarienvögel am Tage weniger Zeit mit Schlafen verbrachten.

Nachdem die Zeiten für die Nahrungsaufnahme, die Körperpflege und den Standortwechsel berechnet worden waren, konnte Croft die verfügbare Zeit für den Nestbau bestimmen. Dem Vogel steht an langen Tagen hinreichend Zeit, an kurzen Tagen dagegen nicht genügend Zeit dafür zur Verfügung (Tab. 24.3). Die Inter-

Tab. 24.3. Geschätzte mittlere Zeit, die ovariektomierten und Oestrogen-implantierten Vögeln zum Nestbau zur Verfügung steht, innerhalb einer kurzen (8 Std.) und einer langen (14 Std.) Photoperiode, verglichen mit der für den Nestbau notwendigen Mindestzeit. H, hell; D, dunkel.

Meßgröße	Photoperiode 8H: 16D	Photoperiode 14H: 10D
verfügbare Zeit	1,1 Std.	7,5 Std.
notwendige Zeit	2,3 Std.	2,3 Std.

pretation dieser Beobachtungen wird aber durch die Tatsache erschwert, daß lange Hellphasen die Hormonproduktion stimulieren, so daß diese Vögel stärker zum Nestbau motiviert sind als solche, die in kurzen Hellphasen gehalten werden. Das Nestbauverhalten der Vögel unter Langtag-Bedingungen ist überdies wesentlich wirkungsvoller als das der Vögel unter Kurztag-Bedingungen, und es wird weniger Zeit mit unnötigen Wiederholungen beim Sammeln von Nestmaterial sowie beim Nestbau selbst verschwendet. Obwohl sich das Konzept der **Durchsetzung** theoretisch vom **Motivationskonzept** unterscheidet (McFarland und Houston 1981), ist es schwierig, seine Auswirkungen durch Zeit-Budget-Studien isoliert darzustellen.

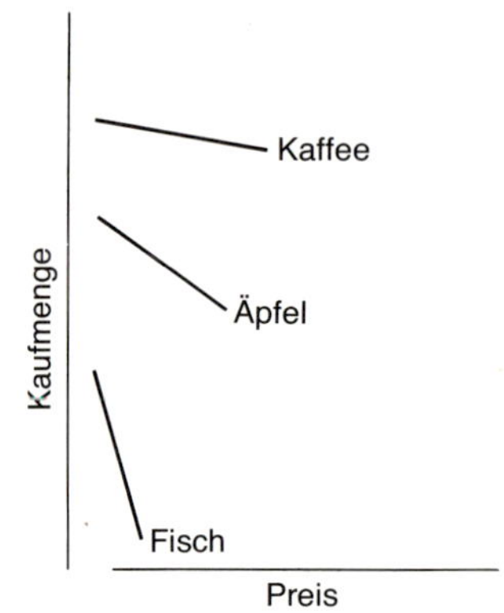

Abb. 24.29. Nachfragefunktionen, dargestellt am Beispiel des Verbrauchermarktes. Der Bedarf für Kaffee ist unelastisch, derjenige für Fisch ist elastisch (beide Achsen haben eine logarithmische Skalierung und eine willkürliche Einheit).

Allerdings kann die Durchsetzungskraft indirekt mit Hilfe sogenannter **Bedarfs-** oder **Nachfragefunktionen** gemessen werden, die von Marktforschern benutzt werden, um die Beziehungen zwischen Preis und Absatz einer Ware auszudrücken. Steigt beispielsweise in einem Supermarkt der Kaffeepreis, kaufen die Kunden weiterhin in etwa die gleiche Menge Kaffee, vielleicht auch etwas weniger (Abb. 24.29). Steigt dagegen der Preis für Obst, so sinkt auch die Nachfrage dafür. Beim Anstieg der Fischpreise sinkt die Nachfrage sogar drastisch ab. Wahrscheinlich sind die Leute eher gewillt, mehr zu zahlen, um ihre normalen Gewohnheiten des Kaffetrinkens beizubehalten. Die Nachfrage für Kaffee wird als **unelastisch** bezeichnet. Für den Fall der steigenden Fischpreise neigen die Kunden jedoch dazu, weniger Fisch zu kaufen und auf andere Nahrungsmittel wie Fleisch oder Konservenfisch umzusteigen. Die Nachfrage für Fisch wird daher als **elastisch** bezeichnet.

Exakt analoge Phänomene treten im Verhalten der Tiere auf. Bringt ein Tier einen bestimmten Energiebetrag für eine bestimmte Aktivität auf, so zeigt es gewöhnlich diese Aktivität weniger, wenn der Energiebedarf hierfür steigt (Abb. 24.30). In einer Vielzahl von Untersuchungen konnte gezeigt werden, daß die

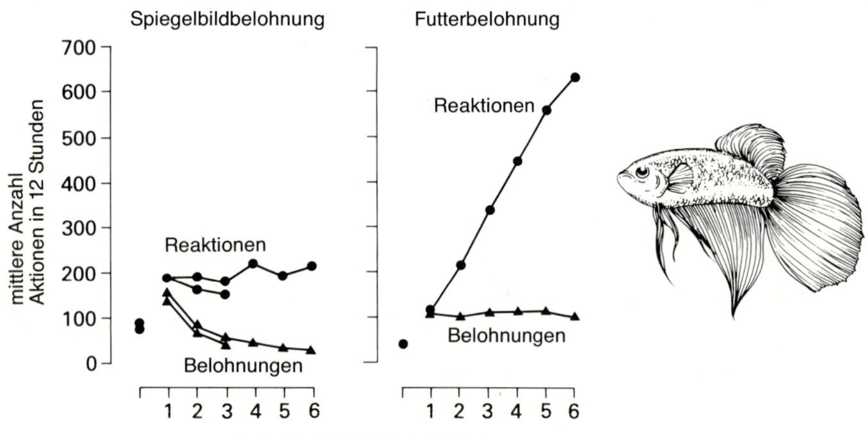

Abb. 24.30. Mittlere Reaktionshäufigkeiten von Siamesischen Kampffischen (*Betta splendens*), die durch einen Tunnel schwimmen mußten, um gegen ihr Spiegelbild kämpfen zu können (links) bzw. um eine Futterbelohnung zu erhalten (rechts). Die Abszisse zeigt die Anzahl der Reaktionen, die für eine Belohnung erforderlich sind (nach Hogan et al. 1970).

Bedarfsfunktionen bei Tieren dem gleichen allgemeinen Muster folgen wie die bei Menschen (Kagel et al. 1980). Beispielsweise fanden Lea und Roper (1977), daß der Futterbedarf bei Ratten, die zum Erhalt von Futterbelohnungen einen Hebel herunterdrücken mußten, unelastisch war. Wurde der zum Futtererhalt notwendige Arbeitsaufwand (Anzahl Versuche pro Belohnung) gesteigert, setzten die Ratten bei vergleichbar höherem Aufwand ihre Versuche fort, um schließlich die gleiche Futtermenge zu erhalten. Andererseits fanden Lea und Roper auch, daß sich die Elastizität des Futterbedarfs steigern läßt, wenn zusätzlich zum Futter Rohrzucker verfügbar war.

Die Parallelen des Bedarfsphänomens bei Tieren und Menschen sind derzeit Gegenstand beträchlichen wissenschaftlichen Interesses (Allison 1979, 1983; Lea 1978; Rachlin 1980). Die Elastizität von Bedarfsfunktionen stellt einen Indikator für die relative Bedeutung der Waren (oder Aktivitäten) dar, für die eine Person (oder ein Tier) sein Geld (oder seine Energie) einsetzt. Zwischen der Bedarfselastizität und der Durchsetzungskraft gibt es eine enge Beziehung (Houston und McFarland 1980). Bedarfsfunktionen können nämlich als ein indirektes Maß für die Durchsetzungskraft herangezogen werden. Hat die Aktivität A eine höhere Durchsetzungskraft als die Aktivität B, dann wird A tendenziell eine unelastische und B eine elastische Bedarfsfunktion aufweisen (McFarland und Houston 1981).

Merksätze

- Strategien des Nahrungserwerbs sind als evolutionäre Strategien derart angelegt, daß sie einige Kosten- und Nutzenaspekte des Nahrungserwerbs optimieren.
- Die meisten Verhaltensformen stehen in Wechselwirkung mit anderen Verhaltensformen, wodurch ein Kompromiß bei der Abwägung von Kosten und Nutzen alternativer Verhaltensmöglichkeiten erforderlich wird.
- Die Summe aller möglichen Kosten und Nutzen kann mit Hilfe einer Kostenfunktion dargestellt werden. Diese kann man als das momentane Risiko definieren, dem sich ein Tier mit einem bestimmten inneren Zustand und einem bestimmten Verhalten in einer bestimmten Umweltsituation aussetzt, und durch den sich hieraus ergebenen Fortpflanzungserfolg.
- Es kann angenommen werden, daß Tiere in dem Sinne rationale Entscheidungen treffen, als diese konsistent und transitiv sind.
- Es gibt Analogien zwischen den menschlichen Verbraucherstrategien und den Kosten- und Nutzenfunktionen bei Tieren. Geld ist analog zur Energie, die erworbene Ware entspricht dem Nutzen im Sinne einer Fitnessteigerung. Auf dieser Basis können Zeit- und Energie-Budgets analysiert werden.

Weiterführende Literatur

Heinrich, B. (1979) *Bumblebee Economics.* Harvard University Press, Cambridge.

McCleery, R. H. (1981) Optimale Verhaltenssequenzen und Entscheidungen. In: *Öko-Ethologie.* Krebs, J. R., N. B. Davies (Hrsg.). Parey-Verlag, Berlin und Hamburg.

McFarland, D. J. und A. Houston (1981) *Quantitative Ethology: The State Space Approach.* Pitman, London.

25 Mechanismen der Entscheidungsfindung

In Kapitel 24 wurde gezeigt, daß jede Seite des tierlichen Verhaltens sowohl Kosten als auch Nutzen aufweist, die zur Zu- oder Abnahme der Gesamt-Fitness des Tieres beitragen. Weiterhin beinhaltet jede Ebene des Verhaltens wahrscheinlich eine Art Wechselwirkung zwischen den jeweiligen Vor- und Nachteilen. Diese einzelnen Verhaltensaspekte können mit Hilfe einer Kostenfunktion berechnet werden, so daß hiermit eine Basis für die Wahl des optimalen Handlungsverlaufs in einer gegebenen Situation geliefert wird. Wie oben gezeigt wurde, kann man die Entscheidungsfindung bei Tieren unter einem wirtschaftstheoretischen Gesichtspunkt betrachten und rationale Entscheidungen anhand des zu maximierenden Nutzens erklären, der wiederum bestimmten Beschränkungen unterworfen ist. Solche Überlegungen sind allerdings rein funktional, da sie zwar aufführen, was Tiere machen sollten, um unter bestimmten Bedingungen die besten Entscheidungen zu treffen, jedoch nichts über die Mechanismen aussagen, die die Tiere anwenden können, um diese Ziele zu erreichen. In diesem Kapitel werden daher die Mechanismen der Entscheidungsfindung bei Tieren diskutiert.

25.1 Entscheidungsfindung durch Regeln

Wenn man sagt, daß ein Tier Entscheidungen trifft, so wird ihm keine bewußte Absicht unterstellt, sondern man bezieht sich auf die Tatsache, daß das Tier ein bestimmtes Verhalten einer anderen Möglichkeit vorzieht. Eine solche Entscheidung kann als Zufallsprozeß oder als Ergebnis von stochastischen Prozessen gesehen werden (z. B. Dawkins und Dawkins 1974). Ein Tier, das in einer relativ stabilen und sich nicht ändernden Umwelt lebt, könnte aber Entscheidungen auch auf der Basis einfacher Regeln treffen. Bei einigen Arten scheint das Verhalten zum größten Teil in vorprogrammierter Weise gesteuert zu werden, so daß das Finden von Entscheidungen zu einer Routinesache wird. So lebt beispielsweise der Köderwurm oder Sandpier (*Arenicola marina*) in U-förmigen Röhren in der Litoralzone von schlammigen Meeresküsten und Sandbänken (Abb. 25.1). Dieser Sandwurm ernährt sich von organischen Schwebstoffen, die am Kopfende der Röhre mit dem Sand aufgenommen und nach Passieren des Darms als Exkremente an der Ausgangsseite der Röhre wieder ausgeschieden werden. Die Nahrungsaufnahme tritt in Intervallen auf, die regelmäßig alle sieben Minuten beginnen und von Ruheperioden unterbrochen werden. Die Sauerstoffversorgung geschieht mit Hilfe eines Bewässerungsverhaltens, das regelmäßig alle vier Minuten wiederkehrt, auch bei Ebbe; hier allerdings weniger ausgeprägt, da sauerstoffhaltiges Wasser dann nicht vorhanden ist. Das Ver-

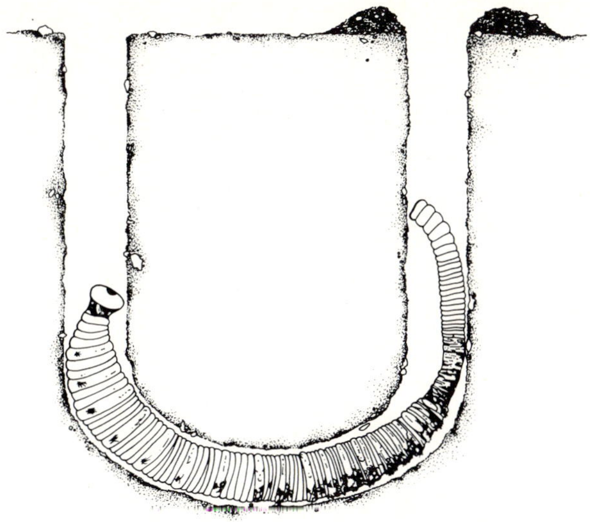

Abb. 25.1. Der Köderwurm *Arenicola marina* in seiner U-förmigen Röhre.

halten von *Arenicola* wird von Rhythmen bestimmt, die auch in einem breiten Spektrum äußerer Bedingungen bestehen bleiben. Nach einer verlängerten Zeitspanne des Sauerstoffentzugs bricht jedoch der Rhythmus des Tieres zusammen, und das Tier bewässert nun über eine sehr viel längere Zeit als sonst üblich (Wells 1966). Das Verhalten von *Arenicola* scheint somit von einem uhrähnlichen Mechanismus bestimmt zu sein, der nur unter extremen Umständen modifiziert wird. Starre, vorprogrammierte Entscheidungsstrategien mögen für ein Tier in einer stabilen und vorhersagbaren Umwelt geeignet sein, in einer sich häufiger ändernden Umweltsituation wird jedoch eine flexiblere Entscheidungsfindung erforderlich.

Verläßt ein Tier seine starre Verhaltensroutine, so sieht es sich augenblicklich dem Problem gegenübergestellt, aus verschiedenen Verhaltensalternativen auszuwählen. Normalerweise ist ein Tier nur dazu fähig, einen bestimmten Verhaltensablauf zu einer bestimmten Zeit durchzuführen, entweder, weil sonst nicht miteinander zu vereinbarende Körperbewegungen beteiligt sein könnten, oder weil es mehreren Reizkombinationen seine Aufmerksamkeit nicht zur selben Zeit widmen kann (vgl. Kap. 12.5). Das Tier muß auf irgendeine Art und Weise eine einzelne Verhaltensfolge in einer Situation ausführen, in der viele verschiedene Formen gleichzeitig abgerufen werden könnten. Eine Lösung dieses Problems wurde in einer strengen hierarchischen Regel bestehen, wie sie bei dem carnivoren Gastropoden *Pleurobranchus* gefunden wurde. Bei diesem Mollusk gibt es eine deutliche Rangordnung der Aktivitäten: Eiablage, Fressen, Paarung, andere Aktivitäten (Davis et al. 1974). So verläßt das Tier sogar während der Paarung seinen Geschlechtspartner, wenn Nahrung geboten wird. Während der Eiablage wird aber die Aufnahme von Nahrung hormonell unterdrückt, wodurch das Tier davon abgehalten wird, seine eigenen Eier zu fressen.

Eine gebräuchlichere Methode zur Durchsetzung einer Verhaltensfolge ist die Abschätzung der relativen Stärke der möglichen Aktivitäten, die zu einer bestimmten Zeit auftreten könnten. Die Stärke einer Tendenz, ein bestimmtes Verhalten durchzuführen, hängt sowohl von inneren wie äußeren Faktoren ab (s. Kap. 15). So wird die Verhaltenstendenz zu Fressen vom Hungerzustand des Tieres sowie von äußeren Gegebenheiten geleitet, die die Verfügbarkeit von Nahrung anzeigen. Ein Tier könnte einer einfachen Regel folgen, die ihm vorschreibt, zu fressen, wenn die zugrundeliegende Tendenz größer als alle anderen ist. Diese Regel galt lange Zeit als der Mechanismus, mit Hilfe dessen Tiere Entscheidungen treffen. Es wurde angenommen, daß in der Konkurrenz der Antriebe der jeweils stärkste sein Verhalten durchsetzen kann, während die anderen Antriebe gehemmt und somit davon abgehalten werden, das Verhalten des Tieres zu beeinflussen. Das mag als eine einleuchtende Theorie erscheinen, sie bringt aber eine Reihe von Schwierigkeiten mit sich.

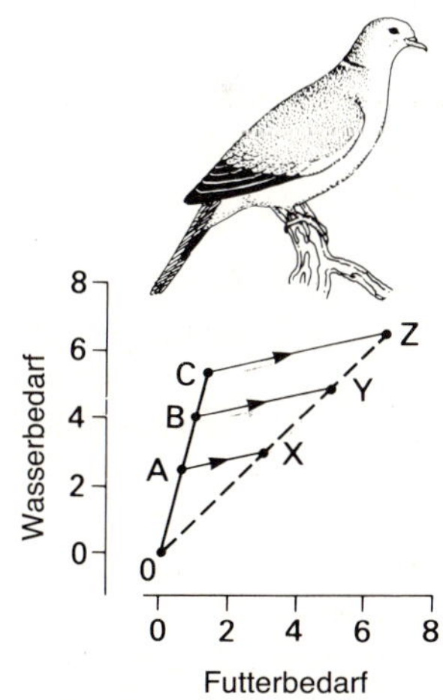

Abb. 25.2. Motivationale Zustände von Tauben, denen zuerst Wasser und zu einem bestimmtem späteren Zeitpunkt (d.h. an den Punkten A, B oder C) für eine bestimmte Dauer auch das Futter entzogen wurde. Die Tauben in den Zuständen X, Y und Z zeigten entsprechende relative Präferenzen für Futter und Wasser (nach McFarland 1971).

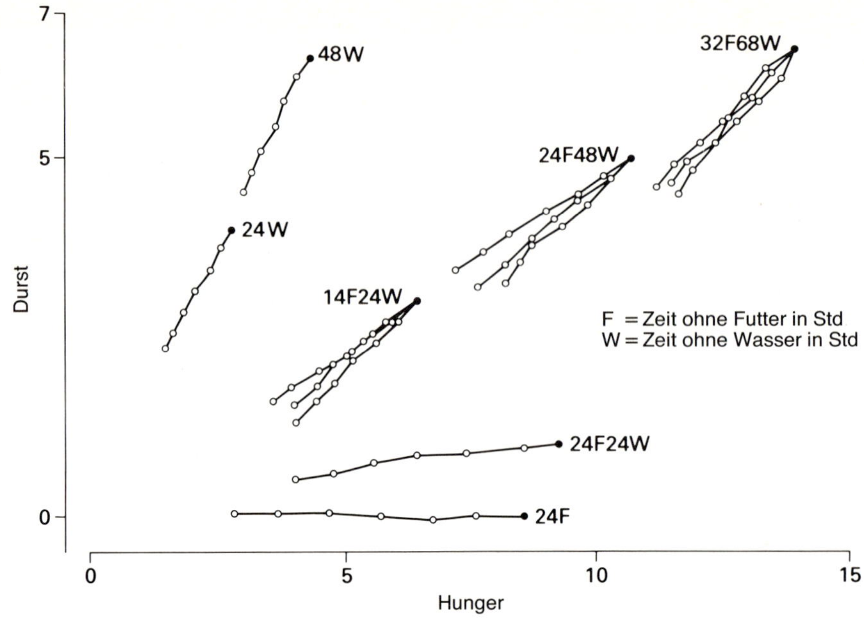

Abb. 25.3. Tauben mit verschiedenen anfänglichen Hunger-Durst-Zuständen (schwarze Punkte) wird alle 30 Sekunden eine Futter-Wasser-Wahlmöglichkeit geboten. Die weißen Punkte zeigen jeweils alle 5 Minuten ihre kumulative Aufnahme über die 30-minütige Testperiode. Es ist zu beachten, daß die Tauben nicht derart wählen, wie es nach einer einfachen Motivationskonkurrenz zu erwarten wäre (s. Abb. 25.4), um die Hunger- und Durstmotivation anzugleichen (nach McFarland 1971).

Neben den Problemen, die mit dem Triebkonzept verbunden sind (vgl. Kap. 15), tauchen auch Schwierigkeiten auf, ein Tier zu konstruieren, dessen Verhalten aus einer einfachen Konkurrenz zwischen den motivationalen Systemen resultiert.

Man sollte erwarten, daß die Wahl, die ein Tier trifft, von seinem motivationalen Zustand abhängt; hierfür gibt es eine Reihe von Belegen. Entzieht man Tauben beispielsweise Futter und Wasser derart, daß ihr Hunger und Durst genau abgeschätzt werden kann, so wählen sie in einem einfachen Y-Labyrinth (oder in einer Skinner-Box) zwischen Futter und Wasser auf einer Basis, die systematisch der Größe ihres Hungers oder Durstes entspricht (Abb. 25.2). In der Wahl zwischen Fressen und Trinken richten sich die Tauben allerdings nicht nach der einfachen Regel: „Friß, wenn der Hunger größer als der Durst ist und trink, wenn der Durst größer als der Hunger ist", wie man anhand der in Abbildung 25.3 dargestellten Ergebnisse sehen kann. Dieses Experiment war eines der ersten, die Zweifel an der Vorstellung vom einfachen Konkurrenzmechanismus bei der Entscheidungsfindung aufkommen ließen. Bevor aber die Konkurrenzhypothese verworfen wird, soll im folgenden Kapitel noch näher auf sie eingegangen werden.

25.2 Motivationale Konkurrenz

Nach einer einfachen Motivationstheorie wird sich ein hungriges und durstiges Tier derart verhalten, wie es Abbildung 25.4 zeigt, d.h. es wird fressen, wenn der Hunger größer als der Durst ist, und es wird trinken, wenn der Durst größer als der Hunger ist. Wenn die Entscheidungen eines Tieres transitiv sind (vgl. Kap. 24), dann würde man sagen, es handelt rational. Es ist aber sehr unwahrscheinlich, daß sich Tiere nach diesem einfachen Prinzip verhalten (Abb. 25.4). Entlang der Linie O-X, an der Hunger und Durst gleich stark sind, ist das Tier kontinuierlich unschlüssig. Ist der Hunger größer als der Durst, so genügt etwas Futter, um den Hunger derart zu reduzieren, daß der Durst nun größer ist. Ein Schluck Wasser kehrt die Verhältnisse dann wieder um. Solche Unschlüssigkeit kann aber kein sehr wirksames Verfahren sein, und es wurden daher eine Reihe von alternativen Mechanismen vorgeschlagen.

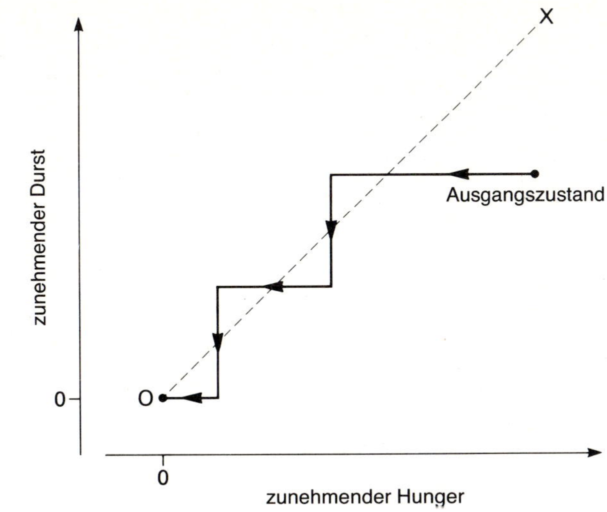

Abb. 25.4. Einfache motivationale Konkurrenz. Rechts der gestrichelten Grenzlinie O-X ist der Hunger gegenüber dem Durst größer, links sind die Verhältnisse umgekehrt. Nach der einfachen Konkurrenztheorie verringert sich die anfangs hohe Motivation zu fressen bzw. zu trinken, bis sie mit der anderen gleich ist. Anschließend alternieren beide Motivationen (die einzelnen Schritte sind hier vergrößert dargestellt) solange, bis sie auf Null abgefallen sind.

Sehen sich Techniker dieser Art von Problemen bei der Konstruktion von Maschinen gegenübergestellt, so führen sie manchmal eine **Hysteresis** ein, um das Schwanken zu verhindern. Die Hysteresis stellt einen bestimmtem Mechanismus dar, der eine Verzögerung zwischen Reiz und Reaktion verursacht. Diese Verzögerung einer Wirkung wurde als eine Komponente des Freß- und Trink-Kontrollmechanismus bei Tieren vermutet (Toates und Oatley 1970; Toates 1980). Beispielsweise würde das Tier das verringerte Hungergefühl erst dann wahrnehmen, wenn es schon eine Zeitlang gefressen hat. In diesem Zusammenhang hat der Hysteresis-Mechanismus den Effekt, der Hunger-Durst-Funktion einen anderen Verlauf zu geben, als ihn die Linie O-X zeigt, an der Hunger und Durst gleich stark sind.

Einen anderen möglichen Mechanismus, der eine sehr ähnliche Wirkung hat, stellt die **positive Rückkopplung** dar. Es gibt einige Hinweise, daß die Tendenz zu fressen (Wiepkema 1971) oder zu trinken (McFarland und McFarland 1968) vorübergehend aufgrund der schon durch den Mund aufgenommenen Futter- oder Wassermenge zunimmt. Diese positive Rückkopplung als Folge des Fressens und Trinkens tritt parallel zur normalen negativen Rückkopplung auf, die zur Sättigung führt (Abb. 25.5). Wird Tauben beispielsweise Wasser durch einen Schlauch direkt in den Kropf gegeben, so hat das den gleichen sättigenden Effekt wie das normale Trinken, aber es kann nicht als Verstärker bei operanten Konditionierungen dienen (s. Kap. 17). Der Durchfluß des Wassers durch den Schlund stellt einen positiven Verstärker dar, der aber natürlich nicht zur Sättigung beiträgt (McFarland 1969 b). Die positive Rückkopplung hat zur Folge, daß die Hunger-Durst-Funktion über die Grenzlinie hinaus gelegt wird, an der Hunger und Durst gleich stark sind. In Wirklichkeit ist die Situation aber wesentlich komplizierter. Müssen Tauben ein Hindernis

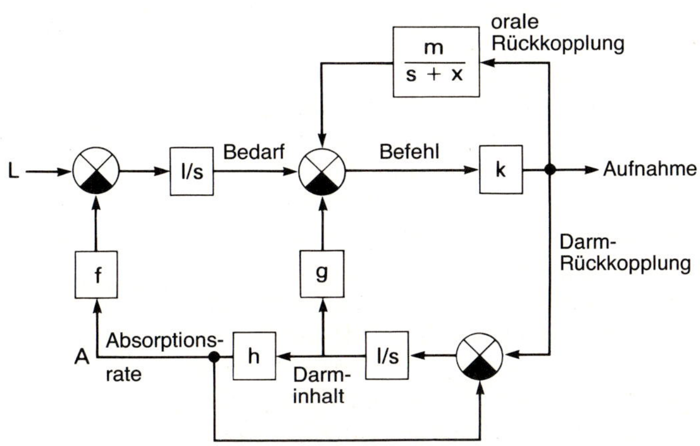

Abb. 25.5. Kontrolltheoretisches Modell der Trinkmechanismen bei Tauben. Die oralen Faktoren liefern eine positive und die Darmfaktoren eine negative Rückkopplung (die Kreise sind Verrechnungsstellen, in denen das am schwarzen Quadranten liegende Signal das Vorzeichen wechselt). L, Rate des Wasserverlustes; A, Rate der Absorption von Wasser in das Blut. Die anderen Symbole bezeichnen die Parameter der einzelnen Teilmechanismen (nach McFarland und McFarland 1968).

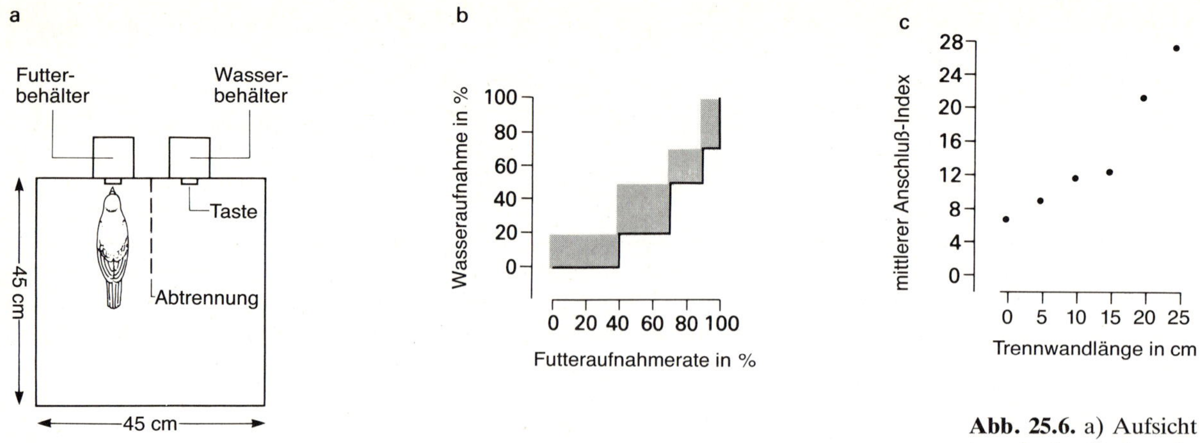

Abb. 25.6. a) Aufsicht auf eine Skinnerbox, in der Tauben durch Picken auf entsprechende Tasten Futter und Wasser erhalten. Die durchsichtige Abtrennung zwischen den Tasten kann in ihrer Länge verändert werden. b) Die durchgezogene Linie gibt das Muster für Trinken und Fressen bis zur Sättigung wieder (100%). In diesem Fall wechselt der Vogel viermal vom Trinken zum Fressen bzw. umgekehrt. Durch Berechnung der schraffierten Fläche ergibt sich ein „Anschluß-Index" für das Beibehalten einer Aktivität, der umgekehrt proportional zur Anzahl der Änderungen zwischen beiden Aktivitäten ist. c) Durchschnittlicher Anschluß-Index als Funktion der Länge der Abtrennungswand (nach McFarland 1971).

überwinden, um wahlweise fressen bzw. trinken zu können, dann wechseln sie bei großen Barrieren weniger häufig als bei kleinen (McFarland 1971; Abb. 25.6). Es scheint somit, daß die Tauben in ihren Entscheidungen, zu welchem Zeitpunkt sie zwischen Fressen und Trinken wechseln, die Schwierigkeiten bzw. die Kosten des Wechselns miteinbeziehen (vgl. Kap. 24).

Es wird nun deutlich, daß einfache Konkurrenz sicher nicht der einzige Mechanismus ist, aufgrund dessen sich ein Tier entschließt, von einer Aktivität zur anderen zu wechseln. Es bleibt jedoch noch offen, ob ein differenziertes Konzept über motivationale Konkurrenz die notwendigen Entscheidungsregeln liefern könnte. In Kapitel 15 wurde gezeigt, daß sich der motivationale Zustand eines Tieres aus einer Vielzahl von Faktoren zusammensetzt. Hierzu gehören u.a. die Einschätzung von externen Reizen, der vorrangige innere Zustand und möglicherweise auch sekundäre motivationale Faktoren, wie etwa die Wahrscheinlichkeit, Zustände zu ändern. Diese unterschiedlichen Faktoren ergeben kombiniert den Gesamtmotivationszustand eines Tieres, der als beweglicher Punkt eine jeweils typische Verlaufskurve in einem motivationalen Zustandsraum erzeugt. Unterschiedliche Zustände können dieselbe Verhaltenstendenz erzeugen; diese Punkte werden zu einer Isokline im motivationalen Zustandsraum verbunden. Auf dieser Basis könnte man sich vorstellen, daß es eine einfache Konkurrenzregel gibt, die zwischen verschiedenen Tendenzen entscheidet, wobei aber jede Tendenz von einer Vielzahl von Faktoren abhängt, die sorgfältig untereinander abgewogen werden müssen. Diese spiegeln die jeweiligen ultimaten Interessen des Tieres wider. Sibly (1975) schlug beispielsweise folgende Entscheidungsregel für Tauben vor, die zwischen Futter- und Wasseraufnahme zu wählen haben: Friß, wenn das Produkt aus Nahrungsdefizit und Nahrungsanreiz größer ist als das Produkt aus Wasserdefizit und Wasseranreiz. Sibly definierte **Anreiz** als Erreichbarkeit einer bestimmten Menge an Futter und Wasser. Diese Formulierung stimmt mit der Konkurrenzvorstellung von Freß- und Trinktendenzen überein, die anhand von hyperbolisch verlaufenden Isoklinen im Zustandsraum dargestellt werden können (Abb. 25.7).

Es ist denkbar, daß eine gewisse Form der Konkurrenz eine Basis für die Entscheidungsfindung bei Tieren liefert. Augenscheinliche Verletzungen der Regeln können mit Hilfe entsprechender Anpassungen und Einstellungen an die unterschiedlichen Faktoren erklärt werden, die dann im Zusammenspiel die Tendenz erzeugen, die zu einem bestimmten Verhalten führt. Dieses stellt eine kontroverse Ansicht dar, für deren Argumentation ein sehr kompliziertes Jonglieren mit Variablen und Parametern erforderlich ist (Houston 1982; McFarland 1983). Der Leser sollte aber einige allgemeine Prinzipien in Erinnerung behalten. Erstens setzt sich eine Theorie, die behauptet, daß immer die stärkste Tendenz die Konkurrenz der Motivationen gewinnt und somit das Verhalten des Tieres bestimmt, der Gefahr aus, eine Tautologie zu schaffen. Sie impliziert, daß das beobachtete Verhalten immer die stärkste Tendenz widerspiegelt. Wenn also so eine Theorie das Verhalten und die

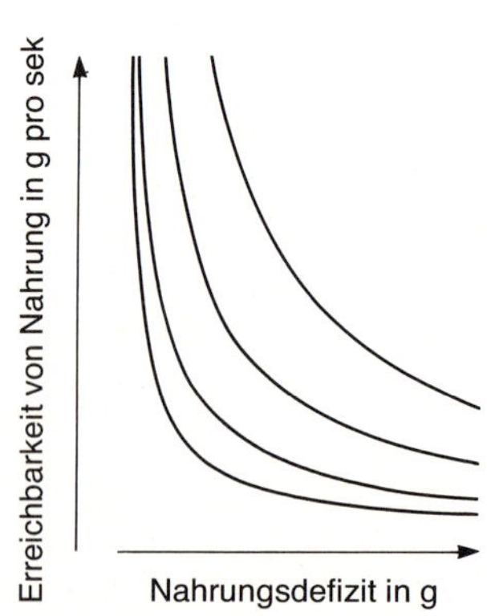

Abb. 25.7. Hyperbolische Isoklinen, die die Punkte gleicher Tendenzen zur Nahrungsaufnahme miteinander verbinden, basierend auf der Hypothese, daß diese Tendenz gleich dem Produkt aus Nahrungsdefizit und dem Anreiz ist.

zugrundeliegende Tendenz gleichsetzt, ist sie für eine Erklärung der Entscheidungsfindung bei Tieren nutzlos. Zweitens kann die Frage gestellt werden, ob ein reiner Konkurrenzmechanismus in der Entscheidungsfindung einen biologischen Sinn ergibt. Würden dadurch nicht Verhaltensaspekte mit niedrigerer Priorität, wie beispielsweise die Körperpflege, tendenziell ausgeschlossen? Wäre ein Tier dazu fähig, angestrebte Verhaltenssequenzen an die vorherrschenden Umstände anzupassen, wie es vom evolutionären Standpunkt aus geeignet erscheint? Drittens kann man fragen, ob es in der Entscheidungsfindung eine Alternative zur Konkurrenztheorie gibt, was schwierig zu beantworten ist. Denn einerseits kann gesagt werden, daß Konkurrenz einen notwendigen Aspekt innerhalb einer rationalen Wahl zwischen Alternativen darstellt, die nicht gleichzeitig ausgedrückt werden können (z. B. Ludlow 1980). Andererseits ist die Vorstellung von einer nichtrationalen Entscheidungsfindung möglich, wie die oben dargestellten zyklischen Verhaltensroutinen von *Arenicola*, die sich nichtsdestoweniger an die äußeren Verhältnisse des Tieres anpassen.

25.3 Der operationale Ansatz

Eine Alternative zum oben vorgestellten Modellansatz stellt der **operationale Ansatz** zur Klärung von Entscheidungsprozessen bei Tieren dar. Der operationale Ansatz definiert Phänomene lediglich anhand ihrer beobachtbaren Kennzeichen – ein sinnvoller Ansatz, um die Analyse komplexer Prozesse ohne spezielle Vorbedingungen beginnen zu können.

Die Vorstellung, daß Verhaltenstendenzen um die Ausführung konkurrieren, beeinhaltet, daß alle beobachtbaren Aktivitäten den gleichen Status aufweisen, da jede aus dem Konkurrenzkampf als Gewinner hervorgehen kann. Das Phänomen der Übersprungbewegung läßt jedoch Zweifel an dieser Annahme aufkommen. Die Vorstellung, daß Übersprungbewegungen als Folge von Enthemmung (s. Kap. 21) auftreten können, zeigt an, daß ihr Status im Vergleich zu anderen Aktivitäten unterschiedlich sein muß. Übersprungbewegungen können sich zwar in Konkurrenz mit anderen möglichen Aktivitäten nicht behaupten, aber sie können auftreten, wenn im vorherrschenden Verhalten Lücken entstehen. Es sprechen jedoch auch Gründe für die Annahme, daß Enthemmung nicht nur im Falle von Konflikt und physischem Verhindern von Verhalten auftritt, sondern daß sie auch als Teil normaler Verhaltenssequenzen vorliegen kann. Wenn das der Fall ist, dann widerspricht es der Ansicht, daß die Aktivitäten, die in einer Verhaltenssequenz beobachtet werden, notwendigerweise das Ergebnis einer motivationalen Konkurrenz sind und daher den gleichen Status haben. Das Problem liegt hierbei darin, daß durch Beobachtung allein nicht zu klären ist, ob eine Enthemmung stattfindet oder nicht. Zur Lösung dieses Problems müssen experimentelle Beeinflussungen herangezogen werden, die sich auf die jeweilige Definition von Konkurrenz und Hemmung beziehen müssen.

In Kapitel 21 wurden Konkurrenz und Enthemmung dadurch operational definiert, daß die Beeinflussung einer zweitrangigen Aktivität eine Änderung im Zeitpunkt des Auftretens einer beobachteten Aktivität bewirkte oder nicht. Experimentell läßt sich nachweisen, daß das Auftreten einer Verhaltenssequenz A-B-A nicht immer durch eine Manipulation der für B relevanten Faktoren beeinflußt wird, obwohl B durch solche Beeinflussung grundsätzlich geändert werden kann. Obwohl diese Art von Experiment im Labor möglich ist, sind Versuche im Freiland oder unter seminatürlichen Bedingungen in Gefangenschaft nur schwer durchzuführen. Es wird daher eine Methode benötigt, die eine Abschätzung des Status der Aktivitäten erlaubt, die in normalen Verhaltenssequenzen auftreten.

Operational gesehen kann der Übergang von der einen zur anderen Aktivität auf zwei Wegen geschehen. Entweder trägt die Stärke der auslösenden Ursachen für die zweite Aktivität dazu bei, daß diese auftritt, oder sie schafft es nicht. Im ersten Fall ist das Verhalten eine Folge motivationaler Konkurrenz, im zweiten Fall die Folge einer Enthemmung. Es ist hierbei zu beachten, daß sich diese Bezeichnungen auf die Übergänge von verschiedenen Aktivitäten beziehen.

Verhaltenssequenzen können durch eine oder auch beide Übergangsformen gesteuert werden. Ein Beispiel hierfür liefert die Balz des Teichmolchs (*Triturus vulgaris*), die auf dem Grund von Gewässern stattfindet oder auch in Aquarien beobachtet werden kann. Trifft ein Männchen in der Fortpflanzungszeit auf ein Weibchen, so beginnt das Männchen mit einer Abfolge von Balzhandlungen, die aus drei verschiedenen Phasen besteht (Abb. 25.8) und mit dem Absetzen einer Spermatophore endet. Seine anschließenden Bewegungen stellen eine stereotyp aussehende Verhaltensabfolge dar, um die Aufnahme der Spermatophore in die Kloake des Weibchens zu erreichen (Halliday 1974). In der ersten Phase versucht das Männchen, sich dem Weibchen anzunähern und sich ihm zu zeigen, wobei dieses sich anfangs von dem Männchen entfernt. Schwimmt es schließlich nicht mehr fort und bleibt an einer Stelle, so führt das Männchen eine Reihe von Schwanzbewegungen aus (statisches Verhalten). Schließlich beginnt das Weibchen, sich auf das Männchen zuzubewegen, welches rückwärts gehend vor ihm ausweicht und dabei weiterhin mit dem Schwanz schlägt (Zurückweichen). Der Übergang vom statischen Verhalten zum Zurückweichen wird vom Weibchen initiiert. Es liefert den Reiz, der beim Männchen den Beginn des Zurückweichens auslöst. Die Entscheidung des Männchens, mit einem Verhaltenswechsel zu reagieren, beruht offensichtlich auf motivationaler Konkurrenz, da der Zeitpunkt des Auftretens eine Folge der Änderung der sekundärrangigen Motivation (nämlich des Zurückweichens) darstellt, was durch das Verhalten des Weibchens ausgelöst wurde.

Vorausgesetzt, das Weibchen folgt dem Männchen weiterhin, so weicht dieses für weitere 30 Sekunden zurück, dreht sich um und entfernt sich langsam vom Weibchen. Die Geschwindigkeit, mit der das Männchen diese Fortbewegung innerhalb des Balzverhaltens durchführt, scheint von der Anzahl Spermatophoren abhängig zu sein, die es mit sich trägt (Halliday 1976). Männchen mit mehr als einer Spermatophore bewegen sich in der Balzabfolge rasch, setzen eine Spermatophore ab und zeigen dann wieder Zurückweichen, so daß sich der Vorgang wiederholt (s. Abb. 25.8).

Das Männchen übernimmt in der Balz eine aktivere Rolle als das Weibchen und verbraucht seinen Sauerstoffvorrat wahrscheinlich zuerst. Obwohl Molche sowohl

Abb. 25.8. Übersicht über die Balz des Teichmolchs *Triturus vulgaris*; das Männchen ist schwarz gezeichnet (nach Halliday 1974).

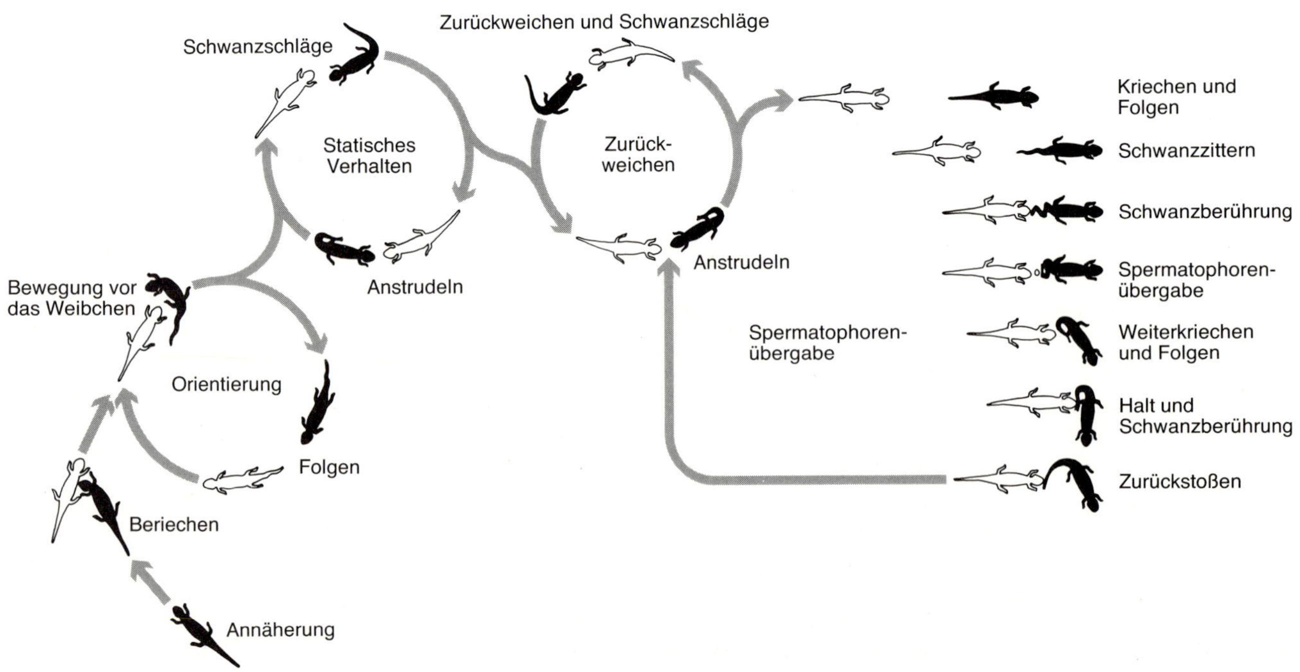

Haut- als auch Lungenatmung besitzen, sind sie vom Luftsauerstoff abhängig, den sie über die Lungen aufnehmen, um ihre Muskelaktivität aufrechtzuerhalten. Folglich wird die Balz von einem der beiden Tiere (gewöhnlich vom Männchen) zu einem bestimmten Zeitpunkt unterbrochen, um zum Atmen an die Wasseroberfläche aufzusteigen. Geschieht das im Freiland, so verliert das Männchen wahrscheinlich diese Paarungsgelegenheit, da das Weibchen in der Zeit wegschwimmt oder von einem anderen Männchen angebalzt wird. Die Männchen unterbrechen zum Atmen häufiger die frühen Phasen der Balzsequenz, während die Phase der Spermatophorenübergabe niemals unterbrochen wird. Dagegen atmen die Männchen oft kurz nach Abschluß der Spermatophorenübergabe, und es gibt Hinweise, daß dieser Wechsel im Verhalten auf eine Enthemmung zurückzuführen ist (Halliday und Sweatman 1976). Die Molche scheinen die Atmung während der Spermatophorenübergabe aufzuschieben. Sie wird erst dann enthemmt, wenn die Übergabe nicht mehr die unterdrückende Priorität aufweist. Der Zeitablauf der Atmungen an der Wasseroberfläche scheint somit das Risiko zu minimieren, eine Spermatophore zu verlieren (Halliday 1977a). Experimentelle Änderungen im Sauerstoffgehalt des Wassers führten zu deutlichen Auswirkungen auf das Hochsteigen zum Atmen, zeigten aber nur geringe Auswirkungen auf die Anzahl der abgelegten Spermatophoren (Halliday 1977b). Bei reduzierter Verfügbarkeit von Sauerstoff können die Molche die kürzere Zeit unter Wasser durch eine Beschleunigung des Balzverhaltens kompensieren. Ein höherer Sauerstoffgehalt hat den entgegengesetzten Effekt. Männliche Molche scheinen die Menge des Balzverhaltens derart zu regeln, daß es in die verfügbare Zeit zwischen zwei Atmungsvorgänge hineinpaßt. Es gibt Hinweise, daß die Wahrscheinlichkeit einer erfolgreichen Befruchtung des Weibchens mit der Menge des gezeigten Balzverhaltens seitens des Männchens zusammenhängt (Halliday 1974).

An diesem Beispiel wird deutlich, daß in einigen Fällen die motivationale Konkurrenz die geeignetste und wahrscheinlichste Erklärungsmöglichkeit für einen Übergang zwischen zwei Aktivitäten darstellt, insbesondere wenn ein relevanter Außenreiz (wie die Annäherung des Molchweibchens) den motivationalen Zustand eines Tieres ändert. Erscheint beispielsweise plötzlich ein Raubtier, so steigt bei einem Beutetier unabhängig von dem, was es gerade gemacht hat, sehr wahrscheinlich die Fluchtmotivation an. In anderen Situationen mag es für ein Tier wichtiger sein, die gerade ausgeführte Tätigkeit abzuschließen (wie die Spermatophorenübergabe in der Molchbalz) und währenddessen andere motivationale Tendenzen solange zu hemmen. Das nachfolgende Verhalten (z. B. das Atmen) wird dann anschließend enthemmt. Weiterhin kann man sich unter bestimmten Gegebenheiten vorstellen, daß es einem Tier Nutzen bringt, sein gerade gezeigtes Verhalten zu unterbrechen, um während dieser Zeit nach potentiellen Räubern und Rivalen Ausschau zu halten.

25.4 Zeitliche Ordnung des Verhaltens

Verhaltenssequenzen können durch viele unterschiedliche Kombinationen von Konkurrenz und Enthemmung entstehen. Eine bestimmte Kombination ist dabei von besonderem Interesse (Abb. 25.9). In diesem Beispiel tritt das Verhalten B als Folge von Enthemmung durch das Verhalten A auf. Nach einer bestimmten Zeit T setzt sich das Verhalten A aufgrund von Konkurrenz wieder durch. Werden Beginn und Dauer des Verhaltens B von denselben Faktoren kontrolliert, die auch das Verhalten A steuern, dann wird diese Situation als **Time-Sharing** bezeichnet (McFarland 1974). Nach diesem Konzept gibt es ein Kontrollsystem, das zwar vor allem das Auftreten von Verhalten A steuert, aber auch andere Aktivitäten für einige Zeitspannen zuläßt. Das Primärverhalten dieses Systems wird als **dominantes**, die zusätzlich auf-

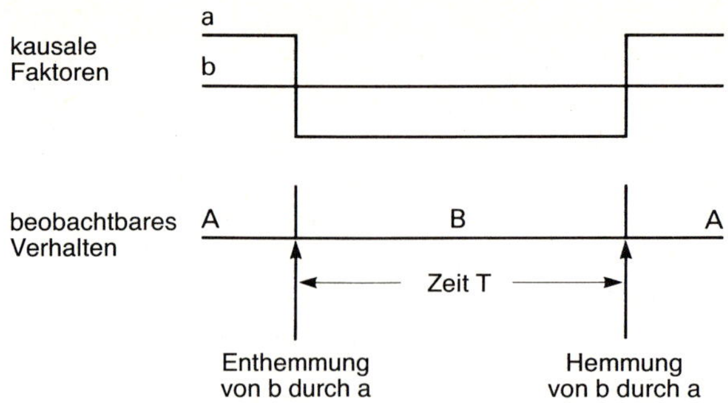

Abb. 25.9. Grafische Darstellung einer Time-Sharing-Situation. Die kausalen Faktoren von Verhalten A (a) enthemmen für eine bestimmte Zeit T diejenigen (b) von B. Anschließend werden letztere wieder gehemmt, so daß das Verhalten A erneut auftritt.

tretenden, nachgeschalteten Aktivitäten als **subdominantes** Verhalten bezeichnet. (McFarland 1974). Es ist wichtig, diese Terminologie nur als deskriptiv anzusehen, sie sagt nichts über die beteiligten Mechanismen aus. Es wurden verschiedene mögliche Mechanismen für ein Time-Sharing vorgeschlagen (z. B. Ludlow 1980), auf die aber im folgenden nicht eingegangen werden kann. Es gibt eine Reihe unterschiedlicher Hinweise dafür, ob Time-Sharing in einer bestimmten Situation auftritt oder nicht. Einige sollen im folgenden besprochen werden.

Situations-Indikatoren. Das Time-Sharing-Konzept kann für eine Reihe von Verhaltensbeobachtungen eine ausreichende Erklärung bieten, obwohl die Hypothesen dieses Konzeptes nicht direkt überprüft werden können. Beispielsweise konnten McFarland und Lloyd (1973) in einer Untersuchung des Trink- und Freßverhaltens von Lachtauben (*Streptopelia risoria*) zeigen, daß hungrige und gleichzeitig durstige Tauben zwischen der Futter- und Wasseraufnahme alternativ wechseln, wenn in einer Lernsituation sowohl Futter als auch Wasser vorhanden sind. Die Häufigkeit des Wechselns, gemessen anhand der aufgenommenen Mengen, hing von der Höhe der vorher andressierten Belohnungsraten ab. Die Wahrscheinlichkeitsverteilung der Intervalle, die zwischen dem Beginn der einzelnen Futteraufnahmen lagen, blieb aber über einen weiten Bereich der Belohnungsrate gleich, auch wenn die Aufnahmerate variiert wurde (Abb. 25.10). Dieses Ergebnis läßt keine Erklärung für den zeitlichen Verlauf des Verhaltens durch eine temporäre Sättigung des Hungers oder Durstes zu, da jeder Sättigungsprozeß als eine Funktion der Zeit von der aufgenommenen Futter- oder Wassermenge abhängig ist. Die Ergebnisse von McFarland und Lloyd zeigen, daß die zeitliche Organisation des Verhaltens nicht von den aufgenommenen Mengen abhängt, sondern von der Zeit selbst. Die Time-Sharing-Annahme, nach der Fressen das dominante und Trinken das subdominante Verhalten darstellt, könnte für diesen Fall eine mögliche Erklärung liefern.

Muster des dominanten Verhaltens. Wenn eine Verhaltenssequenz von einem Time-Sharing-Mechanismus gesteuert wird, dann sollten die Möglichkeit und die Motivation für ein bestimmtes subdominantes Verhalten auch keinen Einfluß auf das Muster

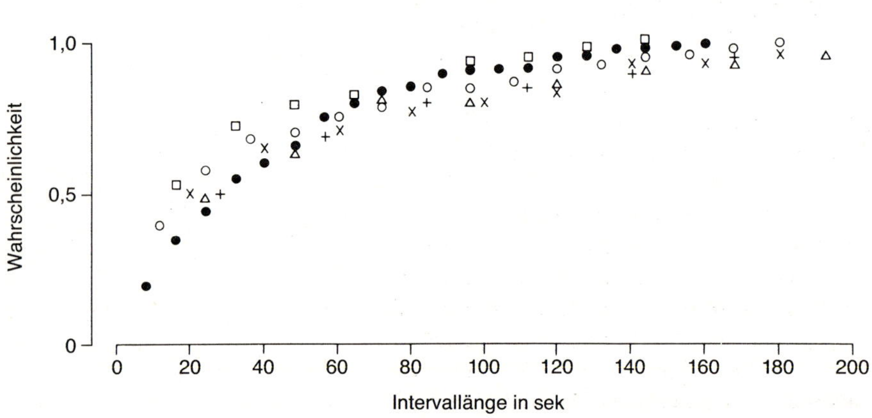

Abb. 25.10. Kumulative Wahrscheinlichkeitsverteilung der Zeitintervalle zwischen dem Beginn erfolgreicher Futteraufnahmen bei Tauben, die in einer Skinner-Box zwischen Futter und Wasser wählen müssen. Die unterschiedlichen Symbole weisen auf Tests mit verschiedenen Belohnungsraten hin (nach McFarland und Lloyd 1973).

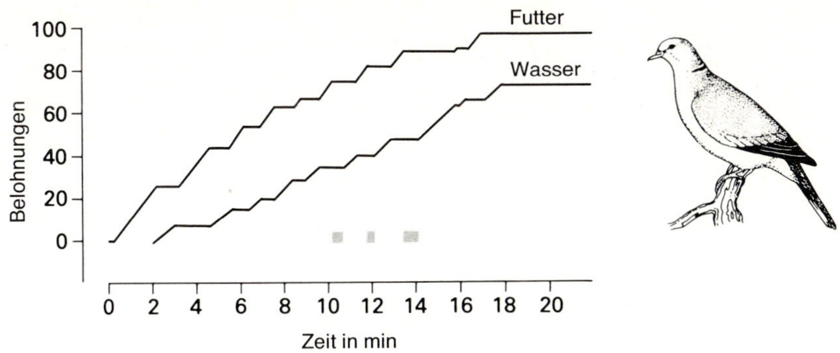

Abb. 25.11. Kumulative Futter- und Wasseraufnahme bei einer primär hungrigen Taube, die in einer Lernsituation auf Wasser und Futter konditioniert wurde. Die schattierten Flächen weisen auf Verhaltensweisen hin, die nicht zum Bereich der Nahrungsaufnahme gehören (nach McFarland 1974).

des jeweils dominanten Verhaltens haben. Eine Time-Sharing-Situation liegt dann vor, wenn gezeigt werden kann, daß sich ein Verhaltensmuster durch eine Manipulation der motivationalen Faktoren, die für das alternative Verhalten verantwortlich sind, nicht ändert, obwohl das alternative Verhalten als Zusatz zum dominanten Verhalten beobachtet wird. Für dieses Phänomen liegen eine Reihe von Beispielen vor. Brown und McFarland (1979) fanden, daß der zeitliche Ablauf der Kopulationen von männlichen Ratten nicht durch einen 48-stündigen Futterentzug beeinflußt wurde, obwohl Futter in der Testsituation vorhanden war und die Ratten während der Pausen zwischen den Kopulationen „gierig" fraßen. Die Pausen im Kopulationsverhalten sind somit vorprogrammiert und werden mit Aktivitäten ausgefüllt, die zu der jeweiligen Zeit sekundärrangig sind. Dieses ist eine klassische Time-Sharing-Situation. Sowohl bei Tauben (McFarland 1970b) als auch bei Ratten (McFarland 1974) konnte gezeigt werden, daß die Sättigung bei der Futteraufnahme von der Verfügbarkeit des Wassers oder dem jeweiligen Durstgrad unabhängig war, obwohl Trinken während der Futterpausen auftrat (Abb. 25.11).

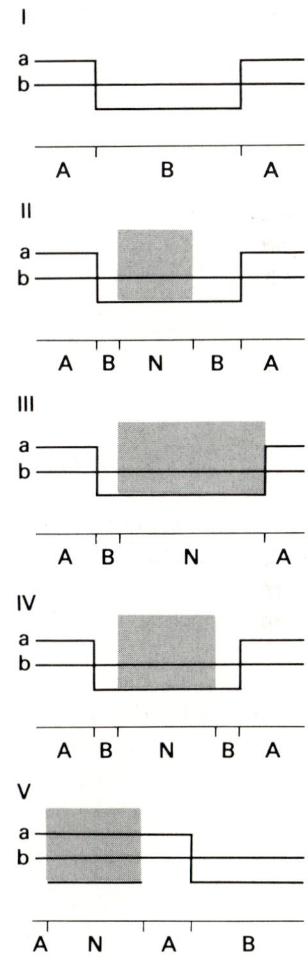

Abb. 25.12. Mögliche Auswirkungen der Unterbrechung (grauer Block) eines Verhaltens in einer Time-Sharing-Situation. Die Linien a und b stellen den Verlauf der relativen Stärke der Kausalfaktoren dar, während A und B das beobachtete Verhalten kennzeichnen. Während der Phase N tritt weder A noch B auf (nach McFarland 1974).

Maskierungs-Experimente. Im Maskierungs-Experiment wird eine Situation erzeugt, in der das fortlaufende Verhalten durch einen experimentell kontrollierbaren Eingriff unterbrochen werden kann. Hinter dieser Methode steht die Annahme, daß in einer Time-Sharing-Situation die zeitliche Organisation des Verhaltens bestehen bleibt, wenn die Unterbrechung während des subdominanten, nicht aber während des dominanten Verhaltens stattfindet. Diese Unterbrechung muß jedoch motivational neutral sein, d.h. sie darf zu keinen Änderungen im Motivationszustand des Tieres führen, wie z. B. zu Angst oder Aggression.

Allerdings weist Houston (1982) darauf hin, daß die Maskierung für die Time-Sharing-Situation kein zuverlässiger Test ist. Um eine mögliche Time-Sharing-Situation abzuschätzen, ist es notwendig, eine Vielzahl unterschiedlicher Indikatoren heranzuziehen. Abbildung 25.12 verdeutlicht die wesentlichen Merkmale einer solchen Situation. Die Linien a und b zeigen die relative Stärke der Kausalfaktoren zweier verschiedener Verhaltensformen an. Zu Anfang ist a stärker als b, so daß das Verhalten A beobachtet werden kann. Fällt das Niveau von a ab, wird b enthemmt und das Verhalten B tritt auf. Nach einer bestimmten Zeitspanne hemmt a wiederum b, so daß nun erneut das Verhalten A gezeigt wird. Das Problem besteht nun darin, nachzuweisen, daß der Beginn und die Länge des Verhaltens B von dem das Verhalten A kontrollierenden System abhängig ist.

In Abbildung 25.12 werden mögliche Auswirkungen der Unterbrechung gezeigt. In I liegt keine Unterbrechung vor. In II gibt es eine kurze Unterbrechung von B, wobei B anschließend fortgeführt wird, da die Unterbrechung schon beendet ist, bevor B wieder von A gehemmt wird. In III dauert die Unterbrechung von B länger als die Zeitspanne, nach der B von A sowieso wieder gehemmt wird, so daß nach der Unterbrechung sofort Verhalten A zu beobachten ist. In IV tritt die Unterbrechung gerade solange auf, daß sie den größten zeitlichen Anteil des Verhaltens B überdeckt. In V führt eine gleich lange Unterbrechung (wie in IV) des Verhaltens A zu dessen zeitlicher Verschiebung, so daß die Enthemmung von b durch a zu einem späteren Zeitpunkt stattfindet. Die wesentliche Aussage dieser anhand von Abbildung 25.12

verdeutlichten Unterbrechungsexperimente besagt, daß neutrale Unterbrechungen dominantes Verhalten hinausschieben und subdominantes Verhalten „maskieren".

Es liegen eine Reihe von Experimenten vor, die diese Überlegungen prüfen. Die Maskierungs-Experimente liefern den Beweis, daß das Time-Sharing in zahlreichen Situationen auftritt, so beispielsweise im Balzverhalten von Stichlingen (Cohen und McFarland 1979) sowie bei der Futter- und Wasseraufnahme von Schweinen (Sibly und McCleery 1976) und Tauben (McFarland 1974). Dieses Kapitel schließt mit einem einfachen Beispiel, das die wesentlichen Merkmale des Time-Sharings noch einmal verdeutlicht.

Die Anemonenfische der Gattung *Amphiprion* sind bekannt für ihre symbiotische Verbindung, die sie mit Seeanemonen eingehen (Übersichtsarbeit s. bei Mariscal 1970a). Der Fisch genießt innerhalb dieser Symbiose die Vorteile des Schutzes vor Raubfeinden, einer verringerten Empfänglichkeit gegenüber einigen Krankheiten und weiterhin der Möglichkeit, Beutereste und Abfallprodukte der Anemone zu fressen. Die Anemone wiederum hat einen Vorteil dadurch, daß der Fisch ihr Parasiten und Abfallprodukte entfernt und daß er aufgrund seines Territorialverhaltens die Anzahl potentieller Räuber verringert. Zusätzlich bringen bestimmte Arten von Anemonenfischen wie *Amphiprion xanthurus* oft große Nahrungsbrocken für ihre Wirtsanemone mit. Einen wichtigen Aspekt dieser symbiotischen Verbindung, dem beträchtliche Aufmerksamkeit in der Forschung gewidmet wurde, stellt der Schutzmechanismus dar, den ein Fisch entwickelt, um von den Nematocysten der Seeanemone nicht verletzt zu werden (Davenport und Norris 1958). Obwohl in dieser Diskussion noch beträchtliche Kontroversen vorliegen, insbesondere in welchem Ausmaß der Schutz eine Folge von Änderungen bei der Anemone oder beim Anemonenfisch darstellt, ist man sich darin einig, daß der Schutz von einer relativ kontinuierlichen Präsenz des Fisches abhängt. So konnte gezeigt werden, daß bei einer 1-stündigen Trennung des Fisches von der Anemone ein bestimmter Grad an Wiedereingewöhnung notwendig ist, während eine Trennung über 20 Stunden gewöhnlich schon eine vollständige Eingewöhnung erfordert (Mariscal 1970 b).

Ob nun aufgrund des Feinddruckes, der Konkurrenz um ein Territorium oder wegen des Bedürfnisses, die Beziehung zu der Anemone aufrecht zu erhalten, werden Anemonenfische im Freiland nur selten weit entfernt von ihrer Wirtsanemone gesehen (Mariscal 1970a). Wenn für den Anemonenfisch ein starker Selektionsdruck besteht, nicht zu weit vom Wirt wegzuschwimmen, so könnte man vermuten, daß die Fische einen Verhaltensmechanismus entwickelt haben, um dieses Ziel zu erreichen. Ein solcher Mechanismus könnte das Time-Sharing sein. Cohen (1979) führte ein erstes Experiment durch, das die Hypothese überprüft, ob ein Anemonenfisch Time-Sharing als einen Mechanismus anwendet, der das Muster des Wechselns zwischen Futteraufnahme und Wirtsbesuchen kontrolliert.

Ein Seewasser-Aquarium von 31 x 71 cm Grundfläche wurde mit zwei undurchsichtigen Plexiglasscheiben, die in der Mitte ferngesteuerte Schiebeöffnungen hatten, in drei gleich große Abteilungen unterteilt. In einem der beiden äußeren Abteile war eine Seeanemone, die der Fisch als Wirt angenommen hatte. Im anderen Endabteil stand eine Schale, auf die der Fisch dressiert worden war, dort sein gesamtes Futter zu holen. Das zentrale Abteil war mit einer undurchsichtigen Scheibe in zwei Hälften unterteilt, wobei die eine Öffnung auf der Beobachterseite angebracht war (in Abbildung 25.13 nicht eingezeichnet). Diese Unterteilung diente dazu, sowohl die Zeitspanne zu vergrößern, die der Fisch vom Futter bis zur Anemone benötigte, so daß er während des Übergangs gut gefangen werden konnte, als auch zusätzlich dem Fisch nicht zu ermöglichen, das Anemonenabteil oder das Futterabteil einzusehen, wenn er sich in einem der beiden Abteile aufhielt.

Während der laufenden Versuche wurden nach dem Muster von zwei unterschiedlichen Fütterungsverläufen jeweils 20 verschiedene dünne Köderstücke (ungefähr 5 x 5 mm groß) durch einen Trichter in das Aquarium gegeben. Während der ad-libitum-Fütterung wurde ein Köderstück fallen gelassen, wenn der Fisch in das Futterabteil schwamm, und zusätzliche Futterstücke im Abstand von 10 Sekunden gegeben, wenn er im Abteil blieb. In dem 1-minütigem Fütterungsverlauf wurde ein

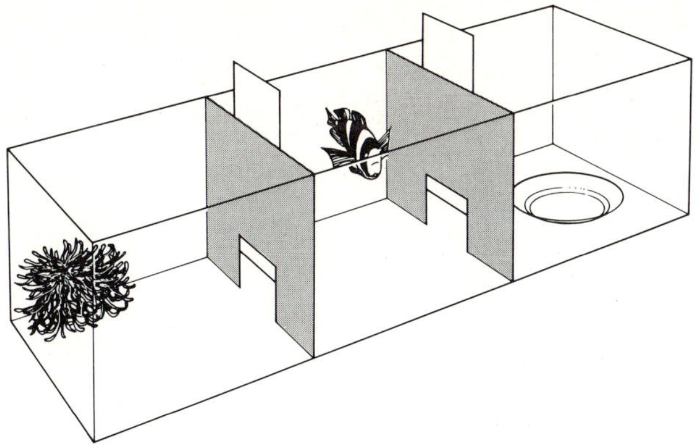

Abb. 25.13. Aquarium zur Untersuchung des Time-Sharing-Mechanismus beim Anemonenfisch. In dem einen Endabteil befindet sich eine Seeanemone, in dem anderen eine Futterschale. Der mittlere Teil des Aquariums wird durch zwei undurchsichtige Scheiben abgetrennt, in die jeweils eine Schiebetür eingebaut ist.

Köderstück nur dann gegeben, wenn der Fisch in das Futterabteil schwamm und eine bestimmte Zeitspanne zur letzten Fütterung verstrichen war. Die Intervalle zwischen solchen Futtergaben variierten zufallsverteilt zwischen 10 und 120 Sekunden, im Durchschnitt etwa eine Minute. Der Fisch wurde pro Tag nur einmal gefüttert, und es wurden nur die Daten der ersten zehn Belohnungen berücksichtigt, um Sättigungseffekte zu minimieren.

Während einiger Experimente wurde der Fisch im zentralen Abteil für entweder 10 oder 120 Sekunden gefangen, wenn er vom Futter zur Anemone bzw. umgekehrt schwimmen wollte. Da Anemonenfische sehr leicht scheu werden, ist ein sehr gründliches Training erforderlich, die Tiere an diesen Unterbrechungsvorgang und auch an die Futterdiät zu gewöhnen.

Das Freßverhalten der Anemonenfische war von einem Wechsel zwischen Besuchen im Futterabteil und im Anemonenabteil gekennzeichnet. Nach einer Futterbelohnung schwamm ein Fisch oft schnell zur Anemone zurück, obwohl er auch in seltenen Fällen im Abteil blieb und auf eine weitere Belohnung wartete. Der schnelle und vorhersagbare Beginn eines einer Futterbelohnung folgenden Anemonenbesuches ließ vermuten, daß diese Übergänge aufgrund einer Enthemmung auftraten. Der Fisch kehrte ebenso häufig zum Anemonenabteil zurück, wenn er keine Futterbelohnung erhalten hatte. Die Zeitabfolge dieser Übergänge war aber stark variabel. Kehrte der Fisch mit einem Futterbrocken zur Anemone zurück, so geschah es oft, daß er das Futter ins Zentrum der Anemone ausspuckte. Dieses Verhalten trat mit größerer Häufigkeit am Ende einer Versuchsphase auf, war aber nicht immer zu beobachten und wurde daher bei der Datenaufnahme nicht berücksichtigt.

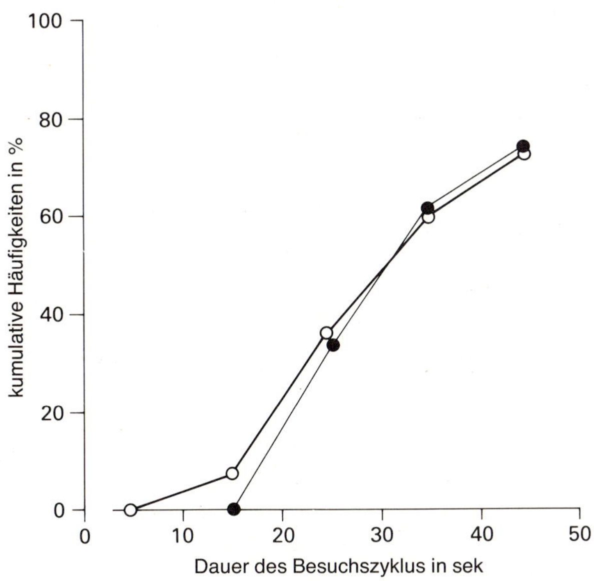

Abb. 25.14. Kumulative Häufigkeiten der Dauer eines Besuchszyklus zwischen Futter und Anemone in den Versuchen mit ad-libitum-Fütterung (weiß) und der 1-minütigen Fütterung mit variablem Belohnungsintervall (schwarz) (nach Cohen 1979).

Der Fütterungsplan zeigte deutliche Auswirkungen auf das Muster des Hin- und Herschwimmens zwischen Futter und Anemone. Während der ad-libitum-Fütterung waren die Besuche bei der Anemone signifikant länger und die beim Futter kürzer, so daß die Gesamtdauer eines Futter-Besuchszyklus unverändert blieb (Abb. 25.14). Somit ist die Zeit zwischen dem Beginn der Nahrungssuche und dem nächsten Ausflug unabhängig von der Zeit, die zum Futtererhalt benötigt wird. Der Zeitanteil, der bei der Anemone verbracht wird, füllt einfach die übrigbleibende Zeit aus. Dieses Ergebnis ist daher mit dem Time-Sharing-Konzept vereinbar.

Eine Hypothese des Time-Sharing-Konzeptes ist, daß das einer Unterbrechung folgende Verhalten eines Tieres sowohl von der Übergangsrichtung als auch von der Unterbrechungslänge abhängt. Wird das Tier unterbrochen, wenn es gerade dabei ist, das subdominante Verhalten durchzuführen, so sollte es dieses Verhalten nur in dem Fall fortsetzen, wenn die Unterbrechung kürzer als die vorgesehene Dauer des subdominanten Verhaltens ist. Wird im Gegensatz dazu das Tier unterbrochen, wenn

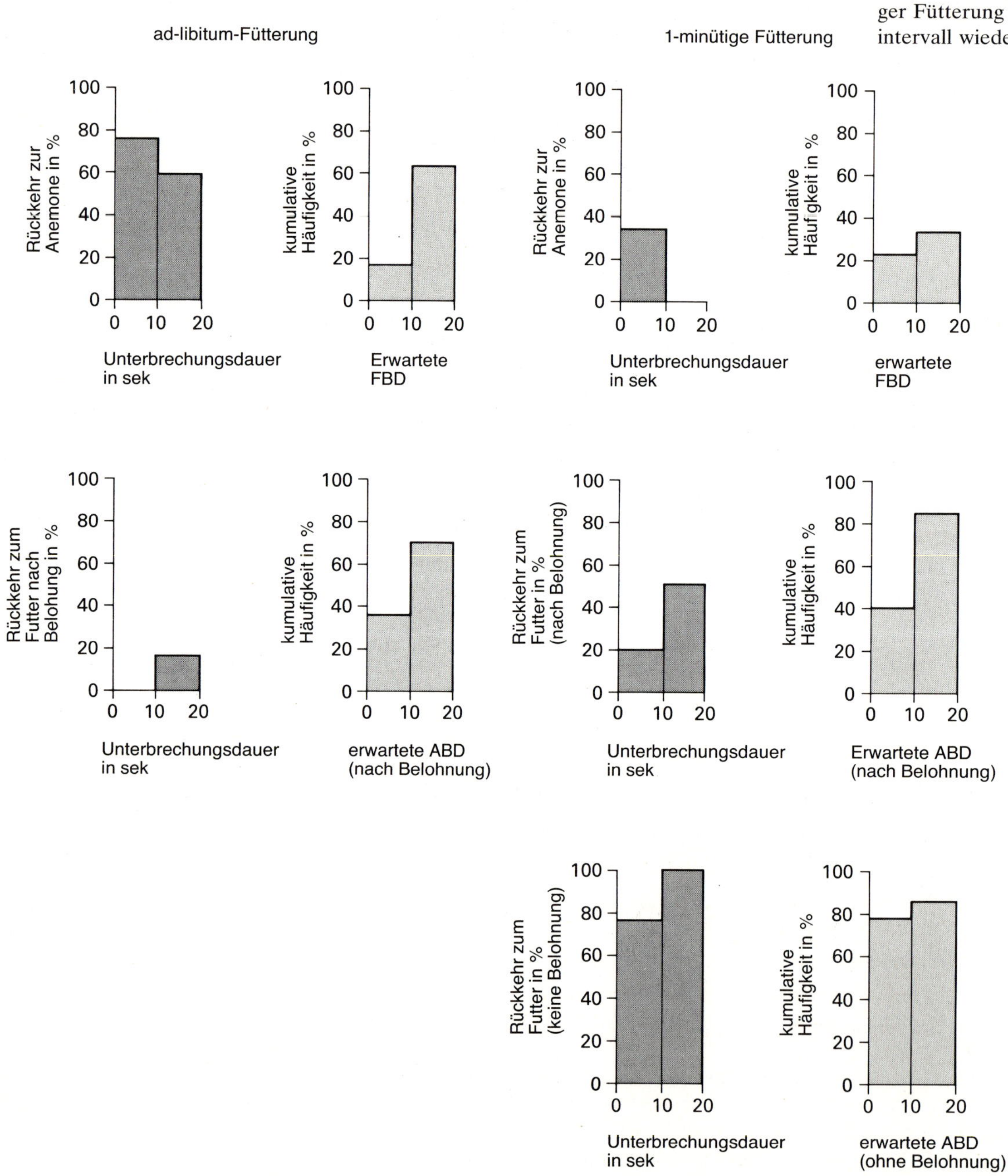

Abb. 25.15. Die prozentuale Häufigkeit der Rückkehr zur Anemone und zum Futterabteil nach übergangsabhängigen Unterbrechungen (dunkel) verglichen mit dem erwarteten Verhalten (hell) ohne Unterbrechungen. ABD, Anemonenbesuchsdauer; FBD, Futterbesuchsdauer. Die Säulendiagramme geben die prozentualen Häufigkeiten der Rückkehr nach kurzen (10 Sekunden) und langen (20 Sekunden) Unterbrechungen bei ad-libitum-Fütterung und 1-minütiger Fütterung mit variablem Fütterungsintervall wieder.

es gerade dabei ist, das dominante Verhalten auszuführen, so sollte es unabhängig von der Unterbrechungsdauer mit diesem Verhalten fortfahren. Das einer Unterbrechung folgende Verhalten wird in Abbildung 25.15 zusammen mit dem bei einer Unterbrechung zu erwartenden Verhalten dargestellt. Die Ergebnisse dieses Experimentes lassen vermuten, daß es ein zeitliches Muster für das Nahrungssuchverhalten bei Anemonenfischen gibt, in dem der Anfang eines Ausfluges nach Nahrung in regelmäßigen Abständen unabhängig von der Erfolgswahrscheinlichkeit auftritt. Zusätzlich ist zu vermuten, daß dieses zeitliche Muster des Wechselns zwischen Anemone und Futter auf einen Time-Sharing-Mechanismus zurückzuführen ist. Hierbei ist die Verhaltenstendenz zum Anemonenbesuch subdominant und tritt aufgrund einer Enthemmung während der dominanten Nahrungssuche nur für eine bestimmte Zeitdauer auf.

Diese Unterbrechungsversuche haben dabei deutlich gemacht, daß der Status der Aktivitäten Nahrungssuche und Anemonenbesuch nicht gleichwertig ist. Das eine Verhalten wird durch die Unterbrechung verschoben, während das andere verdeckt wird – eine grundlegende Asymmetrie, die aber charakteristisch für den Time-Sharing-Mechanismus ist. Diese Asymmetrie verdeutlicht weiterhin die Problematik der Annahme, daß eine Entscheidungsfindung im wesentlichen auf Konkurrenz zwischen Verhaltenstendenzen zurückzuführen ist.

25.5 Optimale Entscheidungsfindung

In den letzten Kapiteln wurden Mechanismen der Entscheidungsfindung bei Tieren vorgestellt. Ausgehend von einfachen Faustregeln wurde die Möglichkeit diskutiert, motivationale Konkurrenz als den grundlegenden Prozeß für die Entscheidungsfindung anzusehen. Im Gegensatz dazu führte der operationale Ansatz dazu, daß für eine Erklärung der Entscheidungsfindung zwischen dominanten und subdominanten Aktivitäten unterschieden werden muß. Verschiedene Experimente, die diese Möglichkeit überprüfen, wurden im Anschluß daran vorgestellt. Nun wäre zu fragen, ob Tiere Entscheidungen treffen, die ihnen im Sinne einer Fitnesszunahme den meisten Nutzen bringen. Mit anderen Worten, ist ihr Verhalten optimal? Was bedeutet es, wenn gesagt wird, ein Tier verhalte sich optimal? Auf diese Frage gibt es eine Reihe von Antworten. Zunächst einmal kann sich ein Tier im Sinne der natürlichen Selektion optimal oder auch nicht optimal verhalten. Überlegungen zu einer optimalen Konstruktion sollten sowohl die zeitliche Organisation des Verhaltens als auch die anatomischen Eigenschaften der Tiere beinhalten. Danach würde man erwarten, daß die Tiere ihre Zeit im Hinblick auf die Maximierung ihrer Fitness einteilen. Allerdings folgt hieraus nicht, daß man auch von einem einzelnen Tier in seiner natürlichen Umgebung eine solche Optimierung seines Verhaltens erwarten kann. Die genetische Variationsbreite der Individuen, die ungleichmäßige Verteilung bestimmter Umweltfaktoren sowie die evolutionäre Verzögerung (die natürliche Selektion braucht Zeit, um die Umweltveränderungen aufzufangen) machen es zusammengenommen sehr unwahrscheinlich, daß ein Tier jemals perfekt an seine ökologische Nische angepaßt ist. Trotzdem erweist es sich als nützlich, anzunehmen, daß ein Tier perfekt angepaßt ist, d.h. daß sein Verhalten das evolutionär bestmögliche Ergebnis darstellt, so daß nun genau spezifiziert werden könnte, was ein Tier machen müßte, um perfekt angepaßt zu sein. Diese Vorgehensweise liefert ein Beispiel für **funktionale** Erklärungen des Verhaltens.

Eine weitere Möglichkeit, die weiter oben gestellte Frage zu beantworten, ist, das Tier als eine optimierende Maschine anzusehen, die ihr Verhalten mit bestimmten, ihr innewohnenden Anforderungen in Übereinstimmung bringt. Im einfachsten Fall würde man sich ein Tier vorstellen, das eine innere Repräsentation des jeweils zu erreichenden Ziels besäße. Man müßte dann fragen, in welchem Ausmaß das Tier die beste Möglichkeit wählt, sein Ziel zu erreichen. Natürlich ist diese Frage deutlich von der oben gestellten zu unterscheiden. Ein Tier kann sein Ziel in der bestmöglichen Art und Weise erreichen, aber das Ziel selbst kann möglicherweise nicht das am besten geeignete sein. Vom evolutionären Standpunkt aus kann ein Individuum derart konstruiert sein, daß es sein Verhalten auf der Basis intern festgelegter Kriterien optimiert, dies aber nicht die Fitness maximiert. Die zweite Art der Optimierung liefert ein Beispiel für **kausale** Erklärungen des Verhaltens. Dieses Kapitel verdeutlicht daher die Trennung zwischen funktionalen und kausalen Aspekten des Verhaltens.

25.6 Regeln für optimales Verhalten

Ein augenscheinlich adaptives oder gut konstruiertes Verhaltensmuster kann das Ergebnis einfacher Faustregeln oder kognitiver bzw. intentionaler Vorgänge sein (vgl. Kap. 26.7). Beispielsweise folgt ein Kind beim Überqueren einer Straße strikten Verkehrsregeln. Wenn diese dem Kind gründlich beigebracht worden sind, geschieht die Überquerung der Straße mehr oder weniger automatisch. Ein Erwachsener, z. B. ein Fremder, dem diese Verhaltensregeln nie beigebracht worden sind, überlegt sich zunächst einmal, wie er die Straße überqueren kann. Dazu muß er die Geschwindigkeit und das Verhalten der sich annähernden Fahrzeuge abschätzen und vieles mehr. Das Verhalten beim Überqueren der Straße kann bei dem Kind und dem Erwachsenen identisch aussehen, in einem Fall kommt es jedoch durch einfache erlernte Faustregeln, im anderen durch kognitive Prozesse zustande.

Optimales Verhalten kann durch einen Satz einfacher Regeln erreicht werden, wie beispielsweise Green (1983) in seiner Analyse der Stopp-Regeln (s.u.) im optimalen Nahrungserwerb gezeigt hat. In dieser Untersuchung wird angenommen, daß die Beute ungleichmäßig verteilt ist und die Futtergebiete in ihrer Qualität variieren, mit höheren Fangquoten in den qualitativ besseren Gebieten. Die Verteilung der Futterplatzqualitäten variiert mit unterschiedlichen Umweltbedingungen. Es wird weiterhin angenommen, daß ein Räuber die verschiedenen Futterplatztypen nicht unterscheiden kann, außer daß er den Fangerfolg an jedem Futterplatz abschätzen kann. Die Futterplätze werden nicht wiederholt aufgesucht; jeder Platz wird aber systematisch abgesucht, bis der Räuber sich entscheidet, ihn zu verlassen, um einen neuen Futterplatz aufzusuchen.

Die optimale Verhaltensstrategie für den Nahrungserwerb kann mit Hilfe einer Stopp-Regel beschrieben werden, die bestimmt, wann der Räuber den Futterplatz verläßt. An einem Futterplatz kann sich der Räuber zu jedem Zeitpunkt entschließen, ihn zu verlassen oder zu bleiben, um die Nahrungssuche fortzusetzen. Green konnte zeigen, daß die beste Stopp-Regel durch diejenige Funktion beschrieben werden kann, die die Anzahl von Beutetieren mit der Suchzeit am Futterplatz in Beziehung setzt. Zu den alternativen Stopp-Regeln gehören eine „**naive**" Strategie, bei der sich ein Räuber auf sein Wissen über die durchschnittliche Fangquote für jeden Futterplatz verläßt, weiterhin eine sogenannte „**allwissende**" Strategie, mit deren Hilfe ein Räuber die Qualität jedes Futterplatzes, ohne ihn aufzusuchen, vorhersagen und somit die beutearmen Gebiete meiden kann, und eine sogenannte „**Momentan-Quote**"-Strategie, die dem Tier angibt, den Futterplatz zu verlassen, wenn die Fangquote unter einen bestimmten kritischen Wert fällt. Die von Green dargestellte beste Strategie beinhaltet die Abschätzung der Qualität beim Aufsuchen eines Futterplatzes: Die Leistungsfähigkeit dieser Strategie ist derjenigen der „naiven" Strategie und der „Momentan-Quote"-Strategie überlegen und übertrifft auch die „allwissende" Strategie, indem sie vom Individuum weniger Berechnungsleistungen verlangt. Die nach Green beste Strategie läßt sich in Form einer einfachen Regel darstellen – „verbleibe am Futterplatz, solange wie mindestens die Hälfte der bisher an diesem Futterplatz aufgesuchten Orte Beute geliefert haben, wenn nicht, verlasse den Platz“ – und sie kann mit Hilfe einfacher Mechanismen ausgeführt werden.

In seiner Arbeit an parasitischen Wespen stellte Waage (1979) einen einfachen Entscheidungsmechanismus für das Auffinden geeigneter Wirtstiere vor, in denen dann die Eier abgelegt werden. Bei Ankunft in einem Gebiet beginnt die Wespe bei der Suche nach einem Wirt mit einer erhöhten Reaktionsbereitschaft (d.h. der Tendenz, bei Erreichen der Gebietsgrenzen zurückzukehren), die durch chemische Reize, die von den Wirten in dem jeweiligen Gebiet ausgehen, bestimmt wird. Diese Reaktionsbereitschaft nimmt linear mit der Zeit ab, bis sie einen Schwellenwert erreicht hat oder bis die Wespe auf einen Wirt trifft. Nach jeder Eiablage steigt die Reaktionsbereitschaft in Abhängigkeit von der Zeit, die seit der letzten Eiablage vergangen ist, und der Vorgang wiederholt sich so lange, bis die Bereitschaft einen Schwellenwert erreicht hat und die Wespe das Gebiet verläßt.

Die Modelle von Green (1980, 1983) und Waage (1979) kommen zu ähnlichen Aussagen. Es ist jedoch wichtig, hier noch einmal daran zu erinnern, daß Green ein **funktionales** Modell aufgestellt hat, welches genau angibt, was ein Tier tun sollte, um ein bestes Ergebnis zu erreichen. Waages Modell dagegen ist ein **mechanistisches** und gibt die proximaten Ursachen des Verhalten an.

Eine Möglichkeit, zu erkennen, ob ein Tier sich an bestimmte Regeln hält oder nicht, besteht darin, selektiv sein Verhalten zu beeinflussen. Beispielsweise beobachtete Baerends (1941) in seiner Untersuchung an der Grabwespe *Ammophila campestris*, daß ein Weibchen zur Eiablage ein Loch gräbt, anschließend eine Schmetterlingsraupe lähmt oder tötet, sie zum Loch transportiert, ein Ei auf die Raupe legt und diese im Loch verstaut. Im Anschluß daran wiederholt die Wespe diese Prozedur mit dem zweiten und auch den folgenden Eiern. In der Zwischenzeit ist die Larve aus dem ersten Ei geschlüpft und hat damit begonnen, die Raupe anzufressen. Die Wespe kehrt nun zum ersten Loch zurück und versorgt die Larve mit weiteren Raupen. Anschließend beginnt sie entweder, ein neues Loch zu graben, oder sie betreut je nach den Gegebenheiten die Larve im zweiten Loch. Auf diese Art und Weise kann eine weibliche Wespe gleichzeitig bis zu fünf Nester versorgen (Abb. 25.16).

Baerends fand heraus, daß die Wespen jeden Morgen ihre gesamten Löcher inspizierten, bevor sie zu den Futterplätzen flogen. Durch Entnahme oder Zugabe von Raupen brachte Baerends die Wespe dazu, jeweils mehr oder weniger Futter als gewöhnlich zu bringen. Er konnte das Verhalten der Wespe allerdings nur dann

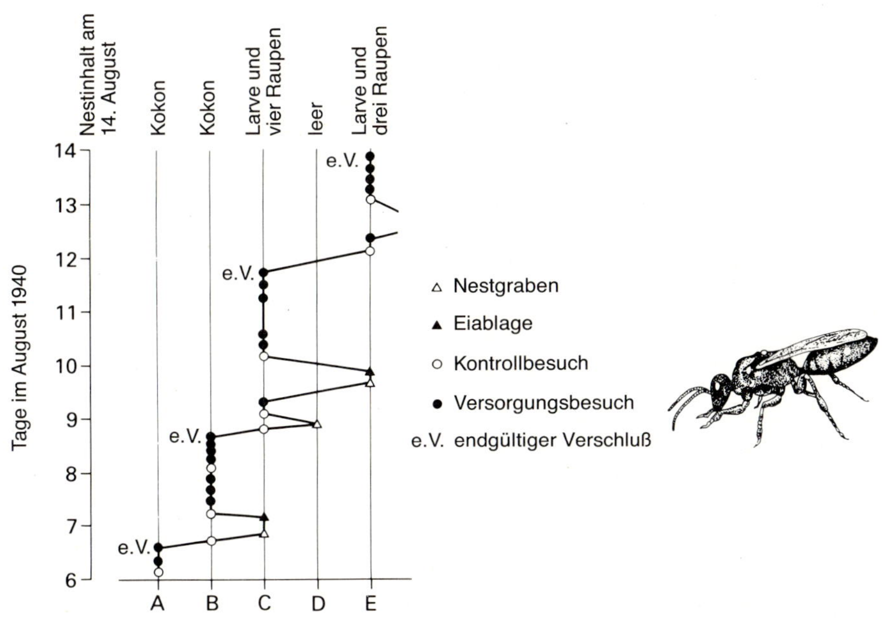

Abb. 25.16. Diagramm der Nestbauaktivitäten einer weiblichen Grabwespe *Ammophila campestris* (nach Baerends 1941).

beeinflussen, wenn er die Änderungen am Nest vor dem ersten Besuch des jeweiligen Tages durchführte. Spätere Änderungen am Tag hatten keinen Einfluß. Die weibliche Wespe scheint sich also nach einfachen Regeln gerichtet zu haben. Zur Standard-Routine der Eiablage gehört das Graben eines Loches und die Versorgung der Larve mit Raupen. Weiterhin gibt es eine Standard-Inspektion am frühen Morgen, bei der gewöhnlich festgelegt wird, welches Nest im Verlauf des Tages mit Nahrung versorgt werden muß. Innerhalb einer Standard-Stopp-Routine verschließt die Wespe ein Nest, falls es mit genügend Raupen versorgt ist. Obwohl die Wespe in der Lage ist, bei einem Nestbesuch das Ausmaß des Vorrates abzuschätzen, wendet sie diese Fähigkeit nicht immer an. Weiterhin läuft jede Routine, ist sie einmal gestartet, bis zu ihrem Abschluß durch. So würde eine Wespe permanent fortfahren, Raupen für ein Nest zu beschaffen, wenn diese systematisch nach der Ablieferung am Nest entfernt werden. An diesem Beispiel wird deutlich, daß komplexes Verhalten auf der Basis einer Serie von starren Regeln festgelegt sein kann. Die Wespe verhält sich in einer automatenhaften Weise, obwohl sie einige Verhaltensroutinen haben kann, mit deren Hilfe sie auftretende Schwierigkeiten bewältigen kann, wie z. B. das Entfernen eines Hindernisses vom Nesteingang.

Wie schon gezeigt wurde, kann unter bestimmten Bedingungen die Unterbrechung eines Verhaltens ein solches Verhalten maskieren, was üblicherweise ohne diese Unterbrechung aufgetreten wäre. Solche Time-Sharing-Situationen lassen vermuten, daß das Tier sich nach bestimmten Regeln richtet, die die Organisation und Priorität seiner Verhaltensmuster bestimmen. Ein besonders deutliches Beispiel stellt eine hungrige Lachtaube dar, die während der Futteraufnahme typischerweise einige Male innehält und pausiert (s. Abb. 25.11). Was die Taube während dieser Pausen macht, hängt von den jeweiligen Umständen ab. Ist Wasser vorhanden, so ist es möglich, daß sie trinkt. Im anderen Fall kann sie sich putzen oder einfach bewegungslos dastehen. Experimente zeigen, daß das Auftreten dieser Pausen nicht durch Manipulierung sekundärrangiger Motivationsfaktoren, wie etwa Durst, beeinflußt werden kann. In einem Experiment wurden Papierklemmen an den Flügeln von primär hungrigen Tauben befestigt. Während des Fressens ignorierten die Tauben diese Klemmen, nicht aber während der Pausen, in denen sie versuchten, diese zu entfernen. Die Anwesenheit der Klemmen änderte aber weder das Muster des Freßverhaltens, noch wurde die zeitliche Abfolge der Pausen beeinflußt (McFarland 1970b; s. Kapitel 21.3). Es scheint also, daß die Tauben vorprogrammiert sind, zu bestimmten Zeiten während des Fressens zu pausieren, und daß die das Fressen bestimmenden Regeln von anderen Motivationen, wie Durst oder Körperpflege, nicht beeinflußt werden, vorausgesetzt, daß diese Verhaltenstendenzen nicht stärker werden als die Tendenz zur Nahrungsaufnahme. Das ist typisch für das Time-Sharing.

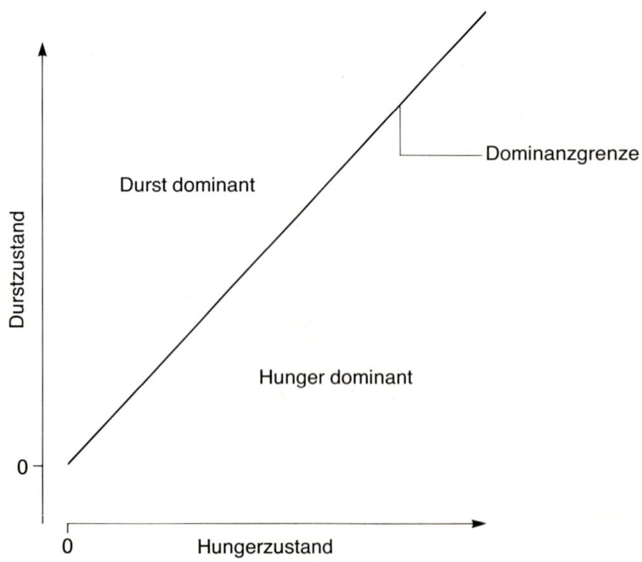

Abb. 25.17. Die Hunger-Durst-Dominanzgrenze.

Wird eine primär hungrige Taube während der Nahrungsaufnahme unterbrochen, so fährt sie normalerweise nach der Unterbrechung mit der Futteraufnahme fort. Wird sie aber während des Trinkens gestört, so wird dieses maskiert, vorausgesetzt, daß die Unterbrechung lange genug andauert (McFarland und Lloyd 1973). In einer Lernsituation, in der Tauben auf beleuchtete Tasten picken müssen, um Belohnungen in Form von Futter oder Wasser zu erhalten, können solche Unterbrechungen dadurch zustandekommen, daß die Lichter ausgestellt werden. Die Vögel lernen sehr bald, nicht zu picken, wenn die Tasten nicht leuchten. In einer nichtoperanten, also normalen Freß- und Trinksituation kann man Unterbrechungen durch ein plötzliches, ungefähr eine Minute andauerndes Abdunkeln des Raumes erreichen. Ein Vergleich beider Unterbrechungsmethoden zeigte gleichartige Auswirkungen (Larkin und McFarland 1978).

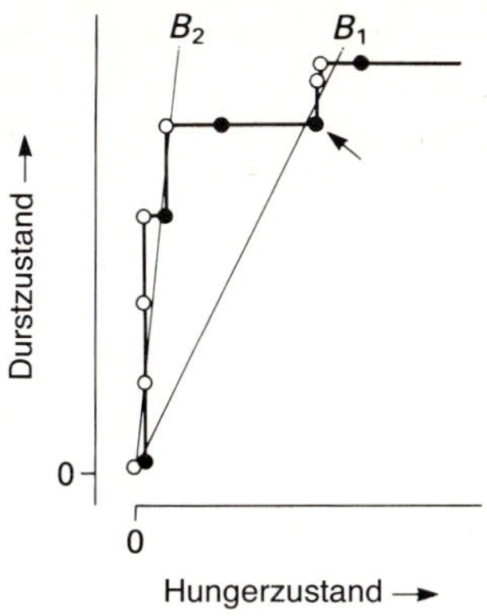

Abb. 25.18. Verschiebung der Hunger-Durst-Dominanzgrenze. Als Folge einer experimentellen Manipulation (Pfeil) scheint sich die Grenze von der Position B1 zur Position B2 zu bewegen.
Die Lage der Grenze läßt sich anhand von Experimenten festlegen, in denen das gesamte subdominante Verhalten durch eine Unterbrechung verdeckt wird. Die schwarzen Punkte weisen auf Hungerdominanz, die weißen auf Durstdominanz hin (nach McFarland 1974).

Das Freß- und Trinkverhalten von Tauben in Time-Sharing-Situationen war Objekt zahlreicher Untersuchungen, deren Ziel es war, die Regeln aufzudecken, mit deren Hilfe Vögel entscheiden, ob sie trinken oder fressen. Die Ergebnisse zeigen, daß entweder der Hunger oder der Durst dominant sein können (McFarland und Lloyd 1973, McFarland 1974) und daß sich die Grenze zwischen Hunger- und Durstdominanz in wiederholten Tests (Abb. 25.17) bei unterschiedlichen Ausgangsbedingungen für Hunger und Durst oder bei Änderungen der Folgen des Trinkens bzw. Fressens nicht ändert (Sibly und McCleery 1976). Jedoch treten deutliche Verschiebungen dieser **Dominanzgrenze** auf, wenn sich im Verlauf des Experimentes der motivationale Zustand des Tieres ändert (Abb. 25.18). Eine theoretische Analyse der Situation zeigt, daß in der Realität keine Änderung der Lage der Dominanzgrenze stattfindet, sondern daß eine Verschiebung nur im Bezugsrahmen des Experimentators vorkommt, der motivationale Zustände eines Tieres normalerweise nur in zwei Dimensionen zuläßt und nicht berücksichtigt, daß noch weitere Dimensionen von Bedeutung sein können (McFarland und Sibly 1975). Das Ausmaß der Verschiebung der Dominanzgrenze hat sich als eine brauchbare Meßmethode für motivationale Faktoren erwiesen, wie z. B. den Anreizwert von Futter- oder Wasserbelohnungen (Sibly 1975), weiterhin für die Effektivität externer Reize, die die Verfügbarkeit von Futter und Wasser anzeigen (McFarland und Sibly 1975; Beardsley 1983), und ebenso für die Kosten (als vom Vogel gemessene) für den Wechsel vom Fressen zum Trinken und umgekehrt (Larkin und McFarland 1978). Allgemein gesehen scheinen sowohl interne wie externe Faktoren die Freß- und Trinktendenzen zu bestimmen, wobei diese Tendenzen dann um die Dominanz konkurrieren (McFarland 1974). Das dominante System läßt von Zeit zu Zeit auch andere (subdominante) Aktivitäten auftreten. Warum das Verhalten auf diese Art und Weise organisiert ist, bleibt aber vorerst mysteriös.

Es ist auch möglich, daß die Pausen während der Nahrungsaufnahme bei Tauben einen Teil einer Strategie darstellen, Raubfeinde zu entdecken. Innerhalb eines Schwarmes kann ein einzelner Vogel mehr Zeit mit der Nahrungssuche und weniger mit dem Sichern vor Feinden verbringen (Barnard 1980; Bertram 1980; Elgar und Catterall 1981). Lendrem (1983) zeigte beispielsweise, daß Tauben, wenn sie allein sind, ungefähr 25% einer zweiminütigen Freßphase mit Umherschauen verbringen, dagegen nur ungefähr 20%, wenn sie in Gegenwart von anderen Vögeln Nahrung aufnehmen. Dieser Unterschied war jedoch erheblich größer, wenn die Tauben kurze Zeit vorher einen Raubfeind (ein Frettchen) in ihrer Nähe gesehen hatten. Einzelne Tauben verbrachten dann ungefähr 50% der Zeit mit Umherschauen, während eine Taube im Schwarm nur etwa 25% damit verbrachte, wobei dieser Anteil mit Zunahme der Individuenzahl im Schwarm noch weiter sank. Mit zunehmender Schwarmgröße nehmen die Tauben das Futter schneller auf. Die Gesamtfutteraufnahmerate nimmt allerdings ab, wenn vorher ein Raubfeind entdeckt worden war. Eine detaillierte Analyse des Freßverhaltens von Tauben zeigt, daß die Tauben ihre Futteraufnahmerate in gefährlichen Situationen herabsetzen, wie aus den Pausen zwischen den einzelnen Freß-Akten geschlossen werden kann. Tauben fressen somit langsamer, wenn sie sich in einer unbekannten Umgebung befinden, wenn sie allein sind und wenn sie kurz vorher einen Räuber gesehen haben. Insbesondere wird die

Zeit für das Anheben des Kopfes nach jeder Pickbewegung verlängert und somit möglicherweise die Fähigkeit des Vogels, einen Raubfeind zu entdecken, vergrößert.

Die Futteraufnahmerate wird aber ebenso herabgestzt, wenn die Tauben zwischen wohlschmeckenden und unangenehmen Körnern wählen müssen. Durch Beimischung von Lithiumchlorid kann man in Verbindung mit besonderen Situationen der Nahrungsaufnahme Tauben – wie viele andere Tierarten auch – derart konditionieren, daß sie gefärbte Weizenkörner meiden (Lendrem und McFarland 1985). Die Vögel verhalten sich so, als ob die Körner mit einer bestimmten Färbung schädlich wären. So meiden einige Vögel gelbe, andere dagegen rote Körner. Wenn diesen Vögeln beide Körnersorten gegeben werden, müssen sie beide Sorten unterscheiden können, um die entsprechende Farbe zu meiden. Vögel, die aus einer Mischung von schädlichen und harmlosen Körnern ihre Nahrung aufnehmen, fressen mit einer niedrigeren Aufnahmerate als Vögel, denen eine Mischung harmloser Körner mit unterschiedlichen Farben gegeben wurde (Lendrem und McFarland 1985).

Frißt eine Taube langsamer als gewöhnlich, da sie zwischen schädlichen und unschädlichen Samenkörnern unterscheiden muß, so könnte man annehmen, daß sie weniger auf Raubfeinde achtet, da sie ihre ganze Aufmerksamkeit auf das Futter konzentrieren muß. Tatsächlich wird aber die Reaktionsgeschwindigkeit auf eine überfliegende Sperberattrappe gesteigert, wenn die Tauben aus einer Mischung von harmlosen und schädlichen Samenkörnern fressen (Lendrem und McFarland 1985). Vögel, denen vorher ein Räuber präsentiert wurde (und die somit eine niedrigere Futteraufnahmerate haben), reagieren schneller auf eine Sperberattrappe, wie es auch die Vögel tun, die zwischen den beiden Körnersorten unterscheiden mußten. Es scheint somit, daß eine niedrigere Futteraufnahmerate, welche Ursachen sie auch immer haben mag, die Fähigkeit des Vogels steigert, Raubtiere zu entdecken. Dieses Ergebnis stimmt mit der Vorstellung überein, daß hohe Aufnahmeraten beim Fressen mit hohen Kosten verbunden sind; entsprechendes gilt auch für anderes Verhalten.

Was geschieht nun, wenn die Unterscheidungsaufgabe schwieriger gestaltet wird, indem die Körnersorten auf tarnfarbenem Untergrund angeboten werden? Wie erwartet, wird die Aufnahmerate weiter gesenkt (Abb. 25.19). Dieses Ergebnis kann teilweise die Folge der größeren Aufmerksamkeit sein, die der Vogel der Nahrungsaufnahme widmen muß, aber es scheint auch eine aktive Taktik zu sein, um die Wachsamkeit aufrecht zu erhalten. Tauben, die auf einem tarnfarbenen Untergrund zwischen harmlosen und schädlichen Körnern wählen müssen, entdecken eine Sperberattrappe schneller als solche Vögel, die zwischen auffällig gefärbten Körnern unterscheiden müssen (Lendrem und McFarland 1985; Abb. 25.20). Allerdings machen die Vögel auf dem tarnfarbenen Untergrund mehr Fehler (indem sie schädliche Körner fressen) und pausieren weniger häufig während des Fressens, als diejenigen Vögel, die zwischen auffällig gefärbten Körnern zu wählen haben. Offenbar werden hier die Bedürfnisse der Wachsamkeit mit denen der Nahrungsaufnahme abgewogen.

Zusammenfassend kann gesagt werden, daß Tauben, die schnell fressen, eine verminderte Chance haben, Raubfeinde zu entdecken. Wenn sie vorsichtig sind – d.h. in einer nicht vertrauten Umwelt, wenn sie allein sind oder sich in einer Situation befinden, in der ein Raubtier kurz vorher gesehen wurde – fressen Tauben mit einer geringeren Aufnahmerate. Tauben können ihre Aufnahmerate auf verschiedene Weise senken: Sie können häufiger oder für eine längere Zeit pausieren oder ihre Freßrate vermindern. Diese verschiedenen Möglichkeiten erhöhen die Chance, einen Raubfeind zu entdecken, und es gibt Hinweise, daß diese unterschiedlichen Methoden sich gegenseitig ersetzen können (Lendrem und McFarland 1985). Es kann sein, daß sich die Tauben darauf verlassen, fremdartige Bewegungen wahrzunehmen, wenn sie den Pickvorgang beenden und pausieren, um dann auch immer zu sichern.

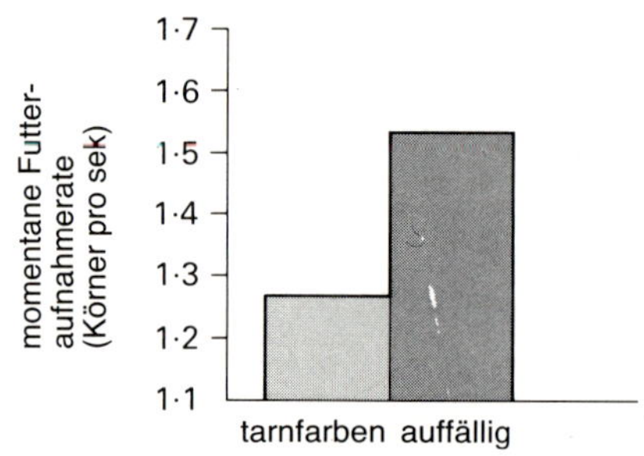

Abb. 25.19. Futteraufnahmeraten von Tauben, denen eine Mischung von harmlosen und schädlichen Samenkörnern gegeben werden. Die einzelnen Körnersorten sind entweder schlecht (tarnfarbene Situation) oder einfach (auffällige Situation) zu unterscheiden (nach Lendrem und McFarland 1985).

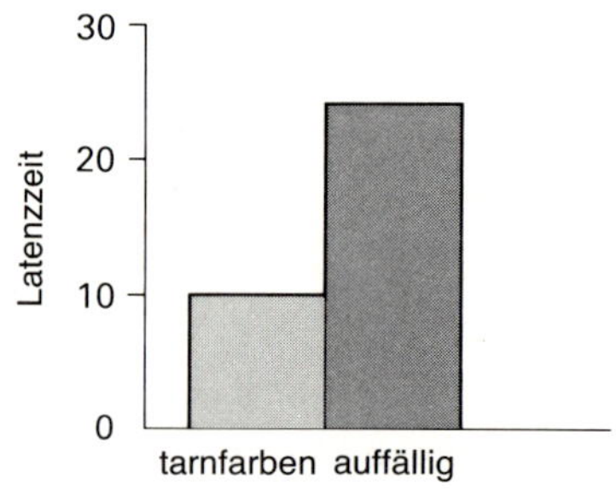

Abb. 25.20. Latenzzeit der Reaktionen von Tauben auf eine Sperberattrappe. Die Futterbedingungen entsprechen denen von Abbildung 25.19 (nach Lendrem und McFarland 1985).

Es ist auch möglich, daß der Vogel nach einer Pause ein wenig Zeit mit Gefiederpflege oder Trinken verbringt, was auf das Time-Sharing-Phänomen hinweist. Gegenwärtig ist noch zu wenig über die visuelle Wahrnehmung bei Vögeln bekannt, um diese Hypothese zu erhärten. Ebenso ist noch nicht bekannt, ob die Vögel eine komplexe Serie von Regeln anwenden oder ihr Verhalten kognitiv kontrollieren.

Merksätze

- Tiere können Entscheidungen mit Hilfe einfacher Faustregeln treffen, die im Hinblick auf Eignung für bestimmte Umweltbedingungen angelegt sind.
- Veränderungen im Verhalten, die auf motivationale Konkurrenz zurückzuführen sind, können daran erkannt werden, daß eine Beeinflussung der sekundärrangigen Aktivität die Zeitabfolge der (des) Wechsel(s) im Verhalten ändert. Eine alternative Erklärungsmöglichkeit beruht auf der Annahme, daß der Wechsel auf eine Enthemmung zurückzuführen ist.
- Time-Sharing tritt auf, wenn Beginn und Dauer einer Aktivität durch eine andere Aktivität kontrolliert werden.
- Eine optimale Entscheidungsfindung liefert Verhaltensabfolgen, die unter den vorherrschenden Bedingungen einen bestimmten Fitness-Index maximieren. Jedes „Nicht-Passen“ zwischen dem Tier und seiner Umwelt bedeutet, daß optimales Verhalten nur selten erreicht wird. Das Tier kann aber Entscheidungsregeln anwenden, die zu annähernd optimalem Verhalten führen.

Weiterführende Literatur

KREBS, J. R. und MCCLEERY, R. H. (1984) Optimisation in behavioural ecology. In: *Behavioural Ecology.* KREBS, J. R., N. B. DAVIES (Hrsg.), 2. Auflage, Blackwell Scientific Publications, Oxford.

MCCLEERY, R. H. (1981) Optimale Verhaltenssequenzen und Entscheidungen. In: *Öko-Ethologie.* KREBS, J. R., N. B. DAVIES (Hrsg.). Parey Verlag, Berlin und Hamburg.

MCFARLAND, D. J. (1977) Decision-making in animals. *Nature (London),* **269**, 15-21.

3.3 Die kognitiven Fähigkeiten der Tiere

In den abschließenden drei Kapiteln wird die kontroverse Frage behandelt, ob es Ähnlichkeiten zwischen den mentalen Fähigkeiten des Menschen und denjenigen anderer Tiere gibt. In Kapitel 26 werden Sprache und Vorstellungsvermögen bei Tieren untersucht; beispielsweise wird gefragt, ob Affen zur Sprache fähig sind oder ob Tiere intentional handeln können. Kapitel 27 geht anhand des Werkzeuggebrauchs (was manchmal als Zeichen für Intelligenz angesehen wird) und der kulturellen Evolution näher auf die Intelligenz von Tieren ein. In Kapitel 28 geht es um Begriffe wie Bewußtsein und Emotionen bei Tieren sowie weiterhin um das Verhältnis von Bewußtsein und Leiden zum tierlichen Wohlbefinden. Abschließend soll das Problem des Leidens von Tieren aus einer evolutionären Sichtweise diskutiert werden.

EDWARD TOLMAN (1886-1959)

Der amerikanische Psychologe Edward Tolman war seinen behavioristischen Zeitgenossen ein Dorn im Auge. In seinem Denken war er seiner Zeit in vielen Bereichen voraus. Er kann als der Vater des modernen kognitiven Ansatzes im Verhalten der Tiere gesehen werden. Im Gegensatz zu den anderen Vertretern kognitiver Theorien seiner Zeit, wie beispielsweise George Romanes oder Wolfgang Köhler, war Tolmans Sichtweise nicht anthropomorph und mentalistisch, d.h. er glaubte, daß Tiere sich zwar zielgerichtet verhalten, er nahm aber nicht an, daß sie Vorstellungen von ihren Zielen besitzen. Tolman sah sich selbst als einen Vertreter des Behaviorismus, allerdings eher auf einer „molaren“ als auf einer „molekularen“ Ebene. In der „molaren“ Sichtweise haben Verhaltensweisen distinkte Eigenschaften, die unabhängig von den für das Verhalten verantwortlichen physiologischen Prozessen beschrieben werden können. Demgegenüber ist der molekulare Behaviorismus reduktionistisch und versuchte das Verhalten hinsichtlich der zugrundeliegenden physikalischen und physiologischen Prozesse zu erklären.

Tolmans wichtigste Veröffentlichung war *Purposive behavior in animals and men* (1932). In einer Reihe weiterer Veröffentlichungen im Anschluß daran kritisierte er argumentativ und experimentell zeitgenössische Ansichten und differenzierte seinen kognitiven Ansatz. Tolmans kognitive Sichtweise der Pawlowschen Konditionierung hatte vieles mit moderneren Ansätzen gemeinsam (Rescorla 1978). So glaubte er beispielsweise, daß die Tiere etwas *über* den Verstärker und nicht nur *wegen* des Verstärkers lernen. Er griff heftig die zu seiner Zeit vorherrschende Reiz-Reaktions-Theorie an, und er war ein Pionier in der Ansicht, daß der Konditionierungsreiz ein Zeichen dafür ist, daß ein weiteres Ereignis folgt. Auf Tolman ist auch die Idee der kognitiven Karten („cognitive maps“) zurückzuführen. Seiner Ansicht nach erwerben Tiere Wissensgegenstände oder Kognitionen, die derart organisiert sind, daß sie bei Bedarf sofort genutzt werden können. Die damals vorherrschende Meinung, daß Tiere nur durch Handeln lernen, forderte Tolman heraus, indem er mit Hilfe von Experimenten zeigen konnte, daß Tiere allgemeine Merkmale eines Raumes oder eines Labyrinthes lernen, ohne das entsprechende Verhalten ausführen zu müssen. Er fand Hinweise für das Phänomen der kognitiven Karten, mit deren Hilfe Tiere die wichtigen kausalen oder räumlichen Kennzeichen der Umwelt miteinander in Beziehung setzen. Tolmans Theorien waren sowohl nüchtern als auch hochentwickelt und von Experimenten untermauert, die eine Herausforderung für andere Theorien darstellten. Der Kritik, daß Tolmans Theorien das Tier „in Gedanken vergraben“ darstellen (Guthrie 1952), ohne sein Verhalten vorherzusagen, kann entgegengestellt werden, daß der Molekular-Behaviorist das Tier „in seine Handlung versunken“ sieht.

26 Sprache und mentale Repräsentation

Haben Tiere ein mentales Leben, das dem des Menschen ähnlich ist, oder sind sie Automaten ohne Bewußtsein? In den vergangenen hundert Jahren quälte diese Frage die Tierpsychologen und Ethologen. Während dieser Zeit pendelte die jeweils vorherrschende Meinung zwischen den beiden Extremen. Obwohl das Wissen über das Verhalten und die Physiologie der Tiere gewaltig angestiegen ist, scheint dieses Problem weiterhin schwer lösbar zu sein. In diesem Kapitel sollen einige Argumentationslinien verknüpft werden, die in den unterschiedlichen Zweigen der Tierpsychologie entwickelt worden sind, und es soll damit eine Basis geschaffen werden, mit deren Hilfe ein Student sich seine eigenen Vorstellungen von den geistigen Fähigkeiten der Tiere aufbauen kann.

Das menschliche Verhalten bietet viele Anhaltspunkte, die zu einer deutlichen Trennung von Mensch und Tier herangezogen werden können. So wurde bisher immer angenommen, daß nur der Mensch zur Herstellung und zum Gebrauch von Werkzeug befähigt sei. Man weiß aber heute, daß auch viele andere Arten diese Fähigkeit besitzen. Mit steigendem Wissen über das Verhalten der Tiere scheint der Unterschied zwischen Menschen und anderen Tieren zu schwinden. Einige menschliche Fähigkeiten, zu denen z. B. die Sprache gehört, sind bei Tieren jedoch nur schwer nachzuweisen.

Die Sprache erscheint als ein einzigartiges, nur den Menschen kennzeichnendes Merkmal. Vielleicht ist es das einzige, was den Menschen von anderen Tieren unterscheidet. Aber unabhängig davon, ob das wahr oder unwahr ist, sollte man nicht zulassen, daß solche anthropomorphen Empfindungen das Urteilsvermögen über Sprachphänomene bei Tieren vernebeln. Unglücklicherweise herrschte lange Zeit eine Tendenz vor, Sprachphänomene derart zu definieren, daß das Vorhandensein einer Sprache nur beim Menschen angenommen werden konnte. In den eklatantesten Ansätzen wird behauptet, daß Sprache ein Bewußtsein voraussetzt, welches nur der Mensch besitzt, und daß die Sprache vom gesprochenen Wort abhängt, das ebenfalls nur dem Menschen eigen ist. Diese Art der Vorgehensweise kann wissenschaftlich aber nicht akzeptiert werden, da sie in der Forschung zu einer unüberwindlichen Hürde wird.

Unglücklicherweise kann Sprache mit objektiven Mitteln nicht so einfach definiert werden, da mit ihr viele notwendige Zuweisungen verbunden sind. Beispielsweise ist Sprache ein Aspekt von Kommunikation, umgekehrt beinhaltet aber nicht jede Kommunikation notwendigerweise auch Sprache. Die menschliche Sprache bedient sich gewöhnlich des gesprochenen Wortes, aber sie erfordert nicht immer das Sprechen, wie z. B. im Fall des Morsecodes. Sprache ist symbolisch, aber entsprechende Aspekte tauchen auch in der Kommunikation der Bienen auf. Weiterhin wird die Sprache beim Menschen während einer sensiblen Phase der Ontogenese erlernt. Ähnliches findet man aber auch für das Gesangslernen bei Vögeln. Sie kann Informationen über Situationen mitteilen, die nicht unmittelbar stattfinden, sondern räumlich und zeitlich getrennt sind. Die Warnrufe einiger Tierarten beinhalten aber ebenfalls solche Zuweisungen. Einige Elemente der Sprache, wie ihre grammatikalischen Regeln, scheinen allerdings keine Entsprechungen im Verhalten der Tiere zu haben, obwohl auch diese Ansicht kontrovers diskutiert wird. Daher muß die Untersuchung des Auftretens von Sprache im Tierreich sehr sorgfältig erfolgen.

26.1 Nonverbale Kommunikation beim Menschen

Schon Darwin (1872) erkannte, daß es zwischen den mimischen Ausdrucksformen des Menschen und denen anderer Tiere, insbesondere denen der Primaten, viele Gemeinsamkeiten gibt. Heute erkennen die Wissenschaftler weithin an, daß nonverbale Kommunikation beim Menschen zu einem direkten Vergleich mit den Ausdrucksmöglichkeiten im Verhalten der Tiere einlädt. Allerdings sind einige Komponenten der menschlichen nonverbalen Kommunikation direkt auf Sprache bezogen. Ein deutliches Beispiel hierfür stellt die Zeichensprache gehörloser Menschen dar. Viele Gesten, wie z. B. das Daumen-Hoch-Zeichen, sind wahrscheinlich direkt aus der menschlichen Sprache abgeleitet.

In Kapitel 22 wurde dargestellt, daß viele mimische und andere Ausdrucksformen die Folge einer Ritualisierung sein können. Aus evolutionärer Sicht können sie u.a. aus Schutzreaktionen, Intentions- und Übersprungbewegungen abgeleitet werden. Treten entsprechende stereotype Verhaltensmuster auch beim Menschen auf? Da die menschliche Kommunikation in Abhängigkeit vom jeweiligen kulturellen Zusammenhang variiert, kommt es bei der wissenschaftlichen Untersuchung zu Problemen. Beispielsweise gibt es eine Vielzahl von Möglichkeiten, seine Zustimmung oder Ablehnung zu signalisieren, zu denen Bewegungen wie das Nicken und teilweise Schütteln des Kopfes gehören. Die Bedeutungen, die mit diesen Bewegungen verbunden sind, variieren aber stark von Kultur zu Kultur (Leach 1972). In Griechenland und in einigen anderen Ländern wird eine Verneinung durch ein deutliches Zurückwerfen des Kopfes ausgedrückt. Transkulturelle Studien weisen jedoch darauf hin, daß trotzdem einige mimische Ausdrucksformen des Menschen universal sind und in vielen Kulturen die gleiche Bedeutung haben. Ein Beispiel hierfür ist der Augengruß (Abb. 26.1), bei dem beide Augenbrauen kurzzeitig angehoben werden. Dieses Signal wird gewöhnlich als eine Form des Grüßens auf Distanz gezeigt (Eibl-Eibesfeldt 1972). Zwischen den verschiedenen Kulturen treten einige kleine Unterschiede in der Anwendung des Augengrußes auf. In Europa wird er gegenüber Freunden und Verwandten gezeigt, in Neu-Guinea dagegen gegenüber Fremden, und in Japan gilt er als anstößig und wird daher vermieden. Im allgemeinen stellt der Augengruß eine freundliche Form des Grüßens oder der Zuwendung dar; von Menschen, die reserviert oder mißtrauisch sind, wird er aber unterlassen (Eibl-Eibesfeldt 1972).

Viele grundlegende Ausdrucksformen wie Lächeln, Lachen und Schreien werden universell eingesetzt. Sie treten nicht nur in unterschiedlichen kulturellen Gruppen auf, sondern werden auch von Menschen gezeigt, die von Geburt an taubblind sind (Eibl-Eibesfeldt 1970). Bei kleinen Kindern sind sie besonders auffällig (Blurton-Jones 1972) und können hier direkt mit den mimischen Ausdrucksformen von anderen Primaten verglichen werden. Die Analyse der mimischen Ausdrucksformen deckt eine Reihe von grundlegenden Situationen auf, in denen relativ stereotype Reaktionen auftreten (van Hoof 1972, 1976). Hierzu gehört **Wachheit**, die an einem relativ starren Blick und einer gewissen Spannung der Gesichtsmuskulatur deutlich wird. Dieser Ausdruck wird auch bei Primaten in ähnlicher Weise gefunden, bei einigen Arten ist außerdem zusätzlich die Stellung der Ohren von Bedeutung. **Überraschung** ist gekennzeichnet durch ein langandauerndes Heben der Augenbrauen,

Abb. 26.1. Der Augengruß: Ein Beispiel für mimische Ausdrucksformen beim Menschen.

geöffnete Augen und häufig auch durch einen geöffneten Mund, ein Ausdruck, der sich bei anderen Primaten anscheinend nicht wiederfindet. **Angst** spiegelt sich bei vielen Primaten in einer sehr ähnlichen Mimik wider und ist durch einen weitgeöffneten Mund sowie zurückgezogene Lippen gekennzeichnet. **Ekel** umfaßt Nasenrunzeln, ein Anheben der oberen Lippen, Augenverdrehen sowie Wegdrehen des Gesichts – mimische Komponenten, die aus Schutzreaktionen abgeleitet sind und die der Vermeidung schädlicher Reize dienen. Beim Menschen ist der Ausdruck des Ekels ritualisiert, während er bei anderen Primaten lediglich eine Sammlung von Schutzreaktionen darstellt, die keine besondere Rolle für die Kommunikation spielen. **Traurigkeit** wird von bogenförmigen Augenbrauen begleitet, weiterhin von zurückgezogenen und nach unten weisenden Mundwinkeln sowie von „Schmoll"-Lippen. Die intensive Form wird von Weinen und Tränenfluß begleitet. Dieser Ausdruck scheint bei Menschen ritualisiert zu sein und vielleicht auch bei Schimpansen. Andere Gruppenmitglieder reagieren auf Traurigkeit mit Zuwendung und Komfortverhalten. **Wut** äußert sich in verschiedenen Ausdrucksformen und wird gewöhnlich von zurückgezogenen Lippen, Zähnezeigen, starrenden Augen sowie Stirnrunzeln begleitet. **Freude** drückt sich im Lächeln und Lachen aus (Abb. 26.2), wird oft mit Spaß in Verbindung gebracht und gilt daher auch als einzigartig für den Menschen. Einige Ethologen bezweifeln jedoch diese Ansicht (z. B. Eibl-Eibesfeldt 1970; van Hoof 1972).

Abb. 26.2. Mundoffen-Lachen bei einem menschlichen Kind, das gekitzelt wird. Diese Form des Lachens ohne zurückgezogene Lippen wird von Erwachsenen nur noch selten gezeigt (nach *The Oxford Companion to Animal Behaviour,* Oxford University Press 1981).

Einige Primatenarten einschließlich der Menschenaffen zeigen beim Spiel ein typisch entspanntes Mund-offen-Gesicht (Abb. 26.3). Dieser Ausdruck ist äußerlich dem menschlichen Lachen sehr ähnlich, allerdings gibt es eine Reihe von Unterschieden, besonders in dem begleitend auftretenden Atmungsmuster. Sowohl beim Schimpansen als auch beim Menschen wird dieser Ausdruck des Lachens von einem Überraschungselement in der jeweiligen Situation hervorgerufen. Beim Schimpansen und beim Kleinkind geschieht das durch rein körperliche Reize, während es beim erwachsenen Menschen körperlich, aber auch rein intellektuell bestimmt sein kann. Beide Fälle treten aber üblicherweise im sozialen Kontext auf. Das Lächeln des Menschen ist nicht eine Form des Lachens mit niedriger Intensität (obwohl beides oft miteinander verbunden ist). Es tritt auch in Situationen auf, die von leichter Angst oder Besorgnis gekennzeichnet sind, wie z. B. das soziale Grüßen oder die Rückversicherung. Bei vielen Primaten ist ein leichtes Zähnezeigen charakteristisch für unterlegene Tiere, die damit die Dominanz überlegener Gruppenmitglieder anerkennen und diese damit beschwichtigen. Beim Schimpansen stellt dieses Verhalten einen rückversichernden und freundlichen Ausdruck dar, der dem menschlichen Lächeln etwas ähnelt.

Die mimischen Ausdrucksformen des Menschen und anderer Säugetiere werden üblicherweise als Zeichen der Emotion oder des **Affektes** angesehen (Ekman 1971). Neben den Affektgebärden können andere Formen der nonverbalen Kommunikation unterschieden werden (Ekman und Friesen 1969), deren Einteilung und Benennung aufgrund ihrer funktionalen Bedeutung im sozialen Kontext erfolgt ist. Dazu gehören die sogenannten **Adaptoren** (Vermittler), die sowohl im kommunikativen als auch im nichtkommunikativen Zusammenhang auftreten können. Beispiele sind Körperpflegehandlungen und Intentionsbewegungen. **Embleme** stellen nonverbale Handlungen dar, zu denen die Zeichensprache gehörloser Menschen, obszöne Gesten und auch Signalbewegungen über eine größere Distanz, wie z. B. das Winken, gehören. **Illustratoren** sind Bewegungen, die das verbale Erläutern bestimmter Inhalte begleiten. Zu ihnen gehören Betonungsgesten, das Zeigen auf etwas etc. Die **Regulatoren** sind Gesten, die den Konversationsfluß zwischen zwei Menschen kontrollieren. Beispiele hierfür sind das Kopfnicken, Augenkontaktbewegungen und unterschiedliche Veränderungen der Körperhaltung.

Abb. 26.3. Entspanntes Mundoffen-Gesicht eines Kapuzineraffen, der von einem Menschen gekitzelt wird (nach *The Oxford Companion to Animal Behaviour,* Oxford University Press 1981).

Argyle (1972) schlägt eine etwas einfachere Klassifizierung vor, die die jeweiligen Folgen des gezeigten Verhaltens berücksichtigt. Er erkennt drei grundlegende Kategorien:

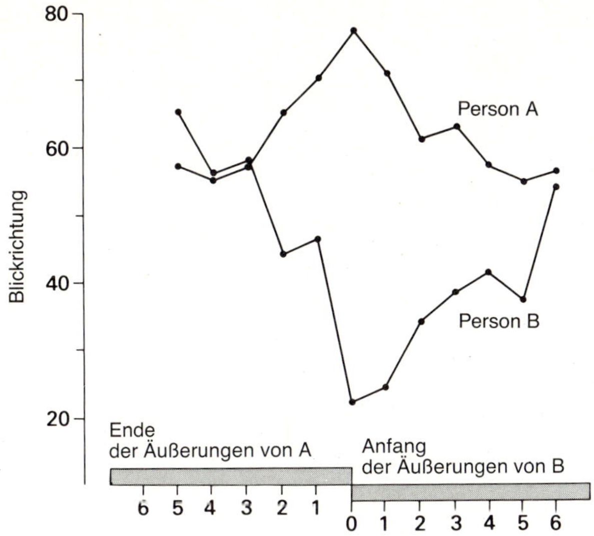

Abb. 26.4. Die Blickrichtung (Ordinate) bei Beginn und am Ende jeweils längerer Äußerungen stellt einen wichtigen Aspekt in der nonverbalen Kommunikation zwischen zwei sich unterhaltenden Personen, A und B, dar. Die gleiche Blickrichtung bedeutet direkten Augenkontakt. Es fällt auf, daß die Teilnehmer am weitesten vom Augenkontakt entfernt sind, wenn der Wechsel beim Sprechen von einer zur anderen Person stattfindet (nach Kendon 1967).

1) **Beeinflussung der unmittelbaren sozialen Situation**. Hierzu gehören Gesten und Haltungen, die die Einstellung und den emotionalen Zustand einer Person übermitteln. So kann eine Person Gefühle der Überlegenheit oder der Abneigung, sexuelle Wünsche oder Neigungen anzeigen, ohne daß diese in Worte gekleidet werden.

2) **Aufrechterhalten der verbalen Kommunikation**. Dieses umfaßt Regulatoren, Illustratoren sowie verschiedene Gesten, deren An- oder Abwesenheit die Bedeutung der gesprochenen Wörter ändern kann. In diesem Zusammenhang hat sich der Augenkontakt als besonders wichtig erwiesen (Abb. 26.4).

3) **Ersatz verbaler Kommunikation**. Zeichensprachen werden in vielen verschiedenen Kulturen gefunden und werden immer dann angewendet, wenn verbale Kommunikation schwierig oder unmöglich ist. Die Kommunikation unter Jägern in Augenblicken, in denen völlige Ruhe herrschen muß, war wahrscheinlich eine der ersten Situationen, in denen die Zeichensprache sich als sehr nützlich erwies. Ein modernes Äquivalent ist das Signalisieren zwischen Arbeitern unter lauten Arbeitsbedingungen. Hochentwickelte, auf der Sprache basierende Signalsysteme werden bei der Überwindung größerer Distanzen (z. B. das Flaggenwinken) und von gehörlosen Menschen angewendet (z. B. Ameslan, die amerikanische Zeichensprache). Das Schreiben sowie der Morsecode gehören wahrscheinlich ebenfalls in diese Kategorie.

Im Hinblick auf ihre allgemeine Bedeutung kann nonverbale Kommunikation nach zwei wesentlichen Schemen geordnet werden: 1) Kommunikation, die die Anwendung der Sprache oder Teile von dieser ergänzt, und 2) Kommunikation, die unabhängig von der Sprache ist, ähnlich der Kommunikationsform, die bei den meisten Tierarten gefunden wird.

26.2 Sprache

Eine Reihe von charakteristischen Merkmalen der menschlichen Sprache findet man auch bei anderen Tieren. Beispielsweise sind die in der menschlichen Sprache verwendeten Zeichen insofern willkürlich, als sie den Strukturen der Umwelt, die sie wiedergeben sollen, physikalisch nicht ähneln. Dieses Abstraktionsniveau findet man aber z. B. auch im kommunikativen Verhalten von Honigbienen (*Apis mellifera*), was die Pionierarbeiten von Frischs deutlich zeigen (vgl. Kap. 23).

Der Tanz der Honigbiene ist in vielerlei Hinsicht symbolisch: Die Frequenz des Schwänzeltanzes weist auf die Entfernung der Futterquelle vom Stock hin, wobei die genaue Beziehung zwischen der Schwänzelrate und der Entfernung auf einer lokalen „Konvention" beruht. Verschiedene geographische Rassen scheinen unterschiedliche Dialekte zu besitzen. Ein einfaches Schwänzeln bedeutet bei der deutschen Biene eine Entfernung von etwa 75 Meter, bei der italienischen etwa 25 und bei der ägyptischen Biene von nur etwa 5 Meter. Vorausgesetzt, daß alle Bienen in einer Kolonie nach ein und derselben Konvention handeln, spielt es keine Rolle, welcher absolute Wert der Schwänzelrate zugrunde liegt. Einige Forscher (z. B. Hinde 1974) betonen, daß die Symbole (Richtung und Geschwindigkeit des Tanzes) nicht willkürlich sein können, da sie physikalisch auf die Richtung der Futterquelle bezogen sind. In jedem Symbolsystem, das einen bestimmten Wertebereich abbildet, existiert allerdings meistens eine entsprechende Verknüpfung zwischen dem Symbolbereich und der Wirklichkeit.

Andere Ethologen (z. B. Gould und Gould 1982) sehen im Bienentanz ein Beispiel für eine willkürliche „Konvention" und betonen u.a., daß die Bienen anstatt der Sonne ebenso eine bestimmte Himmelsrichtung, wie etwa Norden, als Bezugspunkt einsetzen könnten. Der Tanz der Honigbiene bezieht sich auf Situationen, die zeitlich und räumlich vom kommunizierenden Tier weit entfernt sind, eine Eigenschaft, die weithin als eine wichtige Eigenart der menschlichen Sprache angesehen wird. Der Tanz kann sich aber nicht nur auf räumlich weit entfernt (bis zu 10 Kilometer) liegende Futterquellen beziehen, sondern auch auf diejenigen, die einige Stunden vorher besucht worden sind. Während der dazwischenliegenden Zeit nimmt die nahrungssuchende Biene die Sonnenbewegung wahr und korrigiert hiernach entsprechend ihren Tanz.

Die menschliche Sprache stellt ein offenes System dar, d.h., es kann neue Nachrichten aufnehmen und verarbeiten. Der Bienentanz kann sich auch auf neue Futterquellen beziehen, was allerdings eher als ein sehr eingeschränktes Beispiel für Offenheit angesehen werden muß. Der Tanz kann aber auch dazu benutzt werden, um Bienen z.B zu Wasserquellen, zu Propolis (eine Art Baumsaft, der zum Abdichten des Stockes dient) und zu möglichen neuen Stockplätzen während des Ausschwärmens zu führen (Gould 1981).

Bestimmte Merkmale der menschlichen Sprache – wie ihre akustischen Qualitäten – finden sich natürlch nicht in der Bienensprache. Einige dieser Merkmale treten aber auch bei bestimmten Formen der Tierkommunikation auf, wie etwa im Vogelgesang. Die menschliche Sprache ist jedoch ohne Zweifel höher entwickelt und komplexer als die der Tiere. Zu fragen wäre nun, ob das auf einen qualitativen Unterschied in der Kommunikation hinweist, oder ob hier nur ein gradueller Unterschied vorliegt. Die Antwort auf diese Frage bleibt kontrovers.

Wenn Tiere zur Sprache fähig sind, so kann davon ausgegangen werden, daß die Menschenaffen dem Menschen diesbezüglich am nächsten stehen. Die Vokalisation und die mimischen Ausdrucksformen der Menschenaffen erweisen sich als subtil und komplex, und es wäre möglich, daß die Tiere sich in einer Sprache unterhalten, die der Mensch überhaupt nicht versteht. Es gibt eine Reihe von Experimenten, in denen versucht wurde zu klären, ob Menschenaffen zu einer Sprache, wie der Mensch sie gebraucht, fähig sind oder nicht. Die ersten Versuche bestanden darin, Schimpansen in der Nachahmung der menschlichen Sprache zu trainieren. Nach mehreren Jahren Training konnte ein Orang-Utan nur zwei Wörter, **papa** und **cup**, aussprechen. Ebenso konnte das Schimpansenweibchen Viki nach langem Training nur vier Wörter **mamma, papa, cup** und **up** zustande bringen (Hayes und Nissen 1971). In beiden Fällen wurden die Wörter nur undeutlich ausgesprochen, und es zeigte sich, daß die Affen nicht über den Stimmapparat verfügen, der zur Erzeugung der Laute der menschlichen Sprache notwendig ist. Bei Schimpansen und beim menschlichen Baby sitzt der Kehlkopf hoch oben im Nasen-Rachenraum (Abb. 26.5). Ungefähr mit dem ersten Lebensjahr fängt der Kehlkopf an, nach unten zu wandern (Bunak 1973), so daß es nun möglich ist, die Ausdehnung der Rachenhöhle mit Hilfe der Zunge zu verändern und dadurch einen weiten Bereich modulierter Klänge zu erzeugen.

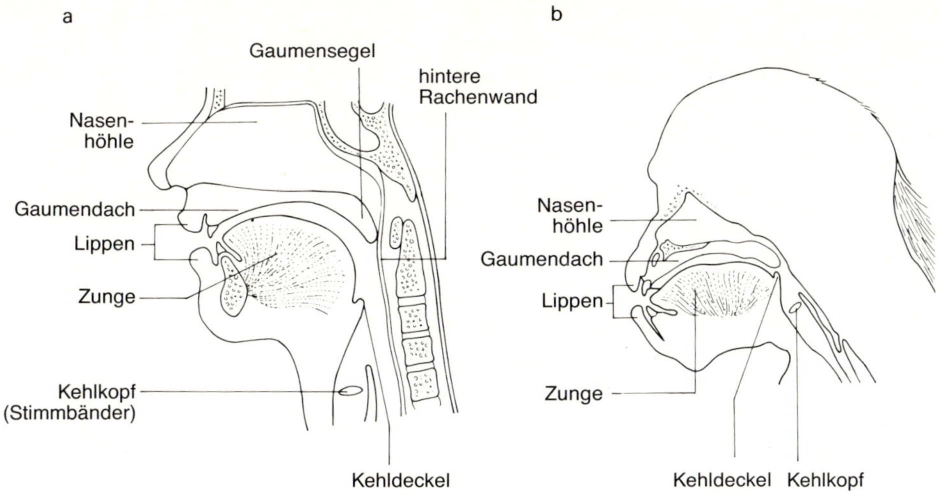

Abb. 26.5. Unterschiede im Stimmbildungstrakt eines erwachsenen Menschen (a) und eines erwachsenen Schimpansen (b), (nach Lieberman 1975).

Schimpansen und andere Menschenaffen sind allein aufgrund ihrer anderen Kehlkopfanatomie hierzu einfach nicht fähig (Jordan 1971; Lieberman 1975).

Obwohl Menschenaffen nicht sprechen können, bleibt doch eine Reihe weiterer wichtiger Fragen zu ihrer Kommunikation: Kommunizieren sie untereinander mit Hilfe einer sprachähnlichen Form? Sind sie fähig, Laute der menschlichen Sprache zu verstehen? Kann ihnen beigebracht werden, die menschliche Sprache mit Hilfe eines anderen Mediums als der Sprache selbst einzusetzen?

Schimpansen haben ein Repertoire von ungefähr 13 Lauten, wobei sie zwischen diesen Lauten Abstufungen vornehmen können. Sie setzen diese Laute sowohl im Nah- wie Fernbereich zur Verständigung ein. Schimpansen können die Stimmen der ihnen bekannten Individuen erkennen und geben kontinuierlich Kontaktlaute von sich, wenn ihnen der Sichtkontakt zum Artgenossen durch dichtes Gebüsch oder andere Hindernisse versperrt ist. Aus den Intentionsbewegungen, den mimischen Ausdrucksformen, den Gerüchen und Lauten, die ein Schimpanse erzeugt, kann ein anderes Gruppenmitglied gewöhnlich auf dessen Identität, Aufenthalt, motivationalen Zustand und sein wahrscheinliches Verhalten schließen. Dieses Verhalten stellt aber kein Kennzeichen einer echten Sprache dar, so daß nach weiteren Hinweisen auf eine symbolische Kommunikation über ihre Umwelt zu suchen ist.

Für viele Tierarten werden Alarmrufe beschrieben, die je nach Art der Gefahr unterschiedlich sind. Erwachsene Grüne Meerkatzen (*Cercopithecus aethiops*) geben Alarmrufe von sich, wenn sie eine Python, einen Leoparden oder einen Kampfadler entdecken. Bei dem Alarmruf reagieren die anderen Meerkatzen entsprechend dem Typ des angekündigten Räubers: Ist es eine Schlange, so suchen sie den Boden mit ihren Blicken ab, ist es ein Adler, so blicken sie zum Himmel hoch, und bei einem Leoparden-Alarmruf suchen sie sofort die nächsten Bäume auf (Seyfarth, Cheyney und Marler 1980). Diese Beobachtungen lassen vermuten, daß die Meerkatzen dazu fähig sind, sich über diese Umweltgegebenheiten zu verständigen, aber es ist nicht sicher, ob diese Kommunikationsformen nur unterschiedliche emotionale Zustände widerspiegeln, die durch diese Reize erzeugt wurden.

Menzel (1974, 1979) führte Experimente mit Schimpansen durch, um zu sehen, inwieweit sie Informationen über Futterplätze weitergeben. Er testete sechs Schimpansen in einem bestimmten Gebiet. Begleitet von einem Mitglied der Schimpansengruppe versteckte er Futter an bestimmten Plätzen und ließ anschließend alle sechs Tiere nach dem Futter suchen. Normalerweise rannte die Gruppe aufgeregt in Richtung der Futterplätze und fand die Nahrung sehr schnell. Der Schimpanse, der beim Verstecken des Futters anwesend war, erwies sich jedoch nicht unbedingt als Führer der Gruppe. Versteckte Menzel anstatt des Futters eine Schlange, näherten sich die Schimpansen dem Versteck vorsichtig mit offensichtlichen Anzeichen von Furcht. In einem weiteren Experiment zeigte Menzel einem Schimpansen ein bestimmtes

Futterversteck und einem weiteren Tier ein anderes. Als alle Schimpansen nun zur Suche freigelassen wurden, wählten sie in der Regel die attraktivere der beiden Nahrungsquellen, z. B. wenn es an dem einen Ort mehr Futter oder Obst gab, an dem anderen dagegen weniger beliebte Nahrung.

Es scheint so, als könnten Schimpansen Schlußfolgerungen über ihre Umwelt aus dem Verhalten eines Gruppenmitglieds ziehen. Derjenige Schimpanse, der den Ort des Futters kennt, weist anhand seines Verhaltens sowie seiner emotionalen Äußerungen auf die Attraktivität und die Richtung des Zieles hin. Über den genauen Ort des Futters findet zwar keine direkte Kommunikation statt, aber die anderen Schimpansen sind intelligent genug, ihre eigenen Schlußfolgerungen zu ziehen (Menzel und Johnson 1976). Es liegen einige Hinweise vor, daß Schimpansen unter Laborbedingungen lernen, auf Objekte zu zeigen (Terrace 1979; Woodruff und Premack 1979) und das menschliche Zeigen als Anhaltspunkt zu benutzen, um Futterstellen zu finden (Menzel 1979). Erste Hinweise, daß Schimpansen dieses Zeigen auch im sozialen Kontext einsetzen können, lieferte de Waal (1983) in seiner Studie über die Arnheimer Kolonie. Er beobachtete, wie bestimmte Tiere mit dieser Geste andere auf eine soziale Situation oder auf ein anderes Tier aufmerksam machten.

26.3 Die Verständigung mit Menschenaffen

Obwohl Schimpansen untereinander anscheinend nicht über Objekte, die räumlich und zeitlich entfernt sind, kommunizieren, ist es möglich, ihnen das beizubringen. Wenn man wüßte, in welchem Ausmaß Menschenaffen mit verschiedenen Merkmalen der Sprache umzugehen in der Lage sind, könnte man vielleicht noch besser die sprachlichen Fähigkeiten des Menschen einschätzen.

Kellog und Kellog (1933) zogen ein Schimpansenweibchen namens Gua in ihrem Haus groß. Sie fanden heraus, daß Gua in ungefähr acht Monaten 95 Wörter und Sätze verstehen lernte, was etwa der gleichen Anzahl entsprach, die ihr Sohn Donald lernte, der drei Monate älter als Gua war. Gua wurde mit Hilfe einer Karte getestet, auf der vier verschiedene Abbildungen zu sehen waren. Ein anderes Schimpansenweibchen mit Namen Ally wurde ebenfalls in Menschenobhut aufgezogen und lernte, die menschliche Sprache etwas zu verstehen. Ihr wurden Gesten beigebracht, die verschiedene Wörter von Ameslan, der amerikanischen Taubstummensprache, darstellen. Ally konnte auch das richtige Zeichen geben, wenn sie das dazugehörige Wort hörte (Fouts et al. 1976). Weitere Experimente, die an einem Gorilla (Patterson 1978) und an einem Hund (Warden und Warner 1928) durchgeführt wurden, lassen vermuten, daß diese Tiere fähig sind, Laute mit visuellen Hinweisen zu assoziieren.

Einige Forscher haben herauszufinden versucht, ob und in welchem Ausmaß die Primaten ihre Laute willkürlich kontrollieren können. In einem Experiment lernten Rhesusaffen, bei grünem Licht zu bellen und bei rotem Licht zu gurren. Sie lernten durch die Futterbelohnung, die richtigen Laute zu erzeugen (Sutton 1979). Ein Orang-Utan lernte, drei verschiedene Laute einzusetzen, um Futter, Wasser oder Körperkontakt zum Pfleger zu erhalten (Laidler 1978), und einem Schimpansen wurde beigebracht, zu bellen, um einen Menschen zum Spiel zu bewegen (Randolph und Brooks 1967). Zur Kontrolle wurde der Schimpanse ebenfalls trainiert, durch eine Berührung des menschlichen Trainers Spielen zu initiieren, wenn dieser den Schimpansen anschaute, und zu bellen, wenn er dem Tier den Rücken zukehrte. Diese Experimente lassen vermuten, daß Menschenaffen und andere Primaten eine begrenzte willkürliche Kontrolle über ihre Laute haben. Ohne ein besonderes Training ahmen die Affen jedoch nicht die Laute nach, die sie hören, auch wenn sie mit Menschen in einer Familie zusammenleben (Kellog 1968). Die Tatsache aber, daß sie sehr leicht menschliche Handlungen nachahmen, läßt vermuten, daß die Lautgebung nicht das entscheidende Medium für ihre eigene hoch entwickelte Kommunikation ist (Passingham 1982). Affen können allein schon aus den erwähnten anatomischen Gründen keine wesentliche Ausdifferenzierung ihrer Lautgebung durch Lernvorgänge erreichen.

Als es immer deutlicher wurde, daß das gesprochene Wort keine notwendige Eigenschaft der Sprache darstellt und daß die Fähigkeit, Laute zu produzieren oder auf sie zu antworten, nicht notwendigerweise für die Frage relevant ist, ob Tiere zur Sprache fähig sind oder nicht, war nun der Weg frei, Sprache durch eine Verwendung visueller Symbole zu untersuchen (Gardner und Gardner 1969; Premack 1970). Die Gardners fingen diese Forschungen mit einer einzelnen Schimpansin namens Washoe an, der sie die amerikanische Taubstummensprache Ameslan beibrachten, in der Wörter durch Hand- und Armgesten dargestellt werden. Das Training von Washoe begann im Alter von 11 Monaten, und mit fünf Jahren konnte sie 132 Zeichen verwenden (Gardner und Gardner 1975). Das Schimpansenweibchen lernte spontan, Zeichen zu Ketten von zwei bis fünf Wörtern zu kombinieren. Zu ihren ersten spontanen Kombinationen gehörten „Komm öffne“ und „Gib mir Bonbons“ (Gardner und Gardner 1971). Seitdem haben die Gardners zwei weitere Schimpansen von Geburt an trainiert, die gegenüber Washoe noch schnellere Fortschritte machten. Weitere Schimpansen wurden von Fouts (1975) trainiert. Patterson (1978) arbeitete mit einem Gorilla, dem beigebracht wurde, Handzeichen zu gebrauchen und so auf englischsprachige Kommandos zu antworten. In einer sehr sorgfältigen Untersuchung brachte Terrace (1979) zusammen mit seinen Mitarbeitern dem Schimpansen Nim Chimpsky Ameslan bei; in dieser Studie wurden sämtliche Zeichen und Kombinationen, die Nim jemals zeigte, protokolliert und festgehalten.

Premack (1976, 1978) brachte der Schimpansin Sarah Schreiben und Lesen bei. Zur Darstellung von Wörtern benutzte er farbige Plastikfiguren, die in keiner Weise den Gegenständen ähnelten, die sie darstellen sollten (Abb. 26.6). Diese Figuren wurden auf einer senkrecht stehenden Magnettafel angebracht, und Sarah konnte bestimmte Fragen beantworten, indem sie entsprechende Figuren an die Tafel heftete. Sarah wandte 120 Plastiksymbole sinngemäß an, obwohl sie nicht dazu gezwungen wurde, ein umfassendes Vokabular zu erlernen (Premack 1976). Sie konnte Befehle ausführen und Fragen beantworten, indem sie mehrere Symbole kombinierte. Mit Hilfe dieser Methode wurden seitdem weitere Schimpansen von Premack und seinen Mitarbeitern trainiert.

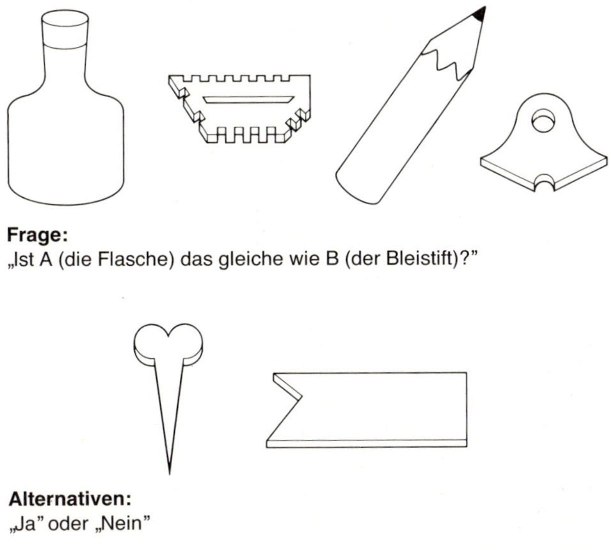

Abb. 26.6. Beispiel für eine Frage, die der Schimpansin Sarah mit Hilfe von Plastikfiguren gestellt wurde (oben). Sarah konnte mit den beiden alternativen Symbolen für „Ja“ oder „Nein“ (unten) antworten (nach Premack 1976).

Eine weitere Methode wurde von Rumbaugh (1977) angewendet, der eine künstliche Grammatik mit Namen **Yerkish** benutzte (Glaserfeld 1977). Das Schimpansenweibchen Lana lernte, eine Computertastatur zu bedienen und damit Wortsymbole auf einem Bildschirm anzuzeigen. Der Computer wurde darauf programmiert, den grammatikalisch richtigen und falschen Gebrauch der Symbole zu erkennen und Lana entsprechend zu belohnen. Der Vorteil dieses Versuchsansatzes bestand darin, daß Lana sich zu jeder Tageszeit mit dem Rechner unterhalten konnte, anstatt an bestimmten Testsitzungen teilnehmen zu müssen. Anderen Schimpansen wurde ebenso auf der Basis der Computermethode beigebracht, sich miteinander zu unterhalten (Savage-Rumbaugh et al. 1978, 1980).

Um die Ergebnisse dieser Experimente richtig einschätzen zu können, muß auch die Möglichkeit in Betracht gezogen werden, daß Schimpansen „mogeln" können. Sie können z. B. von unkontrollierten Andeutungen ihres Trainers Gebrauch machen oder aber, wie etwa Zirkustiere, eine Reihe von Tricks lernen.

Gardner und Gardner (1978) testeten die Schimpansin Washoe unter Bedingungen, unter denen der Trainer die Antwort zu der gestellten Frage nicht wußte. Mit Hilfe eines entsprechenden Zeichens aus der Taubstummensprache Ameslan sollte Washoe ein auf einem Dia gezeigtes Objekt einer in der Nähe befindlichen Person benennen, die das Dia nicht sehen konnte. Eine weitere Person beobachtete wiederum Washoes Gesten, ohne selbst von Washoe gesehen zu werden und ohne das Dia zu sehen. Washoe wurde nach den Namen von 32 Gegenständen gefragt, wobei ihr jeder Gegenstand viermal gezeigt wurde. In 92 von 128 Fragen gab sie die richtige Antwort. In diesen Studien wurden ähnliche Tests auch mit einigen anderen Schimpansen durchgeführt (Premack 1976; Rumbaugh 1977; Patterson 1979).

Es wäre auch möglich, daß Schimpansen lernen, etwas bestimmtes auszuführen, wenn sie einen Hinweis erhalten, wie es Zirkustiere ebenfalls aufgrund von Anweisungen durch den Trainer machen. Um herauszufinden, ob Schimpansen die Bedeutung der Zeichen und Symbole verstehen, die sie einzusetzen gelernt haben, muß ein Experiment durchgeführt werden, in dem der Schimpanse den Namen des Objektes in einer Situation wiedergeben soll, die nicht mit der Lernsituation übereinstimmt. Derartige Tests wurden mehrfach durchgeführt (z. B. Gardner und Gardner 1978; Savage-Rumbaugh et al. 1980), und die Ergebnisse weisen darauf hin, daß die Tiere Objekte wirklich benennen können. Weiterhin machen Schimpansen das auch spontan. So gab Nim das Zeichen für Hund nicht nur, wenn er einen Hund sah, sondern auch, wenn er ein Bild mit einem Hund sah oder das Bellen eines Hundes hörte (Terrace 1979).

Es gibt Hinweise, daß Schimpansen die Bedeutung von Wörtern verstehen lernen können, d.h. sie können also wirklich Dinge benennen. Im Hinblick auf viele andere Eigenschaften der menschlichen Sprache sind ihre Fähigkeiten aber nicht so offensichtlich. Gerade diese Merkmale sind allerdings von großer Bedeutung, um die kognitiven Fähigkeiten der Schimpansen abschätzen zu können. Von besonderem Interesse ist die Frage, ob Schimpansen neue Mitteilungen in ihr Repertoire einfügen können oder nicht, was bei der Einschätzung des Bienentanzes ein sehr wichtiger Punkt war (s. Kap. 23).

Schimpansen scheinen manchmal auch völlig neue Wörter oder Sätze bilden zu können. So erfand Washoe den Ausdruck „Bonbon-Trinken" für eine Wassermelone und nannte einen Schwan „Wasser-Vogel". Solche Beispiele sind jedoch schwer zu deuten, da die neuartige Anwendung anscheinend die Folge einer einfachen Generalisierung ist. Beispielsweise wurde Washoe das Zeichen für eine Blume beigebracht, indem ihr eine echte Blume gezeigt wurde. Sie lernte dieses Zeichen, verwendete es dann aber nicht nur für Blumen, sondern auch für Tabakaroma und Kochgerüche. Washoe assoziierte offenbar das Zeichen mit dem Geruch einer Blume und verallgemeinerte dies auf alle anderen Gerüche (Gardner und Gardner 1969).

Ein weiteres Problem stellen neue Wortkombinationen dar, die anscheinend keinen Sinn ergeben. Nims Lieblingsfutter waren Bananen, und er kombinierte dieses Wort häufig mit anderen Wörtern, wie Getränk, Kitzeln oder Zahnbürste. Obwohl es möglich ist, daß „Bananen-Zahnbürste" einen Wunsch nach einer Banane und nach einer Zahnbürste bedeutet, um sich nach dem Verzehr der Banane die Zähne zu putzen, so scheint diese Erklärung doch eher unwahrscheinlich, da eine Banane und eine Zahnbürste niemals zur gleichen Zeit geboten wurden und Nim nur nach Objekten fragte, die er sehen konnte (Risteau und Robbins 1982). Diese bizarre Kombination von Wörtern könnte eventuell auch ein Hinweis auf das Wort-Spielen sein, das man bei Kindern findet. So wurde Washoe beobachtet, wie sie sich beim Spielen selber Zeichen gab, ähnlich kleinen Kindern, die beim Spielen mit sich selbst sprechen.

Abschließend kann gesagt werden, daß die Versuche, Schimpansen und anderen Menschenaffen die verschiedenen Varianten der menschlichen Sprache beizubringen, bisher nur einen begrenzten Erfolg hatten. Die Menschenaffen scheinen bei diesen Versuchen ein Niveau zu erreichen, was denen kleiner Kinder entspricht. Der Unterschied zwischen Menschenaffe und Kind kann auf einem Unterschied in der Intelligenz beruhen, es ist aber auch möglich, daß Menschen eine genetische Prädisposition für den Spracherwerb besitzen, wie zuerst von Chomsky (1972) vorgeschlagen wurde. Die Experimente an Menschenaffen liefern aber auf jeden Fall einen beträchtlichen Einblick in deren kognitive Fähigkeiten, die man vorher nicht erwartet hatte, die aber bis heute auch noch nicht voll verstanden sind.

26.4 Ursprünge der menschlichen Sprache

Die Ursprünge der menschlichen Sprache bleiben wahrscheinlich für immer im Dunkeln. Die Lücke zwischen den sprachlichen Fähigkeiten des Menschen und denen anderer Tiere ist so groß, daß man aus dem Vergleich der lebenden Arten nur wenig lernen kann. Fossile Nachweise liefern zwar einige Anhaltspunkte, sie sind aber sehr schwierig zu interpretieren. Ein Problem ist, daß man sich noch nicht über die Kriterien der Sprachfähigkeit einig ist (Passingham 1982). Wenn man annimmt, daß das Sprechen ein notwendiger Vorläufer der Sprache war, kann als Beweismaterial die Evolution des Lautgebungsapparates herangezogen werden. Die auf Schädel- und Kieferknochenfunden beruhenden Rekonstruktionen lassen vermuten, daß der Lautgebungsapparat des Neandertalers, des *Australopithecus* und des Schimpansen ähnlich aufgebaut waren (Lieberman 1975). Auch wenn man eventuelle Unsicherheiten über die Verläßlichkeit solcher Beweise außer acht läßt, so kann nicht ausgeschlossen werden, daß der Neandertaler noch keine Sprache hatte. Es ist möglich, daß Sprache aus einem hochentwickelten Gebrauch von Gesten entstanden ist und daß Sprechen erst viel später auftrat (Passingham 1982).

Die Gehirnabdrücke fossiler Hominiden liefern Hinweise auf ihre Gehirngröße und -form, die mit denen des neuzeitlichen Menschen verglichen werden können. Obwohl anzunehmen ist, daß ein großes Gehirn bei Primaten wahrscheinlich mit Sprache verbunden ist, weiß man nicht genau, wie groß ein Gehirn dazu sein muß. Das Gehirn des Neandertalers war im Vergleich mit dem Durchschnittsgehirn des neuzeitlichen Menschen etwas größer, aber bedeutet dies, daß das Merkmal Sprache im Leben des Neandertalers ein Rolle spielte? Ein großes Gehirn kann ein Hinweis für Intelligenz sein, aber es ist auch denkbar, daß „der Besitz der menschlichen Sprache mit einer speziellen Form mentaler Organisation verbunden ist und nicht einfach mit einem höheren Grad an Intelligenz“ (Chomsky 1972). Die Form des Gehirns liefert aber weitere Anhaltspunkte. Bei einigen Hominiden zeigt sich ähnlich wie beim modernen Menschen eine Asymmetrie der beiden Hemisphären (LeMay 1976). Zwischen der Asymmetrie und der Sprache bei *Homo sapiens* besteht ein Zusammenhang, und dieses Kennzeichen scheint auch für die frühen Hominiden zuzutreffen (Passingham 1982). Weiterhin gibt es Versuche, anhand fossiler Gehirnabdrücke diejenigen Strukturen detailliert zu identifizieren, die im Gehirn des modernen

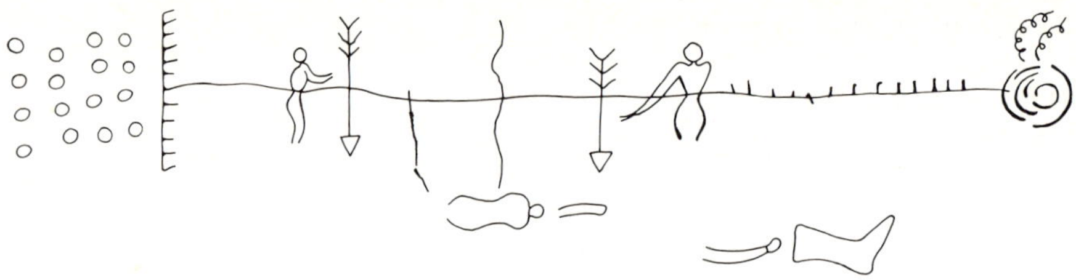

Abb. 26.7. Darstellung einer Stammes-Fehde, von einem Sioux-Indianer gezeichnet (nach Klix 1982).

Menschen an der Entstehung der Sprache beteiligt sind (Holloway 1976). Mit verbesserten Techniken (z. B. Holloway 1981) könnten diese Analysen weiter Fortschritte machen, zum gegenwärtigen Zeitpunkt rechtfertigt das Beweismaterial aber nur äußerst vage Ideen.

Hinweise für die symbolische Repräsentation des frühen Menschen liefern verschiedene Werkzeuge, die an seinen Wohnstätten gefunden wurden. Steinwerkzeuge und andere Geräte können bis zu 2,5 Millionen Jahre zurückverfolgt werden (Lewin 1981), sie stellen jedoch keinen zwingenden Beweis für die Existenz der Sprache dar (Passingham 1982). Die Verzierung von Werkzeugen deutet auf einen Hersteller hin, der eine symbolische Sprache besaß (Marshack 1976), diese Gerätschaften können auf ein Alter von ungefähr 300.000 Jahren zurückdatiert werden. Darstellende Zeichnungen sind aber anscheinend erst von *Homo sapiens* vor etwa 30.000 Jahren angefertigt worden. Die geschriebene Sprache scheint aus darstellenden Symbolen mit emotionaler oder mystischer Bedeutung entstanden zu sein und entwickelte sich in Richtung einer mehr informativen Darstellung bestimmter Situationen (Abb. 26.7). Die Eigenheiten einer echten Sprache können aber nur dann erkannt werden, wenn Symbole für Sprechlaute und nicht nur Darstellungen gefunden werden (Klix 1982).

26.5 Sprache und Kognition

Wie in Kapitel 26.3 gezeigt wurde, konnten Schimpansen und andere Menschenaffen lernen, sich durch eine Zeichensprache oder durch Lesen und Schreiben mit Hilfe von Plastikfiguren oder Symbolen, die von einem Computer auf einem Bildschirm dargestellt werden, mit Menschen zu unterhalten. Diese Tiere kannten die Bedeutung von Wörtern in dem Sinne, als sie Dinge richtig benennen konnten. Sie hatten ein Vokabular von mehr als hundert Wörtern zur Verfügung, wobei sie auch in der Lage waren, neue Ausdrücke zu erfinden.

Eine ganz wesentliche, auf unterschiedliche Ebenen zielende Frage ist, ob alle diese Untersuchungen zur Sprachfähigkeit bei Menschenaffen deren kognitive Fähigkeiten aufdecken. Eine dieser Ebenen ist die Trennung zwischen dem „Wissen, **wie**" und dem „Wissen, **daß**". Ein Affe kann wissen, **wie** er eine Belohnung erlangen kann, wenn er gelernt hat, entsprechende Gesten zu zeigen. Dieses ist jedoch von dem Wissen zu unterscheiden, **daß** er wegen einer bestimmten Geste eine Belohnung bekommt. Letzteres zeigt das Verstehen einer Beziehung, die über das bloße Verknüpfen von Reiz und Reaktion hinausgeht. Beim Menschen kann das „Wissen, wie" komplexe Fähigkeiten wie schnelles Schreibmaschineschreiben oder Golfspielen beinhalten, da der Ausführende ein gutes Ergebnis erzielen kann, ohne daß er dazu in der Lage ist, die Beziehung zwischen dem Ziel des Verhaltens und seiner Ausführung zu beschreiben oder zu verstehen. In anderen Fällen wissen Menschen genau über die Prozesse Bescheid, die sie zu einem bestimmten Ziel führen und können diese auch beschreiben. Inwieweit die bisher durchgeführten Experimente es erlauben, diese Trennung auch bei der Sprache der Menschenaffen durchzuführen, wird von Risteau und Robbins (1981, 1982) diskutiert.

Einige Ergebnisse der Untersuchungen mit der Schimpansin Lana (Rumbaugh und Gill 1977) sind für diese Fragestellung relevant. Mit Hilfe von Plastiksymbolen konnte Lana Sätze bilden, um bestimmte Belohnungen anzufordern. So konnte sie schreiben: „Bitte Maschine gib Banane", was ohne Zweifel dahin gedeutet werden kann, daß sie weiß, wie sie eine Banane erhält. Es wurden aber auch Versuche unternommen, Lana beizubringen, zwei verschiedene Gegenstände, Bananen und Bonbons, zu benennen. Auf einem Tablett wurde ihr entweder eine Banane oder ein Bonbon gezeigt und über den Bildschirm des Computers die Frage gestellt: „? Name von". Die richtige über die Tastatur eingegebene Antwort war: „Banane Name von". Richtige Antworten wurden belohnt. Lana benötigte 1600 Versuche, um diese Aufgabe zu bewältigen, obwohl sie diese Gegenstände hunderte Male vorher mit Hilfe des Standardsatzes: „Bitte Maschine gib Banane" angefordert hatte. Dieses Ergebnis läßt vermuten, daß Lana nicht die Bedeutung der ursprünglichen Symbole kannte, mit denen sie vorher eine Banane oder ein Bonbon gefordert hatte. Es muß allerdings darauf hingewiesen werden, daß von Lana ursprünglich nicht erwartet worden war, die Bedeutung der Symbole zu kennen. Es könnte also sein, daß sie in diesem „Wissen, wie" bei der Anforderung von Gegenständen eine solche Routine erlangt hat, daß es ihr zunächst schwer gefallen ist, diese zu durchbrechen. Diese Interpretation wird durch die Tatsache gestützt, daß das folgende Training, in dem andere Gegenstände benannt werden sollten, zu einem wesentlich schnelleren Erfolg führten. Die anfänglichen Schwierigkeiten bei der Bezeichnung könnten das Ergebnis einer Unfähigkeit sein, die Erfordernisse der neuen Situation von denen der alten Situation zu trennen, in denen die Bananen- und Bonbon-Symbole ursprünglich angewendet worden waren.

Premack (1976) brachte der Schimpansin Sarah die Bedeutung von „Name von" auf folgende Weise bei: Das Plastiksymbol für Apfel wurde neben einen Apfel gelegt und zwischen beiden Gegenständen eine Lücke gelassen. Von Sarah wurde nun verlangt, in diese Lücke eine neue Plastikform zu legen, welche die Bedeutung „Name von" erhalten sollte. Sie formte somit offensichtlich den Satz: „ 'Apfel' Name von Objekt Apfel". Die Bezeichnung „nicht Name von" wurde eingeführt, indem das normale Negativzeichen auf das Plastiksymbol für „Name von" geheftet wurde. Als das Symbol für Apfel mit einer Lücke zu einer Banane gezeigt wurde, sollte nun Sarah das richtige Symbol für die Lücke wählen (Abb. 26.8). Im Fall ihrer Wahl für „nicht Name von" erhielt Sarah eine Belohnung. Die Schimpansin war fähig, diese Bezeichnungen sowohl in Benennungstests als auch in Abfolgetests mit anderen Plastiksymbolen richtig zu wählen.

Die Fähigkeit, abstrakte Formen als Symbole für Objekte aus der realen Welt anzusehen, läßt eine Art von „Wissen, daß" vermuten, das einer erklärenden Darstel-

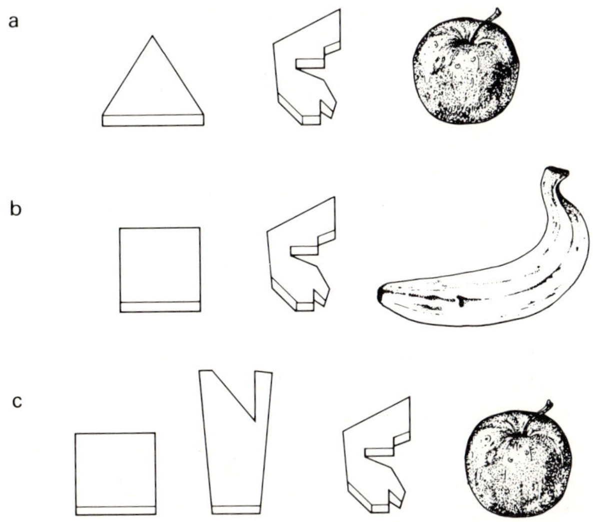

Abb. 26.8. Vorgehensweise beim Erlernen der Bezeichnung „Name von". a) Das „Name von"-Symbol wird zwischen das Symbol für Apfel und einen richtigen Apfel gelegt. b) Anschließend wird das „Name von"-Symbol zwischen das Banane-Symbol und einer richtigen Banane eingefügt. c) Das „nicht"-Symbol gefolgt von dem „Name von"-Symbol wird zwischen das Banane-Symbol und einen Apfel gelegt (nach Premack und Premack 1972).

lung ähnlich ist. Es ist allerdings schwierig, dafür eine eindeutige Beweisführung zu finden, die alle anderen Erklärungsmöglichkeiten ausschließt. Vielleicht lernte Sarah ja auch nur, daß die beiden Plastikformen „Name von" und „nicht Name von" richtige Antworten waren, wenn zwei Gegenstände (z. B. der Apfel und sein Symbol) gleichbedeutend oder nicht gleichbedeutend sein sollten. Dieses entspräche dann der Fähigkeit, Passendes zu erkennen (s. Kap. 27.1).

26.6 Mentale Repräsentation

Seit mehr als 10 Jahren spielt der Begriff der Repräsentation eine wichtige Rolle in der kognitiven Psychologie. Die **mentale Chronometrie** ist eine in dieser Disziplin übliche Technik, ein objektives Maß für nichtfaßbare Phänomene wie mentale Repräsentation zu erhalten. Sie nimmt die Zeit, die für die Lösung eines räumlichen Problems benötigt wird, als einen Index dieses Problemlösungsprozesses (Posner 1978). Beispielsweise wurden in einer klassischen Studie Versuchspersonen jeweils Paare von Zeichnungen mit dreidimensionalen Objekten vorgelegt (Shepard und Metzler 1971), wobei die Versuchsperson anzeigen sollte, ob die beiden abgebildeten Figuren in ihrer Form gleich oder Spiegelbilder waren. Die Objekte waren sowohl in ihrer Form als auch in ihrer räumlichen Ausrichtung verschieden (Abb. 26.9). Es zeigte sich, daß die Zeit, die für das Erkennen formgleicher Figuren benötigt wurde, positiv mit der Differenz der Winkel korreliert war, welche die Unterschiede in der räumlichen Ausrichtung dieser Figuren ausmachten (Abb. 26.10). Hieraus kann geschlossen werden, daß die Versuchspersonen eines der beiden Objekte in ihrer Vorstellung rotieren ließen, um es mit dem anderen Objekt zur Deckung zu bringen, bevor sie über die Formgleichheit beider Objekte entscheiden konnten. Obwohl der Ablauf solcher Repräsentationen noch kontrovers ist (Kosslyn 1981; Cooper 1982), wäre die einfachste Erklärung, daß eine Art von Vorstellungsvermögen am Erkennungsprozeß beteiligt ist, und daß die oben beschriebene Rotation und der Vergleich der Figuren nacheinander ausgeführt werden. Die Beobachtung, daß die Reaktionszeit eine Funktion der jeweiligen Differenz der Winkel darstellt, wird dahingehend interpretiert, daß die vorgestellte Drehung der Figuren eine gewisse Zeit benötigt (ungefähr 30 Millisekunden für jeweils 20 Winkelgrade) (Cooper und Shepard 1973).

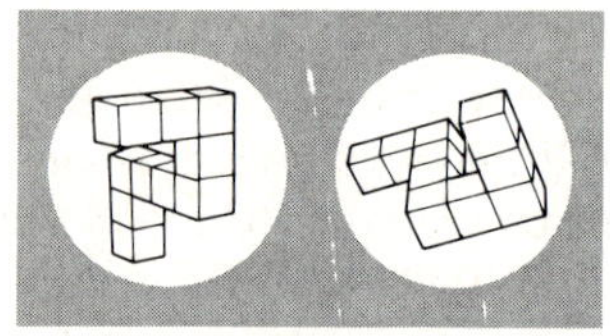

Abb. 26.9. Beispiel für ein in der mentalen Chronometrie angewandtes Figurenpaar. Die Darstellung dieser beiden identischen Objekte unterscheidet sich durch eine Drehung um 80° (nach Shepard und Metzler 1971).

Die Fertigkeit im visuellen Erkennen von Objekten, unabhängig von ihrer relativen räumlichen Ausrichtung, wird durch verschiedene Intelligenz- und Eignungstests abgeschätzt (Petrusic et al. 1978), und es wäre interessant, die einzelnen Tierarten auf

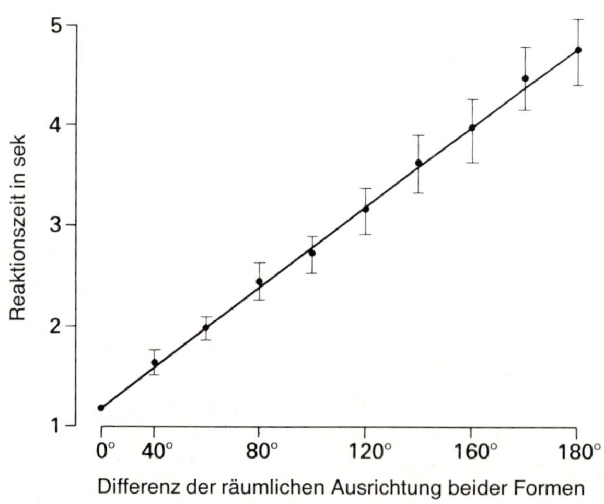

Abb. 26.10. Benötigter Zeitaufwand für die Entscheidung, ob zwei ähnliche Figuren identisch sind, aufgetragen als Funktion der Differenz der räumlichen Ausrichtung beider Figuren zueinander (nach Shepard und Metzler 1971).

dieser Basis zu vergleichen (s. Kap. 27.1). Bisher wurde jedoch nur eine weitere Art systematisch untersucht, und die Ergebnisse sind sehr überraschend.

Hollard und Delius (1983) trainierten Tauben in einer Skinner-Box, zwischen bestimmten Mustern und ihren Spiegelbildern zu unterscheiden, die den Tieren in verschiedenen räumlichen Anordnungen zueinander geboten wurden (Abb. 26.11; vgl. Kap. 12.4). In den Tests wurde die Reaktionszeit der Tauben in Abhängigkeit von den verschiedenen Anordnungen gemessen. Nach Abschluß dieses Teils der Studie wurde die Kammer auseinandergebaut und die Schalttafel mit den Lichtern und Tasten nun Versuchspersonen in einer ähnlichen Testserie vorgelegt. Auf diese Weise konnte auf der Basis gleicher Reizmuster ein direkter Vergleich der Leistungen von Menschen und Tauben vollzogen werden.

Die Ergebnisse deuten an, daß Tauben und Menschen in der Mustererkennung zu gleicher Genauigkeit fähig sind, wie aus den aufgetretenen Fehlern geschlossen werden konnte. Während die Reaktionszeit bei den Versuchspersonen – wie schon die oben vorgestellten Studien zeigten – mit zunehmendem Winkel zwischen dem Bezugsmuster und den beiden Vergleichsmustern anstieg, blieb die Reaktionszeit bei Tauben mit zunehmender Drehung der Figuren zueinander unverändert (Abb. 26.12). Tauben scheinen somit diese Art von Problem effizienter zu lösen als Menschen, wahrscheinlich aufgrund gleichzeitig ablaufender Verarbeitungsprozesse. Dieses Ergebnis ist nicht nur für die Einschätzung der Intelligenz von Tieren von Bedeutung, sondern wirft auch Fragen hinsichtlich der Aussagekraft von Studien über die mentale Repräsentation auf. Muß man aus den Taubenexperimenten schließen, daß bei diesen Aufgaben mentale Repräsentationen nicht notwendigerweise eine entscheidende Rolle spielen? Wenn die Tauben solche Problemstellungen ohne solche Vorstellungen lösen, kann man dann sicher sein, daß der Mensch sie tatsächlich anwendet, oder ist es nur einfacher, die Ergebnisse mit Hilfe mentaler Repräsentationen zu erklären (vgl. auch Dennett 1978)?

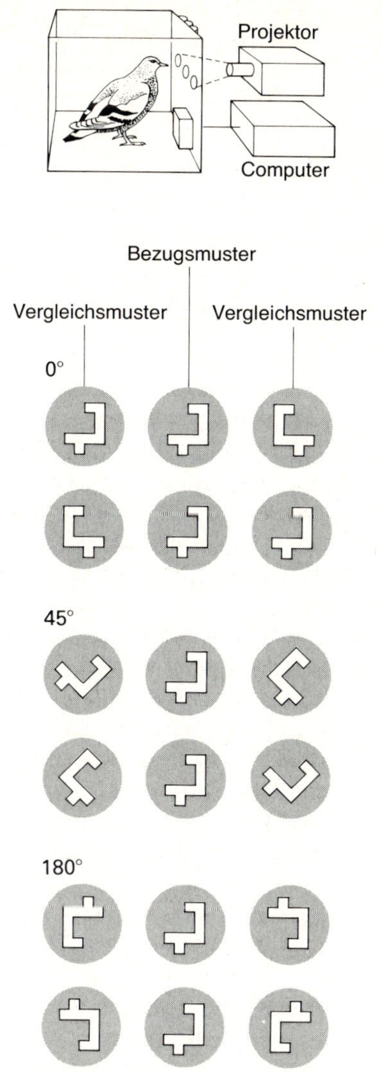

Abb. 26.11. Experimenteller Aufbau (oben) zur visuellen Präsentation von Figuren (unten). Die Tauben lernten anzuzeigen, welches der beiden Vergleichsmuster mit dem Bezugsmuster identisch war. Die Vergleichsfiguren wurden um einen Winkel von 0°, 45° und 150° gedreht (nach Hollard und Delius 1983).

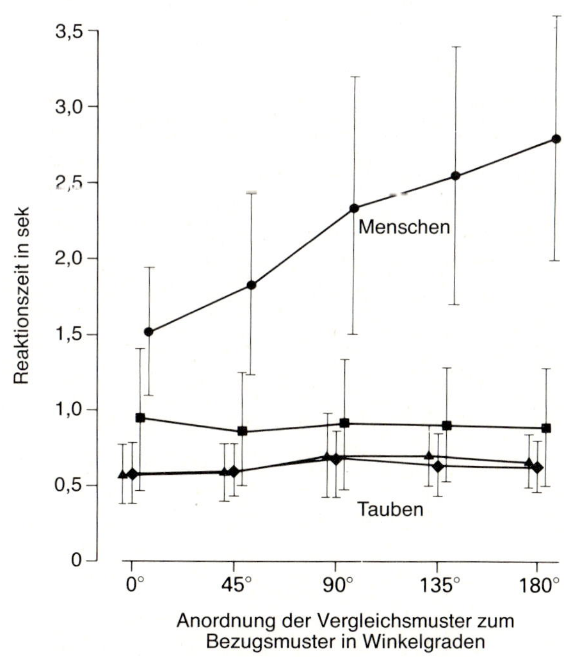

Abb. 26.12. Mittlere Reaktionszeit als Funktion des Drehungswinkels der Vergleichsmuster zum Bezugsmuster. Die Daten wurden in Versuchen an 9 Tauben und 22 Menschen gewonnen. Es fällt auf, daß die menschliche Reaktionszeit mit zunehmendem Drehwinkel ansteigt (vgl. Abb. 26.10), während die Reaktionszeit bei Tauben gleichbleibt. Bei den Tauben ist für jeden Winkel der entsprechende Graph eingezeichnet (nach Hollard und Delius 1983).

26.7 Intentionales Verhalten

Das menschliche Verhalten kann als **intentional** bezeichnet werden, wenn die Vorstellung eines bestimmten Zieles daran beteiligt ist, das jeweilige Verhalten zu bestimmen. Wenn man also beispielsweise eine Vorstellung von einer wünschenswerten Zusammensetzung der Bücher auf seinem Regal hat und wenn diese Vorstellung das Verhalten dahingehend leitet, wo die Bücher im Regal hingestellt werden, dann kann dieses Einordnen der Bücher als intentionales Verhalten bezeichnet werden. Wenn man die Bücher aber wahllos oder mit Hilfe einfacher Gewohnheitsregeln auf dem Regal verteilt, so ist dieses Aufstellen der Bücher nicht intentional. Das Verhalten kann intentional sein, die Vorstellung von der Bücherzusammensetzung muß aber nicht bewußt erfolgen. Obwohl Bewußtsein und Intentionalität oft miteinander verbunden sind, ist es besser, sie getrennt zu behandeln (Dennett 1978).

Ethologen haben die Intentionsbewegungen von Tieren schon lange als solche Indikatoren erkannt, die das jeweils nachfolgende Verhalten ankündigen (vgl. Kap. 22.1). Sowohl der menschliche Beobachter wie auch der Artgenosse können das zukünftige Verhalten eines Tieres aus seinen Intentionsbewegungen vorhersagen, und es wäre töricht anzunehmen, daß auch das Tier die nächsten Schritte seines eigenen Verhaltens nicht voraussagen könne (Griffin 1976). Es ist aber eher wahrscheinlich, daß Intentionsbewegungen bloße Anfangsstadien eines Verhaltensmusters darstellen, die frühzeitig abgebrochen wurden, entweder weil sich das Tier in einem Motivationskonflikt befindet oder weil sich seine Aufmerksamkeit auf andere Verhaltensmöglichkeiten gerichtet hat. In der Tat kann man sich nur schwer vorstellen, wie solche im Entstehen begriffenen Elemente in einem Tier vermieden werden können, das mit einem komplexen Verhaltensrepertoire ausgestattet ist. Obwohl einige sogenannte Intentionsbewegungen im Verlauf der Evolution ritualisiert wurden, bedeutet das nicht, daß sie im ursprünglichen Sinne des Wortes intentional sind.

Eine weitere Form des Verhaltens, die vom Erscheinungsbild als intentional angesehen werden kann, ist das sogenannte **Verleiten** bei bestimmten Vogelarten. Wird ein brütender Vogel, wie z. B. der Bergstrandläufer (*Ereunetes mauri*) von einem Bodenräuber gestört, so verläßt der Vogel das Nest und verhält sich so, als ob er eine Verletzung hat. Er deutet einen gebrochenen Flügel an und zieht somit die Aufmerksamkeit des Räubers auf sich, der auf diese Weise vom Nest weggelockt wird. Hat sich der Räuber bis auf eine sichere Distanz zum Nest verleiten lassen, zeigt der Vogel ganz plötzlich wieder sein normales Verhalten und fliegt davon (Brown 1962; Skutch 1976). Während die meisten Ethologen einverstanden sind, dieses Verhalten als ritualisiert anzusehen, möchten einige (z. B. Griffin 1981) die Möglichkeit offen lassen, daß sich die Vögel dabei eventuell doch intentional verhalten. Griffin bemerkt, daß die Möglichkeit einer Existenz von geistigen Zuständen oder intentionalem Verhalten meistens in solchen Fällen mit Vehemenz bestritten wird, in denen die Hinweise am schwächsten sind. Das Problem ist aber, welche Kriterien als Hinweise auf Intentionalität dienen können. Nach Griffin sind solche Hinweise am ehesten durch Untersuchungen tierlicher Kommunikation, inbesondere der an Primaten, zu finden.

Helfen die verschiedenen Kommunikationsstudien an Schimpansen bei diesem Problem weiter? Woodruff und Premack (1979) untersuchten bei Schimpansen die Fähigkeiten zu intentionalem Verhalten. In einer Versuchssituation konnten ein Mensch und ein Schimpanse um den Erhalt von Futter entweder konkurrieren oder kooperieren. Beide Versuchsteilnehmer verständigten sich anhand nonverbaler Signale über den Ort des versteckten Futters. War der Mensch kooperativ und gab er dem Schimpansen nach dem Auffinden das gesamte Futter, konnte der Schimpanse erfolgreich Verhaltenssignale über den Futterort sowohl empfangen als auch senden. Waren beide aber in Konkurrenz miteinander und behielt der Mensch das gefundene Futter, lernte der Schimpanse, den Menschen irrezuführen, indem er Informationen zurückhielt und seinerseits irreführende Hinweise durch den Menschen nicht beachtete. Das Verhalten der Schimpansen läßt vermuten, daß sie aus dem menschlichen Verhalten einen Zweck – oder eine Intention – ableiten und die menschliche Wahrnehmung ihres eigenen Verhaltens erkennen können.

Kummer (1982) gibt eine Übersicht über offensichtlich ähnliche Fähigkeiten freilebender Primaten, und Griffin (1981) berichtet von Fällen, in denen eine Fähe des Eisfuchses (*Alopex lagopus*) mit einigen ihrer fast ausgewachsenen Jungtiere um Futter stritt (Rüppell 1969). Ein Jungfuchs beispielsweise urinierte seiner Mutter in das Gesicht, um als erster an das Futter zu gelangen. Nach mehreren solcher „Tricks" gab die Fähe aber „falschen Alarm" und riß das Futter an sich, als die Jungtiere davonliefen. Griffin weist darauf hin, daß ein solches Verhalten ohne die Annahme einer wenigstens kurzfristigen Intention oder Absicht auf Seiten der Fähe oder der Jungtiere nur sehr schwer zu interpretieren ist. Allerdings muß natürlich gefragt werden, ob diese Tiere wirklich die Verhaltensmotive ihrer Artgenossen erkennen können oder ob sie es nicht einfach gelernt haben, in unterschiedlichen Situationen effektive Mittel einzusetzen, um an Futter zu gelangen.

Im Falle der Schimpansen lassen einige Beobachtungen vermuten, daß sie tatsächlich fähig sind, zu täuschen. Zu diesem Verhalten gehört z. B. das Zeigen, das die Tiere einzusetzen lernten, um einen Vorteil zu erlangen, indem sie beispielsweise auf den richtigen oder falschen Behälter deuteten. In Labor- oder Feldsituationen setzen Schimpansen das Zeigen nur selten ein, obwohl sie diese Geste sofort verstehen, auch wenn sie ein Mensch ausführt. Eine weitere Beobachtung betrifft die Schimpansin Sadie, die auf die Frage, welcher Behälter Futter enthalte, auf einen leeren Behälter zeigte. Als ihr menschlicher Mitspieler den Behälter öffnete und kein Futter entdecken konnte, wies sie mit einer Kopfbewegung auf den anderen Behälter, von dem sie wußte, daß er Futter enthielt (Premack und Woodruff 1978).

Die Diskussion zwischen Vertretern der behavioristischen und der kognitiven Erklärungsansätze scheint nicht enden zu wollen (vgl. den Disput zur Veröffentlichung von Premack und Woodruff in *Brain and Behavioral Sciences* 1978). Für jede Verhaltensbeobachtung scheint jede Seite eine alternative Erklärung parat zu haben. Bei der Beschreibung des Verhaltens als eines komplexen Systems, so schreibt Dennett (1978), kann man aber von einer Reihe verschiedener Ansätze ausgehen, die sich nicht notwendigerweise widersprechen müssen. Einer von diesen ist der **Struktur-Ansatz**: Wenn man genau weiß, wie ein System aufgebaut ist, kann man seine strukturdeterminierte Antwort für jede besondere Situation vorhersagen. Im Alltag wendet man solche Vorhersagen von Geschehnissen an, wenn Objekte mit bestimmter Funktion manipuliert werden, z. B. „Reib das Streichholz an der Schachtel, und es wird brennen". In der Biologie wird der Struktur-Ansatz bei Vorhersagen angewandt, die auf der Theorie der natürlichen Selektion beruhen. Auf dieser Grundlage haben sich die beiden folgenden Ansätze entwickelt: die **Maximierung der Gesamtfitness** und das **egoistische Gen**, was von Dawkins (1976, 1982) verfochten wird (s. Kap. 6). Ebenso gibt es den **physikalischen Ansatz**, der auf Vorhersagen des physikalischen Zustandes des Systems beruht. In den Verhaltenswissenschaften werden zwei alternative Ansätze häufig angewandt: der **physiologische** und der **Kontrollsystem-Ansatz**. Jeder für sich hat Vor- und Nachteile, und die beiden ergänzen sich mehr als sie sich widersprechen (McFarland 1971).

Dennett (1978) vertritt bei der Beschreibung des Verhaltens eines komplexen Systems auch noch einen **intentionalen** Ansatz, der von der Annahme ausgeht, daß das untersuchte System intentional ist, da es Informationen und Anschauungen besitzt, die von bestimmten Zielen gelenkt werden. Dennett versucht hierbei nicht, physiologische oder verhaltensbiologische Erklärungen zu widerlegen, sondern bietet eine höhere Ebene der Erklärung an, die das Verhalten eines solchen Systems mitberücksichtigt. Diese Ausrichtung erschwert jedoch die Anwendung der anderen, oben genannten Ansätze:

„Ein intentionales System ist ein System, dessen Verhalten (zumindest in geringem Umfang) erklärt und vorhergesagt werden kann, indem man dem System Anschauungen und Wünsche (und andere als intentional zu bezeichnende Merkmale) zuschreibt – was ich als intentional bezeichne, umfaßt Hoffnungen, Ängste, Absichten, Wahrnehmungen, Erwartungen usw.. In jedem einzelnen Fall kann ein anderer Weg vorliegen, das Verhalten eines intentionalen Systems vorherzusagen und zu erklären – beispielsweise der mechanistische oder physikalische Ansatz – der intentionale Ansatz scheint jedoch der handlichste oder der effektivste oder in jedem Fall ein erfolgreicher Ansatz zu sein, der ausreicht, um ein Objekt als intentional zu beschreiben" (Dennett 1979).

Dennett (1983) behauptet weiterhin, daß Ethologen und andere, die das Verhalten von Tieren im Hinblick auf kognitive Fähigkeiten untersuchen, eine deskriptive Sprache und eine Methode benötigen, die unvoreingenommen und zur empirischen Bestätigung fähig ist. Er schlägt eine intentionale Systemtheorie vor, die diese Rolle spielen kann, und zitiert das folgende Beispiel aus Seyfarth et al. (1980):

„Grüne Meerkatzen geben bei verschiedenen Raubfeinden unterschiedliche Alarmrufe von sich. Wurden den freilebenden Affen in Abwesenheit von Räubern Alarmrufe vom Tonband vorgespielt, so kletterten die Tiere bei Leoparden-Alarm auf die umliegenden Bäume, bei Adler-Alarm schauten sie hoch und bei Schlangen-Alarm auf den Boden. Adulte Tiere rufen hauptsächlich bei Leoparden, Kampfadlern und Pythons, jüngere Tiere schlagen dagegen auch bei anderen Säugetieren den Leoparden-Alarm, bei vielen Vogelarten den Adler-Alarm und bei verschiedenen schlangenähnlichen Objekten den Schlangen-Alarm. Das Erkennen und Zuordnen der Räuber verbessert sich mit dem Alter und der Erfahrung."

Wendet man für den Fall der Grünen Meerkatzen den intentionalen Ansatz an, so betrachtet man das Tier als intentionales System mit Anschauungen, Wünschen und einer Rationalität, entsprechend der angemessenen Form oder Anordnung eines intentionalen Systems. Eine nichtintentionale Beschreibung (oder eine Erklärung nullter Ordnung) des Verhaltens einer bestimmten Meerkatze namens Tom, die in Gegenwart einer anderen Meerkatze einen Leoparden-Alarmruf von sich gibt, könnte etwa folgendermaßen aussehen: Tom neigt zu drei verschiedenen Formen der Angst – Leoparden-Angst, Adler-Angst und Schlangen-Angst – und jede erzeugt einen charakteristischen Ruf, der automatisch entsteht und dessen Auswirkungen auf die anderen Meerkatzen nicht berücksichtigt werden.

Eine intentionale Erklärung erster Ordnung beinhaltet, daß Tom einen anderen Affen mit dem Namen Sam dazu veranlassen möchte, auf den Baum zu klettern. Dazu wendet Tom einen bestimmten Ruf an, um bei Sam diese Reaktion auszulösen. Eine intentionale Erklärung zweiter Ordnung geht noch einen Schritt weiter und behauptet, daß Tom seinen Artgenossen glauben lassen möchte, daß in der Nähe ein Leopard ist und daß Sam daher auf einen Baum klettern soll. In einer Erklärung dritter Ordnung möchte Tom, daß Sam glauben soll, daß er ihn dazu bewegen will, auf einen Baum zu klettern.

Nach Dennett ist die Antwort, welcher Grad an Intentionalität für eine Erklärung angemessen ist, nur empirisch zu ermitteln. Angenommen, eine einzelne männliche Meerkatze, die keinen Anschluß an eine Gruppe hat und außer Hörweite von anderen Meerkatzen lebt, sucht beim Entdecken eines Leoparden unauffällig, d.h. ohne Alarmruf, Zuflucht auf einem Baum. In diesem Fall ist man geneigt, die Erklärung nullter Ordnung abzulehnen. Grüne Meerkatzen können die Rufe der Gruppenmitglieder individuell unterscheiden. Wenn also Toms Leoparden-Alarmruf von einem Tonband in einer Situation abgespielt wird, in der Sam seinen Artgenossen zugleich sehen kann, so ist es möglich, die intentionale Erklärung dritter Ordnung zu überprüfen. Beobachtet man, daß Sam unter solchen Bedingungen trotzdem einen Baum aufsucht (obwohl er ja sehen müßte, daß Tom gar nicht ruft), wäre ein solches Verhalten nicht rational – Rationalität wird aber als eine Eigenschaft des intentionalen Systems angenommen (Dennett 1983).

Die Annahme, daß intentionale Systeme rational sind, ermöglicht es, eine Methode zu entwickeln, die Dennett (1983) als die „Sherlock-Holmes-Methode" bezeichnet: In dem Kriminalroman *A Scandal in Bohemia* hat Sherlock Holmes' Gegenspieler einen sehr wichtigen Fotografen in einem Zimmer versteckt, und Holmes will nun herausfinden, wo dieser liegt. Er bittet daher Watson, eine Rauchbombe auf das Dach des Hauses zu werfen und laut „Feuer" zu rufen, während Holmes selbst seinen Gegenspieler vom Nachbarzimmer aus beobachtet. Wie man auch erwarten würde, rennt dieser beim Feueralarm in das Zimmer und versucht, den Fotografen aus dem Versteck zu holen. Nicht jeder würde einen so genialen Plan anwenden, um das Verhalten seines Kontrahenten zu manipulieren; sind aber die Gegebenheiten hinreichend bekannt, so scheint es recht einfach zu sein, die Handlungen des Gegenspielers vorherzusagen (Cherniak 1981).

Die „Sherlock-Holmes-Methode" ist aber nicht immer „idiotensicher", wie die folgende Geschichte zeigt: McFarland führte als Student Experimente mit Tauben durch, die er dadurch frustrierte, daß er ihnen in manchen Situationen Futter gab, in anderen dagegen nicht, oder daß er ihnen Futter zeigte, ohne daß die Tauben es fressen konnten. Eine bestimmte Taube verhielt sich sehr aggressiv McFarland gegenüber, der daraufhin dachte, daß sie seine Behandlungsmethode nicht mochte. Eines Tages führte McFarland unbeabsichtigt ein „Sherlock-Holmes-Experiment" durch, indem er die Taube aus ihrem Käfig entkommen ließ. Die Taube ging sofort zu dem Kabelgewirr, das zu der Apparatur führte, und fing an, es mit dem Schnabel auseinanderzuziehen. McFarland, der sich sehr ergriffen und schuldig fühlte, verließ für eine Kaffeepause den Raum. Nach seiner Rückkehr bemerkte er, daß die Taube die Drähte als Nistmaterial ansah und daß die auf ihn gerichtete Aggression für Tauben in einer frühen Phase des Balzverhaltens kennzeichnend ist.

Trotzdem kann ein solcher Ansatz unter bestimmten Bedingungen zum Erfolg führen. Beispielsweise zeigte in den Experimenten von Premack und Woodruff (1978) die Schimpansin Sadie auf eine Box mit Futter, wenn eine kooperative Person den Raum betrat, und auf eine ohne Futter, wenn eine nichtkooperative Person eintrat. Wie kann man nun die Hypothese überprüfen, daß Sadie beabsichtigte, die nichtkooperative Person zu täuschen? Dennett (1983) schlägt folgendes Experiment vor:

„Man konfrontiert Schimpansen aus völlig unterschiedlichen Zusammenhängen heraus mit durchsichtigen Plastikboxen; die Tiere sollen sehen, daß jeder sehen und wissen kann, was die Boxen enthalten, da die Tiere und jeder andere durch die Boxen hindurchschauen können. Anschließend werden in einem Einfach-Wahlversuch eine durchsichtige und eine undurchsichtige Box geboten und das Futter in die durchsichtige Plastikbox getan. Der Trainer von Sadie, der mit ihr um Futter konkurriert, betritt nun den Raum und möchte, daß Sadie ihm die richtige Futterbox zeigt. Wenn Sadie nun immer noch auf die undurchsichtige Box zeigt, verrät sie leider, daß sie von den komplizierten Ideen, die eine Täuschung ermöglichen, keine Vorstellung hat. Dieses Experiment ist natürlich noch nicht perfekt angelegt. Denn Sadie könnte auch auf die undurchsichtige Box zeigen, weil sie verzweifelt ist und keine andere Wahlmöglichkeit sieht. Um das Experiment zu verbessern, sollte eine weitere Wahlmöglichkeit eingeführt werden, bei der Sadie besser abschneidet, wenn ihre erste Wahl – wie in diesem Fall – hoffnungslos ist. Könnte Sadie durch das merkwürdige Verhalten ihres Trainers auch verwirrt sein? Sollte sie nicht durch das Verhalten ihres Trainers beunruhigt sein, der, nachdem er kein Futter in der von ihr gezeigten Box gefunden hat, sich in eine Ecke setzt und schmollt, anstatt die andere Box zu überprüfen? Sollte Sadie nicht verwirrt sein, wenn sie feststellt, daß ihr Trick funktioniert? Sie sollte eher überrascht sein und sich fragen: Kann der Trainer so blöd sein? Weitere, geschickter angelegte Versuche mit Sadie und anderen Versuchstieren und -personen sind daher erforderlich" (Dennett 1983).

Merksätze

- Nonverbale Kommunikation tritt beim Menschen als Teil seines alltäglichen Verhaltens auf und hat einige Merkmale mit denen der tierlichen Kommunikation gemeinsam.
- Die Sprache sollte nicht als eine einzigartige Errungenschaft des Menschen angesehen werden, da es in der Kommunikation unter Tieren viele Merkmale gibt, die dem Sprachphänomen ähneln.
- Menschenaffen sind nicht dazu fähig, sprechen zu lernen, aber sie können lernen, mit Menschen anhand von Symbolen, die Wörter darstellen, zu kommunizieren.
- Nach Chomsky (1972) ist der Besitz der menschlichen Sprache nicht einfach nur mit einem höheren Intelligenzgrad, sondern vor allem mit einer bestimmten Art der geistigen Organisation verknüpft.
- Die Frage, ob in der Sprache der Menschenaffen kognitive Aspekte eine Rolle spielen, hängt von Unterscheidungen, wie etwa dem „Wissen, wie" und dem „Wissen, daß", ab.
- Obwohl die mentale Repräsentation im menschlichen Verhalten für wichtig gehalten wird, ist sie anscheinend nicht zur Kontrolle von äußerlich ähnlichem Verhalten bei Tieren notwendig.

Weiterführende Literatur

GARDNER, B.T. und GARDNER, R. A. (1969) Teaching sign language to a chimpanzee. *Science,* **165**, 664-672.

GRIFFIN, D. R. (1985) *Wie Tiere denken. Ein Vorstoß ins Bewußtsein der Tiere.* BLV Verlagsgesellschaft, München, Wien und Zürich.

LINDEN, E. (1980) *Die Kolonie der sprechenden Schimpansen.* Gustav Lübbe Verlag, Bergisch-Gladbach.

PASSINGHAM, R. E. (1982) *The Human Primate.* Freeman, New York.

RUMBAUGH, D. M. (1977) *Language Learning by a Chimpanzee.* Academic Press, New York.

SCHWIDETZKY, I., Hrsg. (1973) *Über die Evolution der Sprache.* Conditio humana, S. Fischer Verlag, Franfurt a.M.

TERRACE, H. S. (1979) *Nim.* Eyre Methuen, London.

WAAL, F. DE (1983) *Unsere haarigen Vettern.* Harnack Verlag, München.

27 Intelligenz, Werkzeuggebrauch und Kultur

Darwin glaubte an die evolutionäre Kontinuität geistiger Fähigkeiten und trat der damals weitläufigen Meinung entgegen, daß die Tiere nur bloße Automaten sind, die in ihren Fähigkeiten weit hinter denen der Menschen zurückstehen. In seinem Buch *Descent of Man* (1871; deutsche Ausgabe von 1986: *Die Abstammung des Menschen*) vertrat Darwin die Ansicht, daß „Tiere eine Urteilskraft besitzen" und daß „der geistige Unterschied zwischen Mensch und Tier, so groß er auch sein mag, sicherlich nur von gradueller Natur, nicht aber von unterschiedlichem Wesen ist". Die Intelligenz der Tiere wurde von Romanes, einem Schüler Darwins, stark hervorgehoben. Seine Veröffentlichung *Animal Intelligence* (1882; deutsche Ausgabe von 1885: *Die Geistige Entwicklung im Tierreich*) war der erste Versuch einer wissenschaftlichen Analyse der tierlichen Intelligenz. Sein Buch gibt eine Reihe von Geschichten respektabler Mitglieder der viktorianischen Gesellschaft wieder, die angeführten Beweise sind jedoch überwiegend anekdotenhaft.

Romanes definierte Intelligenz als die Fähigkeit, das Verhalten an wechselnde Gegebenheiten anpassen zu können. Seine unkritische Einschätzung tierlicher Fähigkeiten stieß bei Morgan (1894) und den nachfolgenden Behavioristen auf schärfste Kritik, die die Intelligenz an spezifischen Fähigkeiten der Tiere festzumachen versuchten. Sie kritisierten den anekdotenhaften Ansatz und stellten strenge Kriterien auf, an denen die geistigen Fähigkeiten der Tiere gemessen werden sollten. Morgan ermunterte Thorndike, das Versuch-Irrtum-Lernen (s. Kap. 17) näher zu erforschen und gründete somit indirekt die behavioristische Schule innerhalb der Tierpsychologie. In seinem Buch *Introduction to Comparative Psychology* (1894) weist Morgan darauf hin, daß sich höhere Fähigkeiten aus einfacheren entwickelt haben, und schlägt vor, eine psychologische Skala geistiger Fähigkeiten einzuführen.

Obwohl die Vorstellung einer stufenförmigen evolutionären Skala geistiger Fähigkeiten einen beträchtlichen Einfluß auf die damalige Tierpsychologie hatte, wird diese Anschauung heute nicht mehr akzeptiert. Untersuchungen der Gehirnstrukturen (z. B. Hodos 1982) und der auf diesen beruhenden Fähigkeiten verschiedener Arten (z. B. Macphail 1982) zeigen hinreichend auf, daß verschiedene Arten unter verschiedenen ökologischen Gegebenheiten ein breites Spektrum unterschiedlicher Formen der Intelligenz aufweisen. Das macht es zwar schwer, Intelligenz zu definieren, hebt andererseits aber die Bedeutung der Untersuchungen einer funktionalen Sichtweise sowie der Untersuchung der beteiligten Mechanismen hervor.

In diesem Kapitel werden einige Verfahren der Psychologen aufgezeigt, Intelligenz bei Tieren abzuschätzen. Detaillierter wird dabei auf den Werkzeuggebrauch, der für viele Menschen als ein Anzeichen von Intelligenz gilt, und auf die kulturelle Überlieferung eingegangen, mit deren Hilfe Tiere neue Verhaltensformen erwerben.

27.1 Vergleichende Aspekte der Intelligenz

Es gibt zwei Möglichkeiten, die Intelligenz von Tieren abzuschätzen, zum einen über die Verhaltensanalyse, zum anderen über die Untersuchung der Gehirnstrukturen. Beide Ansätze wurden in der Vergangenheit von der Vorstellung beherrscht, daß es eine lineare Progression von den niederen, nichtintelligenten Tieren mit einfachem Gehirn bis hin zu den höheren, intelligenten Tieren mit einem komplexen Gehirn gibt. Ein Überblick über das gesamte Tierreich mag diesen Eindruck zwar bestätigen (vgl. Kap. 11), schaut man sich aber bestimmte Fälle an, so findet man offensichtliche Unregelmäßigkeiten. Diese stellen keine Ausnahmen einer allgemeinen Regel dar, sondern spiegeln nur die Tatsache wider, daß die Evolution nicht in einer linearen Weise fortschreitet. Die Evolution weicht auf einer Vielzahl von Wegen ab, und jeder Weg beinhaltet eine Anpassung an eine unterschiedliche Kombination äußerer Gegebenheiten. Diese Tatsache führt dazu, daß Tiere in bestimmten Bereichen eine beträchtliche Komplexität erreicht haben, in anderen aber nicht, so daß die verschiedenen Arten auf ihren unterschiedlichen evolutionären Wegen einen gleichwertigen Grad an Komplexität erreichen konnten.

Bei einem Vergleich der Gehirne verschiedener Arten kann man eine Beziehung zwischen der relativen Größe einer bestimmten Struktur und dem Grad an Differenziertheit des von dieser Struktur kontrollierten Verhaltens erwarten. Je mehr ein Tier ein Verhalten aus einem bestimmten Bereich zeigt, um sich an seine Umwelt anzupassen, desto größer ist die Dichte an Neuronen und neuronalen Verbindungen in dem korrespondierenden Teil des Gehirns. Dieser Aspekt wird deutlich, wenn man spezialisierte Strukturen, z. B. die an den verschiedenen sensorischen Prozessen beteiligten Gehirnareale, vergleicht. Die Interpretation der Leistungen von Arealen mit allgemeineren Aufgaben ist dagegen wesentlich schwieriger, da diese sich als Folge unterschiedlicher Selektionsdrucke bei den verschiedenen Arten vergrößert haben können (Jerison 1973).

Viele traditionelle Vorstellungen über die Evolution des Gehirns von Wirbeltieren wurden in Frage gestellt. So wurde ganz im Gegensatz zur gängigen Meinung die Ansicht vertreten, daß es kein progressives Wachstum der relativen Gehirngröße innerhalb der Abfolge Fische, Reptilien, Vögel, Säugetiere gibt, ebenso auch nicht in der relativen Größe des Vorderhirns in der Abfolge Kieferlose, Knorpelfische, Knochenfische, Amphibien, Reptilien, Vögel und Säugetiere (Jerison 1973). Tatsächlich gibt es Haiarten, deren relative Größe des Vorderhirns derjenigen von Säugetieren entspricht (Northcutt 1981). Es wurde lange angenommen, daß der Geruchssinn das Großhirn der Knorpel- und Knochenfische dominiert, während derzeit mehr die Ansicht vertreten wird, daß die Repräsentation des Geruchssinns in diesem Areal bei Nichtsäugern nicht größer ist als bei Säugetieren (Hodos 1982). Ebenso wird heute in Frage gestellt, ob ein undifferenziertes Vorderhirn für niedere Wirbeltiere typisch ist (Hodos 1982).

Aufgrund der Erkenntnisse der modernen Neuroanatomie kommt Hodos (1982) zu folgenden Überlegungen:

„Wenn man im Tierreich Zeichen von Intelligenz findet und diese mit Entwicklungen neuronaler Strukturen in Beziehung setzen will, so müssen unilineare und hierarchische Modelle aufgegeben werden, die bisher die Untersuchungen innerhalb beider Bereiche bestimmt haben. Wir müssen eine allgemeinere Definition der Intelligenz akzeptieren, die sich nicht so eng an menschlichen Bedürfnissen und Werten orientiert. Man muß weiterhin akzeptieren, daß Divergenz und Nichtlinearität die Evolutionsgeschichte kennzeichnen, und man darf nicht erwarten, fließende Übergänge von einem größeren Taxon zum nächsten zu finden. Auf der Suche nach neuronalen Korrelaten für die Intelligenz in anderen Wirbeltierklassen dürfen wir nicht durch unser Wissen über das zentrale Nervensystem der Säugetiere voreingenommen sein. Ohne solche Änderungen im Denken scheinen wir wenig Hoffnungen auf Fortschritte zu haben, ähnlich wie es bei dem Versuch der Fall ist, die Beziehungen zwischen dem menschlichen und tierlichen Geist sowie der entsprechenden neuronalen Substrate zu verstehen."

Wie läßt sich nun Intelligenz aus dem gezeigten Verhalten abschätzen? Seit der Einführung von Intelligenztests für den Menschen durch Binet im Jahre 1905 wurden beträchtliche Fortschritte zur Verbesserung und Verfeinerung dieser Tests gemacht. Das wurde überwiegend durch einen Vergleich der unterschiedlichen Tests anhand des späteren Bildungsfortschritts der Versuchspersonen ermöglicht. Moderne Intelligenzquotienten-Tests sind in solchen Vorhersagen sehr genau, die den Fortschritt intellektueller Leistungen einer Person abschätzen. Trotzdem bleiben weiterhin Schwierigkeiten, insbesondere beim Versuch, die allgemeine Intelligenz von Menschen mit unterschiedlichem kulturellen Hintergrund zu vergleichen. Die Probleme bei der Abschätzung tierlicher Intelligenz sind noch wesentlich größer, weil es keine Möglichkeit gibt, die Validität eines Tests zu überprüfen und weil Tiere verschiedener Arten sich in der Ausführung des Verhaltens unterscheiden.

Bis vor kurzer Zeit konzentrierten sich die Versuche auf Fähigkeiten, die auch normalerweise als Zeichen für Intelligenz beim Menschen herangezogen werden. Ein moderner I.Q.-Test enthält verschiedene Untertests, die das Gedächtnis, das arithmetische Denkvermögen, das Urteilsvermögen sowie die Fähigkeit zur Sprache und Konzeptbildung einer Person abschätzen. Wie oben gezeigt wurde, scheinen Tauben eine erstaunliche Fähigkeit zu besitzen, Dinge wie Wasser, Baum und Mensch konzeptionell zu erfassen. Soll diese Fähigkeit als Zeichen einer hohen Intelligenz gewertet werden? Die Diskussion über die sprachlichen Fähigkeiten der Tiere führte zu dem Schluß, daß die menschlichen Fähigkeiten auch die von intensiv trainierten Tieren bei weitem übertreffen. Bedeutet dies, daß die Menschen eine größere allgemeine Intelligenz haben oder daß die menschliche Intelligenz nur in der Anwendung der Sprache hoch entwickelt ist? Die Entwicklung eines Tests zum Vergleich der Intelligenz verschiedener Arten ist schwierig, da die Konzeption für einen Test nicht von der einen oder anderen Arbeitsrichtung her beeinflußt werden darf. Eine Reihe der alten Tests zur Überprüfung der Problemlösefähigkeiten waren unzuverlässig (Warren 1973). So führte manchmal der gleiche Test bei derselben Tierart aufgrund von Unterschieden bei der jeweils eingesetzten Apparatur zu unterschiedlichen Ergebnissen.

Es wurden verschiedene Versuche unternommen, Tiere mit Problemen zu konfrontieren, die zu ihrer Lösung das Erlernen einer allgemeinen Regel erfordern. Man kann Tieren beibringen, aus einer Reihe von Gegenständen einen auszusuchen, der einem bestimmten Muster entspricht. Primaten lernen die Form des Problemlösens sehr schnell, während Tauben eine große Anzahl von Versuchen benötigen. Harlow (1949) entwarf einen Test, der die Fähigkeit von Tieren messen sollte, bestimmten Regeln zu folgen, und der stichhaltige Schlußfolgerungen liefern sollte. Anstatt einen Affen einem einzelnen visuellen Diskriminierungstest (Abb.27.1) zu unterziehen, präsentierte Harlow dem Affen eine Serie von Tests, die alle dieselbe Regel erforderten. Hierdurch konnte den Tieren eine Serie von Unterscheidungsproblemen geliefert werden, wie sie die Abbildung darstellt. Obwohl die einzelnen Gegenstände von einer Problemstellung zur anderen verschieden sind, gilt die Regel, daß bei jedem Versuch die Futterbelohnung immer unter demselben Gegenstand, unabhängig von dessen Position, zu finden ist. Verbessert das Tier innerhalb einer solchen Versuchsserie seine Leistungen, so spricht man von **Lerneinheiten**, die es erworben hat.

Nach Abbildung 27.1 können unterschiedliche Problemstellungen benutzt werden, um die Lernfähigkeiten in Situationen zu überprüfen, in denen einer Serie von Problemstellungen eine allgemeine Regel zugrunde liegt und die richtige Wahl durch ein einziges Prinzip bestimmt wird. Kritiker dieses Versuchsansatzes sehen allerdings die Fähigkeit der verschiedenen Arten, solche Lerneinheiten zu meistern, überwie-

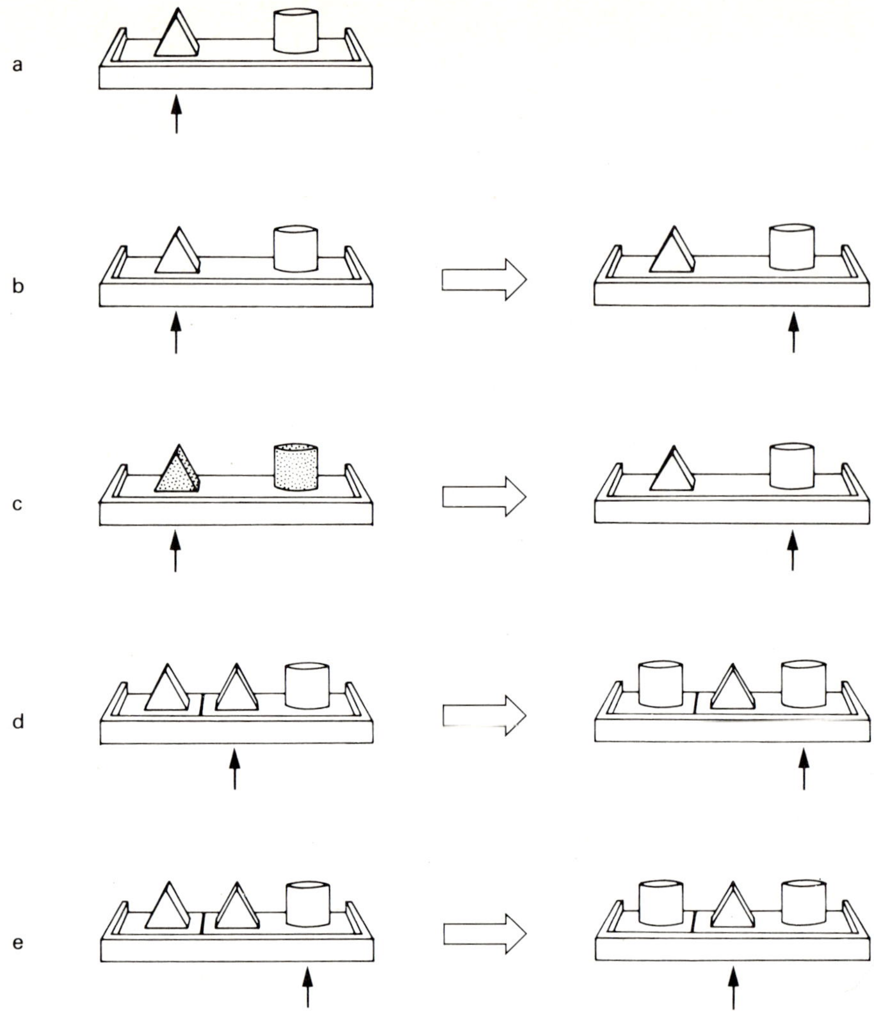

Abb. 27.1. Verschiedene Diskriminierungsaufgaben, mit denen der Erwerb von Lerneinheiten überprüft wird. Der Pfeil weist jeweils auf die richtige Wahl hin. a) Einfache Unterscheidung. b) Umkehrungsaufgabe: Das Tier muß seine ursprünglich richtige Wahl aufgeben und umkehren. c) Bedingungsaufgabe: Der eine Gegenstand ist dann richtig, wenn beide Gegenstände grau sind, der andere, wenn beide Gegenstände weiß sind. d) Vergleichsaufgabe: Das Tier muß den Gegenstand wählen, der dem links auf dem Tablett gebotenen Gegenstand entspricht. e) Abweichungsaufgabe: Das Tier muß den abweichenden Gegenstand herausfinden (nach Passingham 1981).

gend in der Art und Weise des Versuchsaufbaus begründet (Hodos 1970). Allerdings scheinen auch dann wirkliche Unterschiede zwischen den Arten aufzutreten (Abb. 27.2), wenn dieser Kritikpunkt in den Versuchen berücksichtigt wird (Passingham 1981). Werden diese Tierarten nach ihrer Erfolgsrate innerhalb einer Serie von Problemstellungen in einer Rangfolge dargestellt, so kann ihr Rang aus einem Index für die Gehirnentwicklung vorhergesagt werden. Dieser Index beruht auf einer Schätzung der Anzahl von solchen Nervenzellen im Gehirn, die zusätzlich zu denen der Kontrolle der Köperfunktionen vorliegen (Jerison 1973). Anscheinend lassen sich daher Intelligenztests für Tiere entwickeln, die den menschlichen Intelligenztests ähnlich sind, die aber Unterschiede für die einzelnen Arten vorsehen.

Die Forderung nach einem wirklichen Maß für Intelligenz wird durch Befunde erhärtet, daß die Leistungen innerhalb dieser Tests mit dem Index für die Gehirngröße korrelieren. Ähnliche Ergebnisse erhält man auch bei den anderen Testformen der Abbildung 27.1. So machen Rhesusaffen und Schimpansen, nicht aber Katzen bei einer Reihe von Unterscheidungsaufgaben wesentlich schneller Fortschritte, wenn sie vorher Erfahrungen mit **Umkehrungsaufgaben** (in denen die richtige Lösung periodisch widerrufen werden mußte) gemacht hatten (Warren 1974). Primaten können die zugrundeliegenden allgemeinen Prinzipien beider Problemformen erkennen, während Katzen diese Fähigkeit nicht zu besitzen scheinen. Ähnliche Unterschiede zwischen Katzen und Primaten treten in den Serien mit den **Abweichungsaufgaben** auf, in denen das Tier einen abweichenden Gegenstand aus einer Reihe von Gegenständen heraussuchen muß (Warren 1965). Die Kritik an diesen Testaufgaben besteht darin, daß der Test unvermeidlich in einer Weise geboten wird, die es für die eine Tierart einfach, für die andere dagegen schwierig macht (Macphail 1982). Auch wenn die aufgezeigten Unterschiede auf einen Nenner gebracht werden, so stellen sie doch nur einen Aspekt der Intelligenz dar, und es überrascht keineswegs, daß Affen wie z. B. Rhesusaffen und Schimpansen bei abgeleiteten menschlichen I.Q.-Tests so gut abschneiden, da ja diese beiden Arten wie der Mensch auch zu den Primaten gehören.

Neuere Untersuchungen an Tauben, die von Delius und seinen Mitarbeitern durchgeführt wurden, weisen auf einige Probleme dieser Art von Leistungstests hin. Ein Tier hat prinzipiell drei Lösungsmöglichkeiten bei Vergleichs- und Abweichungsaufgaben: 1) Das Tier kann eine Reihe von getrennten, musterspezifischen Reiz-Reaktions-Verbindungen lernen. 2) Es kann einen Satz von Diskriminierungen wählen, die auf unterschiedlichen Gesamt-Reizkonfigurationen beruhen. 3) Es kann eine einzelne, allgemeine konzeptuelle Regel lernen, die unabhängig von der Art des Reizes ist, bei der sie angewandt wird. Die Leistungen von Tauben bei dieser Art von Aufgaben wurde lange Zeit sehr kontrovers beurteilt. In einer Übersichtsarbeit kamen Carter und Werner (1978) zu dem Schluß, daß Tauben nicht Identitäts- und Abweichungskonzepte lernen, sondern diskrete Reiz-Reaktions-Regeln. Zentall und Hogan (1978) vertreten hierbei eine gegenteilige Meinung, während Macphail (1982) und Mackintosh (1983) in neueren Arbeiten zu keinem eindeutigen Ergebnis gelangen.

Ein Teil der Probleme besteht darin, daß die Tauben bei den gestellten Identitäts- und Abweichungsaufgaben einfachere Lösungen finden als solche, die zum Nachweis für ein echtes Konzeptlernen notwendig sind. Delius und Mitarbeiter untersuchten daher, ob Tauben konzeptähnliche Regeln lernen und diese in neuen Situationen anwenden können. Die Forscher achteten aber darauf, die Tauben an alle Reize zu gewöhnen, so daß sich die starke Abneigung der Vögel gegenüber Neuem nicht mit ihrer Ausführung in den entscheidenden Tests überlagerte. Diese Vorsichtsmaßnahme wurde in den älteren Arbeiten meistens nicht berücksichtigt. Weiterhin konnte gezeigt werden, daß Konzepte wahrscheinlich auf der Basis von Beispielen gelernt werden. Delius und Mitarbeiter erreichten das, indem während des Trainings einige Tauben mit vielen, andere dagegen nur mit wenigen Beispielen konfrontiert wurden.

Apparatur und Vorgehensweise dieser Versuche sind entsprechend konzipiert, wie schon in Kapitel 26.6 für Tauben beschrieben wurde, während dagegen die Reize denjenigen in Abbildung 12.17 ähnlich sind. Delius und Mitarbeiter konnten nachweisen, daß Tauben auf der Basis von Abweichungen Reize auswählen und diese Fähigkeit auf solche Reize übertragen können, die nicht während des Trainings zur Anwendung kamen (Lombardi et al. 1984). Eine Erklärung für diese Ergebnisse liefert nur die dritte der drei oben angeführten Möglichkeiten, nämlich eine allgemeine konzeptuelle Regel. Bei den Abweichungsaufgaben schnitten die Tauben mit vielen Beispielen besser ab als solche mit wenigen. Die meisten bisherigen Untersuchungen an Tauben wurden auf diesem Gebiet nur mit wenigen Versuchstieren durchgeführt, und hierin mag der Grund ihrer dürftigen Beweiskraft für die Konzepthypothese liegen. Es besteht aber derzeit kein Zweifel, daß ein abstraktes Abwei-

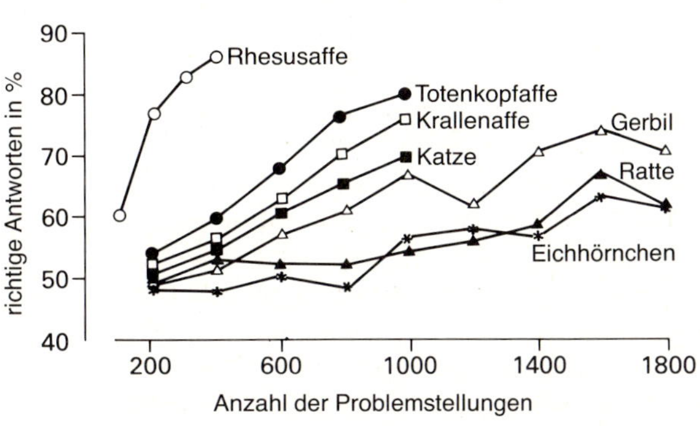

Abb. 27.2. Lerneinheiten für visuelle Diskriminierung bei Säugern. Der richtige prozentuale Anteil beim zweiten Versuch eines jeden Testproblems ist gegen die Anzahl an vorgegebenen Problemstellungen aufgetragen (nach Passingham 1981).

chungskonzept das Verhalten von Tauben in geeigneten Situationen kontrollieren kann. Ob die Tauben lernen müssen, dieses Konzept anzuwenden oder ob sie es schon kennen und lernen müssen, es in bestimmten Situationen anzuwenden, bleibt weiterhin offen.

27.2 Werkzeuggebrauch

Die Fähigkeit zum Werkzeuggebrauch wurde lange Zeit als ein Hinweis auf Intelligenz angesehen, und die Fähigkeit, Werkzeuge herzustellen, galt als ein Merkmal, das den Menschen vom gesamten Tierreich abgrenzt. Diese Trennung darf heute, wo sich ein wesentlich größeres Wissen über den Werkzeuggebrauch bei Tieren angesammelt hat, nicht mehr so scharf vollzogen werden, obwohl weithin anerkannt ist, daß die Herstellung von Werkzeugen einen bedeutenden Einfluß auf die Evolution des Menschen hatte.

Werkzeuggebrauch kann definiert werden als die Anwendung externer Objekte zur funktionalen Erweiterung des Körpers, um ein unmittelbares Ziel zu erreichen (Lawick-Goodall 1970). Diese Definition schließt einige Fälle der Manipulation von Objekten durch Tiere aus. Beispielsweise wurde in Kapitel 24.2 gezeigt, daß Krähen Wellhornschnecken mit ihrem Schnabel aufnehmen und sie aus einer bestimmten Höhe auf Felsen fallenlassen, um sie zu öffnen. Andere Vogelarten zeigen ein ähnliches Verhalten. So halten Singdrosseln (*Turdus philomelos*) Schnecken mit ihrem Schnabel fest und schmettern die Gehäuse gegen einen Stein, während Kolkraben (*Corvus corax*) sowie einige Geierarten, wie der Bartgeier (*Gypaëtus barbatus*), Knochen aus großer Höhe fallenlassen, damit diese zersplittern und die Vögel das Knochenmark fressen können. Dieser Gebrauch von Steinen zum Aufbrechen von Futterobjekten wird aber im Sinne der obigen Definition nicht zum Werkzeuggebrauch gezählt, da der Stein nicht als eine Erweiterung des Körpers anzusehen ist.

Der Schmutzgeier (*Neophron percnopterus*) ist bekannt dafür, daß er Straußeneier aufbricht, indem er sie gegen einen Stein schleudert, auch dieses Verhalten beinhaltet nicht den Werkzeuggebrauch. Der Geier kann aber ebenso mit dem Schnabel einen Stein aufnehmen und ihn aus großer Höhe in ein Straußennest fallenlassen oder ihn gegen ein einzelnes Ei schleudern (Abb. 27.3). Diese Anwendung des Steins kann als ein Beispiel für den Werkzeuggebrauch gesehen werden, da der Stein eine Erweiterung des Vogelkörpers darstellt.

Der Baum, an dem sich ein Tier scheuert, ist nicht als Werkzeug anzusehen, dagegen stellt ein Stock, den Elefanten aufnehmen und sich damit kratzen, eine Erweiterung des Körpers dar. Ein Vogel allerdings, der einen Zweig zum Nest transportiert, benutzt die Zweige als Nestmaterial und nicht als Erweiterung seines Körpers. Ebenso wird das Nest normalerweise nicht als Werkzeug zur Aufzucht der Jungen angesehen, da es einem Langzeit- und weniger einem Kurzzeitzweck dient.

Der Galapagos-Spechtfink (*Cactospiza pallida*) sucht die Rinde von Bäumen nach Insekten ab, indem er einen Kaktusstachel im Schnabel hält und damit in den Rissen der Rinde herumstochert (Abb. 27.4). Dies ist im Sinne der obigen Definition eindeutig als Werkzeuggebrauch zu sehen, ist es aber auch ein Zeichen für Intelligenz? Aus funktionaler Sicht stellt der Gebrauch eines Kaktusstachels zur Futtersuche eine intelligente Lösung eines besonderen Problems dar. Einen Menschen, der zu einer derartigen Lösung eines Problems kommt, hält man normalerweise für intelligent. Wird Intelligenz daher nur nach dem Kriterium beurteilt, daß zu einer bestimmten Situation eine passende Reaktion vorliegt, so muß dem Finken in diesem Fall intelligentes Verhalten zugesprochen werden.

Wäre das Verhalten des Spechtfinken zum größten Teil angeboren, würde sein Rindenstochern dagegen nicht als Zeichen für Intelligenz gewertet. Beobachtungen

Abb. 27.3. Ein Schmutzgeier schleudert einen Stein gegen ein Straußenei.

Abb. 27.4. Ein Galapagosfink stochert mit einem Stachel nach Beutetieren.

an juvenilen Spechtfinken, die als Jungvögel aus dem Nest genommen wurden, zeigten, daß die Vögel schon in frühem Alter mit Zweigen manipulierten (Eibl-Eibesfeldt 1967). Wurde einem hungrigen Jungvogel ein Insekt in einem Loch geboten, ließ er den Zweig fallen und versuchte, direkt mit dem Schnabel an das Insekt zu gelangen. Erst nach und nach begann der Vogel, mit einem Holzstück nach Insekten zu stochern. Es ist wahrscheinlich, daß das Lernen eine entscheidende Rolle in der Entwicklung dieses Verhaltens spielt. Ist man nun eher geneigt, ein solches Verhalten als einen Hinweis auf Intelligenz zu betrachten? Es ist wohl auch weiterhin Vorsicht geboten, denn auch wenn es zutrifft, daß das Lernen eine Rolle in der Entwicklung des Verhaltens spielt, so ist es wahrscheinlich, daß Spechtfinken genetisch prädisponiert sind, diese besondere Form der Handhabung von Zweigen zu erlernen, wie es etwa andere Vogelarten mit einer genetischen Prädisposition für einen bestimmten Gesangstyp gibt. Andererseits ist das Probieren und Antesten ein funktionales Äquivalent zum intelligenten Verhalten, und man muß der Versuchung widerstehen, dem Vogel keine richtige Intelligenz zuzusprechen, nur weil er eben ein Vogel und kein Säugetier ist. Man sollte daher sehr vorsichtig sein, das Verhalten eines Vogels mit den gleichen Kriterien zu messen wie ein ähnliches Verhalten eines Schimpansen.

Im Freiland wurden Schimpansen schon oft beobachtet, wie sie mit Stöcken, Zweigen und Grasstengeln nach Futterobjekten suchen. Grashalme werden oft benutzt, um nach Termiten zu stochern (Abb. 27.5). Die Halme werden dabei sorgfältig ausgewählt und können auch in ihrer Form modifiziert werden, um sie für diesen Zweck geeigneter zu machen. Ist beispielsweise ein Ende gebogen, so kann der Schimpanse dieses Ende des Halms abbeißen (Lawick-Goodall 1970). Junge Schimpansen können im Spiel zwar auch mit Grasstengeln herumhantieren, sie benutzen jedoch die Stengel bis zum Alter von etwa drei Jahren nicht zur Nahrungssuche. Auch in diesem Alter sind sie oft noch recht unbeholfen und wählen Objekte aus, die für die entsprechende Aufgabe ungeeignet sind. Die Geschicklichkeit, die das Stochern nach Termiten erfordert, ist anscheinend nicht einfach zu erlernen.

Abb. 27.5. Ein Schimpanse stochert mit einem Zweig nach Termiten.

Freilebende Schimpansen wurden beobachtet, wie sie mit Hilfe von Stöcken Honig aus Bienennestern holen oder Pflanzen mit eßbaren Wurzeln ausgraben. Ebenso können sie Blätter als Schwämme benutzen, um an Trinkwasser aus einem Baumloch zu gelangen oder um bestimmte Körperteile damit zu säubern. Der Werkzeuggebrauch der Schimpansen wurde sehr intensiv untersucht, er wurde aber auch bei anderen Primaten beobachtet. So können Paviane zum Zerquetschen von Skorpionen Steine benutzen und Zweige, um nach Insekten zu stochern (Kortlandt und Kooij 1963).

Die Fähigkeit zur Anwendung von Werkzeugen in einer natürlichen Situation entwickelt sich wahrscheinlich durch eine Mischung aus Nachahmen und instrumentellem Lernen. Diesbezüglich ist der Werkzeuggebrauch bei Primaten nur schwer von der Entwicklung des Stocherns beim Spechtfinken zu unterscheiden. Einige Biologen sehen im Werkzeuggebrauch selbst kein Zeichen von Intelligenz, betrachten es aber als mögliche Vorstufe für echtes intelligentes Verhalten.

Vergleicht man die unterschiedlichen Methoden verschiedener Schimpansenpopulationen beim Stochern nach Termiten, so wird deutlich, daß hierbei auch Neuerungen auftreten können. Die Schimpansen am Gombe-Fluß in Ostafrika entrinden die Zweige nicht, können jedoch beide Zweigenden abwechselnd zum Stochern benutzen. Schimpansen in Okorobiko, Zentralafrika, schälen gewöhnlich die Rinde eines Zweiges und gebrauchen zum Stochern nur ein Ende. Die Schimpansen vom Mount Assirik in Senegal, Westafrika, benutzen dagegen zum Stochern keine Zweige, sondern schlagen mit großen Stöcken Löcher in die Termitenhügel und angeln anschließend die Termiten direkt mit der Hand (McGrew et al. 1979). Diese Unterschiede machen deutlich, daß innerhalb einer Population ein bestimmter Anteil an Variation vorliegt, der zu Neuerungen in einem Verhalten führen kann, was wiederum lokale Besonderheiten widerspiegelt. Die Technik des Fischens nach Termiten wird durch Nachahmung gelernt und in der Population durch kulturelle Tradition weitergegeben.

Es ist hinreichend belegt, daß populationstypische Verhaltenskomplexe über kulturelle Wege aufrechterhalten werden (Bonner 1980; Mundinger 1980). In wenigen Fällen wurden Erfindungen beobachtet und ihre Ausbreitung innerhalb der Population dokumentiert. Ein berühmtes Beispiel dafür sind die Japanischen Makaken (*Macaca fuscata*) auf der Insel Koshima (Kawamura 1963). Um die Affen zur Beobachtung besser sehen zu können, fütterten die Wissenschaftler sie zusätzlich mit Süßkartoffeln, die sie am Strand verstreuten. Ein 16 Monate altes Weibchen mit dem Namen Imo wurde als Erstes beobachtet, wie es die Kartoffeln in einem Fluß wusch, um diese von Sand zu befreien. Das Kartoffelwaschen wurde bei ihm zur Gewohnheit und bald von anderen, insbesondere gleichalten Makaken, nachgeahmt. Innerhalb von 10 Jahren wurde diese Gewohnheit vom größten Teil der Population übernommen, mit Ausnahme der adulten Tiere, die älter als 12 Jahre waren, und der Jungtiere, die noch kein Jahr alt waren. Zwei Jahre später erfand Imo eine weitere Methode der Nahrungssäuberung. Die Forscher hatten Getreidekörner am Strand ausgestreut, und die Affen lasen sie einzeln Korn für Korn auf. Imo dagegen sammelte eine Handvoll von dem Getreide-Sand-Gemisch und warf es ins Wasser. Dabei sank der Sand zu Boden, und die Getreidekörner konnten leicht von der Wasseroberfläche abgeschöpft werden. Diese neue Methode breitete sich in einer ähnlichen Weise wie das Kartoffelwaschen in der Population aus. Das neue Verhalten wurde zunächst von den Tieren in Imos Alter übernommen. Die Mütter lernten es dann von den juvenilen Tieren und die adulten Männchen waren die letzten, bei denen das neue Verhalten Anklang fand.

War Imo nun ein besonders intelligenter Affe? Einerseits ähnelt die Entwicklung des Kartoffelwaschens dem sogenannten einsichtigen Lernen der Schimpansen Köhlers (vgl. Kap. 19). Imo machte ihre Entdeckungen durch Zufall und lernte, diese auszunutzen; sie hatte aber nicht notwendigerweise eine besondere Einsicht in die Situation. Andererseits entstanden viele menschliche Erfindungen auf ähnliche Weise. Führt die Erfindung zu einer echten Verbesserung in einem bestimmten Lebensraum der Affen, so ist es als eine Form adaptiven Verhaltens zu werten, das durch die Bemühungen eines Individuums entstanden ist. Die Ergebnisse rechtfertigen, daß Imo hochintelligent zu sein scheint. Wenn aber die Intelligenz auch Urteilsvermögen voraussetzt, so ist mehr Wissen über Imos Gedankenprozesse erforderlich, bevor ein abschließendes Urteil gefällt werden darf.

27.3 Kulturelle Aspekte des Verhaltens

Evolution ist die Folge natürlicher Selektion, und eine Vererbung erworbener Eigenschaften ist normalerweise nicht möglich. Wie stark sich auch immer ein Individuum an seine Umwelt anpaßt, sei es durch Lernvorgänge oder in Form einer physiologischen Anpassung, die erworbenen Eigenschaften können auf genetischem Wege nicht auf die Nachkommenschaft übertragen werden. Diese Ansicht ist unter den Biologen weithin anerkannt. Wie aber schon gezeigt wurde, kann eine Information durch Imitation oder auch durch Prägungsvorgänge von den Eltern auf die Nachkommen weitergegeben werden. Die Übertragung von Informationen von einer Generation zur nächsten auf nichtgenetischem Wege wird im allgemeinen als **kulturelle Tradition** bezeichnet.

In Kapitel 20 wurde die sensible Phase für Lernvorgänge vorgestellt, die im frühen Entwicklungsalter bei vielen Tierarten zu finden ist. Während solcher Phasen lernen die Jungtiere oft von ihren Eltern. Beispielsweise erinnert sich ein Weißkopfammerfink (*Zonotrichia leucophrys*) an den Gesang der Eltern, vorausgesetzt er hat ihn während der sensiblen Phase im Alter von 10 bis 50 Tagen gehört (s. Kap. 3.3). Individuen, die den elterlichen Gesang in dieser Phase nicht gehört haben, werden in ihrem späteren Leben niemals den genauen Weißkopfammerfink-Gesang produzieren. Während juvenile Finken einen Gesang, der sehr von dem arteigenen Gesang abweicht, nicht lernen, können andere Vogelarten, wie etwa der Gimpel, den Gesang anderer Arten erlernen. So nimmt ein von einem Kanarienvogelpaar aufgezogener Gimpel den Gesang seiner Stiefelternart an. Die Tendenz, den Gesang der Eltern zu kopieren, führt auch bei solchen Arten zu regionalen Unterschieden, bei denen die Jungtiere nur einen dem arteigenen sehr ähnlichen Gesang lernen. Beispielsweise haben die Populationen des Weißkopfammerfinken in der Gegend von San Francisco im Abstand von nur wenigen Kilometern verschiedene Dialekte (Marler und Tamura 1964).

Die Dialekte der Tiere stellen eine elementare Form von **Tradition** dar. Junge Weikopfammerfinken lernen unvermeidlich den für die jeweilige Gegend, in der sie geboren wurden, charakteristischen Gesang, da die sensible Phase vor dem Flüggewerden liegt. Weitere Formen von Tradition zeigen sich in den Wanderrouten einiger Säugetiere und Vögel: Gänse, Enten und Schwäne ziehen in Schwärmen, die aus juvenilen und adulten Tieren zusammengesetzt sind. Die juvenilen Vögel lernen die für die Population charakteristischen Zugrouten, die traditionellen Rastplätze sowie die Brut- und Überwinterungsgebiete (Schmidt-Koenig 1979). Auf diesem Forschungsgebiet liegen viele weitere Beispiele vor. So haben auch Rentiere traditionelle Wanderrouten und Setzgebiete. Lachse werden in Süßgewässern groß und wandern anschließend in die Meere. Die juvenilen Tiere werden auf den Geruch ihres Heimatgewässers geprägt und kehren als Adulttier dorthin zurück, um an den traditionellen Plätzen zu laichen (s. Kap. 14.4). Es gibt Pfade von Hirschen und anderen Säugern, die schon seit Jahrhunderten bekannt sind. In Teilen Großbritanniens und der Bundesrepublik, in denen die traditionellen Wanderrouten der Kröten zu den angestammten Laichgewässeren mittlerweile von Straßen gekreuzt werden, überwachen Naturschützer jedes Jahr während der Fortpflanzungszeiten diese Gebiete, um die Kröten vor dem Autoverkehr zu schützen.

Die einfachen Formen traditionellen Verhaltens erfordern keine besonderen Lernfähigkeiten oder ein besonderes Training. Sie entstehen als unumgängliche Folge der Umstände, unter denen ein Jungtier aufwächst, und als Folge der Prägung junger Tiere auf ihr Habitat, auf ihre Eltern und auf Gleichaltrige. Bei einigen Tierarten ist aber eine komplexere Form des Lernens beteiligt. Wie oben gezeigt wurde, kann sich der Werkzeuggebrauch, wahrscheinlich als Folge von Nachahmung, über eine ganze Population ausbreiten.

Nachahmung ist aber notwendigerweise keineswegs ein Zeichen für Intelligenz. Ein Tier kann das Verhalten eines anderen Tieres als Folge einer sozialen Bahnung, z. B. „Stimmungsübertragung", kopieren. Experimentell konnte nachgewiesen werden, daß Hühner, Hundewelpen, Fische und Opossums in Gruppenhaltung quantitativ mehr Nahrung aufnehmen, als wenn sie allein gehalten werden. Frißt ein Huhn bis zur vollständigen Sättigung, und wird es anschließend mit Hühnern zusammengebracht, die noch fressen, beginnt das anscheinend satte Huhn erneut mit der Nahrungsaufnahme. Haushühner haben darüberhinaus auch die Gewohnheit, zu pikken, wenn andere Hühner picken, selbst wenn kein Futter vorhanden ist. Küken neigen dazu, an den gleichen futterähnlichen Objekten zu picken, wie es die Henne tut. Die Tendenz, sich auf den Futtertyp, der von anderen Tieren aufgenommen wird, zu konzentrieren, wurde ebenfalls bei Sperlingen und Gimpeln nachgewiesen (Davis 1973).

Das Meiden schädlichen Futters kann ebenfalls sozial erleichtert werden. So scheiterten in den USA Versuche, große Schwärme von Krähen mit ausgelegten Giftködern zu vernichten, da die Mehrheit der Vögel die Köder mied, nachdem einige Tiere getötet worden waren. In ähnlicher Weise reicht die Reaktion einer einzelnen Ratte auf neues Futter aus, um das Verhalten der anderen Gruppenmitglieder zu bestimmen. Frißt eine Ratte das neue Futter, so beginnen die anderen Ratten ebenfalls, zu fressen. Beschnuppert sie aber nur das Futter und verschmäht es anschließend, so meiden es auch die anderen Tiere. Weiterhin setzt eine solche Pionierratte manchmal Harn auf dem Köder ab und warnt damit die anderen Gruppenmitglieder, die dieses Futter dann nicht aufnehmen (Rozin 1976b).

Attraktion zum und Vermeidung von Futter aufgrund sozialer Faktoren entstammt häufig eher der Tendenz, Orte zu untersuchen, an denen andere Artgenossen beobachtet wurden, als einem direkten Kopieren des Verhaltens der anderen Tiere. Das trifft wahrscheinlich auch für die Tradition der „Milchdiebe" unter den Blaumeisen (*Parus caeruleus*) in England zu. Viele Jahre lang wurde in England die Milch in Flaschen an die einzelnen Haushalte verteilt und jeden Morgen an der Haustür abgestellt. Blaumeisen und manchmal auch Kohlmeisen (*Parus major*) öffneten mit dem Schnabel den Deckel aus Aluminiumfolie und pickten den auf der Milch schwimmenden Rahm ab (Abb. 27.6). Hinde und Fisher (1951) berichteten, daß diese Praxis des Flaschenöffnens zunächst auf wenige Ortschaften beschränkt war und sich allmählich ausbreitete, was vermuten läßt, daß die Vögel dieses Verhalten voneinander lernten.

Ein weiteres interessantes Beispiel von traditionellem Freßverhalten liefert die Untersuchung von Norton-Griffiths (1967, 1969) an jungen Austernfischern (*Haematopus ostralegus*). Dieser Küstenvogel ernährt sich von hartschaligen Muscheln und wendet als Adulttier eine von zwei verschiedenen Methoden an, um an das Muschelfleisch zu gelangen. Entweder hämmern die Austernfischer mit ihrem Schnabel kräftig gegen die schwächste Stelle der Muschelschale, oder sie stechen den Schnabel in die geöffnete, noch unter Wasser befindliche Muschel und zertrennen den Rückziehmuskel, der beide Muschelhälften zusammenhält. Adulte Vögel sind entweder Hämmerer oder Stecher, beide Techniken werden von ein und demselben Individuum aber nicht praktiziert. Weiterhin wenden verpaarte Tiere immer die gleiche Methode an. Northon-Griffith vertauschte die Eier von Paaren mit unterschiedlichen Techniken und konnte so nachweisen, daß die Jungtiere die Technik des Muschelöffnens von ihren Eltern lernen. Die geeigneten Bewegungsfolgen beider Techniken zeigen sich in einem bestimmten Alter bei allen Jungvögeln, sie scheinen diese Bewegungen allerdings nicht zu üben. Möglicherweise sind beide Bewegungsformen zu

Abb. 27.6. Eine Blaumeise öffnet eine Milchflasche.

einem gewissen Grade angeboren. Wie nun aber juvenile Austernfischer die notwendige Geschicklichkeit erwerben, ist noch nicht vollständig verstanden. Sie bleiben gewöhnlich für 18 bis 26 Wochen mit den Elterntieren zusammen, während solche Jungtiere, die sich von anderen Futtertieren ernähren, nur sechs bis sieben Wochen bei ihren Eltern bleiben. Während ihrer Lehrzeit müssen solche Jungtiere, die in die Tradition des Muschelfressens hineingeboren werden, von ihren Eltern gefüttert werden. Möglicherweise lernen sie während dieser Zeit durch Beobachtung, aber vielleicht erfordert auch die notwendige Koordination der Bewegungen eine entsprechend lange Entwicklungszeit.

An diesen Beispielen wird deutlich, daß Kultur und Tradition keine große Intelligenz von den beteiligten Individuen erfordert. Obwohl eine hochentwickelte Kultur sowie Intelligenz primär als menschliche Merkmale angesehen werden, sind sie doch nicht notwendigerweise kausal miteinander verknüpft. In ursprünglichen menschlichen Gesellschaften findet man viele kulturelle Praktiken, die biologisch adaptiv, unverkennbar aber nicht rational sind. Beispielsweise beinhalten die meisten traditionellen Methoden des Maiskochens bei den Eingeborenen der Neuen Welt eine Form von alkalischer Behandlung. Dabei wird der Mais für etwa 40 Minuten in Wasser zusammen mit Holzasche, Lauge oder aufgelöstem Leim gekocht und anschließend gegessen oder zu Teig, Tortillas usw. verarbeitet. Diese alkalische Behandlung wird aus traditionellen Gründen praktiziert, obwohl auch behauptet wird, daß sie den Mais schmackhafter macht. Die alkalische Behandlung hat aber einige wichtige Ernährungsfolgen. Der lokale Mais enthält nur wenig verfügbares Lysin, eine essentielle Aminosäure. Der größte Lysinanteil im Mais liegt gebunden in Form des unverdaulichen Proteins Glutelin vor. Durch die alkalische Behandlung wird dieses Protein aufgebrochen, so daß das Lysin frei wird und sich somit die Nahrungsqualität wesentlich verbessert. In allen Eingeborenenkulturen, in denen der Mais die Nahrungsgrundlage bildet, kommt irgendeine Form von alkalischer Behandlung vor, und es ist wahrscheinlich, daß durch die natürliche Selektion, die über die Unterernährung wirksam wird, solche Menschengruppen ausstarben, die dieser traditionellen Praxis nicht folgten.

Obwohl die Kultur die biologische Vererbung kurzschließen und somit zu einer sehr schnellen Evolution führen kann, wird offensichtlich, daß diese kulturellen Errungenschaften weiterhin der natürlichen Selektion unterliegen. Für den kulturellen Austausch bildet zwar die Lernfähigkeit der Individuen eine wesentliche Voraussetzung, dafür ist aber keine große Intelligenz erforderlich, und diejenigen Menschen, die traditionellen Praktiken folgen, sind oft unfähig, eine rationale Erklärung für ihr Verhalten zu geben.

Merksätze

- Es erweist sich als schwierig, Intelligenz bei verschiedenen Arten zu vergleichen, da viele Arten mit bestimmten Fertigkeiten und besonderen Unfähigkeiten ausgestattet sind. Sollte die Intelligenz eher an der Qualität der Problemstellung definiert werden oder anhand der Vorgehensweise, mit deren Hilfe das Problem gelöst wird?
- Die Fähigkeit zum Werkzeuggebrauch ist im Tierreich weit verbreitet, einige Arten können sogar ihr eigenes Werkzeug herstellen. Sollte diese Fähigkeit als ein Zeichen für Intelligenz angesehen werden?
- Kultur und Tradition, die eine Informationsübertragung von einer zur nächsten Generation auf nichtgenetischem Wege beinhalten, kommen bei vielen Arten vor. Hierbei kann Prägung oder Nachahmung zugrundeliegen.

Weiterführende Literatur

BONNER, J. T. (1983) *Kultur-Evolution bei Tieren.* Parey Verlag, Berlin und Hamburg.

JERISON, H. J. (1973) *Evolution of the Brain and Intelligence.* Academic Press, New York.

KOEHLER, O. (1954) Vorbedingungen und Vorstufen unserer Sprache bei Tieren. *Verhandlungen der Deutschen Zoologischen Gesellschaft* 1954, 327-341.

MACPHAIL, E. M. (1982) *Brain and Intelligence in Vertebrates.* Clarendon Press, Oxford.

RENSCH, B. (1973) *Gedächtnis, Begriffsbildung und Planhandlungen bei Tieren.* Parey Verlag, Berlin und Hamburg.

SIMONS, D. (1984) *Problemverständnis und Problemlöseverhalten bei Primaten.* Hogrefe Verlag, Göttingen, Toronto und Zürich.

28 Bewußtsein und Emotion

Emotionen sind ein wichtiger Teil menschlicher Erfahrung. Vom gesunden Menschenverstand her kann ein jeder Emotionen beschreiben, und gewöhnlich stimmen die von verschiedenen Personen gegebenen Beschreibungen der charakteristischen Merkmale einer bestimmten Emotion recht gut überein. Die wissenschaftliche Erfassung der Emotionen bereitet dagegen erhebliche Schwierigkeiten.

Emotionen manifestieren sich auf unterschiedlichen Ebenen – der subjektiven, der physiologischen und der ethologischen –, die sich nur sehr schwer miteinander in Einklang bringen lassen. Auf der subjektiven Ebene sind Emotionen eine rein persönliche Erfahrung. Es gibt keine Möglichkeit, die emotionalen Erfahrungen einer anderen Person zu erleben. Wir neigen dazu, sie den eigenen Erfahrungen gleichzusetzen, aber es gibt keinen logischen Weg, um das zu überprüfen. Die Analyse der emotionalen Erfahrungen von Tieren ist demzufolge noch schwieriger. Es besteht die Tendenz, phylogenetisch nahestehenden Tieren, wie etwa den Primaten, auch ähnliche emotionale Erfahrungen zuzuschreiben, während andererseits phylogenetisch entfernteren Tieren, wie z. B. Insekten, wahrscheinlich – wenn überhaupt – völlig abweichende Erfahrungen unterstellt werden. Diese Ansicht entspricht zwar dem gesunden Menschenverstand, beruht aber nicht auf wissenschaftlichen Nachweisen. Aus wissenschaftlicher Sicht kann nicht angenommen werden, daß Tiere bestimmte subjektive Empfindungen haben, ebenso wie ein Mensch nicht berechtigt ist, solche Annahmen über andere Personen zu machen.

Aus physiologischer Sicht werden die emotionalen Zustände des Menschen typischerweise von Änderungen des autonomen Nervensystems begleitet, die andererseits aber keine zuverlässigen Indikatoren für jeweils bestimmte emotionale Zustände darstellen. Wenn auch bei Tieren physiologische Indikatoren, wie z. B. eine erhöhte Herzschlagfrequenz oder Änderungen im hormonalen Gleichgewicht, generell auf eine emotionale Erregung – z. B. Angst, Aggression oder sexuelle Empfindung – schließen lassen, so reagieren doch die meisten Tiere physiologisch in der gleichen Weise, egal ob nun ihre emotionale Antwort aus Angst, Aggression oder sexueller Stimmung besteht. Obwohl sich aus physiologischen Untersuchungen einige Einsichten gewinnen lassen, ist die Interpretation der physiologischen Reaktionen im Hinblick auf die Qualität der Emotionen sehr schwierig. Darwin (1872) betonte den kommunikativen Charakter von Emotionen. Er postulierte, daß Gesichtsausdrücke und andere emotionale Zeichen im Verhalten aus Schutzreaktionen und anderen Verhaltensbereichen entstanden sind (vgl. Kap. 22). Obwohl Darwins These von der Evolution der Emotionen, die von den frühen Ethologen weiterentwickelt und ausgedehnt wurde, weithin akzeptiert wird, sind doch seine Vorstellungen über Emotionen recht naiv. Darwin und sein Schüler Romanes zögerten nicht, die Emotionen der Tiere mit Begriffen menschlicher Emotionen zu kennzeichnen. So deutete er das Verhalten eines Hundes, der etwas falsch gemacht hatte, als „Schamgefühl" (Darwin 1872), Fische waren „eifersüchtig" oder Papageien zeigten in ihren Ausdrucksweisen eine Art von „Stolz" (Romanes 1882). Dieser anthropomorphe Ansatz stieß bei Psychologen wie Morgan (1894) auf energischen Widerstand. Morgan trat für einen Untersuchungsansatz ohne jegliche Spekulationen über subjektive Gedanken und Gefühle der Tiere ein.

In diesem Kapitel wird das Innenleben der Tiere aus subjektiver, physiologischer und ethologischer Sicht betrachtet, und die Schlußfolgerungen dieser Forschungen für das Wohlergehen der Tiere und für ihre Behandlung durch den Menschen diskutiert.

28.1 Selbstbewußtsein

Die Einstellung der Behavioristen, daß wissenschaftliche Untersuchungen keinen Zugang zu den subjektiven geistigen Erlebnissen der Tiere bringen können, beherrschte die ersten drei Viertel dieses Jahrhunderts. Wissenschaftler, die wie Tolman (1932) von dieser Meinung abwichen, hatten keinen bedeutenden Einfluß (eine Übersichtsarbeit liefert Griffin 1976). Die Position der Behavioristen scheint aus logischen Gründen unantastbar, sie kann aber auf verschiedenen Wegen umgangen werden. Hierzu gehört das Argument, daß subjektive Erfahrungen der Tiere wahr sein können, auch wenn das von Menschen nicht beweisbar ist. Welchen Unterschied würde es machen, wenn sie tatsächlich existieren? Weiterhin ist es aus evolutionären Gründen sehr unwahrscheinlich, daß zwischen Menschen und anderen Tieren eine derart ausgeprägte Diskontinuität entstanden ist.

Griffin (1976) war einer der ersten, der mit Hilfe beider Argumente die Position der Behavioristen angriff. Seiner Meinung nach liefert die Untersuchung der Kommunikation von Tieren am ehesten Argumente für die These, daß Tiere tatsächlich „geistige Erfahrungen haben und mit bewußter Absicht kommunizieren". Die Untersuchungen der Tiersprachen in den letzten Jahren haben jedoch die Hoffnungen nicht bestätigt, die sie anfänglich erweckten. Die Interpretation des Verhaltens von Schimpansen, die in einigen Bereichen der menschlichen Sprache trainiert wurden, bleibt kontrovers, und es existieren Zweifel an den Möglichkeiten dieser Versuche, jemals etwas über die subjektiven Erfahrungen der Tiere herauszufinden (Terrace 1979; Risteau und Robbins 1982). Im folgenden werden verschiedene Versuche vorgestellt, das Selbstbewußtsein bei Tieren mit anderen Mitteln zu untersuchen.

Sind sich Tiere ihrer selbst bewußt, in dem Sinne, daß sie wissen, welches Verhalten sie ausführen und welche Körperhaltungen sie dabei einnehmen? Die sensorischen Informationen von Gelenken und Muskeln werden dem Gehirn zugeleitet, so daß es scheint, als müßten sich Tiere ihres Verhaltens bewußt sein. In einem Experiment wurde Ratten beigebracht, bei Ertönen eines Summers auf eine von vier Tasten zu drücken, und zwar in Abhängigkeit von einer der vier jeweils möglichen Aktivitäten, die das Tier gerade verrichtete (Beninger et al. 1974). Ertönte beispielsweise das Signal, wenn sich die Ratte gerade putzte, so mußte sie die Putztaste herunterdrükken, um eine Belohnung zu erhalten. Die Ratten lernten bei den vier Aktivitäten Körperpflege, Lokomotion, Aufrichten und Verharren, die jeweilige Taste zu betätigen. In den Ergebnissen ähnlicher Untersuchungen konnte gezeigt werden, daß Ratten durch sowohl von ihrem eigenen Verhalten als auch von der Umwelt gesetzte Signale operant konditioniert werden können (Morgan und Nicholas 1979). In gewisser Hinsicht müssen Ratten also ihr eigenes Verhalten wahrnehmen, was aber nicht notwendigerweise bedeutet, daß sie sich dessen auch bewußt sind; so können sie etwa ihr eigenes Verhalten in der gleichen Weise wie äußere Reize wahrnehmen und Kenntnis davon erlangen.

Viele Tiere reagieren auf ihr Spiegelbild so, als ob sie einem Artgenossen begegneten. Es liegen allerdings Hinweise vor, daß Schimpansen und Orang-Utans sich selbst in einem Spiegel erkennen können. So können junge, in freier Wildbahn geborene Schimpansen einen Spiegel dazu benutzen, bestimmte Körperteile zu putzen, die sie sonst nicht sehen können. Gallup (1977, 1979) malte auf Augenbrauen und Ohren von leicht narkotisierten Schimpansen kleine Flecken in roter Farbe. Nachdem die Tiere aus der Narkose erwacht waren, überprüfte man, ob sie diese Körperteile häufiger als üblich berührten. Erst als das nicht der Fall war, führte man die Tiere vor einen Spiegel. Die Schimpansen untersuchten ihre Spiegelbilder und berührten wiederholt ihre bemalten Augenbrauen und Ohren.

Weist aber die Fähigkeit, auf eigene im Spiegelbild zu sehende Körperteile zu reagieren, auf eine Selbstkenntnis hin? Diese Frage hängt eng mit der Frage zusammen, ob die Fähigkeit zur Nachahmung des Verhaltens anderer ebenfalls auf Selbstkenntnis hindeutet. Schimpansen sind außergewöhnlich geschickt in der Nachahmung von Artgenossen und Menschen. Obwohl echte Nachahmung von anderen Lernformen sorgfältig zu trennen ist (Davis 1973), gibt es bei Primaten nur wenig Zweifel an ihrer Existenz. Beispielsweise imitierte die Schimpansin Viki, die von der Familie Hayes aufgezogen wurde, 70 verschiedene Handlungen, zu denen sie angeregt wurde. Dabei imitierte sie 10 Handlungen, die sie zuvor nie gesehen hatte, sofort beim ersten Mal. Viki lernte, 55 Handlungen auf eine entsprechende Demonstration hin vorzuführen, z. B. das Nachahmen einer Geste auf einem Foto (Abb. 28.1). Ebenso erlernte sie komplizierte Tätigkeiten im Haushalt, wie etwa Geschirrspülen oder Staubwischen (Hayes und Hayes 1952). Viele dieser Nachahmungshandlungen geschahen spontan, ohne die Schimpansin dafür zu motivieren. Die Nachahmungsfähigkeit der Schimpansen erreicht jedoch nicht jene von Kindern. Bei menschlichen Neugeborenen konnte man Nachahmung schon im Alter von 12 bis 21 Tagen nachweisen.

Obwohl die Fähigkeit zur Nachahmung manchmal als Zeichen für Intelligenz gewertet wird, läßt doch die Tatsache, daß sie auch bei Neugeborenen und vielen Nichtsäugetierarten auftritt, einige Zweifel aufkommen. Untersuchungen am Vogelgesang zeigen, daß beim Gesangslernen vieler Arten eine bestimmte Form der Nachahmung vorliegt und daß in der Imitation von Lauten einige Arten besondere Fähigkeiten aufweisen. So können Papageien und Mainas menschliche Laute mit einer außergewöhnlichen Klangtreue wiedergeben (Nottebohm 1976).

Die Fähigkeit zur Nachahmung setzt voraus, daß ein Tier das externe akustische oder visuelle Muster empfängt und es mit einem Muster eigener motorischer Anwei-

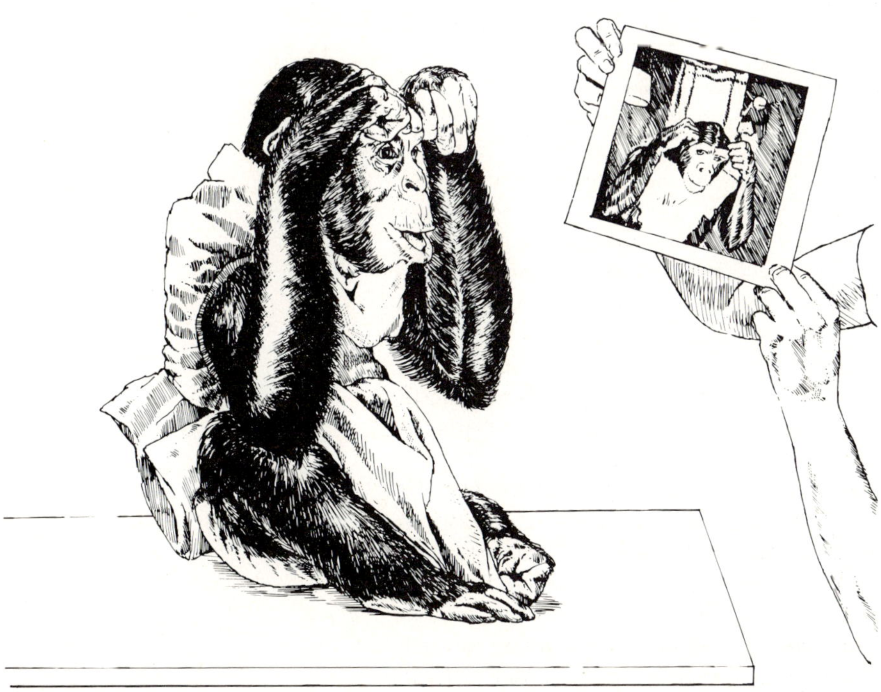

Abb. 28.1. Die Schimpansin Viki imitiert ihr Verhalten nach einem Foto, auf dem sie selbst zu sehen ist.

sungen verbindet. Beispielsweise muß ein Kind, das einen Erwachsenen imitiert, der seine Zunge herausstreckt, auf irgendeine Art und Weise das Sehen der Zunge mit seinen eigenen motorischen Anweisungen für das Herausstrecken der Zunge assoziieren. Das Kind muß sich dabei nicht der Tatsache bewußt sein, daß es eine Zunge hat, es muß lediglich eine bestimmte Wahrnehmung mit einem bestimmten Muster motorischer Anweisungen verknüpfen. Wie sich diese Verknüpfung vollzieht, ist bisher noch nicht bekannt, und die These einer Verbindung von Selbstbewußtsein und Nachahmung bleibt weiterhin umstritten.

Ein Teil des Problems besteht sicherlich in der Klärung des Begriffs „Selbstbewußtsein". Wie Griffin (1982) anführt, unterscheiden viele Philosophen zwischen Bewußtheit und Bewußtsein. Bewußtheit stellt eine Form der Wahrnehmung dar, während Bewußtsein eine besondere Art der Selbstbewußtheit beinhaltet, die aber mehr als nur die einfache Kenntnis von eigenen Körperteilen oder Prozessen im Gehirn darstellt. Bewußtsein bedeutet aus dieser Sicht eine Bewußtheit, daß **ich** es bin, der fühlt oder denkt, und **ich** das Tier bin, das sich den Umständen bewußt ist. Einige Nachweise, daß Tiere sich ihrer Sinneswahrnehmung bewußt sind, wurden schon aufgezeigt. Die Fähigkeit, seine Handlungen weiterzugeben, die Handlungen anderer nachzuahmen oder sein Bild im Spiegel wiederzuerkennen, erfordern jedoch nicht notwendigerweise ein Selbstbewußtsein im oben angegebenen Sinne.

Eine Trennung zwischen bewußter und unbewußter Wahrnehmung kann bei Menschen mit Gehirnschädigungen aufreten. Menschen mit Schädigungen solcher Gehirnbereiche, die an visuellen Prozessen beteiligt sind, berichten, daß sie teilweise blind sind. Zum Beispiel können sie Objekte, die ihnen in bestimmten Bereichen des Sehfeldes geboten werden, nicht benennen. Die Patienten behaupten, daß sie ein solches Objekt nicht sehen, werden sie jedoch gebeten, darauf zu zeigen, so können sie dies oft sehr genau tun (Weiskrantz 1980). Ein Patient konnte genau abschätzen, ob ihm eine horizontale oder diagonale Linie gezeigt wurde, jedoch war er sich nicht bewußt, etwas zu sehen (Weiskrantz et al. 1974). Das Phänomen des **blinden Sehens** ist auf eine Schädigung in Gehirnbereichen zurückzuführen, die für die visuelle Bewußtheit verantwortlich sind, während andere Areale, in denen ebenfalls visuelle Prozesse ablaufen, davon unbeeinflußt bleiben. Diese Bereiche ermöglichen es dem Patienten, richtige Beurteilungen abzugeben, obwohl er sich dessen nicht bewußt ist, was er sieht.

28.2 Physiologische Aspekte der Emotionen

Emotionale Zustände sind mit einem Anstieg der Aktivität des **autonomen Nervensystems** verbunden, dem Teil des Wirbeltier-Nervensystems, der die inneren Organe, wie Blutgefäße, Herz, Darm, Lunge und bestimmte Drüsen, innerviert. Das autonome Nervensystem wird vom Gehirn kontrolliert und hat zwei verschiedene Innervationstypen, die zum Teil antagonistische Wirkungen auf die inneren Organe besitzen. Die **sympathischen** Nervenbahnen werden unter Streß oder körperlicher Anstrengung aktiviert und haben eine Notfallfunktion. Sie erhöhen die Blutzufuhr von Muskulatur, Gehirn, Herz und Lungen und steigern die Herzfrequenz; sie reduzieren dagegen die Blutversorgung der inneren Organe sowie der peripheren Körperteile. Das **parasympathische** Nervensystem läßt sich anatomisch von dem des sympathischen trennen. Es dient der Erholung, indem es die normale Blutversorgung wiederherstellt und anderen Auswirkungen des sympathischen Nervensystems entgegenarbeitet. Emotionale Erregung wird von der Aktivität sympathischer Nervenbahnen begleitet. Beim Menschen führt das zu einer erhöhten Herzfrequenz, Schwitzen und Änderungen in der peripheren Blutzirkulation, was u.a. am Erblassen oder Erröten der Gesichtshaut erkennbar ist.

Der Psychologe James (1890) nahm an, daß subjektive Emotionen durch diejenigen Sinnesrezeptoren verursacht werden, die auch an der jeweiligen emotionalen Reaktion beteiligt sind. Beispielsweise würde ein Angstreiz bestimmte verhaltensmäßige und psychische Änderungen hervorrufen, und diese würden dann erst die subjektive Erfahrung der Angst auslösen, oder, wie James (1890) formuliert: „Sieht man einen Bär, so läuft man". Er meinte damit, daß die Ursache für das Laufen nicht die Angst, sondern das Laufen selbst ist. Lange, ein Zeitgenosse von James, schlug eine ähnliche Erklärung für das emotionale Erleben vor, so daß diese Ansicht als **James-Lange-Theorie** bekannt geworden ist.

Cannon (1927) nahm an, daß die sympathische Erregung unabhängig von der Art der erlebten Emotion immer gleich aussieht. Er konnte nachweisen, daß Katzen emotionales Verhalten wie Zischen oder Fauchen auch dann noch zeigen, wenn man die autonome sensorische Rückkopplung unterbindet. Cannon folgerte, daß die autonome Aktivität für das emotionale Erleben nicht notwendig ist, unabhängig von dessen Auswirkungen auf die autonome Aktivität. Wird Menschen das Hormon Adrenalin injiziert, so führt das zu einer Aktivierung der allgemeinen sympathischen Aktivität, wie u.a. Schwitzen und erhöhte Herzfrequenz. Die Versuchspersonen berichten aber nicht von emotionalen Erlebnissen nach der Injektion. Einige geben die physischen Symptome wieder, andere beschreiben ein kaltes Gefühl, als wenn sie ärgerlich oder ängstlich wären (Landis und Hunt 1932).

Die autonome Erregung kann eine Basis für das emotionale Erleben sein, aber sie weist keine Unterschiede in den verschiedenen emotionalen Situationen auf. Die Situation wiederum, wie sie vom Subjekt wahrgenommen wird, kann allerdings zu einer Interpretation der autonomen Erregung im Sinne des dazu passenden emotionalen Erlebens führen. Diese Ansicht wird in einer Hypothese von Schachter und Singer (1962) vertreten. Die beiden Forscher injizierten Versuchspersonen Adrenalin, gaben aber vor, daß es sich dabei um ein Vitaminpräparat handelte. Einigen Personen wurde mitgeteilt, daß die Injektion eine Steigerung der Herzfrequenz und Erröten etc. zur Folge hat (d.h. also die üblichen Folgeerscheinungen von Adrenalin), während den anderen Versuchspersonen gesagt wurde, daß angebliche Nebenwirkungen des Medikaments wie Jucken oder Starrheit auftreten können (d.h. die Personen wurden falsch informiert). Alle Versuchspersonen wurden anschließend in einen Raum gebeten, um auf einen Sehtest zu warten. Hier wurden sie von einem versteckt sitzenden Experimentator beobachtet, während ein weiterer Mitarbeiter sich im Raum aufhielt. In dem einen Test benahm sich dieser Mitarbeiter mürrisch und ärgerlich, während er sich in einem anderen Versuch leichtsinnig und ausgelassen aufführte. Als nun die Versuchspersonen gebeten wurden, ihr emotionales Erleben nach dem Aufenthalt im Warteraum einzuschätzen, ergaben sich deutliche Unterschiede in Abhängigkeit von den beiden Testbedingungen: Die über die Folgen der Injektion falsch informierten Versuchspersonen fühlten sich in Gegenwart des ausgelassenen Mitarbeiters froher als die richtig informierten. In Gegenwart des mürrischen Mitarbeiters fühlten sie sich stärker verärgert als die Kontrollpersonen. Obwohl dieses Experiment auch kritisiert wurde (z. B. Plutchik und Ax 1970), deutet es doch an, daß sowohl der wahrgenommene physiologische Zustand als auch die Einschätzung der äußeren Situation zu den emotionalen Gefühlen des Menschen beitragen.

Um subjektive Erlebnisse von Tieren aus physiologischer Sicht abzuschätzen, sind auch direkte Vergleiche mit dem Menschen möglich, die sich aber nicht als endgültig befriedigend erweisen. Empfinden Tiere beispielsweise Schmerzen? Viele Tiere zeigen ähnliche physiologische Reaktionen, wenn ihnen solche auch für den Menschen schmerzvollen Reize gegeben werden. Schmerzstillende Medikamente, die beim Menschen die subjektiven, physiologischen und verhaltensmäßigen Reaktionen auf den Schmerz hin mindern, führen bei Tieren bei einem standardisierten Verhaltensindex für Schmerz zu entsprechenden Wirkungen. Die Interpretation solcher Ergebnisse beruht allerdings überwiegend auf dem jeweils angewandten Verhaltensindex. So würde ein einfacher Rückziehreflex kein guter Indikator für den subjektiv empfundenen Schmerz darstellen, da solche Reflexe im Tierreich weit verbreitet sind und auch bei sehr ursprünglichen Tieren vorkommen. Sogar der sogenannte Schmerzschrei ist als Kriterium für Schmerzempfinden schwer zu interpretieren. Während ein Hund oder ein Affe bei einer schweren Verletzung heulen oder kreischen würde, bleibt eine Antilope, die durch ein Raubtier in Stücke zerrissen wird, relativ leise. Das Schreien kann dazu dienen, bei anderen Gruppenmitgliedern Hilfeleistungen auszulösen, andererseits kann es aber auch die von den Rufen angezogenen Artgenossen in Gefahr bringen.

In manchen Fällen werden vergleichende Aspekte der Gehirnanatomie herangezogen, um die Wahrscheinlicheit abzuschätzen, daß Tiere ähnliche subjektive Empfindungen haben wie der Mensch. Normalerweise wird ein recht einfaches Maß wie die Größe des Gehirns oder des Cortex verwendet, das als Index für eine angenommene Progression von weniger zu mehr intelligenten Tieren dient. Wie sorgfältig durchgeführte anatomische Studien jedoch zeigen, weisen einige Gehirnstrukturen beim Vergleich verschiedener Tiergruppen auffällige Unterschiede auf. Hodos (1982) vermutet, daß einige dieser spezialisierten Hirnareale zu einer Form von geistiger Aktivität beitragen können, wie sie normalerweise nur im Cortex des Menschen angenommen wird. Die Einschätzung der Intelligenz von Tieren im Verhältnis zu ihrer Hirnstruktur wird allerdings oft auch noch durch die Vermeidung anthropomorpher Annahmen innerhalb der Tests erschwert (MacPhail 1982).

28.3 Bewußtsein und Leiden

Die Frage nach dem Bewußtsein von Tieren steckt voller Schwierigkeiten, und das Spektrum wissenschaftlicher Meinungen zu diesem Thema ist sehr breit. Einige Forscher glauben, Tieren fehle jegliches Bewußtsein, während andere wiederum annehmen, die meisten Tierarten seien damit ausgestattet. Weiterhin vertreten manche Wissenschaftler die Meinung, daß das Bewußtsein kein geeignetes Untersuchungsobjekt für wissenschaftliche Studien ist oder daß es gar ein zu vernachlässigendes Thema sei. Zur weiteren Verwirrung der Situation trägt die Tatsache bei, daß man sich bisher nicht auf eine allgemein akzeptierte Definition für Bewußtsein einigen konnte.

Griffin (1976) definiert Bewußtsein als das Vorhandensein mentaler Repräsentationen und fordert zugleich deren Einsatz in der Regulation des Verhaltens. Diese Definition ist nicht weit von der des *Oxford English Dictionary* entfernt. Sich über etwas bewußt zu sein heißt, sich „dessen gewahr werden, was man tut oder zu tun beabsichtigt, und dabei den Zweck und die Absicht sehen" (vgl. Griffin 1982). Nach Griffin (1976) „beinhaltet die Intention Vorstellungen zukünftiger Ereignisse, in denen sich die Person, die etwas beabsichtigt, als Teilnehmer sieht und eine Wahl trifft, welches Bild sie in die Realität umzusetzen versuchen wird." Obwohl Griffin und andere (z. B. Thorpe 1974) Intention und Bewußtsein als Bestandteil desselben Phänomens ansehen, gibt es hier keine einheitliche Meinung. Wie in Kapitel 26 gezeigt wurde, ist es auch möglich, sich intentionales Verhalten ohne Beteiligung von Bewußtsein vorzustellen.

Weiter oben wurde schon darauf hingewiesen, daß viele Forscher im Bewußtsein mehr als nur ein einfaches Wahrnehmungserkennen sehen. Beispielsweise ist für Humphrey (1978) Selbstbewußtsein eine Art Selbstkenntnis, die angewandt wird, um dann das Verhalten anderer Individuen vorherzusagen, und Hubbard (1975) vertritt die Ansicht, Bewußtsein sei u.a. das Wissen über das eigene „Selbst" als unterschiedlich zu jedem anderen „Selbst". Solches Wissen könnte als Basis für Kommunikation dienen, was aber nicht bedeutet, daß mit Bewußtsein notwendigerweise auch Sprache verbunden ist. Man kann allerdings Passingham (1982) zustimmen, daß

„gesprochene Sprache das Denken revolutioniert hat. Der Gebrauch der Sprache beim Denken kann in hohem Maße das erreichbare Niveau an Intelligenz verstärken. Tiere denken, aber Menschen können in völlig neuen Wegen denken, mit einem grundsätzlich verschiedenen Codesystem." Ohne Zweifel hat die „Erfindung" der Sprache die Art und Weise geändert, wie wir über uns selbst nachdenken. Man kann sich nur schwer das Bewußtsein ohne Sprache vorstellen, was jedoch nicht dazu berechtigt, Tieren, die keine oder nur eine einfache Sprache besitzen, ein Bewußtsein abzusprechen. Wie oben gezeigt wurde, können Tiere mit einer dem Menschen unähnlichen Sprache eine bestimmte Form von Selbstbewußtsein besitzen. Sprache und Bewußtsein sollten daher nicht gleichgesetzt werden.

Müssen Tiere mit einem Bewußtsein ausgestattet sein, um Qualen und Leiden als solche wahrzunehmen? Üblicherweise neigt man dazu, dieses anzunehmen. Ist der Mensch ohne Bewußtsein, leidet er nicht an Schmerzen oder geistigen Qualen, da Teile seines Gehirns nicht aktiviert sind. Es ist jedoch unbekannt, ob diese Gehirnareale nur an Bewußtsein oder an zusätzlichen Aufgaben der Gehirnaktivität beteiligt sind. Daher kann man aus der Tatsache der Schmerzunempfindlichkeit bei ausgeschaltetem Bewußtsein nicht schließen, daß Bewußtsein und Leiden Hand in Hand gehen. Es mag sein, daß das, was Bewußtlosigkeit hervorruft, ebenfalls das Schmerzempfinden ausschaltet, aber deshalb muß beides nicht kausal miteinander verknüpft sein.

Man hat bisher noch keine Vorstellung darüber, wie solche bewußten Erlebnisse bei Tieren – vorausgesetzt es gibt sie – aussehen oder beschreibbar sind. Man sollte daher auch nicht auf eine Beziehung zwischen Bewußtsein und Leiden rückschließen. Es wäre sehr eingeengt und dadurch auch falsch, anzunehmen, daß das Leiden sich auf solche Tierarten beschränkt, die intelligent sind, die eine Sprache verwenden oder die Anzeichen bewußten Erlebens zeigen.

Den Menschen als Modell für die Gefühle der Tiere heranzuziehen, bringt sowohl Gefahren als auch Vorteile mit sich (Dawkins 1980). Die wissenschaftliche Grundlage für eine Analogie der mentalen Erlebnisse bei Mensch und Tier steht bisher noch auf schwachen Beinen. Andererseits kann man über eine analoge Betrachtung eigener geistiger Erlebnisse zu Schlußfolgerungen auf die Erlebnisse anderer Menschen gelangen. Sieht man eine andere Person leiden oder hört man ihre Schmerzensschreie, so wird man dieses Erlebnis nicht aus dem Grund ignorieren, weil man nicht beweisen kann, ob und inwieweit die mentalen Erlebnisse dieser Person den eigenen entsprechen, sondern man wird ihr helfen, gerade weil man diese Unbeweisbarkeit anzweifelt. Man sollte diese Zweifel auch bei den Schmerzäußerungen von Angehörigen anderer Arten aufkommen lassen.

28.4 Eine evolutionäre Perspektive

Es ist selbstverständlich, anderen Menschen in einer Notlage zu helfen. Obwohl es möglicherweise Unterschiede zwischen den verschiedenen Kulturen gibt, hat unsere Sympathie für andere vermutlich eine angeborene Grundlage. Wenn man zu einer anderen Person grausam ist, so weiß man, daß man ihr Leiden zufügt. Man nimmt automatisch an, daß ihre geistigen Erlebnisse denen entsprechen, die man selbst in der gleichen Situation erfahren würde. Anscheinend sind wir Menschen aufgrund der natürlichen Selektion so strukturiert, daß wie stets annehmen, andere Menschen hätten im Vergleich zu einem selbst ein ähnliches Erleben. Warum? Einige Forscher (z. B. Humphrey 1979; Crook 1980) nehmen an, daß für die Evolution eng verknüpfter Sozietäten die Erkennung von anderen Artgenossen vorteilhaft war. Das „Erkennen des anderen" bedeutet das Wahrnehmen von anderen als Wesen mit Gefühlen, die den eigenen ähnlich sind. Dieses Erkennen kann die Fähigkeit erleichtern, auf individuelle Eigenschaften anderer zu reagieren, und vielleicht die Entwicklung einer Sprache ermöglichen, mit deren Hilfe man Sympathie ausdrücken kann. Griffin (1981) weist darauf hin, daß dieses auch bei anderen Arten möglich gewesen sein könnte, und „daß Tiere, die sich ihrer soziobiologischen Ziele bewußt sind, diese effizienter erreichen können, als wenn sie dies nicht sind." Sicherlich scheint das soziale und politische Leben einiger Primaten kompliziert genug zu sein, um eine solche Entwicklung zu rechtfertigen. Das Problem besteht jedoch darin, daß ein plausibler adaptiver Wert für ein zu beobachtendes oder angenommenes Merkmal immer gefunden werden kann. Solche Spekulationen helfen hier allerdings nicht weiter.

Mögliche evolutionäre Ursprünge von stärker verbreiteten und einfachen Merkmalen führen hier wahrscheinlich eher weiter. Warum könnte sich beispielsweise bei einem Tier ein Schmerzempfinden entwickelt haben? Ist es möglich, daß eine Tierpopulation, in der aufgrund eines einfachen Meideverhaltens weder Schmerz noch Leiden auftritt, von einer Mutante mit einem einfachen Schmerzbewußtsein unterwandert wird? Ein selektiver Vorteil dieses Merkmals muß sich im Verhalten des Tieres in irgendeiner Form niederschlagen. Wären diese psychischen Erfahrungen in keiner Weise sichtbar und daher ohne jegliche Auswirkungen, so gäbe es auch vermutlich keine Ansatzstellen für das Wirken der natürlichen Selektion. Vielleicht würde das Merkmal die Fähigkeit des Tieres verbessern, mit seinen nächsten Verwandten zu kommunizieren oder effektiver die Gefahren der Umwelt kennenzulernen. Obwohl hierüber nichts bekannt ist, könnte man eventuell die Hürde der Spekulationen überwinden, indem man die anerkannten Vorgehensweisen der Evolutionsbiologie anwendet und Fragen stellt, wie etwa: Kann das neue Merkmal erfolgreich eine Population unterwandern und würde sich dabei eine evolutionsstabile Strategie (vgl. Kap. 7) ergeben?

Aus evolutionärer Sicht sollte man bei der Abschätzung des tierlichen Schmerzempfindens den erwähnten Zweifel aufkommen lassen und annehmen, daß es leidet, wenn es in eine Situation gebracht wird, die es normalerweise meidet. Wenn Tiere leiden, dann tun sie es wahrscheinlich in Reaktion auf Umstände hin, die funktional von Nachteil sind. Tiere sollten im allgemeinen so angepaßt sein, daß sie Situationen wählen, die ihre Fitness steigern, solche aber meiden, die ihre Fitness mindern. Vielleicht läßt sich daher ihr Verhalten in Wahlsituationen als Hinweis auf ihr Wohlbefinden heranziehen.

Im Jahre 1880 nahm Spencer an, das subjektive Erleben von Freude und Schmerz habe sich entwickelt, um den Tieren bei der Wahl geeigneter Habitate und Lebensbedingungen zu helfen. Es ist zwar hinreichend bekannt, daß Wildtiere ausgeprägte Habitatpräferenzen besitzen (Lack 1937; Hildén 1965; Partridge 1978), was aber nicht bedeutet, daß bei ihrer Wahl subjektive Gefühle notwendig sind. Aus evolutionärer Sicht kann man aber erwarten, daß solche Habitatpräferenzen mit dem Wohlbefinden der Tiere einhergehen. Bei domestizierten oder im Labor gezüchteten Tieren ist eine Verknüpfung von Präferenz und Fitness dagegen nicht so deutlich zu erkennen. Trotzdem bietet das Verhalten solcher Tiere in Wahlsituationen wahrscheinlich eine vernünftige Faustregel für ihr Wohlbefinden (Dawkins 1980).

Den Nutzen dieses Ansatzes veranschaulichen Untersuchungen, in denen die Haltungsbedingungen von Hennen in Legebatterien bestimmt werden sollten. In Großbritannien gründete die Regierung ein Komitee, das sich mit dem Wohlbefinden von Tieren befassen sollte, die unter den Bedingungen der intensiven Nutztierhaltung leben müssen. In seinem Abschlußbericht empfahl das Komitee, die Böden der Käfigbatterien nicht aus feinem Drahtnetz mit hexagonaler Struktur herzustellen, da diese für Hennen beim Stehen unbequem seien (Brambell 1965). Als jedoch die Batteriehühner einem Wahlversuch unterzogen wurden, in dem sie zwischen dem herkömmlichen Boden und einem dicken, rechteckig strukturierten Metalldrahtnetz, welches das Komitee empfohlen hatte, wählen konnten, zogen die Hühner das herkömmliche Drahtnetz dem neuen vor (Hughes und Black 1973). Mit Hilfe von Fotografien, die den Boden der Käfige von unten zeigen, konnte nachgewiesen werden, daß die Füße der Hühner auf dem feinmaschigen Drahtnetz mehr Halt hatten.

Umfangreiche Untersuchungen zur Gehegepräferenz von Hausgeflügel wurden von Dawkins (1976) durchgeführt. In einem Fall bot sie Hennen die Wahl zwischen einem Batteriekäfig und einem freien Auslauf in den Garten. An einer T-förmigen Kreuzung konnten die Vögel in der einen Richtung den Auslauf und in der anderen den Käfig sehen. Den Hennen war es nun freigestellt, welchen Weg sie wählten. Vor einem Wiederholungstest wurden sie für fünf Minuten an dem Ort gelassen, den sie beim vorhergehenden Test gewählt hatten. Hennen, die vorher im Auslauf gelebt hatten, wählten im Wahlversuch von Anfang an immer den Auslauf. Die Hennen aus den Batterien (Abb. 28.2) wählten anfangs ihre gewohnte Umgebung, zeigten jedoch nach einigen wiederholten Tests Präferenzen für den Auslauf. Somit reichte eine, wenn auch nur kurze, Erfahrung mit dem freien Auslauf aus, ihre Präferenz zu ändern (Dawkins 1976, 1977).

Wahlversuche können aus dem Grund kritisiert werden, daß die Präferenzen der Tiere eine Vielzahl von unterschiedlichen Einflüssen widerspiegeln. Habitatpräferenzen können durch genetische Faktoren, Prägung, Vertrautheit oder neue Erfahrungen beeinflußt werden. Genetische Unterschiede können mit Hilfe von Untersuchungen an verschiedenen genetischen Stämmen domestizierter Tiere getestet werden (Dawkins 1980). Die frühen Erfahrungen eines Tieres können Langzeitwirkungen auf seine Habitatpräferenz zur Folge haben. Das läßt sich aber in Untersuchungen an Haustieren kontrollieren.

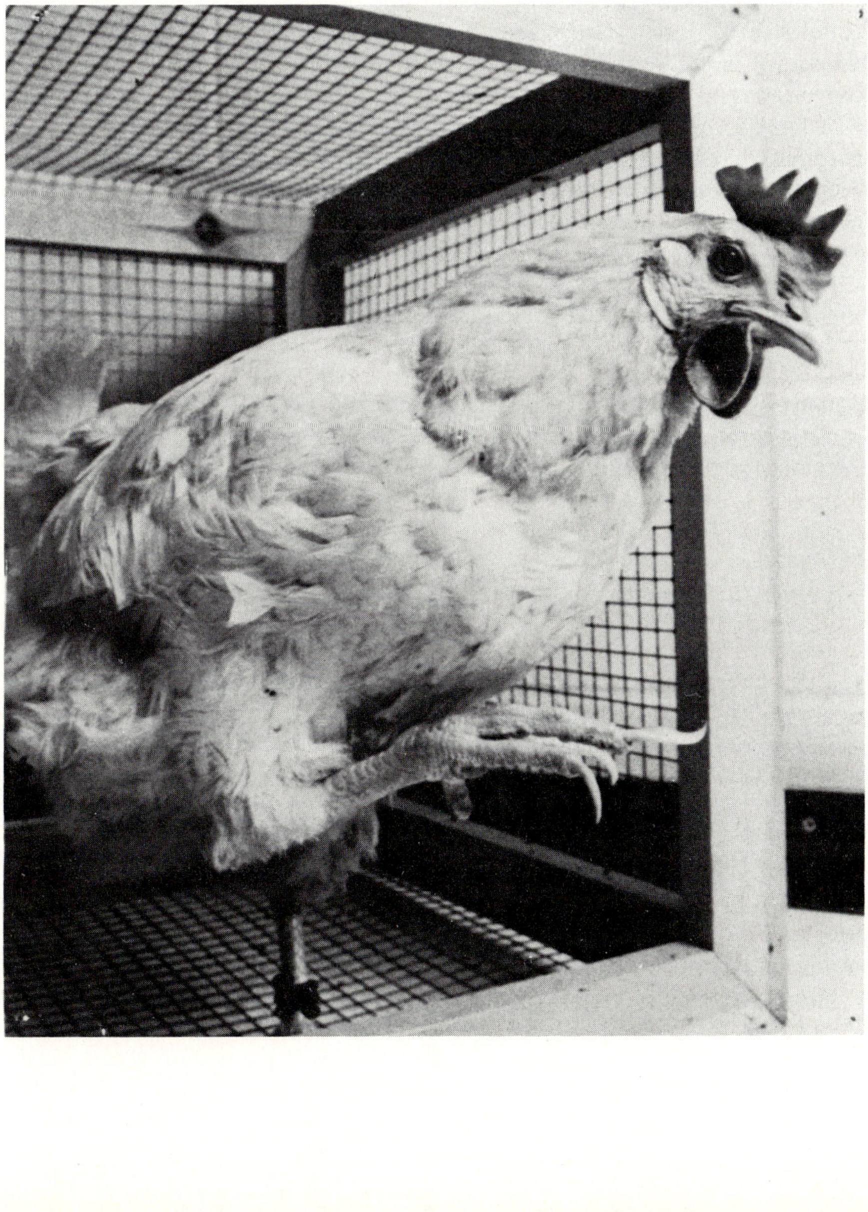

Abb. 28.2. Eine Henne aus den Experimenten von Dawkins. Hennen, die für mehrere Wochen in einer Legebatterie gehalten wurden, zogen diese vertraute Umgebung anfangs im Präferenztest dem freien Auslauf vor.

Bei Wahlversuchen ist sorgfältig darauf zu achten, daß die Tiere mit den möglichen Alternativen vertraut sind. Viele Tiere meiden neue oder ungewohnte Situationen, und es ist offensichtlich möglich, daß sie eine bestimmte Alternative vorziehen, wenn sie mit ihr vertraut sind. Landwirte behaupten manchmal, ihre Tiere mögen die Lebensbedingungen auf dem Hof, da sie bei Freilassung wieder freiwillig zurückkehren. Entsprechend könnte man auch behaupten, manche Menschen würden es vorziehen, im Gefängnis zu leben, da sie es als schwierig empfinden, sich nach einer langen Abwesenheit an das Leben außerhalb zu gewöhnen. Dieses Problem hängt eng mit der Wechselwirkung von Vertrautheit und neuer Erfahrung zusammen. Die Erstwahl eines Tieres kann seine vertraute Umgebung sein, aber diese Präferenz kann schnell erlöschen, wie es das Beispiel der Hennen in Legebatterien gezeigt hat.

Ein weiterer Kritikpunkt an Wahlversuchen ist, daß in den Tests nicht zwischen den Langzeit- und Kurzzeitpräferenzen der Tiere unterschieden wird. Duncan (1977, 1978) konnte nachweisen, daß Hennen es vorziehen, ihre Eier in ein „Fallennest" zu legen, obwohl dieses Verhalten mit einem Futterentzug über mehrere Stunden verbunden war. Diese Nestpräferenz kann so stark sein, daß Hennen die Nester tagtäglich aufsuchen. Solche Phänomene müssen jedoch im Hinblick auf die für das Tier möglichen Alternativen gesehen werden. Wie würde ein Tier seine Zeit aufteilen, wenn es zwischen verschiedenen Tagesabläufen wählen könnte? Im Freiland wird erwartet, daß Tiere ihre täglichen Routinen für sie optimal arrangieren (vgl. Kap. 16), die Abstimmung einer Aktivität mit einer anderen kann jedoch sehr langsam vonstatten gehen. Tiere sind zur Anpassung an sich ändernde Umweltbedingungen sowohl mit Langzeit- als auch mit Kurzzeitmechanismen ausgestattet, die das jeweilige Verhalten in komplexer Weise beeinflussen. Dawkins (1980, 1982) hat darauf hingewiesen, daß die Messungen der Elastizität von Verhalten (vgl. Kap. 24.6) eine Möglichkeit darstellen könnten, Probleme dieser Art zu lösen. Man kann annehmen, daß unter äußerem Druck gezeigte Präferenzen wahrscheinlich für eine Aussage verläßlicher sind als solche, die unter zwanglosen Bedingungen auftreten. Haustiere sind im Gegensatz zu Wildtieren normalerweise nicht Zeit- und Energiezwängen unterworfen. Bei der Durchführung von Wahlversuchen sollte daher diese Art von Zwängen berücksichtigt werden. Ökonomen wissen, daß sich Präferenzen der Verbraucher schlagartig mit Preisänderungen der Produkte ändern können. Eine entsprechende Kostenfunktion (vgl. Kap. 24.6) würde hier ein schlüssigeres Bild von tierlichen Präferenzen liefern.

Gäbe es genügend Hinweise, könnte man auf evolutionärer Basis argumentieren, daß die Abweichungen von der ursprünglichen Lebensweise, die ein Tier zum Überleben gerade noch in Kauf nimmt, ein guter Index für Wohlbefinden sind. Wie sollte sich Leiden sonst entwickelt haben?

Merksätze

- Tiere können ihre Körperzustände und ihr gerade gezeigtes Verhalten wahrnehmen, was jedoch nicht notwenigerweise die Existenz eines Bewußtseins voraussetzt.
- Bei Tieren können physiologische Anzeichen von Emotionen auftreten, was aber nicht bedeutet, daß sie Emotionen in einer dem Menschen ähnlichen Weise empfinden.
- Bei der Beurteilung der Frage, ob Tiere leiden, müssen Annahmen über ihre mentalen Zustände gemacht werden, die sich wissenschaftlich nicht überprüfen lassen.
- Aus evolutionärer Sicht sollten Tiere gewöhnlich wissen, was das Beste für sie ist, und auf dieser Basis Entscheidungen treffen.

Weiterführende Literatur

DAWKINS, M. S. (1980) *Animal Suffering.* Chapman and Hall, London.
GALLUP, G. G. (1979) Self-awareness in primates. *American Scientist,* **67**, 417-421.
GRIFFIN, D. R. (1981) *The Question of Animal Awareness.* The Rockefeller University Press, New York.

Anhang

Nachweis über die abgebildeten Fotografien

Kapitel 1

Abb. 1.1: N. Ball
Abb. 1.2: J. Shaffery
Abb. 1.3: N. Smythe

Kapitel 2

S. 14 BBC Hulton Picture Library

Kapitel 3

Abb. 3.5: H. Reinhard (mit freundlicher Genehmigung von Bruce Coleman Ltd.)

Kapitel 4

Abb. 4.2: J. Hirsch
Abb. 4.8: mit freundlicher Genehmigung von J.P. Scott
Abb. 4.9: mit freundlicher Genehmigung von J.P. Scott
Abb. 4.10: J.P. Scott

Kapitel 5

S. 54 Mary Evans Picture Library
Abb. 5.1: M.W.F. Tweedie
Abb. 5.12: R. Squibb
Abb. 5.13: N. Collias

Kapitel 6

Abb. 6.1: N. Tinbergen
Abb. 6.11: T. Halliday

Kapitel 7

Abb. 7.1: M. Edmunds
Abb. 7.2: M. Edmunds
Abb. 7.5: L. Brower
Abb. 7.11: J. Brockmann

Kapitel 8

S. 102 mit freundlicher Genehmigung des Kuratoriums der National Portrait Gallery, London
Abb. 8.3: L. Lee Rue (mit freundlicher Genehmigung der Frank Lane Picture Agency)
Abb. 8.5: B. LeBoeuf

Kapitel 9

Abb. 9.1: G. Cubitt (mit freundlicher Genehmigung von Bruce Coleman Ltd.)
Abb. 9.2: J. und D. Bartlett (mit freundlicher Genehmigung von Bruce Coleman Ltd.)
Abb. 9.3: T. Halliday
Abb. 9.4: H. Kruuk

Kapitel 10
Abb. 10.4: T. Halliday
Abb. 10.7: R. Garrison, © Zoologische Gesellschaft San Diego
Abb. 10.8: R. Garrison, © Zoologische Gesellschaft San Diego

Kapitel 11
S. 154 BBC Hulton Picture Library

Kapitel 12
Abb. 12.5: F. Webster
Abb. 12.23: G. Baerends

Kapitel 14
S. 216 BBC Hulton Picture Library

Kapitel 15
Abb. 15.3: G. Louw

Kapitel 17
S. 282 BBC Hulton Picture Library

Kapitel 18
Abb. 18.2: mit freundlicher Genehmigung von B. Moore

Kapitel 20
S. 328, oben H. Kacher
S. 328, unten B. Tschanz
Abb. 20.4: D. Kasterine (mit freundlicher Genehmigung der Radio Times)
Abb. 20.7: F. Schutz

Kapitel 22
Abb. 22.1: J. Shaffery

Kapitel 23
S. 376 mit freundlicher Genehmigung von M. Renner

Kapitel 24
Abb. 24.12: R. McCleery
Abb. 24.13: R. McCleery
Abb. 24.14: R. Sibly

Kapitel 26
S. 436 mit freundlicher Genehmigung von Regents, der Universität von Kalifornien

Kapitel 27
Abb. 27.3: J.M. Pearson (Biofotos)
Abb. 27.4: A. Root (Survival Anglia, Oxford Scientific Films Ltd.)
Abb. 27.5: P. Davey (mit freundlicher Genehmigung von Bruce Coleman Ltd.)
Abb. 27.6: J. Markham (mit freundlicher Genehmigung von Bruce Coleman Ltd.)

Kapitel 28
Abb. 28.2: T. Allen

Literaturverzeichnis

Able, K. P. (1982) The effects of overcast skies on the orientation of free-flying nocturnal migrants. In *Avian Navigation,* Hrsg. F. Papi, H. G. Wallraff, 38–49, Springer Verlag, Berlin, Heidelberg, New York.

Adler, H. E. (1971) Orientation: sensory basis. *Ann. N. Y. Acad. Sci.* **188,** 1–408.

Adler, N. T. (1969) The effect of male's copulatory behaviour on successful pregnancy of the female rat. *J. Comp. Physiol. Psychol.* **69,** 613.

Adolph, E. F. (1972) Some general concepts of physiological adaptations. In *Physiological Adaptations,* Hrsg. M. K. Yousef, S. M. Horvath, R.W. Bullard, 1–7, Academic Press, New York.

Alberts, B. et al. (1987) *Molekularbiologie der Zelle.* VCH Verlagsgesellschaft, Weinheim.

Allison, J. (1979) Demand economics and experimental psychology. *Behav. Sci.* **24,** 403–415.

Allison, J. (1983) Behavioral substitutes and complements. In *Animal Cognition and Behavior,* Hrsg. R. L. Malgren, North-Holland, Amsterdam.

Amoore, J. E. (1963) Stereochemical theory of olfaction. *Nature, London* **198,** 271–272.

Andrew, R. J. (1956a) Some remarks on behaviour in conflict situations, with special reference to *Emberiza* spp. *Brit. J. Anim. Behav.* **4,** 41–45.

Andrew, R. J. (1956b) Normal and irrelevant toilet behaviour in *Emberiza* spp. *Brit. J. Anim. Behav.* **4,** 85–91.

Andrew, R. J. (1956c) Intention movements of flight in certain passerines, and their use in systematics. *Behaviour* **10,** 179–204.

Andrews, R. J. (1963) The origins and evolution of the cells and facial expressions of the primates. *Behaviour* **20,** 1–109.

Anthoney, T. R. (1968) The ontogeny of greeting, grooming and sexual motor patterns in captive baboons. *Behaviour* **31,** 358– 372.

Argyle, M. (1972) Non-verbal communication in human social interaction. In *Non-Verbal Communication,* Hrsg. R. A. Hinde, 243–269, Cambridge University Press, Cambridge.

Armstrong, E. A. (1947) *Courtship and Display amongst Birds.* Lindsay Drummond, London.

Arnold, W. (1987) Social thermoregulation during hibernation in alpine marmots *(Marmota marmota). J. Comp. Physiol.*

Aschoff, J. (1960) Exogenous and endogenous components in circadian rhythms. *Cold Spring Harbor Symp. Quant. Biol.* **25,** 11–28.

Aschoff, J. (1965) Circadian rhythms in man. *Science* **148,** 1427–1432.

Aschoff, J. (1984) Tages- und Jahresuhren zur Orientierung in Raum und Zeit. *Nova Acta Leopoldina* **NF 57,** 9–47.

Assem, J. van den (1967) Territory in the three-spined stickleback, *Gasterosteus aculeatus. Behaviour Supp.* **16,** 1–164.

Avery, O.T., Macleod, C. M., McCarty, M. (1944) Studies on the chemical nature of the substance inducing transformation of pneumococcal types. *J. Exp. Med.* **79,** 137–158.

Baerends, G. P. (1941) Fortpflanzungsverhalten und Orientierung der Grabwespe *Ammophila campestris* Jur. *Tijdschr. Ent.* **84,** 68–275.

Baerends, G. P. (1950) Specialisations in organs and movements with a releasing function. *Symp. Soc. Exp. Biol. IV,* 337–360.

Baerends, G. P. (1975) An evaluation of the conflict hypothesis as an explanatory principle for the evolution of displays. In *Function and Evolution in Behaviour,* Hrsg. G. P. Baerends, C. Beer, A. Manning, Clarendon Press, Oxford.

Baerends, G. P., Brouwer, R., Waterbolk, H. Tj. (1955) Ethological studies on *Lebistes reticulatus* (Peters), I: An analysis of the male courtship pattern. *Behaviour* **8,** 249–334.

Baerends, G. P., Drent, R. H. (1970) The herring gull and its egg, Teil I. *Behaviour Suppl. XVIII,* 265–310.

Baerends, G. P., Drent, R. H. (1982) The herring gull and its egg, Teil II. *Behaviour* **82,** 1–416.

Baerends, G. P., Kruijt, J. P. (1973) Stimulus selection. In *Constraints on Learning: Limitations and Predispositions,* Hrsg. R. A. Hinde, J. Stevenson-Hinde, 23–50, Academic Press, London.

Baker, A. C., Mackintosh, N. J. (1977) Excitatory and inhibitory conditioning following uncorrelated presentations of the CS and US. *Animal Learning and Behaviour* **5,** 315–319.

Baker, P.T., Weiner, J. (1966) *Biology of Human Adaptability.* Oxford University Press, New York.

Baker, R. R. (1981) Man and other vertebrates: a common perspective to migration and navigation. In *Animal Migration,* Hrsg. D. J. Aidley, Cambridge University Press, Cambridge.

Baldwin, E. (1948) *An Introduction to Comparative Biochemistry.* Cambridge University Press, Cambridge.

Barnard, C. J. (1980) Flock feeding and time budgets in the house sparrow *Passer domesticus* L. *Anim. Behav.* **28,** 295–309.

Barnard, C. J., Sibly, R. M. (1981) Producers and scroungers: a general model and its application to captive flocks of house sparrows. *Anim. Behav.* **29,** 543–550.

Barrington, E. J.W. (1968) *The Chemical Basis of Physiological Regulation.* Scott, Foresman and Company, Glenview, Illinois.

Bastock, M. (1956) A gene mutation which changes a behaviour pattern. *Evolution* **10,** 421–439.

Bastock, M., Morris, D., Moynihan, M. (1953). Some comments on conflict and thwarting in animals. *Behaviour* **6,** 66–84.

Bateson, P. P. G. (1964) An effect of imprinting on the perceptual development of domestic chicks. *Nature, London* **202,** 421–422.

Bateson, P. P. G. (1966) The characteristics and context of imprinting. *Biol. Rev.* **41,** 177–220.

Bateson, P. P. G. (1973) Internal influences on early learning in birds. In *Constraints on Learning,* Hrsg. R. A. Hinde, J. Stevenson-Hinde, 101–116, Academic Press, London.

Bateson, P. P. G. (1978) Early experience and sexual preferences. In *Biological Determinants of Sexual Behaviour,* Hrsg. J. B. Hutchison, 29–53, Wiley, London.

Bateson, P. P. G. (1979) How do sensitive periods arise and what are they for? *Anim. Behav.* **27,** 470–486.

Bateson, P. P. G. (1980) Optimal outbreeding and the development of sexual preferences in Japanese quail. *Z. Tierpsychol.* **53,** 231–44.

Bateson, P. P. G., Klopfer, H. (Hrsg.) (1982) *Perspectives in Ethology.* Bd. V, *Ontogeny.* Plenum Press, New York.

Bateson, P. P. G., Lotwick, W., Scott, D. K. (1980) Similarities between the faces of parents and offspring in Bewick's swans and the differences between mates. *J. Zool. London* **191,** 61–74.

Bateson, P. P. G., Resse, E. P. (1969) The reinforcing properties of conspicuous stimuli in the imprinting situation. *Anim. Behav.* **17,** 692–699.

Bateson, P. P. G., Wainwright, A. A. P. (1972) The effects of prior exposure to light on the imprinting process in domestic chicks. *Behaviour* **42,** 279–290.

Bechterew, V. M. (1913) *La psychologie objective.* Alcan, Paris.

Beer, C. G. (1970) Individual recognition of voice in the social behavior of birds. In *Advances in the Study of Behavior,* Hrsg. D. S. Lehrman, R. Hinde, E. Shaw, Academic Press, New York.

Békésy, G. von (1952) Mechanics of hearing. *Nature, London* **169,** 241–242.

Békésy, G. von (1960) *Experiments in Hearing.* McGraw-Hill, New York.

Beninger, R. J., Kendall, S. B., Vanderwof, C. H. (1974) The ability of rats to discriminate their own behaviors. *Can. J. Psychol.* **28,** 79–91.

Bentley, D. R. (1971) Genetic control of an insect network. *Science* **174,** 1139–1141.

Bentley, D. R., Hoy, R. R. (1972) Genetic control of the neuronal network generating cricket *(Teleogryllus gryllus)* song patterns. *Anim Behav.* **20,** 478–492.

Benvenuti, S., Wallraff, H. G. (1985) Pigeon navigation: Site simulation by means of atmospheric odours. *J. Comp. Physiol.* **156,** 737–746.

Bergman, G. (1965) Der sexuelle Größendimorphismus der Anatiden als Anpassung an das Höhlenbrüten. *Commentationes Biologicae, Soc. Sci. Fenn.* **28,** 1–10.

Bernard, C. (1859) *Leçons sur les propriétés physiologiques et les altérations pathologiques des liquides de l'organisme.* Bailliere, Paris.

Bernstein, J. I. (1970) Anatomy and physiology of the central nervous system. In *Fish Physiology,* Hrsg. W. S. Hoar, D. J. Randall, Bd. 4, 1–90, Academic Press, New York.

Berthold, P. (1973) Relationship between migratory restlessness and migration distance in six *Sylvia* species. *Zool. Jahrb. Syst.* **115,** 594–599.

Berthold, P. (1974) Circannual rhythms in birds with different migratory habits. In *Circannual Clocks,* Hrsg. E.T. Pengelley, Academic Press, New York.

Berthold, P. (1984a) The endogenous control of bird migration: A survey of experimental evidence. *Bird Study* **31,** 19–27.

Berthold, P. (1984b) The control of partial migration in birds: A review. *The Ring* **10,** 253–265.

Bertram, B. C. R. (1979) Ostriches recognize their own eggs and discard others. *Nature, London* **279,** 233–234.

Bertram, B. C. R. (1980) Vigilance and group size in ostriches. *Anim. Behav.* **28,** 278–286.

Biebach, H. (1983) Genetic determination of partial migration in the European robin *(Erithacus rubecula). Auk* **100,** 601–606.

Biebach, H. (1985) Sahara stopover in migratory flycatchers: Fat and food affect the time program. *Experientia* **41,** 695–697.

Biebach, H., Friedrich, W., Heine, G. (1986) Interaction of bodymass, fat, foraging and stopover period in trans-sahara migrating passerine birds. *Oecologia* **69,** 370–379.

Biederman, G. B., D'Amato, M. R., Keller, D. M. (1964) Facilitation of discriminated avoidance learning by dissociation of CS and manipulandum. *Psychon. Sci.* **1,** 229–230.

Bischof, H.-J. (1983) Imprinting and cortical plasticity: A comparative review. *Neurosci. Biobehav. Rev.* **7,** 213–225.

Bischof, N. (1973) Die biologischen Grundlagen des Inzesttabus. In *Bericht über den 27. Kongreß der Deutschen Gesellschaft für Psychologie in Kiel 1970.* Hrsg. G. Reinert, 115–142, Hogrefe Verlag, Göttingen.

Bischof, N. (1975) Comparative ethology of incest avoidance. In *Biosocial Anthropology,* Hrsg. R. Fox, 37–67, Malaby Press, New York.

Bischof, N. (1985) *Das Rätsel Ödipus.* Piper Verlag, München, Zürich.

Black, R. (1971) Hatching success in the three-spined stickleback *(Gasterosteus aculeatus)* in relation to changes in behaviour during the parental phase. *Anim. Behav.* **19,** 532–541.

Blakemore, R. P. (1975) Magnetic bacteria. *Science* **190,** 377–379.

Blest, A. D. (1957) The evolution of protective displays in the Saturnioidae and Sphingidae (Lepidoptera). *Behaviour* **11,** 257–309.

Blest, A. D. (1961) The concept of ritualization. In *Current Problems in Animal Behaviour,* Hrsg. W. H. Thorpe, O. L. Zangwill, Cambridge University Press, London.

Bligh, J. (1976) Reproduction. In *Environmental Physiology of Animals,* Hrsg. J. Bligh, J. L. Cloudsley-Thompson, A. G. Macdonald, Blackwell Scientific Publications, Oxford.

Blurton Jones, N. G. (1968) Observations and experiments on the causation of threat displays of the great tit *(Parus major). An. Behav. Mon.* **1,** 2.

Blurton Jones, N. G. Hrsg. (1972) *Ethological Studies of Child Behaviour.* Cambridge University Press, New York.

Blurton Jones, N. G., Silby, R. M. (1978) Testing adaptiveness of culturally determined behaviour: do Bushman women maximize their reproductive success by spacing births widely and foraging seldom? In *Human Behaviour and Adaptation,* Hrsg. V. Reynolds, N. Blurton Jones, Taylor and Francis, London.

Bodmer, W. F., Cavalli-Sforza, L. L. (1976) *Genetics, Evolution, and Man.* W. H. Freeman, New York.

Böhner, J. (1983) Song learning in the Zebra Finch *(Taeniopygia guttata):* selectivity in the choice of a tutor and accuracy of song copies. *Anim. Behav.* **31,** 231–237.

Boeuf, B. J. Le (1974) Male-male competition and reproductive success in elephant seals. *Am. Zool.* **14,** 163–176.

Bolles, R. C. (1967) *Theory of Motivation.* Harper und Row, New York.

Bolles, R. C. (1970) Species-specific defense reactions and avoidance learning. *Psychol. Rev.* **77,** 32–48.

Bonner, J. T. (1980) *The Evolution of Culture in Animals.* Princeton University Press, Princeton, New Jersey.
(deutsche Übersetzung:
Bonner, J. T. (1983) *Kultur-Evolution bei Tieren.* Parey Verlag, Berlin, Hamburg).

Bookman, M. A. (1978) Sensitivity of the homing pigeon to an earth-strength magnetic field. In *Animal Migration, Navigation and Homing,* Hrsg. K. Schmidt-Koenig, W. T. Keeton, 127–134, Proceedings in Life Sciences, Springer Verlag, Berlin.

Booth, D. A. (Hrsg.) (1978) *Hunger Models: Computable Theory of Feeding Control.* Academic Press, London.

Brambell, F. W. R. (1965) (Chairman) *Report of the Technical Committee to Enquire into the Welfare of Animals kept under Intensive Livestock Husbandry Systems.* Cmnd 2836, H.M.S.O., London.

Braun, H. W., Geiselhart, R. (1959) Age differences in the acquisition and extinction of the conditioned eyelid response. *J. Exp. Psychol.* **57,** 386–388.

Breland, K., Breland, M. (1961) The misbehavior of organisms. *Am. Psychol.* **16,** 661–664.

Brockmann, H. J., Barnard, C. J. (1979) Kleptoparasitism in birds. *Anim. Behav.* **27,** 487–514.

Brockmann, H. J., Dawkins, R. (1979) Joint nesting in a digger wasp as an evolutionarily stable preadaptation to social life. *Behaviour* **71,** 203–45.

Brockmann, H. J., Grafen, A., Dawkins, R. (1979) Evolutionarily stable nesting strategy in a digger wasp. *J. Theor. Biol.* **77,** 473–496.

Brogden, W. J. (1939) Sensory pre-conditioning. *J. Exp. Psychol.* **25,** 323–332.

Brogden, W. J., Lipman, E. A., Cullen, E. (1938) The role of incentive in conditioning and extinction. *Am. J. Psychol.* **51,** 109–117.

Brower, J.V. (1958) Experimental studies of mimicry in some North American butterflies, Teil I: The Monarch, *Danaus plexippus,* and Viceroy, *Limenitis archippus archippus. Evolution* **12,** 32–47.

Brower, L. P. (1969) Ecological chemistry. *Sci. Am.* **220,** 22–29.

Brown, J. L. (1970) Cooperative breeding and altruistic behaviour in the Mexican jay, *Aphelocoma ultramarina. Anim. Behav.* **18,** 366–378.

Brown, J. L. (1974) Alternative routes to sociality in jays – with a theory for the evolution of altruism and communical breeding. *Am. Zool.* **14,** 61–78.

Brown, J. L. (1975) *The Evolution of Behavior.* W.W. Norton, New York.

Brown, P. L., Jenkins, H. M. (1968) Autoshaping of the pigeon's key-peck. *J. Exp. Anim. Behav.* **11,** 1–8.

Brown, R. E., McFarland, D. J. (1979) Interaction of hunger and sexual motivation in the male rat: a time-sharing approach. *Anim. Behav.* **27,** 887–896.

Brown, R. G. B. (1962) The aggressive and distraction behaviour of the western sandpiper *Ereunetes mauri. Ibis* **104,** 1–12.

Buchholtz, C. (1973) *Das Lernen bei Tieren.* Fischer Verlag, Stuttgart.

Budgell, P. (1970a) Modulation of drinking by ambient temperature changes. *Anim. Behav.* **18,** 753–757.

Budgell, P. (1970b) The effect of changes in ambient temperature on water intake and evaporative water loss. *Psychon. Sci.* **20,** 275–276.

Bullock, T. H. (1977) *Introduction to Nervous Systems.* W. H. Freeman, New York.

Bunak, V.V. (1973) Die Entwicklungsstadien des Denkens und des Sprachvermögens und die Wege ihrer Erforschung. In *Über die Evolution der Sprache.* Hrsg. I. Schwidetzky. Conditio humana, S. Fischer Verlag, Frankfurt a.M.

Bünning, E. (1967) *The Physiological Clock.* Springer Verlag, New York.

Burghardt, G. M. (1970) Chemical perception in reptiles. In *Communication by Chemical Signals,* Hrsg. J.W. Johnson, D. G. Moulton, A. Turk, Appleton-Century-Crofts, New York.

Burghardt, G. M. (1975) Chemical preference polymorphism in newborn garter snakes *Thamnopphis sirtalis. Behaviour* **52,** 202–225.

Burrows, M., Horridge, G. A. (1974) The organisation of inputs to motoneurons of the locust metathoracic leg. *Phil. Trans. R. Soc. B.* **269,** 49–94.

Bykov, K. M. (1975) *The Cerebral Cortex and the Internal Organs.* Chemical Publishing Co., New York.

Cade, T. J., Dybas, J. A. (1962) Water economy of the budgerigar. *Auk* **79,** 345–364.

Cade, W. (1979) The evolution of alternative male reproductive strategies in field crickets. In *Sexual Selection and Reproductive Competition in Insects,* Hrsg. M. Blum, N. A. Blum, 343–379, Academic Press, London.

Cain, A. J. (1964) The perfection of animals. In *Viewpoints in Biology,* Bd. 3, Hrsg. J. D. Carthy, C. L. Duddington, 36–63, Butterworth, London.

Campbell, B. G. (Hrsg) (1972) *Sexual Selection and the Descent of Man.* Heinemann Verlag, London.

Campbell, C. (1969) Development of specific preferences in thiamine-deficient rats: evidence against mediation by aftertastes. Diplomarbeit, Universität Illinois.

Cannon, W. B. (1927) The James-Lange theory of emotions: a critical examination and an alternative theory. *Am. J. Psychol.* **39,** 106–124.

Cannon, W. B. (1932) *The Wisdom of the Body.* Kegan Paul, London.

Capretta, P. J. (1961) An experimental modification of food preferences in chickens. *J. Comp. Physiol. Psychol.* **54,** 238–242.

Carter, D. E., Werner, T. J. (1978) Complex learning and information processing by pigeons: A critical analysis. *J. Exp. Anal. Behav.* **29,** 565–601.

Caspari, E. (1972) Sexual Selection in Human Evolution. In *Sexual Selection and the Descent of Man,* Hrsg. B. Campbell, Heinemann, London.

Cavalli-Sforza, L. L. (1967) Genetic drift in an Italian population. *Sci. Am.*.

Cavalli-Sforza, L. L., Bodmer, W. F. (1971) *The Genetics of Human Populations.* W. H. Freeman, New York.

Cavalli-Sforza, L. L., Feldman, M.W. (1974) Cultural versus biological inheritance: phenotypic transmission from parent to children (a theory of the effect of parental phenotypes on children's phenotype). *Am. J. Hum. Genet.* **25,** 618–637.

Chagnon, N. A., Neel, J.V., Weitkamp, L., Gershowitz, H., Ayres, M. (1970) The influence of cultural factors on the demography and pattern of gene flow from the Makiritare to the Yanomama Indians. *Am. J. Phys. Anthropol.* **32,** 339–350.

Chance, M. R. A. (1960) Köhler's chimpanzees – how did they perform? *Man* **60,** 130–135.

Cherniak, C. (1981) Minimal rationality. *Mind* **90,** 161–177.

Chitty, D. (1954) *Control of Rats and Mice, Bd. 2: Rats.* Oxford University Press, Oxford.

Chomsky, N. (1972) *Language and Mind.* Harcourt Brace Jovanovich, New York.

Church, R. M. (1963) The varied effects of punishment on behavior. *Psychol. Rev.* **70,** 369–402.

Church, R. M. (1969) Response suppression. In *Punishment and Aversive Behaviour,* Hrsg. B. A. Campbell, R. M. Church, 111–156, Appleton-Century-Crofts, New York.

Church, R. M. (1978) The internal clock. In *Cognitive Processes in Animal Behavior,* Hrsg. S. H. Hulse, H. Fowler, W. K. Honig, Lawrence Erlbaum Associates, Hillsdale, New Jersey.

Cloudsley-Thompson, J. L. (1980) *Biological Clocks.* Weidenfeld und Nicolson, London.

Clutton-Brock, T. H., Albon, S. D. (1979) The roaring of red deer and the evolution of honest advertisement. *Behaviour* **69,** 145–170.

Clutton-Brock, T. H., Harvey, P. H. (1977) Primate ecology and social organization. *J. Zool. London* **183,** 1–39.

Clutton-Brock, T. H., Harvey, P. H. (1979) Comparison and adaptation. *Proc. R. Soc. London. B.* **205,** 547–565.

Cohen, S. (1979) The temporal organization of courtship behaviour in the three-spined stickleback, *Gasterosteus aculeatus.* Dissertation, Universität Oxford.

Cohen, S., McFarland, D. J. (1979) Time-sharing as a mechanism for the control of behaviour sequences during the courtship of the three-spined stickleback *(Gasterosteus aculeatus). Anim. Behav.* **27,** 270–283.

Coon, C. S. (1962) *The Origin of Races.* Alfred A. Knopf, New York.

Cooper, L. A. (1982) Internal representation. In *Animal Mind – Human Mind,* Hrsg. D. R. Griffin, Springer Verlag, Berlin.

Cooper, L. A., Shepard, R. N. (1973) The time required to prepare for a rotated stimulus. *Mem. Cognit.* **1,** 246–250.

Cooper, R. M., Zubek, J. P. (1958) Effects of enriched and restricted early environments on the learning ability of bright and dull rats. *Can. J. Psychol.* **12,** 159–164.

Coppinger, R. P. (1969) The effect of experience and novelty on avian feeding behaviour with reference to the evolution of warning coloration in butterflies, Teil I: reactions of wild caught adult blue jays to novel insects. *Behaviour* **35,** 45–60.

Coppinger, R. P. (1970) The effect of experience and novelty on avian feeding behavior with reference to the evolution of warning coloration in butterflies, Teil II: reactions of naive birds to novel insects. *Am. Nat.* **104,** 323–335.

Cox, C. R., Le Boeuf, B. J. (1977) Female incitation of male competition: a mechanism of mate selection. *Am. Nat.* **111,** 317–335.

Croft, D. B. (1975) The effect of photoperiod length on the diurnal activity of canaries. Dissertation, Universität Cambridge.

Croghan, P. C. (1976) Ionic and osmotic regulation of aquatic animals. In *Environmental Physiology of Animals,* Hrsg. J. Bligh, J. L. Cloudsley-Thompson, A. G. Macdonald, Blackwell-Scientific Publications, Oxford.

Crook, J. H. (1964) The evolution of social organization and visual communication in the weaverbirds (Ploceidae). *Behaviour Suppl.* **10,** 1–178.

Crook, J. H. (1972) Sexual selection, dimorphism, and social organization in the primates. In *Sexual Selection and the Descent of Man 1871–1971,* Hrsg. B. Campbell, 231–281, Aldine, Chicago.

Crook, J. H. (1980) *The Evolution of Human Consciousness.* Oxford University Press, New York.

Crook, J. H., Gartlan, J. S. (1966) Evolution of primate societies. *Nature, London* **210,** 1200–1203.

Croze, H. J. (1970) Searching image in carrion crows. *Z. Tierpsychol. Beiheft* **5,** 86.

Cullen, E. (1957) Adaptations in the kittiwake to cliff-nesting. *J. Comp. Psychol.* **99,** 275–302.

Curio, E. (1975) The functional organization of antipredator behaviour in the pied flycatcher: a study of avian visual perception. *Anim. Behav.* **23,** 1–115.

Daan, S. (1981) Adaptive daily strategies in behavior. In *Handbook of Behavioral Neurobiology, Bd. 4: Biological Rhythms,* Hrsg. J. Aschoff, Plenum Press, New York.

Daanje, A. (1950) On locomotory movements in birds and the intention movements derived from them. *Behaviour* **3,** 48–98.

Daly, M., Wilson, M. (1978) *Sex, Evolution and Behavior,* Duxbury Press, North Scituate, Massachusetts.

Dampier, W. (1929) *History of Science.* Cambridge University Press, London.

Darwin, C. (1841) *The Zoology of the Voyage of H. M. S. "Beagle", Teil III. Birds, by J. Gould. Notice of their habits and ranges, by Charles Darwin,* 98–106.

Darwin, C. (1859) *On the Origin of Species by Means of Natural Selection or the Preservation of Favoured Races in the Struggle for Life.* John Murray, London.

(deutsche Übersetzung:

Darwin, C. (1976) *Die Entstehung der Arten durch natürliche Zuchtwahl,* Reclam, Stuttgart).

Darwin, C. (1868) *The Variation of Animals and Plants under Domestication.* John Murray, London.

Darwin, C. (1871) *The Descent of Man and Selection in Relation to Sex.* John Murray, London.

(deutsche Übersetzung:

Darwin, C. (1986) *Die Abstammung des Menschen.* Weiss Verlag, Dreieich).

Darwin, C. (1872) *The Expression of the Emotions in Man and the Animals.* John Murray, London
(deutsche Übersetzung:
Darwin, C. (1872) *Der Ausdruck der Gemüthsbewegungen bei dem Menschen und den Thieren,* Stuttgart. Neu verlegt 1986 Gweno Verlagsgesellschaft, Nördlingen).

Davenport, D., Norris, K. S. (1958) Observations on the symbiosis of the sea anemone *Stoichactis* and the pomacentrid fish, *Amphiprion percula. Biol. Bull. Woods Hole* **115,** 397–410.

Davies, N. B. (1978) Ecological questions about territorial behaviour. In *Behavioural Ecology,* Hrsg. J. R. Krebs, N. B. Davies, Blackwell Scientific Publications, Oxford.

Davies, N. B., Halliday, T. R. (1977) Optimal mate selection in the toad *Bufo bufo. Nature, London* **269,** 56–58.

Davis, J. D. (1980) Homeostasis and behaviour. In *Analysis of Motivational Processes,* Hrsg. F. M. Toates, T. R. Halliday, Academic Press, London.

Davis, J. M. (1973) Imitation: a review and critique. In *Perspectives in Ethology,* Hrsg. P. P. G. Bateson, P. H. Klopfer, Plenum Press, New York.

Davis, J. M. (1975) Socially induced flight reactions in pigeons. *Anim. Behav.* **23,** 597–601.

Davis, W. J., Mpitsos, E. J., Pineo, J. M. (1974) The behavioral hierarchy of the mollusk *Pleurobranchaea:* I. The dominant position of feeding behavior, *J. Comp. Physiol.* **90,** 207–224. II. Hormonal suppression of feeding associated with egg laying. *ibd.* 225–243.

Dawkins, M. (1971a) Perceptual changes in chicks: another look at the "search image" concept. *Anim. Behav.* **19,** 566–574.

Dawkins, M. (1971b) Shifts of "attention" in chicks during feeding. *Anim. Behav.* **19,** 575–582.

Dawkins, M. (1976) Towards an objective method of assessing welfare in domestic fowl. *Appl. Anim. Ethol.* **2,** 245.

Dawkins, M. (1977) Do hens suffer in battery cages? Environmental preference and welfare. *Anim. Behav.* **25,** 1034.

Dawkins, M. (1980) *Animal Suffering.* Chapman and Hall, London.

Dawkins, M., Dawkins, R. (1974) Some descriptive and explanatory stochastic models of decision making. In *Motivational Control Systems Analysis,* Hrsg. D. J. McFarland, Academic Press, London.

Dawkins, R. (1976) *The Selfish Gene.* Oxford University Press, Oxford.
(deutsche Übersetzung:
Dawkins, R. (1978) *Das egoistische Gen.* Springer Verlag, Berlin, Heidelberg, New York).

Dawkins, R. (1978) Replicator selection and the extended phenotype. *Z. Tierpsychol.* **47,** 61–76.

Dawkins, R. (1979) Twelve misunderstandings of kin selection. *Z. Tierpsychol.* **51,** 184–200.

Dawkins, R. (1980) Good strategy or evolutionarily stable strategy? In *Sociobiology: Beyond Nature/Nurture?* Hrsg. G.W. Barlow, J. Silverberg, 331–367, Westview Press, Boulder, Colorado.

Dawkins, R. (1982) *The Extended Phenotype.* W. H. Freeman, Oxford.

Dawkins, R. (1986) *The Blind Watchmaker.* Longman, Harlow.
(deutsche Übersetzung:
Dawkins, R. (1987) *Der blinde Uhrmacher.* Ein neues Plädoyer für den Darwinismus. Kindler Verlag, München).

Dawkins, R., Brockmann, H. J. (1980) Do digger wasps commit the Concorde fallacy? *Anim. Behav.* **28,** 892–896.

Dawkins, R., Carlisle, T. R. (1976) Parental investment, mate desertion and a fallacy. *Nature, London* **262,** 131–133.

Dawkins, R., Krebs, J. R. (1978) Animal signals: information or manipulation? In *Behavioural Ecology,* Hrsg. J. R. Krebs, N. B. Davies, 282–309, Blackwell Scientific Publications, Oxford.
(deutsche Übersetzung:
Dawkins, R., Krebs, J. (1981) Signale der Tiere: Information oder Manipulation? In *Öko-Ethologie,* Hrsg. J. R. Krebs, N. B. Davies, Parey Verlag, Berlin, Hamburg).

Delius, J. D. (1986) Komplexe Wahrnehmungsleistungen bei Tauben. *Spektrum der Wissenschaft* **4,** 46–58.

Delius, J. D., Emmerton, J. (1978) Sensory mechanisms related to homing in pigeons. In *Animal Migration, Navigation and Homing,* Hrsg. K. Schmidt-Koenig, W.T. Keeton, 35–41. (Proceedings in Life Sciences) Springer Verlag, Berlin.

Delius, J. D., Nowak, B. (1982) Visual symmetry recognition by pigeons. *Psychol. Res.* **44,** 199–212.

Delius, J. D., Perchard, R. J., Emmerton, J. (1976) Polarized light discrimination by pigeons and an electroretinographic correlate. *J. Comp. Physiol. Psychol.* **90,** 560–571.

Delius, J. D., Vollrath, F.W. (1973) Rotation compensation reflexes independent of the labyrinth: neurosensory correlates in pigeons. *J. Comp. Physiol.* **83,** 123–134.

Dennett, D. C. (1978) *Brain Storms: Philosophical Essays on Mind and Psychology.* Bradford Books, Montgomery, Vermont; (1979) Harvester Press, Brighton, UK.

Dennett, D. C. (1983) Intentional systems in cognitive ethology: the "Panglossian paradigm" defended. *Behav. Brain Sci.* **6,** 343–390.

Denton, E. J., Warren, F. J. (1957) The photosensitive pigments in the retinae of deep-sea fish. *J. Mar. Biol. Assoc. U.K.* **36,** 651–662.

Dickinson, A. (1980) *Contemporary Animal Learning Theory.* Cambridge University Press, Cambridge.

Dobzhansky, T. (1964) *The Heredity and the Nature of Man.* Harcourt, Brace and World, New York.

Dobzhansky, T. (1972) Genetics and the races of Man. In *Sexual Selection and the Descent of Man,* Hrsg. B. Campbell, Heinemann, London.

Domjan, M., Wilson, N. E. (1972) Contribution of ingestive behaviours to taste-aversion learning in the rat. *J. Comp. Physiol. Psychol.* **80,** 403–412.

Doty, R.W. (1968) Neural organization of deglutition. In *Handbook of Physiology – Alimentary canal, IV,* Hrsg. W. Heidel, American Physiological Society, Washington.

Dowling, J. E., Boycott, B. B. (1966) Organization of the primate retina: electron microscopy. *Proc. R. Soc. London. B.* **166,** 80–111.

Drent, R. H. (1970) Functional aspects of incubation in the herring gull. In *The herring gull and its egg,* Teil I, Hrsg. G. P. Baerends, R. H. Drent, *Behaviour* **82,** 1–132.

Duke-Elder, S. (1958) *System of ophthalmology I: The eye in evolution.* Henry Kimpton, London.

Duncan, I. J. H. (1977) Behavioural wisdom lost. *Appl. Anim. Ethol.* **3,** 193.

Duncan, I. J. H. (1978) The interpretation of preference tests in animal behaviour. *Appl. Anim. Ethol.* **4,** 197.

Edmunds, M. (1974) *Defence in Animals.* Longman, Harlow, Essex.

Edwards, W. (1954) The theory of decision making. *Psychol. Bull.* Bd. 51, Nr. 4, 380–417.

Edwards, W. (1961) Behavioural decision theory. *Ann. Rev. Psychol.* **12,** 473–498.

Ehrman, L., Parsons, P. A. (1976) *The Genetics of Behavior.* Sinauer Associates, Sunderland, Massachusetts.

Eibl-Eibesfeldt, I. (1967) Concepts of ethology and their significance in the study of human behaviour. In *Early Behavior: Comparative and Developmental Approaches,* Hrsg. H.W. Stevenson, Wiley, New York.

Eibl-Eibesfeldt, I. (1980) *Grundriß der vergleichenden Verhaltensforschung.* Piper, München.

Eibl-Eibesfeldt, I. (1972) Similarities and differences between cultures in expressive movements. In *Non-Verbal Communication,* Hrsg. R. A. Hinde, 297–314. Cambridge University Press, London.

Ekman, P. (1971) Universals and cultural differences in facial expressions of emotion. *Nebr. Symp. Motiv.* 207–284.

Ekman, P., Friesen, W.V. (1969) The repertoire of nonverbal behavior: categories, origins, usage and coding, *Semiotica* **1,** 49–98.

Elgar, M. A., Catterall, C. P. (1981) Flocking and predator surveillance in house sparrows: test of a hypothesis. *Anim. Behav.* **29,** 868–872.

Emlen, S.T. (1967) Migratory orientation in the indigo bunting, *Passerina cyanea.* Teil I: The evidence for use of celestial cues. *Auk.* **84,** 309–342; Teil II: Mechanisms of celestial orientation. *Auk* **84,** 463–489.

Emlen, S.T. (1972) The ontogenetic development of orientation capabilities. In *Animal Orientation and Navigation,* Hrsg. S. R. Galler, K. Schmidt-Koenig, G. J. Jacobs, R. E. Belleville, 191–210, NASA SP-262 US Govt. Printing Office, Washington, D.C.

Emlen, S.T. (1978) The evolution of cooperative breeding in birds. In *Behavioural Ecology: An Evolutionary Approach,* Hrsg. J. R. Krebs, N. B. Davies, Blackwell Scientific Publications, Oxford.

Emlen, S.T. (1984) Cooperative breeding in birds and mammals. In *Behavioural Ecology.* Hrsg. J. R. Krebs, N. B. Davies, 2. Auflage, 305–339. Blackwell Scientific Publications Oxford.

Emlen, S.T., Emlen, J.T. (1966) A technique for recording migratory orientation of captive birds. *Auk* **83,** 361–367.

Estes, W. K. (1944) An experimental study of punishment. *Psychol. Monogr.* **57,** 109–112.

Etienne, A. S. (1969) Analyse der schlagauslösenden Bewegungsparameter einer punktförmigen Beuteattrappe bei der Aeschnalarve. *Z. Vgl. Physiol.* **64,** 71–110.

Evans, S. M. (1966) Non-associative avoidance learning in Nereid polychaetes. *Anim. Behav.* **14,** 102–106.

Evarts, E.V. J. (1968) Motorneuron firing in pyramidal tract correlated with movement. *Neurophysiol.* **31,** 14–27.

Ewert, J. P. (1976) *Neuro-Ethologie. Eine Einführung in die neurophysiologischen Grundlagen des Verhaltens.* Springer Verlag, Berlin, Heidelberg, New York.

(englische Übersetzung:

Ewert, J.-P. (1980) *Neuroethology.* Springer Verlag, Heidelberg.

Ewert, J.-P., Burghagen, H. (1979) Ontogenetic aspects of visual 'size-constancy' phenomena in the midwife toad *(Alytes obstetricans,* Laur). *Brain, Behaviour and Evolution* **16,** 99–112.

Ewert, J.-P., Hock, F. (1972) Movement sensitive neurons in the toad's retina. *Expl. Brain Res.* **16,** 41–59.

Faber, H.v., Haid, H. (1980) *Endokrinologie.* Ulmer Verlag, Stuttgart.

Falconer, D. S. (1960) *Introduction to Quantitative Genetics.* Oliver und Boyd, Edinburgh.

Fersen, L. von, Delius, J. D. (1989) Long-term retention of many visual patterns by pigeons. *Ethology* (im Druck).

Fincke, O. M. (1982) Lifetime mating success in a natural population of the damsel fly, *Enallagma hageni* (Walsh) (Odonata: Coenagrionidae). *Behav. Ecol. Sociobiol.* **10,** 293–302.

Fischer, H. (1965) Das Triumphgeschrei der Graugans *(Anser anser). Z. Tierpsychol.* **22,** 247–304.

Fisher, R. A. (1918) The correlation between relatives on the supposition of Mendelian inheritance. *Trans. R. Soc. Edin.* **52,** 399–433.

Fisher, R. A. (1930) *The genetical theory of natural selection* (2. Auflage, 1958). Oxford University Press, Oxford.

Fitzsimons, J.T. (1971) The physiology of thirst: a review of the extraneural aspects of the mechanisms of drinking. In *Progress in Physiological Psychology,* Bd. 4, Hrsg. E. Stellar, J. M. Sprague, 119–201, Academic Press, New York.

Fitzsimons, J.T. (1976) The physiological basis of thirst. *Kidney Int.* **10,** 3–11.

Fitzsimons, J.T., Le Magnen, J. (1969) Eating as a regulatory control of drinking in the rat. *J. Comp. Physiol. Psychol.* **67,** 273–283.

Florey, E. (1975) *Lehrbuch der Tierphysiologie.* Thieme Verlag, Stuttgart.

Follett, B. K. (1973) Circadian rhythms and photoperiodic time measurement in birds. *J. Reprod. Fertil., Suppl.* **19,** 5–18.

Foppa, K. (1970) *Lernen, Gedächtnis, Verhalten.* 7. Auflage, Kiepenheuer und Witsch, Köln, Berlin.

Ford, E. B., Huxley, J. S. (1927) Mendelian genes and rates of development in *Gammarus chevreuxi. Brit. J. Exp. Biol.* **5,** 112–133.

Foree, D. D., Lolordo, V. M. (1973) Attention in the pigeon: the differential effects of food-getting versus shock-avoidance procedures. *J. Comp. Physiol. Psychol.* **85,** 551–558.

Fouts, R. S. (1975) Capacities for language in great apes. In *Socioecology and Psychology of Primates,* Hrsg. R. H. Tuttle, 371–390, Mouton, The Hague.

Fouts, R. S., Chown, B., Goodwin, L. (1976) Transfer of signed responses in American sign language from vocal English stimuli to physical object stimuli by a chimpanzee *(Pan troglodytes). Learn. and Motiv.* **7,** 458–475.

Fox, R. (1972) Alliance and constraint: sexual selection in the evolution of human kinship systems. In *Sexual Selection and the Descent of Man* 1871–1971, Hrsg. B. Campbell, Heinemann, London.

Fraenkel, G. S., Gunn, D. L. (1940) *The Orientation of Animals.* Clarendon Press, Oxford (Dover Books, New York, 1961).

Freud, S. (1915) Instincts and their vicissitudes. *Coll. Papers,* Bd. IV, Hogarth Press, London.

Frisch, K. von (1965) *Tanzsprache und Orientierung der Bienen.* Springer Verlag, Berlin, Heidelberg, New York.
(englische Übersetzung:
Frisch, K. von (1967) *The Dance Language and Orientation of Bees.* Harvard University Press, Cambridge, Massachusetts.)

Frisch, K. von (1977) *Aus dem Leben der Bienen.* 9. Auflage, Springer Verlag, Berlin, Heidelberg, New York.

Frisch, K. von, Lindauer, M. (1954) Himmel und Erde in Konkurrenz bei der Orientierung der Bienen. *Naturwissenschaften* **41,** 245–253.

Fry, F. E. J., Hochachka, P.W. (1970) Fish. In *Comparative Physiology of Thermoregulation,* Bd. 1, Hrsg. G. C. Whittow, 79–134, Academic Press, New York.

Fuller, J. L., Thompson, W. R. (1960) *Behaviour Genetics.* Wiley, New York.

Futuyma, D. J. (1979) *Evolutionary Biology.* Sinauer Associates, Sunderland, Massachusetts.

Gallagher, J. E. (1977) Sexual imprinting: a sensitive period in Japanese quail *(Coturnix coturnix japonica). J. Comp. Physiol. Psychol.* **91,** 72–78.

Gallagher, J. E., Ash, M. (1978) Sexual imprinting: The stability of mate preference in Japanese quail *(Coturnix coturnix japonica). Anim. Learn Behav.* **6,** 363–365.

Gallup, G. G., Jr. (1977) Self-recognition in primates. A comparative approach to the bidirectional properties of consciousness. *Am. Psychol.* **32,** 329–338.

Gallup, G. G., Jr. (1979) Self-awareness in primates. *Am. Sci.* **67,** 417–421.

Galton, F. (1869) *Hereditary Genius: An Inquiry into its Laws and Consequences.* Macmillan, London.

Galton, F. (1883) *Inquiries into Human Faculty and its Development.* Macmillan, London.

Gandolfi, G., Mainardi, D., Rossi, A. C. (1968) La reazione di paura e lo svantaggio individuale dei pesci allarmisti (esperimenti con modelli). *Zoologia* **102,** 8–14.

Garcia, J., Ervin, F. R., Yorke, C. H., Koelling, R. A. (1967) Conditioning with delayed vitamin injection. *Science* **155,** 716–718.

Garcia, J., Kimmeldorf, D. J., Hunt, E. L. (1961) The use of ionizing radiation as a motivating stimulus. *Psychol. Rev.* **68,** 383–385.

Garcia, J., Kimmeldorf, D. J., Koelling, R. A. (1955) Conditioned aversion to saccharin resulting from exposure to gamma radiation. *Science* **122,** 157–158.

Garcia, J., Koelling, R. A. (1966) Relation of cue to consequence in avoidance learning. *Psychonomic Sci.* **4,** 123–124.

Garcia, J., Kovner, R., Green, K. F. (1970) Cue properties versus palatability of flavours in avoidance learning. *Psychonomic Sci.* **20,** 313–314.

Garcia, J., McGowan, B. K., Ervin, F. R., Koelling, R. A. (1968) Cues: their effectiveness as a function of the reinforcer. *Science* **160,** 794–795.

Gardner, B.T., Gardner, R. A. (1969) Teaching sign language to a chimpanzee. *Science* **165,** 664–672.

Gardner, B.T., Gardner, R. A. (1971) Two-way communication with an infant chimpanzee. In *Behavior of Non-Human Primates,* Hrsg. A. M. Schrier, F. Stollnitz, Bd. IV, Kap. 3, Academic Press, New York.

Gardner, B.T., Gardner, R. A. (1975) Evidence for sentence constituents in the early utterances of child and chimpanzee. *J. Exp. Psychol.* **104,** 244–267.

Gardner, R. A., Gardner, B.T. (1978) Comparative psychology and language acquisition. *Ann. N. Y. Acad. Sci.* **309,** 37–76.

Gaston, A. J. (1976) Factors affecting the evolution of group territories of babblers (Turdoides) and long-tailed tits. Dissertation, Universität Oxford.

Geist, V. (1971) *Mountain Sheep: A Study in Behaviour and Evolution.* University of Chicago Press, Chicago.

Gibson, E. J., Walk, R. D. (1956) The effect of prolonged exposure to visually presented patterns on learning to discriminate them. *J. Comp. Physiol. Psychol.* **49,** 239–242.

Gibson, E. J., Walk, R. D., Tighe, T. J. (1959) Enhancement and deprivation of visual stimulation during rearing as factors in visual discrimination learning. *J. Comp. Physiol. Psychol.* **52,** 74–81.

Glaserfeld, E. von (1977) Linguistic communication: theory and definition. In *Language Learning by a Chimpanzee,* Hrsg. D. Rumbaugh, 55–71, Academic Press, New York.

Goldsmith, T. H. (1972) The natural history of invertebrate visual pigments. In *Handbook of Sensory Physiology,* Hrsg. H. J. A. Dartnall, 685–719, Springer Verlag, Berlin.

Goodall, J. (1986) *The Chimpanzees of Gombe. Patterns of Behavior.* Belknap Press of Harvard University Press, Cambridge, Mass., London.

Goodhart, C. B. (1964) A biological view of toplessness. *New Sci.* **23,** 558–560.

Gormezano, I. (1966) Classical conditioning. In *Experimental Methods and Instrumentation in Psychology,* Hrsg. J. B. Sidowski, 385–420, McGraw-Hill, New York.

Goss-Custard, J. D. (1977a) Optimal foraging and size-selection of worms by redshank *Tringa totanus. Anim Behav.* **25,** 10–20.

Goss-Custard, J. D. (1977b) Predator responses and prey mortality in the redshank *Tringa totanus* (L.) and a preferred prey *Corophium volutator* (Pallas). *J. Anim. Ecol.* **46,** 21–36.

Gottlieb, G. (1963) A naturalistic study of imprinting in wood ducklings *(Aix sponsa). J. Comp. Physiol. Psychol.* **56,** 86–91.

Gottlieb, G. (1970) Ontogenesis of sensory function in birds and mammals. In *Biopsychology of Development,* Hrsg. E. Tobach, Academic Press, New York.

Gottlieb, G. (1971) *Development of Species Identification in Birds.* University of Chicago Press, Chicago.

Gould, J. L. (1976) The dance language controversy. *Q. Rev. Biol.* **57,** 211–244.

Gould, J. L. (1980) The case for magnetic-field sensitivity in birds and bees (such as it is). *Am. Sci.* **68,** 256–267.

Gould, J. L. (1981) Language. In *The Oxford Companion to Animal Behaviour,* Hrsg. D. J. McFarland, Oxford University Press, Oxford.

Gould, J. L. (1982) *Ethology.* W.W. Norton, New York.

Gould, J. L., Gould, C. G. (1982) The insect mind: physics or metaphysics? In *Animal Mind – Human Mind,* Hrsg. D. R. Griffin 269–298, Dahlem Konferenzen, Springer Verlag, Berlin.

Gould, S. J. (1978) *Ever Since Darwin.* Burnett Books, London.

Gould, S. J. (1980) Is a new and general theory of evolution emerging? *Paleobiology* **6,** 119–130.

Gould, S. J., Eldredge, N. (1977) Punctuated equilibria: the tempo and mode of evolution reconsidered. *Paleobiology* **3,** 115–151.

Grafen, A. (1982) How not to measure inclusive fitness. *Nature, London* **298,** 425–426.

Grafen, A. (1984) Natural selection, kin selection and group selection. In *Behavioural Ecology,* 2. Auflage, Hrsg. J. R. Krebs, N. B. Davies, Blackwell Scientific Publications, Oxford.

Gray, J. (1950) The role of peripheral sense organs during locomotion in the vertebrates. *Symp. Soc. Exp. Biol.* **4,** 112–126.

Green, R. F. (1980) Bayesian birds: a simple example of Oaten's stochastic model of optimal foraging. *Theoretical Population Biology* **18,** 244–256.

Green, R. F. (1983) Stopping rules for optimal foragers. (Unveröffentlichtes Manuskript).

Grether, W. F. (1938) Pseudo-conditioning without paired stimulation encountered in attempted backward conditioning. *J. Comp. Psychol.* **25,** 91–96.

Griffin, D. R. (1958) *Listening in the Dark.* Yale University Press, New Haven, Connecticut.

Griffin, D. R. (1976) *The Question of Animal Awareness.* The Rockefeller University Press, New York.

Griffin, D. R. (1981) *The Question of Animal Awareness.* (2. Auflage), Rockefeller University Press, New York,

Griffin, D. R. (1982) *Animal Mind – Human Mind.* Springer Verlag, Berlin.
(deutsche Übersetzung:
Griffin, D. R. (1985) *Wie Tiere denken. Ein Vorstoß ins Bewußtsein der Tiere.* BLV Verlagsgesellschaft, München, Wien, Zürich).

Grinnell, J. (1917) The niche relationships of the California thrasher. *Auk* **21,** 364–382.

Grohmann, J. (1939) Modifikation oder Funktionsreifung? Ein Beitrag zur Klärung der wechselseitigen Beziehungen zwischen Instinkthandlung und Erfahrung. *Z. Tierpsychol.* **25,** 132–144.

Gross, M. R., Charnov, E. L. (1980) Alternative male life histories in bluegill sunfish. *Proc. Nat. Acad. Sci. U.S.A.* **77,** 6937–6940.

Grossen, N. E., Kelley, M. J. (1972) Species-specific behaviour and acquisition of avoidance behaviour in rats. *J. Comp. Physiol. Psychol.* **81,** 307–310.

Guiton, P. (1959) Socialization and imprinting in brown Leghorn chicks. *Anim. Behav.* **7,** 26–34.

Gumma, N. R., South, F. E., Allen, J. N. (1967) Temperature preference in golden hamsters. *Anim. Behav.* **15,** 534–537.

Gurney, M. E., Konishi, M. (1980) Hormone-induced sexual differentiation of brain and behaviour in Zebra Finches. *Science* **208,** 1380–1383.

Guthrie, D. M. (1980) *Neuroethology: An Introduction.* Blackwell Scientific Publications, Oxford.

Gwinner, E. (1971) A comparative study of circannual rhythms in warblers. In *Biochronometry,* Hrsg. M. Menaker, 405–427, National Academy of Science, Washington D.C.

Gwinner, E. (1972) Endogenous timing factors in birds' migration. In *Animal Orientation and Navigation,* Hrsg. S. R. Galler, K. Schmidt-Koenig, G. J. Jacobs, R. E. Belleville, 321–338, NASA, Washington, D.C.

Gwinner, E. (1986a) Circannual rhythms in the control of avian migrations. *Advanc. Stud. Behav.* **16,** 191–228.

Gwinner, E. (1986b) Internal rhythms in bird migration. *Sci. Am.* **254,** 84–92.

Gwinner, E. (1986c) *Circannual Rhythms.* Springer Verlag, Berlin, Heidelberg, New York.

Gwinner, E., Wiltschko, W. (1978) Endogenously controlled changes in migratory direction of the garden warbler, *Sylvia borin. J. Comp. Physiol.* **125,** 267–273.

Hahn, V. (1985): Entwicklung optischer Präferenzen beim Rosenköpfchen *(Agapornis roseicollis,* Vieillot 1818). Dissertation, Universität Bielefeld.

Hailman, J. P. (1965) Cliff-nesting adaptations of the Galapagos swallow-tailed gull. *Wilson Bulletin* **77,** 346–362.

Hajos, A. (1980) *Einführung in die Wahrnehmungspsychologie.* Wiss. Buchgesellschaft, Darmstadt.

Haldane, J. B. S. (1954) Introducing Douglas Spalding. *Brit. J. Anim. Behav.* **2,** 1.

Haldane, J. B. S. (1955) Population genetics. *New Biology* **18,** 34–51.

Halliday, T. R. (1974) The sexual behaviour of the smooth newt, *Triturus vulgaris* (Urodela, Salamandridae). *J. Herpetol.* **8,** 277–292.

Halliday, T. R. (1976) The libidinous newt. An analysis of variations in the sexual behaviour of the smooth newt, *Triturus vulgaris. Anim. Behav.* **24,** 398–414.

Halliday, T. R. (1977a) The effects of experimental manipulation of breathing behaviour on the sexual behaviour of the smooth newt, *Triturus vulgaris. Anim. Behav.* **25,** 39–45.

Halliday, T. R. (1977b) The courtship of European newts: an evolutionary perspective. In *The Reproductive Biology of Amphibians,* Hrsg. D. H. Taylor, S. I. Guttman, 85–232, Plenum Press, New York.

Halliday, T. R. (1978) Sexual Selection and Mate Choice. In *Behavioural Ecology: An Evolutionary Approach,* Hrsg. J. R. Krebs, N. B. Davies, Blackwell Scientific Publications, Oxford.
(deutsche Übersetzung:
Halliday, T. R. (1981) Sexuelle Selektion und Partnerwahl. In *Öko-Ethologie,* Hrsg. J. R. Krebs, N. B. Davies, 147–172, Parey Verlag, Berlin, Hamburg).

Halliday, T. R. (1980) *Sexual Strategy.* Oxford University Press, Oxford.

Halliday, T. R., Sweatman, H.P.A. (1976) To breathe or not to breathe; the newt's problem. *Anim. Behav.* **24,** 551–561.

Ham, R. G., Veomett, M. J. (1980) *Mechanisms of Development.* Mosby, St. Louis, Missouri.

Hamburger, V. (1963) Some aspects of the embryology of behaviour. *Quart. Rev. Biol.* **38,** 342–365.

Hamilton, W. D. (1964) The genetical theory of social behaviour (I, II). *J. Theor. Biol.* **7,** 1–16 und 17–32.

Hamilton, W. D. (1979) Wingless and fighting males in fig wasps and other insects. In *Sexual Selection and Reproductive Competition in Insects,* Hrsg. M. S. Blum, N. A. Blum, Academic Press, London.

Hammerstein, P. (1985) Spieltheorie und Kampfverhalten von Tieren. *Verh. Dtsch. Zool. Ges.* **78,** 83–99.

Harcourt, A. H. (1979) Social relationships between adult male and female gorillas in the wild. *Anim. Behav.* **27,** 325–342.

Harlow, H. F. (1949) The formation of learning sets. *Psychol. Rev.* **56,** 51–65.

Harris, G.W., Michael, R.P., Scott, P.P. (1958) Neurological site of action of stilboestrol in eliciting sexual behaviour. *Ciba Foundation Symposium on the Neurological Basis of Behaviour.* Churchill, London.

Harris, L. J., Clay, J., Hargreaves, F., Ward, A. (1933) Appetite and choice of diet. The ability of the vitamin B deficient rat to discriminate between diets containing and lacking the vitamin. *Proc. R. Soc. London B.* **113,** 161–190.

Harrison, C. J. O. (1969) Helpers at the nest in Australian passerine birds. *Emu* **69,** 30–40.

Hart, J. S. (1964) Insulative and metabolic adaptation to cold in vertebrates. *Symp. Soc. Exp. Biol.* **18,** 31–48.

Haskell, P.T. (1961) *Insect Sounds.* Witherby, London.

Hasler, A. D. (1960) Homing orientation in migrating fishes. *Ergeb. Biol.* **23,** 94–115.

Hasler, A. D., Schwassmann, H. O. (1960) Sun orientation of fish at different latitudes. *Cold Spring Harbor Symp. Quant. Biol.* **25,** 411–429.

Hayes, K. J., Hayes, C. (1952) Imitation in a home-raised chimpanzee. *J. Comp. Physiol. Psychol.* **45,** 450–459.

Hayes, K. J., Nissen, C. H. (1971) Higher mental functions of a home-raised chimpanzee. In *Behaviour of Nonhuman Primates,* Hrsg. A. M. Schrier, F. Stollnitz, Bd. 4, 59–115, Academic Press, New York.

Hebb, D. O. (1953) Heredity and environment in mammalian behaviour. *Brit. J. Anim. Behav.* **1,** 43–47.

Hediger, H. (1942) *Wildtiere in Gefangenschaft. Ein Grundriß der Tiergartenbiologie.* Benno Schwabe Verlag, Basel.

(englische Übersetzung:

Hediger, H. (1964) *Wild Animals in Captivity: an Outline of the Biology of Zoological Gardens.* Dover Publications, New York).

Heider, K. G. (1969) Attributes and categories in the study of material culture: New Guinea Dani attire. *Man* **4,** 379–391.

Heiligenberg, W. (1976) The interaction of stimulus patterns controlling aggressiveness in the cichlid fish *Haplochromis burtoni. Anim. Behav.* **24,** 452–458.

Heiligenberg, W., Kramer, U., Schulz, V. (1972) The angular orientation of the black eye-bar in *Haplochromis burtoni* (Cichlidae: Pisces) and its relevance to aggressivity. *Z. Vgl. Physiol.* **76,** 168–176

Heinrich, B. (1979) *Bumblebee Economics.* Harvard University Press, Cambridge, Massachusetts.

Heinroth, O. (1910) Beiträge zur Biologie, insbesondere Psychologie und Ethologie der Anatiden. *Verhandlungen des internationalen Ornithologenkongresses,* Berlin.

Heller, R., Milinski, M. (1979) Optimal foraging of sticklebacks on swarming prey. *Anim. Behav.* **27,** 1127–1141.

Helmholtz, H. von (1867) *Handbuch der physiologischen Optik.* Voss, Leipzig.

Hendrichs, H. (1978) Die soziale Organisation von Säugetierpopulationen. *Säugetierkdl. Mitt.* **26,** 81–116.

Henton, W.W., Smith, J. C., Tucker, D. (1966) Odour discrimination in pigeons. *Science* **153,** 1138–1139.

Herrnstein, R. J. (1985) Riddles of natural categorization. *Phil. Trans. Roy. Soc. London, B,* **308,** 129–144.

Herrnstein, R. J., Loveland, D. H., Cable, C. (1976) Natural concepts in pigeons. *J. Exp. Psychol., Animal Behaviour Processes* **2,** 285–302.

Hess, E. H. (1958) Imprinting in animals. *Sci. Am.* **198,** 81–90.

Hess, E. H. (1959a) Imprinting. *Science* **130,** 133–141.

Hess, E. H. (1959b) The conditions limiting critical age of imprinting. *J. Comp. Physiol. Psychol.* **52,** 515–518.

Hess, E. H., Hess, D. B. (1969) Innate factors in imprinting. *Psychon. Sci.* **14,** 129–130.

Hildén, O. (1965) Habitat selection in birds. *Ann. Zool. Fenn.* **2,** 53–75.

Hill, K. G., Loftus-Hills, J. J., Gartside, D. F. (1972) Premating isolation between the Australian field crickets, *Teleogryllus commodus* and *T. oceanicus. Aust. J. Zool.* **20,** 153–163.

Hinde, R. A. (1952) The behaviour of the great tit *(Parus major)* and some other related species. *Behaviour Suppl. 2.*

Hinde, R. A. (1959) Unitary drives. *Anim. Behav.* **7,** 130–141.

Hinde, R. A. (1960) Energy models of motivation. *Sym. Soc. Exp. Biol.* **14,** 199–213.

Hinde, R. A. (1966) *Animal Behaviour.* (1. Auflage), McGraw-Hill, New York.

Hinde, R. A. (1970) *Animal Behaviour.* (2. Auflage), McGraw-Hill, New York.

(deutsche Übersetzung:

Hinde, R. A. (1973) *Das Verhalten der Tiere.* Suhrkamp Verlag, Frankfurt).

Hinde, R. A. (1974) *Biological Bases of Human Social Behavior.* McGraw-Hill, New York.

Hinde, R. A., Fisher, J. (1951) Further observations on the opening of milk bottles by birds. *Brit. Birds* **44,** 393–396.

Hirsch, J. (1963) Behavior genetics and individuality understood. *Science* **142,** 1436–1442.

Hirsch, J. (Hrsg.) (1967) *Behavior-Genetic Analysis.* McGraw-Hill, New York.

Hirsch, J., Erlenmeyer-Kimling, L. (1962) Individual differences in behavior and their genetic basis. In *Roots of Behavior,* Hrsg. E. L. Bliss, Harper und Row, New York.

Hodgkin, A. L., Huxley, A. F. (1945) *J. Physiol.* **104,** 176–195.

Hodos, W. (1970) Evolutionary interpretation of neural and behavioral studies of living vertebrates. In *The Neuro-Sciences; Second Study Program,* Hrsg. F. O. Schmitt, 26–39, Rockefeller University Press, New York.

Hodos, W. (1982) Some perspectives on the evolution of intelligence and the brain. In *Animal Mind – Human Mind,* Hrsg. D. R. Griffin, 33–55, Springer Verlag, Berlin.

Hodos, W., Campbell, C. B. G. (1969) Scala Naturae: Why there is no theory in comparative psychology. *Psychol. Rev.* **76,** 337–350.

Hoffman, H. S., Searle, J. L., Toffrey, S., Kozma, F., Jr. (1966) Behavioral control by an imprinted stimulus. *J. Exp. Anal. Behav.* **9,** 177–189.

Hoffmann, K. (1954) Versuche zu der im Richtungsfinden der Vögel enthaltenen Zeitschätzung. *Z. Tierpsychol.* **11,** 453–475.

Hogan, J. A. (1980) Homeostasis and Behaviour. In *Analysis of Motivational Processes,* Hrsg. F. M. Toates, T. R. Halliday, Academic Press, London.

Hogan, J. A., Kleist, S., Hutchings, C. S. L. (1970) Display and food as reinforcers in the Siamese fighting fish *(Betta splendens). J. Comp. Physiol. Psychol.* **70,** 351–357.

Holland, P. C. (1977) Conditioned stimulus as a determinant of the form of the Pavlovian conditioned response. *J. Exp. Psychol., Animal Behaviour Processes* **3,** 77–104.

Holland, P. C., Straub, J. J. (1979) Differential effects of two ways of devaluing the unconditioned stimulus after Pavlovian appetitive conditioning. *J. Exp. Psychol.: Animal Behaviour Processes* **5,** 65–78.

Hollard, V. D., Delius, J. D. (1983) Rotational invariance in visual pattern recognition by pigeons and humans. *Science* **218,** 804–806.

Holloway, R. L. (1976) Paleoneurological evidence for language origins. *Ann. N. Y. Acad. Sci.* **280,** 330–348.

Holloway, R. L. (1981) Exploring the dorsal surface of hominoid brain endocasts by stereoplotter and discriminant analysis. *Phil. Trans. R. Soc. London B.* **292,** 155–166.

Holst, E. von (1939) Entwurf eines Systems der lokomotorischen Periodenbildungen bei Fischen. *Z. Vgl. Physiol.* **26,** 481–528.

Holst, E. von (1954) Relations between the central nervous system and the peripheral organs. *Brit. J. Anim. Behav.* **2,** 89–94.

Holst, E. von (1969 und 1970) *Zur Verhaltensphysiologie bei Tieren und Menschen.* Piper Verlag, München, 2 Bde.

(englische Übersetzung:

Holst, E. von (1973) *The Behavioural Physiology of Animals and Man.* Methuen, London).

Holst, E. von, Mittelstaedt, H. (1950) Das Reafferenzprinzip. *Naturwissenschaften* **37,** 464–476.

Hooff, J. A. R. A. M. van (1972) A comparative approach to the phylogeny of laughter and smiling. In *Non-Verbal Communication,* Hrsg. R. A. Hinde, 209–238, Cambridge University Press, Cambridge.

Hooff, J. A. R. A. M. van (1976) The comparison of facial expression in man and higher primates. In *Methods of Inference from Animal to Human Behaviour,* Hrsg. M. von Cranach, 165–196, Mouton, The Hague.

Hoogland, R., Morris, D., Tinbergen, N. (1957) The spines of sticklebacks *(Gasterosteus* and *Pygosteus)* as means of defence against predators *(Perca* and *Essox). Behaviour* **10,** 205–236.

Hord, R. M. (1982) *Digital image processing of remotely sensed data.* Academic Press, New York.

Houston, A. I. (1982) Transitions and timesharing. *Anim. Behav.* **30,** 615–625.

Houston, A. I., McFarland (1976) On the measurement of motivational variables. *Anim. Behav.* **24,** 459–475.

Houston, A. I., McFarland (1980) Behavioural resilience and its relation to demand functions. In *Limits to Action: The Allocation of Individual Behaviour,* Hrsg. J. E. R. Staddon, 177–203, Academic Press, New York.

Howard, I. P. (1982) *Human Visual Orientation.* Wiley, New York.

Howard, I. P., Templeton, W. B. (1966) *Human Spatial Orientation.* Wiley, London.

Howard, R. D. (1978) The evolution of mating strategies in bullfrogs *Rana catesbiana. Evolution* **32,** 850–871.

Howard, R. D. (1979) Big bullfrogs in a little pond. *Nat. Hist. Mag.* **88,** 30–36.

Howard, R. R., Brodie, E. D. (1971) Experimental study of mimicry in salamanders involving *Notophthalmus viridescens viridescens* and *Pseudotriton ruber schencki. Nature, London* **233,** 277.

Hoy, R. R. (1974) Genetic control of acoustic behavior in crickets. *Am. Zool.* **14,** 1067.

Hoy, R. R., Paul, R. L. (1973) Genetic control of song specificity in crickets. *Science* **180,** 82–83.

Hubbard, J. I. (1975) *The Biological Bases of Mental Activity.* Addison-Wesley, Reading, Massachusetts.

Hubel, D. H., Wiesel, T. N. (1965) Receptive fields and functional architecture in two nonstriate visual areas (18 and 19) of the cat. *J. Neurophysiol.* **28,** 229–289.

Hughes, A. (1977) The topography of vision in mammals. In *Handbook of Sensory Physiology,* VII/5, Hrsg. F. Crescitelli, 613–756, Springer Verlag, Berlin.

Hughes, B. O., Black, A. J. (1973) The preference of domestic hens for different types of battery cage floor. *Br. Poult. Sci.* **14,** 615.

Humphrey, N. K. (1978) Nature's psychologists. *New Sci.* **78,** 900.

Humphrey, N. K. (1979) Nature's psychologists. In *Consciousness and the Physical World,* Hrsg. B. Josephson, B. S. Ramachandra, Pergamon, New York. Abgedruckt in E. Sunderland, M.T. Smith (Hrsg.) (1980) *The Exercise of Intelligence,* Garland STPM Press, New York.

Huxley, J. S. (1914), The courtship habits of the great crested grebe *(Podiceps cristatus)* with an addition to the theory of sexual selection. *Proc. Zool. Soc. London* **2,** 491–562.

Huxley, J. S. (1923) Courtship activities of the redthroated diver *(Columbus stellatus Pontopp)* together with a discussion on the evolution of courtship in birds. *J. Linn. Soc. London Zool.* **25,** 253–292.

Iersel, J. J. A. van, Bol, A. C. A. (1958) Preening in two tern species: a study on displacement activities. *Behaviour* **13,** 1–88.

Immelmann, K. (1969) Über den Einfluß frühkindlicher Erfahrungen auf die geschichtliche Objektfixierung bei Estrildiden. *Z. Tierpsychol.* **26,** 677–691.

Immelmann, K. (1972) Sexual and other long-term aspects of imprinting in birds and other species. In *Advances in the Study of Behavior,* Bd. 4, Hrsg. D. S. Lehrman, R. A. Hinde, E. Shaw, 147–174, Academic Press, New York.

Immelmann, K. (1983) *Einführung in die Verhaltensforschung.* Parey Verlag, Berlin, Hamburg.

Immelmann, K. (1984) The natural history of bird learning. In *The Biology of Learning.* Hrsg. P. Marler, H. S. Terrace. *Dahlem Konferenzen 1984,* 271–288, Springer Verlag, Berlin, Heidelberg.

Immelmann, K. (1985) Sexual imprinting in Zebra finches – mechanisms and biological significance. *Acta XVIII Congressus Internationalis Ornithologicus,* Moscow, 1982, Nauka, 1985.

Immelmann, K., Barlow, G.W., Petrinovich L., Main, M. (Hrsg.) (1982) *Verhaltensentwicklung bei Mensch und Tier. Das Bielefeld-Projekt.* Parey Verlag, Berlin, Hamburg.

Immelmann, K., Scherer, K. R., Vogel, C., Schmoock, P. (Hrsg.) (1988) *Psychobiologie.* Psychologie Verlags Union, München, Weinheim.

Immelmann, K., Suomi, S. J. (1982) Sensible Phasen der Verhaltensentwicklung. In *Verhaltensentwicklung bei Mensch und Tier. Das Bielefeld-Projekt,* Hrsg. K. Immelmann, G.W. Barlow, L. Petrinovich, M. Main, Parey Verlag, Berlin, Hamburg.

Isaac, G. L. (1978) The food-sharing behavior of protohuman hominids. *Sci. Am.* **238,** 90–100.

James, W. (1890) *The Principles of Psychology.* Holt, New York.

Jarman, P. J. (1974) The social organisation of antelopes in relation to their ecology. *Behaviour* **48,** 215–267.

Jenkins, H. M., Harrison, R. H. (1958) Auditory generalisation in the pigeon. Air research and development command. TN 58–443, Astia document 158248.

Jenni, D. A., Collier, G. (1972) Polyandry in the American jacana *(Jacana spinosa). Auk* **89,** 743–765.

Jerison, H. J. (1973) *Evolution of the Brain and Intelligence.* Academic Press, New York.

Jones, F. R. H. (1955) Photo-kinesis in the ammocoete larva of the brook lamprey. *J. Exp. Biol.* **32,** 492–503.

Jordan, J. (1971) Studies of the structure of the organ of voice and vocalization in the chimpanzee: I. *Folia Morphol.* **30,** 97–126; III. *Folia Morphol.* **30,** 322–340.

Kaas, J. H., Guillery, R.W., Allman, J. M. (1972) Some principles of organization in the dorsal lateral geniculate nucleus. *Brain Behav. Evol.* **6,** 253–299.

Kacelnik, A. (1979) The foraging efficiency of great tits *(Parus major)* in relation to light intensity. *Anim. Behav.* **27,** 237–241.

Kagel, J. H., Battalio, R. C., Green, L., Rachlin, H. (1980) Consumer demand theory applied to choice behaviour of rats. In *Limits to Action,* Hrsg. J. E. R. Staddon, Academic Press, New York.

Kaissling, K. E., Priesner, E. (1970) Die Riechschwelle des Seidenspinners. *Naturwissenschaften* **57,** 23–28.

Kalat, J.W., Rozin, P. (1971) Role of interference in taste-aversion learning. *J. Comp. Physiol.* **77,** 53–58.

Kamin, L. J. (1969) Predictability, surprise, attention and conditioning. In *Punishment and Aversive Behaviour,* Hrsg. B. A. Campbell, R. M. Church, 279–296, Appleton-Century-Crofts, New York.

Kawamura, S. (1963) The process of subculture propagation among Japanese macaques. In *Primate Social Behaviour,* Hrsg. C. H. Southwick, 82–90, Van Nostrand, New York.

Keeton, W.T. (1971) Magnets interfere with pigeon homing. *Proc. Nat. Acad. Sci. U.S.A.* **68,** 102–106.

Keeton, W.T. (1972) *Biological Science.* (2. Auflage), W.W. Norton, New York.

Keidel, W. G. (1985) *Kurzgefaßtes Lehrbuch der Physiologie.* Thieme Verlag, Stuttgart.

Kellogg, W. N. (1968) Chimpanzees in experimental homes. *Psychol. Rec.* **18,** 489–498.

Kellogg, W. N., Kellogg, I. A. (1933) *The Ape and the Child.* McGraw-Hill, New York.

Kendon, A. (1967) Some functions of gaze direction in social interaction. *Acta Psychol.* **26,** 1–47.

Kennedy, D. (1976) Neutral elements in relation to network function. In *Simpler Networks and Behavior,* Hrsg. J. C. Fentress, Sinauer Associates, Sunderland, Massachusetts.

Kennedy, J. S. (1945) Classification and nomenclature of animal behaviour. *Nature, London* **156,** 754.

Kettlewell, H. B. D. (1955) Selection experiments on industrial melanism in the Lepidoptera. *Heredity* **9,** 323–342.

Kettlewell, H. B. D. (1956) Further selection experiments on industrial melanism in the Lepidoptera. *Nature, London* **175,** 934.

Kettlewell, H. B. D. (1973) *The Evolution of Melanism.* Oxford University Press, Oxford.

Kleiman, D. (1977) Monogamy in mammals. *Quart. Rev. Biol.* **52,** 39–69.

Klix, F. (1982) On the evolution of cognitive processes and performances. In *Animal Mind – Human Mind,* Hrsg. D. R. Griffin 225–251, Springer Verlag, Berlin.

Klopfer, P. H., Gamble, J. (1966) Maternal "imprinting" in goats: the role of chemical senses. *Z. Tierpsychol.* **23,** 588–592.

Knudsen (1981) The hearing of the barn owl. *Sci. Am.,* **245** 83–91.

Koehler, O. (1954) Vorbedingungen und Vorstufen unserer Sprache bei Tieren. *Verh. Dtsch. Zool. Ges. 1954,* 327–341.

Köhler, W. (1925) *The Mentality of Apes.* Harcourt Brace, New York.

Köhler, W. (1973) *Intelligenzprüfungen an Menschenaffen.* Springer Verlag, Berlin, Heidelberg, New York.

König, B., Markl, H. (1986) Verhalten als Umweltanpassung. In *Funkkolleg Psychobiologie,* Studienbegleitbrief 2, 93–133, Beltz Verlag, Weinheim, Basel.

Konishi, M. (1965) The role of auditory feedback in the control of vocalization in the white-crowned sparrow. *Z. Tierpsychol.* **22,** 770–783.

Korringa, P. (1947) Relations between the moon and periodicity in the breeding of marine animals. *Ecol. Monogr.* **17,** 347–381.

Kortlandt, A. (1940) Eine Übersicht der angeborenen Verhaltensweisen des Mitteleuropäischen Kormorans *(Phalacrocorax carbo sinensis). Arch. Néérl. Zool.* **14,** 401–442.

Kortlandt, A., Kooij, M. (1963) Protohominid behaviour in primates (preliminary communication). *Symp. Zool. Soc. London* **10,** 61–88.

Kosslyn, M. (1981) The medium and the message in mental imagery; a theory. *Psychol. Rev.* **88,** 46–66.

Kramer, G. (1951) Eine neue Methode zur Erforschung der Zugorientierung und die bisher damit erzielten Ergebnisse. *Proc. X. Int. Ornithol. Congr. Uppsala, 1950,* 269–280.

Krebs, J. R. (1971) Territory and breeding density in the great tit, *Parus major* L. *Ecology* **52,** 2–22.

Krebs, J. R. (1973) Behavioural aspects of predation. In *Perspectives in Ethology,* Hrsg. P. P. G. Bateson, P. H. Klopfer, 73–111, Plenum Press, New York.

Krebs, J. R. (1978) Optimal foraging: decision rules for predators. In *Behavioural Ecology: an Evolutionary Approach,* Hrsg. J. R. Krebs, N. B. Davies, Blackwell Scientific Publications, Oxford.

(deutsche Übersetzung:

Krebs, J. R. (1981) Optimale Nahrungsnutzung: Entscheidungsregeln für Räuber. In *Öko-Ethologie,* Hrsg. J. R. Krebs, N. B. Davies, 30–61, Parey Verlag, Berlin, Hamburg).

Krebs, J. R., Davies, N. B. (1981) *An Introduction to Behavioural Ecology.* Blackwell Scientific Publications, Oxford.

(deutsche Übersetzung:

Krebs, J. R., Davies, N. B. (1984) *Einführung in die Verhaltensökologie.* Thieme Verlag, Stuttgart).

Krebs, J. R., Davies, N. B. (Hrsg.) (1981) *Öko-Ethologie.* Parey Verlag, Berlin, Hamburg.

Kreithen, M. L. (1978) Sensory mechanisms for animal orientation – can any new ones be discovered? In *Animal Migration, Navigation and Homing,* Hrsg. K. Schmidt-Koenig, W.T. Keeton, 25–34, Proceedings in Life Sciences, Springer Verlag, Berlin.

Kreithen, M. L., Keeton, W.T. (1974) Detection of changes in atmospheric pressure by the homing pigeon, *Columba livia. J. Comp. Physiol.* **89,** 73–82.

Krieckhaus, E. E. (1970) "Innate recognition" aids rats in sodium regulation. *J. Comp. Physiol. Psychol.* **73,** 117–122.

Krog, J., Folkow, B., Fox, R. H., Anderson, K. L. (1960) Hand circulation in the cold of Lapps and North Norwegian fishermen. *JAP* **15,** 4: 654–658.

Kruijt, J. P. (1964) Ontogeny of social behaviour in Burmese red junglefowl *(Gallus gallus spadiceus* Bonnaterre). *Behaviour Suppl.* **12.**

Kruuk, H. (1964) Predators and anti-predator behaviour of the black-headed gull *(Larus ridibundus L.). Behaviour Suppl.* **11,** 1–130.

Kummer, H. (1968) *Social Organization of Hamadryas Baboons.* University of Chicago Press, Chicago.

Kummer, H. (1975) *Sozialverhalten der Primaten.* Springer Verlag, Berlin, Heidelberg, New York.

Kummer, H. (1982) Social knowledge in free-ranging primates. In *Animal Mind – Human Mind,* Hrsg. D. R. Griffin, 113–130, Springer Verlag, Berlin.

Kuo, Z.Y. (1932) Ontogeny of embryonic behaviour in Aves, IV: The influence of embryonic movements upon the behavior after hatching. *J. Comp. Psychol.* **14,** 109–122.

Kuo, Z.Y. (1967) *The Dynamics of Behavior Development.* Random House, New York.

Lack, D. (1937) The psychological factor in bird distribution. *British Birds* **31,** 130.

Lack, D. (1943) *The Life of the Robin.* London.

Lack, D. (1954) *The Natural Regulation of Animal Numbers.* Oxford University Press, Oxford.

Lack, D. (1966) *Population Studies of Birds.* Clarendon Press, Oxford.

Lack, D. (1968) *Ecological Adaptations for Breeding in Birds.* Methuen, London.

Laidler, K. (1978) Language in the Orang-utan. In *Action, Gesture and Symbol,* Hrsg. A. Lock, 133–155, Academic Press, New York.

Laming, P. R. (1981) *Brain Mechanisms of Behaviour in Lower Vertebrates.* Cambridge University Press, Cambridge.

Landis, C., Hunt, W. A. (1932) Adrenalin and emotion. *Psychol. Rev.* **39,** 467–485.

Landsberg, J.W. (1976) Posthatch age and developmental age as a baseline for determination of the sensitive period for imprinting. *J. Comp. Physiol. Psychol.* **90,** 47– 52.

Landsberg, J.W. (1981) Hormones and filial imprinting. *Proceedings of the 7th International Ornithological Congress.* Berlin 1978, 837–841.

Larkin, S. (1981) Time and energy in decision-making. Dissertation, Universität Oxford.

Larkin, S., McFarland, D. J. (1978) The cost of changing from one activity to another. *Anim. Behav.* **26,** 1237–1246.

Lassek, R. (1988) Zur Entwicklung optischer Präferenzen beim Rosenköpfchen *(Agapornis roseicollis). Verh. Dtsch. Zool. Ges.* **81,** im Druck.

Lawick-Goodall, J. van (1970) Tool-using in primates and other vertebrates. In *Advances in the Study of Behavior,* Bd. 3, Hrsg. D. S. Lehrman, R. A. Hinde, E. Shaw, Academic Press, New York.

Lea, S. E. G. (1978) The psychology and economics of demand. *Psychol. Bull* **85,** 441–466.

Lea, S. E. G., Roper, T. J. (1977) Demand for food on fixed-ratio schedules as a function of the quality of concurrently available reinforcement. *J. exp. Anal. Behav.* **27,** 371–380.

Leach, E. (1972) The influence of cultural context on non-verbal communication in man. In *Non-Verbal Communication,* Hrsg. R. A. Hinde, 315–347, Cambridge University Press, Cambridge.

Lee, R. B. (1972) The Kung Bushmen of Botswana. In *Hunters and Gatherers Today,* Hrsg. M. G. Bicchieri, Holt Rinehart und Winston, New York.

Lee, R. B., DeVore, I. (Hrsg.) (1968) *Man the Hunter.* Aldine, Chicago.

Lehrman, D. S. (1953) A critique of Konrad Lorenz's theory of instinctive behaviour. *Quart. Rev. Biol.* **28,** 337–363. (gekürzte deutsche Übersetzung:

Lehrman, D. S. (1987) Eine Kritik an Konrad Lorenz' Theorie des Instinktverhaltens. In *Psychobiologie. Wegweisende Texte der Verhaltensforschung von Darwin bis zur Gegenwart.* Hrsg. K. R. Scherer, A. Stahnke, P. Winkler. Deutscher Taschbuch Verlag, München).

Lehrman, D. S. (1955) The physiological basis of parental feeding behaviour in the ring dove *(Streptopelia risoria). Behaviour* **7,** 241–286.

Lehrman, D. S. (1970) Semantic and conceptual issues in the nature-nurture problem. In *Development and Evolution of Behavior,* Hrsg. L. R. Aronson, E. Tobach, D. S. Lehrman, J. S. Rosenblatt, W. H. Freeman, New York.

LeMay, M. (1976) Morphological cerebral asymmetries of modern man, fossil man, and nonhuman primates. *Ann. N. Y. Acad. Sci.* **280,** 349–366.

Lendrem, D.W. (1983) Vigilance in birds. Dissertation, Universität Oxford.

Lendrem, D.W., McFarland, D. (1985) Selective attention and vigilance. In *Attention and Vigilance,* Hrsg. D.W. Lendrem, D. McFarland, Pitman, London.

Leong, C.Y. (1969) The quantitative effect of releasers on the attack readiness of the fish *Haplochromis burtoni* (Cichlidae: Pisces). *Z. Vgl. Physiol.* **65,** 29–50.

Leroy, Y. (1964) Transmission du parametre fréquence dans le signal acoustique des hybrides F_1 et P x P_1, de deux grillons: *Teleogryllus commodus* Walker et *T. oceanicus* Le Guillon (Orthoptères, ensifères). *C. R. Acad. Sci.* **259,** 892–895.

Lettvin, J.W., Maturana, H. R., McCulloch, W. S., Pitts, W. H. (1959) What the frog's eye tells the frog's brain, *Proc. I. R. E.* **47,** 1940–1951.

Lewin, R. (1981) Ethiopian stone tools are world's oldest. *Science* **211,** 806–807.

Lewis, R. A. (1975) Social influences on marital choice. In *Adolescence in the Life Cycle,* Hrsg. S. E. Dragastin, G. H. Elder, 211–225, Wiley, New York.

Lieberman, P. (1975) *On the Origins of Language.* Macmillan, New York.

Liley, N. R. (1966) Ethological isolating mechanisms in four sympatric species of poeciliid fishes. *Behaviour Suppl.* **13.**

Lill, A. (1966) Some observations of social organization and non-random mating in captive Burmese red jungle fowl *(Gallus gallus spadiceus). Behaviour* **26,** 228–242.

Lill, A. (1968) An analysis of sexual isolation in the domestic fowl, I: The basis of homogamy in males. *Behaviour* **30,** 8–126; II: The basis of homogamy in females. *Behaviour* **30,** 127–145.

Lindauer, M. (1960) Time-compensated sun orientation in bees. *Cold Spring Harbor Symp. Quant. Biol.* **25,** 371–377.

Lindauer, M. (1961) *Communication among Social Bees.* Harvard University Press, Cambridge, Massachusetts.

Lindauer, M. (1963) Kompaßorientierung. *Ergeb. Biol.* **26,** 158–181.

Lindauer, M. (1975) *Verständigung im Bienenstaat.* Fischer Verlag, Stuttgart.

Linden, E. (1980) *Die Kolonie der sprechenden Schimpansen.* Gustav Lübbe Verlag, Bergisch-Gladbach.

Logan, F. A., Boice, R. (1969) Aggressive behaviours of paired rodents in an avoidance context. *Behaviour* **34,** 161–83.

Lombardi, C. M., Delius, J. D. (1989) Size invariance of pattern recognition in pigeons. In *Pattern Recognition and Concepts in Animals, People and Machines,* Hrsg. M. L. Commons, S. M. Kosslyn, R. J. Herrnstein, Lawrence Erlbaum Associates, Hillsdale, New Jersey.

Lombardi, C. M., Fachinelli, C. C., Delius, J. D. (1984) Oddity of visual patterns conceptualized by pigeons. *Anim. Learn. Behav.* **12,** 2–6.

Lorenz, K. (1932) Betrachtungen über das Erkennen der arteigenen Triebhandlungen der Vögel. *J. Ornithol.* **80,** 50–98.

Lorenz, K. (1935) Der Kumpan in der Umwelt des Vogels. *J. Ornithol.* **83,** 137–213.

Lorenz, K. (1937) Über die Bildung des Instinktbegriffes. *Naturwissenschaften* **25,** 289–300, 307–318, 324–331.

Lorenz, K. (1939) Vergleichende Verhaltensforschung. *Zool. Anz. Suppl.* **12,** 69–102.

Lorenz, K. (1941) Vergleichende Bewegungsstudien an Anatinen. *Suppl. J. Ornith.* **89,** 194–294.

Lorenz, K. (1950) The comparative method in studying innate behaviour patterns. *Sym. Soc. Exp. Biol.* **4,** 221–268.

Lorenz, K. (1965) *Evolution and Modification of Behavior.* University of Chicago Press, Chicago.

Lorenz, K. (1978) *Vergleichende Verhaltensforschung. Grundlagen der Ethologie.* Springer Verlag, Wien, New York.

Loschiavo, S. R. (1968) Effect of oviposition on egg production and longevity in *Trogoderma parabile* (Coleoptera: Dermestidae). *Canad. Ent.* **100,** 86–89.

Louw, G. N., Holm, E. (1972) Physiological, morphological and behavioural adaptations of the ultrapsammophilous Namib Desert lizard *Aporosaura anchietae* (Bocage). *Madogua* **1,** 67–85.

Lovejoy, C. O. (1981) The origin of man. *Science* **211,** 341–350.

Ludlow, A. R. (1980) The evolution and simulation of a decision maker. In *Analysis of Motivational Processes,* Hrsg. F. M. Toates, T. R. Halliday, Academic Press, London.

Lush, J. L. (1940) Intra-sire correlations or regressions of offspring on dam as a method of estimating heritability of characteristics. *Thirty-third Annual Proceedings of the American Society of Animal Production,* 293–301.

Lythgoe, J. N. (1979) *The Ecology of Vision.* Clarendon Press, Oxford.

McClearn, G. E. (1963) The inheritance of behavior. In *Psychology in the Making,* Hrsg. L. J. Postman, Alfred A. Knopf, New York.

McClearn, G. E., De Fries, J. C. (1973) *Introduction to Behavioral Genetics.* W. H. Freeman, New York.

McCleery, R. H. (1981) Optimale Verhaltenssequenzen und Entscheidungen. In *Öko-Ethologie.* Hrsg. J. R. Krebs, N. B. Davies. Parey-Verlag, Berlin, Hamburg.

McDonald, D. L. (1972) Some aspects of the use of visual cues in directional training of homing pigeons. In *Animal Orientation and Navigation,* Hrsg. S. R. Galler, K. Schmidt-Koenig, G. J. Jacobs, R. E. Belleville, 293–304, NASA SP-262, US Govt Printing Office, Washington DC.

McDonald, D. L. (1973) The role of shadows in directional training and homing of pigeons, *Columba livia. J. Exp. Zool.* **183,** 267–280.

McDougall, W. (1908) *An Introduction to Social Psychology.* Methuen, London.

McFarland, D. J. (1965) Hunger, thirst and displacement pecking in the Barbary dove. *Anim. Behav.* **13,** 292–300.

McFarland, D. J. (1966a) The role of attention in the disinhibition of displacement activity. *Quart. J. Exp. Psychol.* **18,** 19–30.

McFarland, D. J. (1966b) On the causal and functional significance of displacement activities. *Z. Tierpsychol.* **23,** 217–235.

McFarland, D. J. (1969a) Mechanisms of behavioural disinhibition. *Anim. Behav.* **17,** 238–242.

McFarland, D. J. (1969b) Separation of satiating and rewarding consequences of drinking. *Physiol Behav.* **4,** 987–989.

McFarland, D. J. (1970a) Recent developments in the study of feeding and drinking in animals. *J. Psychosom. Res.* **14,** 229–237.

McFarland, D. J. (1970b) Adjunctive behaviour in feeding and drinking situations. *Rev. Comp. Anim.* **4,** 64–73.

McFarland, D. J. (1971) *Feedback Mechanisms in Animal Behaviour.* Academic Press, London.

McFarland, D. J. (1973) Stimulus relevance and homeostasis. In *Constraints on Learning,* Hrsg. R. A. Hinde, J. Stevenson-Hinde, Academic Press, London.

McFarland, D. J. (1974) Time-sharing as a behavioral phenomenon. In *Advances in the Study of Behavior,* Bd. 4, Hrsg. D. S. Lehrman, J. S. Rosenblatt, R. A. Hinde, E. Shaw, Academic Press, New York.

McFarland, D. J. (1976) Form and function in the temporal organization of behaviour. In *Growing Points in Ethology,* Hrsg. P. P. G. Bateson, R. A. Hinde, 55–93, Cambridge University Press, Cambridge.

McFarland, D. J. (1977) Decision-making in animals. *Nature, London* **269,** 15–21.

McFarland, D. J. (1983) Behavioural transitions: a reply to Roper and Crossland (1982): Timesharing: a reply to Houston (1982). *Anim. Behav.* **31,** 305–308.

McFarland, D. J., L'Angellier, A. B. (1966) Disinhibition of drinking during satiation of feeding behaviour in the Barbary dove. *Anim. Behav.* **14,** 463–467.

McFarland, D. J., Baher, E. (1968) Factors affecting feather posture in the Barbary dove. *Anim. Behav.* **16,** 171–177.

McFarland, D. J., Budgell, P. (1970) The thermoregulatory role of feather movements in the Barbary dove *(Streptopelia risoria). Physiol. Behav.* **5,** 763–771.

McFarland, D. J., Houston, A. (1981) *Quantitative Ethology: The State Space Approach.* Pitman, London.

McFarland, D. J., Lloyd, I. (1973) Time-shared feeding and drinking. *Quart. J. Exp. Psychol.* **25,** 48–61.

McFarland, D. J., McFarland, F. J. (1968) Dynamic analysis of an avian drinking response. *Med. Biol. Eng.* **6,** 659–668.

McFarland, D. J., McGonigle, B. (1967) Frustration tolerance and incidental learning as determinants of extinction. *Nature, London* **215,** 786–787.

McFarland, D. J., Nunez, A.T. (1978) Systems analysis and sexual behaviour. In *Biological Determinants of Sexual Behaviour,* Hrsg. J. B. Hutchinson, 615–652, Wiley, Chichester.

McFarland, D. J., Sibly, R. M. (1972) "Unitary drives" revisited. *Anim. Behav.* **20,** 548–563.

McFarland, D. J., Sibly, R. M. (1975) The behavioural final common path. *Phil. Trans. R. Soc. B.* **270,** 265–293.

McFarland, D. J., Wright, P. (1969) Water conservation by inhibition of food intake. *Physiol. and Behav.* **4,** 95–99.

McGonigle, B., McFarland, D. J., Collier, P. (1967) Rapid extinction following drug-inhibited incidental learning. *Nature, London* **214,** 531–532.

McGraw, M. B. (1945) *The Neuromuscular Maturation of the Human Infant.* Columbia University Press, New York.

McGrew, W. C., Tutin, C. E. G., Baldwin, P. J. (1979) Chimpanzees, tools and termites: cross-cultural comparison of Senegal, Tanzania and Rio Muni. *Man* **14,** 185–214.

McLeese, D.W. (1956) Effects of temperature, salinity and oxygen on the survival of the American lobster. *J. Fish. Res. Bd. Canada* **13,** 247–272.

Mackintosh, N. J. (1973) Stimulus selection: learning to ignore stimuli that predict no change in reinforcement. In *Constraints on Learning,* Hrsg. R. A. Hinde, J. Stevenson-Hinde, 75–96, Academic Press, London.

Mackintosh, N. J. (1974) *The Psychology of Animal Learning.* Academic Press, London.

Mackintosh, N. J. (1976) Overshadowing and stimulus intensity. *Anim. Learn. and Behav.* **4,** 186–192.

Mackintosh, N. J. (1983) *Conditioning and Associative Learning.* Clarendon Press, Oxford.

MacPhail, E. M. (1982) *Brain and Intelligence in Vertebrates.* Clarendon Press, Oxford.

Maier, S. F., Seligman, M. E. P. (1976) Learned helplessness. Theory and evidence. *J. Exp. Psychol. General* **105,** 3–46.

Makkink, G. F. (1936) An attempt at an ethogram of the European avocet *(Recurvirostra avosetta L.)* with ethological and psychological remarks. *Ardea* **25,** 1–60.

Malott, R.W., Siddall, J.W. (1972) Acquisition of the people concept in pigeons. *Psychol. Rep.* **31,** 3–13.

Manning, A. (1956) The effect of honey-guides. *Behaviour* **9,** 114–139.

Mariscal, R. N. (1970a) An experimental analysis of the protection of *Amphiprion xanthurus* Cuv. and Val. and some other anemone fishes from sea anemones. *J. Exp. Mar. Biol. Ecol* **4,** 134–149.

Mariscal, R. N. (1970b) A field and laboratory study of the symbiotic behaviour of fishes and sea anemones from the tropical Indo-Pacific. *Calif. Pub. in Zoology* **91.**

Marler, P., Mundinger, P. (1971) Vocal learning in birds. In *The Ontogeny of Vertebrate Behavior,* Hrsg. H. Moltz, Academic Press, New York.

Marler, P., Tamura, M. (1964) Culturally transmitted patterns of vocal behavior in sparrows. *Science* **146,** 1483–1486.

Marshack, A. (1976) Implications of the Paleolithic symbolic evidence for the origins of language. *Am. Sci.* **64,** 136–140.

Marshall, A. J. (1970) Environmental factors other than light involved in the control of sexual cycles in birds and mammals. In *La Photorégulation de la Reproduction chez les Oiseaux et les Mammifères,* Hrsg. J. Benoit, I. Assenmacher, C. N. R. S. Editeur, Paris.

Martin, G. R. (1977) Absolute visual threshold and scotopic spectral sensitivity in the tawny owl, *Strix aluco. Nature, London* **268,** 636–638.

Mast, S. O. (1911) *Light and the Behavior of Organisms.* Wiley, London.

Masterson, F. A. (1970) Is termination of a warning signal an effective reward for a rat? *J. Comp. Physiol. Psychol.* **72,** 471–477.

Matthews, G.V.T. (1955) *Bird Navigation.* Cambridge University Press, Cambridge.

Matthews, G.V.T. (1968) *Bird Navigation.* (2. Auflage) Cambridge University Press, Cambridge.

Maynard Smith, J. (1958) Sexual selection. In *A Century of Darwin,* Hrsg. S. A. Barnett, 231–244, Harvard University Press, Cambridge, Massachusetts.

Maynard Smith, J. (1964) Group selection and kin selection. *Nature, London* **201,** 1145–1147.

Maynard Smith, J. (1976) Sexual selection and the handicap principle. *J. Theor. Biol.* **57,** 239–242.

Maynard Smith, J. (1977) Parental investment – a prospective analysis. *Anim. Behav.* **25,** 1–9.

Maynard Smith, J. (1978a) *The Evolution of Sex.* Cambridge University Press, Cambridge.

Maynard Smith, J. (1978b) The ecology of sex. In *Behavioural Ecology: an Evolutionary Approach,* Hrsg. J. R. Krebs, N. B. Davies, Blackwell Scientific Publications, Oxford.

(deutsche Übersetzung:

Maynard Smith, J. (1981) Die Ökologie der Sexualität. In *Öko-Ethologie,* Hrsg. J. R. Krebs, N. B. Davies, 131–146, Parey Verlag, Berlin, Hamburg).

Maynard Smith, J. (1982) *Evolution and the Theory of Games,* Cambridge University Press, Cambridge.

Maynard Smith, J., Price, J. R. (1973) The logic of animal conflict. *Nature* **246,** 15–18.

Mayr, E. (1967) *Artbegriff und Evolution.* Parey Verlag, Berlin, Hamburg.

Meddis, R. (1965) On the function of sleep. *Anim. Behav.* **23,** 676–691.

Menzel, E.W. (1974) A group of young chimpanzees in a one-acre field. In *Behavior of Nonhuman Primates,* Hrsg. A. M. Schrier, F. Stollnitz, Bd. 3, 83–153, Academic Press, New York.

Menzel, E.W. (1978) Cognitive mapping in chimpanzees. In *Cognitive Processes in Animal Behavior,* Hrsg. S. H. Hulse, H. Fowler, W. K. Honig, 375–422, Lawrence Erlbaum Associates, Hillsdale, New Jersey.

Menzel, E.W. (1979) Communication of object-locations in a group of young chimpanzees. In *The Great Apes,* Hrsg. D. A. Hamburg, E. R. McGown, 359–371, Benjamin/Cummings, Menlo Park, California.

Menzel, E.W., Johnson, M. K. (1976) Communication and cognitive organization in human and other animals. *Ann. N Y. Acad. Sci.* **280,** 131–142.

Menzel, R. (1979) Behavioral access to short-term memory in bees. *Nature* **281,** 331–337.

Menzel, R., Erber, J., Masuhr, T. (1974) Learning and memory in the honey bee. In *Experimental Analysis of Insect Behaviour,* Hrsg. L. Barton Browne, Springer Verlag, New York.

Merkel, F.W. (1980) *Orientierung im Tierreich.* Fischer Verlag, Stuttgart, New York.

Merkel, F.W., Wiltschko, W. (1965) Magnetismus und Richtungsfinden zugunruhiger Rotkehlchen *(Erithacus rubecula). Vogelwarte* **23,** 71–77.

Merton, P. A. (1964) Absence of conscious position sense in the human eyes. In *The Oculomotor System,* Hrsg. M. B. Bender, Harper und Row, New York.

Merz, F., Stelzl, J. (1977) *Einführung in die Erbpsychologie.* Kohlhammer Verlag, Stuttgart, Berlin, Köln, Mainz.

Messenger, J. B. (1968) The visual attack of the cuttlefish *Sepia officinalis. Anim. Behav.* **16,** 342–369.

Meyer, D. B. (1977) The avian eye and its adaptation. In *Handbook of Sensory Physiology,* Bd. III, Hrsg. F. Crescitelli, 549–611, Springer Verlag, Berlin.

Meyerriecks, A. J. (1960) Comparative breeding behavior of four species of North American herons. *Nuttal Ornithological Club Publication* **2,** 1–158.

Milinski, M. (1985) Risk of predation of parasitised sticklebacks *(Gasterosteus aculeatus* L.) under competition for food. *Behaviour* **93,** 203–216.

Milinski, M. (1986) Constraints placed by predators on feeding behaviour. In *The Behaviour of teleost fishes,* Hrsg. T. J. Pitcher, 236–252, Croom Helm, London.

Milinski, M., Heller, R. (1978) Influence of a predator on the optimal foraging behaviour of sticklebacks *(Gasterosteus aculeatus* L.) *Nature, London.* **275,** 642–644.

Miller, N. E. (1948) Studies of fear as an acquirable drive. *J. Exp. Psychol.* **38,** 89–101.

Miller, R. S. (1967) Pattern and process in competition. In *Advances in Ecological Research,* Bd. 4, Hrsg. J. B. Cragg, Academic Press, New York.

Milsum, J. H., Roberge, F. A. (1973) Physiological regulation and control. In *Foundations of Mathematical Biology,* Bd. 3, Hrsg. R. Rosen, 1–95, Academic Press, London.

Mittelstaedt, M. (1964) Basic control patterns of orientational homeostasis. *Symp. Soc. Exp. Biol.* **18,** 365–385.

Moore, B. R. (1973) The role of directed Pavlovian reactions in simple instrumental learning in the pigeon. In *Constraints on Learning,* Hrsg. R. A. Hinde, J. Stevenson-Hinde, Academic Press, London.

Moore, F. R. (1980) Solar cues in the migratory orientation of the Savannah sparrow *(Passerculus sandwichensis). Anim. Behav.* **28,** 684–704.

Moore, M. J., Capretta, P. J. (1968) Changes in colored or flavored food preferences in chicks as a function of shock. *Psychonomic. Sci.* **12,** 195–196.

Morgan, C. L. (1894) *Introduction to Comparative Psychology.* Scott, London.

Morgan, C. L. (1900) *Animal Behaviour.* Scott, London.

Morgan, M., Nicholas, D. J. (1979) Discrimination between reinforced action patterns in the rat. *Learn. and Motiv.* **10,** 1–22.

Morris, D. (1957) "Typical intensity" and its relation to the problem of ritualization. *Behaviour* **11,** 1–12.

Morris, D. (1967) *The Naked Ape.* Cape, London.
(deutsche Übersetzung:
Morris, D. (1968) *Der nackte Affe.* Droemer, München).

Morse, D. H. (1971) The insectivorous bird as an adaptive strategy. *Annu. Rev. Ecol. Syst.* **2,** 177–200.

Moynihan, M. (1955) Some aspects of reproductive behaviour in the black-headed gull *(Larus ridibundus ridibundus* L.) and related species. *Behaviour Suppl.* **4,** 1–201.

Mundinger, P. C. (1980) Animal cultures and a general theory of cultural evolution. *Ethol. Sociobiol.* **1,** 183–223.

Muntz, W. R. A. (1981) Colour vision. In *The Oxford Companion to Animal Behaviour,* Hrsg. D. McFarland, Oxford University Press, Oxford.

Munz, F.W. (1958) Photosensitive pigments from the retinae of certain deep sea fishes. *J. Physiol.* **140,** 220–225.

Nachman, M. (1970) Learned taste and temperature aversions due to lithium chloride sickness after temporal delays. *J. Comp. Physiol. Psychol.* **73,** 22–30.

Nethersole Thompson, C., Nethersole Thompson, D. (1942) Eggshell disposal by birds. *British Birds* **35,** 162–169, 190–200, 214–224, 241–250.

Nicol, J. A. C. (1965) Migration of choroidal tapetal pigment in the spur dog, *Squalus acanthias. J. Mar. Biol. Assoc. UK* **45,** 405–427.

Niebuhr, V. (1981) An investigation of courtship feeding in herring gulls *Larus argentatus. Ibis* **123,** 218–223.

Nisbet, I. C.T. (1973) Courtship feeding, egg-size and breeding success in common terns. *Nature, London* **241,** 141–142.

Nisbet, I. C.T. (1977) Courtship feeding and clutch size in common terns *Sterna hirundo.* In *Evolutionary Ecology,* Hrsg. B. Stonehouse, C. M. Perrins, Macmillan, London.

Norton-Griffiths, M. N. (1967) Some ecological aspects of the feeding behaviour of the oystercatcher *Haematopus ostralegus* on the edible mussel *Mytilus edulis. Ibis* **109,** 412–424.

Norton-Griffiths, M. N. (1969) The organization, control and development of parental feeding in the oystercatcher *(Haematopus ostralegus). Behaviour* **34,** 55–114.

Nottebohm, F. (1976) Vocal tract and brain: a search for evolutionary bottlenecks. *Ann. N.Y. Acad. Sci.* **280,** 643–649.

O'Brien, W. J., Slade, N. A., Vinyard, G. L. (1976) Apparent size as the determinant of prey selection by Bluegill sunfish *(Lepomis machrochirus). Ecology* **57,** 1304–1311.

Oppenheim, R.W. (1982) Preformation and epigenesis in the origin of the nervous system and behavior: issues, concepts, and their history. In *Perspectives in Ethology,* Bd. 5, *Ontogeny,* Hrsg. P. P. G. Bateson, P. H. Klopfer, Plenum Press, New York
(deutsche Übersetzung:
Oppenheim, R.W. (1982) Präformation und Epigenese in der Entwicklung des Nervensystems und des Verhaltens. In *Verhaltensentwicklung bei Mensch und Tier. Das Bielefeld-Projekt,* Hrsg. K. Immelmann, G.W. Barlow, L. Petrinovich, M. Main, Parey Verlag, Berlin, Hamburg).

Orians, G. H., Willson, M. F. (1964) Interspecific territories of birds. *Ecology* **45,** 736–745.

Osche, G. (1979) *Grundlagen – Erkenntnnisse – Entwicklungen der Abstammungslehre.* studio visuell. Herder Verlag, Freiburg.

Packer, C. (1977) Reciprocal altruism in *Papio anubis. Nature, London* **265,** 441–443.

Palmer, J. D. (1973) Biological clocks of the tidal zone. *Sci. Am.* 70–79.

Papi, F. (1960) "Orientation by night: the moon". *Cold Spring Harbor Symp. Quant. Biol.* **25,** 475–80.

Papi, F. (1976) The olfactory navigation system of the homing pigeon. *Verh. Dt. Zool. Ges.* **69,** 184–205.

Papi, F. (1982) Olfaction and homing in pigeons: Ten years of experiments. In *Avian Navigation,* Hrsg. F. Papi, H. G. Wallraff, 149–159, Springer Verlag, Berlin, Heidelberg, New York.

Parker, G. A. (1978) Searching for mates. In *Behavioural Ecology: An Evolutionary Approach,* Hrsg. J. R. Krebs, N. B. Davies, 214–244. Blackwell Scientific Publications, Oxford.
(deutsche Übersetzung:
Parker, G. A. (1981) Die Suche nach dem Paarungspartner. In *Öko-Ethologie,* Hrsg. J. R. Krebs, N. B. Davies, 173–195, Parey Verlag, Berlin, Hamburg).

Parker, G. A. (1979) Sexual selection and sexual conflict. In *Sexual Selection and Reproductive Competition in Insects,* Hrsg. M. S. Blum, N. A. Blum, 123–166, Academic Press, New York.

Parker, G. A. (1984) Evolutionary stable strategis. In *Behavioural Ecology:* Hrsg. J. R. Krebs, N. B. Davies, 2. Auflage, Blackwell Scientific Publications, Oxford.

Parker, G. A., Baker, R. R., Smith, V. G. F. (1972) The origin and evolution of gamete dimorphism and the male-female phenomenon. *J. Theor. Biol.* **36,** 529–553.

Parsons, P. A. (1967) *The Genetic Analysis of Behaviour.* Methuen, London.

Partridge, L. (1978) Habitat selection. In *Behavioural Ecology: An Evolutionary Approach,* Hrsg. J. R. Krebs, N. B. Davies, Blackwell Scientific Publications, Oxford.

(deutsche Übersetzung:

Partridge, L. (1981) Habitatwahl. In *Öko-Ethologie,* Hrsg. J. R. Krebs, N. B. Davies, 273–291, Parey Verlag, Berlin, Hamburg).

Passingham, R. E. (1975) Changes in the size and organization of the brain in man and his ancestors. *Brain Behav. Evol.* **11,** 73–90.

Passingham, R. E. (1981) Primate specializations in brain and intelligence. *Symp. Zool. Soc. London* **46,** 361–388.

Passingham, R. E. (1982) *The Human Primate.* W. H. Freeman, New York.

Patterson, F. G. (1978) The gestures of a gorilla: language acquisition in another pongid. *Brain and Lang.* **5,** 72–97.

Patterson, F. G. (1979) Linguistic capabilities of a young lowland gorilla. Dissertation, Universität Stanford.

Patterson, I. J. (1965) Timing and spacing of broods in the black-headed gull *Larus ridibundus. Ibis* **107,** 433–459.

Pawlow, I. P. (1927) *Conditioned Reflexes.* Oxford University Press, London.

Payne, R. S. (1962) How the barn owl locates prey by hearing. *Living Bird* **1,** 151–159.

Payne, T. L. (1974) Pheromone perception. In *Pheromones,* Hrsg. M. C. Birch, North Holland, Amsterdam.

Pearson, K. G., Iles, J. F. (1970) Central programming and reflex control of walking in the cockroach. *J. Exp. Biol.* **56,** 173–193.

Pengelley, E.T. (Hrsg.) (1974) *Circannual Clocks – Annual Biological Rhythms.* Academic Press, New York.

Pengelley, E.T., Asmundson, S. J. (1974) Circannual rhythmicity in hibernating mammals. In *Circannual Clocks,* Hrsg. E.T. Pengelley, Academic Press, New York.

Pennycuick, C. J. (1960) The physical basis of astronavigation in birds: theoretical considerations. *J. Exp. Biol.* **37,** 573–593.

Perdeck, A. C. (1958) Two types of orientation in migrating starlings *Sturnus vulgaris* L., and chaffinches, *Fringilla coelebs* L., as revealed by displacement experiments. *Ardea* **46,** 1–37.

Perdeck, A. C. (1967) Orientation of starlings after displacement to Spain. *Ardea* **55,** 194–202.

Perril, S. A., Gerhardt, H. C., Daniel, R. (1978) Sexual parasitism in the green tree frog, *Hyla cinerea. Science* **200,** 1179–1180.

Perrins, C. M. (1965) Population fluctuation and clutch-size in the great tit *(Parus major* L.). *J. Anim. Ecol.* **34,** 601–647.

Peters, R. S. (1958) *The Concept of Motivation.* Routledge und Kegan Paul, London.

Petrusic, W. A., Varro, L., Jamieson, D. G. (1978) Mental rotation validation of two spatial ability tests. *Psychol. Res.* **40,** 139–148.

Pitcher, T. J., Partridge, B. L., Wardle, C. S. (1976) A blind fish can school. *Science* **194,** 963–965.

Plutchik, R., Ax, A. F. (1970) A critique of determinants of emotional state by Schachter and Singer (1962). In *Feelings and Emotions: the Loyola Symposium,* Hrsg. M. B. Arnold, Academic Press, New York.

Posner, M. I. (1978) *Chronometric Explorations of Mind.* Lawrence Erlbaum Associates, Hillsdale, New Jersey.

Powell, G.V. N. (1974) Experimental analysis of the social value of flocking by starlings *(Sturnus vulgaris)* in relation to predation and foraging. *Anim. Behav.* **22,** 501–505.

Premack. A. J., Premack, D. (1972) Teaching language to an ape. *Sci. Am.* **227,** 92–99.

Premack, D. (1970) A functional analysis of language. *J. Exp. Anal. Behav.* **14,** 107–125.

Premack, D. (1976) *Intelligence in Ape and Man.* Lawrence Erlbaum Associates, Hillsdale, New Jersey.

Premack, D. (1978) Chimpanzee theory of mind, Teil II: The evidence for symbols in chimpanzee. *Behav. Brain Sci.* **1,** 625–629.

Premack, D., Woodruff, G. (1978) Does the chimpanzee have a theory of mind? *Behav. Brain Sci.* **1,** 515–526.

Pröve, E. (1983) Hormonal correlates of behavioural development in male zebra finches. In *Hormones and Behaviour in Higher Vertebrates,* Hrsg. J. Balthazart, E. Pröve, R. Gilles, 368–374, Springer Verlag, Berlin, Heidelberg.

Pröve, E., Immelmann, K. (1982) Behavioral and hormonal responses of male zebra finches to anti-androgens. *Horm. Behav.* **16,** 121–131.

Prosser, C. L. (1973) *Comparative Animal Physiology.* (3. Auflage), W. B. Saunders, Philadelphia.

Prout, T. (1971) The relation between fitness components and population prediction in *Drosophila.* I: The estimation of fitness components. *Genetics* **68,** 127–149.

Provine, R. R. (1981) Wing-flapping development in chickens made flightless by feather mutations. *Dev. Psychobiol.* **14,** 481–486.

Pulliam, H. R. (1973) On the advantages of flocking. *J. Theor. Biol.* **38,** 419–422.

Raber, H. (1948) Analyse des Balzverhaltens eines domestizierten Truthahns *(Meleagris). Behaviour* **1,** 237–266.

Rachlin, H. (1980) Economics and behavioral psychology. In *Limits to Action,* Hrsg. J. E. R. Staddon, Academic Press, New York.

Randolph, M. C., Brooks, B. A. (1967) Conditioning of a vocal response in a chimpanzee through social reinforcement. *Folia Primat.* **5,** 70–79.

Reinberg, A. (1974) Aspects of circannual rhythms in man. In *Circannual Clocks,* Hrsg. E.T. Pengelley, Academic Press, New York.

Reinboth, R. (1980) *Vergleichende Endokrinologie.* Thieme Verlag, Stuttgart.

Reitboeck, H. J., Altmann, J. (1984) A model for size- and rotation-invariant pattern processing in the visual system. *Biol. Cyb.* **5,** 113–121.

Remane, A., Storch, V., Welsch, U. (1973) *Tatsachen und Probleme der Abstammungslehre.* dtv Wissenschaftliche Reihe, München.

Remane, A., Storch, V., Welsch, U. (1985) *Kurzes Lehrbuch der Zoologie.* Fischer Verlag, Stuttgart.

Remmert, L. (1965) *Biologische Periodik. Handbuch der Biologie,* Bd. 5, 179–184.

Rensch, B. (1973) *Gedächtnis, Begriffsbildung und Planhandlungen bei Tieren.* Parey Verlag, Berlin, Hamburg.

Rensing, L. (1973) *Biologische Rhythmen und Regulation.* Fischer Verlag, Stuttgart.

Rescorla, R. A. (1971) Variations in the effectiveness of reinforcement and nonreinforcement following prior inhibitory conditioning. *Learn. and Motiv.* **2,** 113–123.

Rescorla, R. A. (1978) Some implications of a cognitive perspective on Pavlovian conditioning. In *Cognitive Processes in Animal Behavior,* Hrsg. S. H. Hulse, H. Fowler, W. K. Honig, Lawrence Erlbaum Associates, Hillsdale, New Jersey.

Rescorla, R. A., Cunningham, C. L. (1979) Spatial contiguity facilitates Pavlovian second-order conditioning. *J. Exp. Psychol., Animal Behaviour Processes* **5,** 152–161.

Rescorla, R. A., Furrow, D. R. (1977) Stimulus similarity as a determinant of Pavlovian conditioning. *J. Exp. Psychol., Animal Behaviour Processes* **3,** 203–215.

Revusky, S. H. (1967) Hunger level during food consumption: effects on subsequent preference. *Psychonomic. Sci.* **7,** 109–110.

Revusky, S. H. (1971) The role of interference in association over delay. In *Animal Memory,* Hrsg. W. K. Honig, P. H. R. James, 55–213, Academic Press, New York.

Revusky, S. H. (1977) Learning as a general process with an emphasis on data from feeding experiments. In *Food Aversion Learning,* Hrsg. N.W. Milgram, L. Krames, T. M. Alloway, Plenum Press, New York.

Revusky, S. H., Garcia, J. (1970) Learned associations over long delays. In *Psychology of Learning and Motivation,* Bd. 4, Hrsg. G. H. Bower, 1–83, Academic Press, New York.

Reyer, H.-U. (1980) Flexible helper structure as an ecological adaptation in the pied kingfisher, *Ceryle rudis. Behav. Ecol. Sociobiol.* **6,** 219–227.

Reyer, H.-U. (1984) Investment and relatedness. A cost/benefit analysis of breeding and helping in the pied kingfisher *(Ceryle rudis). Anim. Behav.* **32,** 1163–1178.

Reyer, H.-U. (1986) Breeder-helper interactions in the pied kingfisher reflect the costs and benefits of cooperative breeding. *Behaviour* **96,** 277–303.

Reyer, H.-U., Dittami, J. P., Hall, M. R. (1986) Avian helpers at the nest: are they psychologically castrated? *Ethology* **71,** 216–228.

Richelle, M., Lejeune, H. (1980) *Time in Animal Behaviour.* Pergamon Press, Oxford.

Richter, C. P. (1943) Total self-regulatory functions in animals and human beings. *Harvey Lect.* **38,** 63–103.

Richter, C. P. (1955) Self-regulatory functions during gestation and lactation. *Trans. Conf. Gestation.* Princeton, New Jersey.

Richter, C. P., Hold, L. E., Barelare, B. Jr. (1937) Vitamin B_1 craving in rats. *Science* **86,** 354–355.

Riddell, W. I. (1979) Cerebral indices and behavioral differences. In *Development and Evolution of Brain Size,,* Hrsg. M. E. Hahn, C. Jensen, B. C. Dudek, 89–109, Academic Press, New York.

Ridley, M., Rechten C. (1981) Female sticklebacks prefer to spawn with males whose nests contain eggs. *Behaviour* **76,** 1–2.

Riggs, S. K., Sargent, F. (1964) Physiological regulation in moist heat by young American negro and white males. *Human Biol.* **36,** 339–353.

Ristau, C. A., Robbins, D. (1981) Language in the great apes: a critical review. In *Advances in the Study of Behavior,* Bd. 12, Hrsg. J. Rosenblatt, R. A. Hinde, C. Beer, M. C. Busnel, Academic Press, New York.

Ristau, C. A., Robbins, D. (1982) Cognitive aspects of ape language experiments. In *Animal Mind – Human Mind,* Hrsg. D. R. Griffin, 299–331, Springer Verlag, Berlin.

Roberts, S. (1981) Isolation of an internal clock. *J. Exp. Psychol., Animal Behavior Processes* **7,** 242–268.

Robinson, M. H. (1970) Insect anti-predator adaptations and the behaviour of predatory primates. *Congr. Latin. Zool.* **II,** 811–836.

Rodgers, W., Rozin, P. (1966) Novel food preferences in thiamine-deficient rats. *J. Comp. Physiol. Psychol.* **61,** 1–4.

Roeder, K. D. (1963) *Nerve Cells and Insect Behaviour.* Harvard University Press, Cambridge, Massachusetts.

Roeder, K. D. (1970) Episodes in insect brains. *Am. Sci.* **58,** 378–389.

Rohwer, S., Rohwer, F. C. (1978) Status signalling in Harris sparrows: experimental deceptions achieved. *Anim. Behav.* **26,** 1012–1022.

Rolls, B. J., Rolls, E.T. (1982) *Thirst.* Cambridge University Press, Cambridge.

Romanes, G. J. (1882) *Animal Intelligence.* Kegan, Paul, Trench, London.

Romer, A. S. (1958) *Vertebrate Paleontology.* Chicago University Press, Chicago.

Romer, A. S. (1979) *Vergleichende Anatomie der Wirbeltiere.* Parey Verlag, Hamburg.

Root, R. B. (1967) The niche exploitation pattern of the blue-gray gnatcatcher. *Ecol. Monogr.* **37,** 317–350.

Roper, T. J., Crossland, G. (1982) Mechanisms underlying eating-drinking transitions in rats. *Anim. Behav.* **30,** 602–614.

Rothenbuhler, N. (1964) Behavior genetics of nest cleaning in honey bees. Responses of F_1 and backcross generations to disease-killed brood. *Am. Zool.* **4,** 111–123.

Rowell, C. H. F. (1961) Displacement grooming in the chaffinch. *Anim. Behav.* **9,** 38–63.

Rowell, C. H. F., Horn, G. (1968) Dishabituation and arousal in the response of single nerve cells in an insect brain. *J. Exp. Biol.* **49,** 171–183.

Rowley, I. (1965) White-winged choughs. *Aust. Nat. Hist.* **15,** 81–85.

Rozin, P. (1967) Specific aversions as a component of specific hungers. *J. Comp. Physiol. Psychol.* **64,** 237–242.

Rozin, P. (1968) Specific aversions and neophobia as a consequence of vitamin deficiency and/or poisoning in half-wild and domestic rats. *J. Comp. Physiol. Psychol.* **66,** 82–88.

Rozin, P. (1969) Adaptive food sampling in vitamin deficient rats. *J. Comp. Physiol. Psychol.* **69,** 126–132.

Rozin, P. (1976a) The selection of foods by rats, humans and other animals. In *Advances in the Study of Behavior,* Hrsg. J. S. Rosenblatt, R. A. Hinde, E. Shaw, C. Baer, Bd. 6, 21–76, Academic Press, New York.

Rozin, P. (1976b) The evolution of intelligence and access to the cognitive unconscious. In *Progress in Psychobiology and Physiological Psychology,* Bd. 6, Hrsg. J. M. Sprague, A. N. Epstein, 245–276, Academic Press, New York.

Rozin, P., Kalat, J. (1971) Specific hungers and poison avoidance as adaptive specializations of learning. *Psychol. Rev.* **78,** 459–486.

Rozin, P., Kalat, J. (1972) Learning as a situation-specific adaptation. In *Biological Boundaries of Learning,* Hrsg. M. E. P. Seligman, J. Hager, 66–97, Appleton, New York.

Rozin, P., Mayer, J. (1961) Thermal reinforcement and thermoregulatory behavior in the goldfish. *Science* **134,** 942–943.

Rumbaugh, D. M. (1977) *Language Learning by a Chimpanzee.* Academic Press, New York.

Rumbaugh, D. M., Gill, T.V. (1977) Lana's acquisition of language skills. In *Language Learning by a Chimpanzee,* Hrsg. D. M. Rumbaugh, 165–192, Academic Press, New York.

Ruppel, G. (1969) Eine „Lüge" als gerichtete Mitteilung beim Eisfuchs *(Alopex lagopus* L.*). Z. Tierpsychol.* **26,** 371–374.

Rusak, B. (1981) Vertebrate behavioral rhythms. In *Handbook of Behavioral Neurobiology,* Bd. 4: *Biological Rhythms,* Hrsg. J. Aschoff. Plenum Press, New York.

Rutledge, J.T. (1974) Circannual rhythm of reproduction in male European starlings *(Sturnus vulgaris).* In *Circannual Clocks,* Hrsg. E.T. Pengelley, Academic Press, New York.

Rzoska, J. (1953) Bait shyness, a study in rat behaviour. *Brit. J. Anim. Behav.* **1,** 128–135.

Sadoglu, P. (1975) Genetic paths leading to blindness in *Astyanax mexicanus.* In *Vision in Fishes,* Hrsg. M. A. Ali, 419–426, Plenum Press, New York.

Salzano, F. M., Neel, J.V., Maybury-Lewis, D. (1967) Further studies on the Xavante Indians. *Am. J. Hum. Genet.* **19,** 463–489.

Santschi, F. (1911) Observations et remarques critiques sur le mechanisme de l'orientation. *Rev. Suisse Zool.* **19,** 303–338.

Sauer, F., Sauer, E. (1955) Zur Frage der nächtlichen Zugorientierung von Grasmücken. *Rev. Suisse Zool.* **69,** 250–259.

Saunders, D. S. (1976) *Insect Clocks.* Pergamon Press, Oxford.

Savage-Rumbaugh, E. S., Rumbaugh, D. M., Boysen, S. (1978) Symbolic communication between two chimpanzees *(Pan troglodytes). Science* **201,** 641–644.

Savage-Rumbaugh, E. S., Rumbaugh, D. M., Boysen, S. (1980) Do apes use language? *Amer. Sci.***68,** 49–61.

Schachter, S., Singer, J. (1962) Cognitive, social and physiological determinants of emotional state. *Psychol. Rev.* **69,** 379–399.

Scharrer, E. (1964) Photo-neuro-endocrine systems: general concepts. *Ann. N.Y. Acad. Sci.* **117,** 13–22.

Scheller, R. H., Axel, R. (1984) How genes control behavior. *Sci. Am.* **250,** 44–52.

Scherer, K. R., Stahnke, A., Winkler, P. (1987) *Psychobiologie. Wegweisende Texte der Verhaltensforschung von Darwin bis zur Gegenwart.* DTV Wissenschaft, München.

Schiller, P. (1952) Innate constituents of complex responses in primates. *Psychol. Rev.* **59,** 177–191.

Schmidt, R. F. (1985) *Grundriß der Sinnesphysiologie.* Springer Verlag, Berlin, Heidelberg, New York.

Schmidt-Koenig, K. (1958) Experimentelle Einflußnahme auf die 24-Stunden-Periodik bei Brieftauben und deren Auswirkungen unter besonderer Berücksichtigung des Heimfindevermögens. *Z. Tierpsychol.* **15,** 301–331.

Schmidt-Koenig, K. (1960) Internal clocks and homing. *Cold Spring Harbor Symp. Quant. Biol.* **25,** 389–393.

Schmidt-Koenig, K. (1961) Die Sonne als Kompaß im Heim-Orientierungssystem der Brieftauben. *Z. Tierpsychol.* **68,** 221–244.

Schmidt-Koenig, K. (1979) *Avian Orientation and Navigation.* Academic Press, London.

Schmidt-Koenig, K. (1980) *Das Rätsel des Vogelzuges.* Hoffmann und Campe Verlag, Hamburg.

Schmidt-Nielsen, K. (1964) *Desert Animals: Physiological Problems of Heat and Water.* Clarendon Press, Oxford.

Schmidt, R. F., Thews, G. (1985) *Einführung in die Physiologie des Menschen.* Springer Verlag, Berlin, Heidelberg, New York.

Schneider, D. (1969) Insect olfaction: deciphering system for chemical messages. *Science* **163,** 1031–1036.

Schneidermann, N., Fuentes, I., Gormezano, I. (1962) Acquisition and extinction of the classically conditioned eyelid response in the albino rabbit. *Science* **136,** 650–652.

Schneirla, T. C. (1965) Aspects of stimulation and organization in approach/withdrawal processes underlying vertebrate behavioral development. In *Advances in the Study of Behavior,* Hrsg. D. S. Lehrman, R. A. Hinde, E. Shaw, Bd. 1, 1–74, Academic Press, New York.

Schöne, H. (1983) *Orientierung im Raum.* Wissenschaftliche Verlagsgesellschaft, Stuttgart.
(englische Übersetzung:
Schöne, H. (1984) *Spatial Orientation.* Princeton University Press, Princeton, New Jersey).

Schutz, F. (1965) Sexuelle Prägung bei Anatiden. *Z. Tierpsychol.* **22,** 50–103.

Schutz, F. (1971) Prägung des Sexualverhaltens von Enten und Gänsen durch Sozialeindrücke während der Jugendphase. *J. Neuro-Visc. Relat. Suppl.* **10,** 339–357.

Schüz, E. (1963) On the northwestern migration divide of the white stork. *Proc. Int. Ornithol. Congr.* **13,** 475–480.

Schüz, E. (1971) *Grundriß der Vogelzugskunde.* Parey Verlag, Berlin.

Schwartz, E. (1974) Lateral-line mechanoreceptors in fishes and amphibians. In *Handbook of Sensory Physiology,* Hrsg. A. Fessard, III/3, 257–278, Springer Verlag, New York.

Schwidetzky, I. (Hrsg.) (1973) *Über die Evolution der Sprache.* Conditio humana, S. Fischer Verlag, Frankfurt a. M.

Scott, E. M., Verney, E. L. (1947) Self-selection of diet, VI: The nature of appetites for B vitamins. *J. Nutr.* **34,** 471–480.

Scott, J. P. (1962) Critical periods in behavioral development. *Science* **138** (3544), 949–958.

Scott, J. P., Fuller, J. L. (1965) *Dog Behavior: The Genetic Basis.* University of Chicago Press, Chicago.

Sebeok, T. (Hrsg.) (1977) *How Animals Communicate.* Indiana University Press, Bloomington, Indiana.

Seitz, A. (1940) Die Paarbildung bei einigen Cichliden *Z. Tierpsychol.* **4,** 40–84.

Selander, R. K. (1964) Speciation in wrens of the genus *Campylorhynchus. Univ. Calif. Publ. Zool.* **74,** 1–224.

Selander, R. K. (1972) Sexual selection and dimorphism in birds. In *Sexual Selection and the Descent of Man,* Hrsg. B. Campbell, Heinemann, London.

Seligman, M. E. P. (1970) On the generality of the laws of learning. *Psychol. Rev.* **77,** 406–418.

Sengbusch, P. von (1979) *Molekular- und Zellbiologie.* Springer Verlag, Berlin, Heidelberg, New York.

Senturia, J. B., Johansson, B.W. (1974) Physiological and biochemical reflections of circannual rhythmicity in the European hedgehog and man. In *Circannual Clocks,* Hrsg. E.T. Pengelley, Academic Press, New York.

Sevenster, P. (1961) A causal analysis of a displacement activity (fanning in *Gasterosteus aculeatus* L.). *Behaviour Suppl.* **9,** 1–170.

Sevenster, P. (1968) Motivation and learning in sticklebacks. In *The Central Nervous System and Fish Behavior,* Hrsg. D. Ingle, 233–245, University of Chicago Press, Chicago.

Sevenster, P. (1973) Incompatibility of response and reward. In *Constraints on Learning: Limitations and Predispositions,* Hrsg. R. A. Hinde, J. Stevenson-Hinde, Academic Press, London.

Seyfarth, R. M., Cheney, D. L., Marler, P. (1980) Monkey responses to three different alarm calls: evidence of predator classification and semantic communication. *Science* **210,** 801–803.

Sheffield, F. D. (1965) Relation between classical conditioning and instrumental learning. In *Classical Conditioning: A Symposium,* Hrsg. W. F. Prokasy, Appleton-Century-Crofts, New York

Shepard, R. N., Metzler, J. (1971) Mental rotation of three-dimensional objects. *Science* **171,** 701–703.

Shepher, J. (1971) Self-imposed incest-avoidance and exogamy in second generation Kibbutz adults. Dissertation, Rutgers Universität, New Brunswick, New Jersey.

Sheppard, P. M. (1961) Some contributions to population genectics resulting from the study of Lepidoptera. In *Advances in Genetics,* Bd. 10, Hrsg. E.W. Caspari, J. M. Thoday, 165–216, Academic Press, New York.

Sherrington, C. S. (1918) Observations on the sensual role of the proprioceptive nerve-supply of the extrinsic ocular muscles. *Brain* **41,** 332–343.

Sherry, D. F., Mrosovsky, N., Hogan, J. A. (1980) Weight loss and anorexia during incubation in birds. *J. Comp. Physiol. Psychol.* **94,** 89–98.

Shettleworth, S. J. (1972) Constraints on learning. In *Advances in the Study of Behavior,* Bd. 4, Hrsg. D. S. Lehrman, R. A. Hinde, E. Shaw, Academic Press, New York.

Shumake, S. A., Smith, J. C., Tucker, D. (1969) Olfactory intensity-difference thresholds in the pigeon. *J. Comp. Physiol. Psychol.* **67,** 64–69.

Sibly, R. M. (1975) How incentive and deficit determine feeding tendency. *Anim. Behav.* **23,** 437–446.

Sibly, R. M., McCleery, R. H. (1976) The dominance boundary method of determining motivational state. *Anim. Behav.* **24,** 108–124.

Sibly, R. M., McCleery, R. H. (1985) Optimal decision rules for gulls. *Anim. Behav.* **33,** 449–465.

Sibly, R. M., McFarland, D. J. (1974) A state-space approach to motivation. In *Motivational Control Systems Analysis,* Hrsg. D. J. McFarland, 213–250, Academic Press, London.

Sibly, R., McFarland, D. (1976) On the fitness of behaviour sequences. *Am. Nat.* **110,** 601–617.

Siegel, R. G., Honig, W. K. (1970) Pigeon concept formation: successive and simultaneous acquisition. *J. Exp. Anal. Behav.* **13,** 385–390.

Siegfried, W. R., Underhill, L. G. (1975) Flocking as an anti-predator strategy in doves. *Anim. Behav.* **23,** 504–508.

Sielmann, H. (1955) *Brutbiologie des Schwarzspechts.* Wiss. Film C 695, Göttingen, IWF.

Simmons, J. A. (1971) Echolocation in bats: signal processing of echoes for target range. *Science* **171,** 925–928.

Simons, D. (1984) *Problemverständnis und Problemlöseverhalten bei Primaten.* Hogrefe Verlag, Göttingen, Toronto, Zürich.

Sinclair, A. R. E. (1977) *The African Buffalo.* University of Chicago Press, Chicago.

Sinz, R. (1981) *Lernen und Gedächtnis.* 3. Auflage, Fischer Verlag, Stuttgart, New York.

Skinner, B. F. (1937) Two types of conditioned reflex: a reply to Konorski and Miller. *J. Gen. Psychol.* **16,** 272–279.

Skinner, B. F. (1938) *The Behavior of Organisms.* Appleton-Century-Crofts, New York.

Skinner, B. F. (1953) *Science and Human Behavior.* Macmillan, New York.

Skinner, B. F. (1958) Reinforcement today. *Amer. Psychol.* **13,** 94–99.

Skinner, B. F. (1975) *About Behaviourism.* Cape, London.

Skutch, A. F. (1969) Life Histories of Central American Birds, Bd. III: The Golden Naped Woodpecker. *Pacific Coast Avifauna* **35,** 479–517.

Skutch, A. F. (1976) *Parent Birds and Their Young.* University of Texas Press, Austin, Texas.

Sluckin, W. (1964) *Imprinting and Early Learning.* Methuen, London.

Smith, N. G. (1966) Evolution of some arctic gulls *(Larus):* an experimental study of isolating mechanisms. *Ornithol. Monogr.* **4,** 1–99.

Sparks, J. (1982) *The Discovery of Animal Behaviour.* Collins, London.

Sutherland, N. S. (1964) Discrimination learning: non-additivity of cues. *Nature, London* **201,** 528–530.

Sutherland, N. S., Mackintosh, N. J. (1971) *Mechanisms of Animal Discrimination Learning.* Academic Press, New York.

Sutton, D. (1979) Mechanisms underlying vocal control in nonhuman primates. In *Neurobiology of Social Communication,* Hrsg. H. D. Steklis, M. J. Raleigh, 45–67, Academic Press, New York.

Sweeney, B. M. (1969) *Rhythmic Phenomena in Plants.* Academic Press, New York.

Tansley, K. (1965) *Vision in Vertebrates.* Methuen, London.

Terrace, H. S. (1979) *Nim.* Eyre Methuen, London.

Testa, T. J. (1975) Effects of similarity of location and temporal intensity pattern of conditioned and unconditioned stimuli on acquisition of conditioned suppression in rats. *J. Exp. Psychol., Animal Behavior Processes* **1,** 114–121.

Thoday, J. M. (1953) Components of fitness. *Symp. Soc. Exp. Biol.* **7,** 96–113.

Thompson, R. F. (1965) *Foundations of Physiological Psychology.* Harper International, New York.

Thorndike, E. L. (1898) Animal intelligence: an experimental study of the associative processes in animals. *Psychol. Rev. Monogr. Suppl. 2* **8,** 1, 16.

Thorndike, E. L. (1911) *Animal Intelligence.* Macmillan, New York.

Thorndike, E. L. (1913) *The Psychology of Learning* (Educational Psychology II). Teachers College, New York.

Thorndike, E. L. (1932) Reward and punishment in animal learning. *Comp. Psychol. Monogr. 8* **39,** 26, 27, 47.

Thornhill, R. (1980) Rape in Panorpa scorpion flies and a general rape hypothesis. *Anim. Behav.* **28,** 52–59.

Thorpe, W. H. (1956) *Learning and Instinct in Animals.* Methuen, London.

Thorpe, W. H. (1963) Ethology and the coding problem in germ cell and brain. *Z. Tierpsychol.* **20,** 529–551.

Thorpe, W. H. (1974) *Animal Nature and Human Nature.* Methuen, London.

Thorpe, W. H. (1979) *The Origins and Rise of Ethology.* Heinemann, London.

Tinbergen, L. (1960) The natural control of insects in pinewoods, I: factors influencing the intensity of predation by song birds. *Arch. Néerl. Zool.* **13,** 265–343.

Tinbergen, N. (1940) Die Übersprungbewegung. *Z. Tierpsychol.* **4,** 1–10.

Tinbergen, N. (1942) An objective study of the innate behaviour of animals. *Biblioth. Biother.* **1,** 39–98.

Tinbergen, N. (1949) De functie van de rode vlek op de snavel van de zilvermeeuw. *Bijdr. tot de Dierk.* **28,** 453–465. *Symp. Soc. Exp. Biol.* **4,** 305–312.

Tinbergen, N. (1950) The hierarchical organization of nervous mechanisms underlying instinctive behaviour. *Symp. Soc. Exp. Biol.* **4,** 305–312.

Tinbergen, N. (1951) *The Study of Instinct.* Oxford University Press, Oxford.
(deutsche Übersetzung:
Tinbergen, N. (1972) *Instinktlehre.* 5. Auflage, Parey Verlag, Berlin, Hamburg).

Tinbergen, N. (1952) Derived activities: their causation, biological significance, origin and emancipation during evolution. *Quart. Rev. Biol.* **27,** 1–32.

Tinbergen, N. (1953) *The Herring Gull's World.* Collins, London.

Tinbergen, N. (1959) Comparative studies of the behaviour of gulls (Laridae): a progress report. *Behaviour* **15,** 1–70.

Tinbergen, N. (1962) The evolution of animal communication – a critical examination of methods. *Symp. Zool. Soc. London* **8,** 1–6.

Tinbergen, N. (1963) On aims and methods in ethology. *Z. Tierpsychol.* **20,** 410–433.

Tinbergen, N., Broekhuysen, G. J., Feekes, F., Houghton, J. C.W., Kruuk, H., Szulc, E. (1962) Eggshell removal by the black-headed gull, *Larus ridibundus* L.: a behaviour component of camouflage. *Behaviour* **19,** 74–118.

Tinbergen, N., Perdeck, A. C. (1950) On the stimulus situation releasing the begging response in the newly hatched herring gull chick *(Larus a. argentatus* Pont.*). Behaviour* **3,** 1–38.

Tinbergen, N., Iersel, J. J. A. van (1947) "Displacement reactions" in the three-spined stickleback. *Behaviour* **1,** 56–63.

Tinkle, D.W. (1969) The concept of reproductive effort in its relation to the evolution of life histories of lizards. *Am. Nat.* **103,** 501–516.

Toates, F. M. (1975) *Control Theory in Biology and Experimental Psychology.* Hutchinson, London.

Toates, F. M. (1980) *Animal Behaviour – A Systems Approach.* Wiley, Chichester.

Toates, F. M., Oatley, K. (1970) Computer simulation of thirst and water balance. *Med. Biol. Eng.* **8,** 71–87.

Tolman, E. C. (1932) *Purposive behavior in animals and men.* Appleton-Century-Crofts, New York (Neuauflage University of California Press, 1949).

Tolman, E. C. (1938) The determiners of behavior at a choice point. *Psychol. Rev.* **45,** 1–41.

Treisman, M. (1977) Motion sickness: an evolutionary hypothesis. *Science* **197,** 493–495.

Trivers, R. L. (1971) The evolution of reciprocal altruism. *Quart. Rev. Biol.* **46,** 35–57.

Trivers, R. L. (1972) Parental investment and sexual selection. In *Sexual Selection and the Descent of Man,* Hrsg. B. Campbell, Aldine, Chicago.

Tryon, R. C. (1942) Individual differences. In *Comparative Psychology.* (2. Auflage), Hrsg. F. A. Moss, Prentice-Hall, Englewood Cliffs, New Jersey.

Turnbull, C. M. (1966) *Wayward Servants: The Two Worlds of the African Pygmies.* Eyre and Spottiswoode, London.

Uexküll, J. von (1934) *Streifzüge durch die Umwelten von Tieren und Menschen.* Springer Verlag, Berlin.
(englische Übersetzung:
In *Instinctive Behaviour,* Hrsg. C. H. Schiller, Methuen, London).

Ullyott, P. (1936) The behaviour of *Dendrocoelum lacteum, I, II. J. Exp. Biol.* **13,** 253–264, 265–278.

Ulrich, R. E., Azrin, N. H. (1962) Reflexive fighting in response to aversive stimulation. *J. Exp. Anal. Behav.* **5,** 511–520.

Verney, E. G. (1947) The antidiuretic hormone and the factors which determine its release. *Proc. R. Soc. B.* **135,** 25–106.

Vidal, J. M. (1976) L'empreinte chez les animaux. *La Recherche* **63,** 24–35.

Vince, M. A. (1969) Embryonic communication, respiration and the synchronization of hatching. In *Bird Vocalizations,* Hrsg. R. A. Hinde, 233–260, Cambridge University Press, London.

Vogel, C., Voland, E. (1986) Evolution und Kultur. In *Funkkolleg Psychobiologie,* Studienbegleitbrief 2, 42–76. Beltz Verlag, Weinheim, Basel.

Vogel, F., Propping, P. (1981) *Ist unser Schicksal mitgeboren?* Severin und Siedler Verlag, Berlin.

Waage, J. K. (1979) Foraging for patchily-distributed hosts by the parasitoid, *Nemeritis canescens. J. Anim. Ecol.* **48,** 353–371.

Waal, F. de (1983) *Unsere haarigen Vettern.* Harnack Verlag, München.

Wahlsten, D. L., Cole, M. (1972) Classical and avoidance training of leg flexion in the dog. In *Classical Conditioning II: Current Research and Theory,* Hrsg. A. H. Black, W. F. Prokasy, Appleton-Century-Crofts, New York.

Walcott, C. (1977) Magnetic fields and the orientation of homing pigeons under sun. *J. Exp. Biol.* **70,** 105–123.

Walcott, C., Green, R. C. (1974) Orientation of homing pigeons altered by a change in the direction of an applied magnetic field. *Science,* N.Y. **184,** 180–182.

Walcott, B., Walcott, C. (1982) A search for magnetic field receptors in animals. In *Avian Navigation,* Hrsg. F. Papi, H. G. Wallraff, 338–343, Springer Verlag, Berlin, Heidelberg, New York.

Wallraff, H. G. (1966) Über die Heimfindeleistungen von Brieftauben nach Haltung in verschiedenartig abgeschirmten Volieren. *Z. Vgl. Physiol.* **52,** 215–259.

Wallraff, H. G. (1969) Über das Orientierungvermögen von Vögeln unter natürlichen und künstlichen Sternmustern. Dressurversuche mit Stockenten. *Verh. Dt. Zool. Ges.,* Innsbruck, 348–357.

Wallraff, H. G. (1970) Weitere Volierenversuche mit Brieftauben: Wahrscheinlicher Einfluß dynamischer Faktoren der Atmosphäre auf die Orientierung. *Z. Vgl. Physiol.* **68,** 182–201.

Wallraff, H. G. (1978) Proposed principles of magnetic field perception in birds. *Oikos* **30,** 188–194.

Wallraff, H. G. (1984) Migration and navigation in birds: A present-state survey with some digressions to related fish behaviour. In *Mechanisms of migration in fishes,* Hrsg. McCleave et al. Plenum Publishing Corp., New York.

Wallraff, H. G., Foa, A. (1981) Pigeon navigation: Charcoal filter removes relevant information from environmental air. *Behav. Ecol. Sociobiol.* **9,** 67–77.

Wallraff, H. D., Papi, F., Ioale, P., Benvenuti, S. (1986) Magnetic fields affect pigeon navigation only while the birds can smell atmospheric odors. *Naturwissenschaften* **73,** 215.

Warden, C. J., Warner, L. H. (1928) The sensory capacities and intelligence of dogs, with a report on the ability of the noted dog "Fellow" to respond to verbal stimuli. *Quart. Rev. Biol.* **3,** 1–28.

Ware, D. M. (1972) Predation by rainbow trout *(Salmo gairdneri):* the influence of hunger, prey density, and prey size. *J. Fish. Res. Bd. Can.* **29,** 1193–1201.

Warren, J. M. (1965) Primate learning in comparative perspective. In *Behavior of Nonhuman Primates,* Bd. 1, Hrsg. A. M. Schrier, H. F. Harlow, F. Stollnitz, 249–281, Academic Press, New York.

Warren, J. M. (1973) Learning in vertebrates. In *Comparative Psychology: A Modern Survey,* Hrsg. D. A. Dewsbury, D. A. Rethlingshafer, 471–509, McGraw-Hill, New York.

Warren, J. M. (1974) Possibly unique characteristics of learning by primates. *J. Hum. Evol.* **3,** 445–454.

Warriner, C. C., Lemmon, W. B., Ray, T. S. (1963) Early experience as a variable in mate selection. *Anim. Behav.* **11,** 221–224.

Wasserman, E. A., Franklin, S., Hearst, E. (1974) Pavlovian appetitive contingencies and approach versus withdrawal to conditioned stimuli in pigeons. *J. Comp. Physiol. Psychol.* **86,** 616–627.

Watson, J. B. (1907) Kinesthetic and organic sensations: their role in the reactions of the white rat to the maze. *Psychol. Monogr.* **8,** 33–49.

Watson, J. B. (1913) Psychology as the behaviorist views it. *Psychol. Rev.* **20,** 158–177.

Watson, J. B. (1914) *Behavior: An Introduction to Comparative Psychology.* Holt, New York.

Watson, J. B. (1916) The place of the conditioned reflex in psychology. *Psychol. Rev.* **23,** 89–116.

Watson, J. B. (1930) *Behaviorism.* W.W. Norton, New York.

Watson, J. D., Crick, F. H. (1953) Molecular structure of nucleic acids: a structure for deoxyribose nucleic acid. *Nature, London* **171,** 737–738.

Weihaupt, J. G. (1964) Geophysical biology. *Bioscience* **14,** 18–24.

Weiskrantz, L. (1980) Varieties of residual experience. *Quart. J. Exp. Psychol.* **32,** 365–386.

Weiskrantz, L., Warrington, E. K., Sanders, M. D., Marshall, J. (1974) Visual capacity of the hemianopic field following a restricted occipital ablation. *Brain* **97,** 709–728.

Wells, G. P. (1966) The lugworm *(Arenicola):* a study in adaptation. *Netherlands J. Sea Res.* **3,** 294–313.

Wells, M. J. (1966) *Brain and Behaviour in Cephalopods.* Heinemann, London.

Wells, M. J. (1968) *Lower Animals.* Weidenfeld und Nicolson, London.

Wendler, G. (1966) Coordination of walking movements in arthropods. *Symp. Soc. Exp. Biol.* **20,** 229–249.

Wenner, A. M. (1962) Sound production during the waggle dance of the honey bee. *Anim. Behav.* **10,** 79–95.

Wenner, A. M. (1964) Sound communication in honey bees. *Sci. Am.* **210,** 116–124.

Werner, E. E., Hall, D. J. (1974) Optimal foraging and the size selection of prey by the bluegill sunfish *(Lepomis macrochirus). Ecology* **55,** 1216–1232.

West, G. C., Norton, D.W. (1975) Metabolic adaptations in tundra birds. In *Physiological Adaptations to the Environment,* Hrsg. F. J. Fernberg, Intext Educational Publ., New York.

Westermark, E. (1891) *The History of Human Marriage.* Macmillan, London.

Whiten, A. (1972) Operant study of sun altitude and pigeon navigation. *Nature, London* **237,** 405–406.

Whitfield, M. (1976) The evolution of the oceans and the atmosphere. In *Environmental Physiology of Animals,* Hrsg. J. Bligh, J. L. Cloudsley-Thompson, A. G. Macdonald, Blackwell Scientific Publications, Oxford.

Wickler, W. (1966) Ursprung und biologische Deutung des Genitalpräsentierens männlicher Primaten. *Z. Tierpsychol.* **23,** 422–437.

Wickler, W. (1967) Socio-sexual signals and their intra-specific imitation among primates. In *Primate Ethology,* Hrsg. D. Morris, Weidenfeld und Nicolson, London.

Wickler, W. (1968) *Mimikry. Nachahmung und Täuschung in der Natur.* Kindler Verlag, München.
(englische Übersetzung:
Wickler, W. (1968) *Mimicry in Plants and Animals.* Weidenfeld und Nicolson, London).

Wickler, W., Seibt, U. (1977) *Das Prinzip Eigennutz. Ursachen und Konsequenzen sozialen Verhaltens.* Hoffmann und Campe Verlag, Hamburg.

Wickler, W., Seibt, U. (1984) *Männlich – weiblich. Der große Unterschied und seine Folgen.* Piper Verlag, München.

Wiepkema, P. R. (1971) Positive feedbacks at work during feeding. *Behaviour* **39,** 2–4.

Wiepkema, P. R., Alingh Prins, A. J., Steffens, A. B. (1972) Gastrointestinal food transport in relation to meal occurrence in rats, I. *Physiol. Behav.* **9,** 759–763.

Wilcoxon, H. C., Dragoin, W. B., Kral, P. A. (1971) Illness-induced aversions in rat and quail: relative salience of visual and gustatory cues. *Science* **171,** 826–828.

Wilkinson, P. F., Shank, C. C. (1977) Rutting-fight among musk oxen on Banks Island, Northwest Territories, Canada. *Anim. Behav.* **24,** 756–758.

Williams, D. R., Williams, H. (1969) Automaintenance in the pigeon: sustained pecking despite contingent non-reinforcement. *J. Exp. Anal. Behav.* **12,** 511–520.

Williams, G. C. (1966) *Adaptation and Natural Selection.* Princeton University Press, Princeton, New Jersey.

Wilson, D. M. (1968) Inherent asymmetry and reflex modulation of the locust flight pattern. *J. Exp. Biol.* **48,** 631–641.

Wilson, E. O. (1975) *Sociobiology: The New Synthesis.* The Belknap Press of Harvard University Press, Cambridge, Massachusetts.

Wilson, J. A. (1979) *Principles of Animal Physiology.* (2. Auflage), Macmillan, New York.

Wiltschko, R., Wiltschko, W. (1980) The process of learning sun compass orientation in young homing pigeons. *Naturwissenschaften* **67,** 512–513.

Wiltschko, W., Wiltschko, R. (1975) The interaction of stars and magnetic field in the orientation system of night migrating birds. *Z. Tierpsychol.* **37,** 337–355, **39,** 265–282.

Wiltschko, W., Wiltschko, R. (1976) Interrelation of magnetic compass and star orientation in night migrating birds. *J. Comp. Physiol.* **109A,** 91–99.

Wolf, A. P. (1966) Childhood association, sexual attraction and the incest taboo: a Chinese case. *Am. Anthrop.* **68,** 883–898.

Wolf, A. P. (1970) Childhood association and sexual attraction: a further test of the Westermark hypothesis. *Am. Anthrop.* **72,** 503–515.

Woodward, W.T., Bitterman, M. E. (1973) Pavlovian analysis of avoidance conditioning in the goldfish *(Carassius auratus). J. Comp. Physiol.* **82,** 123–129.

Woodfield, A. (1976) *Teleology.* Cambridge University Press, Cambridge.

Woodruff, G., Premack, D. (1979) Intentional communication in the chimpanzee: the development of deception. *Cognition* **7,** 333–362.

Woodworth, R. S. (1918) *Dynamic Psychology.* Columbia University Press, New York.

Woolfenden, G. E. (1973) Nesting and survival in a population of Florida scrub jays. *Living Bird* **12,** 25–49.

Wootton, R. J. (1976) *The Biology of the Sticklebacks.* Academic Press, London.

Wright, P., McFarland, D. J. (1969) A functional analysis of hypothalamic polydipsia in the Barbary dove *(Streptopelia risoria). Physiol. Behav.* **4,** 877–883.

Wright, S. (1921) Systems of mating. *Genetics* **6,** 111–178.

Wurtman, R. J., Axelrod, J., Kelly, D. E. (1968) *The Pineal.* Academic Press, New York.

Ydenberg, R. C., Houston, A. I. (1986) Optimal trade offs between competing behavioural demands in the great tit. *Anim. Behav.* **34,** 1041–1050.

Yodlowski, M. L., Kreithen, M. L., Keeton, W.T. (1977) Detection of atmospheric infrasound by homing pigeons. *Nature, London* **265,** 725–726.

Young, J. Z. (1960) The failures of discrimination learning following removal of the vertical lobes in Octopus. *Proc. R. Soc. Lond. B.* **153,** 18–46.

Young, P.T. (1961) *Motivation and Emotion: A Survey of the Determinants of Human and Animal Activity.* Wiley, New York.

Zach, R. (1979) Shell dropping: decision making and optimal foraging in Northwestern crows. *Behaviour* **68,** 106–117.

Zahavi, A. (1974) Communal nesting by the Arabian babbler: a case of individual selection. *Ibis* **116,** 84–87.

Zahavi, A. (1975) Mate selection – a selection for a handicap. *J. Theor. Biol.* **53,** 205–214.

Zahavi, A. (1976) Cooperative nesting in Eurasian birds. *Proc. XVI Int. Ornithol. Congr. (Canberra, Australien),* 685–693.

Zahavi, A. (1977) The cost of honesty. (Further remarks on the handicap principle). *J. Theor. Biol.* **67,** 603–605.

Zahorik, D. M., Maier, S. F. (1969) Appetite conditioning with recovery from thiamine deficiency as the unconditioned stimulus. *Psychol. Sci.* **17,** 309–310.

Zahorik, D. M., Maier, S. F., Pies, R.W. (1974) Preferences for tastes paired with recovery from thiamine deficiency in rats. Appetite conditioning or learned safety? *J. Comp. Physiol. Psychol.* **87,** 1083–1091.

Zentall, T. R., Hogan, D. E. (1978) Same/different concept learning in the pigeon: The effect of negative instances and prior adaptation to transfer stimuli. *J. Exp. Anal. Behav.* **30,** 177–186.

Zimmerman, J. L. (1971) The territory and its density dependent effect in *Spiza americana. Auk* **88,** 591–612.

Register

Autorenverzeichnis